室内设计 SketchUp 2018 从入门到精通

麓山文化　编著

机械工业出版社

SketchUp 是一款直接面向设计的三维软件，具有操作简单、易学易用的特点。本书根据编者多年的实践经验，从实用的角度出发，通过 6 个风格室内设计实例+70 个技巧点拨+100 多个建模实例+1000 多个组件模型赠送+3000 张步骤图解，系统、深入地讲解了使用 SketchUp 2018 进行室内设计与表现的方法，包括建模、材质选用、灯光设计和渲染整个流程。

本书分为三大篇，共 11 章。第 1 篇基础篇（第 1 章~第 3 章）为 SketchUp 初学者全面介绍了 SketchUp 2018 的基本知识和基本操作，以帮助初学者熟练掌握软件的使用，为其后面的深入学习打下坚实的基础；第 2 篇实战篇（第 4 章~第 9 章）通过现代前卫风格户型、地中海风格客厅及餐厅、新中式开放式空间、田园风格厨房及餐厅、欧式新古典风格别墅以及欧式古典风格书房空间共 6 个风格室内设计实例，综合演练了前面所学的知识，以掌握不同特色风格、不同空间类型、不同气氛要求的室内空间的设计和表现方法，积累实战经验；第 3 篇漫游与输出篇（第 10 章、第 11 章）讲解了如何结合 3ds Max 和 VRay 渲染器，渲染输出高品质效果图的方法和技巧，以及制作室内空间漫游动画的方法和技巧。

本书配套资源内容丰富，包含了全书所有实例的素材和源文件，其中高清的语音视频教学及专业讲师手把手的讲解，可以大大提高读者的学习兴趣和效率。此外，还赠送了 1000 多个珍贵的组件模型，让您花一本书的钱，可以享受多本书的价值。

本书内容翔实，实例丰富，结构严谨，深入浅出，适合广大室内设计的工作人员与相关专业的大中专院校学生学习使用，也可供房地产开发策划人员、效果图与动画公司的从业人员以及希望使用 SketchUp 作图的图形图像爱好者参考。

图书在版编目（CIP）数据

室内设计 SketchUP 2018从入门到精通/麓山文化编著.—4版.—北京：机械工业出版社，2020.5（2022. 1 重印）
ISBN 978-7-111-64835-2

Ⅰ. ①室… Ⅱ. ①麓… Ⅲ. ①室内装饰设计－计算机辅助设计－应用软件 Ⅳ. ①TU238-39

中国版本图书馆 CIP 数据核字(2020)第 031289 号

机械工业出版社（北京市百万庄大街 22 号　邮政编码 100037）
策划编辑：曲彩云　　责任编辑：曲彩云
责任校对：刘秀华　　责任印制：常天培
固安县铭成印刷有限公司印刷
2022 年 1 月第 4 版第 3 次印刷
184mm×260mm · 24 印张 · 596 千字
3 501—4 500 册
标准书号：ISBN 978-7-111-64835-2
定价：89.00 元

电话服务　　网络服务
客服电话：010-88361066　机 工 官 网：www.cmpbook.com
010-88379833　机 工 官 博：weibo.com/cmp1952
010-68326294　金 书 网：www.golden-book.com
封底无防伪标均为盗版　机工教育服务网：www.cmpedu.com

前　言

关于 SketchUp

SketchUp 是一个直接面向设计的三维软件。区别于追求模型造型与渲染表现真实度的其他三维软件，SketchUp 更多地关注于设计，软件的应用方法类似于现实中的铅笔绘画。SketchUp 软件可以让使用者非常容易地在三维空间中画出尺寸精准的图形，并能够快速生成 3D 模型，因此使用者通过短期的认真学习，即可熟练掌握该软件的使用，并在设计工作中发掘出该软件的无限潜力。

正因为上述特点，SketchUp 得到了越来越多的室内设计师的认可和推崇，在室内和家具设计中的应用也越来越广泛。为了提升广大设计师的工作效率，降低其设计和作图的工作强度，我们编写了本书。

本书内容

本书分为三大篇，共 11 章。各章的内容安排如下：

第 1 章：详细介绍了 SketchUp 软件的特点及工作界面，使读者对 SketchUp 有一个全面的了解和认识。

第 2 章：讲解了 SketchUp 常用的室内设计工具和基本建模方法，以帮助初学者熟练掌握软件的使用，为后面的深入学习打下坚实的基础。

SketchUp 界面

SketchUp 工具栏

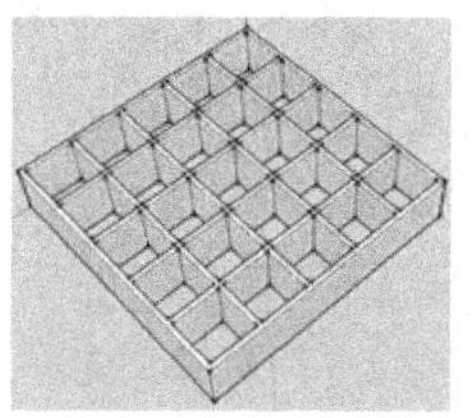

SketchUp 常用插件

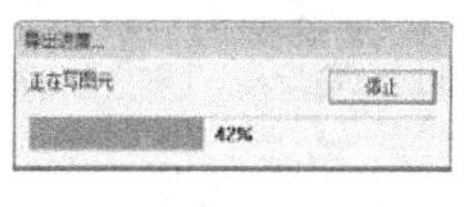

SketchUp 文件互转

第 3 章：选择了 5 个典型的室内用品模型，介绍 SketchUp 的建模流程、方法与技巧。

简约酒柜

子母门

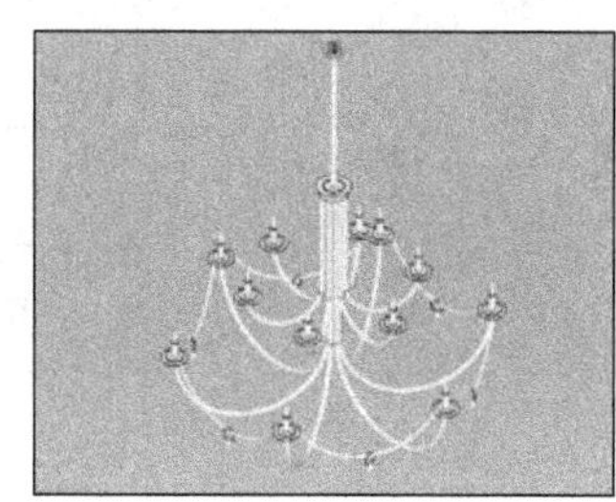

古典吊灯

古典柜子　　　　现代餐桌椅

第 4 章：为现代前卫风格户型图制作实例，首先介绍了图纸导入与建模思路，然后着重介绍了整体实例的创建过程与细化。通过学习本章，读者可以掌握利用 SketchUp 从形成思路至完成整个空间设计的流程与方法。

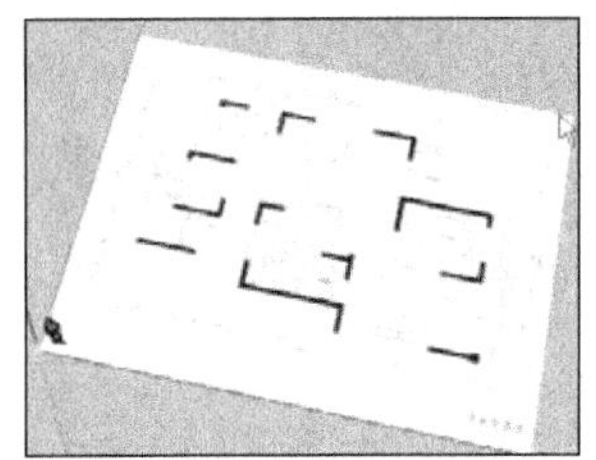

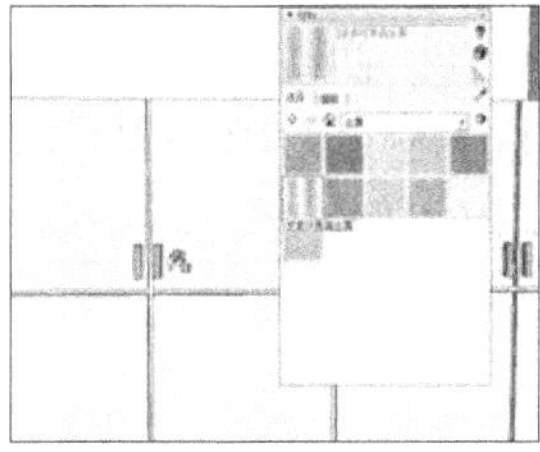

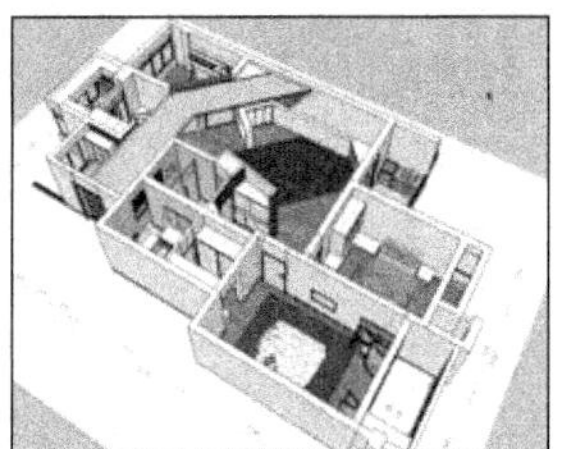

导入图纸分析思路　　建立空间框架　　细化各个空间设计　　完成空间设计

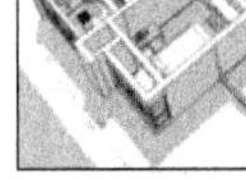

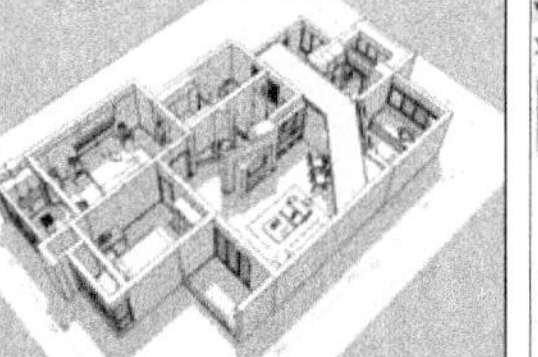

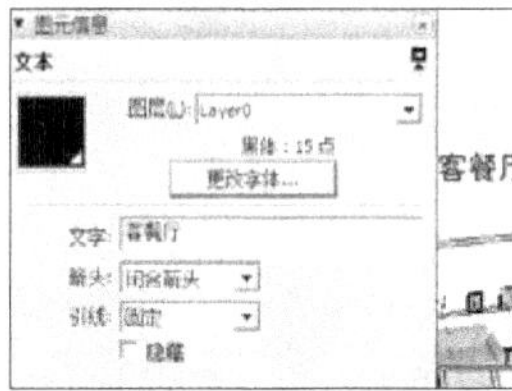

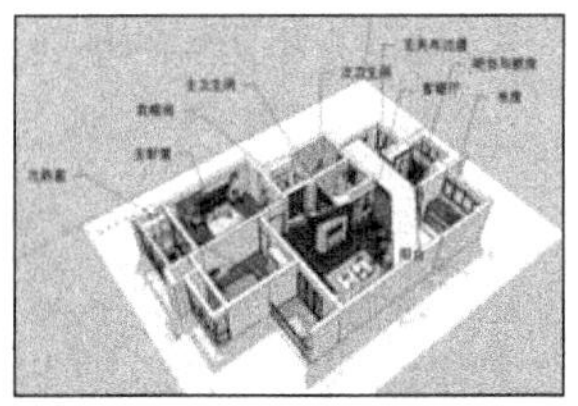

合并家具饰品　　制作阴影细节　　制作空间标识　　最终效果

第 5 章：为地中海风格客厅与餐厅实例。本章主要通过一个较为简单的实例介绍了 SketchUp 制作一般性空间的主要流程与方法。

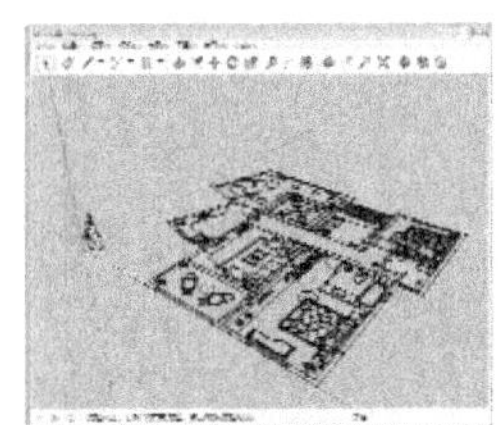

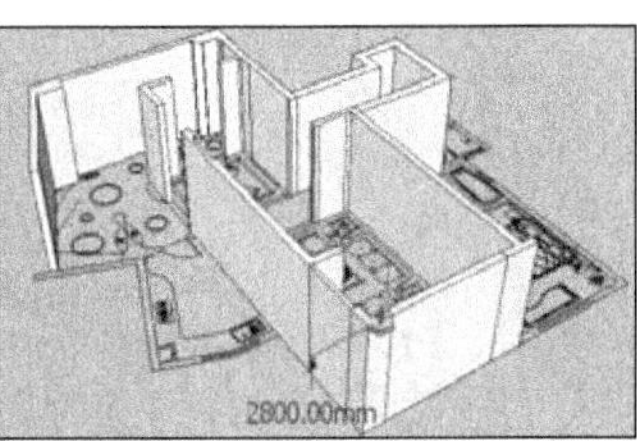

导入图纸　　建立框架　　细化空间　　完成合并家具与饰品的最终效果

第 6 章：为新中式开放式空间设计（包括入户小花园、餐厅、客厅和厨房等空间）。本章主要讲解了大型空间的设计与表现，并突出了表现空间的设计元素。读者应注意学习单面建模的方法与技巧。

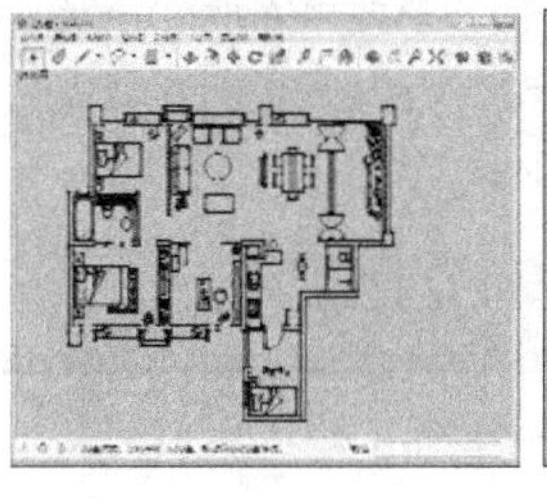
导入图纸

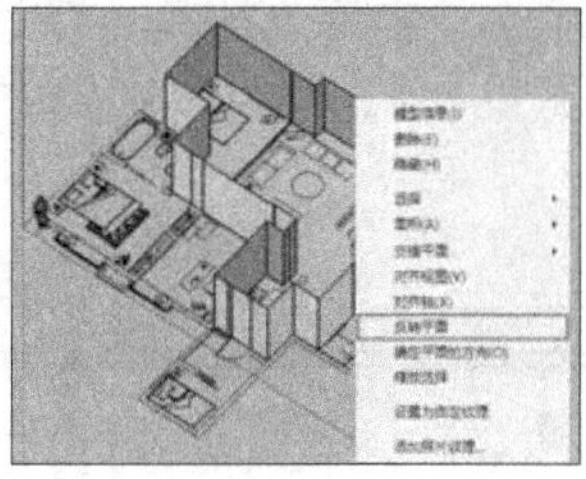
建立框架

制作门窗

细化空间造型

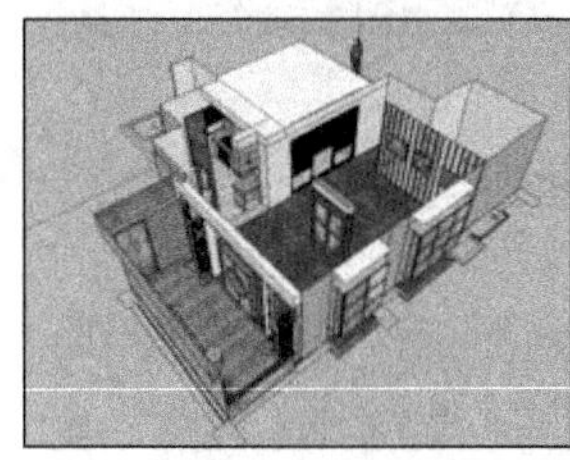
完成空间细化

合并家具

合并灯具

合并摆设

入户花园完成的效果

厨房完成的效果

客厅及餐厅完成的效果

第 7 章：为田园风格厨房及餐厅设计与表现。本章主要讲解了在单一空间内如何制作对应风格高细节场景的方法与技巧。

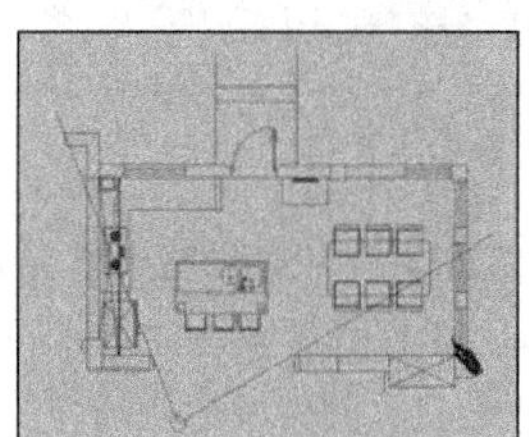

导入图纸分析思路

建立墙体框架

制作高细节门窗

制作高精度空间细节

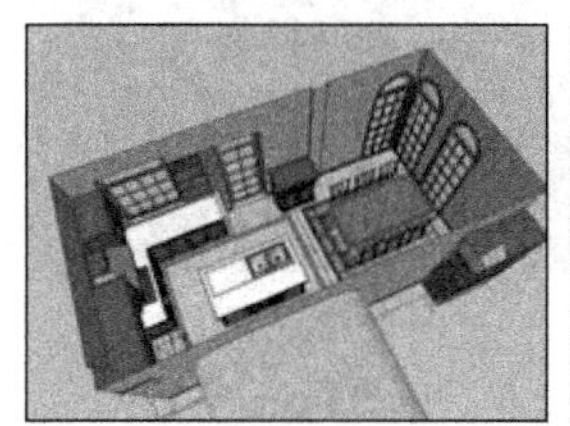
完成空间设计

处理顶棚与地面

合并精细的装饰与摆设

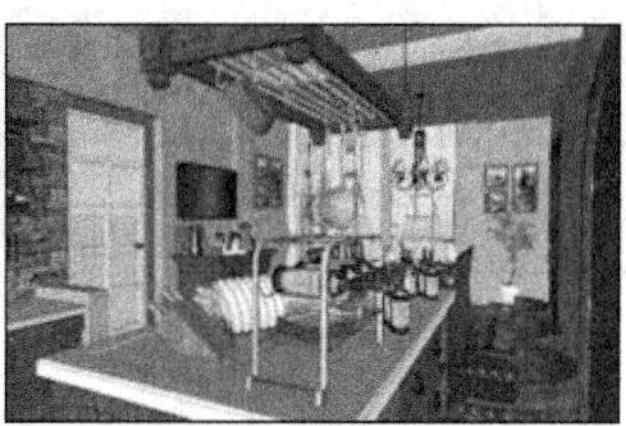
案例完成（便餐台角度）的效果

第 8 章：为欧式新古典风格别墅空间设计与表现（包括阳台、客厅、楼梯间、厨房以及餐厅五个空间），本章主要介绍了错层空间的设计与处理方法。区别于新中式开放空间注重纯空间设计的表现，本案例制作了更多的家具以及饰品细节。

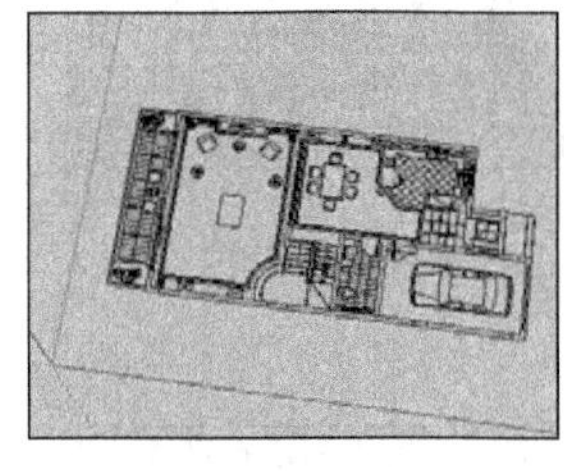
导入图纸

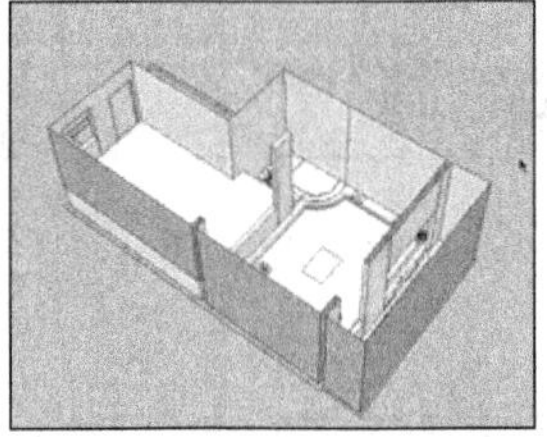
建立框架

细化门窗

细化空间立面

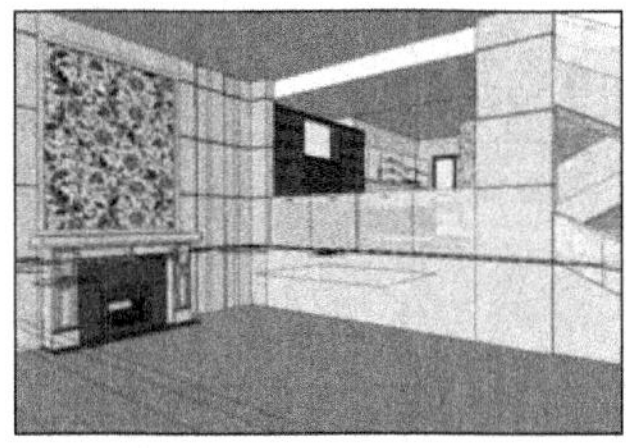
完成空间立面细化

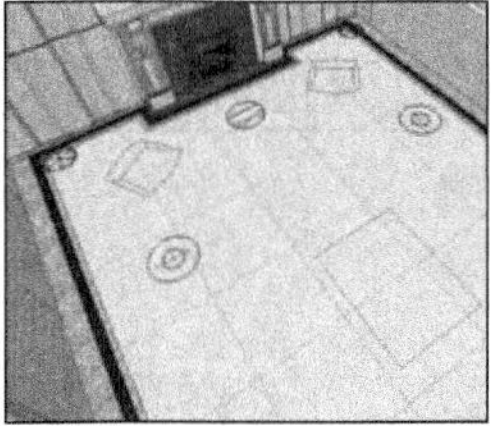
处理地面

处理顶棚

合并灯具与家具

合并饰品等模型

完成效果 1

完成效果 2

第 9 章：为欧式古典书房空间设计，该章讲解了从图纸导入、立面细化、顶棚与地面细化直至完成整个空间设计的方法与技巧。

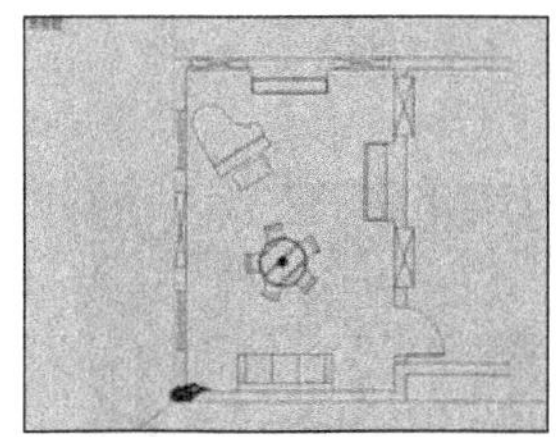
导入图纸分析建模思路

制作框架与高细节门窗

细化各立面设计

细化顶棚与地面完成空间设计

第 10 章：介绍了如何在 SketchUp 中导出 3ds 文件，然后导入至 3ds Max 中，结合 VRay 渲染器，经过贴图载入、摄影机确定、材质调整、模型合并以及灯光布置，制作出写实风格效果的方法与技巧。

SketchUp 导出 3ds 文件

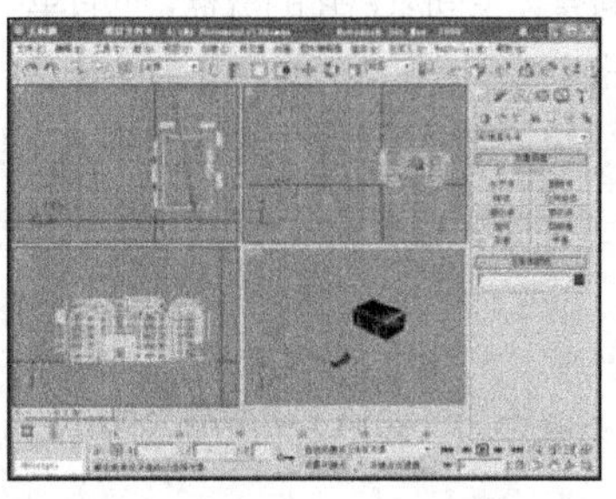
导入 3ds 文件至 3ds Max

载入贴图并确定摄影机视角

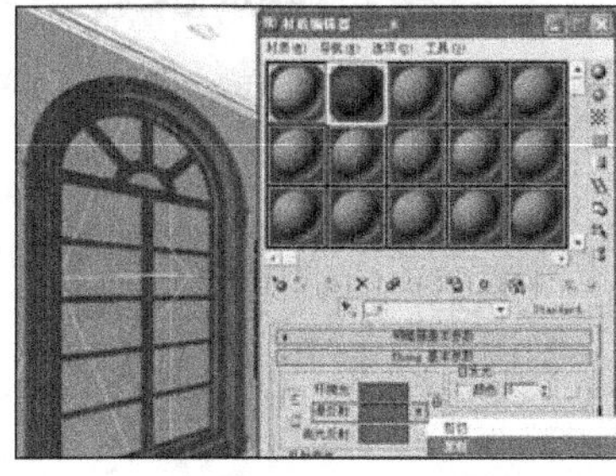
编辑材质效果

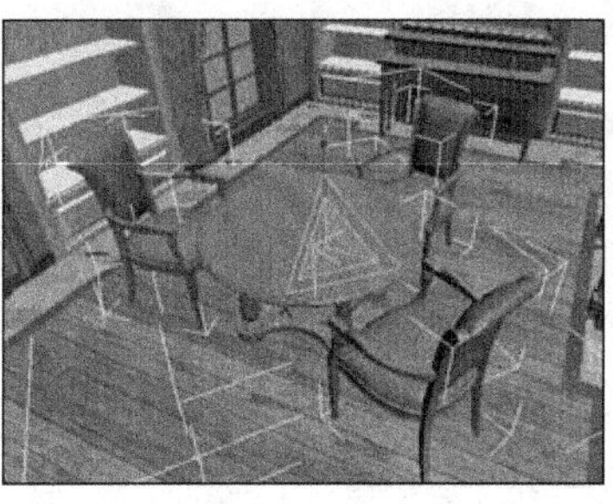
合并家具配饰

完成灯光制作的最终效果

第 11 章：介绍了在本书第 4 章制作的现代前卫风格户型图的基础上，通过场景完善、漫游设定以及输出，制作室内漫游动画的方法与技巧。

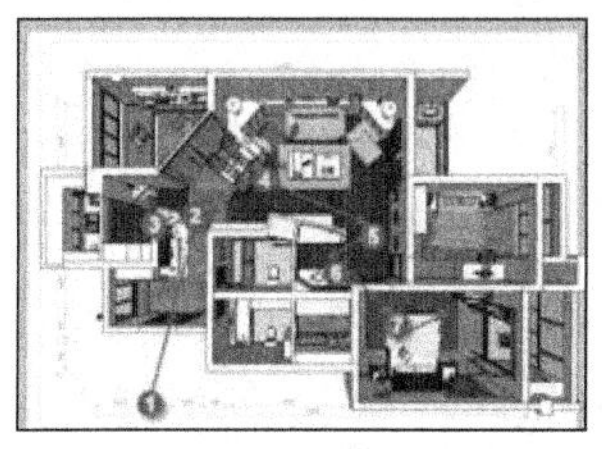
拟定漫游路径

完善场景

制作漫游效果

输出漫游效果

播放截屏 1

播放截屏 2

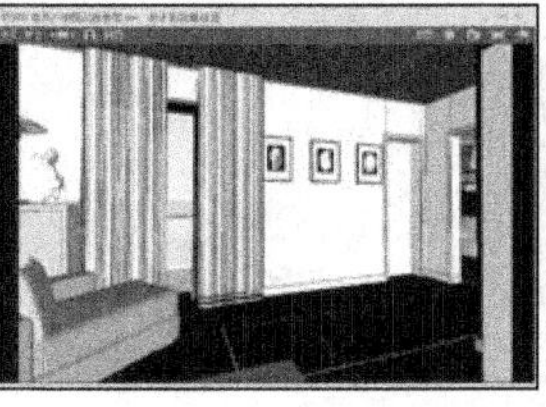
播放截屏 3

播放截屏 4

本书特色

本书所有的案例都是编者根据实际设计方案提炼而成的，具有极强的实用性，因此通过本书的学习，读者不但可以掌握 SketchUp 的操作方法，而且能全面提高在室内设计方面的设计与表现能力。

本书所选的案例都各具特点，首先在风格上选取了当今流行的现代前卫、地中海、新中式、田园、欧式新古典以及欧式古典六大风格，在内容上既有整体空间风格化的流程，也有单一空间精细写实化的方法；其次不论是整体空间还是单一空间，每个案例都做出了多角度的表现效果，内容详尽。这样做，既能使读者全面掌握当前室内设计的流行方法，也能在以后的工作中根据客户的要求选择性地制作项目内容，提高工作效率。

本书配套资源

本书物超所值，除了书本之外，还附赠素材、视频、模型等资源，扫描“资源下载”二维码即可获得下载方式。

读者可以先通过教学视频学习本书内容，然后对照书本加以实践和练习，以提高学习效率。

资源下载

本书编者

本书由麓山文化编著，参加编写的有陈志民、薛成森、江凡、张洁、马梅桂、戴京京、骆天、胡丹、陈运炳、申玉秀、李红萍、李红艺、李红术、陈云香、陈文香、陈军云、彭斌全、林小群、刘清平、钟睦、刘里锋、朱海涛、廖博、喻文明、易盛、陈晶、张绍华、黄柯、何凯、黄华、陈文轶、杨少波、杨芳、刘有良、刘珊、赵祖欣、齐慧明、毛琼健、宋瑾、江涛、袁圣超、江涛、袁圣超。

由于编者水平有限，书中错误、疏漏之处在所难免。在感谢您选择本书的同时，也希望您能够把对本书的意见和建议告诉我们。

读者服务邮箱：lushanbook@qq.com

读 者 QQ 群：327209040

麓山文化

目　录

第 1 篇　基础篇

第 1 章

快速熟悉 SketchUp 特点与软件界面

本章详细介绍了 SketchUp 软件的特点及工作界面。读者通过本章学习，可以对 SketchUp 有一个全面的了解和认识。

SketchUp 最初由@Last Software 公司开发，是一款直接面向设计方案创作过程的设计工具，其操作简单且便捷高效，能随着构思的深入不断增加设计细节，因此被形象地比喻为电脑设计中的“铅笔”，目前已经被广泛用于室内、建筑、园林景观以及城市规划等设计领域，如图 1-1~图 1-4 所示。

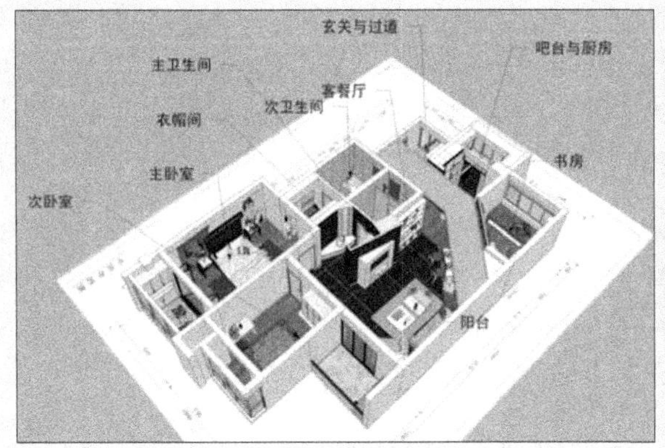

图 1-1　SketchUp 室内设计与表现

图 1-2　SketchUp 建筑设计与表现

图 1-3　SketchUp 园林景观设计与表现

图 1-4　SketchUp 城市规划设计与表现

本书通过完成当今较为流行的六大室内设计实例，即现代前卫、地中海、新中式开放式、田园、欧式新古典、欧式古典（结合 3ds Max 与 VRay 完成写实效果）风格的设计与表现，介绍了是 SketchUp 在室内设计与表现上的应用，各实例的部分效果如图 1-5 ~图 1-10 所示。

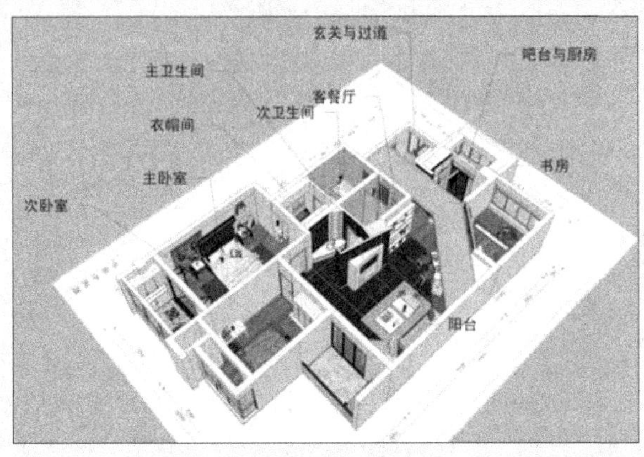

图 1-5　现代前卫风格户型设计与表现

图 1-6　地中海风格客厅及餐厅设计与表现

图 1-7　欧式新古典风格别墅空间设计与表现

图 1-8　欧式古典风格书房空间设计与表现

图 1-9　田园风格厨房及餐厅设计与表现

图 1-10　新中式开放式空间设计与表现

1.1 SketchUp 软件特点

1.1.1 直观的显示效果

利用 SketchUp 进行空间设计创作时，可以实现“所见即所得”，即在设计过程中的任何阶段都可以直接观察到当前成品的三维效果，并能通过转换不同的显示风格得到不同的观察效果，如图 1-11 与图 1-12 所示。因此，设计者在使用 SketchUp 进行设计创作时可以即时的与客户通过简单易懂的三维图形进行交流，从而免去了冗长而繁杂的渲染过程，使双方的交流变得更直接、高效。

图 1-11　SketchUp 单色显示效果

图 1-12　SketchUp 贴图显示效果

1.1.2 便捷的操作性

SketchUp 的操作界面简单直观，绝大部分功能都可以通过界面菜单与功能按钮快速完成，因此在制作与深化模型时不必进行太多的功能操作。如图 1-13 与图 1-14 所示。

由于操作便捷，因此 SketchUp 上手运用很快，经过一段时间的练习后，成熟的设计师即可快速摆脱软件操作的束缚，专心致力于设计理念的构思与实现。

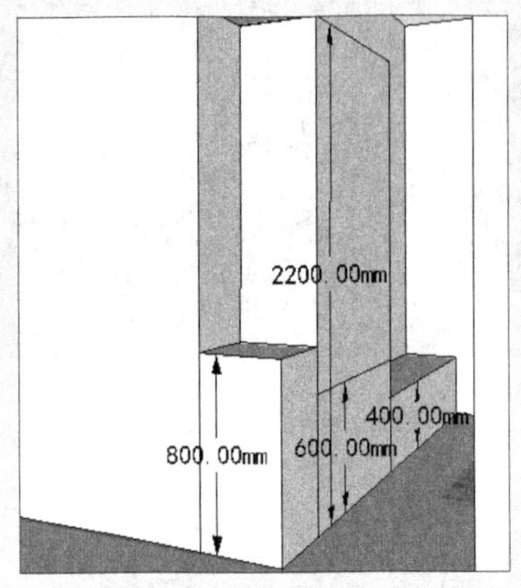

图 1-13　在 SketchUp 透视图直接创建模型轮廓

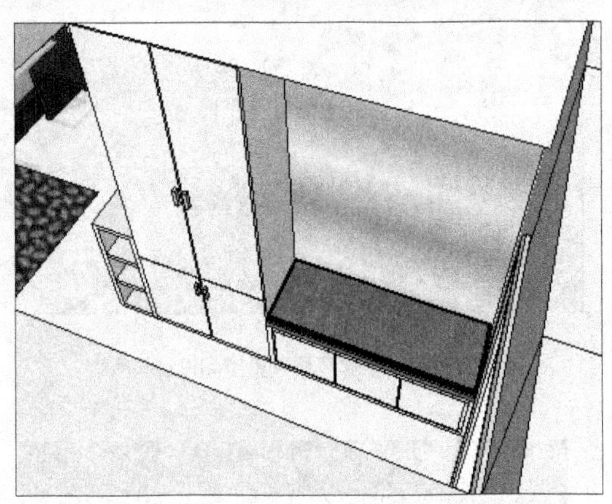

图 1-14　在 SketchUp 透视图上直接细化模型

1.1.3 优秀的方案深化能力

SketchUp 通常利用推拉、路径跟随等操作，将简单的二维图形转换为三维实体，能及时、直观地显示制作效果，因此使用 SketchUp 可以直接进行方案的建立、修改以及深化，直至完成最终效果，如图 1-15~图 1-20 所示。

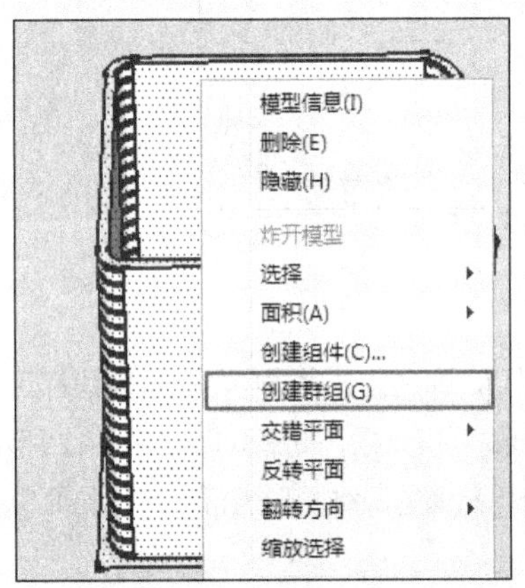

图 1-15　创建空间轮廓

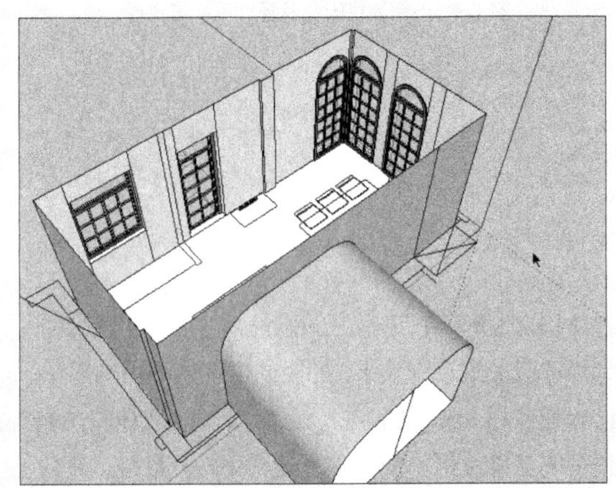

图 1-16　制作空间门窗

图 1-17　细化局部立面细节

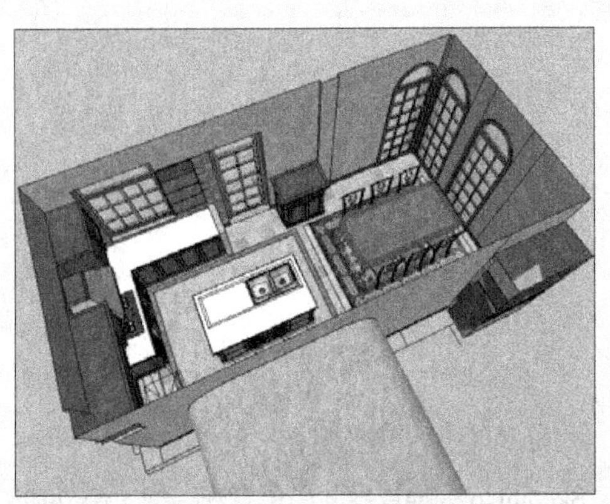

图 1-18　完成整体立面效果的制作

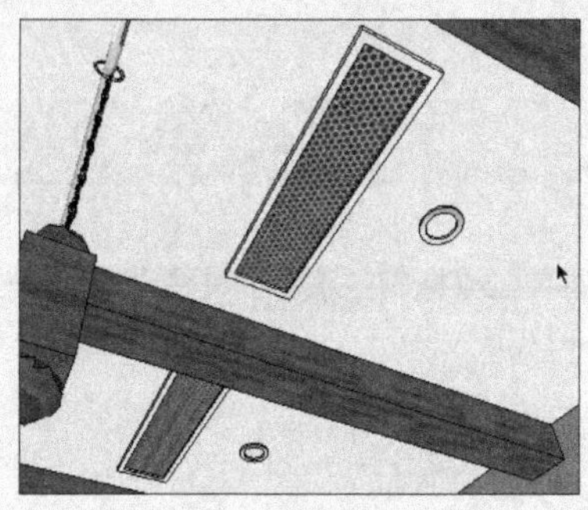

图 1-19　制作顶棚细节

图 1-20　完成方案的最终效果

1.1.4 全面的软件支持与互转

SketchUp 除了能独立设计与表现方案外，还能与 VRay、Piranesi（该软件常用于建筑、园林景观的后期处理）等渲染处理软件协作，共同实现如图 1-21 与图 1-22 所示多种风格的表现效果。

此外，SketchUp 与 AutoCAD、3ds Max、Revit 等常用的设计软件能十分快捷地进行文件转换与互用，满足多个设计领域的实际需求。

图 1-21　VRay 渲染效果

图 1-22　Prianesi 渲染效果

1.1.5 自主的二次开发功能

SketchUp 的使用者可以通过 Ruby 语言进行创建性应用功能的自主开发，以全面提升 SketchUp 的使用效率或突出其延伸功能，如图 1-23 与图 1-24 所示。

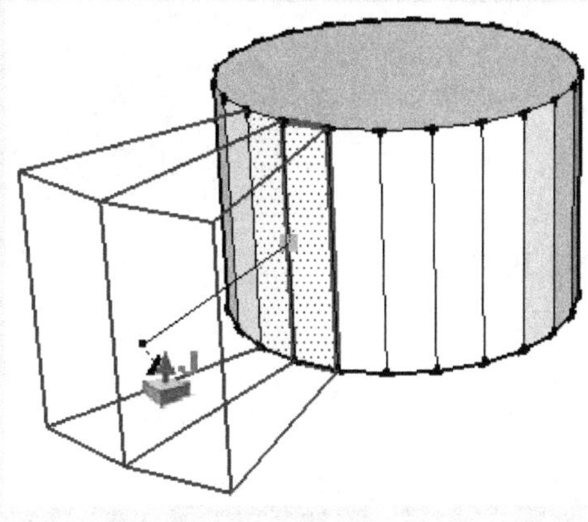

图 1-23　超级推拉插件

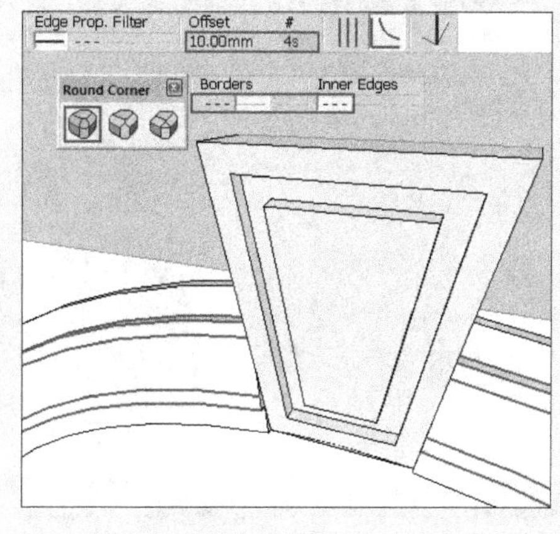

图 1-24　圆（倒）角插件

1.2 SketchUp 界面组成

SketchUp 2018 的默认工作界面十分简洁，如图 1-25 所示。其主要由【标题栏】、【工具栏】、【菜单栏】、【状态栏】、【数值输入框】、【窗口调整柄】以及中间空白处的【绘图区】构成。

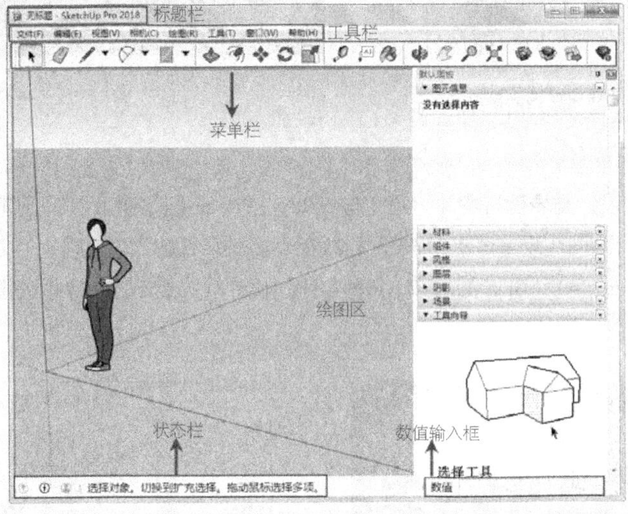

图 1-25　SketchUp 默认工作界面

注 意

首次双击桌面上的图标启动 SketchUp 2018 时，等待数秒钟，就可以看到 SketchUp Pro 2018 的用户欢迎界面，如图 1-26 所示。

SketchUp Pro 2018 的用户欢迎界面主要有【学习】、【许可证】和【模板】三个展开按钮，其功能主要如下。

- 学习：单击展开【学习】按钮，可从展开的面板中学习到 SketchUp 基本工具的操作方法，如直线的绘制、【推拉】工具的使用以及【旋转】工具等的操作。
- 许可证：单击展开【许可证】按钮，可从展开的面板中读取到用户名、授权序列号等正版软件使用信息。
- 模板：单击展开【模板】按钮，可以根据绘图任务的需要选择 SketchUp 模板，如图 1-27 所示。模板间最主要的区别是其单位的设置，此外在显示风格与颜色上也会有差别。

图 1-26　SketchUp 用户欢迎界面

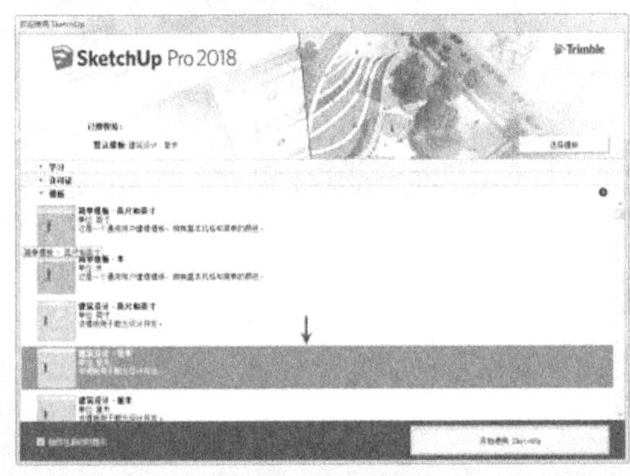

图 1-27　SketchUp 模板选择展开选项

1.2.1 标题栏

标题栏从左至右所显示的是当前文件的名称、软件版本号。

1.2.2 菜单栏

SketchUp 2018 菜单栏由【文件】、【编辑】、【视图】、【相机】、【绘图】、【工具】、【窗口】【扩展程序】(需要安装插件以后才能显示)以及【帮助】9 个主菜单构成，单击这些主菜单可以打开相应的子菜单以及次级主菜单，如图 1-28 所示。

1.2.3 主工具栏

默认状态下的 SketchUp 2018 仅有横向的【使用入门】工具栏，主要有【绘图】、【建筑施工】、【编辑】、【相机】等工具组按钮。通过执行【视图】/【工具栏】菜单命令，在弹出的工具栏选项板中可以调出或关闭某个工具栏，如图 1-29 所示。

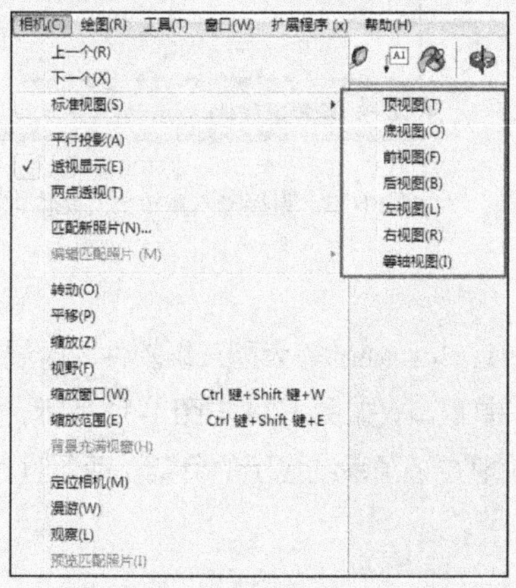

图 1-28 子菜单与次级子菜单

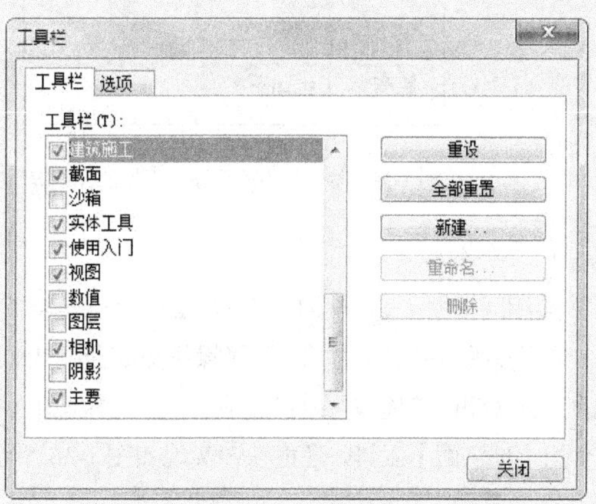

图 1-29 调出工具栏

技 巧

执行【窗口】/【默认面板】/【工具向导】菜单命令，如图 1-30 所示，即可打开【工具向导】动画面板观看操作演示，以方便初学者了解工具的功能和用法，如图 1-31 所示。要注意的是，此时默认显示的是选择工具的使用方法，若是其他工具则需要单击面板上的高级操作进入官方网页查看。

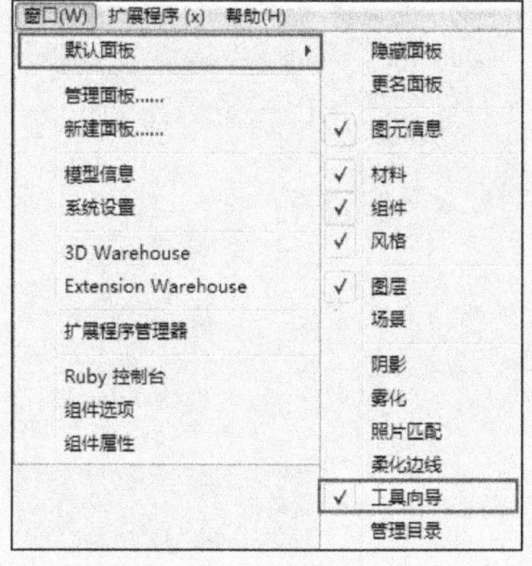

图 1-30 执行工具向导命令

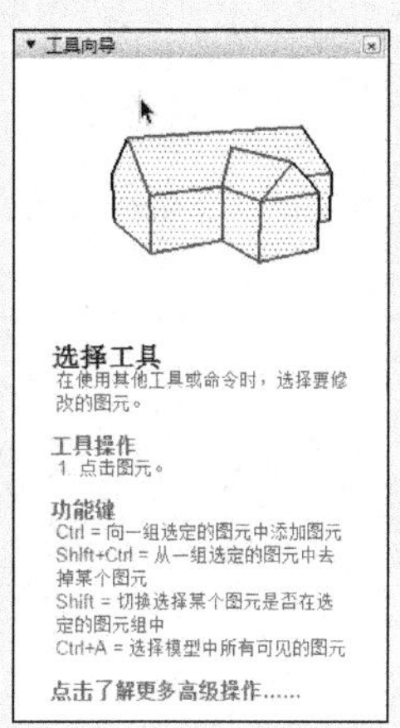

图 1-31 工具向导演示

1.2.4 状态栏

在绘图区进行任意操作，状态栏都会出现相应的文字提示，根据这些提示，如图 1-32 所示，操作者可以更准确地完成制图任务。

1.2.5 数值输入框

如果要创建数值精确的模型，可以在启用对应工具后通过键盘直接输入“长度”“半径”“角度”“个数”等数值（无需将光标置于数值输入框内），以准确指定操作量的大小，如图 1-33 所示。

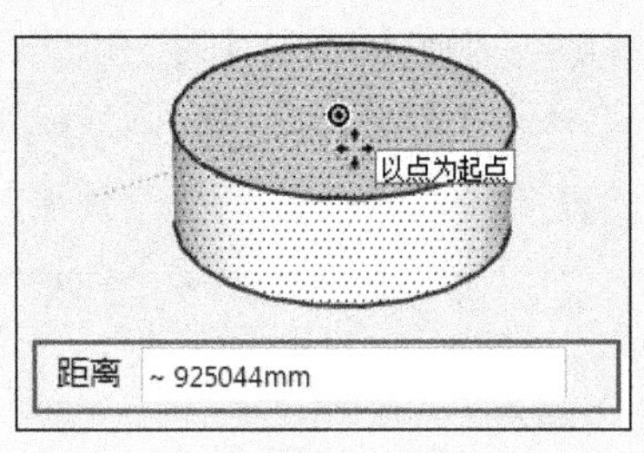

图 1-32　状态栏内关于移动工具的操作提示

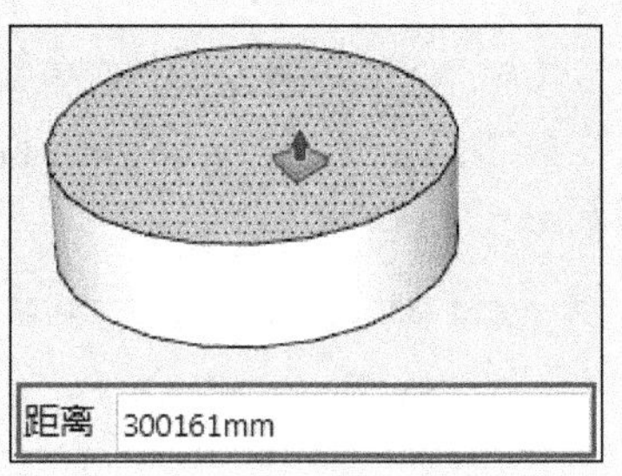

图 1-33　直接输入推拉出的距离数值

1.2.6 绘图区

绘图区占据了 SketchUp 工作界面的大部分空间，区别于 Maya、3ds Max 等大型三维软件同时展示了平、立、透视多视口的显示方式，为了操作更简捷，SketchUp 仅设置了单视口，如图 1-34 与图 1-35 所示，但通过对应的工具按钮或快捷键可以快速地进行各个视图的切换，同时有效地减轻了系统显示的负载。而通过 SketchUp 独有的【剖切面】工具，还能快速实现如图 1-36 所示的剖面效果。

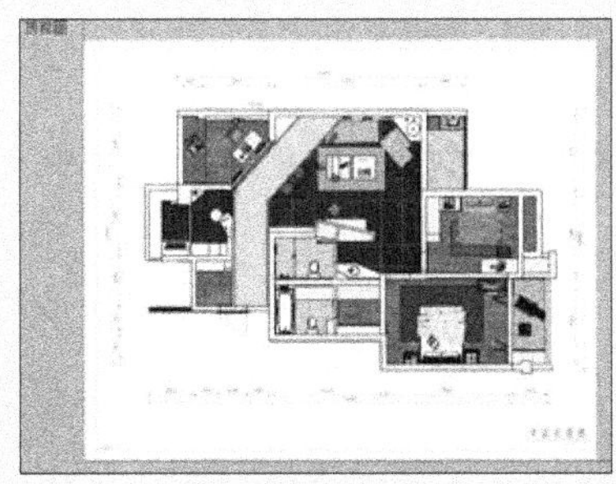

图 1-34　顶视图

图 1-35　透视图

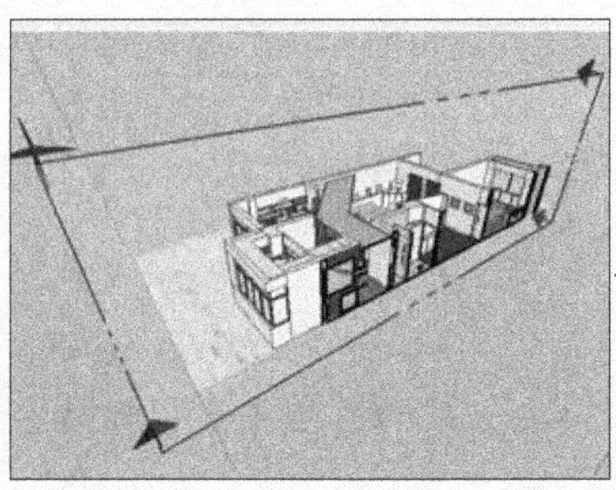

图 1-36　剖面效果

第 2 章

SketchUp 主要工具和基本操作

本章根据室内建模和效果表现的需要，选择性地介绍了 SketchUp 的主要工具、常用插件以及文件导入与导出功能，使读者能以最短的时间、最佳的效率熟悉并掌握 SketchUp 软件在室内设计方面的常用工具和基本操作。

2.1 SketchUp 绘图工具栏

SketchUp 2018 的【绘图】工具栏如图 2-1 所示，包含了【矩形】、【直线】、【圆】、【圆弧】、【多边形】和【手绘线】等 10 种二维图形绘制工具。

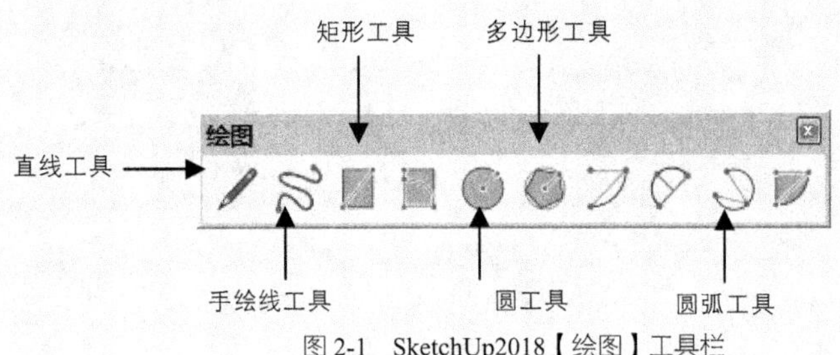

图 2-1 SketchUp2018【绘图】工具栏

绘制出精确的二维平面图形是最终建好三维模型的前提。在 SketchUp 中，三维模型都是通过“二维转三维”的步骤建立而成，即先创建平面图纸，然后通过推/拉、路径跟随等操作制作三维实体。接下来便开始学习【绘图】工具栏中各个二维绘图工具的使用方法与技巧。

2.1.1 矩形创建工具

【矩形】创建工具通过两个对角点的定位生成规则的矩形，绘制完成将自动生成封闭的矩形平面。【旋转矩形】工具 通过指定矩形的任意两条边和角度，即可绘制任意方向的矩形。单击【绘图】工具栏中的 / 按钮或执行【绘图】|【形状】|【矩形】、【旋转长方形】菜单命令，均可启用该命令。

接下来，将通过【矩形】、【旋转矩形】工具详细地介绍在 SketchUp 中创建矩形的各种方法与技巧。对于其他绘图工具的使用方法则不再详细介绍。

技巧

【矩形】创建工具的默认快捷键为“R”。

1. 通过鼠标新建矩形

01 启用【矩形】绘图命令，待光标变成 时在绘图区单击，确定矩形的第一个角点，然后向任意方向拖动鼠标以确定第二个角点，如图 2-2 所示。

02 确定第二个角点位置后再单击即绘制完矩形。要注意的是，绘制完成后 SketchUp 会自动将其生成一个等大的矩形平面，如图 2-3 所示。

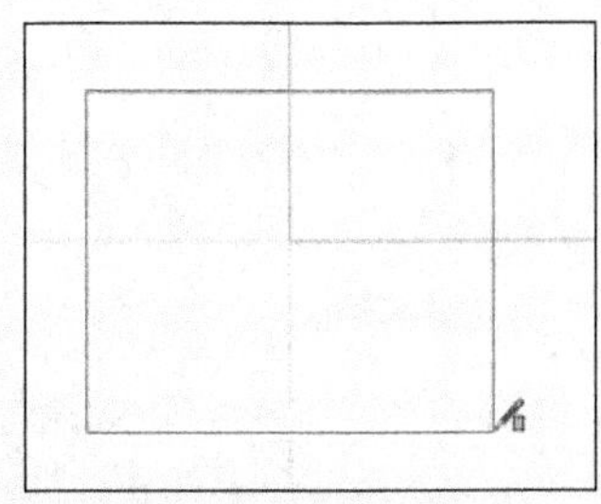

图 2-2 绘制矩形

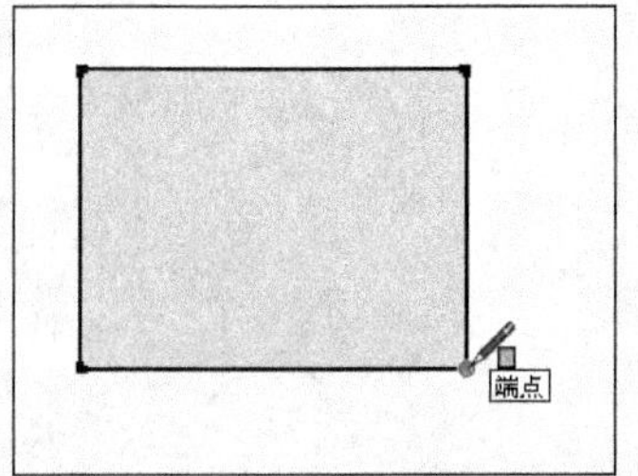

图 2-3 自动生成等大的矩形平面

2. 通过输入新建矩形

在没有参考图纸可供捕捉时，直接使用鼠标将难以完成准确尺寸的矩形的绘制。此时便需要结合输入的方法进行精确图形的绘制，其操作步骤如下：

01 启用【矩形】绘图命令，待光标变成✎时在绘图区单击确定矩形的第一个角点，然后在尺寸标注内输入长、宽的数值（注意中间要使用逗号进行分隔），如图 2-4 所示。

02 输入完长、宽数值后，按 Enter 键进行确认，即可生成准确大小的矩形，如图 2-5 所示。

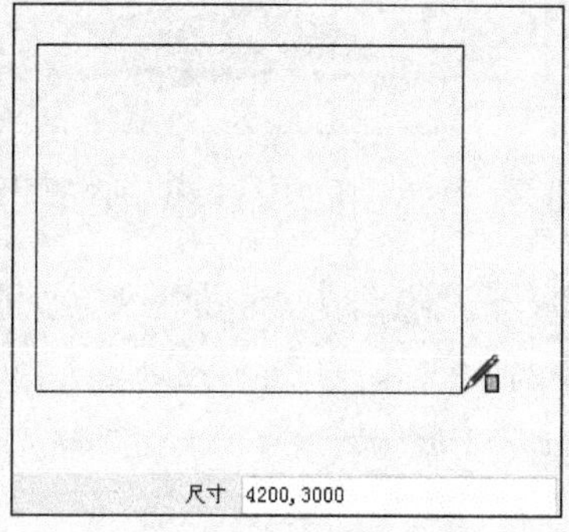

图 2-4　输入长、宽数值

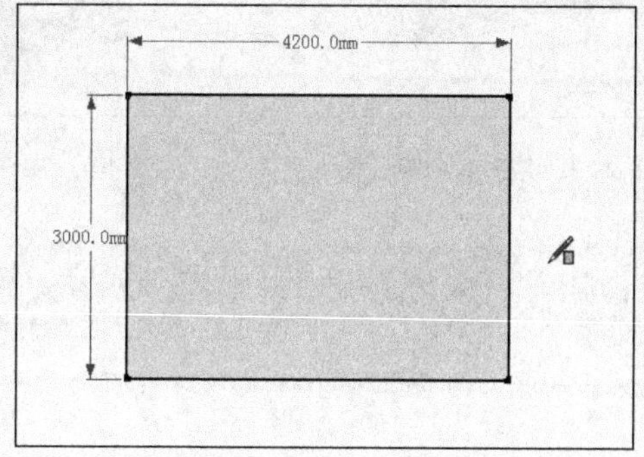

图 2-5　矩形绘制完成

3. 绘制任意方向上的矩形

SketchUp 2018 的旋转矩形工具能在任意角度绘制离轴矩形（并不一定要在地面上），这样不仅方便了绘制图形，还可以节省大量的绘图时间。

01 调用【旋转矩形】绘图命令，待光标变成时，在绘图区单击确定矩形的第一个角点，然后拖拽光标至第二个角点，确定矩形的长度，然后将鼠标往任意方向移动，如图 2-6 所示。

02 找到目标点后单击，即可完成立面矩形绘制，如图 2-7 所示。重复命令，操作绘制任意方向的矩形，如图 2-8 所示。

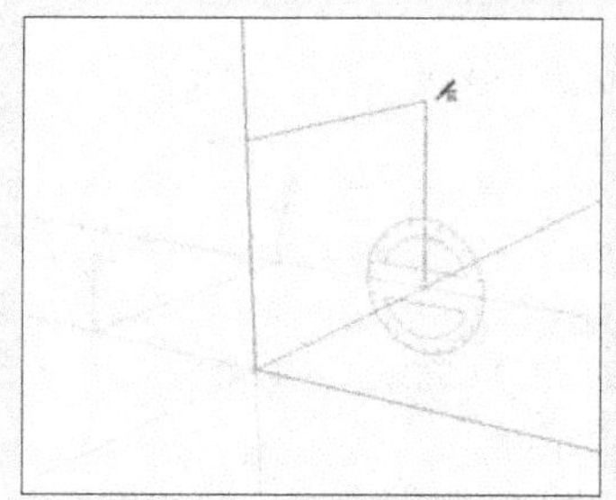

图 2-6　绘制矩形长度

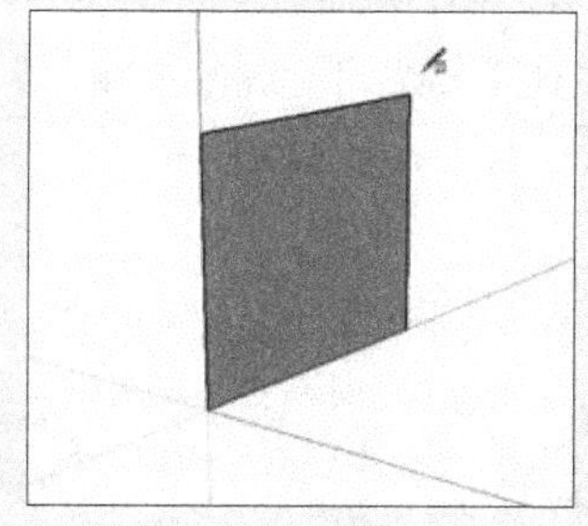

图 2-7　绘制立面矩形

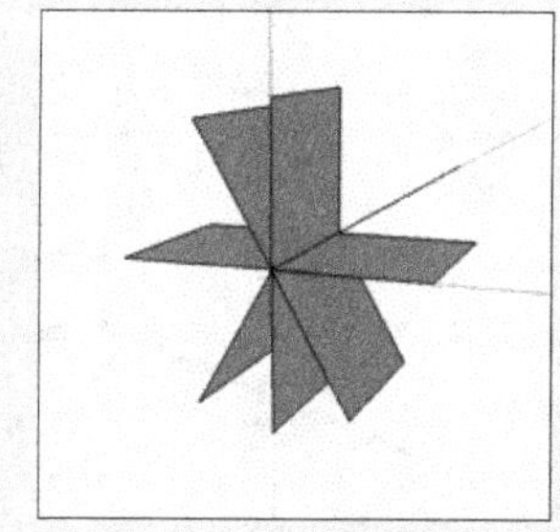

图 2-8　绘制任意方向的矩形

4. 绘制空间内的矩形

除了可以绘制轴方向上的矩形，SketchUp 还允许用户直接绘制处于空间任何平面上的矩形，具体方法如下：

01 启用【旋转矩形】绘图命令，待光标变成时，移动鼠标确定矩形第一个角点在平面上的投影点。

02 将鼠标往 Z 轴上方移动，同时按 Shift 键锁定轴向确定空间内的第一个角点，如图 2-9 所示。

03 确定空间内第一个角点后，即可自由绘制空间内平面或立面矩形，如图 2-10 与图 2-11 所示。

技巧

如果当鼠标放置于某个"面"上并出现"在表面上"的提示后，按住Shift键不但可以进行轴向的锁定，还可以将所要画的点或其他图形锁定在该表面内进行创建。

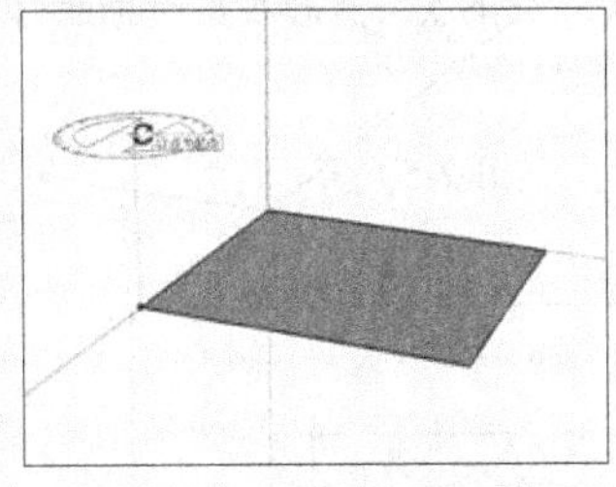

图 2-9　找到空间内的矩形角点

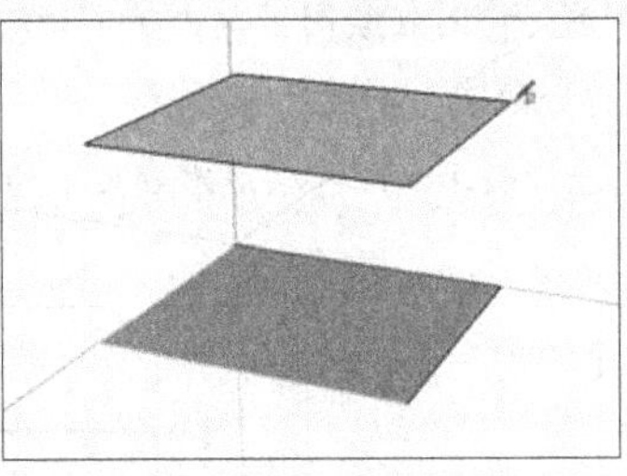

图 2-10　绘制空间内平面矩形

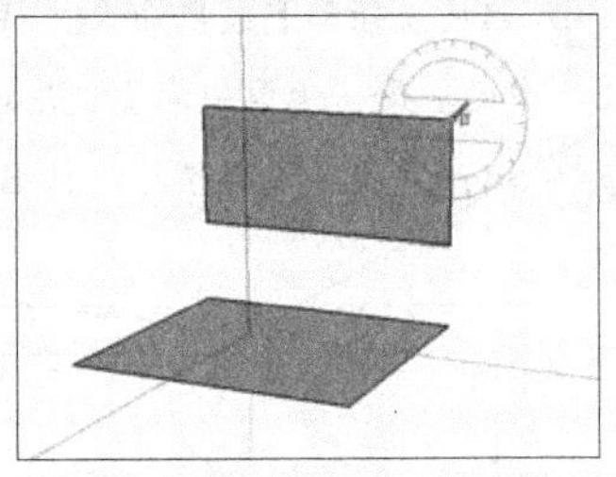

图 2-11　绘制空间内立面矩形

注意

在绘制空间内的矩形时，一定要通过蓝色轴线确定第一个角点的位置，否则如图 2-12 与图 2-13 所示只能绘制在同一平面内的矩形。此外，可在已有的"面"上直接绘制矩形以进行面的分割，如图 2-14 所示。

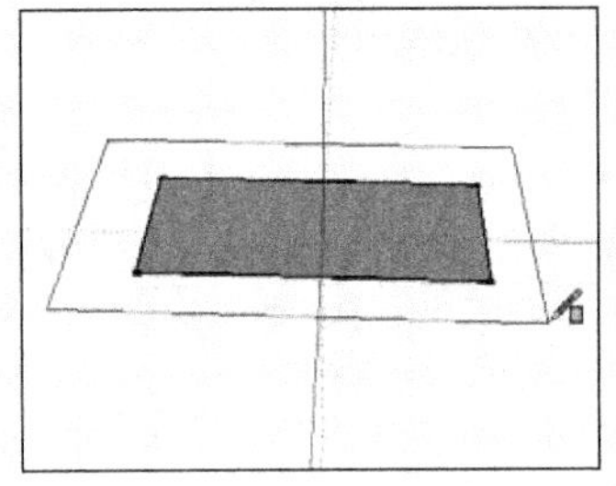

图 2-12　未出现蓝色轴线

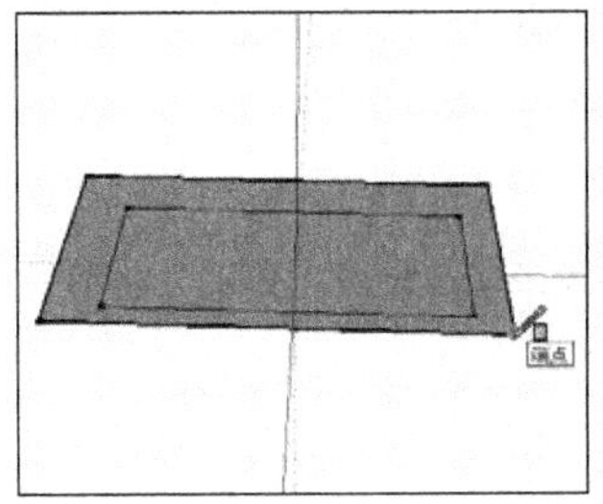

图 2-13　绘制完成效果

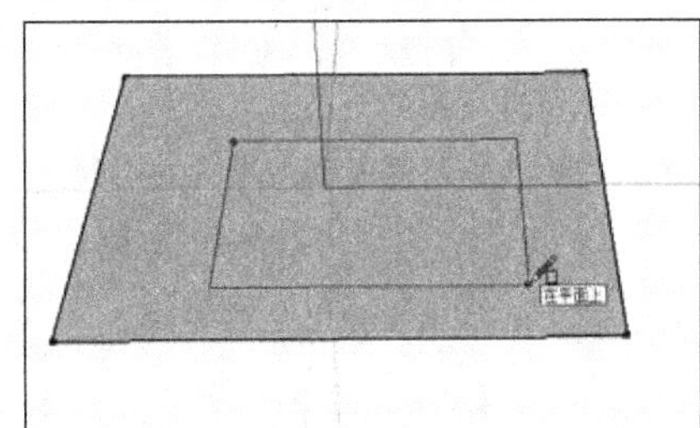

图 2-14　用矩形分割表面

5. 锁定表面法线绘制空间内的矩形

利用键盘上的方向键，可以锁定绘制方向，从而创建空间内的矩形。

01 启用【矩形】绘图命令，按下键盘上的↑键，锁定蓝轴。单击指定起点与对角点，如图 2-15 所示。

02 在合适的位置单击，绘制矩形，结果如图 2-16 所示。

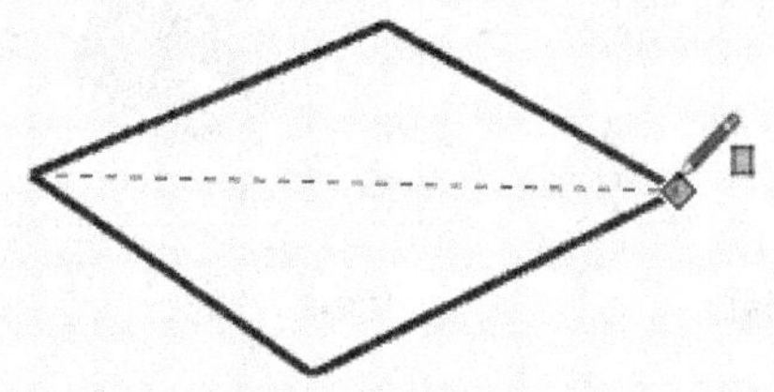

图 2-15　指定对角点

图 2-16　绘制矩形

03 按下键盘上的←键，锁定绿轴。将光标置于矩形的右下角点，指定新的端点，如图 2-17 所示。

04 向左移动矩形，指定另一端点，如图 2-18 所示。

05 向上移动鼠标，指定第三端角点，如图 2-19 所示。

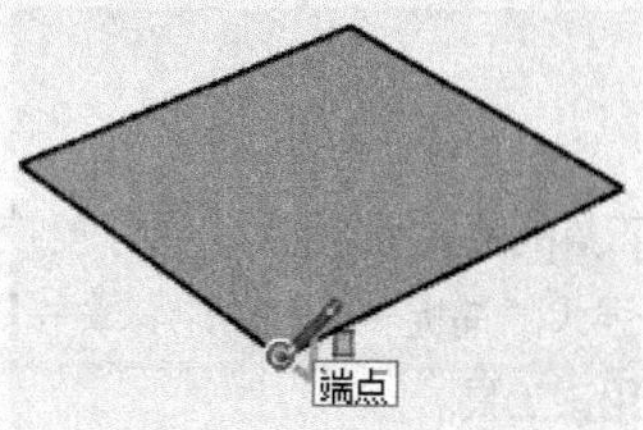

图 2-17　指定端点

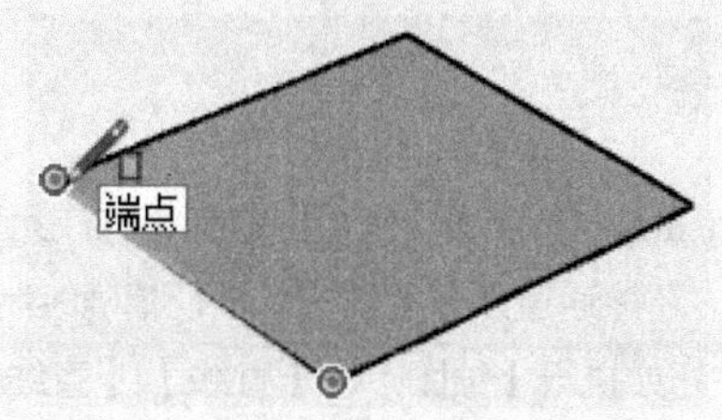

图 2-18　指定另一端点

06 在合适的位置单击，绘制矩形，结果如图 2-20 所示。

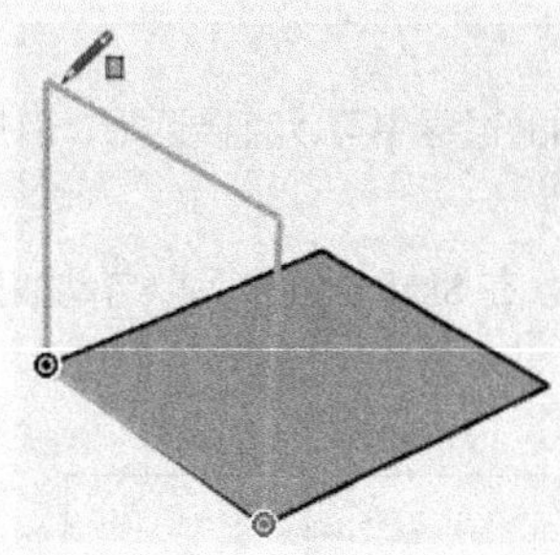

图 2-19　指定第三个端点

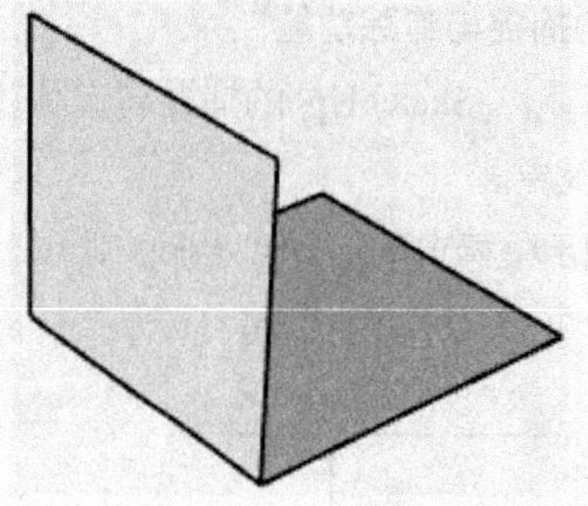

图 2-20　绘制矩形

07 按下键盘上的→键，锁定红轴。依次指定角点，如图 2-21 所示。

08 调整视图方向，查看绘制矩形的效果，如图 2-22 所示。

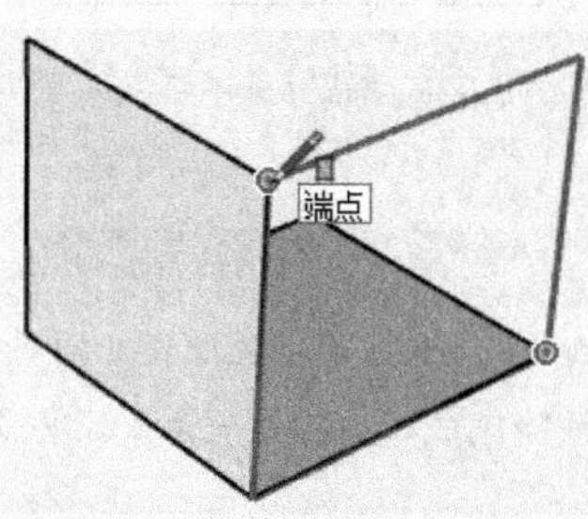

图 2-21　指定端点

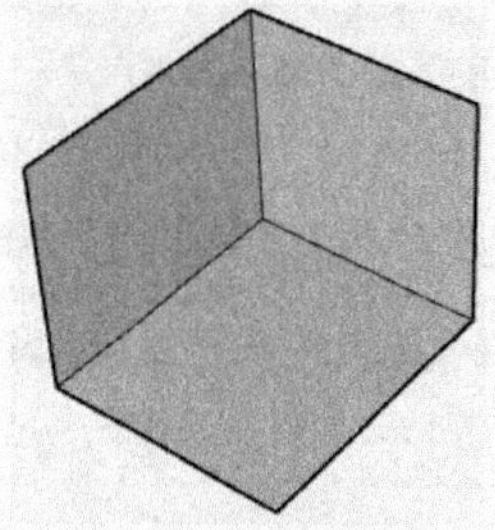

图 2-22　查看绘制矩形的效果

09 按下键盘上的↓键，系统将自动高亮显示在上一步骤中所绘制的矩形。同时指定端点，切换绘制方向，与亮显的矩形平行，如图 2-23 所示。

10 指定角点，绘制平行矩形，结果如图 2-24 所示。

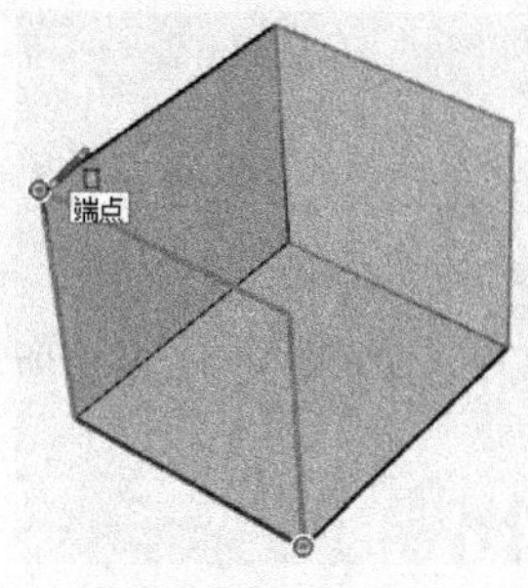

图 2-23　指定端点

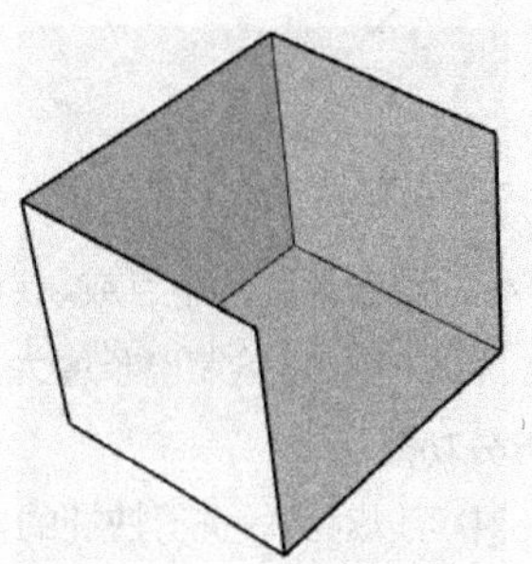

图 2-24　绘制平行矩形

2.1.2 直线工具

在 SketchUp 中，"线"是模型的最小构成元素，因此【直线】工具的功能十分强大，除了能使用鼠标直接进行绘制外，还能通过尺寸、坐标点进行精确绘制，此外还具有十分强大的捕捉与追踪功能。单击【绘图】工具栏中的 按钮或执行【绘图】|【直线】|【直线】菜单命令均可启用该工具。

技 巧

【直线】创建工具默认的快捷键为"L"。

1. 直线的捕捉与追踪功能

默认状况下， SketchUp 的捕捉与追踪功能都已经设置好，在绘图的过程中可以直接运用，以提高绘图的准确度与工作效果。

捕捉即利用鼠标自动定位到图形的端点、中点、交点等特殊几何点。在 SketchUp 中可以自动捕捉到线段的端点与中点，如图 2-25 与图 2-26 所示。

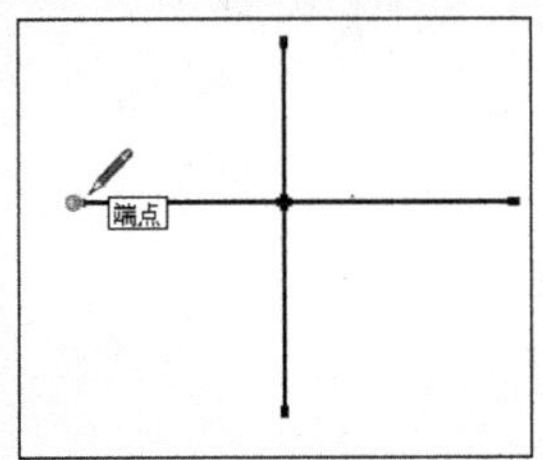

图 2-25 捕捉线段端点

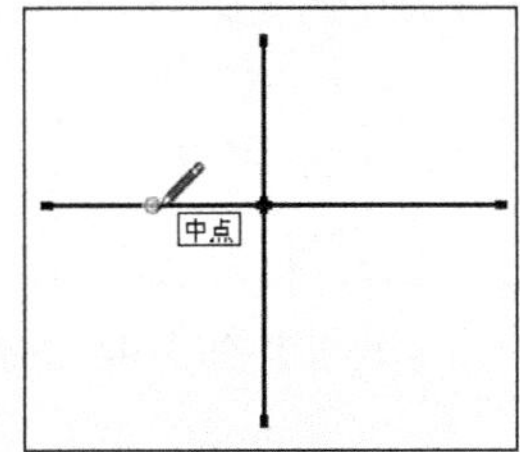

图 2-26 捕捉线段中点

注 意

相交线段在交点处将一分为二，因此线段中点的位置与数量会如图 2-26 所示发生改变，同时也可以如图 2-27 与图 2-28 所示进行分段删除。此外，如果其中一条相交线段删除完成，则另外一条线段将恢复原状，如图 2-29 所示。

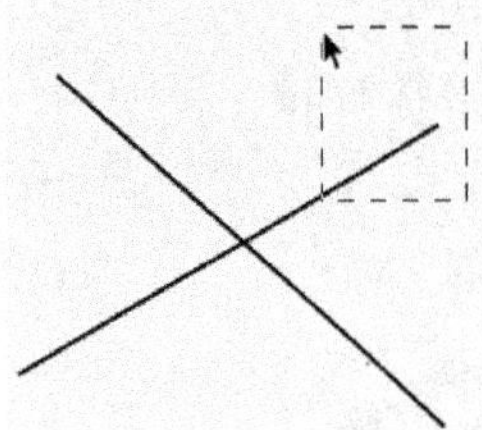

图 2-27 删除右侧线段

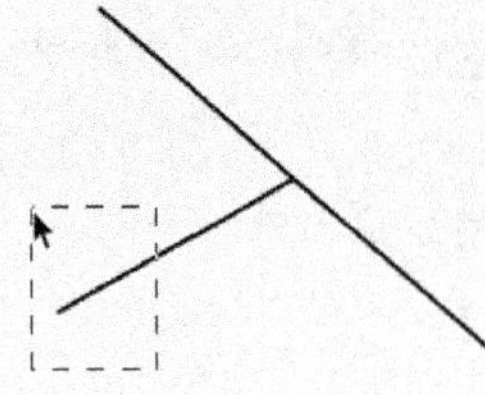

图 2-28 删除左侧线段

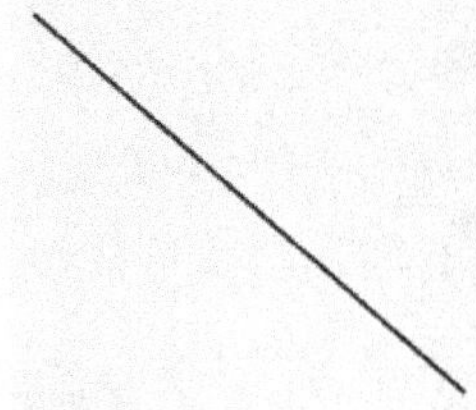

图 2-29 恢复单条线段

此外，将鼠标放置到直线的中点或端点，然后在垂直或水平方向上移动鼠标即可进行追踪。通过对直线端点与中点的跟踪，可以轻松地绘制出长度为其一半且与之平行的另一条线段，如图 2-30~图 2-32 所示。

2. 线段的拆分功能

在 SketchUp 中可以对线段进行快捷的拆分操作，具体的步骤如下：

01 选择创建好了的线段，单击鼠标右键选择【拆分】命令，如图 2-33 所示。

02 系统默认将线段拆分为 2 段，如图 2-34 所示；向上轻轻推动鼠标，即可逐步增加拆分段数，如图 2-35

所示。

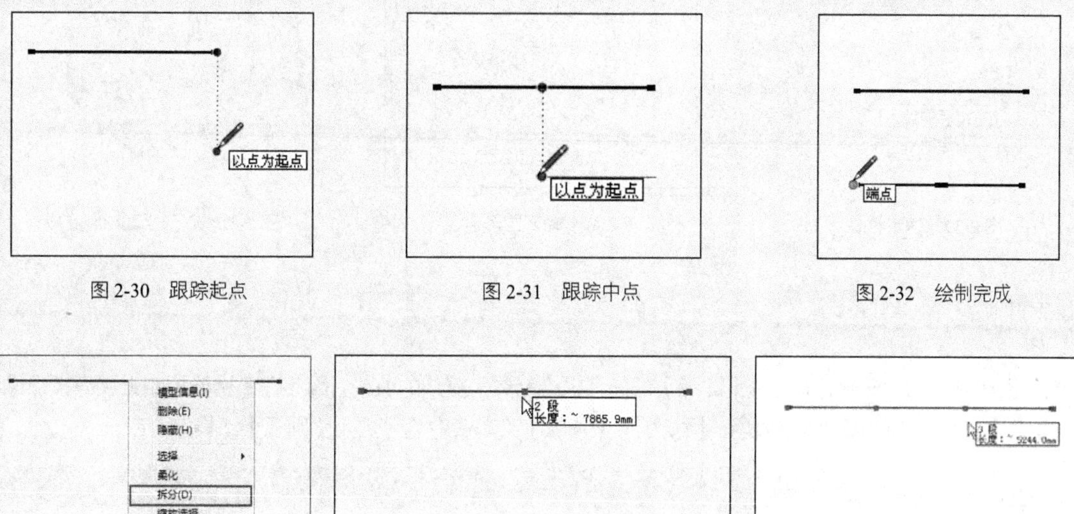

图 2-30　跟踪起点　　图 2-31　跟踪中点　　图 2-32　绘制完成

图 2-33　选择【拆分】命令　　图 2-34　拆分为 2 段　　图 2-35　拆分为 3 段

2.1.3 圆形工具

圆形广泛应用于各种设计。单击 SketchUp【绘图】工具栏中的按钮，或执行【绘图】|【形状】|【圆】菜单命令均可启用【圆】工具。

技 巧

【圆】创建工具的默认快捷键为“C”。

01 启用【圆】绘图命令，待光标变成时在绘图区单击确定圆心位置，如图 2-36 所示。

02 拖动鼠标，拖出圆形的半径后再次单击即可创建出圆形平面，如图 2-37 与图 2-38 所示。

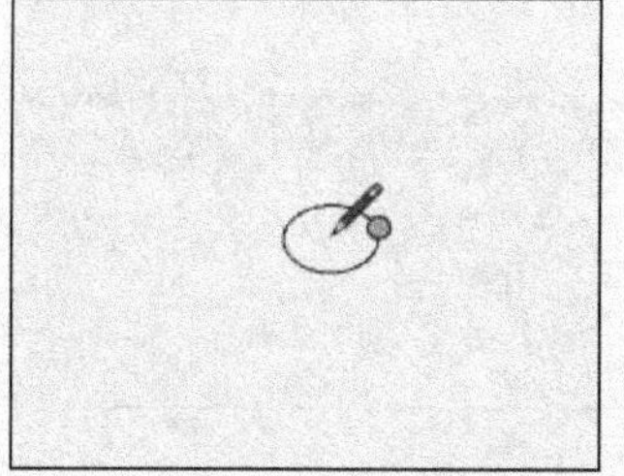

图 2-36　确定圆心

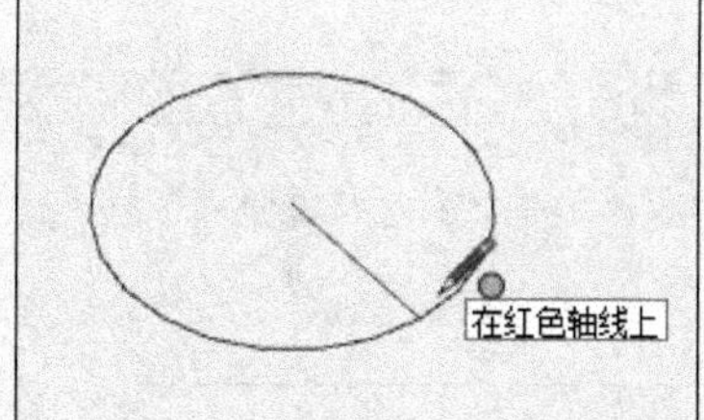

图 2-37　拖出半径大小

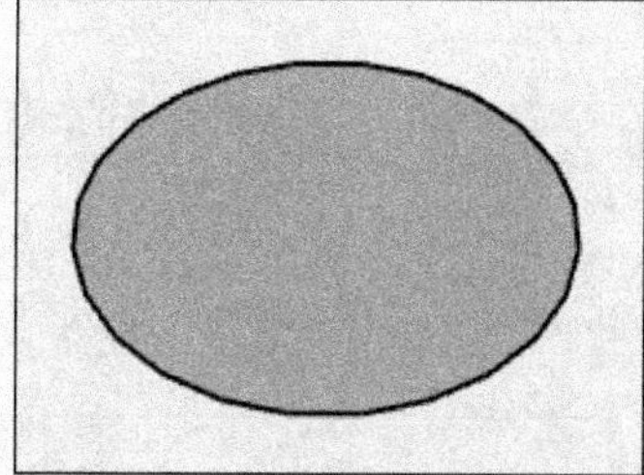

图 2-38　圆形平面绘制完成

技 巧

在三维软件中，圆除了半径这个几何特征外，还有边数特征。边数越大圆越平滑，所占用的内存也越大。在 SketchUp 中也是如此。在 SketchUp 中，如果要设置边数，则在确定好圆心后输入“数量 s”即可，如图 2-39~图 2-41 所示。

注 意

关于三维视图内的立面以及空间圆形的绘制，读者可参考【矩形】一节中的内容，本节不再赘述。

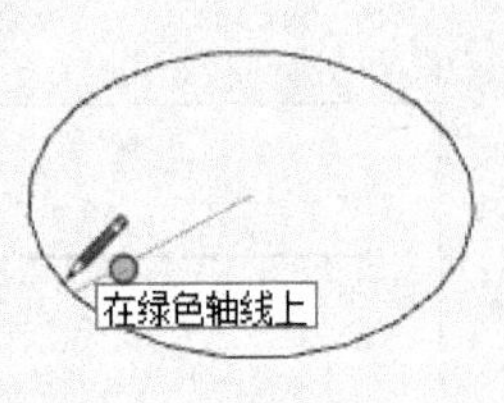

图 2-39　确定圆心

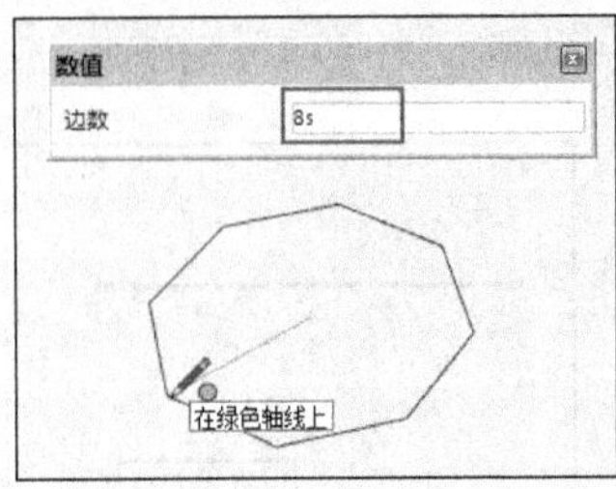

图 2-40　输入圆形边数

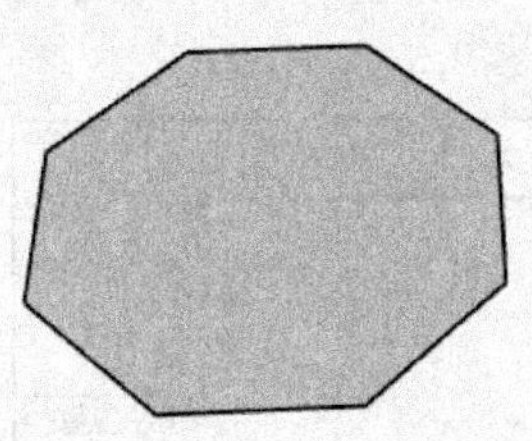
图 2-41　圆形平面绘制完成

2.1.4 圆弧工具

圆弧虽然只是圆的一部分，但其【圆弧】工具可以绘制更为复杂的曲线，因此在使用与控制上更有技巧性。单击【绘图】工具栏中的按钮或执行【绘图】/【圆弧】菜单命令均可启用【圆弧】工具。

注 意

【圆弧】创建工具的默认快捷键为“A”。

1. 两点圆弧工具

01 启用【圆弧】绘图命令，待光标变成时在绘图区单击确定圆弧起点，如图 2-42 所示。

02 拖动鼠标，拉出圆弧弦长后再次单击，往左或往右拉出凸距即可创建相应圆弧，如图 2-43 与图 2-44 所示。

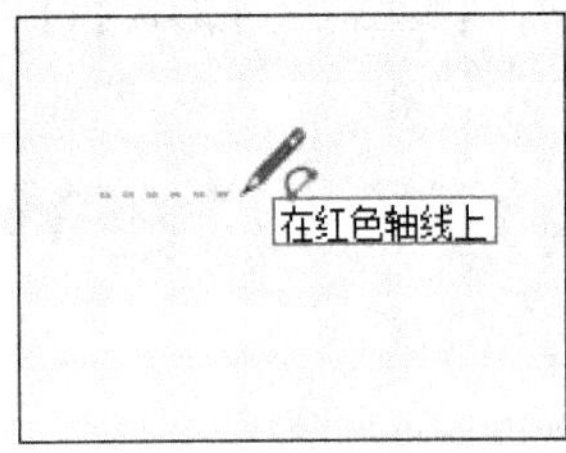

图 2-42　确定圆弧起点

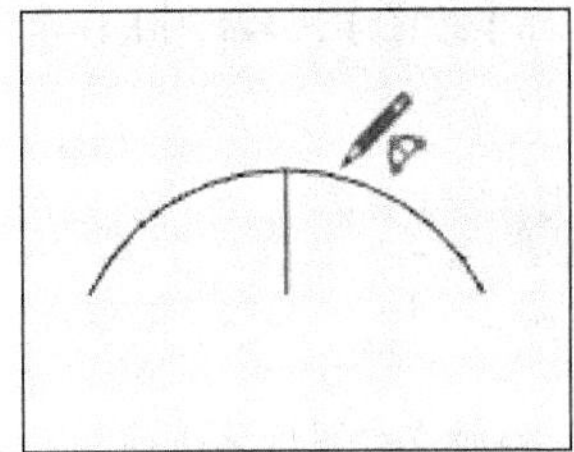
图 2-43　拉出圆弧弦长

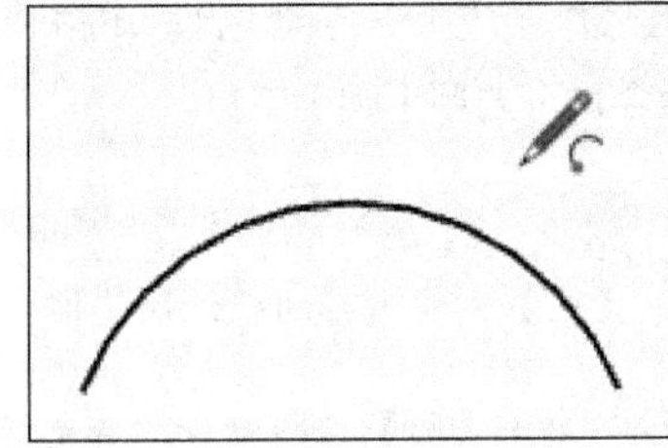
图 2-44　圆弧绘制完成

技 巧

如果要绘制半圆弧段，则需要在拉出弧长后往左或往右移动鼠标，待出现“半圆”提示时再单击确定，如图 2-45~图 2-47 所示。

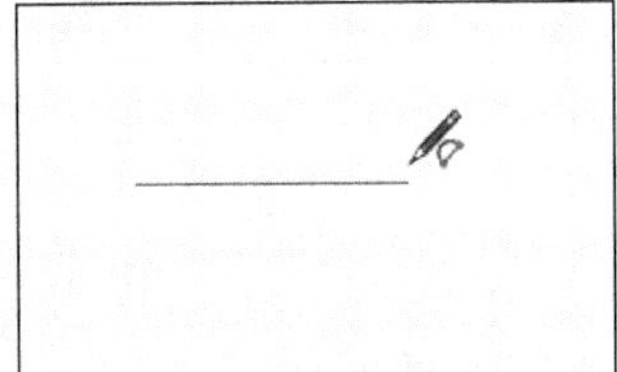
图 2-45　确定圆弧起点

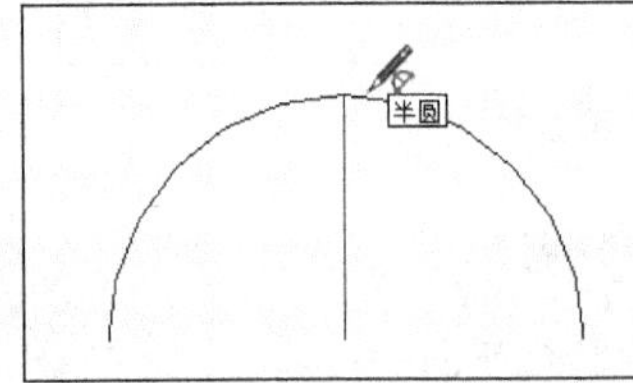

图 2-46　确定绘制半圆

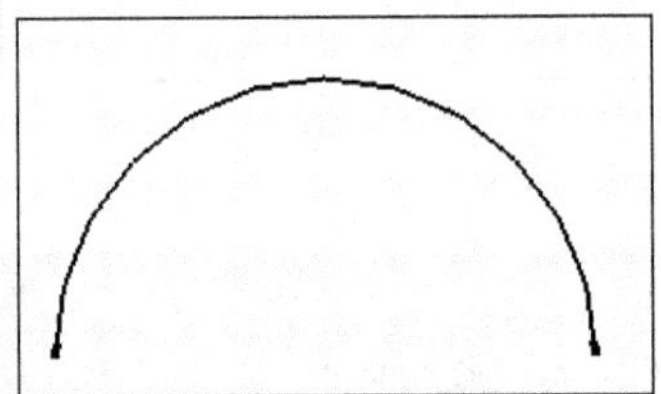
图 2-47　半圆绘制完成

技 巧

如果要绘制与已知图形相切的圆弧，则首先需要保证圆弧的起点位于某个图形的端点外，然后移动光标拉出凸距，当出现“正切到顶点”的提示时单击确定，即可创建相切圆弧，如图 2-48~图 2-50 所示。

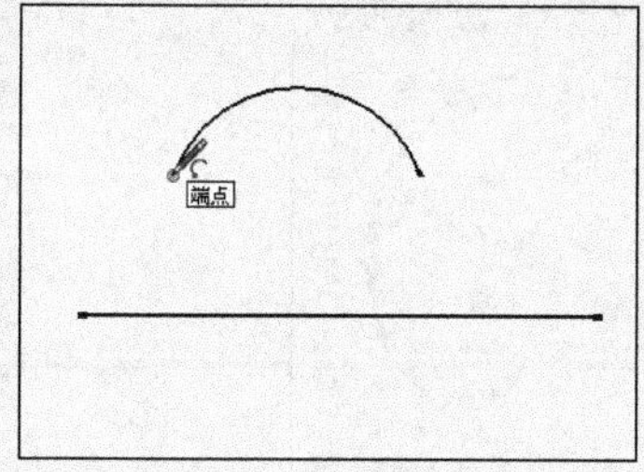

图 2-48　确定圆弧起点

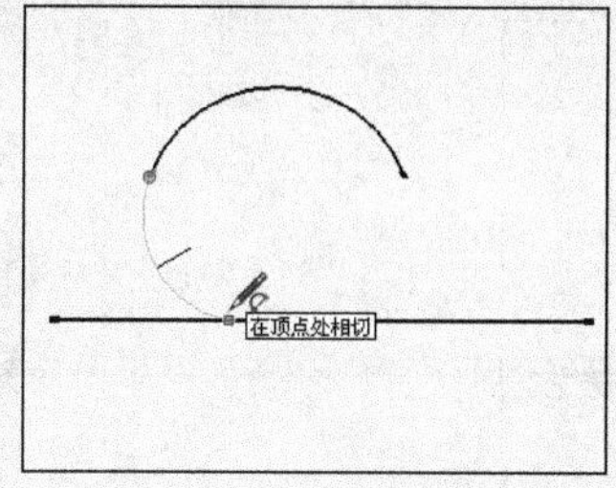

图 2-49　确定在顶点正切

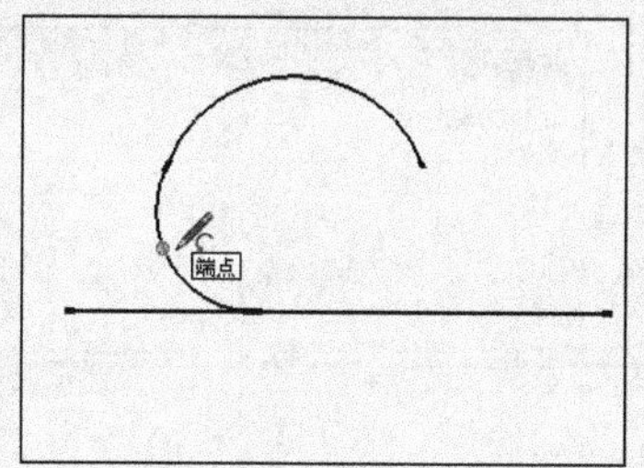

图 2-50　相切圆弧绘制完成

2. 其余三种圆弧工具

默认的 2 点弧形工具允许用户先选取两个终点，然后选取第三个点来定义“凸出部分”。【圆弧】工具则通过先选取弧形的中心点，然后在边缘选取两个点，根据其角度定义用户的弧形，如图 2-51 所示。【扇形】工具以同样的方式运行，但生成的是一个扇形面，如图 2-52 所示。【3 点画弧】工具则通过先选取弧形的中心点，然后在边缘选取两个点，根据其角度定义用户的弧形，如图 2-53 所示。

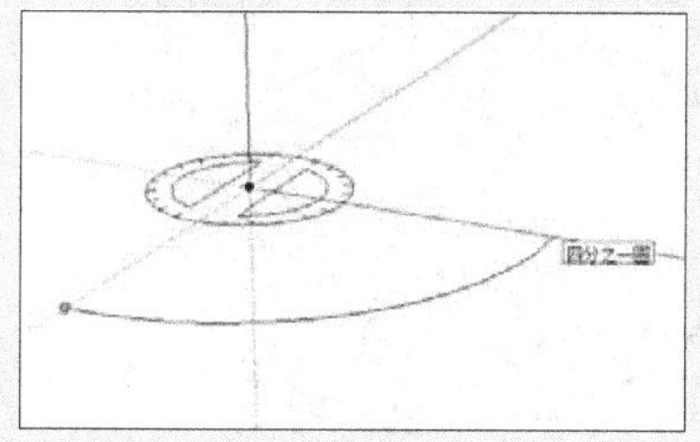

图 2-51　【圆弧】工具绘制圆弧

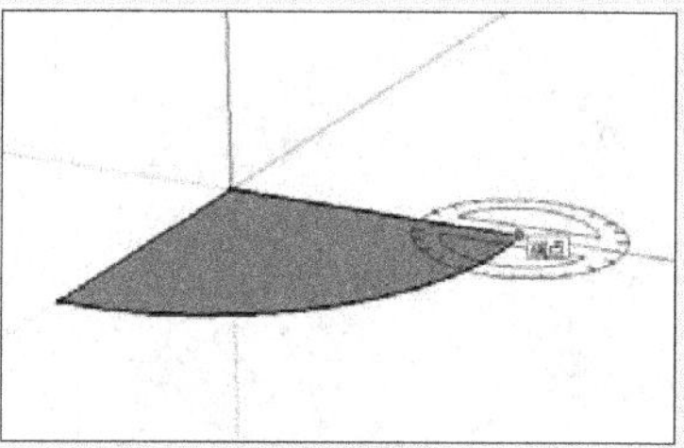

图 2-52　【扇形】工具绘制扇形

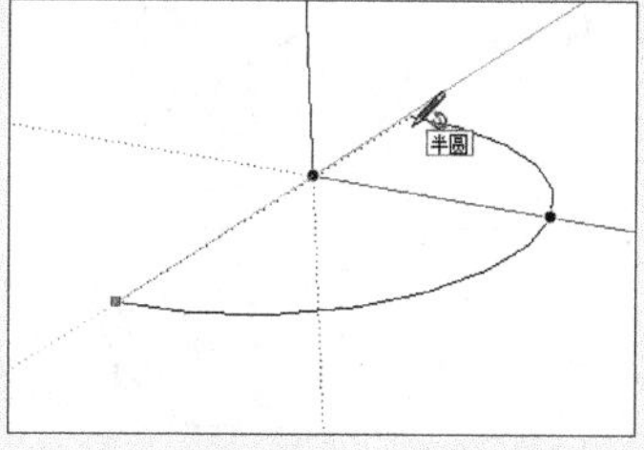

图 2-53　【3 点画弧】工具绘制圆弧

2.1.5 多边形工具

在 SketchUp 中使用【多边形】工具可以绘制边数在 3~100 间的任意正多边形，单击【绘图】工具栏中的按钮或执行【绘图】/【多边形】菜单命令均可启用该工具。接下来以绘制正 12 多边形为例讲解该工具的使用方法。

01 启用【多边形】绘图命令，待光标变成时，在绘图区单击确定中心点，如图 2-54 所示。

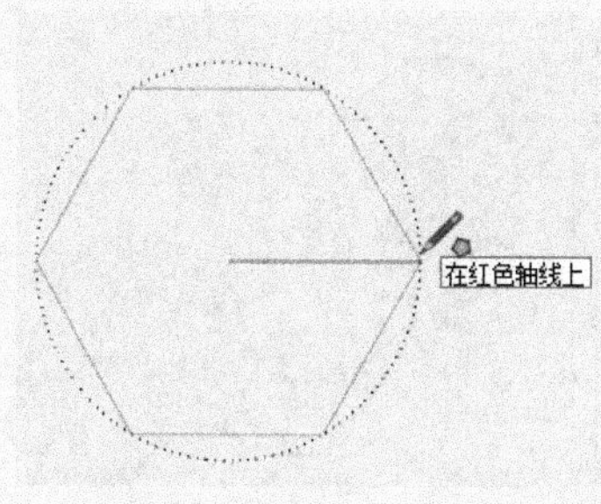

图 2-54　确定多边形中心点

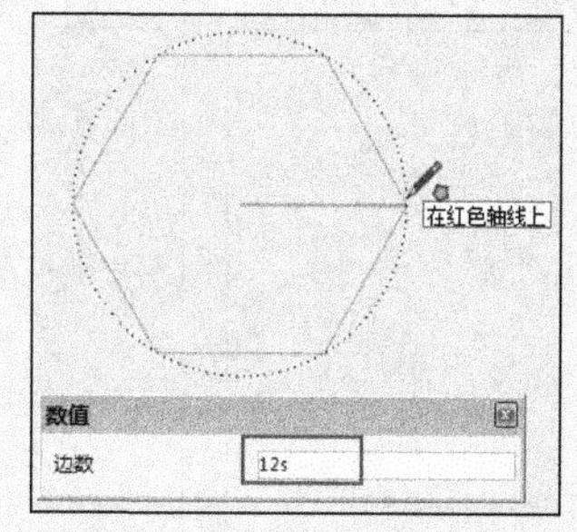

图 2-55　输入多边形边数

02 移动鼠标确定多边形的切向，输入“12s”并按 Enter 键，确定多边形的边数，如图 2-55 所示。

03 接下来再输入多边形内切圆的半径值并按 Enter 键确定，创建精确大小的正 12 边形平面，如图 2-56 与图 2-57 所示。

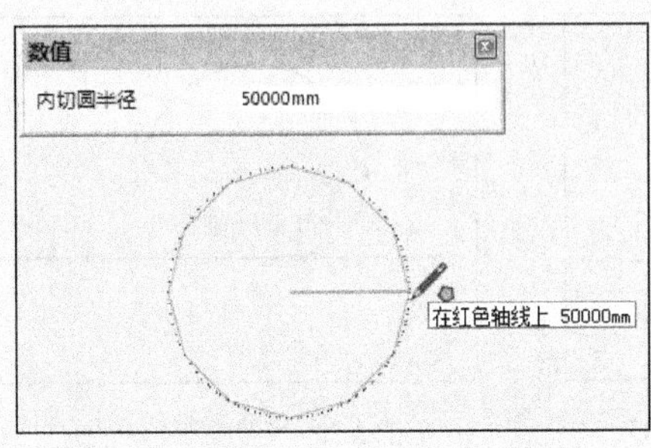

图 2-56 输入内切圆半径值

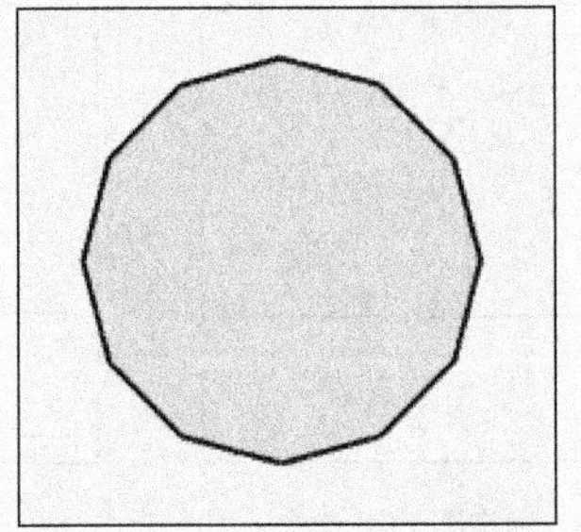

图 2-57 正 12 边形平面绘制完成

技巧

多边形与圆之间可以进行相互转换，如图 2-58~图 2-60 所示当多边形的边数较大时，整个图形十分圆滑，此时就接近于圆形的效果。同样，当圆的边数设置得较小时，其形状也会变成相应边数的多边形。

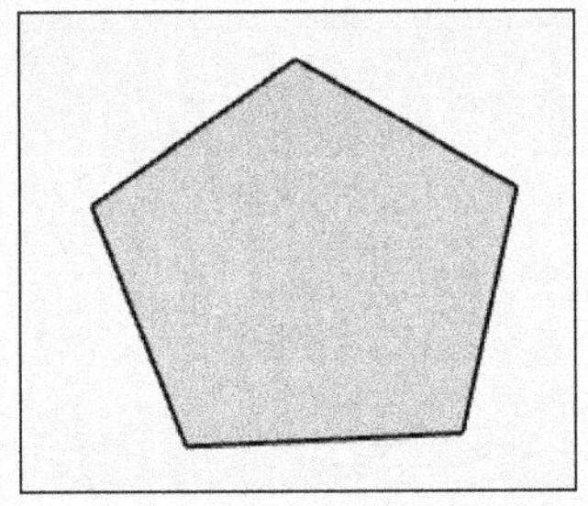

图 2-58 正 5 边形

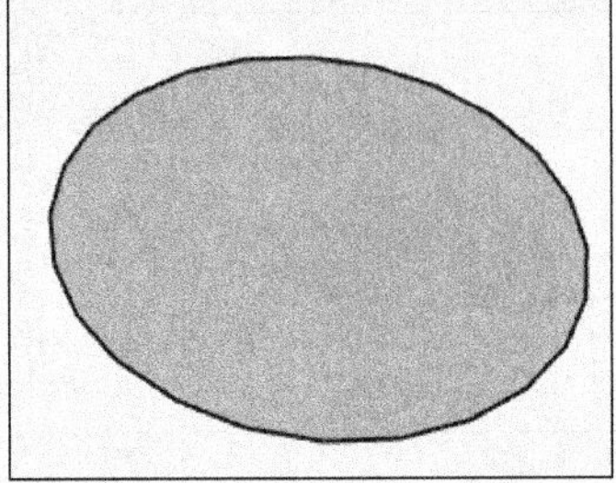

图 2-59 正 24 边形

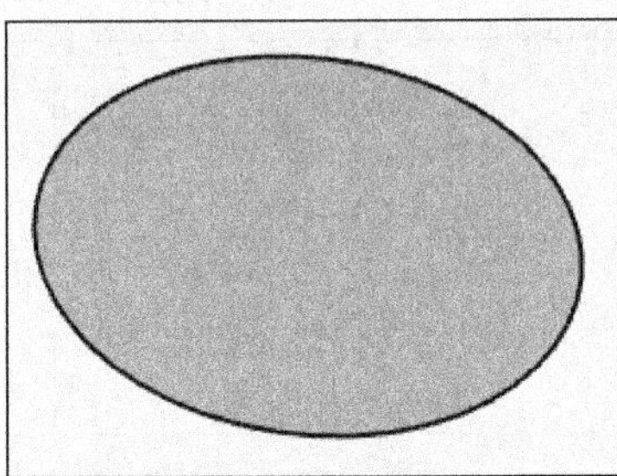

图 2-60 圆形

2.1.6 手绘线工具

SketchUp 中的【手绘线】工具可用于绘制凌乱的、不规则的曲线平面，单击【绘图】工具栏中的按钮或执行【绘图】|【直线】|【手绘线】菜单命令均可启用该工具，其常用方法如下：

01 启用【手绘线】绘图命令，待光标变成时在绘图区单击确定绘制起点（此时应保持左键为按下状态），如图 2-61 所示。

图 2-61 确定绘制起点

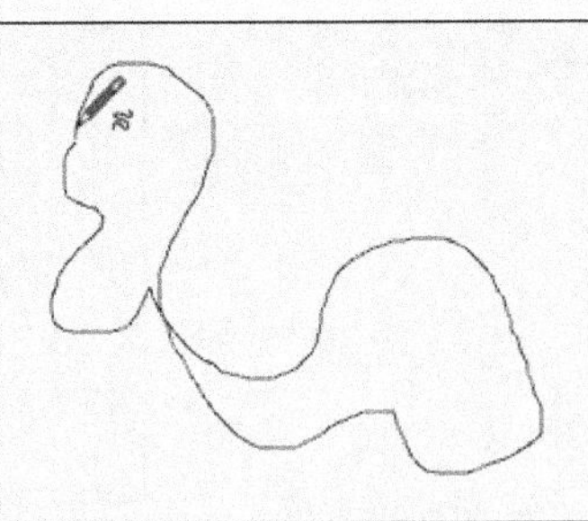

图 2-62 绘制曲线

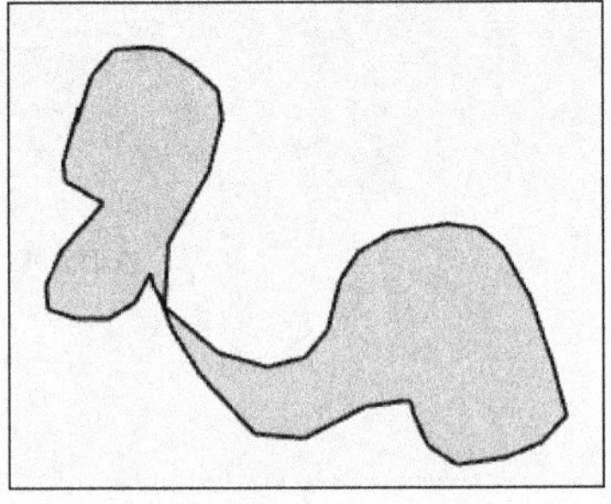

图 2-63 闭合曲线

02 移动鼠标创建所需要的曲线，通常最终会如图 2-62 所示移动至起点处进行闭合以生成不规则的闭合曲线，如图 2-63 所示。

2.2 掌握 SketchUp 视图与选择操作

本节将介绍 SketchUp 视图与选择操作的方法与技巧。熟练掌握这些操作，可以大大提高绘图的效率。

2.2.1 SketchUp 视图操作

在使用 SketchUp 进行方案推敲的过程中，会经常需要通过视图的切换、缩放、旋转、平移等操作来确定模型的创建位置或观察当前模型的细节效果。

1. 切换视图

SketchUp 主要通过【视图】工具栏 6 个视图按钮进行快速切换，单击其中某个按钮即可切换至相应的视图，如图 2-64~图 2-69 所示。

> 注 意
>
> SketchUp 默认设置为“等轴”显示，因此所得到的平面与立面视图都非绝对的投影效果，执行【相机】/【平行投影】菜单命令即可得到绝对的投影视图，如图 2-70~图 2-72 所示。

图 2-64　等轴显示

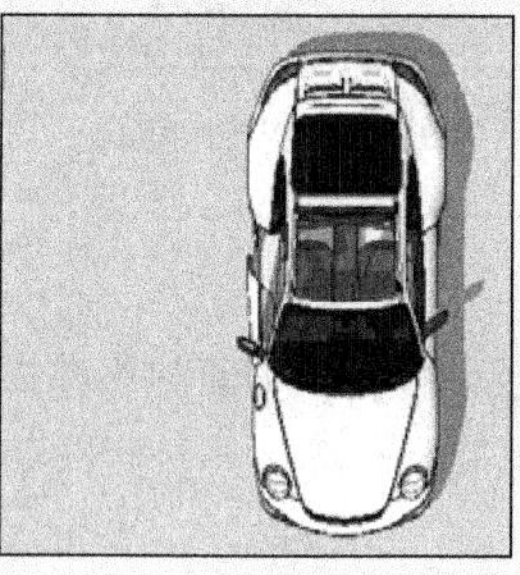

图 2-65　顶视图

图 2-66　前视图

图 2-67　右视图

图 2-68　后视图

图 2-69　左视图

在建立三维模型时，顶视图通常用于模型的定位与轮廓的制作，各个立面图则用于相应立面细节的创建，透视图则用于整体模型的特征与比例的观察与调整。为了能快捷、准确地绘制三维模型，应该多加练习，以熟练掌握各个视图的作用。

2. 环绕观察视图

在任意视图中旋转，可以快速观察模型各个角度的效果。单击【相机】工具栏环绕观察按钮，按住鼠标左键进行拖动，即可对视图进行环绕观察，如图 2-73~图 2-75 所示。

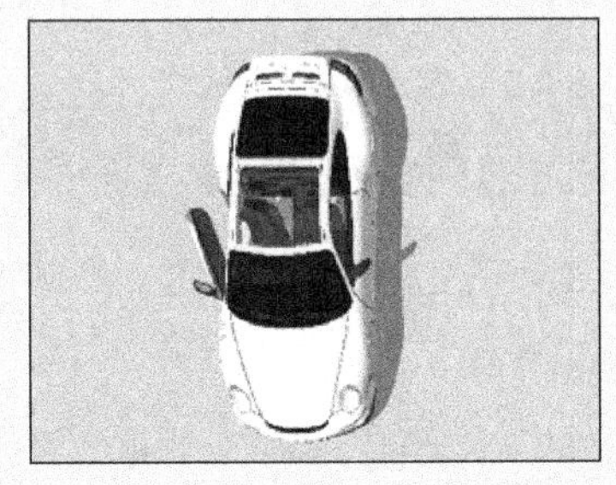

图 2-70 透视显示下的顶视图

相机(C) 绘图(R) 工具(T)
上一个(R)
下一个(X)
标准视图(S)
✓ 平行投影(A)
透视显示(E)
两点透视(T)
匹配新照片(N)...

图 2-71 调整为平行投影

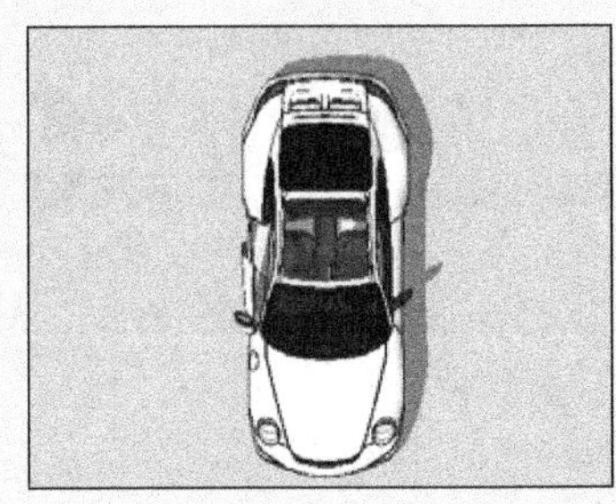

图 2-72 平行投影下的顶视图

提 示

按住鼠标滚轮不放拖动鼠标，可以进行环绕观察操作。

图 2-73 原始角度

图 2-74 旋转角度 1

图 2-75 旋转角度 2

3. 缩放视图

通过缩放工具可以调整模型在视图中显示的大小，从而进行整体效果或局部细节的观察。SketchUp 在【相机】工具栏内提供了多种视图缩放工具。

- 【缩放】工具

【缩放】工具用于调整整个模型在视图中的大小。单击【相机】工具栏中的【缩放】按钮，按住鼠标左键不放，从屏幕下方往上方移动是扩大视图，从屏幕上方往下方移动是缩小视图，如图 2-76~图 2-78 所示。

图 2-76 原模型显示效果

图 2-77 缩小视图

图 2-78 放大视图

技 巧

默认设置下【缩放】工具的快捷键为“Z”。此外，前后滚动鼠标的滚轮，同样可以进行缩放操作。

- 【缩放窗口】工具

通过【缩放窗口】工具可以划定一个显示区域，位于划定区域内的模型将在视图内最大化显示。单击【相机】工具栏中的【缩放窗口】按钮，然后在视图中划定一个区域即可进行缩放，如图 2-79~图 2-81 所示。

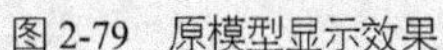

图 2-79　原模型显示效果

图 2-80　划定拉伸窗口

图 2-81　拉伸窗口效果

技 巧

【缩放窗口】工具默认快捷键为“Ctrl+Shift+W”。

❑ 【充满视窗】工具

【充满视窗】工具可以快速地将场景中所有的可见模型以屏幕的中心为中心进行最大化显示。其操作步骤非常简单，单击【相机】工具栏中的【充满视窗】按钮即可，如图 2-82 与图 2-83 所示。

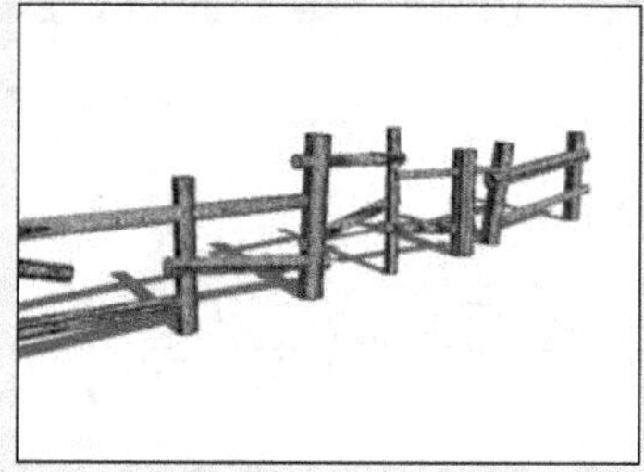

图 2-82　原视图

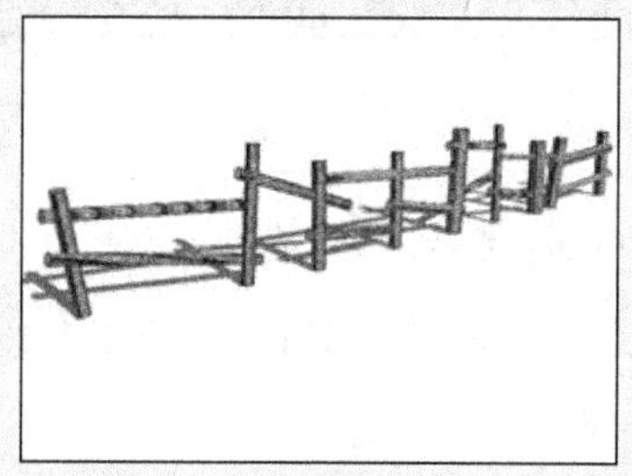

图 2-83　充满视窗显示

技 巧

【充满视窗】工具默认快捷键为“Shift+Z”或“Ctrl+Shift+E”。

4. 平移

【平移】工具可以保持当前视图内模型显示的大小比例不变，整体拖动视图进行任意方向的调整，可以观察到当前未显示在视窗内的模型。单击【相机】工具栏中的【平移】按钮，当视图中出现抓手图标时，拖动鼠标即可进行视图的平移操作，如图 2-84~图 2-86 所示。

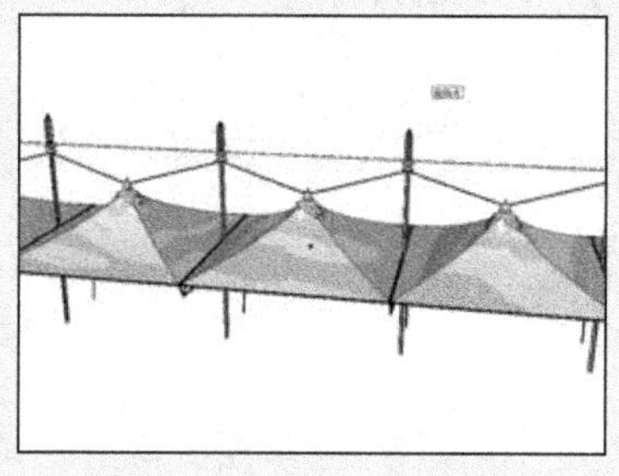

图 2-84　原视图

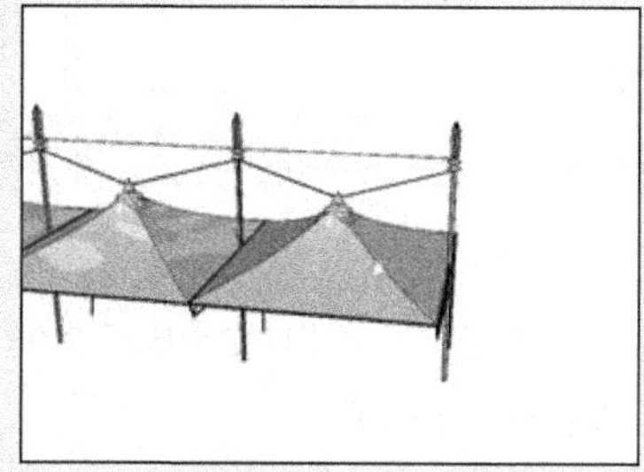

图 2-85　向右平移

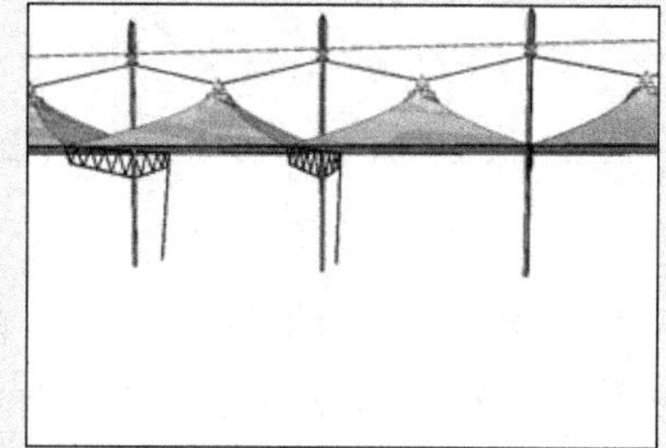

图 2-86　向上平移

技 巧

默认设置下【平移】工具的快捷键为“H”。此外，在按住 Shift 键的同时按住鼠标进行拖动，同样可以进行平移操作。

5. 上一个工具

在进行视图操作时，难免会出现误操作，使用【相机】工具栏中的【上一个】按钮，可以进行视图的撤销与返回，如图 2-87~图 2-89 所示。

技 巧

使用【上一个】工具时，如果需要多步撤销或返回，连续单击相应按钮即可。

图 2-87 当前视图

图 2-88 返回上一视图

图 2-89 返回原视图

6. 设置视图背景与天空颜色

默认设置下 SketchUp 视图的天空与背景颜色如图 2-90 所示，使用者可以根据个人喜好进行两者颜色的设置，具体方法如下：

01 执行【窗口】|【默认面板】|【风格】命令，弹出【风格】设置对话框，在【风格】对话框中选择【编辑】选项卡，如图 2-91 所示。

02 单击【背景设置】图标，再单击各色块即可进行颜色的调整，如图 2-92 所示。

图 2-90 默认天空与背景

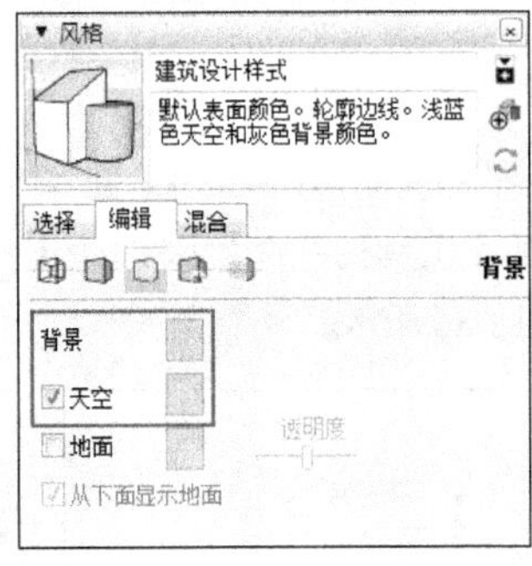

图 2-91 选择【编辑】选项卡

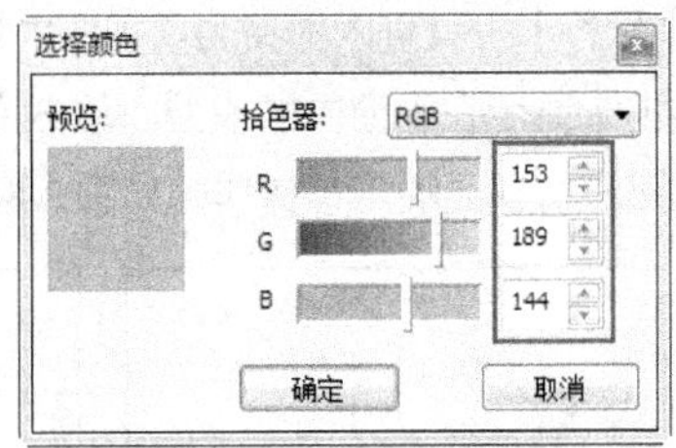

图 2-92 调整背景颜色参数

03 单击【天空】图标，再单击各色块即可进行颜色的调整，如图 2-93 所示。

04 调整【背景】与【天空】颜色的结果如图 2-94 所示。

05 此时天空与背景的显示效果如图 2-95 所示。

2.2.2 SketchUp 对象的选择

SketchUp 是一个面向对象的软件，即首先创建简单的模型，然后再选择模型进行深入细化等后续工作，因此在工作中能否快速、准确地选择到目标对象，对工作效率有着很大的影响。SketchUp 常用的选择方式有一般选择、框选与叉选、扩展选择三种。

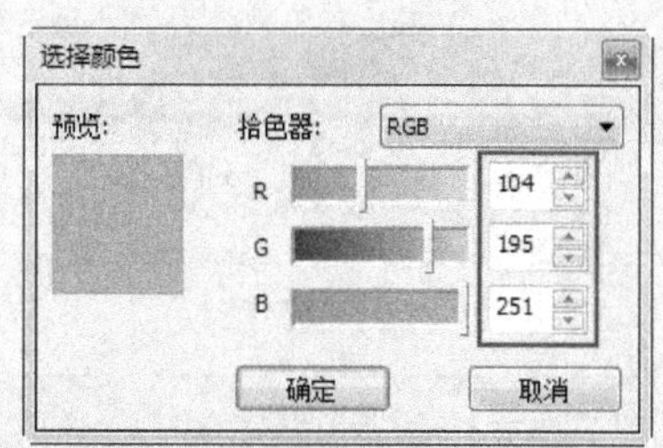

图 2-93　调整天空颜色参数

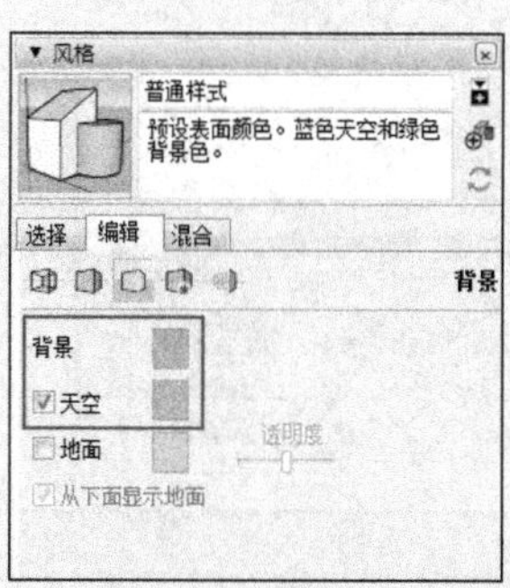

图 2-94　调整结果

图 2-95　调整后的背景与天空

1. 一般选择

在 SketchUp 中，【选择】工具可以通过单击工具栏选择按钮 ，或直接按键盘上的空格键激活，下面以实例操作进行说明。

启动 SketchUp 并执行【文件】/【打开】命令，打开欧式大门组件，如图 2-96 所示。

单击选择按钮 ，或直接按键盘上的空格键，激活【选择】工具。此时在视图内将出现一个箭头图标，如图 2-97 所示。

在任意对象上单击均可选中。单击选择中部的门页，被选择的对象将高亮显示，以区别于其他对象，如图 2-98 所示。

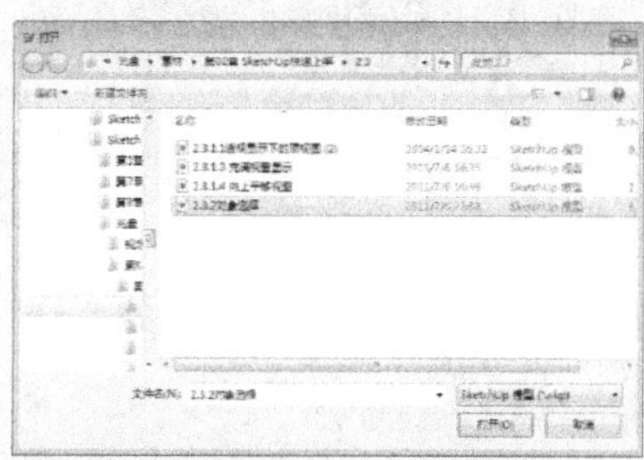

图 2-96　打开欧式大门组件

图 2-97　出现箭头图标

图 2-98　单击选择门页

注 意

SketchUp 中最小的可选择单位为“线”，其次分别是“面”与“组件”。资源中“对象选择”文件中的模型均为“组件”，因此无法直接选择到“面”或“线”。但如果选择“组件”并执行鼠标右键快捷菜单中的“炸开模型”命令，如图 2-99 所示，然后再选择，即可以选择到“面”或“线”，如图 2-100 与图 2-101 所示。

如果要继续选择其他对象，先要按住 Ctrl 键不放，待光标变成 + 时，再单击下一个目标对象（如左侧铁门和右侧铁门），即可将其加入选集，如图 2-102 与图 2-103 所示。

要将对象从选集中删除时，按住 Ctrl+Shift 键不放，待光标变成 − 时，单击对象（如左侧铁门）即可将其减选，如图 2-104 所示。

单独按住 Shift 键不放，待光标变成 +/- 时，单击已选择的对象（如左侧铁门），可自动减选，如图 2-105 与图 2-106 所示。单击未选择的对象则自动加选，如图 2-107 所示。

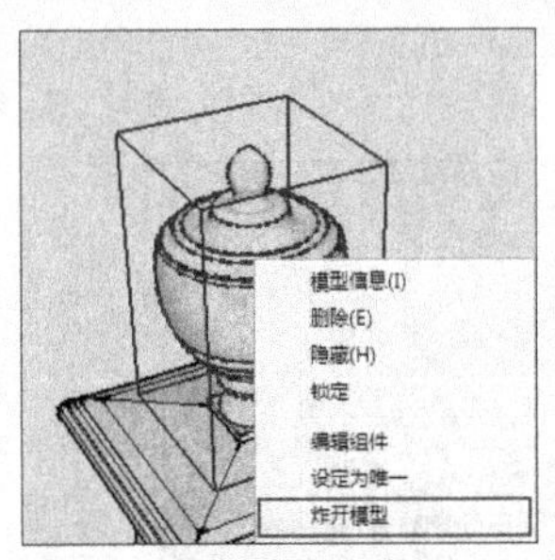

图 2-99　炸开模型

图 2-100　选择模型面

图 2-101　选择模型直线

图 2-102　选择左侧铁门

图 2-103　加选右侧铁门

图 2-104　减选左侧铁门

图 2-105　选择左右两侧铁门

图 2-106　减选左侧铁门

图 2-107　加选右侧门柱

注 意

进行减选时，不可直接单击组件黄色高亮的范围框，而需单击模型表面才能成功地进行减选。

2. 框选与叉选

以上介绍的选择方法均为单击鼠标右键来完成的，因此每次只能选择单个对象，而使用【框选】与【叉选】工具，则可以一次性选择多个对象。

框选是指在激活【选择】工具后，使用鼠标从左至右划出实线选择框，如图 2-108 与图 2-109 所示，被该选择框完全包围的对象则将被选择，如图 2-110 所示。

叉选是指在激活【选择】工具后，使用鼠标从右至左划出虚线选择框，如图 2-111 与图 2-112 所示，与该选择框有交叉的对象都将被选择，如图 2-113 所示。

技 巧

1. 选择完成后，单击视图任意空白处，将取消当前所有选择。
2. 按 Ctrl+A 键将全选所有对象，无论是否显示在当前的视图范围内。
3. 前面所介绍的加选与减选的方法对于【框选】与【叉选】工具同样适用。

图 2-108 未选择状态

图 2-109 划定框选范围

图 2-110 框选后的效果

图 2-111 未选择状态

图 2-112 划定叉选范围

图 2-113 叉选后的效果

3. 扩展选择

在 SketchUp 中，“线”是最小的可选择单位，“面”则是由“线”组成的基本建模单位，通过扩展选择，可以快速选择关联的面或线。

用鼠标直接单击某个“面”，这个面就会被单独选择，如图 2-114 所示。

用鼠标双击某个“面”，则与这个面相关的“线”同时也将被选择，如图 2-115 所示。

用鼠标三击某个“面”，则与这个面相关的其他“面”与“线”都将被选择，如图 2-116 所示。

图 2-114 单击选择面

图 2-115 双击选择面与边界线

图 2-116 三击选择所有关联面

此外，在选择对象上单击右键，可以通过弹出的快捷菜单进行关联的“边线”“面”或其他对象的选择，如图 2-117 ~ 图 2-119 所示。

图 2-117 选择其中一个模型面

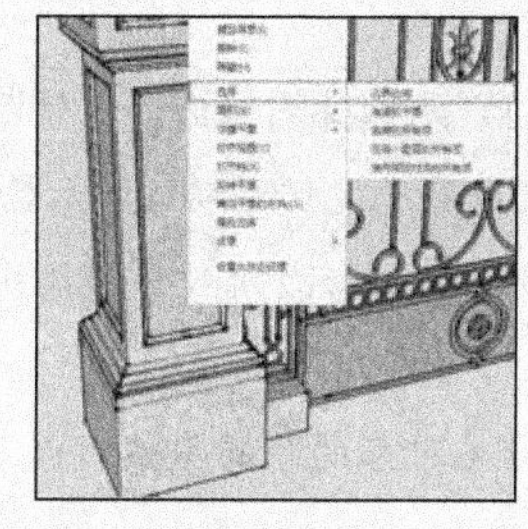
图 2-118 选择【边界边线】菜单命令

图 2-119 相应选择边界边线

2-3 SketchUp 编辑工具栏

SketchUp 的【编辑】工具栏如图 2-120 所示，包含了【移动】、【推/拉】、【旋转】、【路径跟随】、【缩放】以及【偏移】共六种工具。其中【移动】、【旋转】、【缩放】和【偏移】四个工具用于对象位置、形态的变换与复制，而【推/拉】、【路径跟随】两个工具则用于将二维图形转变成三维实体。

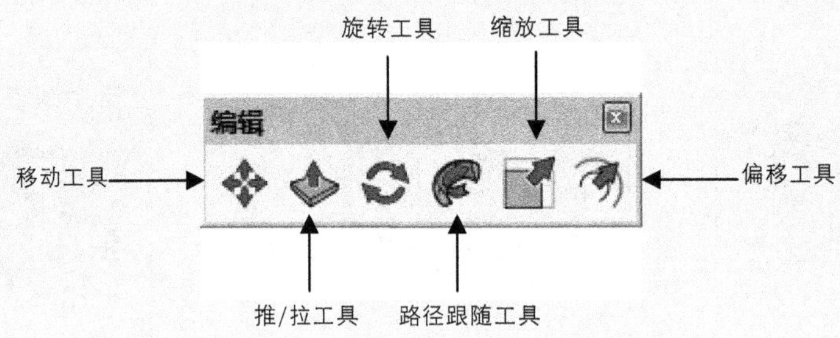

图 2-120　编辑工具栏

2.3.1 移动工具

在 SketchUp 中，【移动】工具不但可以进行对象的移动，同时还兼具复制功能。单击【编辑】工具栏中的按钮，或执行【编辑】/【移动】菜单命令均可启用【编辑】工具，接下来具体学习其使用方法与技巧。

技巧

【移动】工具的默认快捷键为“M”。

1. 移动对象

01 打开配套资源“第 02 章|2.3.1 移动原始.skp”模型。图 2-121 所示为一个椅子模型组件。

02 选择模型后再启用【移动】工具，待光标变成时在模型上单击，以确定移动的起始点，再拖动鼠标即可在任意方向上移动选择对象。图 2-122 所示为在 X 轴上移动。

03 将光标置于移动目标点后，再次单击即可完成对象的移动，如图 2-123 所示。

技巧

如果要进行精确距离的移动，可以在确定好移动方向后直接输入精确的数值，然后按 Enter 键确定。

2. 移动复制对象

在 SketchUp 中，通过【移动】工具也可以对选择对象进行【复制】，具体的操作如下。

01 在进行精确距离的移动复制时，可以在确定好移动方向后输入精确的数值，然后按 Enter 键确定。

02 在进行移动复制后还可以以“个数 X”的形式输入复制数目，然后再次按下 Enter 键以确定进行多重复制。

03 此外，也可以首先确定移动复制首尾对象的距离，然后以“个数/”的形式输入复制数目并再次按下 Enter 键确定，以快速进行多重复制。

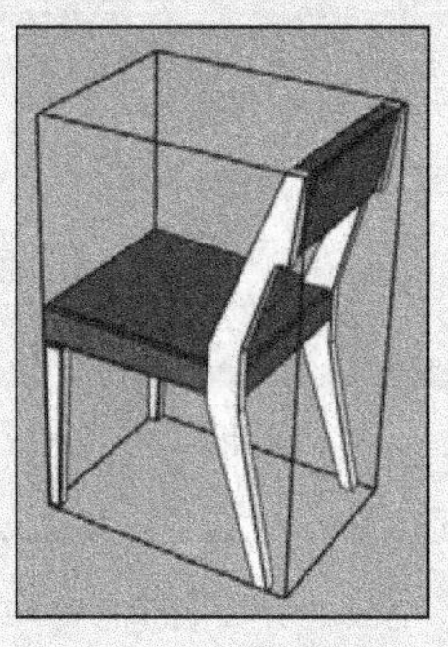
图 2-121　椅子模型组件

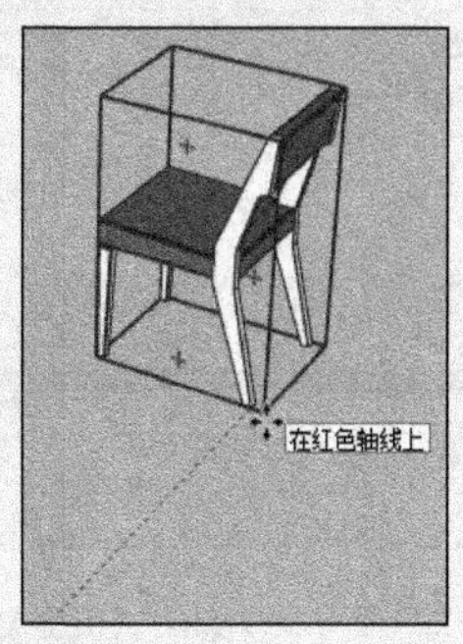

图 2-122　在 X 轴上移动

图 2-123　移动完成

注 意

对于三维模型中的“面”，使用【移动】工具进行移动复制同样有效。

2.3.2 旋转工具

【旋转】工具用于旋转对象，同时也可以完成旋转复制。单击【编辑】工具栏中的按钮或执行【编辑】/【旋转】菜单命令均可启用【旋转】工具。接下来学习其具体的使用方法与技巧。

技 巧

【旋转】工具的默认快捷键为“Q”。

1. 旋转对象

01 打开配套资源内“第 02 章|2.3.2 旋转原始.skp”模型，如图 2-124 所示。选择模型后再启用【旋转】工具，待光标变成时拖动鼠标确定旋转平面，然后再在模型表面确定旋转轴心点与轴心线，如图 2-125 所示。

02 拖动鼠标可进行任意角度的旋转，如图 2-126 所示。如果要进行精确旋转，可以观察数值框数值或直接输入旋转角度，确定好角度后再次单击鼠标左键即可完成旋转。

技 巧

启用【旋转】工具后，按住鼠标左键不放，同时往不同方向拖动将产生不同的旋转平面，从而使目标对象产生不同的旋转效果。其中，当旋转平面显示为蓝色时，对象将以 Z 轴为轴心进行旋转，如图 2-126 所示；而显示为红色或绿色时，则将分别以 X 轴或 Y 轴为轴心进行旋转，如图 2-127 与图 2-128 所示；如果以其他位置作为轴心，则将以灰色显示，如图 2-129 所示。

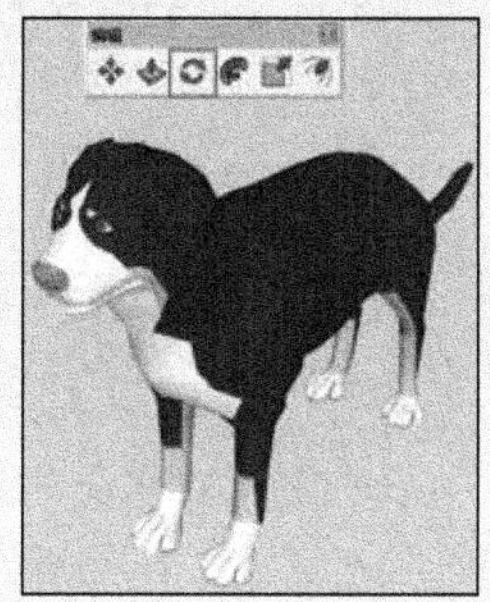
图 2-124　打开模型

图 2-125　确定旋转轴心点与轴心线

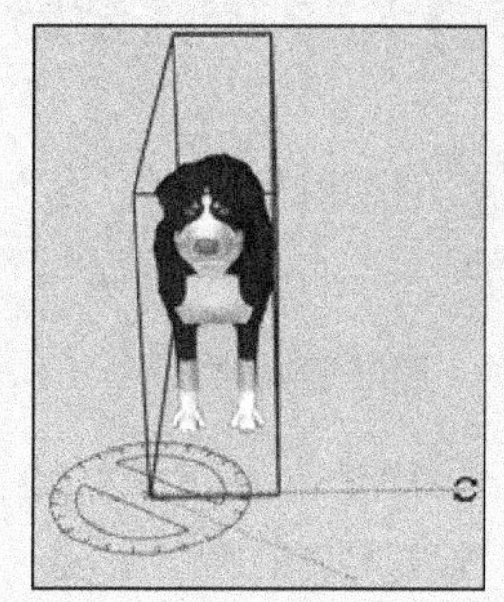
图 2-126　进行旋转

图 2-127　以 X 轴为轴心进行旋转

图 2-128　以 Y 轴为轴心进行旋转

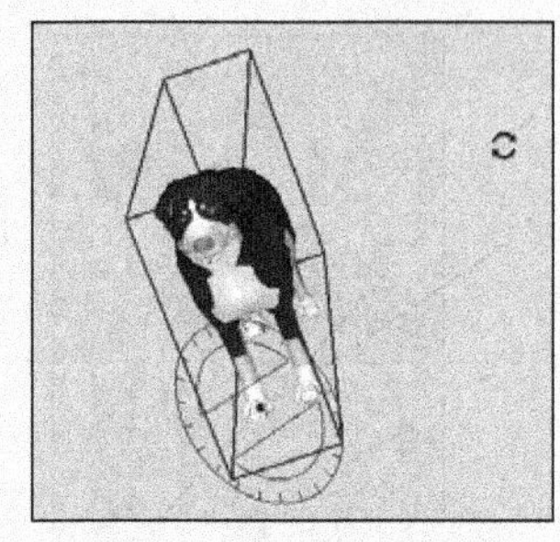
图 2-129　以其他位置为轴心

启用【旋转】命令，需要通过单击选择量角器中心以及对齐量角器的底部。上述操作需要用户单击两次鼠标左键。在单击左键之前，通过键盘上的方向键可以调整旋转方向。

在第一次单击之前，按下键盘上的方向键，可以锁定量角器旋转轴线的方向。操作效果请参见图 2-127 ~ 图 2-129。

在第二次单击左键之前，利用键盘上的方向键，可以将旋转方向锁定为具体的推导方向。例如，按下→键，可以将旋转方向锁定在红色轴线上，如图 2-130 所示。按下←键，可以将旋转方向锁定在绿色轴线上，如图 2-131 所示。

图 2-130　将旋转方向锁定在红轴上

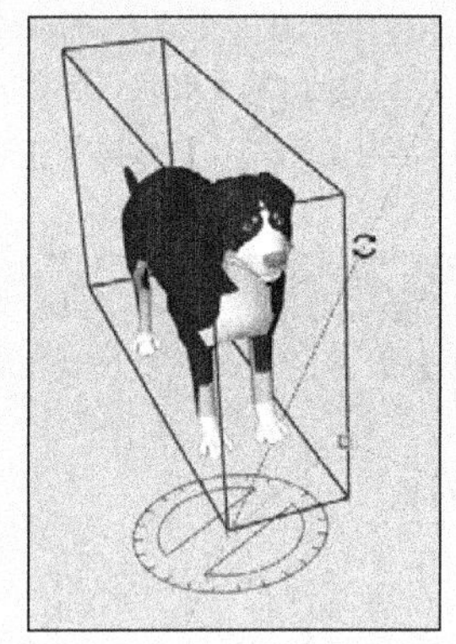
图 2-131　将旋转方向锁定在绿轴上

如果用户选择的旋转方向不适用当前的操作环境，在光标处会显示红色的提示文字“这次不适合约束”。出现此情况时用户可以选择其他的旋转方向。

2. 旋转部分模型

除了对整个模型对象进行旋转外，还可以仅旋转模型的部分分割表面，具体操作如下。

01 选择模型对象要旋转的部分表面，然后选择旋转平面，将轴心点与轴心线设置在分割线的端点，如图 2-132 所示。

02 拖动鼠标确定旋转方向，然后直接输入旋转角度并按下 Enter 键确定完成一次旋转，如图 2-133 所示。

03 选择最上方的“面”，重新确定轴心点与轴心线，再次输入旋转角度并按下 Enter 键完成旋转，如图 2-134 所示。

3. 旋转复制对象

在 SketchUp 中启用【旋转】工具后，按住 Ctrl 键可以对选择对象进行旋转复制，并能精确设置旋转角度与复制数量，具体的操作如下。

01 选择目标对象，然后启用【旋转】工具，并确定旋转平面、轴心点与轴心线。

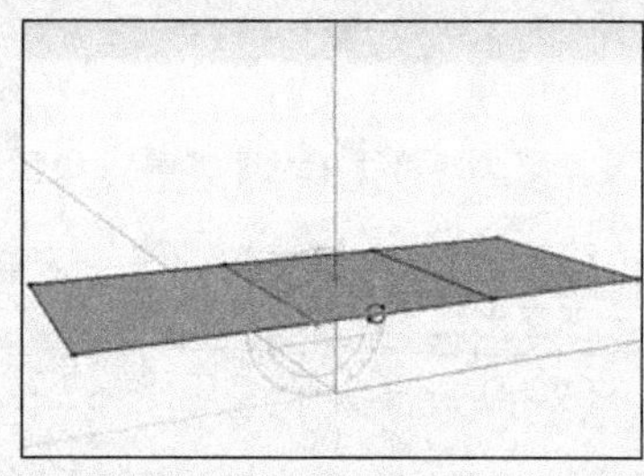
图 2-132　选择旋转面

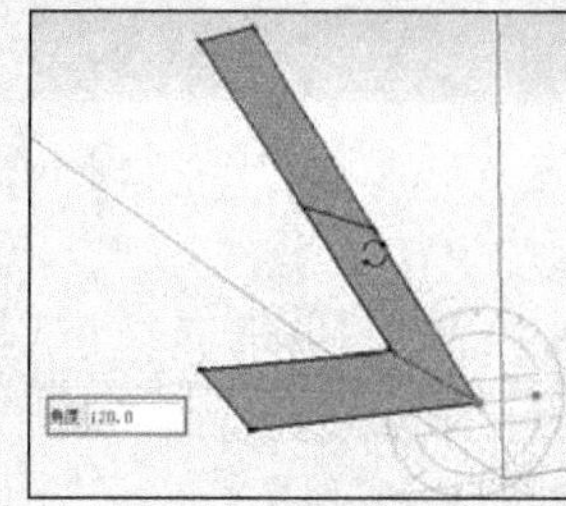

图 2-133　输入旋转角度

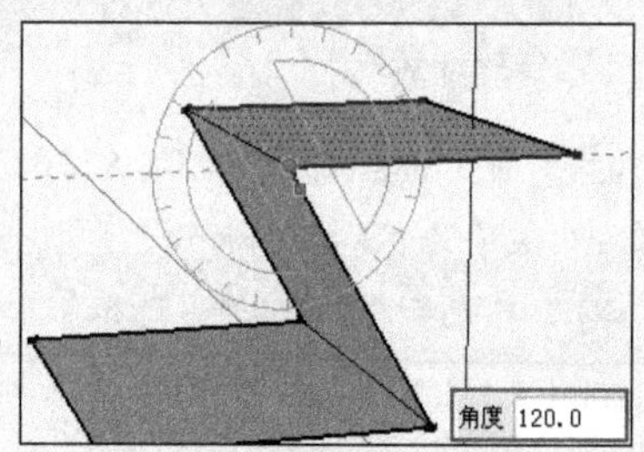

图 2-134　旋转完成

02 按住 Ctrl 键，待光标将变成 后输入旋转角度，如图 2-135 所示。

03 按下 Enter 键确定旋转数值，以“数量 X”的格式输入要复制的数目，如图 2-136 所示。再次按下 Enter 键即可完成复制，如图 2-137 所示。

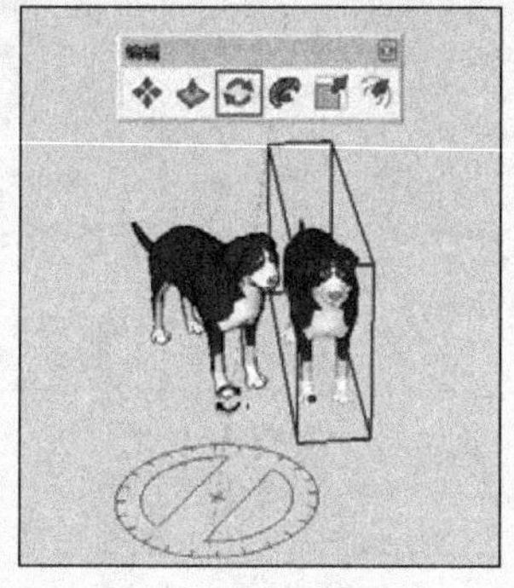

图 2-135　输入旋转角度

图 2-136　输入复制数量

图 2-137　旋转复制完成

04 同样，除了以上的复制方法外，还可以首先复制出对象首尾之间的模型，然后以“/数量”的形式输入要复制的数目并按下 Enter 键，此时就会以平均角度进行旋转复制，如图 2-138~图 2-140 所示。

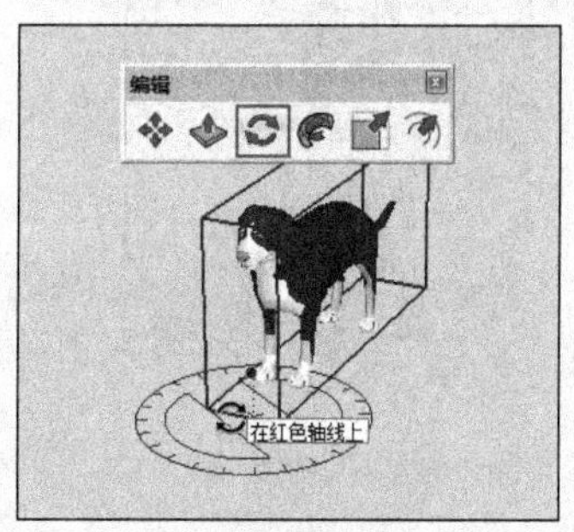

图 2-138　选择目标对象

图 2-139　复制出对象首尾之间的模型

图 2-140　旋转复制完成

2.3.3 缩放工具

在 SketchUp 中，【缩放】工具主要用于缩小或放大对象，既可以进行 X、Y、Z 三个轴向的等比缩放，也可以进行任意两个轴向的非等比缩放。单击【编辑】工具栏中的 按钮或直接在键盘上输入“S”均可启用【缩放】工具，接下来学习其具体的使用方法与技巧。

技 巧

【缩放】工具的默认快捷键为“S”。

1. 等比缩放

01 打开配套资源"第 02 章|2.3.3 缩放原始.skp"模型，选择左侧的灯笼模型。启用【缩放】工具，模型周围即出现了用于缩放的栅格。

02 待光标变成↖时，选择任意一个位于顶点的栅格点，会出现"统一调整比例，在对角点附近"的提示，如图 2-141 所示。此时按住鼠标左键并拖动即可进行模型的等比缩放，如图 2-142 所示。

技巧

选择缩放栅格后，按住鼠标向上推动为放大模型，向下推动则为缩小模型。此外，在进行二维平面模型的等比缩放时，同样需要首先选择四周的栅格点，然后完成等比缩放，如图 2-143 所示。

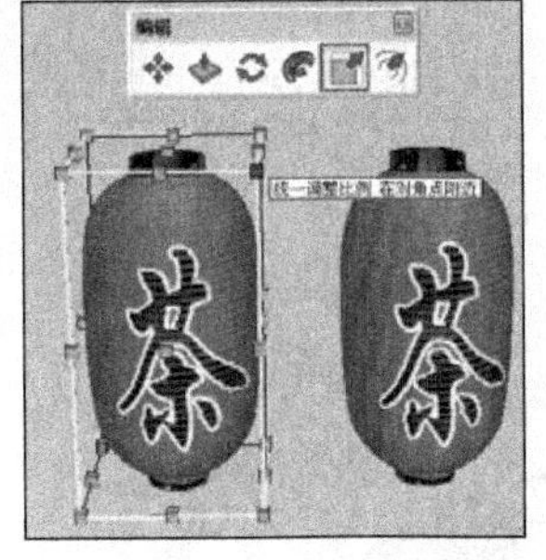

图 2-141 选择缩放栅格顶点

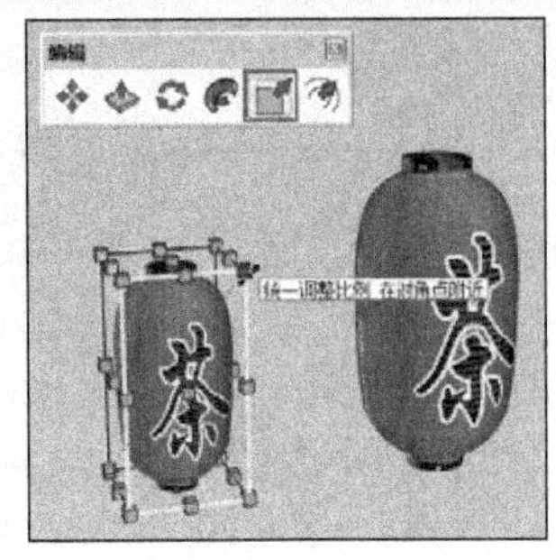

图 2-142 进行等比缩放

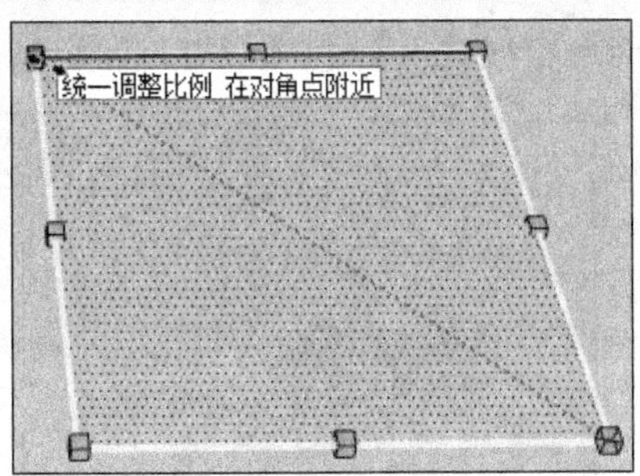

图 2-143 等比缩放完成

03 除了直接通过鼠标进行缩放外，在确定缩放栅格点后直接输入缩放比例，然后按下 Enter 键也可完成精确比例的缩放，如图 2-144~图 2-146 所示。

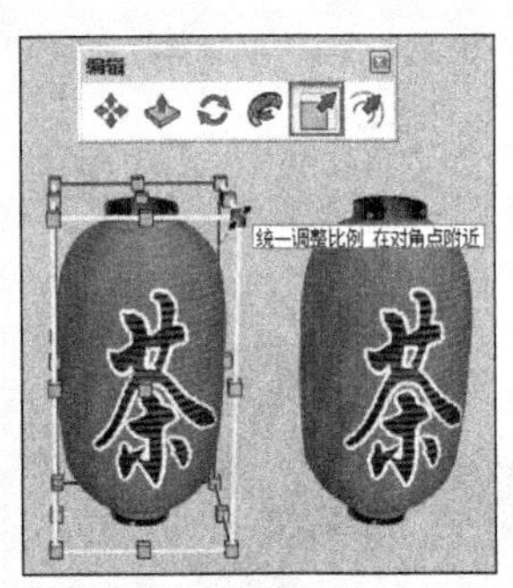

图 2-144 选择缩放栅格顶点

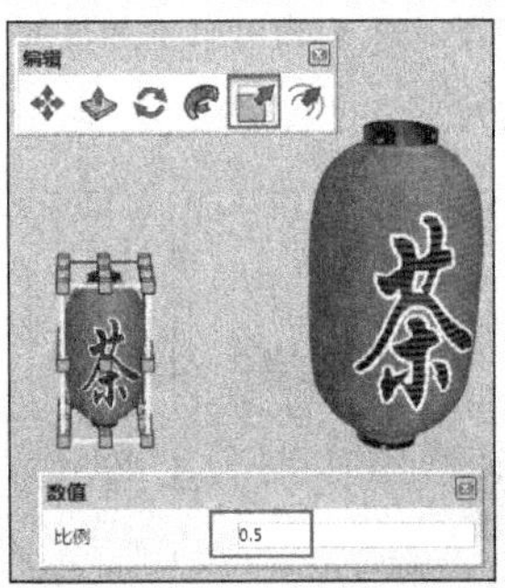

图 2-145 输入缩放比例

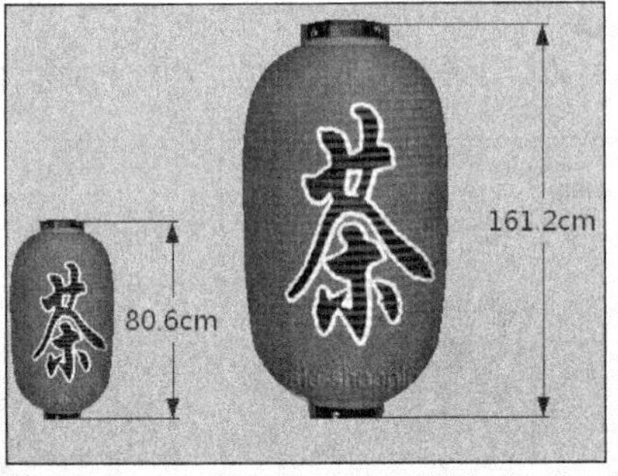

图 2-146 精确等比缩放完成

注意

在进行精确比例的等比缩放时，数值小于 1 则为缩小，大于 1 则为放大，如果输入负值则对象不但会进行比例的调整，其位置也会发生镜像改变。因此，如果输入-1 则选择对象将产生翻转的效果，如图 2-147~图 2-149 所示。

2. 非等比缩放

等比缩放是均匀的改变对象的尺寸大小，其整体造型并不会发生改变，而通过【非等比缩放】工具则可以在改变对象尺寸的同时也改变其造型，具体的操作如下：

01 选择用于推/拉的"灯笼"模型，启用【缩放】工具，选择位于栅格线中间的栅格点，即会出现"绿/

蓝色轴”或类似提示，如图 2-150 所示。

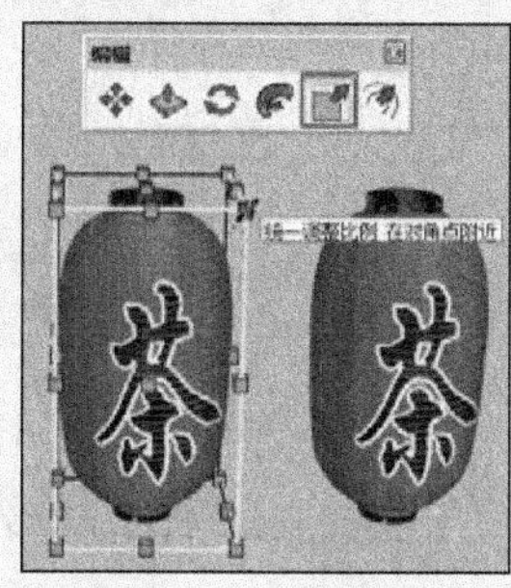

图 2-147 选择缩放栅格顶点

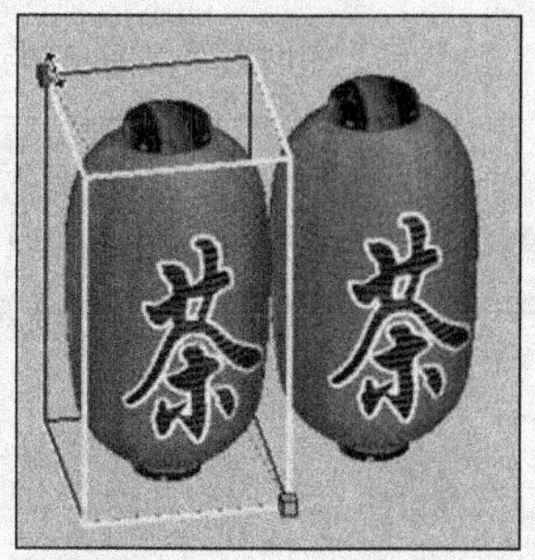

图 2-148 输入负值缩放比例

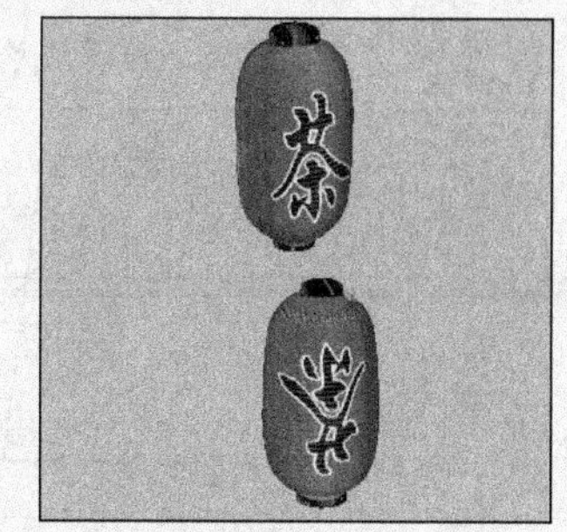

图 2-149 完成效果

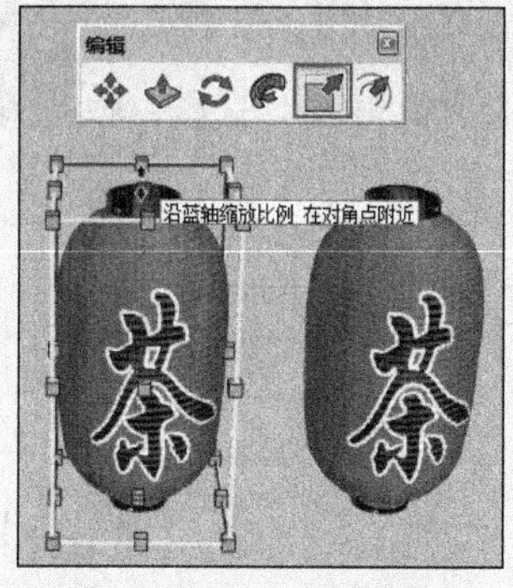

图 2-150 选择缩放栅格线中点

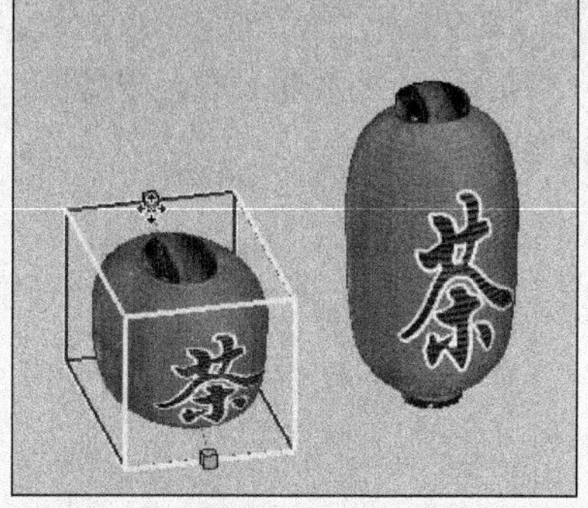

图 2-151 进行非等比缩放

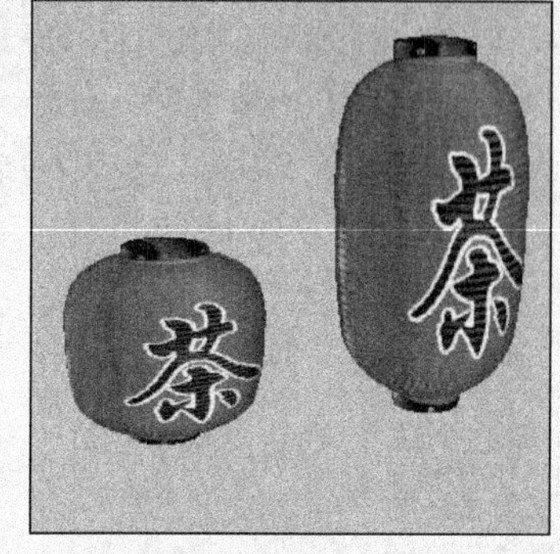

图 2-152 非等比缩放完成

02 确定栅格点后，单击并拖动鼠标即可进行缩放；确定好缩放大小后再次单击即可完成缩放，如图 2-151 与图 2-152 所示。

技 巧

除了“绿/蓝色轴”的提示外，选择其他栅格点还会出现“红/蓝色轴”或“红/绿色轴”的提示，而出现这些提示时都可以进行非等比缩放。

此外，选择某个位于中心的栅格点，还可进行 X、Y、Z 任意单个轴向上的非等比缩放。

2.3.4 偏移工具

在 SketchUp 中，【偏移】工具可以同时将对象进行移动与复制，单击【编辑】工具栏中的按钮或执行【编辑】/【偏移】菜单命令均可启用【偏移】工具。在实际的工作中，【偏移】工具可以对任意形状的“面”进行偏移，但对于“线”的偏移则需要有一定的前提。接下来进行具体的介绍。

技 巧

【偏移】工具的默认快捷键为“F”。

1. 面的偏移

01 在视图中创建一个长宽都约为 1500mm 的矩形平面，如图 2-153 所示，然后启用【偏移】工具。

02 待光标变成时，在要进行偏移的“平面”上单击以确定偏移的参考点，然后向内拖动鼠标即可进行偏移，如图 2-154 所示。

03 确定好偏移大小后再次单击鼠标左键，即可同时完成偏移与复制，如图 2-155 所示。

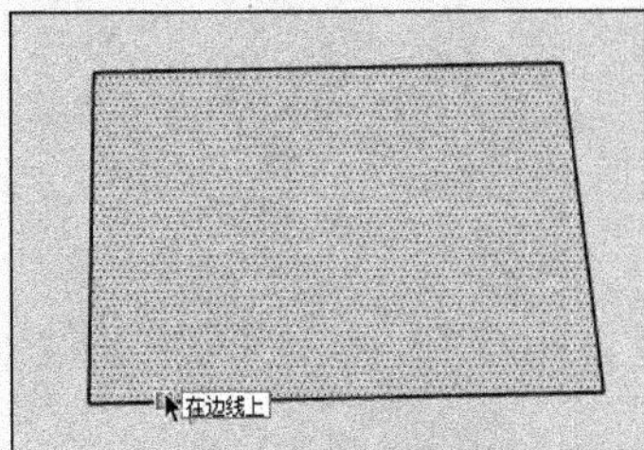

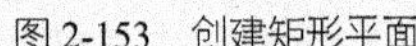
图 2-153　创建矩形平面

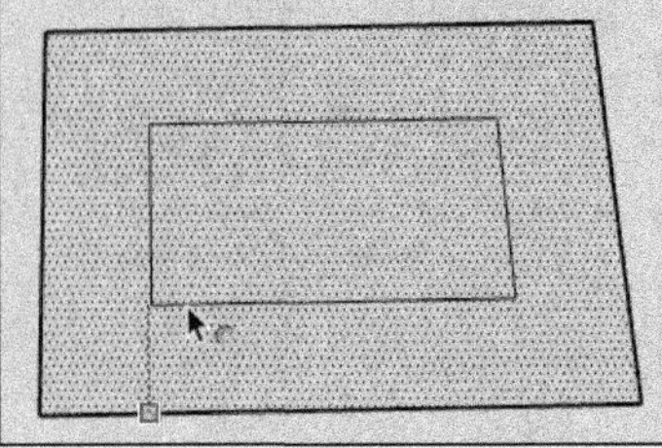
图 2-154　向内偏移

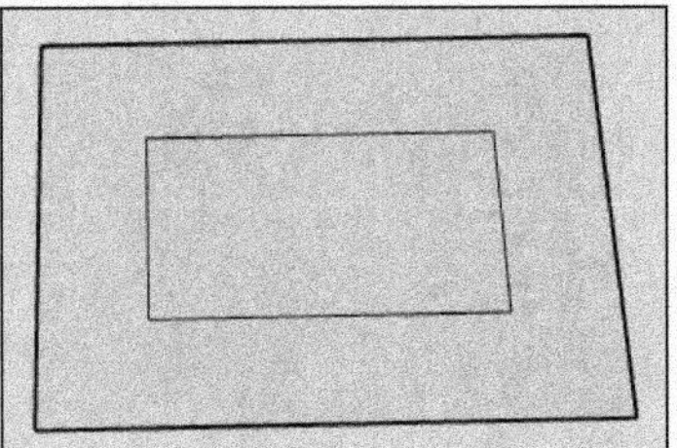
图 2-155　偏移完成效果

注 意

【偏移】工具不仅可以向内进行收缩复制，还可以向外进行放大复制。此时在“平面”上单击确定偏移的边线后向外推动鼠标即可，如图 2-156~图 2-158 所示。

图 2-156　确定偏移边线

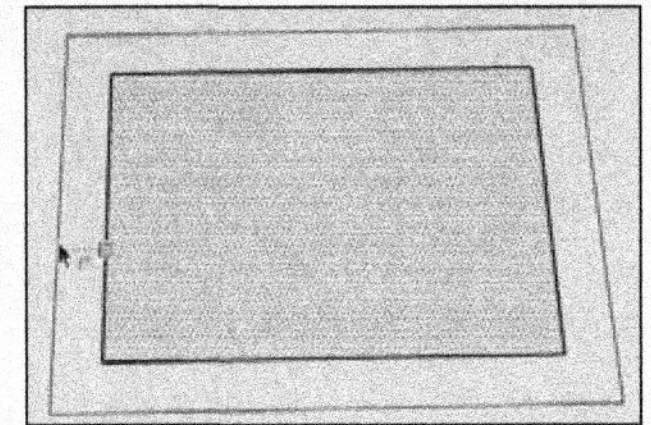
图 2-157　向外偏移

图 2-158　偏移完成的效果

04 如果要进行精确距离的偏移，可以在“平面”上单击确定偏移参考点，然后直接输入偏移数值，再按下“Enter”键确认，如图 2-159~图 2-161 所示。

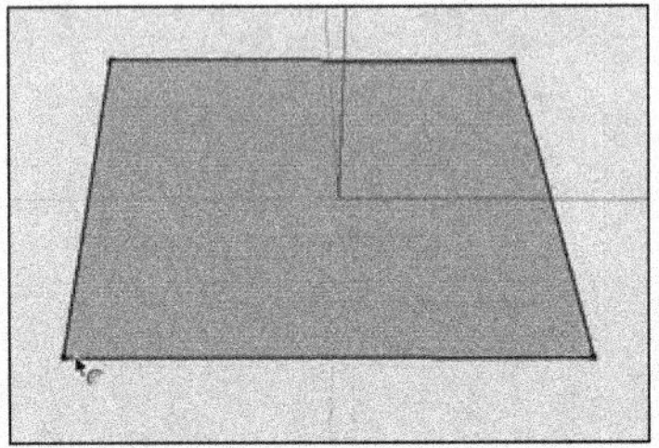
图 2-159　确定偏移参考点

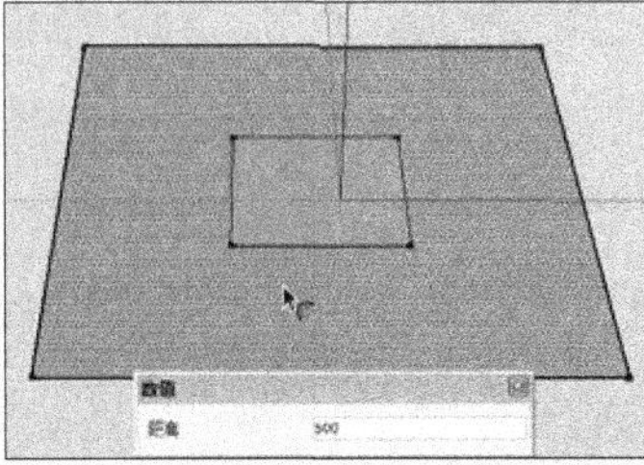
图 2-160　输入偏移数值

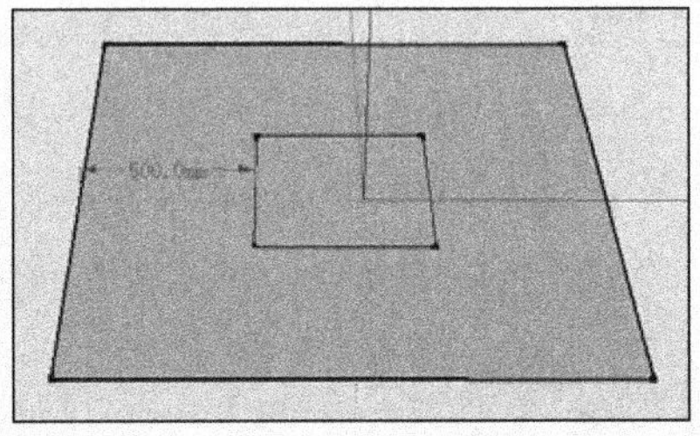
图 2-161　精确偏移完成的效果

【偏移】工具对任意造型的“面”均可进行偏移与复制，如图 2-162~图 2-164 所示。但对于“线”的复制则有所要求。接下来进行介绍。

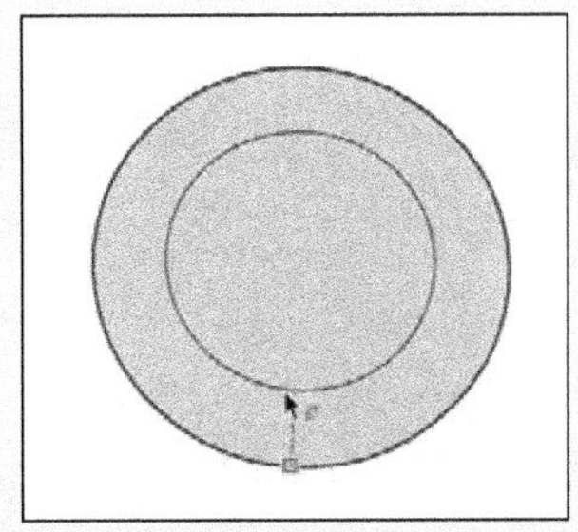
图 2-162　圆形的偏移

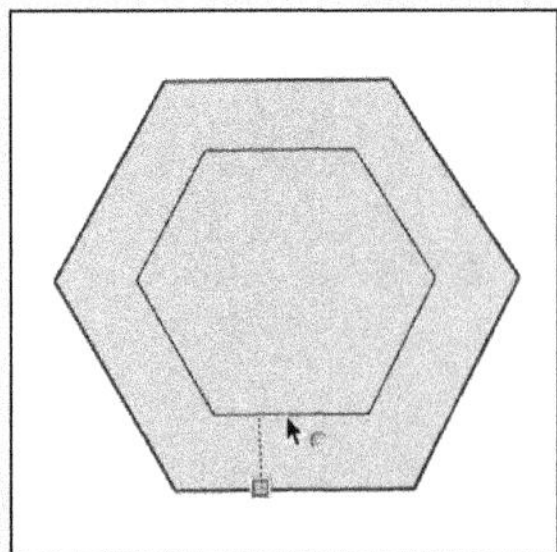
图 2-163　正多边形的编移

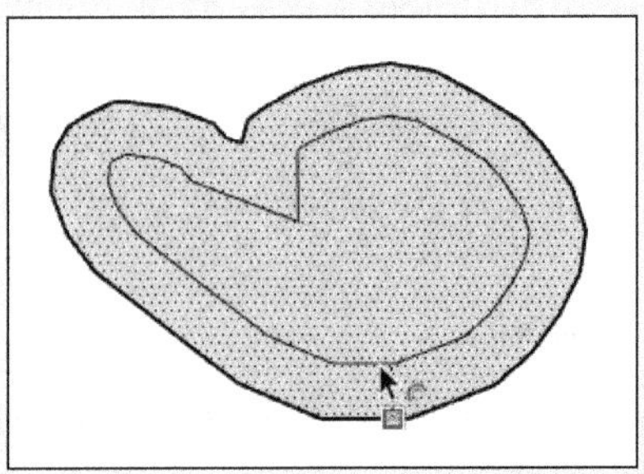
图 2-164　曲线平面的偏移

2. 线形的偏移

在 SketchUp 中,【偏移】工具是无法对单独的线段以及交叉的线段进行偏移与复制的，如图 2-165 与图 2-166 所示。而对于多条线段组成的转折线、弧线以及线段与弧形组成的线形均可以进行偏移与复制，如图 2-167~图 2-169 所示。其具体的操作方法及功能与“面”类似，这里不再赘述。

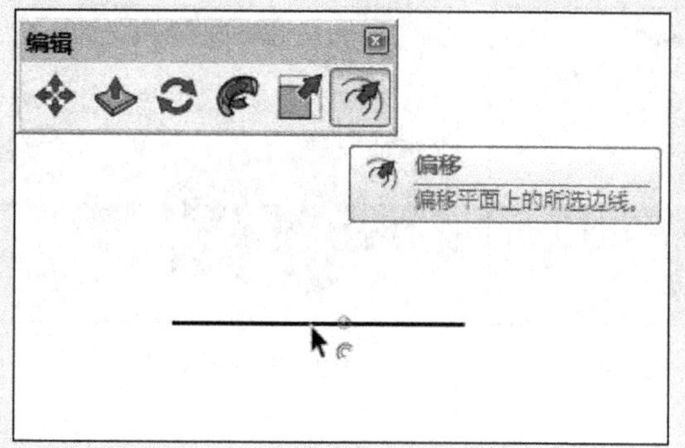

图 2-165　无法偏移单独线段

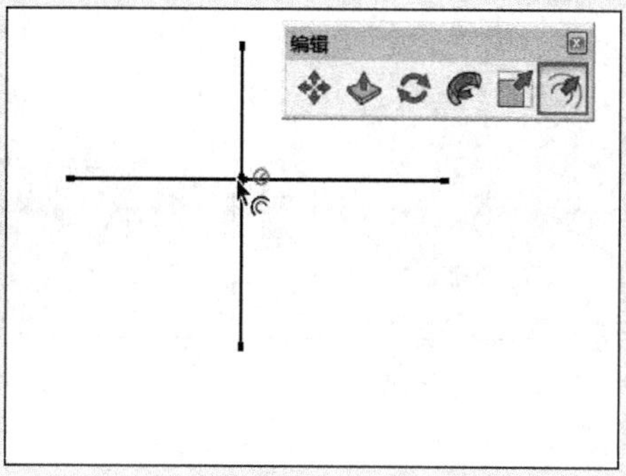

图 2-166　无法偏移交叉线段

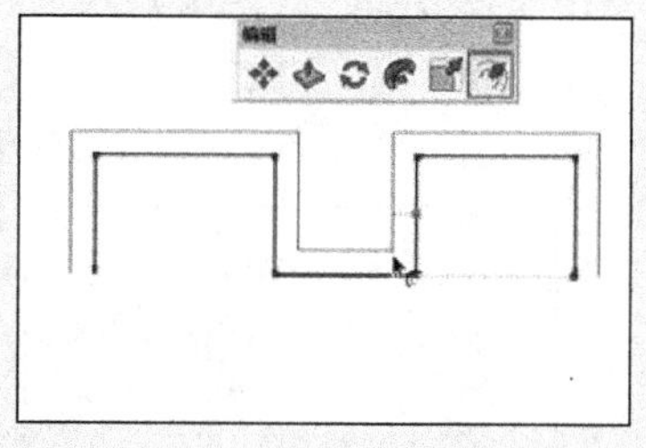

图 2-167　偏移转折线

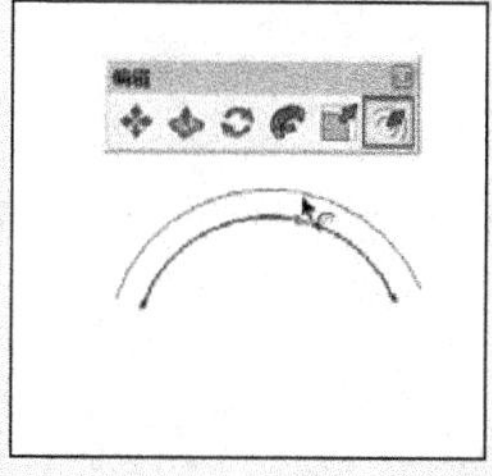

图 2-168　偏移弧线

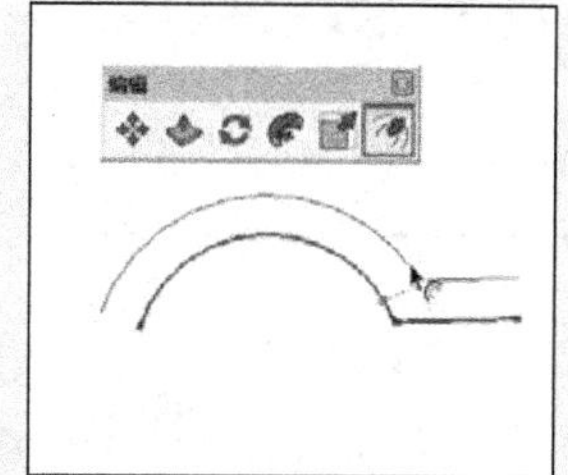

图 2-169　偏移混合线形

2.3.5 推/拉工具

在 SketchUp 中，将二维平面生成三维实体模型的最为常用的工具即【推/拉】工具。单击【编辑】工具栏中的按钮或执行【编辑】/【推/拉】菜单命令均可启用【推/拉】工具。接下来便了解其具体的使用方法与技巧。

01 在场景中创建一个长、宽约为 2000 的矩形，如图 2-170 所示，然后启用【推/拉】工具。

02 待光标变成时，将其置于推/拉对象的表面并单击确定，然后拖动鼠标缩放出三维实体，推拉出合适的高度后再次单击即可完成推/拉，如图 2-171 与图 2-172 所示。

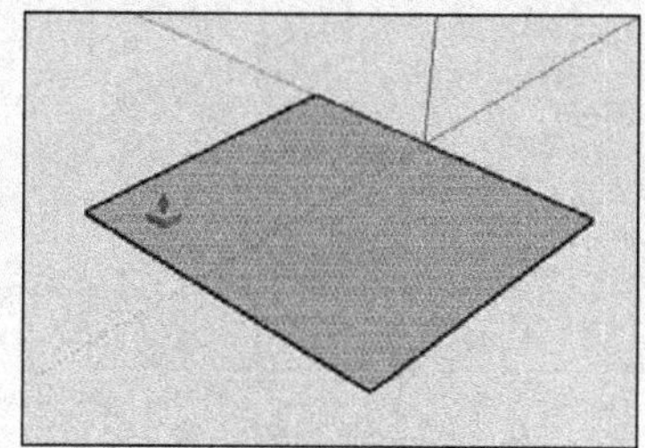

图 2-170　创建矩形平面

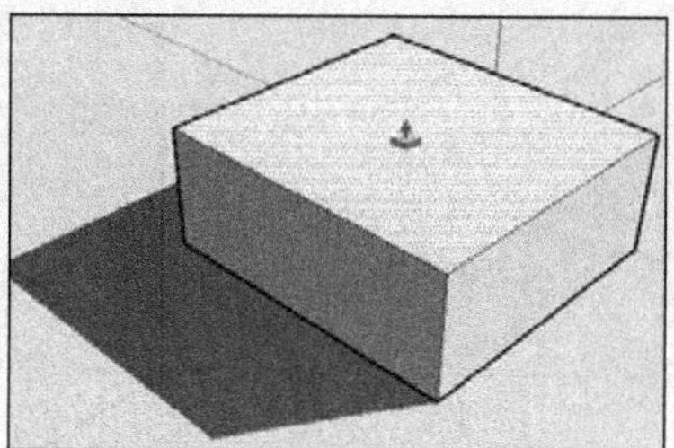

图 2-171　向上推拉平面

图 2-172　推/拉完成效果

技巧

【推/拉】工具的默认快捷键为“P”。

03 如果要进行精确的推/拉，则可以在单击确定开始推拉前输入长度数值，再按下 Enter 键确认，如图 2-173~图 2-175 所示。

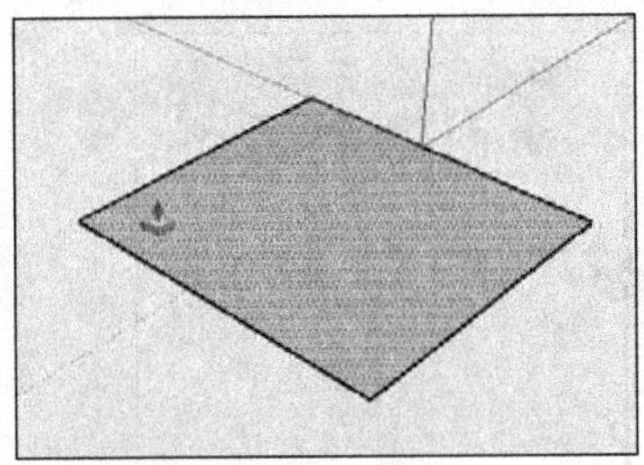
图 2-173　选择矩形平面

图 2-174　输入推/拉数值

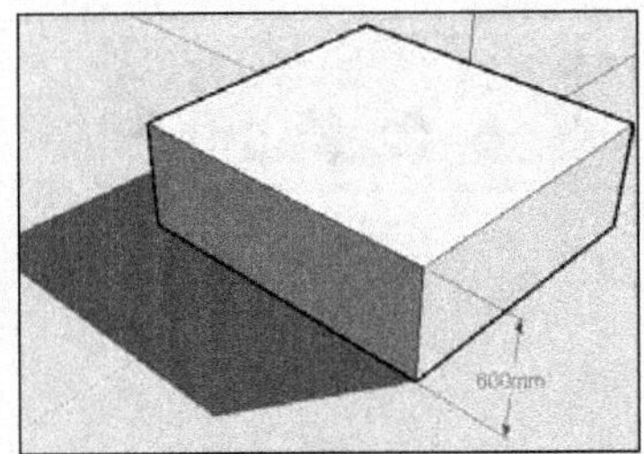
图 2-175　完成效果

技巧

在完成推拉后再次启用【推/拉】工具可以直接进行推拉，如图 2-176 与图 2-177 所示。如果此时按住“Ctrl”键，则会以复制的形式进行推拉，如图 2-178 所示。

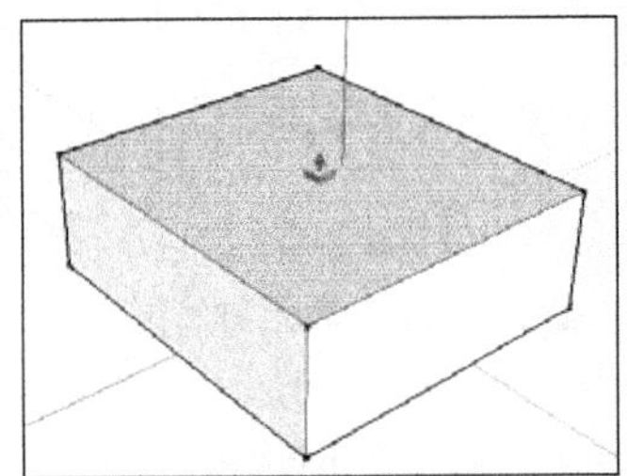
图 2-176　选择已推拉出的平面

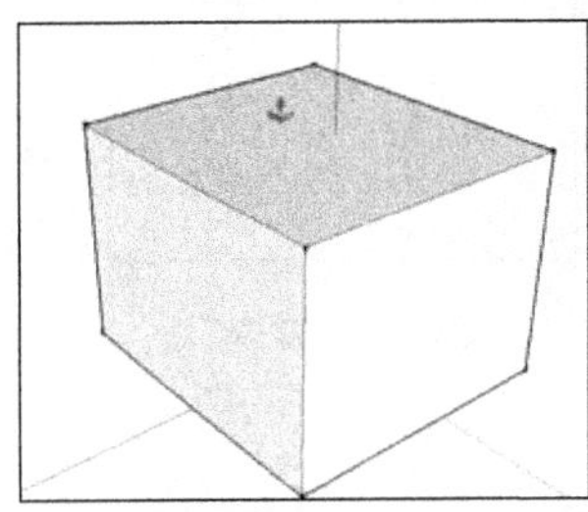
图 2-177　继续推拉效果

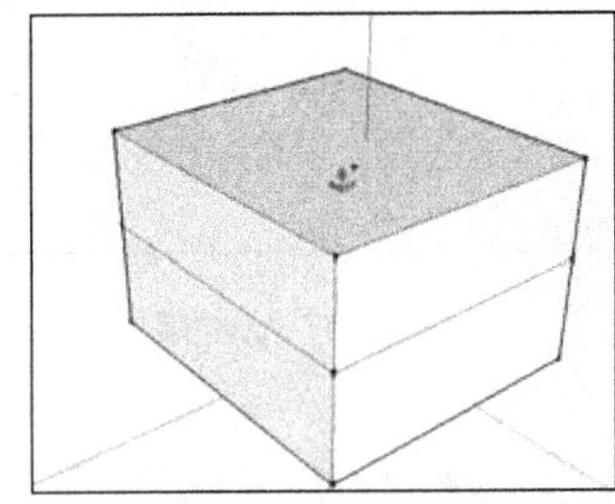
图 2-178　推拉复制效果

技巧

如果有多个面的推/拉深度相同，则在完成了其中某一个面的推/拉之后，在其他面上使用【推/拉】工具直接双击左键即可快速实现相同的推/拉效果，如图 2-179~图 2-181 所示。

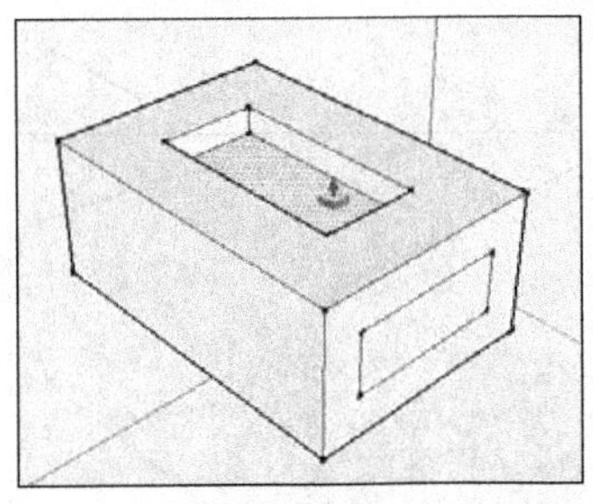
图 2-179　向下推/拉面

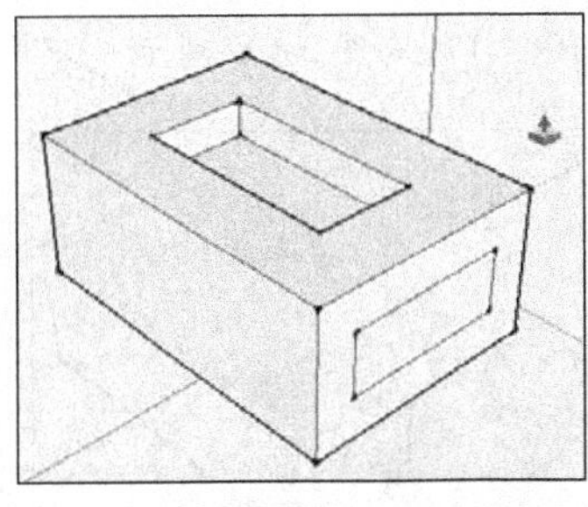
图 2-180　推/拉完成

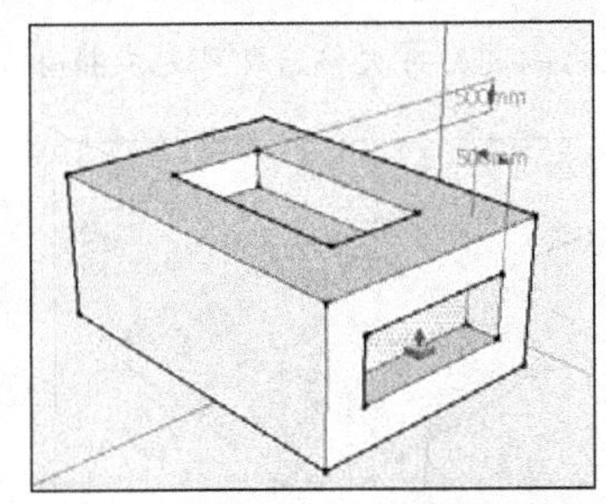
图 2-181　双击快速完成相同推/拉

2.3.6 路径跟随工具

SketchUp 中的【路径跟随】工具可以利用两个二维线形或平面生成三维实体。单击【编辑】工具栏中的按钮或执行【工具】/【路径跟随】菜单命令均可启用【路径跟随】工具，其具体的使用方法与技巧如下：

1. 面与线的应用

01 打开配套资源“第 02 章|2.3.6 路径跟随”文件，场景中有一个平面图形与一个二维线形，如图 2-182 所示。

02 启用【路径跟随】工具，待光标变成时单击选择其中的二维平面，如图 2-183 所示

03 将光标移动至线形附近，此时在线形上会出一个红色的捕捉点，二维平面也会根据该点至线形下方端点的走势形成三维实体，如图 2-184 所示。

04 向上推动鼠标直至线形的端点，在确定实体效果后单击即可完成三维实体的制作，如图 2-185 所示。

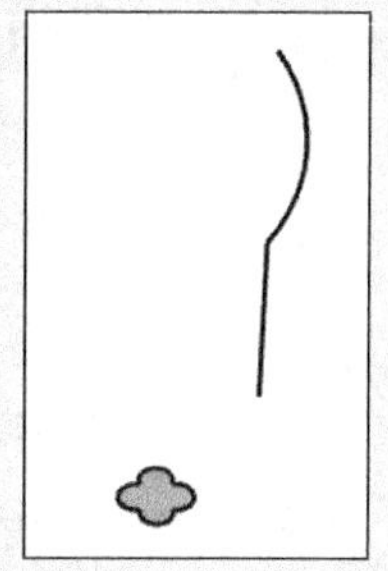
图 2-182 跟随路径图形

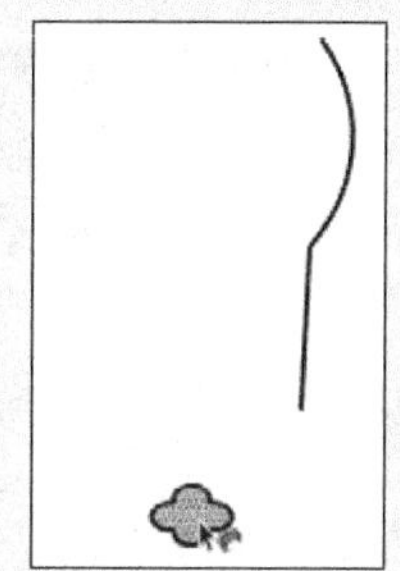
图 2-183 选择二维平面

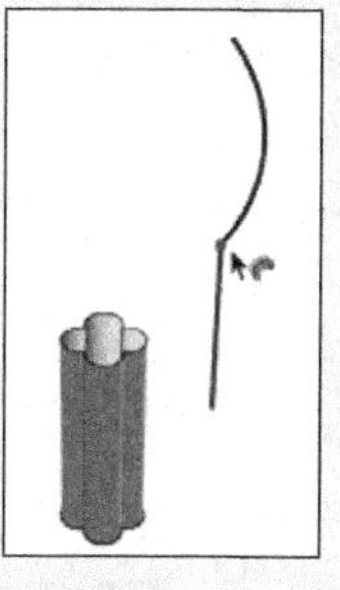
图 2-184 形成三维实体

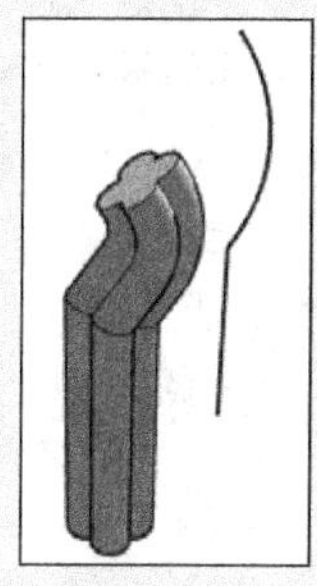
图 2-185 完成效果

2. 面与面的应用

在 SketchUp 中选择【路径跟随】工具，通过“面”与“面”的应用可以绘制出室内具有线脚的顶棚等常用构件。

01 在视图中绘制线脚截面与顶棚平面二维图形，然后启用【路径跟随】工具并单击选择截面，如图 2-186 所示。

02 待光标变成时将其移动至顶棚平面图形内，然后跟随其捕捉一周，如图 2-187 所示。

03 单击确定完成捕捉，得到的最终效果如图 2-188 所示。

技 巧

在 SketchUp 中并不能直接创建球体、棱锥和圆锥等几何体，这些几何体通常是通过在“面”与“面”上应用【路径跟随】工具来完成的，其中球体的创建步骤如图 2-189~图 2-191 所示。

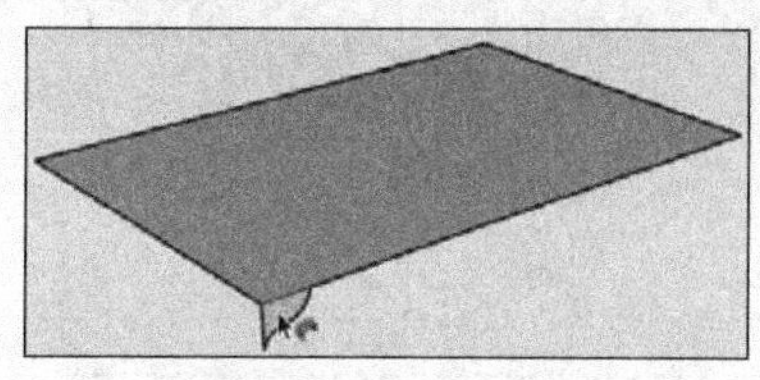
图 2-186 选择角线截面

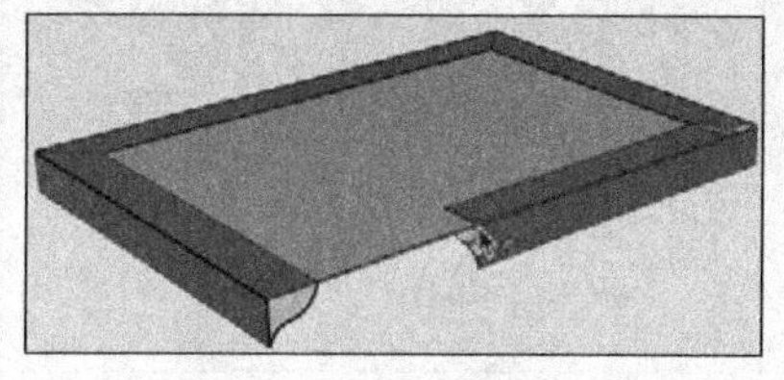
图 2-187 捕捉顶棚平面

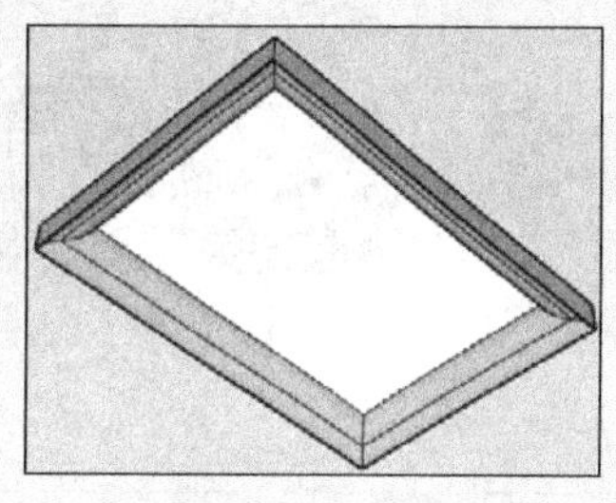
图 2-188 完成效果

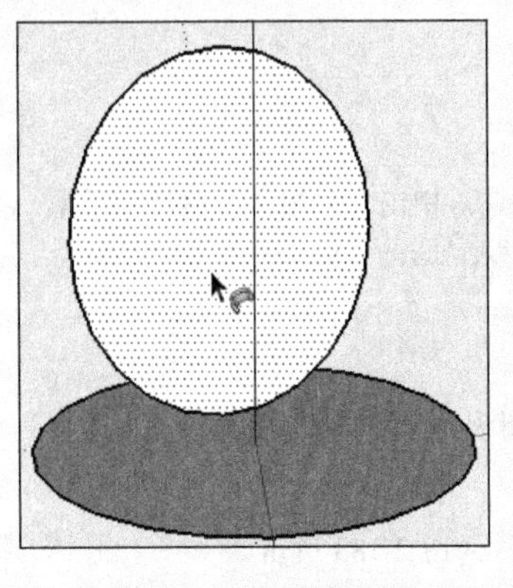

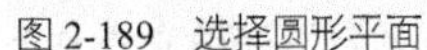

图 2-189　选择圆形平面

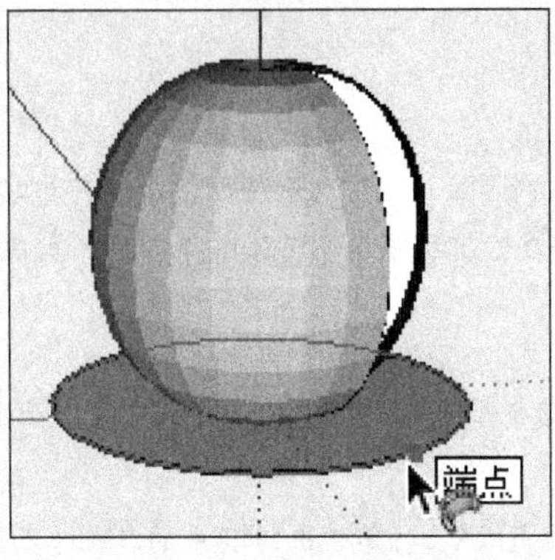

图 2-190　捕捉底部圆形

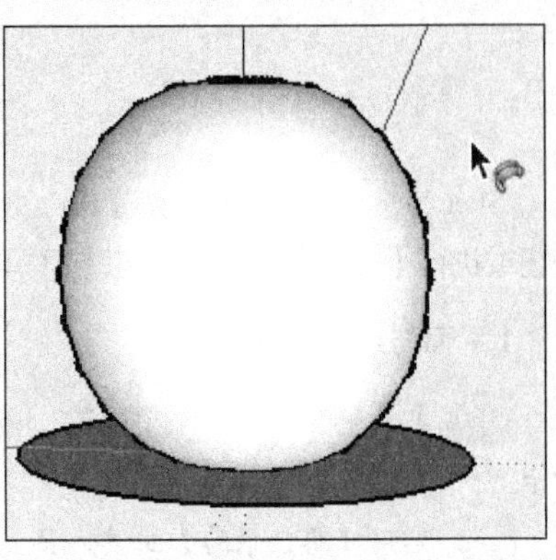

图 2-191　完成效果

3. 实体上的应用

在 SketchUp 中利用【路径跟随】工具还可以在实体模型上直接制作出边角细节，具体的操作方法如下：

01 首先在实体表面上直接绘制好边角轮廓，然后启用【路径跟随】工具并单击选择边角截面，如图 2-192 所示。

02 待光标变成时单击选择边角轮廓，然后再将光标置于实体的轮廓线上，此时就可以参考出现的虚线确定跟随效果，如图 2-193 所示。

03 确定好跟随效果后单击鼠标左键，完成实体边角的创建。效果如图 2-194 所示。

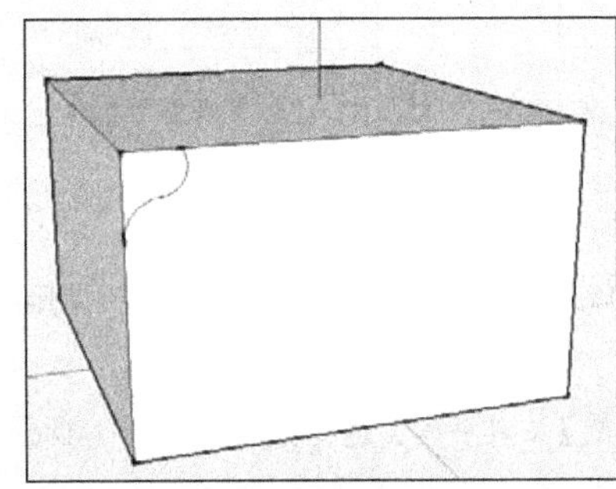

图 2-192　选择边角截面

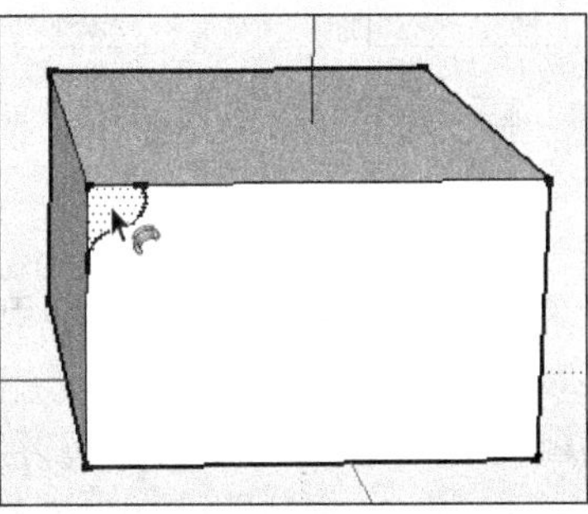

图 2-193　捕捉实体模型边线

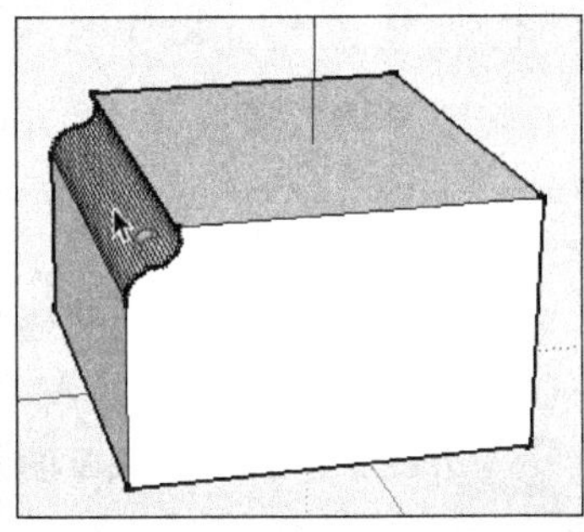

图 2-194　完成效果

技 巧

利用【路径跟随】工具直接在实体模型上创建边角效果时，如果捕捉完整的一周将制作出如图 2-195 所示的效果。此外，还可以任意捕捉实体轮廓线进行效果的制作，如图 2-196 与图 2-197 所示。

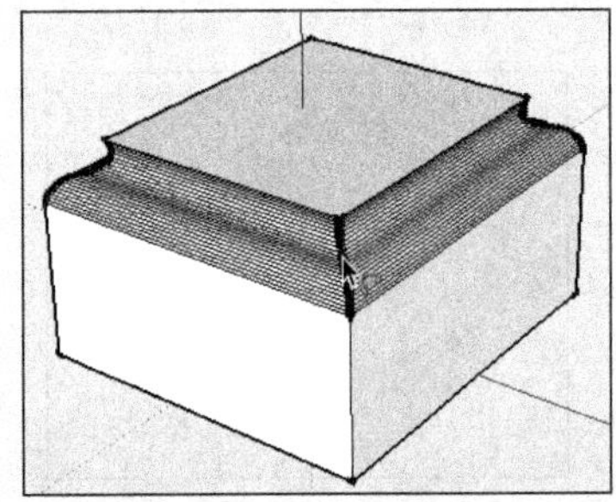

图 2-195　捕捉一周的效果

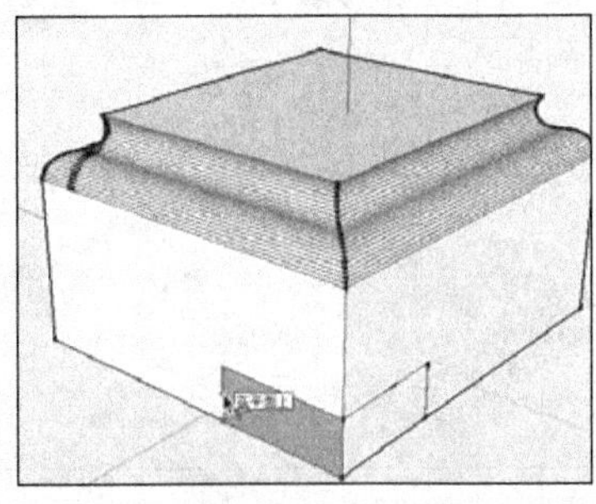

图 2-196　捕捉效果

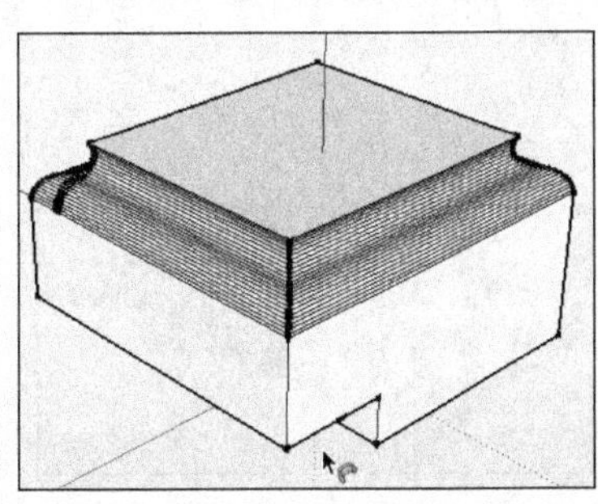

图 2-197　完成效果

2.4 SketchUp 风格工具栏

单击【风格】工具栏中的各个按钮，可以快速切换不同的显示模式，以满足不同的观察要求。该工具栏从左至右分别为【X 光透视模式】、【后边线】、【线框】、【消隐】、【阴影】、【材质贴图】以及【单色】七种显示模式，如图 2-198 所示。

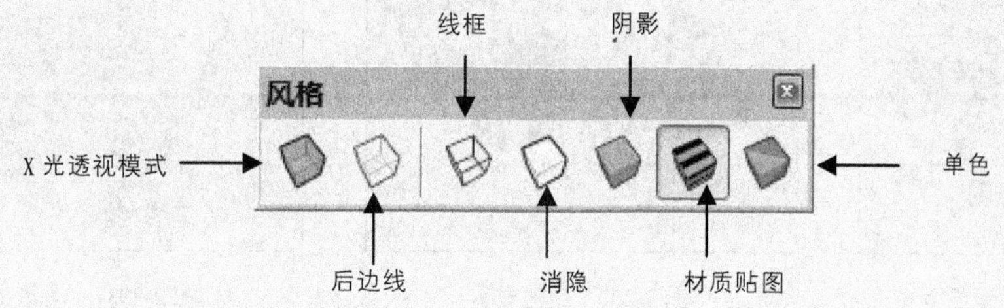

图 2-198　SketchUp【风格】工具栏

2.4.1 X 光透视模式显示模式

在进行封闭空间的设计时，如果需要直接观察室内平面布置、构件效果，可单击【X 光透视模式】按钮实现透视效果，如图 2-199 与图 2-200 所示。在该过程中并不需要隐藏任何模型，操作快捷又有效。

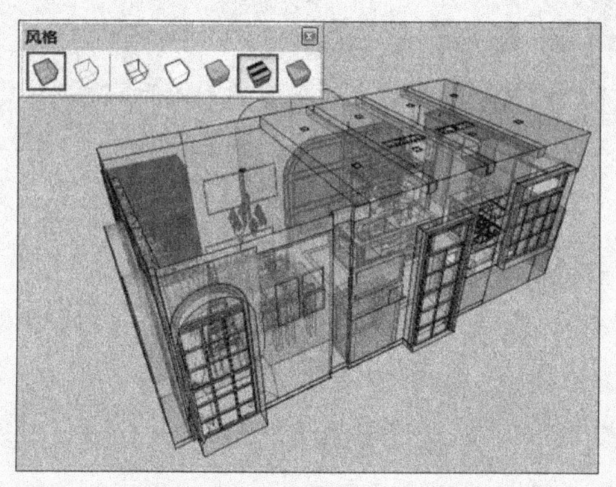

图 2-199　X 光透视模式与材质贴图混合显示

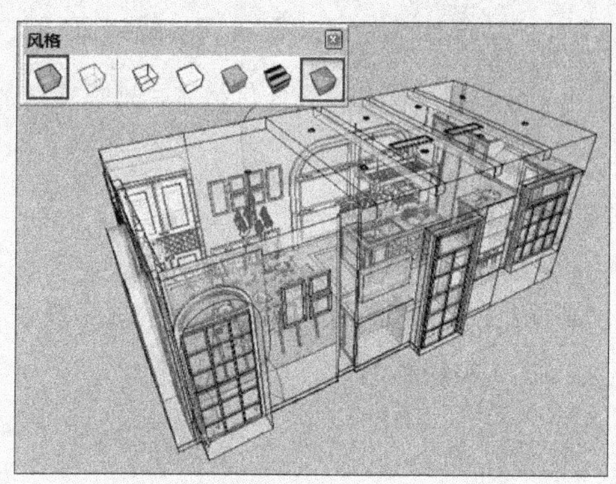

图 2-200　X 光透视模式与单色混合显示

2.4.2 后边线显示模式

【后边线】是一种附加的显示模式，单击该按钮，可以在当前显示效果的基础上以虚线的形式显示模型背面无法被观察到的直线，如图 2-201 所示。但需要注意的是，在当前为【X 光透视模式】与【线框】显示效果时，该附加显示模式无效。

2.4.3 线框显示模式

【线框】是 SketchUp 中最节省系统资源的显示模式，其效果如图 2-202 所示。在该种显示模式下，场景中的所有对象均以实直线显示，材质、纹理图像等效果也将暂时失效。在进行大型场景的视图缩放、平移等操作时，最好能切换到该模式，以有效地避免卡屏、迟滞等现象。

2.4.4 消隐显示模式

【消隐】模式仅显示场景中可见的模型面，此时大部分的材质与纹理图像都会暂时失效，仅在视图中体现实体与透明材质的区别，如图 2-203 所示。因此，这是一种比较节省资源的显示方式。

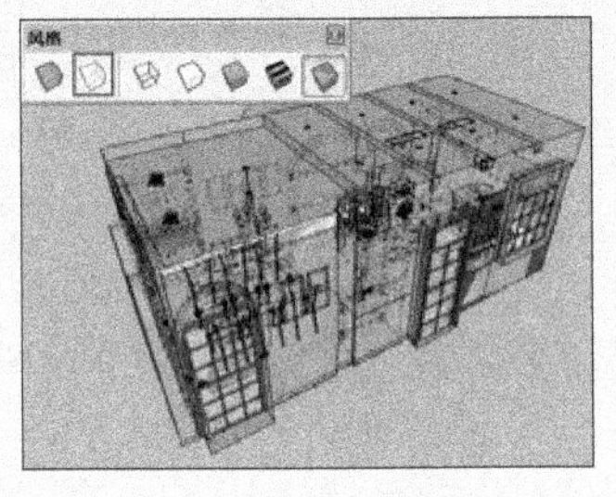
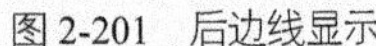

图 2-201　后边线显示

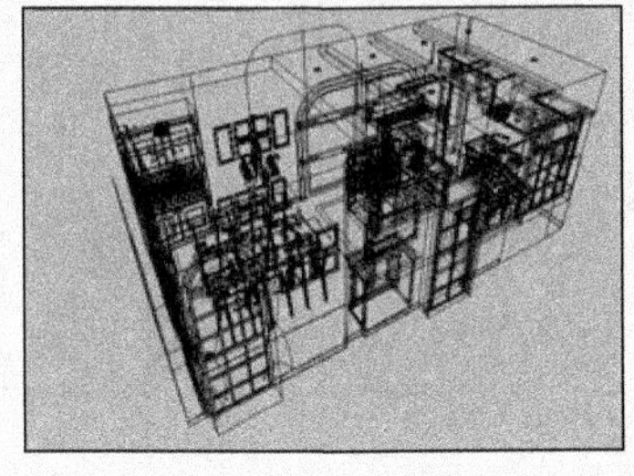

图 2-202　线框显示

图 2-203　消隐显示

2.4.5 阴影显示模式

【阴影】是一种介于【消隐】与【材质贴图】之间的显示模式，该模式将在可见模型面的基础上，根据已经赋予场景的材质，自动在模型面上生成相近的色彩，如图 2-204 所示。在该模式下，实体与透明材质的区别也有所体现，因此显示的模型的空间感比较强烈。

技 巧

如果场景模型没有指定任何材质，则在【阴影】模式下仅以黄、蓝两色表明模型的正反面。

2.4.6 材质贴图显示模式

【材质贴图】是 SketchUp 中最全面的显示模式。在该模式下，材质的颜色、纹理及透明效果都将得到完整的体现，如图 2-205 所示。

2.4.7 单色显示模式

【单色】是一种在建模过程中经常使用到的显示模式。该模式用纯色显示场景中的可见模型面，以黑色实线显示模型的轮廓线，在占用较少系统资源的前提下，可产生十分强烈的空间立体感，如图 2-206 所示。

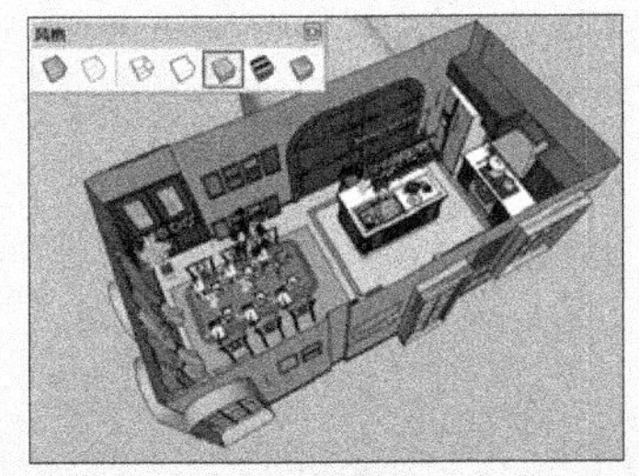

图 2-204　阴影显示

图 2-205　材质贴图显示

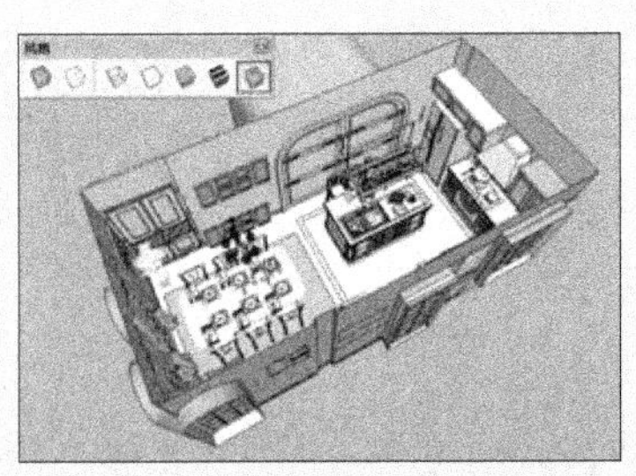

图 2-206　单色显示

技 巧

【材质贴图】显示模式十分占用系统资源，因此通常被用于观察材质以及模型的整体效果，而在建立模型、旋转、平衡视图等操作时，则应尽量使用其他模式，以避免卡屏、迟滞等现象。此外，如果场景中的模型没有被赋予任何材质，该模式将无法应用。

2.5 SketchUp 主要工具栏

SketchUp 中的【主要】工具栏的功能设置如图 2-207 所示，主要有【选择】、【制作组件】、【材质】以及【擦除】4 种工具。其中【选择】工具的使用前面已进行过详细介绍，因此接下来将介绍另外三个工具的使用方法与技巧。

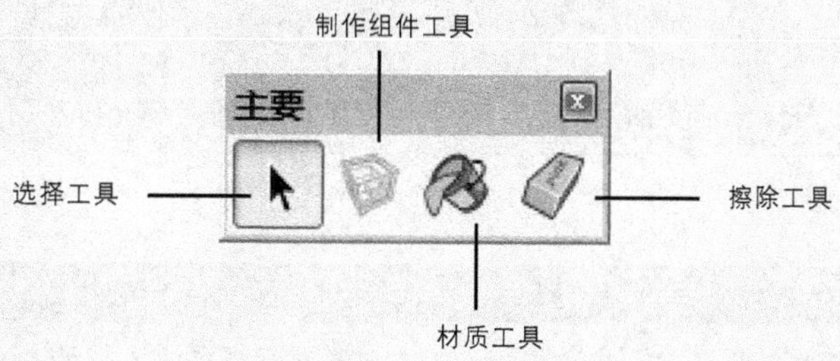

图 2-207　SketchUp【主要】工具栏

2.5.1 制作组件工具

【制作组件】工具用于管理场景中的模型。在场景中制作好了某个模型套件（如由拉手、门页、门框组成的门模型）后，将其制作成制作组件，不但可以精简模型个数，有利于模型的选择，而且还可以直接进行复制，并且只要修改了其中的任意一个模型，由其复制的模型也会发生相同的改变，因此可大大提高工作效率。

此外，将模型制作成组件后可以将其单独导出，这样不但可以将其分享给他人，而且也方便自己随时再导入调用。接下来首先了解组件的制作方法：

1. 创建与分解组件

01 打开配套资源内的“第 02 章|2.5.1 组件原始”模型，其为一个由多个部件组成的餐桌模型，如图 2-208 所示。

02 此时的餐桌并未整体创建为组件，因此容易对单个部件进行错误操作，如图 2-209 所示。

03 按组合键 Ctrl+A 选择所有模型部件，然后单击组件工具按钮 或单击鼠标右键选择“制作组件”命令，如图 2-210 所示。

04 弹出【创建组件】对话框后可设置【名称】等参数，如图 2-211 所示。设置完成后单击【创建】按钮即可将其整体制作成组件，如图 2-212 所示。

05 将模型整体创建为组件后，在进行移动、缩放等操作时即可默认以整体的形式进行操作，十分方便，如图 2-213 所示。

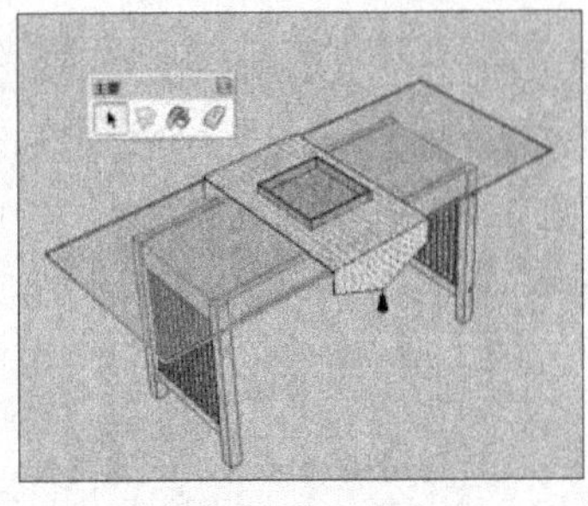

图 2-208　餐桌模型

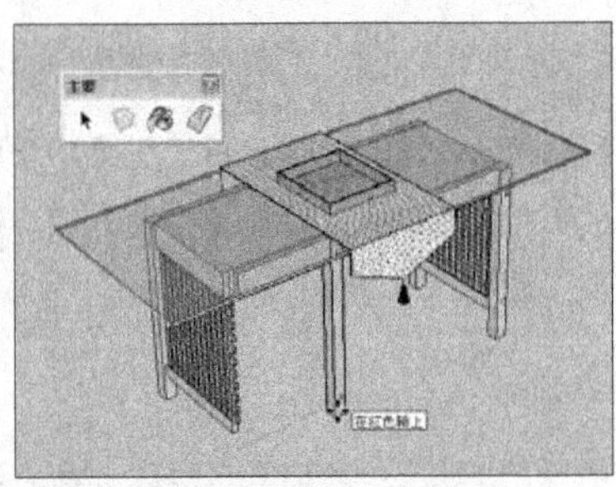

图 2-209　对单个部件进行错误操作

图 2-210　选择“制作组件”命令

图 2-211　【创建组件】对话框

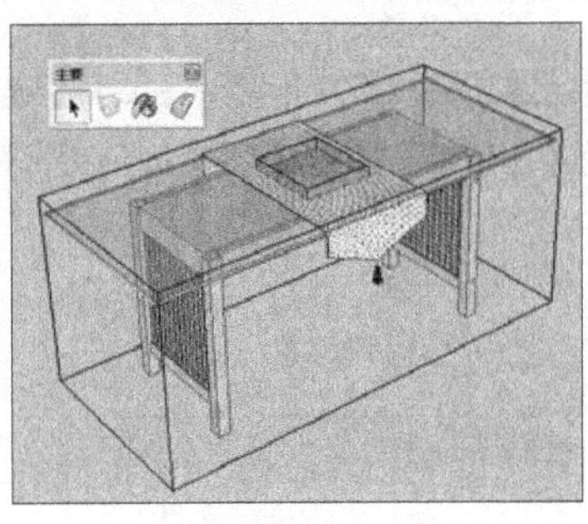

图 2-212　创建组件

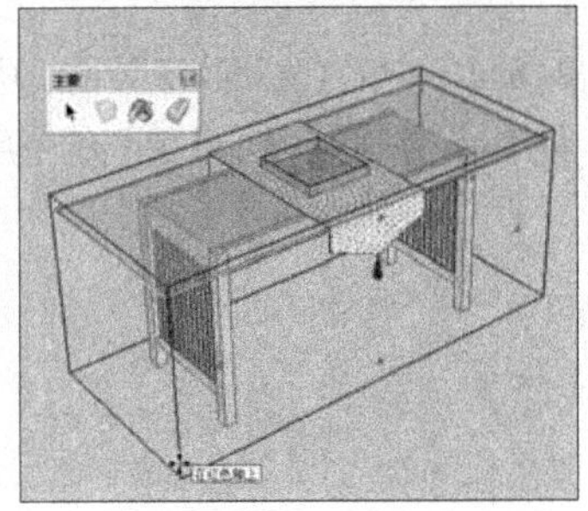

图 2-213　整体进行缩放

技 巧

在 SketcUp 中进行单面植物效果的渲染时，【创建组件】对话框中【总是朝向相机】的参数将变得十分重要。勾选该参数后，随着机位的移动，制作好的植物组件也会相应地转动，使其始终以正面面向相机，如图 2-214~图 2-216 所示。

图 2-214　原始效果

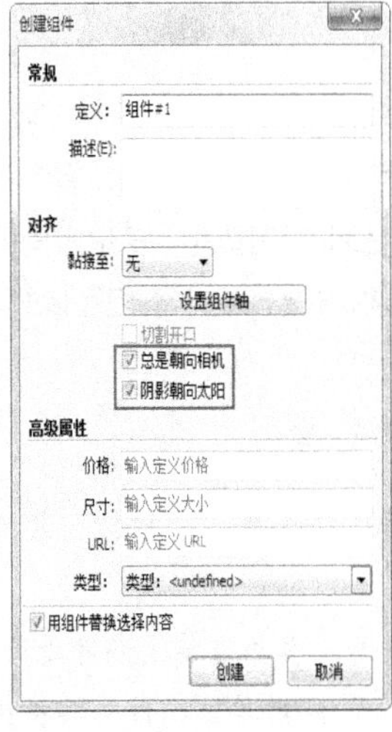

图 2-215　勾选【总是朝向相机】参数

图 2-216　调整后效果

06 制作好组件后可以整体复制出其他位置的相同组件，如图 2-217 所示。在方案的推敲过程中，如果要进行统一修改，可以首先单击右键，选择【编辑组件】命令，如图 2-218 所示。

07 然后相应地改变整体或任意一个构件的大小，此时复制的其他模型均可发生同样的改变，如图 2-219 所示。

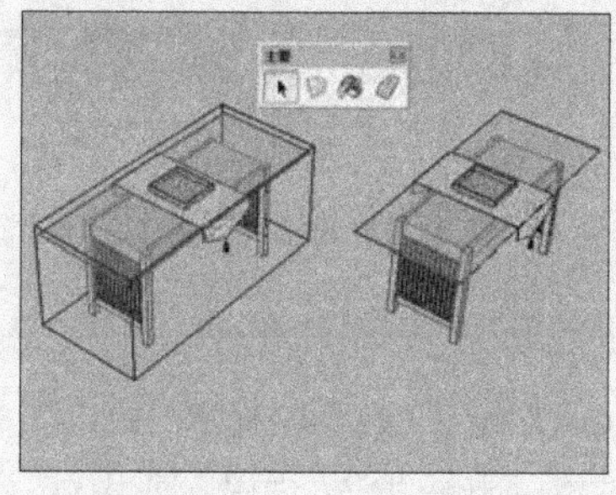
图 2-217　复制组件

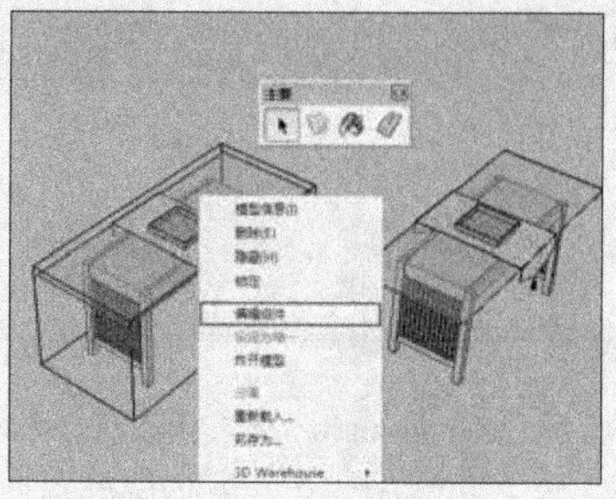
图 2-218　选择【编辑组件】命令

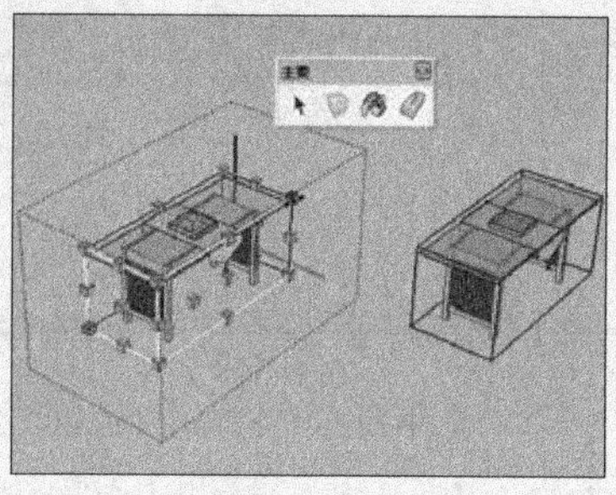
图 2-219　组件修改时的效果

08 如果要单独对某个组件进行调整，可以选择该组件并单击鼠标右键，为其添加【设定为唯一】命令，如图 2-220 所示。此时再进行模型的变换将不会对由其复制的组件产生关联影响，如图 2-221 和图 2-222 所示。

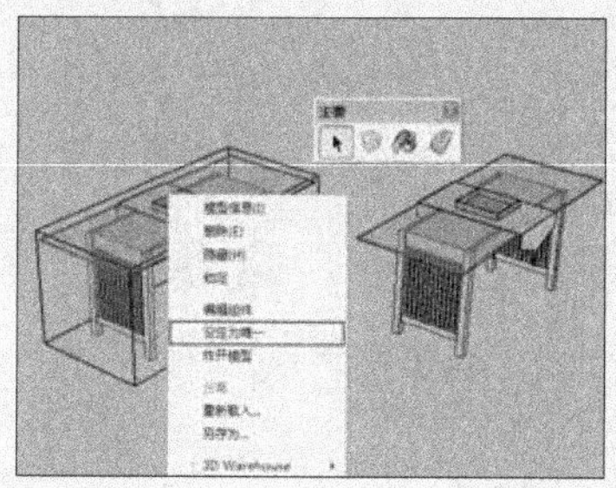
图 2-220　单独处理组件

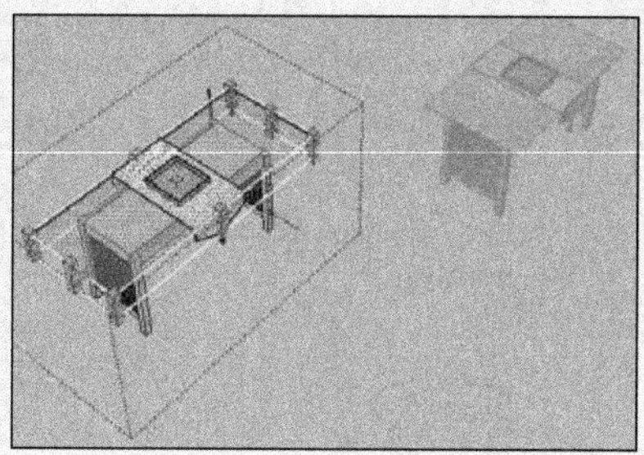
图 2-221　缩小模型

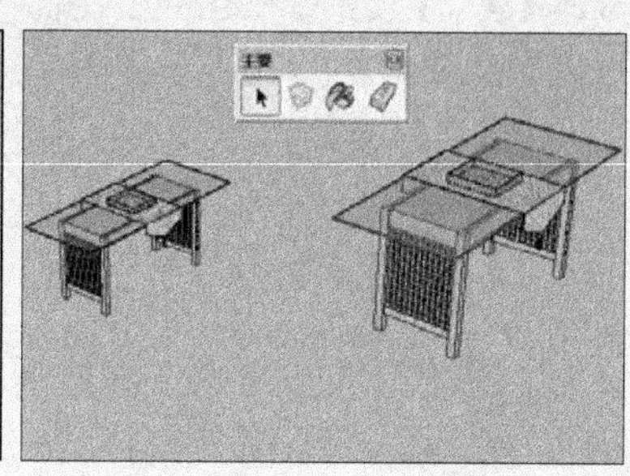
图 2-222　调整完成的效果

09 选择组件，在其表面单击鼠标右键，在弹出的快捷菜单中选择【炸开模型】命令即可打散制作好的组件。

2. 导出与导入组件

【组件】制作完成后，首先应该将其导出为单独的模型。当其他的场景需要使用时，就可直接导入，具体的操作如下：

01 选择制作好的组件，在其表面单击鼠标右键，在弹出的快捷菜单中选择【另存为】命令，如图 2-223 所示。

02 在弹出的【另存为】对话框中设置路径为 SketchUp 安装下的“Components”，然后单击【保存】按钮即可，如图 2-224 所示。

03 组件保存完成后，在其他需要调用该组件的场景中执行【窗口】/【组件】菜单命令，即可通过弹出的【组件】对话框进行选择并直接插入场景，如图 2-225 所示。

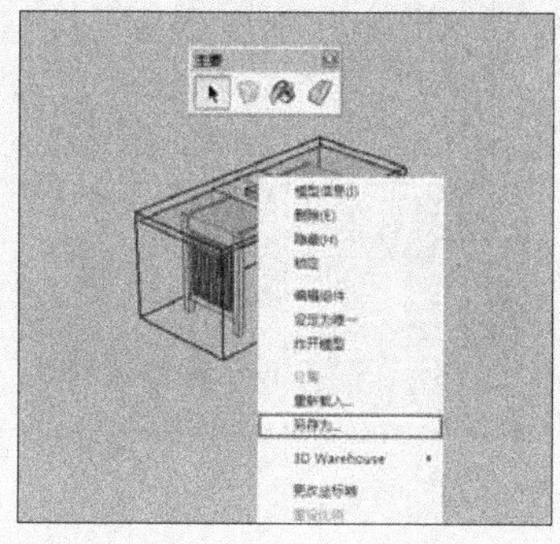
图 2-223　选择【另存为】命令

图 2-224　保存组件

图 2-225　选择并插入场景

技巧

只有将组件保存在 SketcheUp 安装路径中名为“Components”的文件夹内，才可以通过【组件】对话框进行直接调用。

3. 组件库

个人或者团队制作的组件通常都比较有限，Google 公司在收购 SketchUp 后结合其强大的搜索功能，使 SketchUp 用户可以直接在网上搜索组件，同时也可以将自己制作好的组件上载到互联网上供其他用户使用。这样，全世界的 SketchUp 用户就构成了一个十分庞大的网络组件库。在网上搜索以及上载组件的具体方法与技巧如下：

01 首先了解下载组件的方法。在【组件】对话框中输入搜索模型的关键词，如图 2-226 所示，然后单击后方的【搜索】按钮进行模型搜索，如图 2-227 所示。

02 搜索完成后即会在对话框中显示相应的结果，如图 2-228 所示。

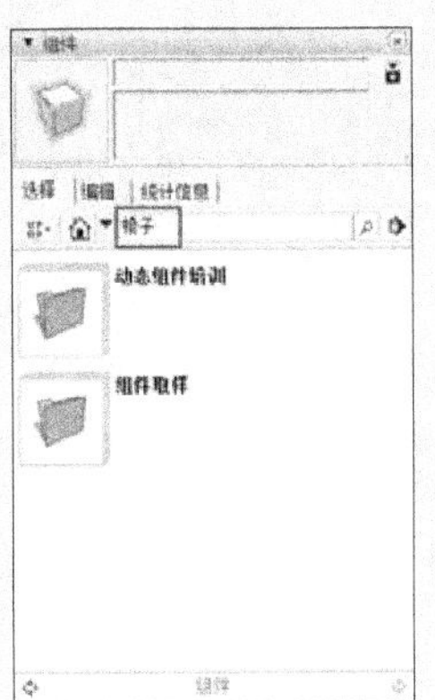

图 2-226 输入搜索模型关键词

图 2-227 进行搜索

图 2-228 搜索完成

03 通过下拉按钮选择搜索到的模型，如图 2-229 所示。双击目标模型即可进行该模型的下载，如图 2-230 所示。下载完成后即可将其直接插入场景，如图 2-231 所示。

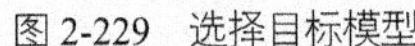

图 2-229 选择目标模型

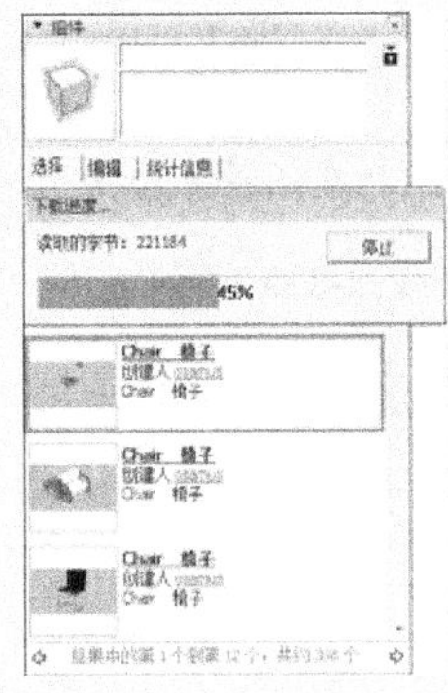

图 2-230 确定进行下载

图 2-231 插入下载组件

04 如果要上载制作好的组件，则首先选择目标模型，然后选择【共享组件】命令，如图 2-232 所示。

05 进入【3D 模型库】上载对话框，单击【上载】按钮即可进行上载，如图 2-233 所示。

06 上载成功后，如图 2-234 所示，其他用户即可通过互联网进行搜索与下载。

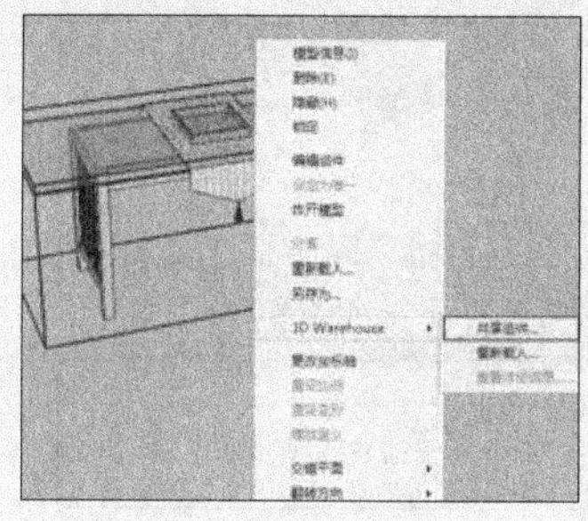

图 2-232　选择共享组件命令

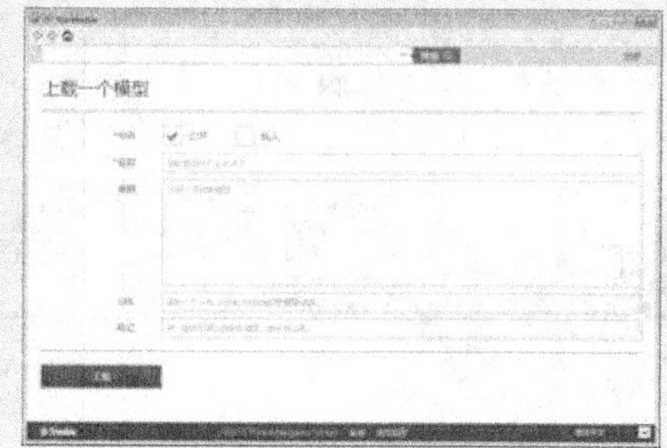

图 2-233　上载组件

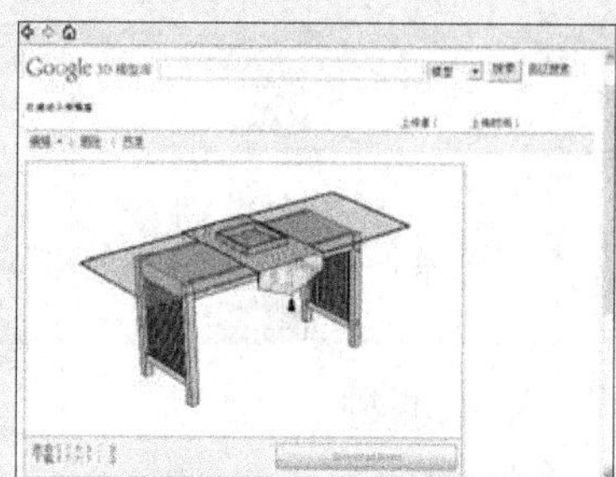

图 2-234　上载完成

注 意

使用 Google 3D 模型库进行组件的上载前，需注册 Google 用户并同意上载协议。

2.5.2 材质工具

本节将重点讲解 SketchUp 中材质的赋予方法、材质编辑器的功能以及纹理图像的编辑技巧。

1. 使用材质工具赋予材质的方法

01 打开配套资源“第 02 章|2.5.2 材质原始模型”，如图 2-235 所示，其为一个没有任何材质效果的茶几模型。

02 单击【材质】工具按钮或执行【窗口】/【默认面板】/【材料】菜单命令打开【材料】对话框。

技 巧

【材质】工具的默认快捷键为“B”。

03 SketchUp 分门别类地制作好了一些材质，单击相应的文件夹名称或通过下拉按钮均可进入目标类材质，如图 2-236 与图 2-237 所示。

图 2-235　材质原始模型

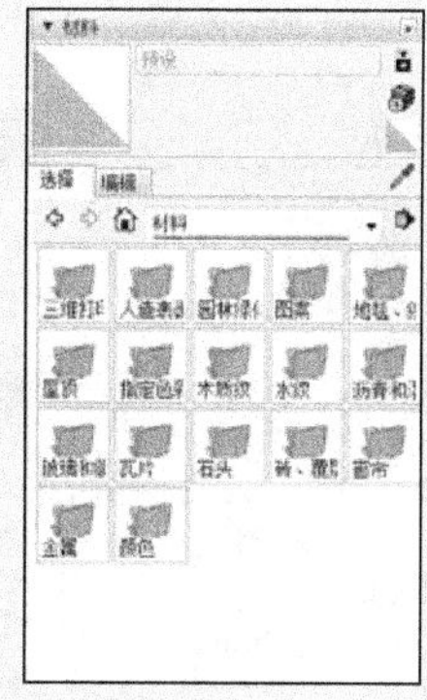

图 2-236　材质分类

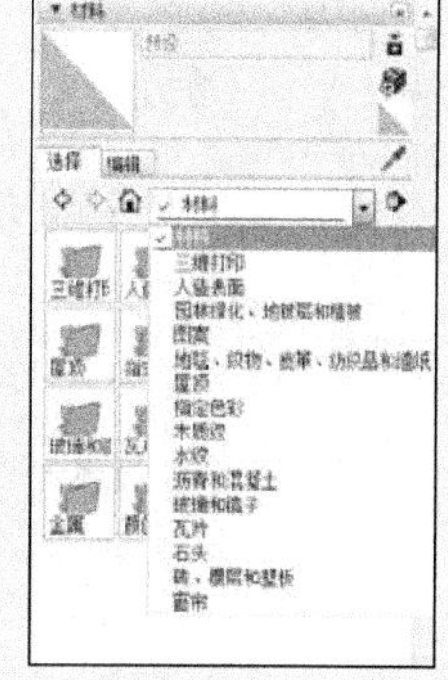

图 2-237　下拉按钮中的材质分类

04 接下来，首先赋予茶几支撑木纹材质。进入名称为“木质纹”的文件夹，然后选择“原色樱桃木”材质，如图 2-238 所示。

05 当光标将变成时，进入茶几支撑组并赋予其相应的材质，如图 2-239 所示。

06 进入名称为“半透明材质”的文件夹，选择“半透明安全玻璃”材质赋予茶几玻璃，如图 2-240 所示。

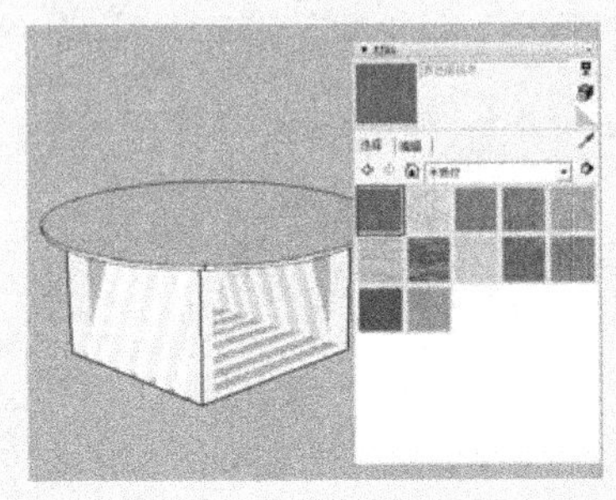

图 2-238　选择“原色樱桃木”材质

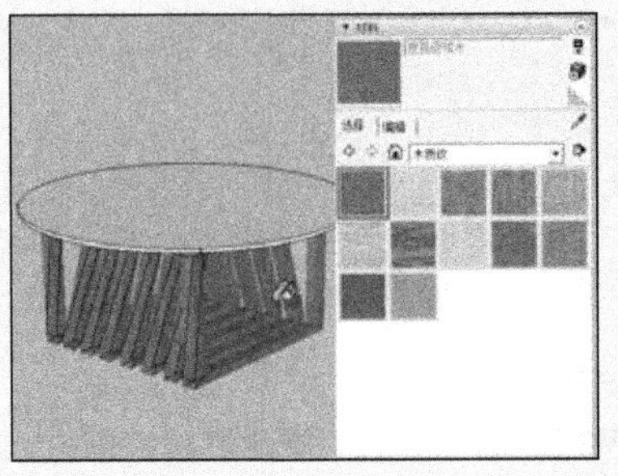

图 2-239　赋予茶几支撑木纹材质

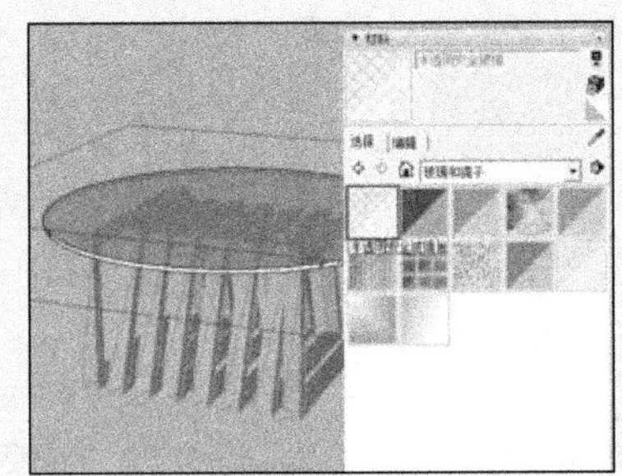

图 2-240　赋予茶几玻璃材质

07 场景材质制作完成后，可以单击【在模型中的样式】按钮进行查看，如图 2-241 所示。

08 此外还可以单击【样本颜料】按钮，然后直接在模型表面提取其所具有的材质，如图 2-242 与图 2-243 所示。

图 2-241　查看模型中现有材质

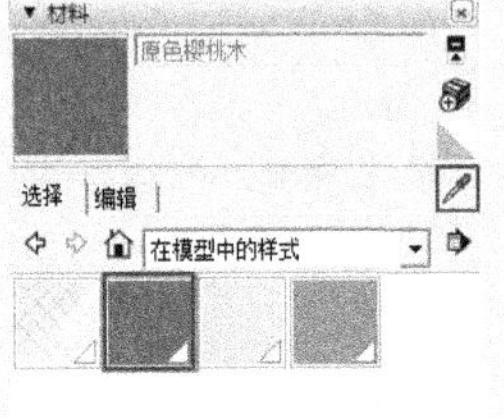

图 2-242　单击【样本颜料】按钮

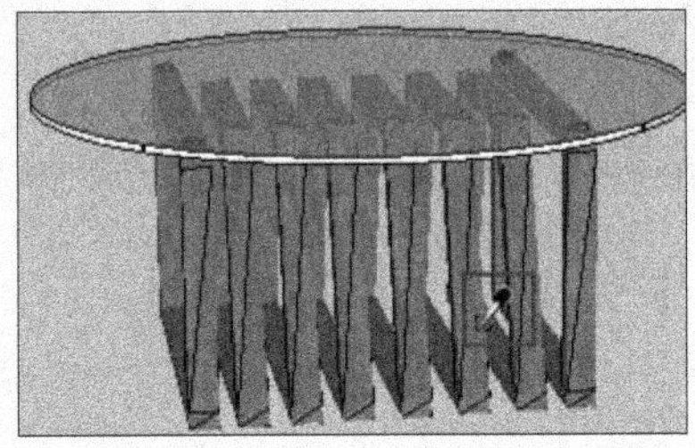

图 2-243　提取模型材质

SketchUp 虽然提供了许多材质，但并不一定能完全满足实际工作的需求，此时可以通过选择已有材质，再进入【编辑】选项卡进行修改，或直接单击【创建材质】按钮，按照要求制作新的材质。由于材质【编辑】选项卡与【创建材质】选项卡的参数一致，所以接下来将只讲解【创建材质】选项卡的功能与使用方法。

2. 材质编辑器的功能

单击【创建材质】按钮，即可弹出【创建材质】对话框。其具体的功能如图 2-244 所示。

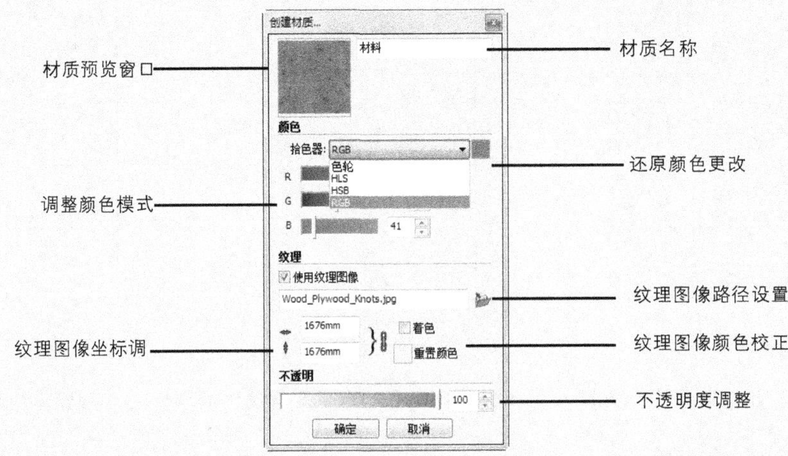

图 2-244　材质编辑器功能图解

材质名称：新建材质时，可以根据材质特点进行命名以便于以后查找与调整。材质的命名应该简洁、明确，如“木纹”“玻璃”等，也可以以拼音首字母进行命名，如“MW”“BL”等。如果场景中有多个类似的材质，则应该在其后加以简短的区分，如“玻璃_半透明”“玻璃_磨砂”等。此外，也可以根据材质模型的对象进行区分，如“木纹_地板”“木纹_书桌”等。

材质预览：通过“材质预览”可以快速查看当前新建的材质效果。图 2-245~图 2-247 所示为在预览窗口内对颜色、纹理以及透明度进行实时的预览。

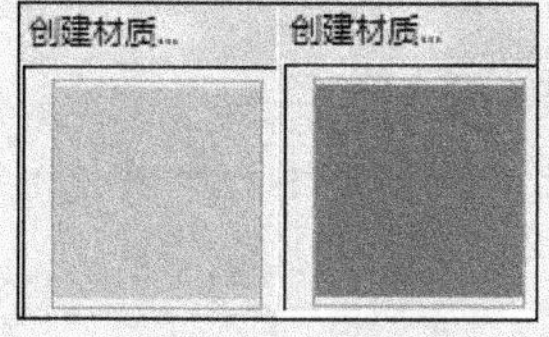

图 2-245　颜色预览

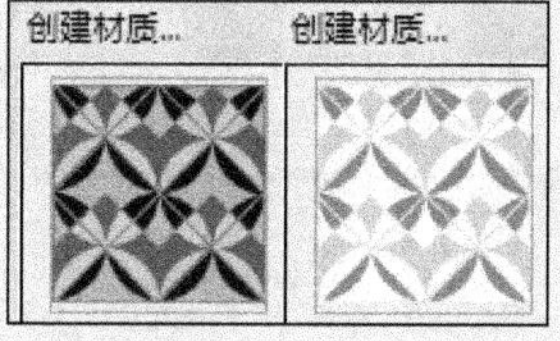

图 2-246　纹理预览

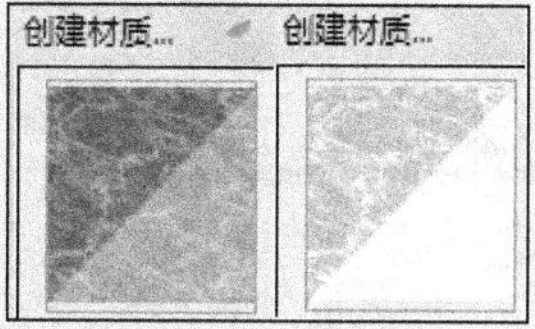

图 2-247　透明度预览

颜色模式：按下“颜色模式”后的下拉按钮，可以选择除默认“颜色选择”之外的“HLS”“HSB”以及“RGB”三种模式，如图 2-248~图 2-250 所示。

技 巧

这四种颜色模式在色彩的表现能力上并没有任何区别，读者可以根据自己的习惯进行选择。但由于“RGB 模式”使用红色（R）、绿色（G）从及蓝色（B）这三种光原色数值进行颜色的调整，比较直观，所以在本书中将采用该种模式。

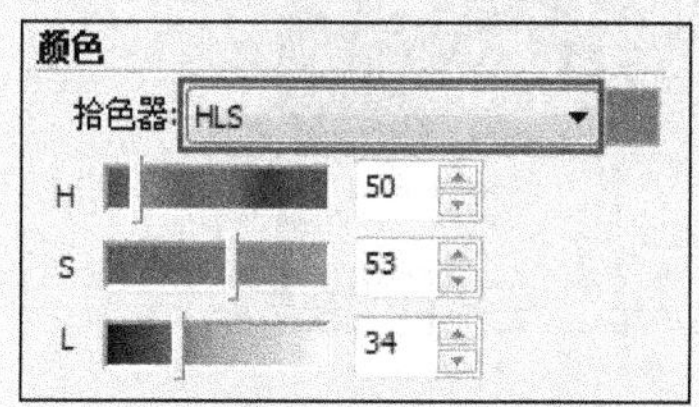

图 2-248　HLS 模式

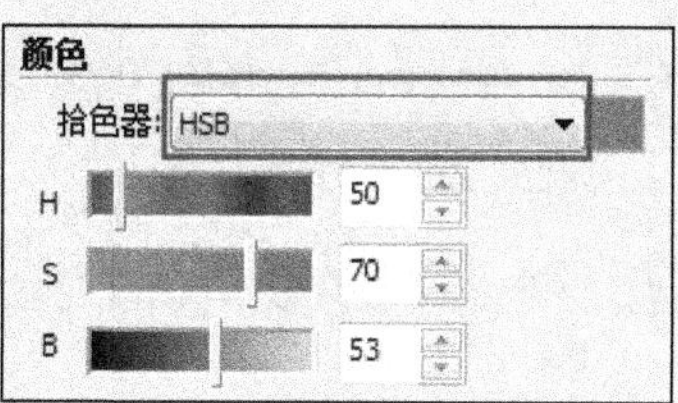

图 2-249　HSB 模式

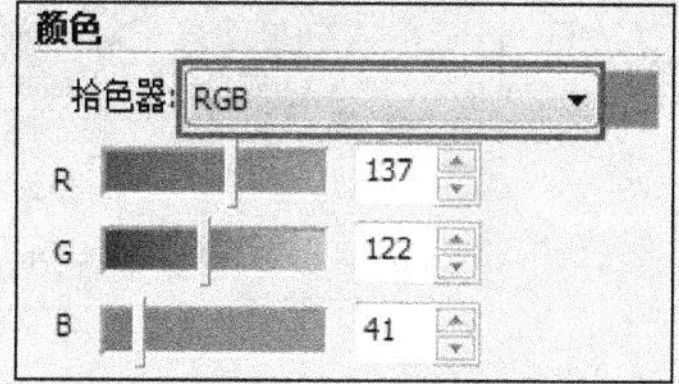

图 2-250　RGB 模式

重置颜色：按下“重置颜色”色块，系统将恢复颜色的 RGB 值为 137、122、41。

纹理图像路径：按下“纹理图像路径”后的【浏览材质图像文件】按钮，将打开【选择图像】对话框进行纹理图像的加载，如图 2-251 和图 2-252 所示。

注 意

通过上述的过程添加纹理图像之后，【使用纹理图像】参数将自动勾选。此外，通过勾选【使用纹理图像】参数也可直接进入【选择图像】对话框。如果要取消对纹理图像的使用，则将该参数取消勾选即可。

纹理图像坐标：外部加载的纹理图像，其原始尺寸如图 2-253 所示，并不一定适用于当前场景的使用。此时，通过“纹理图像坐标”数值的调整可以得到比较理想的显示效果，如图 2-254 所示。

在默认的设置下，纹理图像的长与宽的比例并不能修改，如想将图 2-254 中的宽度调整为 2000mm 以获得正方形的纹理图像效果时，其长度会如图 2-255 所示自动调整为 2000mm 以保持原始比例。此时可以单击其后的【解锁】按钮，然后再调整，如图 2-256 与图 2-257 所示。

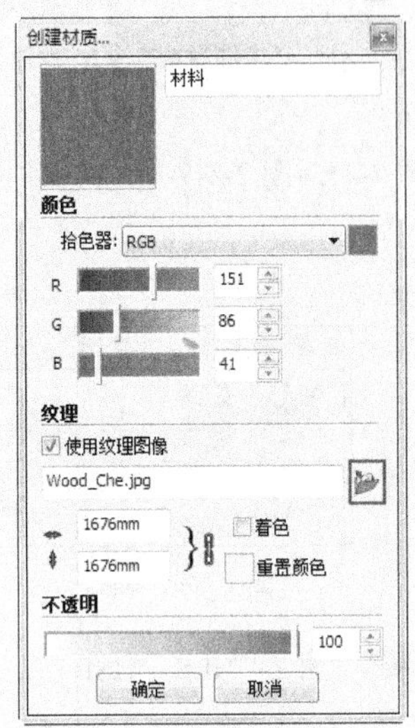

图 2-251　单击浏【览材质图像文件】按钮

图 2-252　【选择图像】对话框

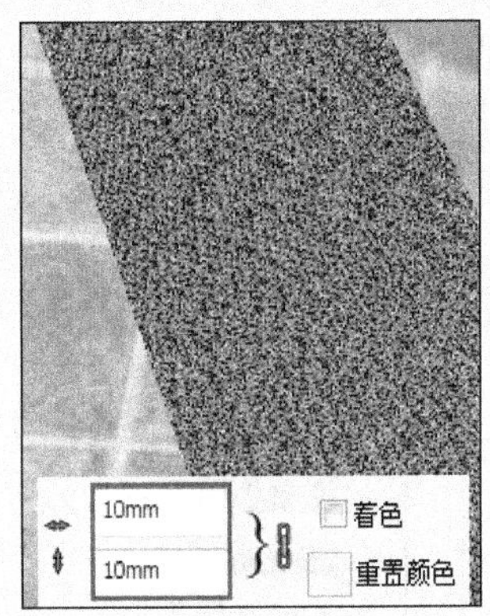

图 2-253　纹理图像原始尺寸效果

图 2-254　调整尺寸后的效果

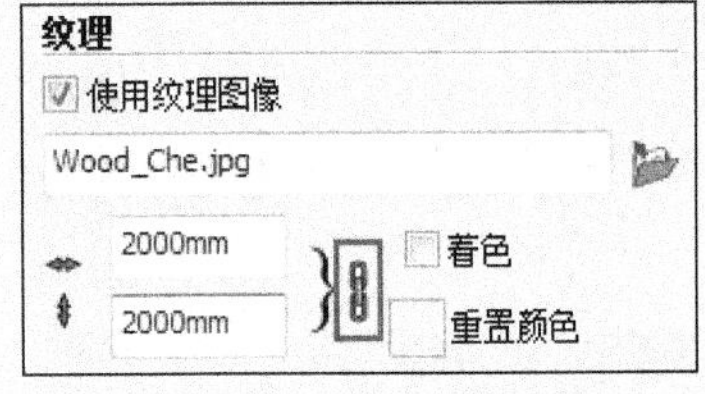

图 2-255　保持原始比例

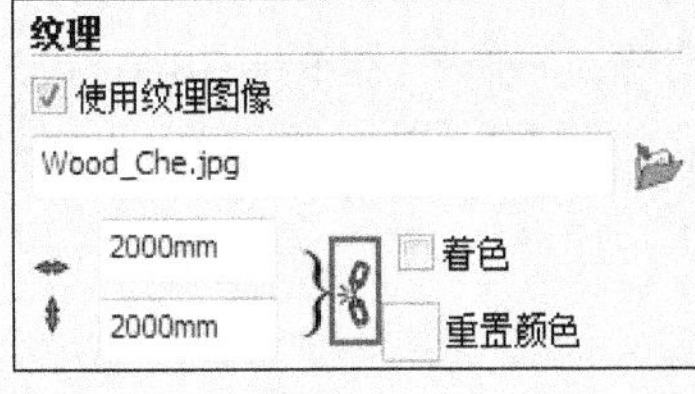

图 2-256　解锁

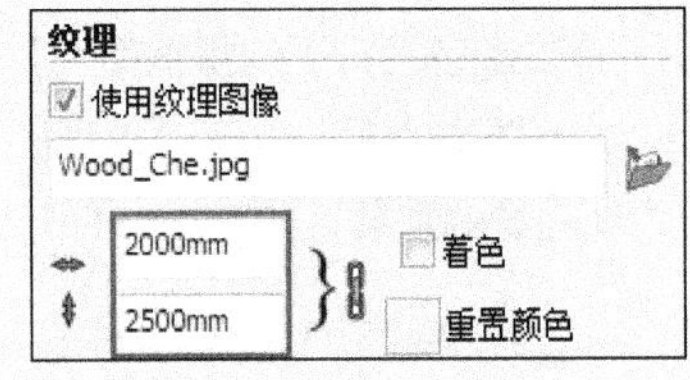

图 2-257　输入新的宽度

注 意

在 SketchUp 中，材质编辑器只能用于对纹理图像尺寸与比例的改变。如果要对纹理图像位置、角度等进行修改，则需要通过【纹理】菜单命令来完成。读者可参阅本节中“材质贴图编辑”小节中的详细内容。

纹理图像颜色校正：除了可以调整纹理图像的原始尺寸与比例外，勾选【调色】参数还可以在 SketchUp 内直接进行纹理图像颜色的校正，如图 2-258 与图 2-259 所示。单击其下的【重置颜色】色块，颜色即可还原，如图 2-260 所示。

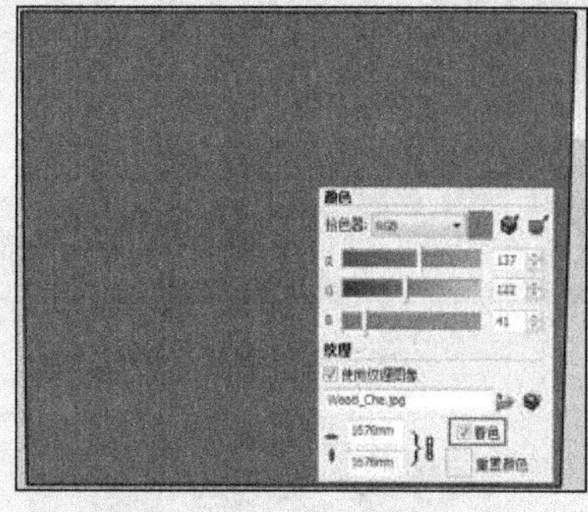

图 2-258　勾选【着色】复选框

图 2-259　调整颜色

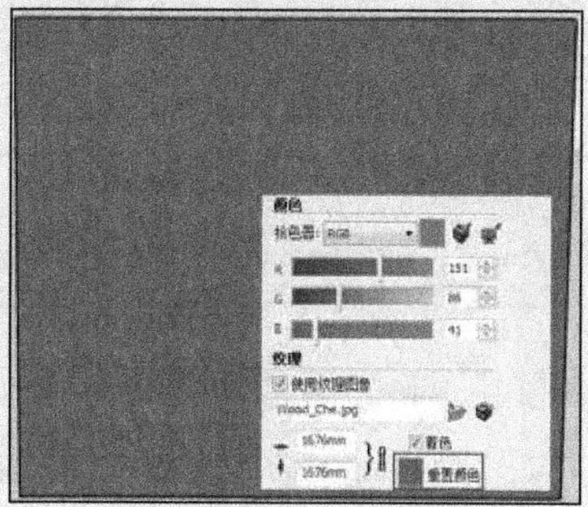

图 2-260　还原颜色

不透明度：不透明度数值越高，则材质的透明效果越差，如图 2-261 与图 2-262 所示。其调整通常使用滑块进行，以便于对透明效果的实时观察。

图 2-261　不透明度为 100 时的材质效果

图 2-262　不透明度为 30 时的材质效果

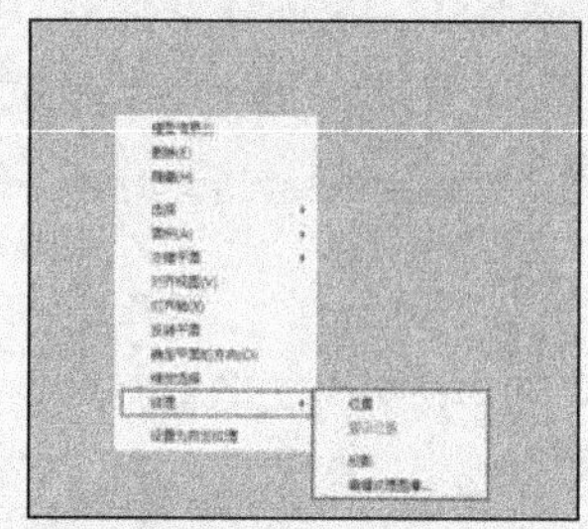

图 2-263　纹理图像菜单命令

3. 纹理图像的调整

在 SketchUp 的材质编辑器中只能对纹理图像尺寸与比例进行改变，如果要对其进行诸如旋转、镜像等操作，则需要首先在赋予纹理图像的模型表面单击鼠标右键，然后通过【纹理】子菜单中的相应命令进行调整，如图 2-263 所示。

通过【纹理】子菜单中的【位置】命令，可以对已经赋予的纹理图像进行移动、旋转、扭曲、拉伸等操作，具体的操作方法与技巧如下：

01 打开本书配套资源中的“第 02 章|2.5.2.3 纹理图像命令”模型，选择已经赋予纹理图像的卡片的表面并单击鼠标右键，然后选择【位置】选项，如图 2-264 所示。

02 此时将弹出用于调整纹理图像效果的半透明平面与四色图钉，如图 2-265 所示。

03 将光标置于某个图钉上，系统将显示该图钉功能，如图 2-266 所示。接下来详细介绍各色图钉的功能。

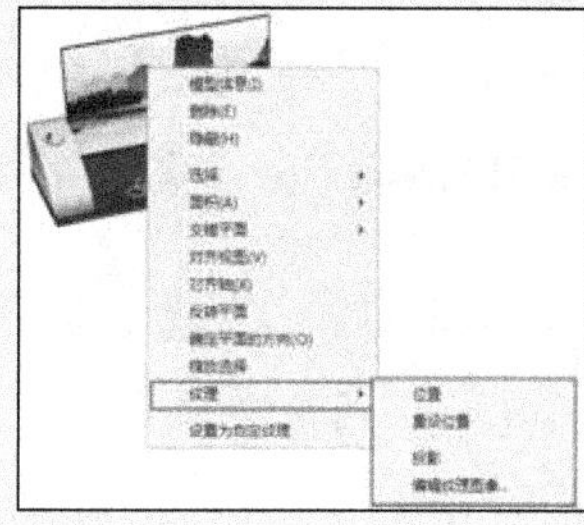

图 2-264　选择位置菜单命令

图 2-265　半透明平面与四色图钉

图 2-266　显示图钉功能

04 红色图钉为“纹理图像移动”图钉，选择【位置】选项后保持默认即启用该功能，此时拖动鼠标可以对纹理图像进行任意方向的移动，如图 2-267~图 2-269 所示。

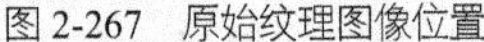
图 2-267　原始纹理图像位置

图 2-268　向左平移纹理图像

图 2-269　向上平移纹理图像

技 巧

半透明平面内显示了纹理图像整体的分布效果，因此使用纹理移动工具可以十分方便地将目标纹理图像区域移动至模型表面并进行对齐。

05 绿色图钉为“纹理图像比例/旋转”图钉，单击并按住该按钮上下拖动可以对纹理图像进行上下旋转，左右拖动则改变纹理图像的比例，如图 2-270~图 2-272 所示。

图 2-270　“纹理图像比例/旋转”图钉

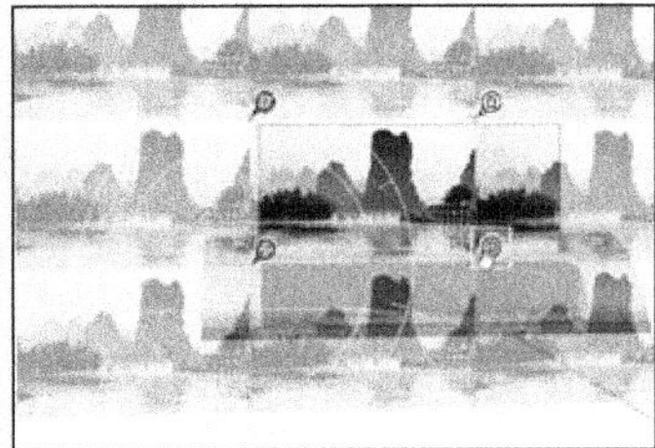
图 2-271　调整纹理图像比例

图 2-272　旋转纹理图像

06 黄色图钉为“纹理图像扭曲”图钉，单击并按住该按钮向任意方向拖动，将对纹理图像进行对应方向上的扭曲，如图 2-273~图 2-275 所示。

图 2-273　选择“纹理图像扭曲”图钉

图 2-274　左右扭曲纹理图像

图 2-275　上下扭曲纹理图像

07 蓝色图钉为“纹理图像拉伸/旋转”图钉，单击并按住该按钮水平移动将对纹理图像进行等比缩放，上下移动则将对纹理图像进行旋转，如图 2-276~图 2-278 所示。

08 通过以上任意方式调整好纹理图像效果后再次单击鼠标右键，将弹出如图 2-279 所示的快捷菜单。如果确定已经调整完成，可以选择【完成】菜单命令结束调整；如果要返回初始效果，则可以选择【重设】菜单命令。

09 通过【镜像】子菜单可以快速地对当前调整的效果进行左/右与上/下的镜像，如图 2-280 与图 2-281 所示。

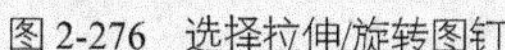

图 2-276 选择拉伸/旋转图钉

图 2-277 水平拉伸纹理图像

图 2-278 上下旋转纹理图像

技 巧

已经通过【完成】菜单命令结束调整后，此时如果要返回原始效果，可以选择【纹理图像】菜单下的【重设位置】命令。

10 通过【旋转】子菜单还可以快速地对当前调整的效果进行 90、180、270 三种角度的旋转。

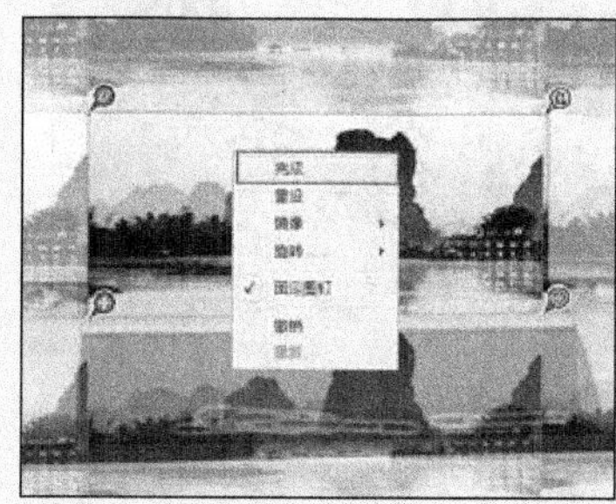

图 2-279 右击弹出的快捷菜单

图 2-280 左右镜像纹理图像效果

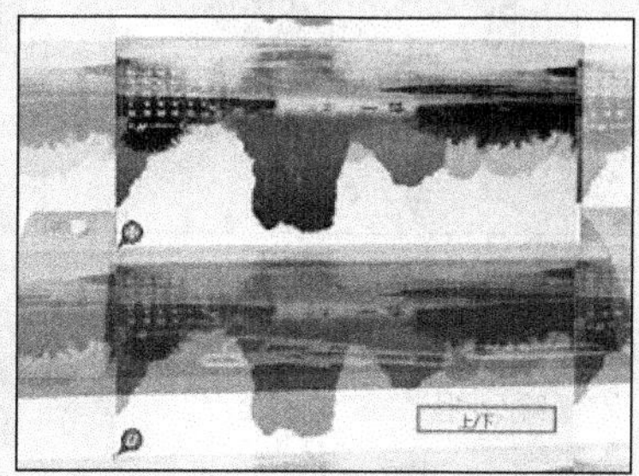

图 2-281 上/下镜像纹理图像效果

2.5.3 组工具

在 SkeetchUp 中，【组】工具与【组件】工具在操作上有类似的地方，但【组】工具倾向于管理当前场景内的模型，可以将相关的模型进行组合，这样既减少了场景中模型的数量，又便于相关模型的选择与调整。接下来介绍【组】的嵌套、编辑、锁定与解锁。

1. 嵌套组

如果场景模型由多个构件组成，为了方便使用，可以使用嵌套组，即首先将各个构件创建为单独的组，然后将其组合成一个整体的组。这样不但可以进一步简化模型数量，还能方便地调整各个构件的位置与造型，其具体操作方法如下。

01 首先将茶壶壶身、提手等部件创建为第一层组，如图 2-282 所示。

02 选择相应的构件，创建茶壶整体、茶杯整体以及托盘为第二层组，如图 2-283 所示。

03 将其他茶具组创建为一个整体的组，如图 2-284 所示，这样就完成了嵌套组。

04 创建好嵌套组后，可以对最外层的组进行位置造型的调整，如图 2-285 所示，也可以双击进入组内部调整各个层次的构件组，如图 2-286 与图 2-287 所示。

技 巧

在嵌套组创建完成后，选择当前层的【炸开模型】命令，只能还原到下一层的组。

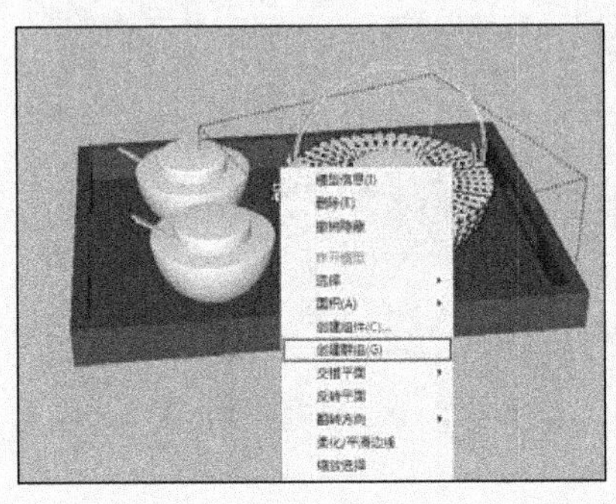

图 2-282　创建茶壶壶身等组

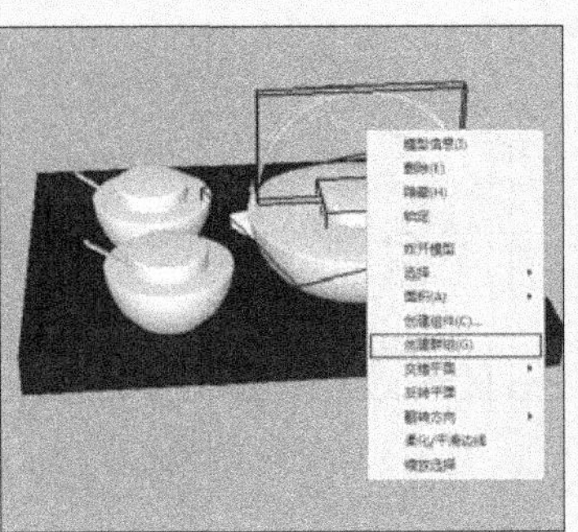

图 2-283　创建茶壶等组

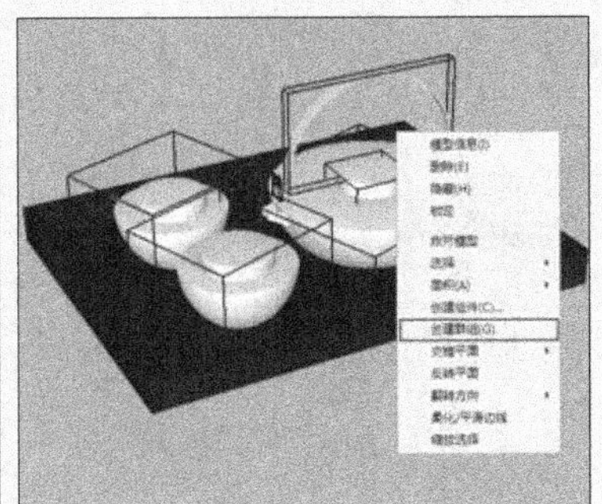

图 2-284　创建茶具整体组

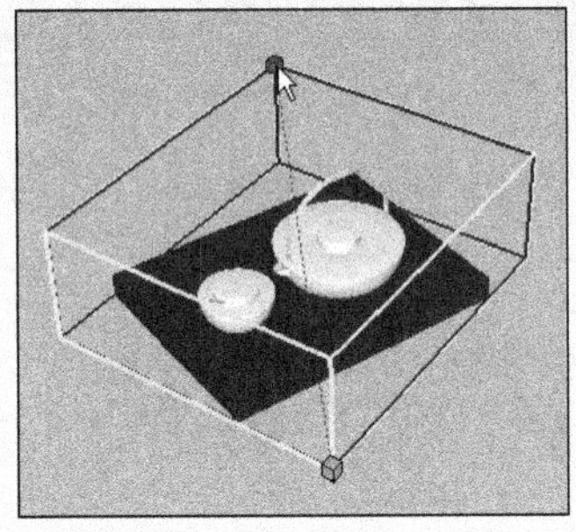

图 2-285　调整整体组

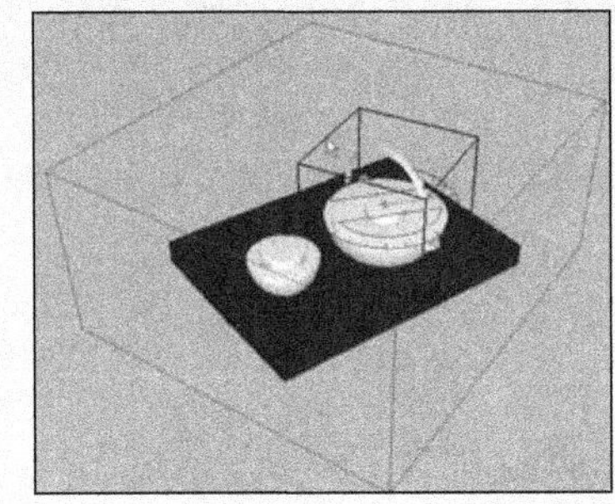

图 2-286　调整第二层组

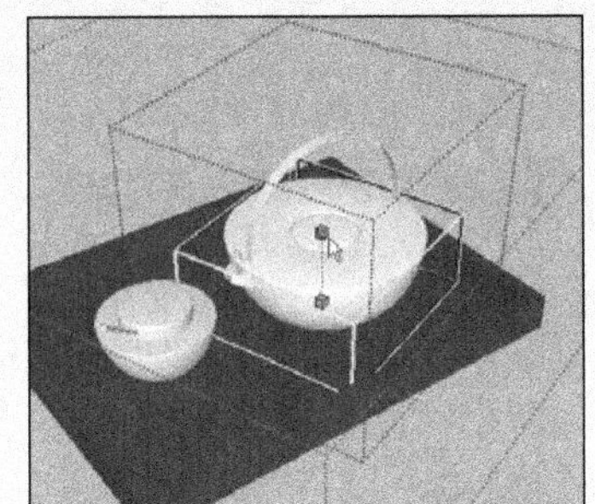

图 2-287　调整最里层组

2. 编辑组

01 打开组后选择其中的模型（或组），如图 2-288 所示；按下组合键 Ctrl+X，暂时将其剪切出组，如图 2-289 所示。

02 在空白处单击鼠标关闭组，按下组合键 Ctrl+V 将剪切的模型（或组）粘贴进场景，即可将其移出【组】，如图 2-290 所示。

图 2-288　选择模型（或组）

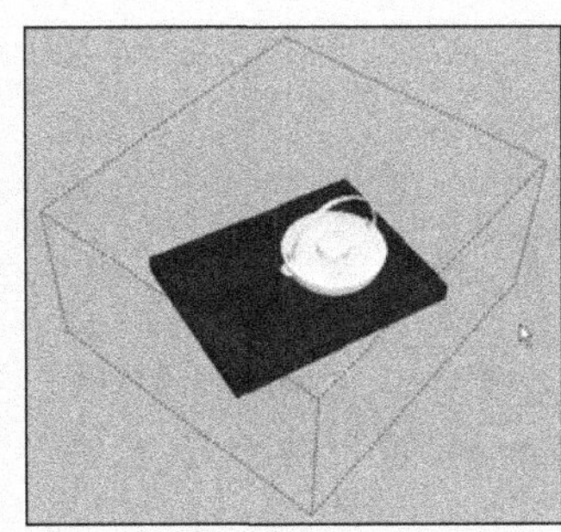

图 2-289　将模型剪切出组

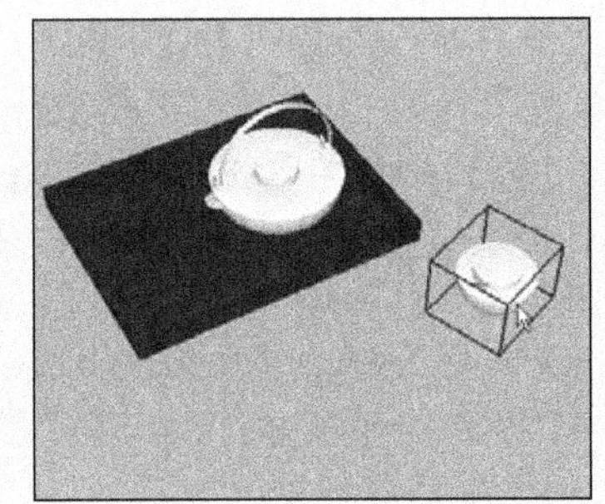

图 2-290　粘贴至原组外

03 如果要将模型（或组）加入到某个已有组内，按下组合键 Ctrl+X 将其剪切，然后双击打开目标组，再按下组合键 Ctrl+V 将其粘贴即可，如图 2-291~图 2-293 所示。

3. 锁定与解锁组

在复杂的模型场景中，可以将暂时不需要编辑或已经确定好效果的组锁定，以避免出现错误操作。

01 确定需要锁定的组后单击鼠标右键，选择快捷菜单中的【锁定】命令即可锁定当前组，如图 2-294 所示。

02 锁定后的组以红色线框显示，此时不可对其进行选择以及其他操作，如图 2-295 所示。

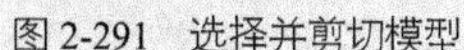

图 2-291 选择并剪切模型

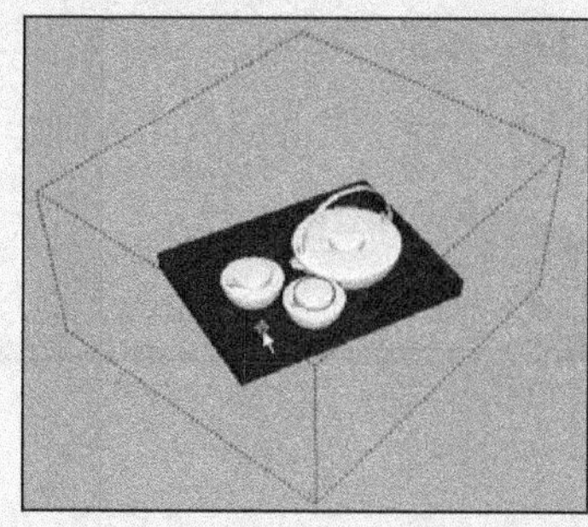

图 2-292 进入组并粘贴

图 2-293 粘贴完成

03 如果要解锁组，在其上方单击鼠标右键，选择【解锁】菜单命令即可，如图 2-296 所示。

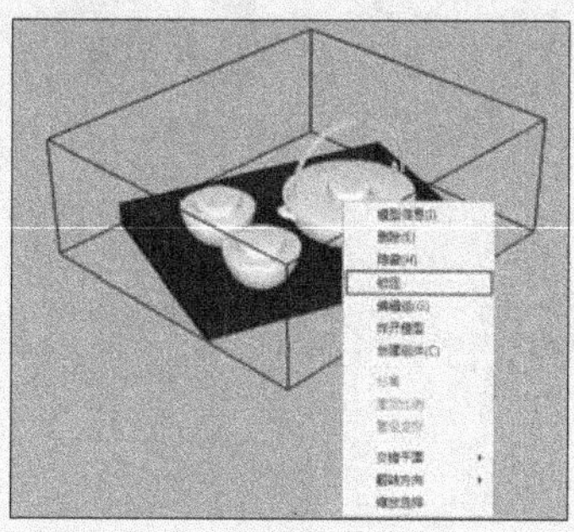

图 2-294 选择【锁定】命令

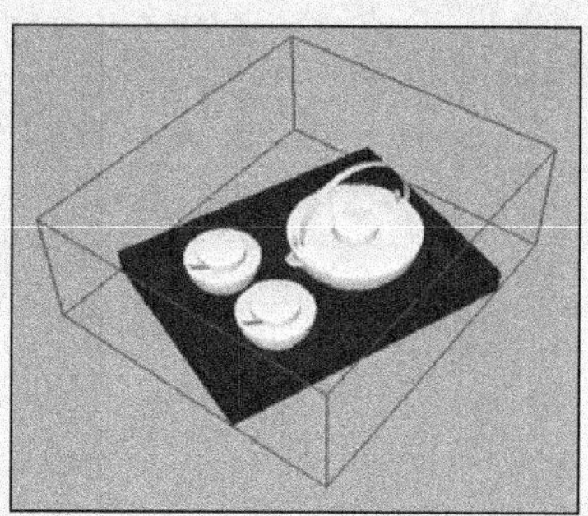

图 2-295 锁定组

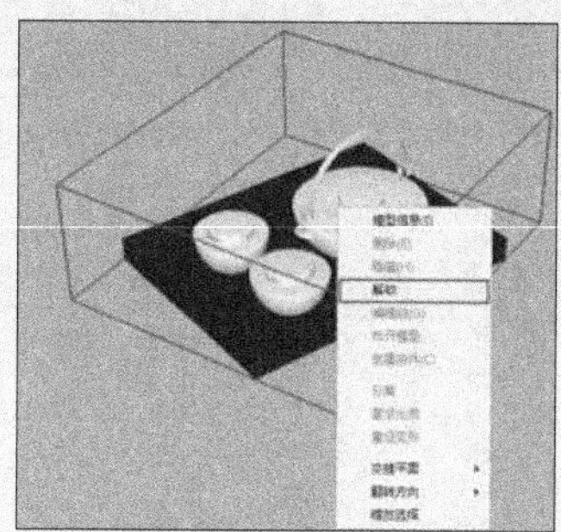

图 2-296 解锁组

技 巧

除了可以使用鼠标右键快捷菜单中的命令进行锁定与取消锁定外，还可以直接执行【编辑】/【锁定】/【取消锁定】命令。

2.6 SketchUp 文件导入与导出

2.6.1 SketchUp 常用文件导出

1. 导出 3DS 文件

01 打开配套资源内的“第 02 章|2.6.1.1 导出 3DS.skp”模型文件，观察发现其为一个柜子模型，如图 2-297 所示。

02 执行【文件】/【导出】/【三维模型】菜单命令，如图 2-298 所示。

03 打开【输出模型】对话框，选择导出文件类型为【3DS 文件】，如图 2-299 所示。

04 单击【选项】按钮，弹出【3DS 导出选项】对话框，设置导出参数，如图 2-300 所示，然后单击【导出】按钮进行导出，如图 2-301 所示。

05 成功导出 3DS 文件后，SketchUp 将弹出【3DS 导出结果】对话框，其中罗列了导出文件的详细信息，如图 2-302 所示。

06 启动 3ds Max，执行【文件】/【导入】菜单命令。

图 2-297　打开场景模型

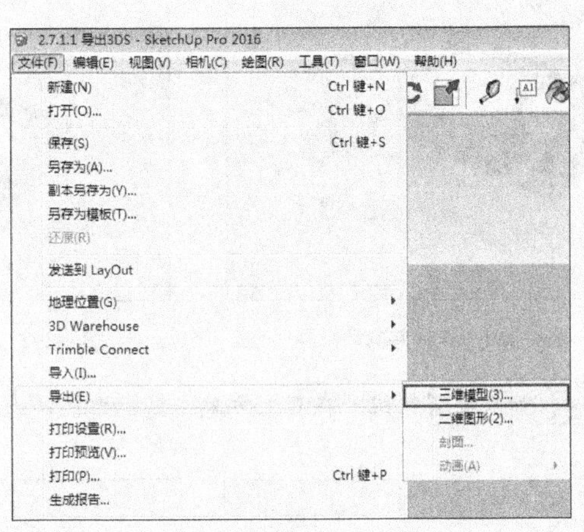

图 2-298　执行【文件】/【导出】/【三维模型】菜单命令

图 2-299　选择输出类型为【3DS 文件】

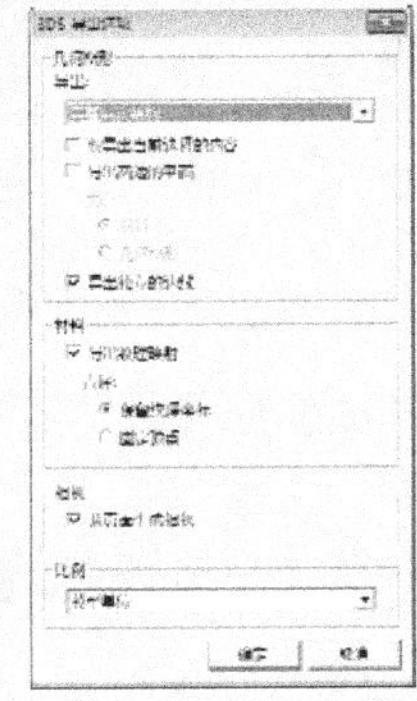
图 2-300　设置【3DS 导出选项】对话框

07 在之前的导出路径中找到导出的文件并进行查看，如图 2-303 所示。

图 2-301　导出进度显示

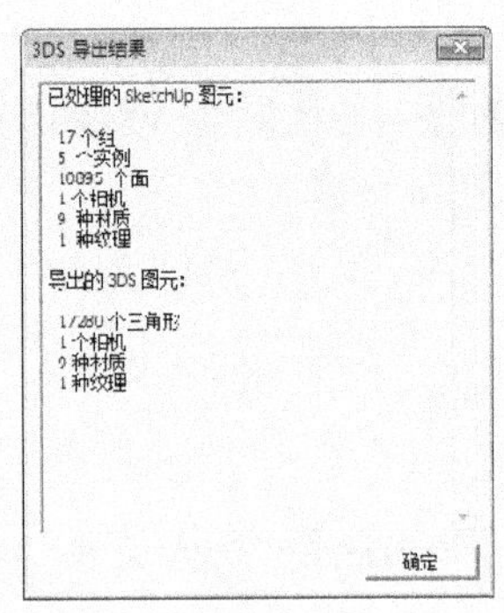

图 2-302　3DS 导出结果对话框

图 2-303　3ds 文件默认渲染效果

08 可以发现，导出的 3DS 文件包括完整的模型与摄影机视角，如图 2-304 所示。

2. 导出 JPG 图像文件

01 打开配套资源内的“第 02 章|2.6.1.2JPG 导出.skp”文件，然后执行【文件】\【导出】\【二维图形】菜单命令，如图 2-305 所示。

02 打开【输出二维图形】对话框，选择【文件类型】为“JPG”，然后单击【选项】按钮，设置好【导出 JPG 选项】对话框中的参数，如图 2-306 所示。

图 2-304　导出的完整模型

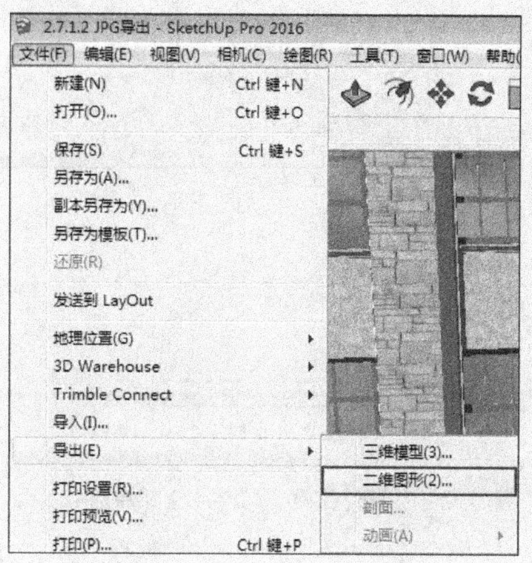

图 2-305　执行【文件】/【导出】/【二维图形】菜单命令

03 单击【导出】按钮成功导出 JPG 文件后，启用图像查看软件打开导出的图片，如图 2-307 所示。

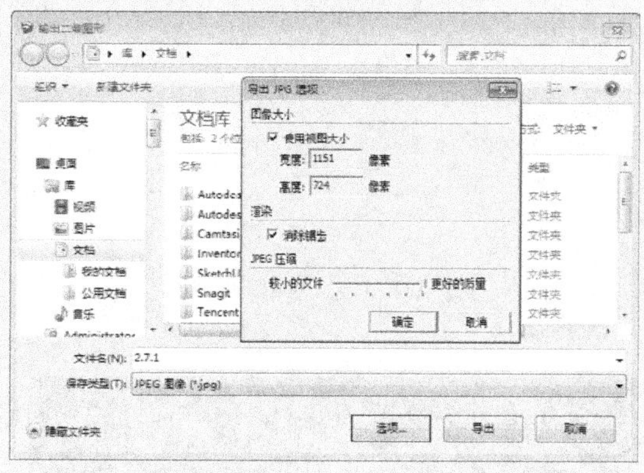

图 2-306　设置【导出 JPG 选项】对话框

图 2-307　打开导出的图片

2.6.2 SketchUp 常用文件导入

1. 导入 AutoCAD 文件

01 执行【文件】/【导入】菜单命令，如图 2-308 所示。

02 在弹出的【导入】对话框中选择文件类型为【AutoCAD 文件】，单击【选项】按钮，弹出【AutoCAD DWG/DXF 选项】对话框，设置好导入的单位，如图 2-309 所示。

03 双击目标 dwg 文件并进行导入，如图 2-310 所示。导入完成后将弹出【导入结果】对话框，如图 2-311 所示。

04 放置好导入的图形文件，如图 2-312 所示。对比观察之前的 dwg 文件可以发现，导入图形十分完整，如图 2-313 所示。

注 意

如果导入之前的 SketchUp 场景中已经有了其他实体，则所有导入的几何体会合并为一个组。

图 2-308 执行【文件】/【导入】菜单命令

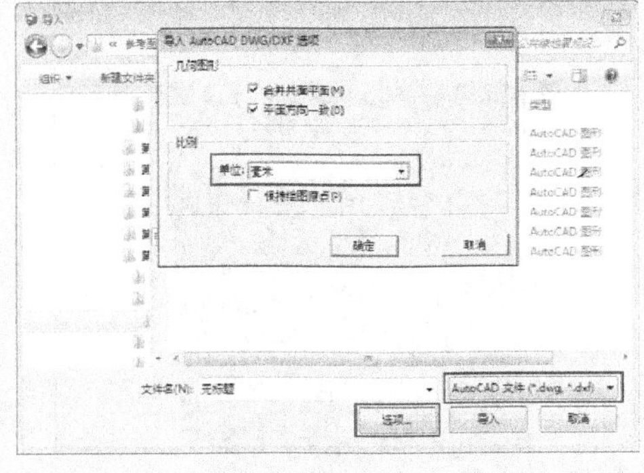

图 2-309 设置导入的单位参数

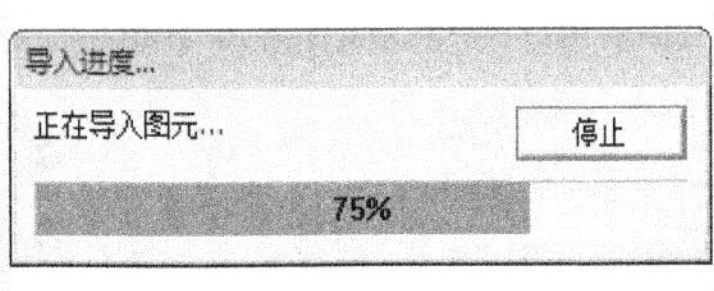

图 2-310 文件导入中

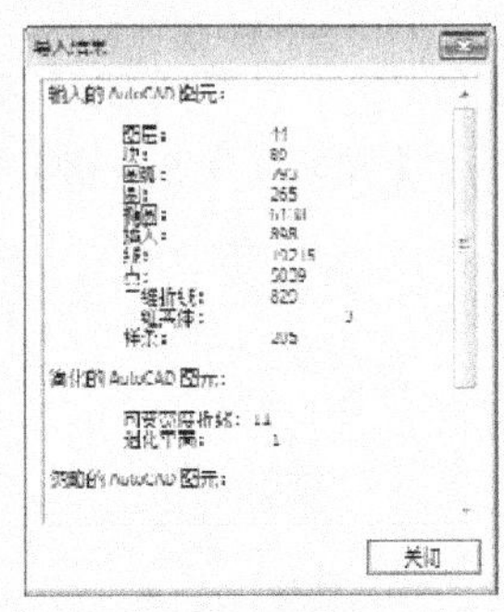

图 2-311 【导入结果】对话框

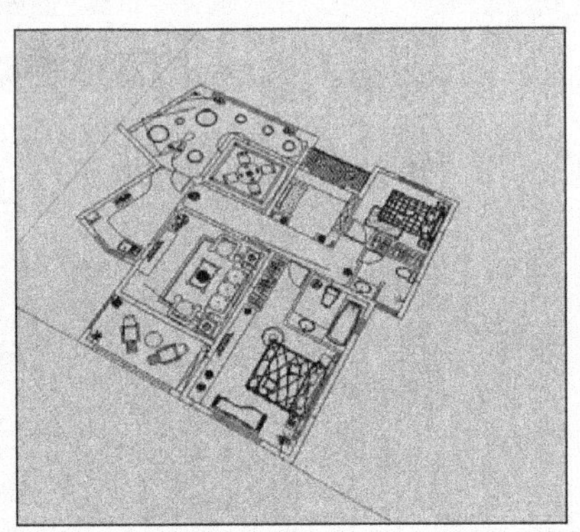

图 2-312 放置导入的图形文件

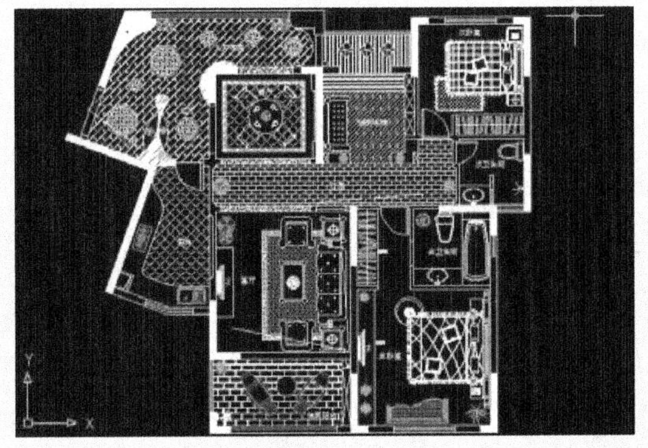

图 2-313 dwg 文件效果

2. 导入二维图形

01 执行【文件】/【导入】菜单命令，如图 2-314 所示，弹出【导入】面板。

02 展开文件类型下拉列表可选择多种二维图形类型，选择【JPEG 图像(*.jpg)】选项，如图 2-315 所示。

03 在【导入】对话框中选择【图像】按钮，如图 2-316 所示。

04 双击打开目标图片，如图 2-317 所示，即可将其导入 SketchUp。

05 拖动鼠标将其放置于原点附近，如图 2-318 所示，导入完成后的效果如图 2-319 所示。

图 2-314　执行【文件】/【导入】菜单命令

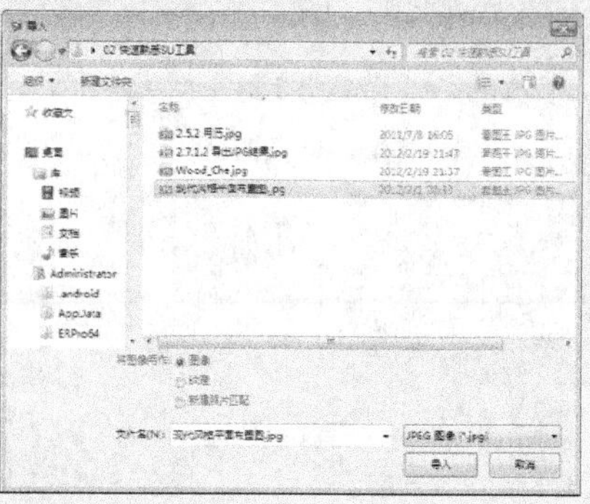

图 2-315　选择【JPEG 图像（*.jpg）】选项

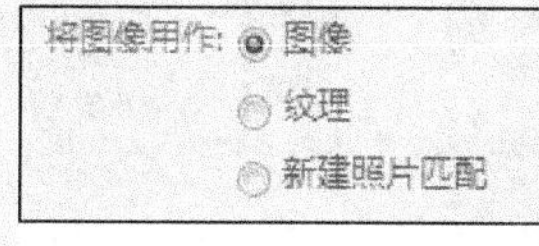

图 2-316　选择【图像】按钮

图 2-317　双击打开目标图片

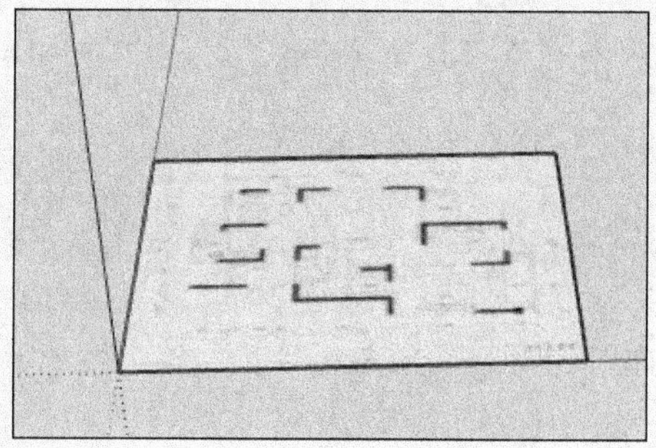

图 2-318　放置导入的图片

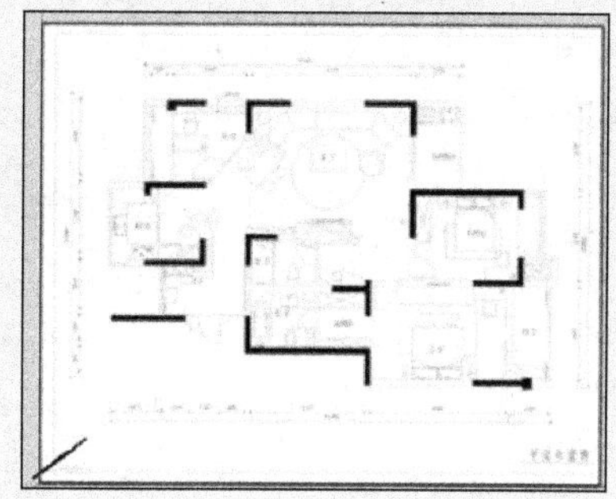

图 2-319　导入完成的效果

注 意

选择【用作纹理】与【用作新的匹配照片】两个选项导入的图片的效果如图 2-320 与图 2-321 所示，分别将其作为制作材质贴图与照片建模的参照。

图 2-320　用作纹理导入图片效果

图 2-321　用作新的匹配照片导入效果

第3章

制作室内用品模型

本章选择了 5 个常见的室内用品模型，介绍 SketchUp 的建模流程、方法与技巧。

本章通过5个常见的室内用品模型，讲解了SketchUp创建模型的方法与技巧。各模型创建完成后的效果如图3-1~图3-5所示。

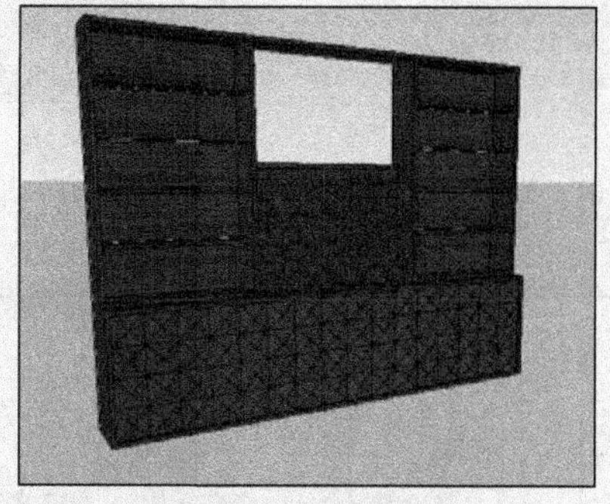

图3-1 简约酒柜

图3-2 子母门

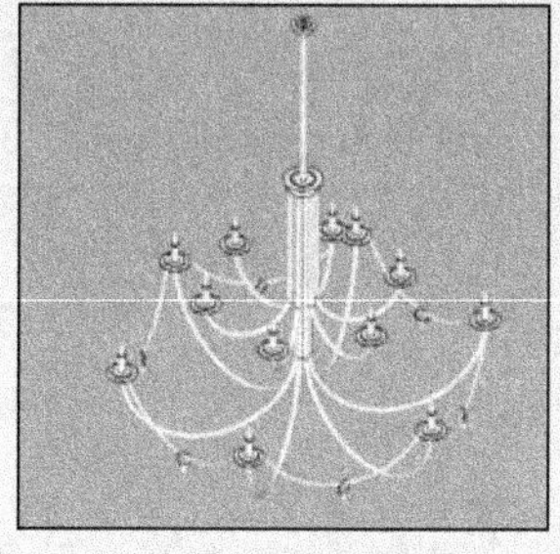

图3-3 铁艺吊灯

图3-4 古典餐边柜

图3-5 现代餐桌椅

3.1 制作简约酒柜

现代酒柜设计风格鲜明，造型时尚，能满足不同年龄段人群和家庭的需求，即使是滴酒不沾的人，一款精美的酒柜也可以为其悠闲的家居生活点缀出一丝优雅或不羁。因此，功能多样、实用性与装饰性俱佳的西式酒柜已越来越受到消费者的欢迎。本实例即绘制一款时尚、简约的欧式酒柜。

01 打开SketchUp，设置好场景单位与精确度，如图3-6所示。

02 启用【矩形】工具，在俯视图中创建酒柜底部平面，如图3-7所示。

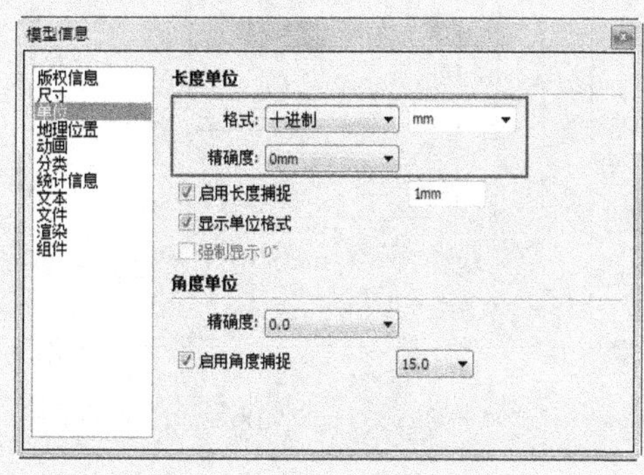

图3-6 设置单位与精确度

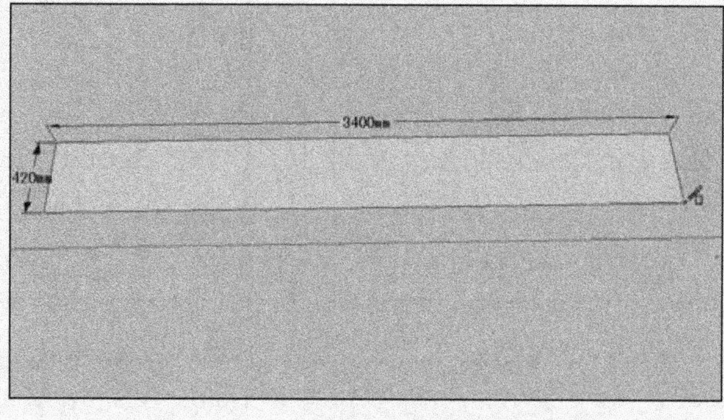

图3-7 创建酒柜底部平面

03 启用【推/拉】工具为酒柜制作900mm下层柜子高度，如图3-8所示。

04 启用【偏移】工具，为其制作30mm边框，如图3-9所示。

05 启用【推/拉】工具，将其内部平面向内推入20mm，如图3-10所示。

06 逐次选择内部平面上的竖向与横向边线，并分别进行等分操作，如图3-11与图3-12所示。

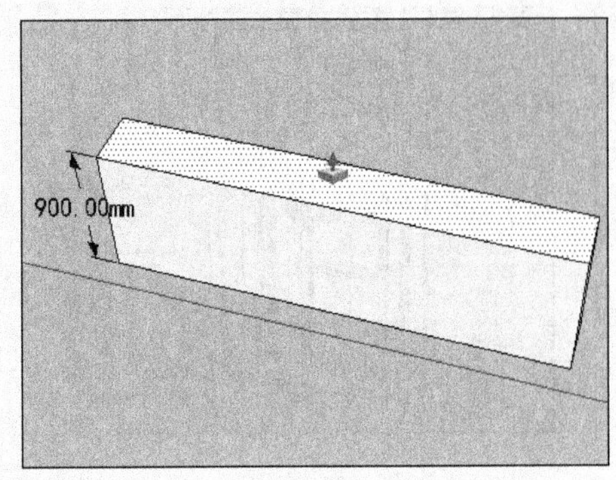

图 3-8　制作下层柜子高度

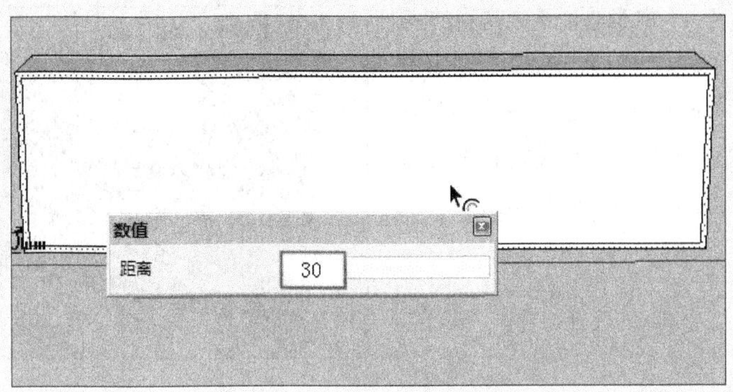

图 3-9　制作边框

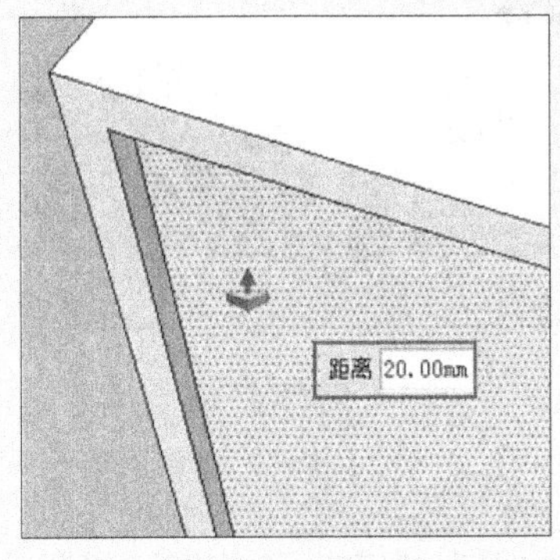

图 3-10　向内推入 20mm

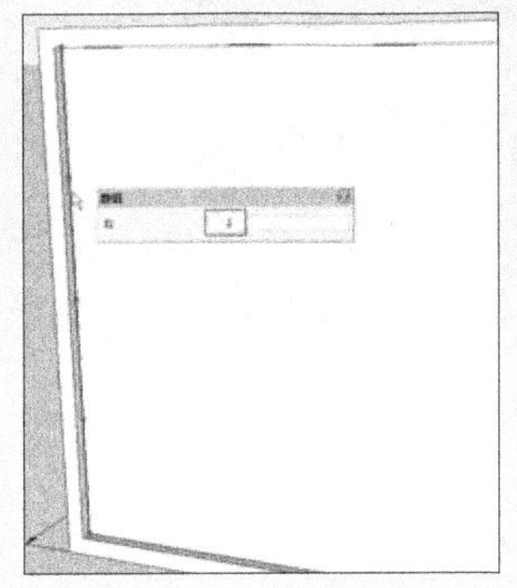

图 3-11　4 等分竖向边线

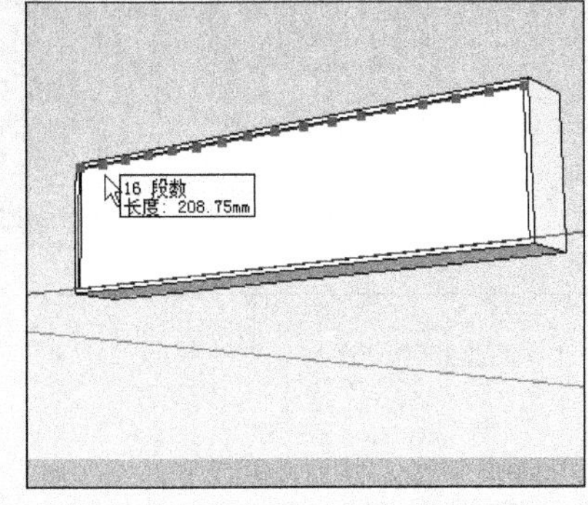

图 3-12　16 等分横向边线

07 使用【矩形】工具，捕捉等分点并分割矩形平面，如图 3-13 所示。

08 选择矩形的分割平面并单独创建为组，如图 3-14 所示。

09 启用【推/拉】工具，捕捉边框表面，制作矩形分割面的厚度，如图 3-15 所示。

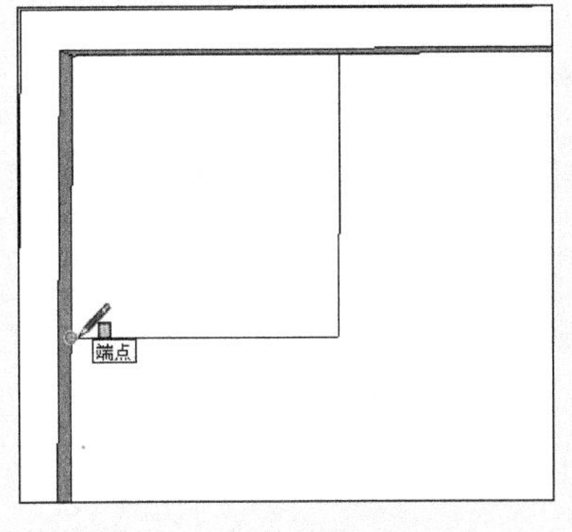

图 3-13　分割矩形平面

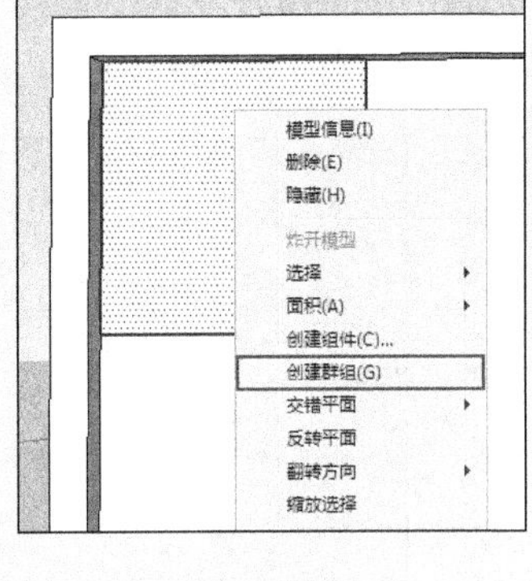

图 3-14　将分割平面创建为组

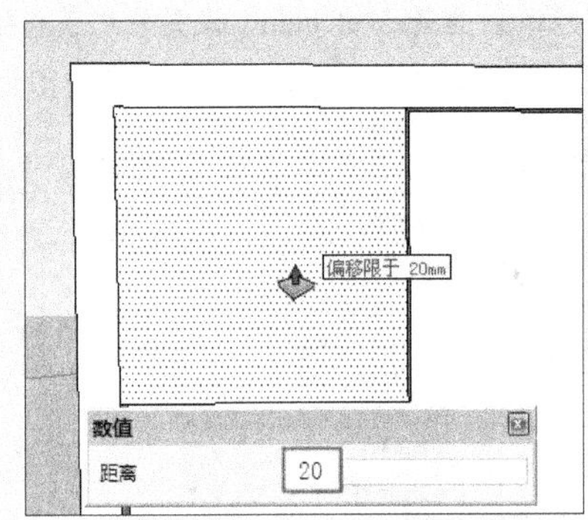

图 3-15　捕捉边框表面制作矩形分割面的厚度

10 选择表面，启用【缩放】工具，制作出斜面效果，如图 3-16 所示。

11 打开【材料】对话框，赋予模型深灰色材质，效果如图 3-17 所示。

12 删除多余的平面，如图 3-18 所示。然后通过复制制作整体效果，如图 3-19 与图 3-20 所示。

13 打开【材料】对话框，赋予柜体木纹材质，如图 3-21 所示。

图 3-16　制作斜面效果

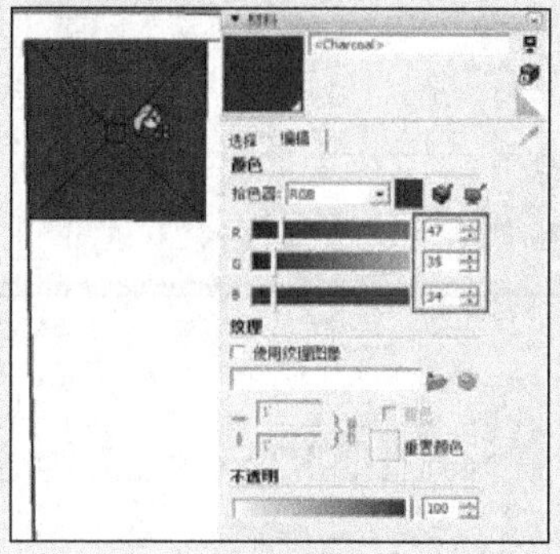

图 3-17　赋予模型深灰色材质

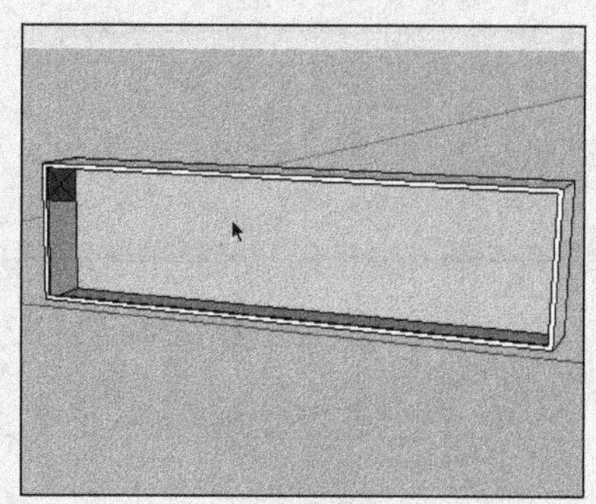

图 3-18　删除多余平面

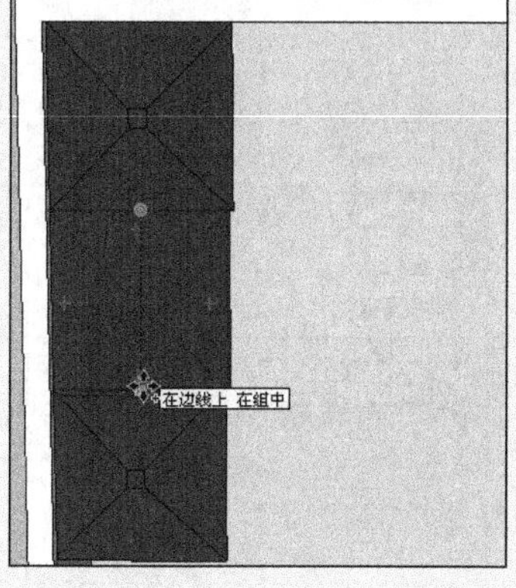

图 3-19　复制细节平面

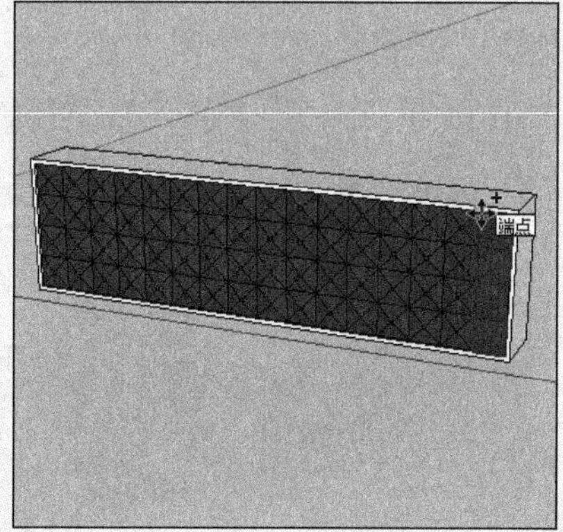

图 3-20　整体效果

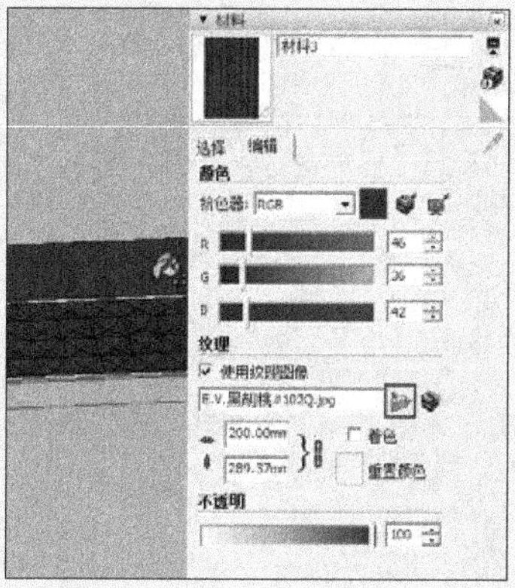

图 3-21　赋予柜体木纹材质

14 启用【矩形】工具，分割柜体表面并创建小的矩形，如图 3-22 所示。

15 启用【推/拉】工具，制作柜子上方的高度，如图 3-23 所示。

16 单击【风格】工具栏上的单色显示按钮，切换到单色显示。

17 启用【偏移】工具，制作柜子上方的边框，如图 3-24 所示。

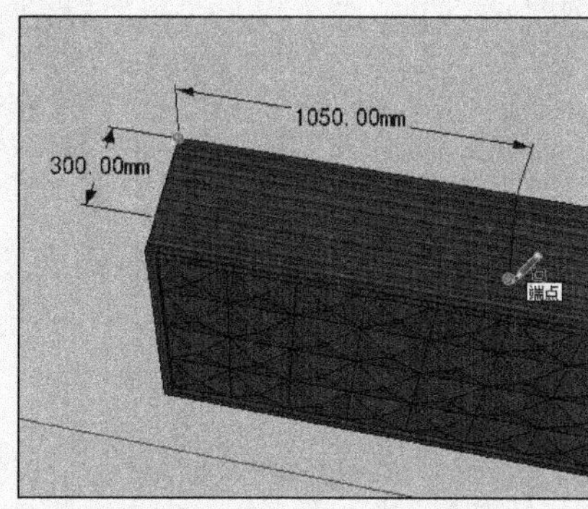

图 3-22　分割柜体表面

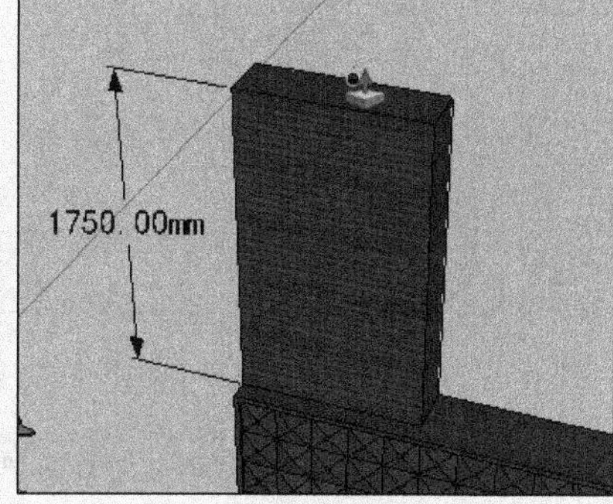

图 3-23　制作柜子上方的高度

图 3-24　制作柜子上方的边框

18 选择竖向边线并将其 5 等分，如图 3-25 所示。

19 启用【直线】工具，捕捉等分点分割柜面，如图 3-26 所示。

20 选择分割线，将其向上偏移 10mm，制作柜板平面，如图 3-27 所示。

图 3-25　5 等分竖向边线

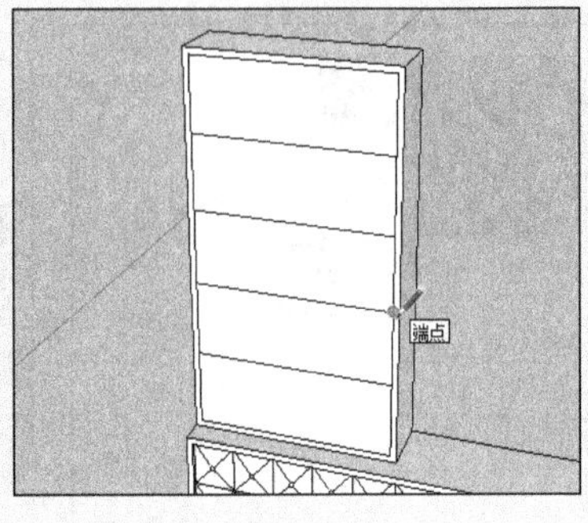

图 3-26　捕捉等分点分割柜面

图 3-27　制作柜板平面

21 启用【推/拉】工具推空形成柜板，如图 3-28 所示。

22 赋予柜子相同的木纹材质，然后复制出右侧的柜子，如图 3-29 所示。

23 全选当前创建好的柜子，将其整体创建为组，如图 3-30 所示。

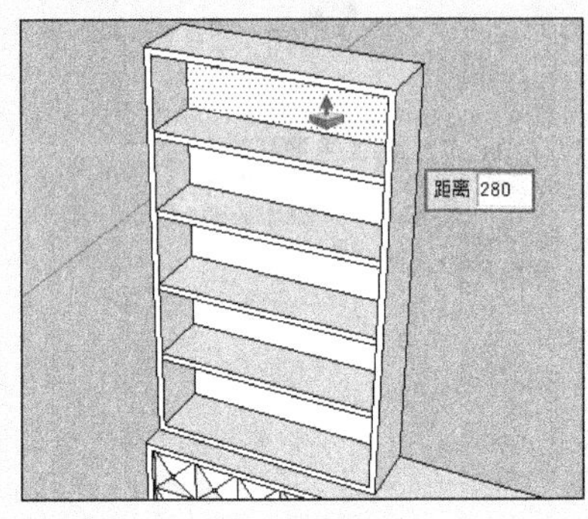

图 3-28　推空形成柜板

图 3-29　赋予柜子材质并复制出右侧的柜子

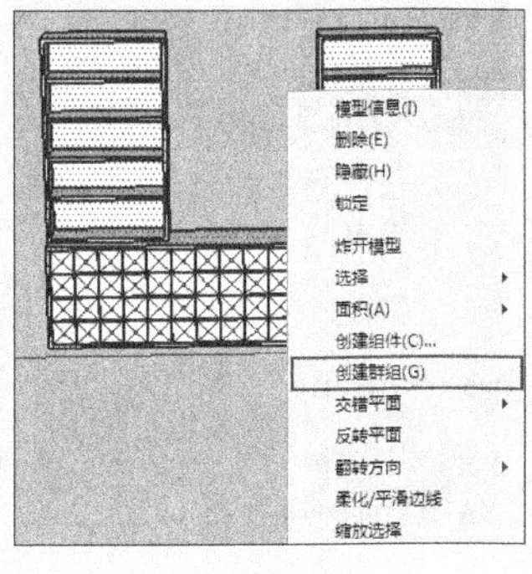

图 3-30　将柜子创建为组

24 启用【直线】工具，捕捉柜板的中点并创建中部模型面，如图 3-31 所示。

25 选择竖向边线，将其等分为 4 段，如图 3-32 所示。选择横向边线，将其等分为 6 段，如图 3-33 所示。

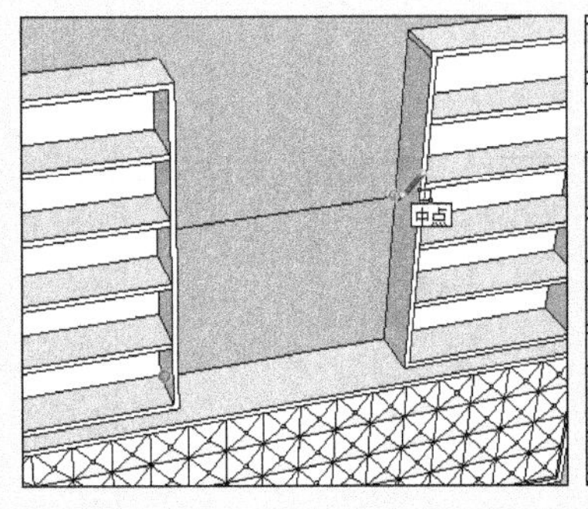

图 3-31　创建中部模型面

图 3-32　4 等分竖向边线

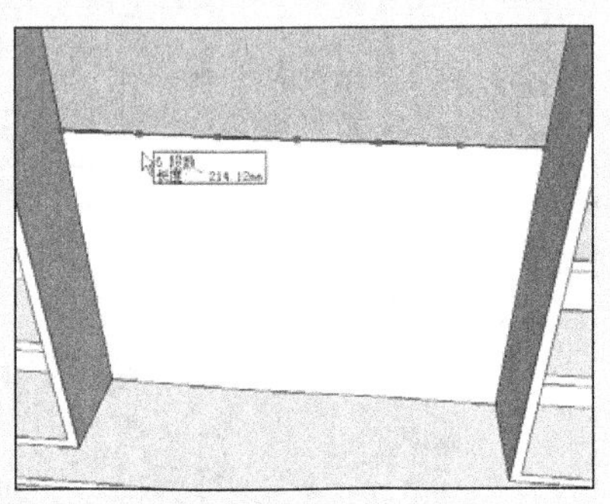

图 3-33　6 等分横向边线

26 启用【矩形】工具，捕捉等分点并创建细分平面，如图 3-34 所示。

27 启用【直线】捕捉工具，矩形中点并创建菱形平面，如图 3-35 所示。

28 删除外围的多余平面，启用【偏移】工具制作边框，如图 3-36 所示。

29 启用【推/拉】工具，捕捉边框并制作菱形平面的厚度，如图 3-37 所示。

30 复制菱形单元，效果如图 3-38 所示。

31 打开【材料】对话框，赋予菱形单元材质，最终效果如图 3-39 所示。

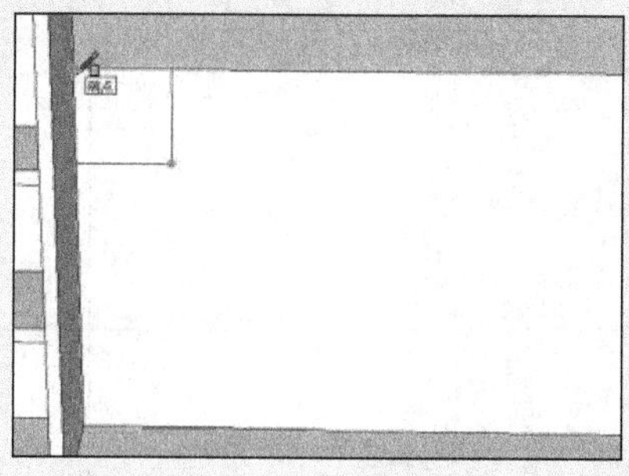

图 3-34　创建细分平面

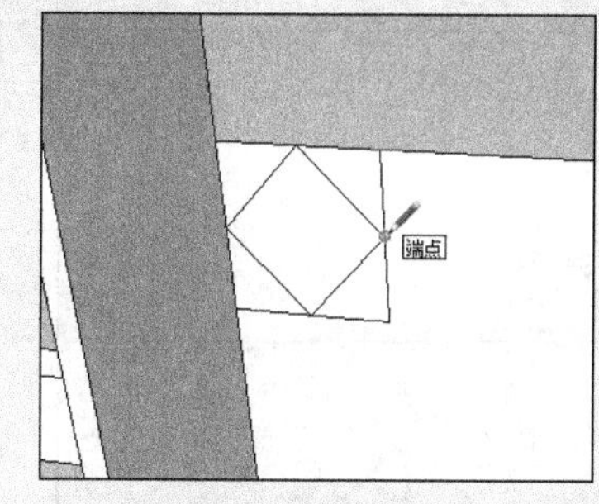

图 3-35　创建菱形平面

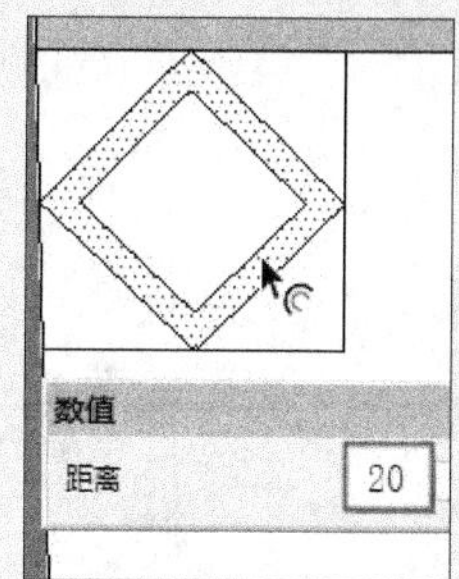

图 3-36　删除多余平面并制作边框

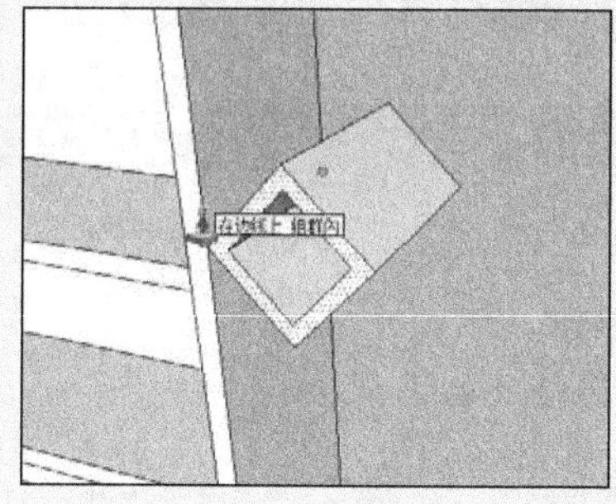
图 3-37　捕捉边框并制作菱形平面的厚度

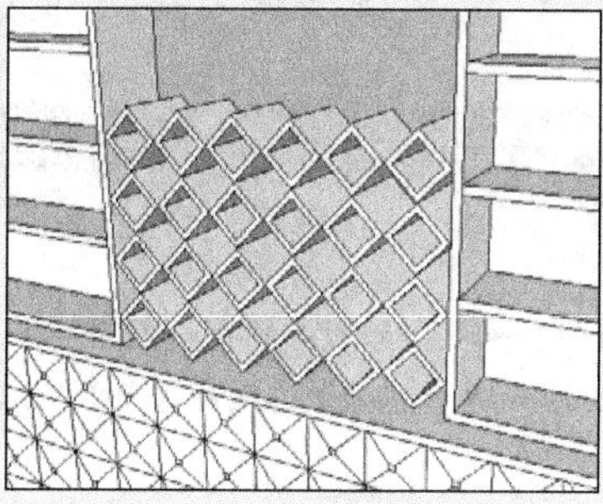
图 3-38　复制菱形单元

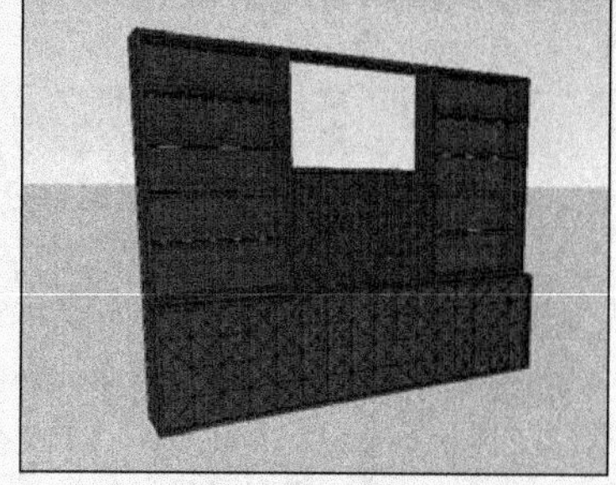
图 3-39　最终效果

3.2 制作子母门

子母门是一种特殊的双门扇对开门，由一个宽度较小的门扇（子门）与一个宽度较大的门扇（母门）构成。当需要设计的门宽度大于普通的单扇门宽度（800~1000mm），而又小于双扇门的总宽度（2000~4000mm）时，可以采用子母门，这样平时在人通过时，就不必开启太大的一扇门，当需要通过家具等大物件，或者双扇门中的一半过小不便通行时，可以全部打开。

01 打开 SketchUp，设置好场景单位与精确度，如图 3-40 所示。

02 启用【矩形】工具，创建门的矩形平面，如图 3-41 所示。

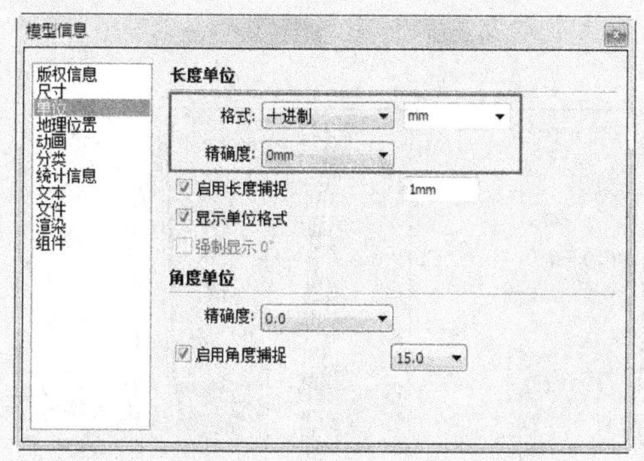

图 3-40　设置场景单位

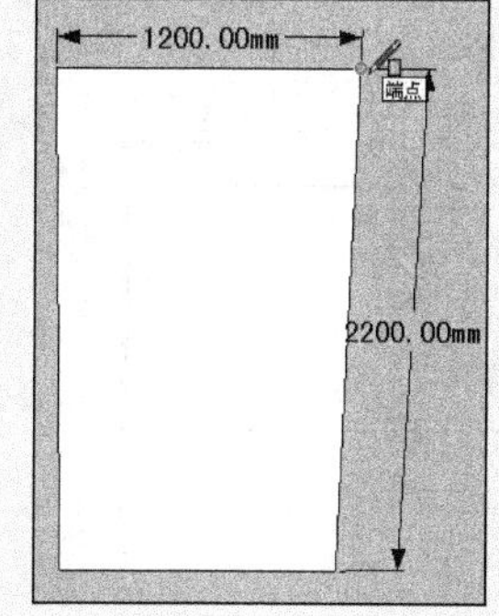

图 3-41　创建门的矩形平面

03 启用【偏移】工具，向外偏移 100mm，创建门套线平面，如图 3-42 所示。

04 选择底部线段，向上偏移 20mm，制作出底部细节，如图 3-43 所示。

05 启用【推/拉】工具，制作 45mm 的门套线厚度，如图 3-44 所示。

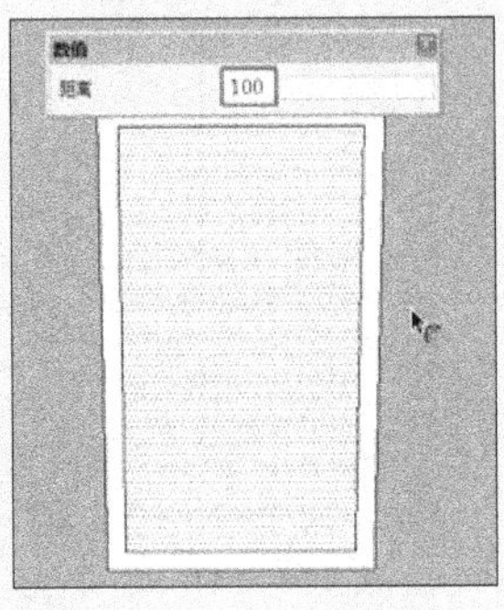

图 3-42　创建门套线

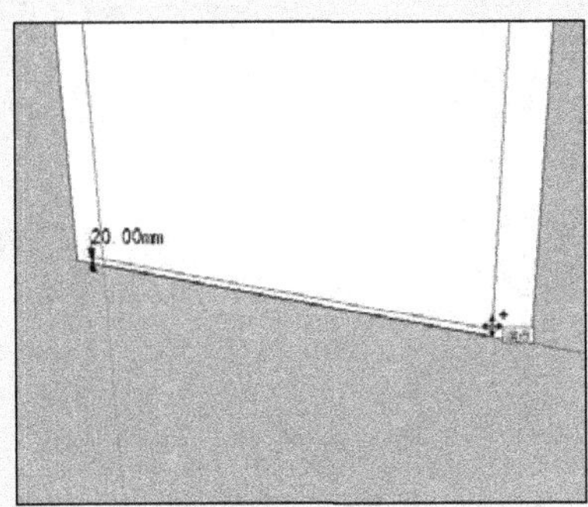

图 3-43　制作底部细节

图 3-44　制作门套线厚度

注 意

门底部 20mm 高度为门槛石厚度。

06 选择门套线表面，然后单击【斜切边线和转角】按钮，如图 3-45 所示。

07 设置斜切边线和转角参数如图 3-46 所示，斜切边线和转角效完成果如图 3-47 所示。

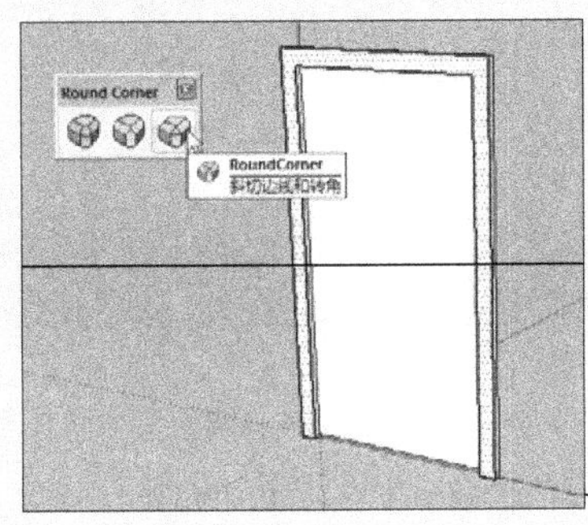

图 3-45　门套线表面斜切边线和转角

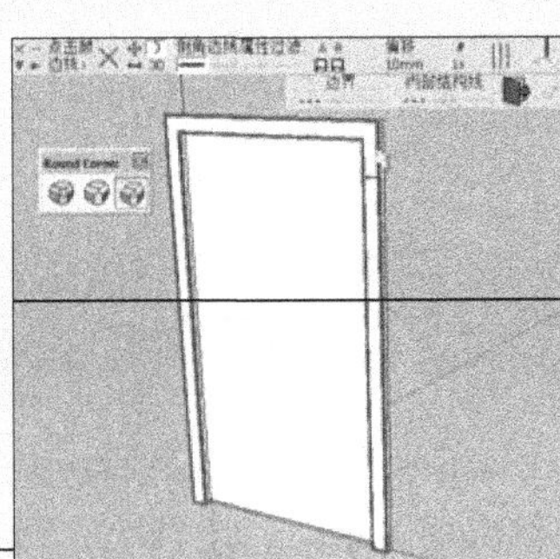

图 3-46　设置斜切边线和转角参数

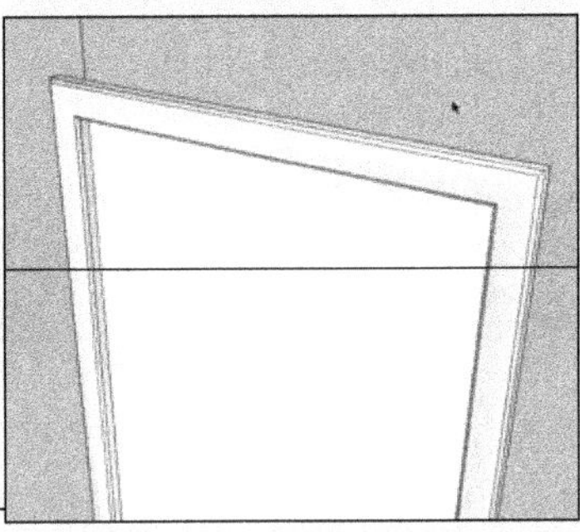

图 3-47　斜切边线和转角完成效果

08 选择斜切边线和转角形成的平面，单击鼠标右键，选择【柔化】命令对其进行柔化处理，如图 3-48 所示。

09 启用【推/拉】工具，制作门框的厚度，如图 3-49 所示。

10 选择门套线并复制至后方，如图 3-50 所示。

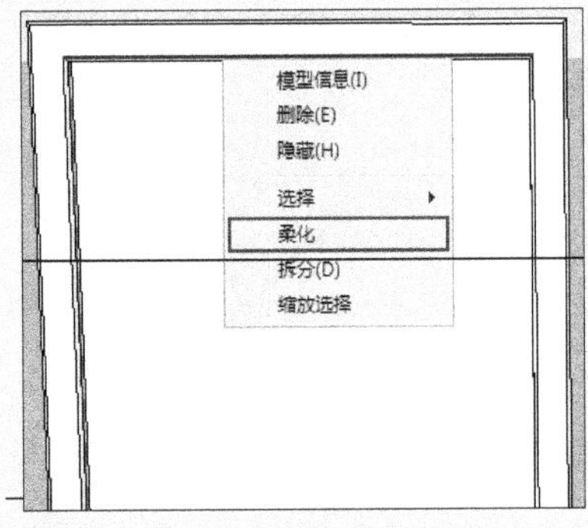

图 3-48　选择【柔化】命令

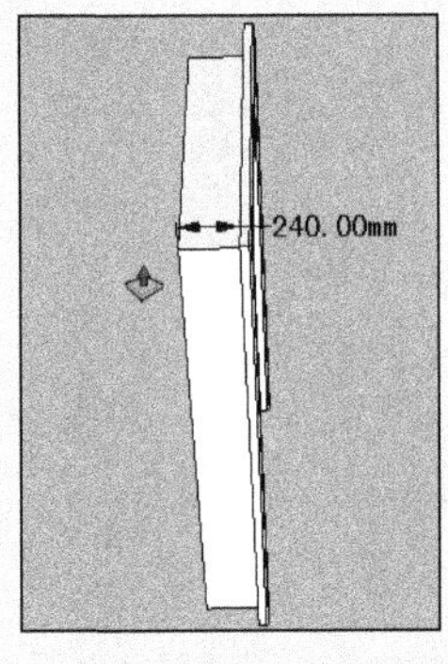

图 3-49　制作门框厚度

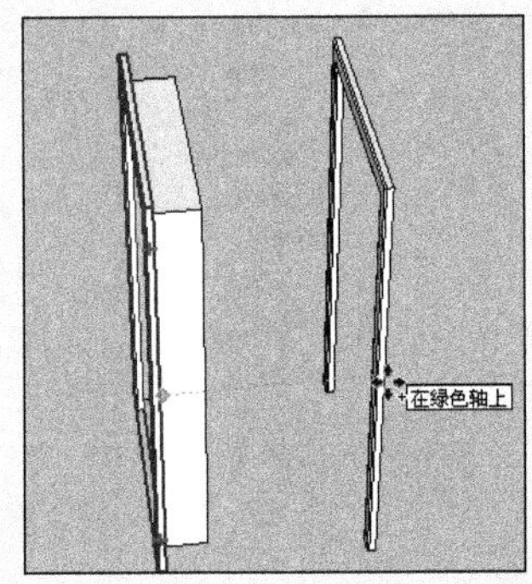

图 3-50　复制门套线

11 调整向后复制的门套线位置，如图 3-51 所示。

12 将内部门页平面单独创建为组，如图 3-52 所示。

13 启用【推/拉】工具，制作门页的厚度，如图 3-53 所示。

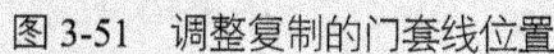

图 3-51　调整复制的门套线位置

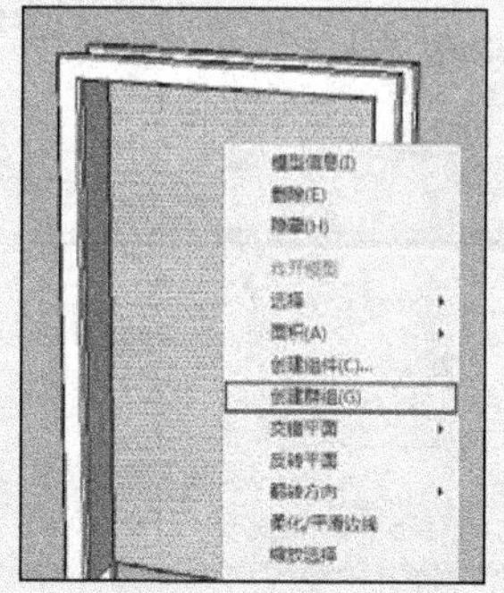

图 3-52　选择门页内部平面创建为组

图 3-53　制作门页厚度

14 选择门页内侧平面，结合使用【偏移】与【推/拉】工具制作缝隙细节，如图 3-54 与图 3-55 所示。

15 启用【直线】工具，分割门内侧平面，如图 3-56 所示。

图 3-54　制作门页内侧平面缝隙细节

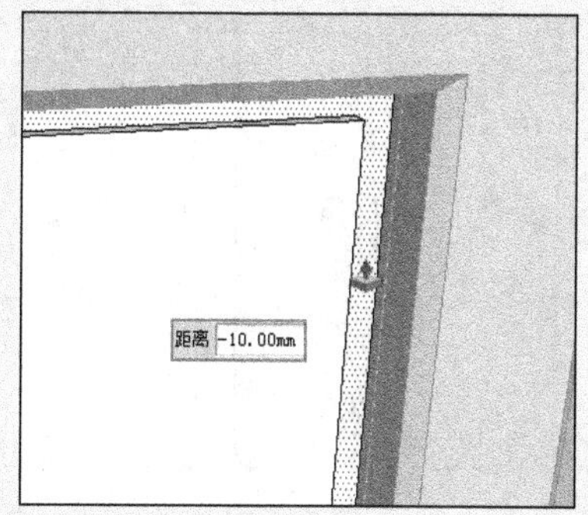

图 3-55　推入 10mm 深度

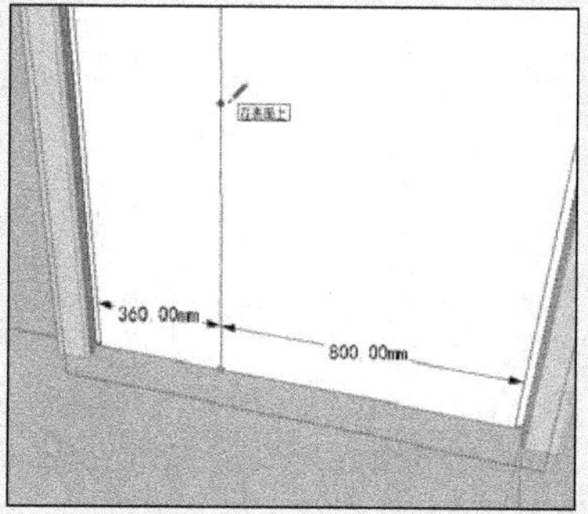

图 3-56　分割门内侧平面

16 启用【偏移】工具，制作小门的表面细节，如图 3-57 所示。

17 选择竖向边线，将其等分为 9 段，如图 3-58 所示。选择中间的线段进行 4 等分并调整好长度，如图 3-59 所示。

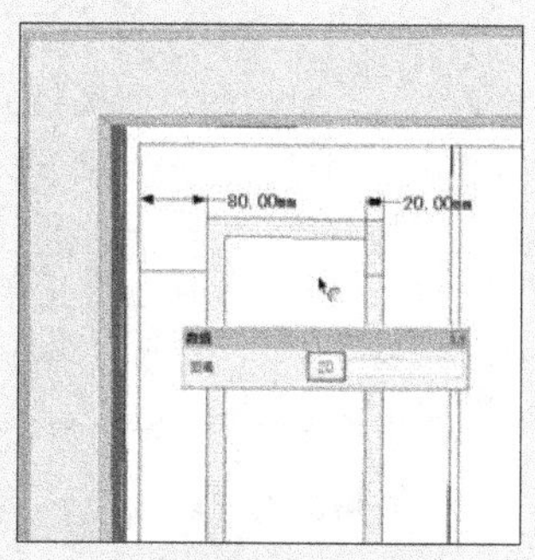

图 3-57　制作小门表面细节

图 3-58　9 等分边线

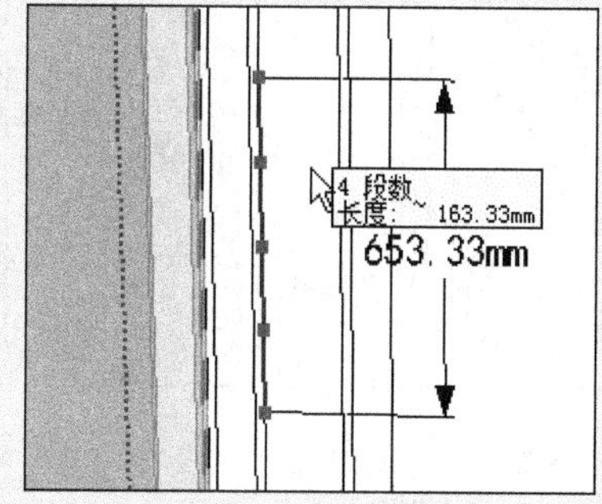

图 3-59　选择中间的线段进行 4 等分

18 启用【直线】工具，绘制分割线，然后通过对线的偏移复制制作平面，如图 3-60 所示。

19 启用【推/拉】工具，制作缝隙细节，如图 3-61 所示。

20 结合线的偏移、复制与推/拉，制作子母门的分割细节，如图 3-62 所示。

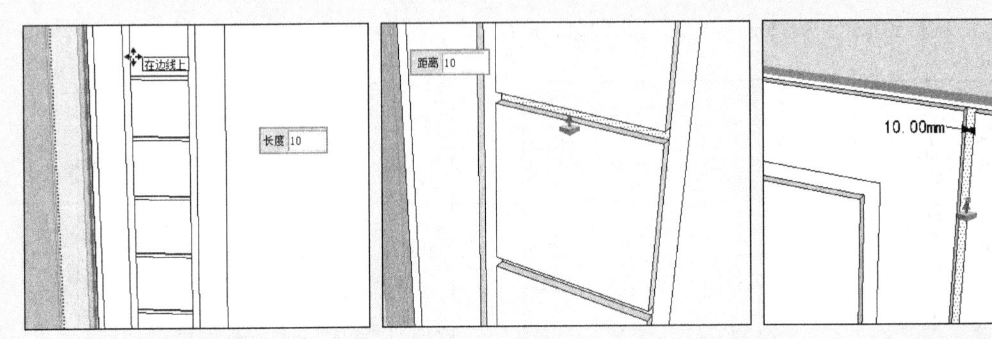

图 3-60　绘制分割线并将其偏移　　图 3-61　制作缝隙细节　　图 3-62　制作子母门分割细节

21 启用【偏移】工具，制作大门表面的初步细节，然后选择竖向边线将其等分为 5 段，如图 3-63 所示。

22 结合【直线】工具与【偏移】工具，分割表面并制作细节，如图 3-64 所示。

23 启用【推/拉】工具，制作表面的缝隙深度，如图 3-65 所示。

图 3-63　5 等分竖向边线　　图 3-64　制作表面分割细节

图 3-65　制作缝隙深度

24 经过如上操作，制作完成的门页内侧效果如图 3-66 所示。接下来制作其外侧效果。

25 启用【直线】工具，分割门页外侧平面，如图 3-67 所示。

26 启用【偏移】工具，制作门的边框，如图 3-68 所示。

图 3-66　门页内侧完成效果

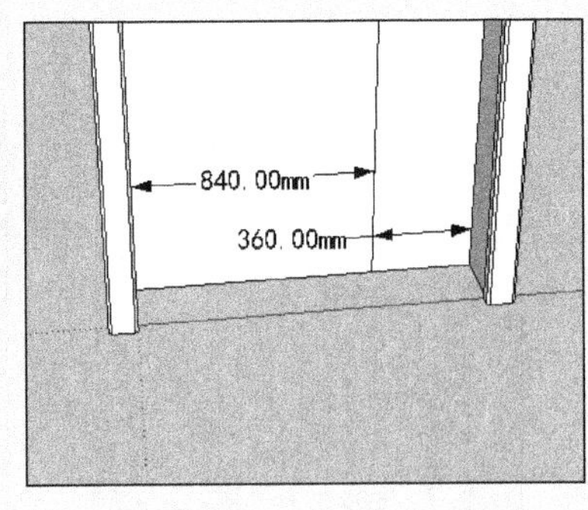

图 3-67　分割门页外侧平面

图 3-68　偏移复制边框

27 启用【推/拉】工具，向内推入 5mm 深度，如图 3-69 所示。

28 启用【缩放】工具，制作斜面细节，如图 3-70 所示。

29 选择竖向线段，将其等分为 6 段，如图 3-71 所示。

30 结合使用【直线】与【偏移】工具，制作单元格边框，如图 3-72 所示。

31 启用【推/拉】工具，捕捉单元格表面并制作厚度，如图 3-73 所示。

图 3-69　向内推入 5mm

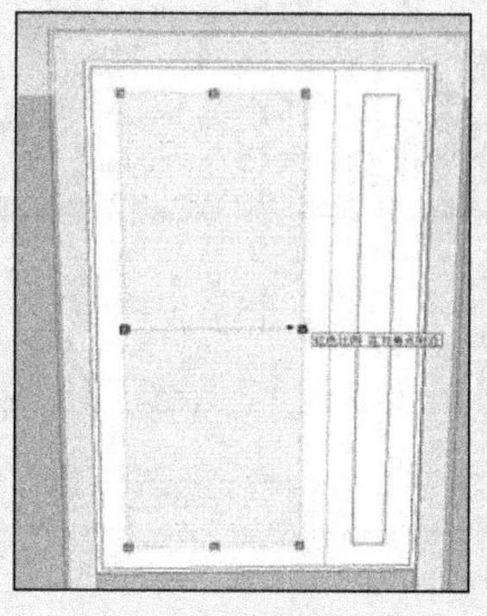

图 3-70　制作斜面

图 3-71　6 等分竖向边线

32 启用【缩放】工具，制作斜面效果，如图 3-74 所示。

图 3-72　制作单元格边框

图 3-73　制作单元格厚度

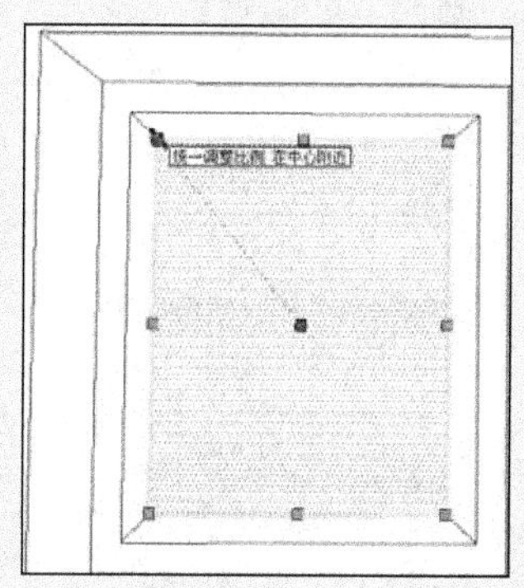

图 3-74　制作斜面细节

33 复制细化单元格，完成大门外侧的制作，效果如图 3-75 所示。

34 采用类似方法制作右侧小门，效果如图 3-76 所示。

35 打开【组件】面板，合并门拉手模型，然后放置好位置，如图 3-77 所示。

图 3-75　制作大门外侧表面细节

图 3-76　制作小门外侧表面细节

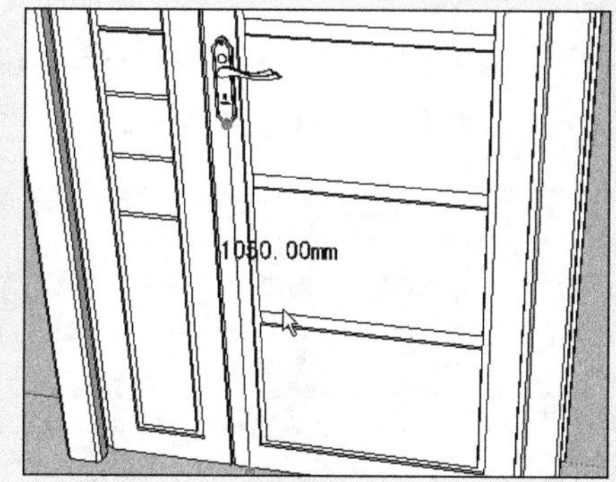

图 3-77　合并并放置门拉手

36 复制拉手至门正面，然后调整其朝向与位置，效果如图 3-78 所示。

37 经过以上步骤，子母门的制作即已完成，正反两面的效果分别如图 3-79 与图 3-80 所示。

图 3-78　复制并调整正面门拉手

图 3-79　子母门正面完成效果

图 3-80　子母门反面完成效果

3-3 制作铁艺吊灯

安装一些别具匠心的灯饰，既可体现居室主人独到的眼光和与众不同的个性，又可在整个家居环境中起到画龙点睛的作用。本例制作的是一款时尚的铁艺吊灯造型。

01 打开 SketchUp，通过【模型信息】对话框设置好场景单位与精确度，如图 3-81 所示。

02 启用【圆】工具，制作中部连接座的圆形平面，如图 3-82 所示。创建完成后输入“32s”，以调整圆形边数，如图 3-83 所示。

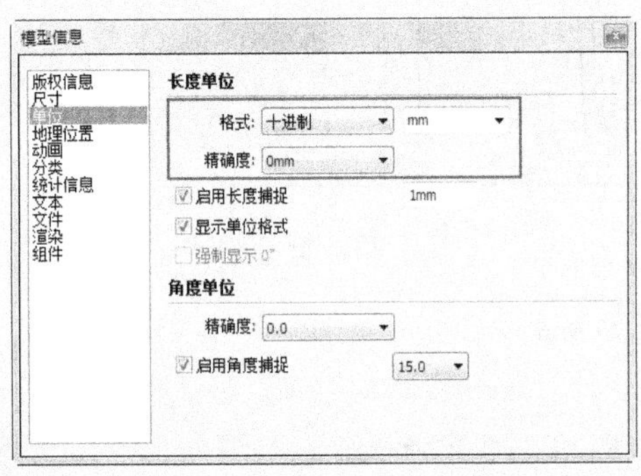

图 3-81　设置好场景单位与精确度

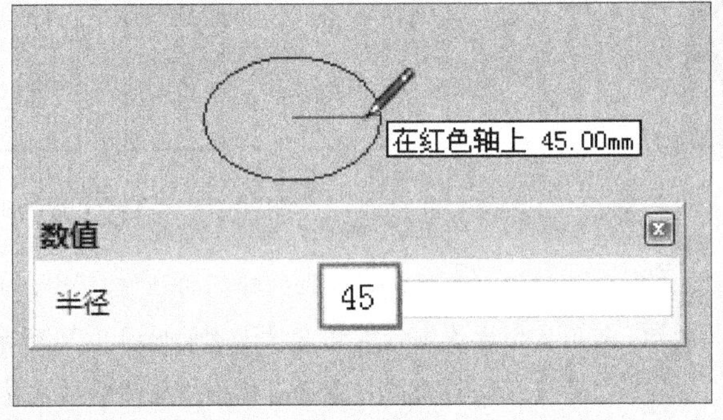

图 3-82　创建圆形平面

03 启用【推/拉】工具，制作结构，如图 3-84 所示。

04 启用【缩放】工具，调整底座造型，如图 3-85 所示。

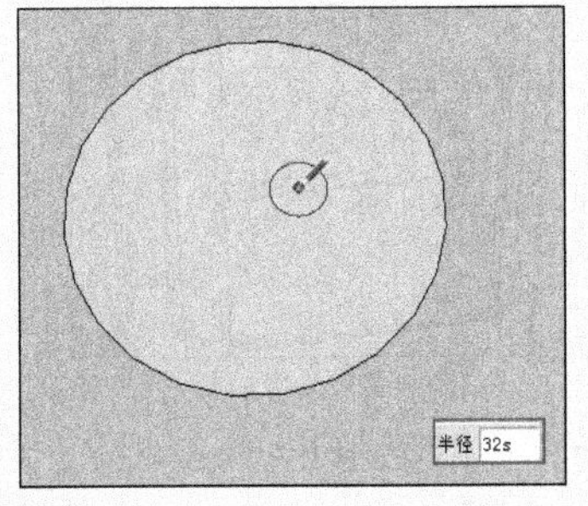

图 3-83　调整圆形边数

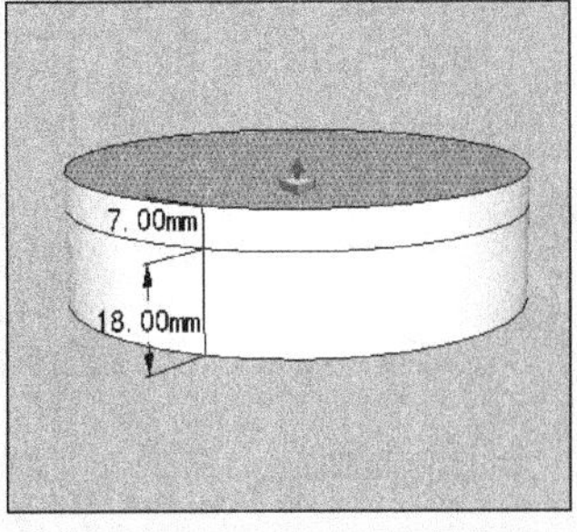

图 3-84　推/拉复制出结构

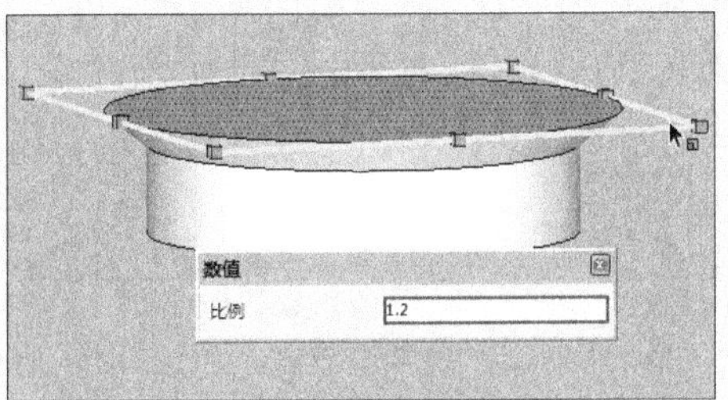

图 3-85　调整底座造型

05 选择创建好的底座并将其创建为组，如图 3-86 所示。

06 调整视图至前视图，然后选择【平行投影】选项，如图 3-87 所示。

07 启用【直线】工具，创建内部灯枝长度，如图 3-88 所示。

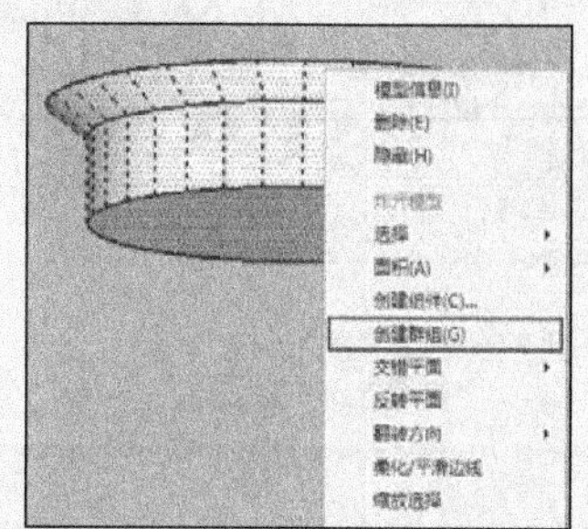

图 3-86 创建为组

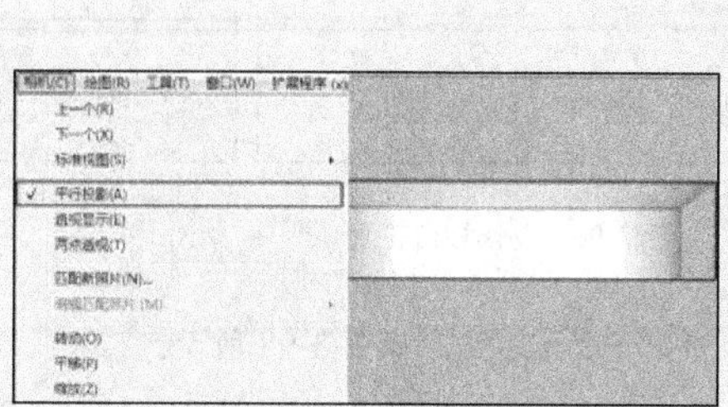

图 3-87 选择【平行投影】选项

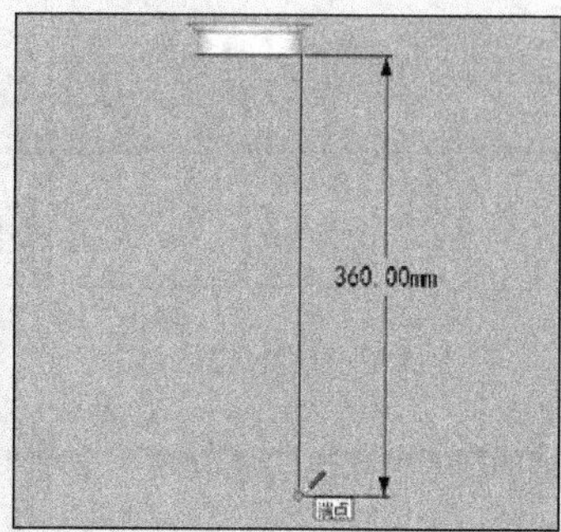

图 3-88 创建内部灯枝长度

08 结合使用【直线】与【圆弧】工具，制作灯枝圆弧以及尾部细节，如图 3-89 与图 3-90 所示。

09 启用【圆】工具，制作灯枝圆形截面，如图 3-91 所示。

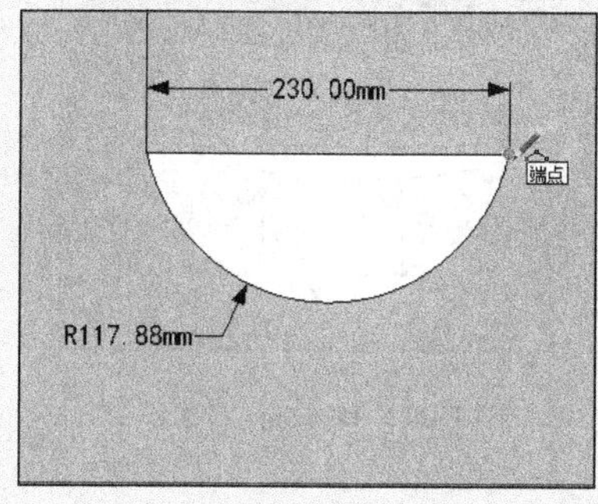

图 3-89 创建灯枝圆弧

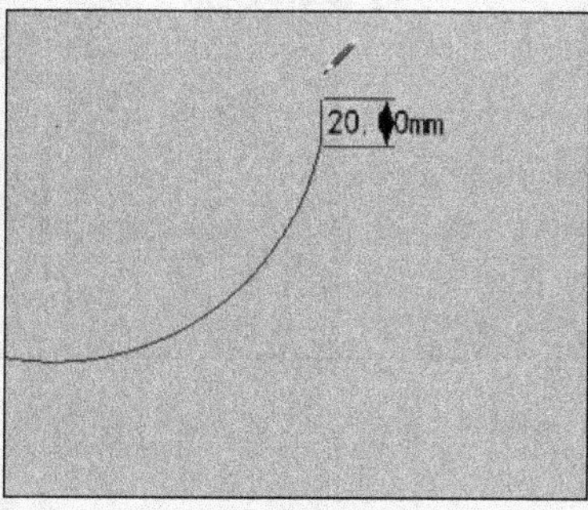

图 3-90 创建圆弧尾部细节

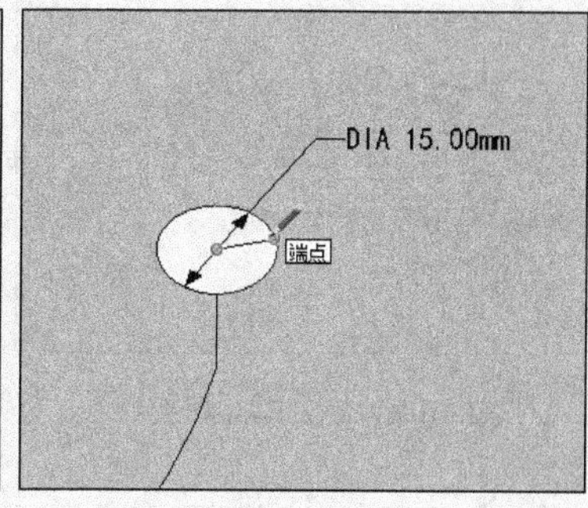

图 3-91 创建灯枝圆形截面

10 启用【路径跟随】工具，然后选择圆形平面，如图 3-92 所示。

11 捕捉创建好的路径，制作出灯枝，如图 3-93 所示。然后将其创建为组，如图 3-94 所示。

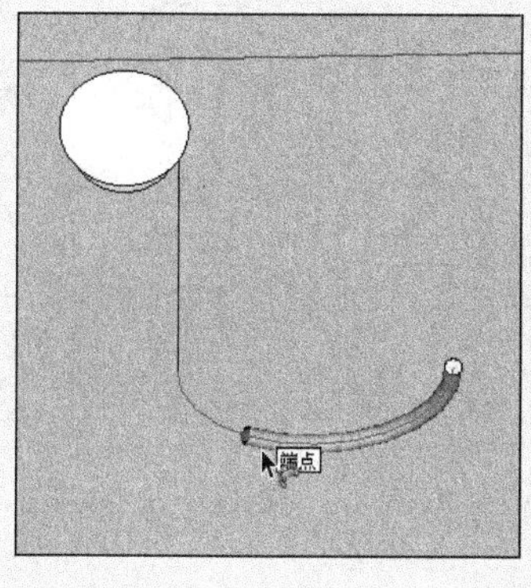

图 3-92 启用【路径跟随】工具

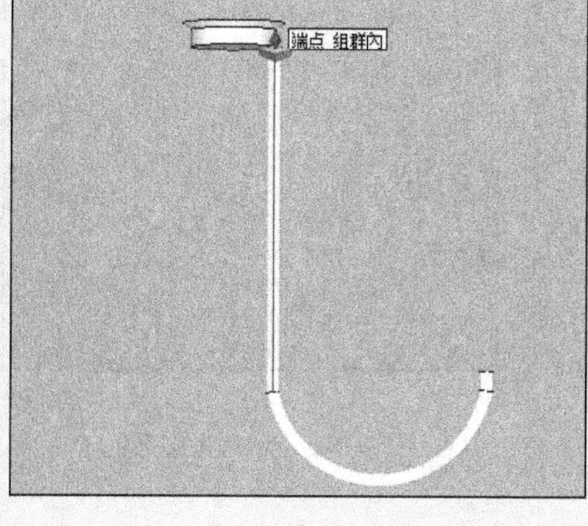

图 3-93 制作灯枝

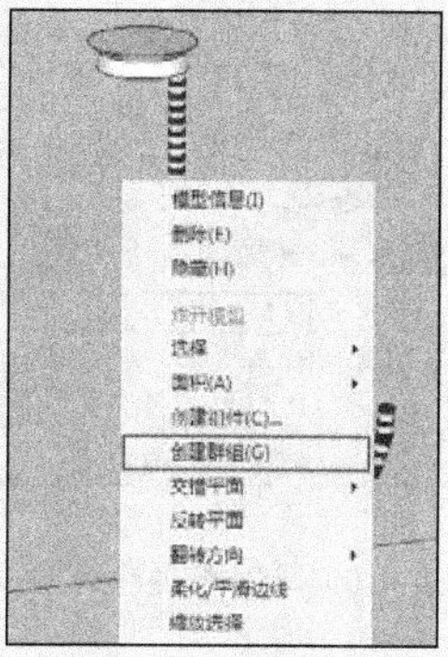

图 3-94 将灯枝创建为组

12 选择灯枝并调整好其与中部连接座的相对位置，如图 3-95 所示。

13 结合使用【圆】与【推/拉】工具，制作烛台的轮廓结构，图 3-96 所示。

14 启用【缩放】工具，调整烛台的中部造型，如图 3-97 所示。

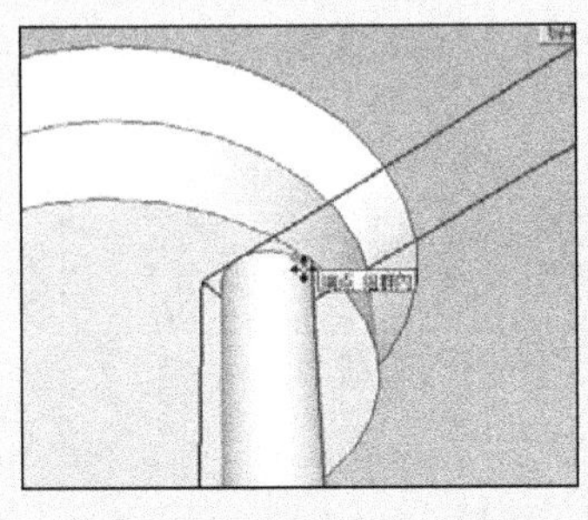

图 3-95　调整灯枝位置

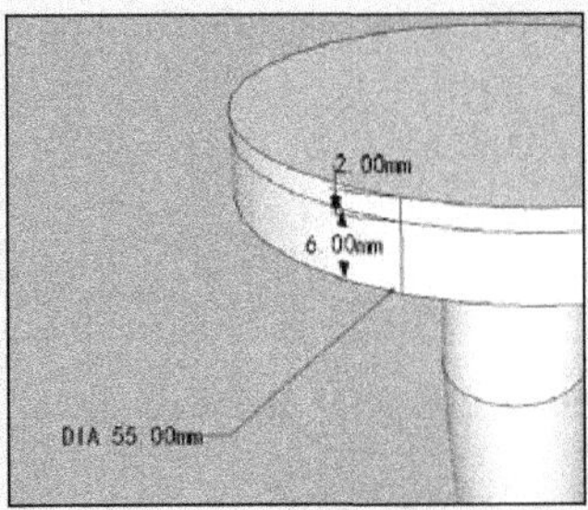

图 3-96　制作烛台轮廓

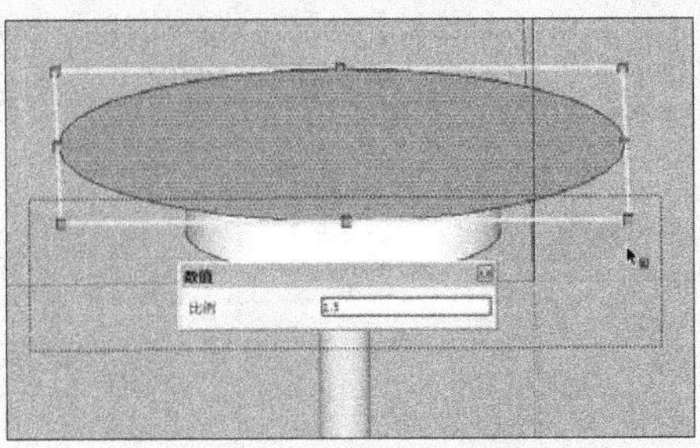

图 3-97　调整烛台造型

15 启用【推/拉】工具，为其制作出 2mm 厚度，如图 3-98 所示。

16 启用【偏移】工具，捕捉底座，向内偏移复制出上部分割面，如图 3-99 所示。

17 启用【推/拉】工具，为其制作 6mm 厚度，如图 3-100 所示。

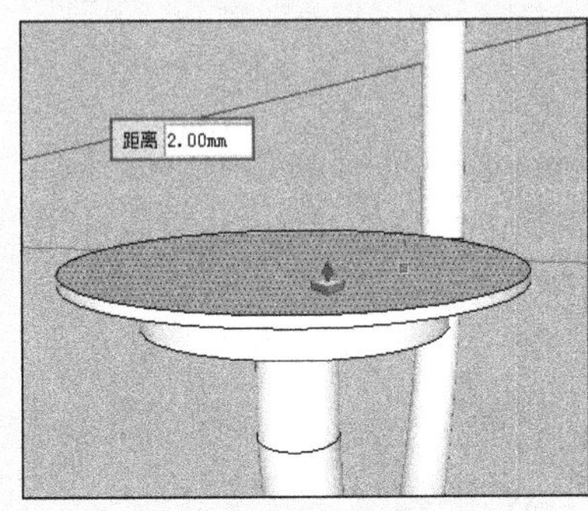

图 3-98　制作 2mm 厚度

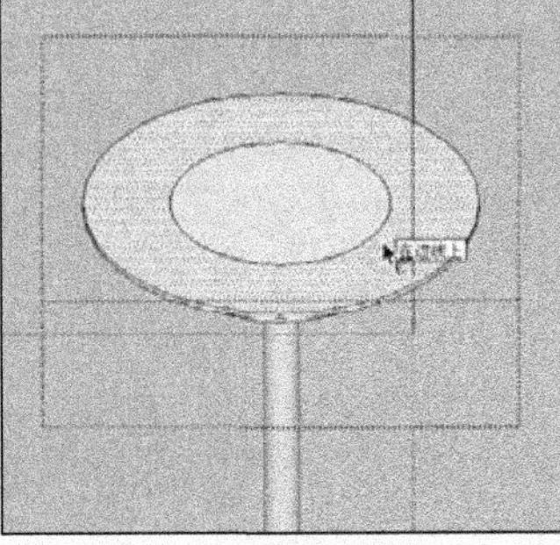

图 3-99　向内偏移复制上部分割面

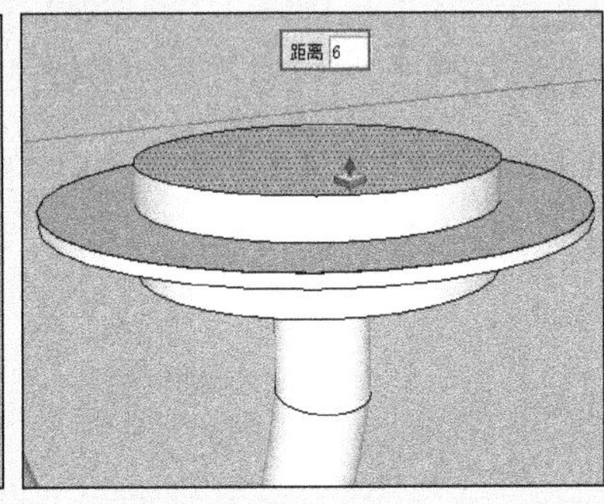

图 3-100　制作 6mm 厚度

18 结合使用【偏移】与【推/拉】工具，制作蜡烛的主体，如图 3-101 与图 3-102 所示。

19 结合使用【偏移】与【推/拉】工具，制作上部细节，如图 3-103 与图 3-104 所示。

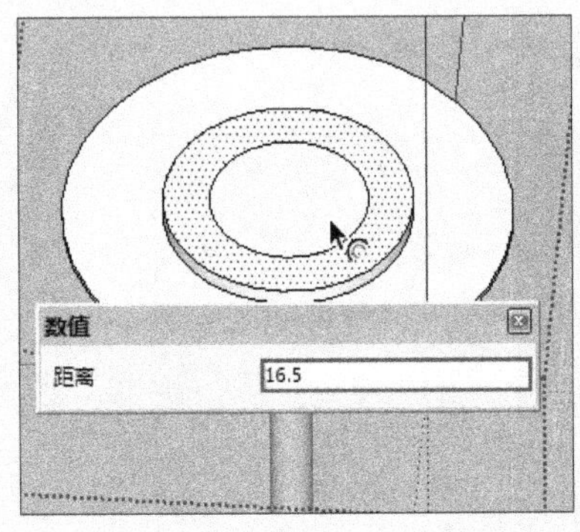

图 3-101　制作蜡烛底面

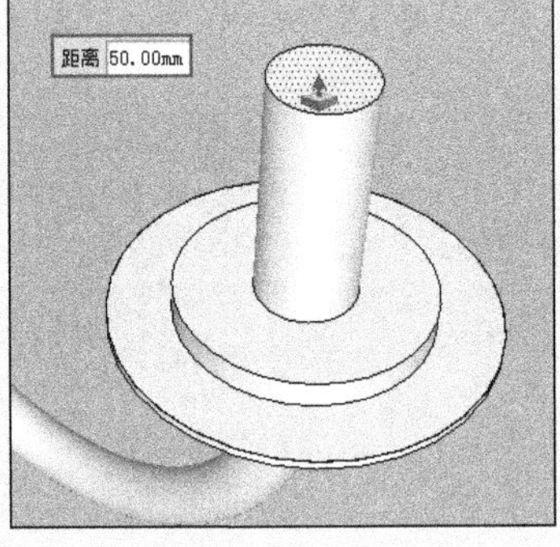

图 3-102　制作蜡烛高度

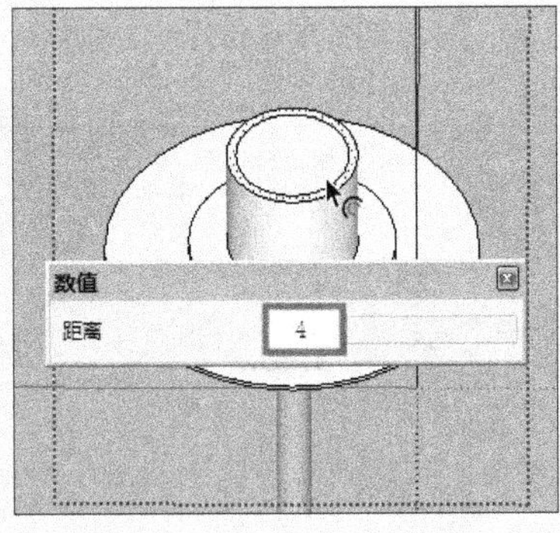

图 3-103　偏移复制出灯头平面

20 选择内部圆形平面并向外复制一份，如图 3-105 所示。

21 选择复制好的圆形平面，对其进行旋转复制，完成后的效果如图 3-106 所示

22 删除多余的平面，然后通过【路径跟随】工具制作出球体，如图 3-107 与图 3-108 所示。

23 启用【缩放】工具，调整出烛火的形态，如图 3-109 与图 3-110 所示。

24 结合使用【偏移】与【推/拉】工具，制作底部造型细节，如图 3-111 和图 3-112 所示。

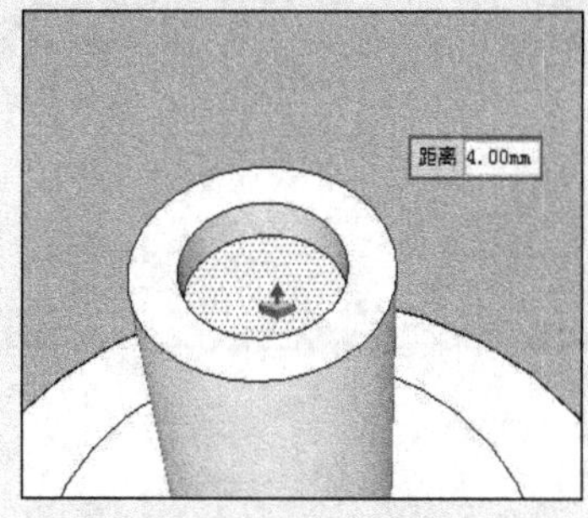

图 3-104　制作 4mm 深度

图 3-105　复制内部圆形平面

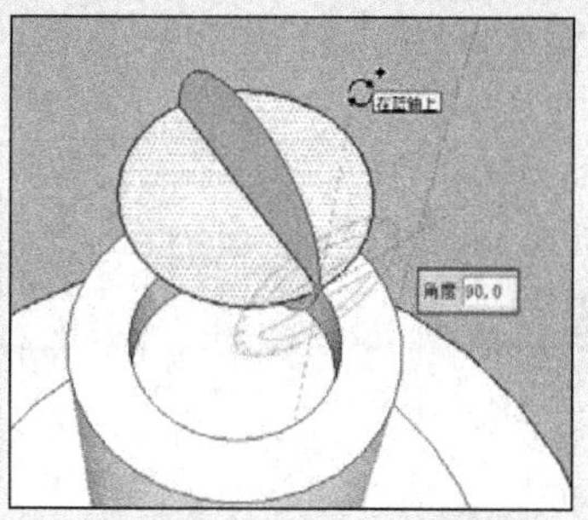

图 3-106　旋转复制圆形平面

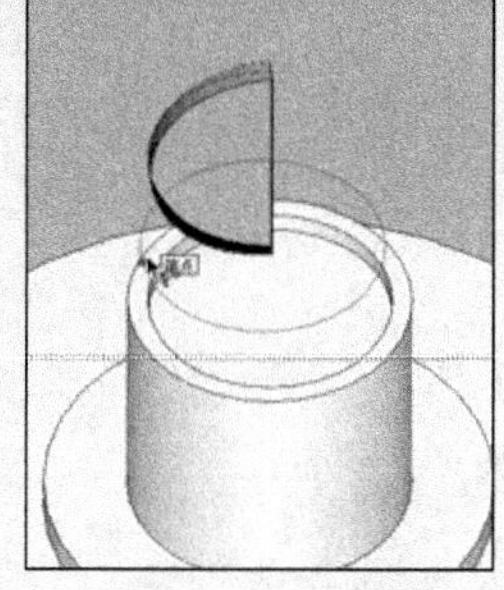
图 3-107　删除多余平面

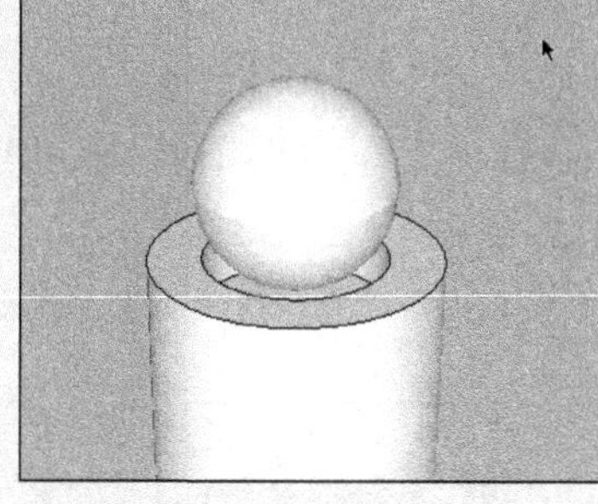
图 3-108　球体制作完成效果

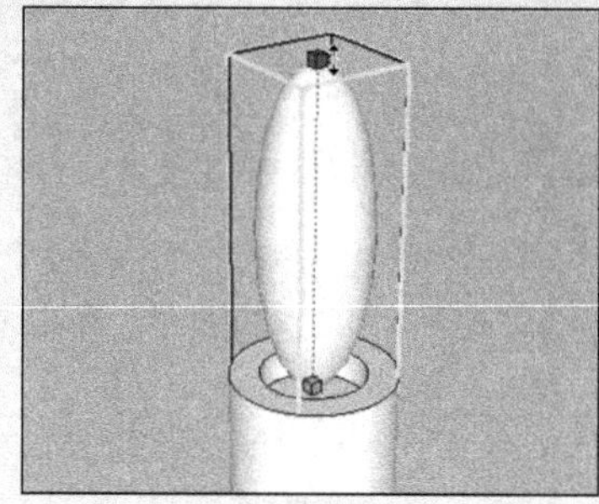
图 3-109　缩放调整烛火上部形态

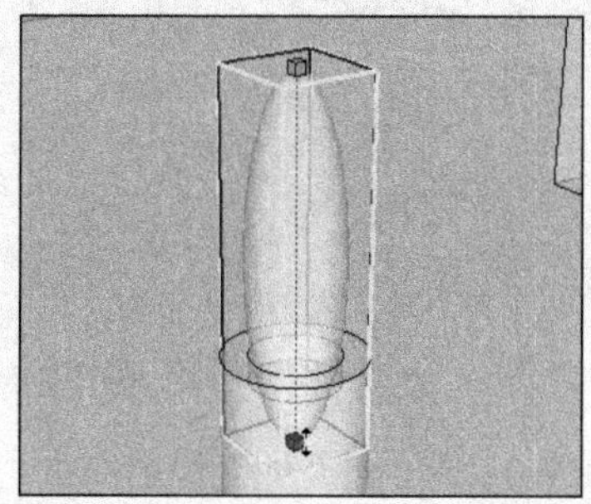
图 3-110　缩放调整烛火下部形态

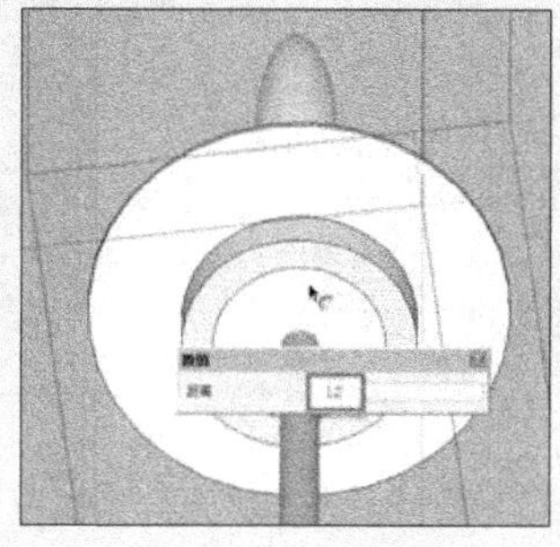
图 3-111　偏移复制底部

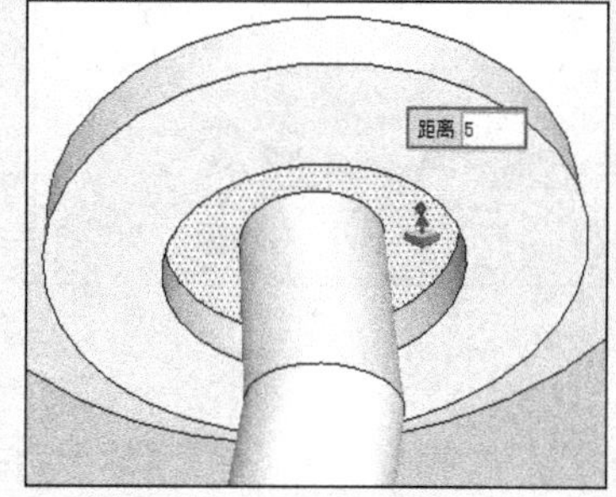

图 3-112　推入 5mm 深度

25 选择灯枝与烛台，启用【旋转】工具，以 60° 进行复制，如图 3-113 所示。

26 多重复制，完成后的效果如图 3-114 所示。

27 选择灯枝，向内以 20mm 距离复制一份，如图 3-115 所示。

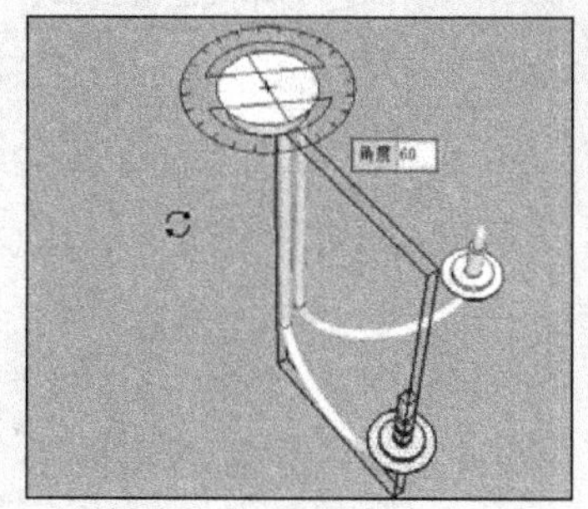

图 3-113　整体复制灯枝与烛台

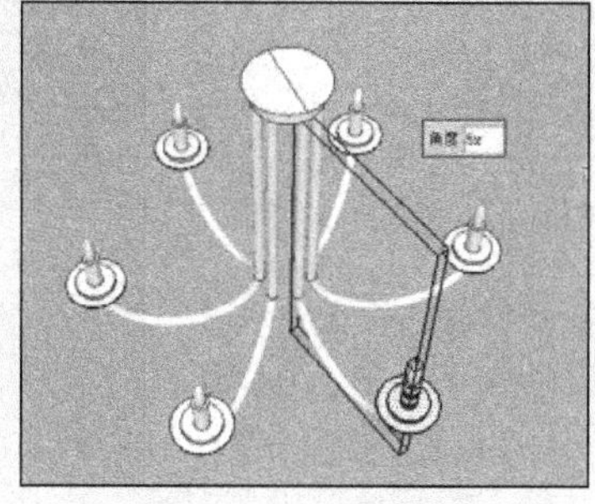
图 3-114　追加多重复制

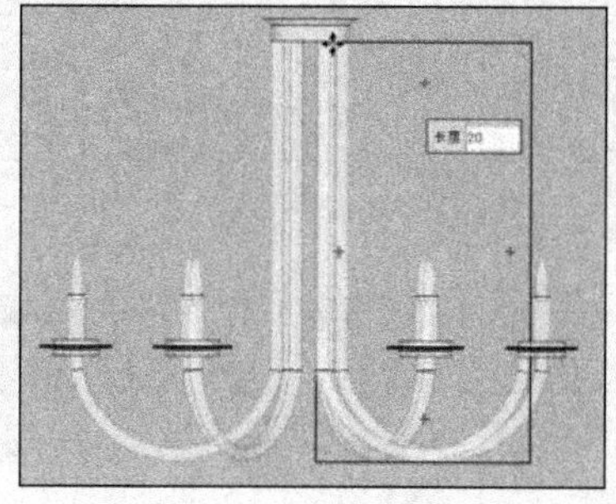
图 3-115　向内复制灯枝

28 进入组，选择下部模型并调整灯枝长度，如图 3-116 所示。

29 删除下部的圆弧细节，结合使用【圆弧】与【直线】工具重新创建灯枝圆弧与细节，如图 3-117 与图

3-118 所示。

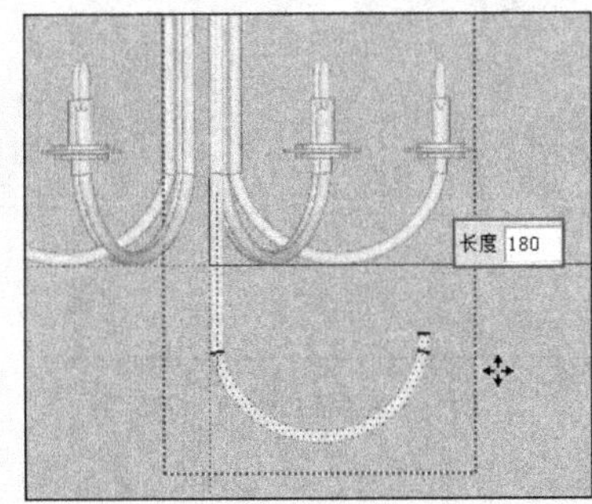

图 3-116　调整灯枝长度

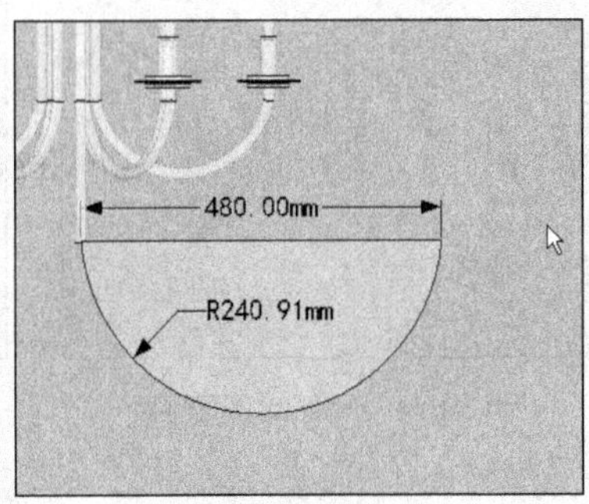

图 3-117　重新创建灯枝圆弧

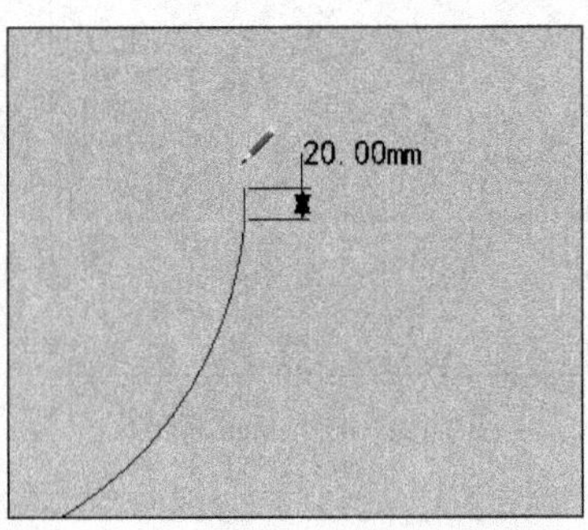

图 3-118　制作尾部细节

30 启用【路径跟随】工具，制作灯枝的圆弧效果，如图 3-119 所示。

31 复制烛台至内部灯枝末端，如图 3-120 所示。

32 选择内部灯枝与烛台，通过多重旋转复制完成所有灯枝的创建，效果如图 3-121 与图 3-122 所示。

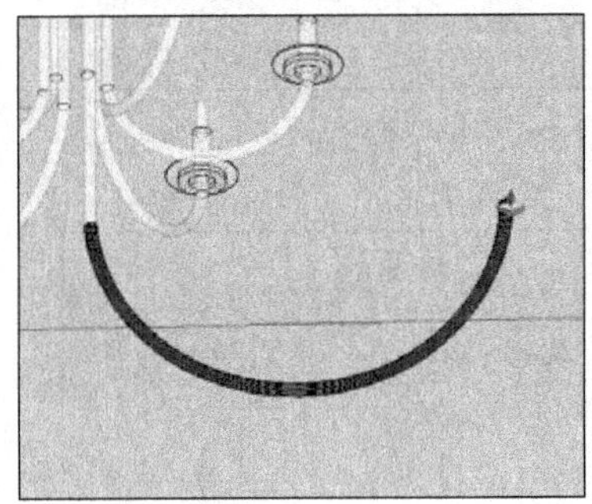

图 3-119　跟随路径

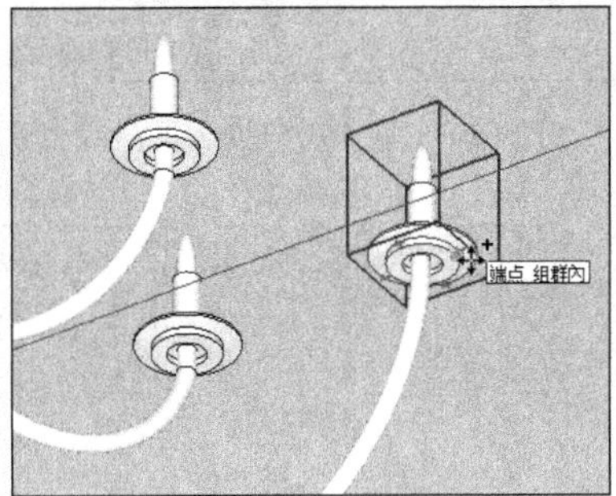

图 3-120　复制烛台

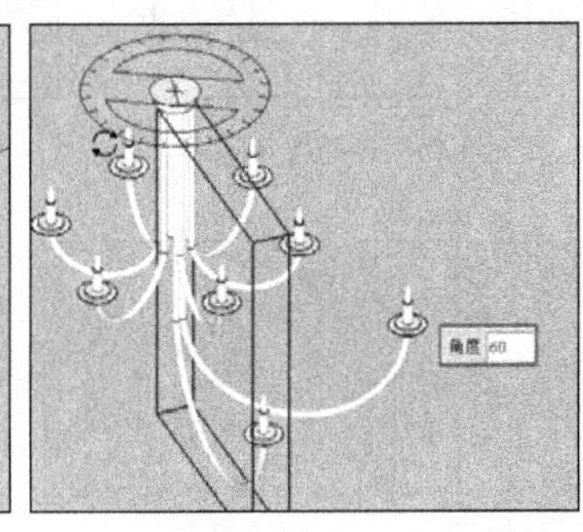

图 3-121　整体复制内部灯枝与烛台

33 结合使用【圆弧】与【直线】工具，捕捉烛台并创建好灯枝间的连接线，如图 3-123 与图 3-124 所示。

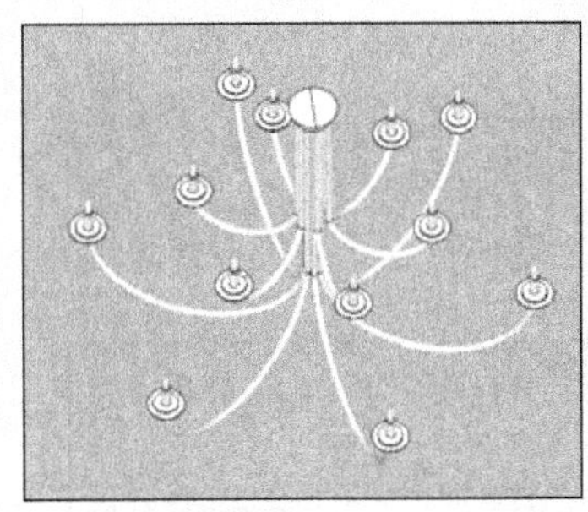

图 3-122　复制完成效果

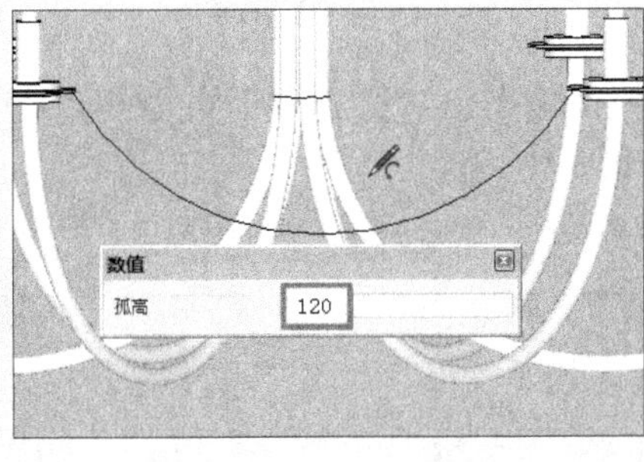

图 3-123　捕捉创建连接圆弧

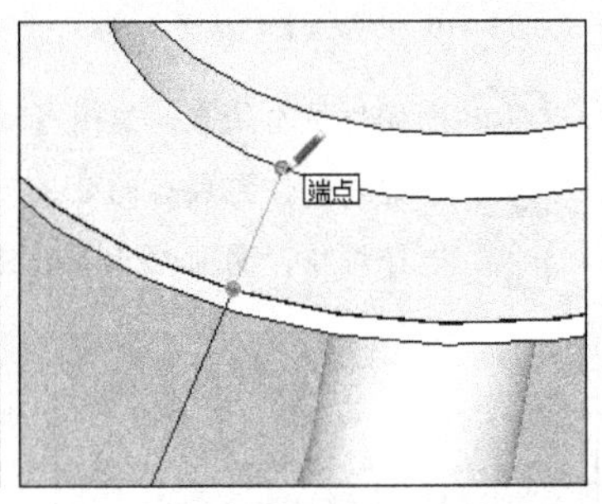

图 3-124　创建两端细节

34 启用【圆】工具，绘制圆形截面，如图 3-125 所示。

35 启用【路径跟随】工具，制作连接效果，如图 3-126 所示。

36 结合使用【圆】、【路径跟随】以及【缩放】工具，制作装饰细节，然后放置好位置，如图 3-127 所示。

37 通过多重旋转，复制出其他的装饰细节，完成后的效果如图 3-128 所示。

38 结合使用【偏移】与【推/拉】工具，制作连接座的上部细节，如图 3-129 所示。

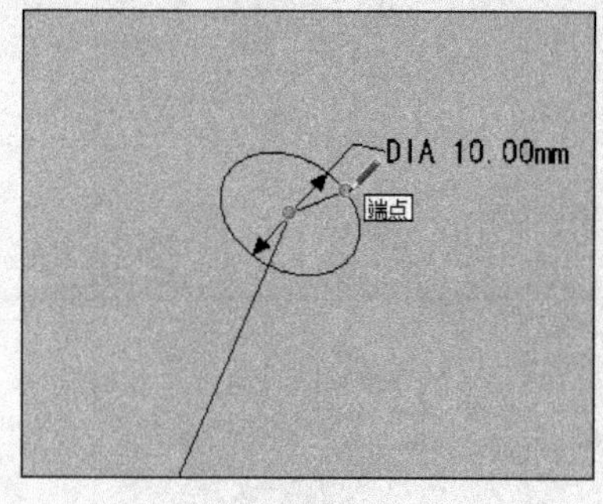

图 3-125 创建圆形截面

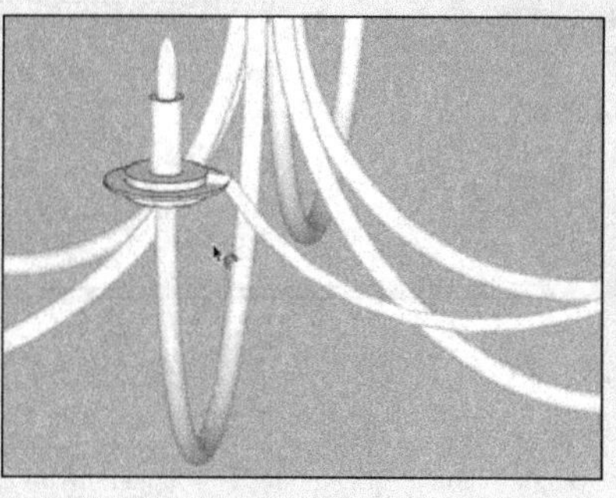
图 3-126 路径跟随完成效果

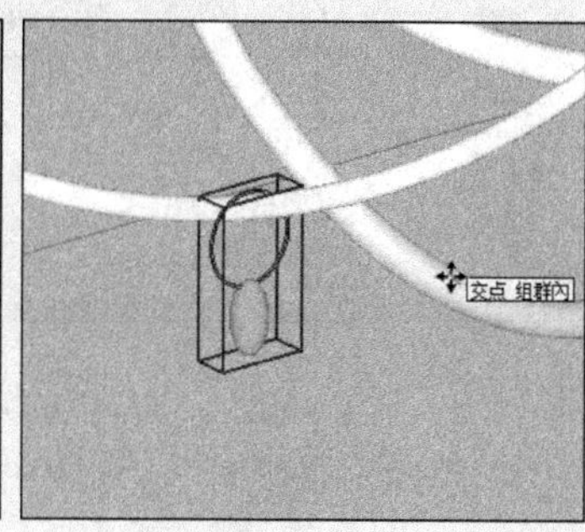

图 3-127 制作装饰细节

39 启用【推/拉】工具，制作连接杆，如图 3-130 所示。

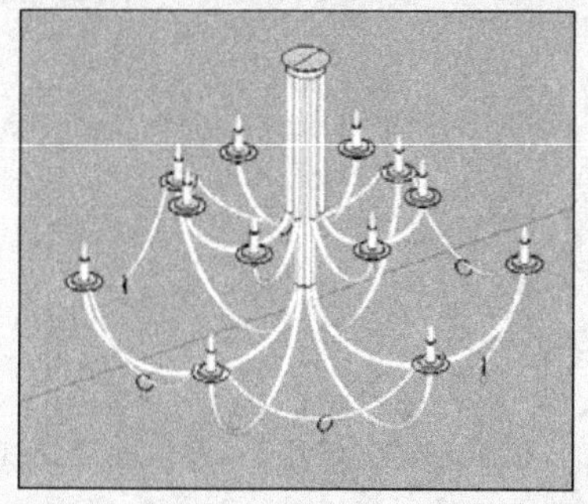
图 3-128 复制装饰细节

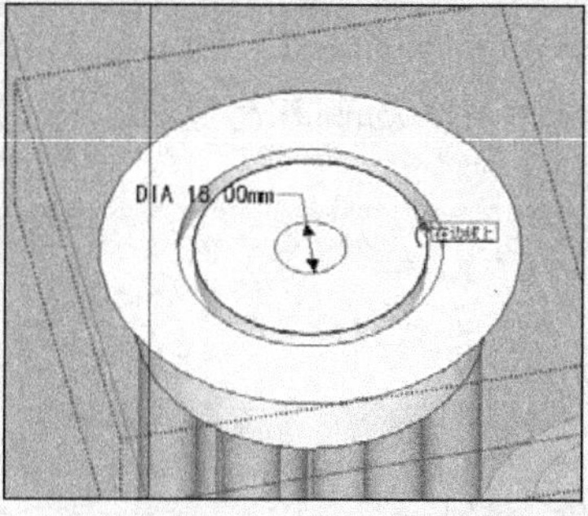

图 3-129 制作连接座上部细节

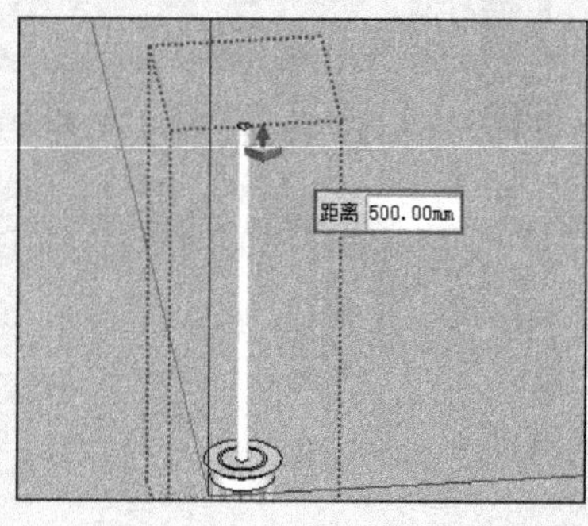

图 3-130 制作连接杆

40 复制连接座至顶部，如图 3-131 所示，然后启用【缩放】工具，调整好其大小，如图 3-132 所示。

41 经过以上步骤，铁艺吊灯即可创建完成，整体效果如图 3-133 所示。

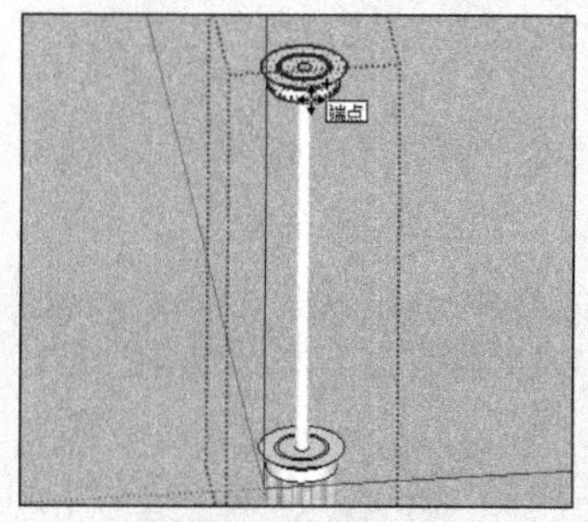

图 3-131 复制连接座至顶部

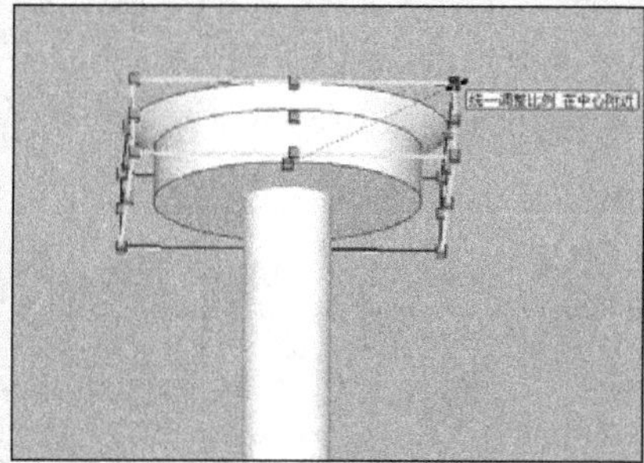
图 3-132 缩放调整连接座

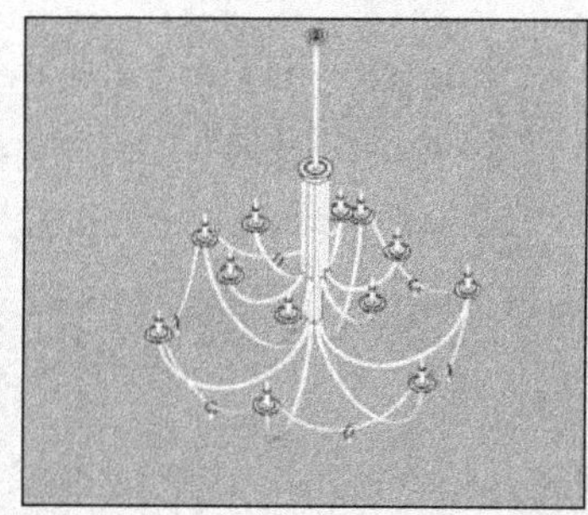
图 3-133 铁艺吊灯完成效果

3.4 制作古典餐边柜

餐边柜是用在餐厅的一种多用家具，其可在满足收纳的同时作为隔断和装饰使用，以提升家居的品位，增加空间层次。本实例即绘制一款精美的古典餐边柜模型。

01 打开 SketchUp，设置好场景单位与精确度，如图 3-134 所示。

02 启用【矩形】工具，创建柜子平面，如图 3-135 所示。

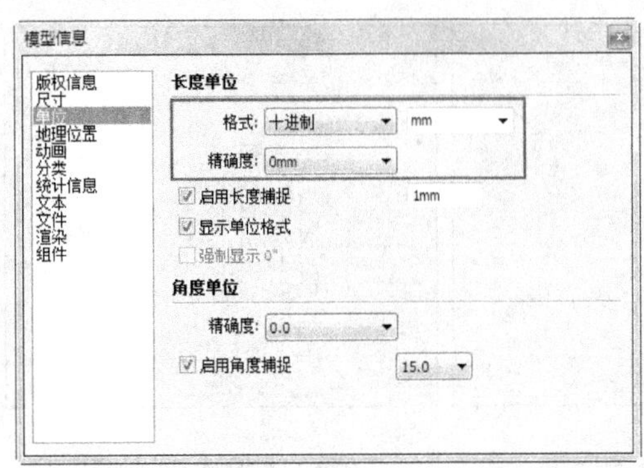

图 3-134　设置场景单位

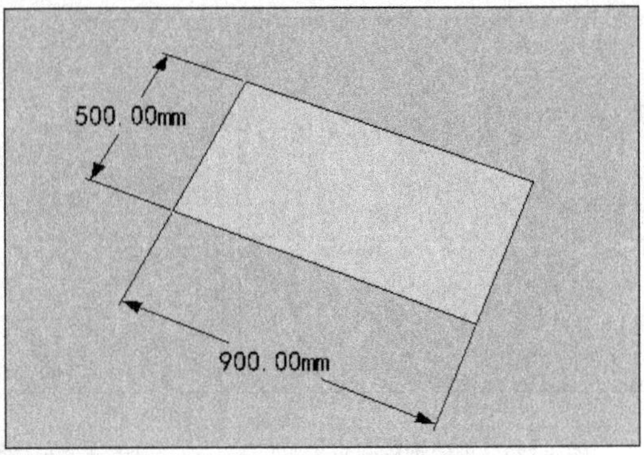

图 3-135　创建柜子平面

03 启用【推/拉】工具，为其制作 900mm 高度，如图 3-136 所示。

04 通过对线段的移动复制，分割出表面，如图 3-137 所示。

05 启用【推/拉】工具，选择分割面并制作 75mm 深度，如图 3-138 所示。

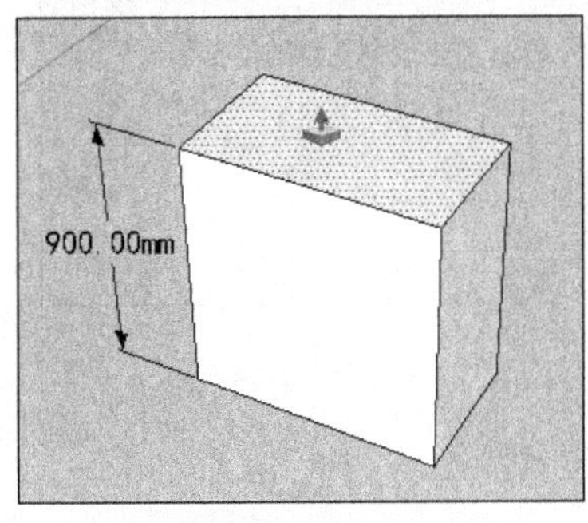

图 3-136　推拉制作高度

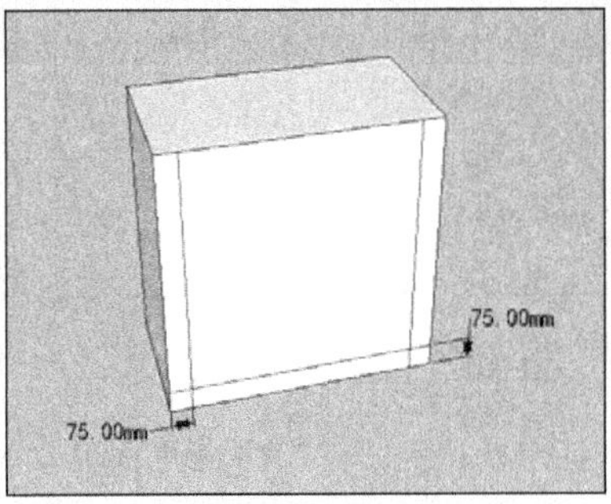

图 3-137　通过线段移动复制分割出表面

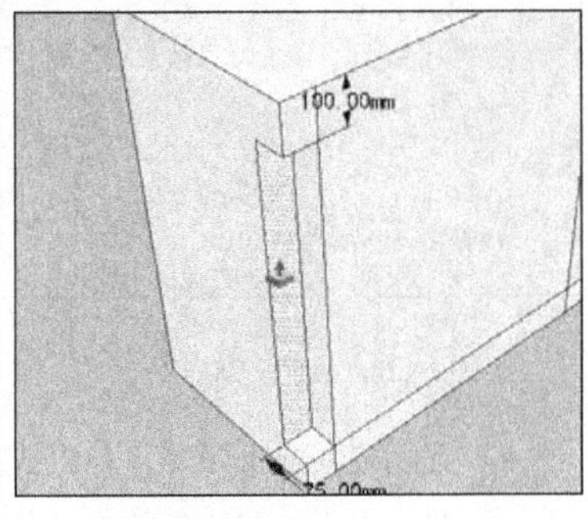

图 3-138　制作 75mm 深度

06 选择底部矩形平面并创建为组，如图 3-139 所示。

07 启用【推/拉】工具，为其制作 10mm 高度，如图 3-140 所示。

08 启用【缩放】工具，调整出斜面，如图 3-141 所示。

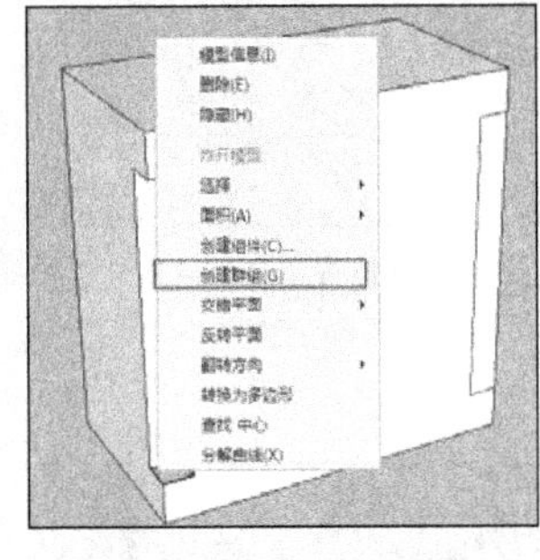

图 3-139　选择底部平面创建为组

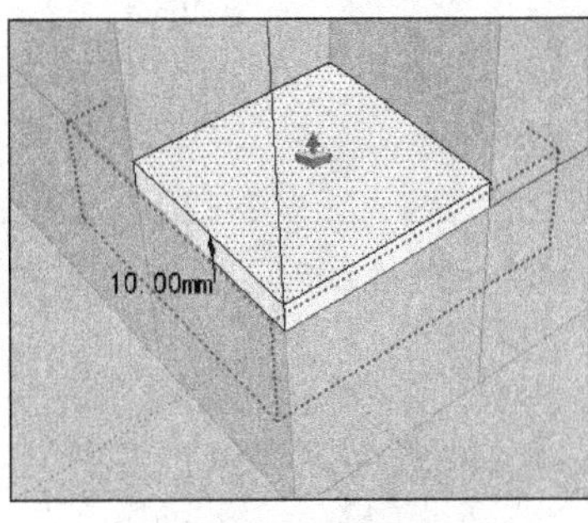

图 3-140　制作 10mm 高度

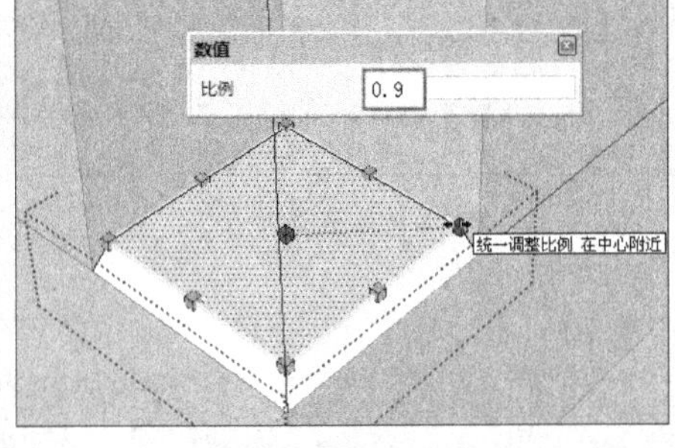

图 3-141　调整出斜面

09 启用【圆】工具，在矩形的中部创建圆形分割面，如图 3-142 所示。

10 启用【推/拉】工具，按住 Ctrl 键制作上轮廓，如图 3-143 所示。

11 选择中部曲面，启用【联合推拉】工具，向外拉出 10mm 的宽度，如图 3-144 所示。

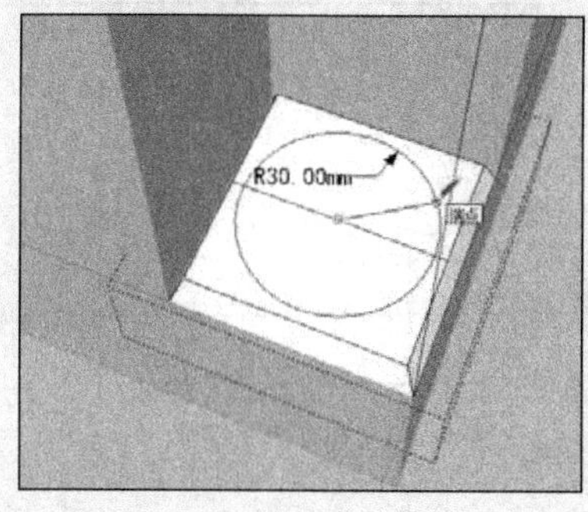

图 3-142 创建圆形分割面

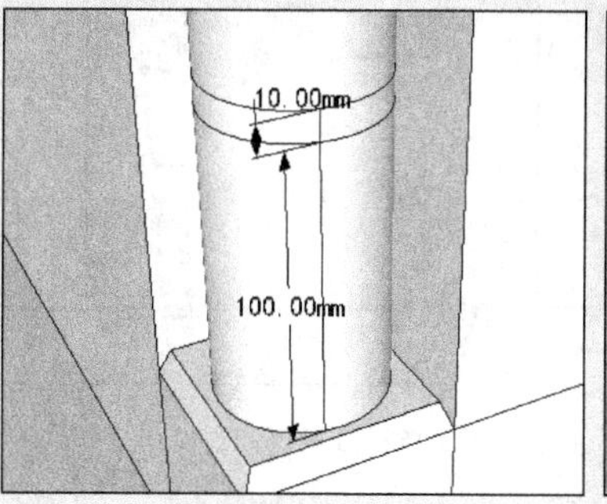

图 3-143 制作上轮廓

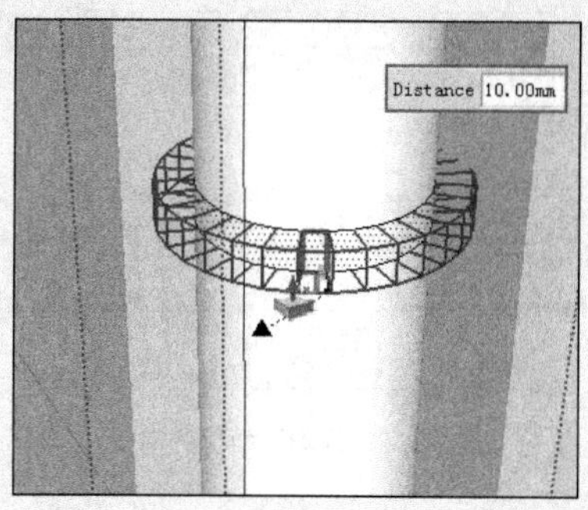

图 3-144 向外拉出 10mm 宽度

12 选择外表面，启用【3D 圆角】工具并设置好其参数，如图 3-145 所示。

13 确认进行圆角处理，完成后的效果如图 3-146 所示。

14 复制圆环细节至上端，如图 3-147 所示。

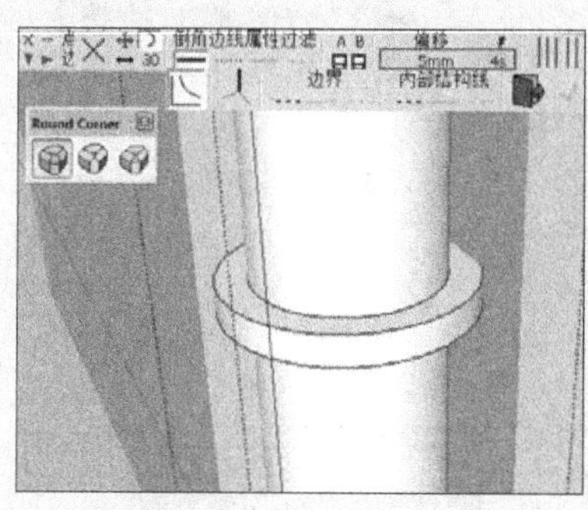

图 3-145 设置【3D 圆角】工具参数

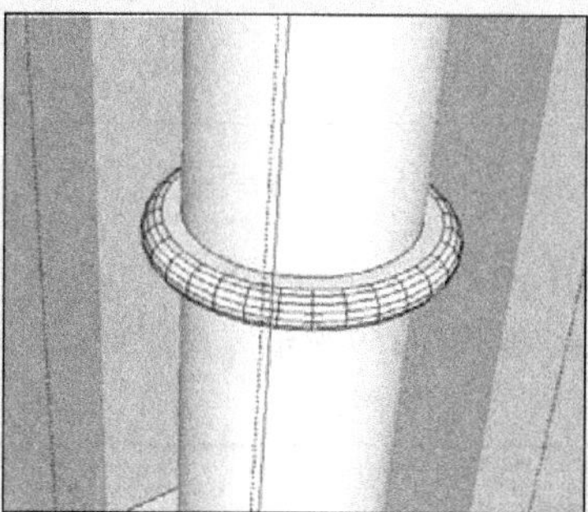

图 3-146 圆角完成效果

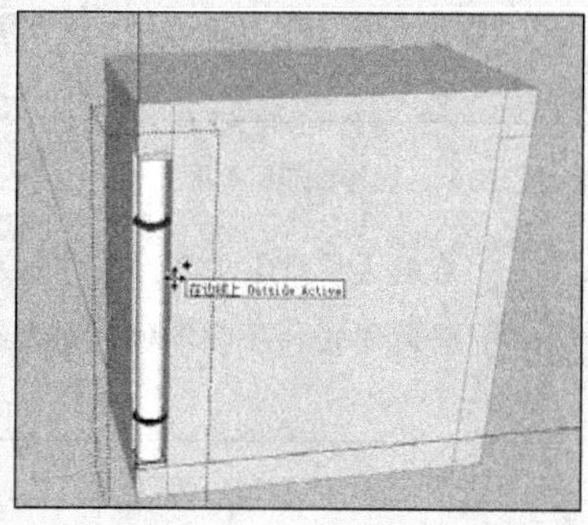

图 3-147 复制圆环细节至上端

15 复制之前制作的圆柱至右侧，如图 3-148 所示。

16 启用【推/拉】工具，制作底部结构，如图 3-149 所示。

17 启用【缩放】工具，制作斜面效果，如图 3-150 所示。

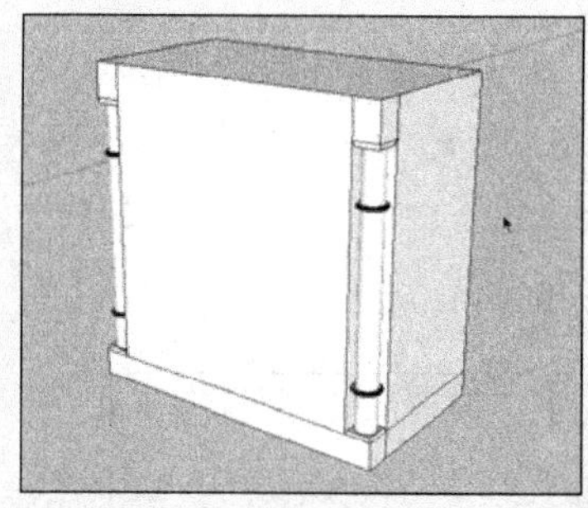

图 3-148 复制圆柱至右侧

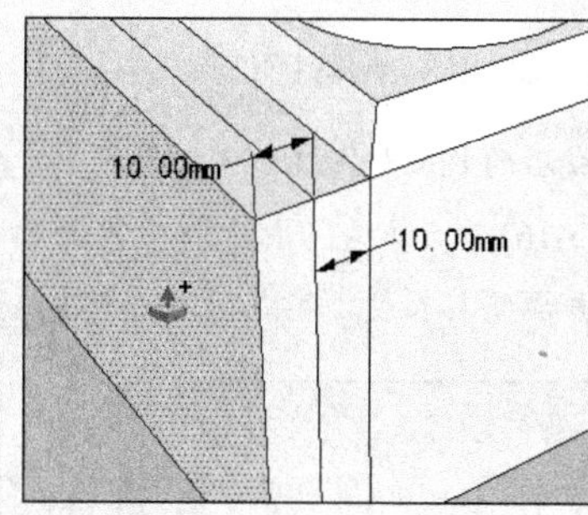

图 3-149 制作底部结构

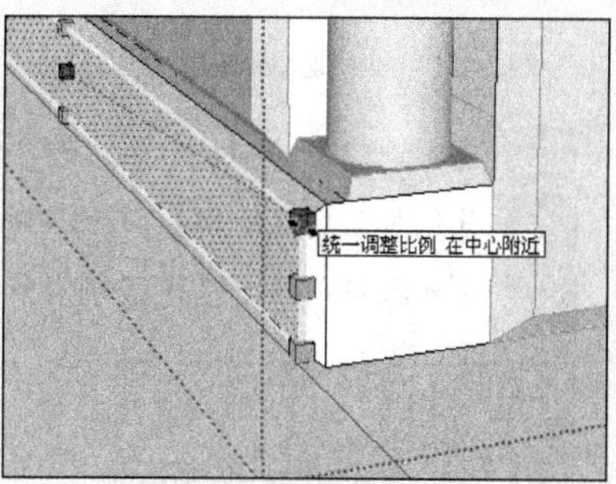

图 3-150 制作斜面效果

18 启用【直线】工具，捕捉中点等分正面柜门，如图 3-151 所示。

19 选择中部分割线，将其等分为 3 段，如图 3-152 所示。

20 启用【直线】工具，捕捉等分点分割好柜面细节，如图 3-153 所示。

21 启用【推/拉】工具，制作抽屉门的厚度，如图 3-154 所示。

22 启用【缩放】工具，制作斜面细节，如图 3-155 所示。

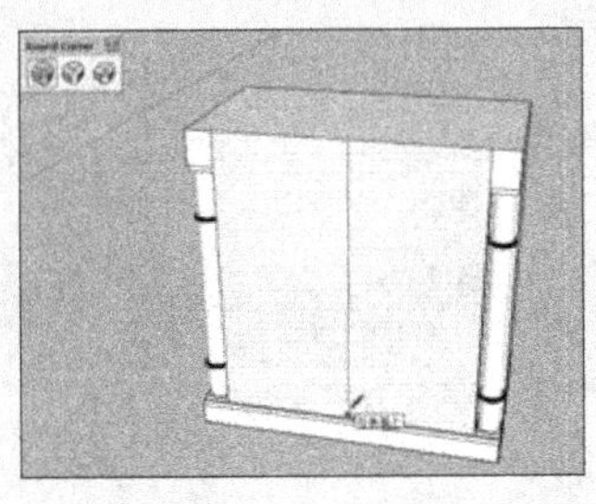

图 3-151　分割正面柜门

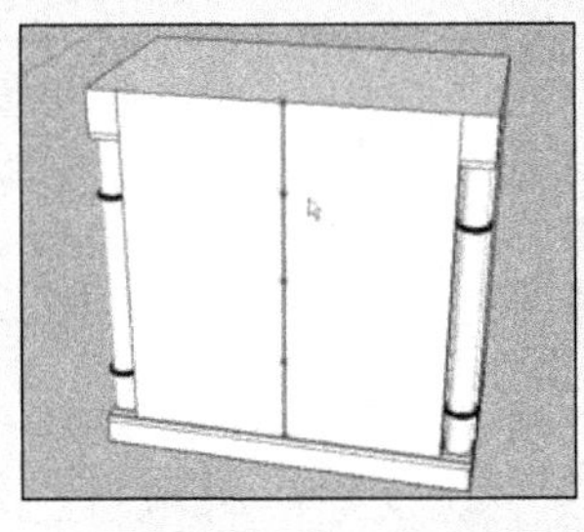

图 3-152　3 等分分割线

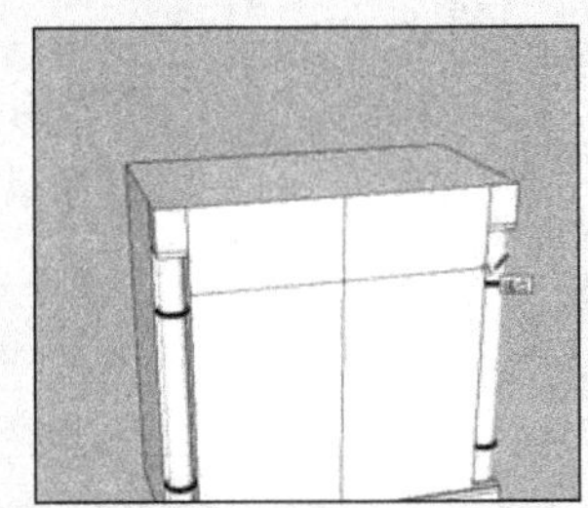

图 3-153　分割柜面细节

23 结合使用【偏移】与【推/拉】工具，制作抽屉门的表面结构，如图 3-156 与图 3-157 所示。

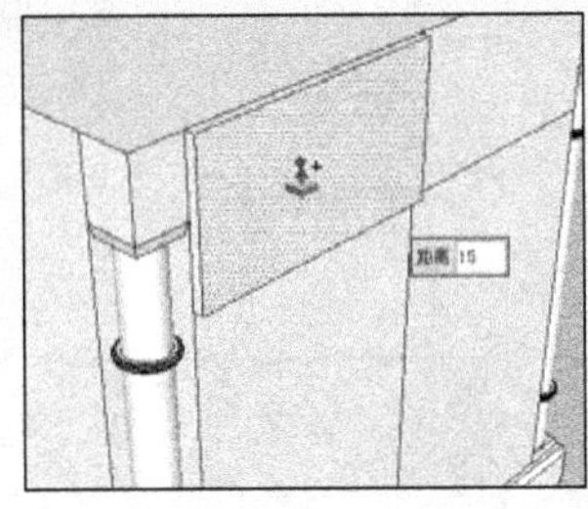

图 3-154　制作抽屉门厚度

图 3-155　制作斜面细节

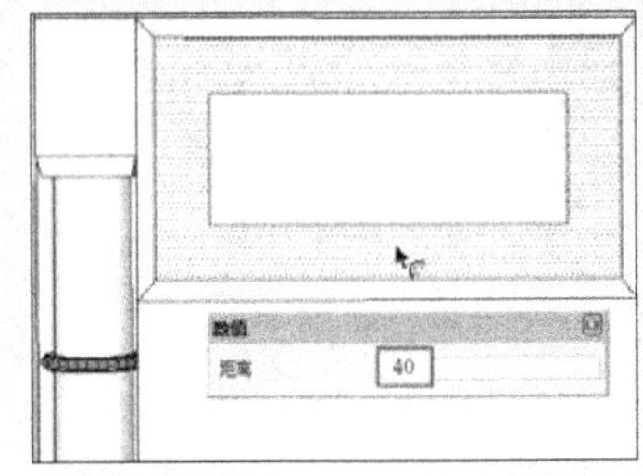

图 3-156　向内偏移复制 10mm

24 启用【缩放】工具，制作抽屉门的斜面细节，如图 3-158 所示。

25 将制作的抽屉门单独创建为组，如图 3-159 所示。

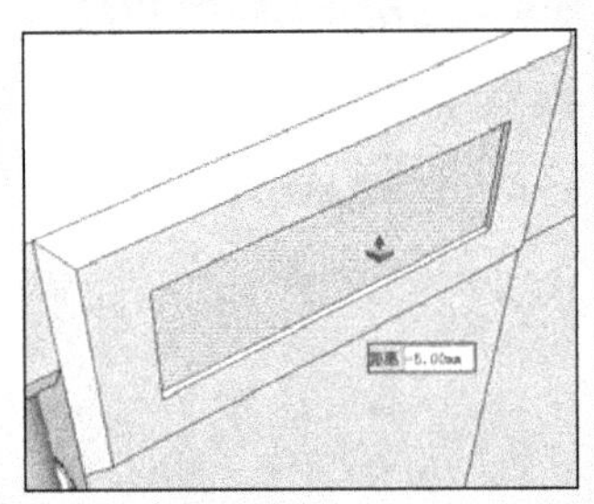

图 3-157　向内推入 5mm

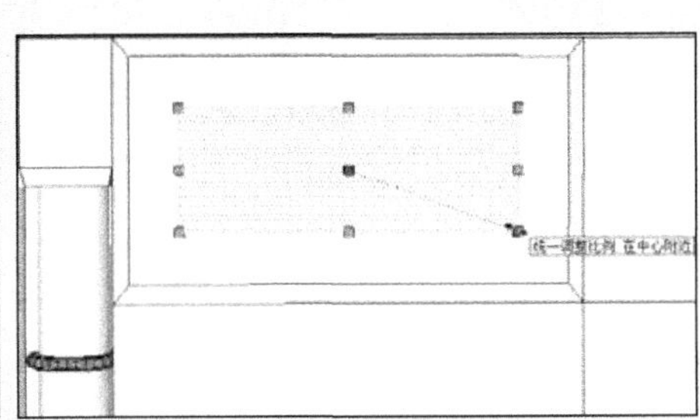

图 3-158　制作斜面细节

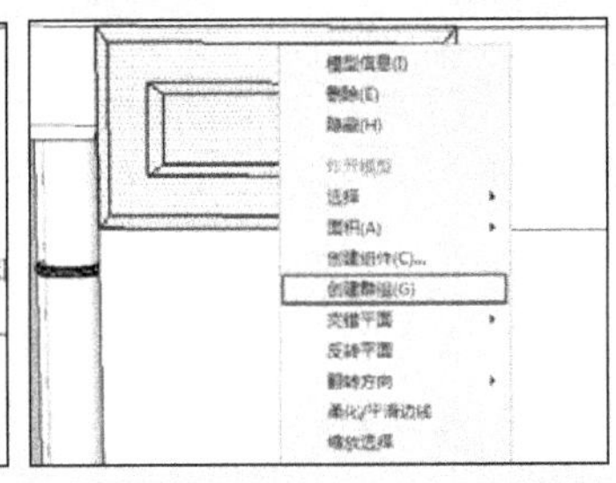

图 3-159　将抽屉门单独创建为组

26 复制创建好的抽屉门至右侧，完成后的效果如图 3-160 所示。

27 复制抽屉门至底部柜门处，如图 3-161 所示。

28 进入抽屉门组，选择下部模型面并调整其长度，完成柜门的创建，如图 3-162 所示。

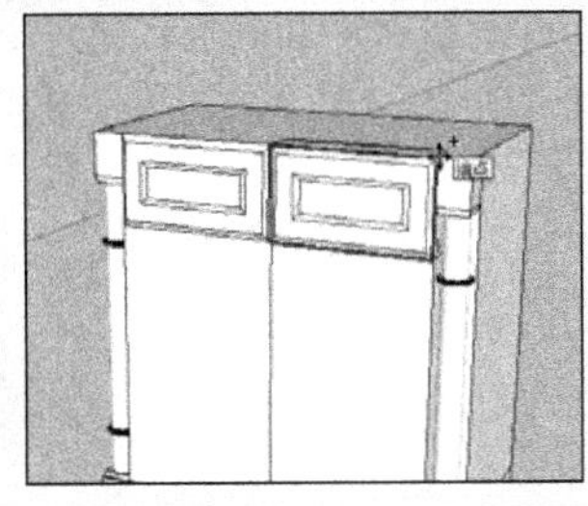

图 3-160　复制抽屉板至右侧

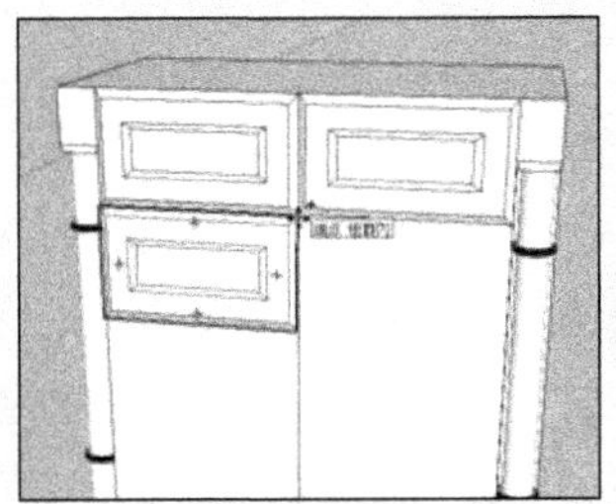

图 3-161　复制抽屉门至底部柜门

图 3-162　完成柜门的创建

29 复制柜门至右侧，完成后的效果如图 3-163 所示。

30 采用类似方法制作两侧的侧板，效果如图 3-164 与图 3-165 所示。

图 3-163　复制柜门完成正面制作

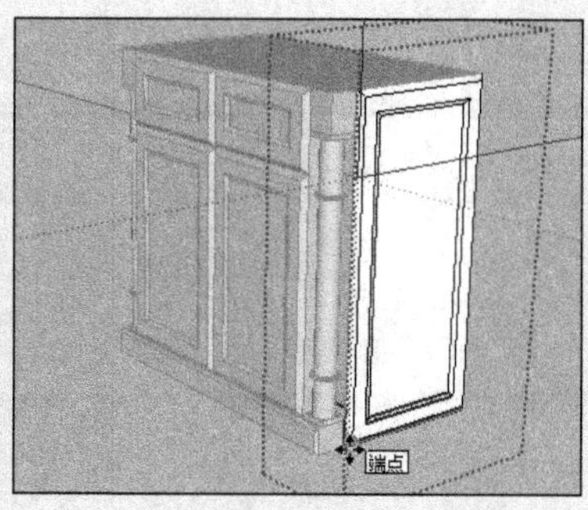

图 3-164　复制柜门至右侧并调整高度

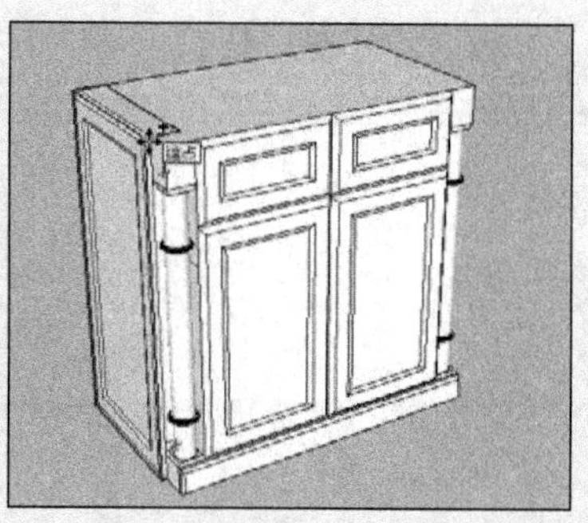

图 3-165　复制并镜像出左侧面板

31 将制作的模型整体创建组，如图 3-166 所示。

32 启用【矩形】工具，在柜面右侧创建矩形平面，以细化出顶部角线，如图 3-167 所示。

33 结合线的等分与【直线】工具，初步分割好矩形，如图 3-168 与图 3-169 所示。

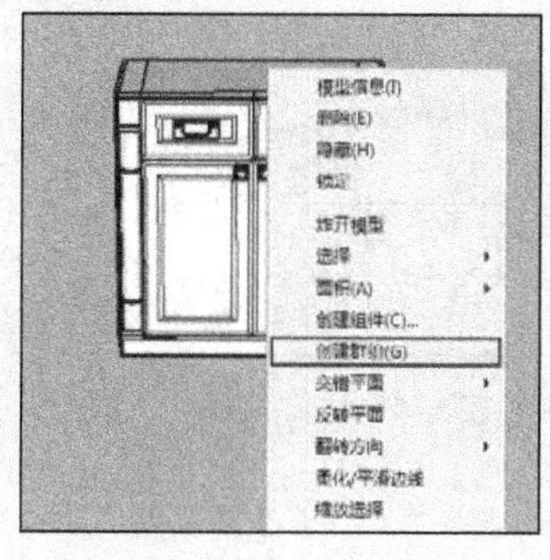

图 3-166　创建组

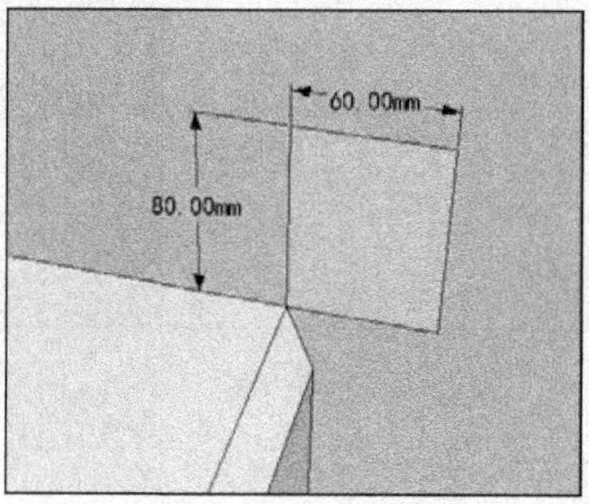

图 3-167　创建顶部角线平面

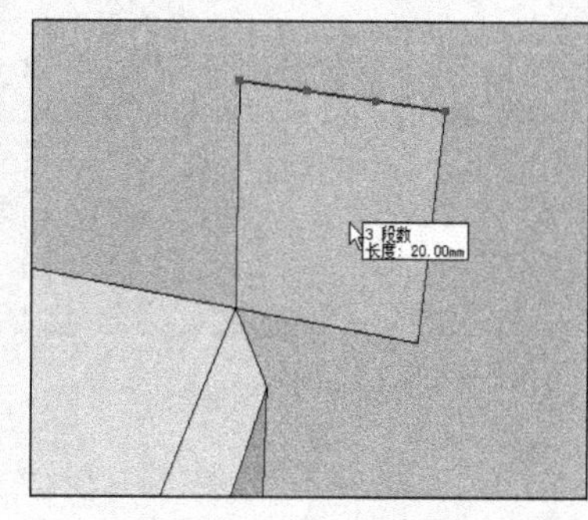

图 3-168　等分平面边线

34 选择右上角竖向边线并再次将其 3 等分，如图 3-170 所示。

35 启用【圆弧】工具，捕捉等分点制作圆弧细节，如图 3-171 所示。

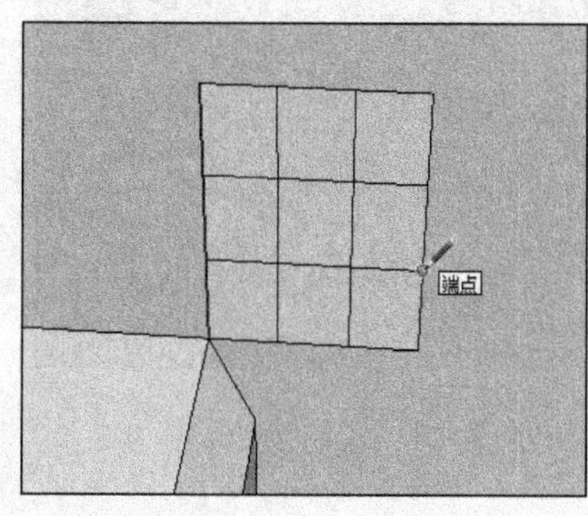

图 3-169　创建分割面

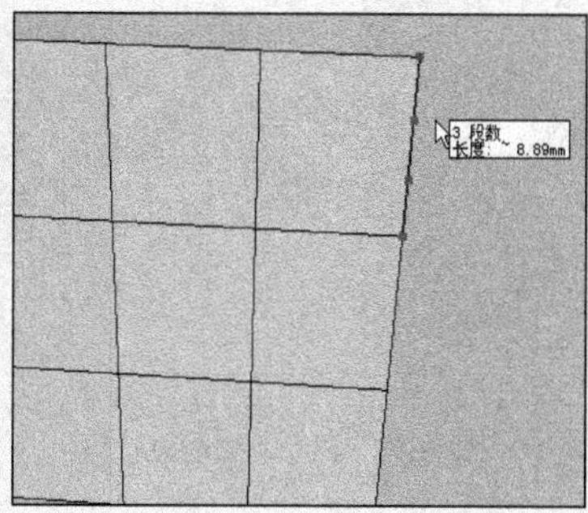

图 3-170　再次 3 等分右上角竖向边线

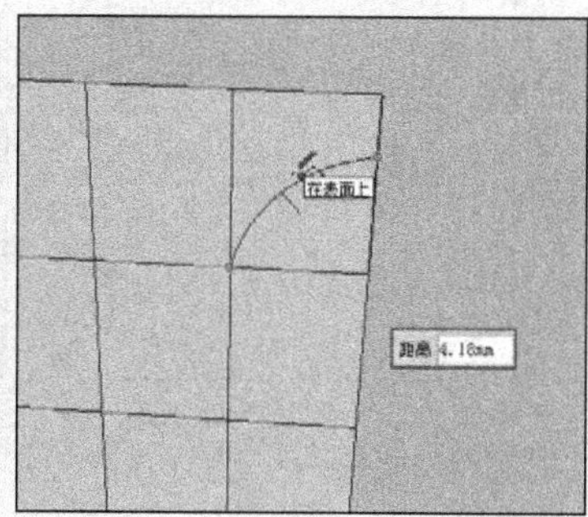

图 3-171　创建圆弧细节

36 采用类似方法绘制其他圆弧，如图 3-172 所示。

37 删除多余的线段，得到如图 3-173 所示的截面图形。

38 启用【矩形】工具，捕捉柜面角点并创建矩形平面，如图 3-174 所示。

39 删除内部平面形成路径，如图 3-175 所示。

40 选择角线平面，启用【路径跟随】工具，制作顶部角线，效果如图 3-176 所示。

41 启用【矩形】工具，捕捉角点并封闭顶面，如图 3-177 所示。

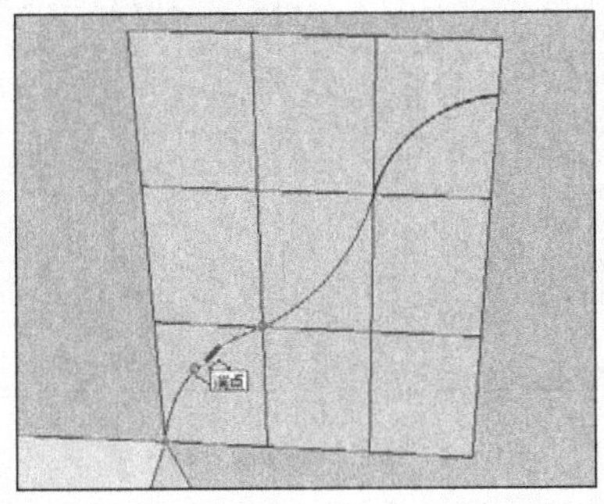
图 3-172 绘制其他圆弧

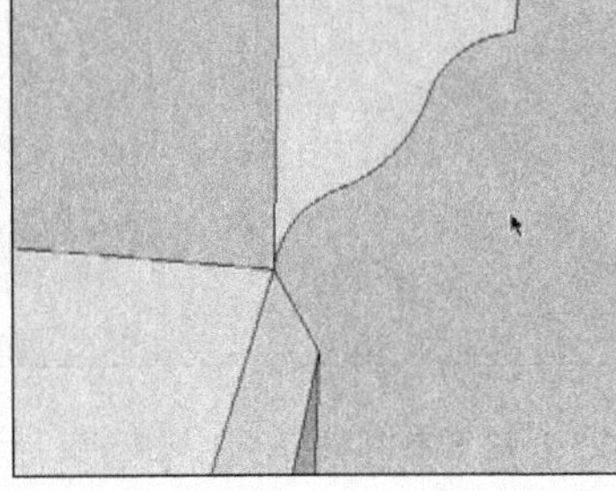
图 3-173 删除多余线段

图 3-174 捕捉柜面角点创建矩形平面

图 3-175 删除内部平面形成路径

图 3-176 创建角线

图 3-177 封闭顶面

42 经过以上步骤，当前的古典餐边柜造型如图 3-178 所示。

43 打开【材料】对话框，赋予整体模型“原色樱桃木”材质，完成后的效果如图 3-179 所示。

44 打开【组件】对话框，合并并放置抽屉拉手模型，如图 3-180 所示。

图 3-178 当前的古典餐边柜造型

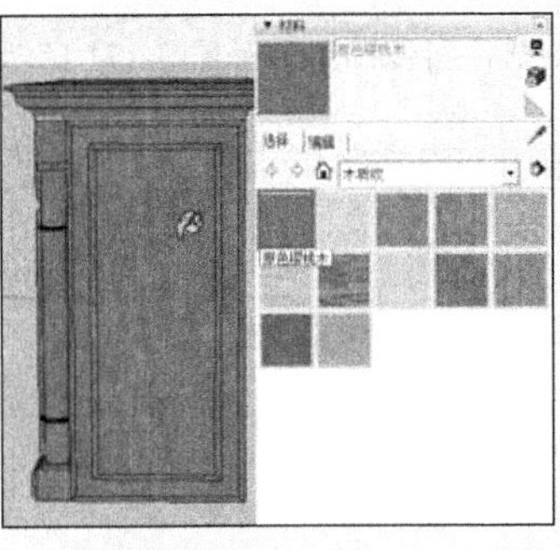
图 3-179 赋予木纹材质

图 3-180 合并并放置抽屉拉手

45 复制抽屉拉手模型至右侧，完成后的效果如图 3-181 所示。

46 打开【组件】对话框，合并并放置好柜门拉手，然后复制到另一侧，完成后的效果如图 3-182 所示。

47 经过以上步骤，本例古典餐边柜模型即已创建完成，效果如图 3-183 所示。

图 3-181　复制抽屉拉手

图 3-182　合并并复制柜门拉手

图 3-183　古典餐边柜完成效果

3.5 制作现代餐桌椅

餐饮的乐趣，源自于生活的精彩。本例设计的现代餐桌椅简单自然，简洁而不失大气，并且与现代装潢追求自然的风格协调统一。

01 打开 SketchUp，设置好场景单位与精确度，如图 3-184 所示。

02 启用【矩形】工具，绘制好餐桌平面，如图 3-185 所示。

03 启用【推/拉】工具，为其制作 800mm 高度，如图 3-186 所示。

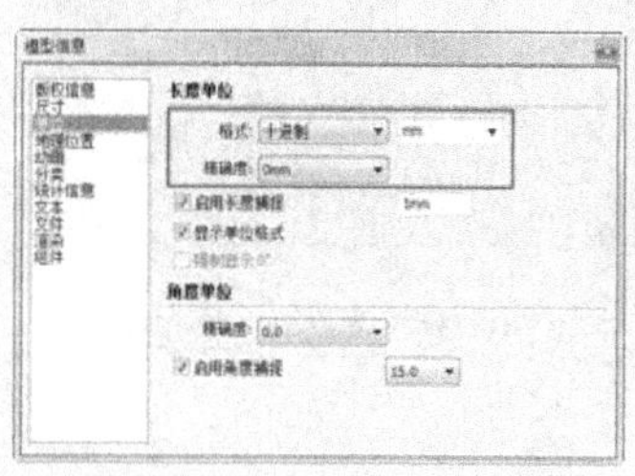
图 3-184　设置场景单位以及精确度

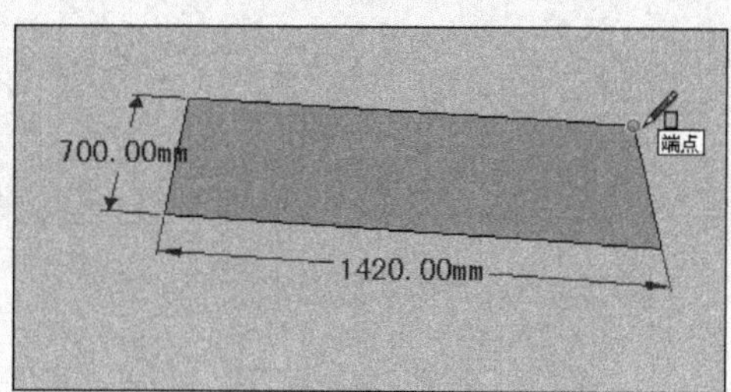

图 3-185　创建餐桌平面

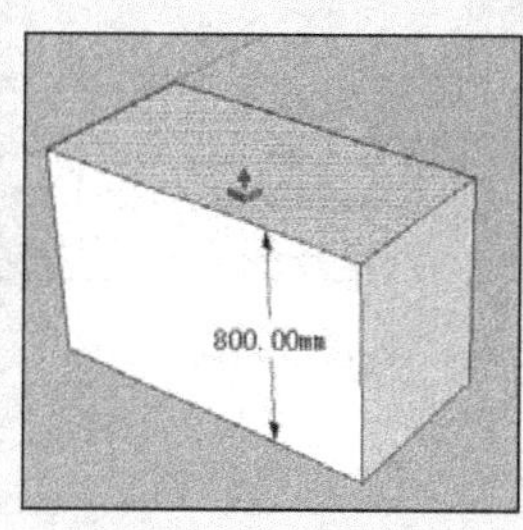

图 3-186　制作餐桌高度

04 选择顶面，启用【移动】工具，按住 Ctrl 键分割出桌面，如图 3-187 所示。

05 选择底部模型面并单独创建为组，如图 3-188 所示。

06 启用【推/拉】工具，将四周向内推入 80mm，如图 3-189 所示。

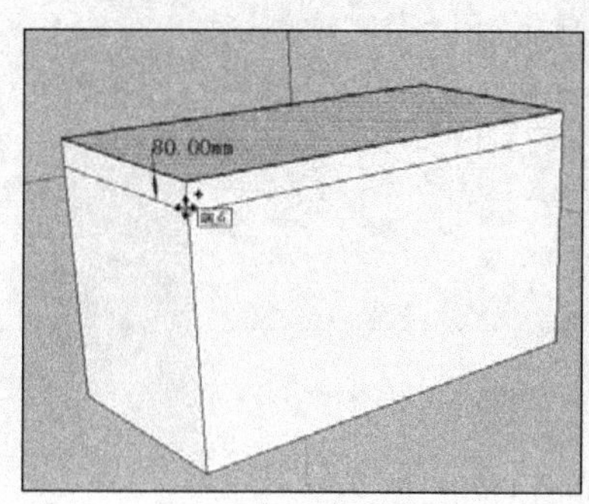

图 3-187　移动复制桌面结构

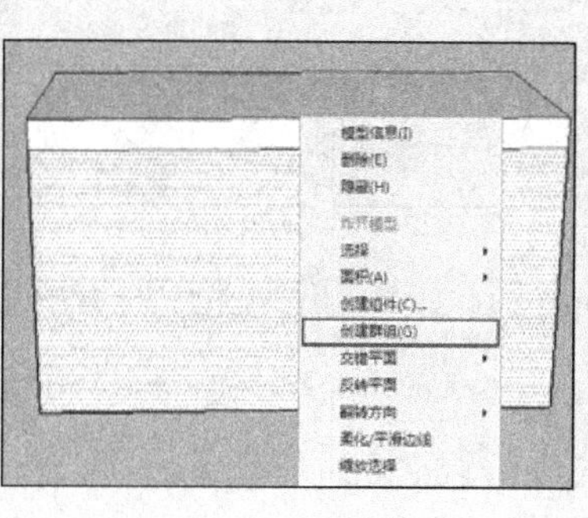
图 3-188　创建为组

图 3-189　将四周向内推入 80mm

07 选择底部模型，通过【缩放】工具调整好其造型，如图 3-190 所示。

08 通过对线段的移动复制，制作桌腿平面与厚度，如图 3-191 与图 3-192 所示。

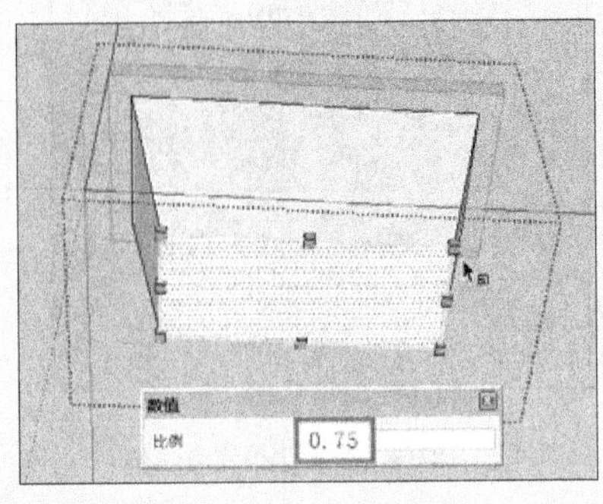

图 3-190 缩放底部平面

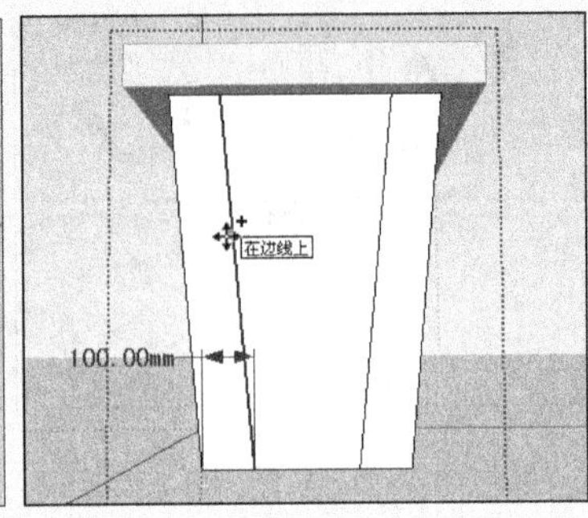

图 3-191 制作桌腿平面

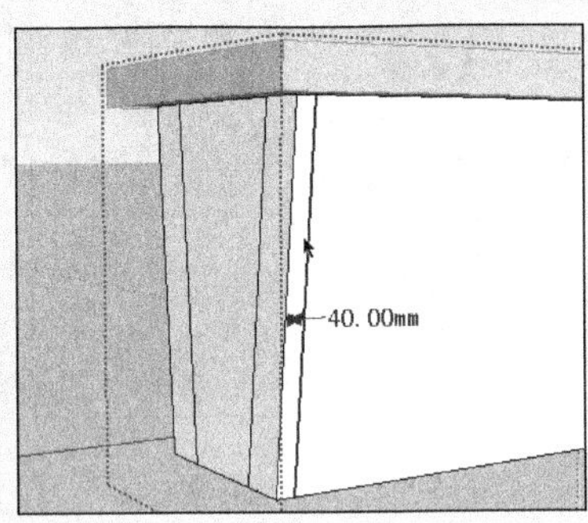

图 3-192 制作桌腿厚度

09 启用【推/拉】工具推空正面，如图 3-193 所示。

10 删除侧面多余的平面，然后启用【直线】工具连接出桌腿造型，如图 3-194 所示。

11 启用【矩形】工具，绘制桌腿并连接矩形，如图 3-195 所示。

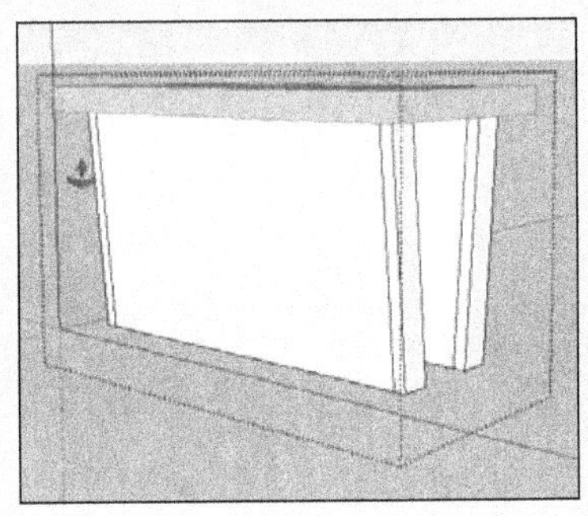

图 3-193 推空正面

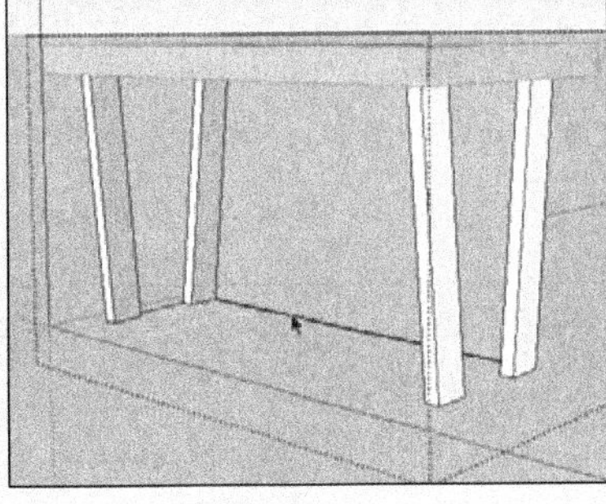

图 3-194 删除侧面多余的平面并连接出桌腿

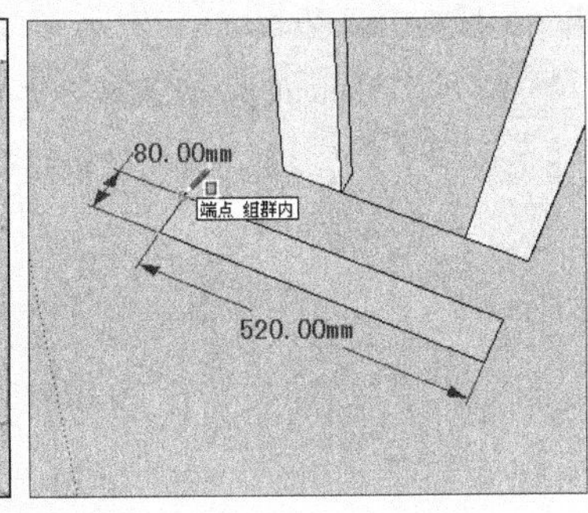

图 3-195 绘制桌腿并连接矩形

12 启用【移动】工具，选择创建好的矩形并通过中点捕捉对齐长度和宽度，如图 3-196 与图 3-197 所示。

13 启用【推/拉】工具，制作连接板的厚度，如图 3-198 所示。

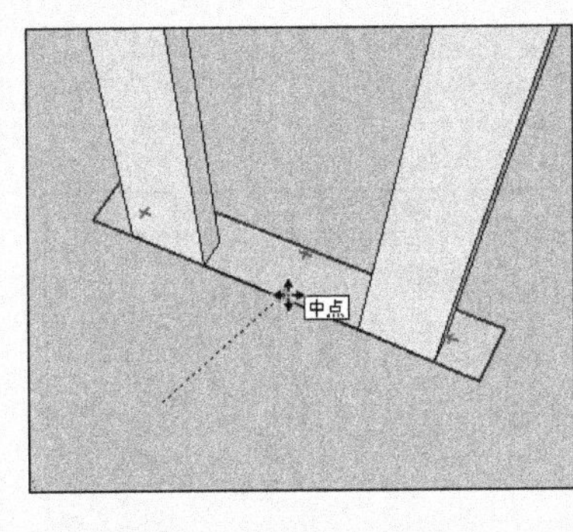

图 3-196 捕捉中点对齐长度

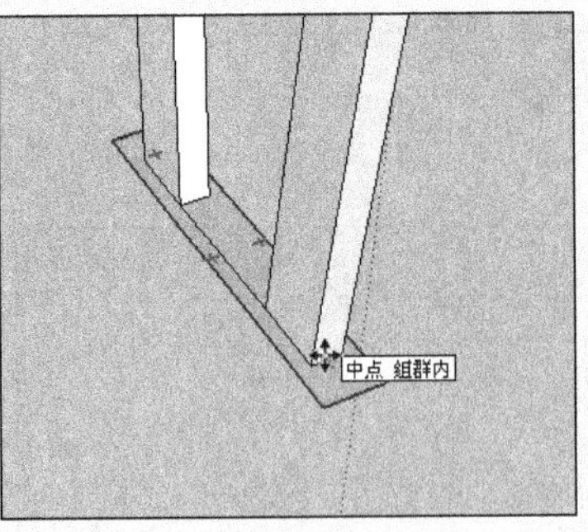

图 3-197 捕捉中点对齐宽度

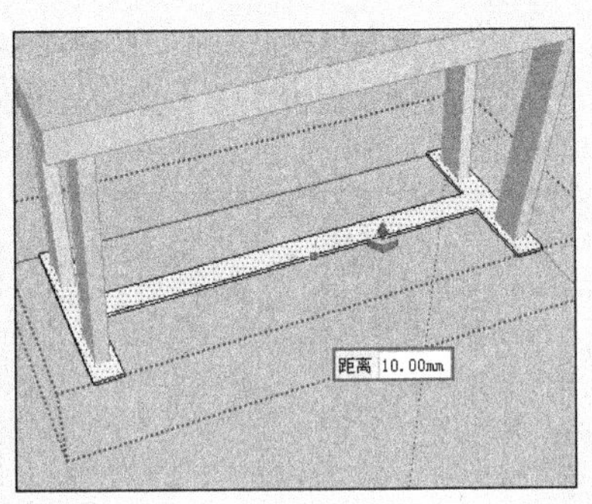

图 3-198 制作连接板厚度

14 选择模型顶面，以 16mm 的距离移动复制 4 份，完成后的效果如图 3-199 所示。

15 启用【推/拉】工具，将其逐层推入 6mm，完成后的造型如图 3-200 所示。

16 选择桌面造型，启用【缩放】工具调整好桌面的厚度，如图 3-201 所示。

图 3-199 复制 4 份移动桌面平面

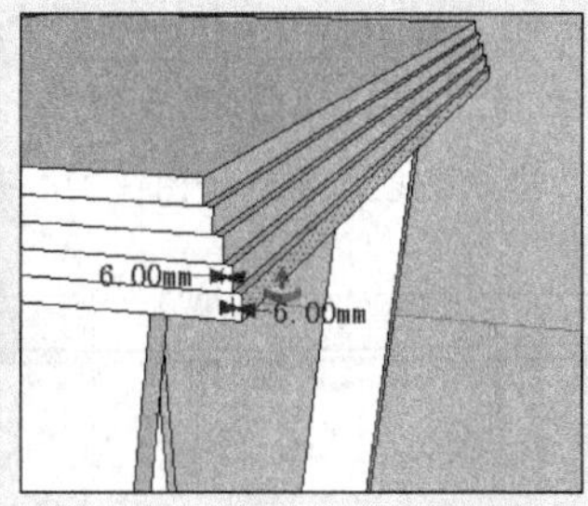

图 3-200 逐层推入 6mm 深度

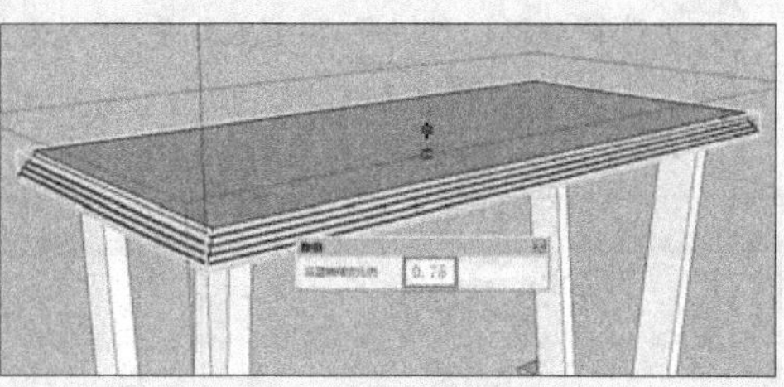

图 3-201 调整桌面厚度

17 调整视图至右视图，然后选择【平行投影】选项，结果如图 3-202 所示。

18 启用【矩形】工具，绘制餐椅平面，如图 3-203 所示。

19 结合线的移动复制与【直线】工具逐步创建好餐椅轮廓，如图 3-204~图 3-209 所示。

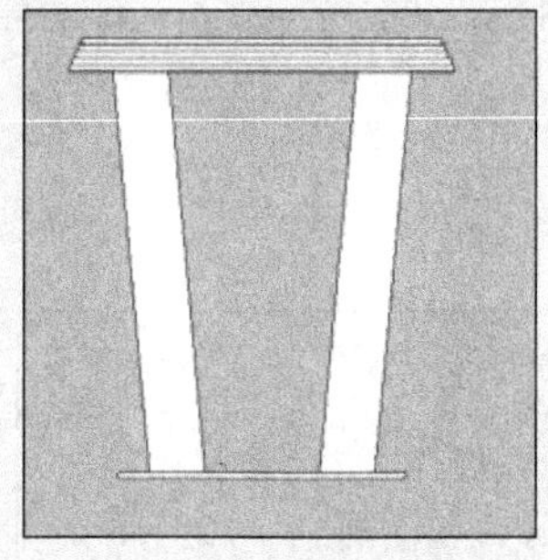

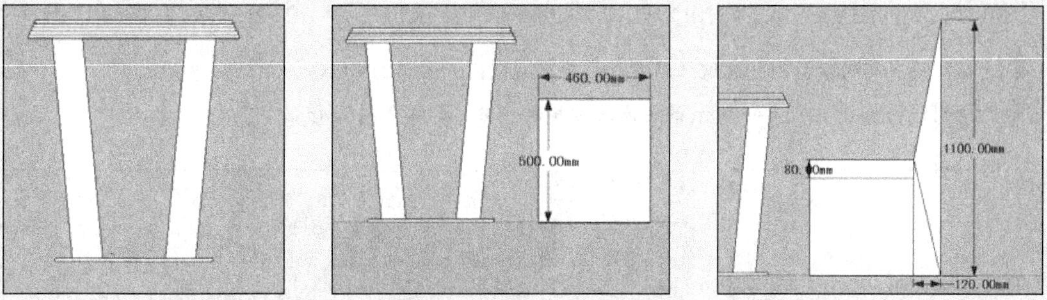

图 3-202 切换至右视图并调整为平行投影

图 3-203 创建餐椅平面

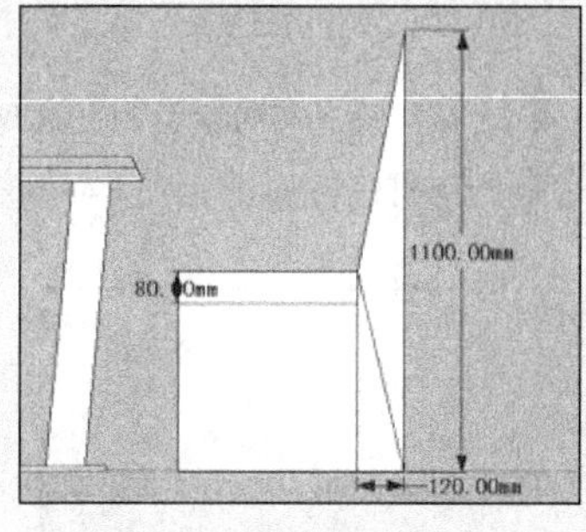

图 3-204 创建餐椅结构轮廓平面

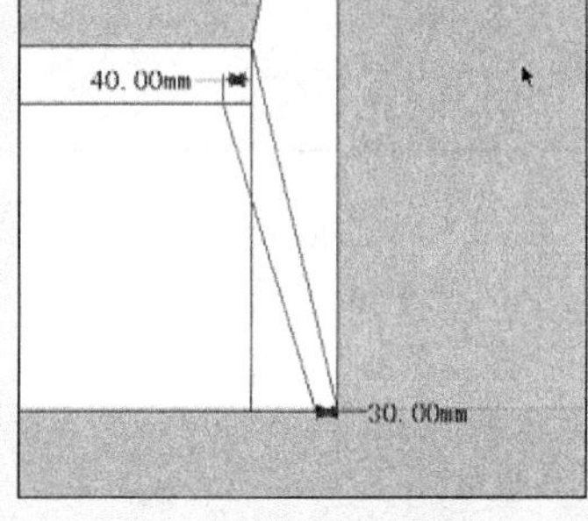

图 3-205 制作后腿平面细节

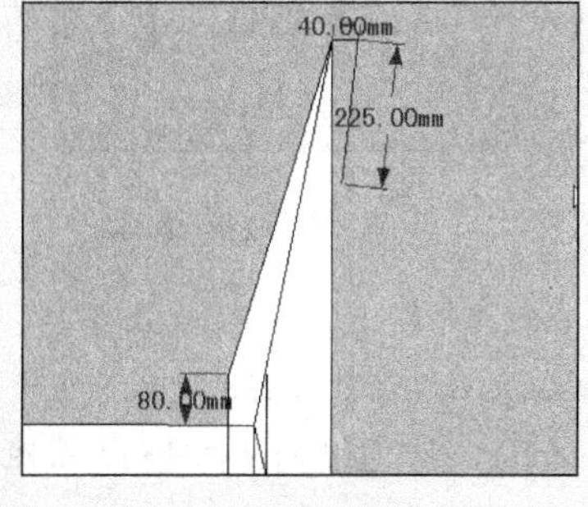

图 3-206 制作靠背初步平面

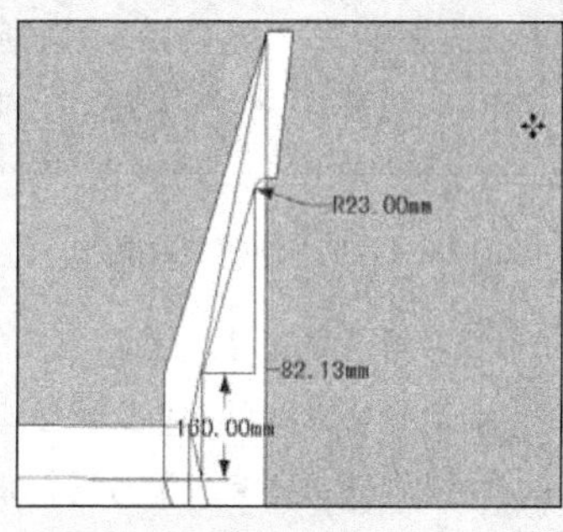

图 3-207 完成靠背平面造型

20 删除多余平面，然后选择各结构平面并单独创建为组，如图 3-210 所示。

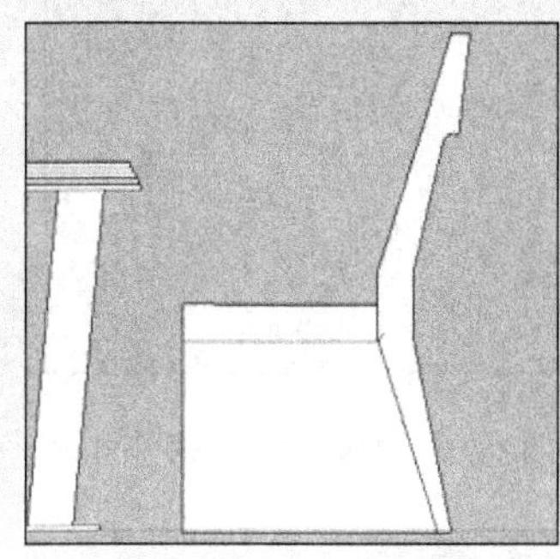

图 3-208 删除多余平面

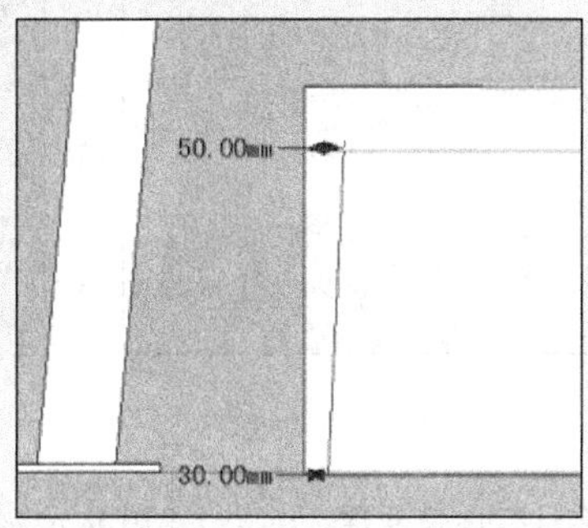

图 3-209 制作前腿平面

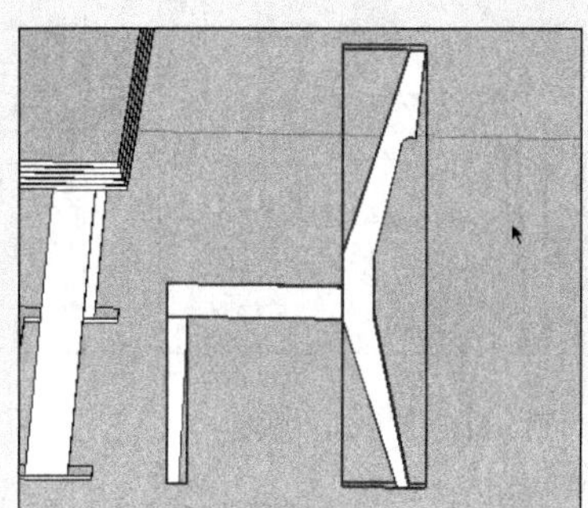

图 3-210 创建组

21 启用【推/拉】工具，制作后腿的厚度，如图 3-211 所示。

22 选择后腿两侧的平面并启用【3D 圆角】工具，如图 3-212 所示。

23 设置【3D 圆角】参数，如图 3-213 所示。确认处理后得到如图 3-214 所示的效果。

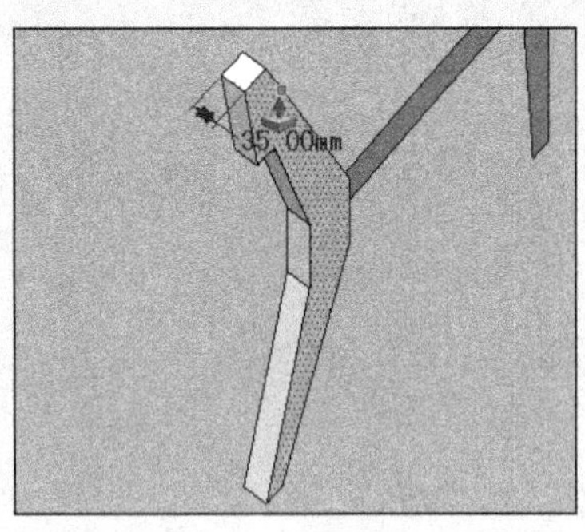

图 3-211 制作后腿厚度

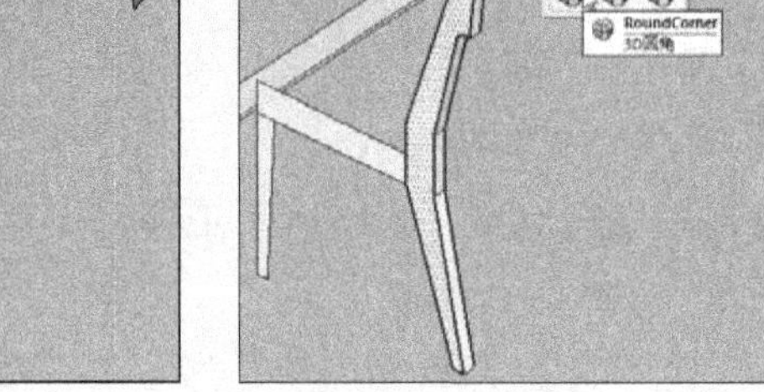

图 3-212 选择后腿两侧平面处理圆角

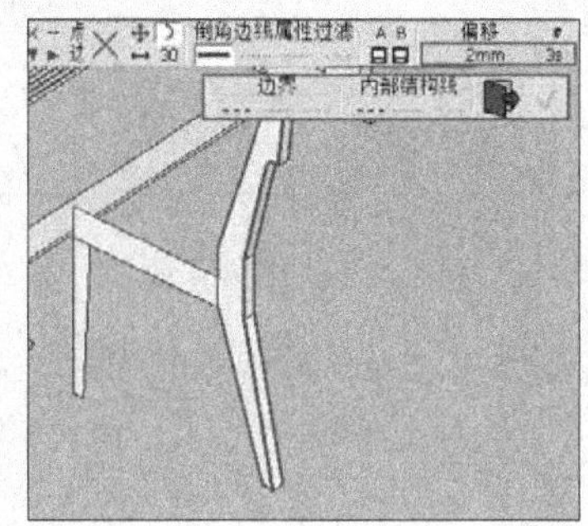

图 3-213 设置【3D 圆角】参数

24 选择前腿底部的模型面，通过红轴缩放调整其造型，如图 3-215 所示。

25 选择制作的前后腿，以 460mm 的距离向右复制一份，如图 3-216 所示。

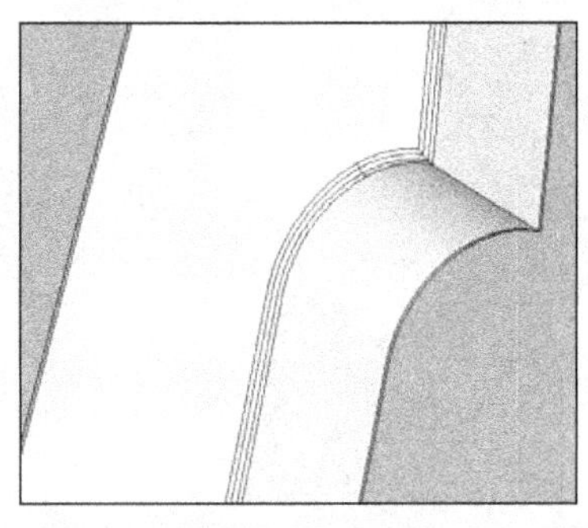

图 3-214 3D 圆角完成效果

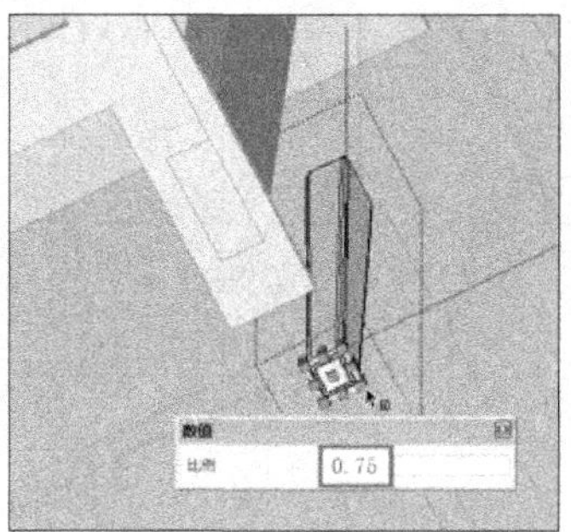

图 3-215 通过缩放调整前腿造型

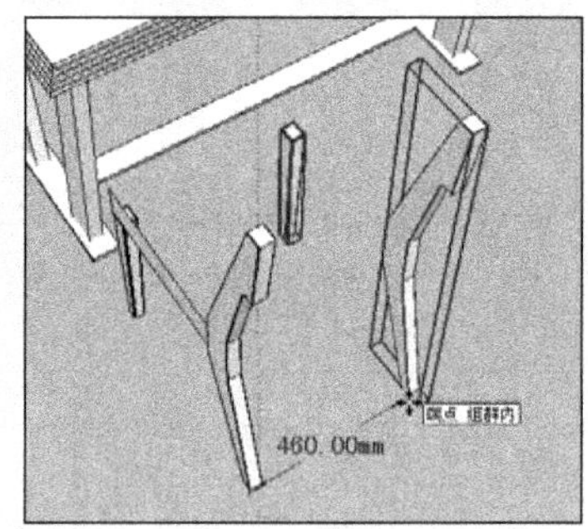

图 3-216 复制前后腿至右侧

26 启用【推/拉】工具，捕捉餐椅表面并制作座垫厚度，如图 3-217 所示。

27 选择前方线段并向上调整，完成后的造型如图 3-218 所示。

28 结合使用【直线】与【推/拉】工具，制作座垫的尾部造型，如图 3-219 所示。

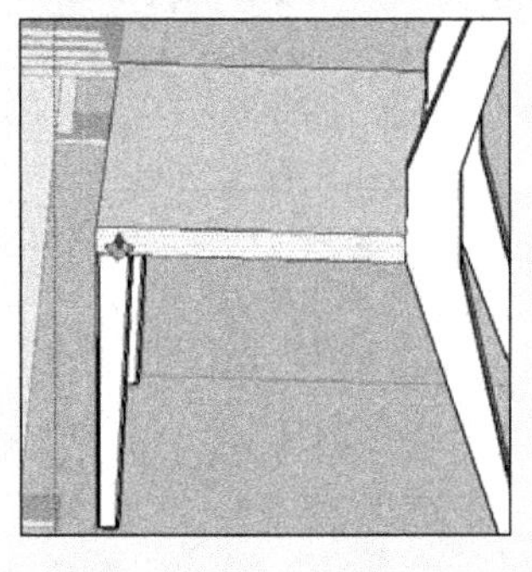

图 3-217 制作座垫厚度

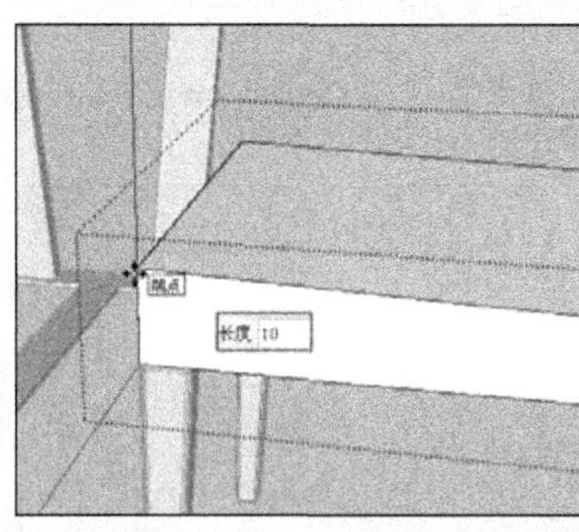

图 3-218 调整线段改变造型

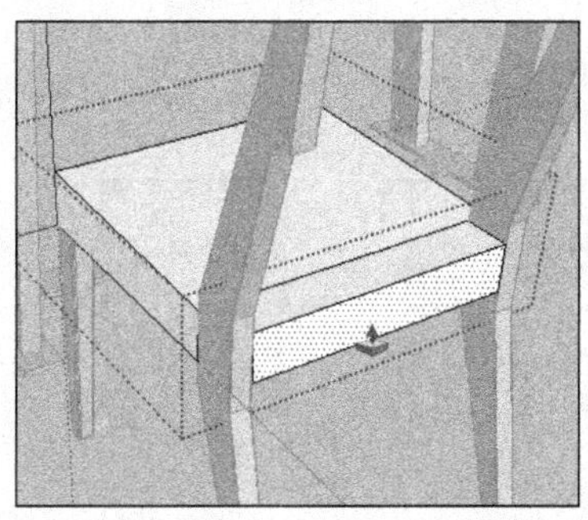

图 3-219 制作座垫尾部造型

29 通过【3D 圆角】工具对座垫表面进行圆角处理，如图 3-220 所示。

30 选择后腿侧面并向后复制一份，如图 3-221 所示。

31 删除多余的模型面以形成所需平面，然后启用【缩放】工具制作出靠背的初步造型，如图 3-222 所示。

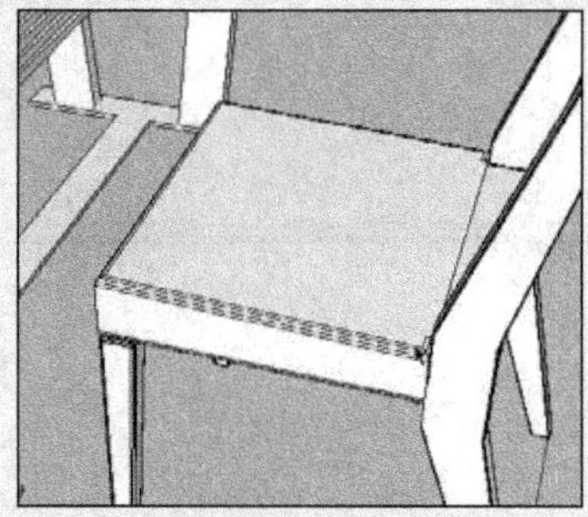

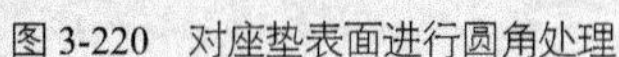
图 3-220　对座垫表面进行圆角处理

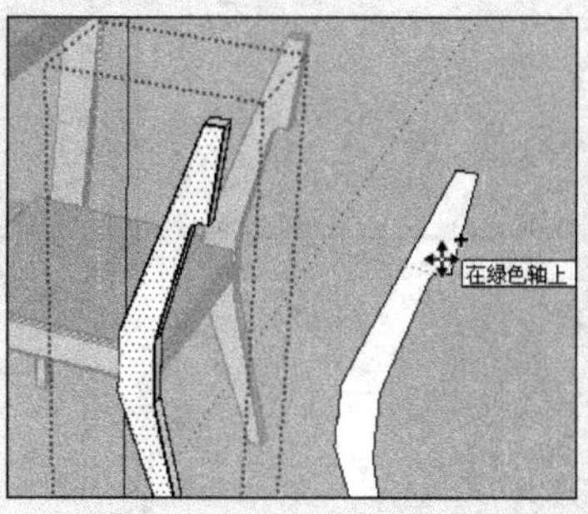

图 3-221　复制后腿侧面

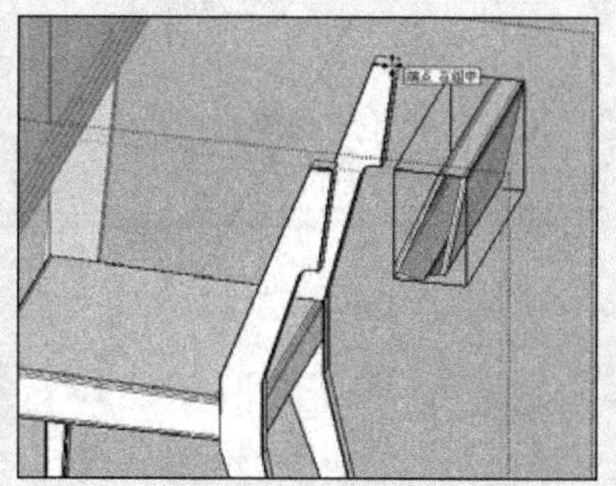
图 3-222　制作靠背初步造型

32 启用【缩放】工具，调整靠背造型，如图 3-223 所示。

33 启用【3D 圆角】工具，制作靠背的圆角细节，如图 3-224 所示。

34 经过以上步骤，当前餐椅的造型如图 3-225 所示。

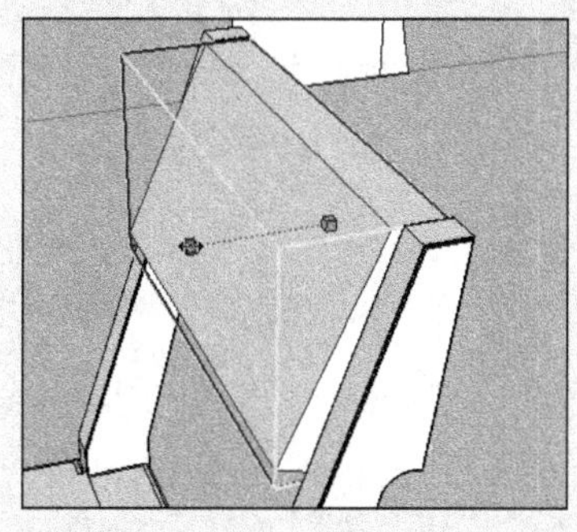
图 3-223　调整靠背造型

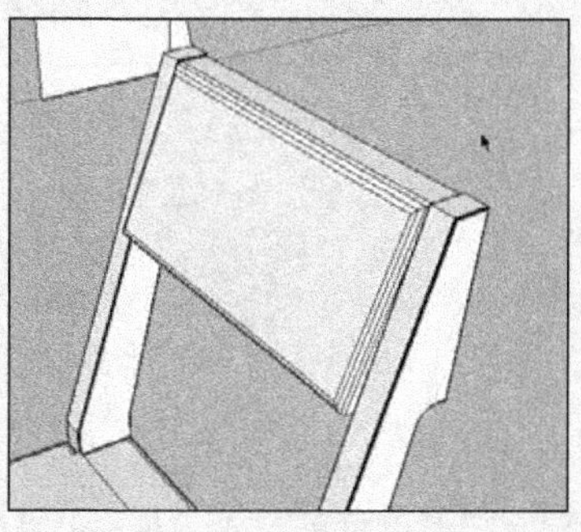
图 3-224　制作圆角细节

图 3-225　当前餐椅的造型

35 打开【材料】对话框，为座垫与靠背赋予布纹材质，如图 3-226 所示。

36 使用【缩放】工具调整好餐椅的最终造型，如图 3-227 所示。

37 复制并调整餐椅的朝向，最终效果如图 3-228 所示。

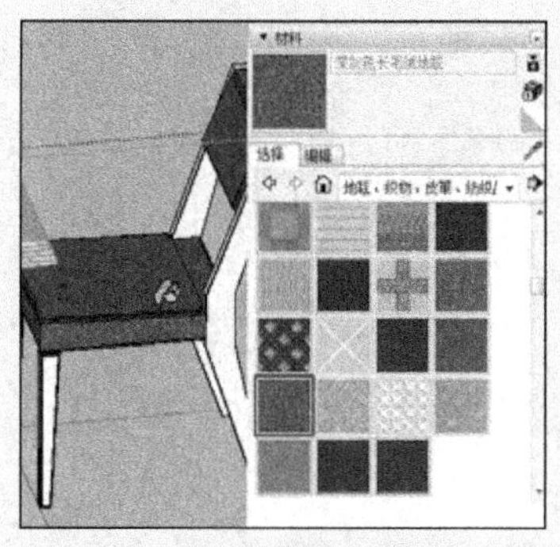
图 3-226　赋予座垫与靠背布纹材质

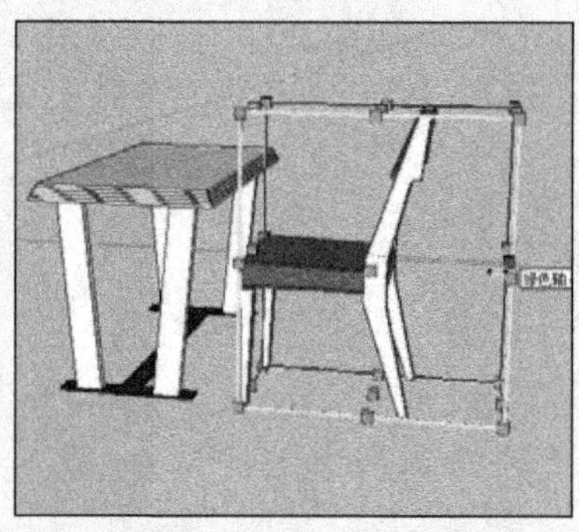
图 3-227　整体调整餐椅造型

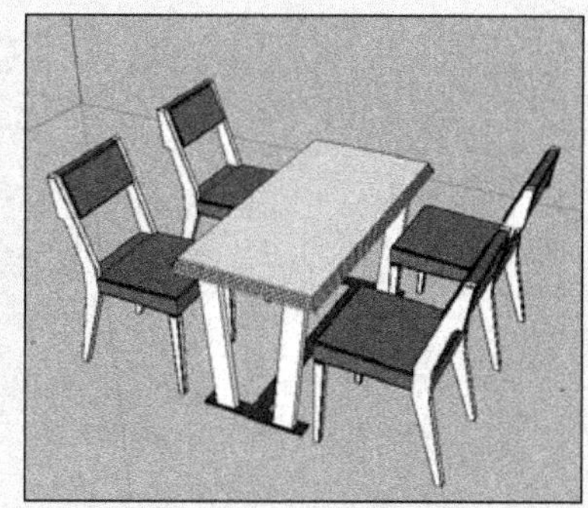
图 3-228　最终效果

第 2 篇　实战篇

第 4 章

现代前卫风格户型设计与表现

现代风格是较为流行的一种室内设计风格，以线条清晰、色彩跳跃、造型简洁为特色，注重空间布局与实用功能的完美结合，讲究时尚与潮流但并不追求奢华与绝对的个性。

本章将以细化玄关、吧台、客厅与书房等来诠释现代风格在室内设计中的应用并展示其效果。

4-1 现代风格设计概述

现代风格提倡突破传统、创造革新，重视功能和空间组织，注重发挥结构构成本身的形式美。其造型简洁，反对多余装饰，崇尚合理的构成工艺，尊重材料的特性，讲究材料自身的质地和色彩的配置效果。典型的现代风格室内效果如图 4-1 与图 4-2 所示。

图 4-1　现代风格室内效果 1

图 4-2　现代风格室内效果 2

现代风格在空间构成、材料与色彩运用以及家具配饰方面的特点主要体现在以下几点。

1. 空间构成

现代风格设计追求的是空间的实用性和灵活性。居室空间是根据相互间的功能关系组合而成的，而且各功能间相互渗透，使其整体利用率达到了最高，如图 4-3 所示。

空间组织不再是以房间组合为主，空间划分也不再局限于硬质墙体，而是更注重会客、餐饮、学习、睡眠等功能空间的逻辑关系，如图 4-4 所示。

不同功能空间的划分通过家具、吊顶、地面材料、陈列品甚至光线的变化来表现，而且在时间段的变化上表现出极强的灵活性、兼容性和流动性。

图 4-3　空间渗透的高利用率

图 4-4　通过电视墙软性分隔空间

此外，现代风格的居室重视对个性和创造性的表现，不主张一味追求高档豪华，而着力表现区别于其他住宅的东西。这些个性化的功能空间完全可以按主人的个人喜好进行设计，从而表现出与众不同的效果，如图 4-5~图 4-7 所示。

图 4-5　个性化沙发背景墙

图 4-6　个性化楼梯与书架

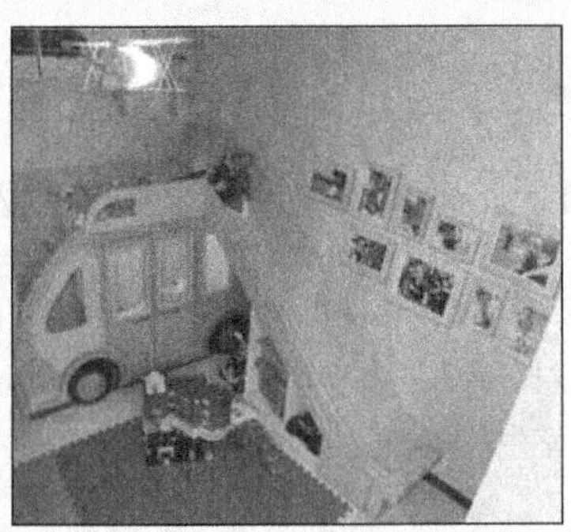

图 4-7　个性化儿童卧室

2. 装饰材料与色彩设计

装饰材料与色彩设计为现代风格的室内效果提供了更加多元化的空间背景。首先，在选材上不再局限于传统的石材、木材、面砖等天然材料，而是将选择范围扩大到金属、涂料、玻璃、塑料以及合成材料等。其次，在材质的运用上力求充分了解材料的质感与性能，注重环保与材质之间的和谐与互补，表现出一种完全区别于传统风格的高技术的室内空间气氛，从而在人与空间的组合中反映出流行与时尚才更能够代表多变的现代生活这一主题，如图 4-8 与图 4-9 所示。

图 4-8 金属与玻璃的应用

图 4-9 高技术空间气氛

另外，现代风格的色彩设计受现代绘画流派思潮的影响很大，主要通过强调原色之间的对比协调来追求一种具有普遍意义的永恒的艺术主题。其中，墙贴、装饰画、织物等墙面装饰的选择，对于整体色彩效果的表现也起到点睛的作用，如图 4-10 所示。

图 4-10 墙面装饰点睛效果

3. 家具、灯具和陈列品

现代室内家具、灯具和陈列品的选型要服从整体空间的设计主题。家具应依据人体在一定姿态下的肌肉、骨骼结构来选择、设计，从而调节人的体力损耗，减少肌肉的疲劳。

灯光设计的发展方向主要特点是根据功能细分为照明灯光、背景灯光和艺术灯光三类，不同居室的灯光效果均为这三者的有机组合，此外在陈列品的设置上尽量突出个性和美感，如图 4-11~图 4-13 所示。

图 4-11 极强的空间整体感

图 4-12 室内的多种采光

图 4-13 个性化的陈列品

在本案例中，将根据空间平面布置图纸及以上设计原则，完成一整套现代风格空间的设计与表现，其整体鸟瞰以及各空间细节效果如图 4-14~图 4-25 所示。

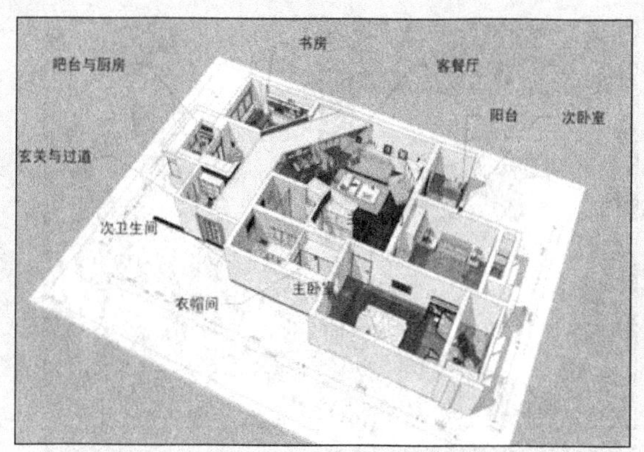

图 4-14 现代风格户型鸟瞰效果 1

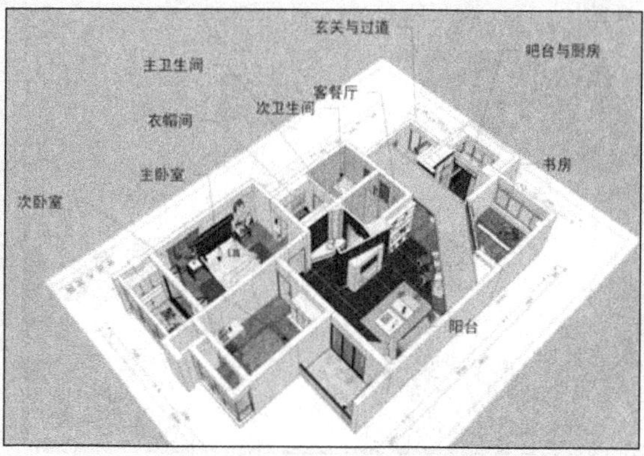

图 4-15 现代风格户型鸟瞰效果 2

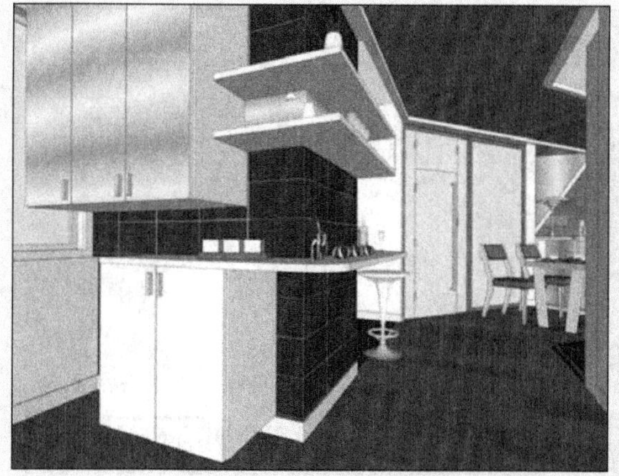

图 4-16 玄关与过道效果

图 4-17 吧台与厨房效果

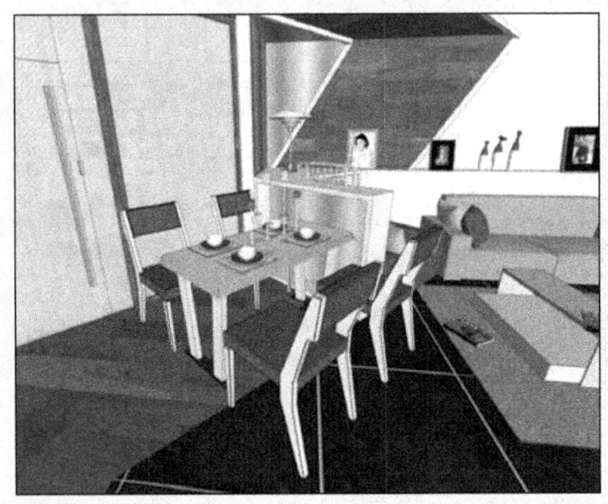

图 4-18　餐厅效果

图 4-19　书房效果

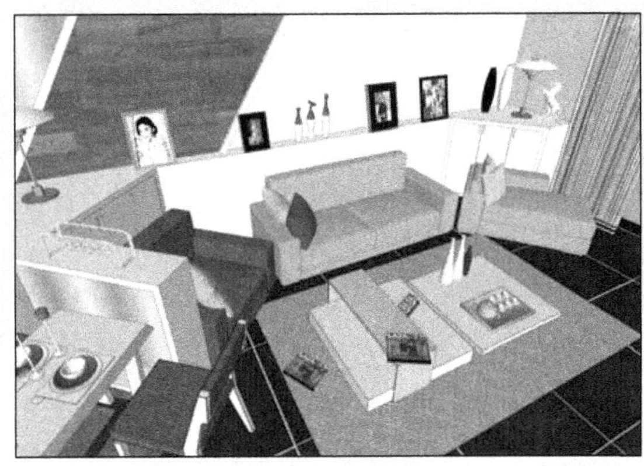

图 4-20　客厅沙发背景墙效果

图 4-21　客厅电视墙效果

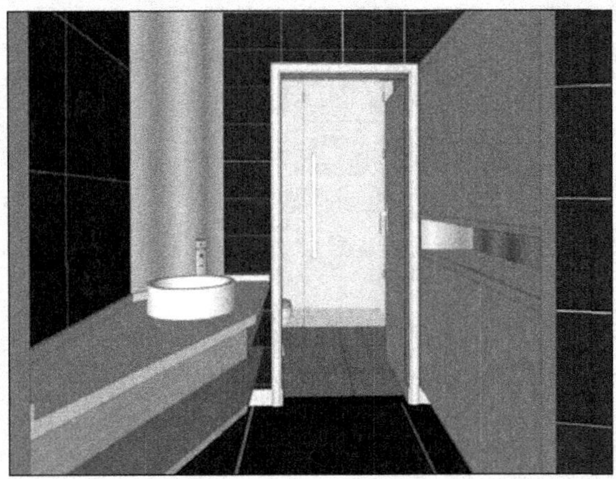

图 4-22　主卫生间效果

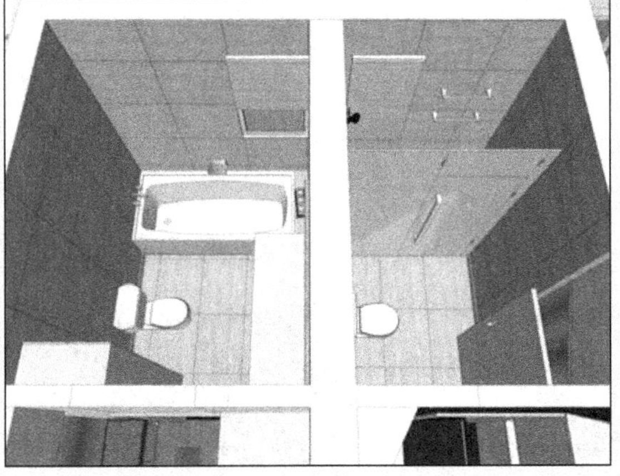

图 4-23　主卫浴室与次卫效果

图 4-24 主卧室效果

图 4-25 次卧室效果

4.2 正式建模前的准备工作

4.2.1 导入图纸并整理图纸

01 打开 SketchUp，进入【模型信息】对话框，设置场景单位如图 4-26 所示。

02 执行【文件】/【导入】菜单命令，如图 4-27 所示。在弹出的【导入】面板中调整文件类型为“所有支持的图片类型”，如图 4-28 所示。

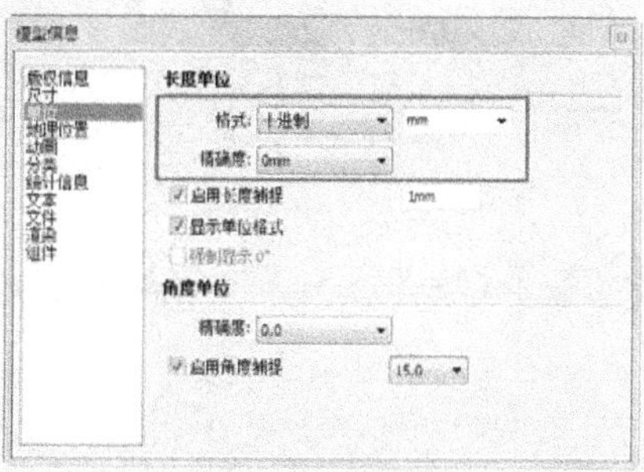
图 4-26 设置场景单位

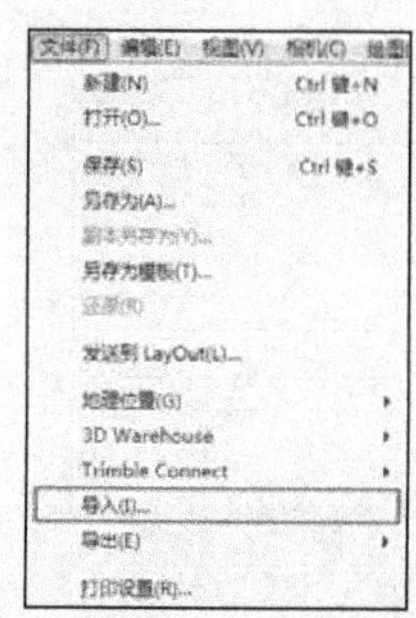
图 4-27 执行【文件】/【导入】菜单命令

03 选择【用作图像】选项，双击导入配套资源中的“现代风格平面布置图.jpg”文件。

04 导入 JPG 图纸后，将左侧角点对齐至坐标原点，完成效果如图 4-29 所示。

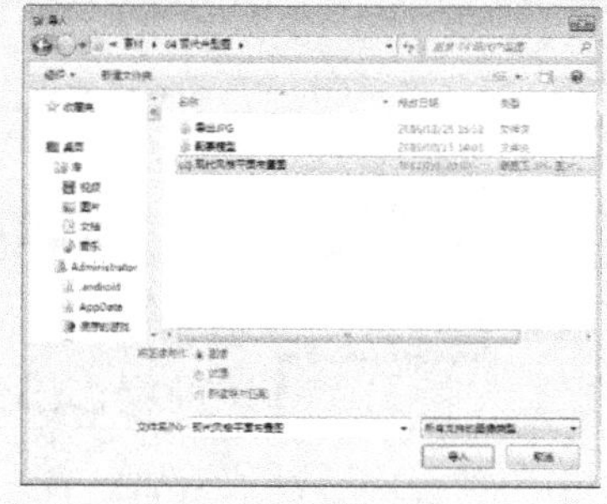
图 4-28 选择文件类型

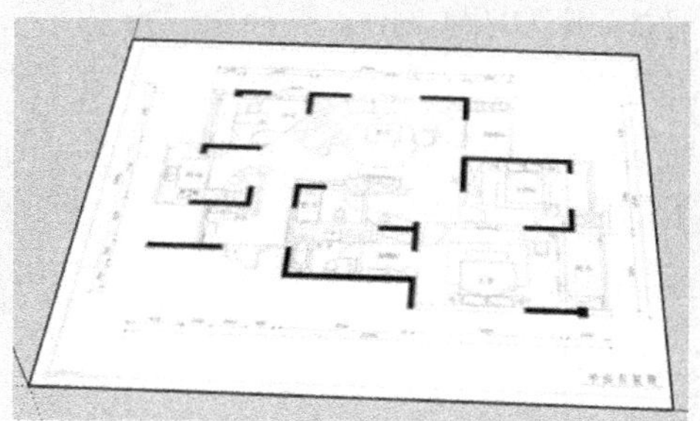
图 4-29 导入 JPG 图纸并对齐坐标原点

05 启用【卷尺】工具，测量当前主卧室门的宽度，如图 4-30 所示。

06 松开鼠标，直接输入卧室门的标准宽度 1200，如图 4-31 所示，然后按下 Enter 键进行确定。

07 在弹出的面板中单击【是】按钮，确定重置图纸大小，如图 4-32 所示。

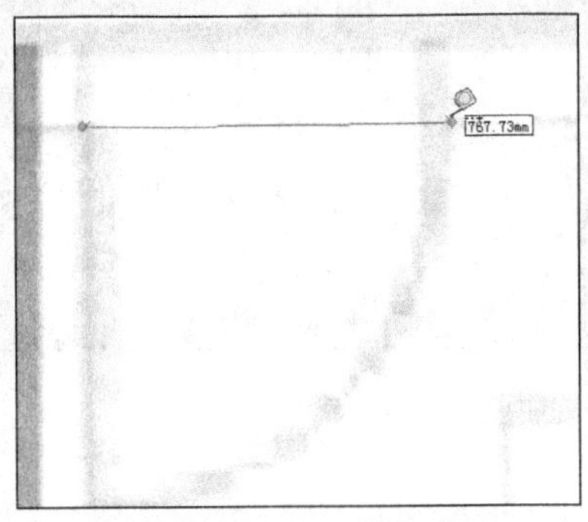

图 4-30　测量卧室门宽度

图 4-31　输入卧室门标准宽度

图 4-32　确定进行图纸重置

08 重置好图纸大小后测量入户门的宽度，如图 4-33 所示。由于其标准长度为 1200，通过测量数据可以看到当前图纸的比例已经正确。

09 通过以上的导入与比例调整步骤，当前图纸的效果如图 4-34 所示。

图 4-33　测量入户门宽度

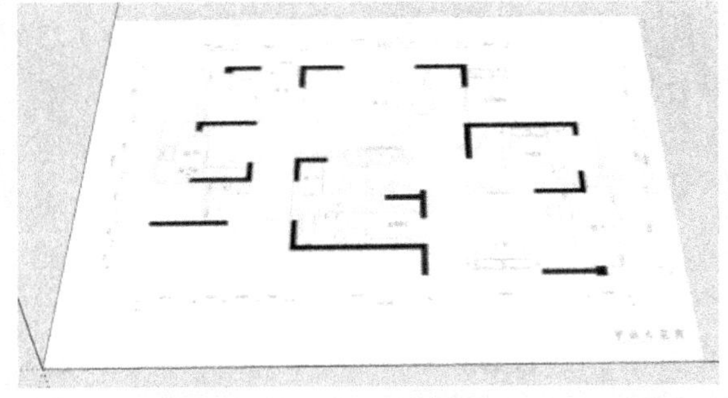

图 4-34　当前图纸效果

4.2.2 分析建模思路

本案例将完成整个户型的设计，因此首先需要建立好整体的墙体框架以及门窗，然后再进行各个空间立面细节效果的制作。空间细化的制作顺序将主要根据人进入户型的流线进行，案例设计及表现范围如图 4-35 所示。接下来介绍案例的整体制作流程。

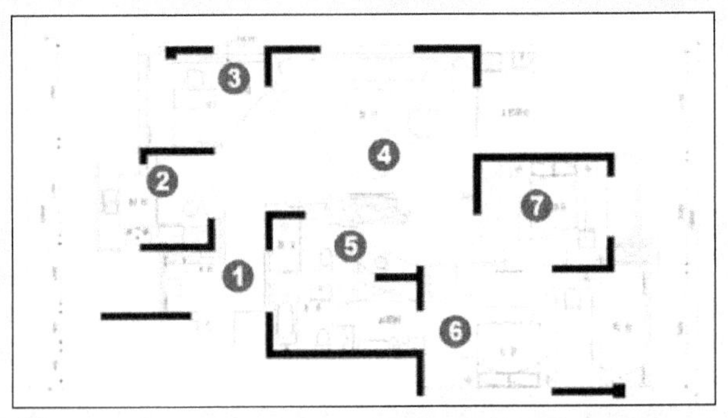

图 4-35　案例设计及表现范围

1. 制作空间框架

参考底图中的内侧墙线，快速分割出表现空间的平面，绘制的墙线平面如图 4-36 与图 4-37 所示，然后使用【推/拉】工具制作其高度，完成墙体的制作，如图 4-38 所示。

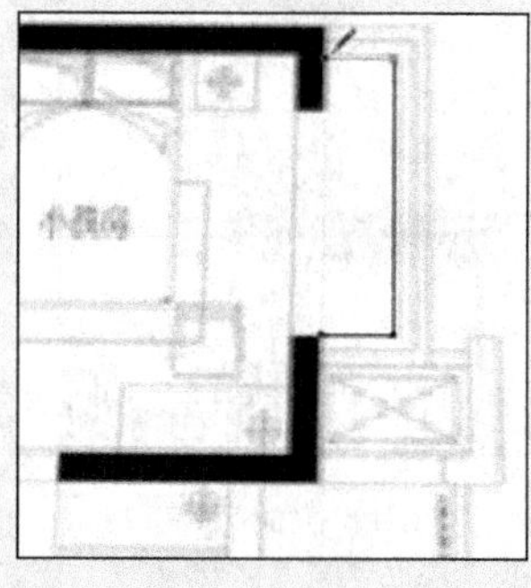

图 4-36　参考图纸绘制墙线平面

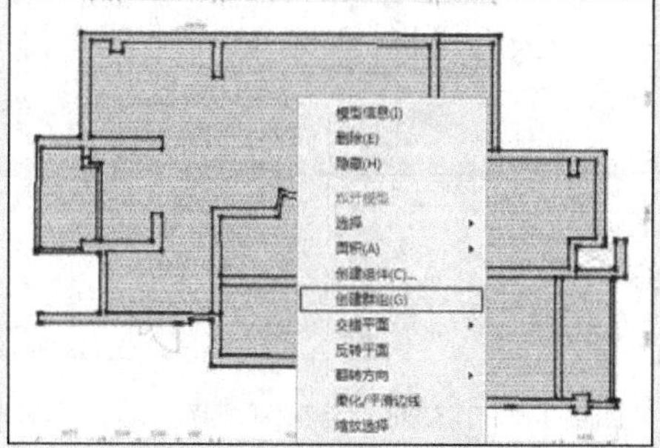

图 4-37　墙线平面绘制完成

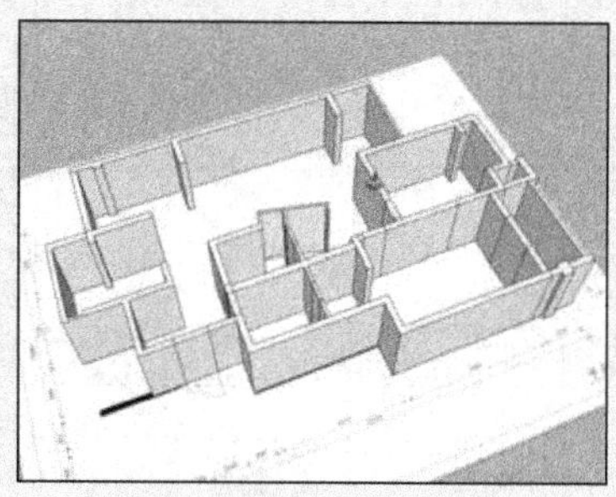

图 4-38　制作墙体

完成墙体制作后，再逐步制作空间的门洞与窗洞，如图 4-39 与图 4-40 所示。完成空间的整体框架效果如图 4-41 所示。

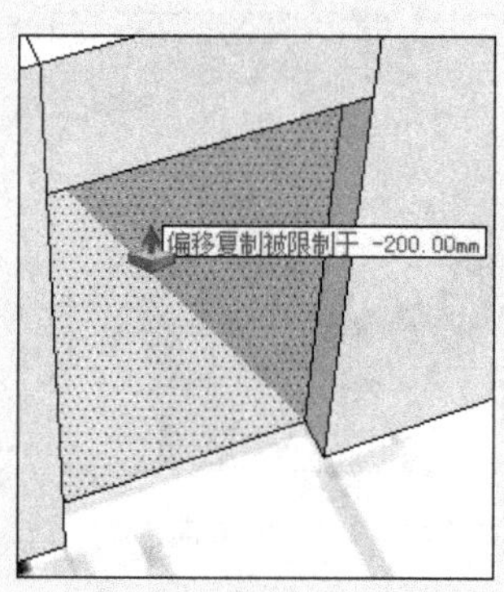

图 4-39　制作门洞

图 4-40　制作窗洞

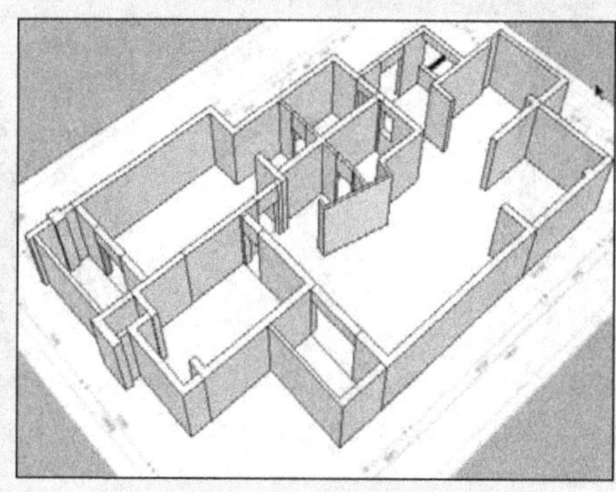

图 4-41　整体框架制作完成

通过组件合并或模型直接制作，完成空间的门与窗户效果，如图 4-42 与图 4-43 所示。

空间门窗完成后的框架效果如图 4-44 所示。接下来开始进行各个空间的细化。

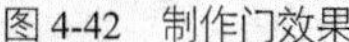

图 4-42　制作门效果

图 4-43　制作窗户效果

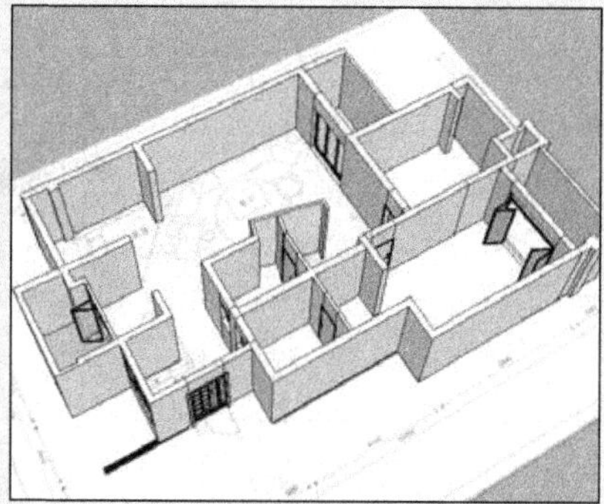

图 4-44　空间门窗完成的框架效果

2. 细化玄关与过道

首先参考底图制作鞋柜，如图 4-45 所示。然后制作中部与上部的搁板以及柜子细节，如图 4-46 所示。最后再赋予其相应材质，完成效果图 4-47 所示。

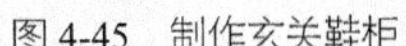

图 4-45　制作玄关鞋柜

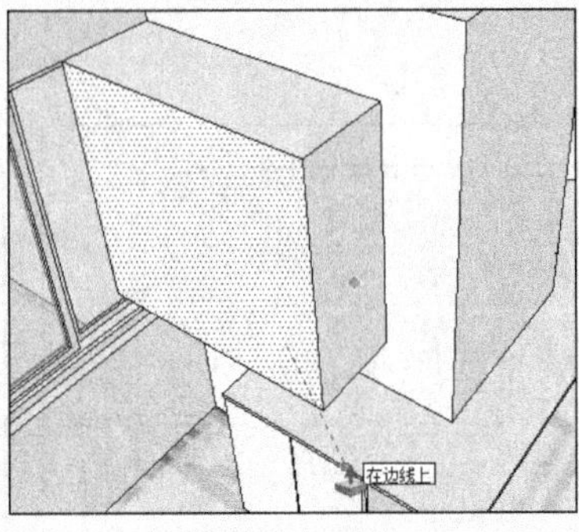

图 4-46　制作玄关中部与上部细节

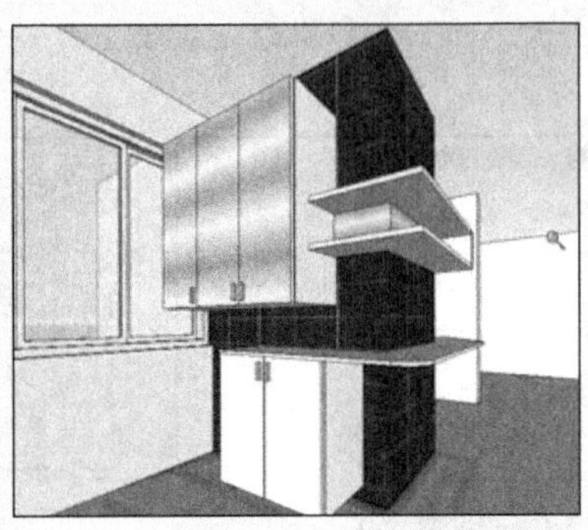

图 4-47　玄关与过道完成效果

3. 细化吧台与厨房

首先制作吧台与厨房共用的柜子以及确定冰箱位置，如图 4-48 所示。然后制作厨房下方的橱柜，如图 4-49 所示，再合并入抽油烟机、洗手盆，并制作左侧上方的吊柜。最后制作厨房墙面上的窗户等细节。完成效果如图 4-50 所示。

图 4-48　制作吧台与厨房柜子

图 4-49　细化橱柜

图 4-50　厨房完成效果

4. 细化客厅

参考图纸制作沙发处的柜子等细节，如图 4-51 所示。处理好墙面与顶棚造型效果，如图 4-52 所示。制作电视背景墙等细节，如图 4-53 所示。

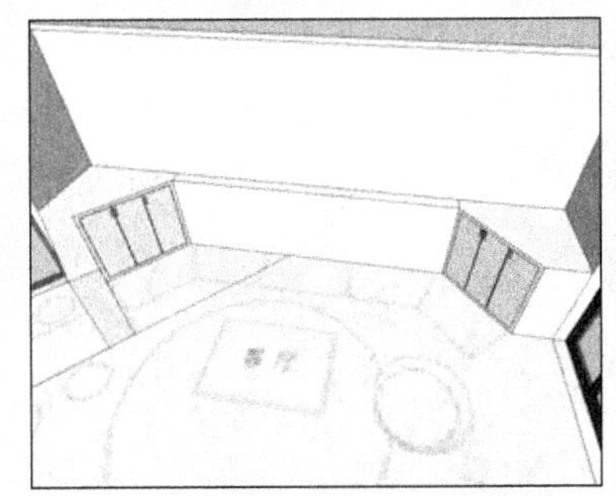

图 4-51　制作沙发处柜子

图 4-52　制作墙面与顶棚造型

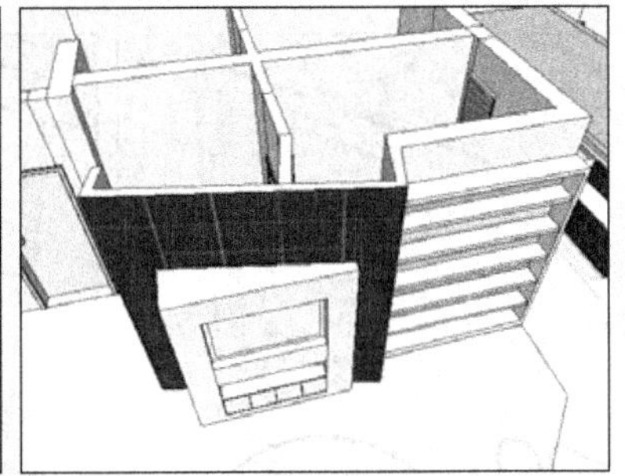

图 4-53　制作电视背景墙

5. 细化书房

首先制作书房的玻璃门细节，效果如图 4-54 所示。然后制作书房的休息台与推拉窗，如图 4-55 所示。最后制作书房的墙壁搁板细节。完成书房整体效果如图 4-56 所示。

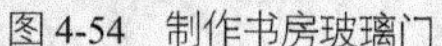

图 4-54　制作书房玻璃门

图 4-55　制作书房休息台与推拉窗

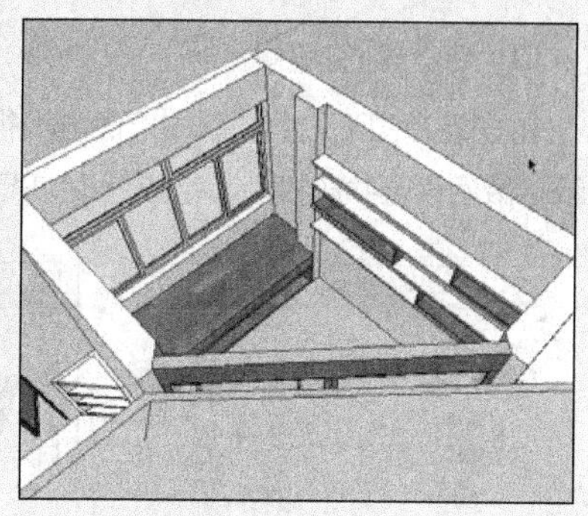

图 4-56　书房整体效果

6. 制作主卫生间

主卫生间包括前方的洗手台与后方的浴室空间。

❑ 制作洗手台空间

首先参考图纸制作洗手台，如图 4-57 所示。然后处理好墙面造型细节，制作镜面及墙面的材质细节，完成效果如图 4-58 所示。最后再制作背面的柜子模型，完成效果如图 4-59 所示。

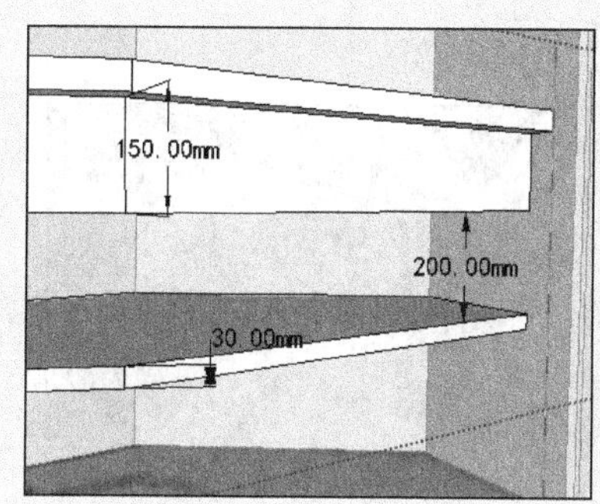

图 4-57　制作主卫洗手台

图 4-58　制作镜面及墙面材质细节

图 4-59　制作背面柜子

❑ 制作浴室空间

首先参考图纸制作门后的柜子细节，如图 4-60 所示。然后制作浴室的玻璃门细节，如图 4-61 所示。最后再合并卫浴用具，如图 4-62 所示。完成主卫生间空间的整体效果如图 4-63 所示。

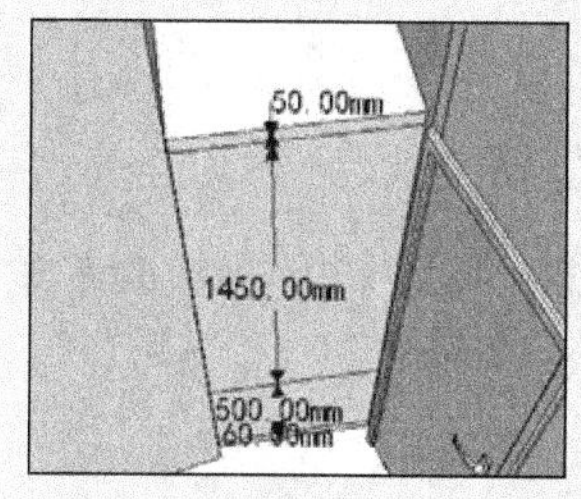

图 4-60　制作浴室柜子

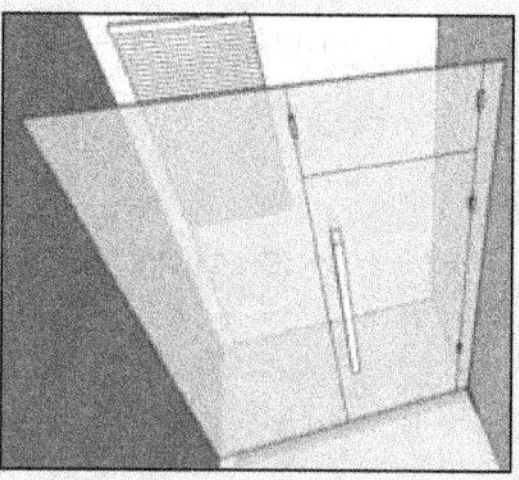

图 4-61　制作玻璃门

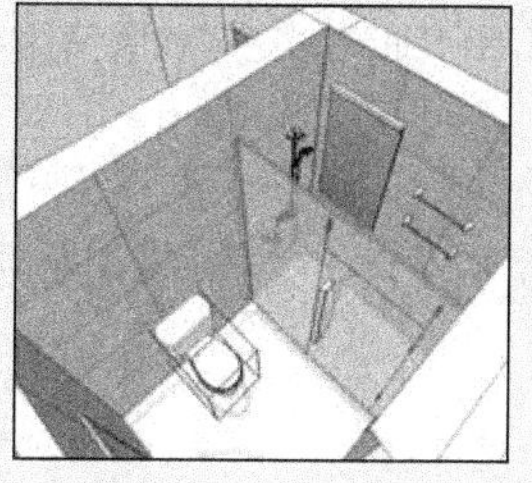

图 4-62　合并卫浴用具

图 4-63　主卫生间完成效果

7. 制作主卧室

主卧室包括中间的卧房、前方的阳台以及后方的衣帽间、卫生间。

❑ 制作卧房空间

首先参考图纸位置，制作墙面电视柜以及梳妆台等家具，如图 4-64 所示。然后制作背景墙效果，如图 4-65 所示。最后再合并床模型，完成效果如图 4-66 所示。

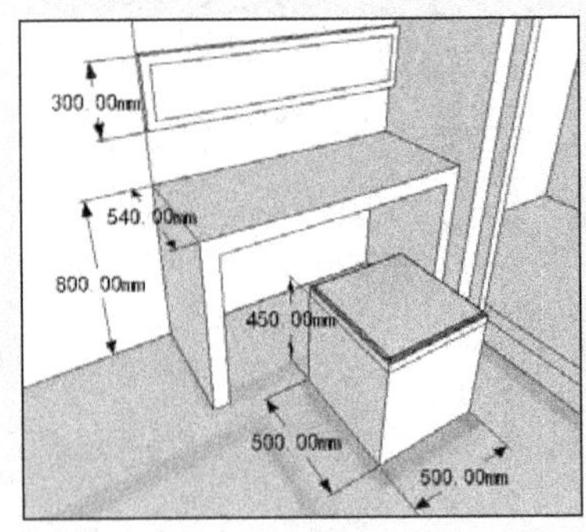

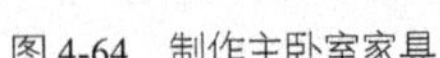
图 4-64 制作主卧室家具

图 4-65 制作主卧室背景墙

图 4-66 合并床等模型

❑ 制作其他空间

卧房空间制作完成后，首先处理好前方阳台的柜子，如图 4-67 所示。然后制作衣帽间的细节，效果如图 4-68 所示。最后参考主卫生间的制作方法，制作主卧室的卫生间，效果如图 4-69 所示。

图 4-67 制作阳台柜子

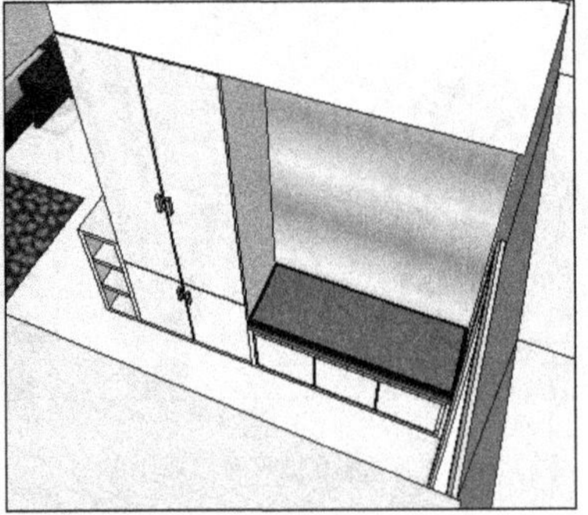
图 4-68 制作衣帽间细节

图 4-69 制作主卧室卫生间

8. 制作次卧室

首先制作次卧室的柜子细节，效果如图 4-70 所示。然后合并入卧室床模型，效果如图 4-71 所示，再并入右下角的电脑桌。最后处理好阳台细节。完成次卧室效果如图 4-72 所示。

9. 最终处理

各个空间的立面细节制作完成后，再制作地面细节，然后并入各空间常用的桌椅以及装饰物，完成最终效果。

❑ 处理地面细节

首先，结合各个空间对功能与美观的需要，制作地面等材质，如图 4-73~图 4-77 所示。地面材质制作完成后，再整体制作踢脚板，如图 4-78 所示。接下来合并常用的桌椅与装饰品。

❑ 合并常用桌椅与装饰品

根据各个空间的功能与特点，并入桌椅等家具模型，如图 4-79 与图 4-80 所示。然后并入窗帘、台灯以及装饰物等细节，如图 4-81 所示。

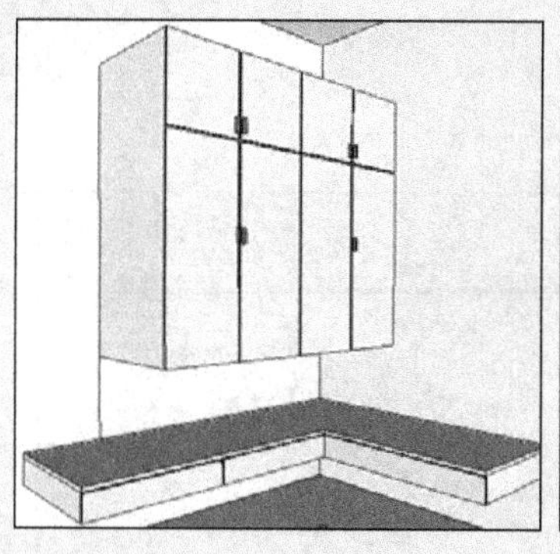

图 4-70 制作次卧室柜子

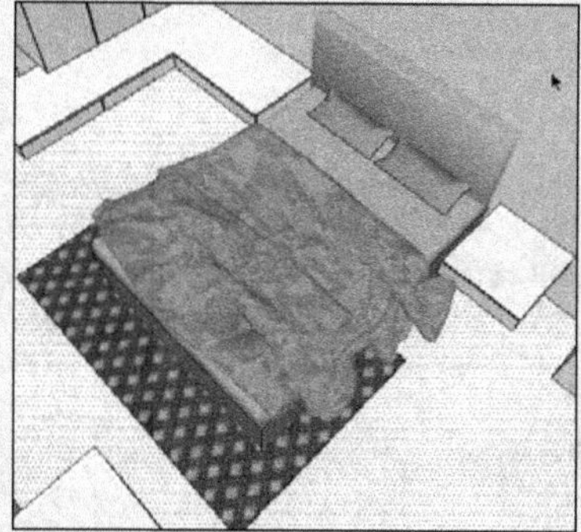

图 4-71 合并入卧室床模型

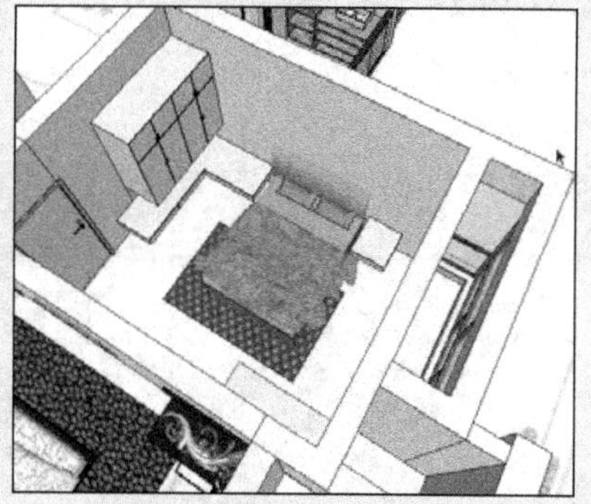

图 4-72 完成次卧室效果

图 4-73 制作地面材质

图 4-74 制作过道及书房材质

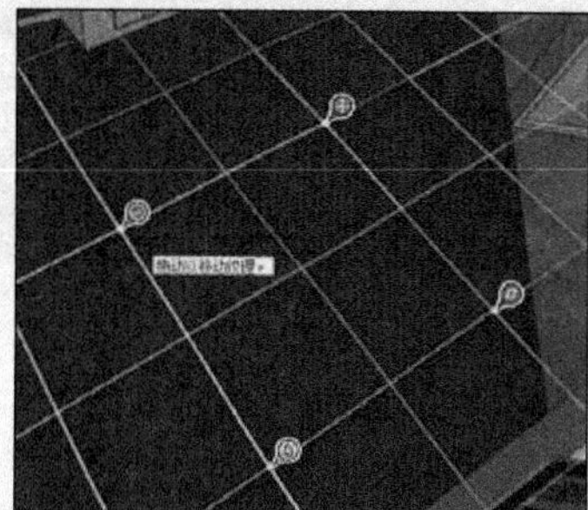

图 4-75 制作客厅地面材质

图 4-76 制卧室地面材质

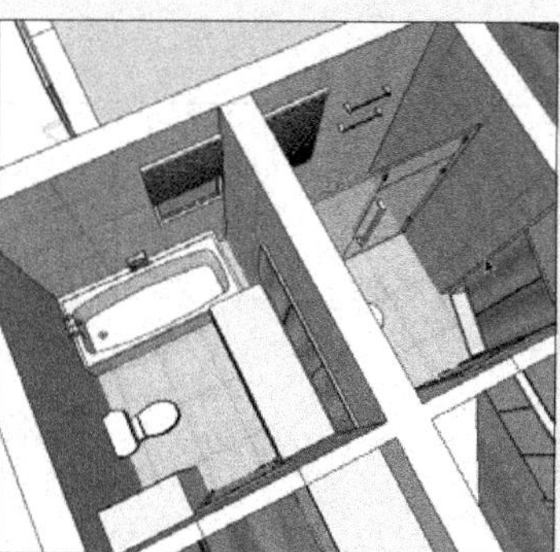

图 4-77 制作客卫生间浴室地面材质

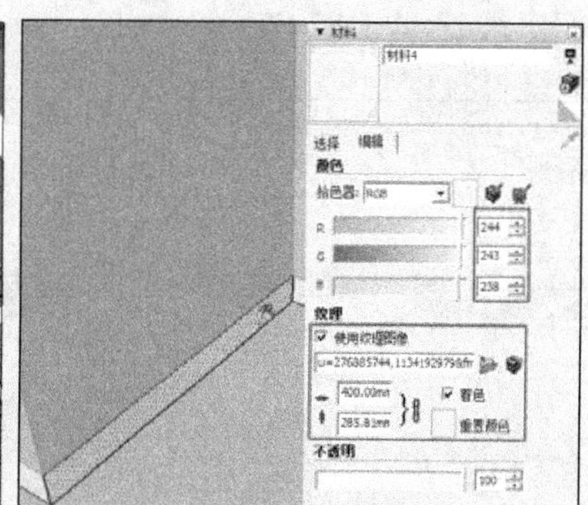

图 4-78 制作踢脚线细节

图 4-79 合并单独的椅子

图 4-80 合并整体家具

图 4-81 合并细节装饰

合并完成后的空间整体效果如图 4-82 所示，接下来首先制作阴影效果，如图 4-83 所示。最后制作空间标识，最终效果如图 4-84 所示。

图 4-82　添加细节后的空间效果

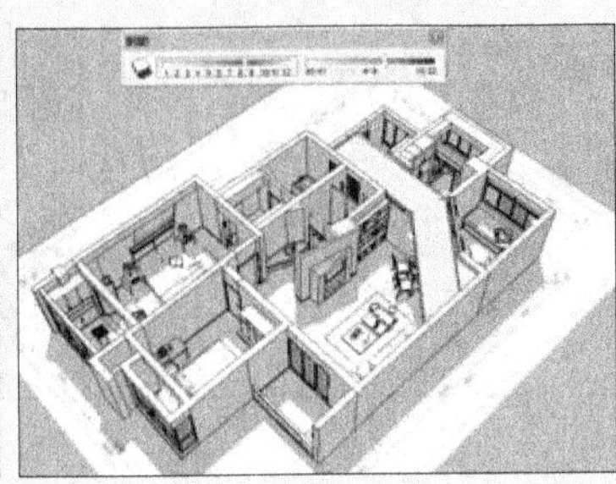

图 4-83　制作阴影

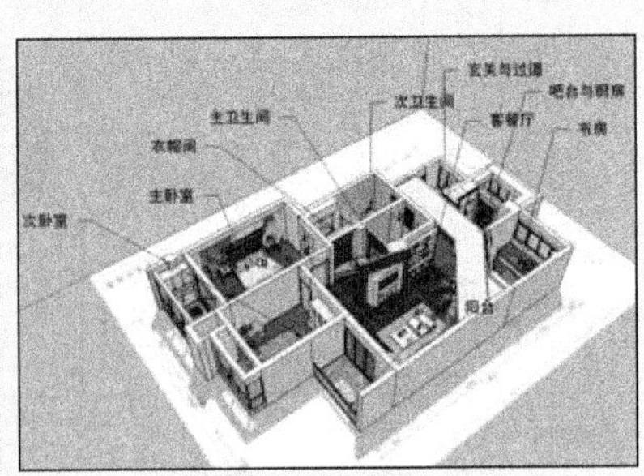

图 4-84　制作空间标识

4.3 创建整体框架

4.3.1 创建墙体框架

01 启用【直线】工具，捕捉图纸内侧墙线并创建，如图 4-85 所示。

02 在绘制的过程中需注意在门窗位置处的留顶点，如图 4-86 所示，以便在后面进行墙体推/拉时自动形成门窗线，如图 4-87 所示。

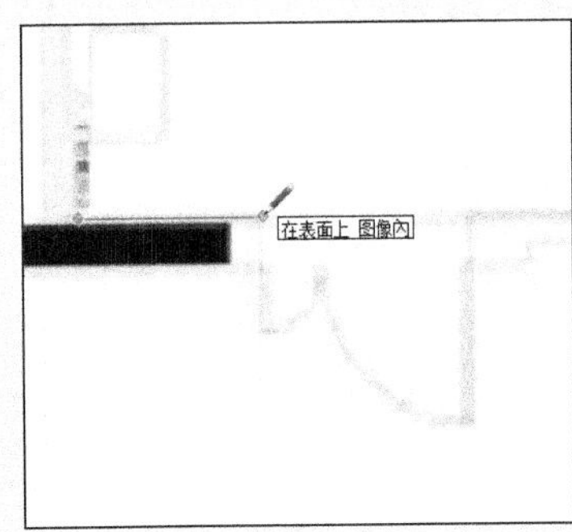

图 4-85　创建内侧墙线

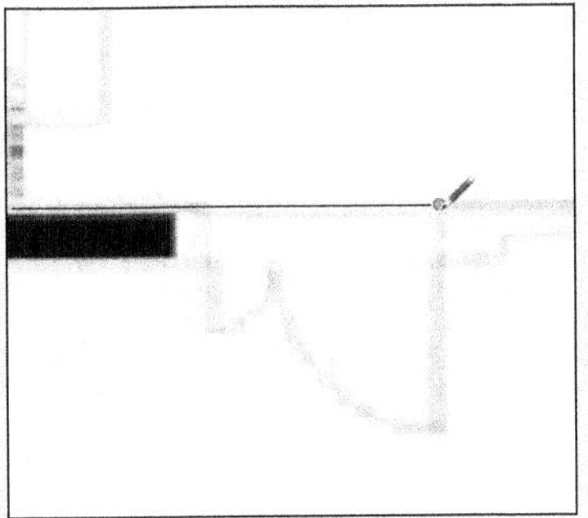

图 4-86　绘制门窗线预留点

图 4-87　推/拉形成门窗线

技 巧

在绘制如飘窗一类的转折线时，应该注意使用 SketchUp 的自动跟踪功能绘制等长的线段，如图 4-88 所示。

03 参考图纸绘制完成的空间平面效果如图 4-89 所示。

04 启用【偏移】工具，以 240mm 的距离快速地制作外墙，如图 4-90 所示。

05 启用【直线】工具修整外墙细节，最终得到的外墙图形如图 4-91 所示。

06 参考图纸，启用【直线】工具绘制内墙，如图 4-92 所示。

07 为了得到平行的内墙墙线，可通过直接复制已有线段确定内墙宽度，如图 4-93 与图 4-94 所示。

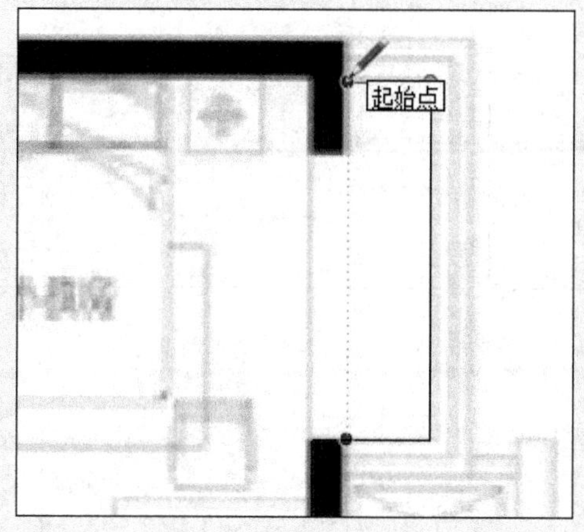

图 4-88 注意使用自动跟踪

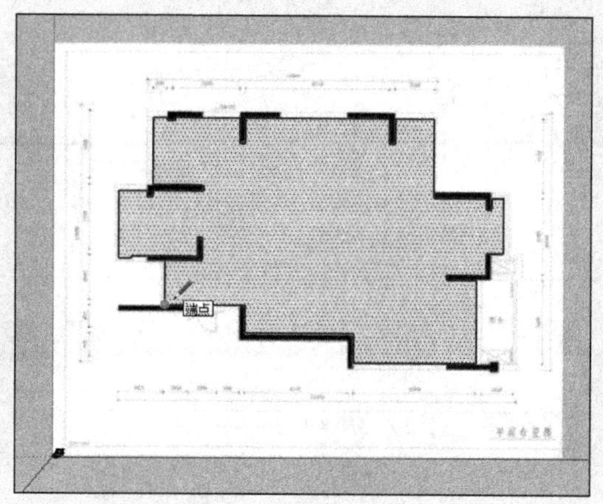

图 4-89 空间平面绘制完成

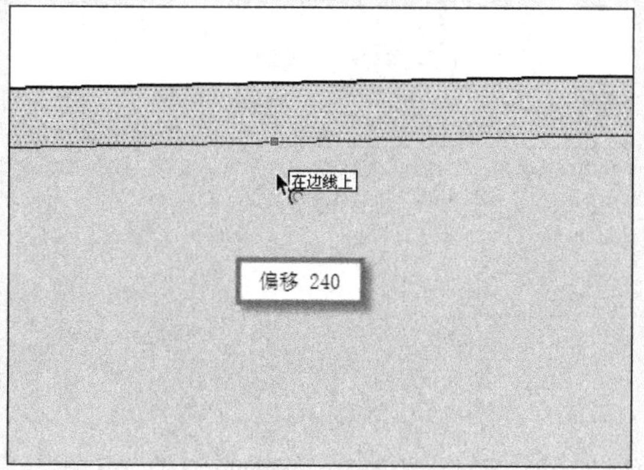

图 4-90 通过偏移复制快速制作外墙

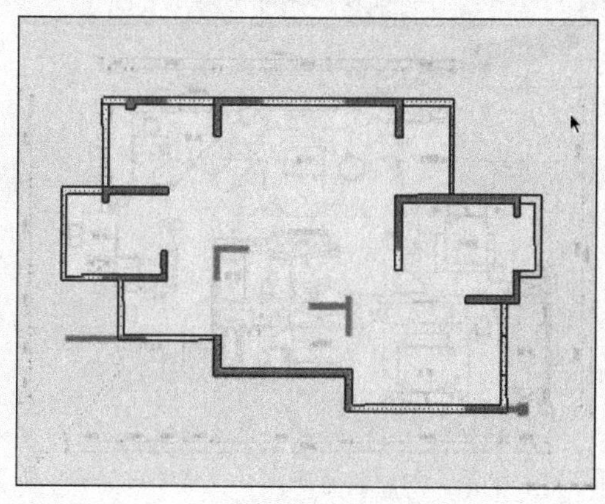

图 4-91 外墙绘制完成

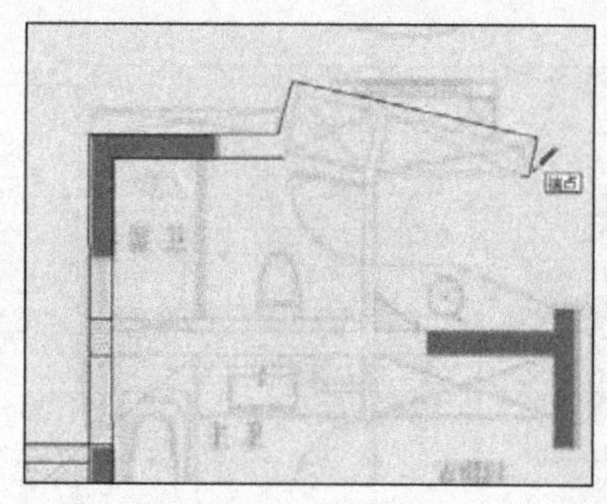

图 4-92 绘制内墙

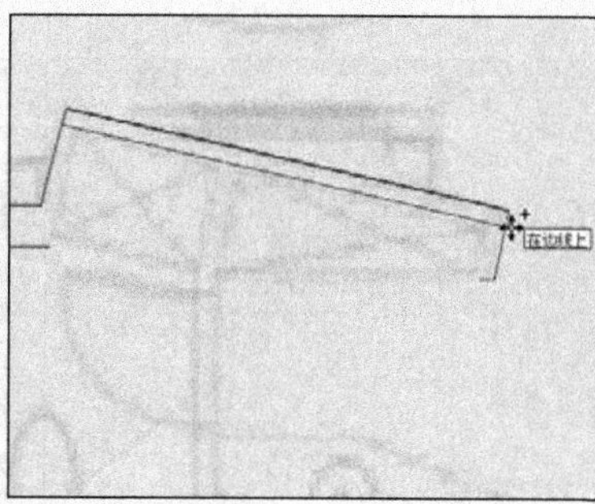

图 4-93 确定内墙宽度 1

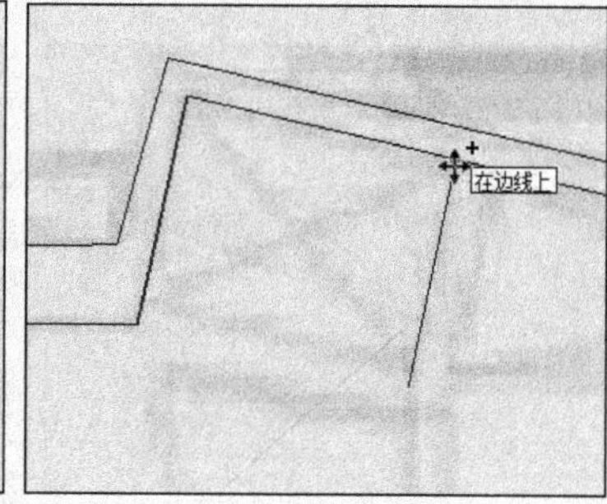

图 4-94 确定内墙宽度 2

08 客卫生间的最终内墙效果如图 4-95 所示。卧室的最终内墙效果如图 4-96 所示。

09 内墙绘制完成后，全选图形将其创建为组，如图 4-97 所示。

10 启用【推/拉】工具，制作部分 2800mm 墙体高度，如图 4-98 所示。重复操作，制作其他墙体的高度，完成墙体构架效果如图 4-99 所示。

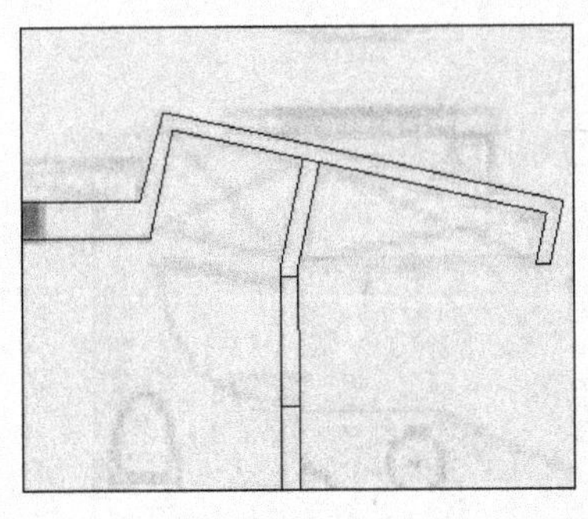
图 4-95　客卫生间内墙效果

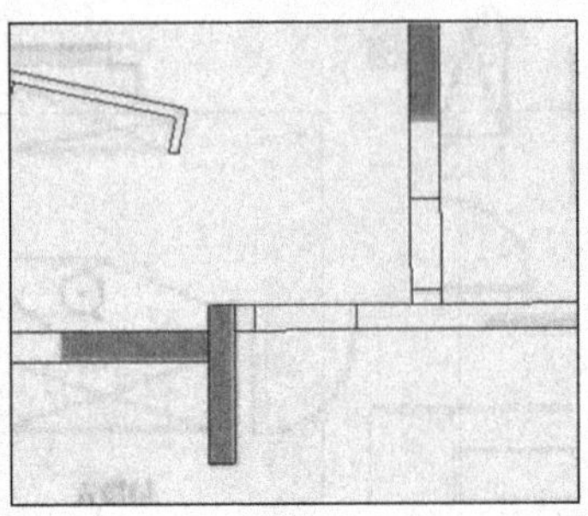
图 4-96　卧室内墙效果

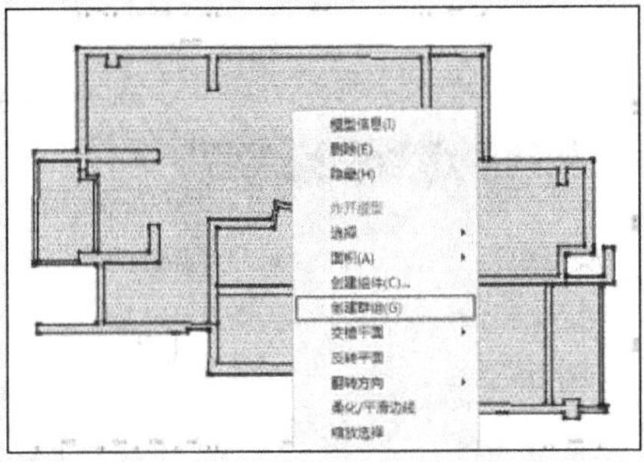
图 4-97　整体创建为组

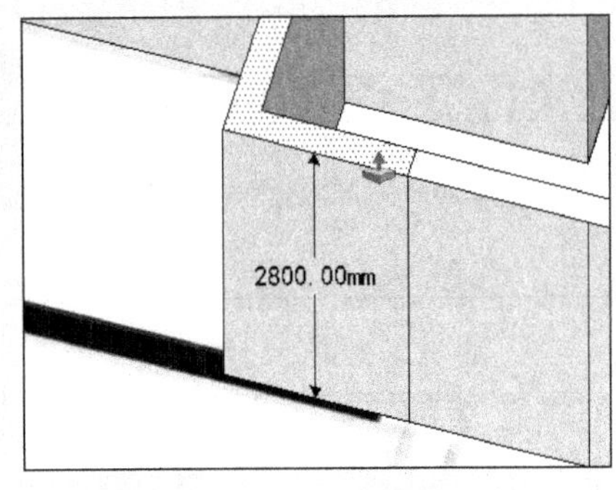

图 4-98　制作部分墙体高度

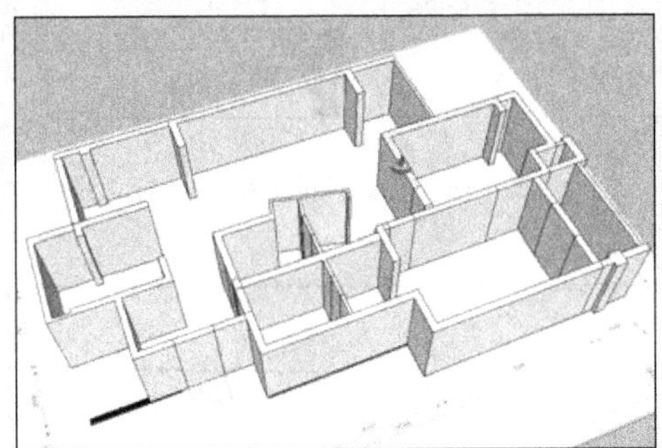
图 4-99　墙体框架完成效果

4.3.2 创建门洞与窗洞

1. 创建门洞

01 选择入户门底部的边线，启用【移动】工具后按住 Ctrl 键，将该线段向上以 2200mm 的高度复制，确定入户门的门洞高度，如图 4-100 与图 4-101 所示。

02 启用【推/拉】工具，推空分割平面形成门洞，如图 4-102 所示。

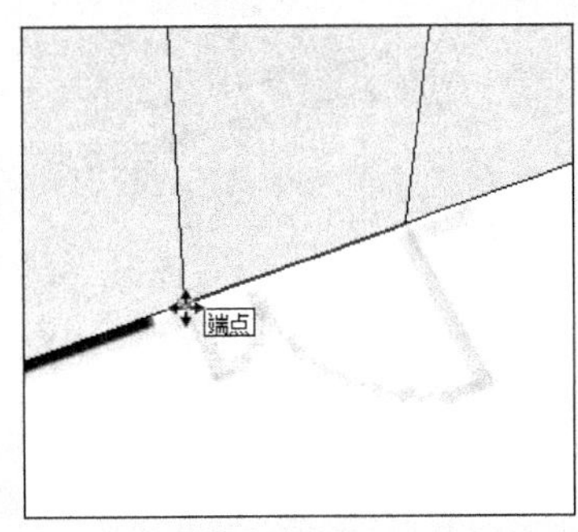

图 4-100　选择入户门洞底部边线

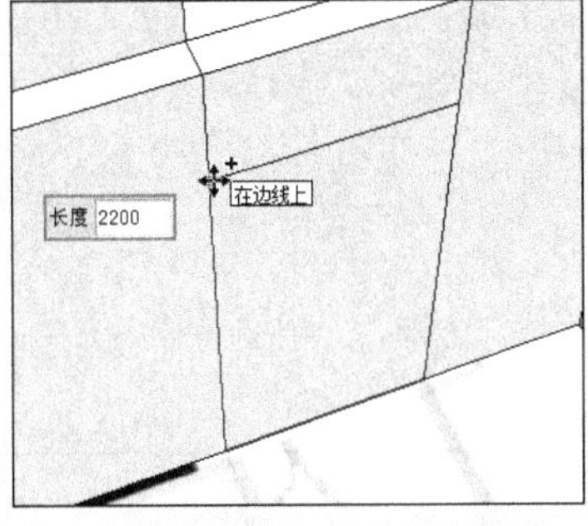

图 4-101　向上复制

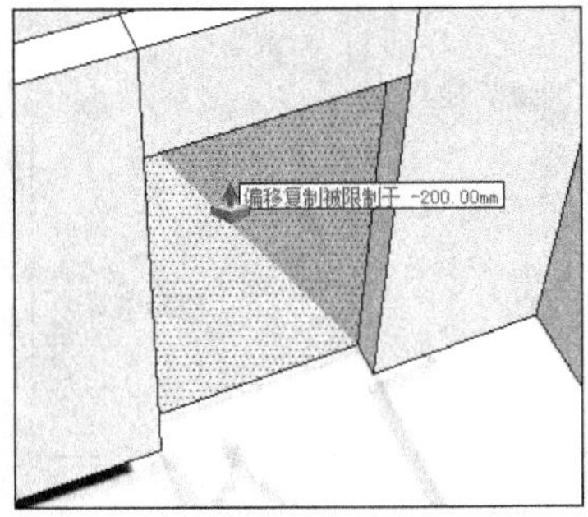

图 4-102　推空形成入户门洞

03 采用类似方法，以 2000mm 高度制作卧室与卫生间门洞，如图 4-103 与图 4-105 所示。

04 对于之前未进行封闭的阳台墙体，先使用推/拉复制闭合墙体，如图 4-106 所示。

05 结合线段的移动复制与【推/拉】工具，制作该面墙体门洞，如图 4-107 与图 4-108 所示。

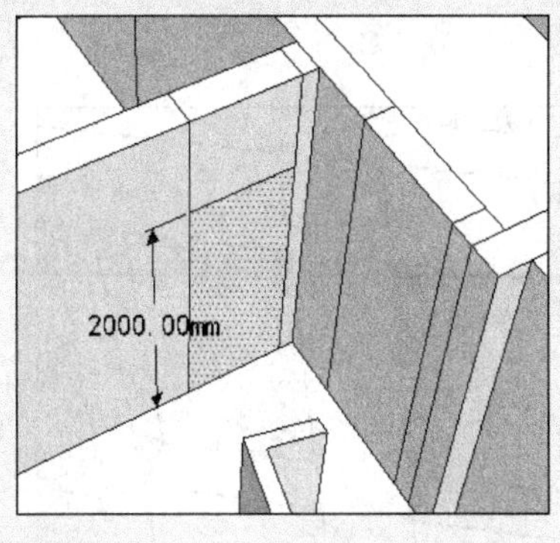

图 4-103 制作卧室门分割平面

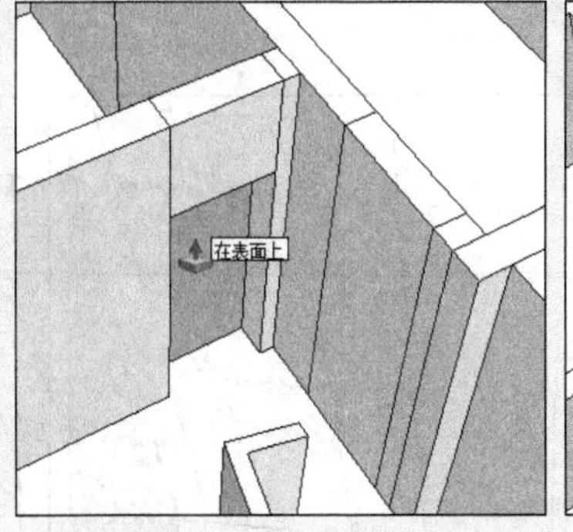

图 4-104 推空形成卧室门洞

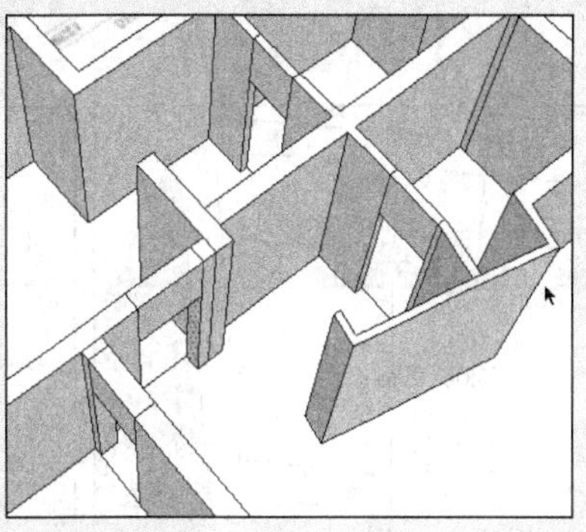
图 4-105 制作其他卧室及卫生间门洞

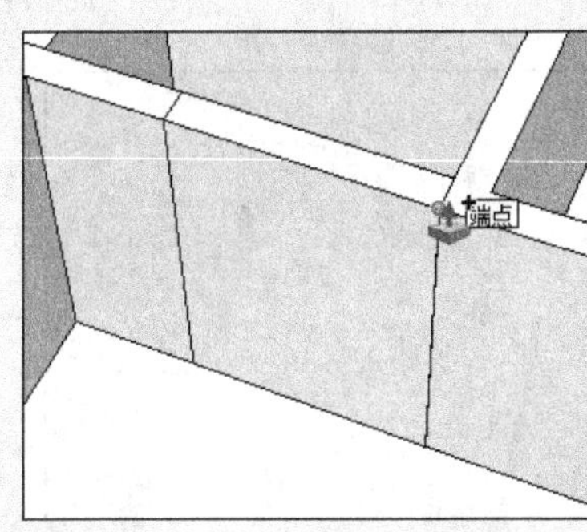

图 4-106 推拉复制闭合阳台墙体

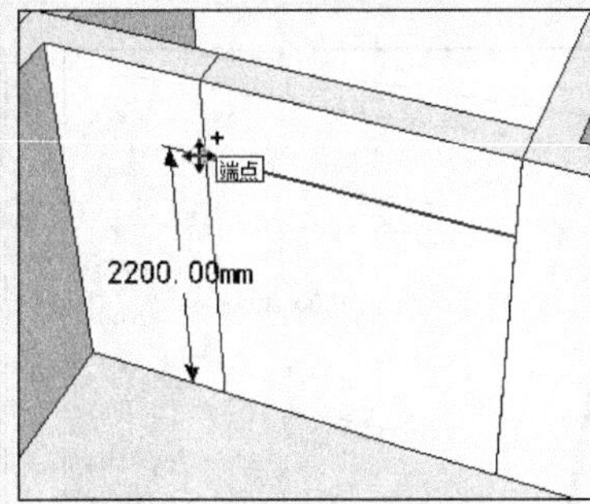

图 4-107 复制制作门洞

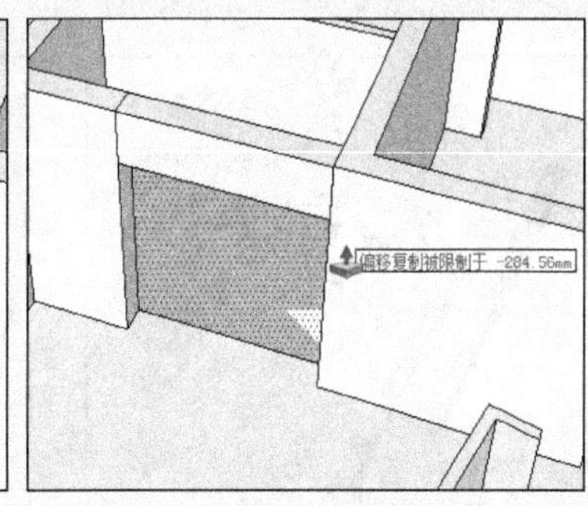
图 4-108 推空形成阳台门洞

06 结合使用以上介绍的两种方法，制作空间中的所有门洞，完成效果如图 4-109 所示。接下来创建空间的窗洞。

2. 创建窗洞

01 首先通过移动复制线段，逐步确定卫生间墙体的上窗台线与窗洞上沿高度，如图 4-110 与图 4-111 所示。

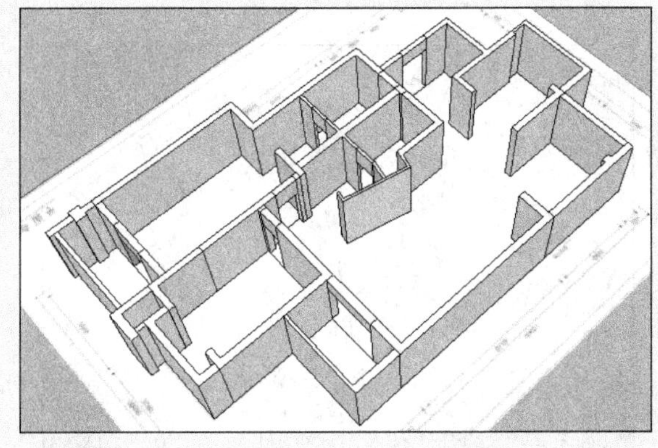
图 4-109 门洞创建完成效果

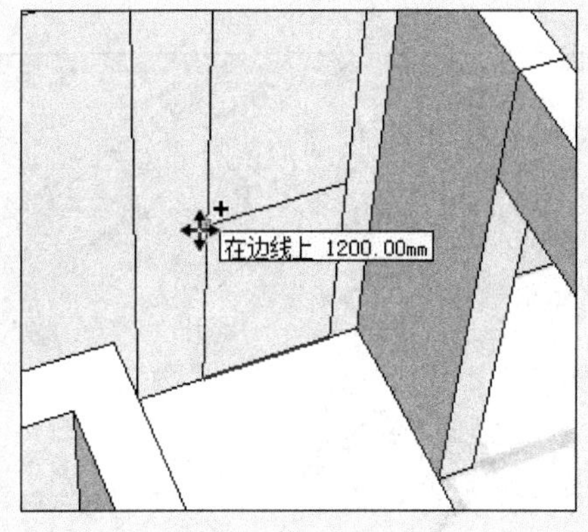

图 4-110 复制出上窗台线

02 选择创建好的窗户平面，按住 Ctrl 键复制至左侧墙面，然后调整宽度，如图 4-112 所示。

03 启用【推/拉】工具，推空窗洞平面形成窗洞，如图 4-113 所示。

04 采用类似方法制作其他位置的窗洞，如图 4-114~图 4-116 所示。

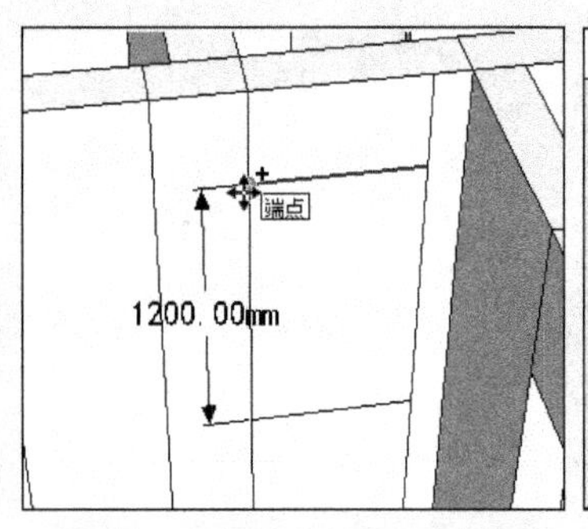

图 4-111　确定窗洞上沿高度

图 4-112　复制窗洞分割面

图 4-113　推空形成窗洞

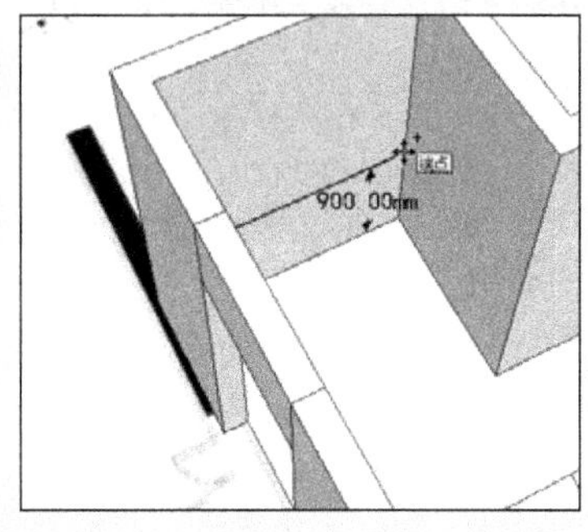

图 4-114　复制出窗台线

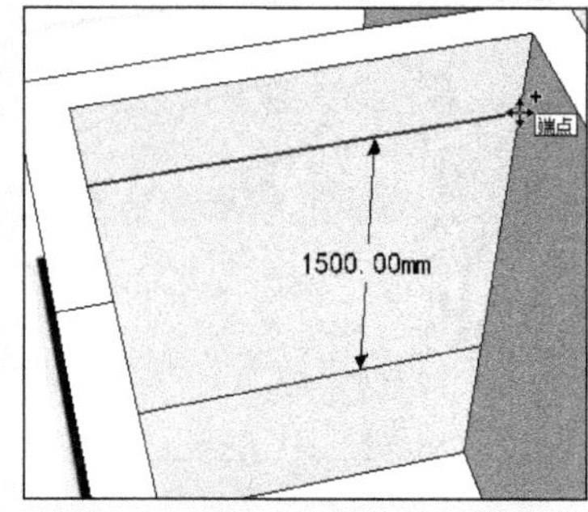

图 4-115　复制出窗户上洞

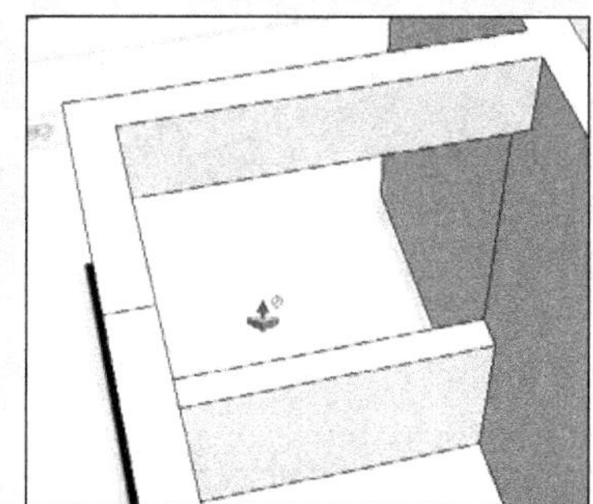

图 4-116　推空形成窗洞

注 意

如果要对某些空间进行特别设计，如本例中的厨房、书房等处，可以首先不进行窗洞的制作，如图 4-117 所示。然后，在进行空间的立面设计时再最终确定出窗洞高度与大小。

05 经过以上步骤制作门洞与窗洞后，得到的空间效果如图 4-118 所示。接下来开始制作门窗。

图 4-117　保持厨房及书房处的墙面

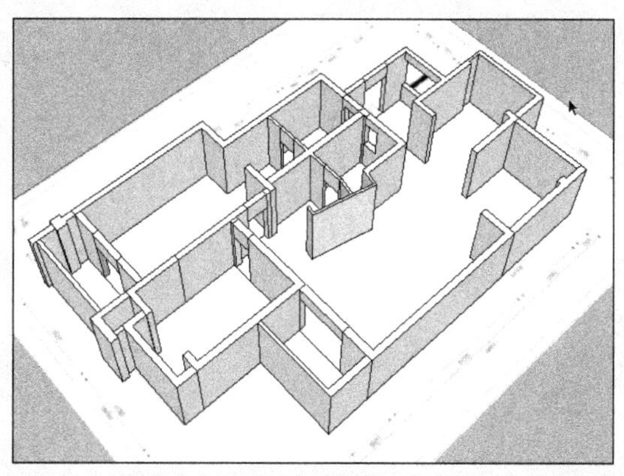

图 4-118　门洞与窗洞完成效果

4.3.3 制作门窗

1. 制作门效果

01 执行【文件】|【导入】命令，合并入3.2节中创建好的“子母门”模型，然后调整其位置与大小，如图4-119与图4-120所示。

02 打开【材料】对话框，为其赋予浅色木纹材质，如图4-121所示。

图4-119 执行【文件】|【导入】命令

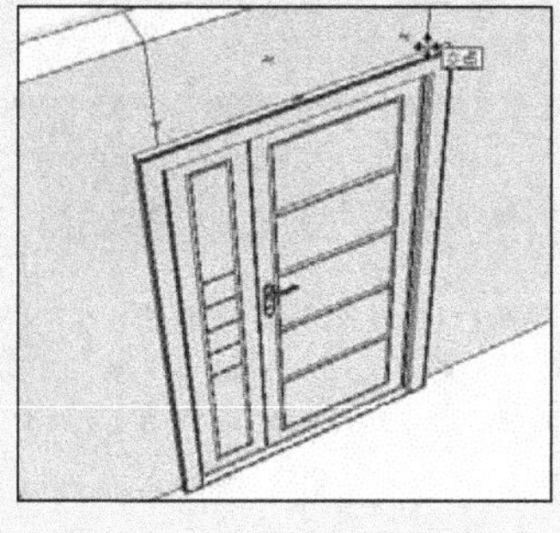

图4-120 合并并放置子母门

图4-121 赋予子母门材质

03 隐藏门模型，启用【矩形】工具，分割出底部门槛石平面，如图4-122所示。

04 启用【推/拉】工具，制作门槛石的高度，如图4-123所示。

05 打开【材料】对话框，为其赋予黑金砂材质，如图4-124所示。接下来制作卧室门。

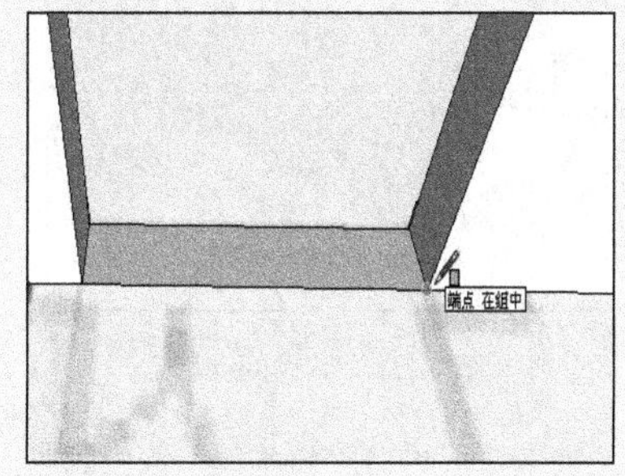

图4-122 分割底部门槛石

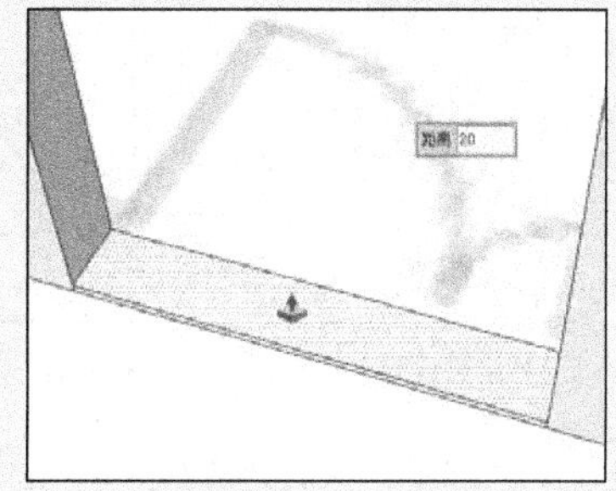

图4-123 制作门槛石高度

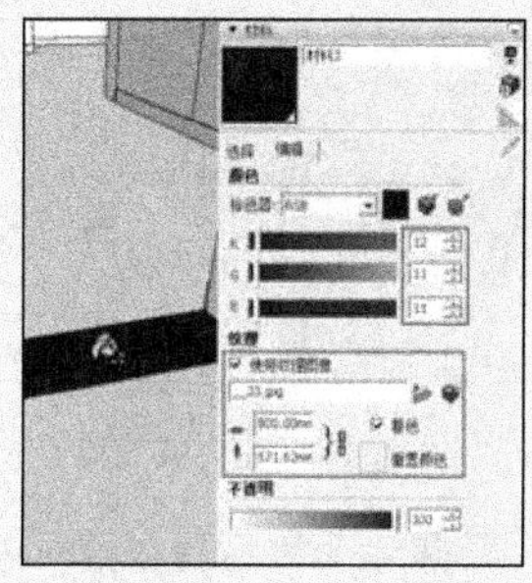

图4-124 赋予门槛石材质

06 启用【矩形】工具，捕捉门洞并创建主卧室门平面，如图4-125所示。

07 启用【偏移】工具，制作门套线平面，如图4-126所示。

08 启用【推/拉】工具，制作25mm门套线厚度，如图4-127所示。

图4-125 创建主卧室门平面

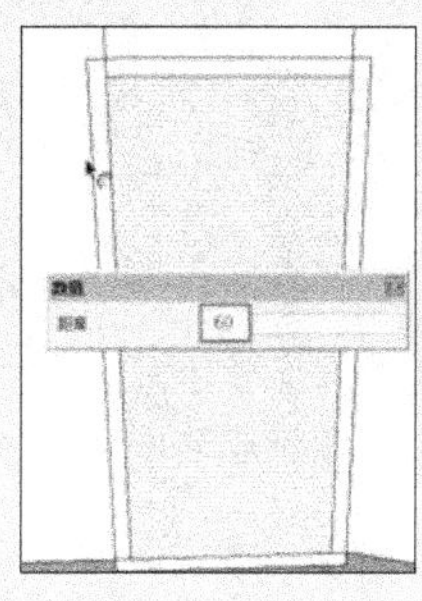

图4-126 偏移复制出门套线平面

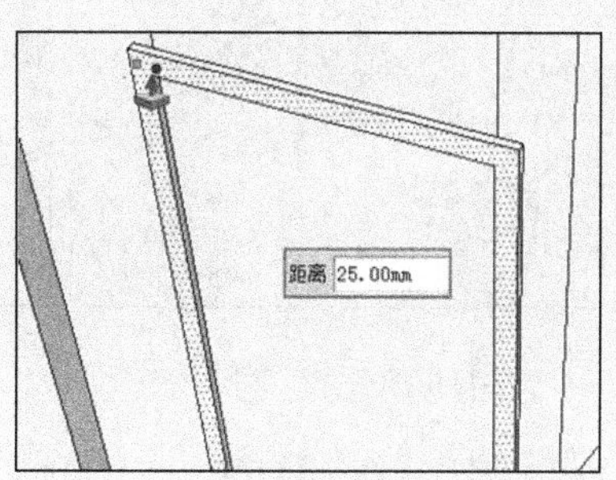

图4-127 制作门套线厚度

09 选择门套线的表面，启用【3D 圆角】工具制作 10mm 的 3D 圆角效果，如图 4-128 所示。

10 选择制作的门套线，将其移动复制至后方，如图 4-129 所示，然后通过【镜像】工具调整好朝向。

11 启用【推/拉】工具，制作门页的厚度，如图 4-130 所示。

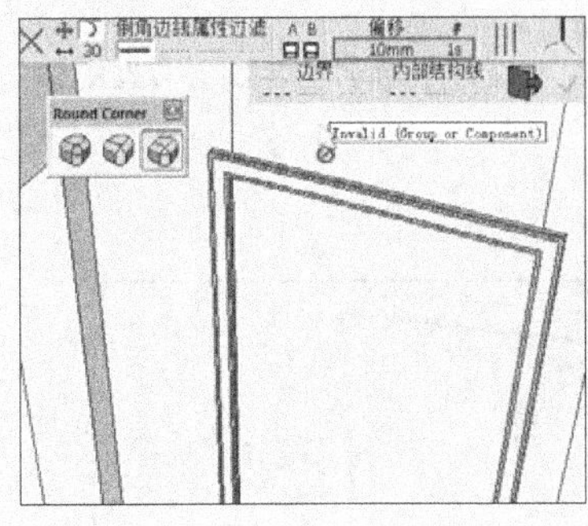

图 4-128 制作 3D 圆角

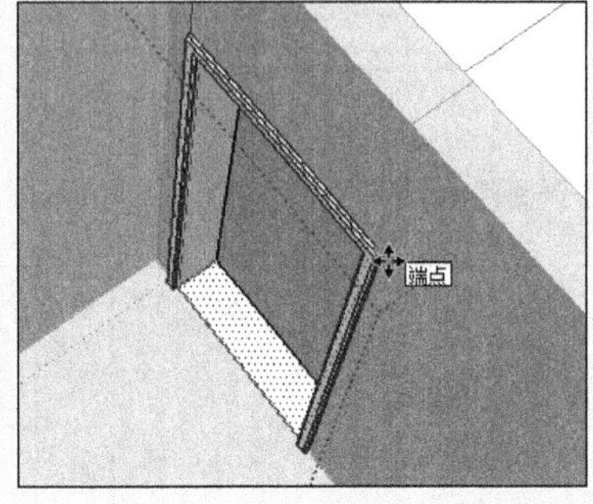

图 4-129 复制门套线至后方

图 4-130 制作门页厚度

12 打开【组件】对话框，合并门把模型，然后放置好其位置，如图 4-131 所示。

13 复制门把至内部，然后调整好其朝向。完成主卧室门效果如图 4-132 所示。

14 选择主卧室门，将其复制至次卧室，然后调整宽度，如图 4-133 所示，最终完成效果如图 4-134 所示。

图 4-131 合并并旋转门把

图 4-132 主卧室门完成效果

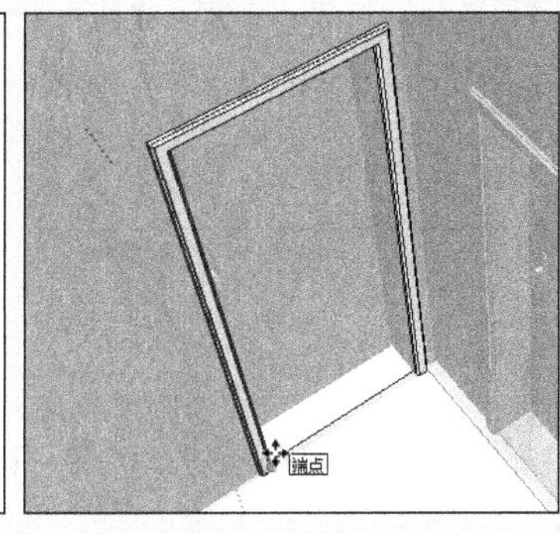

图 4-133 复制次卧室门

15 通过类似操作，制作卫生间的门模型，完成效果如图 4-135 所示。接下来制作空间的推拉门模型。

16 启用【矩形】工具，捕捉客厅阳台的门洞并创建推拉门平面，如图 4-136 所示。

图 4-134 次卧室门完成效果

图 4-135 卫生间门完成效果

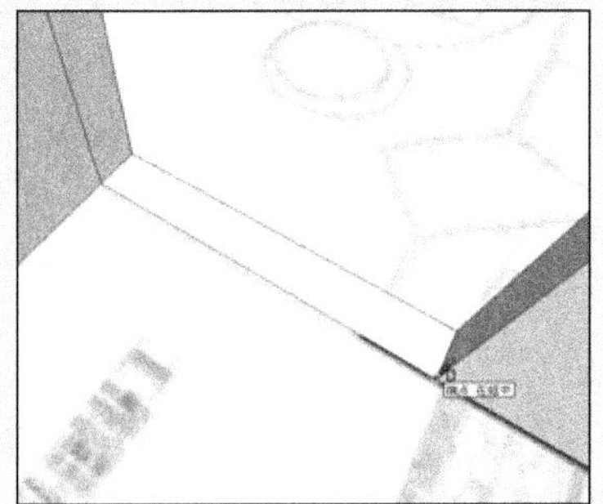
图 4-136 创建客厅阳台推拉门平面

17 启用【偏移】工具，制作门框平面，如图 4-137 所示。

18 选择上部线横向边线，将其拆分为 3 段，如图 4-138 所示。

19 结合使用【直线】与【偏移】工具，制作门页及边框平面，如图 4-139 所示。

图 4-137 偏移复制出门框

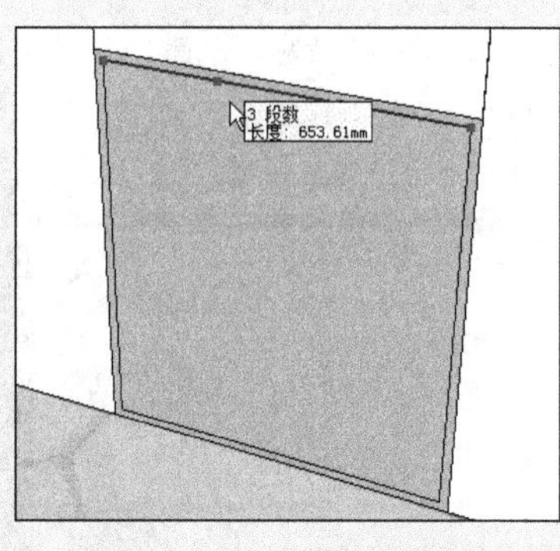

图 4-138 拆分横向边线

图 4-139 制作门页及边框平面

20 启用【推/拉】工具，制作门页的边框细节，完成效果如图 4-140 所示。然后按住 Ctrl 键，制作出背面的相同细节，如图 4-141 所示。

21 打开【材料】对话框，分别赋予门框与玻璃相应的材质，完成效果如图 4-142 所示。

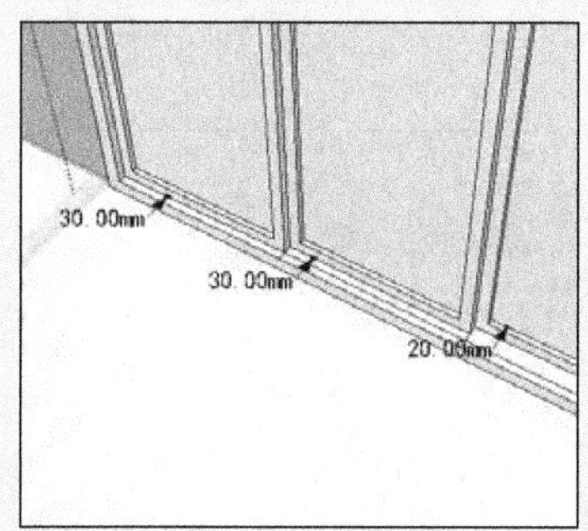

图 4-140 制作门页边框细节

图 4-141 制作背面细节

图 4-142 赋予相应材质

22 最后选择创建的推拉门，捕捉门框中点并调整其位置，如图 4-143 所示。

23 采用类似方法，制作厨房门与主卧室阳台门，完成效果如图 4-144 与图 4-145 所示。

24 至此，门模型制作完成，接下来制作窗户模型。

图 4-143 调整推拉门位置

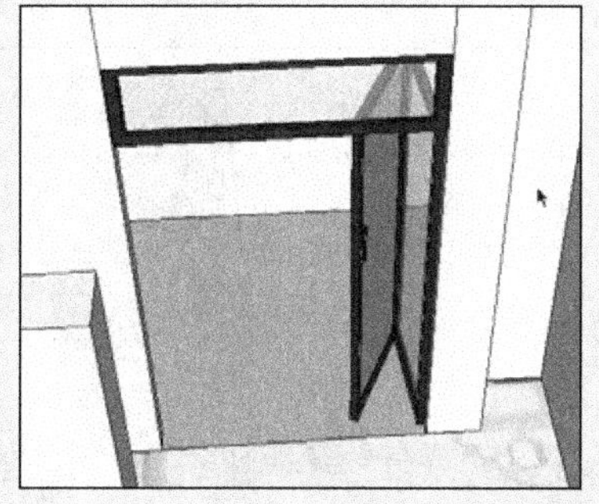

图 4-144 制作厨房门

图 4-145 制作主卧室阳台门

技 巧

在制作过程中，如果门洞的宽度不理想，可以在与设计师沟通后灵活调整，以取得比较合适的宽度，如图 4-146 所示。

2. 制作窗效果

01 启用【矩形】工具，捕捉窗洞并创建玄关处的窗户平面，如图 4-147 所示。

02 启用【偏移】工具，制作窗户边框，如图 4-148 所示。

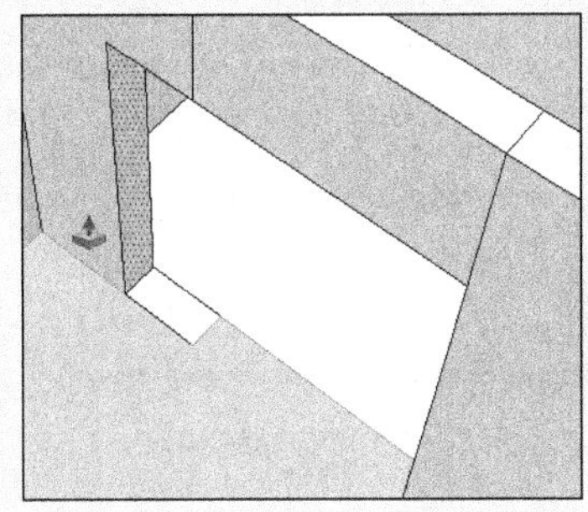

图 4-146 灵活调整主卧室门洞宽度

图 4-147 创建玄关处窗户平面

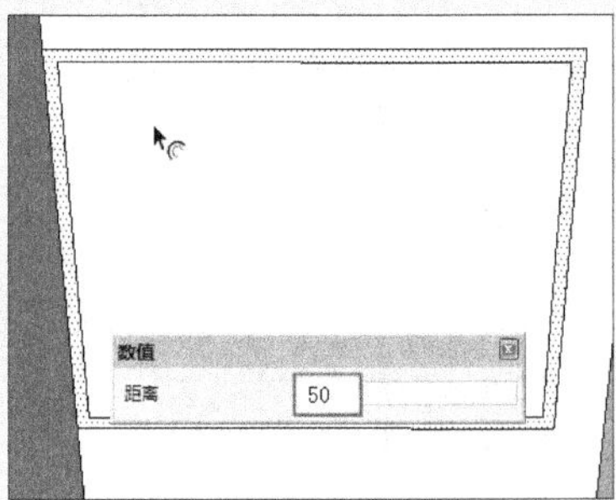

图 4-148 偏移复制出窗户边框

03 选择上部横向边线，将其拆分为 3 段，如图 4-149 所示。

04 结合使用【直线】、【偏移】以及【推/拉】工具，制作窗页正、反两面的细节，如图 4-150~图 4-152 所示。

图 4-149 拆分横向边线

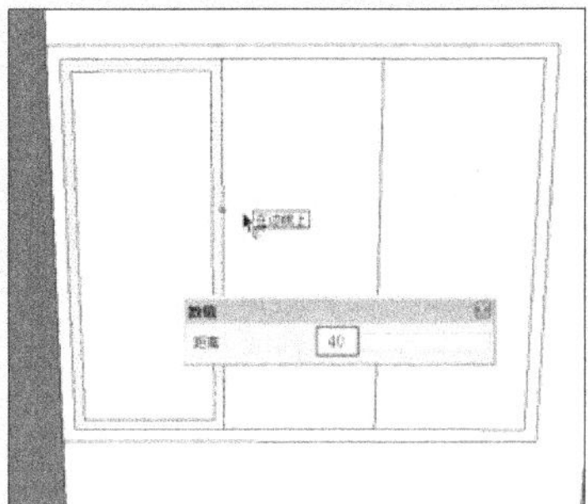

图 4-150 制作窗页边框平面

图 4-151 制作窗页正面细节

05 启用【矩形】工具，捕捉客卫生间窗洞并创建该处的窗户平面，如图 4-153 所示。

06 选择竖向边线并将其拆分为 4 段，如图 4-154 所示。

图 4-152 制作窗页背面细节

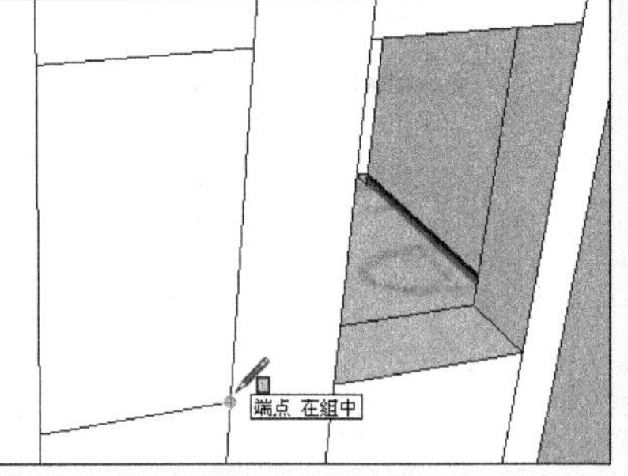

图 4-153 绘制客卫生间窗户平面

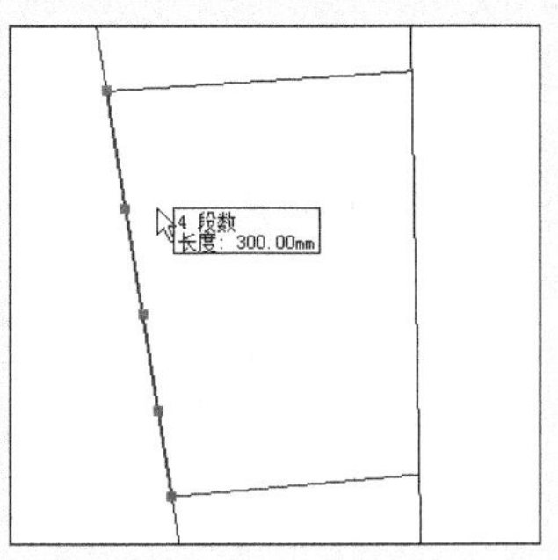

图 4-154 拆分竖向边线

07 结合使用【偏移】与【推/拉】工具，制作窗框细节，如图 4-155 所示。

08 启用【偏移】工具，制作窗户的玻璃细节，然后赋予相应的材质，完成效果如图 4-156 所示。

09 选择制作的窗户模型，通过捕捉中点调整好其位置，如图 4-157 所示。

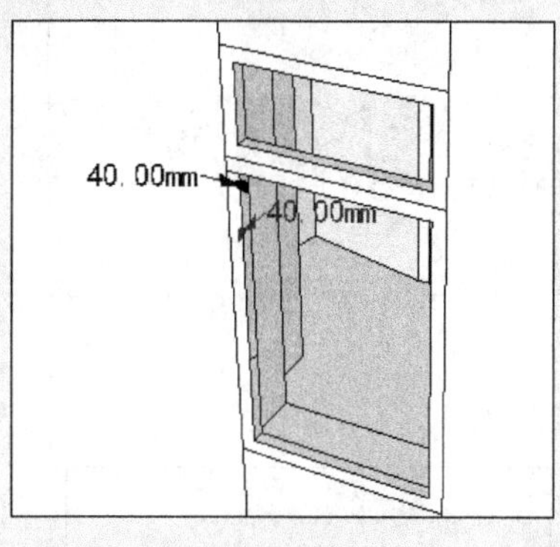

图4-155 制作窗框细节

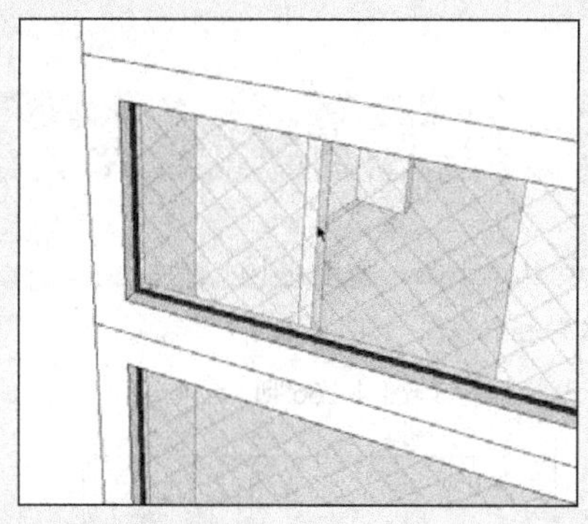
图4-156 制作玻璃细节并赋予材质

图4-157 调整窗户位置

10 选择上部窗页模型，启用【旋转】工具将其调整为开启状态，如图4-158所示

11 复制已经制作的窗户至主卫生间窗洞，然后调整其大小，效果如图4-159所示。

12 结合使用【直线】与【推/拉】工具，制作内部窗帘的结构细节（窗帘盒以及窗帘页单元），如图4-160所示。

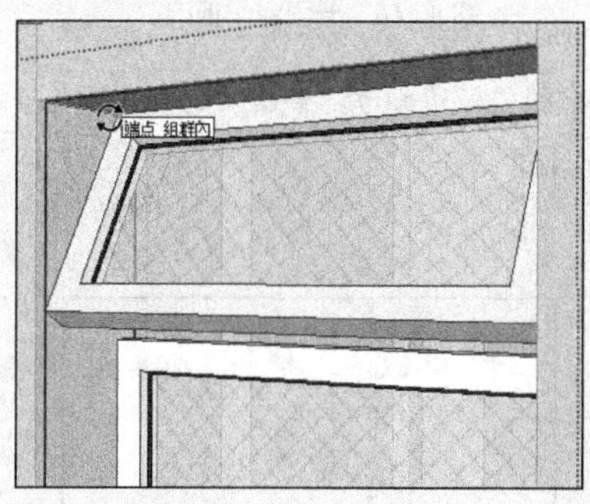

图4-158 调整窗户状态

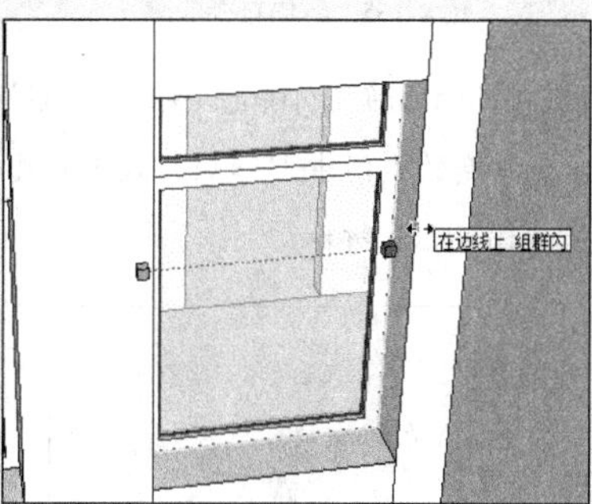

图4-159 复制主卫生间窗户

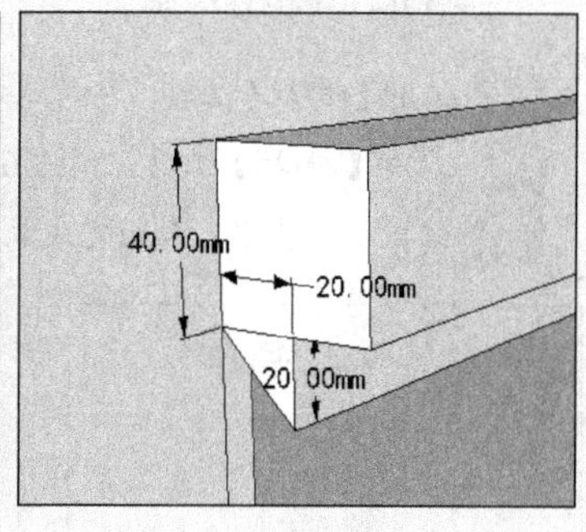

图4-160 制作窗帘结构细节

13 复制窗帘页单元，完成窗帘效果如图4-161所示。然后复制窗帘至另一个窗户并调整其长度，完成效果如图4-162所示。

14 经过以上步骤，本例门窗即已制作完成，当前的模型效果如图4-163所示。

15 接下来开始进行空间的细化，首先细化玄关与过道。

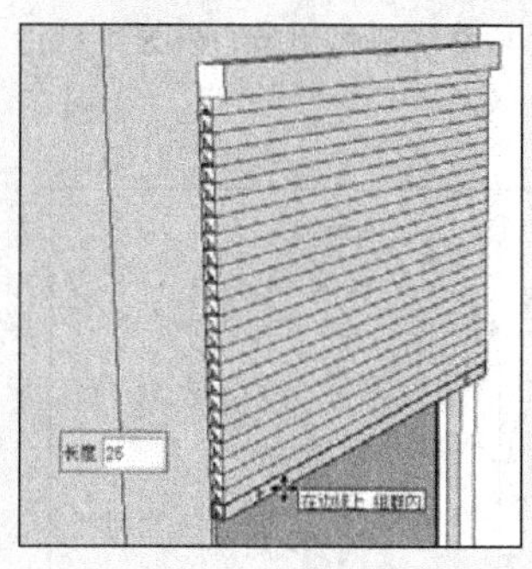

图4-161 复制形成窗帘

图4-162 卫生间窗户完成效果

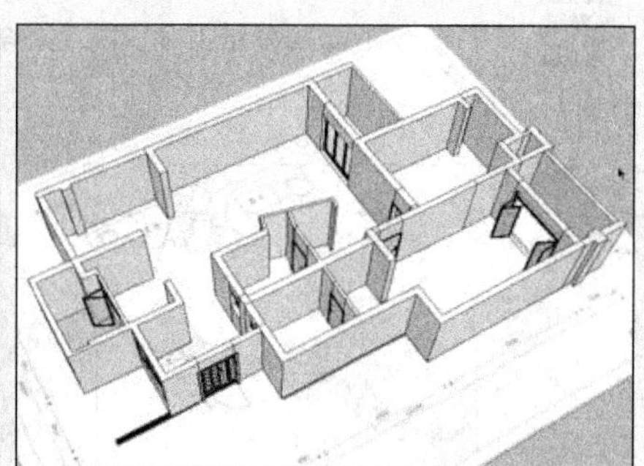
图4-163 空间门窗完成效果

4.4 细化玄关与过道吧台

01 启用【矩形】工具，绘制好鞋柜平面，如图 4-164 所示。

02 启用【推/拉】工具，制作鞋柜轮廓，如图 4-165 所示。

03 启用【直线】工具，分割出柜门，如图 4-166 所示。

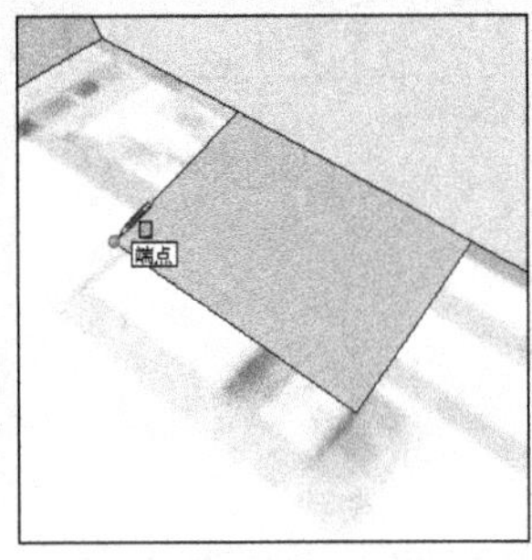

图 4-164　绘制鞋柜平面

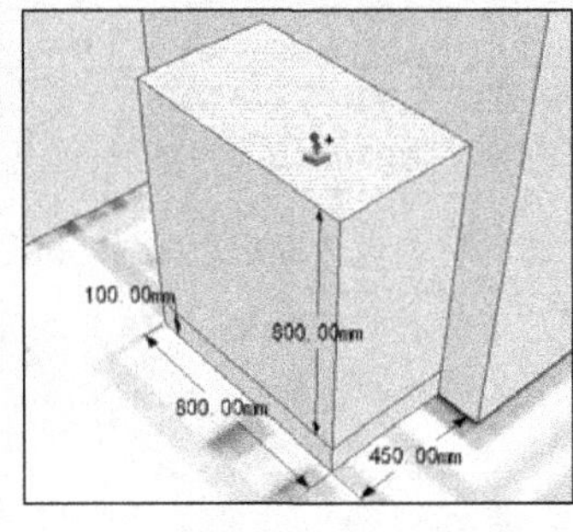

图 4-165　制作鞋柜轮廓

图 4-166　分割制作柜门

04 启用【推/拉】工具，将两侧分割平面向内推/拉 10mm 的深度，制作出柜门侧边细节，如图 4-167 所示。

05 启用【推/拉】工具，制作 6mm 深度的柜门中部缝隙，效果如图 4-168 所示。

06 经过以上步骤，鞋柜完成效果如图 4-169 所示。

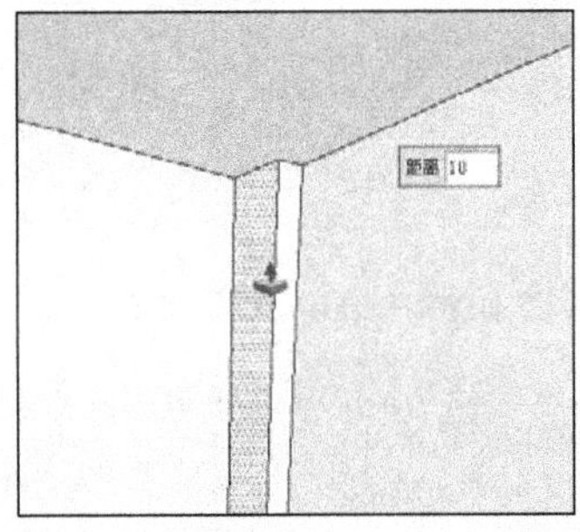

图 4-167　制作柜门侧边细节

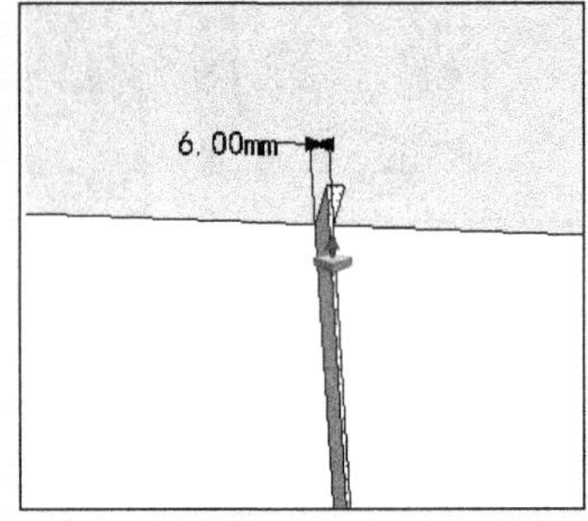

图 4-168　制作柜门中部缝隙

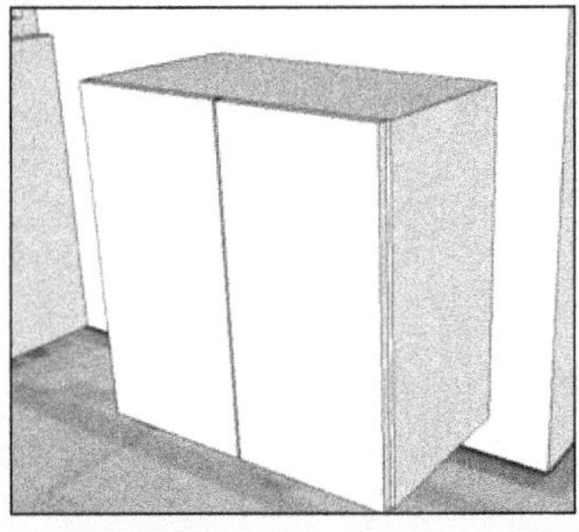

图 4-169　鞋柜完成效果

07 启用【直线】工具，参考图纸绘制出吧台平面，如图 4-170 所示。

08 调整吧台平面至鞋柜上方，然后结合使用【直线】与【圆弧】工具处理转角与前端圆弧细节，如图 4-171 与图 4-172 所示。

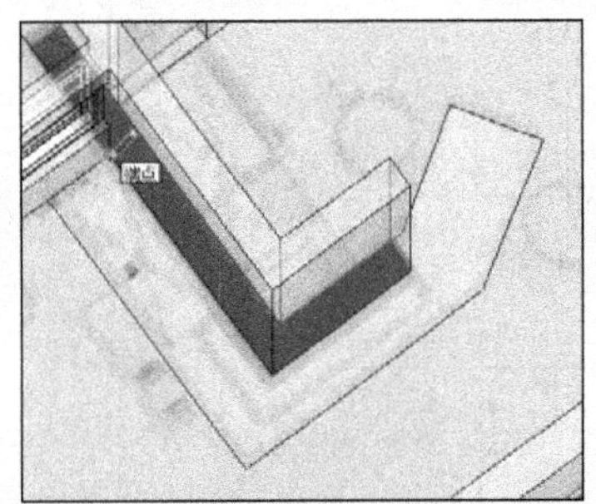

图 4-170　绘制吧台平面

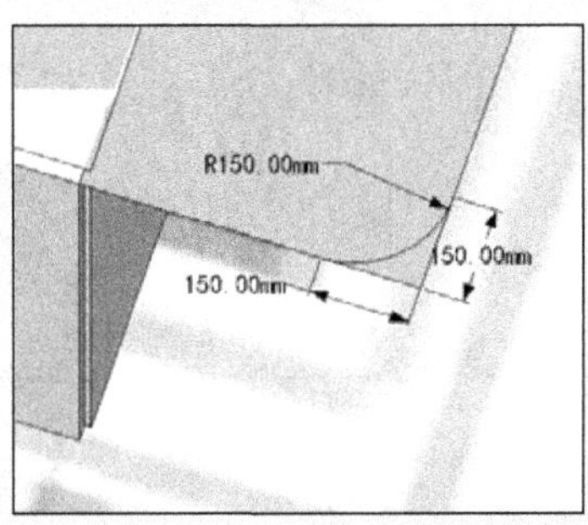

图 4-171　绘制转角圆弧

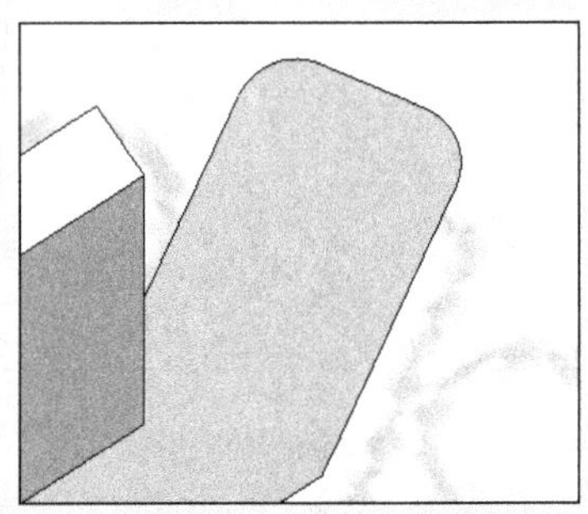

图 4-172　处理前端圆弧细节

09 启用【推/拉】工具，制作20mm吧台面的厚度，如图4-173所示。

10 启用【直线】工具，在墙面上绘制出上方柜子的平面，如图4-174所示。

11 启用【推/拉】工具，捕捉下方鞋柜并制作上方柜子的厚度，如图4-175所示。

图4-173　制作吧台面厚度

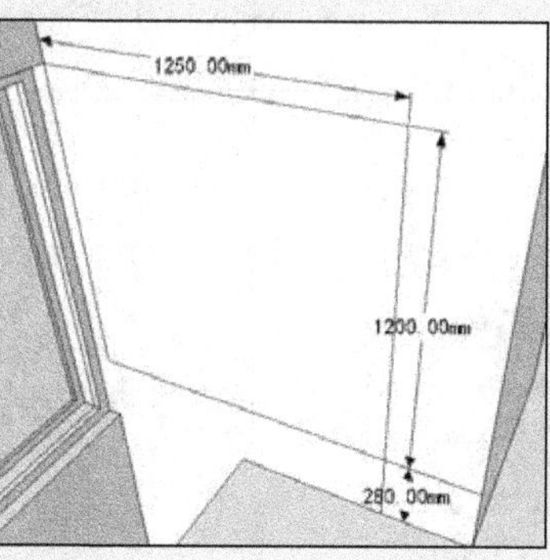

图4-174　绘制上方柜子平面

图4-175　制作上方柜子的厚度

12 重复类似操作，制作上方柜子细节，效果如图4-176所示。

13 结合使用【矩形】与【推/拉】工具，制作柜门拉手，然后赋予金属材质，如图4-177所示。

14 复制拉手至其他柜门，完成柜子效果如图4-178所示，接下来制作中部搁板。

图4-176　制作上方柜子细节

图4-177　制作柜门拉手

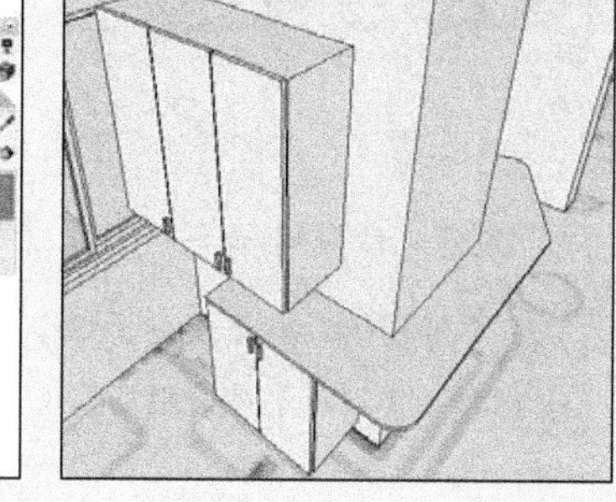

图4-178　完成柜子效果

15 启用【直线】工具，绘制搁板平面，如图4-179所示。

16 启用【推/拉】工具，制作搁板轮廓，完成效果如图4-180所示。

17 启用【推/拉】工具，推空中部分割面形成搁板，然后打开【材料】对话框，赋予上部柜面与搁板内面镜面效果，如图4-181所示。

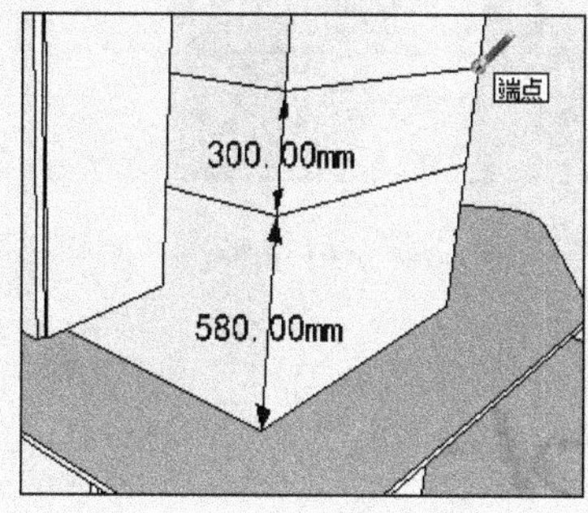

图4-179　制作搁板平面

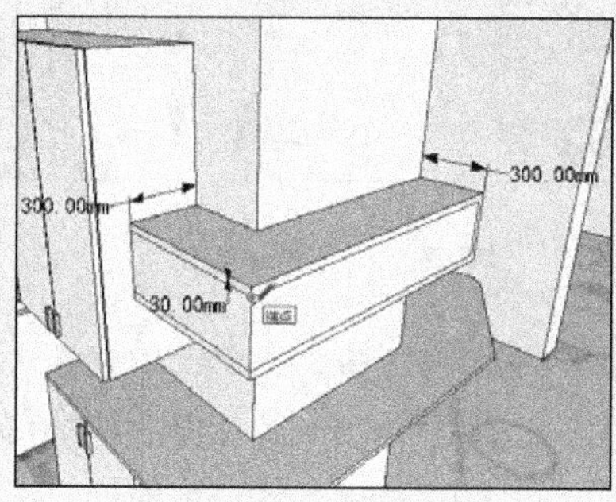

图4-180　作者搁板轮廓

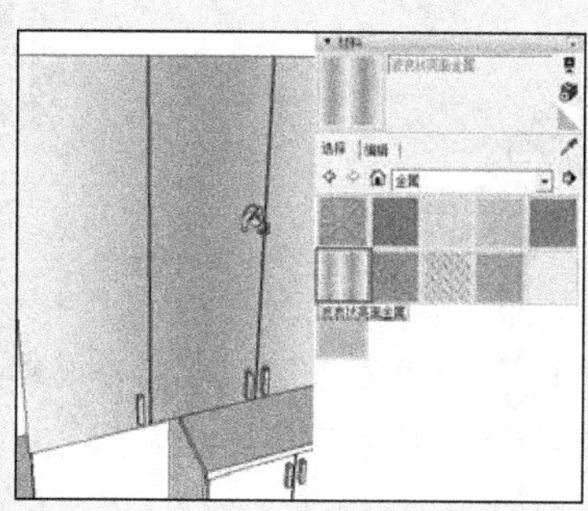

图4-181　推空搁板并赋予材质

18 赋予墙面黑色石材并调整好贴图，效果如图 4-182 所示。经过以上步骤，即已完成玄关与过道的制作，效果如图 4-183 所示。接下来细化吧台与厨房。

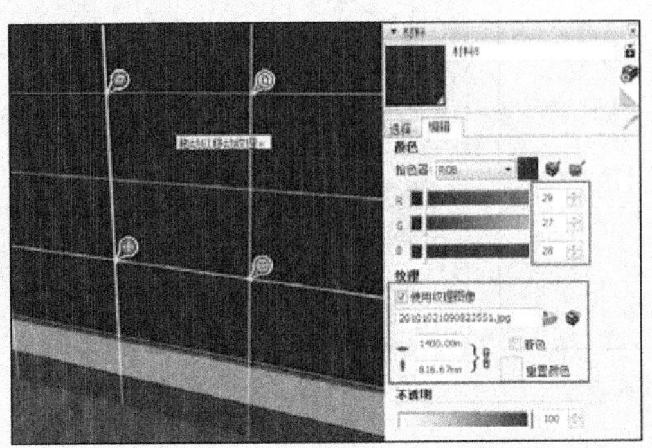

图 4-182 赋予墙面石材并调整贴图

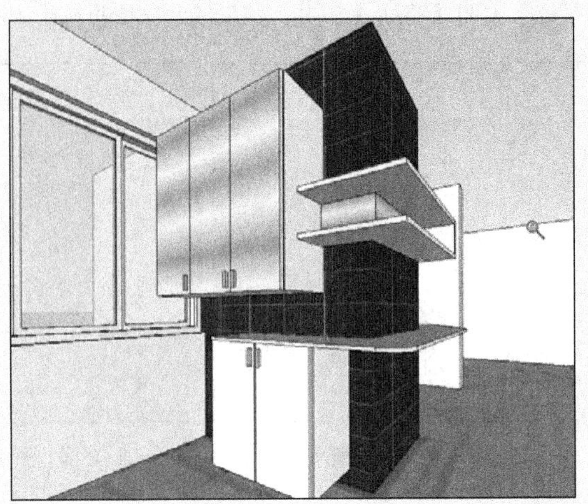

图 4-183 玄关与过道完成效果

4-5 细化吧台与厨房

在空间布置上，本例吧台与厨房有共用区域，如图 4-184 所示。

1. 制作吧台空间

01 参考图纸，结合使用【矩形】与【推/拉】工具推平墙体，如图 4-185 所示。

02 打开【材料】对话框，按住 Ctrl 键吸取之前制作的墙面材质，然后赋予上一步制作的墙体，效果如图 4-186 所示。

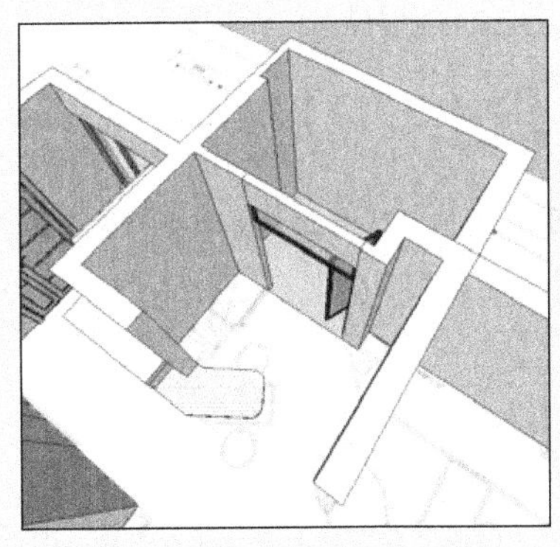

图 4-184 吧台与厨房空间布置

图 4-185 推平墙体

图 4-186 赋予墙体材质

03 启用【直线】工具，分割靠墙的柜子初步平面，如图 4-187 所示。

04 启用【推/拉】工具，推空冰箱并放置好，然后制作柜子的下部细节，如图 4-188 所示。

05 启用【直线】工具，分割柜面细节，效果如图 4-189 所示。

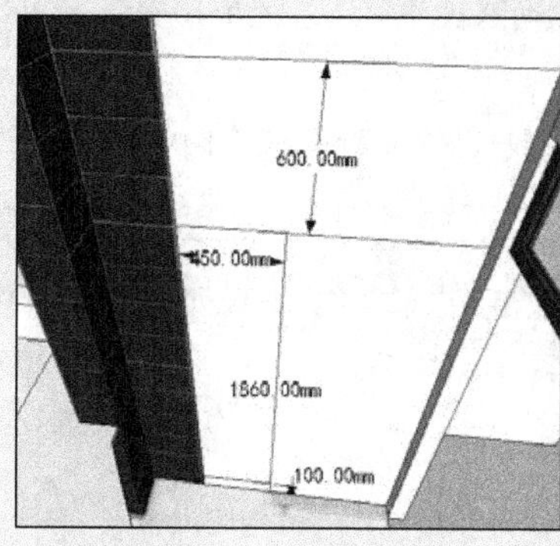

图 4-187　分割柜子初步平面

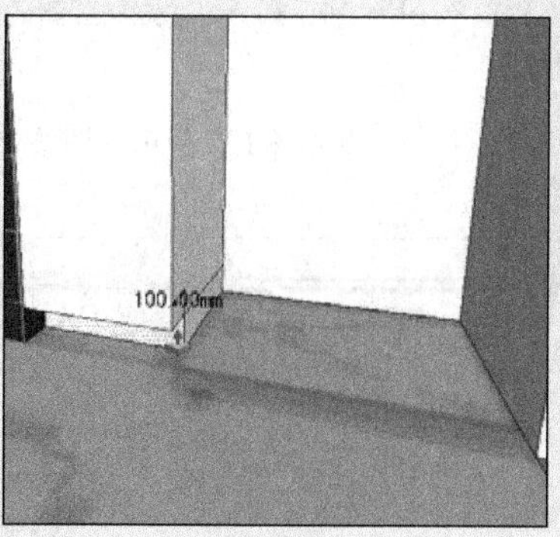

图 4-188　推空冰箱并制作柜子下部

图 4-189　柜子初步完成效果

06 结合线的移动复制，推/拉制作柜门的缝隙细节，然后复制并调整拉手，完成效果如图 4-190 所示。

07 经过以上步骤，吧台空间即已制作完成，效果如图 4-191 所示。接下来细化厨房空间。

图 4-190　制作柜门并复制拉手

图 4-191　吧台完成效果

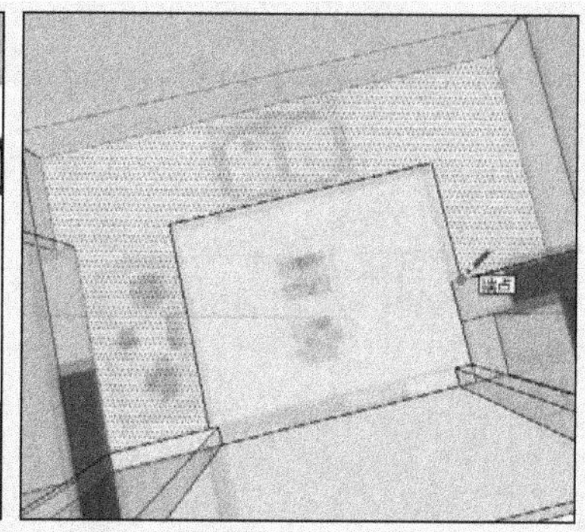

图 4-192　分割橱柜平面

2. 细化厨房

❑ 制作橱柜

01 参考图纸，启用【直线】工具，分割好橱柜平面，如图 4-192 所示。

02 选择橱柜平面并将其创建为组，如图 4-193 所示。

03 启用【推/拉】工具，通过推拉复制制作橱柜轮廓，如图 4-194 所示。

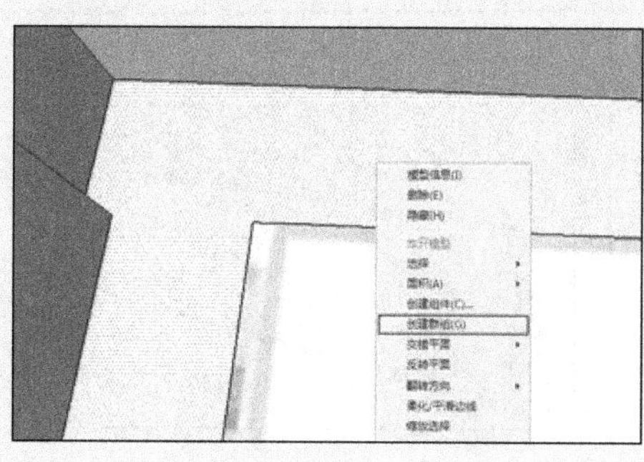
图 4-193　将橱柜平面创建为组

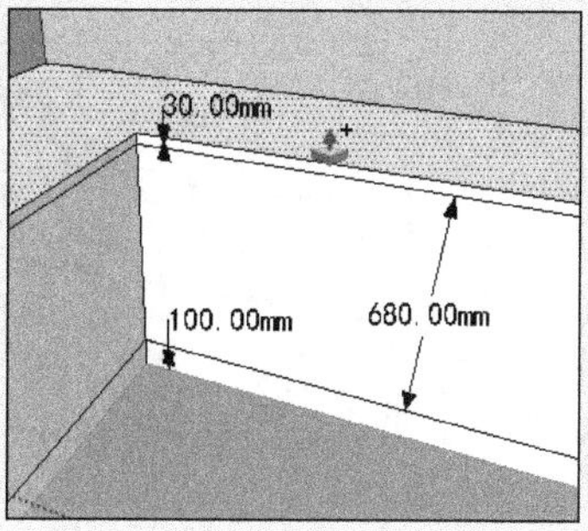

图 4-194　制作橱柜轮廓

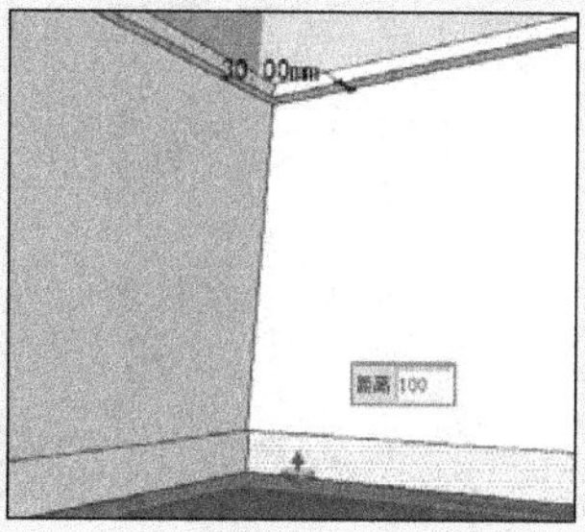

图 4-195　制作柜底与柜台面细节

04 启用【推/拉】工具制作柜底与柜台面细节，完成效果如图 4-195 所示。

05 选择竖向线段，将其拆分为 8 段，如图 4-196 所示；选择左侧的横向线段并将其拆分为 10 段，如图 4-197 所示。

06 启用【直线】工具，捕捉拆分点分割柜面，如图 4-198 所示。调整分割线后得到的效果如图 4-199 所示。

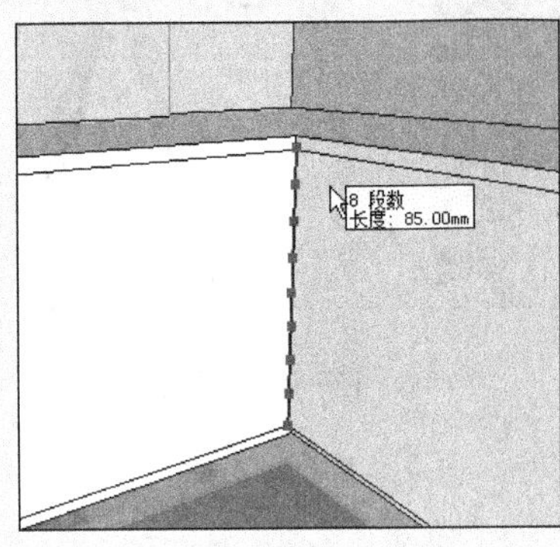

图 4-196　拆分竖向线段

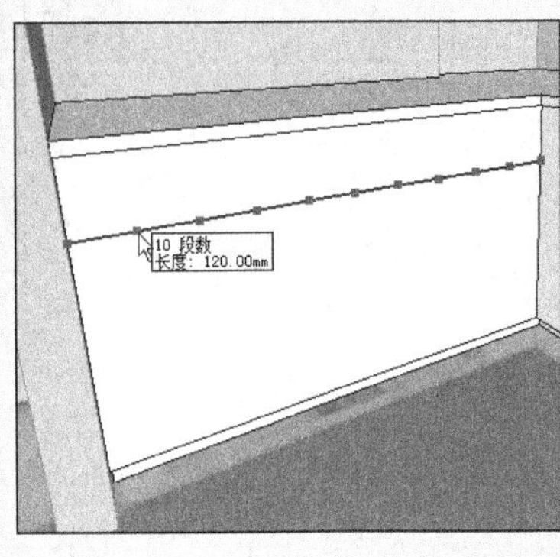

图 4-197　拆分横向线段

图 4-198　捕捉拆分点分割柜面

07 启用【偏移】工具，制作柜面边框，如图 4-200 所示。然后将边框线段拆分为 10 段，如图 4-201 所示。

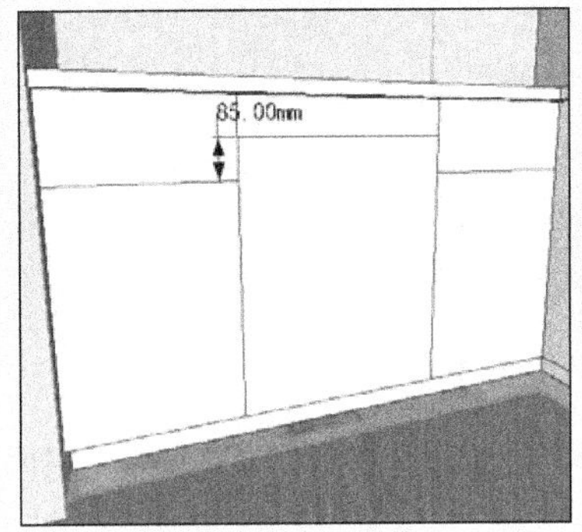

图 4-199　柜面分割完成效果

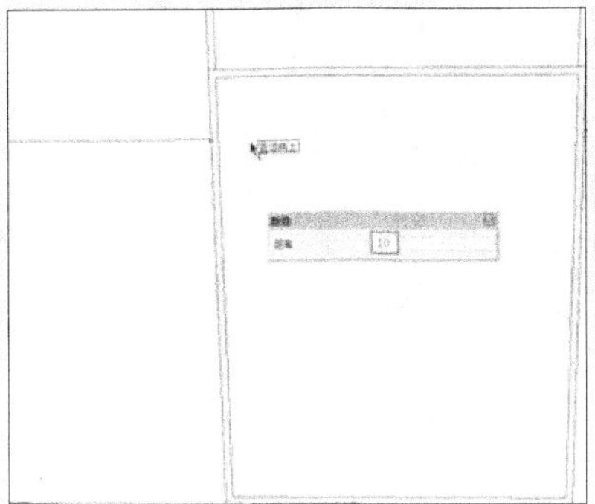

图 4-200　偏移复制出柜面边框

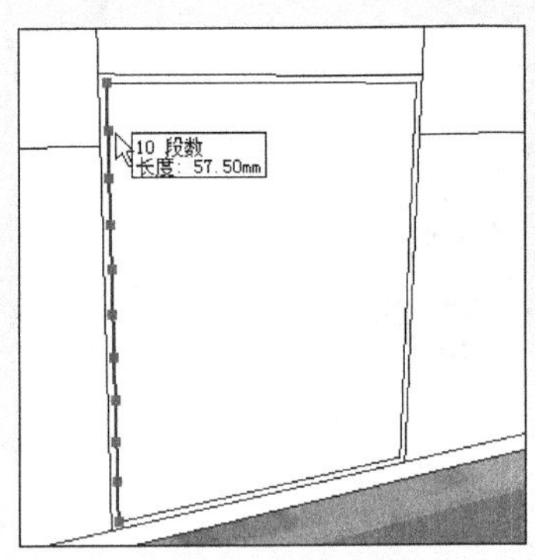

图 4-201　拆分边框线段

08 启用【直线】工具，分割中部柜面，完成效果如图 4-202 所示。

09 启用【推/拉】工具，为其制作 10mm 深度缝隙细节，如图 4-203 所示。接下来制作其上方的按钮细节。

10 在其上方创建一条分割线，然后拆分为 10 段以用于定位按钮，如图 4-204 所示。

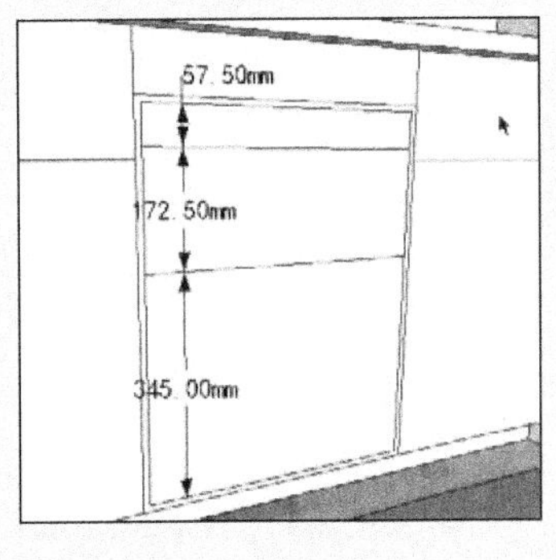

图 4-202　分割中部柜面

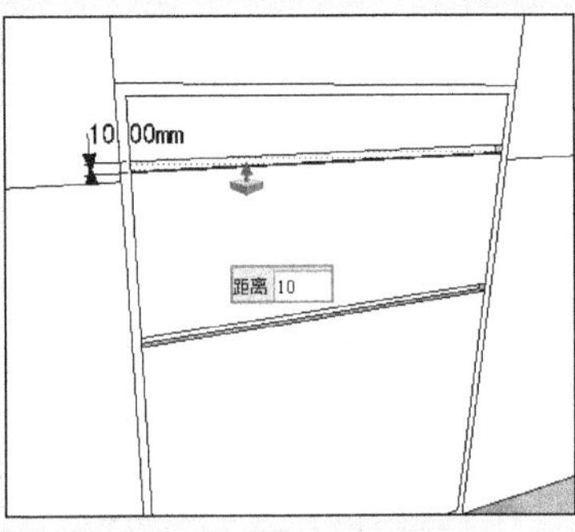

图 4-203　制作柜面缝隙细节

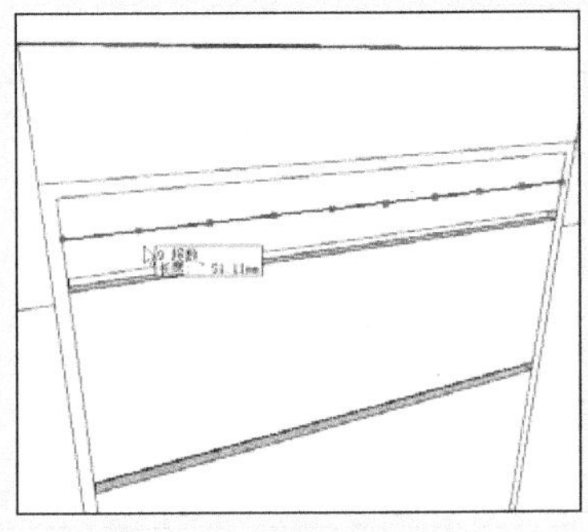

图 4-204　创建分割线并拆分为 10 段

11 启用【圆】工具，绘制出圆形按钮平面，如图 4-205 所示。

12 结合线段的移动复制与【推/拉】工具制作圆形按钮细节，如图 4-206 所示。

13 参考拆分点复制圆形按钮，然后分割右侧平面，如图 4-207 所示。

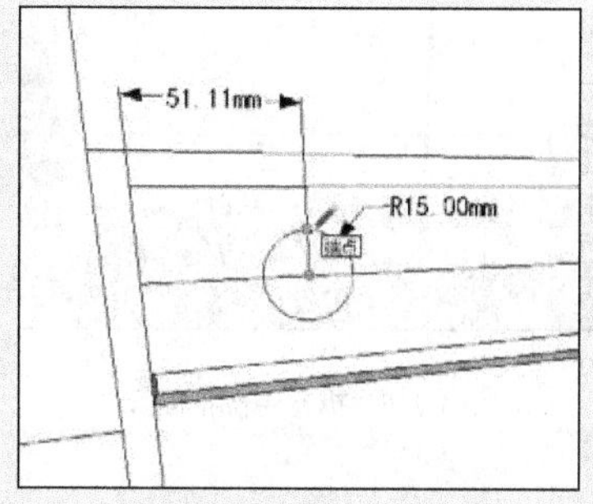

图 4-205 绘制圆形按钮平面

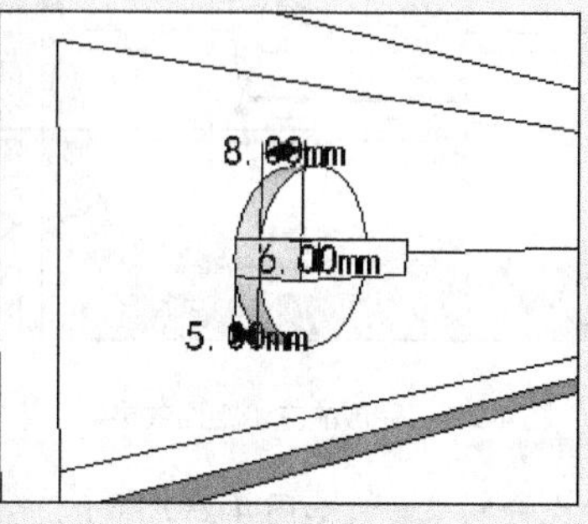

图 4-206 制作圆形按钮细节

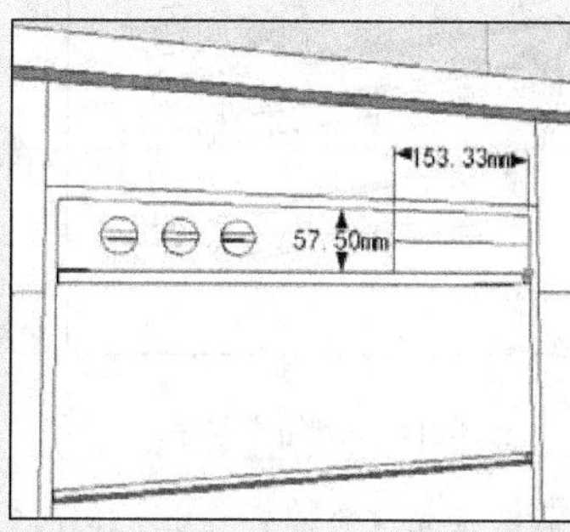

图 4-207 复制按钮并分割右侧平面

14 结合【偏移】与【推/拉】工具，制作方形按钮，完成效果如图 4-208 所示。

15 复制方形按钮，完成效果如图 4-209 所示。接下来制作柜门拉手。

16 启用【矩形】工具，绘制柜门拉手平面，如图 4-210 所示。

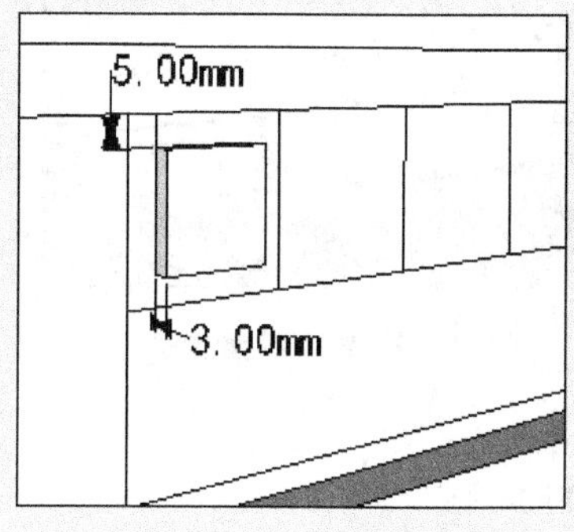

图 4-208 制作方形按钮

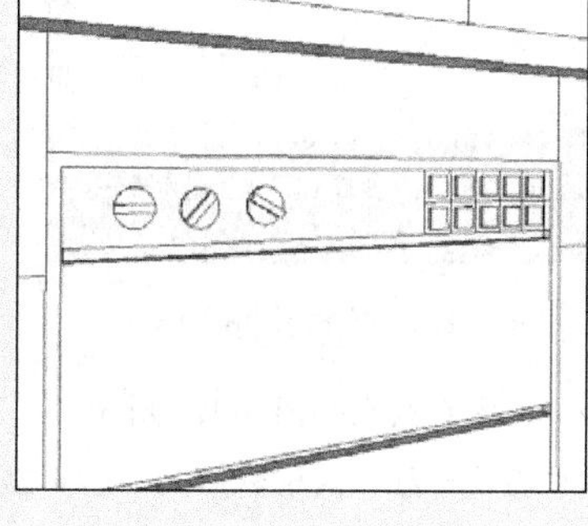

图 4-209 复制方形按钮

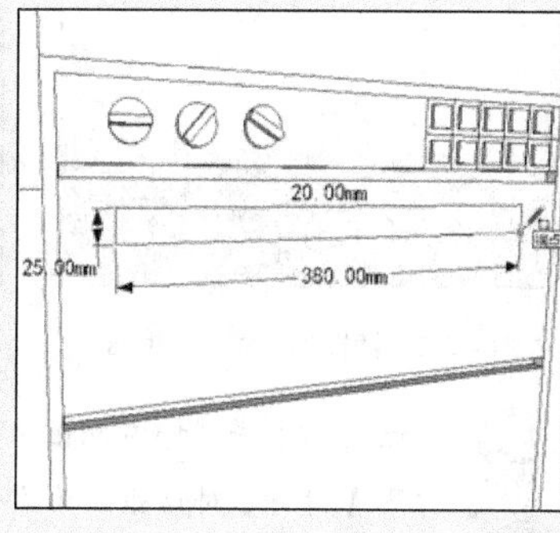

图 4-210 绘制柜门拉手平面

17 启用【推/拉】工具，制作 40mm 拉手的厚度，然后结合线的移动复制与【推/拉】工具制作拉手轮廓，效果如图 4-211 所示。

18 结合使用【圆弧】与【推/拉】工具，处理拉手转角处圆弧细节，如图 4-212 与图 4-213 所示。

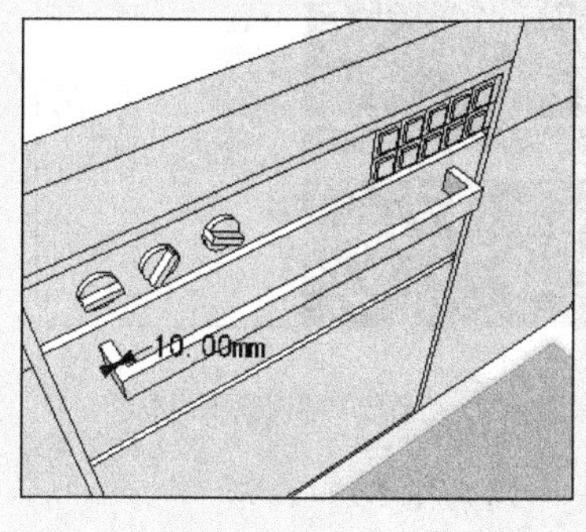

图 4-211 制作拉手轮廓

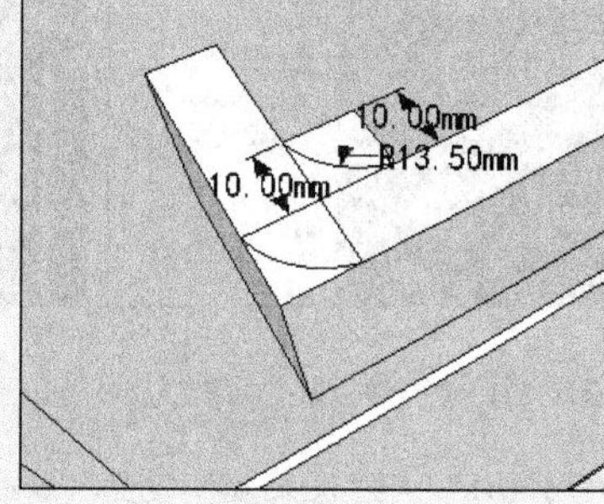

图 4-212 处理拉手转角处圆弧细节

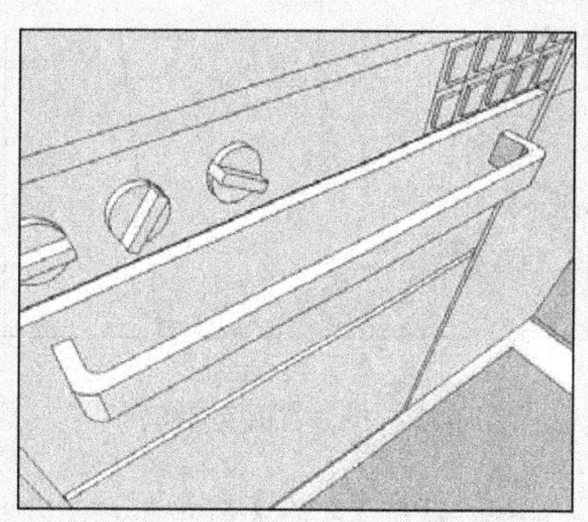

图 4-213 拉手制作完成效果

19 复制柜门拉手，如图 4-214 所示。完成的左侧柜面效果如图 4-215 所示。接下来制作中部柜面细节。

20 选择中部柜面，将其拆分为 3 段，如图 4-216 所示。

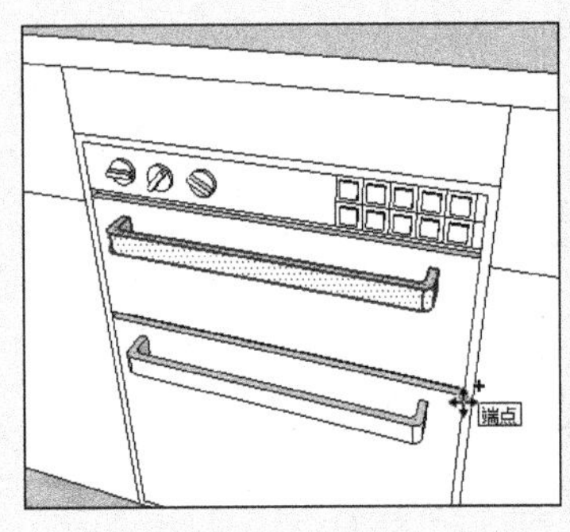

图 4-214　复制柜门拉手

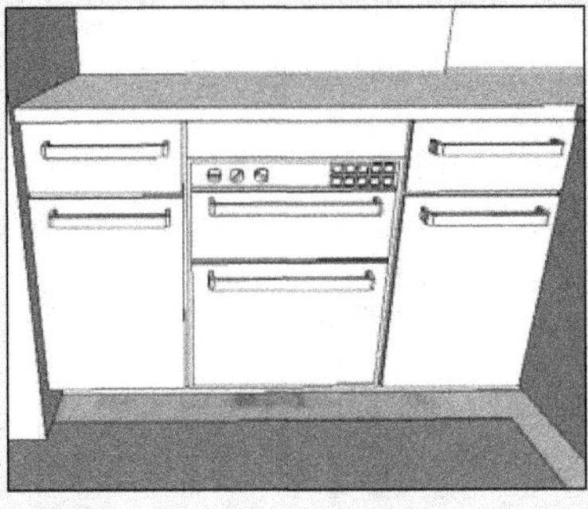
图 4-215　完成的左侧柜面效果

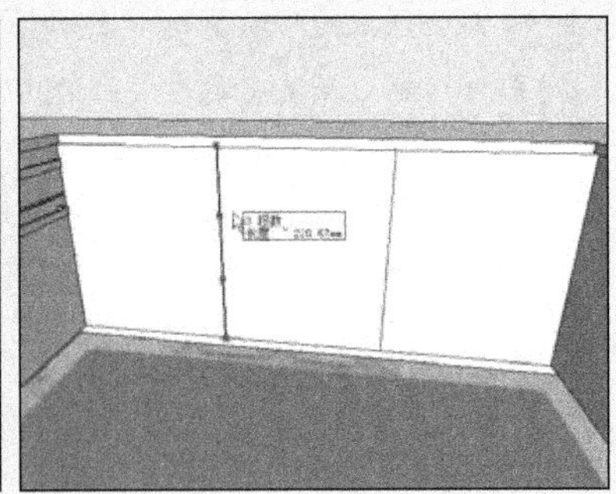
图 4-216　拆分中部柜面

21 启用【直线】工具，捕捉拆分点分割柜面，如图 4-217 所示。

22 结合线的移动复制与【推/拉】工具，制作柜门缝隙细节，如图 4-218 所示。

23 复制并调整拉手模型，完成效果如图 4-219 所示。

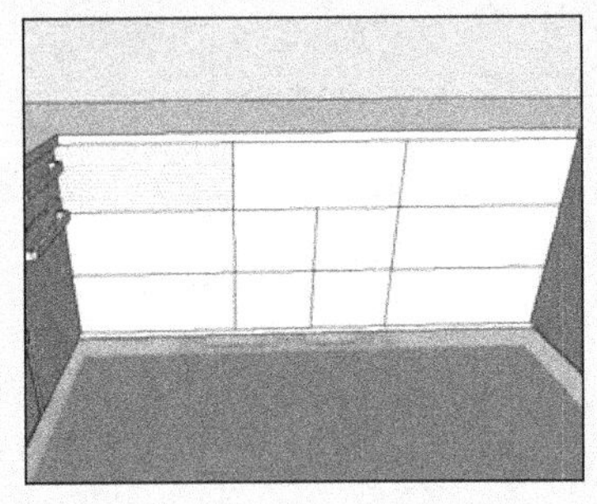
图 4-217　捕捉拆分点分割柜面

图 4-218　制作柜门缝隙细节

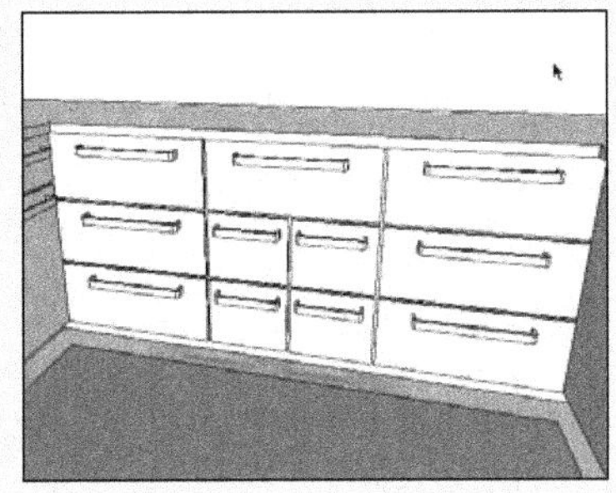
图 4-219　复制并调整拉手

24 通过类似方法制作右侧柜面细节，完成效果如图 4-220 所示。

25 打开【材料】对话框，为右侧柜门赋予红色木纹材质，如图 4-221 所示。

26 为左侧中部柜面赋予黑色面板材质，其他部件赋予金属材质，如图 4-222 所示。

图 4-220　制作右侧柜门细节

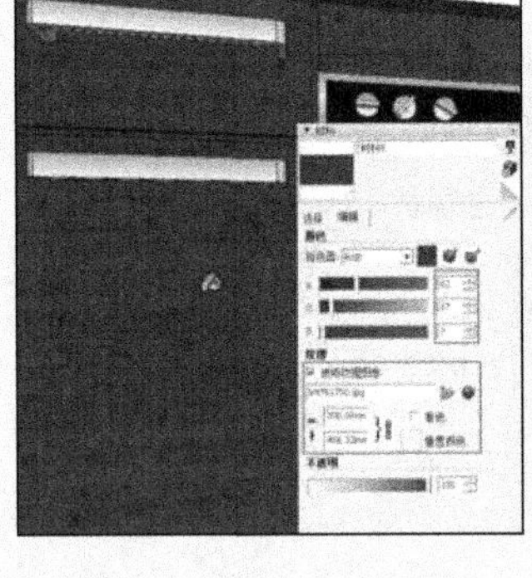
图 4-221　赋予右侧柜门木纹材质

图 4-222　赋予左侧中部柜面材质

27 打开【组件】对话框，合并入“燃气灶”与“洗菜盆”模型，如图 4-223 与图 4-224 所示。

28 启用【矩形】工具，在洗菜盆处绘制分割面，然后通过【缩放】工具调整其大小，如图 4-225 所示。

29 删除分割面后得到的洗菜盆效果如图 4-226 所示。接下来制作上方抽油烟机与吊柜的效果。

30 打开【组件】对话框，合并“抽油烟机”模型，效果如图 4-227 所示。

31 启用【直线】工具，在右侧墙面上分割出吊柜平面，如图 4-228 所示。

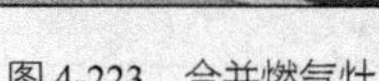

图 4-223 合并燃气灶

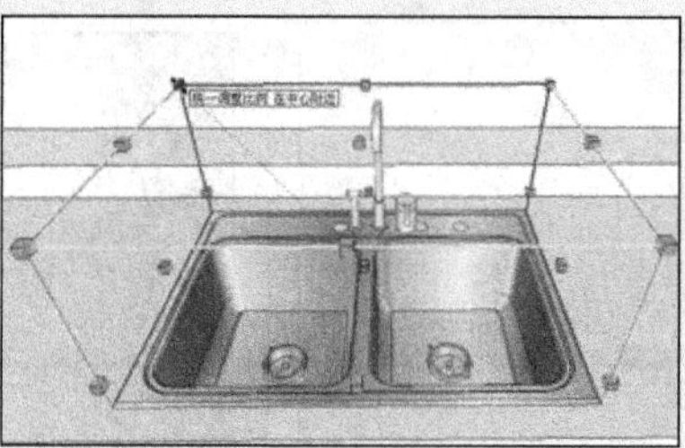

图 4-224 合并洗菜盆

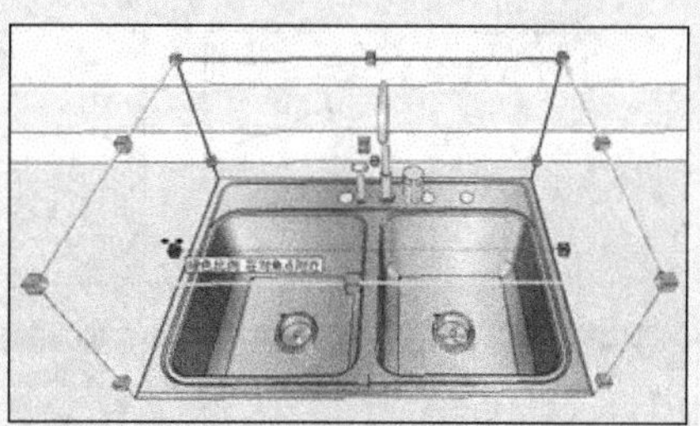

图 4-225 绘制并调整洗菜盆分割面

图 4-226 删除分割面

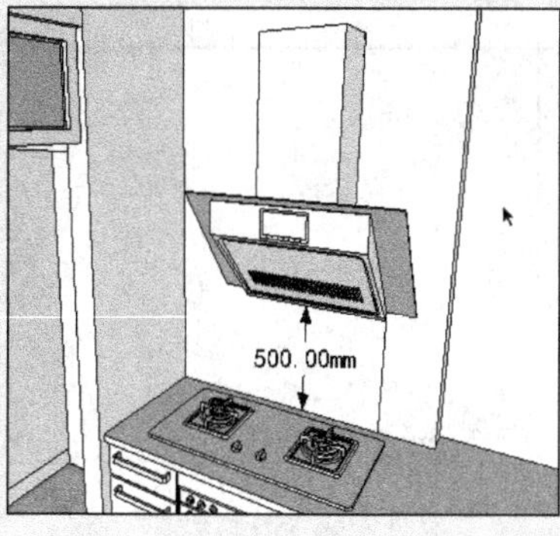

图 4-227 合并抽油烟机

端点
990. 00mm
600. 00mm

图 4-228 制作右侧吊柜平面

32 结合使用【推/拉】与【直线】工具，制作吊柜细分面，效果如图 4-229 所示。

33 结合使用【偏移】与【推/拉】工具，制作吊柜的柜门细节，然后合并拉手，效果如图 4-230 所示。

34 打开【材料】对话框，赋予吊柜各部分相应的材质，完成效果如图 4-231 所示。接下来细化厨房窗户。

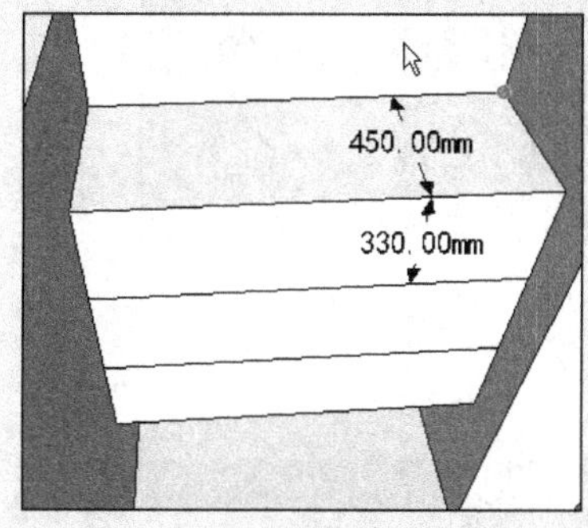

图 4-229 制作吊柜深度并拆分为 3 段

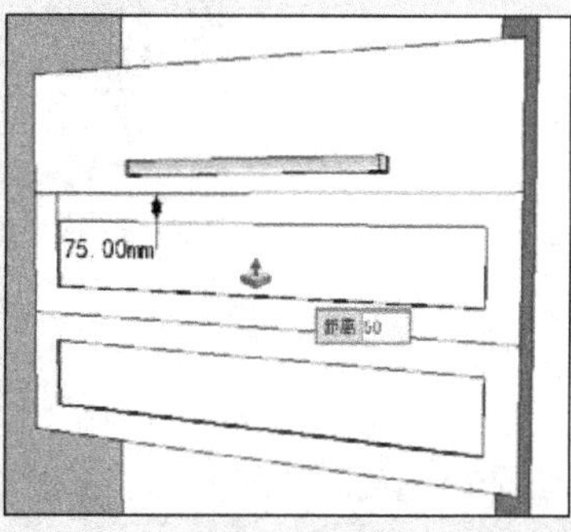

图 4-230 制作柜门并合并拉手

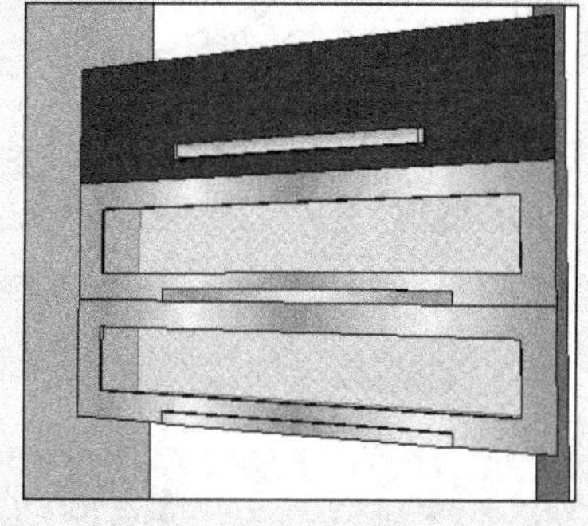

图 4-231 赋予吊柜材质效果

❑ 细化窗户

01 启用【直线】工具，分割出窗台与窗户平面，如图 4-232 所示。然后进一步分割窗户平面，如图 4-233 所示。

02 选择分割好的平面并单独创建为组，如图 4-234 所示。

03 启用【直线】工具，细分割窗户平面，如图 4-235 所示。

04 结合使用【偏移】与【推/拉】工具，制作窗户细节，完成效果如图 4-236 所示。

05 选择制作的窗户模型，调整其与窗台的相对位置，如图 4-237 所示。

06 启用【推/拉】工具，制作厨房的上方墙面细节，如图 4-238 所示。

07 经过以上步骤，即已完成厨房的制作，效果如图 4-239 所示。接下来细化客厅空间。

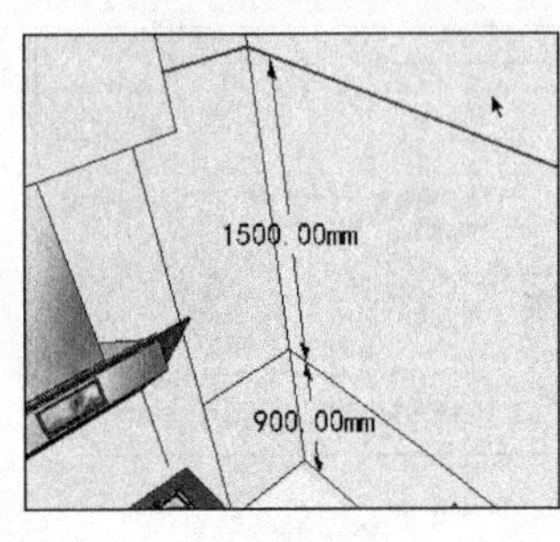

图 4-232　分割窗台与窗户平面

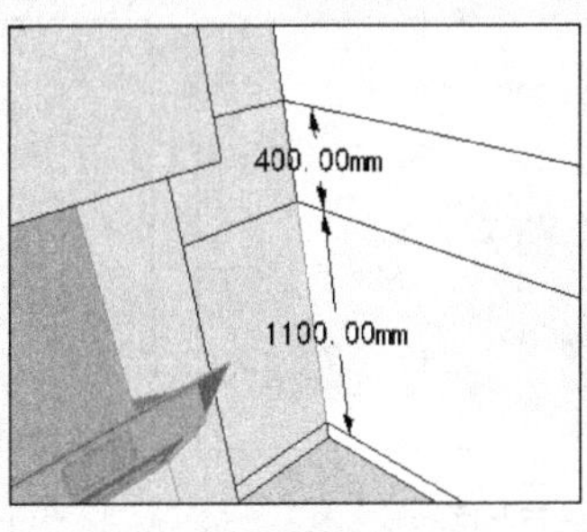

图 4-233　分割窗户平面

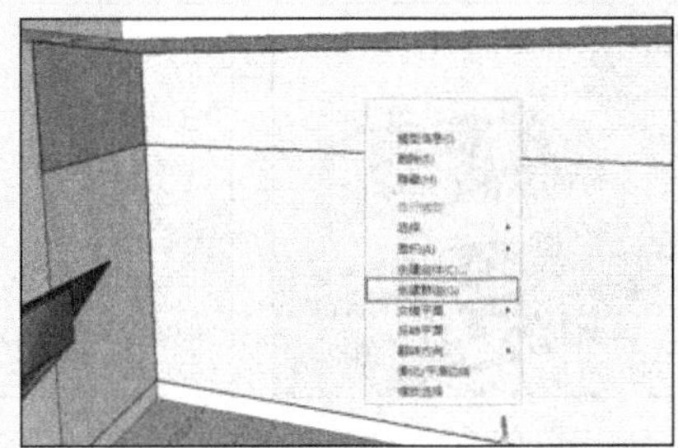

图 4-234　创建组

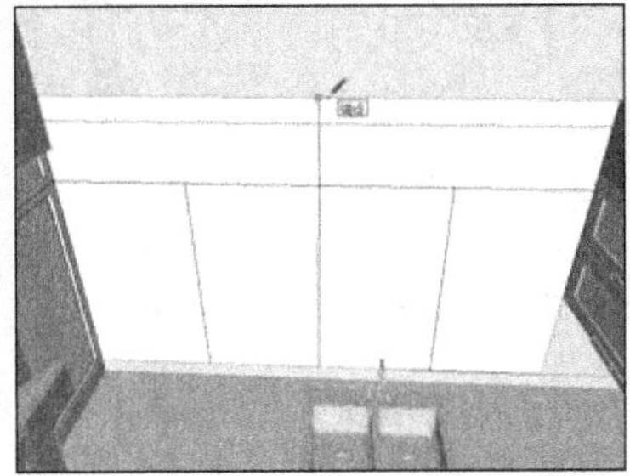

图 4-235　细分割窗户平面

图 4-236　制作窗户细节

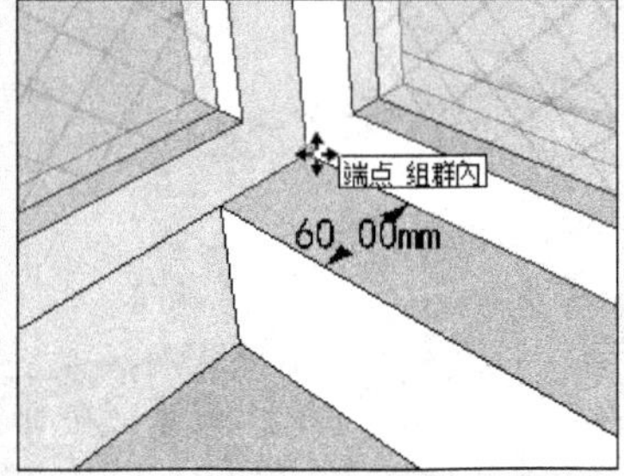

图 4-237　调整窗户与窗台相对位置

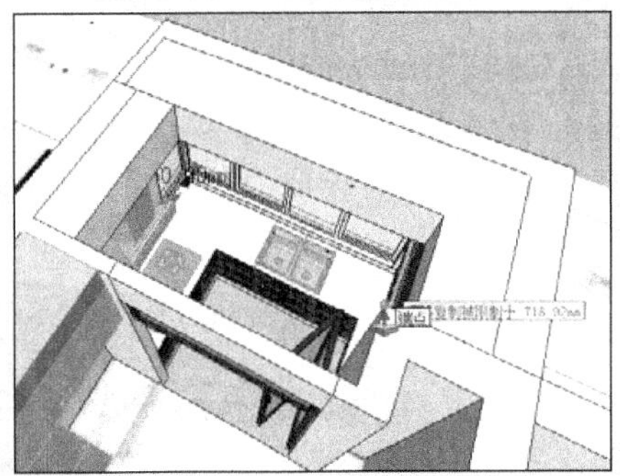

图 4-238　制作窗户上方墙面细节

图 4-239　厨房完成效果

4.6 细化客厅

客厅空间主要制作沙发处的柜子、电视柜、展示柜以及右侧的阳台等相关效果，如图 4-240 所示。

1. 制作沙发柜

01 启用【直线】工具，参考图纸分割左侧柜子平面，如图 4-241 所示。

02 启用【推/拉】工具，制作柜子的高度，如图 4-242 所示。

03 结合使用【偏移】与【直线】工具，分割出柜门平面，如图 4-243 所示。

04 结合线的移动复制与【推/拉】工具，制作柜门缝隙，然后合并拉手，完成效果如图 4-244 所示。

05 结合使用【偏移】与【推/拉】工具，制作柜面细节，如图 4-245 所示。

06 打开【材料】对话框，赋予凹陷面镜面材质，如图 4-246 所示。以相同方法制作另一侧的柜面，效果如图 4-247 所示。

图 4-240 客厅平面布置

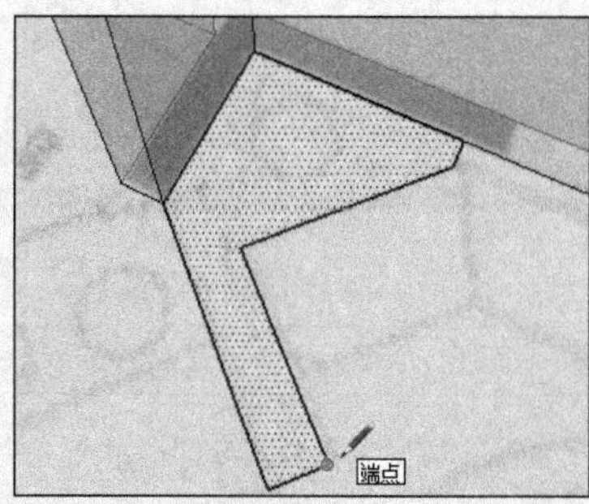

图 4-241 分割左侧柜子平面

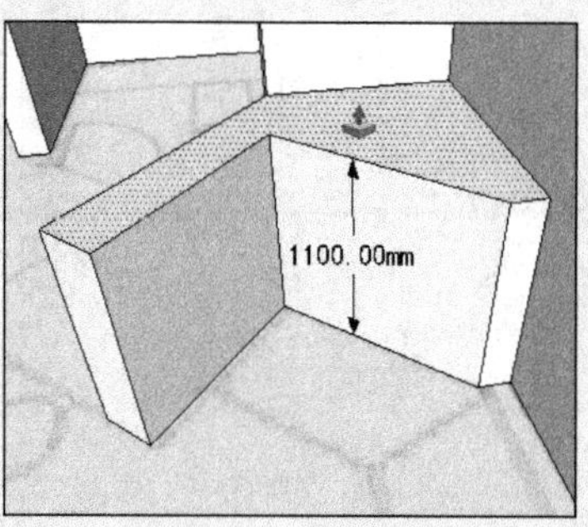

图 4-242 制作柜子高度

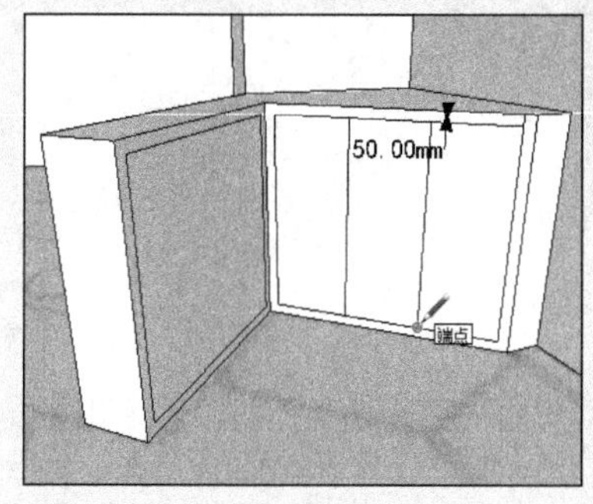

图 4-243 分割柜门平面

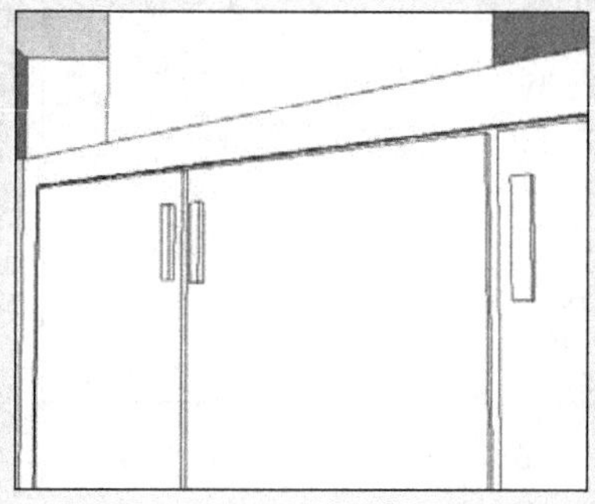

图 4-244 制作柜门并合并拉手

图 4-245 制作柜面细节

07 启用【推/拉】工具，参考图纸拉长柜体，如图 4-248 所示。

图 4-246 赋予凹陷面镜面材质

图 4-247 制作另一侧柜面

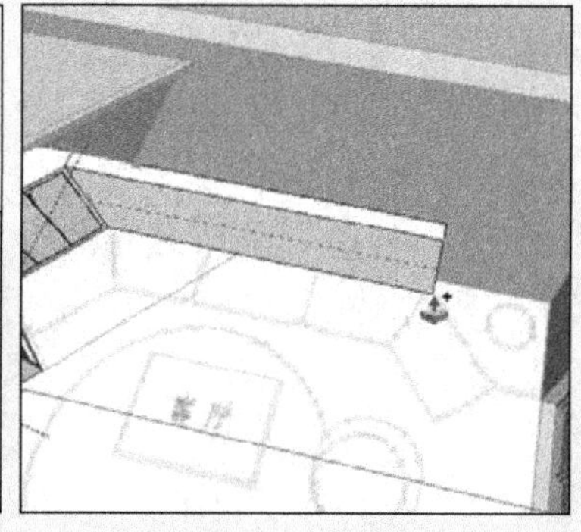

图 4-248 参考图纸拉长柜体

08 重复之前的操作，制作右侧柜体细节，如图 4-249 所示，整体完成效果如图 4-250 所示。接下来制作墙面与顶面造型。

2. 制作墙面及顶面造型

01 启用【直线】工具，参考图纸绘制墙面分割参考线，如图 4-251 所示。

02 根据参考线，启用【直线】工具绘制出墙面分割线，如图 4-252 所示。

03 逐次选择地面参考线并向上移动复制，如图 4-253 与图 4-254 所示。

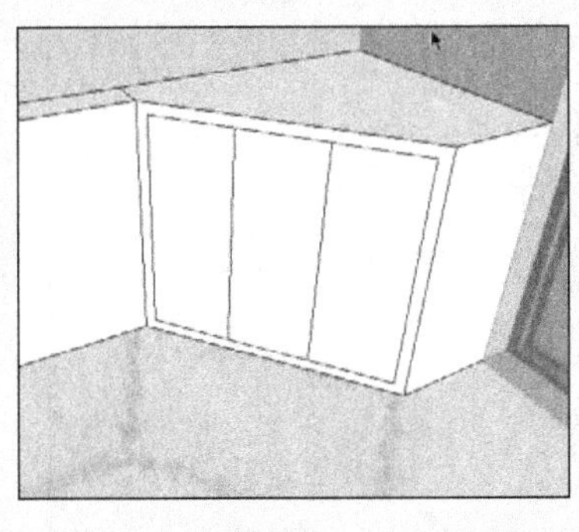
图 4-249　制作右侧柜子

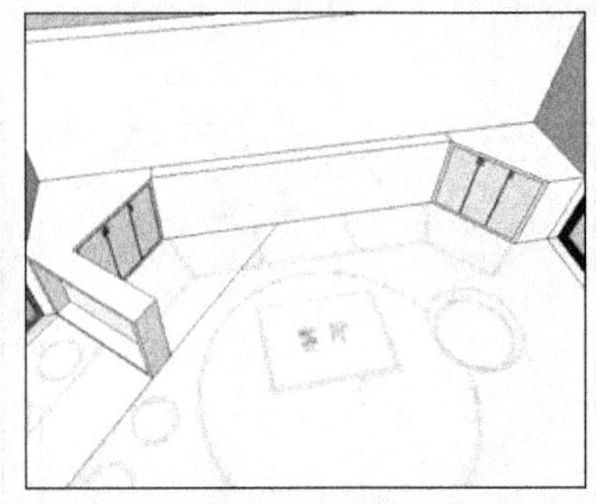
图 4-250　柜子整体完成效果

图 4-251　绘制墙面分割参考线

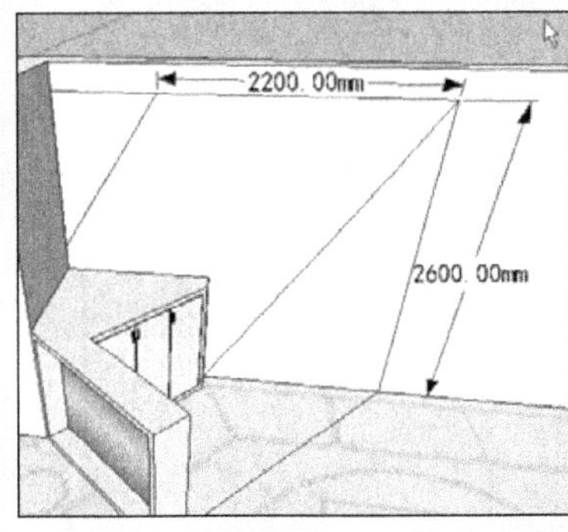

图 4-252　绘制墙面分割线

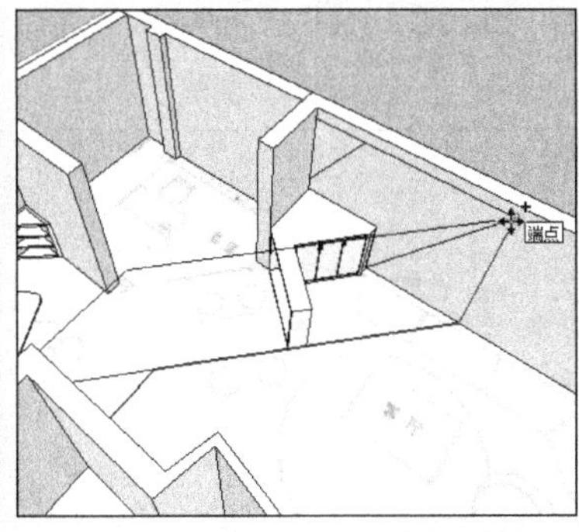

图 4-253　向上复制前方分割线

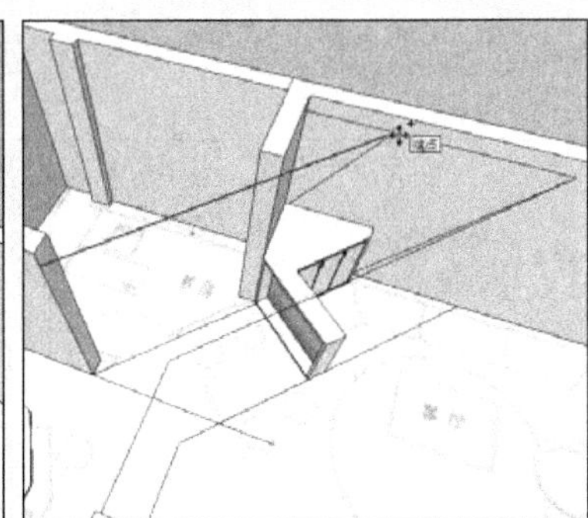
图 4-254　向上复制后方分割线

04 启用【直线】工具，连接分割线以形成平面，如图 4-255 所示。

05 将平面单独创建为组，如图 4-256 所示。

06 通过对线段的移动复制制作边框，如图 4-257 所示。

图 4-255　连接分割线形成平面

图 4-256　将平面单独创建为组

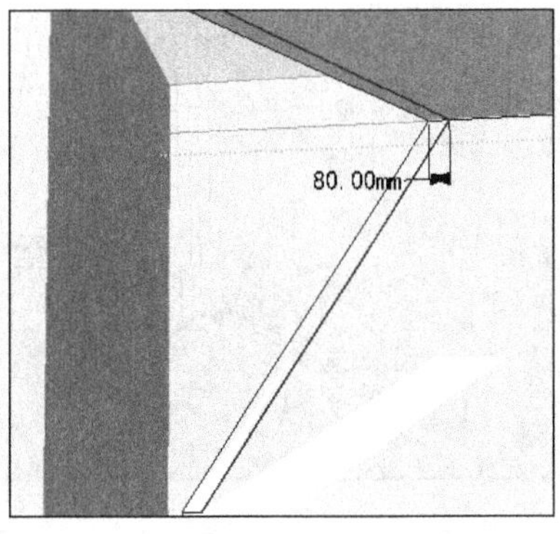

图 4-257　复制制作边框

07 启用【推/拉】工具，制作边框厚度，如图 4-258 与图 4-259 所示。接下来处理结合处。

08 启用【直线】工具，捕捉交点并创建分割线，如图 4-260 所示。

09 删除右侧多余的平面，然后选择外部边线并向上复制，如图 4-261 所示。

10 删除上部多余平面，然后启用【直线】工具创建平面连接线，如图 4-262 所示。

11 经过以上步骤，结合点处理完成效果如图 4-263 所示。

12 通过类似方法处理其他的边框细节，完成整体效果如图 4-264 所示。

13 打开【材料】面板，赋予框架造型木纹材质，赋予墙面镜面材质，如图 4-265 与图 4-266 所示。

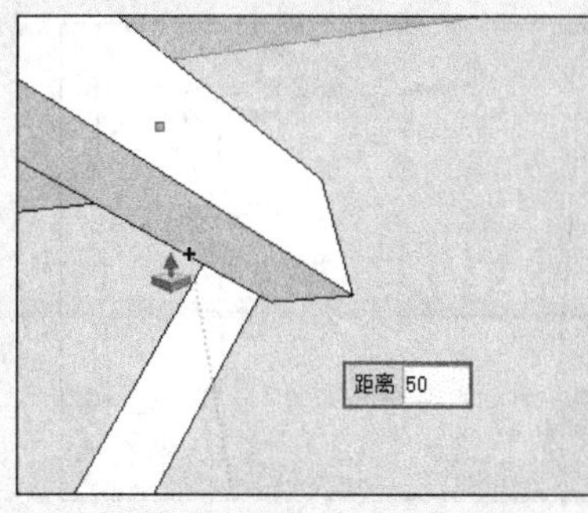

图 4-258　制作顶部边框厚度

图 4-259　制作墙面边框厚度

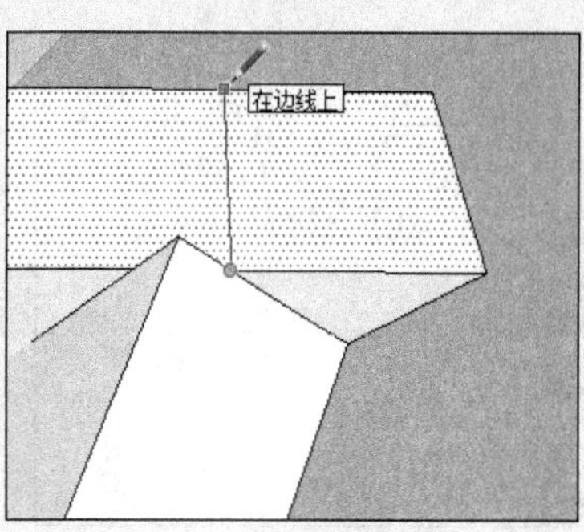

图 4-260　创建分割线

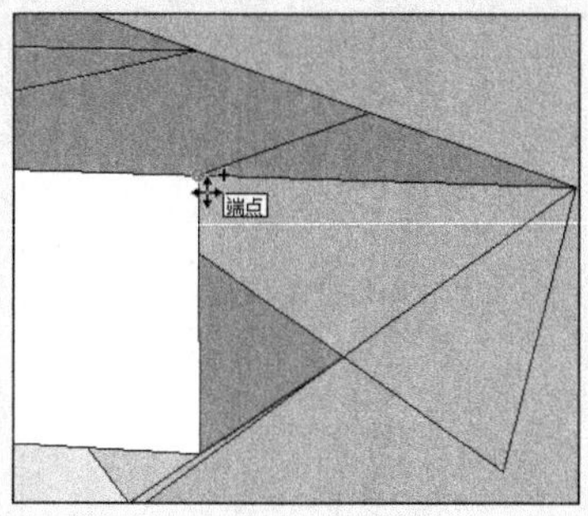

图 4-261　删除平面并复制边线

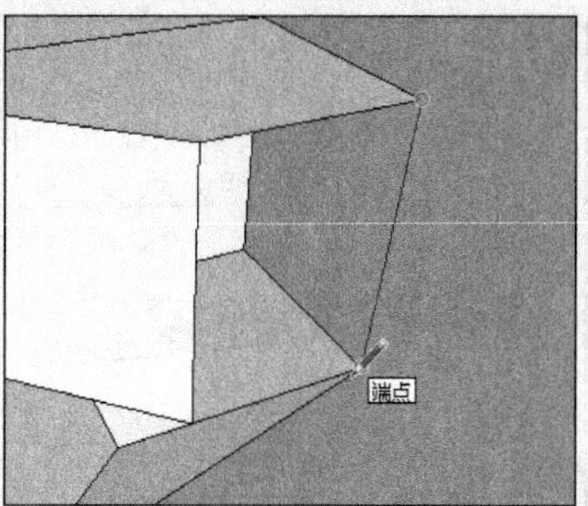

图 4-262　创建平面连接线

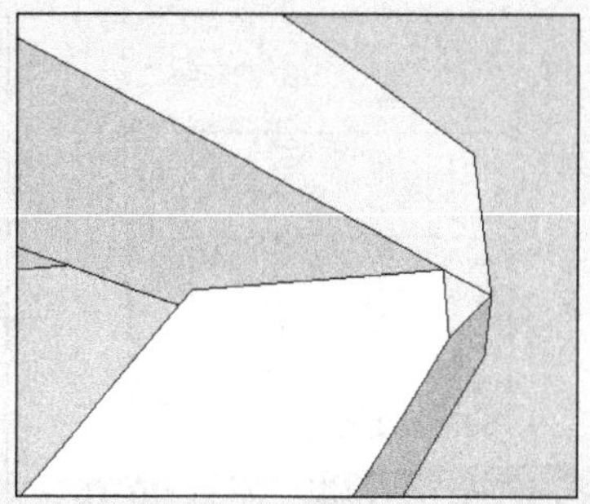

图 4-263　结合点处理完成效果

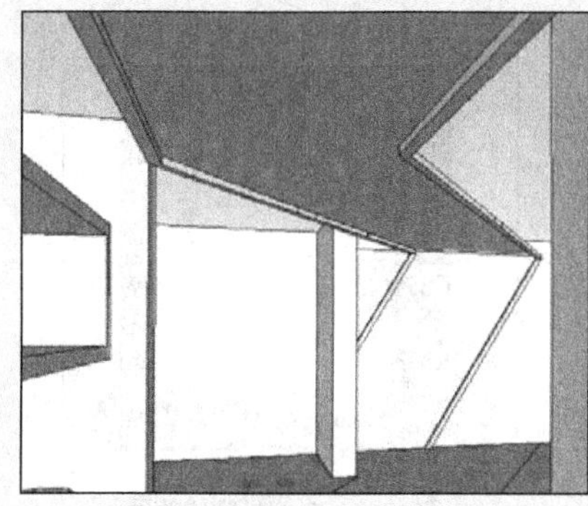

图 4-264　墙面顶部造型完成效果

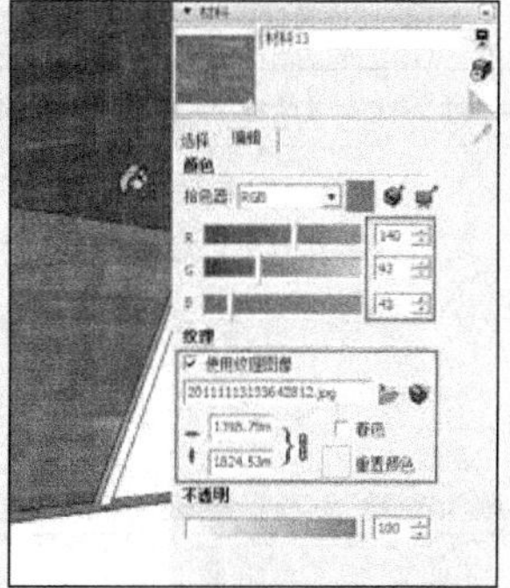

图 4-265　赋予木纹材质

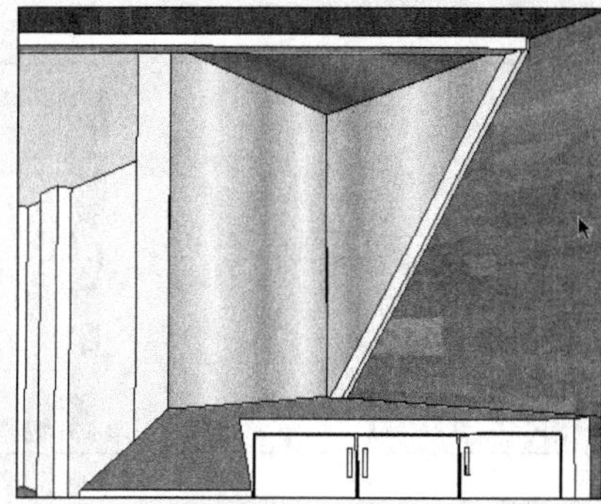

图 4-266　赋予镜面材质

3. 制作电视柜与展示柜

01 电视柜与展示柜的平面布置效果如图 4-267 所示。

02 首先为墙面赋予黑色石材，然后参考图纸启用【直线】工具分割电视柜平面，如图 4-268 所示。

03 启用【推/拉】工具，制作电视柜的轮廓细节，如图 4-269 所示。

04 启用【推/拉】工具推空下方空间，如图 4-270 所示。然后制作下方柜子轮廓，如图 4-271 所示。

05 结合使用【直线】与【推/拉】工具，制作柜门细节，如图 4-272 与图 4-273 所示。

06 结合使用【偏移】与【推/拉】工具，制作电视机的机位细节，如图 4-274 所示。

07 经过如上步骤，即已完成电视柜的制作，效果如图 4-275 所示。接下来制作其右侧的展示柜。

08 启用【直线】工具，参考图纸分割展示柜平面，如图 4-276 所示。

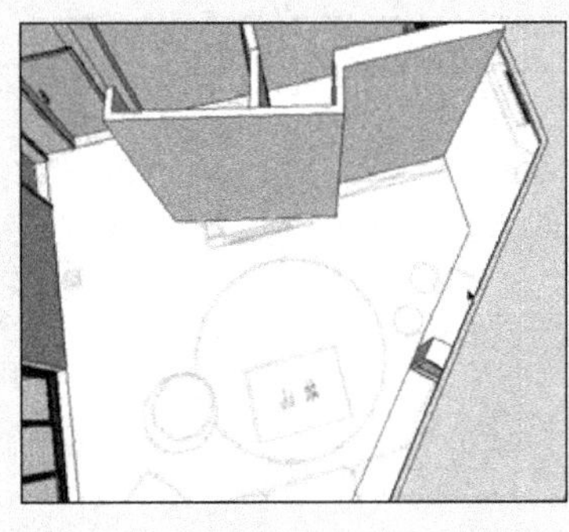

图 4-267　电视柜与展示柜平面布置

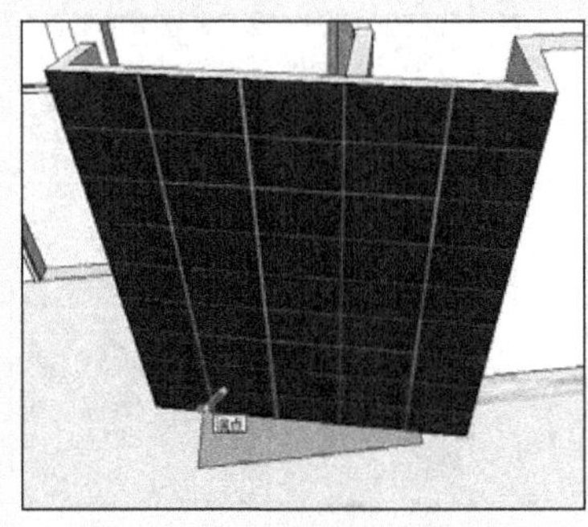

图 4-268　分割电视柜平面

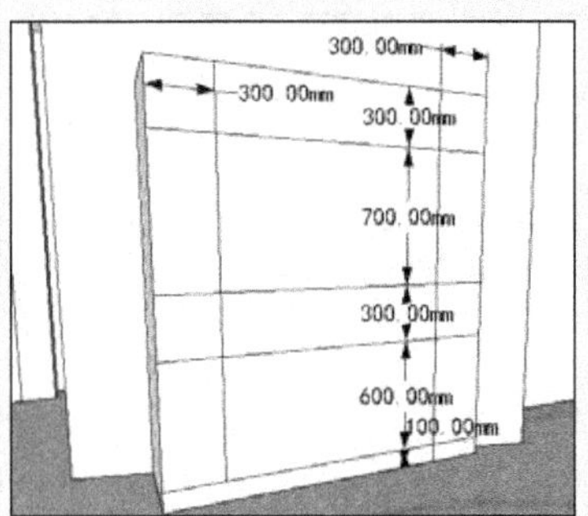

图 4-269　制作电视柜轮廓细节

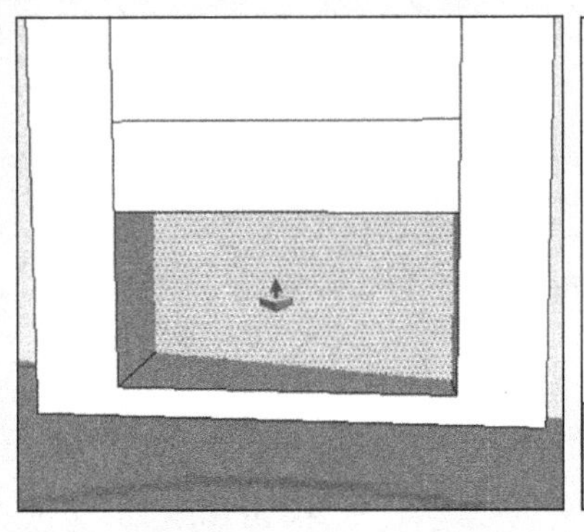

图 4-270　推空下方空间

图 4-271　制作下方柜子轮廓

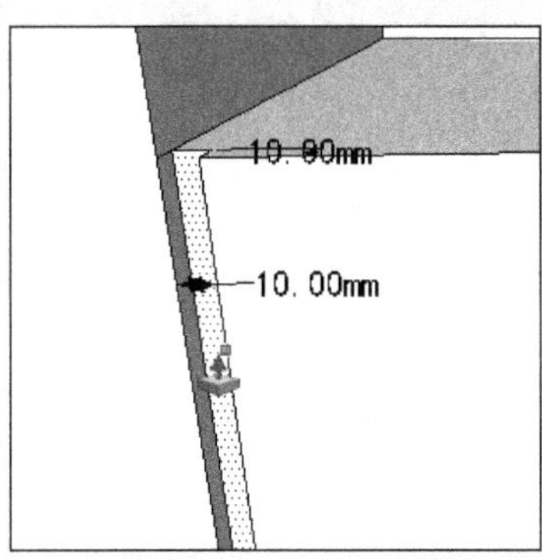

图 4-272　制作柜门细节

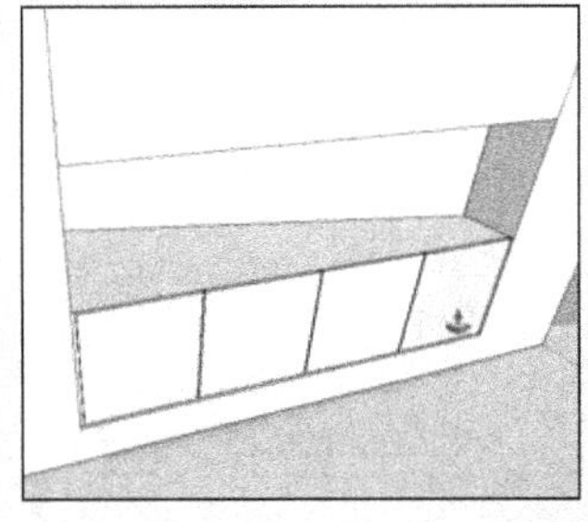

图 4-273　柜子完成效果

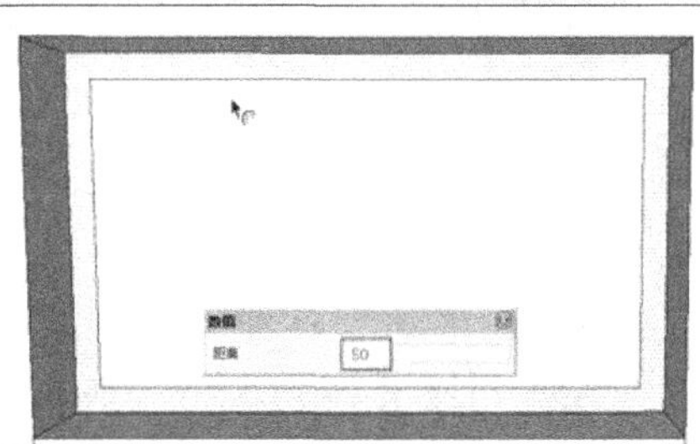

图 4-274　制作电视机机位细节

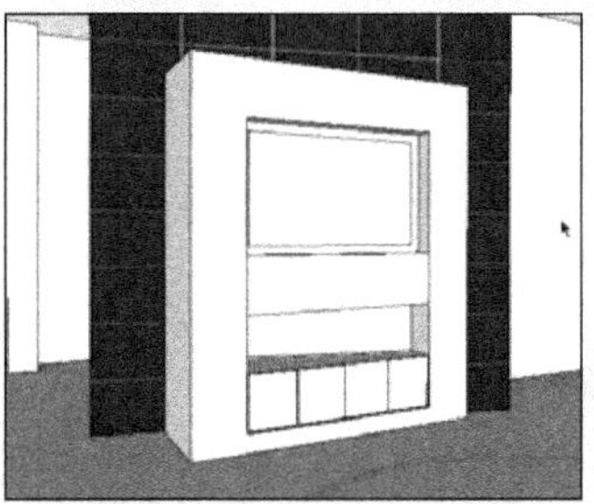

图 4-275　电视柜完成效果

09 启用【推/拉】工具，制作 2400mm 的柜子高度，然后拆分竖向边线为 6 段，如图 4-277 所示。

10 启用【偏移】工具，制作柜子边框，如图 4-278 所示。

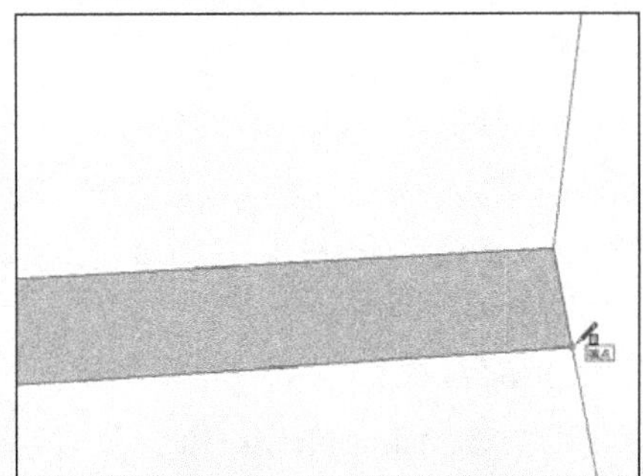

图 4-276　分割展示柜平面

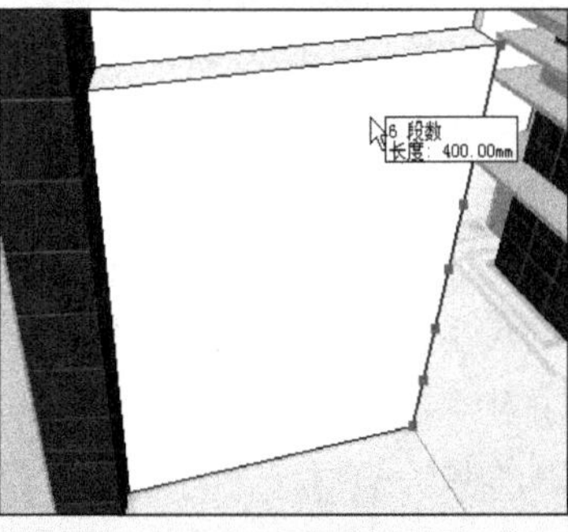

图 4-277　制作高度并拆分竖向边线

图 4-278　偏移复制制作边框

11 通过线段的移动复制，分割柜子平面，如图 4-279 所示。

12 启用【推/拉】工具，制作柜板细节，如图 4-280 所示。

13 打开材质编辑器，赋予柜子相应的材质，完成效果如图 4-281 所示。

图 4-279 分割柜子平面

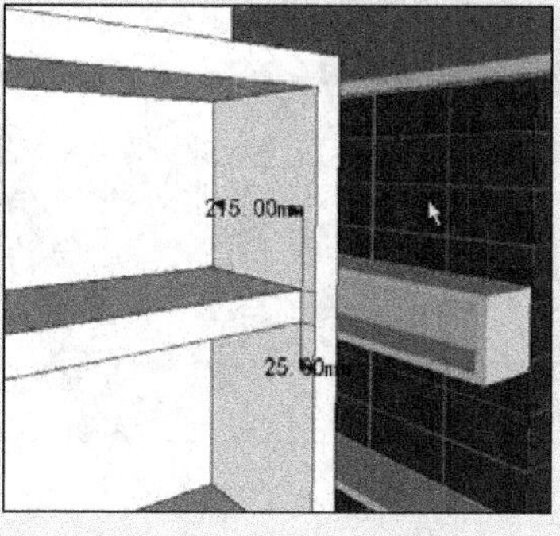

图 4-280 制作柜板细节

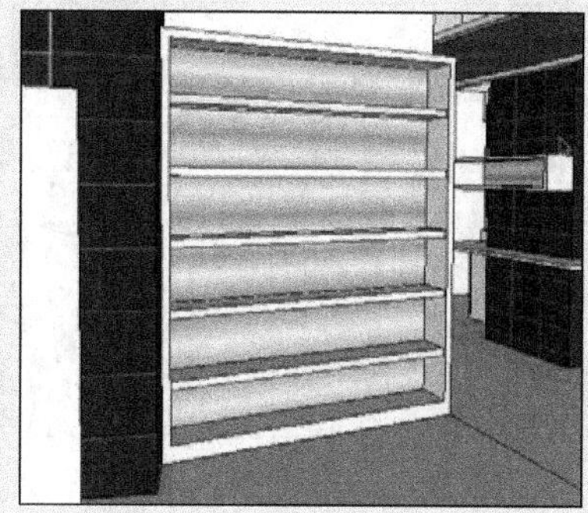
图 4-281 赋予柜子相应的材质

14 经过以上步骤，电视柜与展示柜即已完成，效果如图 4-282 所示。接下来制作客厅前方的阳台效果。

4. 处理客厅阳台效果

01 客厅阳台平面布置如图 4-283 所示。首先通过对线段的移动复制与推/拉制作阳台栏杆轮廓，如图 4-284 所示。

图 4-282 电视柜与展示柜效果

图 4-283 客厅阳台平面布置

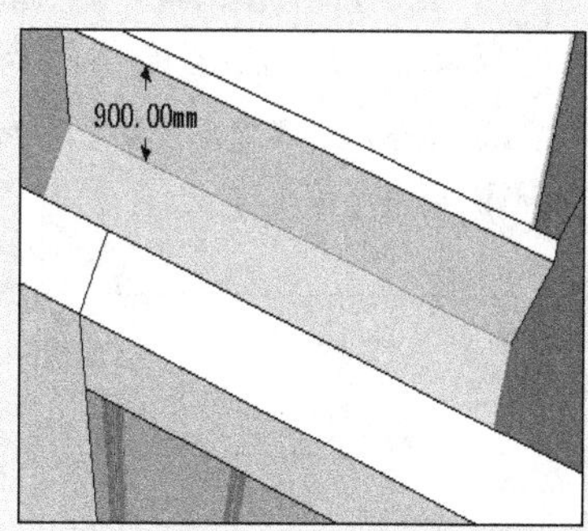

图 4-284 制作阳台栏杆轮廓

02 结合【偏移】与【推/拉】工具，制作栏杆的细节造型，然后赋予材质，完成效果如图 4-285 所示。

03 启用【直线】工具，参考平面图纸分割洗手台平面，如图 4-286 所示。

04 启用【推/拉】工具，制作洗手台轮廓，如图 4-287 所示。

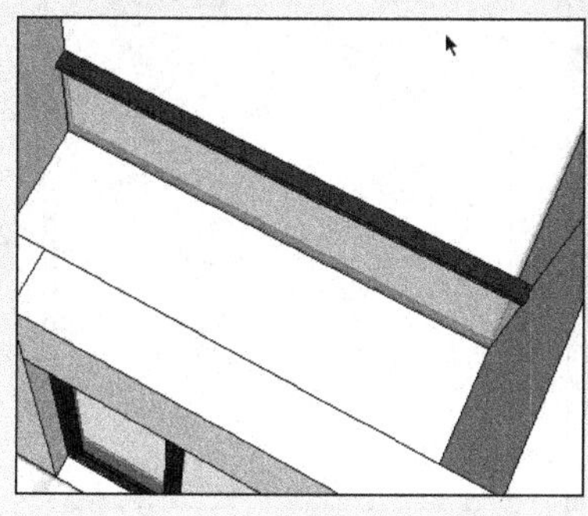
图 4-285 制作栏杆与玻璃面

图 4-286 分割洗手台平面

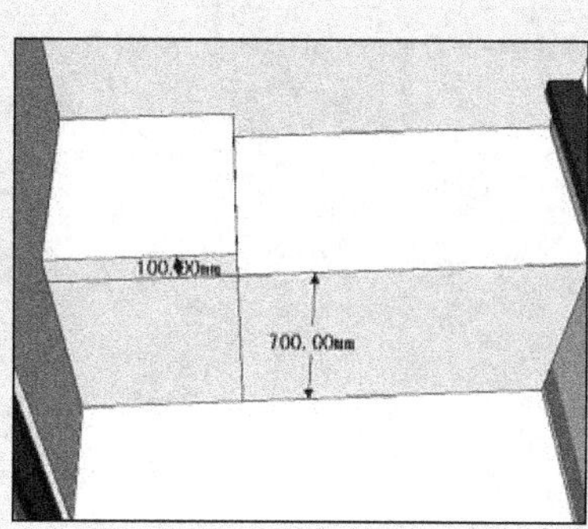

图 4-287 制作洗手台轮廓

05 通过对线进行移动复制与推/拉，制作洗手台细节，如图 4-288 所示。

06 打开【材料】对话框，制作洗手台的材质效果，如图 4-289 所示。

07 打开【组件】对话框，合并入“洗手盆”模型，效果如图 4-290 所示。接下来开始细化书房。

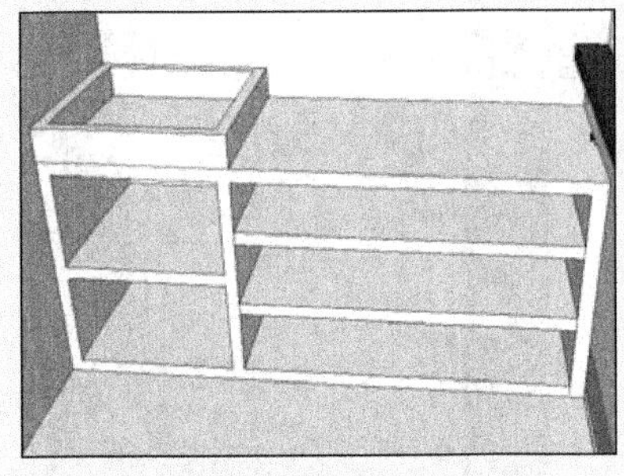

图 4-288 制作洗手台细节

图 4-289 赋予材质

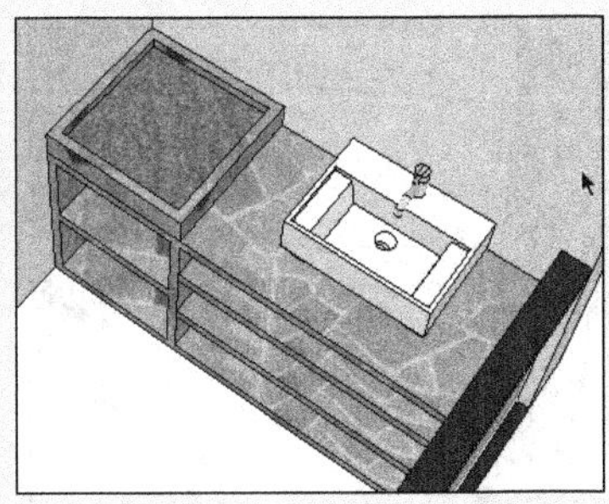

图 4-290 合并洗手盆

4.7 细化书房

1. 制作书房门

01 启用【矩形】工具，捕捉墙面中点并创建门平面，如图 4-291 所示。

02 启用【推/拉】工具，制作门厚度，如图 4-292 所示。

03 结合使用【直线】与【推/拉】工具处理好墙面细节，如图 4-293~图 4-295 所示。

04 启用【推/拉】工具，按住 Ctrl 键捕捉吊顶，复制顶面并分割书房门，如图 4-296 所示。

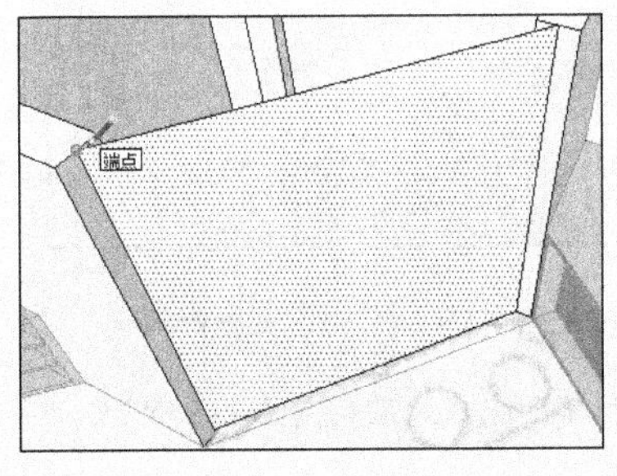

图 4-291 捕捉墙面中点创建门平面

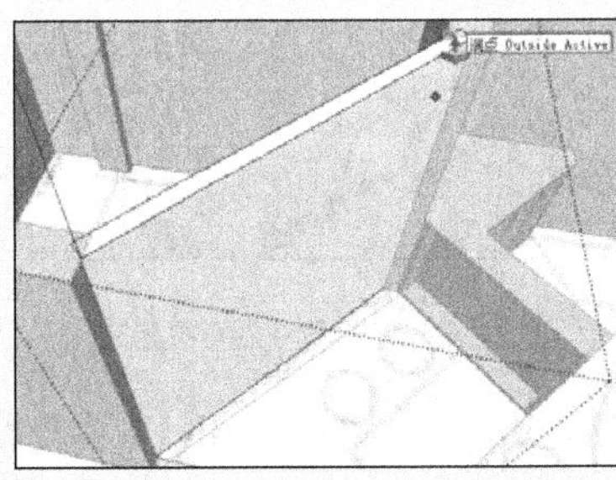

图 4-292 制作门厚度

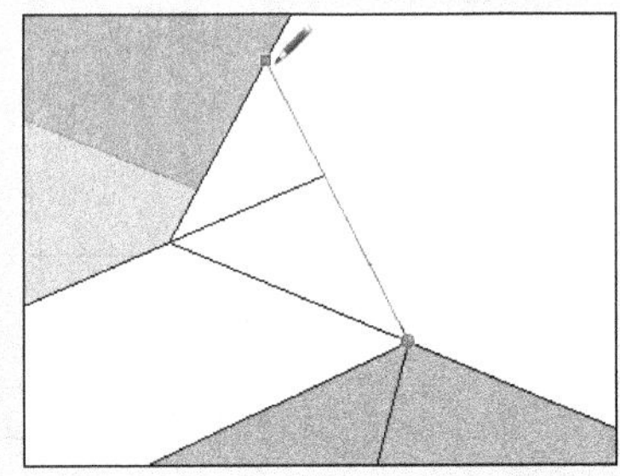

图 4-293 参考门模型分割墙体

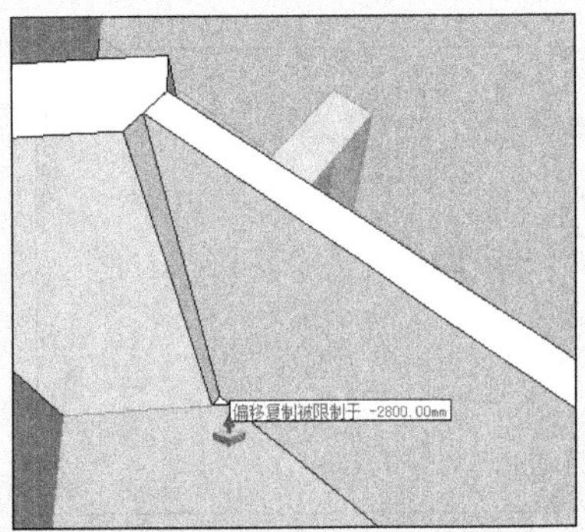

图 4-294 推空左侧分割面

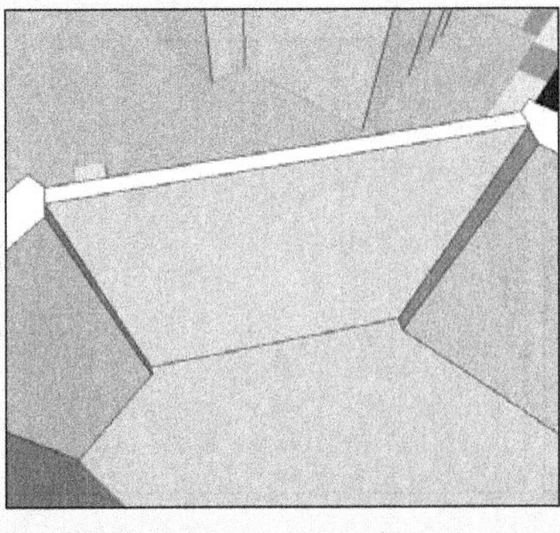

图 4-295 处理好右侧墙面细节

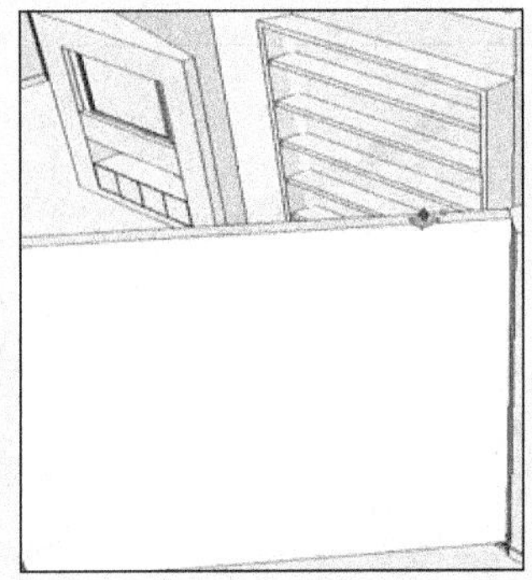

图 4-296 复制顶面并分割书房门

05 结合使用【偏移】与【推/拉】工具，制作门框细节，如图 4-297 与图 4-298 所示。

06 启用【直线】工具分割玻璃面，如图 4-299 所示。

图 4-297 制作门框平面细节

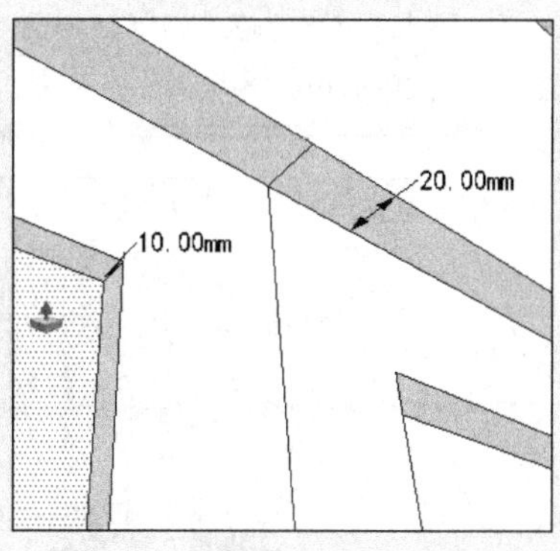

图 4-298 制作门框造型细节

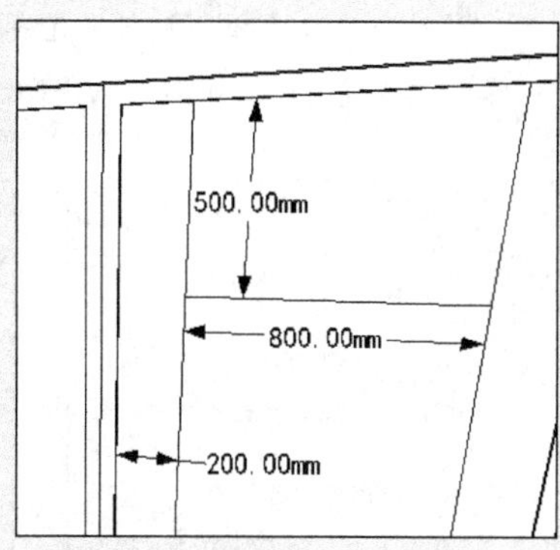

图 4-299 分割玻璃面

07 偏移复制线段，并对其进行推/拉，以制作玻璃门细节，完成效果如图 4-300 所示。

2. 制作休息台与窗户

01 参考图纸分割出休息台平面，然后启用【推/拉】工具制作其厚度，如图 4-301 所示。

02 结合使用【偏移】与【推/拉】工具制作休息台细节，如图 4-302 与图 4-303 所示。

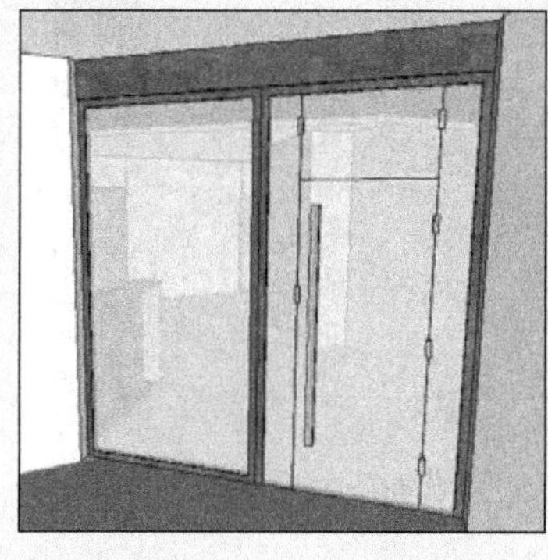

图 4-300 制作玻璃门

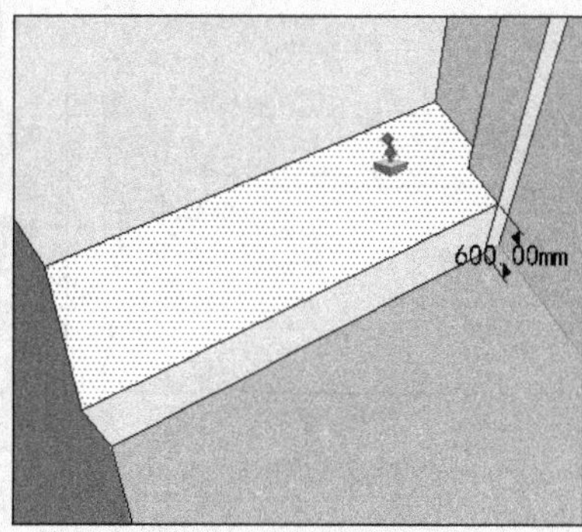

图 4-301 制作休息台轮廓

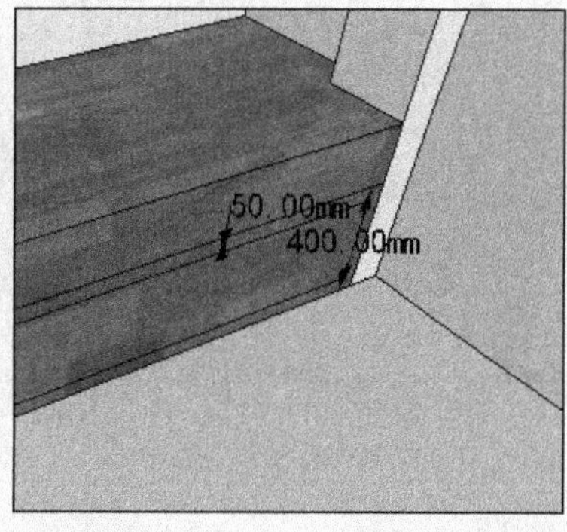

图 4-302 分割休息台平面

03 通过线的移动复制确定书房的窗台高度与窗户大小，如图 4-304 所示。

04 结合使用【偏移】与【推/拉】工具，制作窗户细节，效果如图 4-305 所示。

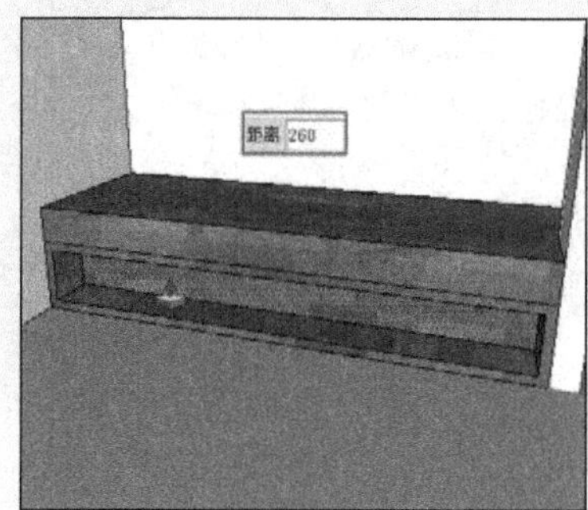

图 4-303 制作休息台细节

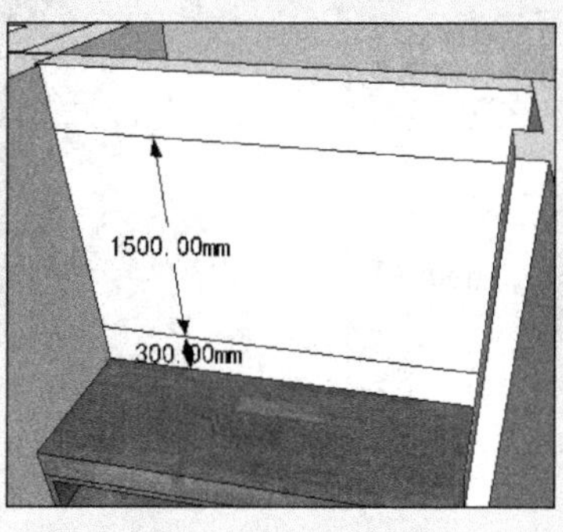

图 4-304 确定书房的窗台高度与窗户大小

图 4-305 制作窗户细节

3. 制作书架

01 通过对线的移动复制分割出书架搁板平面，如图 4-306 所示。

02 结合使用【推/拉】与【直线】工具，制作搁板的轮廓细节，如图 4-307 所示。

03 启用【直线】工具，细分搁板表面，如图 4-308 所示。

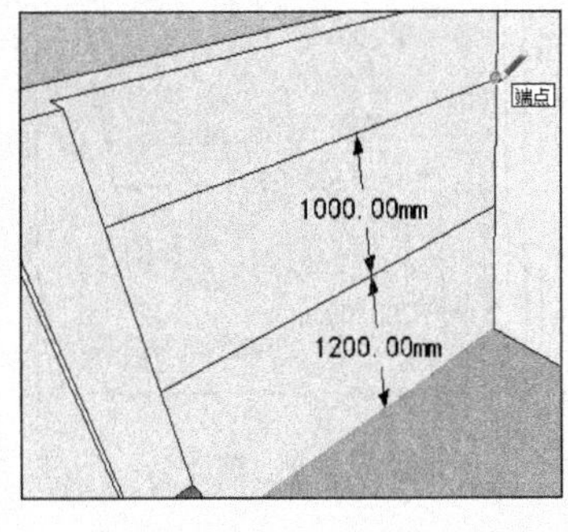

图 4-306 分割书架搁板平面

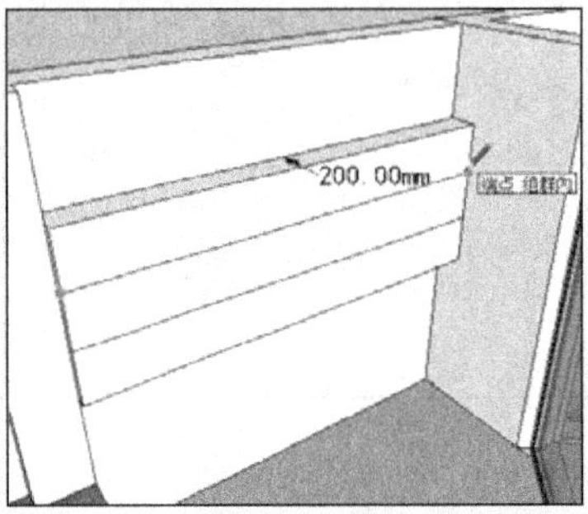

图 4-307 制作搁板厚度并拆分表面

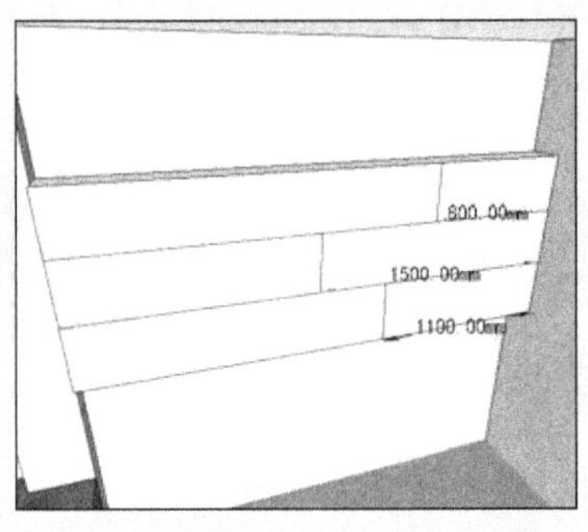

图 4-308 细分搁板表面

04 结合使用【偏移】与【推/拉】工具，制作搁板的边框细节，如图 4-309 所示。

05 启用【推/拉】工具，制作搁板细节，如图 4-310 与图 4-311 所示。

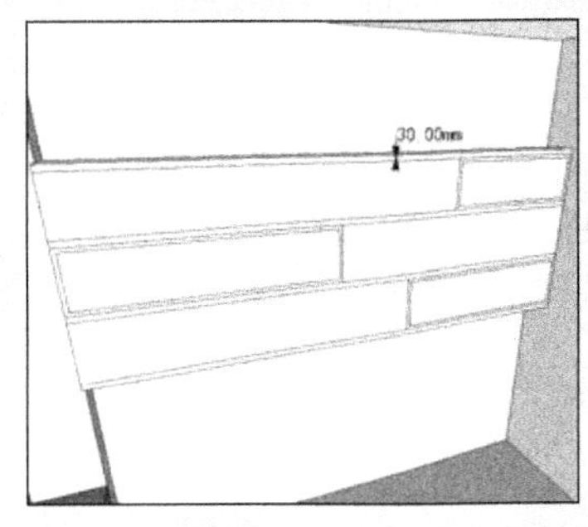

图 4-309 制作搁板边框细节

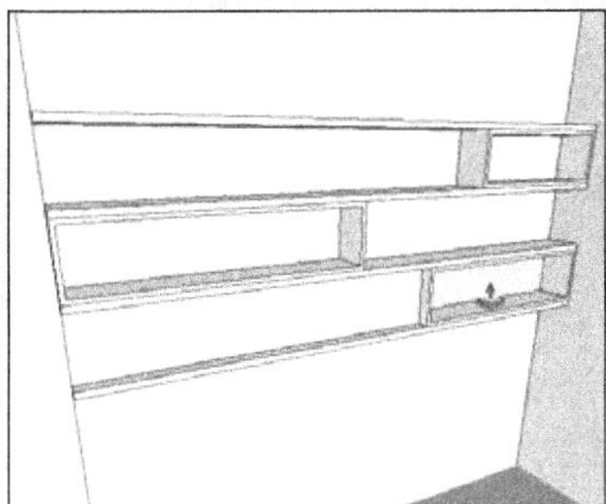

图 4-310 推空形成搁板

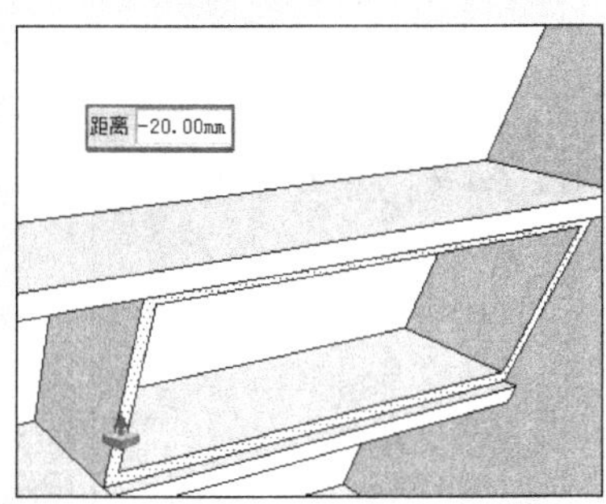

图 4-311 处理搁板细节

06 打开【材料】对话框，赋予搁板各部件相应的材质，如图 4-312 所示。

07 经过以上步骤，书房制作即已完成，效果如图 4-313 所示。接下来制作客卫生间。

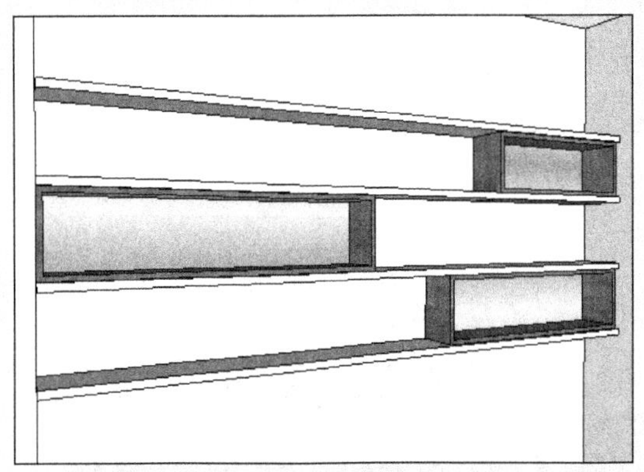

图 4-312 赋予搁板材质

图 4-313 书房完成效果

4-8 细化客卫生间

客卫生间主要包括前方作为洗手台以及后方作为浴室的两个空间，如图 4-314 所示。

图 4-314 客卫生间平面布置

1. 制作洗手台空间

01 启用【直线】工具，参考图纸绘制洗手台平面，如图 4-315 所示。

02 将洗手台平面单独创建为组，然后选择平面并调整高度，如图 4-316 所示

03 结合使用【推/拉】与【偏移】工具制作洗手台的厚度与边框细节，如图 4-317 所示。

04 启用【推/拉】工具，制作洗手台与下方搁板，完成效果如图 4-318 所示。

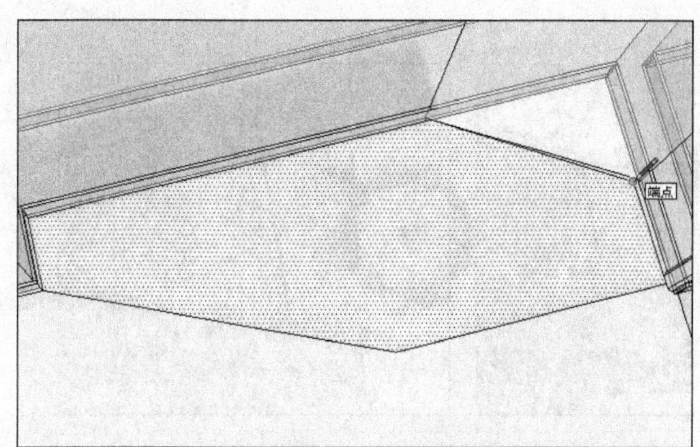

图 4-315 绘制洗手台平面

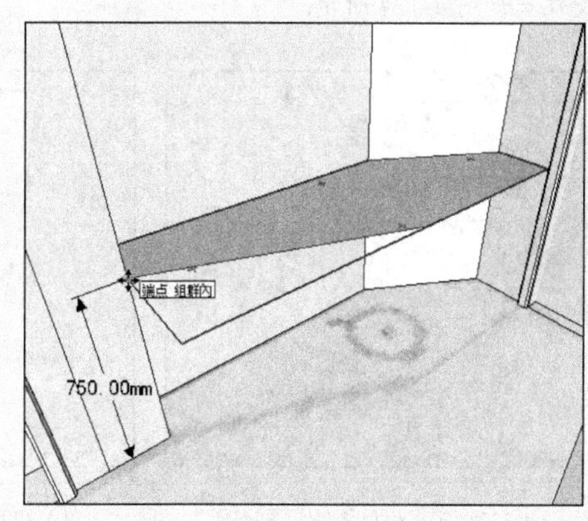

图 4-316 调整洗手台高度

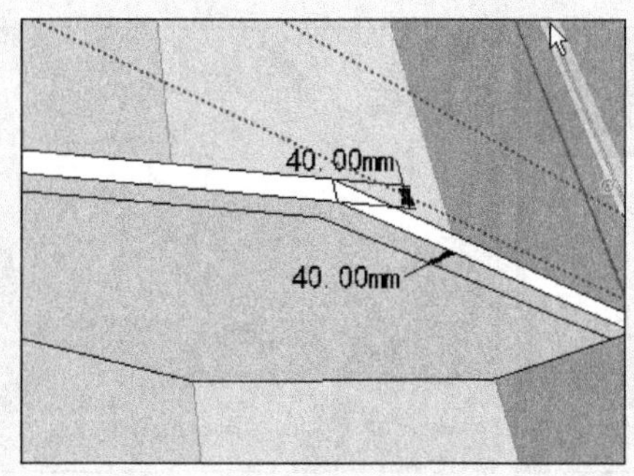

图 4-317 制作洗手台厚度与边框细节

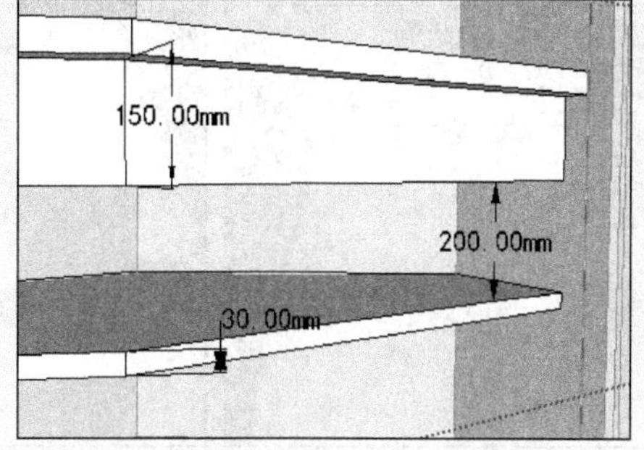

图 4-318 洗手台完成效果

05 打开【组件】对话框，合并“洗手盆”模型。

06 打开【材料】对话框，赋予洗手台相应的材质，如图 4-319 所示。

07 赋予墙面各部分以材质，完成效果如图 4-320 所示。

08 参考图纸，采用之前的方法制作右侧的柜子模型，如图 4-321 所示。接下来细化客卫生间浴室。

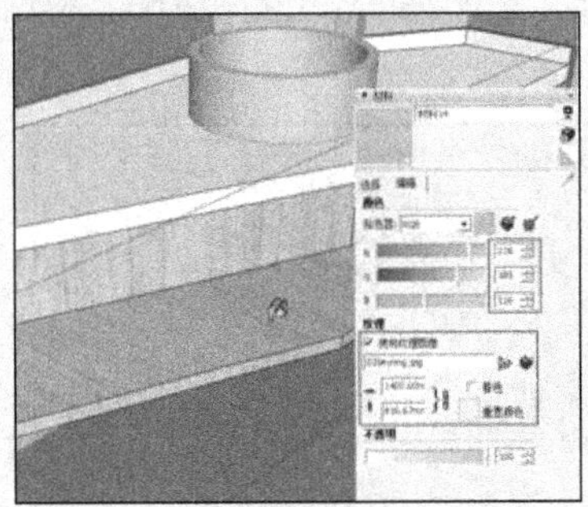
图 4-319 赋予洗手台材质

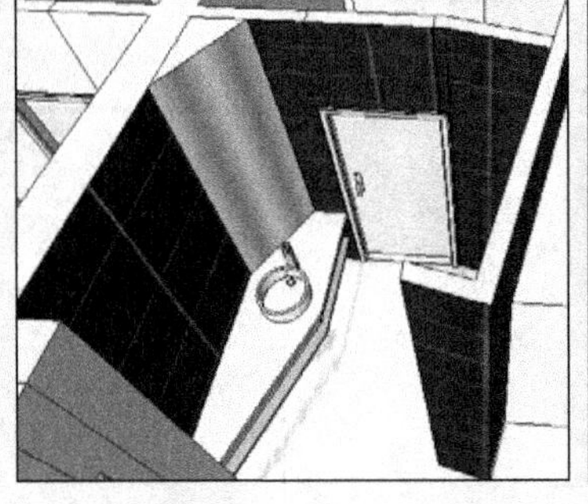
图 4-320 赋予墙面材质

图 4-321 制作右侧柜子

2. 制作客卫生间浴室

01 客卫生间浴室的平面布置如图 4-322 所示。

02 参考图纸，结合使用【直线】与【推/拉】工具制作门后方柜子的轮廓，如图 4-323 所示。

03 结合对线的移动复制与【推/拉】工具制作柜子细节，然后打开【材料】对话框，赋予其相应的材质，完成效果如图 4-324 所示。

图 4-322 客卫生间浴室平面布置

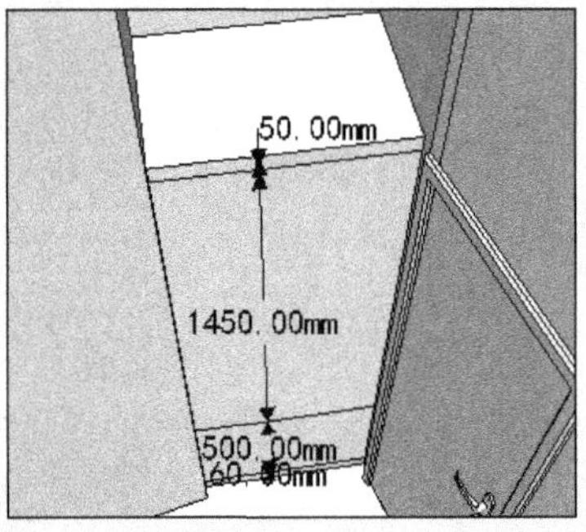

图 4-323 制作门后方柜子轮廓

图 4-324 制作柜子细节并赋予材质

04 参考图纸，结合对线的移动复制与【推/拉】工具，制作浴室的玻璃门，如图 4-325~图 4-327 所示。

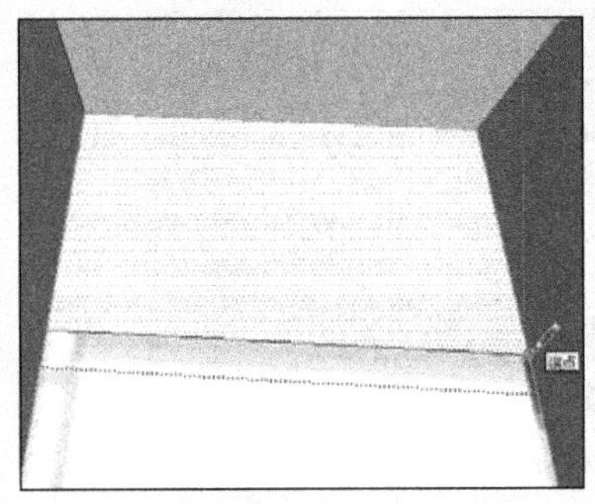
图 4-325 参考图纸分割玻璃面

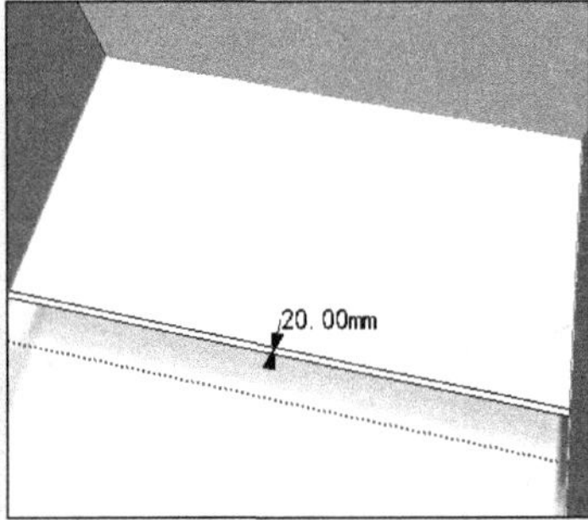

图 4-326 制作 20mm 厚度玻璃面

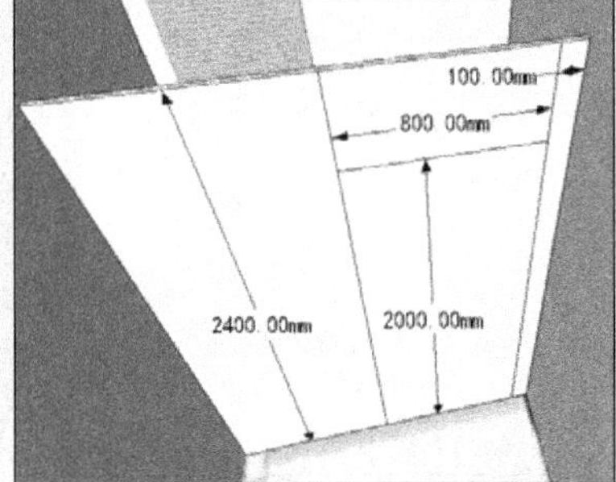

图 4-327 分割玻璃面

05 采用与制作书房玻璃门类似的方法，制作浴室玻璃门的细节并赋予材质，完成效果如图 4-328 所示。

06 打开【材料】对话框，赋予浴室墙壁石材，完成效果如图 4-329 所示。

07 打开【组件】对话框，并入相关卫浴用具，效果如图 4-330 所示。

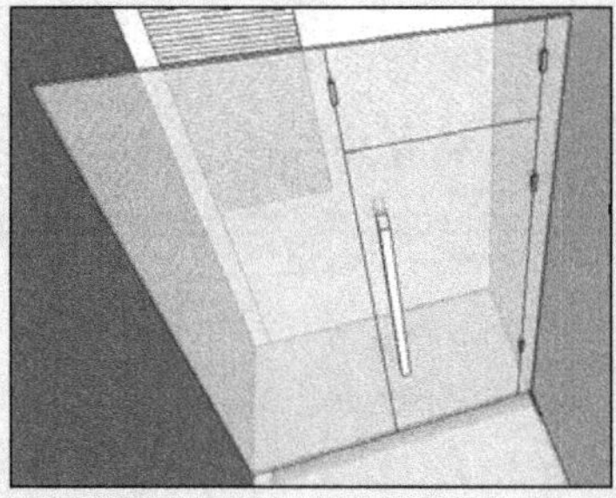
图 4-328　制作玻璃门并赋予材质

图 4-329　赋予墙壁材质

图 4-330　合并卫浴用具

08 完成客卫生间的效果如图 4-331 所示。接下来细化主卧室。

4.9 细化主卧室

主卧室空间比较复杂，除了卧房外还包括衣帽间、主卫生间以及前方的阳台空间，如图 4-332 所示。

1. 制作卧房空间

01 启用【矩形】工具，在前方的墙面上绘制电视机的机位平面，如图 4-333 所示。

图 4-331　客卫生间完成效果

图 4-332　主卧室空间布置

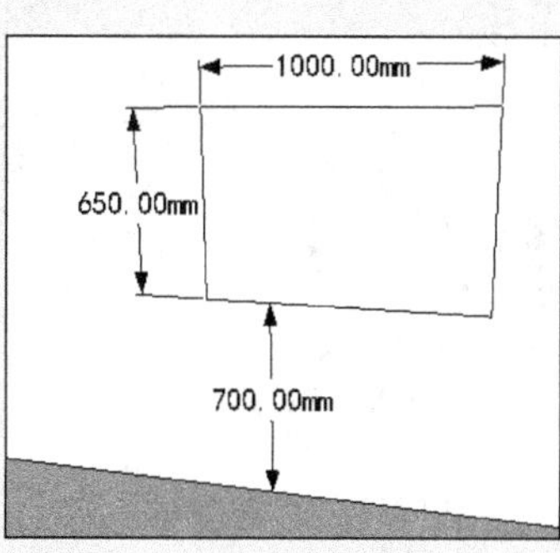

图 4-333　绘制电视机机位平面

02 结合使用【偏移】与【推/拉】工具，细化电视机机位造型，效果如图 4-334 所示。

03 结合使用【矩形】以及【推/拉】等工具，制作梳妆台造型，如图 4-335 所示。

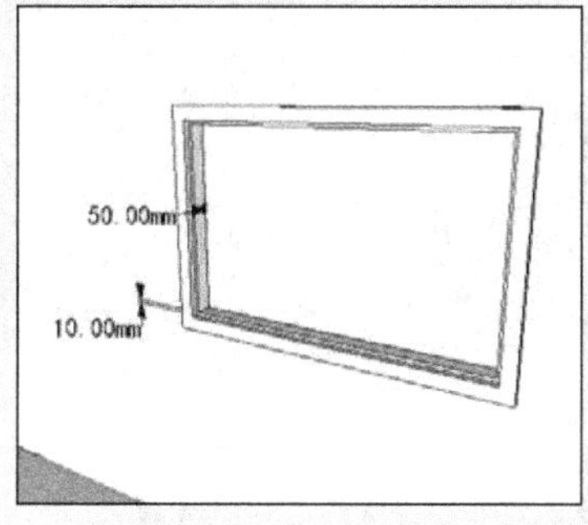

图 4-334　细化电视机机位造型

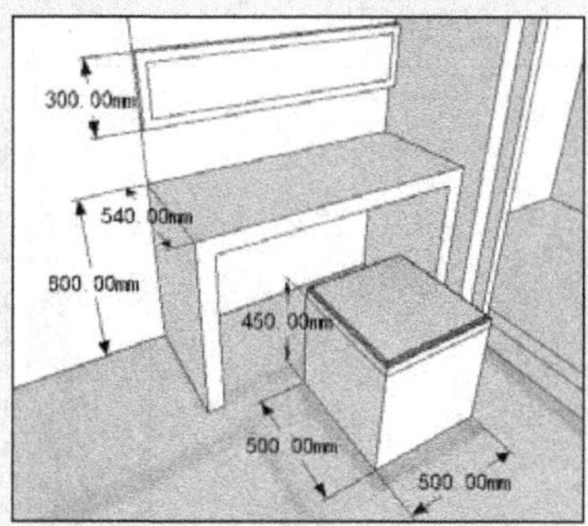

图 4-335　制作梳妆台造型

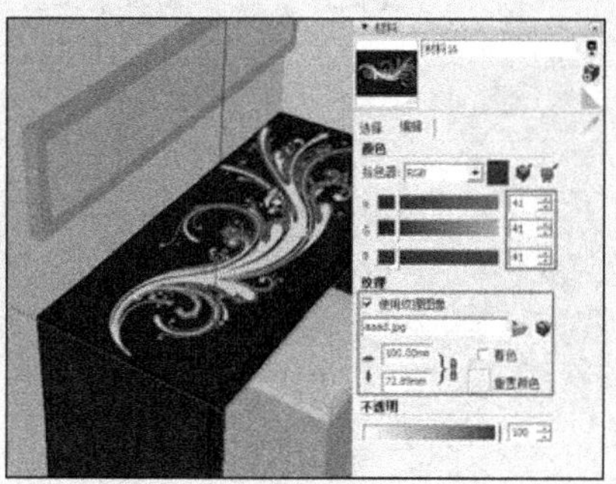
图 4-336　赋予梳妆台材质

04 打开【材料】对话框，赋予梳妆台花纹材质，如图 4-336 所示。梳妆台的最终完成效果如图 4-337 所示。

05 启用【直线】工具，制作主卧室的背景墙造型与高度，如图 4-338 与图 4-339 所示。

图 4-337　梳妆台完成效果

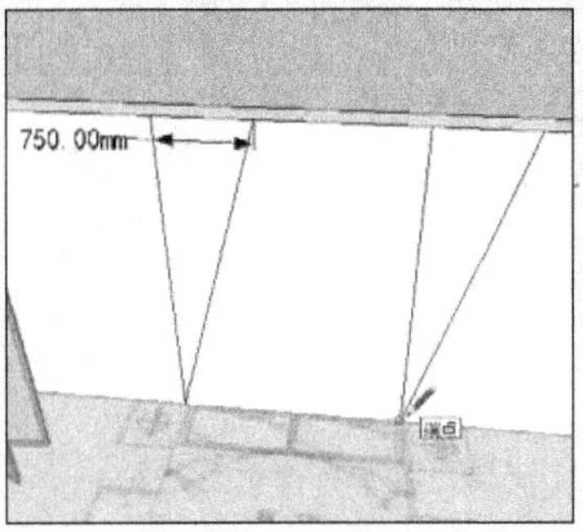

图 4-338　分割背景墙

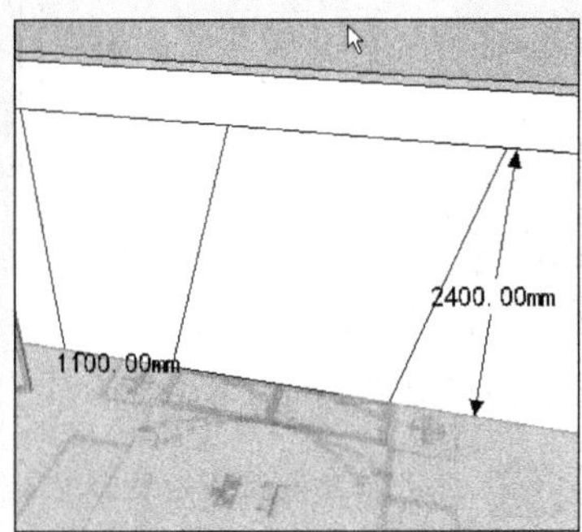

图 4-339　确定背景墙高度

06 启用【推/拉】工具，制作背景墙造型，如图 4-340 所示。

07 打开【材料】对话框并赋予背景墙材质，完成效果如图 4-341 所示。

08 打开【组件】对话框，合并并放置“床”模型，完成效果如图 4-342 所示。接下来制作前方的阳台空间。

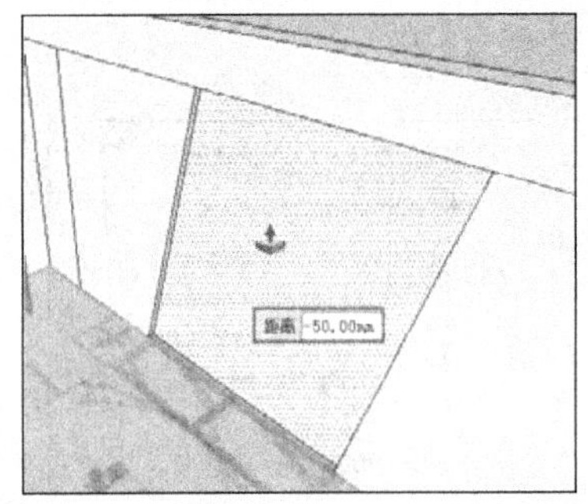

图 4-340　制作背景墙造型

图 4-341　赋予背景墙材质

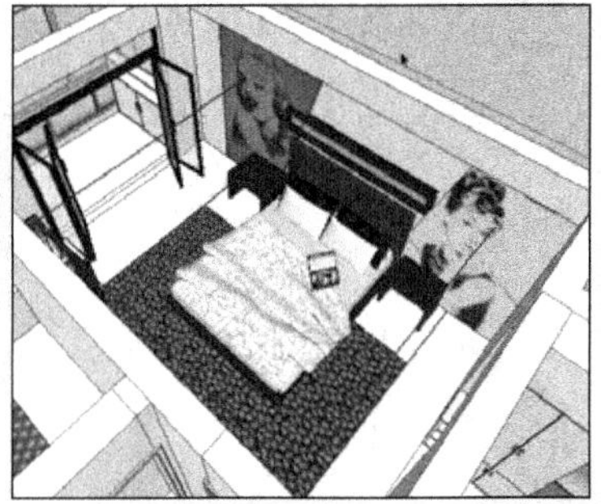

图 4-342　合并“床”模型

2. 制作阳台空间

01 通过线的移动复制，分割阳台窗台与平面，如图 4-343 所示。

02 将分割平面单独创建为组，如图 4-344 所示。

03 结合【偏移】与【推/拉】工具，制作窗户造型，完成效果如图 4-345 所示。

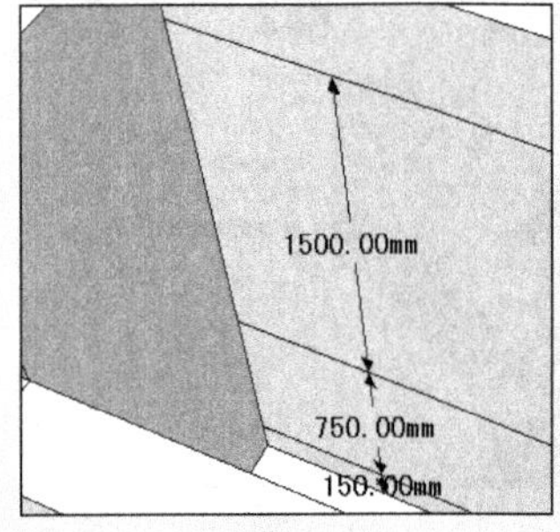

图 4-343　分割阳台窗台与平面

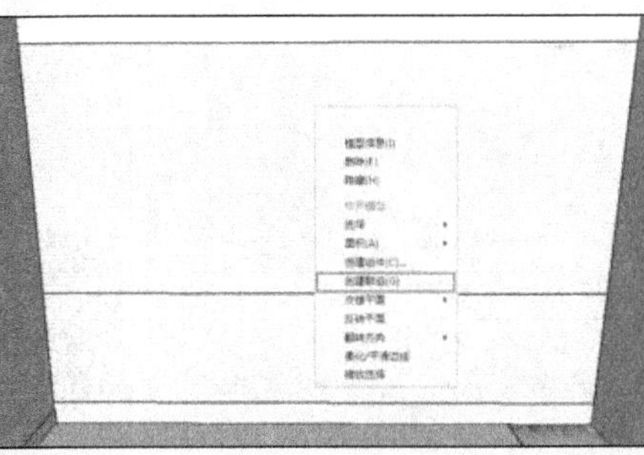

图 4-344　创建组

图 4-345　制作窗户造型

04 打开【材料】对话框，赋予窗户各部分材质，如图 4-346 所示。

05 参考图纸，结合使用【直线】与【推/拉】工具制作柜子的轮廓，如图 4-347 所示。

06 结合【偏移】与【推/拉】工具制作柜子造型，完成效果如图 4-348 所示。接下来制作衣帽间。

图 4-346 赋予窗户材质

图 4-347 制作柜子轮廓

图 4-348 柜子完成效果

3. 制作衣帽间

01 衣帽间的平面布置如图 4-349 所示。

02 结合使用【矩形】与【推/拉】工具，制作衣柜的轮廓，如图 4-350 所示。

03 结合使用【偏移】与【推/拉】工具，细化衣柜造型，如图 4-351 所示。

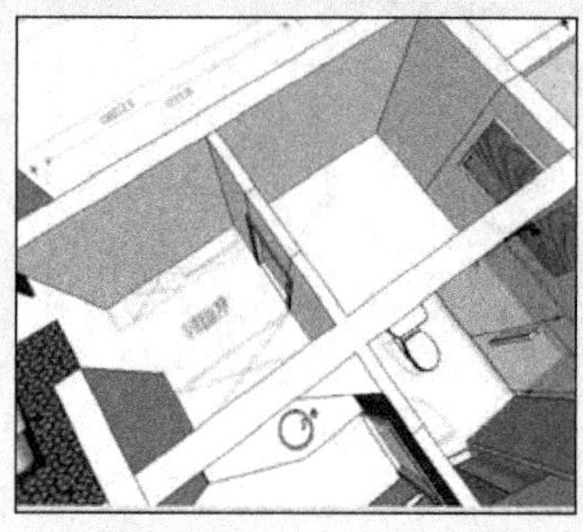

图 4-349 衣帽间平面布置

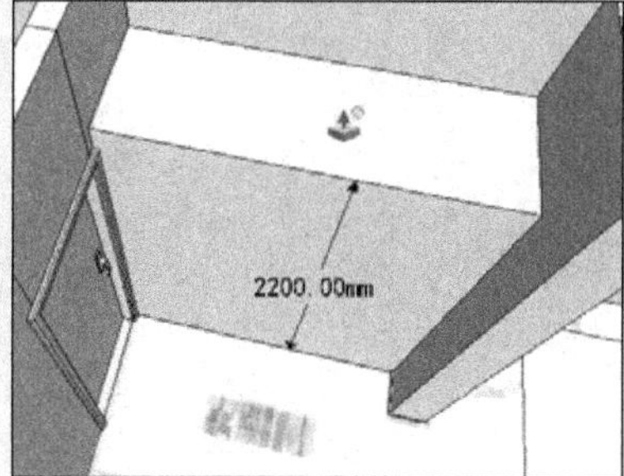

图 4-350 制作衣柜轮廓

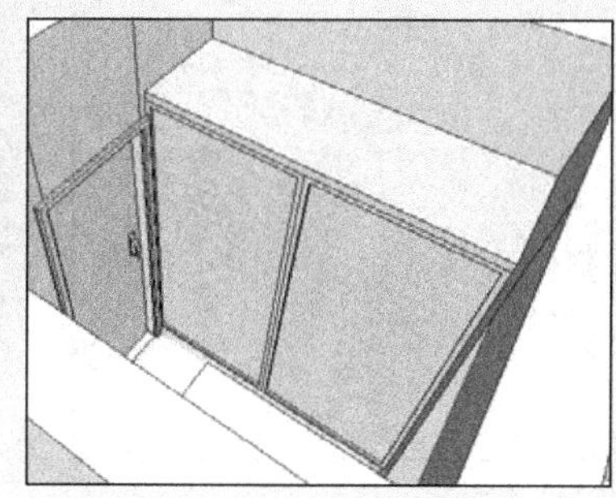

图 4-351 细化衣柜造型

04 结合使用【矩形】与【推/拉】工具，制作左侧柜子的轮廓，如图 4-352 所示。

05 结合使用【偏移】与【推/拉】工具，细化右侧柜子的造型，如图 4-353 所示。

06 打开【材料】对话框，赋予右侧柜子与墙面相应的材质，完成效果如图 4-354 所示。接下来制作主卫生间。

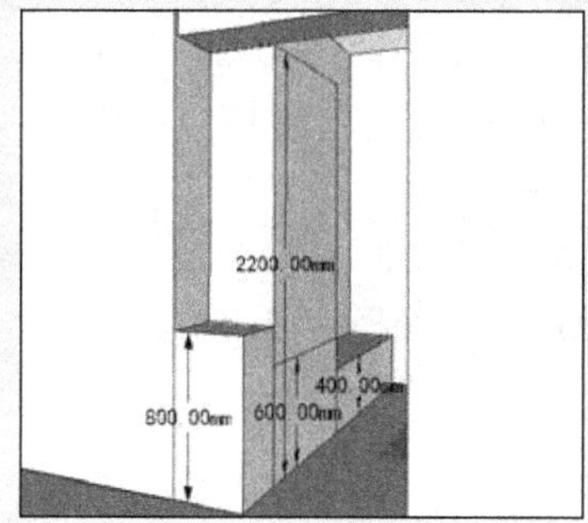

图 4-352 制作左侧柜子轮廓

图 4-353 细化左侧柜子造型

图 4-354 赋予左侧柜子与墙面材质

4．制作主卫生间

01 结合使用【矩形】与【推/拉】工具，制作洗手台的轮廓，如图 4-355 所示。

02 结合使用【偏移】与【推/拉】工具，制作洗手台的初步造型，如图 4-356 所示。

03 使用与之前类似的方法，完成洗手台造型的制作，效果如图 4-357 所示。

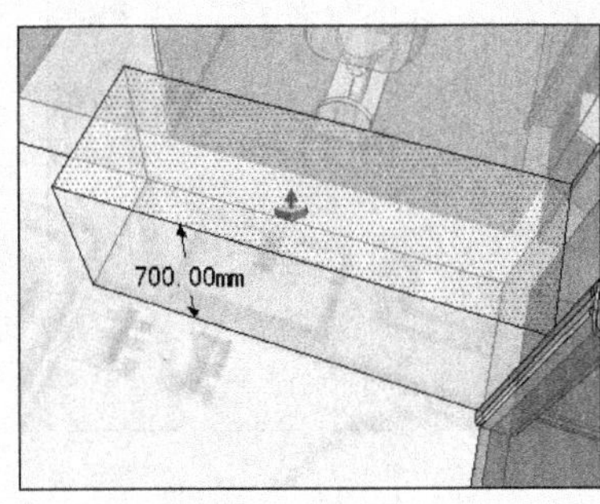

图 4-355 制作洗手台轮廓

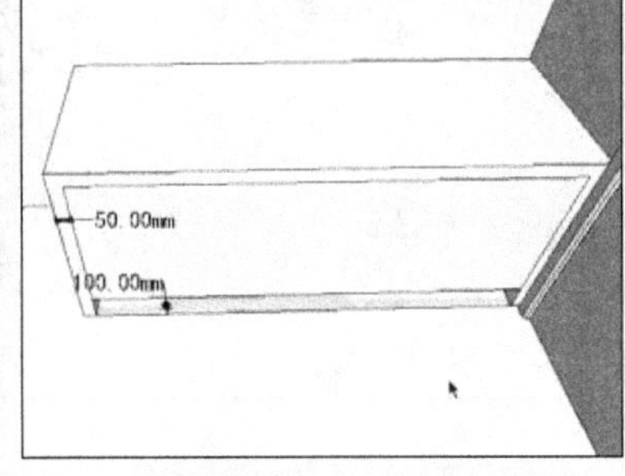

图 4-356 制作洗手台初步造型

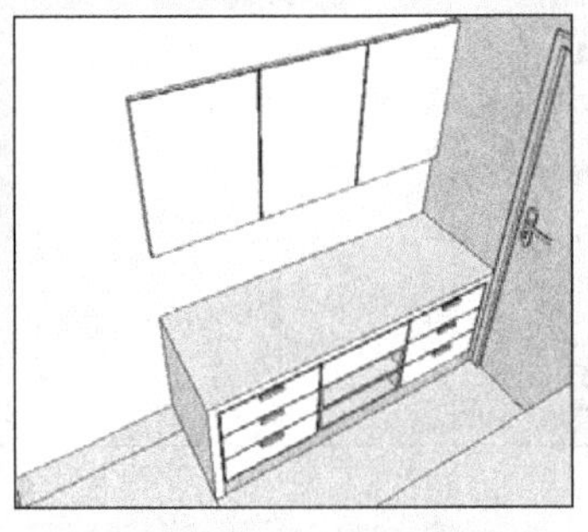

图 4-357 完成洗手台造型的效果

04 打开【组件】对话框，并入浴缸、马桶以及柜子等模型，如图 4-358 与图 4-359 所示。

05 打开【材料】对话框，为浴室空间赋予石材，完成效果如图 4-360 所示。接下来制作次卧室空间。

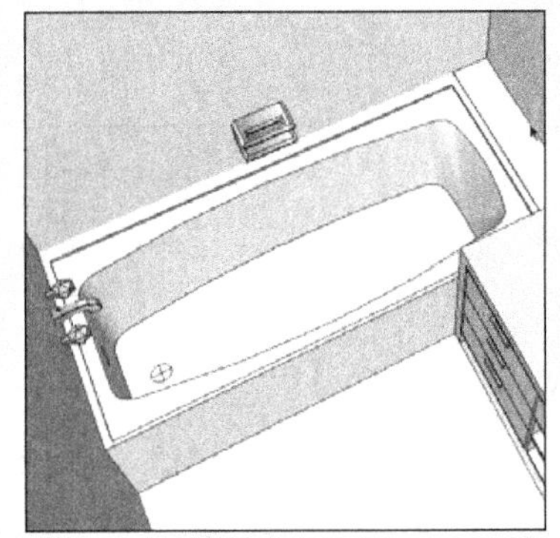

图 4-358 合并浴缸模型

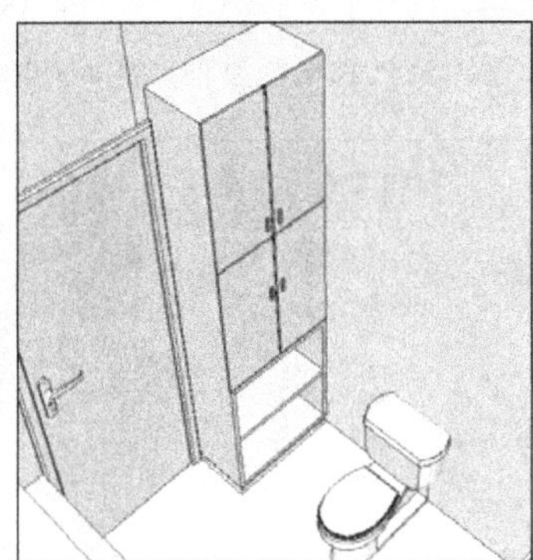

图 4-359 合并马桶与柜子模型

图 4-360 赋予材质

4.10 细化次卧室

次卧室的结构比较简单，除了卧房外只有前方的一个较为狭小的阳台，如图 4-361 所示。

01 参考图纸，启用【直线】工具绘制床柜的平面，如图 4-362 所示。

02 将该平面创建为组并整体调整床柜高度，然后启用【推/拉】工具制作初步轮廓，如图 4-363 所示。

03 结合线的移动复制与【推/拉】工具，制作床柜的细节，如图 4-364 所示。

04 结合使用【矩形】以及【推/拉】工具，制作上方吊柜的轮廓，如图 4-365 所示。

05 移动复制线段，并结合【偏移】与【推/拉】工具，逐步制作吊柜的细节并赋予材质，如图 4-366 与图 4-367 所示。

06 采用相同的方法制作右侧的床柜，完成效果如图 4-368 所示。

07 打开【组件】对话框，并入“床”模型，完成效果如图 4-369 所示。

图 4-361 次卧室平面布置

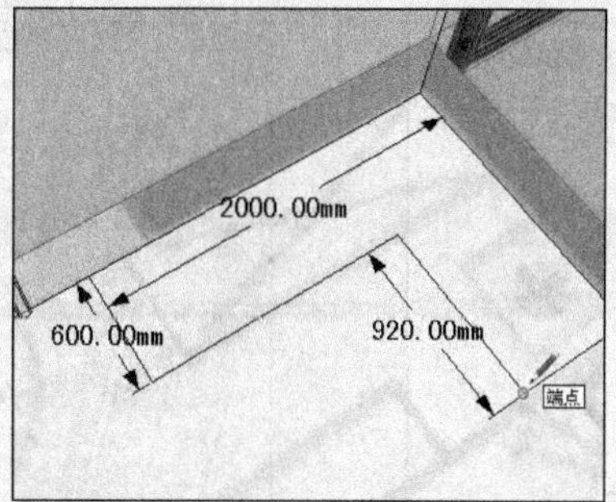

图 4-362 绘制床柜平面

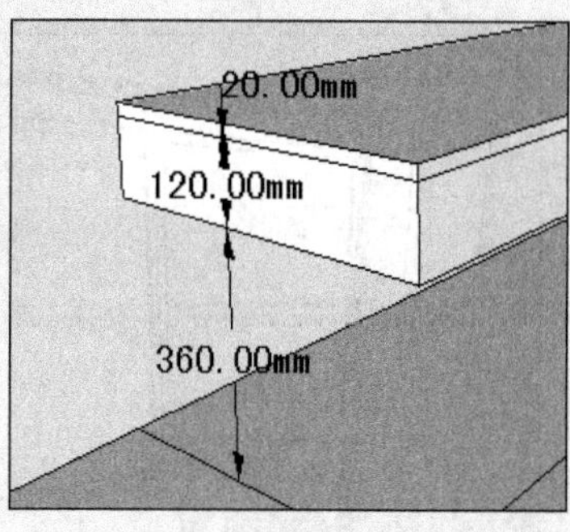

图 4-363 调整床柜高度并制作初步轮廓

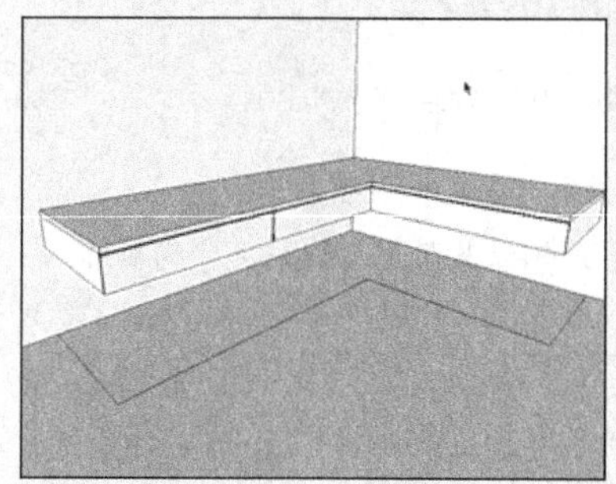
图 4-364 制作床柜细节

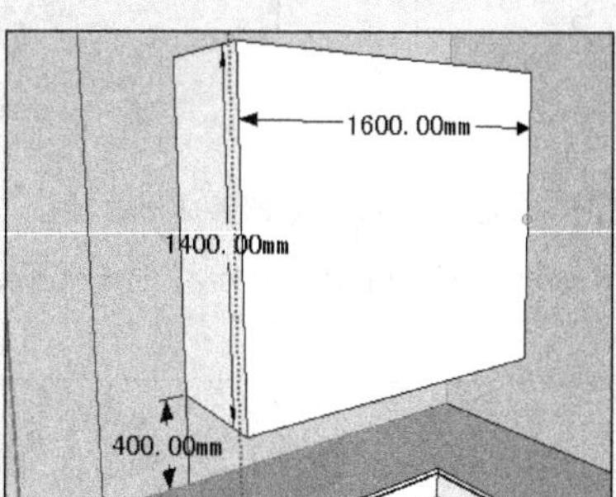

图 4-365 制作吊柜轮廓

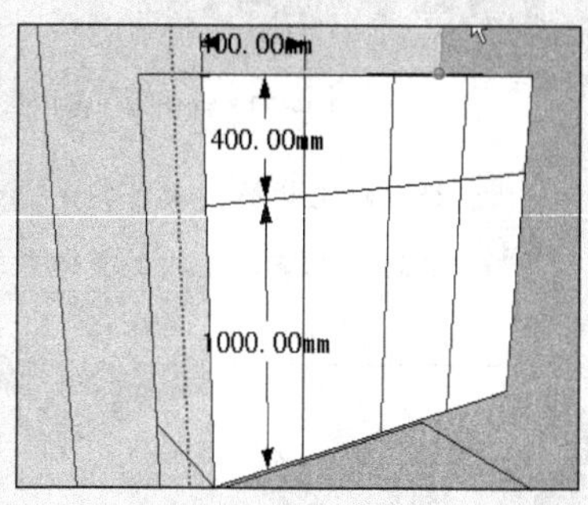

图 4-366 制作吊柜细节

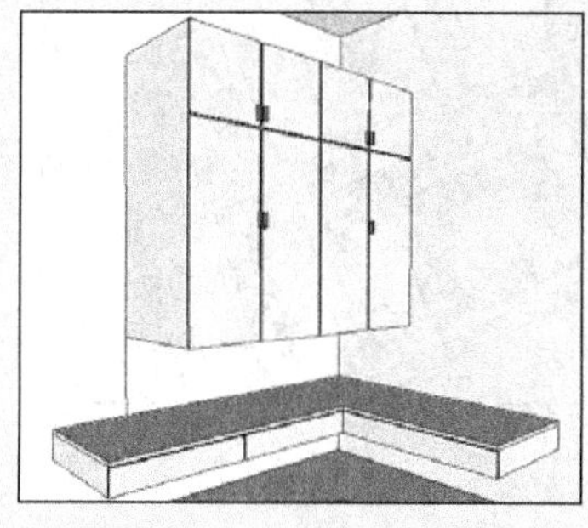

图 4-367 完成吊柜造型并赋予材质

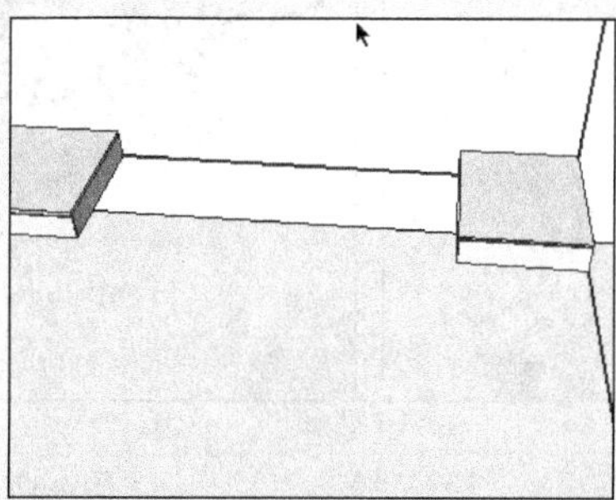
图 4-368 制作右侧床柜

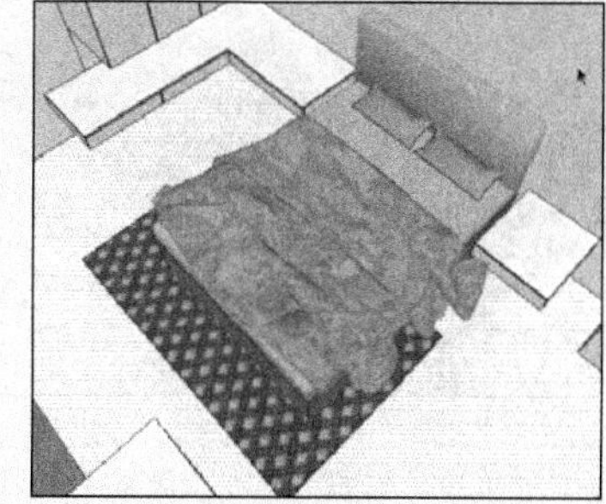
图 4-369 合并床模型

08 结合使用【矩形】、【推/拉】以及【偏移】工具，制作电脑桌模型，如图 4-370~图 4-372 所示，

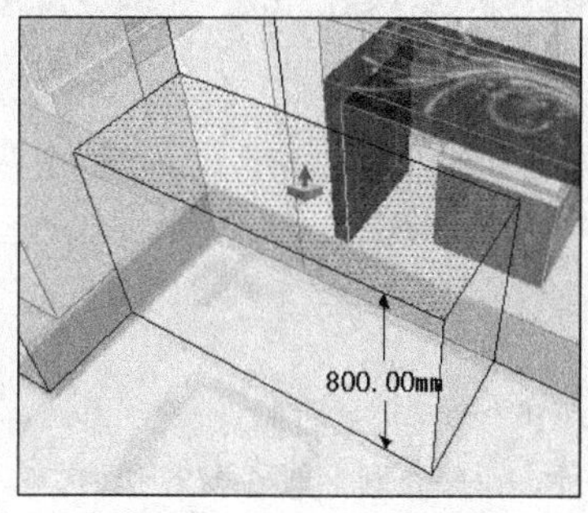

图 4-370 制作电脑桌轮廓

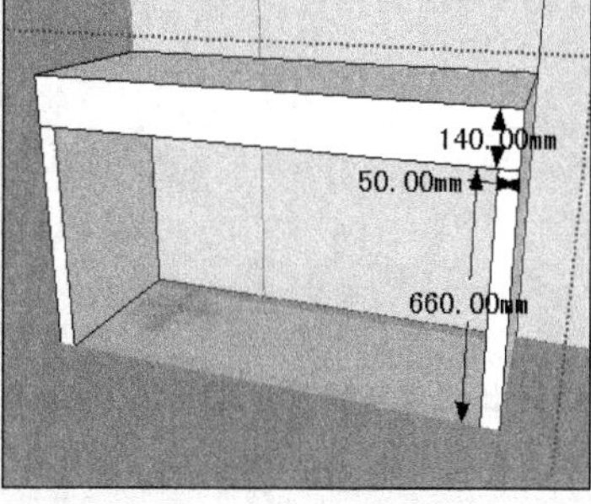

图 4-371 制作电脑桌初步造型

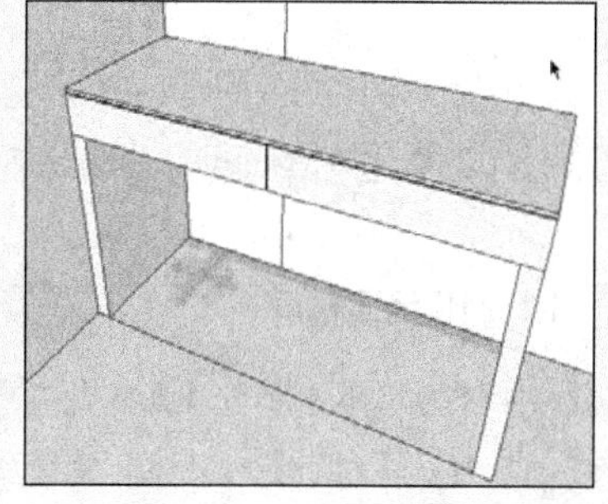
图 4-372 细化电脑桌造型

09 重复类似的方法，制作次卧室的阳台窗户造型并赋予相应的材质，如图 4-373 与图 4-374 所示。

图 4-373　细化阳台窗户造型

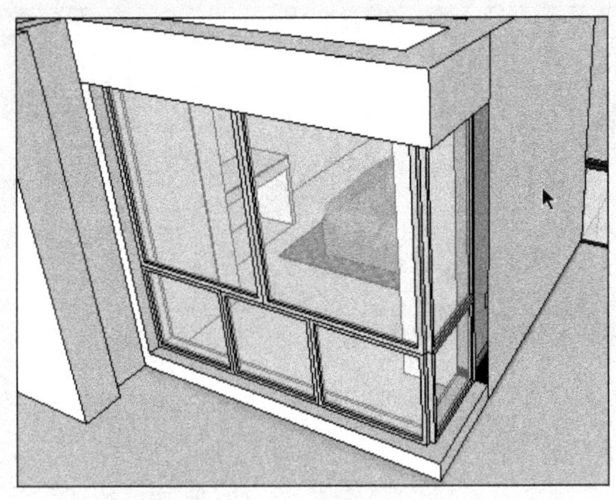

图 4-374　制作背面并赋予材质

10 经过以上步骤，次卧室是制作即已完成，效果如图 4-375 所示。

11 至此，本案例空间的整体效果如图 4-376 所示。最后将进行地面、装饰以及阴影与标识文字的制作。

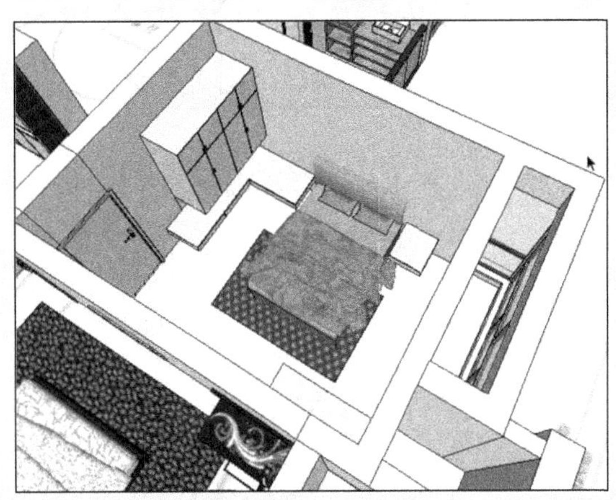

图 4-375　次卧室完成效果

图 4-376　本案例空间的整体效果

4.11 完成最终效果

4.11.1 处理地面细节

1. 制作地面材质

01 参考图纸，启用【直线】工具分割出吧台与厨房地面，如图 4-377 所示。

02 打开【材料】对话框，赋予地面石材并调整好贴图，如图 4-378 所示。最终得到如图 4-379 所示的效果。

03 参考图纸，启用【直线】工具分割出过道、餐厅以及书房地面，如图 4-380 所示。

04 打开【材料】对话框，赋予地面木纹材质并调整好贴图，最终得到如图 4-381 所示的效果。

图 4-377　分隔吧台与厨房地面

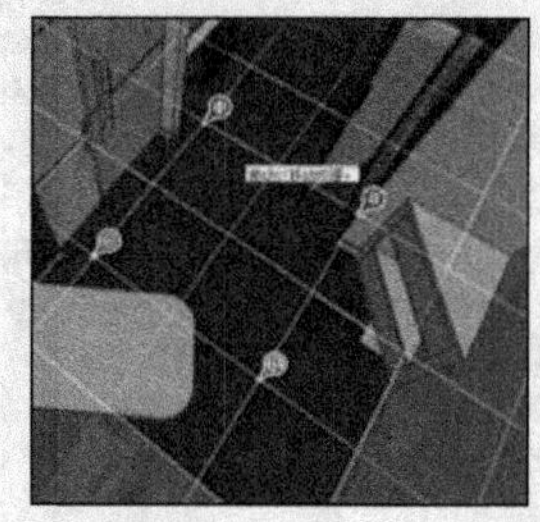

图 4-378　赋予石材并调整贴图

图 4-379　吧台与厨房地面效果

图 4-380　分割地面

图 4-381　地面完成效果

05 以同样的方法制作客厅地面的材质细节，如图 4-382~图 4-384 所示。

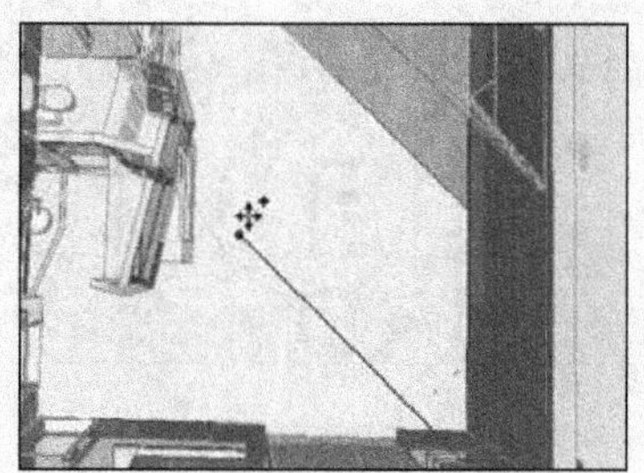

图 4-382　分割客厅地面细节

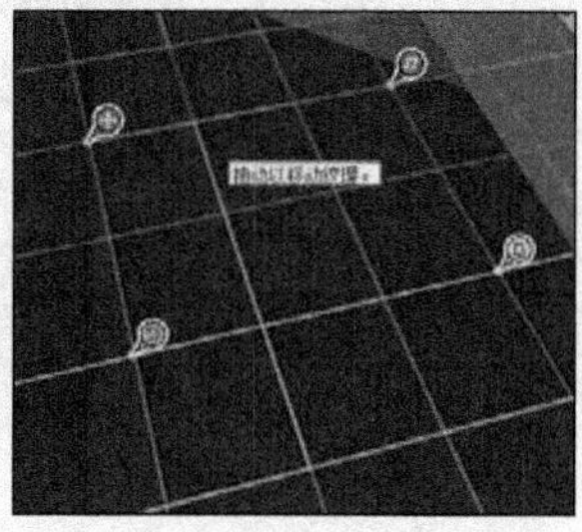

图 4-383　赋予石材并调整贴图

图 4-384　客厅地面完成效果

06 以同样的方法制作卧室的地面效果，如图 4-385 所示。然后制作门槛下方的波打线效果，如图 4-386 与图 4-387 所示。

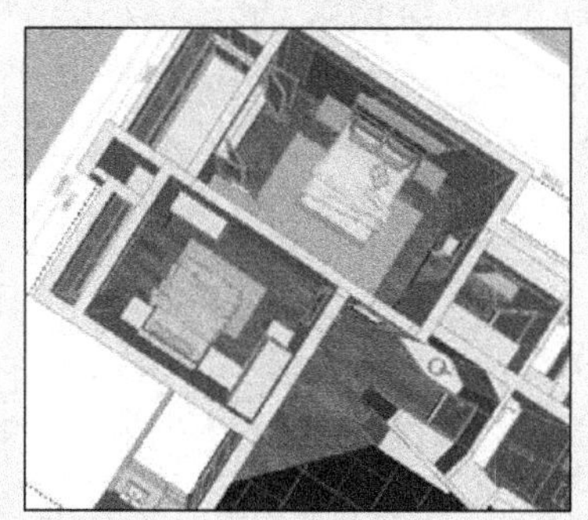

图 4-385　卧室地面完成的效果

图 4-386　隐藏门模型

图 4-387　制作门槛波打线效果

07 以同样的方法制作卫生间地面的材质，如图 4-388 所示。然后制作门槛下方的波打线效果，如图 4-389 所示。

08 最后制作主卧室外阳台的地面细节，完成效果如图 4-390 所示。

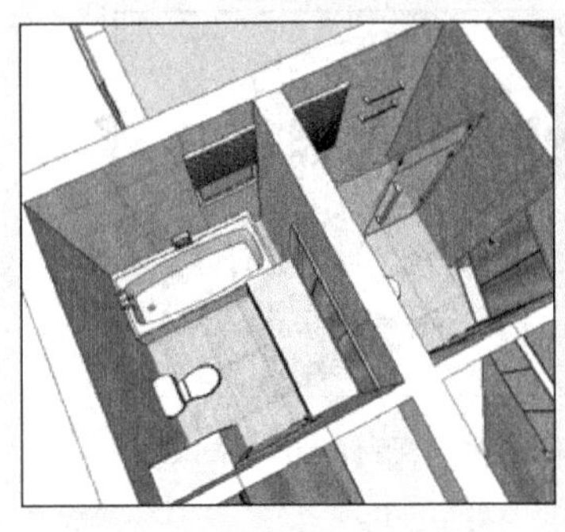

图 4-388　卫生间地面材质效果

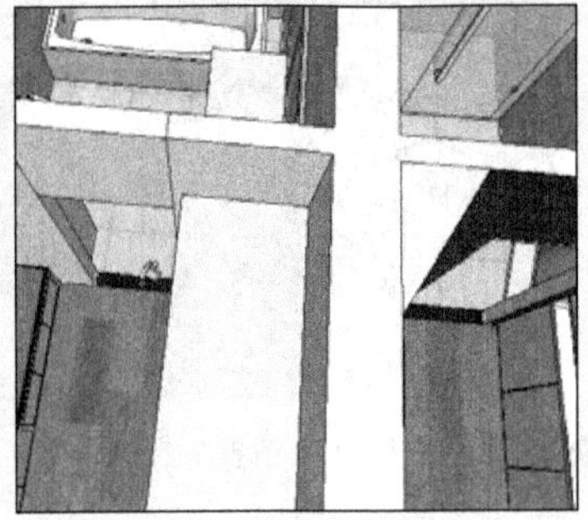

图 4-389　制作门槛波打线效果

图 4-390　制作阳台地面效果

2. 制作踢脚板

01 选择空间框架，将其向外复制一份，如图 4-391 所示。

02 在复制的框架内，通过对线的移动复制制作踢脚板平面，如图 4-392 所示。

03 采用相同的方法制作空间内所有房间踢脚板的平面，如图 4-393 所示。

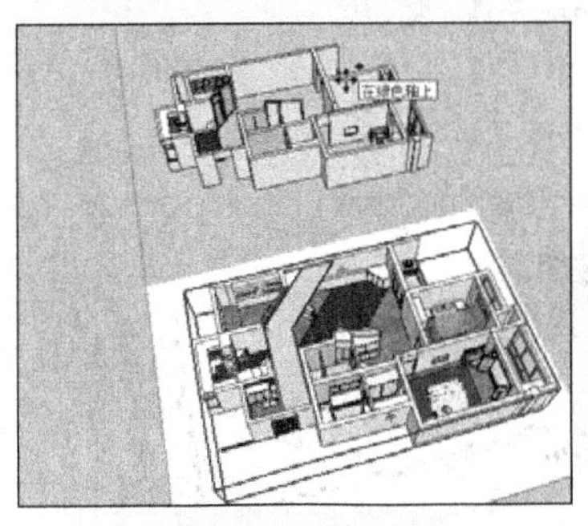

图 4-391　复制空间框架

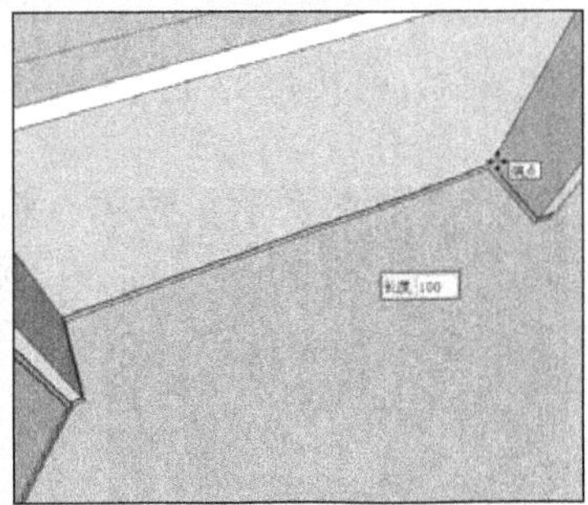

图 4-392　制作踢脚板平面

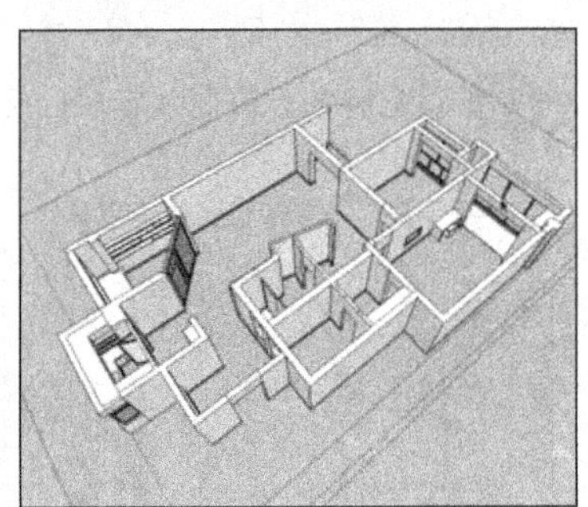

图 4-393　制作所有房间踢脚板平面

04 打开【材料】对话框，赋予踢脚板平面木纹材质，如图 4-394 所示。

05 启用【推/拉】工具制作 10mm 的踢脚板厚度，如图 4-395 所示。

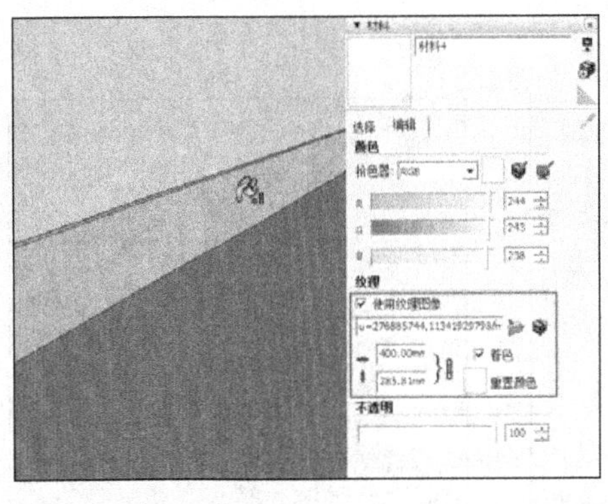

图 4-394　赋予木纹材质

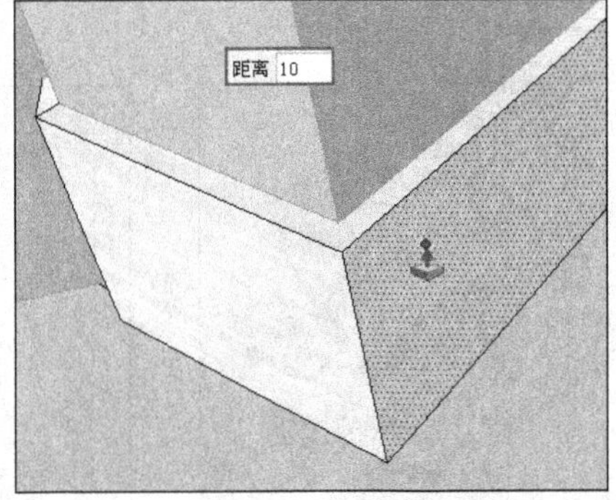

图 4-395　制作 10mm 的踢脚板厚度

06 删除原有框架平面，然后将制作的踢脚板框架对齐，完成效果如图 4-396 所示。

07 至此，空间的整体效果如图 4-397 所示。接下来合并家具、生活用具以及装饰品等细节模型。

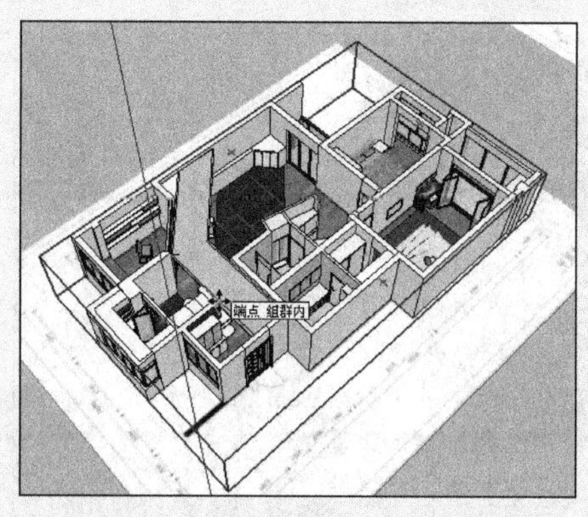

图 4-396 删除原有框架后对齐

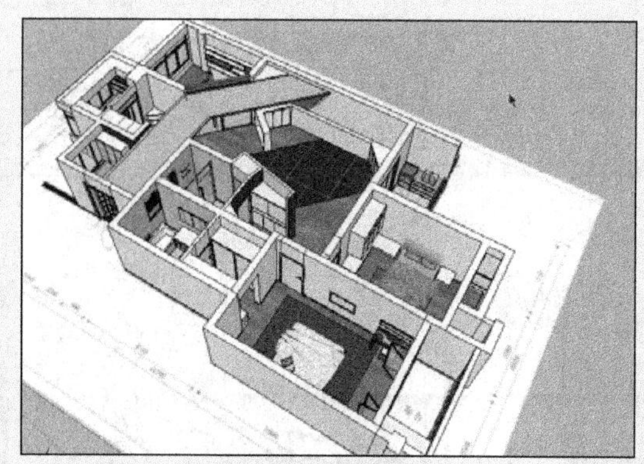
图 4-397 空间的整体效果

4.11.2 合并家具与装饰品

1. 合并桌椅模型

01 打开【组件】对话框，根据空间功能与特点合并入相应的桌椅，如图 4-398 ~图 4-403 所示。

图 4-398 合并吧椅

图 4-399 合并餐桌椅

图 4-400 合并沙发茶几

图 4-401 合并书桌椅

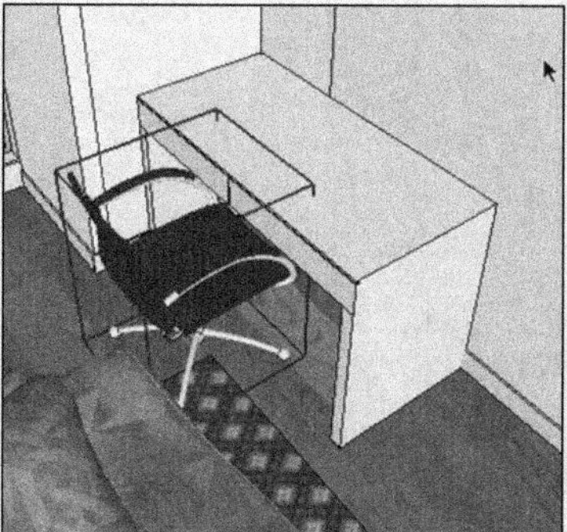
图 4-402 合并电脑椅

图 4-403 合并休闲椅

02 桌椅合并完成后，本例各空间效果如图 4-404~图 4-411 所示。

图 4-404　玄关与过道效果

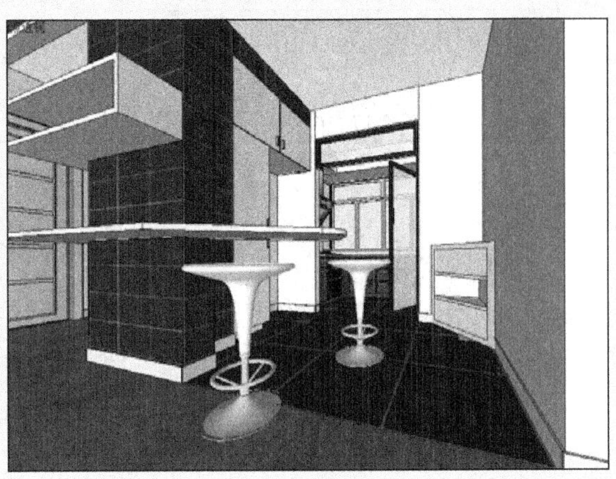

图 4-405　吧台与厨房效果

图 4-406　书房效果

图 4-407　客厅效果

图 4-408　主卧室效果

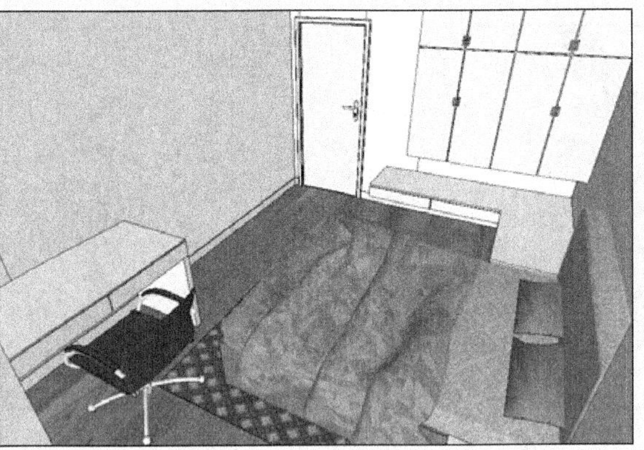

图 4-409　次卧室效果

图 4-410　客卫生间效果

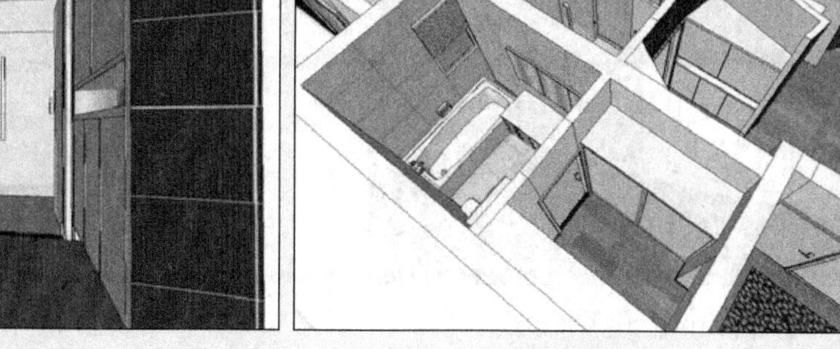

图 4-411　衣帽间及主卫生间

2．合并生活用品与装饰品

01 根据空间功能与设计特点并入生活用品与装饰品，如图 4-412~图 4-419 所示。

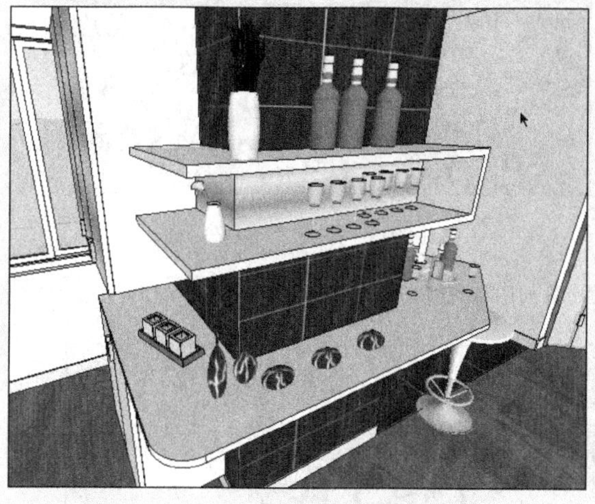

图 4-412　合并吧台与玄关物品

图 4-413　合并厨房用品

02 根据各空间的特点与功能分布并入生活用品，如图 4-414~图 4-419 所示。

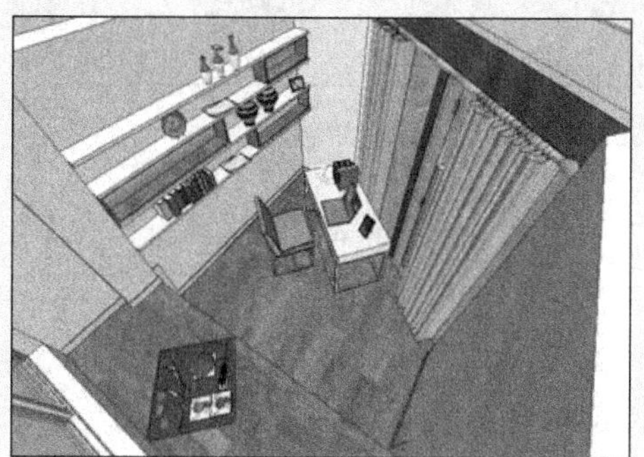

图 4-414　合并书房用品

图 4-415　合并餐厅及客厅用品 1

图 4-416 合并客厅用品 2

图 4-417 合并客厅用品 3

图 4-418 合并主卧室用品

图 4-419 合并次卧室用品

03 生活用品与装饰品合并完成之后，本案例的鸟瞰效果如图 4-420 与图 4-421 所示。

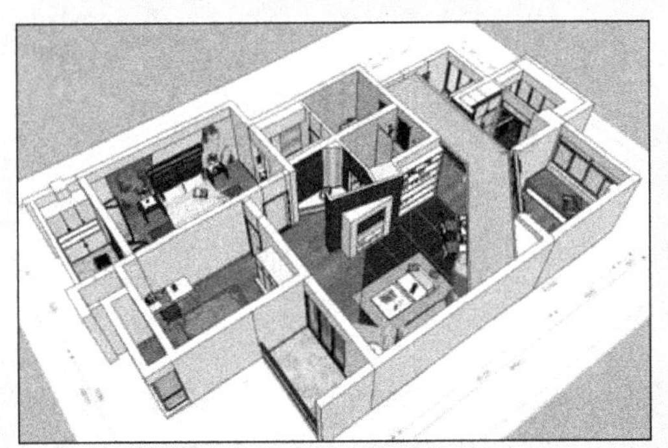
图 4-420 鸟瞰效果 1

图 4-421 鸟瞰效果 2

4.11.3 制作阴影

01 切换场景至“单色显示”模式，如图 4-422 所示。

02 单击【显示/隐藏阴影】按钮，显示当前阴影效果，如图 4-423 所示。

03 调整时间以及日期滑块，然后实时观察阴影的变化，以得到理想的阴影效果，最终得到的阴影效果如图 4-424 所示。

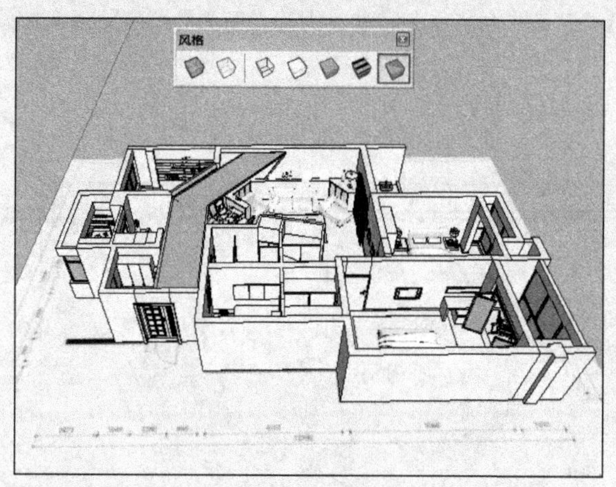

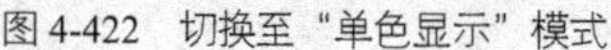
图 4-422 切换至“单色显示”模式

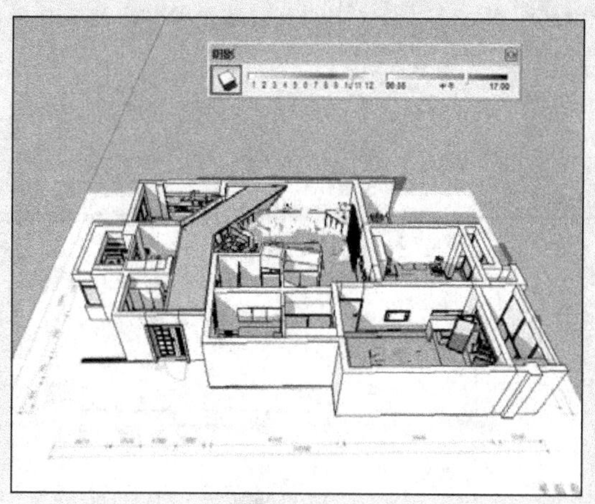

图 4-423 显示当前阴影效果

4.11.4 制作空间标识

01 单击【文字】按钮，然后在客厅内确定标注的起点，如图 4-425 所示。

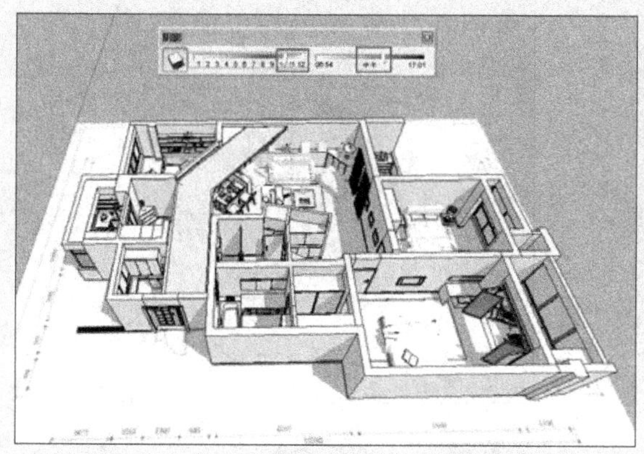

图 4-424 最终得到的阴影效果

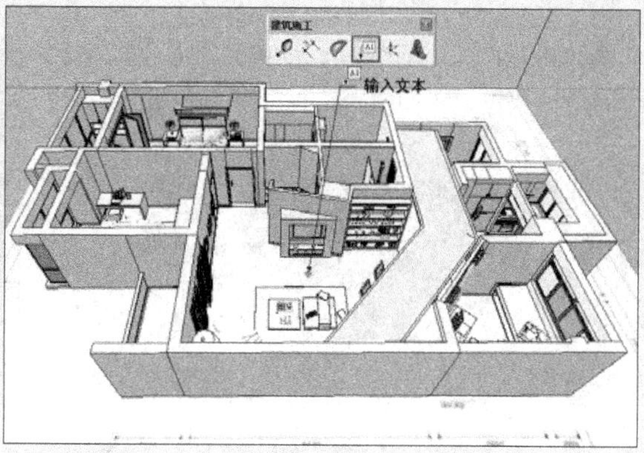

图 4-425 单击【文字】按钮并在客厅内确定标注的起点

02 在空间外确定文字的放置位置，然后输入当前空间的名称为“客餐厅”，如图 4-426 所示。

03 执行【窗口】/【默认面板】/【图元信息】菜单命令，弹出【图元信息】对话框，或右击选择【模型信息】快捷命令，然后进入“引线文字”字体调整面板，调整字体参数如图 4-427 所示。

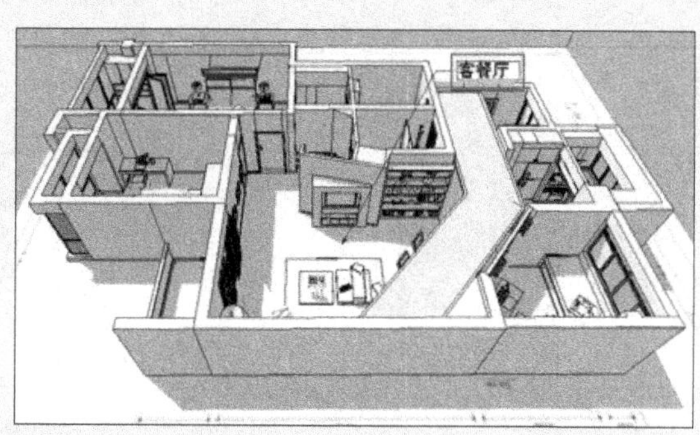

图 4-426 确定文本位置并输入空间名称

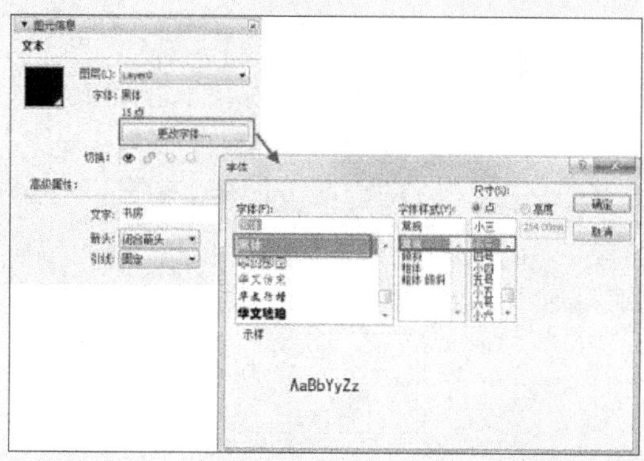

图 4-427 调整字体

04 单击【选择全部引线文字】按钮，然后再单击【更新选定的文字】按钮，调整文字效果，如图 4-428 所示。

05 采用同样的方法标注案例中其他空间的名称，如图 4-429 所示。

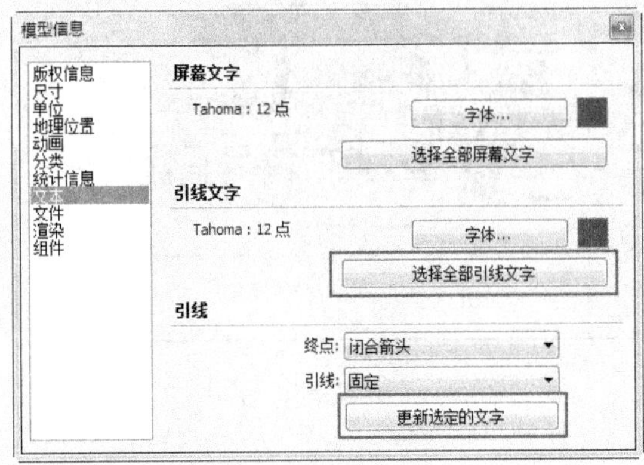

图 4-428　更新字体

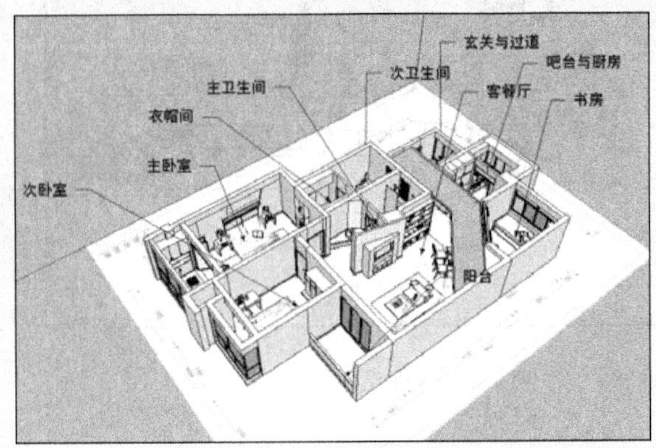

图 4-429　标注其他空间名称

06 调整显示为“材质贴图”显示模式，最终得到本例户型的鸟瞰效果如图 4-430 与图 4-431 所示。

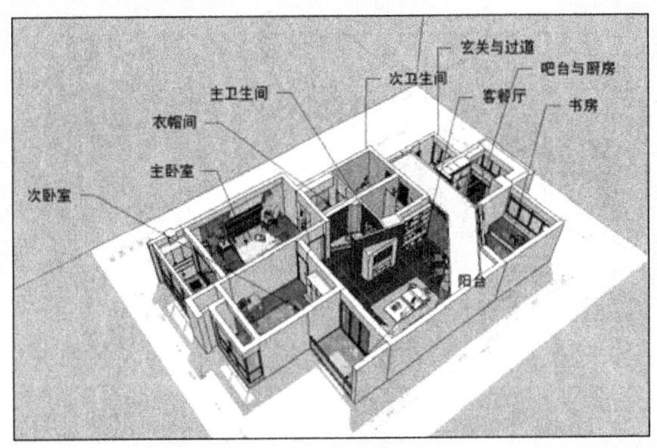

图 4-430　空间最终鸟瞰效果 1

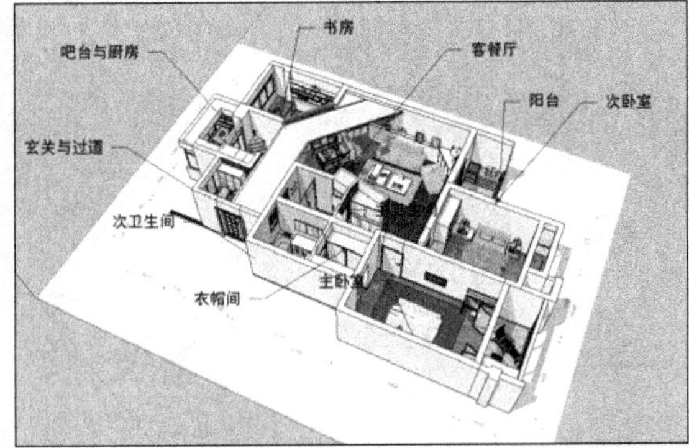

图 4-431　空间最终鸟瞰效果 2

第5章

地中海风格客厅及餐厅设计

地中海风格是一种极具亲和力的设计风格，其以“蔚蓝色的浪漫情怀，海天一色、艳阳高照的纯美自然”为灵魂，贯穿于白灰泥墙、连续的拱廊与拱门、陶砖、海蓝色的屋瓦和门窗等主要元素之中，整体空间简洁明快、色调柔和，流露出古老的文明气息。

本章将主要从客厅与餐厅两大部分的细化展现地中海风格在色彩、造型、装饰等方面的特点。

5.1 地中海风格设计概述

地中海装修风格兴起于 9 ~ 11 世纪的西欧，该风格有着明亮、大胆、色彩丰富等明显特色，在设计中保持简单的理念，捕捉光线、取材大自然，大胆而自由地运用色彩、样式，可以取得比较理想的效果。典型的地中海风格客厅与餐厅效果如图 5-1 与图 5-2 所示。

图 5-1　典型地中海风格客厅效果

图 5-2　典型地中海风格餐厅效果

在空间造型上，地中海风格最为显著的特点是拱门与半拱门、马蹄状的门窗造型。圆形拱门及回廊通常处理为数个连接或垂直交接，在走动观赏中可出现延伸般的透视感。

在家具配饰的选择上，地中海风格通常采用低彩度、直线简单且修边浑圆的木质家具。地面多铺赤陶或石板，墙面则通过马赛克镶嵌、拼贴进行点缀。

在色彩上，地中海风格有着三种典型的色彩搭配：蓝与白，黄、蓝、紫和绿，土黄及红褐。典型地中海风格空间造型，家具以及色彩细节如图 5-3~图 5-5 所示。

图 5-3　地中海空间细节 1

图 5-4　地中海空间细节 2

图 5-5　地中海空间细节 3

本例将使用 CAD 平面布置图，结合以上所述的地中海风格空间、配饰、色彩特点，完成对客厅、过道以及餐厅效果的制作。各空间细节效果如图 5-6~图 5-8 所示，整体效果如图 5-9~图 5-11 所示。

图 5-6　过道吊顶及门洞细节

图 5-7　餐厅吊顶及墙面细节

图 5-8　客厅墙面细节

图 5-9　客厅完成效果

图 5-10　餐厅完成效果

图 5-11　过道完成效果

5.2 正式建模前的准备工作

5.2.1 在 AutoCAD 中整理图纸

启动 AutoCAD，打开配套资源“第 05 章\地中海装修图纸.dwg”，如图 5-12 所示。

选择平面布置图纸，单击 AutoCAD【图层】下拉列表按钮，单击图层前的💡图标，关闭标注、文字等不需要的图层，如图 5-13 所示。

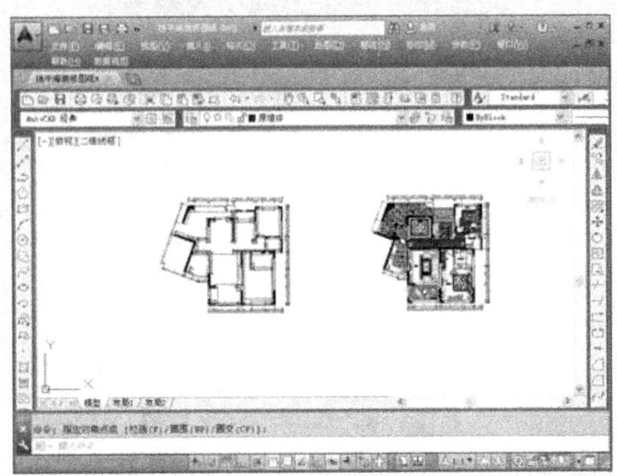

图 5-12 打开配套资源

图 5-13 整理图纸

删除与建模无关的图形内容，选择正立面图形将其整体调整为白色显示，如图 5-14 所示。然后按下 Ctrl+C 键进行复制，结果如图 5-15 所示。

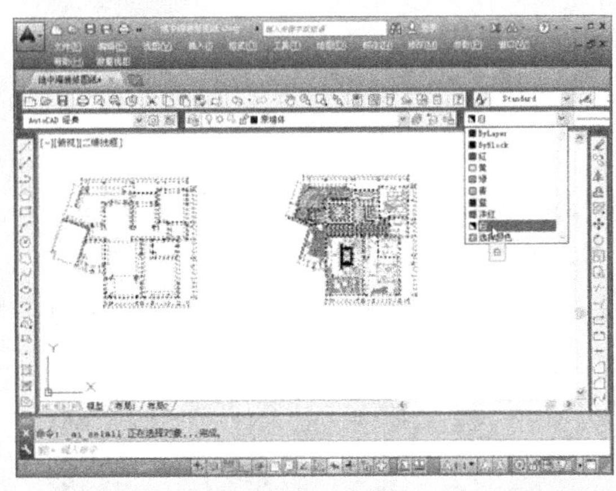

图 5-14 将平面布置图纸整体调整为白色显示

图 5-15 全选平面布置图纸并复制

执行【文件】/【新建】菜单命令，新建一个空白的图纸文档，如图 5-16 所示。再按下 Ctrl+V 键粘贴之前复制的图纸，结果如图 5-17 所示。

按下 Ctrl+S 快捷键，保存当前图纸，如图 5-18 所示。至此，图纸整理保存完成，如图 5-19 所示。接下来将其导入 SketchUp。

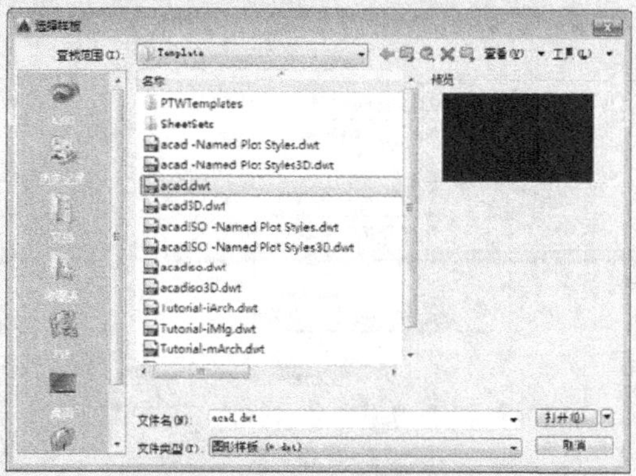
图 5-16　新建 AutoCAD 空白文档

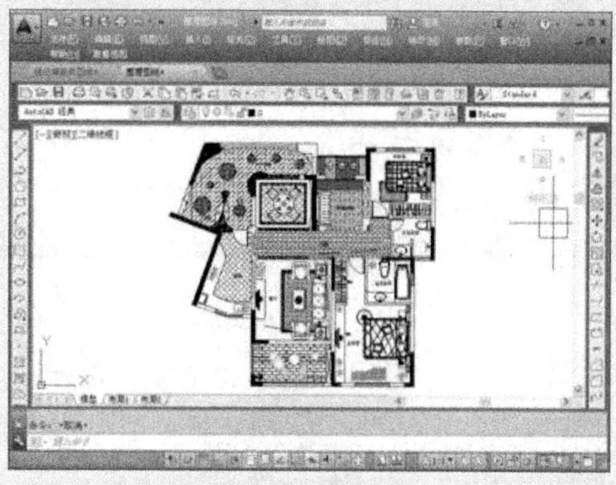
图 5-17　粘贴图纸

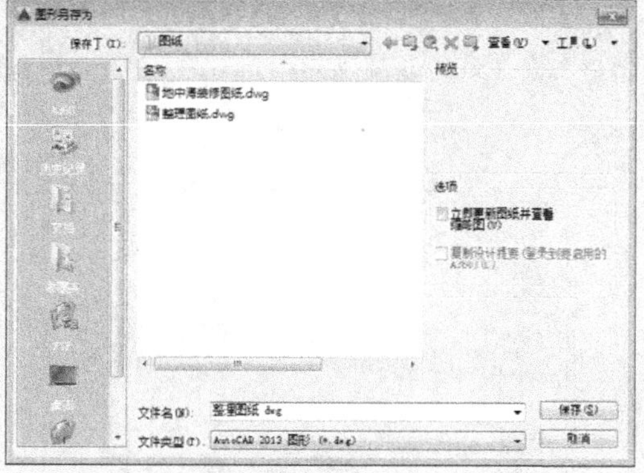
图 5-18　保存当前图纸

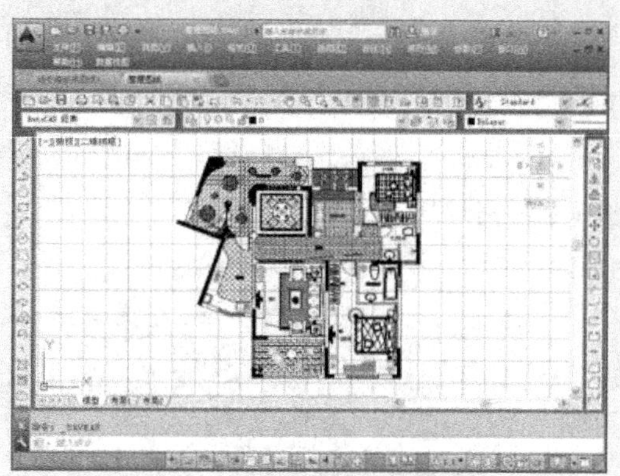
图 5-19　完成图纸整理及保存

5.2.2 导入图纸并分析思路

01 打开 SketchUp，进入【模型信息】对话框，设置场景单位如图 5-20 所示。

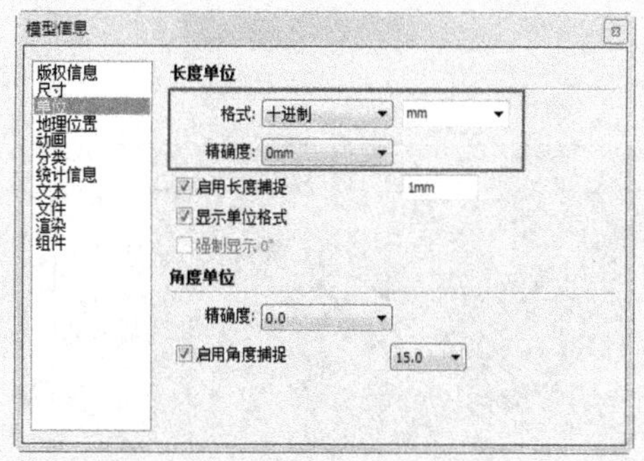

图 5-20　设置场景单位

图 5-21　执行文件/导入选项

02 执行【文件】/【导入】菜单命令，如图 5-21 所示。然后在弹出的【导入】对话框中选择文件类型为“AutoCAD 文件”，如图 5-22 所示。

03 单击【导入】对话框中的【选项】按钮，然后在弹出的对话框中设置参数，如图 5-23 所示。

04 选项参数调整完成后单击【确定】按钮，然后双击之前整理并另存好的图纸进行导入，如图 5-24 所示。

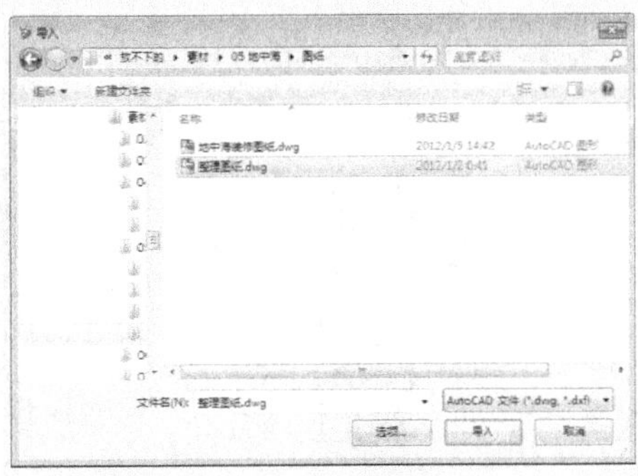
图 5-22 选择文件类型

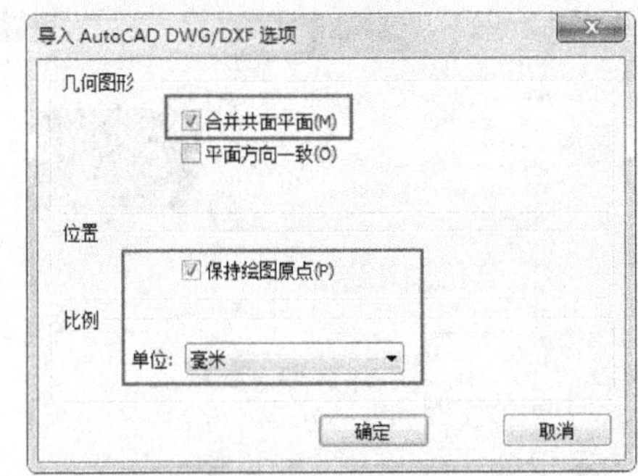

图 5-23 设置参数

技 巧

AutoCAD 图纸导入至 SketchUp 后，执行【视图】/【工具栏】菜单命令，打开【图层】工具栏，如图 5-25 所示。通过相应图层的设置，取消暂时隐藏的家具、铺地等图形元素，如图 5-26 所示。

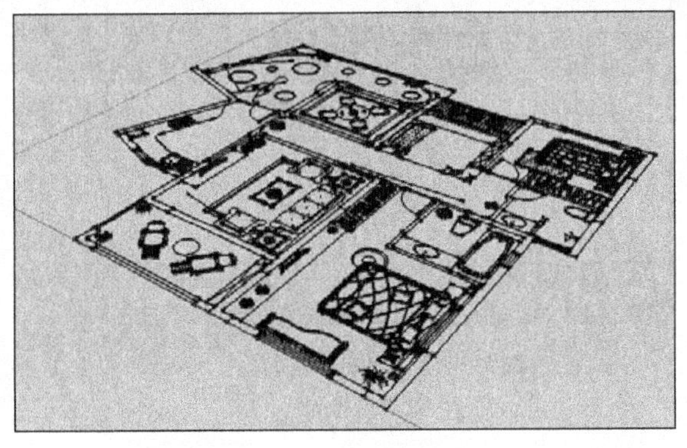
图 5-24 导入图纸

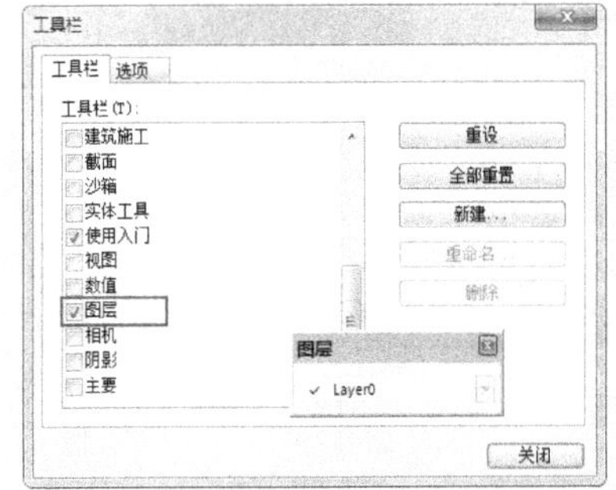

图 5-25 打开工具栏调出图层工具

05 图纸导入完成后，启用【卷尺】工具测量当前图纸中休闲室窗户的宽度，如图 5-27 所示，然后对比 CAD 中相应宽度，确定好导入图纸比例，如图 5-28 所示。

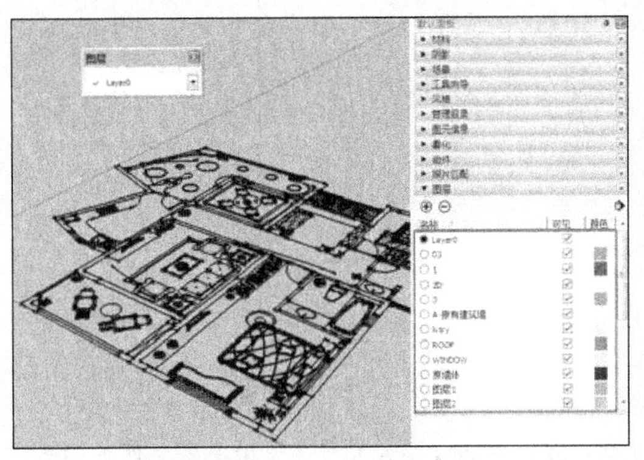
图 5-26 设置图层显示与隐藏

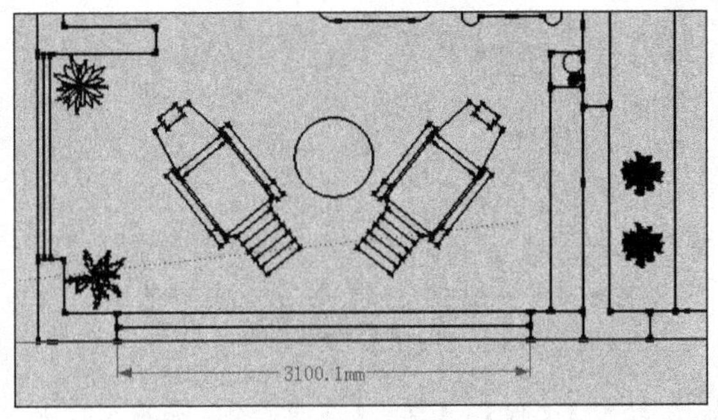

图 5-27 测量当前图纸中休闲室窗户的宽度

06 确认好导入图纸比例后，按下 Ctrl+S 键，将当前场景保存为“地中海.skp”，如图 5-29 所示。接下来分析建模思路。

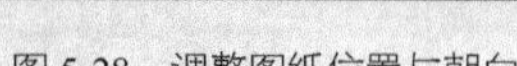
图 5-28　调整图纸位置与朝向

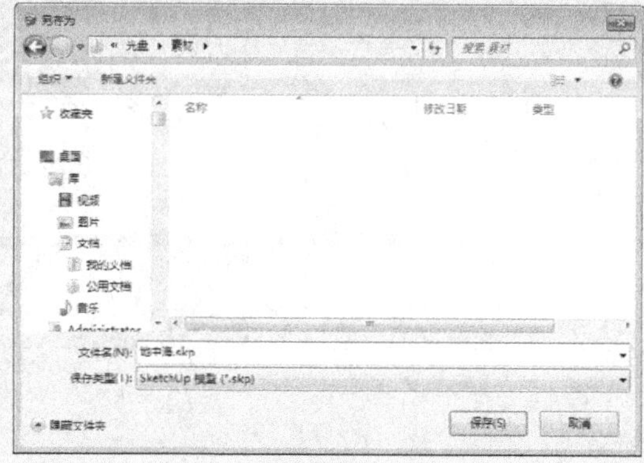

图 5-29　保存图纸

5.2.3 分析建模思路

本例主要表现的是客厅与餐厅的细节效果，因此需要首先确定大致的观察角度与表现范围，如图 5-30 与图 5-31 所示。

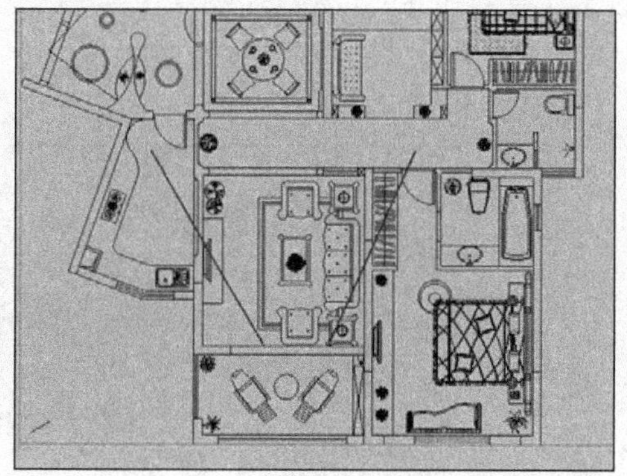
图 5-30　观察角度 1

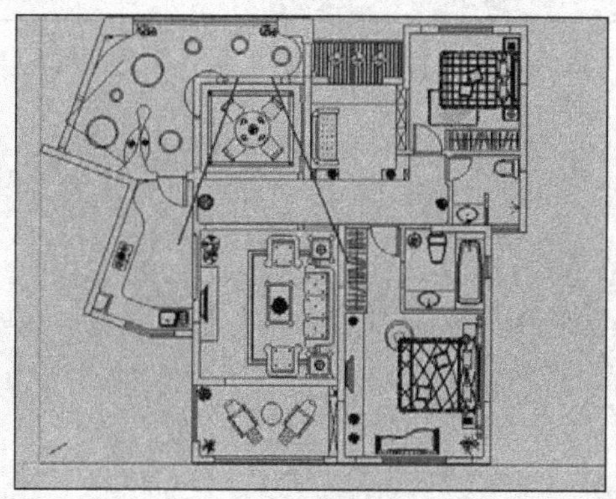
图 5-31　观察角度 2

明确了观察角度与范围后，首先根据该范围创建好墙体框架，如图 5-32 所示。完成墙体框架制作后，细化客厅与休闲室的门洞效果，如图 5-33 与图 5-34 所示。

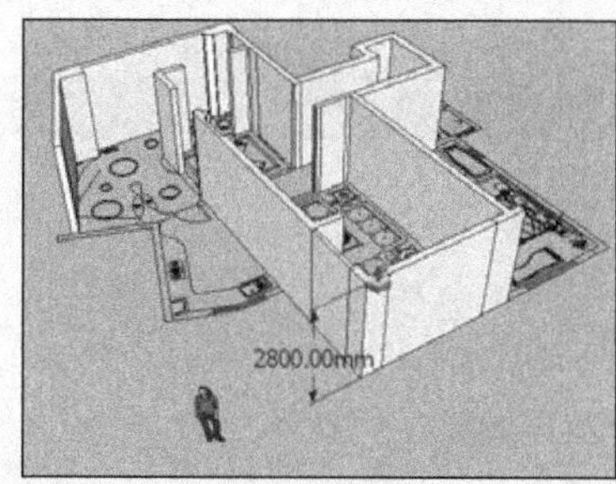

图 5-32　创建墙体框架

图 5-33　细化客厅门洞

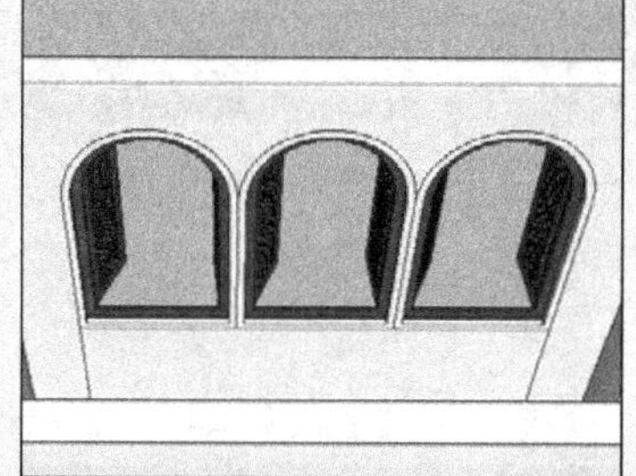
图 5-34　细化休闲室门洞

完成门窗制作后，逐步细化客厅壁炉、电视墙以及顶棚，如图 5-35~图 5-37 所示。

完成客厅及休闲室相关细节的制作后，使用类似的步骤制作过道以及餐厅空间，如图 5-38~图 5-40 所示。

完成基本的空间细节制作后，整体制作下部踢脚板与地面的材质效果，如图 5-41 所示。然后设置好空间的色彩与质感并合并装饰细节，如图 5-42 与图 5-43 所示。最后得到如图 5-9~图 5-11 所示的整体空间效果。

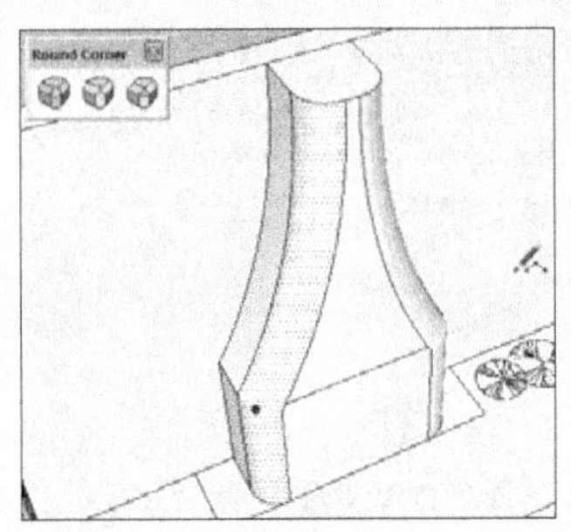
图 5-35　细化客厅壁炉

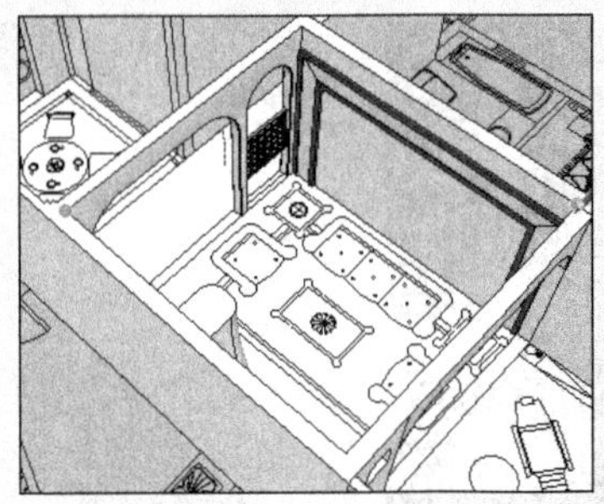
图 5-36　细化客厅沙发墙

图 5-37　细化客厅顶棚

图 5-38　细化过道立面

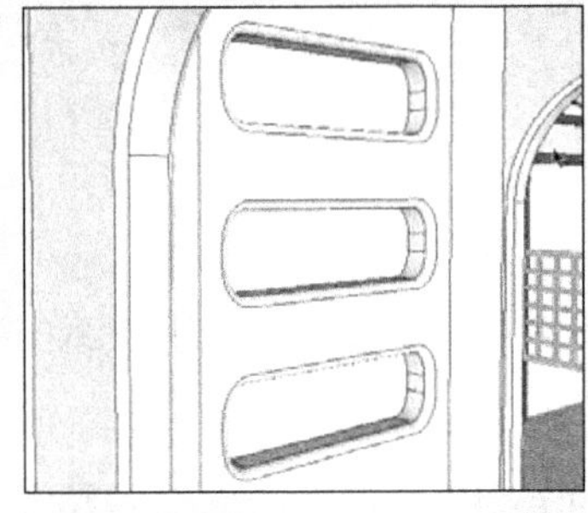
图 5-39　细化餐厅立面

图 5-40　餐厅空间完成效果

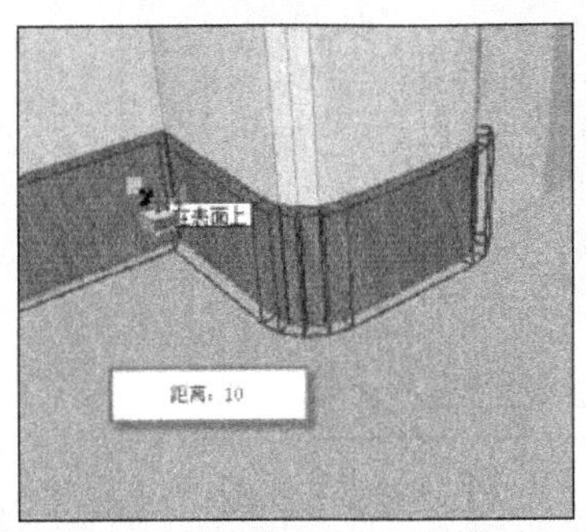

图 5-41　制作地面细节

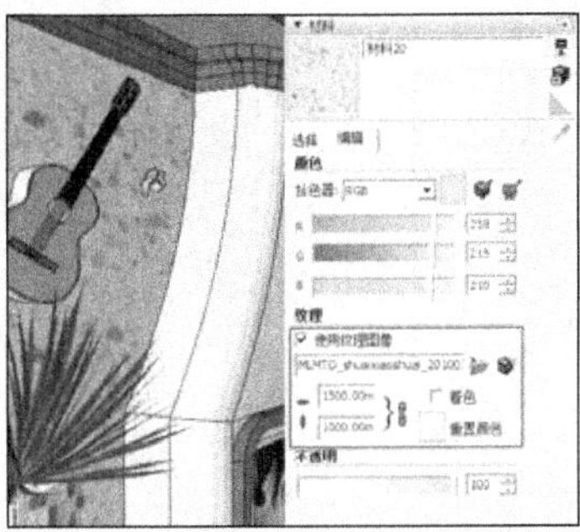
图 5-42　设置空间整体色彩与质感

图 5-43　完成最终装饰细节

5.3 创建客厅及休闲空间

5.3.1 创建整体框架

01 启用【直线】工具，捕捉图纸创建外侧墙线，如图 5-44 所示，完成效果如图 5-45 所示。

02 选择【偏移】工具，捕捉图纸内侧墙线制作墙体厚度，如图 5-46 所示。

03 参考图纸，结合使用【直线】与【圆弧】工具，制作各处的墙体细节，如图 5-47 与图 5-48 所示。

04 对于观察范围以外的墙体（如过道尽头）则可以简单绘制，如图 5-49 所示。最终得到的墙体平面效果如图 5-50 所示。

05 完成墙体平面绘制后，选择并单击鼠标右键将平面进行反转，如图 5-51 所示。

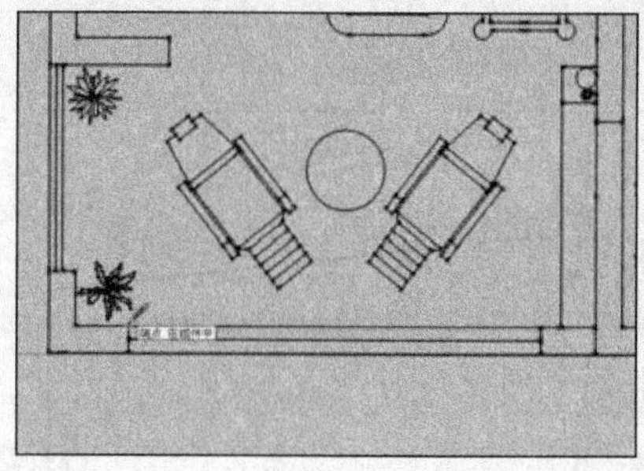

图 5-44　捕捉图纸创建外侧墙线

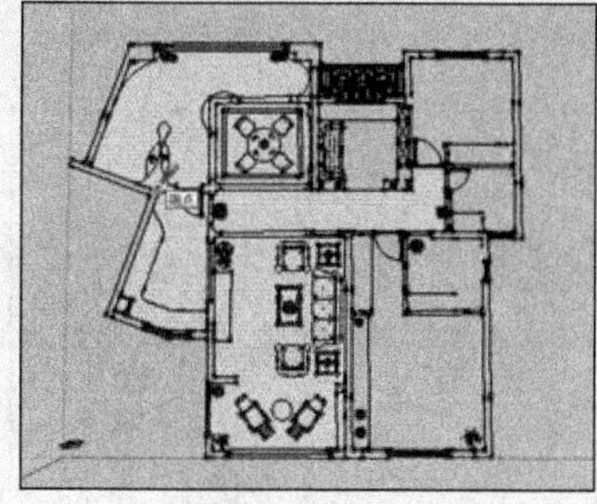

图 5-45　外侧墙线创建完成

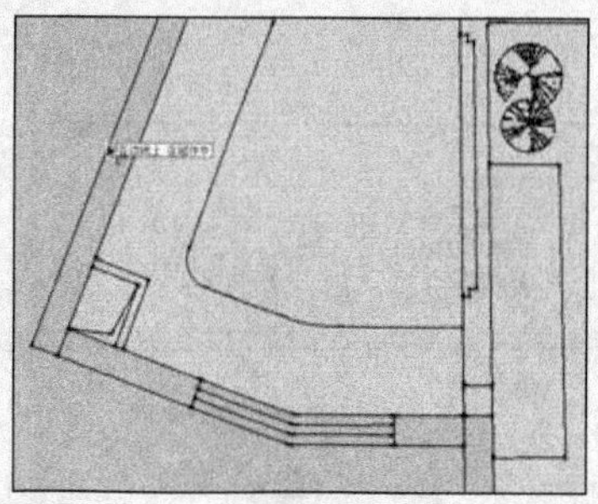

图 5-46　制作墙体厚度

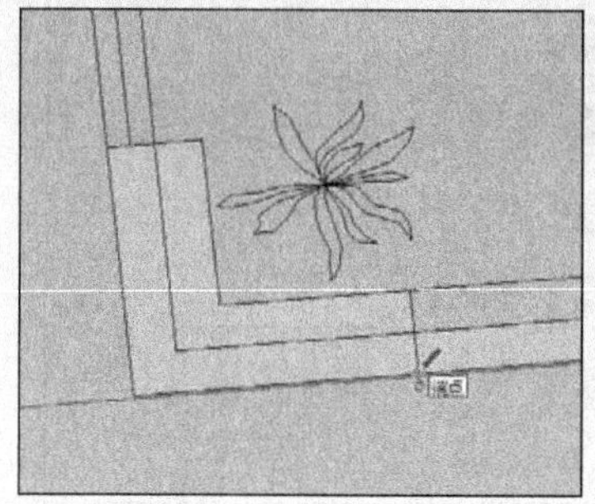

图 5-47　制作墙体转角细节

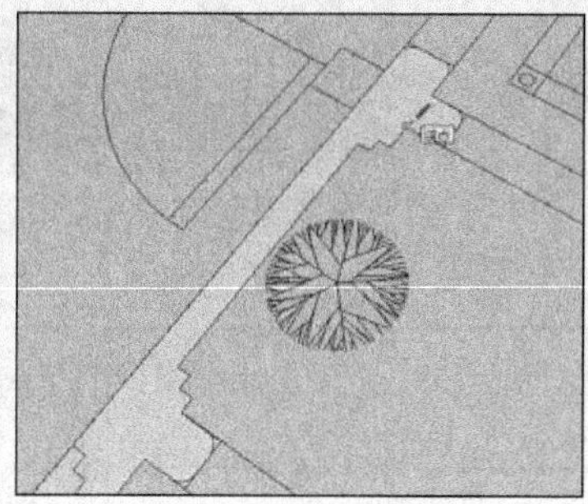

图 5-48　制作过道墙体细节

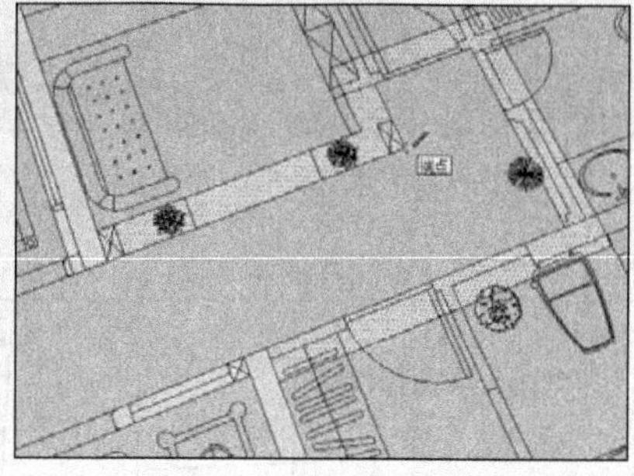

图 5-49　过道尽头绘制简单墙体

06 启用【推/拉】工具，制作 2800mm 的墙体高度，如图 5-52 所示。接下来制作客厅以及休闲室区域的门窗效果。

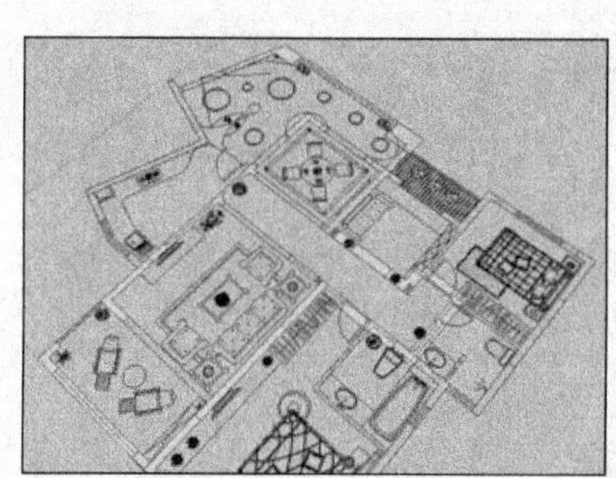

图 5-50　墙体平面绘制完成

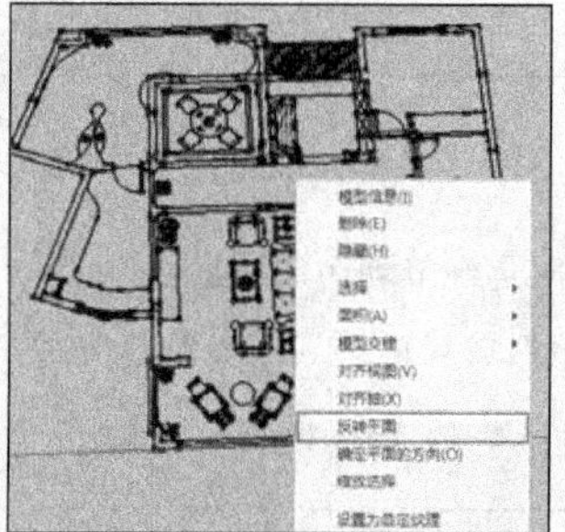

图 5-51　将墙体平面反转

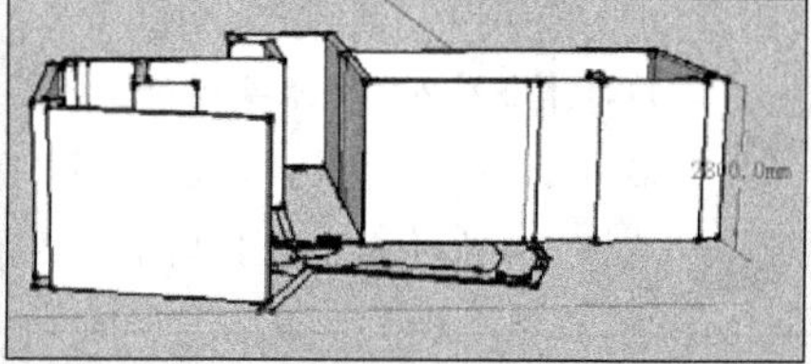

图 5-52　制作 2800mm 墙体高度

5.3.2 创建客厅及休闲室门窗

1. 创建客厅与过道交界处门洞

01 制作客厅与过道交界处的门洞，造型细节如图 5-53 所示。

02 启用【推/拉】工具，按下 Ctrl 键选择左侧墙面，复制推/拉至右侧，如图 5-54 所示。然后选择底部线条，按住 Ctrl 键向上移动复制到 2400mm 高度处，如图 5-55 所示。

03 使用【卷尺】工具，制作左侧圆角参考线，如图 5-56 所示。然后启用【圆弧】工具，制作门洞圆弧细节，如图 5-57 所示。

04 向右移动复制创建好的圆角细节，如图 5-58 所示。

图 5-53 门洞等细节

图 5-54 复制推/拉墙体

图 5-55 向上复制门洞高度线条

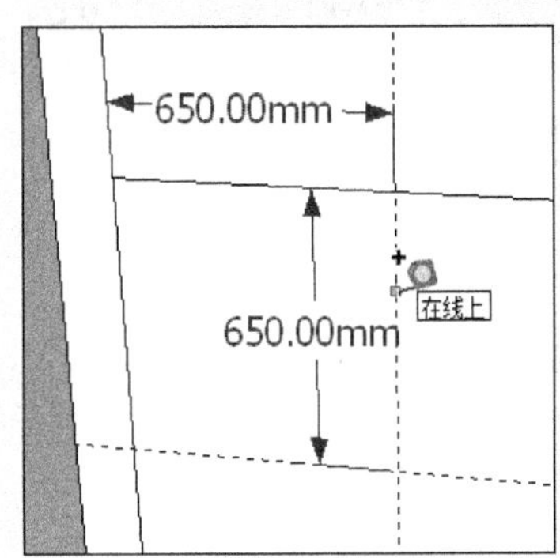

图 5-56 创建圆角参考线

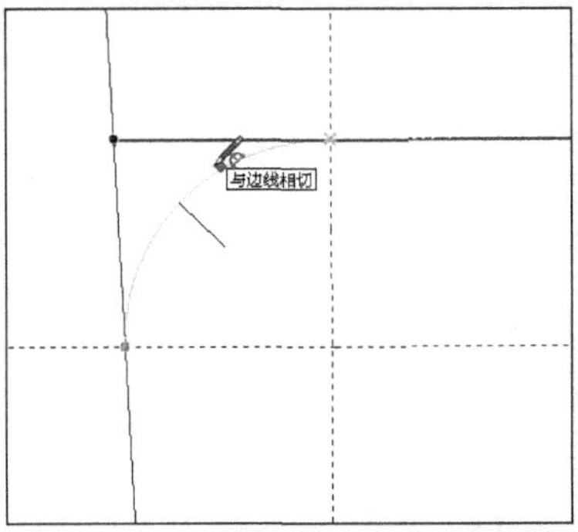

图 5-57 制作门洞圆弧细节

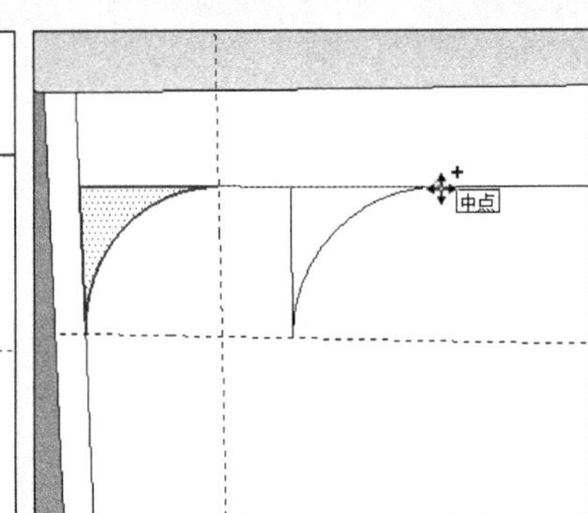

图 5-58 复制圆角细节

执行【翻转方向】菜单命令，调整圆角细节朝向，如图 5-59 所示，再通过捕捉放置在右侧。

06 启用【推/拉】工具，推/拉分割平面形成拱门门洞，如图 5-60 所示。接下来制作 3D 圆角细节。

07 选择门洞线并单击【3D 圆角】按钮，如图 5-61 所示。

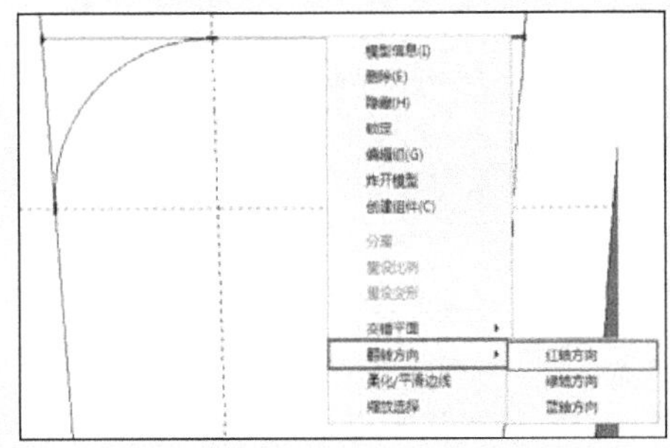
图 5-59 调整圆角细节朝向

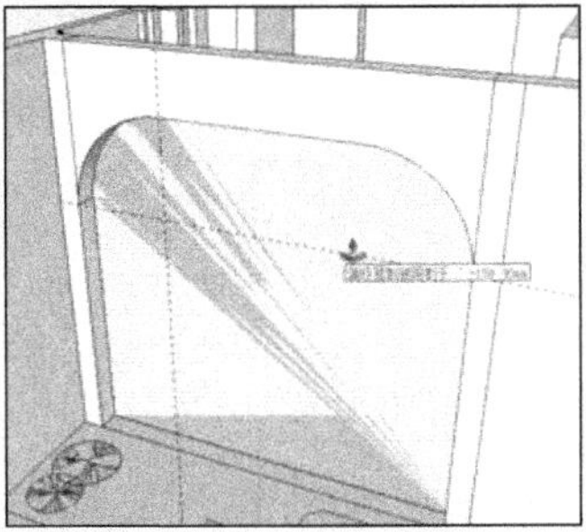
图 5-60 推/拉形成拱门门洞

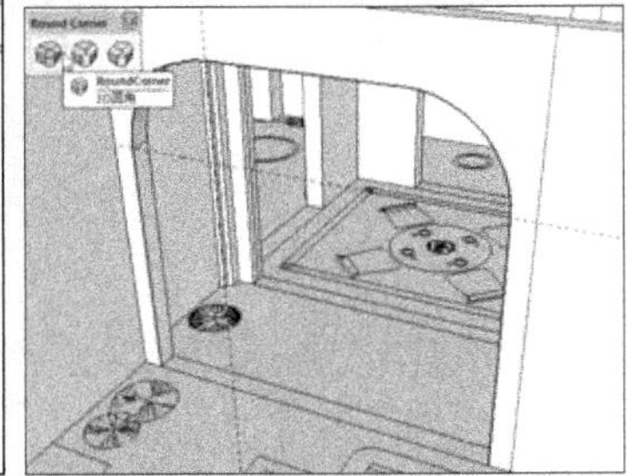
图 5-61 选择门洞线并单击【3D 圆角】按钮

08 设定 3D 圆角参数，并根据显示的范围确定好拱门的大小，如图 5-62 所示。按下 Enter 键，确定进行 3D 圆角，单侧门线 3D 圆角完成效果如图 5-63 所示。

09 采用相同方法制作背面门线的 3D 圆角效果，如图 5-64 所示。接下来制作左侧门洞效果。

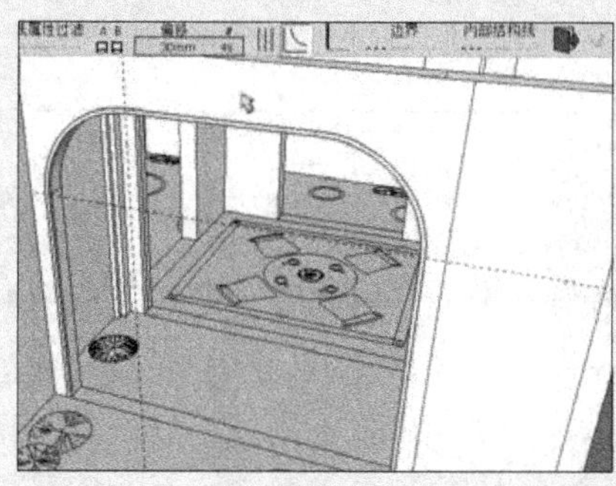

图 5-62 设定圆角参数

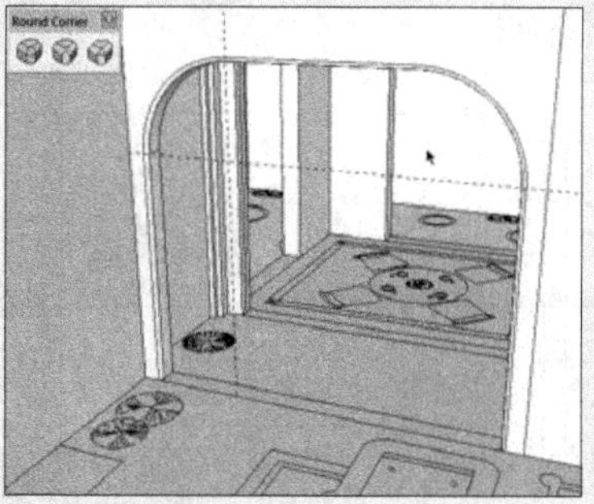

图 5-63 单侧门线 3D 圆角完成效果

图 5-64 完成背面门线 3D 圆角效果

10 首先复制出左侧门洞高度线，如图 5-65 所示。

11 由于要制作半圆圆弧，因此需要首先启用【卷尺】工具测量出当前门洞整体宽度，如图 5-66 所示。然后向下以一半的距离复制参考线，最后使用【圆弧】工具绘制出半圆分割线，如图 5-67 所示。

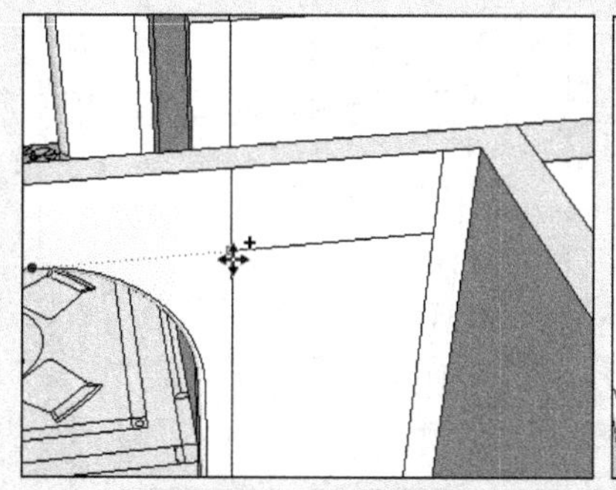

图 5-65 复制出左侧门洞高度线

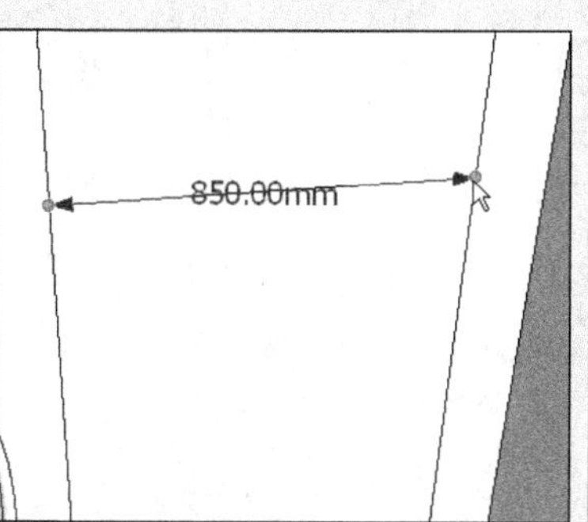

图 5-66 测量门洞整体宽度

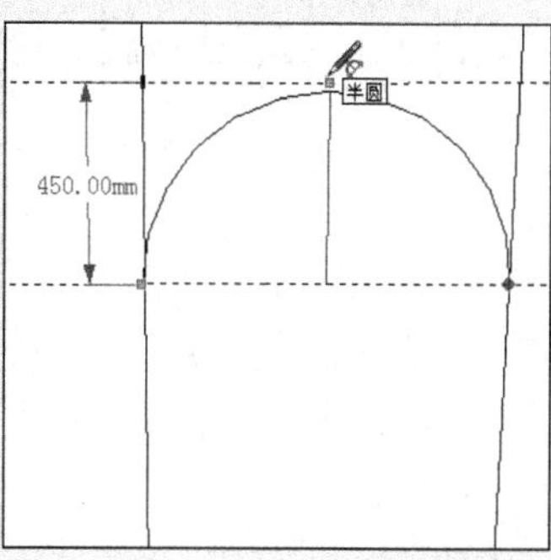

图 5-67 创建半圆分割线

12 分割平面创建完成后，启用【推/拉】工具推空形成门洞，如图 5-68 所示。

13 依次选择正面与背面门洞线，使用【3D 圆角】工具制作圆角效果，如图 5-69~图 5-71 所示。

图 5-68 推空形成门洞

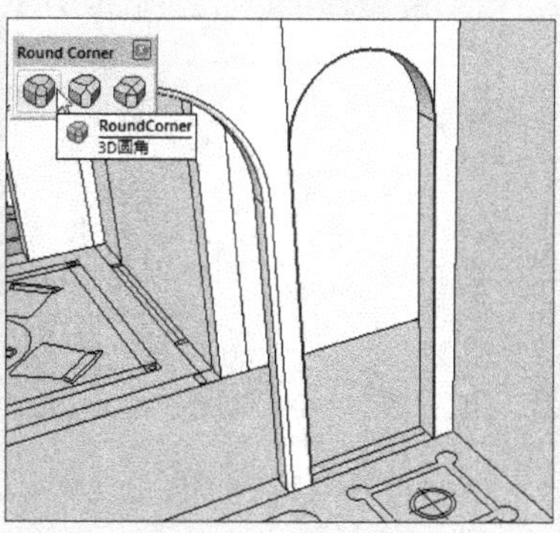

图 5-69 选择门洞线进行圆角处理

图 5-70 单侧圆角处理完成效果

14 制作右侧门洞中部的木栅格细节。首先将当前墙体框架整体创建为组，如图 5-72 所示。

15 启用【矩形】工具，在门洞侧面创建一个矩形平面，如图 5-73 所示。

16 启用【移动】工具，按住 Shift 键，结合捕捉工具捕捉中点，分别对齐平面水平位置与高度，如图 5-74 与图 5-75 所示。

17 使用【推/拉】工具，制作栅格长度，如图 5-76 所示。然后结合使用【偏移】与【推/拉】工具，制作栅格边框，如图 5-77~图 5-79 所示。

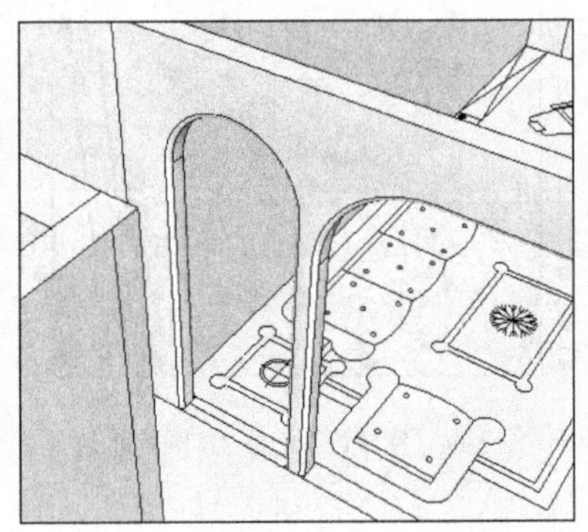

图 5-71 制作背面圆角效果

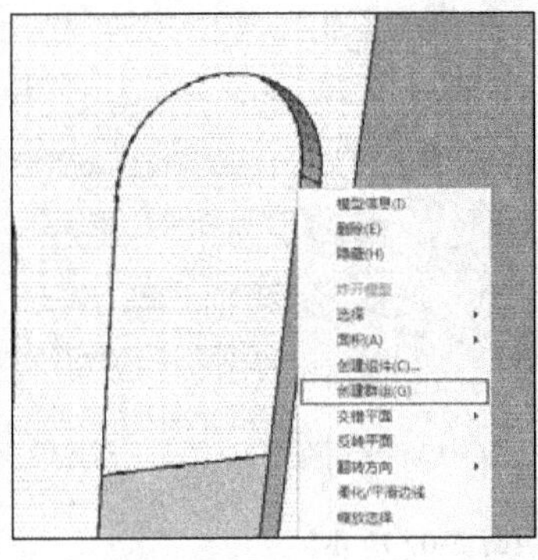

图 5-72 选择墙体模型整体创建组

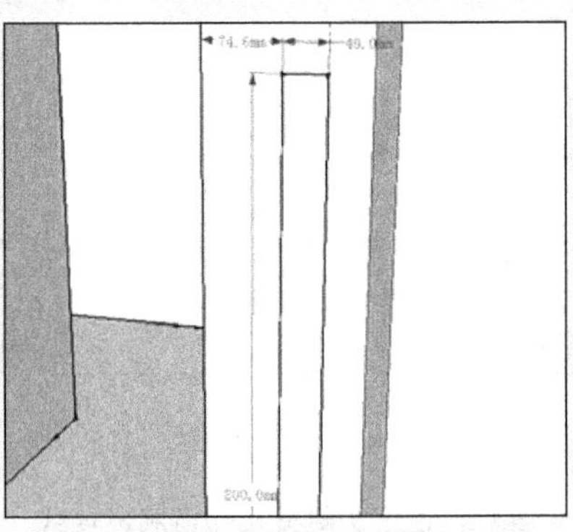

图 5-73 创建矩形平面

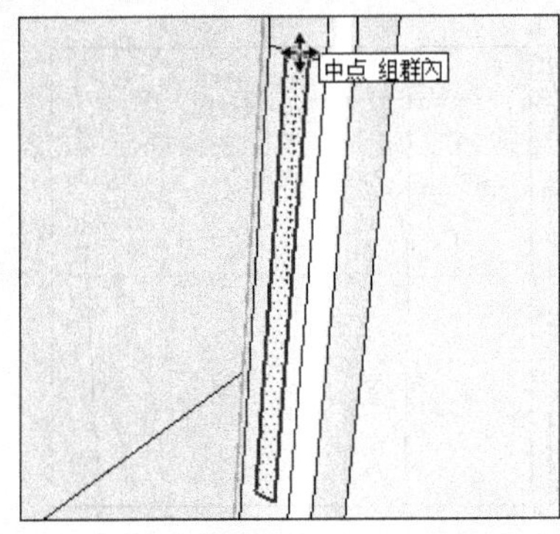

图 5-74 通过捕捉中点对齐平面水平位置

图 5-75 捕捉中点对齐高度

图 5-76 制作栅格长度

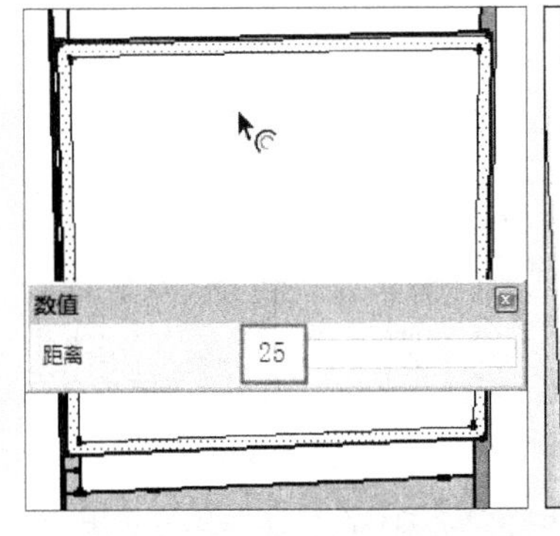

图 5-77 制作栅格边框平面

图 5-78 推/拉形成栅格边框

图 5-79 对背面进行相同处理

18 依次选择内部横线与竖向边线，将其拆分为 6 段，如图 5-80 与图 5-81 所示。

19 启用【矩形】工具，捕捉拆分点创建栅格单元平面，如图 5-82 所示。

20 结合使用【偏移】与【推/拉】工具，制作栅格细节，如图 5-83 与图 5-84 所示。

21 选择制作的单元栅格，通过横向与竖向多次移动复制制作栅格整体效果，如图 5-85~图 5-87 所示。

22 经过以上步骤，客厅与过道交界处门洞创建完成，整体效果如图 5-88 所示。接下来制作客厅与休闲室交界处的门洞效果。

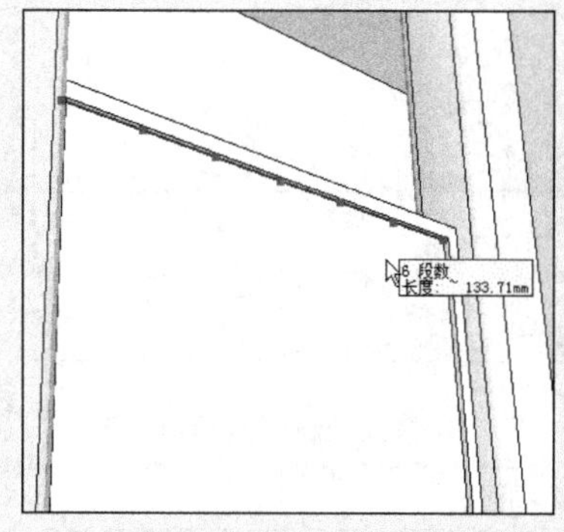

图 5-80　拆分横线边线

图 5-81　拆分竖向边线

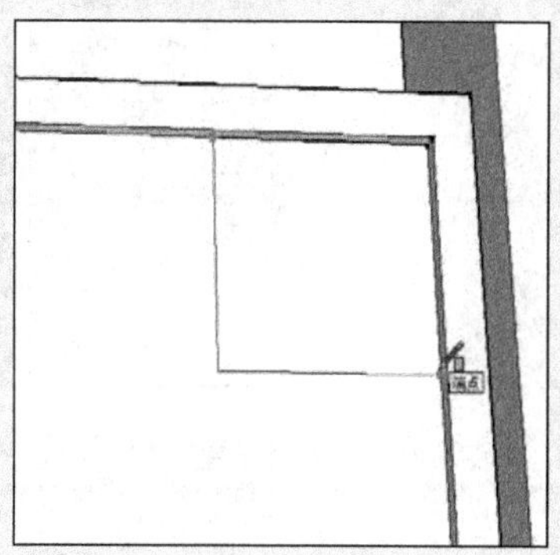

图 5-82　创建栅格单元平面

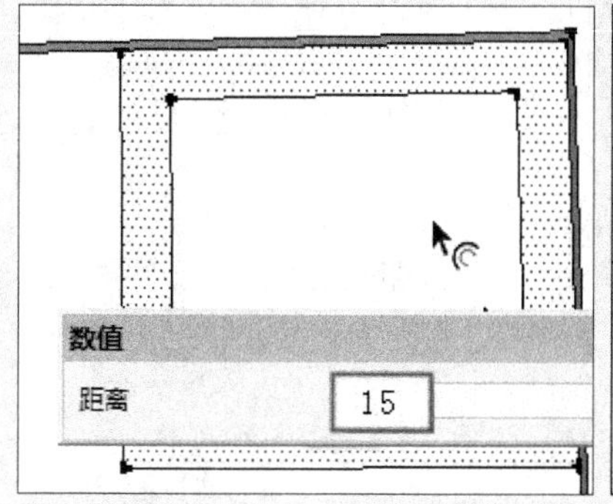

图 5-83　制作栅格平面

图 5-84　推空形成栅格

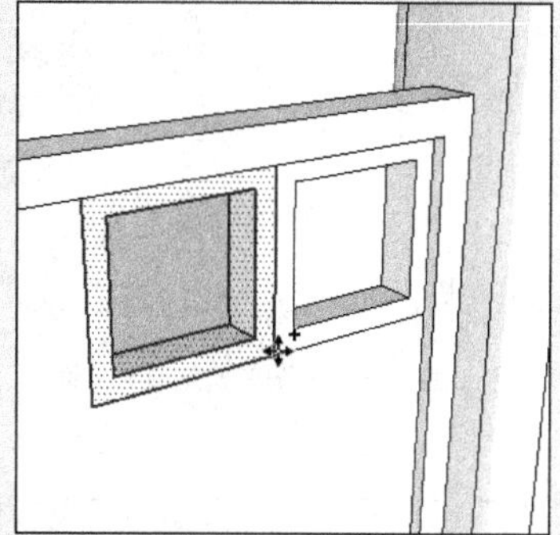

图 5-85　横向复制栅格

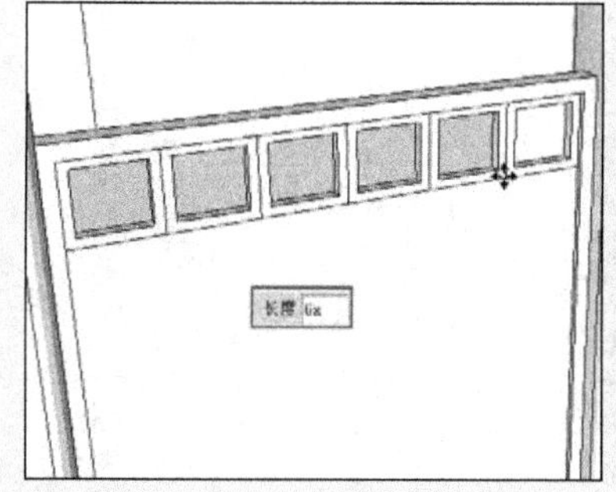

图 5-86 追加多重移动复制

图 5-87　竖向多重移动复制栅格

图 5-88　客厅与过道交界处门洞完成效果

2. 创建客厅与休闲室门洞

01 启用【推/拉】工具，制作休闲室合并墙体，如图 5-89 所示。然后重复之前类似的操作制作门洞，效果如图 5-90 与图 5-91 所示。

02 由于该处门洞右侧还有可利用的空间，因此参考之前的图片制作出搁物孔细节，如图 5-92~图 5-95 所示。

03 经过以上步骤，客厅与休闲室交界处门洞即已完成，效果如图 5-96 所示。接下来创建休闲室处的窗户效果。

图 5-89 制作休闲室处墙体

图 5-90 创建门洞分割面

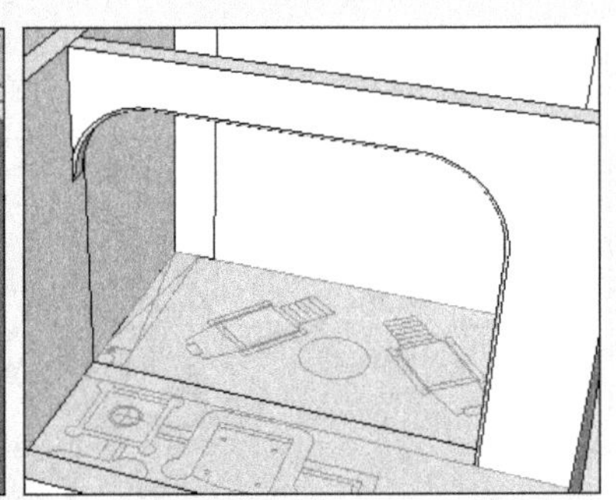

图 5-91 推空门洞并进行圆角处理

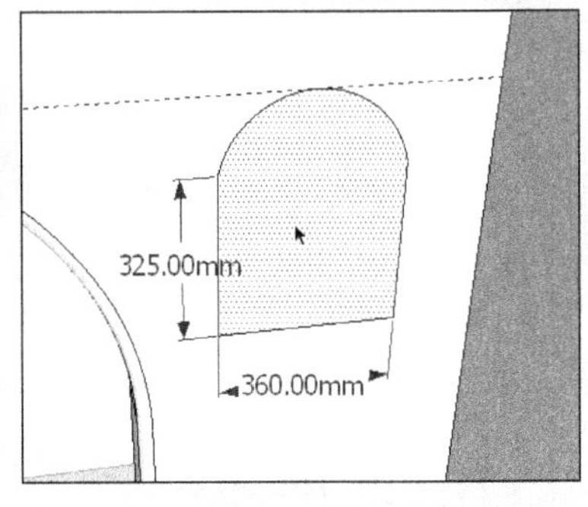

图 5-92 绘制门洞右侧细节分割面

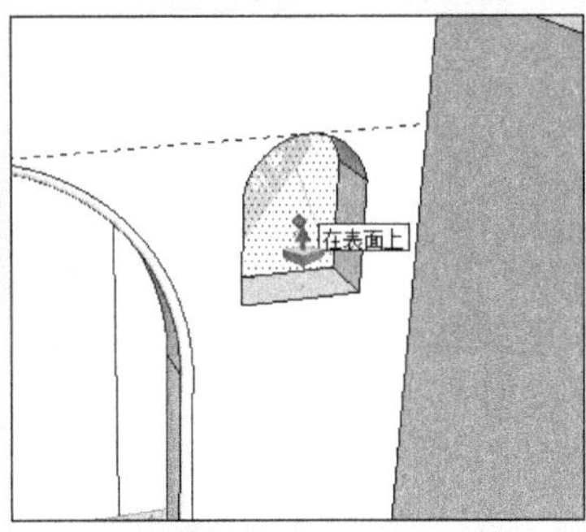

图 5-93 推空细节分割面

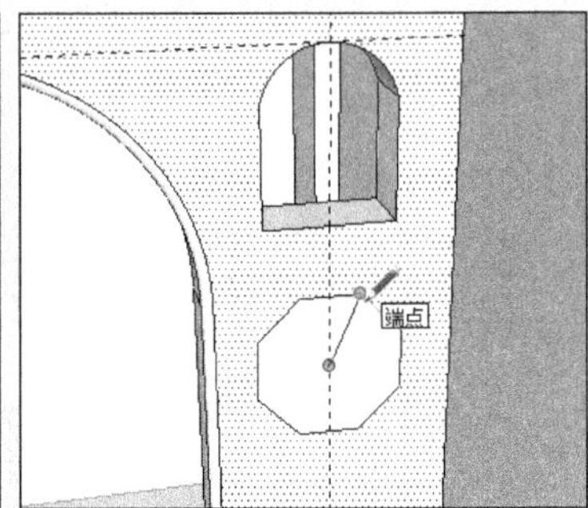

图 5-94 绘制其他细节分割面

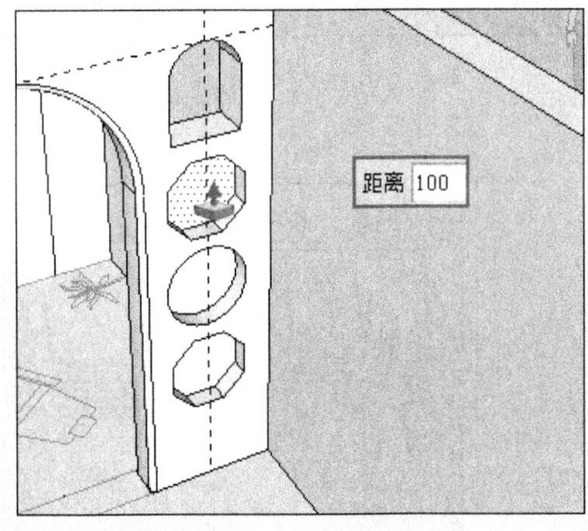

图 5-95 制作分割面深度

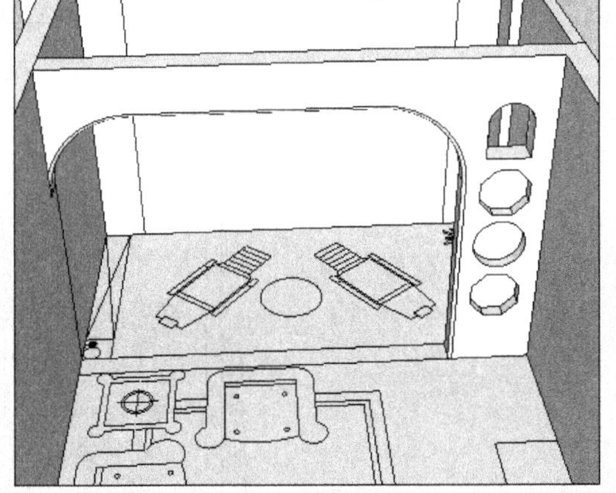

图 5-96 客厅与休闲室交界处门洞完成效果

3. 创建休闲室窗户

01 常见的地中海风格窗户效果如图 5-97~图 5-99 所示。本例将参考图 5-98 所示的造型进行制作。

02 选择底部线条，使用移动复制制作出高度为 900mm 的窗台分割线，如图 5-100 所示。然后将分割线拆分为 3 段，如图 5-101 所示。

03 启用【直线】工具，分割好窗户平面，如图 5-102 所示。启用【圆弧】工具，制作窗户圆弧细节，如图 5-103 所示。

04 结合使用【偏移】与【推/拉】工具，制作外部窗框细节，如图 5-104 与图 5-105 所示。

图 5-97　地中海风格窗户造型 1

图 5-98　地中海风格窗户造型 2

图 5-99　地中海风格窗户造型 3

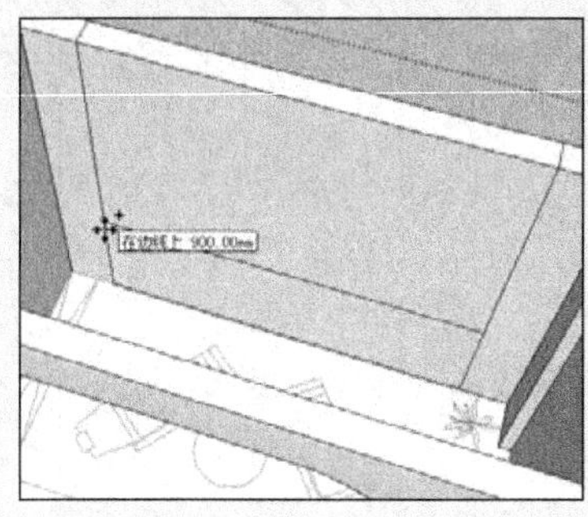
图 5-100　移动复制窗台分割线

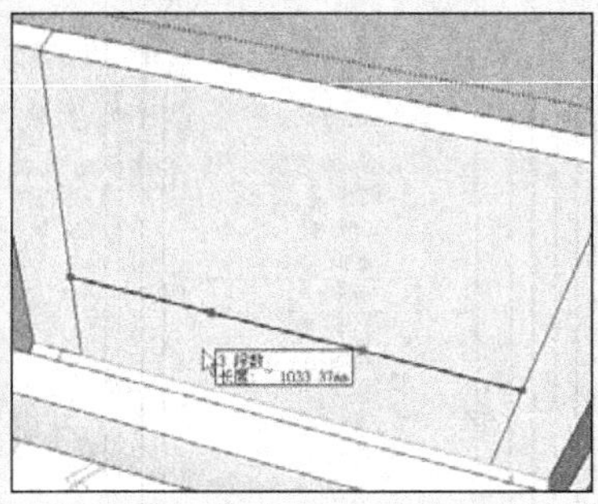
图 5-101　拆分窗台线

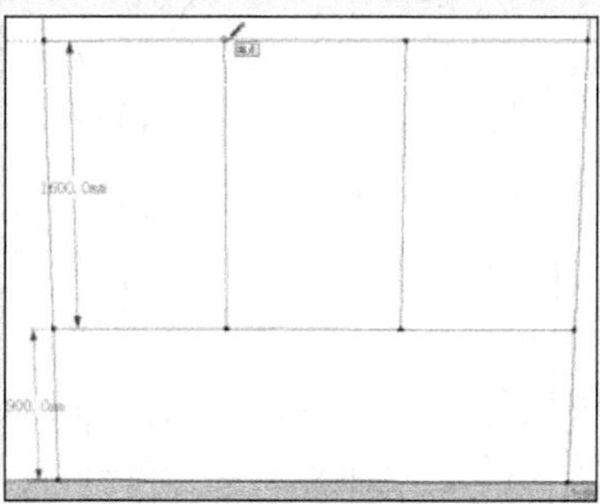

图 5-102　制作窗户平面轮廓

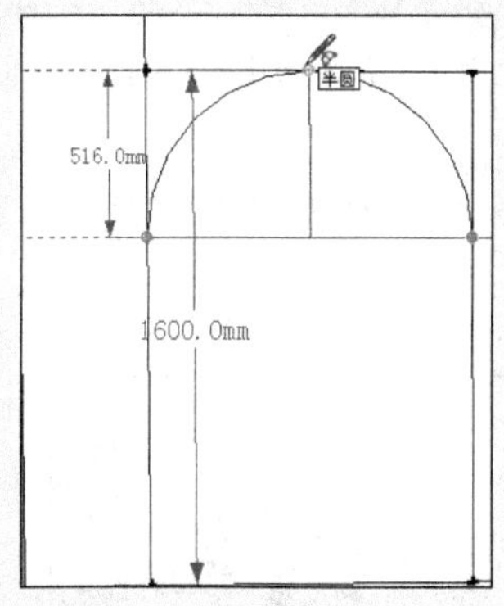

图 5-103　制作窗户圆弧细节

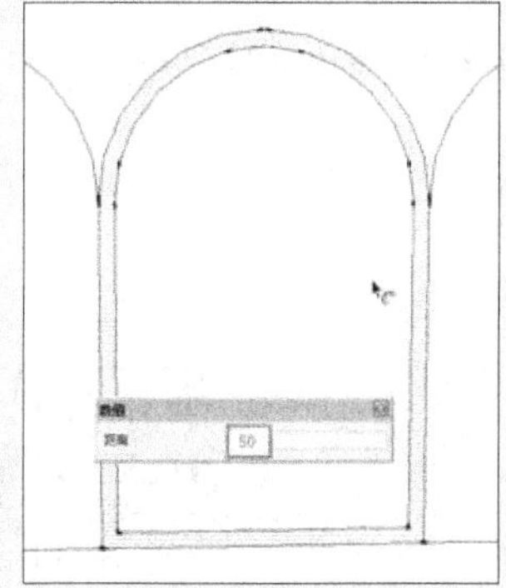

图 5-104　通过偏移复制出窗框平面

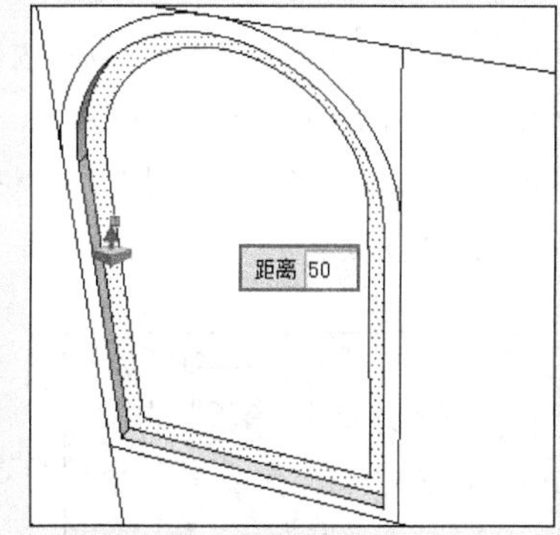

图 5-105　制作窗框厚度与窗户平面

05 打开【材料】对话框，为内部窗户平面制作并赋予蓝色木纹材质，如图 5-106 所示。然后使用【推/拉】工具制作木窗框，如图 5-107 所示

06 结合使用【直线】以及【偏移】工具，制作窗页边框，如图 5-108 与图 5-109 所示。

技 巧

在赋予材质后，为了方便观察之后操作，可以将显示模式切换至【单色显示】。

07 将创建好的窗页平面创建为组，如图 5-110 所示，然后启用【推/拉】工具，制作窗页边框厚度，如图 5-111 所示。

图 5-106 赋予窗户平面蓝色木纹材质

图 5-107 制作木窗框

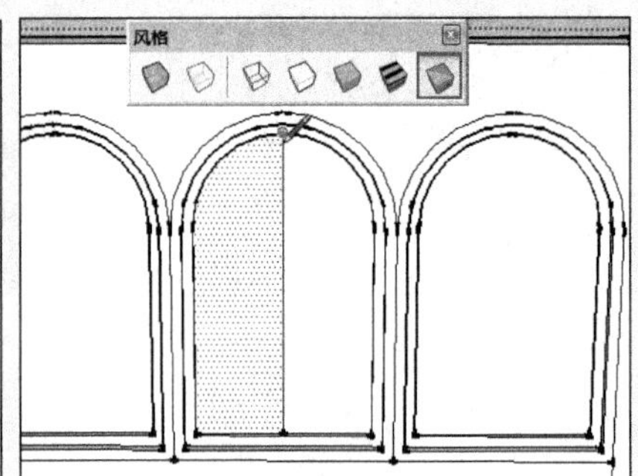

图 5-108 分割窗页平面

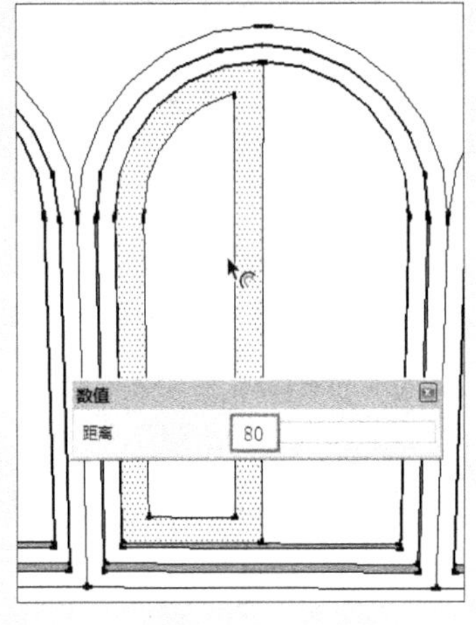

图 5-109 制作窗页边框

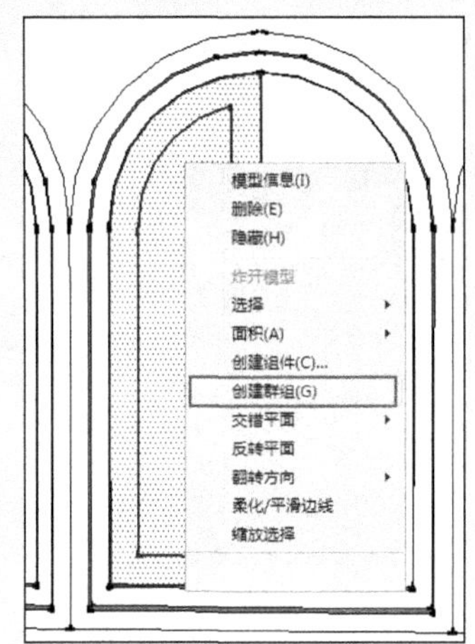

图 5-110 将窗页平面创建为组

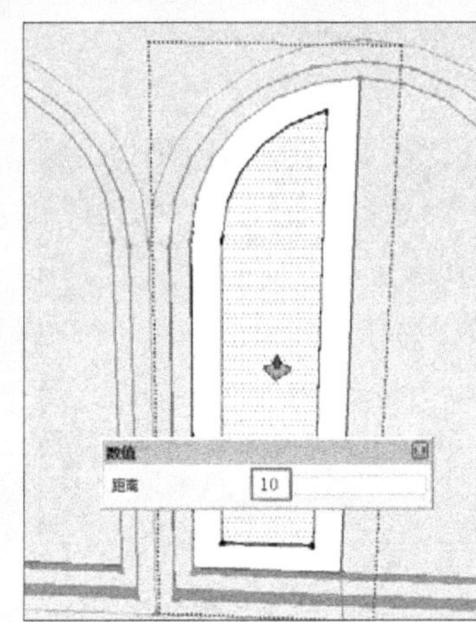

图 5-111 制作窗页边框厚度

08 窗页边框制作完成后，拆分内侧竖向边线，如图 5-112 所示。然后结合使用【直线】与【推/拉】工具，制作下方的细格造型，如图 5-113 所示。

09 通过多重移动复制制作上方其他细格，如图 5-114 所示。然后通过逐个分割与推/拉制作窗页弧形处细格，如图 5-115 所示。

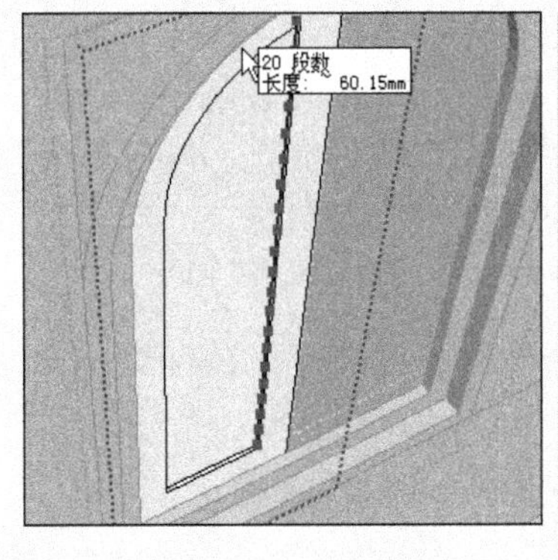

图 5-112 拆分窗页内侧竖向边线

图 5-113 制作窗页细格

图 5-114 复制窗页细格

10 窗页造型制作完成后，通过旋转与复制制作窗户整体造型，如图 5-116 与图 5-118 所示。

11 选择创建好的窗户整体造型，捕捉拆分点，使用多重移动复制制作休闲室的其他窗户，如图 5-119 与图 5-120 所示。接下来细化客厅立面细节。

图 5-115　逐个制作窗页弧形处细格

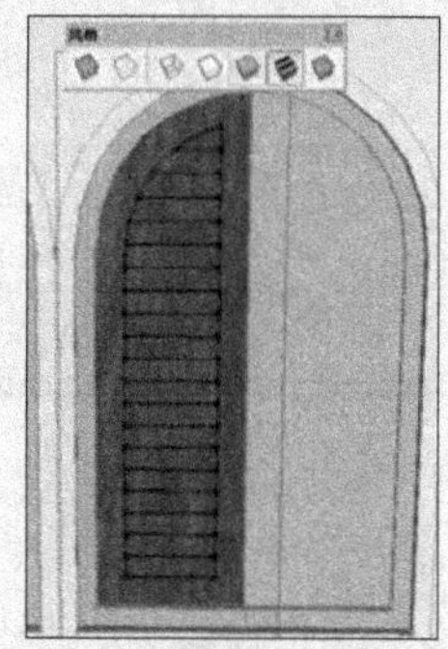
图 5-116　完成单侧窗页

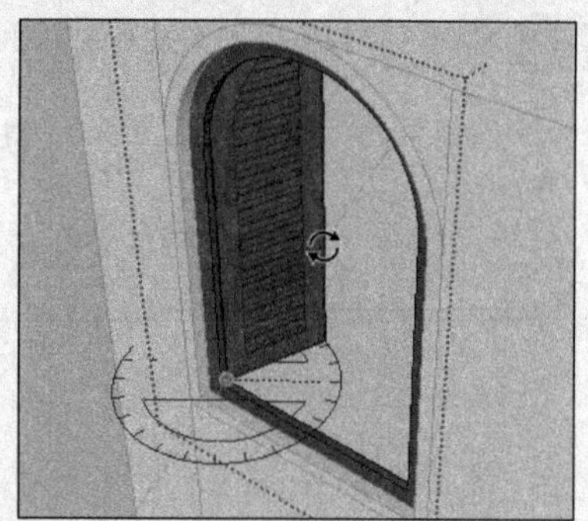
图 5-117　旋转形成开窗效果

图 5-118　复制另一侧窗页

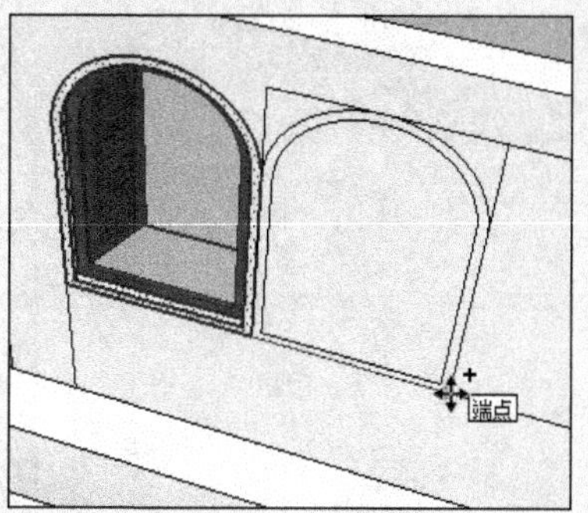

图 5-119　整体复制外部窗框与窗户

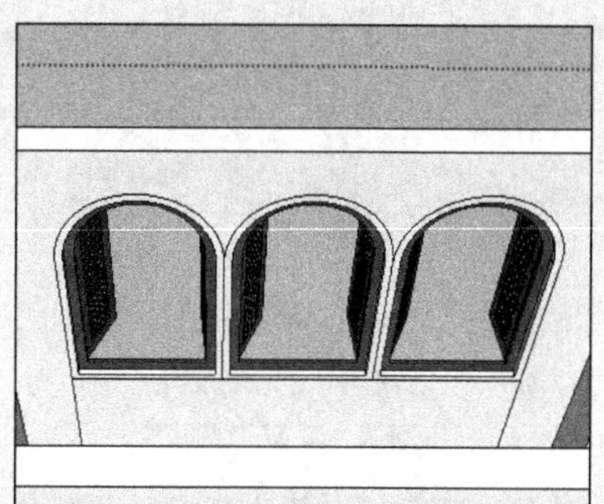
图 5-120　休闲室窗户完成效果

5.3.3 创建客厅立面细节

01 首先制作右侧墙体中部的壁炉细节，启用【矩形】工具，参考图纸绘制出壁炉平面，如图 5-121 所示。

02 启用【推/拉】工具，按住 Ctrl 键分段制作壁炉外部轮廓，如图 5-122 所示。

03 选择上部横向边线，将其拆分为 3 段，如图 5-123 所示。然后结合使用【圆弧】与【推/拉】工具制作初步造型，如图 5-124 与图 5-125。

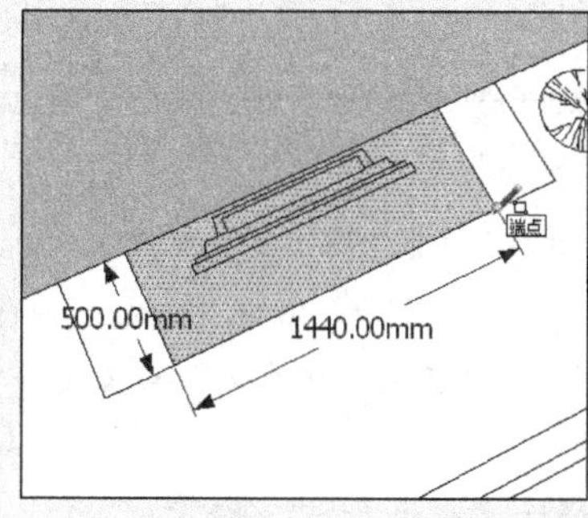

图 5-121　绘制壁炉平面

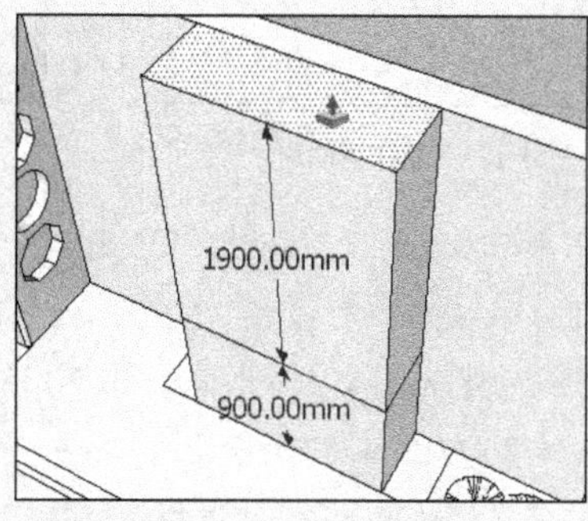

图 5-122　分段制作壁炉外部轮廓

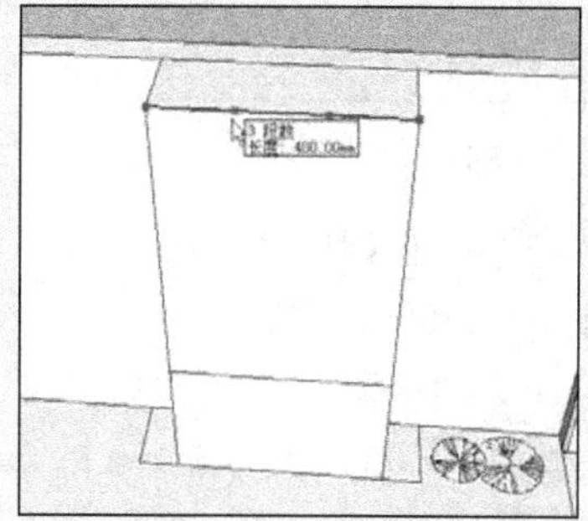
图 5-123　拆分上部横向边线

04 选择壁炉外部边线，启用【3D 圆角】工具处理好圆角细节，如图 5-126~图 5-128 所示。

05 启用【圆弧】工具，捕捉当前模型添加分割圆弧，如图 5-129 所示。然后调整好正面中部分割线位置，如图 5-130 所示。

06 结合使用【卷尺】与【圆弧】工具，制作正面原木造型圆角，如图 5-131 所示。

07 启用【偏移】工具，制作原木平面，如图 5-132 所示。

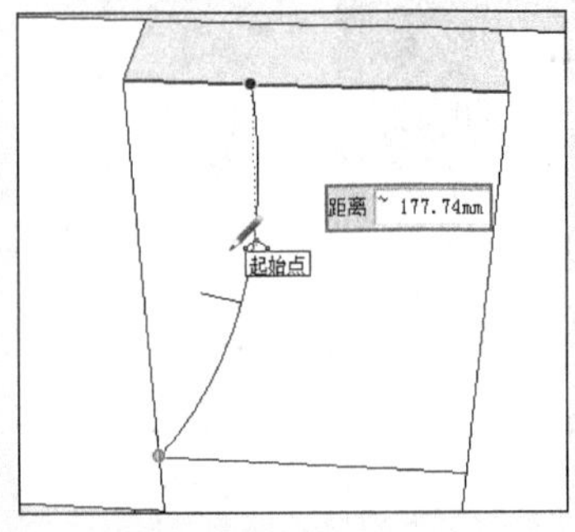

图 5-124 创建左侧分割圆弧

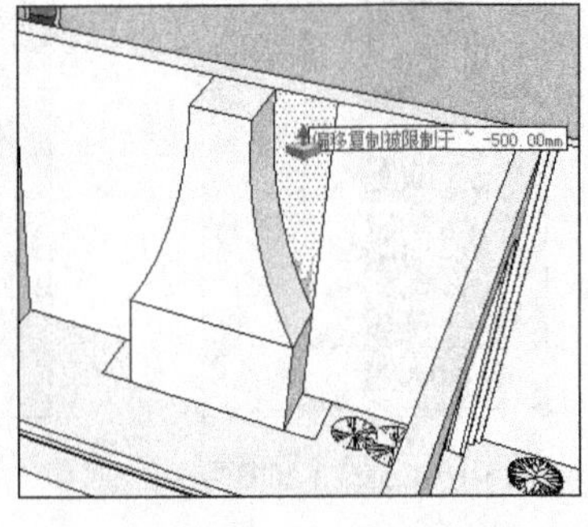

图 5-125 推/拉圆弧分割面

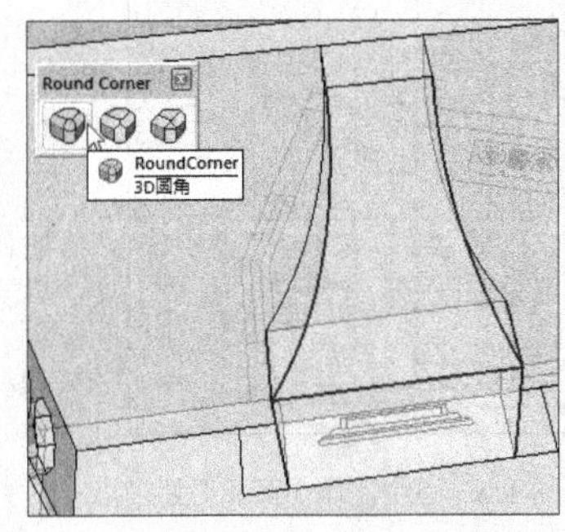

图 5-126 选择壁炉外部边线进行圆角处理

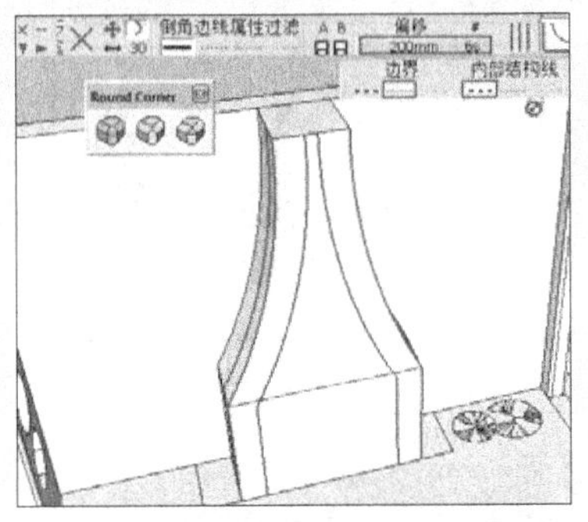

图 5-127 调整【3D 圆角】参数

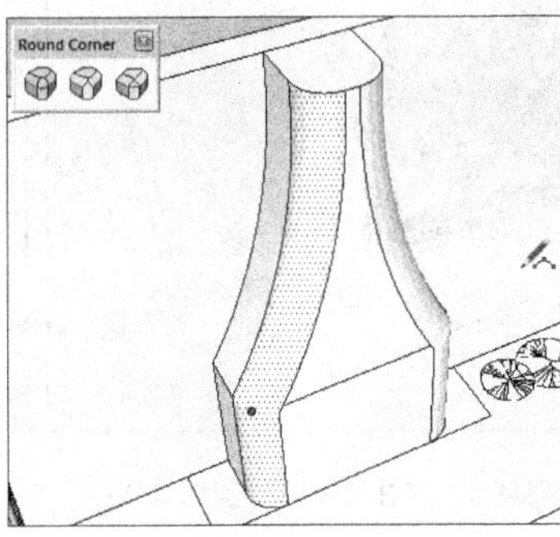

图 5-128 圆角完成效果

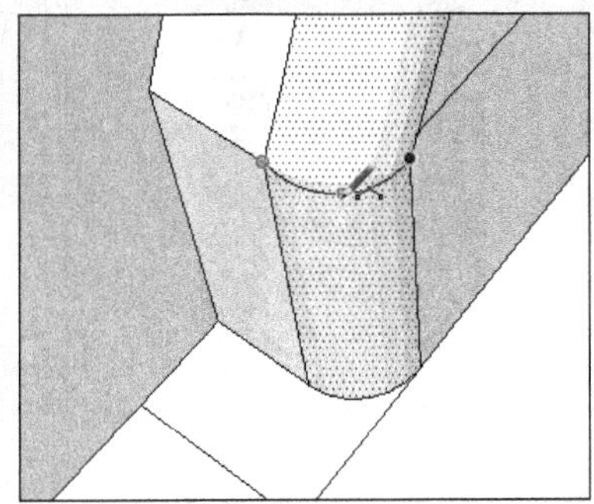

图 5-129 添加分割圆弧

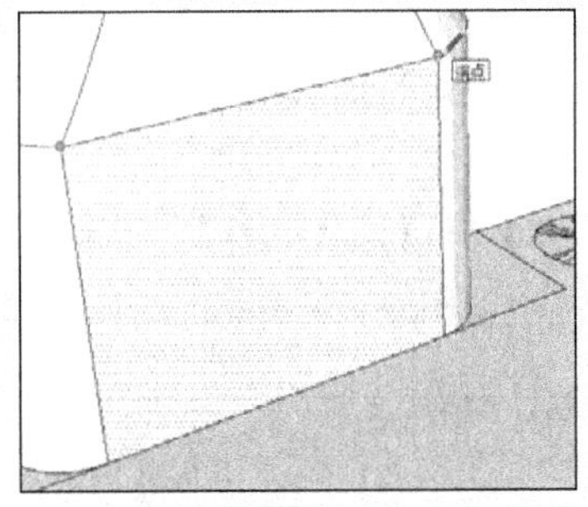

图 5-130 调整正面中部分割线

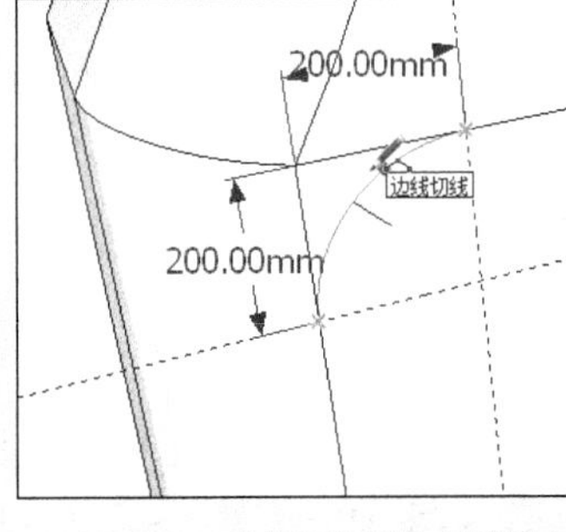

图 5-131 制作正面原木造型圆角

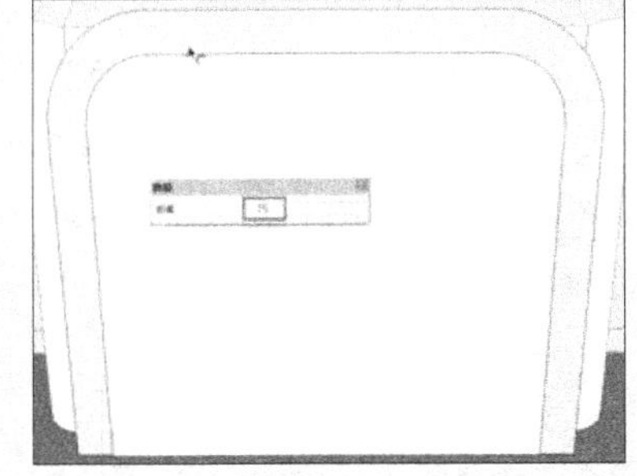

图 5-132 制作原木平面

08 打开【材料】对话框，赋予原木平面木纹材质，如图 5-133 所示。然后启用【推/拉】工具，制作原木的厚度，如图 5-134 所示。

09 捕捉参考线，启用【矩形】工具，分割出燃烧室平面，如图 5-135 所示。然后结合【推/拉】与【3D 圆角】工具，制作深度与圆角细节，如图 5-136 与图 5-137 所示。

10 经过以上步骤，壁炉造型已制作完成，效果如图 5-138 所示。接下来制作右侧的沙发背景墙。

11 通过线条的移动复制创建好背景墙平面，如图 5-139 所示。

12 选择背景墙平面，将其创建为组，如图 5-140 所示。

13 结合使用【推/拉】与【偏移】工具，制作背景墙初步造型，如图 5-141~图 5-143 所示。

14 打开【材料】对话框，为其整体赋予蓝色木纹材质，如图 5-144 所示。

15 启用【直线】工具，分割出对角线，如图 5-145 所示。然后制作内部面板并赋予白色木纹材质，如图

5-146 所示。

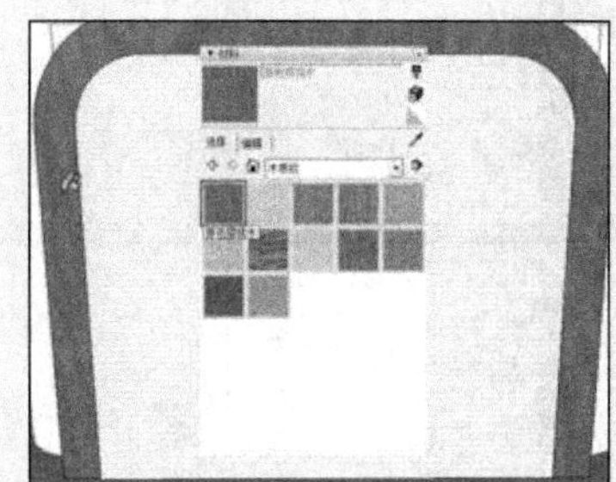
图 5-133　赋予平面木纹材质

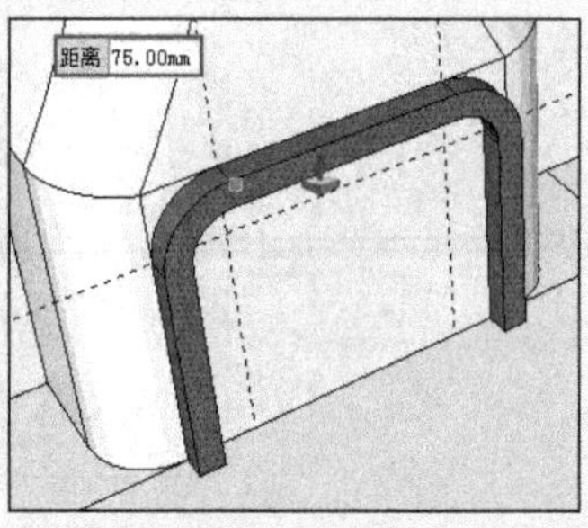

图 5-134　制作 75mm 原木厚度

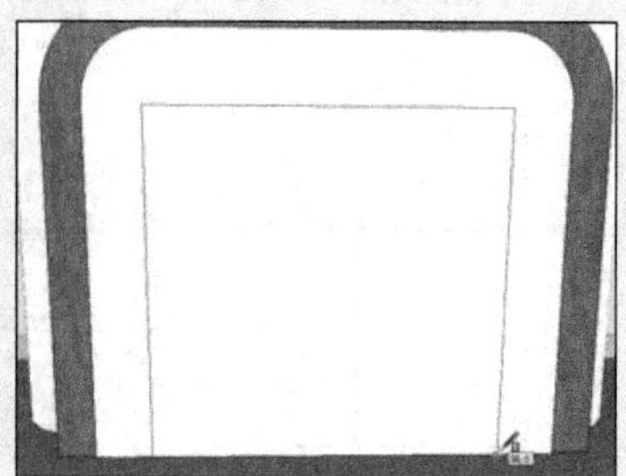
图 5-135　分割燃烧室平面

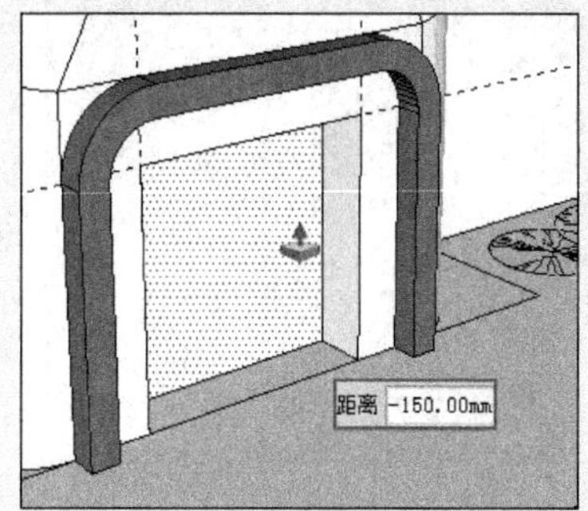

图 5-136　制作燃烧室深度

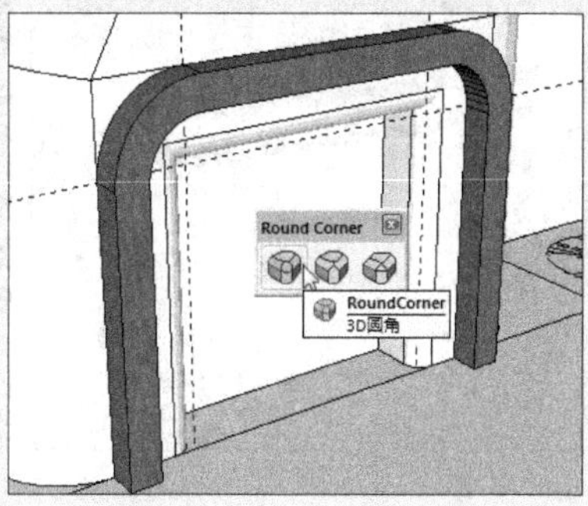

图 5-137　制作燃烧室圆角效果

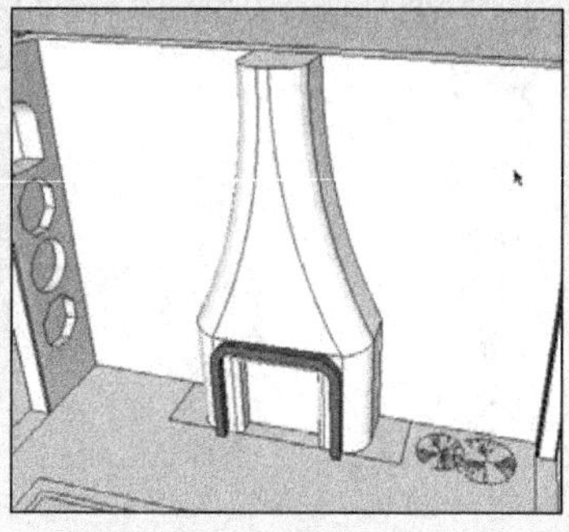
图 5-138　壁炉造型完成效果

图 5-139　创建背景墙平面

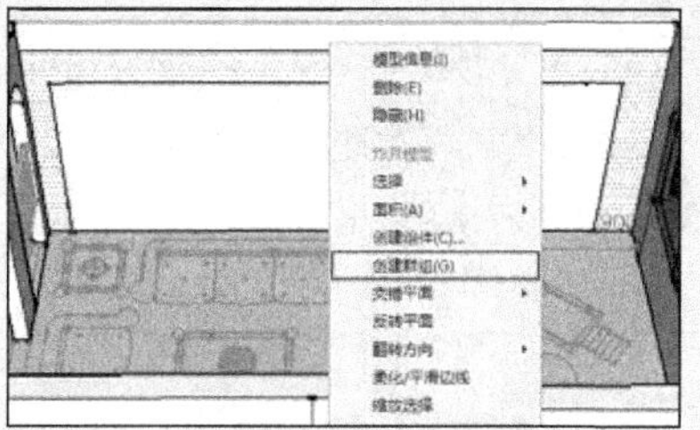
图 5-140　创建组

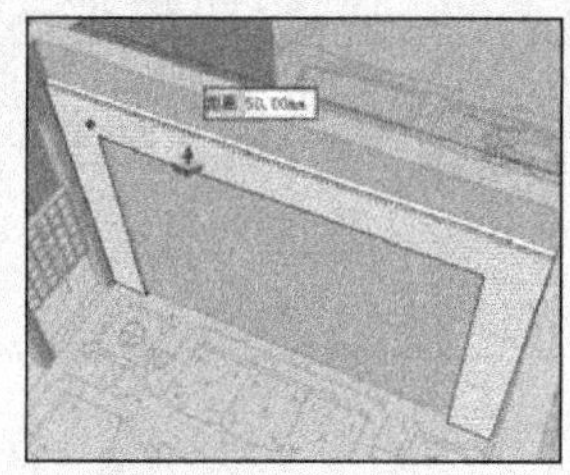
图 5-141　制作背景墙厚度

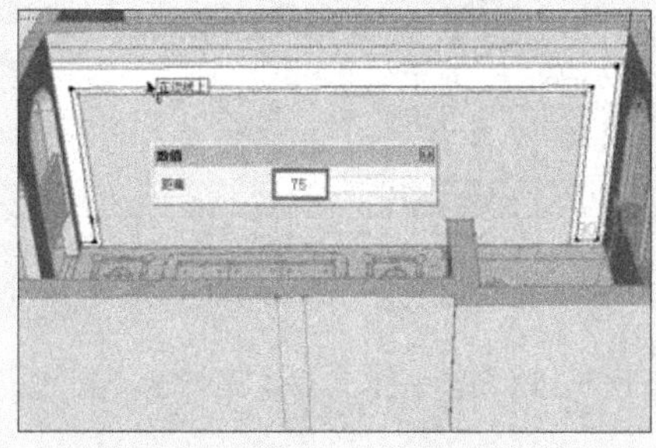
图 5-142　制作背景墙边框

图 5-143　向内制作 20mm 深度

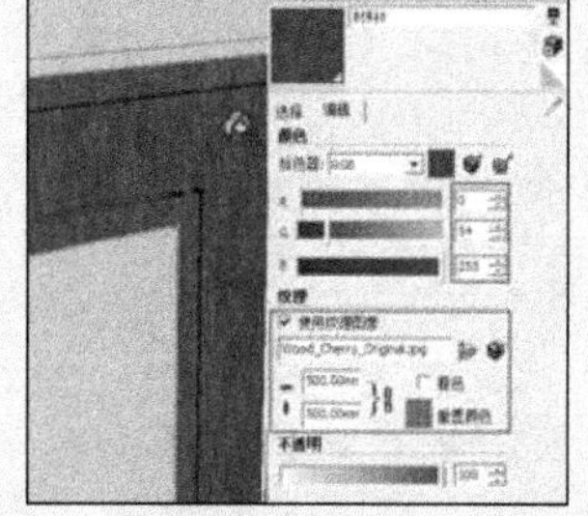
图 5-144　赋予整体蓝色木纹材质

16　选择面板，单击鼠标右键，选择【纹理】命令制作木纹拼贴效果，如图 5-147 所示。

17　采用相同方法制作另一侧竖向面板材质效果。完成电视背景墙效果如图 5-148 所示。

18　至此，客厅立面效果已制作完成，如图 5-149 所示。接下来制作客厅顶棚细节。

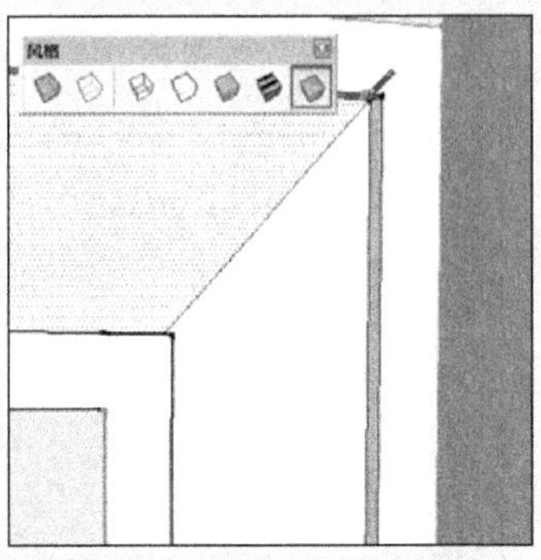
图 5-145　分割对角线

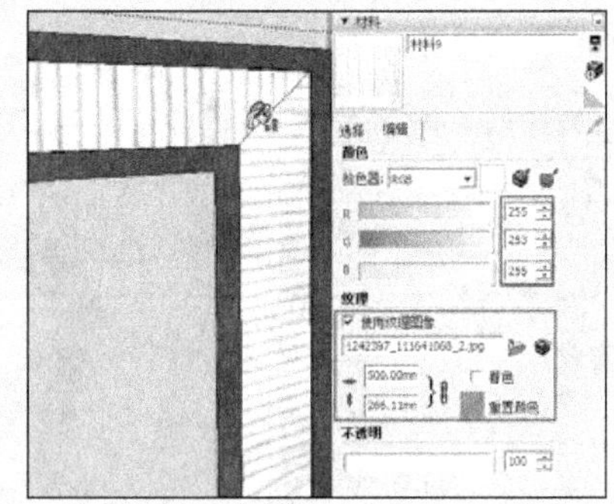
图 5-146　制作内部面板并赋予白色木纹材质

图 5-147　纹理制作完成效果

图 5-148　电视背景墙完成效果

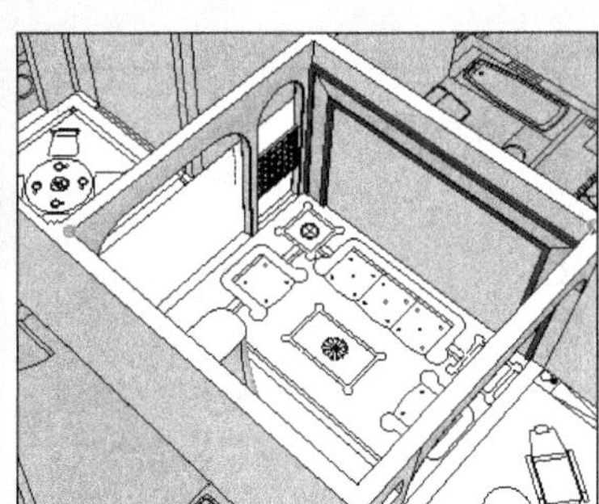
图 5-149　客厅立面完成效果

5.3.4 创建客厅顶棚细节

01 结合使用【直线】以及【圆弧】工具，创建顶棚平面，如图 5-150 所示。然后将其移动复制一份，作为备份，如图 5-151 所示，然后隐藏创建好的顶棚平面。

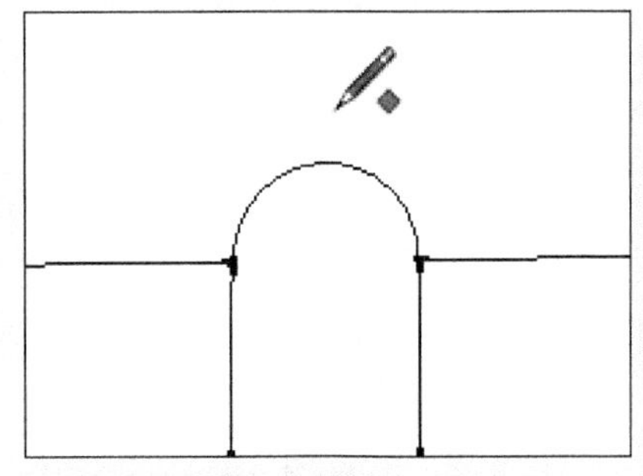
图 5-150　创建顶棚平面

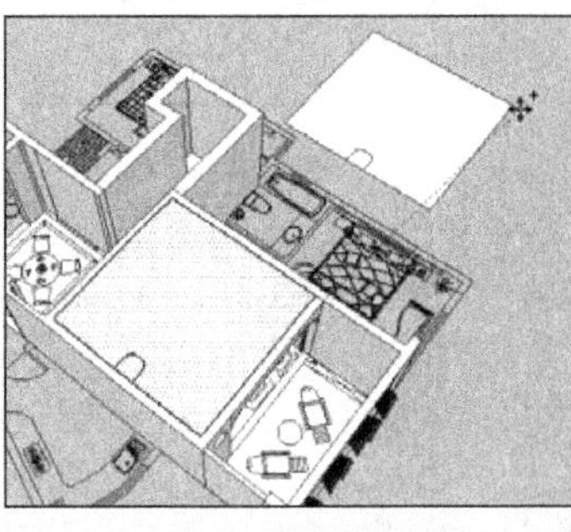
图 5-151　复制备份顶棚

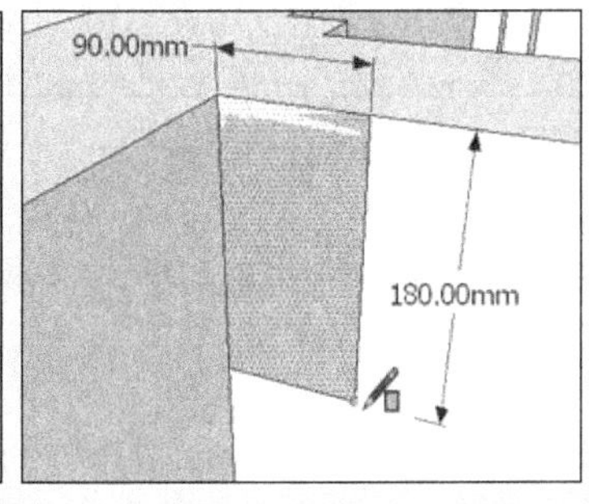

图 5-152　创建角线平面

02 启用【矩形】工具，在墙角处创建一个矩形作为角线平面，如图 5-152 所示。然后将其进行细分割并复制，如图 5-153 所示。

03 启用【圆弧】工具，通过捕捉分割交点创建好角线圆弧，如图 5-154 与图 5-155 所示。

04 显示之前隐藏的顶棚平面，删除内部模型面，仅保留线条。启用【路径跟随】工具选择角线平面制作顶棚角线，如图 5-156 与图 5-157 所示。

05 顶棚角线制作完成后，选择之前复制备份的顶棚模型对齐好位置，如图 5-158 所示。接下来制作中心的吊顶造型。

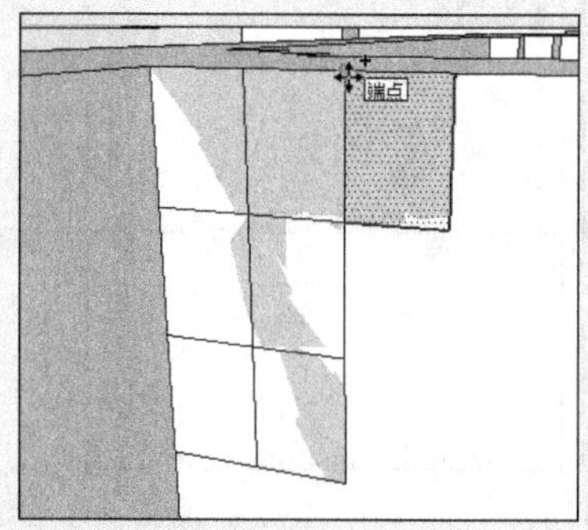

图 5-153 分割并复制角线平面

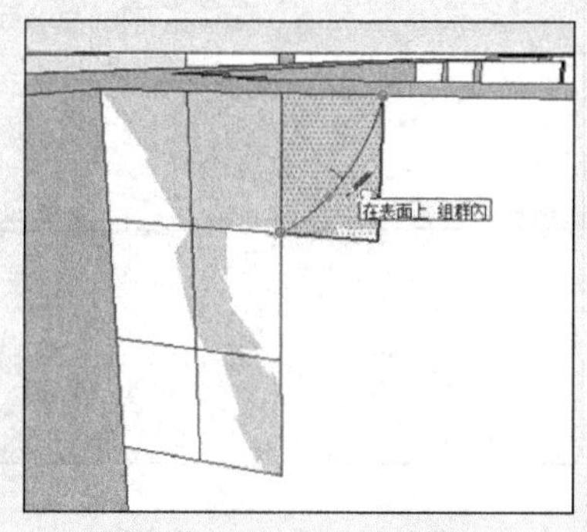

图 5-154 创建角线圆弧

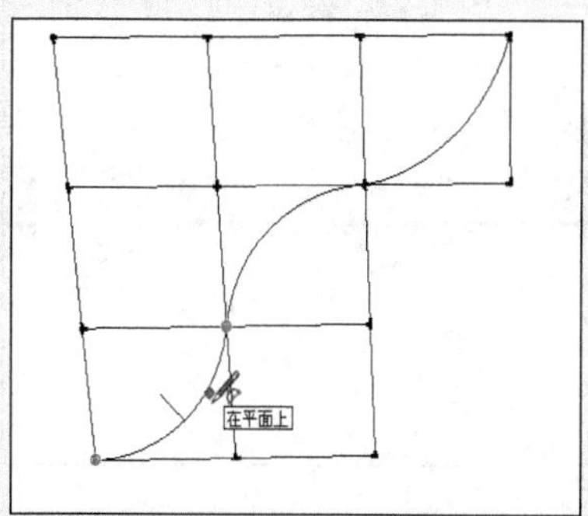

图 5-155 角线圆弧完成效果

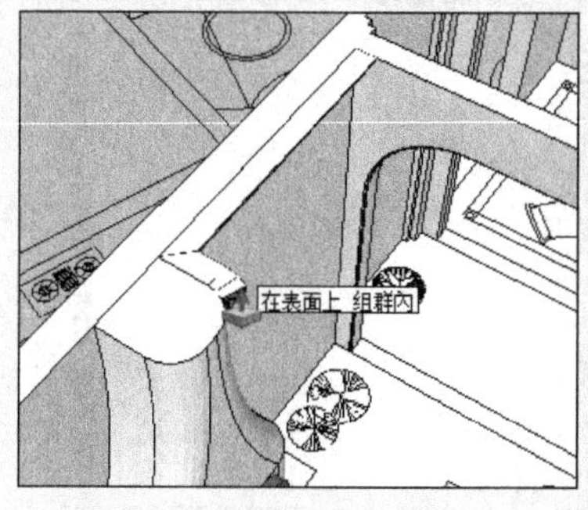

图 5-156 通过【路径跟随】工具制作顶棚角线

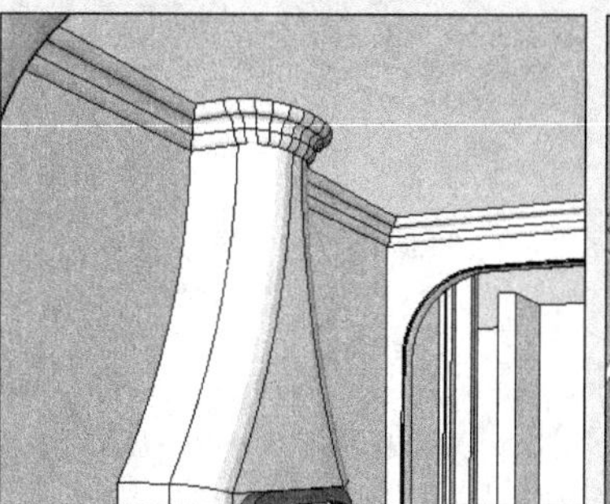
图 5-157 顶棚角线完成效果

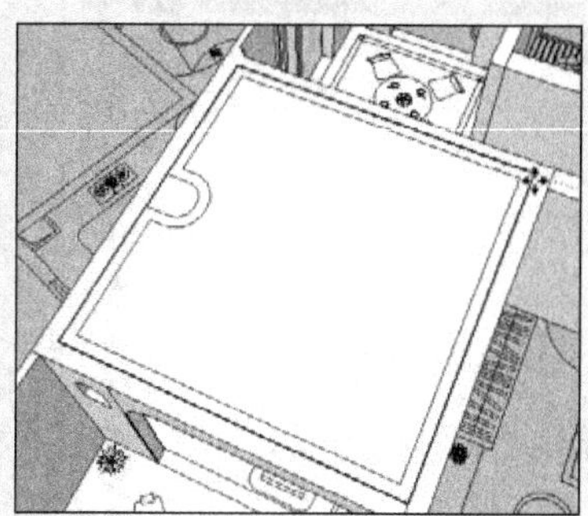
图 5-158 对齐备份顶棚模型

06 启用【矩形】工具，在顶棚平面中部创建一个分割平面，如图 5-159 所示。然后使用【缩放】工具调整好位置与大小，如图 5-160 所示。

07 启用【推/拉】工具，制作吊顶造型深度，如图 5-161 所示。

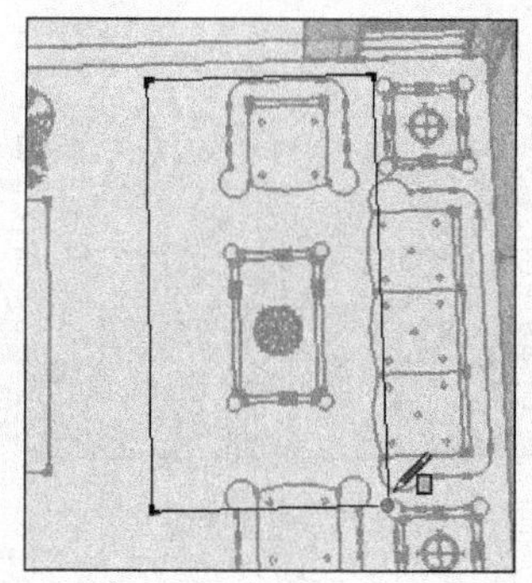
图 5-159 创建分割平面

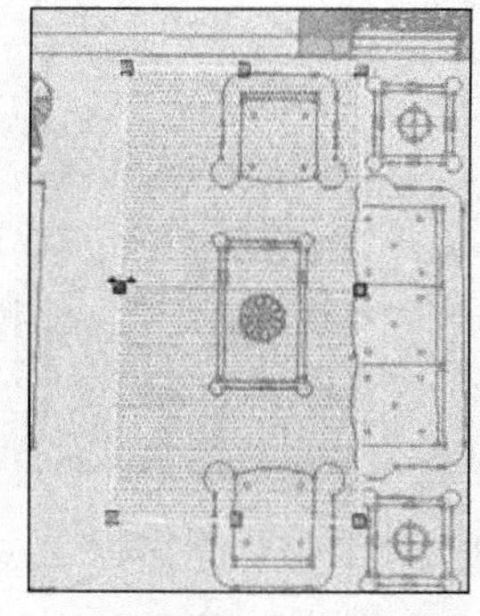
图 5-160 调整分割平面位置与大小

图 5-161 制作吊顶造型深度

08 选择下方矩形边框，向上以 50mm 的距离移动复制，如图 5-162 所示。

09 启用【推/拉】工具，制作 80mm 的发光槽深度，如图 5-163 所示。

10 选择内部模型面单独创建组，如图 5-164 所示。接下来再进行造型的细化。

11 结合使用【偏移】与【推/拉】工具，制作轮廓造型，如图 5-165 与图 5-166 所示。

12 选择底部模型面，启用【缩放】工具，制作成斜面效果，如图 5-167 所示。

图 5-162　向上复制矩形边框

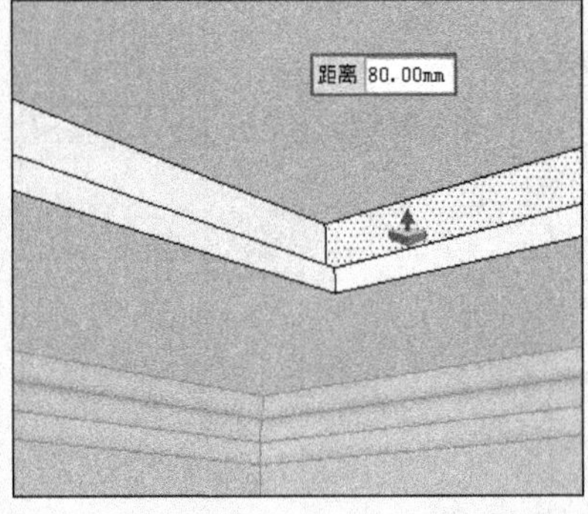

图 5-163　制作发光槽深度

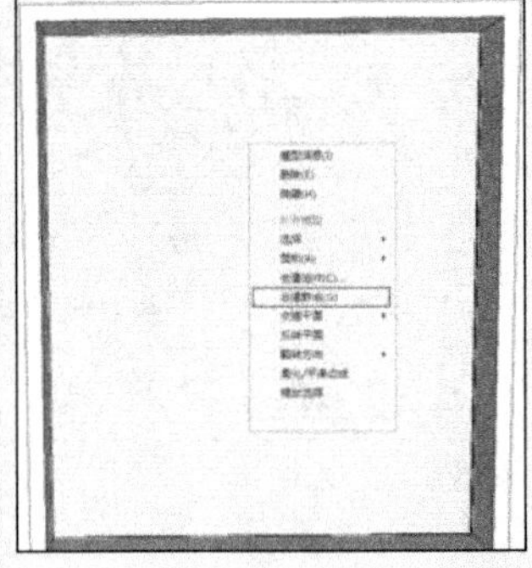
图 5-164　选择内部模型面单独创建组

图 5-165　向内偏移复制 100mm

图 5-166　向下推/拉 300mm

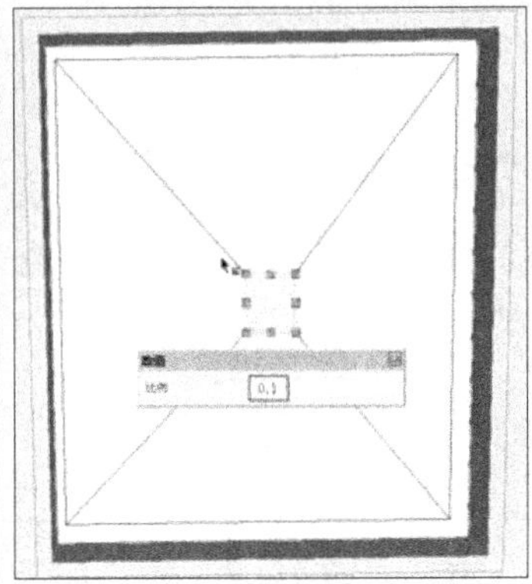
图 5-167　制作斜面

13 选择斜线段，将其拆分为 10 段，如图 5-168 所示。然后选择对角斜线进行相同的拆分处理。

14 启用【矩形】工具，捕捉拆分点分割造型，如图 5-169 所示。经过多次分割，完成造型如图 5-170 所示。

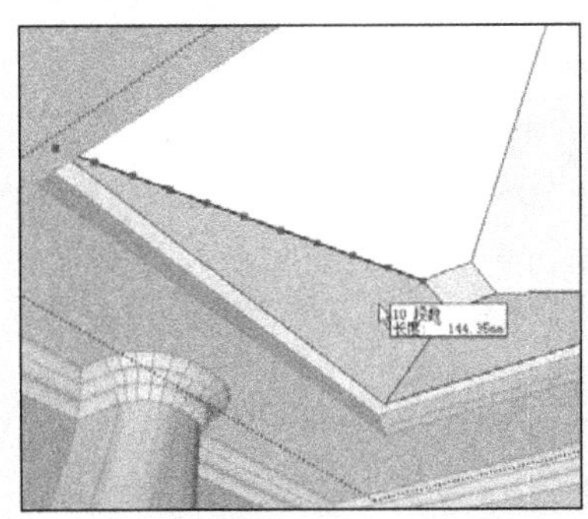
图 5-168　拆分斜线段

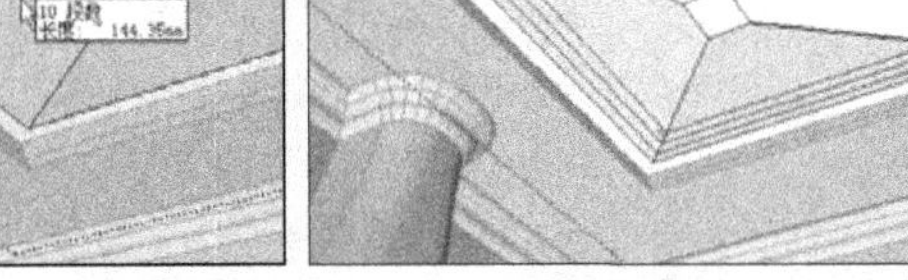
图 5-169　捕捉拆分点分割造型

图 5-170　吊顶造型完成

15 选择吊顶外部线条，结合使用【偏移】与【推/拉】工具，制作外部边框造型，如图 5-171 与图 5-172 所示。

16 中心吊顶造型细化完成后，接下来制作筒灯细节，首先启用【圆】工具制作出灯孔，如图 5-173 所示。

17 启用【推/拉】工具，制作筒灯深度，如图 5-174 所示。然后选择边线，使用【3D 圆角】工具制作边缘，效果如图 5-175 与图 5-176 所示。

18 单个筒灯制作完成后，切换至【前视图】并调整为 X 光透视模式显示模式，复制出其他筒灯模型，如图 5-177 所示。

图 5-171　制作吊顶外部边框

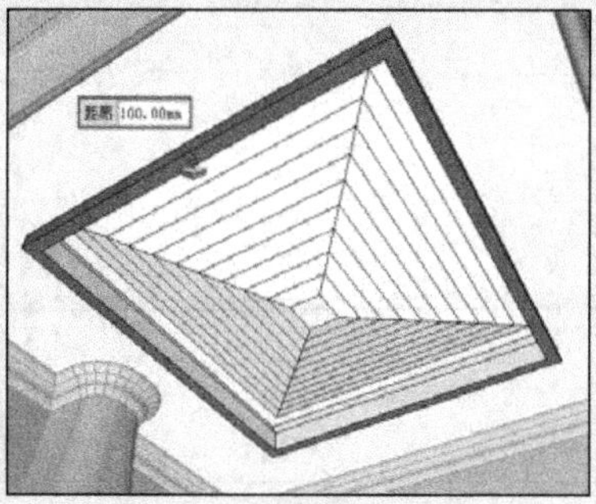

图 5-172　赋予吊顶材质并制作厚度

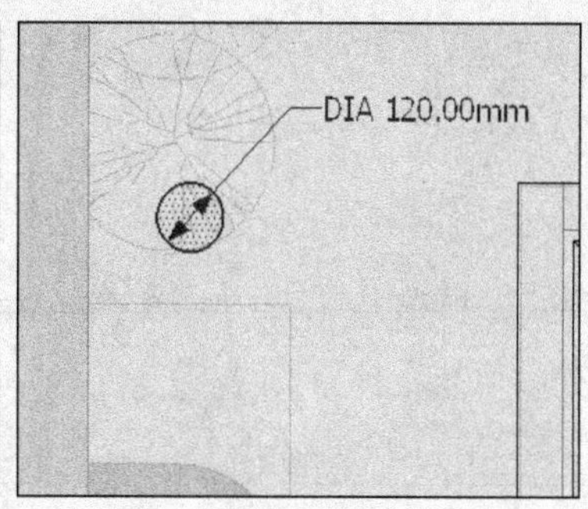

图 5-173　制作圆形筒灯灯孔

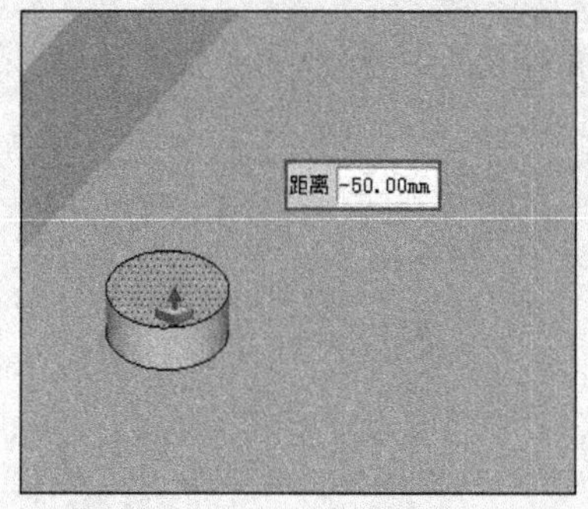

图 5-174　制作筒灯深度

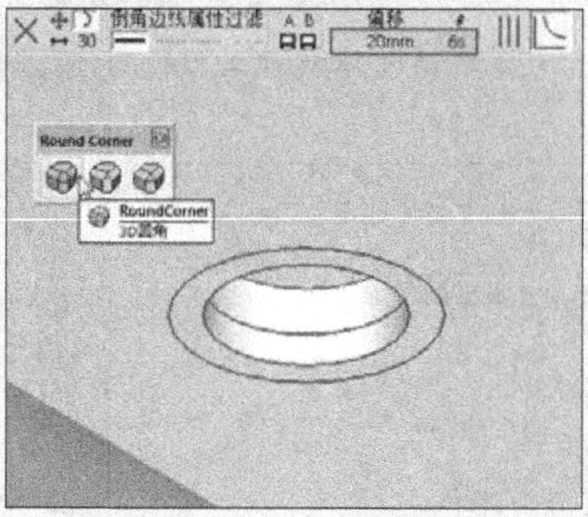

图 5-175　选择边线进行圆角处理

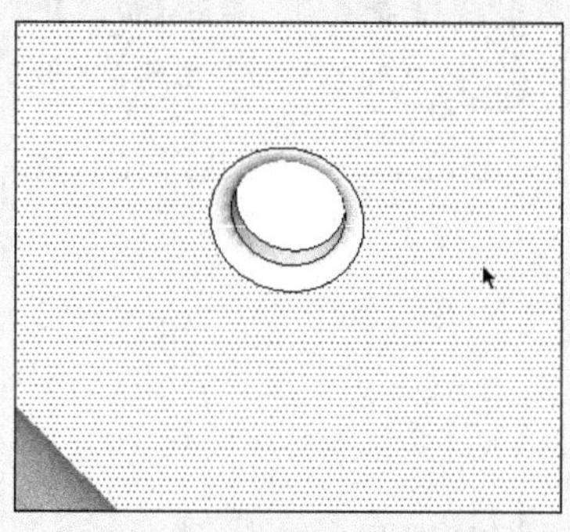

图 5-176　筒灯制作完成效果

19 经过以上步骤客厅顶棚细化完成，效果如图 5-178 所示。

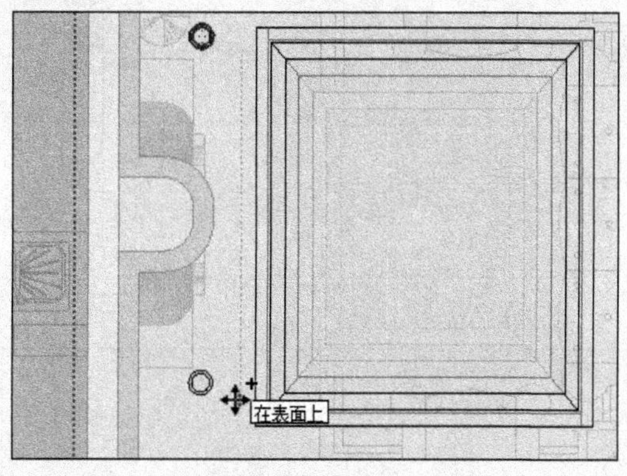

图 5-177　复制筒灯

图 5-178　客厅顶棚细节完成效果

5.4 创建过道及餐厅效果

5.4.1 创建过道立面细节

01 选择底部线段，启用【移动】工具，按住 Ctrl 键向上以 2400mm 的距离进行移动复制，如图 5-179 所示。

02 结合使用【移动】与【圆弧】等工具创建该处的半圆分割，如图 5-180 所示。

03 启用【推/拉】工具，选择上部模型面结合捕捉找平，如图 5-181 所示。

图 5-179　向上移动复制线段

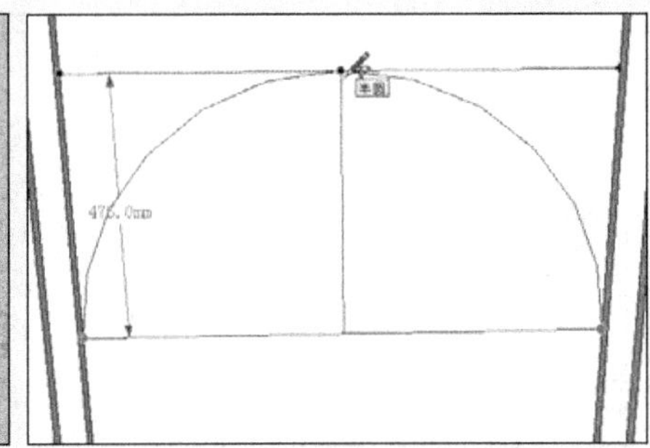

图 5-180　创建半圆分割

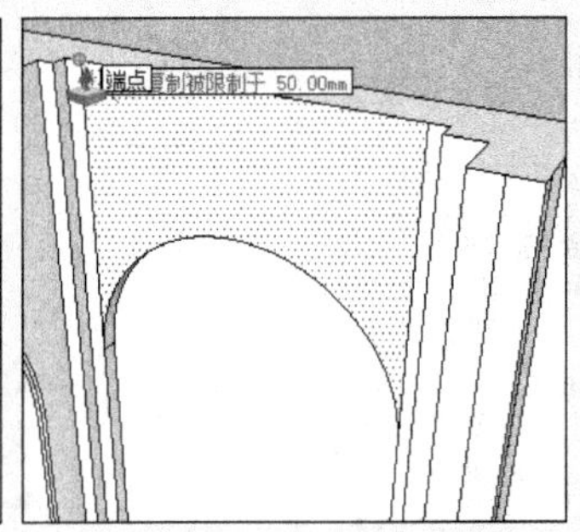

图 5-181　推/拉找平

04 选择半圆，启用【偏移】工具向外捕捉线段交点进行偏移复制，如图 5-182 所示。

05 启用【推/拉】工具再次找平，完成过道墙体初步效果的制作，如图 5-183 与图 5-184 所示。

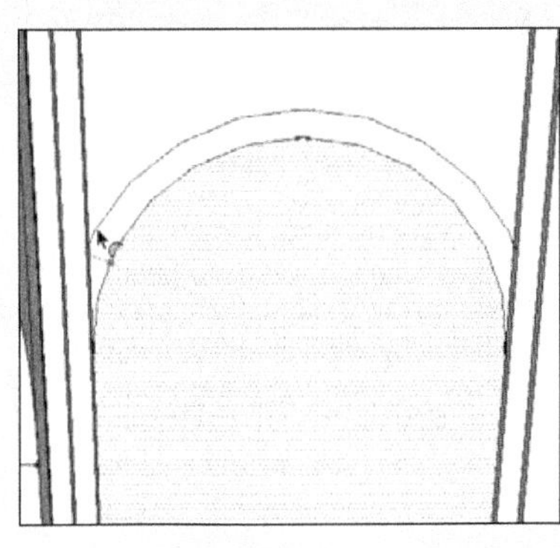
图 5-182　向外偏移复制半圆

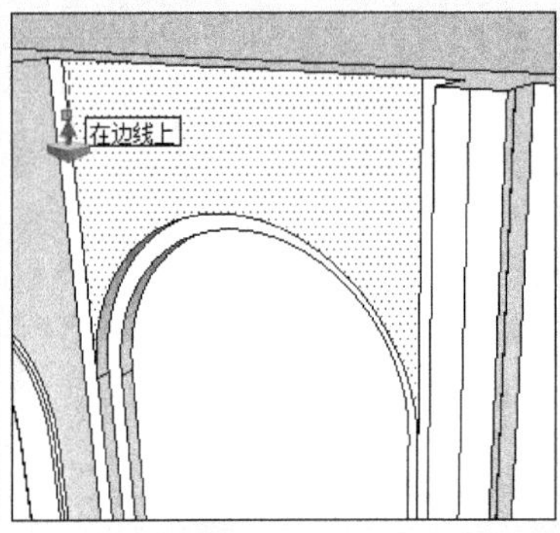

图 5-183　再次推/拉找平

图 5-184　过道墙体初步效果

06 参考图 5-185 所示的造型制作该处的柜子造型。

07 选择底部线段，通过移动复制确定柜子高度，如图 5-186 所示。

08 启用【推/拉】工具，制作外部轮廓，如图 5-187 所示。

09 通过线段的移动复制制作柜板与两侧柜面，然后赋予相应材质，如图 5-188~图 5-190 所示。

图 5-185　常见地中海柜子造型

图 5-186　移动复制线段确定柜子高度

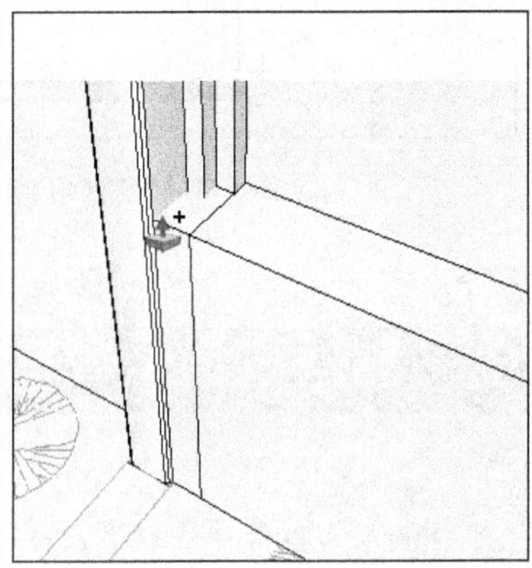
图 5-187 制作柜子外部轮廓

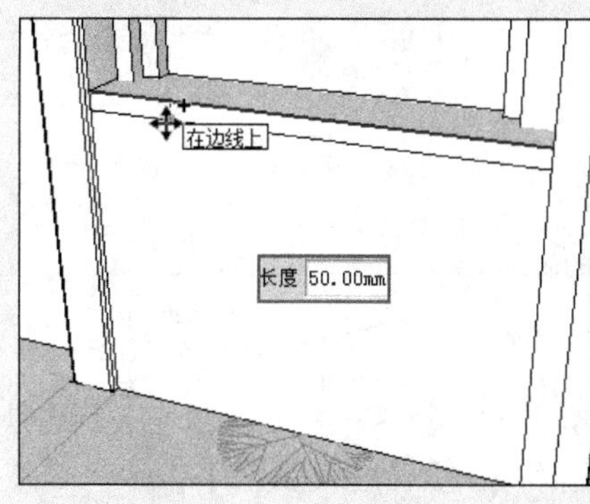

图 5-188 通过线段移动复制制作柜板

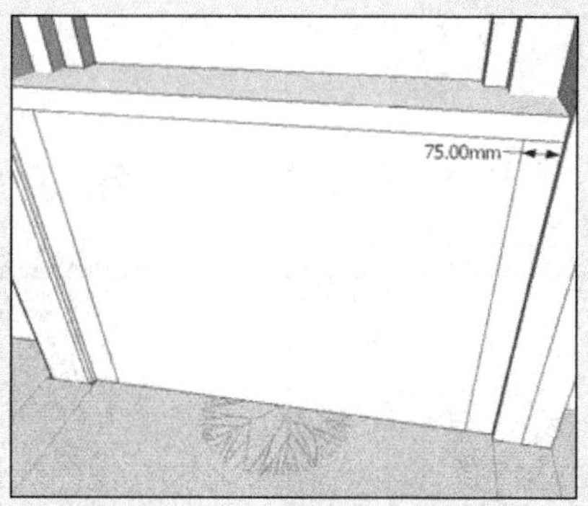

图 5-189 分割柜子两侧模型面

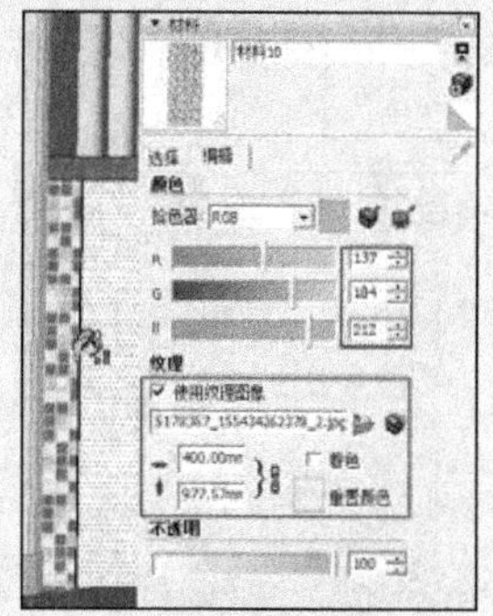

图 5-190 赋予马赛克材质

10 启用【推/拉】工具，制作 20mm 柜门深度，如图 5-191 所示。然后启用【直线】工具，捕捉柜门中点进行平分，如图 5-192 所示。

11 使用类似窗页细节制作的方法，制作此处柜门，效果如图 5-193 所示。

图 5-191 制作柜门深度

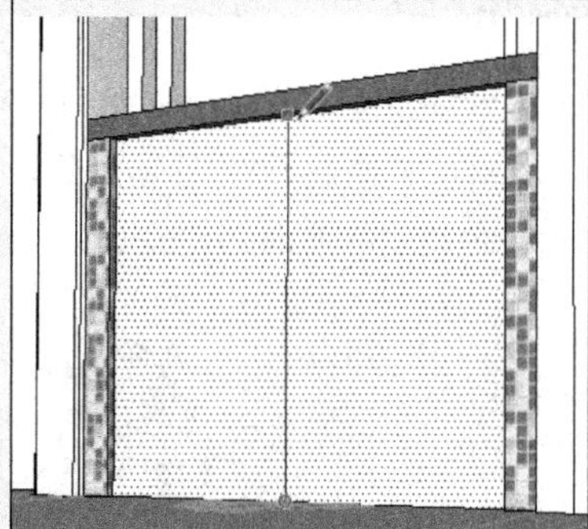

图 5-192 平分柜门

图 5-193 柜门造型完成效果

12 选择上部边线，使用【3D 圆角】工具制作圆角效果，如图 5-194 所示。

13 打开【材料】对话框，制作后方的墙面并赋予拼花马赛克材质，如图 5-195 所示。

14 经过以上步骤，完成过道立面效果如图 5-196 所示，接下来制作餐厅的效果。

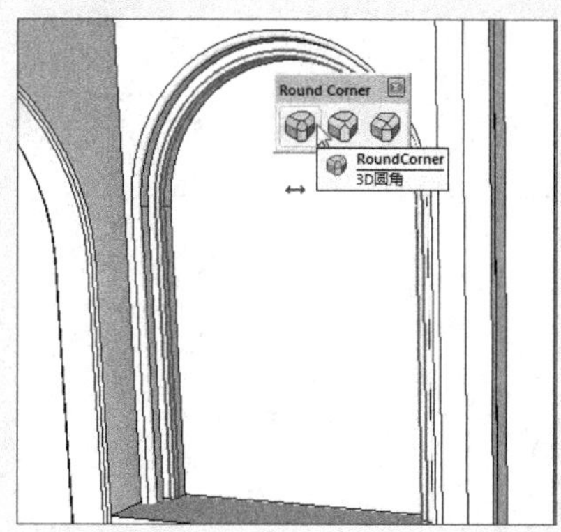

图 5-194 对上部边线进行圆角处理

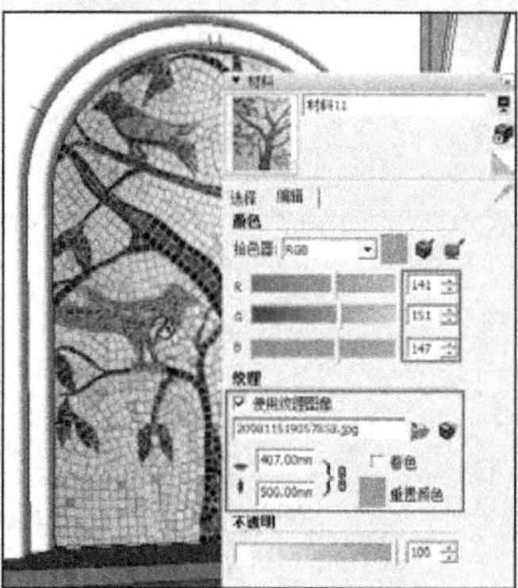

图 5-195 制作后方的墙面并赋予拼花马赛克材质

图 5-196 过道立面完成效果

5.4.2 创建餐厅门洞以及立面细节

01 当前的餐厅门洞与墙体效果如图 5-197 所示。采用之前介绍的方法制作门洞，效果如图 5-198 所示。

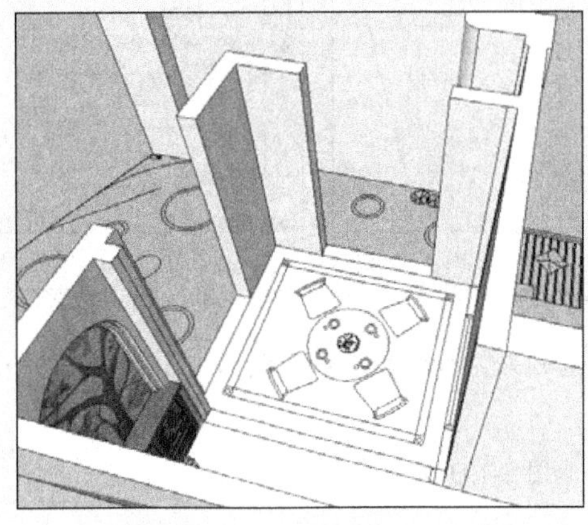

图 5-197　餐厅门洞与墙体当前效果

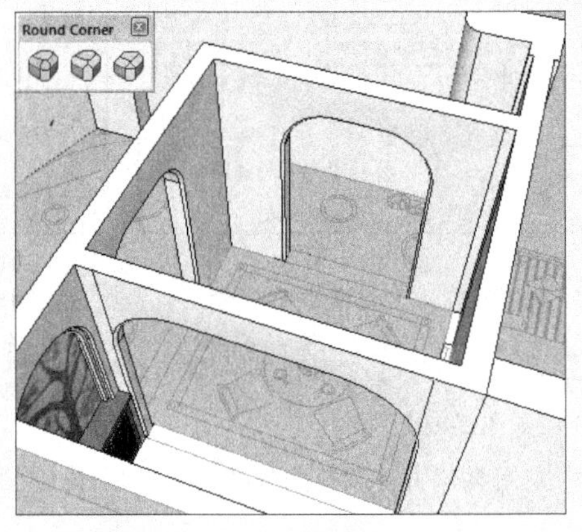

图 5-198　制作拱形门洞

02 参考图纸，启用【直线】工具分割好右侧墙面，如图 5-199 所示。

03 启用【矩形】工具，绘制搁物孔平面，如图 5-200 所示。然后使用【圆弧】工具，制作圆角细节，如图 5-201 所示。

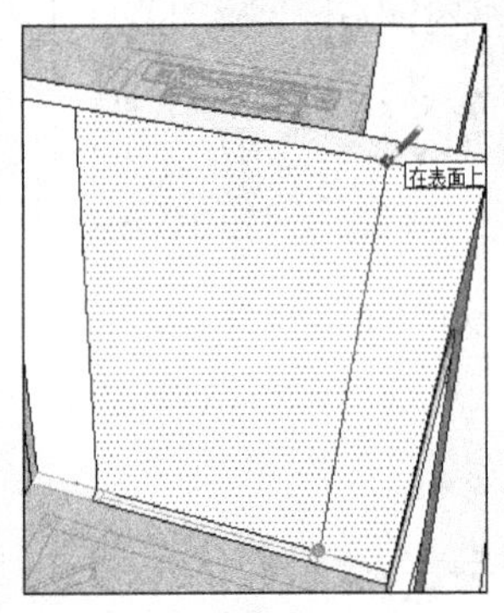

图 5-199　分割右侧墙面

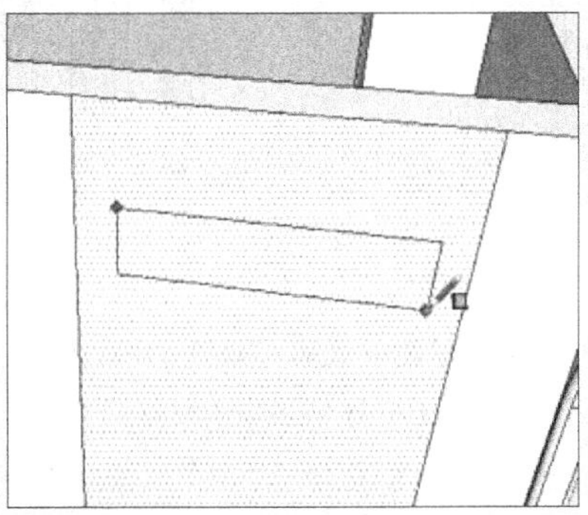
图 5-200　绘制搁物孔平面

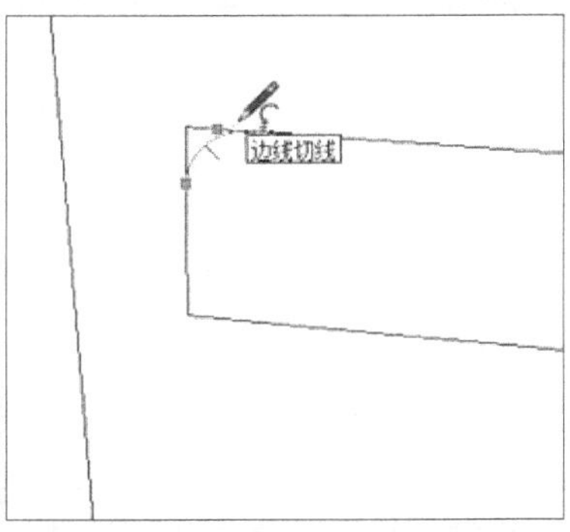

图 5-201　制作圆角细节

04 选择制作好的平面，向下进行多重移动复制，如图 5-202 与图 5-203 所示。

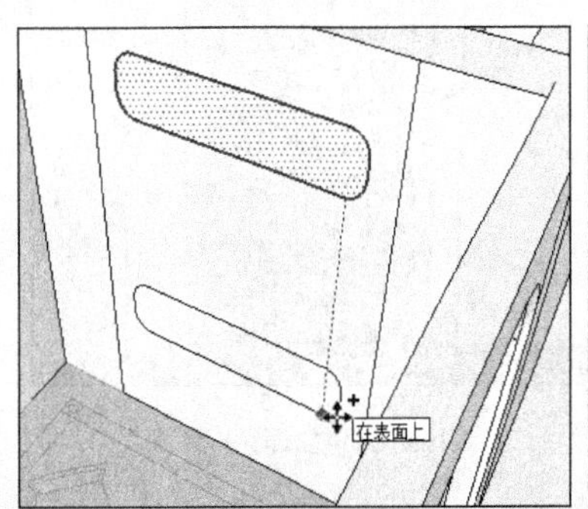

图 5-202　移动复制平面

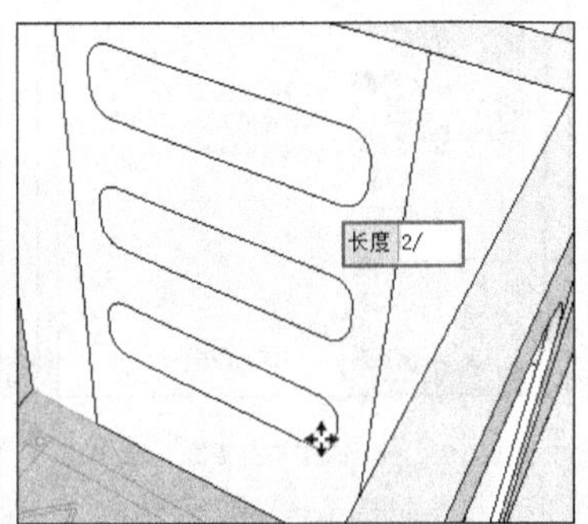

图 5-203　向下多重移动复制平面

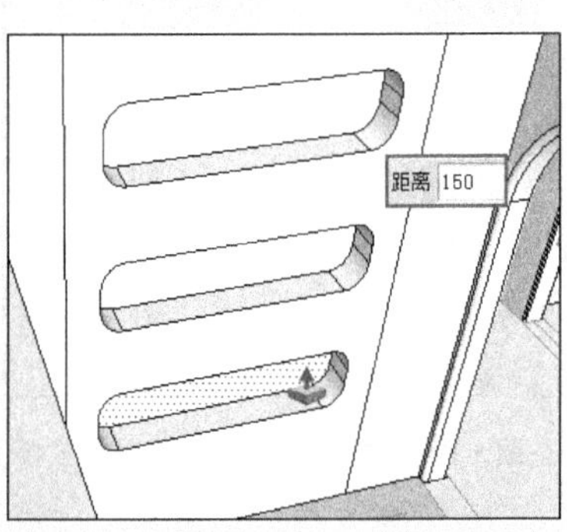

图 5-204　制作搁物孔深度

05 启用【推/拉】工具，制作搁物孔深度，如图 5-204 所示。然后选择边线，启用【3D 圆角】工具制作圆角细节，如图 5-205 与图 5-206 所示。

06 经过以上步骤，制作好的餐厅立面效果如图 5-207 所示。接下来制作过道与餐厅的顶棚效果。

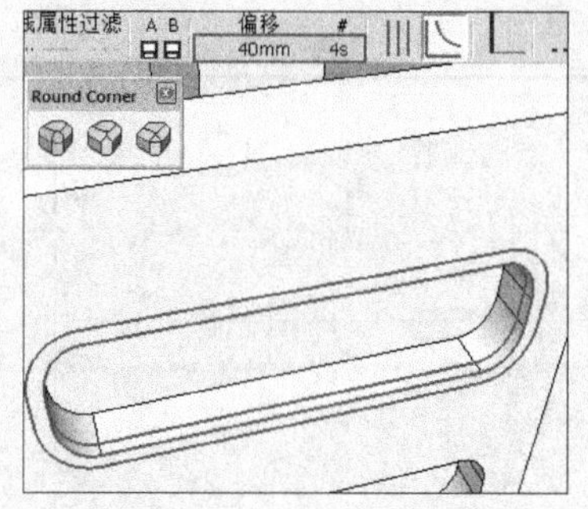

图 5-205 选择边线进行圆角处理

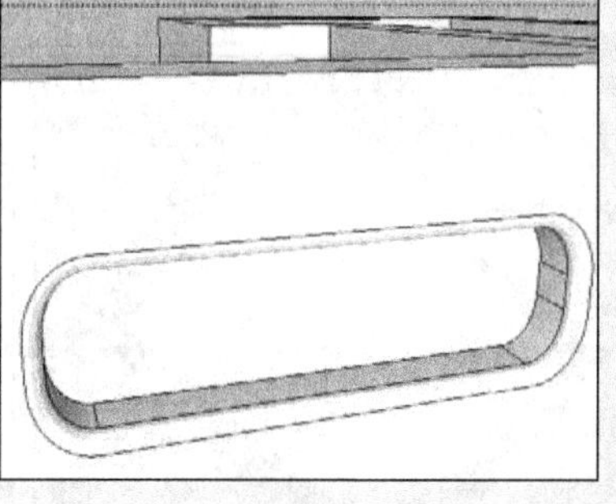
图 5-206 单个搁物孔完成效果

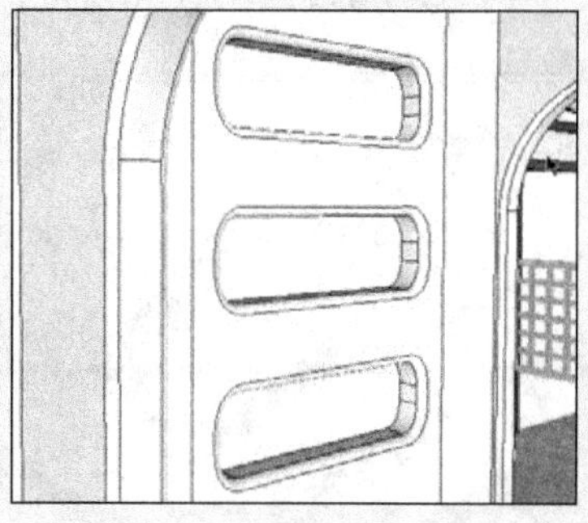
图 5-207 餐厅立面效果

5.4.3 创建过道及餐厅顶棚细节

01 使用【矩形】与【直线】工具，捕捉模型并绘制好过道以及餐厅的顶棚平面，如图 5-208 所示。

02 选择边线，通过移动复制制作过道顶棚木方分割面，如图 5-209 所示。启用【推/拉】工具，制作 100mm 的木方厚度，如图 5-210 所示。

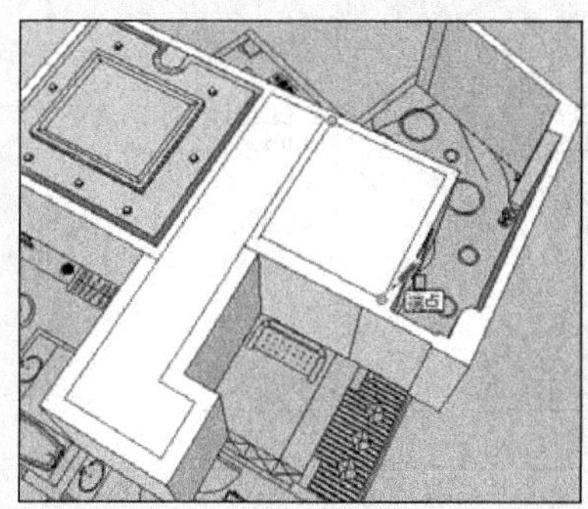

图 5-208 创建过道以及餐厅顶棚

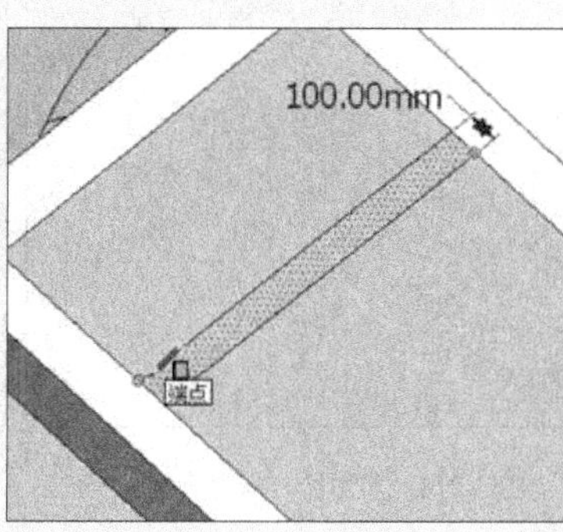

图 5-209 创建过道顶棚木方分割面

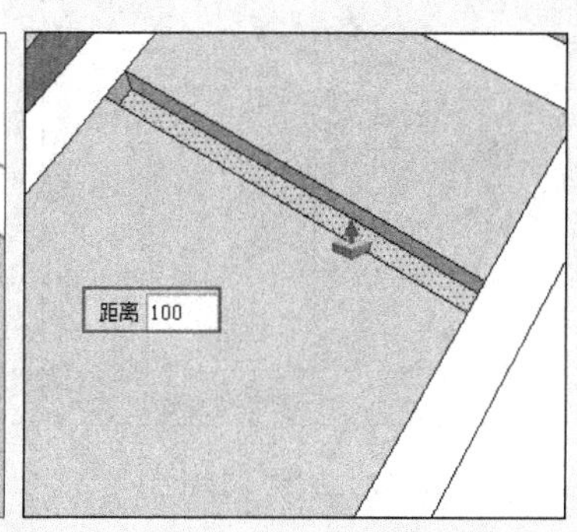

图 5-210 制作木方厚度

03 打开【材料】对话框，赋予木方原木材质，如图 5-211 所示。然后在前视图中复制出其他木方造型，如图 5-212 所示。

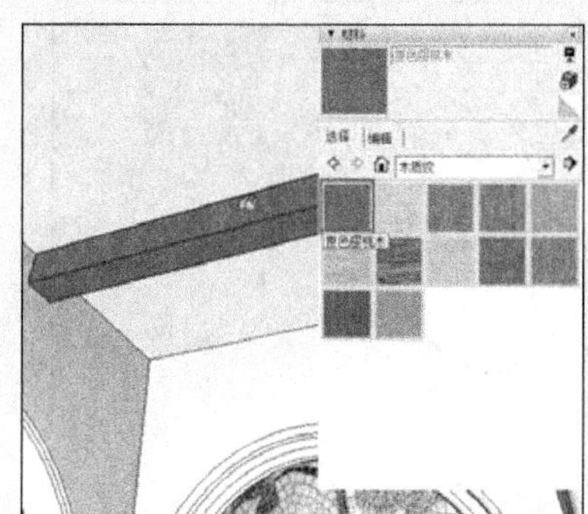
图 5-211 赋予木方原木材质

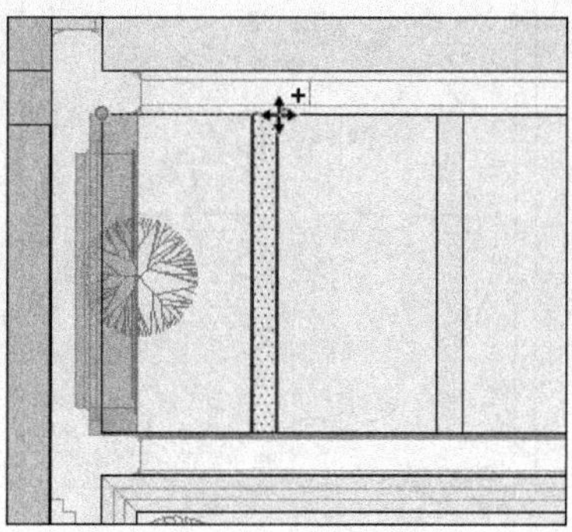
图 5-212 移动复制木方

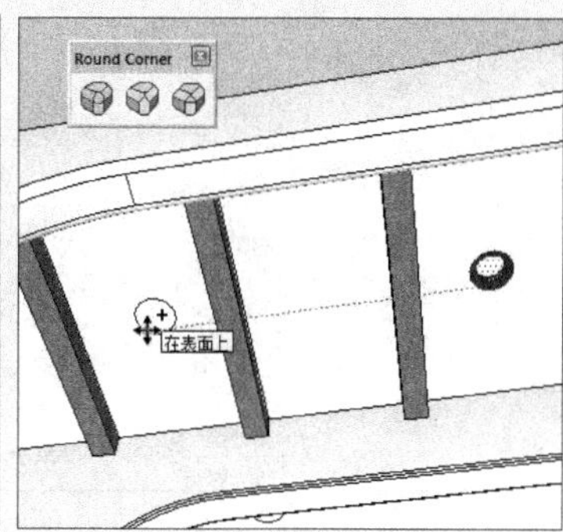

图 5-213 移动复制筒灯

04 选择之前创建好的筒灯模型，将其复制至过道顶棚，如图 5-213 所示。制作好的过道顶棚的效果如图 5-214 所示。接下来制作餐厅顶棚细节。

05 采用与制作客厅角线相同的方法，制作餐厅顶棚角线，效果如图 5-215 所示。

06 启用【圆】工具，在顶棚中心创建圆形分割面，如图 5-216 所示。

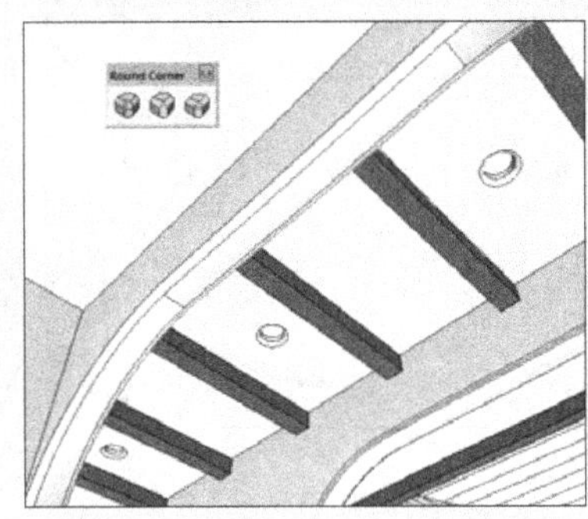
图 5-214 过道顶棚完成效果

图 5-215 制作餐厅顶棚角线

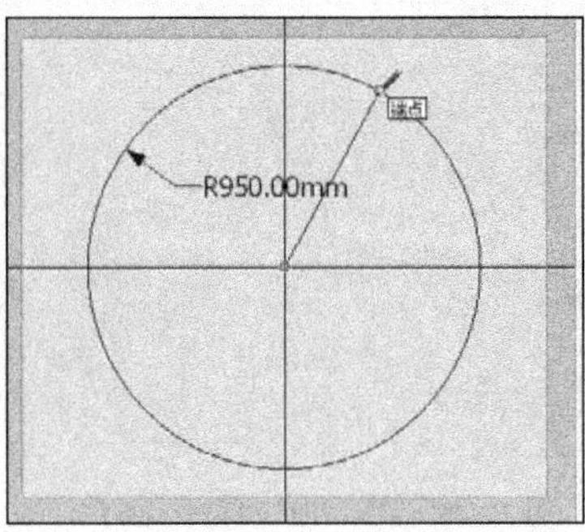

图 5-216 在餐厅顶棚中心创建圆形分割面

07 启用【直线】工具绘制直径，然后使用多重旋转复制分割圆形，如图 5-217 与图 5-218 所示。

08 启用【圆】工具，在中心处绘制小的圆形分割，如图 5-219 所示。然后向外以 50mm 的距离偏移复制，如图 5-220 所示。

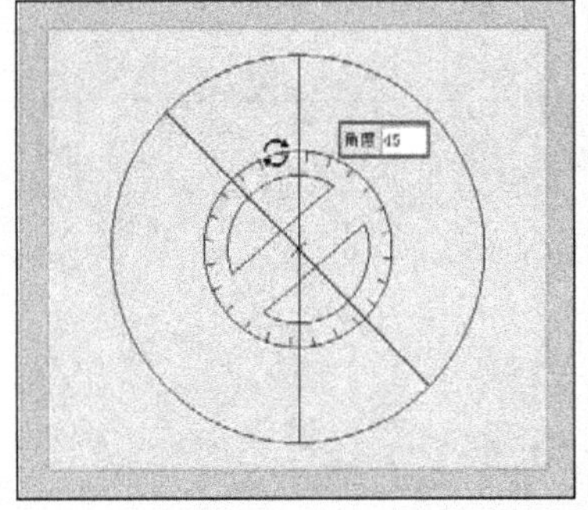

图 5-217 旋转复制直径

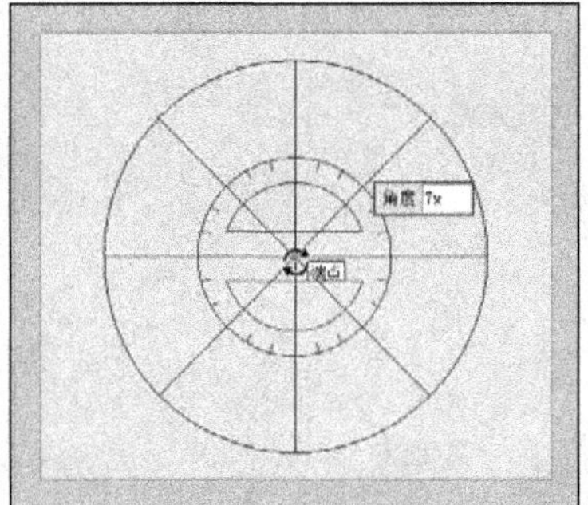
图 5-218 多重旋转复制分割圆形

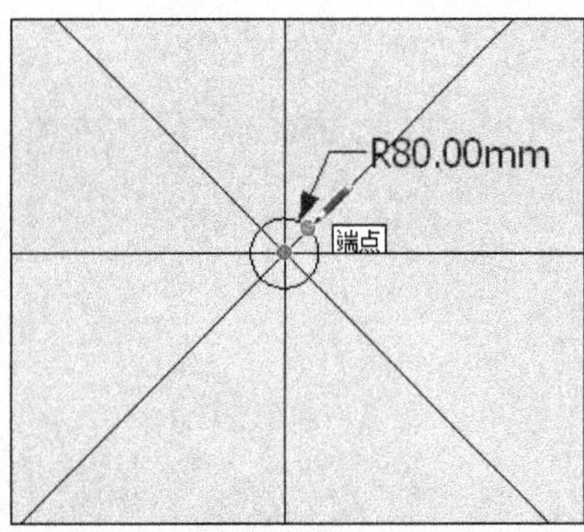

图 5-219 创建圆形分割

09 选择分割得到的扇形面，向外以 40mm 的距离偏移复制，如图 5-221 所示。

10 选择偏移得到的分割面进行多重旋转复制，再删除内部多余线段，得到吊顶平面造型，效果如图 5-222 所示。

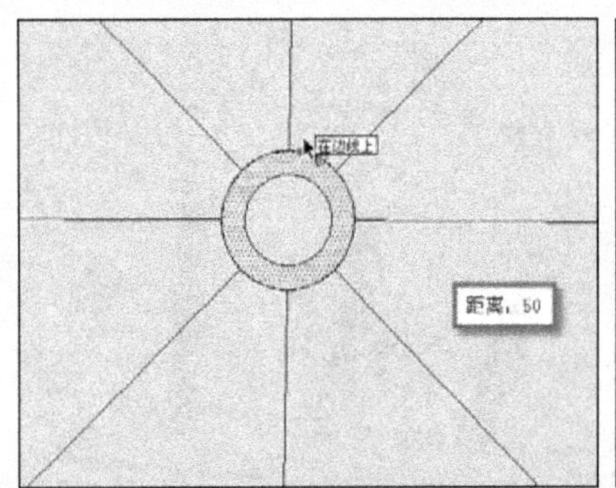

图 5-220 向外偏移复制圆形

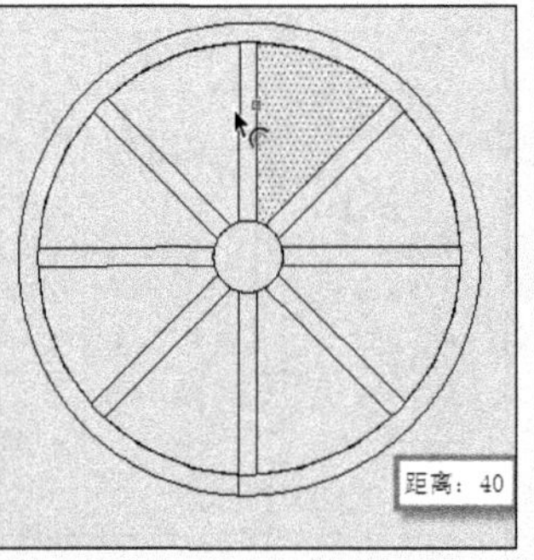

图 5-221 向外偏移复制扇形面

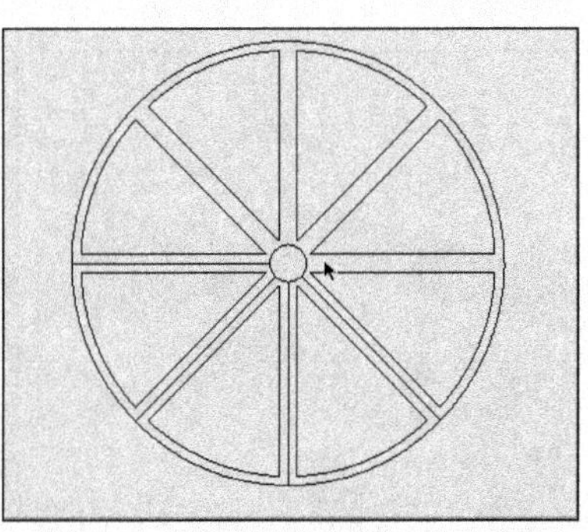
图 5-222 吊顶平面造型效果

11 逐次选择外侧与内部圆形，通过【缩放】工具调整大小，如图 5-223 与图 5-224 所示。

12 打开【材料】对话框，赋予分割面木纹材质，如图 5-225 所示。

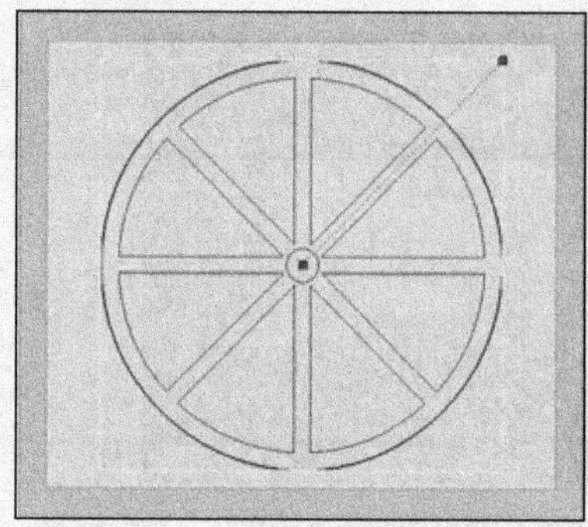

图 5-223　选择外部圆形进行放大

图 5-224 选择内部圆形进行放大

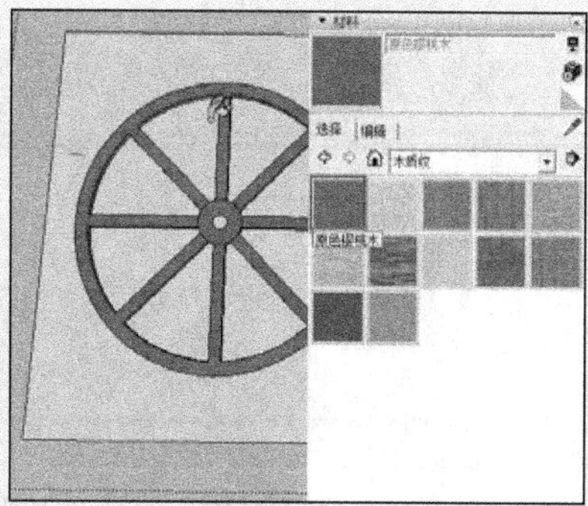

图 5-225　赋予分割面木纹材质

13 启用【推/拉】工具，首先向下推/拉制作 50mm 原木厚度，如图 5-226 所示。然后选择扇形面，向内制作 30mm 厚度，如图 5-227 所示。

14 打开【材料】对话框，选择之前创建好的白色木纹材质进行新建，如图 5-228 所示。然后调整好木纹纹理尺寸，如图 5-229 所示。

图 5-226　向下推/拉制作原木厚度

图 5-227　向内制作扇形面深度

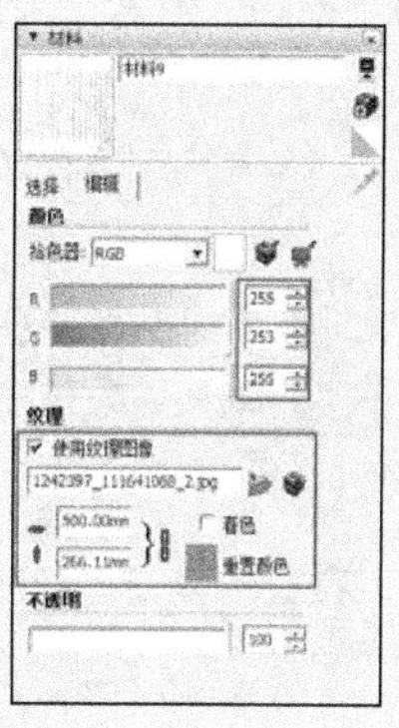

图 5-228　新建并调整白色木纹纹理尺寸

15 将调整好的白色木纹材质赋予扇形面，效果如图 5-230 所示。

16 复制之前创建好的筒灯模型至餐厅顶棚，完成效果如图 5-231 所示。

17 经过以上步骤的细化，制作完成的餐厅空间效果如图 5-231 所示。

图 5-229　调整木纹纹理尺寸

图 5-230　赋予扇形面材质

图 5-231　餐厅空间效果

18 通过移动复制制作餐厅后方的窗户，效果如图 5-232 所示，最后得到的客厅透视效果如图 5-233 所示。

图 5-232　通过移动复制制作餐厅后方窗户

图 5-233　客厅透视效果

5.5 完成最终模型效果

经过前面的步骤，本例中的地中海风格客厅、过道以及餐厅的基本空间效果已经制作完成，接下来将首先完成地面细节效果，然后通过合并灯具、家具以及空间色彩与质感的调整，合并入细节装饰物完成最终效果。

5.5.1 创建踢脚板以及铺地细节

01 选择底部边线，通过移动复制制作踢脚板平面，如图 5-234 所示。

02 赋予踢脚板平面木纹材质，然后启用【联合推拉】工具整体制作 10mm 厚度，如图 5-235 与图 5-236 所示。

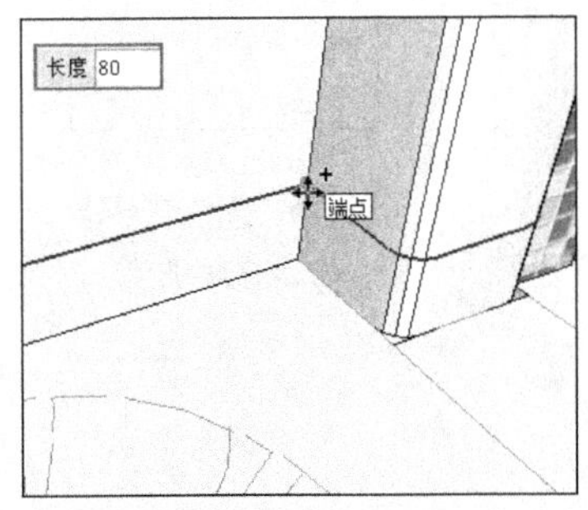

图 5-234　制作踢脚板平面

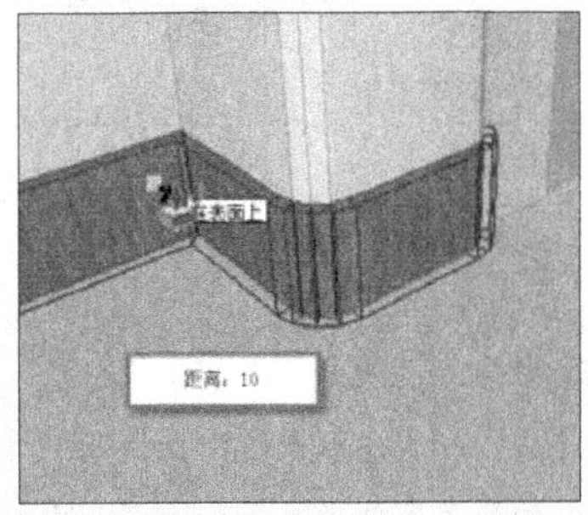

图 5-235　赋予木纹材质并制作厚度

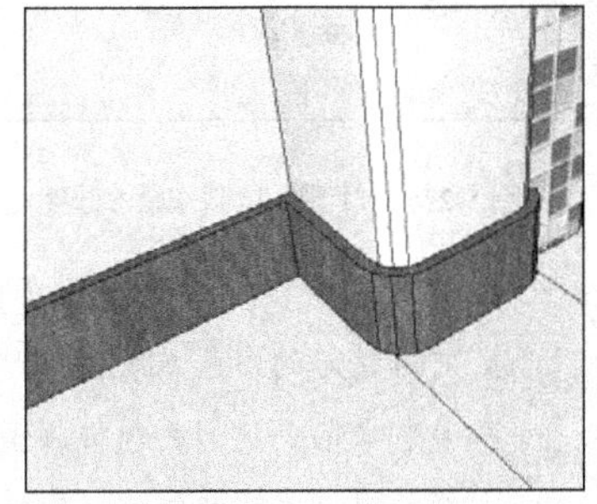

图 5-236 踢脚板完成效果

03 完成踢脚板的制作后，空间当前铺地效果如图 5-237 所示。接下来为各个空间制作铺地材质。

04 启用【直线】工具，根据空间分割地面，如图 5-238 所示。

05 分割完成后打开【材料】对话框，赋予客厅地面石板纹理，效果如图 5-239 所示。

06 赋予客厅与休闲室交界处地面瓷砖材质，效果如图 5-240 所示。

07 赋予休闲室地面原木材质，效果如图 5-241 所示。

08 赋予过道地面方形瓷砖材质，如图 5-242 所示。然后通过纹理旋转得到菱形铺地效果，如图 5-243 所示。

09 采用相同方法制作餐厅铺地，效果如图 5-244 所示。

图 5-237 当前铺地效果

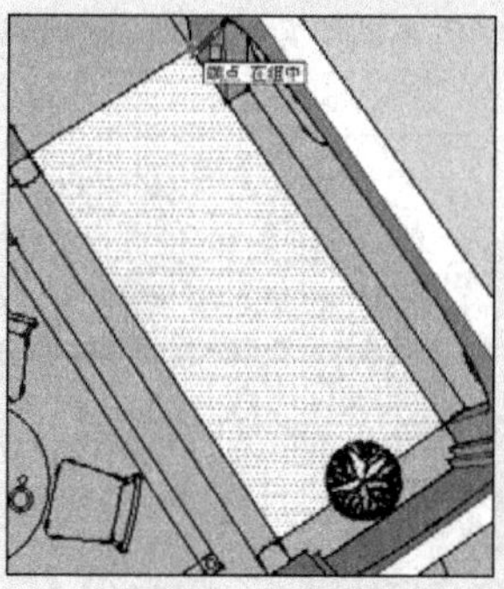
图 5-238 根据空间分割地面

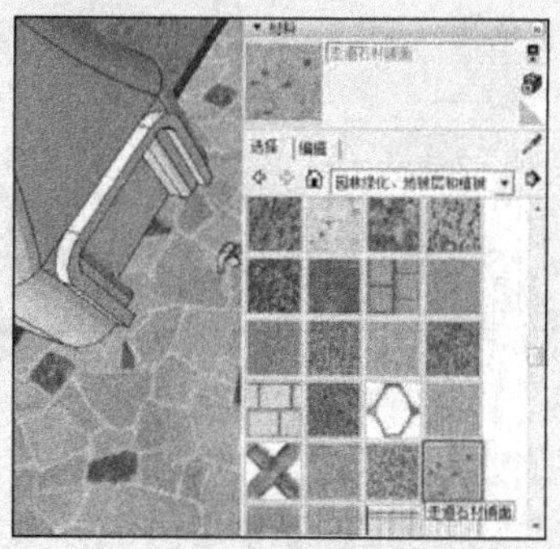
图 5-239 赋予客厅地面石板纹理

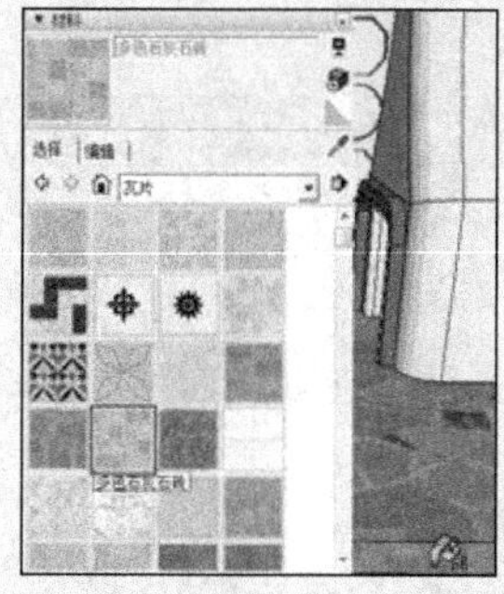
图 5-240 赋予交界处地面瓷砖材质

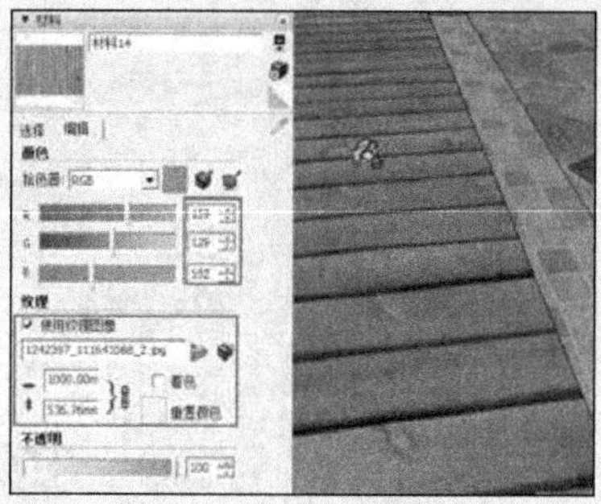
图 5-241 赋予休闲室地面原木材质

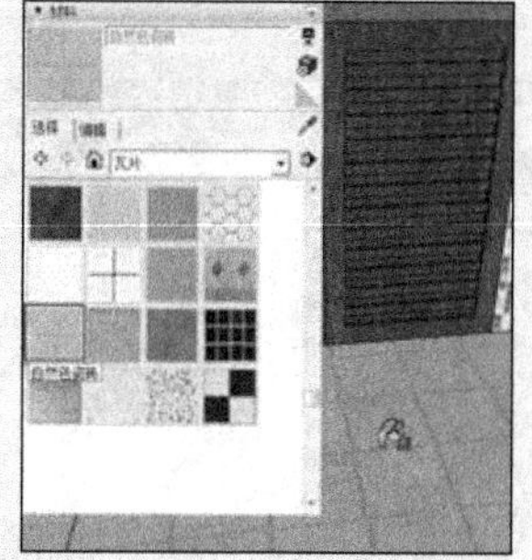
图 5-242 赋予过道地面方形瓷砖材质

5.5.2 合并灯具、家具

01 打开【组件】对话框，依次合并入客厅吊灯和餐厅吊灯，如图 5-245 与图 5-246 所示。

02 合并并复制好壁灯模型，如图 5-247 所示。

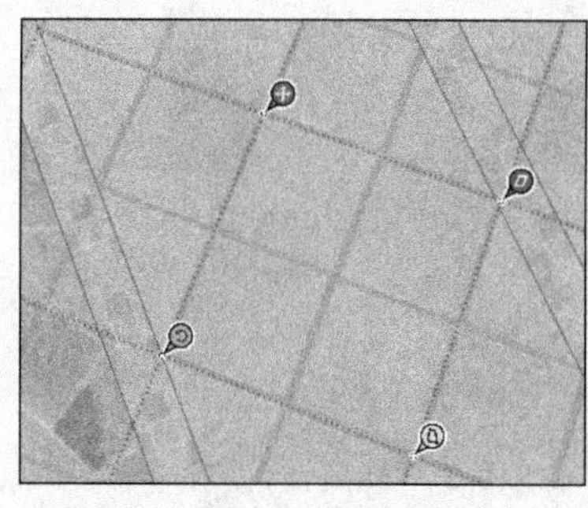
图 5-243 通过旋转形成菱形铺地效果

图 5-244 餐厅铺地效果

图 5-245 合并客厅吊灯

03 灯具合并完成后，再逐次合并入各个空间的桌椅和茶几模型，如图 5-248~图 5-250 所示。

5.5.3 调整空间色彩与质感

01 合并好灯具与家具后，空间当前的效果如图 5-251 所示。可以看到，由于空间墙体整体为白色，空间层次感不强。打开【材料】对话框，为空间墙体整体制作并赋予黄色涂料材质，如图 5-252 所示。

02 为客厅墙面以及餐厅外侧墙面制作并赋予白色泥灰材质，如图 5-253 与图 5-254 所示。

图 5-246 合并餐厅吊灯

图 5-247 合并并复制壁灯

图 5-248 合并休闲桌椅

图 5-249 合并沙发与茶几

图 5-250 合并餐桌椅

图 5-251 当前空间色彩与质感

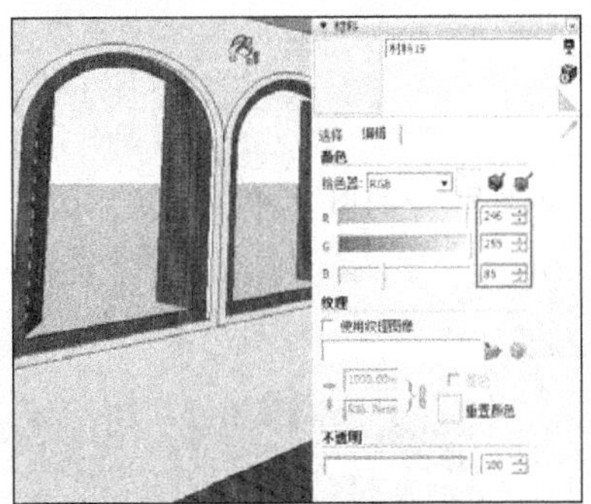
图 5-252 赋予墙体黄色涂料材质

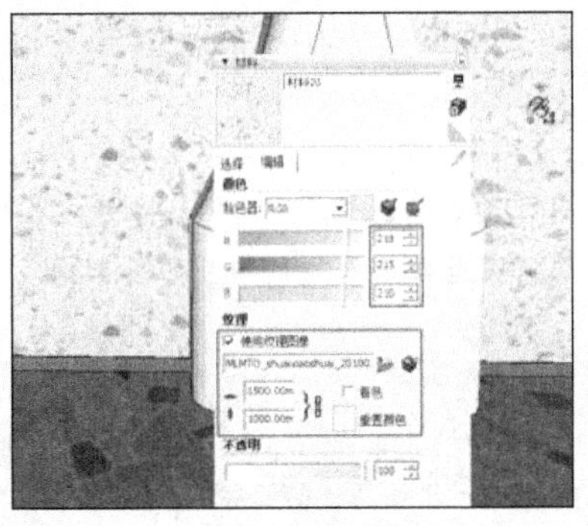
图 5-253 为客厅墙面制作并赋予白色泥灰材质

03 经过以上调整，过道的效果如图 5-255 所示。

图 5-254 为餐厅外侧墙面赋予白色泥灰材质

图 5-255 调整后的过道效果

04 空间色彩与质感调整完成后，合并入盆栽、装饰画等细节，完成最终效果的制作。

5.5.4 合并装饰细节完成最终效果

01 打开【组件】对话框，逐次合并入各个空间的盆栽，效果如图 5-256~图 5-258 所示。

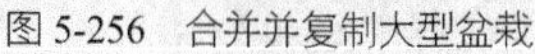
图 5-256 合并并复制大型盆栽

图 5-257 合并过道处盆栽

图 5-258 合并餐厅处盆栽

02 盆栽合并完成后，再逐次合并入各个空间挂画、书籍和摆设等细节模型，如图 5-259~图 5-264 所示。

图 5-259 合并沙发背景墙挂画

图 5-260 合并茶几上书籍

图 5-261 合并茶几摆设

图 5-262 合并壁炉墙面装饰

图 5-263 合并餐厅挂画

图 5-264 合并餐厅搁物孔摆设

03 完成合并装饰细节后打开【材料】对话框，为壁炉制作火焰效果，如图 5-265 所示。

04 经过以上步骤后，各个空间的最终透视效果分别如图 5-266~图 5-268 所示。

图 5-265　制作壁炉火焰效果

图 5-266　最终的客厅透视效果

图 5-267　最终的过道透视效果

图 5-268　最终的餐厅透视效果

第6章 新中式开放式空间设计与表现

新中式风格是对历史与现代、古典与时尚的全新演绎，其以融合细腻的纹理、精巧的设计和中式古典装饰，赋予室内清雅含蓄、端庄丰华的东方韵味。

本章将通过空间结构、材质、配饰等方面的特征，表现新中式风格在当前时代背景下所营造的自然意境。

6-1 新中式风格设计概述

新中式风格诞生于中国传统文化复兴的新时期，伴随着国力增强与民族意识逐渐复苏，人们开始从纷乱的“摹仿”和“拷贝”中整理出头绪，在探寻中国设计界的本土意识之初，逐渐成熟的新一代设计队伍和消费市场孕育出了含蓄秀美的新中式风格。典型的新中式风格效果如图 6-1 与图 6-2 所示。

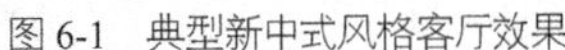

图 6-1　典型新中式风格客厅效果

图 6-2　典型新中式风格餐厅效果

可以看到，新中式风格注重将中式元素与现代材质巧妙整合，以现代人的审美需求打造出富有传统韵味的新风格。如图 6-3~图 6-5 所示，其在汲取传统中式设计的精髓上，主要体现为以下三点：

- 室内布局多采用对称式，格调高雅大方，造型简朴优美，风格端正稳健，在细节上有借景望景、步移景变的处理技巧。
- 家具主要以明清造型家具为主，讲究直线简单流畅，配以窗棂、布艺床品等表达含蓄、端庄的东方式精神境界。
- 在装饰细节上崇尚自然情趣，花草、鱼虫等自然元素，富于变化，充分体现出中国传统美学精神。

图 6-3　简洁的家具线与对称布局

图 6-4　通过漏窗进行借景

图 6-5　传统的盆景装饰

本案例将通过简单的户型平面布置图，结合以上设计原则完成一个集入户花园、餐厅、客厅以及厨房为一体的新中式风格开放空间，案例效果如图 6-6~图 6-13 所示。

图 6-6 客厅效果

图 6-7 餐厅效果

图 6-8 厨房及洗手间门效果

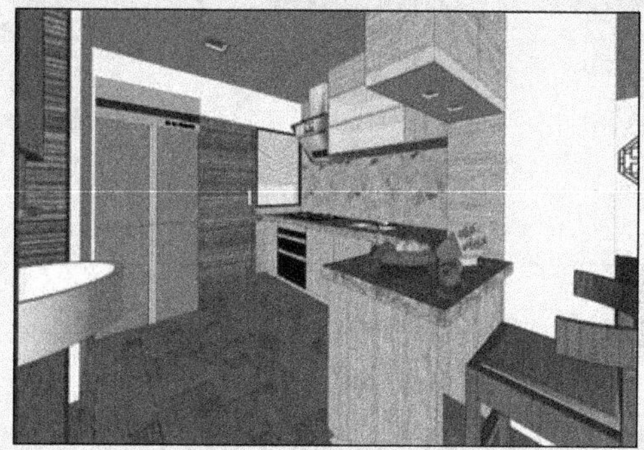

图 6-9 厨房细节效果

图 6-10 入户小庭院效果

图 6-11 入户小庭院借景效果

图 6-12 客餐厅横向布局

图 6-13 庭院向内透视效果

6.2 正式建模前的准备工作

6.2.1 导入图纸并整理图纸

01 打开 SketchUp，进入【模型信息】对话框，设置场景单位如图 6-14 所示。

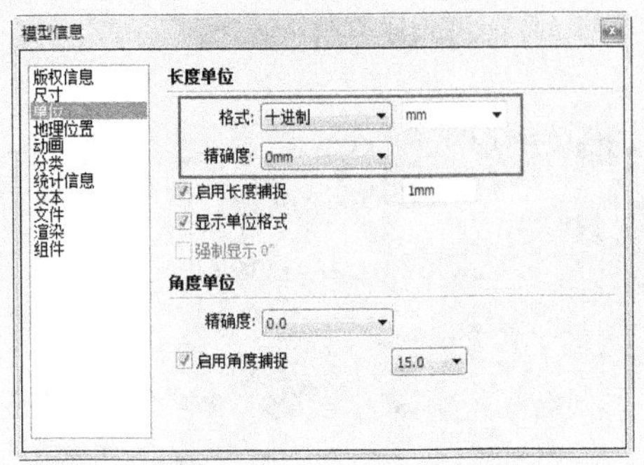

图 6-14 设置场景单位

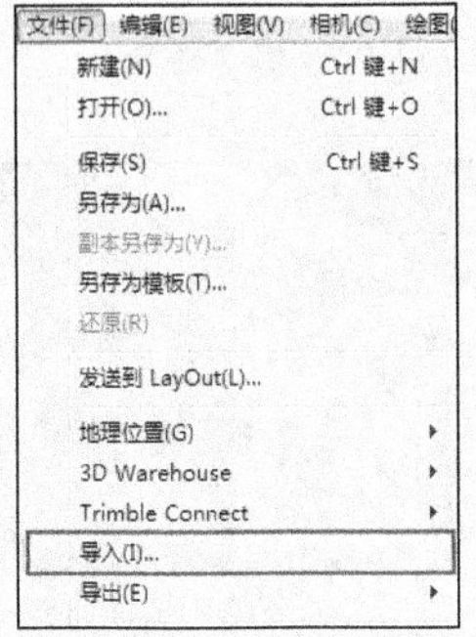

图 6-15 执行【文件】/【导入】选项

02 执行【文件】/【导入】菜单命令，如图 6-15 所示。然后在弹出的【导入】对话框中选择文件类型为"AutoCAD 文件"，如图 6-16 所示。单击【导入】对话框中的【选项】按钮，然后在弹出的对话框中设置好参数，如图 6-17 所示。

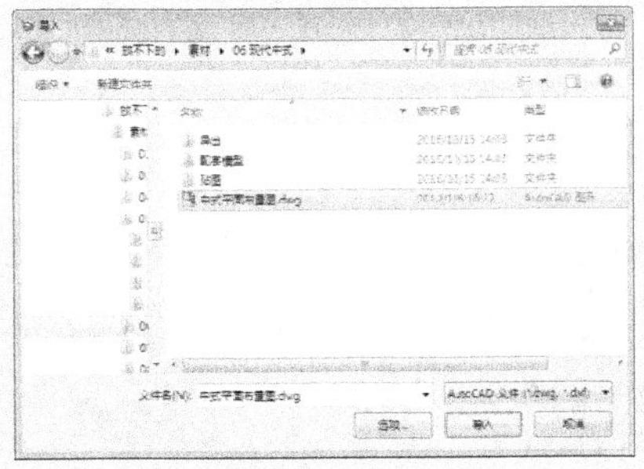

图 6-16 选择"AutoCAD"文件类型

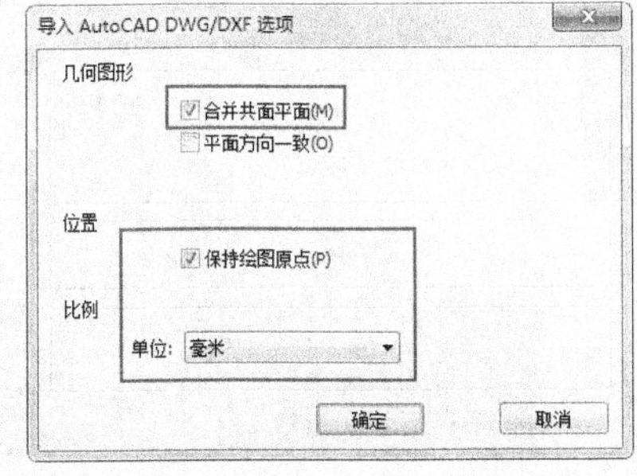

图 6-17 设置导入参数

03 参数设置完成后单击【确定】按钮，双击之前整理并另存好的图纸进行导入，如图 6-18 所示。

04 导入 CAD 图纸后，检查所有图形元素是否在同一高度，如图 6-19 所示。然后选择高度有偏差的图形，通过捕捉对齐，如图 6-20 所示。

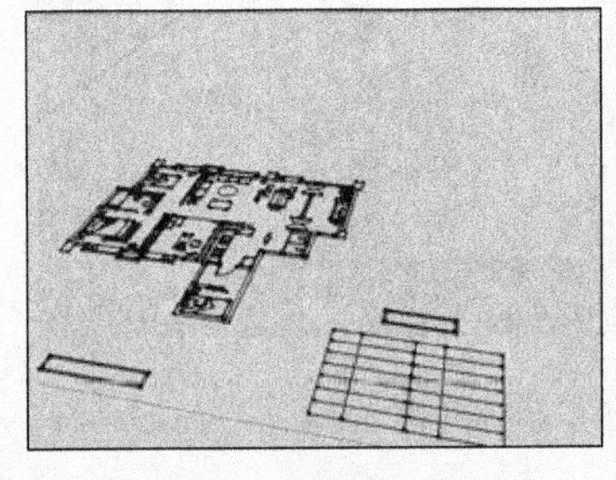

图 6-18 图纸导入效果

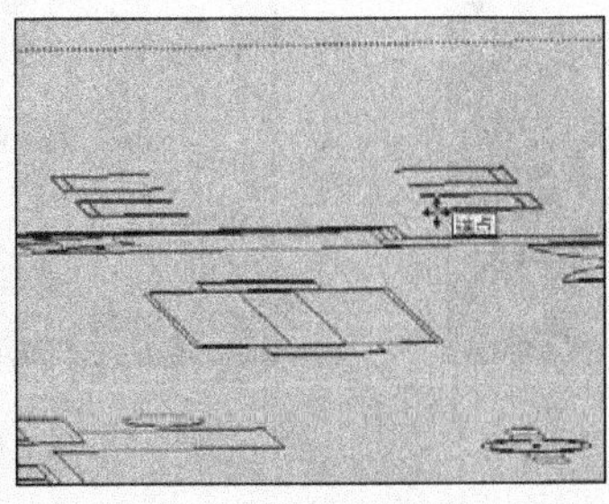

图 6-19 检查所有图形元素高度

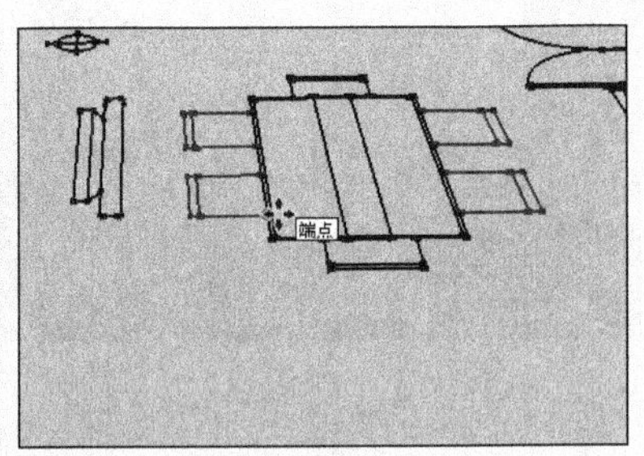

图 6-20 通过捕捉对齐图形

05 删除图纸中的表格等内容，如图 6-21 所示。经过以上步骤，本例导入图纸并整理后的效果如图 6-22 所示。接下来分析建模思路。

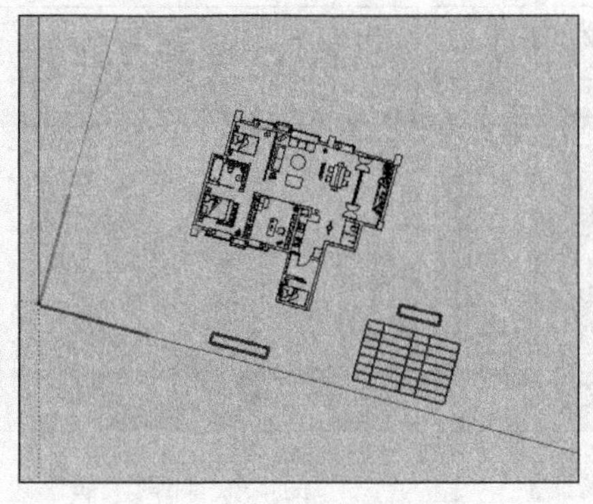

图 6-21 删除表格等图形元素

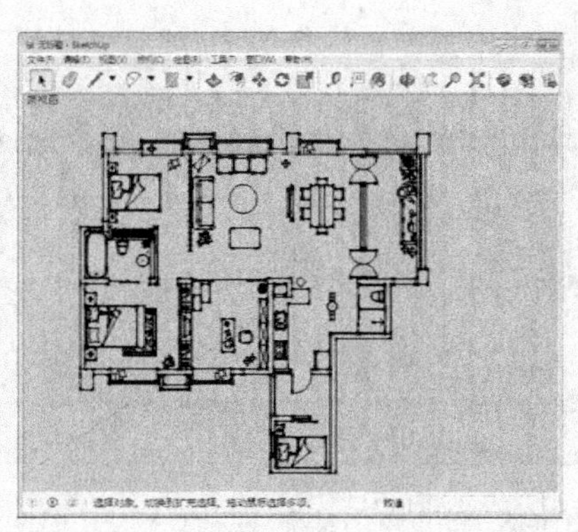

图 6-22 导入图纸并整理

6.2.2 分析建模思路

本案例户型为一个开放的通透空间，入户庭院、餐厅、客厅以及厨房共同构成大的整体，案例设计及表现范围如图 6-23 所示。而考虑到最终的表现效果，必须在建模过程中对空间紧邻的卧室、书房以及洗手间墙面进行相应的处理，如图 6-24 所示。

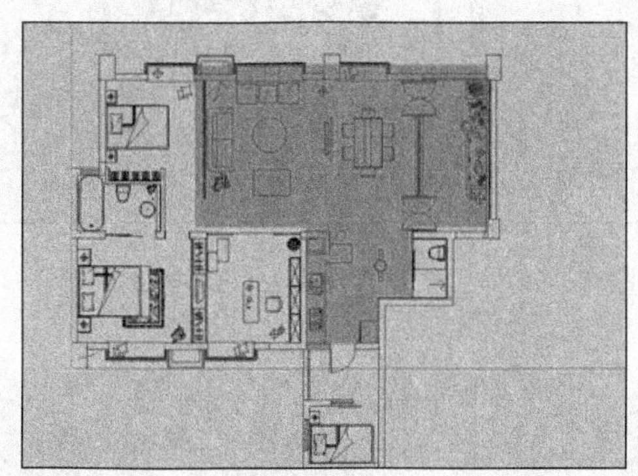

图 6-23 案例设计及表现范围

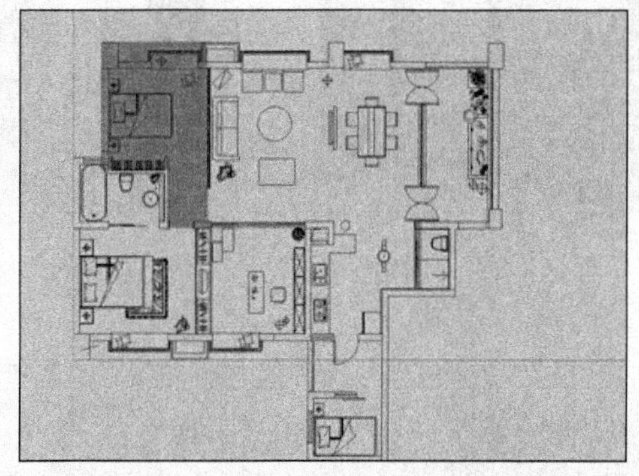

图 6-24 需要兼顾的空间与墙面

明确了表现范围与细节后，即可创建相关空间的单面墙体框架，如图 6-25 所示。

完成单面墙体框架的制作后，细化好客厅与餐厅的门窗，效果如图 6-26 与图 6-27 所示。

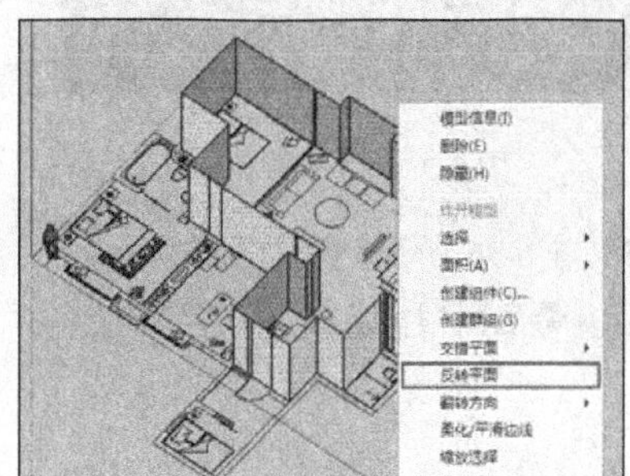

图 6-25 创建单面墙体框架

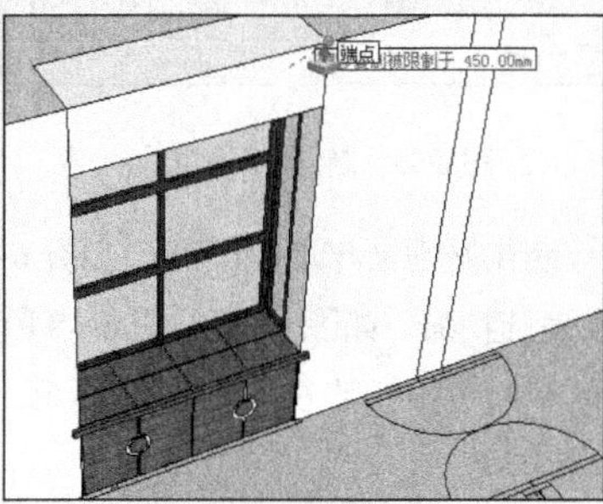

图 6-26 制作客厅与餐厅窗户

图 6-27 制作空间大门

完成门窗的制作后，便可完成空间沙发背景墙、电视背景墙以及餐厅背景墙的设计与制作，确定空间整体的造型与色彩风格，如图 6-28~图 6-30 所示。

图 6-28　制作沙发背景墙

图 6-29　制作电视背景墙

图 6-30　制作餐厅背景墙

完成客餐厅的设计细节后，便可快速制作书房与洗手间墙面的细节，如图 6-31 与图 6-32 所示。

制作好书房与洗手间墙面细节后，再根据之前确定的风格依次完成厨房以及入户庭院的设计，如图 6-33 与图 6-34 所示。

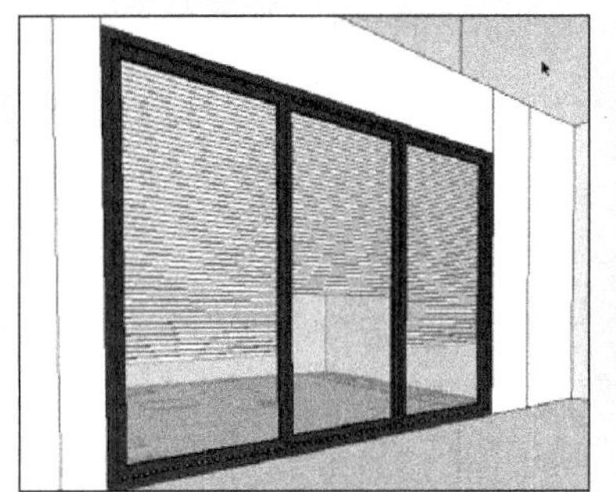

图 6-31　制作书房墙面

图 6-32　制作洗手间墙面

图 6-33　制作厨房

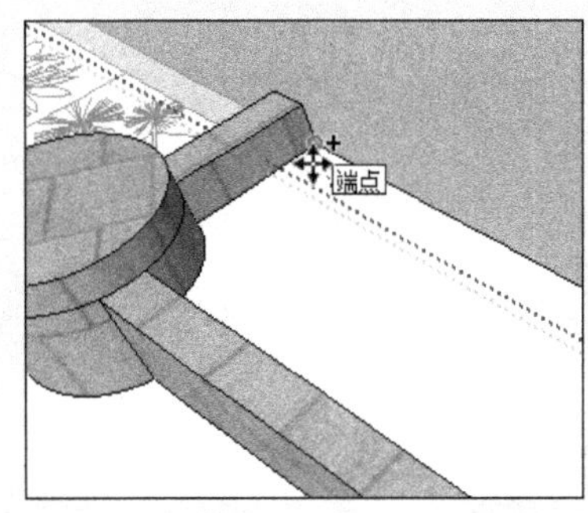

图 6-34　制作入户庭院

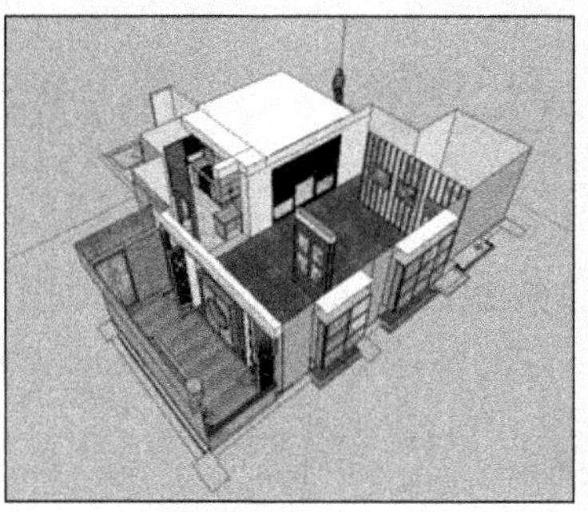

图 6-35　制作地面效果

图 6-36　制作顶棚效果

完成空间整体的立面设计后，再统一制作好地面与顶棚细节，如图 6-35 与 6-36 所示。然后再根据设计风格依次合并入各个空间的家具、灯具以及装饰物品，如图 6-37 与图 6-38 所示。最后再根据各个空间的特点合并入装饰细节，与图 6-39 所示。最终得到的空间效果如图 6-6~图 6-13 所示。

图 6-37　合并家具

图 6-38　合并灯具

图 6-39　最终空间效果

6.3 创建客厅与餐厅

6.3.1 创建整体框架

01 启用【直线】工具，参考图纸创建内侧墙线，如图 6-40 所示。

02 对于表现范围以外的墙体（如卧室墙线）可以使用直线进行简单化处理，如图 6-41 所示。

03 创建的空间平面如图 6-42 所示。

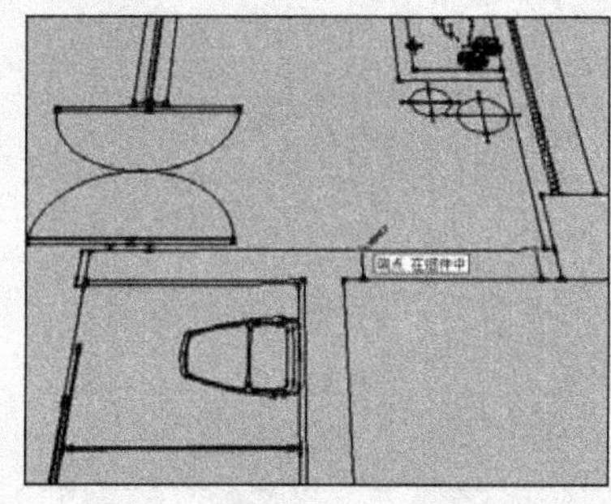
图 6-40　参考图纸创建内侧墙线

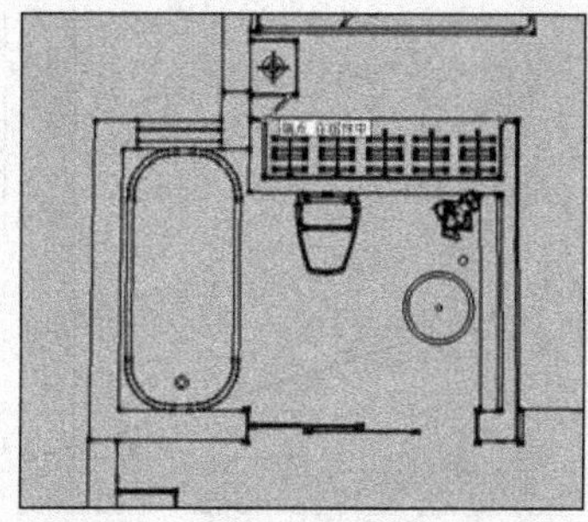
图 6-41　简单化处理卧室墙线

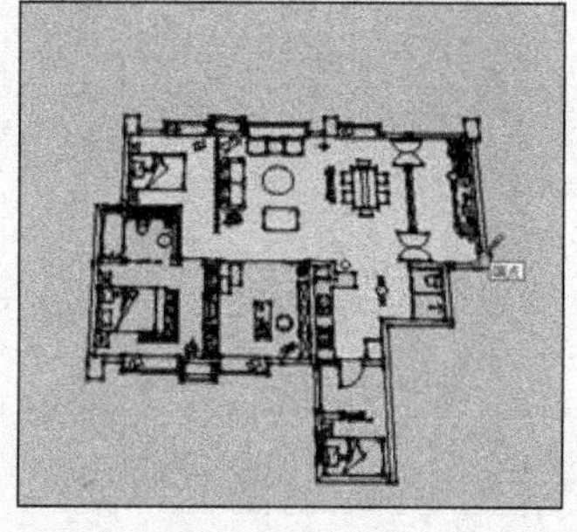
图 6-42　空间平面创建完成

04 创建完成后，启用【推/拉】工具制作 2800mm 墙体高度，如图 6-43 所示。

05 依次选择顶棚、墙体以及地面所在的模型，将其均单独创建为组，如图 6-44~图 6-46 所示。

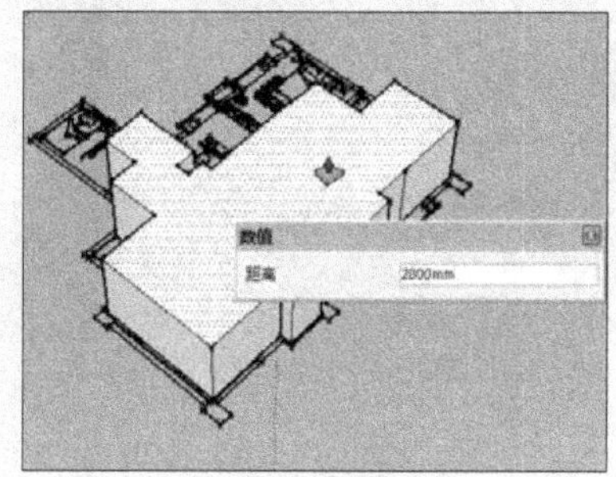

图 6-43　制作 2800mm 墙体高度

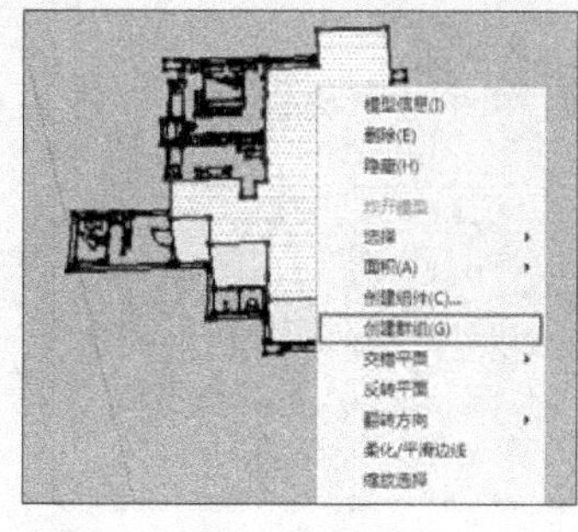
图 6-44　将顶棚单独创建为组

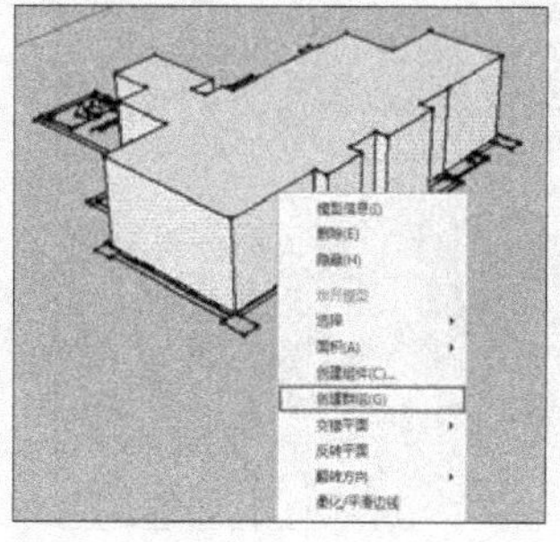
图 6-45　将墙体单独创建为组

06 选择中部的墙体模型，将其模型面进行反转，如图 6-47 所示。整体框架制作完成后，接下来开始创建客厅与餐厅的门窗细节。

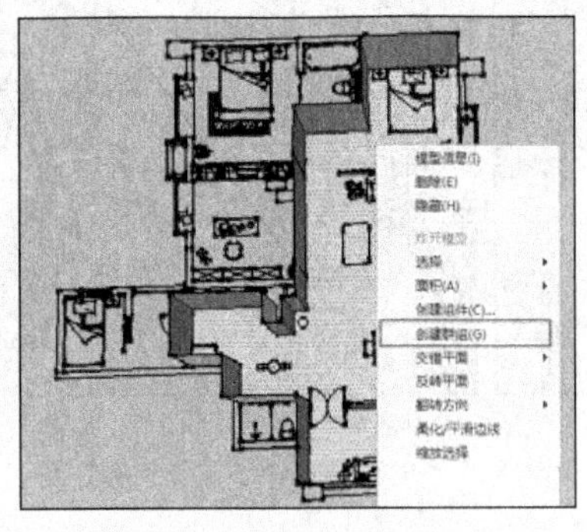

图 6-46　将底面创建为组

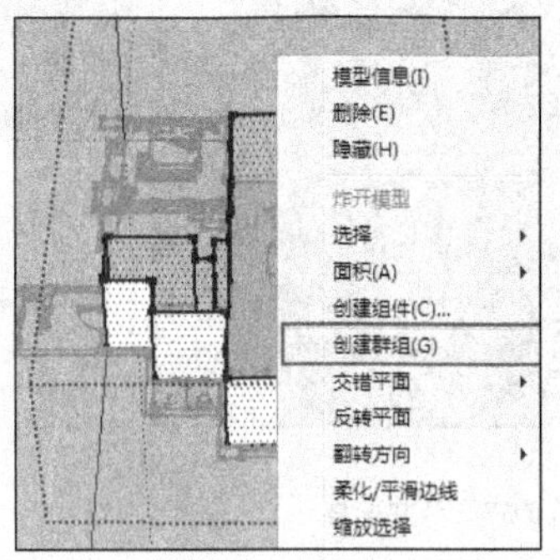

图 6-47　反转平面

6.3.2 创建客厅与餐厅门窗

1．创建窗户

01 选择窗洞下方边线，启动【移动】工具，以 600mm 的距离向上移动复制，制作好飘窗窗台线，如图 6-48 所示。

02 启用【推/拉】工具制作出窗台面，如图 6-49 所示。

03 选择上方的窗台线，向下以 40mm 的距离移动复制，制作好边缘分割面，如图 6-50 所示。

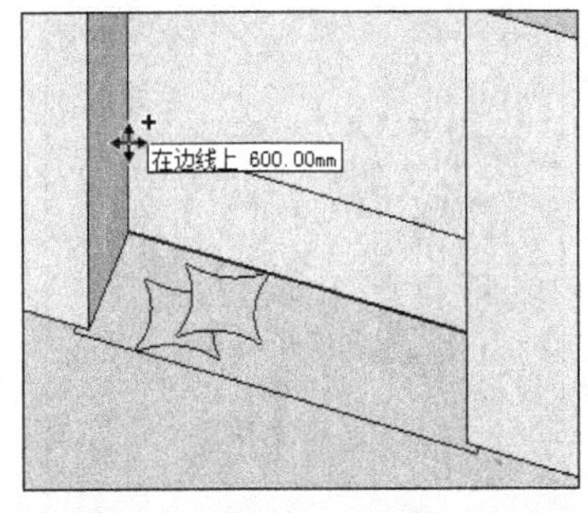

图 6-48　移动复制出飘窗窗台线

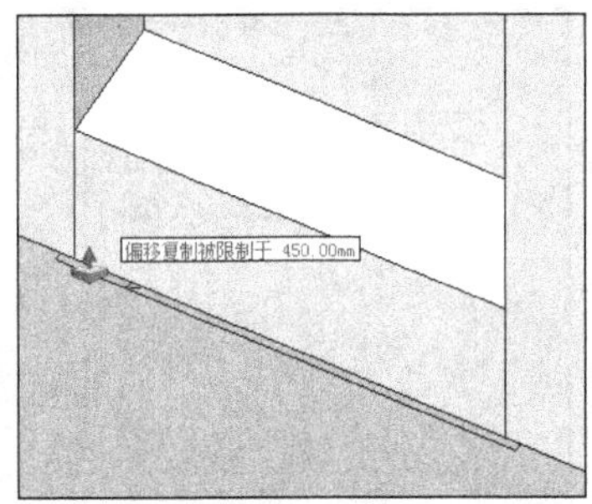

图 6-49　制作窗台面

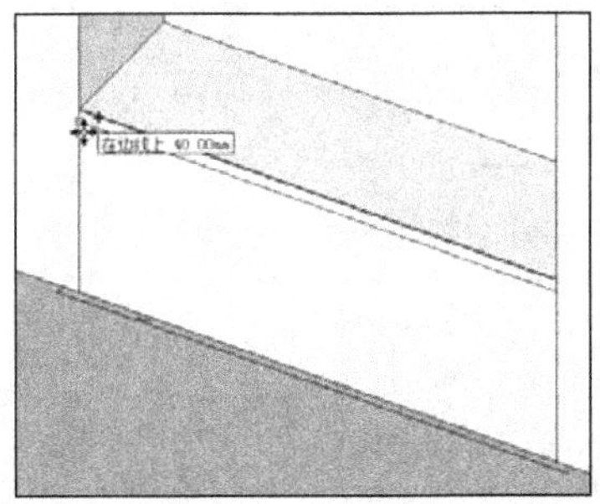

图 6-50　向下移动复制直线

04 启用【推/拉】工具，逐步制作好边沿细节，如图 6-51 与图 6-52 所示。

05 启用【直线】工具，通过捕捉中点分割好窗台面，如图 6-53 所示。

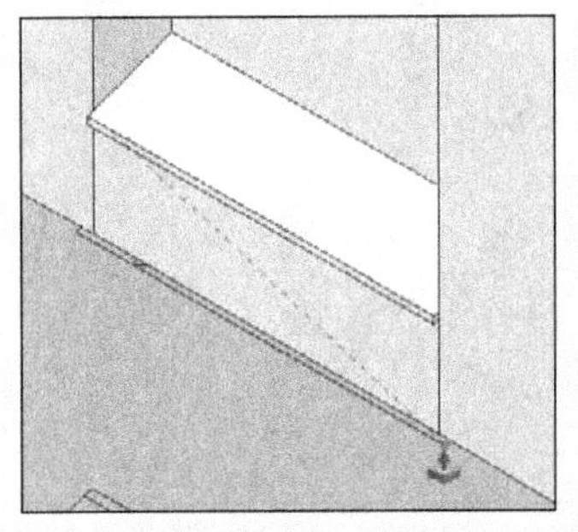

图 6-51　制作边沿

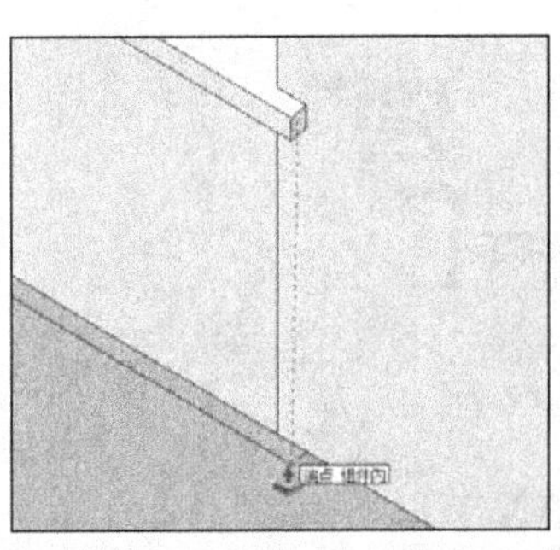

图 6-52 制作边沿细节

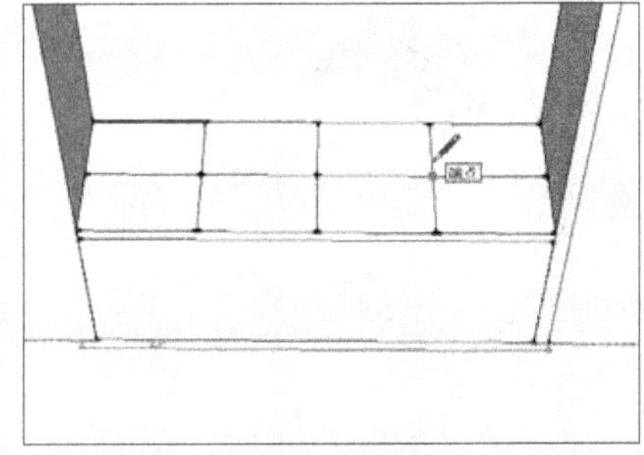

图 6-53　分割窗台面

06 启用【偏移】工具，将各个分割面均向内偏移 5mm，如图 6-54 与图 6-55 所示。

07 删除中部多余线条，然后选择边缘线条调整好宽度，如图 6-56 所示。

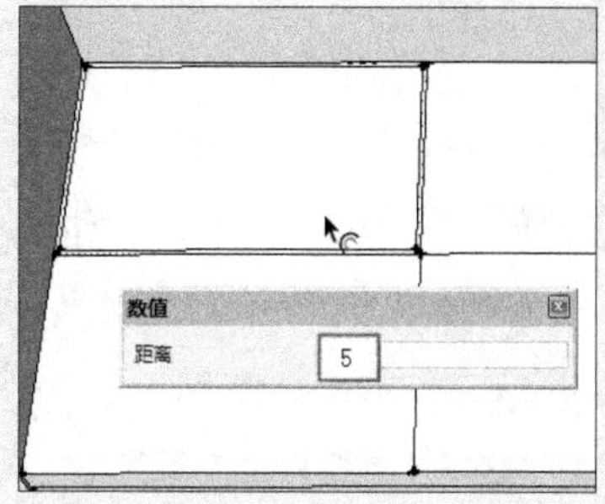

图 6-54 偏移复制制作抽缝

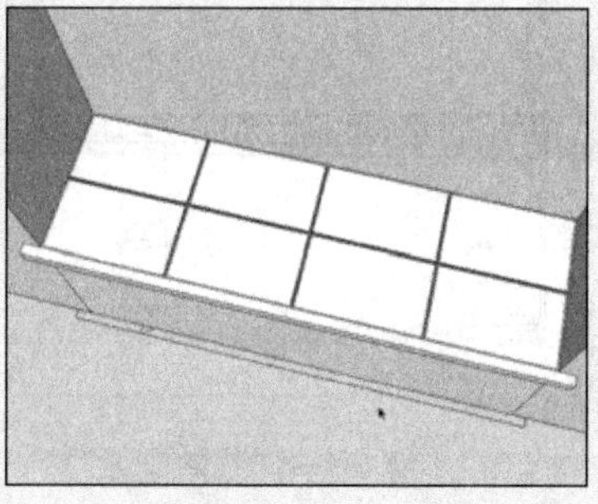
图 6-55 完成所有面抽缝的制作

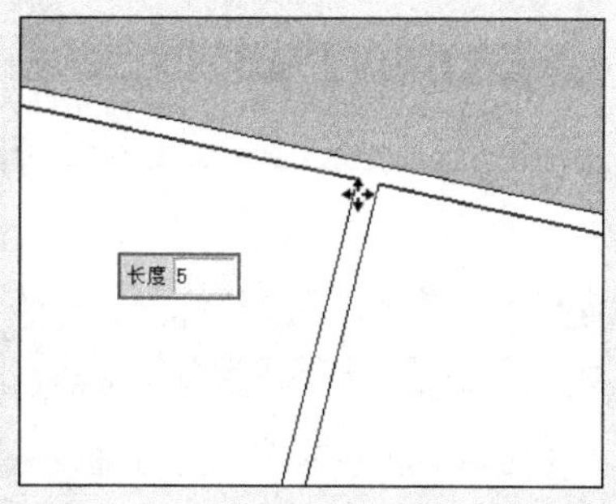

图 6-56 删除多余直线并调整边缘宽度

08 通过以上步骤，便可完成飘窗窗台模型的绘制，效果如图 6-57 所示。

09 打开【材料】对话框，为其制作并赋予黑檀木纹材质，如图 6-58 所示。然后调整好纹理拼贴效果，如图 6-59 所示。

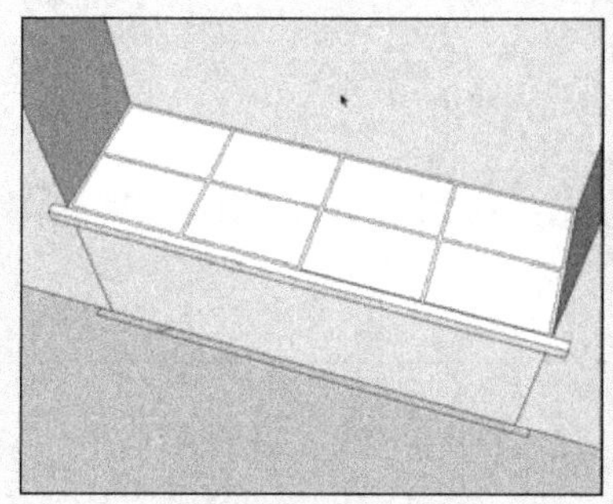
图 6-57 完成效果

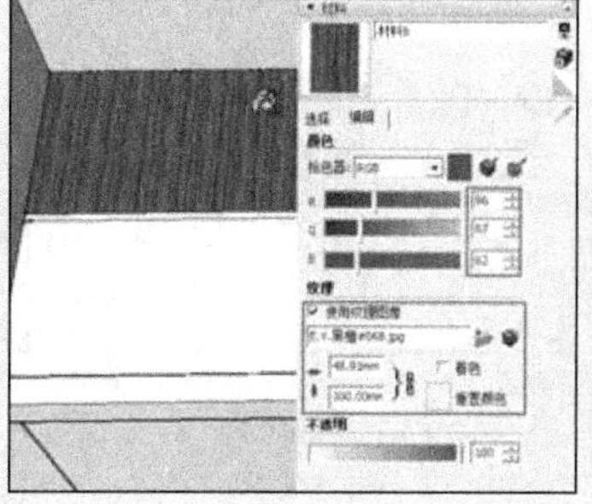
图 6-58 制作并赋予黑檀木纹材质

图 6-59 调整纹理拼贴效果

10 将相同材质赋予到上方模型面，然后调整好纹理走向，如图 6-60 所示。

11 使用相同方法制作好其他模型面，完成窗台效果如图 6-61 所示。

12 完成窗台材质制作后，赋予边沿相同材质，效果如图 6-62 所示。接下来制作窗台下方模型面细节。

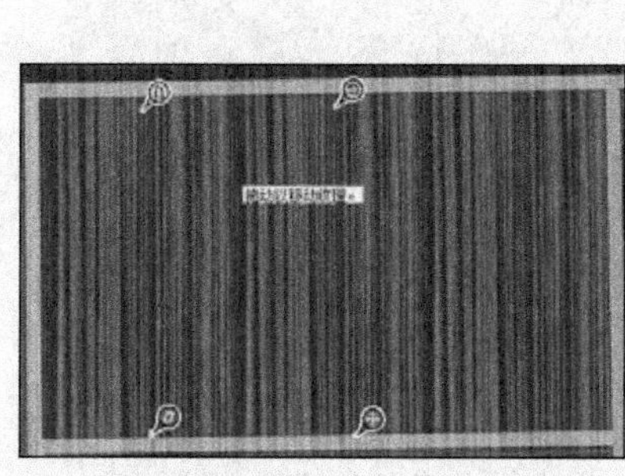
图 6-60 赋予上方模型面材质

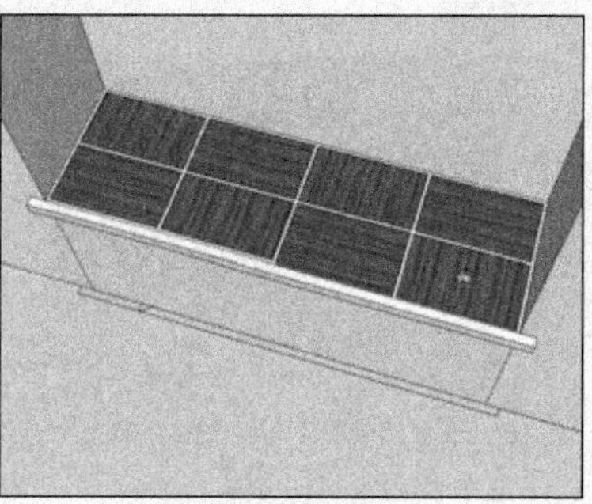
图 6-61 窗台面完成效果

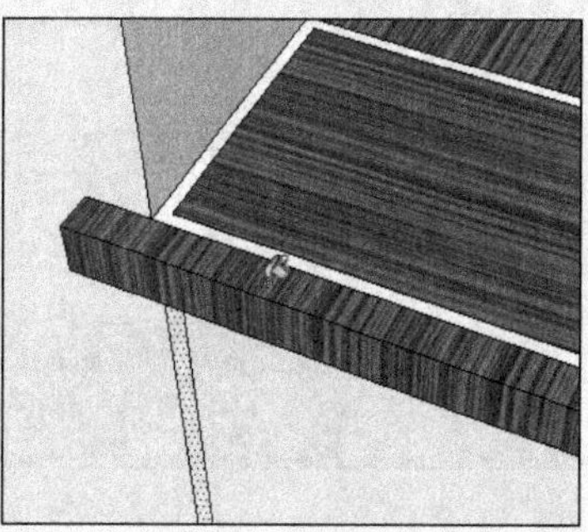
图 6-62 赋予窗台边沿材质

13 启用【偏移】工具，制作 15mm 的窗台下方模型面边框，如图 6-63 所示。

14 启用【直线】工具，结合中点捕捉将模型面拆分为 4 段，如图 6-64 所示。

15 结合使用【圆】、【偏移】以及【直线】工具制作模型造型平面细节，如图 6-65~图 6-67 所示。

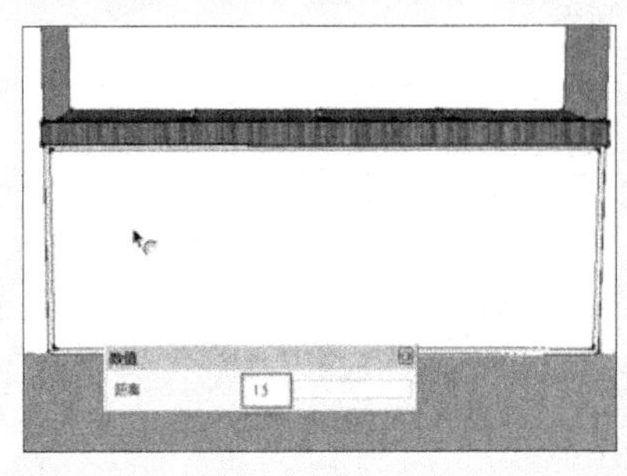

图 6-63 制作窗台下方模型面边框

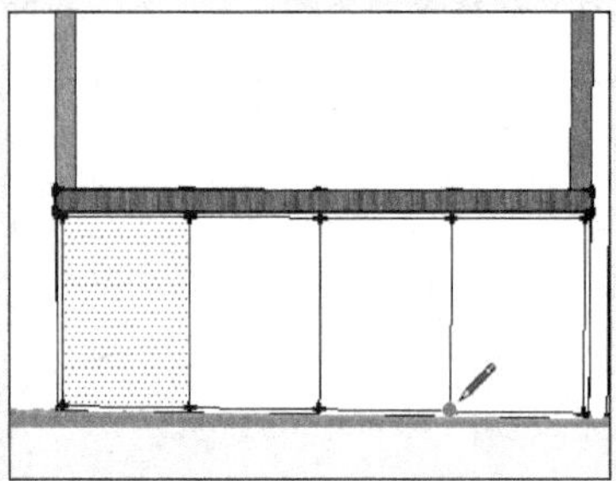
图 6-64 拆分模型面

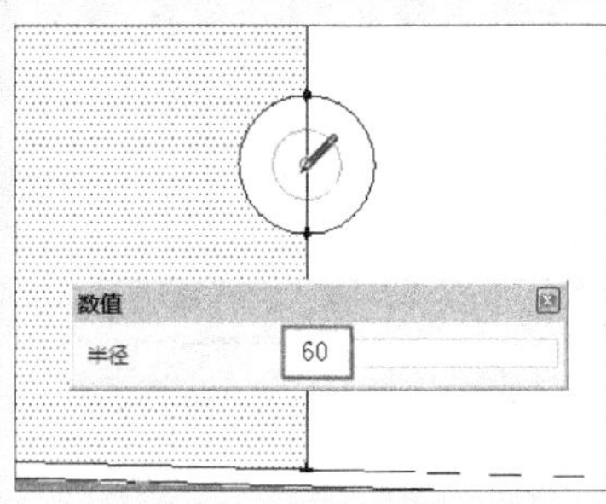

图 6-65 捕捉中点绘制圆形

16 启用【推/拉】工具，向内制作好 10mm 缝隙深度，如图 6-68 所示。

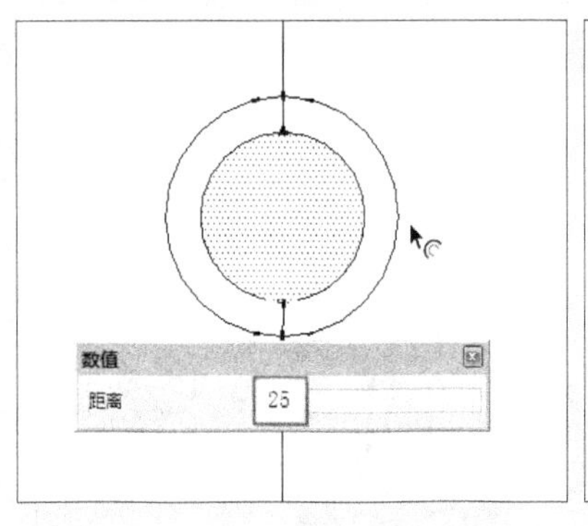

图 6-66 向外以 25mm 偏移复制

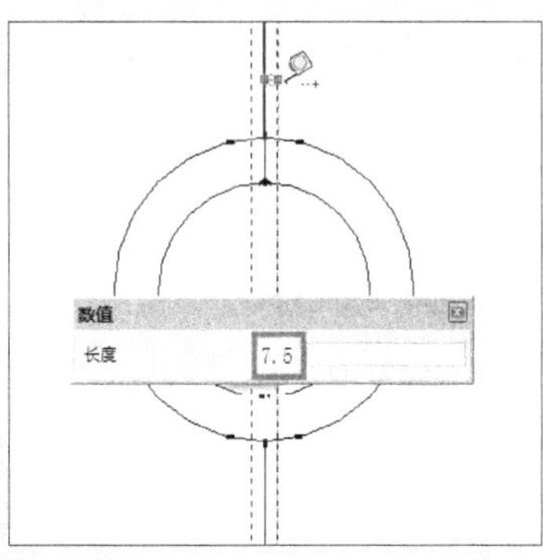

图 6-67 分割缝隙

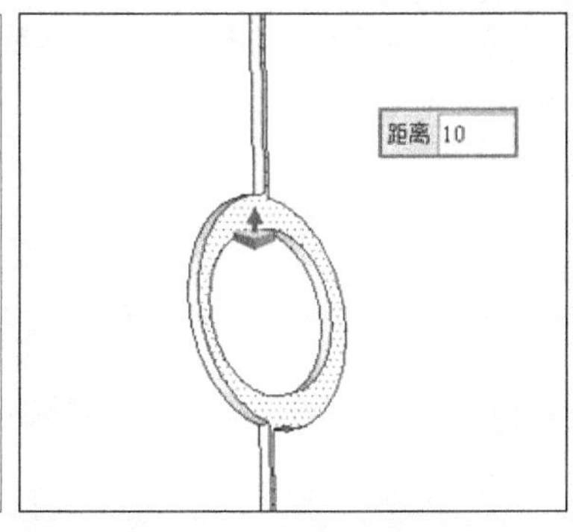

图 6-68 向内制作 10mm 缝隙深度

17 打开【材料】对话框，赋予模型材质，如图 6-69 所示。再复制左侧创建的造型至右侧，完成窗台效果如图 6-70 所示。接下来制作上方窗户。

18 启用【直线】工具，捕捉参考图纸分割好窗户侧面直线，如图 6-71 所示。

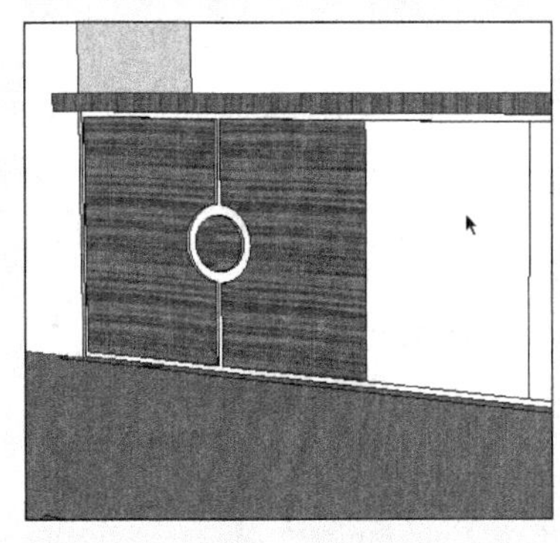
图 6-69 赋予模型材质

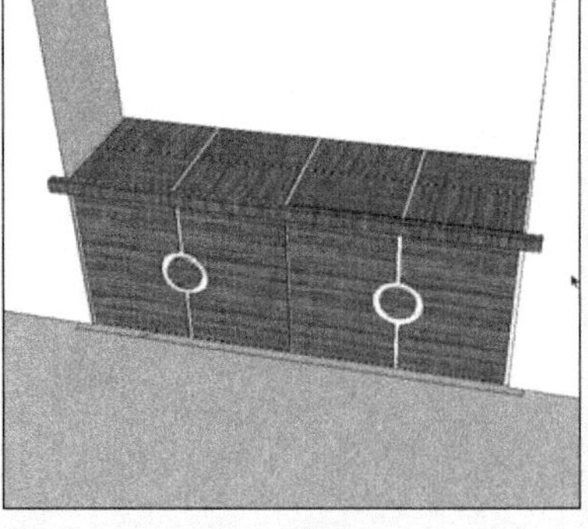
图 6-70 飘窗窗台完成效果

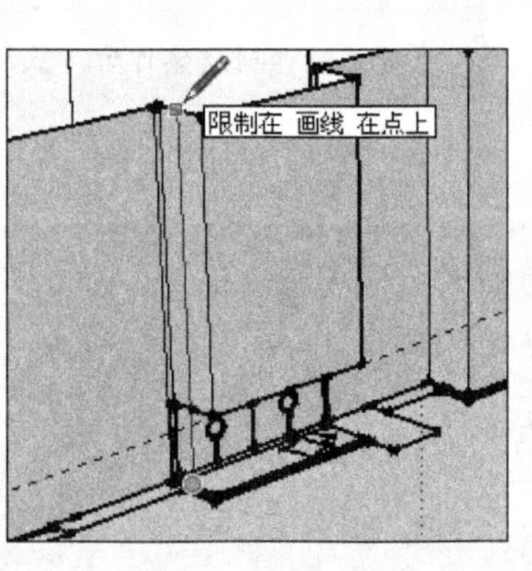

图 6-71 参考图纸分割窗户侧面直线

19 启用【直线】工具，通过移动分割好窗户平面，如图 6-72 所示。

20 启用【偏移】工具，制作侧窗边框，如图 6-73 所示。

21 赋予深灰色材质并使用【推/拉】工具，制作好边框与玻璃面，如图 6-74 与图 6-75 所示。

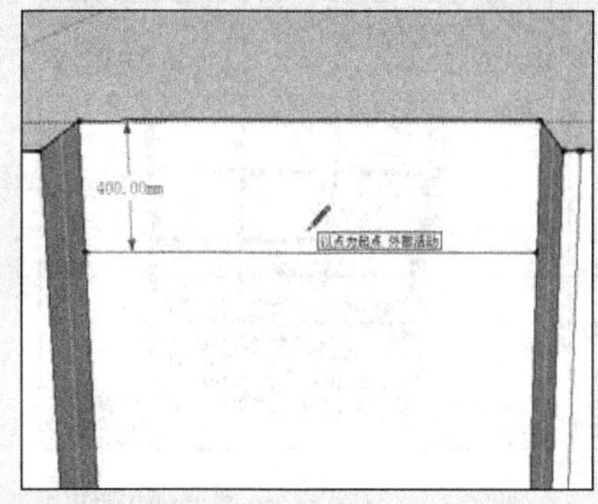

图 6-72　通过移动复制分割窗户平面

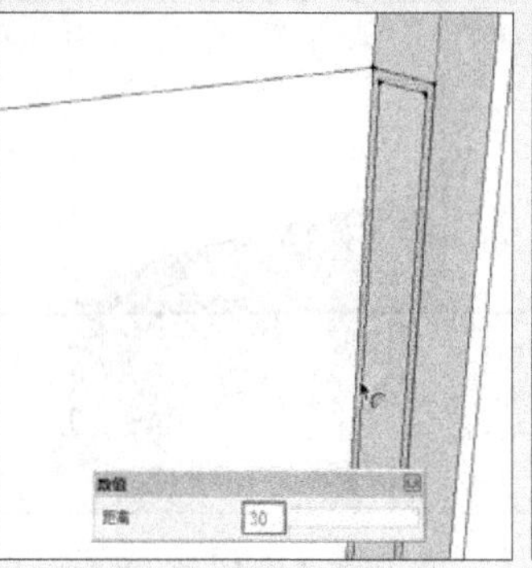

图 6-73　制作侧窗边框

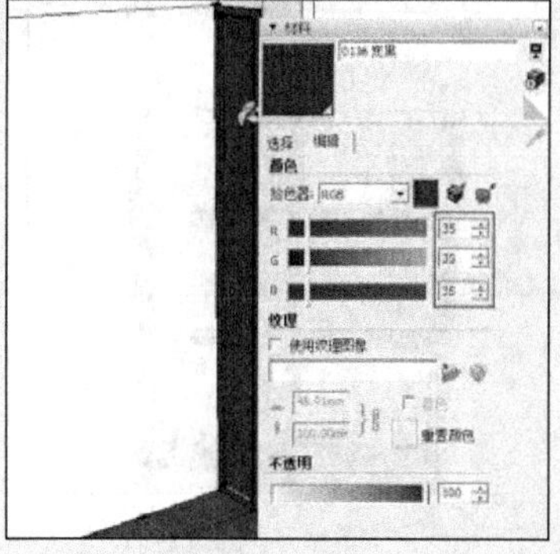

图 6-74　赋予深灰色材质

22 再打开【材料】对话框，赋予玻璃面正反两面半透明材质，如图 6-76 与图 6-77 所示。接下来制作窗户正面造型。

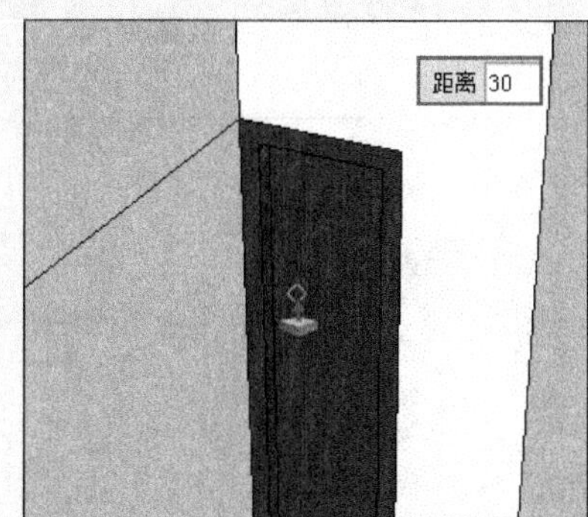

图 6-75　制作边框与玻璃面

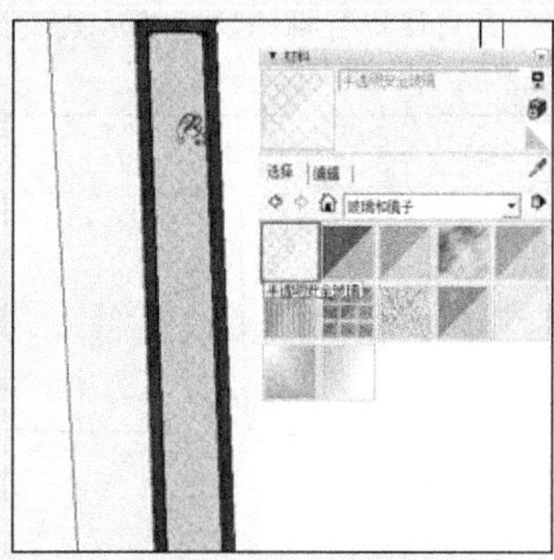

图 6-76　赋予玻璃面半透明材质

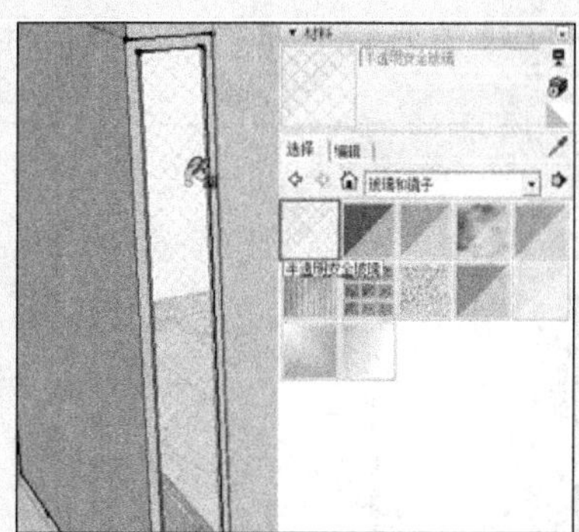

图 6-77　赋予背面相同材质

23 启用【直线】工具拆分正面模型面，然后选择窗户左侧正面边线拆分为 3 段，如图 6-78 所示。

24 启用【直线】工具分割好窗户正面，如图 6-79 所示。然后制作好窗格并赋予材质，完成效果如图 6-80 所示。

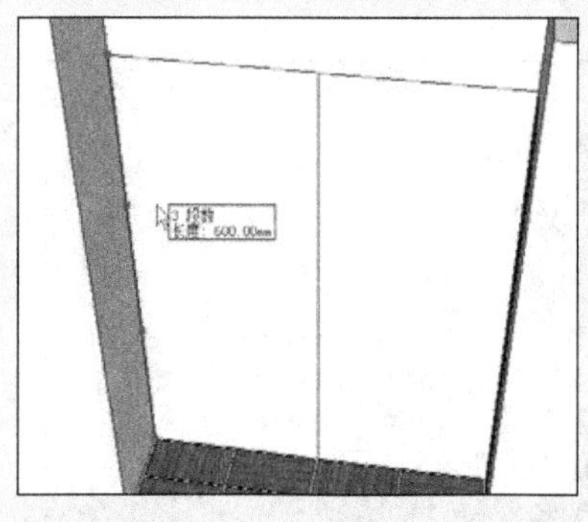

图 6-78　拆分窗户右侧正面边线

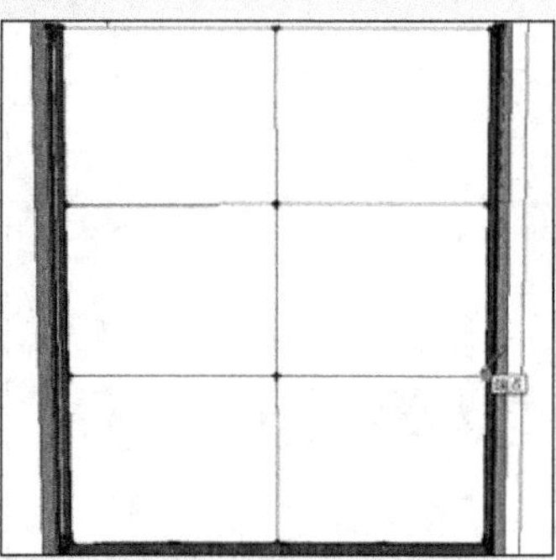

图 6-79　分割窗户正面

图 6-80　制作窗格并赋予材质

25 选择窗户上方墙体，使用【推/拉】工具推平，如图 6-81 所示。

26 完成该处飘窗窗台与窗户造型制作后，使用类似方法制作好该面墙体上的另一个飘窗，如图 6-82 与图 6-83 所示。接下来创建大门模型。

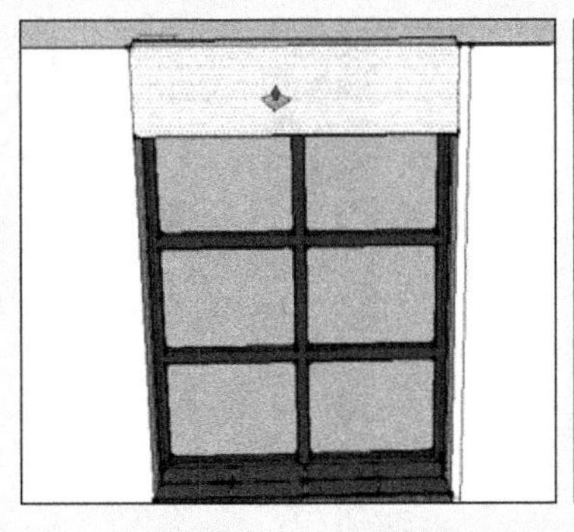
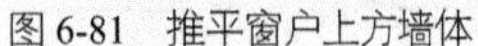
图 6-81　推平窗户上方墙体

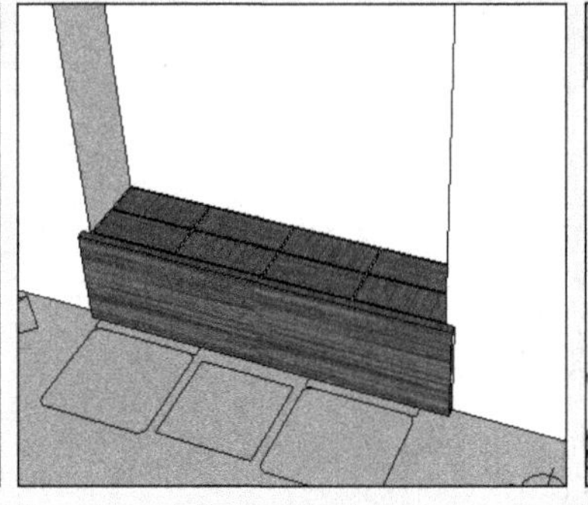
图 6-82　制作另一个飘窗窗台

图 6-83　完成另一个飘窗窗户的制作

2. 创建大门

01 选择左侧分割好的模型面，启用【推/拉】工具制作好左侧门框，如图 6-84 所示。

02 启用【矩形】工具，参考图纸创建中部门框平面，如图 6-85 所示。

03 启用【推/拉】工具，捕捉墙体高度制作好窗框高度，然后复制出中部另一侧门框，如图 6-86 所示。

图 6-84　制作左侧门框

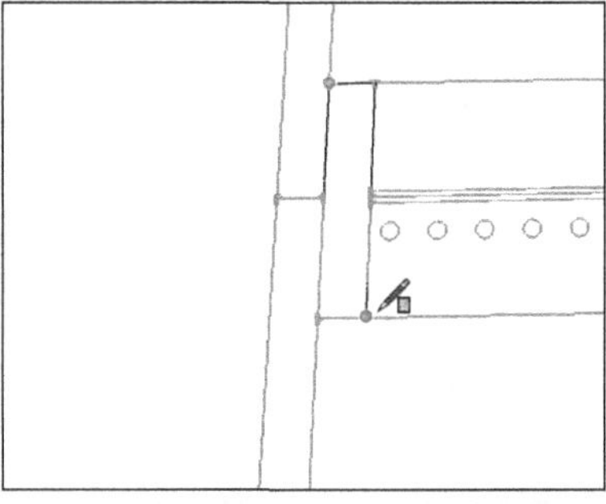
图 6-85　创建中部门框平面

图 6-86　复制出中部门框

04 选择门框上方边线，启用【移动】工具确定门框高度，如图 6-87 所示。然后使用【推/拉】工具制作好上方门框，如图 6-88 所示。

05 使用【直线】工具分割出门框平面造型，然后删除多余线条，得到如图 6-89 所示的效果。

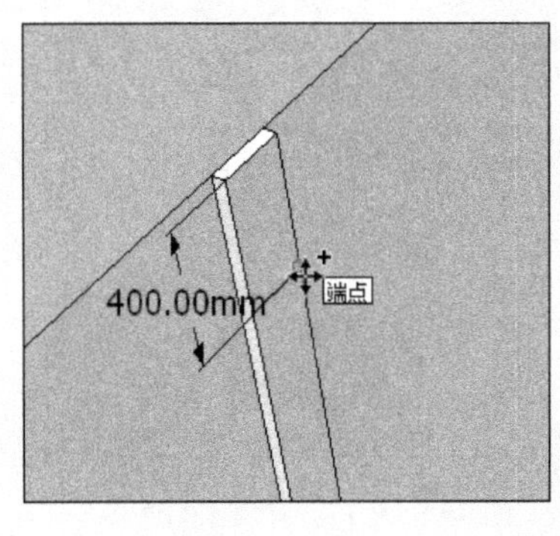

图 6-87　移动复制边线确定门框高度

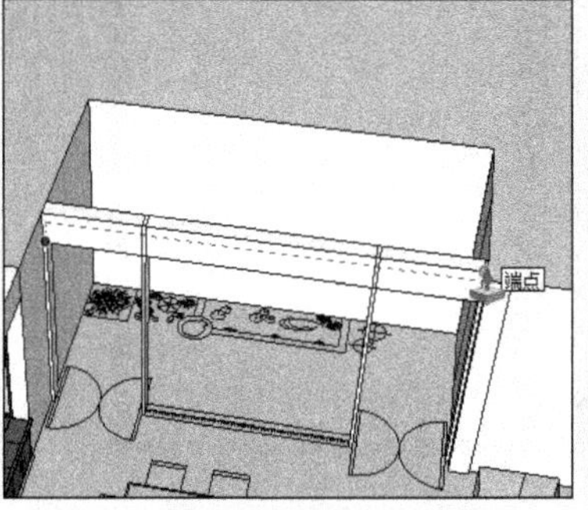

图 6-88　制作上方门框

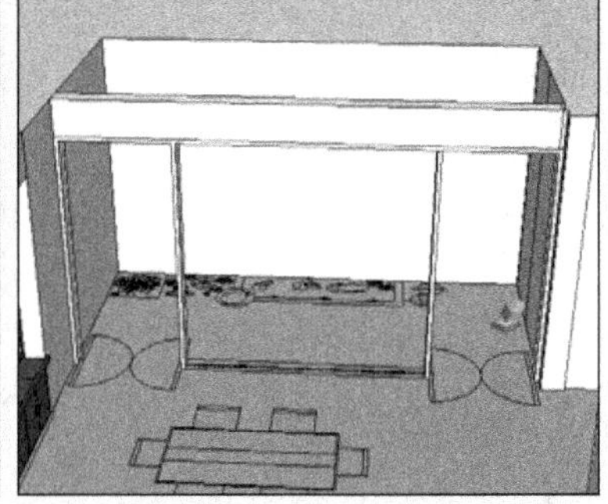
图 6-89　删除多余线条

06 选择门框模型面单独创建为【组】，如图 6-90 所示。然后使用【推/拉】工具制作好门框外沿厚度，如图 6-91 所示。

07 打开【组件】对话框，合并“中式隔扇门”模型，然后根据门框与图纸调整好造型，如图 6-92 所示。

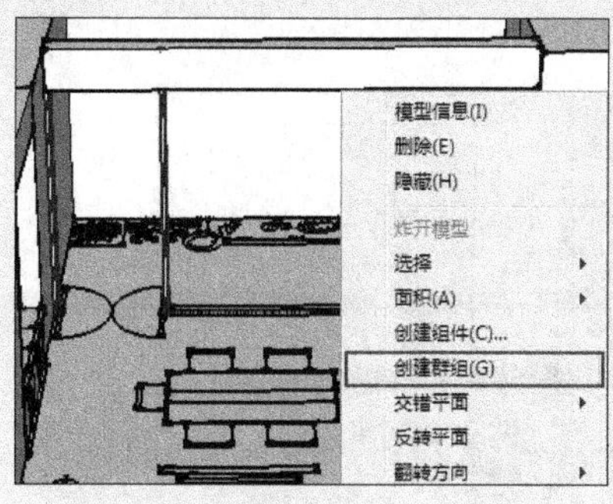

图 6-90 选择门框单独创建为组

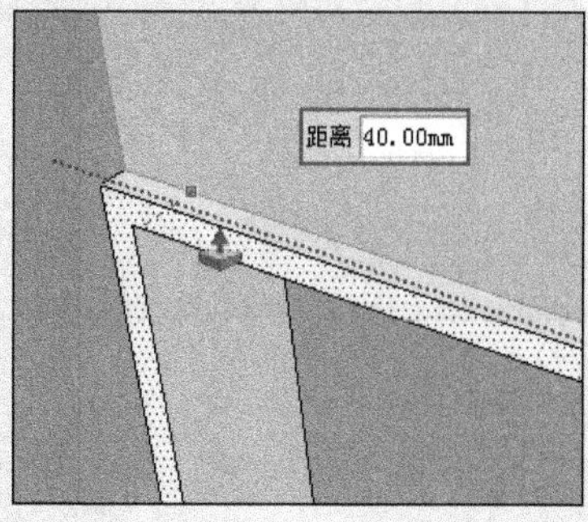

图 6-91 制作门框外沿厚度

图 6-92 合并中式隔扇门

08 选择“中式隔扇门”，通过中点捕捉，调整好位置，使其与门框对齐，如图 6-93 所示。然后使用【旋转】工具调整为打开状态，如图 6-94 所示。

09 复制出左侧的“中式隔扇门”，然后调整打开状态，完成效果如图 6-95 所示。

图 6-93 对齐门框中部

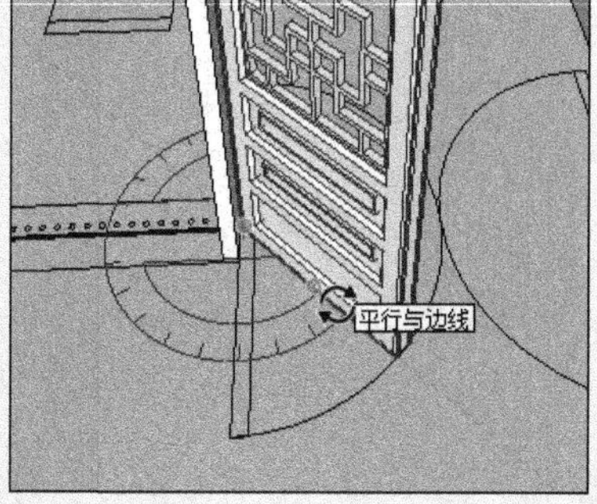

图 6-94 调整门为打开形态

图 6-95 复制左侧的门

10 参考图纸，启用【矩形】工具绘制中部平面，如图 6-96 所示。然后选择边线，将其拆分为 4 段，如图 6-97 所示。

11 启用【直线】工具，分割平面，截取中间两份，如图 6-98 所示。然后启用【推/拉】工具制作好景墙高度，如图 6-99 所示。

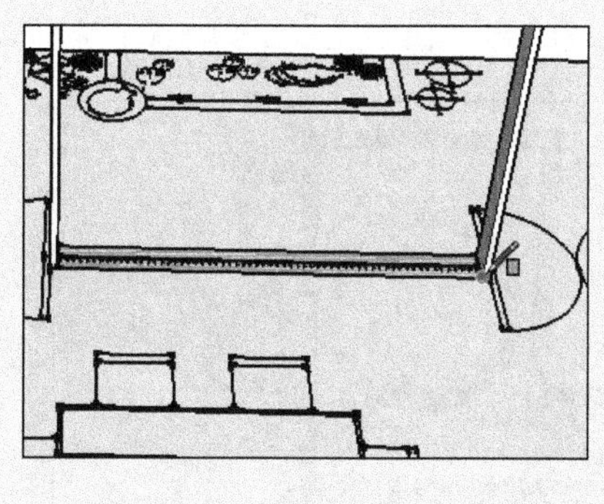

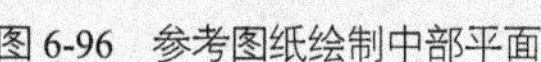

图 6-96 参考图纸绘制中部平面

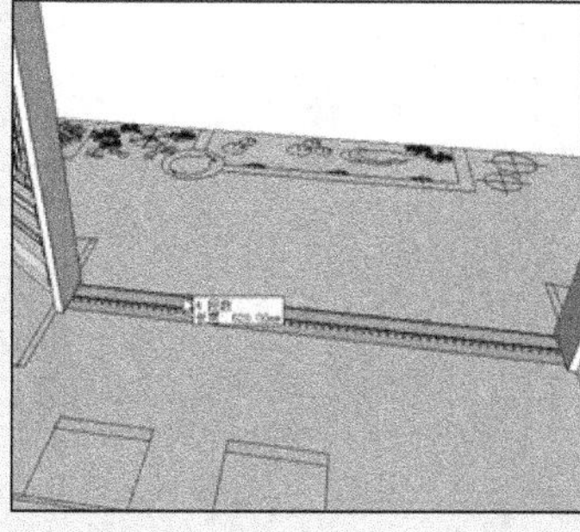

图 6-97 拆分边线

图 6-98 分割平面

12 启用【直线】工具，捕捉中点分割好景墙平面，然后启用【圆】工具，捕捉中点绘制圆形，如图 6-100 所示。

13 启用【推/拉】工具，推空圆形，如图 6-101 所示。

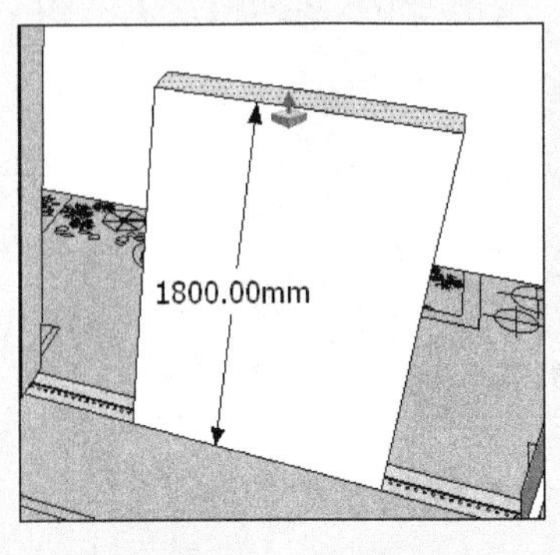

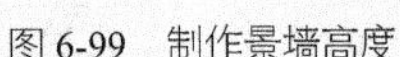
图 6-99 制作景墙高度

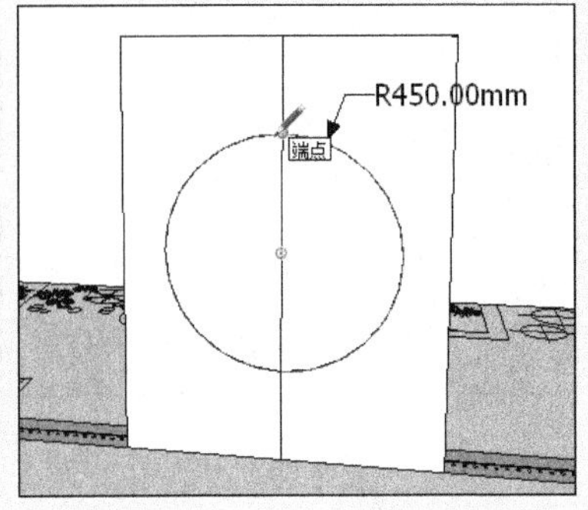

图 6-100 捕捉中点绘制圆形

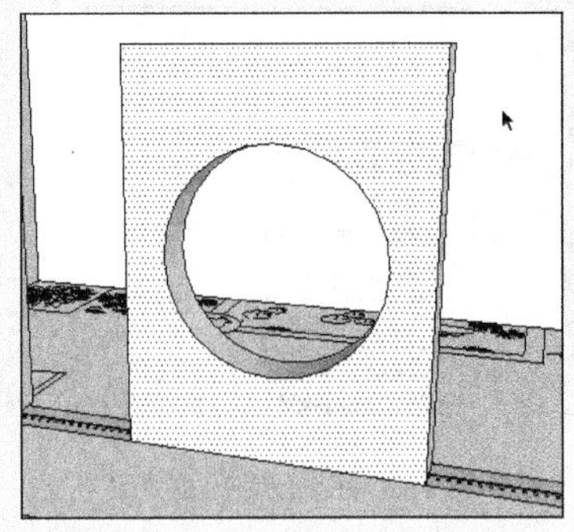
图 6-101 推空圆形

14 选择景墙边线，启用【偏移】工具制作好边框，如图 6-102 所示。启用【推/拉】工具，将内部平面向内推入 25mm，如图 6-103 所示。

15 选择内部边线，通过移动形成斜面细节，如图 6-104 所示。

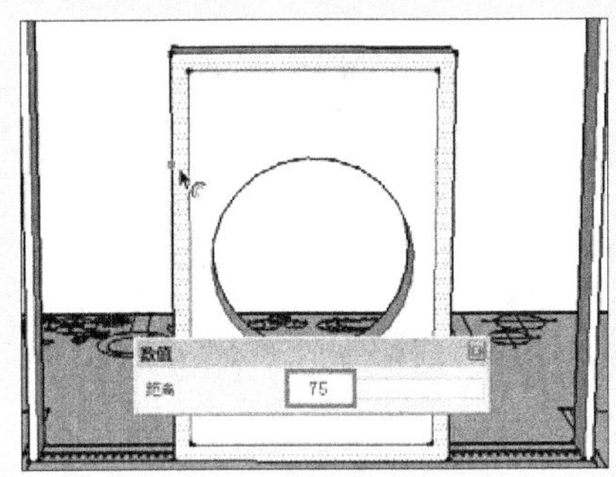

图 6-102 制作景墙边框

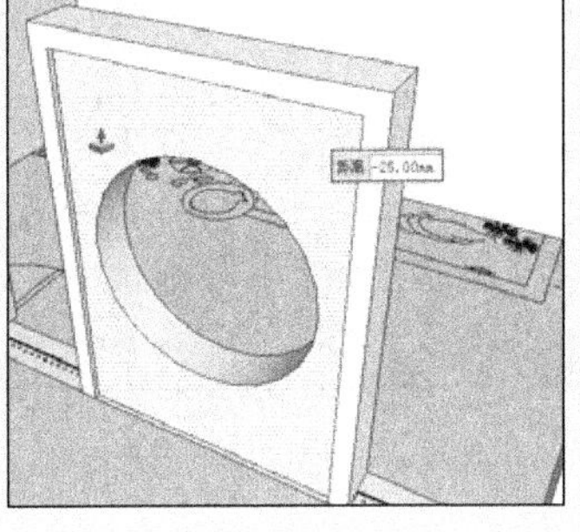
图 6-103 向内推入 25mm

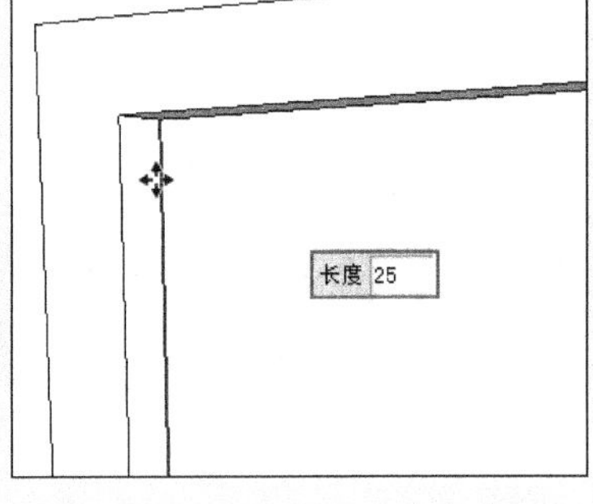

图 6-104 移动内部边线形成斜面细节

16 选择圆形边线，结合使用【偏移】与【推/拉】工具制作好圆孔边框，如图 6-105 与图 6-106 所示。

17 打开【材料】对话框，首先整体赋予木纹材质，如图 6-107 所示。然后选择内部平面赋予石材材质，效果如图 6-108 所示

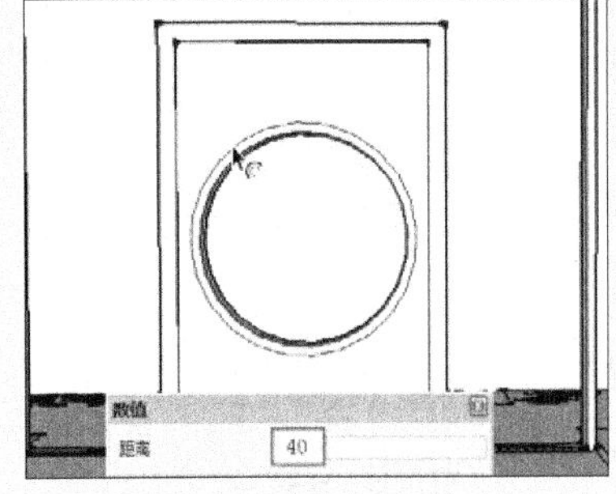

图 6-105 偏移复制圆形

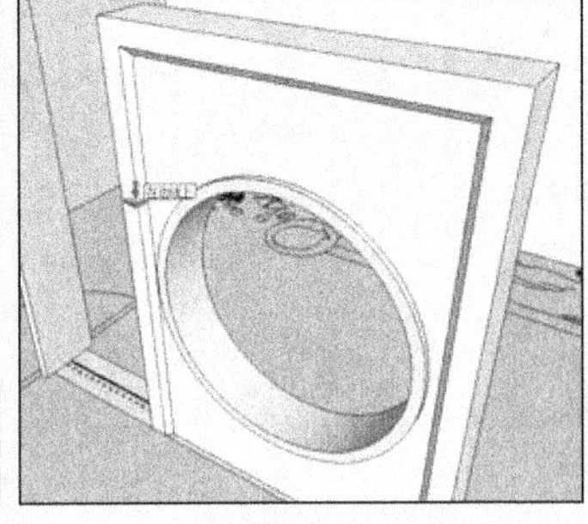
图 6-106 制作圆孔边框

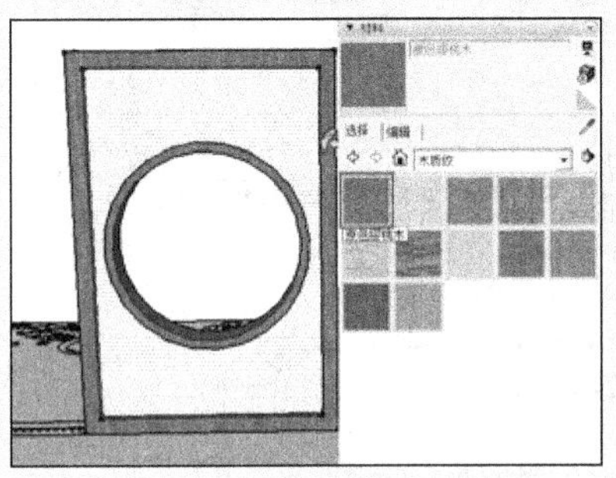
图 6-107 整体赋予木纹材质

18 经过以上步骤，完成大门的制作，效果如图 6-109 所示。接下来制作客厅与餐厅中的背景墙效果。

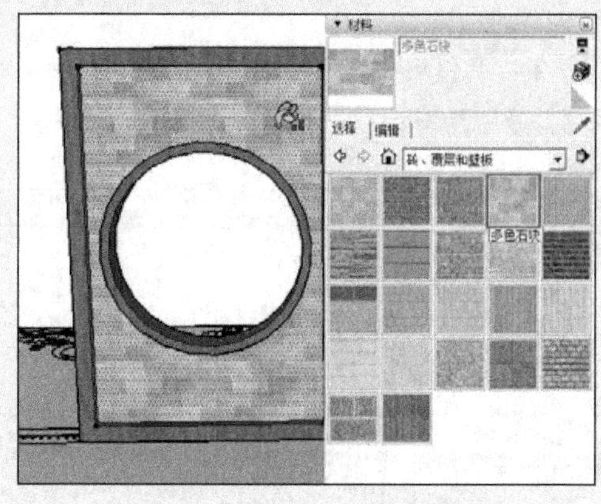

图 6-108　赋予内部平面石材材质

图 6-109　大门制作完成

6.3.3 制作各处背景墙

1. 制作沙发背景墙

01 沙发背景墙的平面造型如图 6-110 所示。首先结合使用【直线】与【推/拉】工具制作好右侧木方，如图 6-111 与图 6-112 所示。

图 6-110　沙发背景墙平面造型

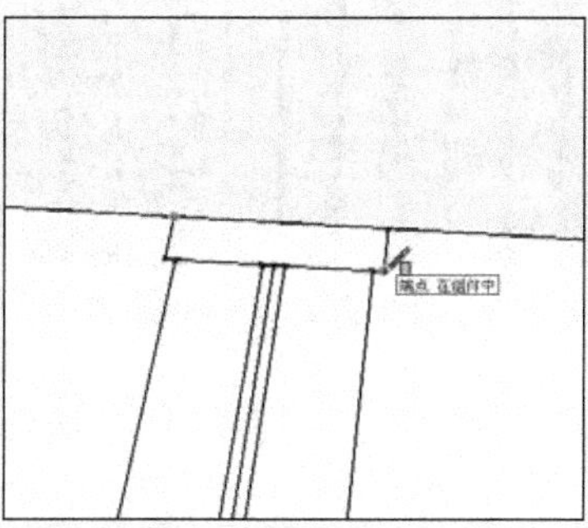

图 6-111　创建木方平面

图 6-112　制作木方高度

02 打开【材料】对话框，赋予木方木纹材质，如图 6-113 所示。然后参考图纸复制出其他木方，如图 6-114 与图 6-115 所示。

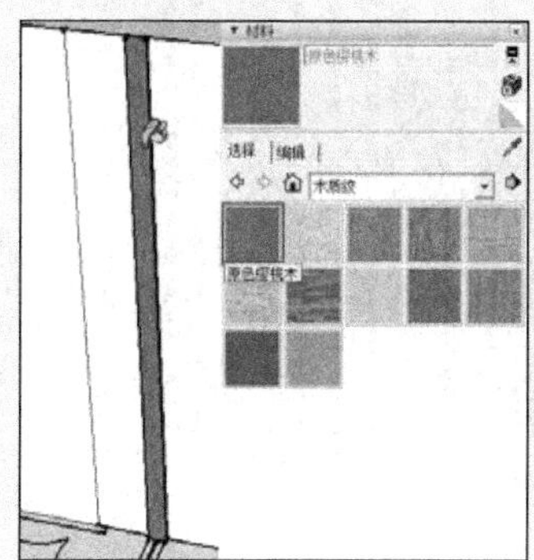

图 6-113　赋予木方材质

图 6-114　参考图纸复制木方

图 6-115　木方复制完成效果

03 将创建好的木方造型整体创建为组，如图 6-116 所示。

04 隐藏木方组，然后参考图纸结合使用【矩形】与【推/拉】工具创建好内部平面，如图 6-117 所示。

05 打开【材料】对话框，赋予平面祥云材质并调整好纹理效果，如图 6-118 所示。

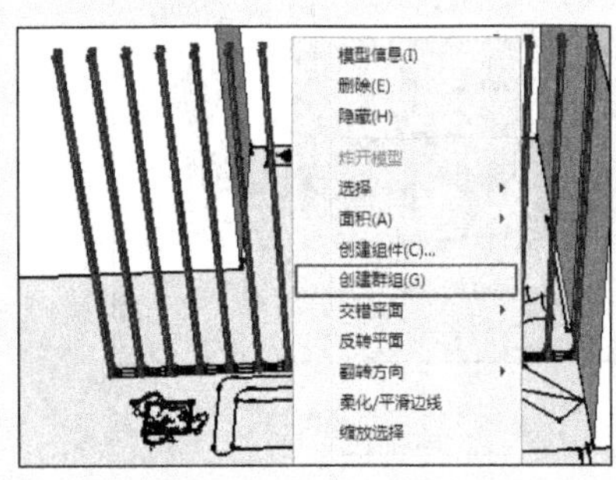

图 6-116 将木方造型创建为组

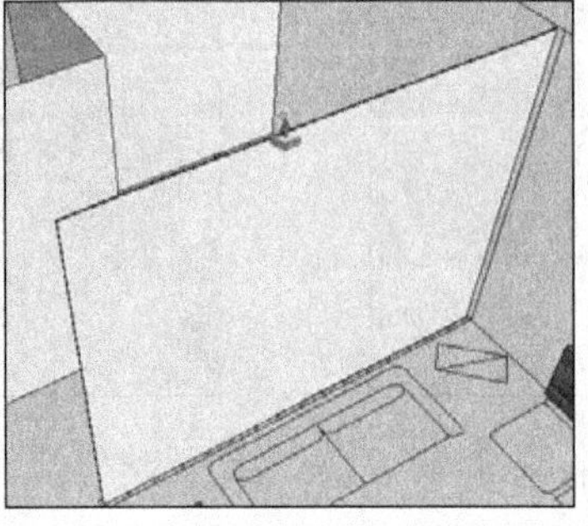

图 6-117 创建内部平面

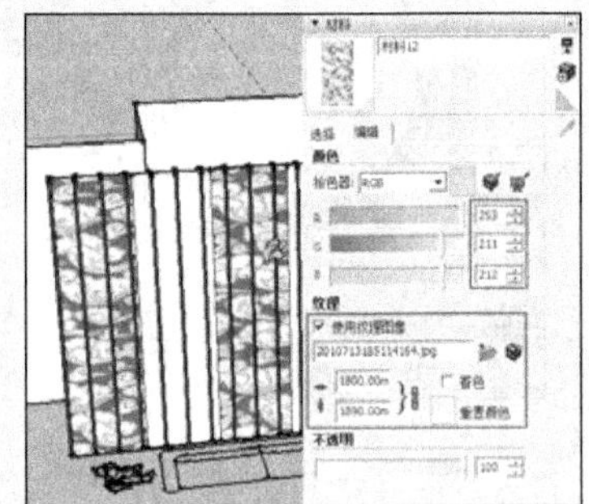

图 6-118 赋予祥云材质

06 取消木方组隐藏，结合使用【矩形】与【推/拉】工具创建出无框画板，如图 6-119 与图 6-120 所示。

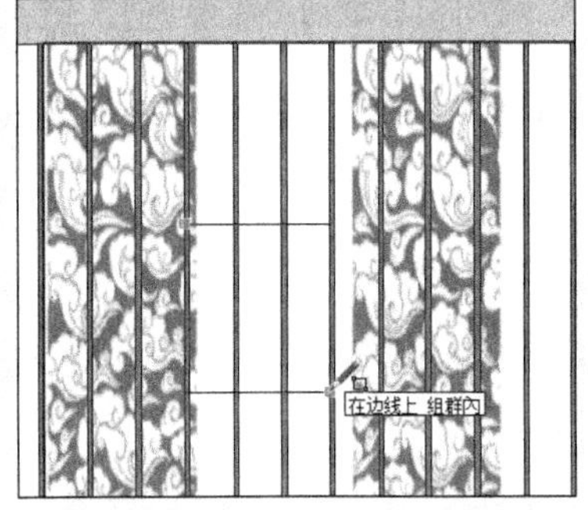

图 6-119 参考纹理效果创建无框画平面

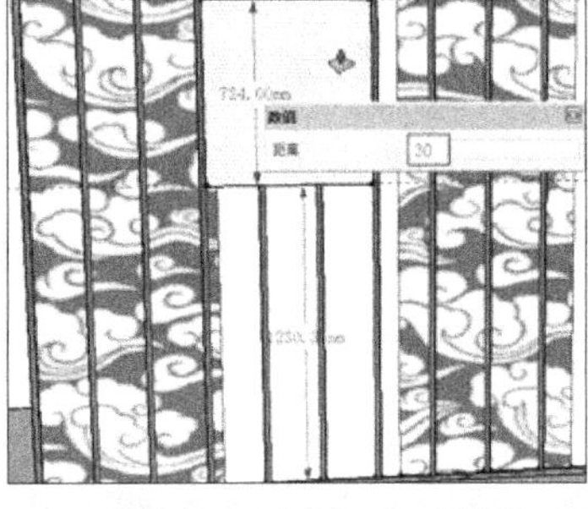

图 6-120 制作好无框画板

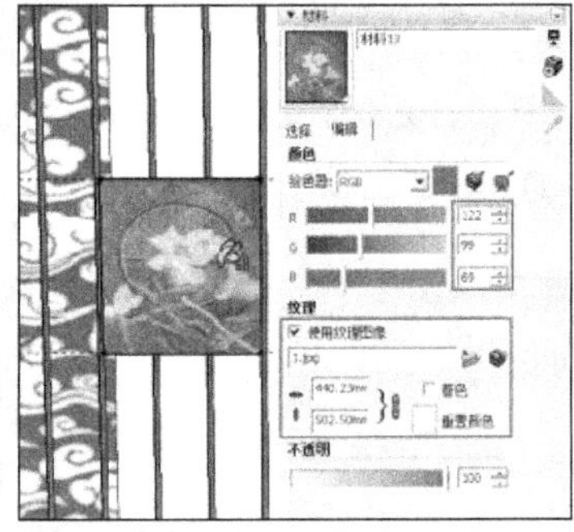

图 6-121 赋予画板材质纹理

07 打开【材料】对话框，制作并赋予画板材质，效果如图 6-121 所示。然后复制画板并更换纹理，如图 6-122 所示。

08 通过以上步骤，沙发背景墙即已完成，效果如图 6-123 所示。接下来制作电视背景墙以及餐厅背景墙。

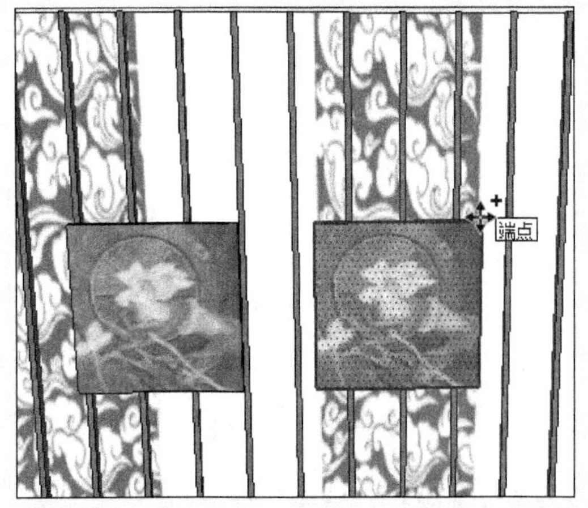

图 6-122 复制无框画

图 6-123 沙发背景墙完成效果

6.3.4 制作电视背景墙以及餐厅背景墙

01 电视背景墙与餐厅背景墙平面造型如图 6-124 所示。参考图纸，结合使用【矩形】与【推/拉】工具制作轮廓，如图 6-125 与图 6-126 所示。

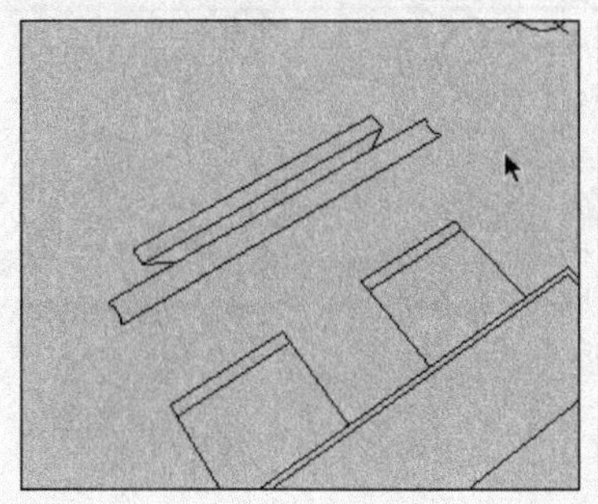

图 6-124 电视背景墙与餐厅背景墙平面造型

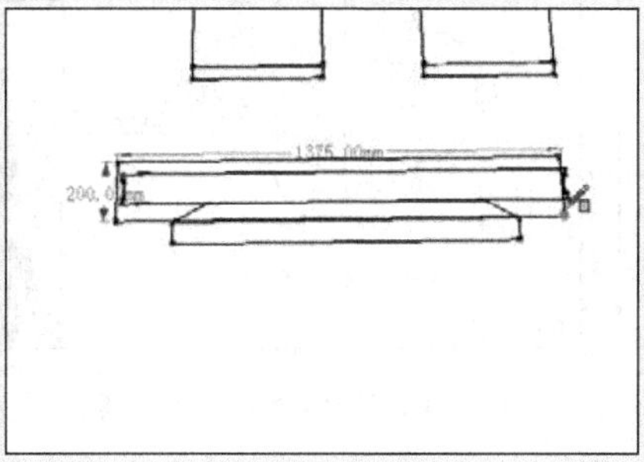

图 6-125 创建平面

图 6-126 通过捕捉制作背景墙高度

02 通过底部线条的移动复制，分割轮廓平面，如图 6-127 所示，然后使用【推/拉】工具推空形成间隔，如图 6-128 所示。

03 结合使用【卷尺】与【矩形】工具，分割出电视安放平面，如图 6-129 所示。

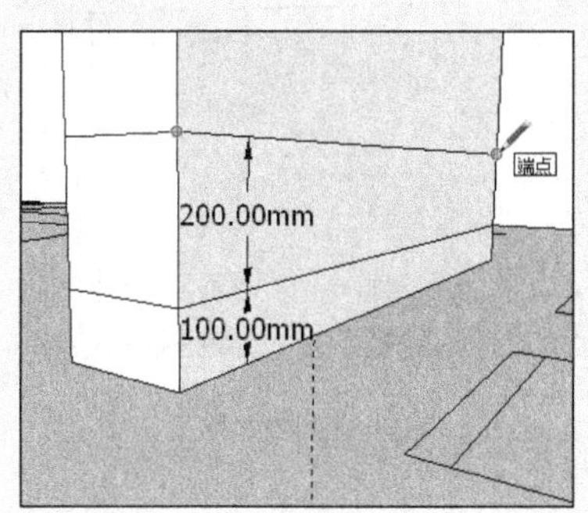

图 6-127 分割轮廓平面

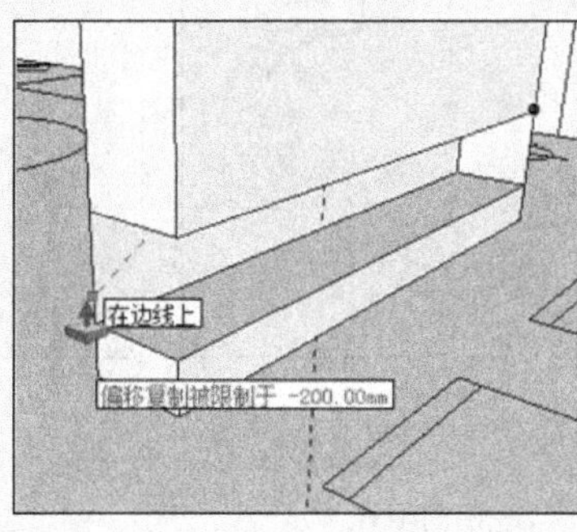

图 6-128 推空形成间隔

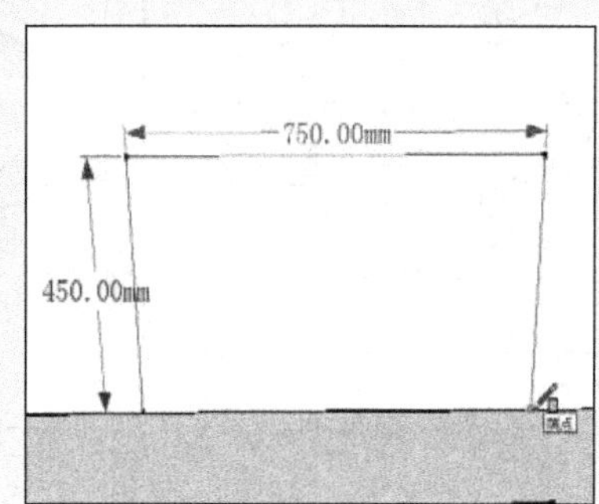

图 6-129 分割出电视安放平面

04 选择底部直线，向上以 1350mm 的距离运动，创建辅助线，如图 6-130 所示。

05 启用【圆】工具，通过捕捉创建出电视背景墙初步造型，如图 6-131~图 6-133 所示。

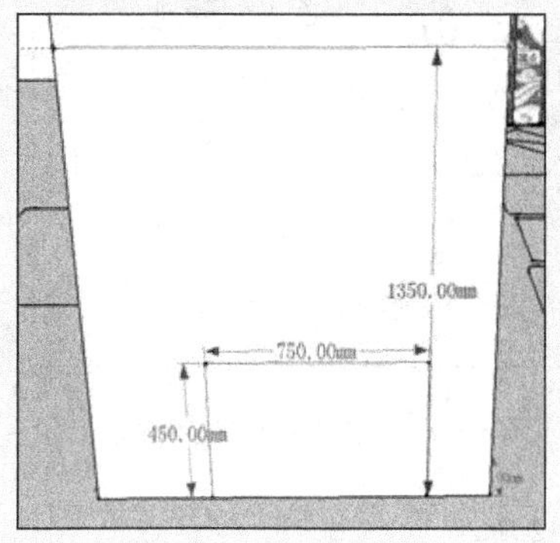

图 6-130 创建辅助线

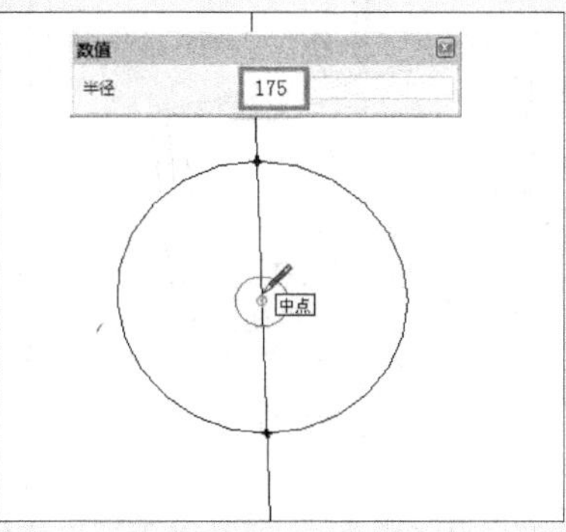

图 6-131 创建圆形分割平面

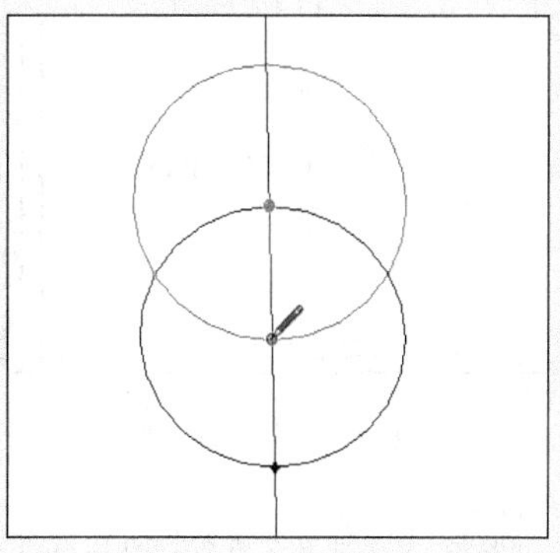

图 6-132 创建其他圆形分割平面

06 选择内部多余线条进行删除，然后选择平面，通过【缩放】工具调整好造型，如图 6-134 所示。

07 启用【偏移】工具制作出 30mm 的边框，如图 6-135 所示。

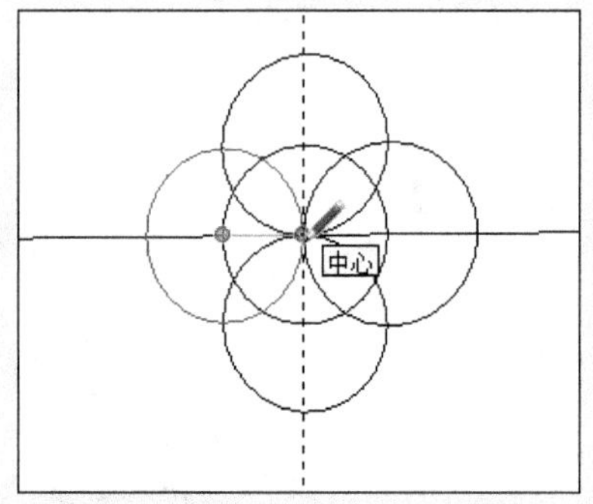

图 6-133 创建电视背景墙初步造型

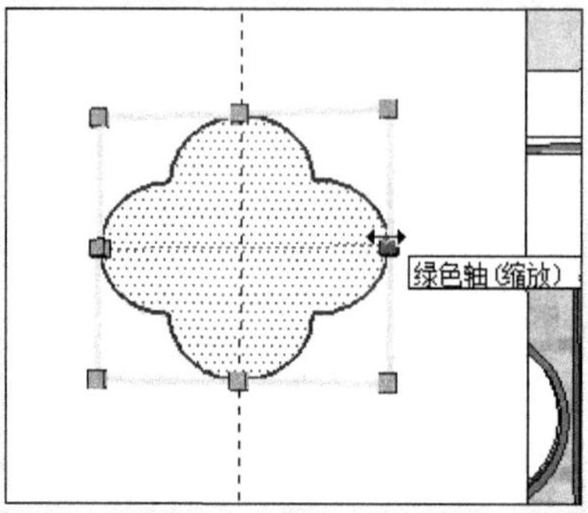

图 6-134 删除多余线条并调整造型

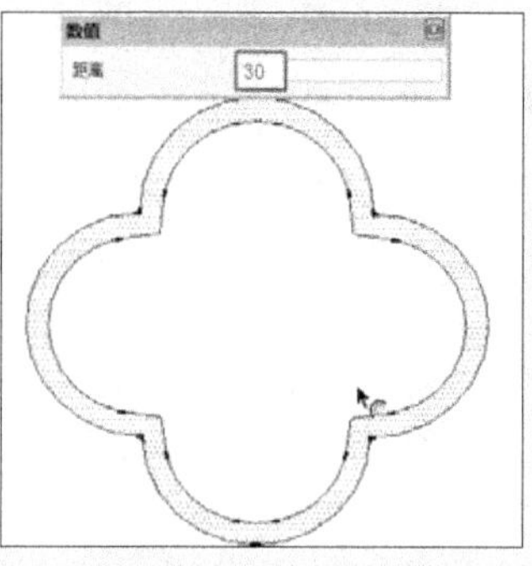

图 6-135 制作边框

08 结合使用【推/拉】与【缩放】工具，制作好造型内部斜面细节，如图 6-136 与图 6-137 所示。

09 启用【偏移】工具，制作电视机位边框，如图 6-138 所示。再结合使用【直线】与【推/拉】工具，制作中间缝隙以及深度，如图 6-139 与 6-140 所示。

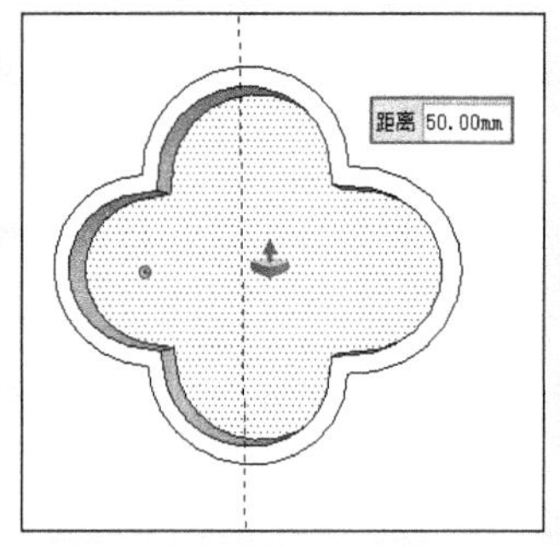

图 6-136 推入 50mm 深度

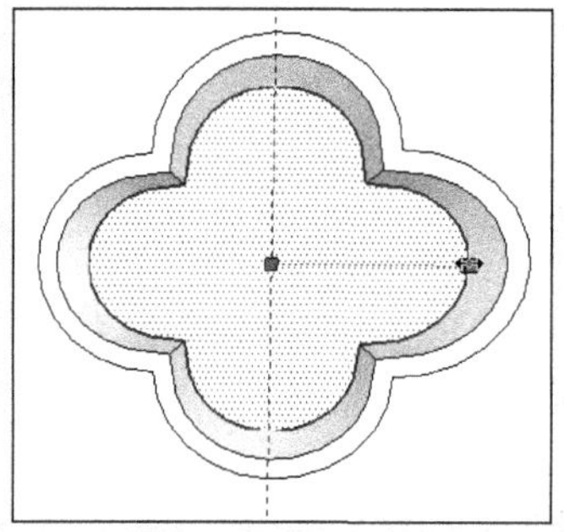

图 6-137 通过【缩放】工具制作出斜面细节

图 6-138 制作电视机位边框

10 选择中部造型边框平面，使用【推/拉】工具制作出 30mm 厚度，如图 6-141 所示。

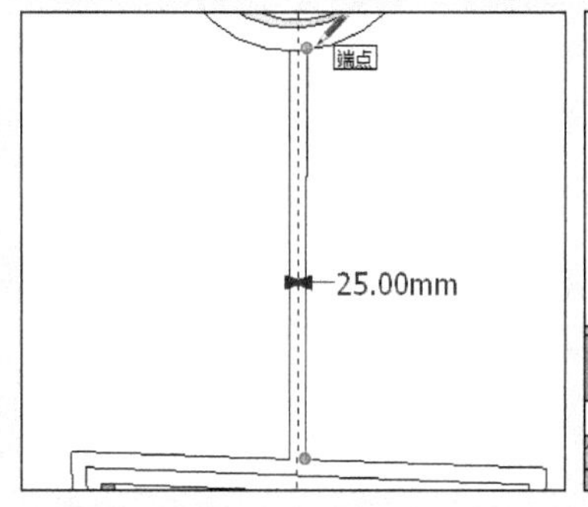

图 6-139 制作中间缝隙

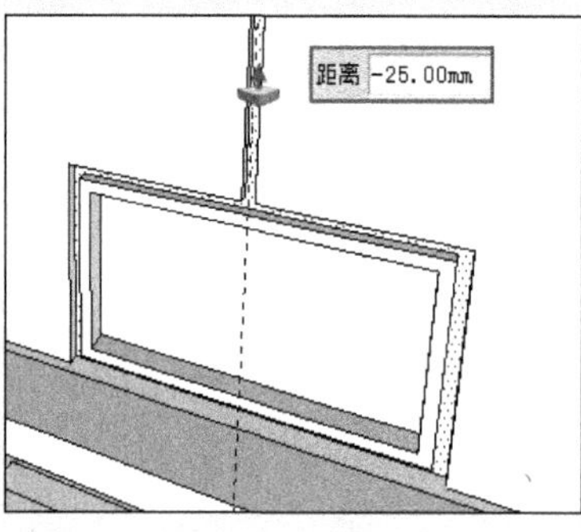

图 6-140 整体向内推入 25mm

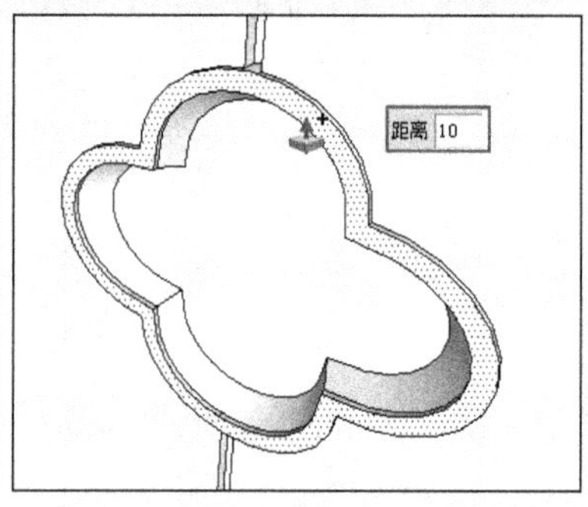

图 6-141 制作中部造型边框厚度

11 使用类似方法制作好电视背景墙边框其他细节，完成效果如图 6-142 所示。

12 打开【材料】对话框，赋予电视背景墙黑檀木纹材质，如图 6-143 所示。然后调整木纹纹理，效果如图 6-144 所示。

图 6-142　完成电视背景墙平面造型

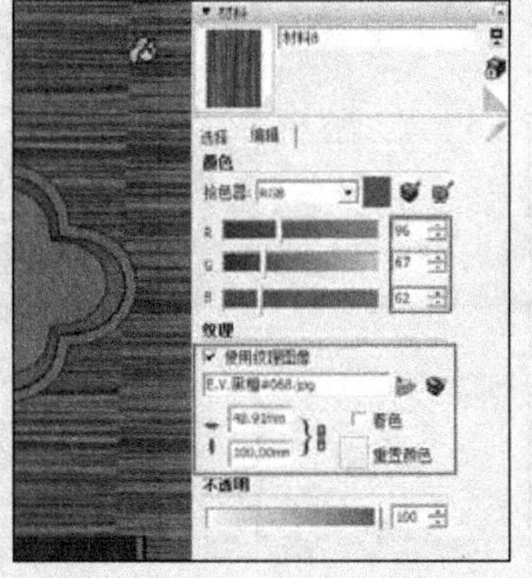

图 6-143　赋予电视背景黑檀木纹材质

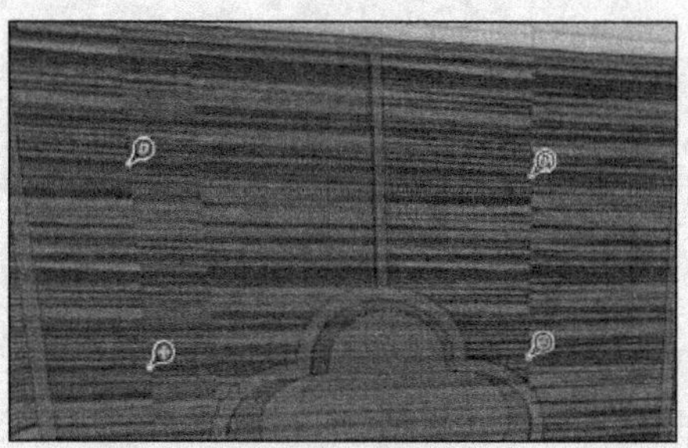

图 6-144　木纹纹理效果

13 赋予底座相同材质，效果如图 6-145 所示。至此，电视背景墙制作完成，整体效果如图 6-146 所示。接下来制作侧面边框细节及背面的餐厅背景墙。

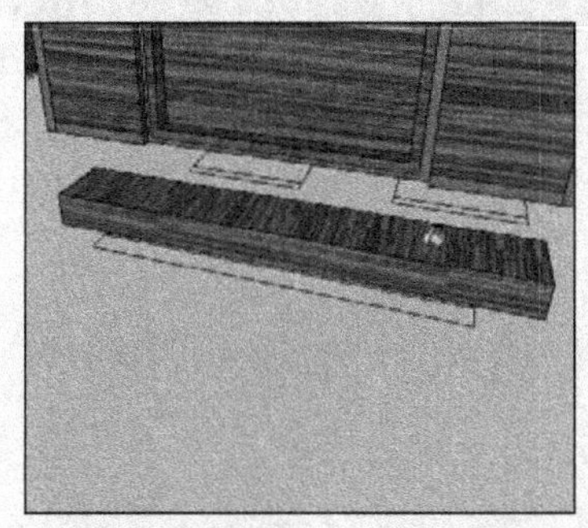

图 6-145　赋予底座材质

图 6-146　电视背景墙完成效果

图 6-147　制作侧面边框细节

14 结合使用【偏移】与【推/拉】工具，依次制作好侧面边框与内部灯槽细节，如图 6-147 与图 6-148 所示。

15 赋予餐厅背景墙黑檀木纹材质，然后调整好纹理，效果如与图 6-149 所示。

图 6-148　制作内部灯槽细节

图 6-149　赋予餐厅背景墙材质

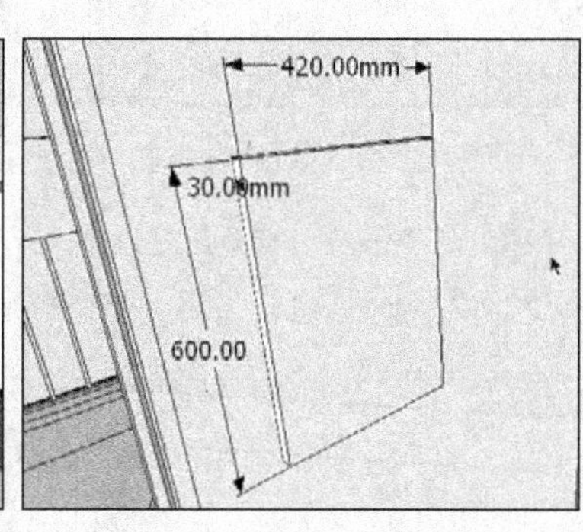

图 6-150　制作挂画

16 结合使用【矩形】与【推/拉】工具，制作好挂画模型，如图 6-150 所示。然后制作并赋予纹理材质，如图 6-151 所示。

17 复制挂画模型并更换纹理，完成效果如图 6-152 所示。接下来制作与之相关的墙面。

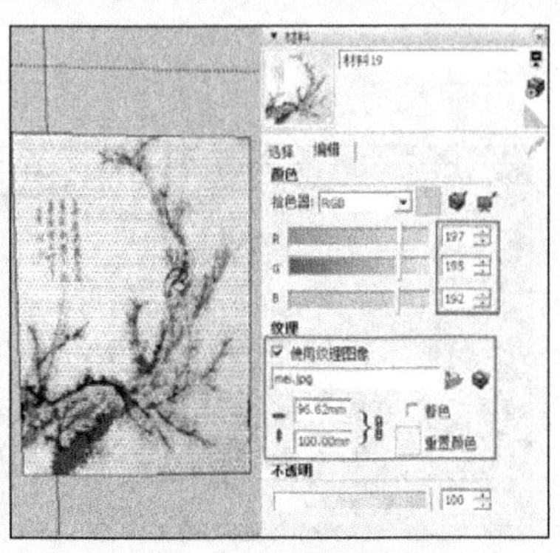

图 6-151　赋予挂画纹理材质

图 6-152　复制挂画完成效果

6.4 快速处理相关墙面

6.4.1 处理书房相关墙面

01 与空间相连的墙面如图 6-153 所示。首先制作书房相关墙面。

02 使用线段的移动复制，确定书房门框高度，如图 6-154 所示。然后启用【推/拉】工具，选择上方模型面找平墙面，如图 6-155 所示。

图 6-153　与空间相连的墙面

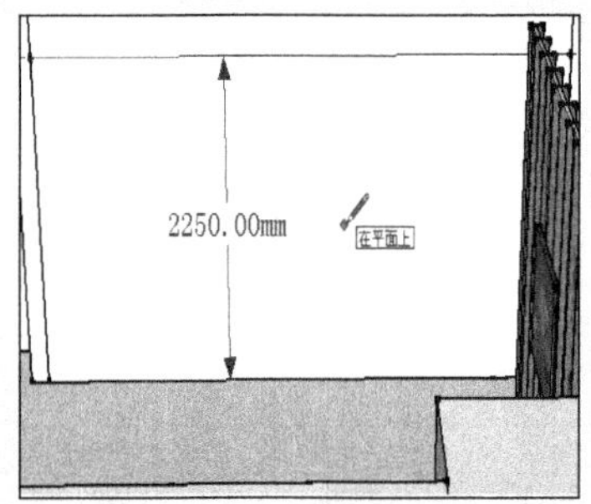

图 6-154　确定书房门框高度

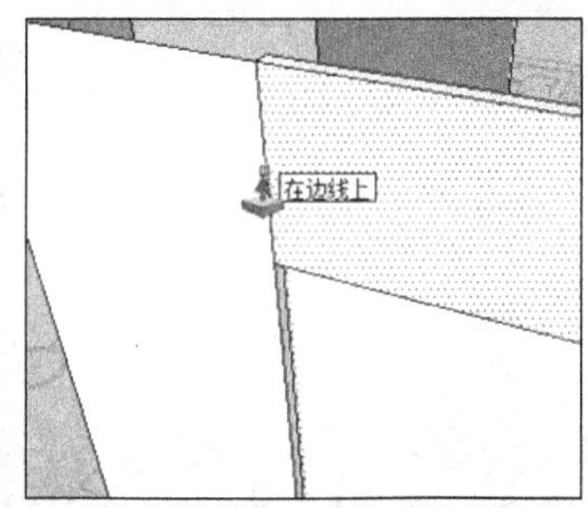

图 6-155　推/拉找平墙面

03 选择书房门平面创建为组，如图 6-156 所示。结合使用【偏移】与【推/拉】工具制作书房门边框，然后赋予材质，如图 6-157 与图 6-158 所示。

图 6-156　将书房门平面单独创建为组

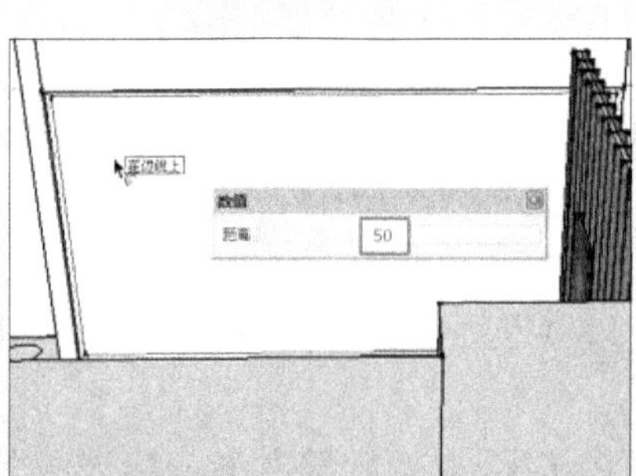

图 6-157　制作书房门边框

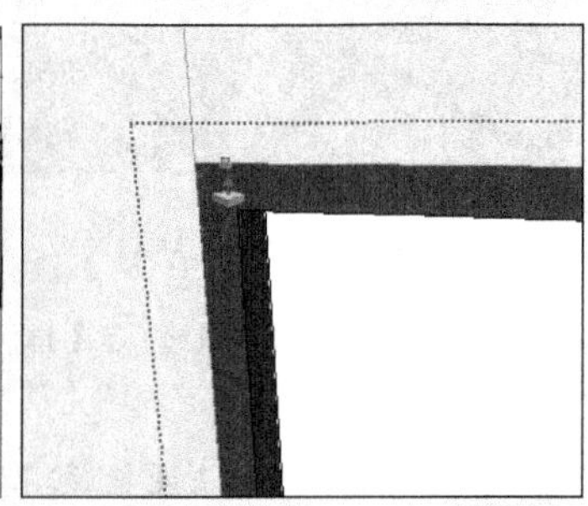

图 6-158　制作书房门边框厚度并赋予材质

04 选择底部边线进行3拆分，如图6-159所示。然后使用【直线】工具分割好平面，如图6-160所示。

05 结合使用【偏移】与【推/拉】工具制作好门页造型，如图6-161所示。然后赋予玻璃面材质，如图6-162所示。

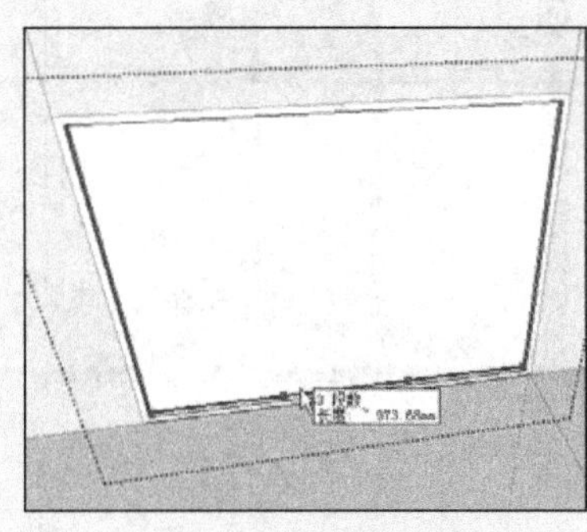

图6-159 拆分底部边线

图6-160 分割平面

图6-161 制作门页造型

06 启用【直线】工具，绘制门帘单元平面，如图6-163所示。然后使用【推/拉】工具，通过捕捉制作门帘单元长度，如图6-164所示。

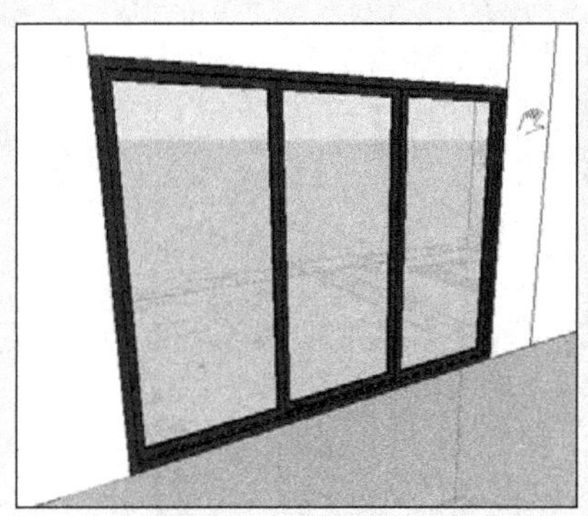

图6-162 赋予材质

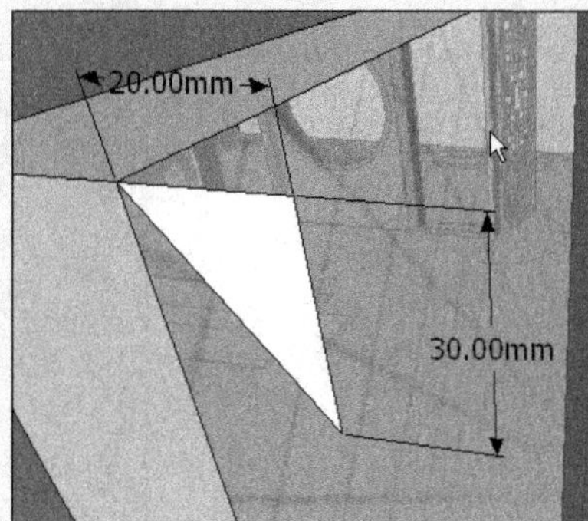

图6-163 绘制门帘单元平面

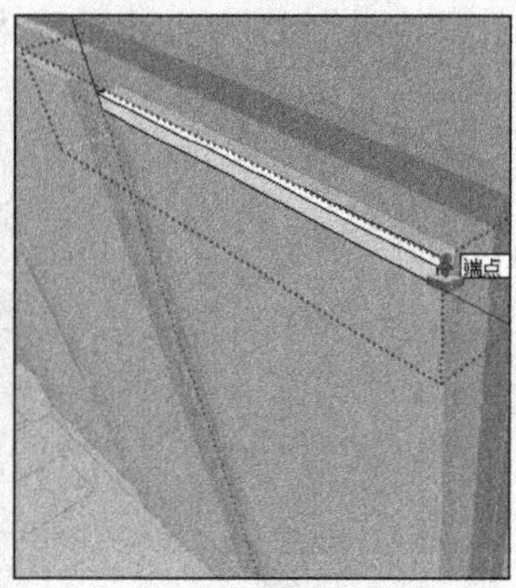

图6-164 制作门帘单元长度

07 选择门帘单元格进行多重移动复制，完成单个门帘的制作，效果如图6-165与图6-166所示。

08 复制另外两处门帘，然后调整好长度，效果如图6-167所示。

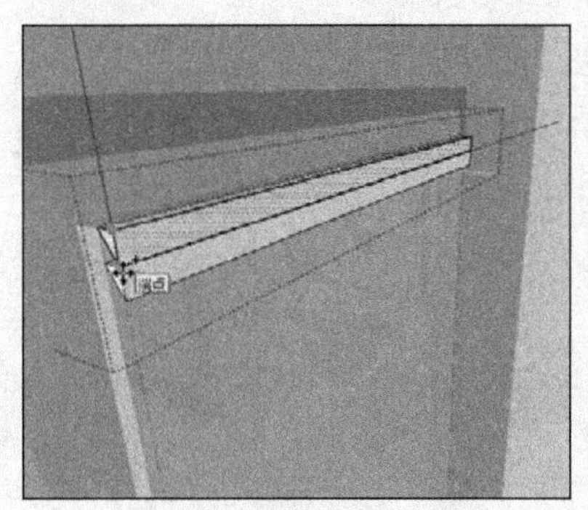

图6-165 复制门帘单元格

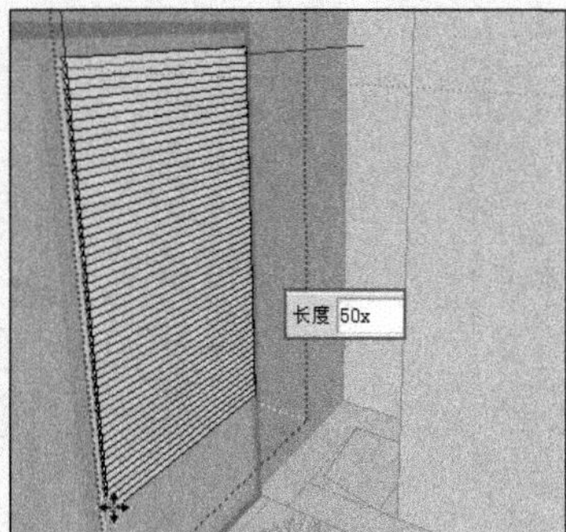

图6-166 单个门帘完成效果

图6-167 整体门帘效果

09 参考图纸，结合使用【矩形】与【推/拉】工具制作好书房平面，然后推/拉出高度，再删除门框所在平面，如图6-168与图6-169所示。

10 经过以上处理，书房相关墙面即已完成，其内部透视效果如图 6-170 所示。接下来制作洗手间墙面。

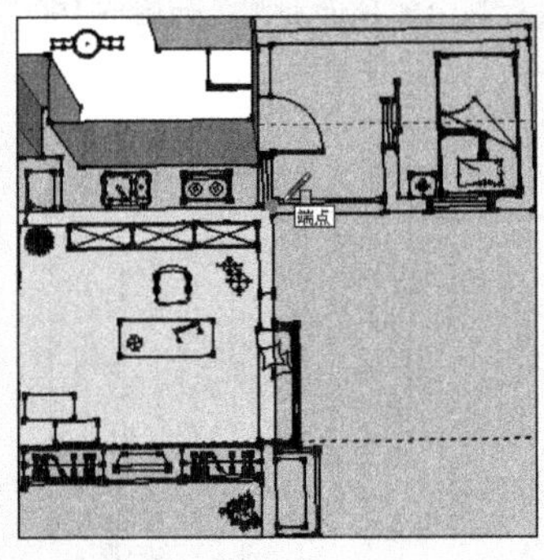

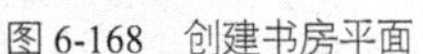

图 6-168 创建书房平面

图 6-169 推/拉高度后删除门框所在平面

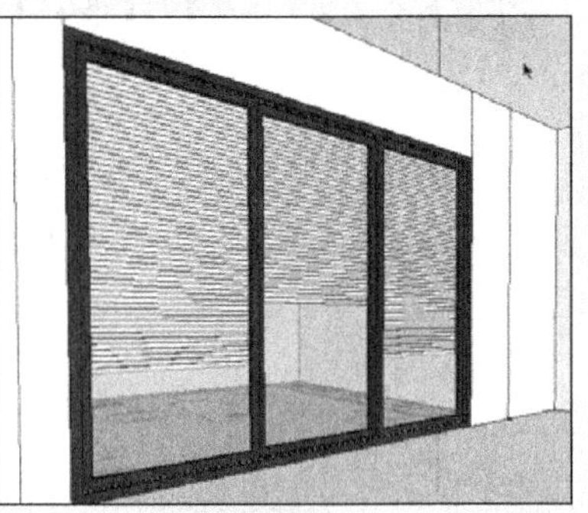

图 6-170 书房处理完成效果

6.4.2 处理洗手间墙面

01 切换至【X 光透视模式】显示模式，观察洗手间布局，如图 6-171 所示。然后制作好门框轮廓及上方墙面，如图 6-172 所示。

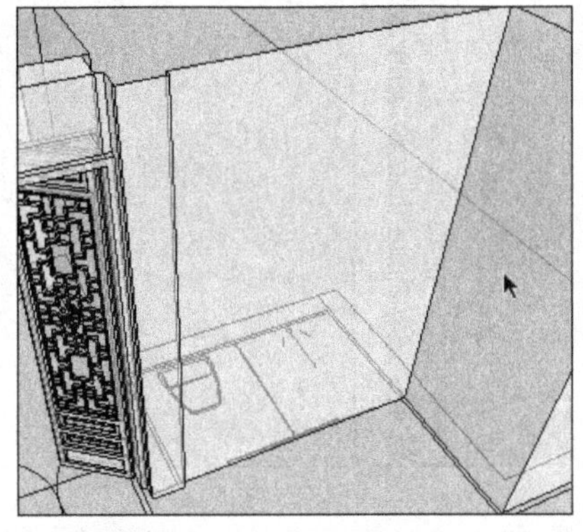

图 6-171 切换至【X 光透视模式】观察洗手间布局

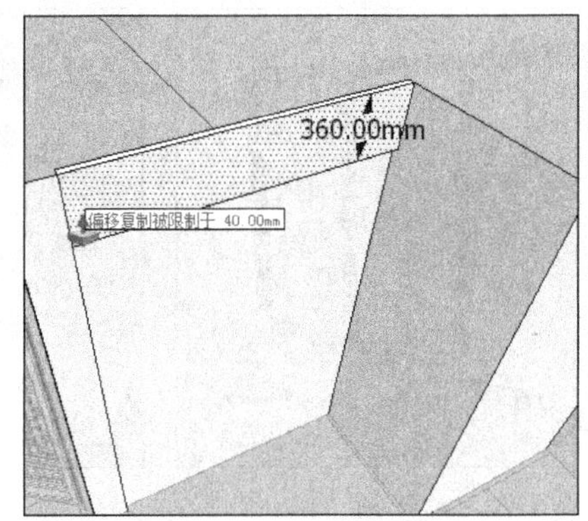

图 6-172 制作门框轮廓及上方墙面

02 打开【材料】对话框，制作并赋予门页材质，如图 6-173 所示。然后启用【直线】工具，捕捉中点创建好门页分割线，如图 6-174 所示。接下来细化厨房空间。

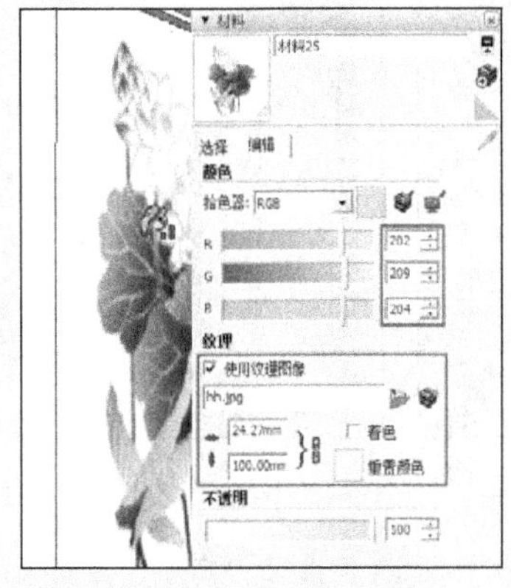

图 6-173 赋予材质

图 6-174 创建门页分割线

6.5 创建厨房空间

6.5.1 制作厨房门窗

01 结合使用【直线】与【偏移】工具，制作厨房门框平面，如图 6-175 所示。

02 使用【推/拉】工具制作好门框厚度，如图 6-176 所示。

03 打开【材料】对话框，赋予门框门页黑檀木纹材质，然后合并门把手，完成效果如图 6-177 所示。

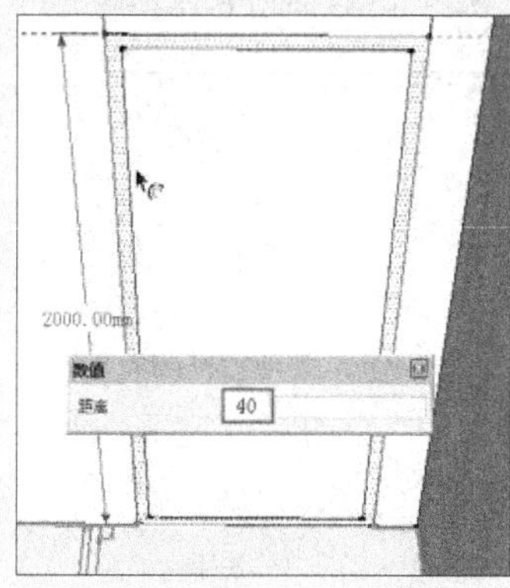

图 6-175　制作门框平面

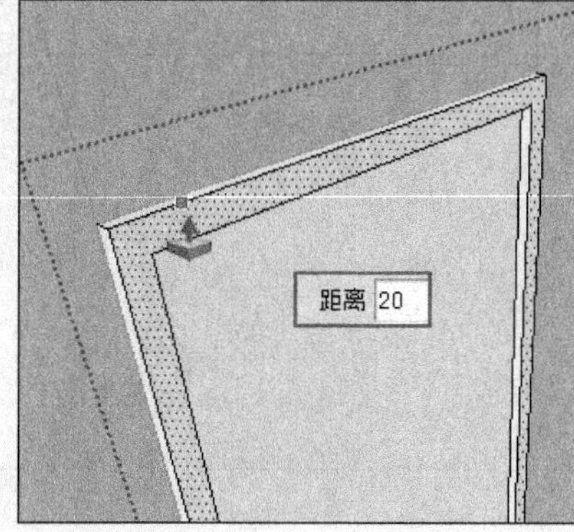

图 6-176　制作门框厚度

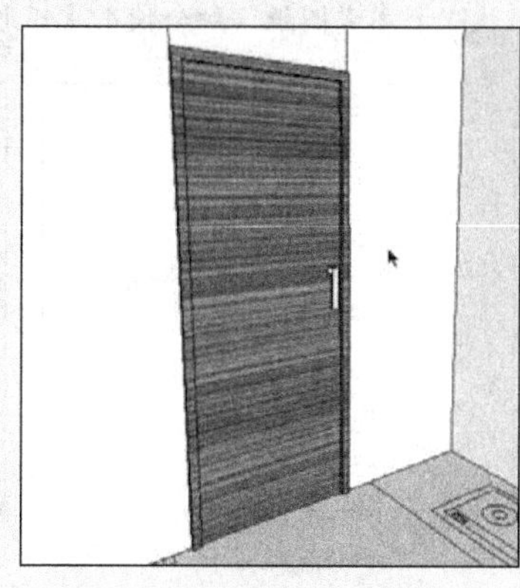

图 6-177　厨房门完成效果

04 通过线段的移动复制，制作厨房窗户平面，如图 6-178 所示。

05 结合使用【偏移】与【推/拉】工具，制作好窗户造型，然后添加门帘并调整好大小，完成效果如图 6-179 所示。

06 参考图纸，结合使用【直线】与【推/拉】工具制作好后方墙体，如图 6-180 所示。

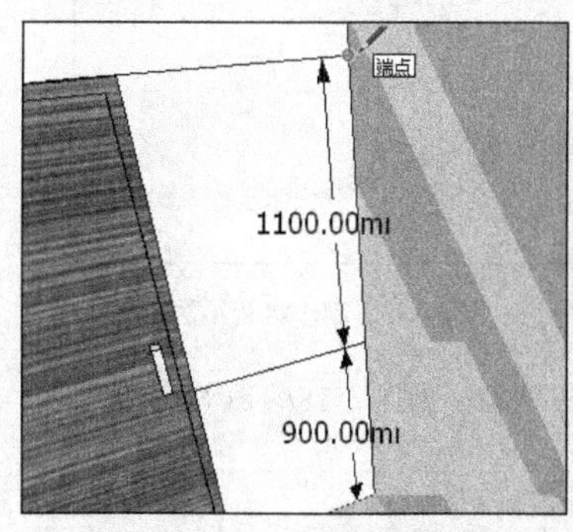

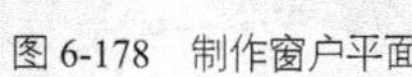

图 6-178　制作窗户平面

图 6-179　细化造型并添加窗帘

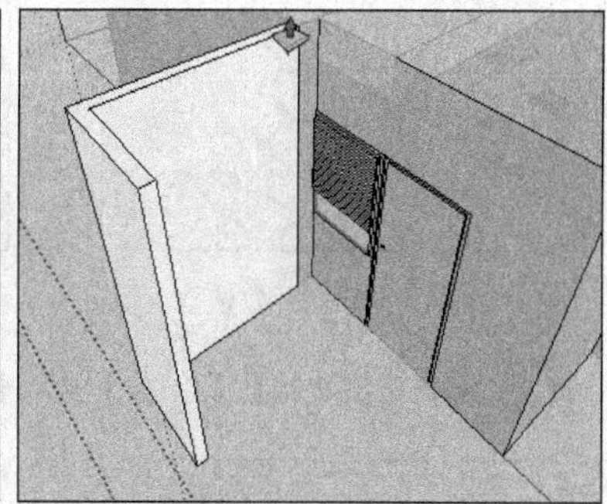

图 6-180　制作后方墙体

07 至此，厨房门窗即已制作完成，外部透视效果如图 6-181 所示。接下来制作厨房与洗手间共用的洗手台。

6.5.2 制作洗手台

01 厨房内部平面布置如图 6-182 所示。首先制作洗手台。

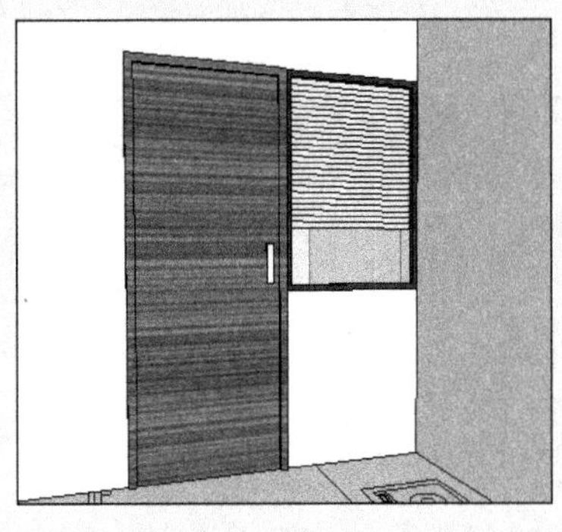

图 6-181　厨房门窗完成效果

图 6-182　厨房内部布置

02 参考图纸，结合使用【矩形】与【推/拉】工具制作好洗手台初步造型，如图 6-183 与图 6-184 所示。

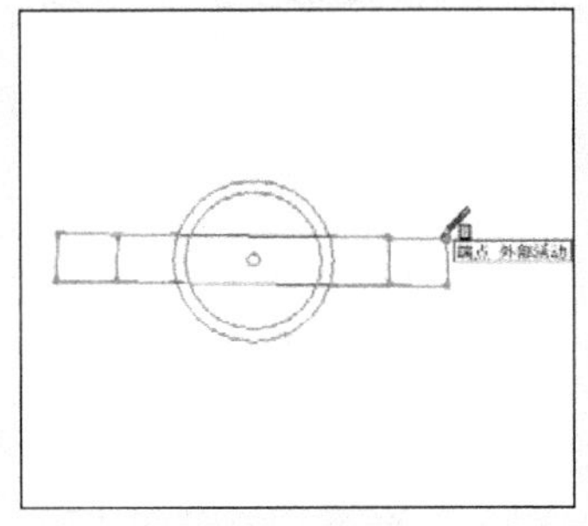

图 6-183　创建洗手台平面

图 6-184　制作洗手台初步造型

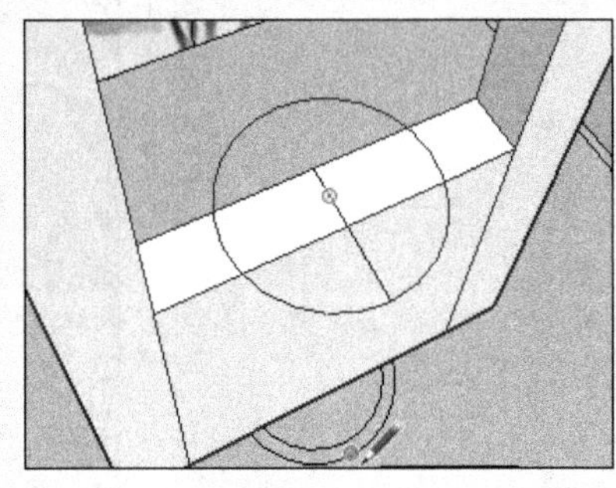

图 6-185　参考图纸制作洗手盆平面

03 参考图纸，结合使用【圆】与【推/拉】工具制作好洗手盆造型，如图 6-185 与如图 6-186 所示。

04 通过线段的移动复制与【推/拉】工具，制作洗手台上方的细节，如图 6-187 所示。

图 6-186　制作洗手盆造型

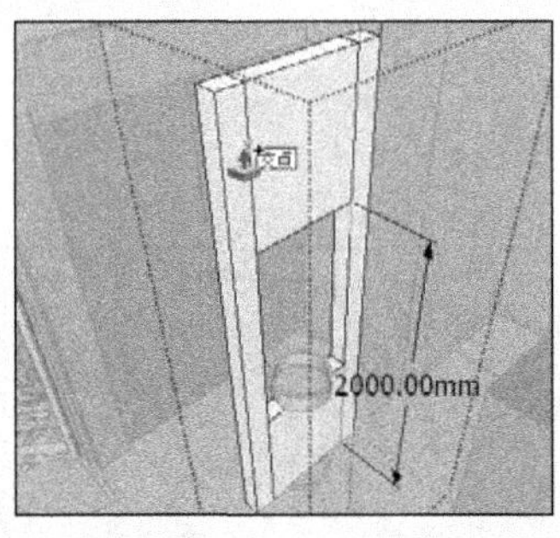

图 6-187　制作上方细节

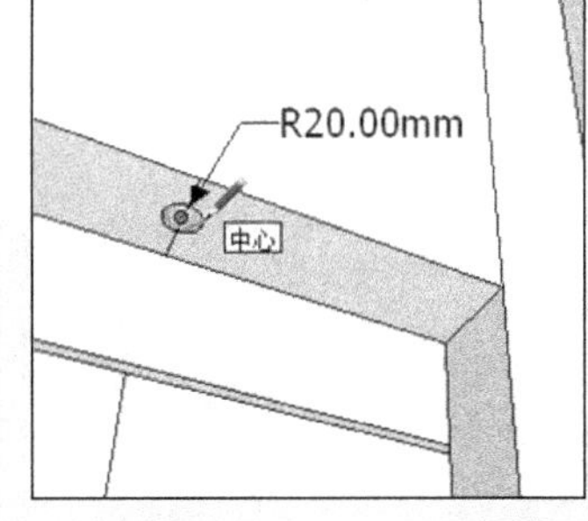

图 6-188　制作水管平面

05 结合使用【圆】、【推/拉】以及【偏移】工具，制作水管与感应水龙头造型，如图 6-188~图 6-191 所示。

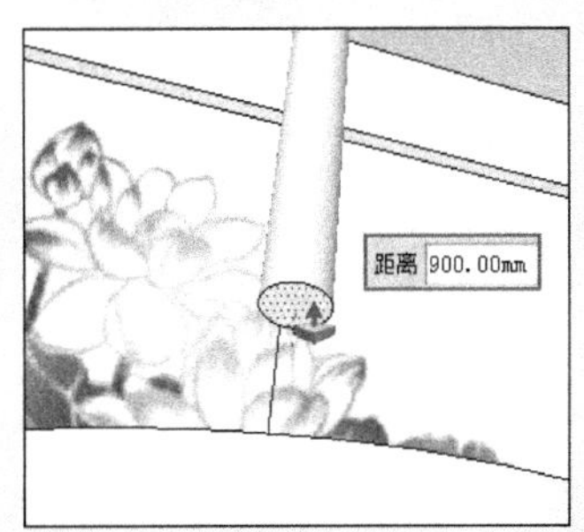

图 6-189　制作水管长度

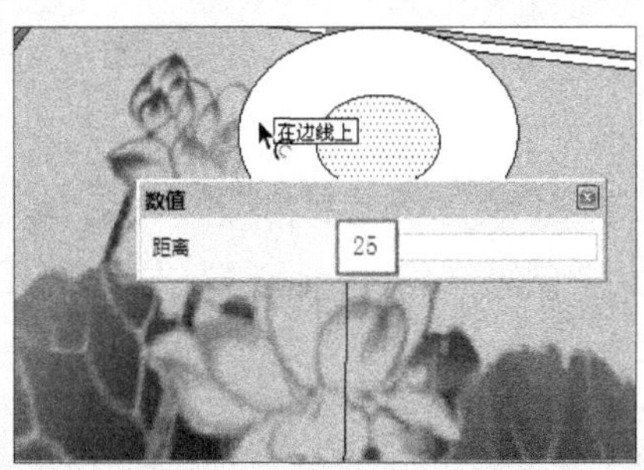

图 6-190　制作感应水龙头平面

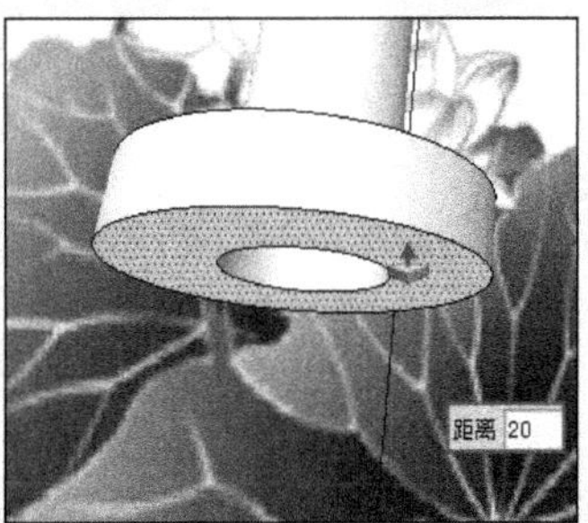

图 6-191　制作感应龙头造型

06 打开【材料】对话框，依次赋予水管以及洗手台各部分相应材质，如图 6-192 与图 6-193 所示。

07 使用类似窗页细节制作的方法，制作柜门，效果如图 6-194 所示。

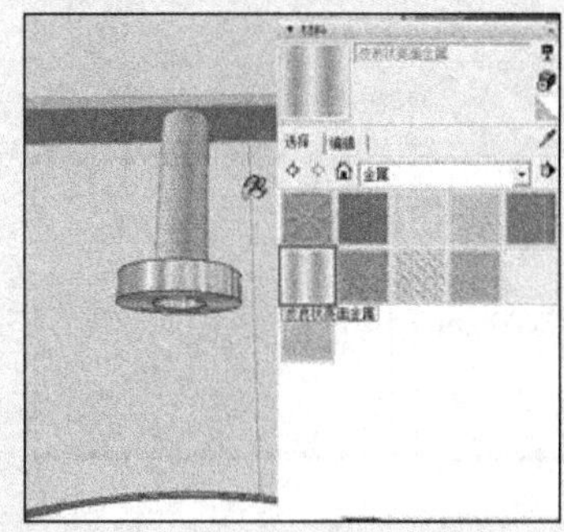
图 6-192 赋予金属材质

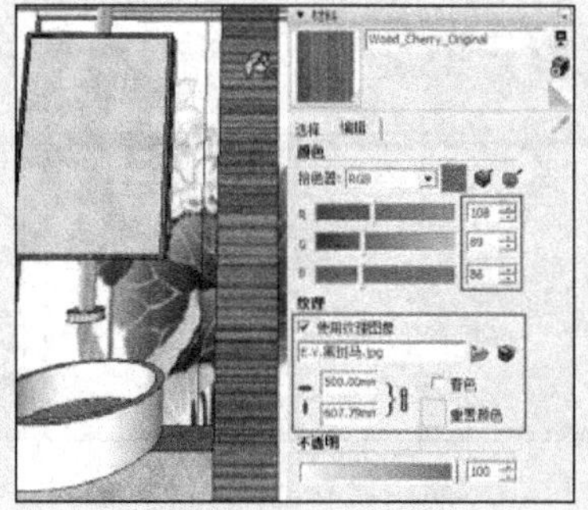
图 6-193 赋予木纹材质

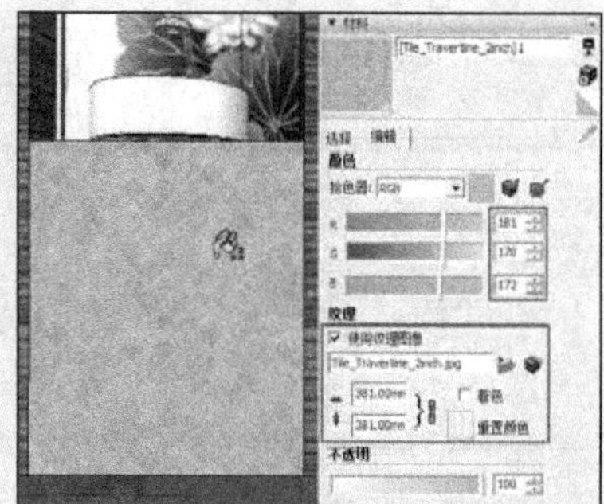
图 6-194 赋予石材

08 结合使用【矩形】、【推/拉】以及【偏移】工具制作好镜子造型，然后赋予材质，如图 6-195~图 6-197 所示。

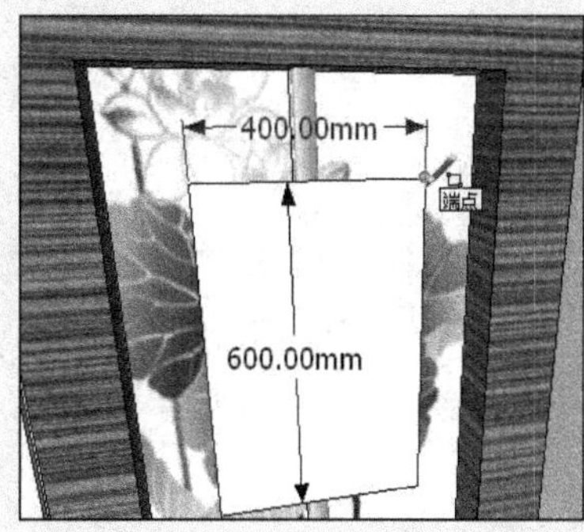

图 6-195 制作镜子平面

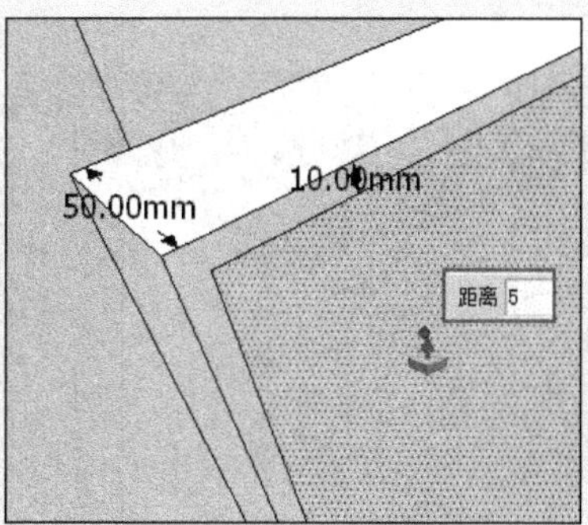

图 6-196 制作镜框细节平面

图 6-197 赋予材质

6.5.3 制作橱柜

01 参考图纸，启用【直线】工具制作橱柜平面，如图 6-198 所示。然后将平面单独创建为组，如图 6-199 所示。

02 启用【推/拉】工具，分段推/拉出橱柜造型，如图 6-200 所示。

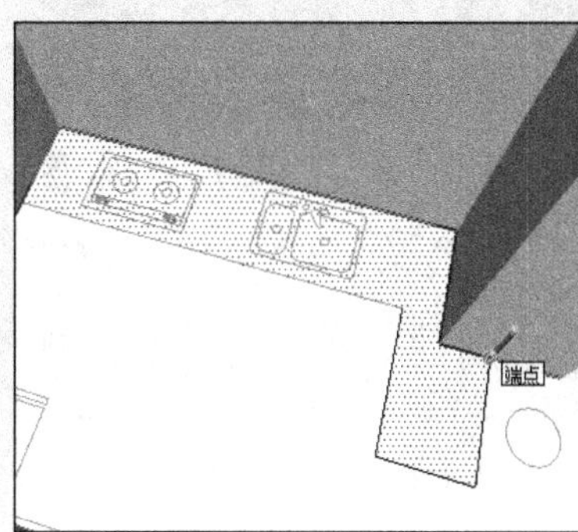

图 6-198 制作橱柜平面

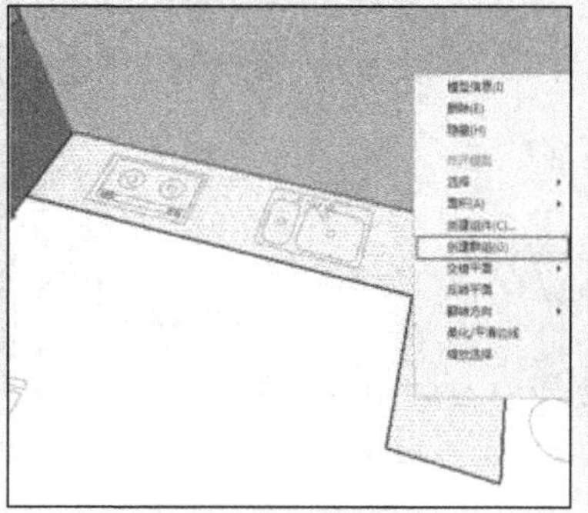
图 6-199 将橱柜平面单独创建为组

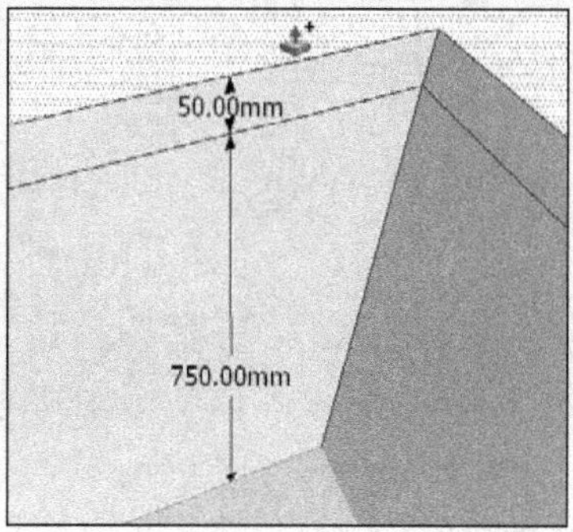

图 6-200 分段推/拉出橱柜造型

03 启用【推/拉】工具，制作 30mm 柜板外出厚度，如图 6-201 所示。然后打开【材料】对话框，赋予柜板石材材质，如图 6-202 所示。

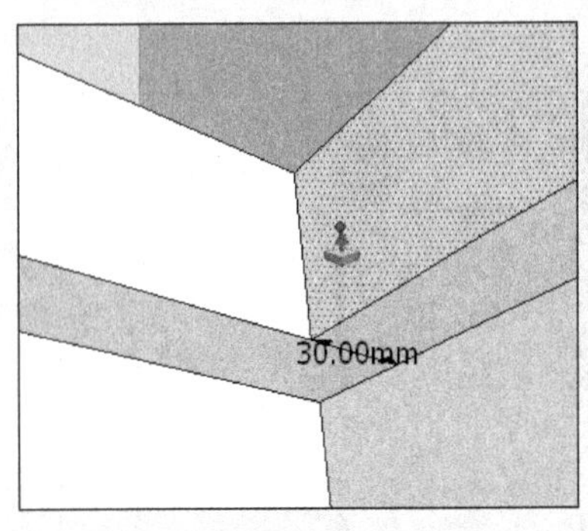

图 6-201　制作柜板外出厚度

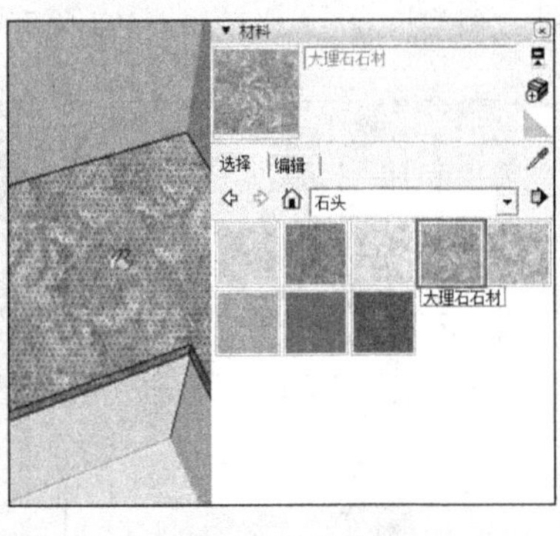

图 6-202　赋予柜板材质

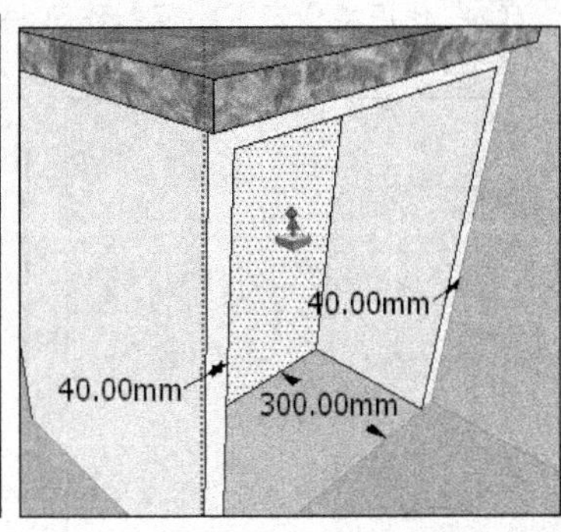

图 6-203　制作好吧台细节

04 结合使用【偏移】与【推/拉】工具，制作吧台细节，如图 6-203 所示。然后通过线段的移动复制与【推/拉】工具，制作橱柜底部细节，如图 6-204 所示。

05 通过线段的移动复制，制作出柜门上方平面，如图 6-205 所示。然后打开【材料】对话框，赋予金属材质，如图 6-206 所示。

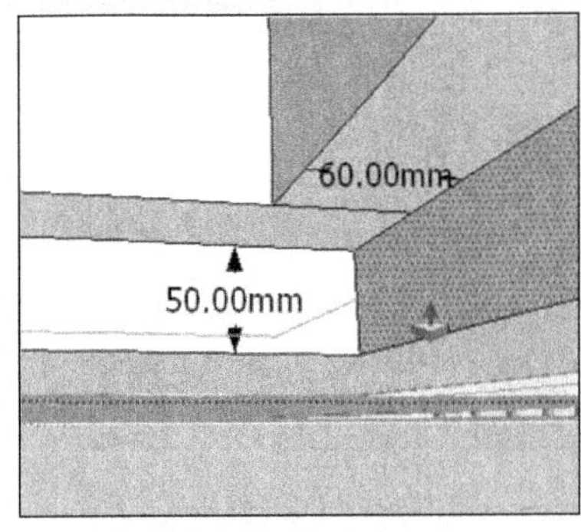

图 6-204　制作橱柜底部细节

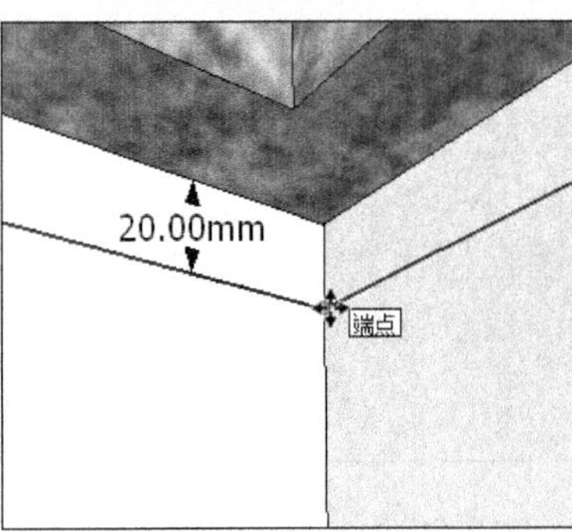

图 6-205　制作柜门上方平面

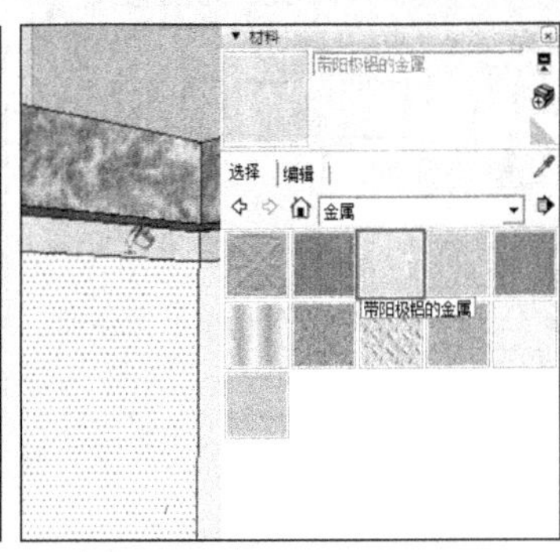

图 6-206　赋予金属材质

06 切换至【X 光透视模式】显示模式，启用【直线】工具制作燃气灶下方的柜面，如图 6-207 所示。

07 选择下方右侧线段，将其拆分为 3 段，如图 6-208 所示。然后启用【直线】工具制作柜门平面，如图 6-209 所示。

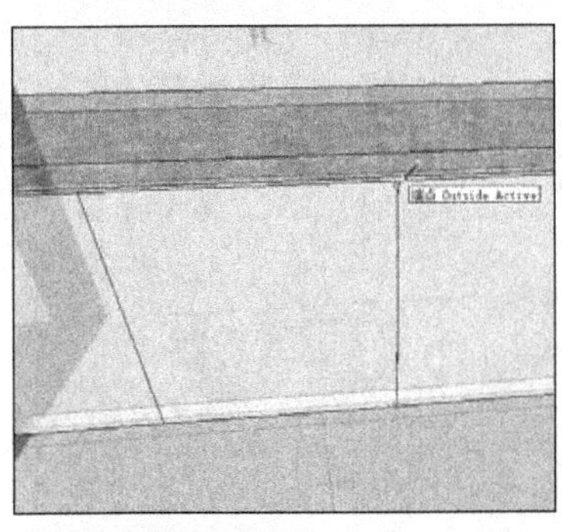
图 6-207　制作燃气灶下方的柜面

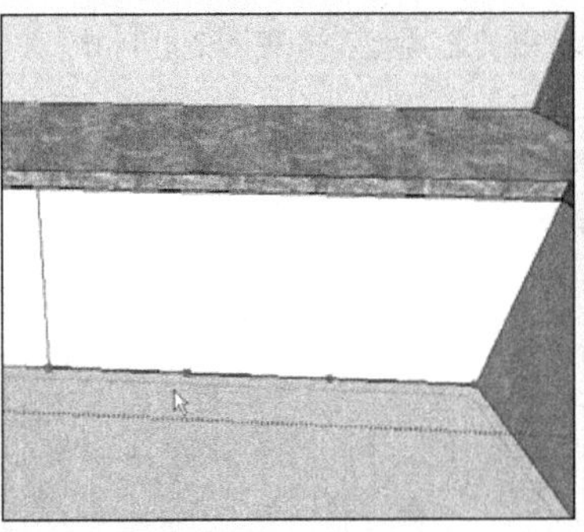
图 6-208　拆分右侧线段

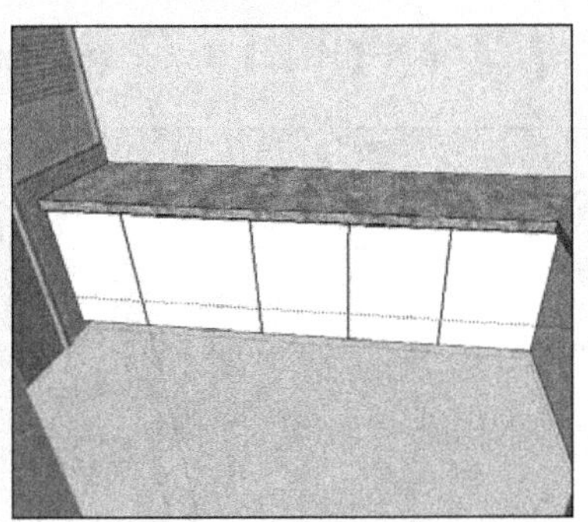
图 6-209　制作柜门平面

08 通过线段的移动复制，制作柜门间的缝隙，如图 6-210 所示。然后打开【材料】对话框，赋予木纹材质，如图 6-211 所示。

09 选择燃气灶下方柜门的竖向线条，将其拆分为9段，如图6-212所示。然后启用【直线】工具进行细节分割，如图6-213所示。

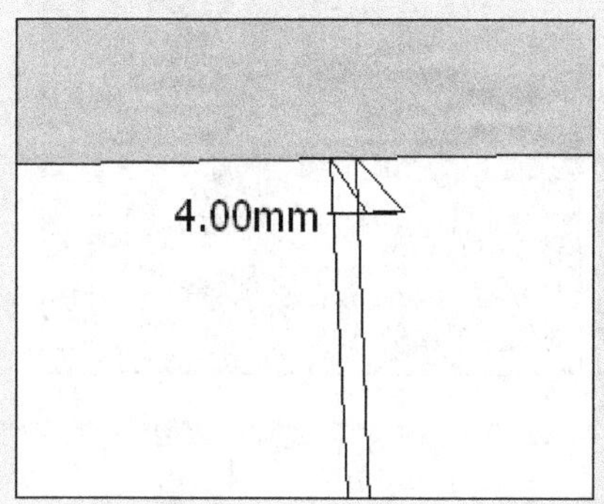

图6-210 制作缝隙

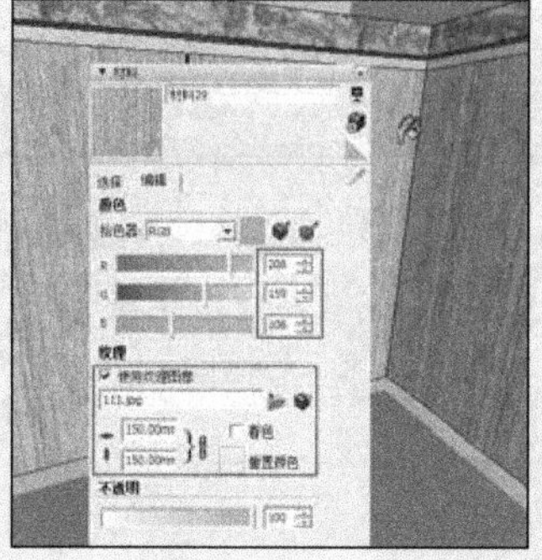

图6-211 赋予木纹材质

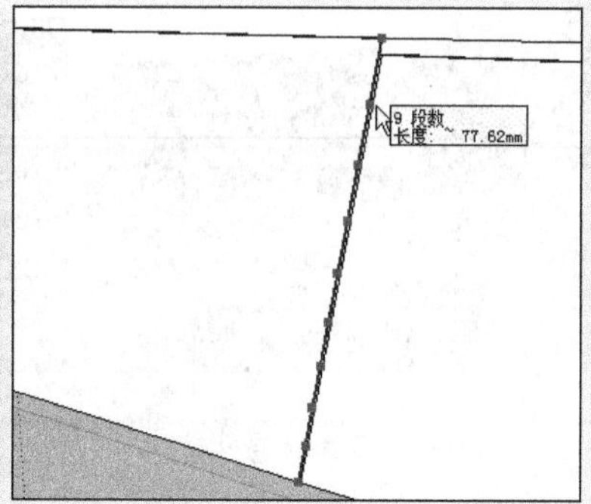

图6-212 拆分燃气灶下方柜门竖线

10 分割完成后，打开【材料】对话框，赋予黑色材质，如图6-214所示。

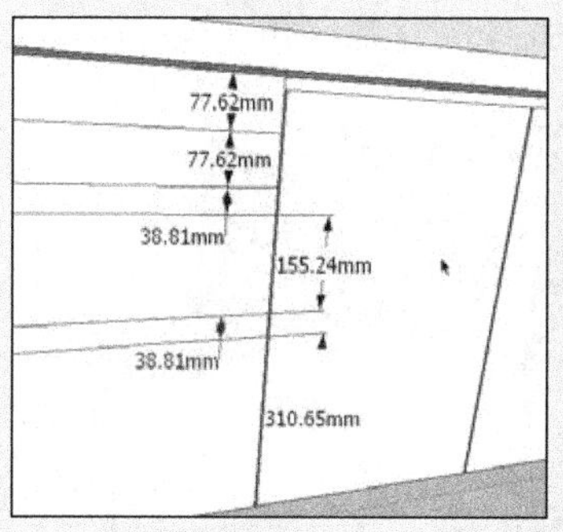

图6-213 细分割燃气灶下方柜门

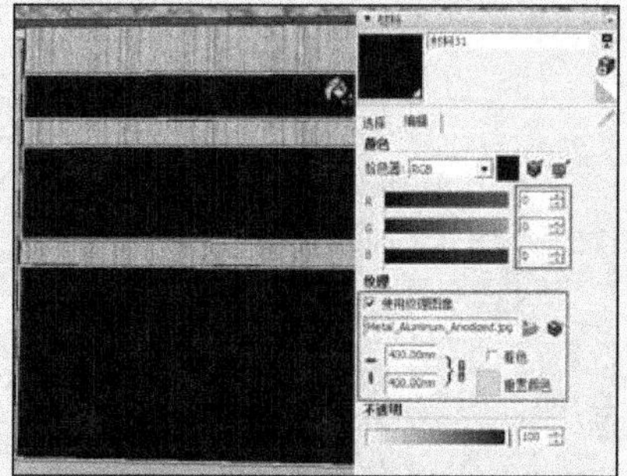

图6-214 赋予黑色材质

图6-215 制作柜门边框

11 结合使用【偏移】以及【推/拉】工具，制作好柜门边框细节，如图6-215与图6-216所示。

12 经过以上步骤，橱柜的制作即已完成，效果如图6-217所示。接下来合并厨房用具。

图6-216 制作柜门边框厚度

图6-217 橱柜完成效果

6.5.4 合并厨房用具

01 打开【组件】对话框，依次合并入燃气灶以及洗菜盆模型，如图6-218与图6-219所示。

图 6-218　合并燃气灶模型

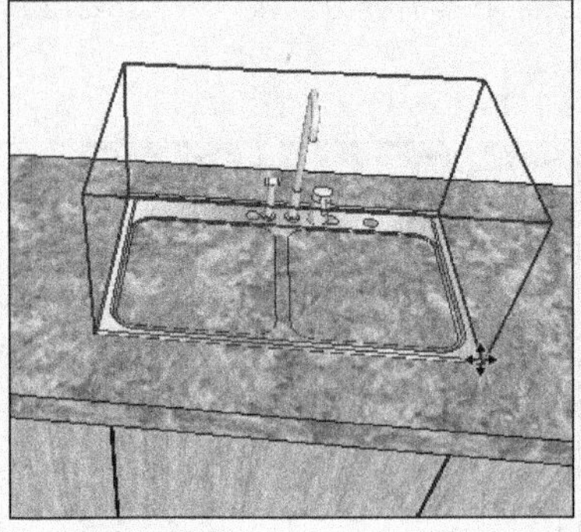

图 6-219　合并洗菜盆模型

图 6-220　绘制分割面

02 启用【矩形】工具，在柜面上绘制分割面，如图 6-220 所示。然后使用【缩放】工具调整好大小，如图 6-221 所示。

03 删除调整好的分割面，完成洗菜盆的制作，效果如图 6-222 所示。

04 打开【组件】对话框，合并入抽油烟机模型，并以离柜面 700mm 的高度放置好，如图 6-223 所示。

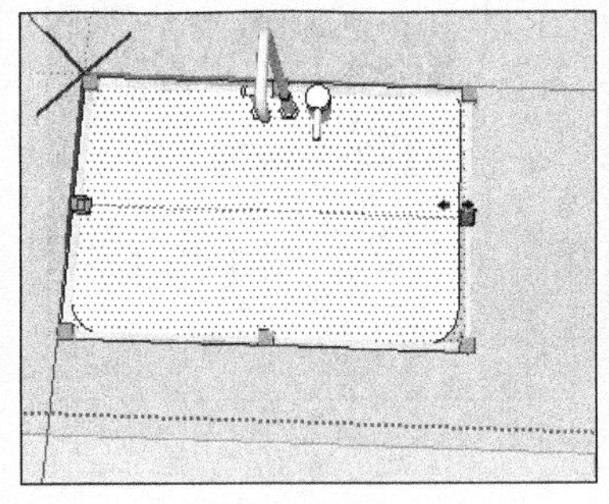

图 6-221　通过缩放调整分割面大小

图 6-222　完成洗菜盆的效果

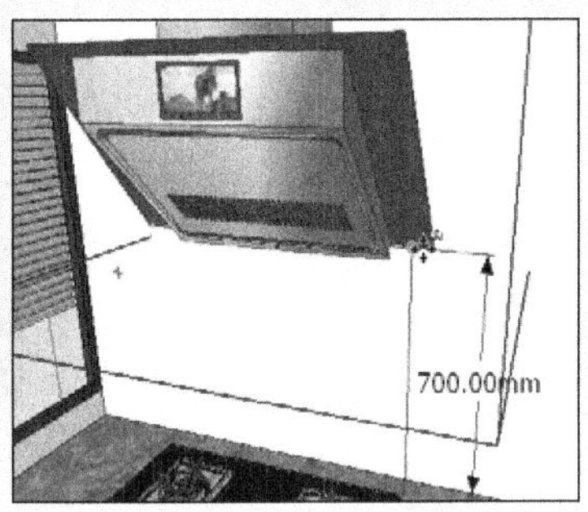

图 6-223　合并抽油烟机模型

05 通过线段的移动复制，制作壁柜上方的墙体，如图 6-224 所示。然后启用【推/拉】工具进行找平，制作为屋顶，如图 6-225 所示。

06 打开【材料】对话框，为橱柜上方墙面赋予石材，如图 6-226 所示。接下来制作厨房吊柜等细节。

图 6-224　制作壁柜上方墙体

图 6-225　制作为屋顶

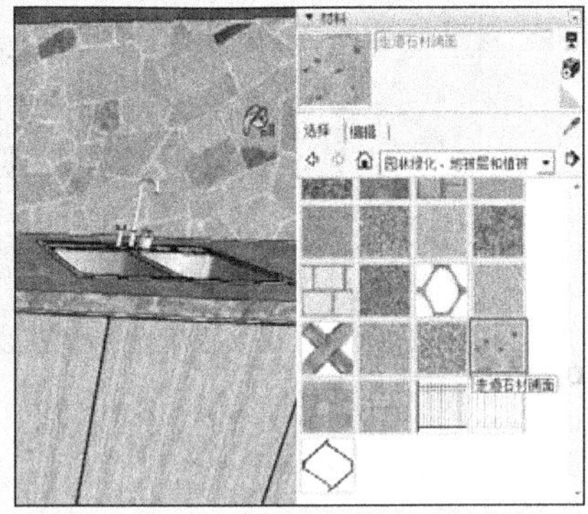

图 6-226　赋予橱柜上方墙面石材

6.5.5 制作厨房吊柜

01 启用【矩形】工具分割出吊柜侧面，如图 6-227 所示。赋予木纹材质后，启用【推/拉】工具制作好吊柜轮廓，如图 6-228 所示。

02 通过线段的移动复制分割好吊柜平面，然后选择下方线段，将其拆分为 4 段，如图 6-229 所示。

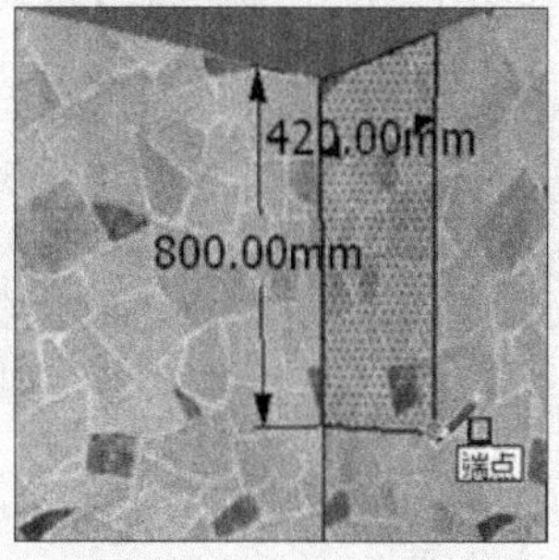

图 6-227　分割出吊柜侧面

图 6-228　制作吊柜轮廓

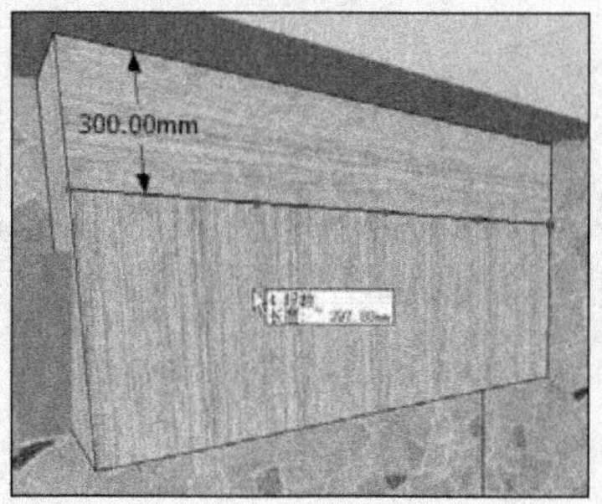

图 6-229　分割吊柜平面

03 使用【偏移】工具制作好吊柜柜门造型细节，然后赋予相应材质，如图 6-230 与图 6-231 所示。

04 采用类似方法制作好吧台上方吊柜，其背面效果如图 6-232 所示。

图 6-230　制作吊柜柜门造型细节

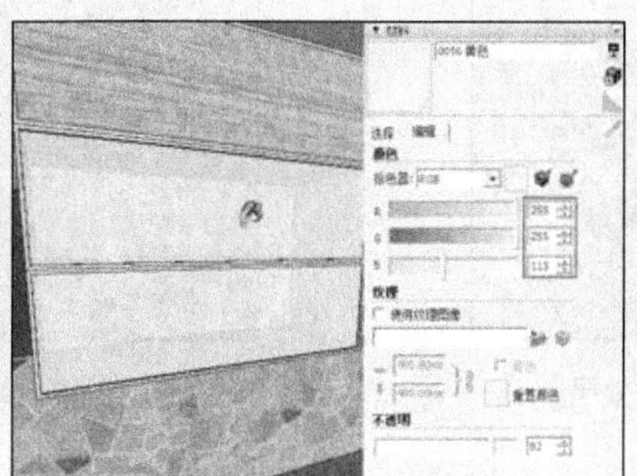
图 6-231　赋予柜门透明材质

图 6-232　制作上方吊柜

05 启用【直线】工具分割好吊柜柜门，如图 6-233 所示。

06 结合使用【矩形】与【偏移】工具，制作中部柜门细节，如图 6-234 与 6-235 所示。

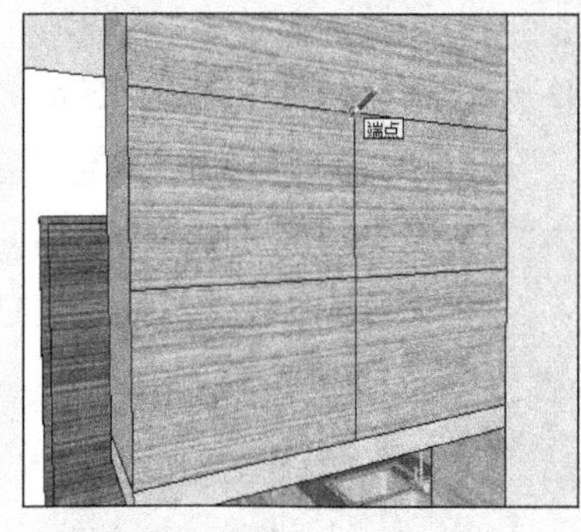

图 6-233　分割吊柜柜门

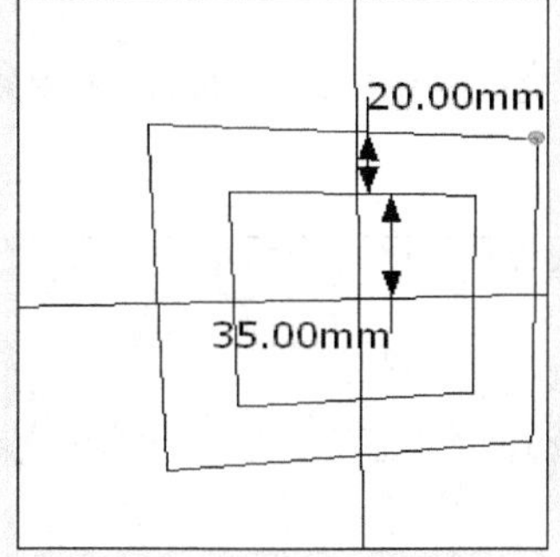

图 6-234　制作中部柜门细节

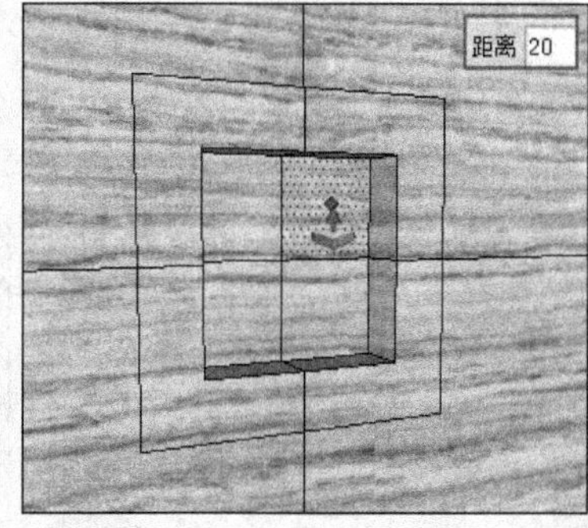

图 6-235　完成中部柜门细节

07 启用【直线】工具，捕捉中点分割好该处吊柜底面，然后通过线段拆分确定好筒灯位置，如图 6-236 所示。

08 结合使用【矩形】以及【偏移】工具制作好灯孔造型，然后赋予相应材质，如图 6-237 所示。

09 复制灯孔并对齐位置，完成效果如图 6-238 所示。

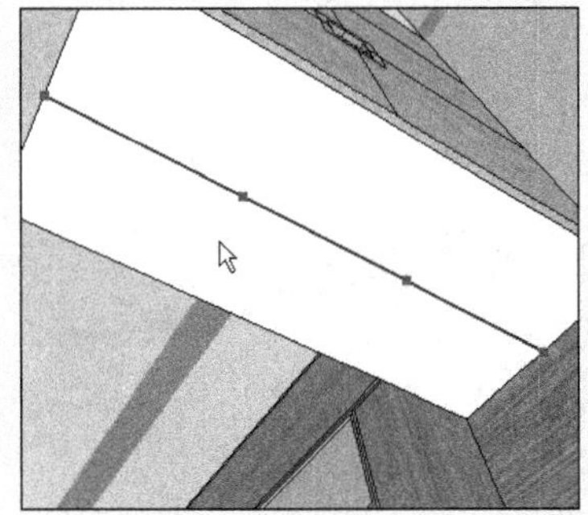

图 6-236 拆分线段确定筒灯位置

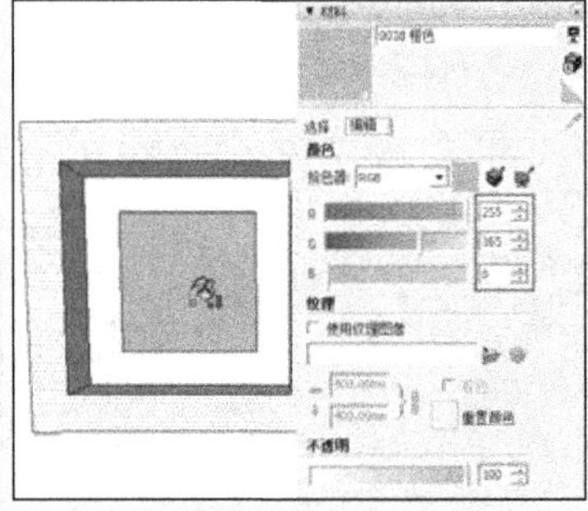

图 6-237 创建灯孔并赋予材质

图 6-238 吧台上方灯孔完成效果

10 经过以上步骤，厨房创建的整体效果如图 6-239 所示。接下来创建入户小庭院。

图 6-239 厨房创建完成整体效果

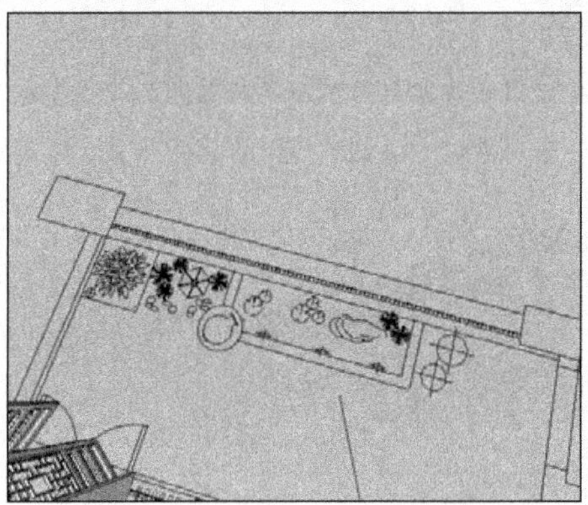

图 6-240 入户小庭院平面布置

6.6 创建入户小庭院

01 入户小庭院平面布置如图 6-240 所示。首先取消地面模型隐藏，启用【直线】工具分割出小庭院地面，如图 6-241 所示。

02 启用【推/拉】工具，将入户小庭院地面向下推入 140mm，如图 6-242 所示。然后参考图纸调整下位置，如 6-243 所示。

图 6-241 分割出小庭院地面

图 6-242 向下推入 140mm

图 6-243 参考图纸调整位置

03 参考图纸，结合使用【直线】以及【圆弧】工具分割好水池平面，如图 6-244 与图 6-245 所示。然后启用【推/拉】工具，制作好高度细节，如图 6-246 所示。

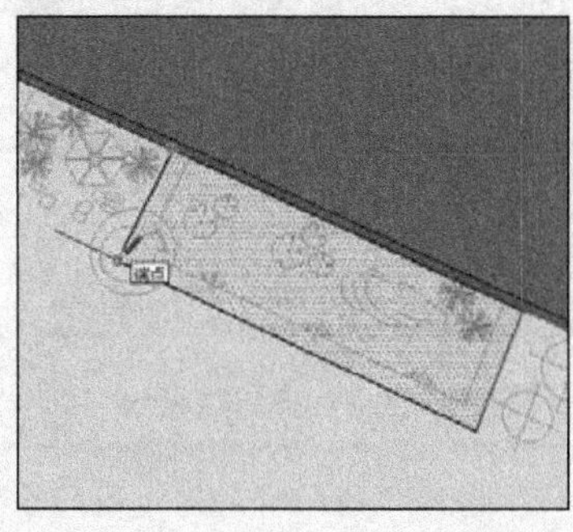

图 6-244 分割水池平面

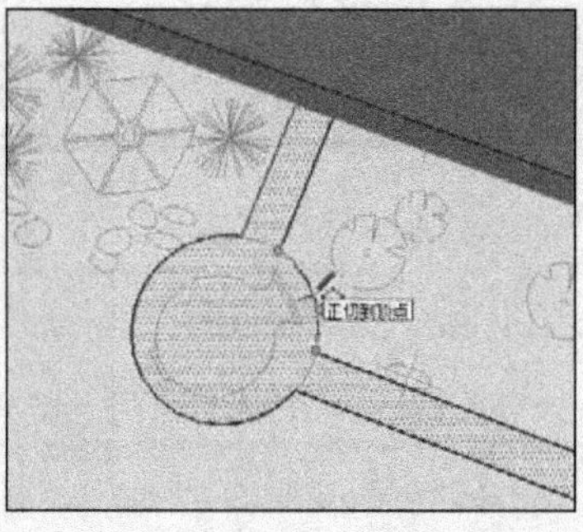

图 6-245 水池平面分割完成

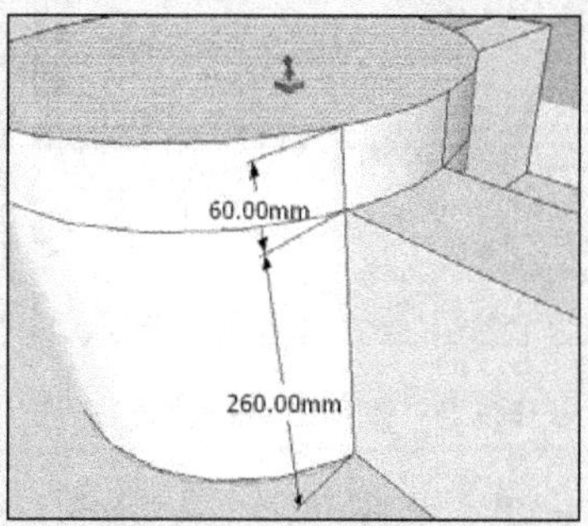

图 6-246 制作高度

04 打开【材料】对话框，赋予水池石材，如图 6-247 所示。

05 将水池底面向上移动复制，制作出水面，如图 6-248 所示。打开【材质】对话框，赋予浅水池材质，如图 6-249 所示。

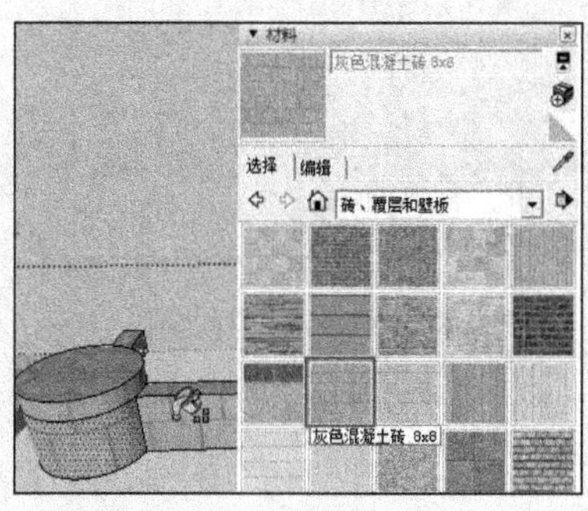

图 6-247 赋予水池石材

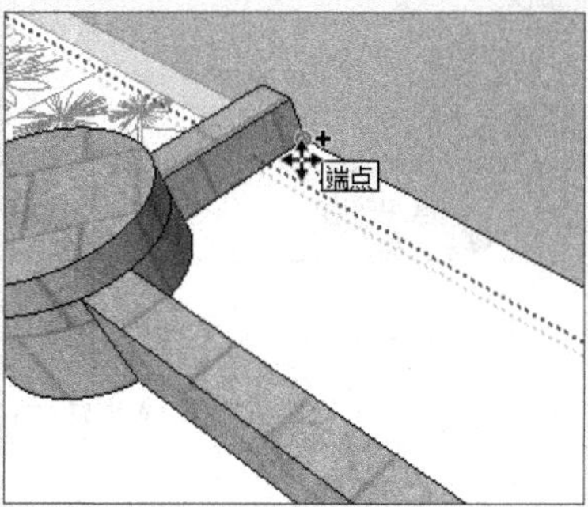

图 6-248 向上移动复制池底制作水面

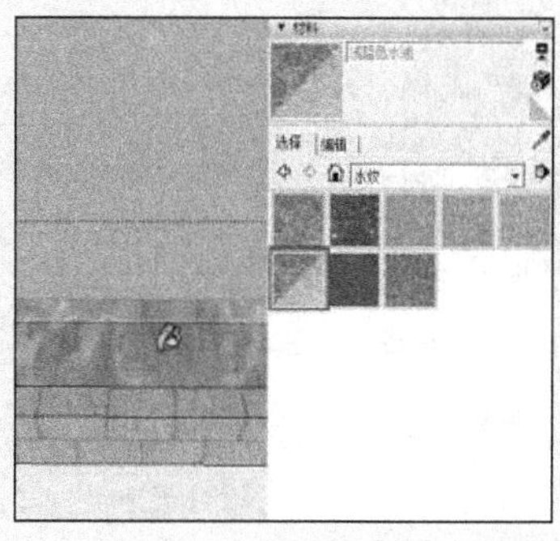

图 6-249 赋予浅水池材质

06 通过线段的移动复制以及【推/拉】工具，制作水池后方的墙面细节，如图 6-250 所示。

07 打开【材料】对话框，赋予墙面石材与竹节材质，如图 6-251 与图 6-252 所示。

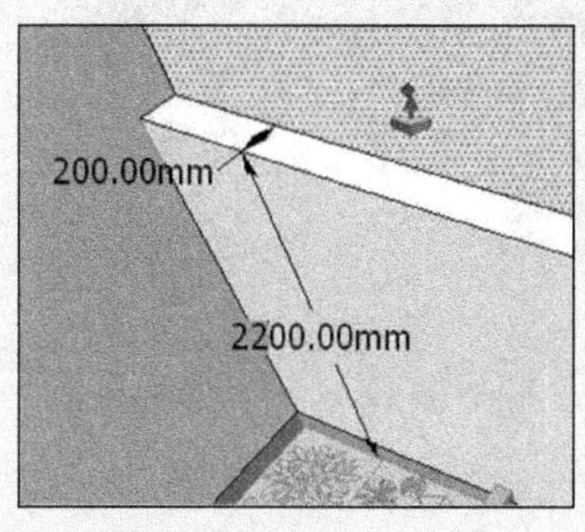

图 6-250 制作水池后方的墙面

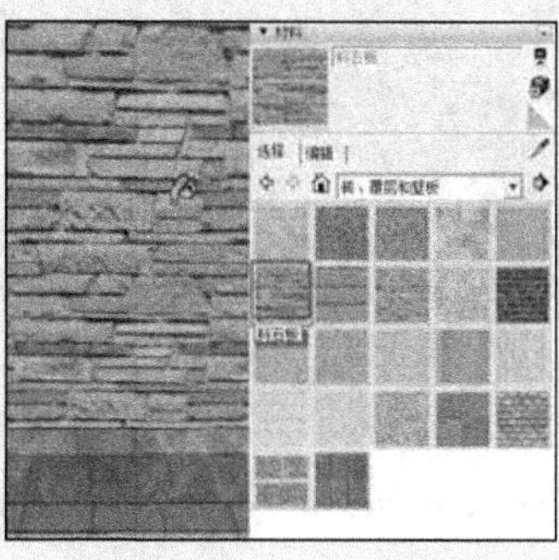

图 6-251 赋予墙面石材

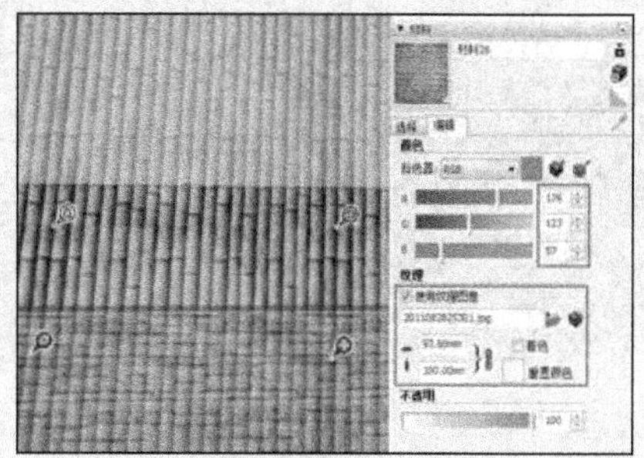

图 6-252 赋予墙面竹节材质

08 通过线的移动复制制作好小庭院左侧的栏杆平面，如图 6-253 所示。

09 通过线的移动复制与【推/拉】工具制作栏杆细节，如图 6-254 所示。然后打开【材料】对话框，赋予相应材质，完成效果如图 6-255 所示。

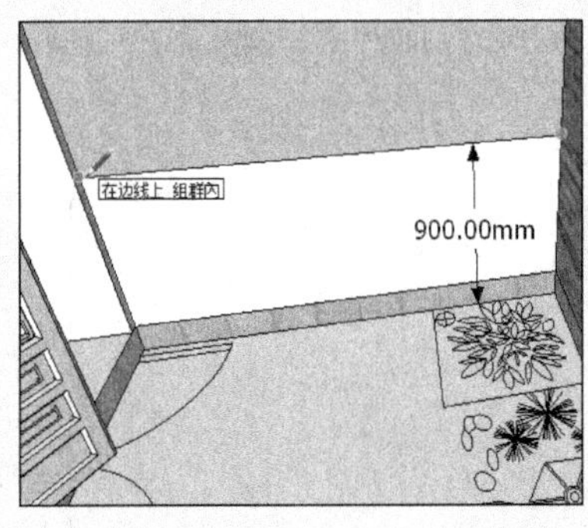

图 6-253　制作左侧栏杆平面

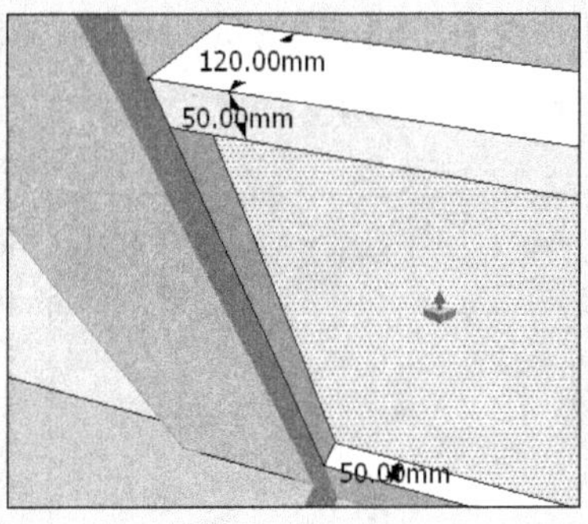

图 6-254　制作栏杆细节

图 6-255　栏杆完成效果

10 通过线段的移动复制分割出入户门轮廓，如图 6-256 所示。

11 结合使用【偏移】与【推/拉】工具，制作好门框与门页细节，如图 6-257 所示。

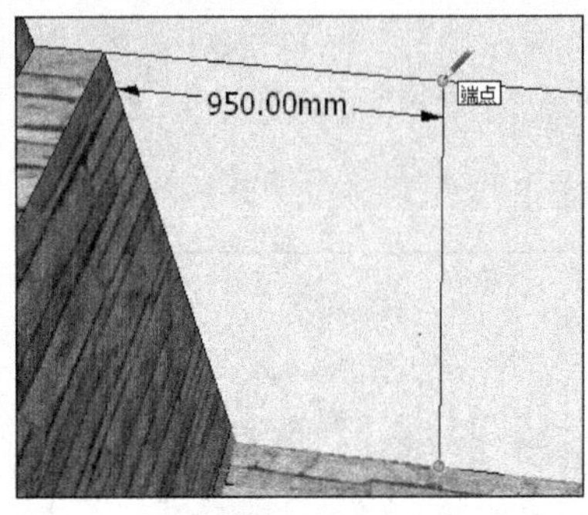

图 6-256　分割出入户门平面

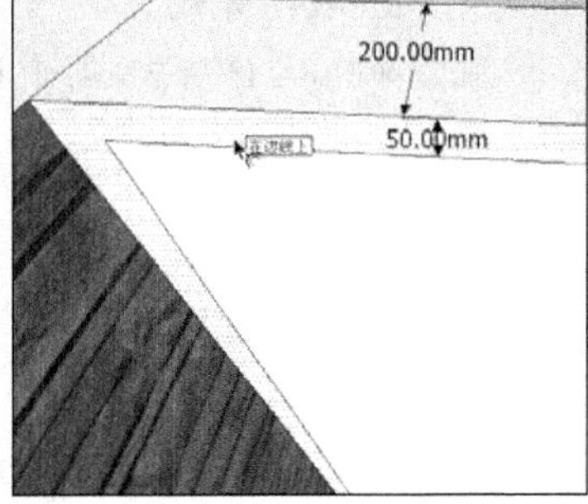

图 6-257　制作门框细节

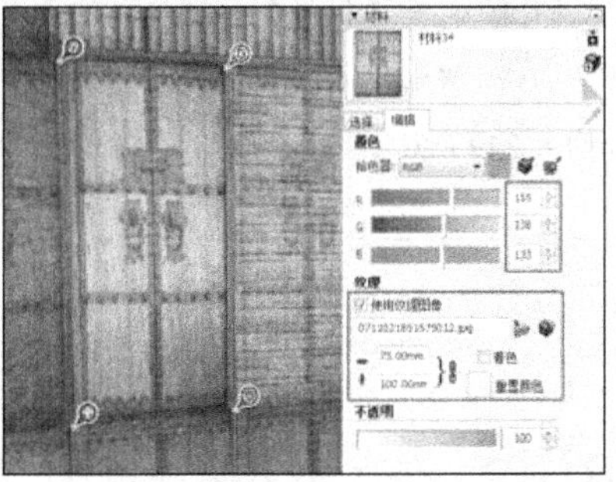

图 6-258　赋予大门门页材质

12 打开【材料】对话框，赋予大门门页相应纹理材质并调整好纹理效果，如图 6-258 所示。经过以上步骤，完成入户门的制作效果如图 6-259 所示。

13 启用【直线】工具，捕捉中点分割好庭院背景墙，如图 6-260 所示。然后通过偏移制作好背景墙边框，如图 6-261 所示。

图 6-259　入户门完成效果

图 6-260　分割庭院背景墙

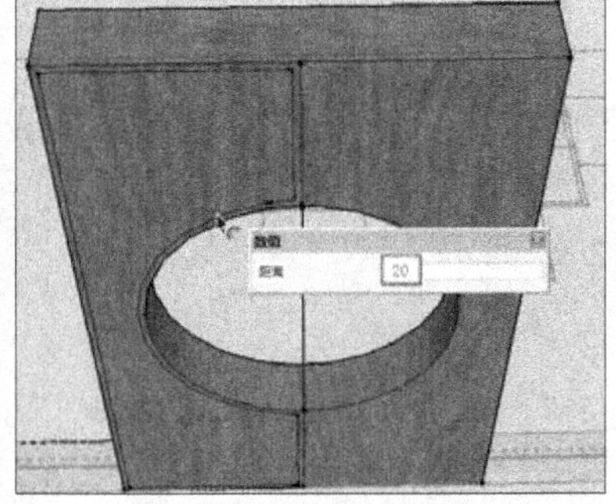

图 6-261　制作背景墙边框

14 打开【材料】对话框，分别赋予内部模型平面石材材质。赋予庭院地面木地板材质，如图 6-262 与图 6-263 所示。

15 至此，入户小庭院创建完成，接下来制作地面以及顶棚效果。

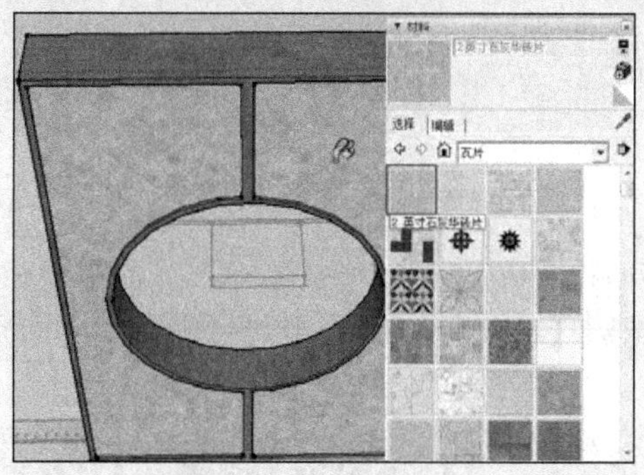

图 6-262　赋予内部模型平面石材材质

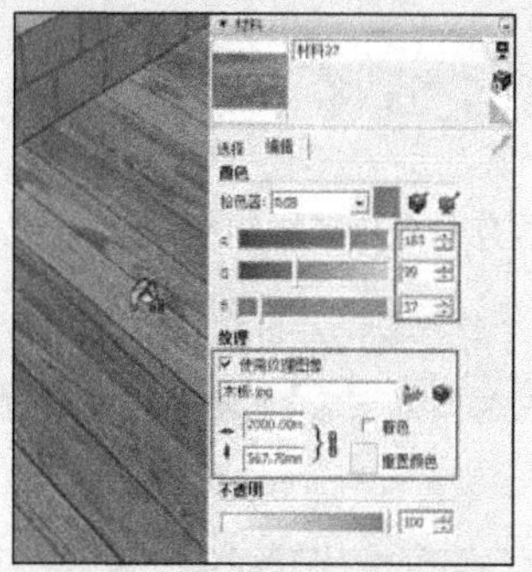

图 6-263　赋予庭院地面木地板材质

6.7 处理地面与顶棚

6.7.1 处理地面材质

01 经过之前的步骤，当前的模型效果如图 6-264 所示。接下来制作各空间地面材质。

02 启用【矩形】工具，参考图纸分割好餐厅与餐厅地面，如图 6-265 所示。

03 打开【材料】对话框，为客厅与餐厅地面制作并赋予仿古砖材质，如图 6-266 所示。

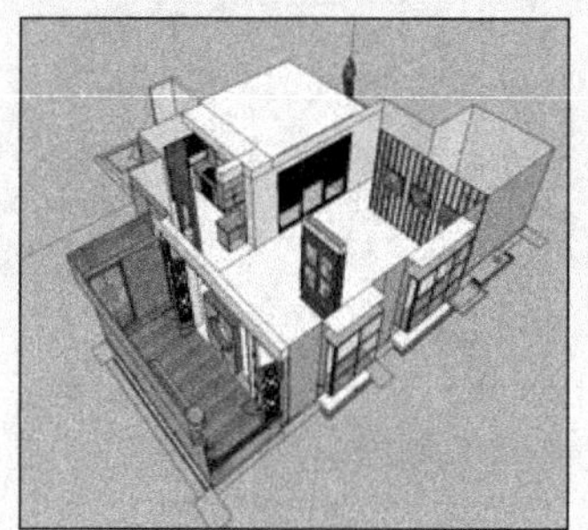

图 6-264　当前模型效果

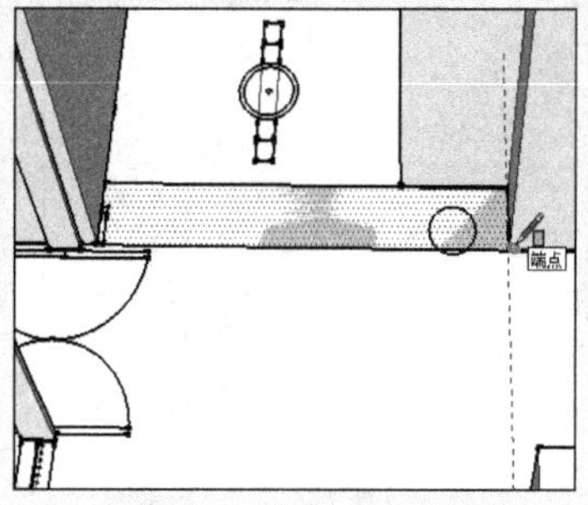

图 6-265　分害客厅与餐厅地面

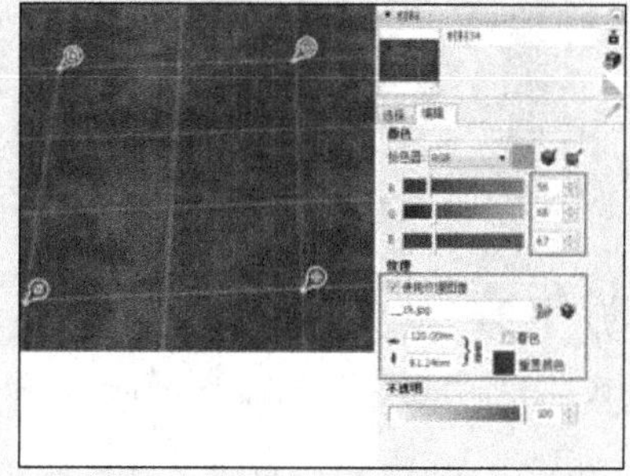

图 6-266　赋予客厅与餐厅仿古砖材质

04 为厨房地面赋予石材，如图 6-267 所示。经过以上步骤，空间地面材质效果如图 6-268 所示。接下来制作空间顶棚效果。

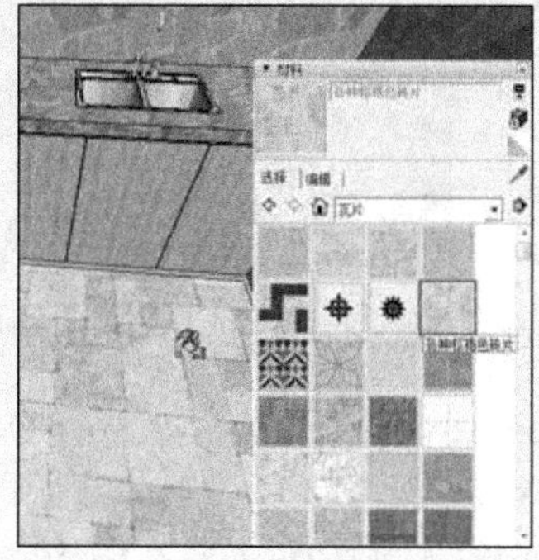

图 6-267　赋予厨房地面石材

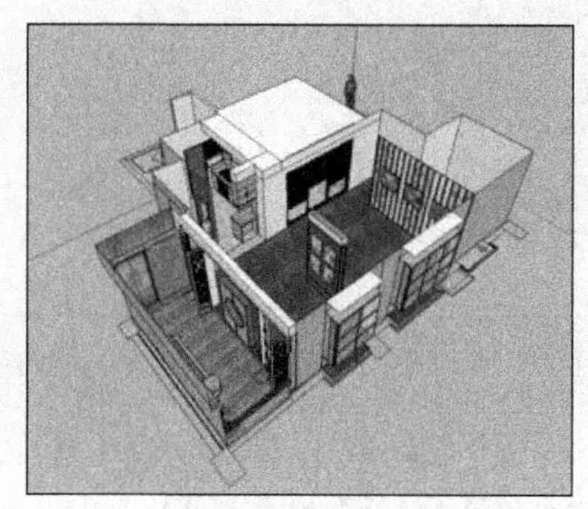

图 6-268　空间地面材质效果

6.7.2 处理顶棚

1. 制作客厅与餐厅顶棚细节

01 切换至俯视图，启用【矩形】工具，绘制客厅与餐厅顶棚，如图 6-269 所示。

02 在【X 光透视模式】下分割顶棚，如图 6-270 所示，然后启用【推/拉】工具，将客厅顶棚向内推入 200mm，如图 6-271 所示。

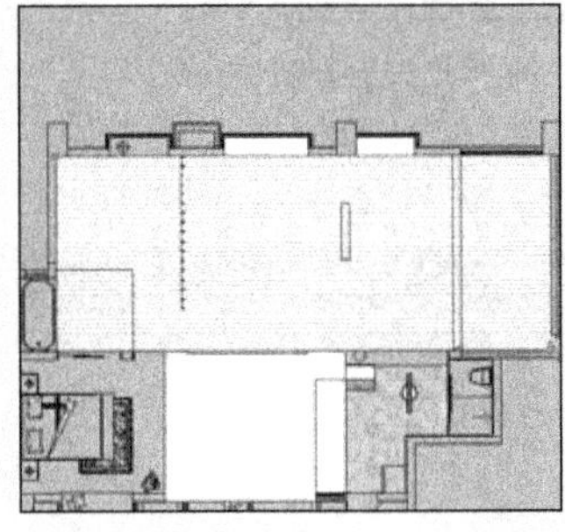
图 6-269 绘制客厅与餐厅顶棚

图 6-270 在【X 光透视模式】下分割顶棚

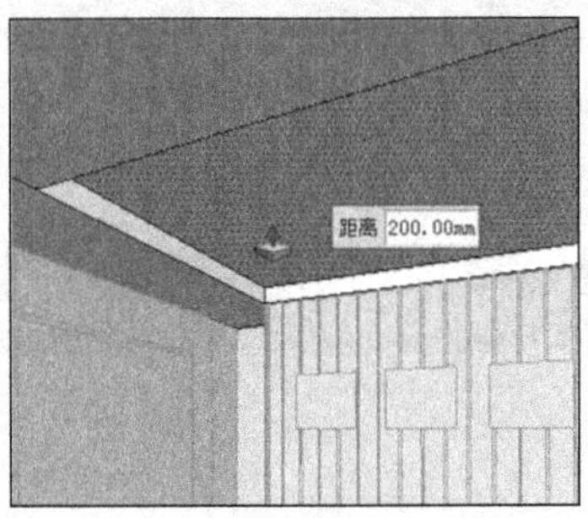

图 6-271 将客厅天花向内推入 200mm

03 结合使用【偏移】与【推/拉】工具制作好灯槽，如图 6-272 与图 6-273 所示。

图 6-272 将内部模型向内偏移 100mm

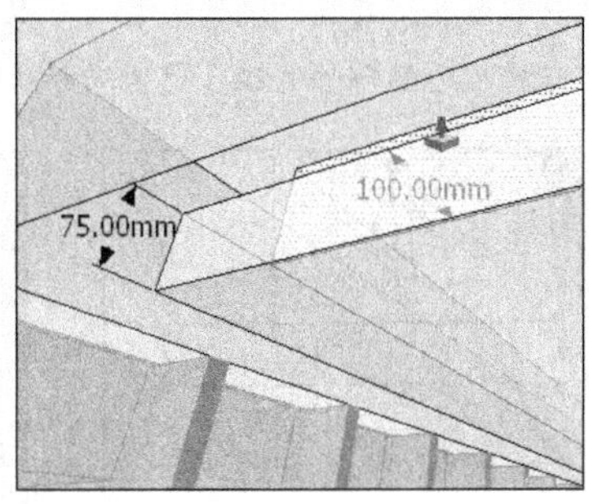

图 6-273 在【X 光透视模式】下制作灯槽

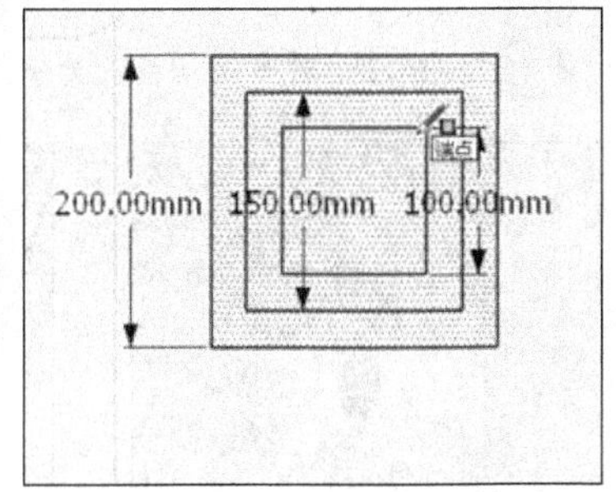

图 6-274 制作筒灯细节平面

04 结合使用【矩形】与【推/拉】工具，制作筒灯灯孔，然后赋予材质，如图 6-274 与图 6-275 所示。

05 在俯视图中复制出其他筒灯模型，如图 6-276 所示。制作完成的客厅顶棚效果如图 6-277 所示。

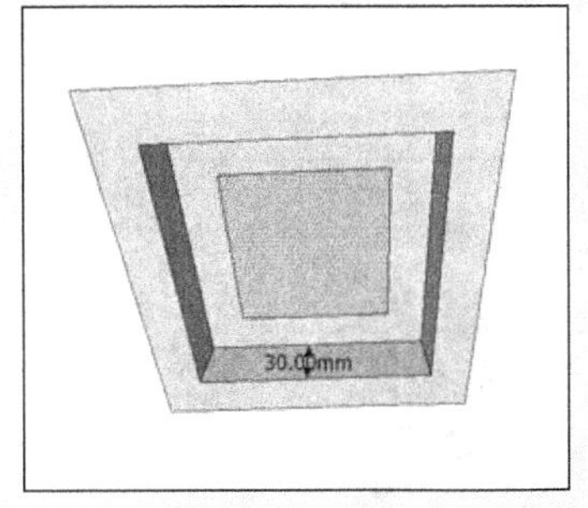

图 6-275 制作筒灯造型

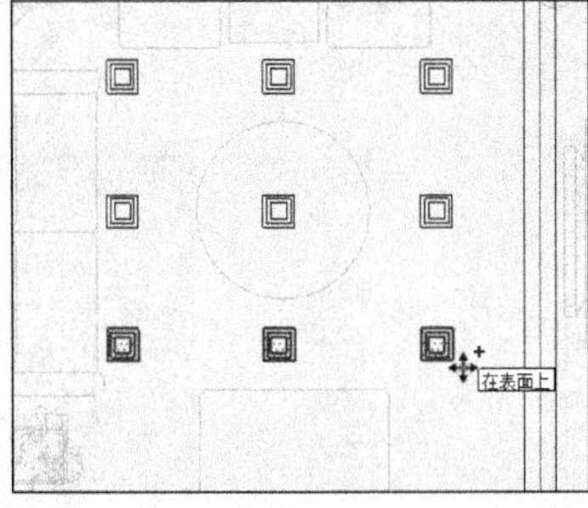

图 6-276 复制筒灯

图 6-277 客厅顶棚完成效果

06 启用【矩形】工具，捕捉电视背景墙制作顶棚，如图 6-278 所示。

07 结合使用【偏移】与【推/拉】工具制作好电视背景墙上方凹槽，如图 6-279 与图 6-280 所示。

08 通过线段的移动复制与【推/拉】工具，制作好内部灯槽，如图 6-281 所示。

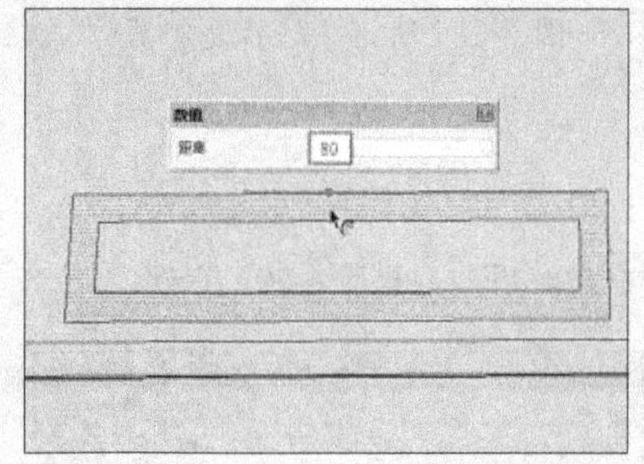

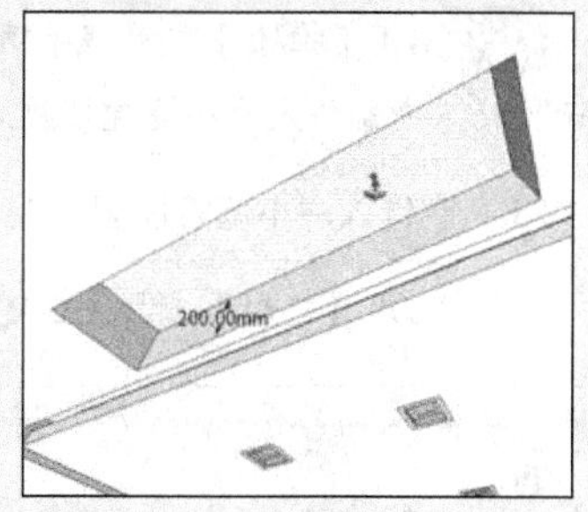

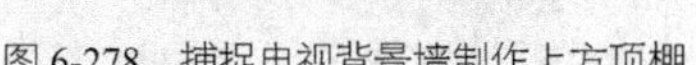

图 6-278　捕捉电视背景墙制作上方顶棚　　图 6-279　向外偏移复制 30mm　　图 6-280　向内制作 200mm 深度

09 选择之前制作好的筒灯，复制到餐厅以及过道，如图 6-282 与图 6-283 所示。

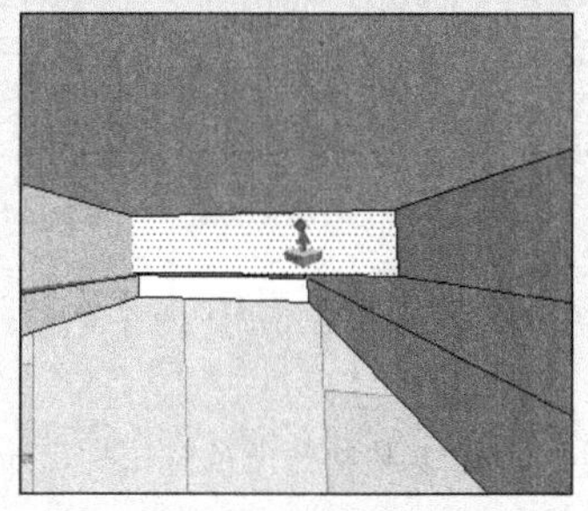

图 6-281　制作内部灯槽

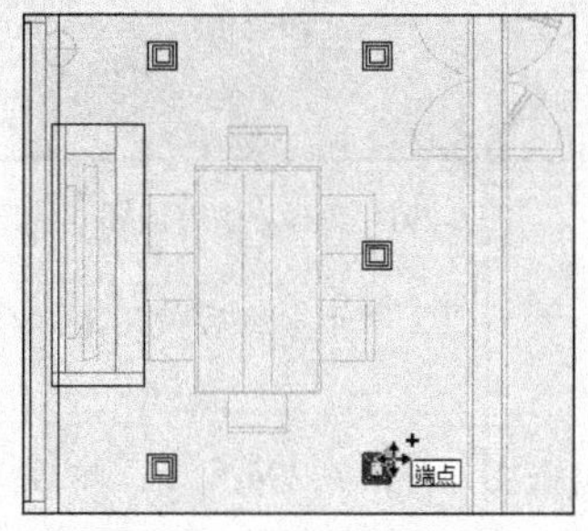

图 6-282　复制筒灯至餐厅上方

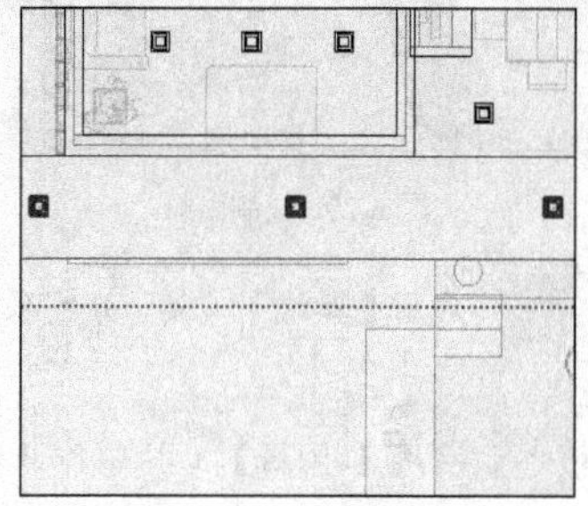

图 6-283　复制筒灯至过道

10 选择大门上方平面，将其单独创建为组，如图 6-284 所示。然后结合使用【偏移】以及【推/拉】等工具，制作空调出风口造型，如图 6-285 所示。

11 至此，客厅与餐厅顶棚细化完成，效果如图 6-286 所示。接下来制作厨房顶棚。

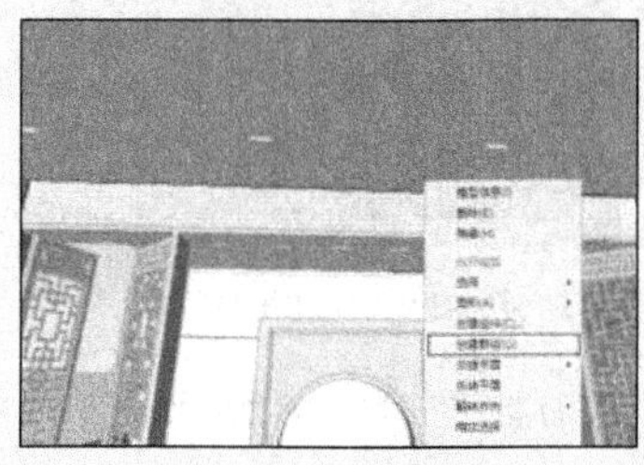

图 6-284　将大门上方平面单独创建为组

图 6-285　制作空调出风口造型

图 6-286　客厅与餐厅顶棚完成效果

2. 制作厨房顶棚

01 当前的厨房效果如图 6-287 所示。启用【直线】工具，通过捕捉创建好上方的顶棚，如图 6-288 所示。

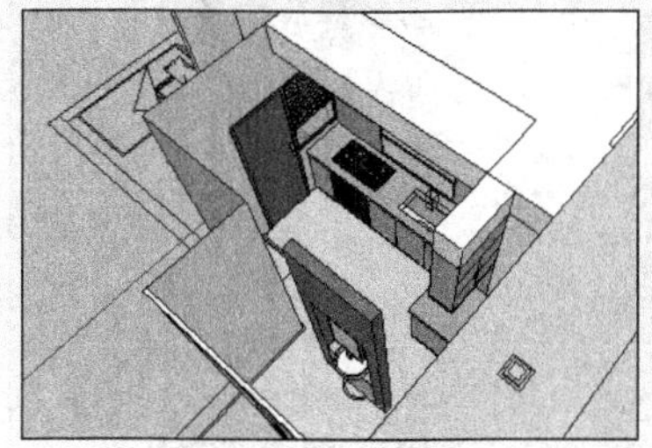

图 6-287　当前厨房效果

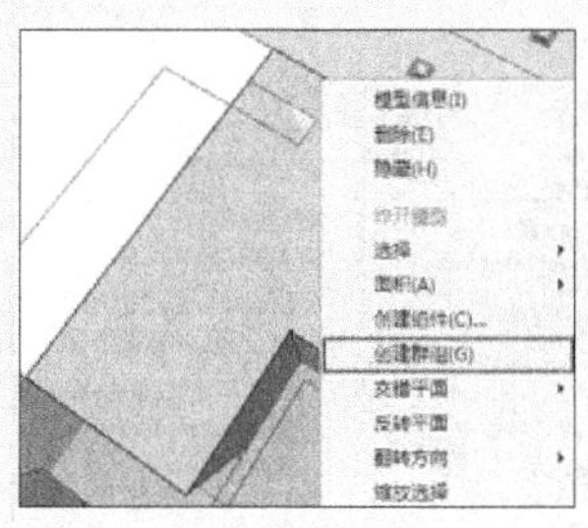

图 6-288　创建顶棚并单独创建为组

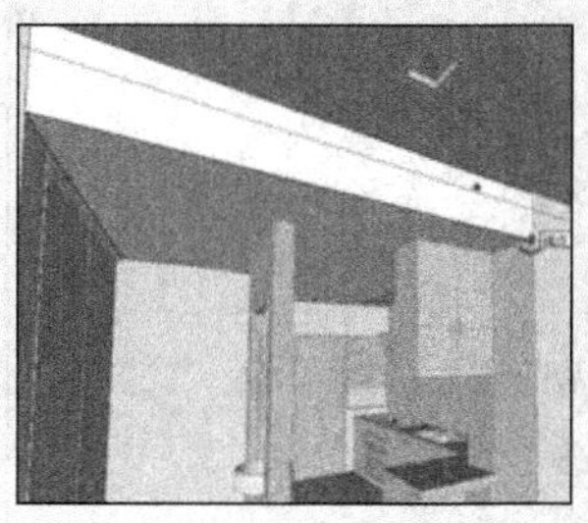

图 6-289　推/拉找平顶棚

02 启用【推/拉】工具找平顶棚，如图 6-289 所示。然后复制筒灯，完成厨房顶棚的制作，效果如图 6-290 所示。接下来制作入户小庭院顶棚。

3. 制作入户小庭院顶棚

01 启用【矩形】工具，创建好小庭院顶棚，如图 6-291 所示。

图 6-290 复制筒灯

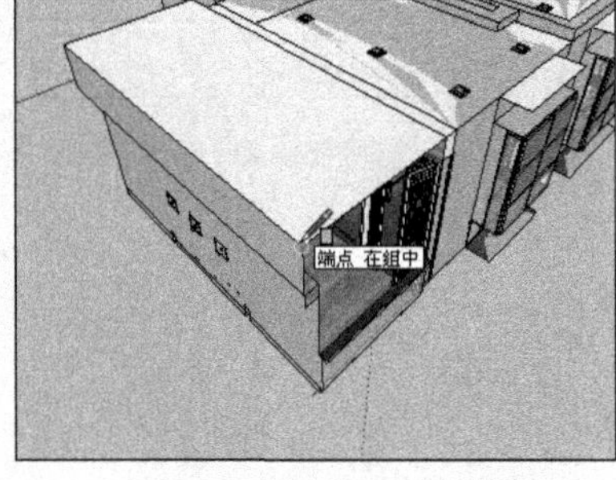

图 6-291 创建小庭院顶棚

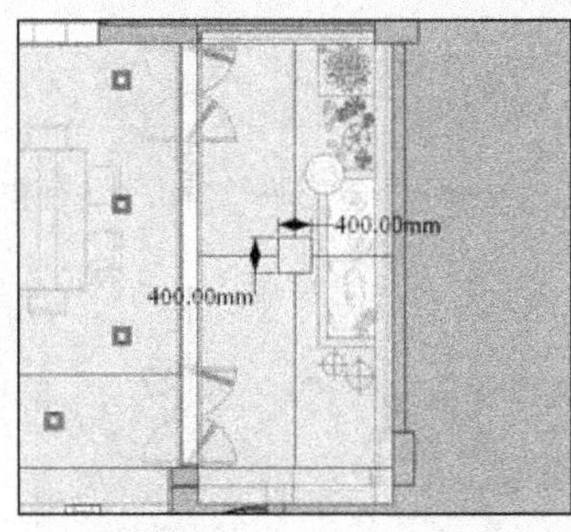

图 6-292 分割顶棚

02 启用【直线】工具，分割顶棚，如图 6-292 所示。然后使用【偏移】工具制作好发光槽平面，如图 6-293 所示。

03 启用【推/拉】工具制作好发光槽深度，如图 6-294 所示。然后使用【推/拉】工具制作出吊灯轮廓，如图 6-295 所示。

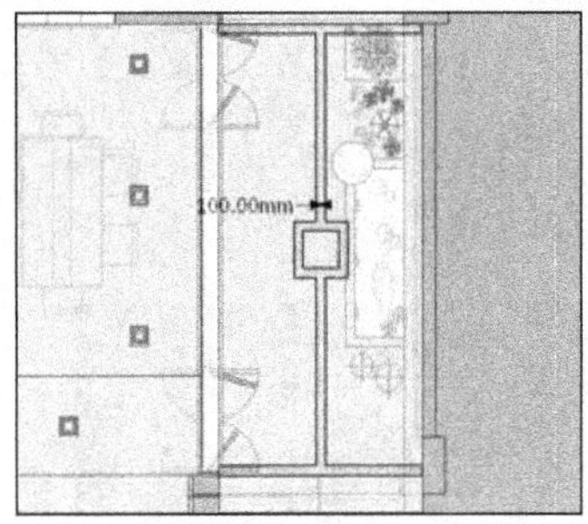

图 6-293 制作发光槽平面

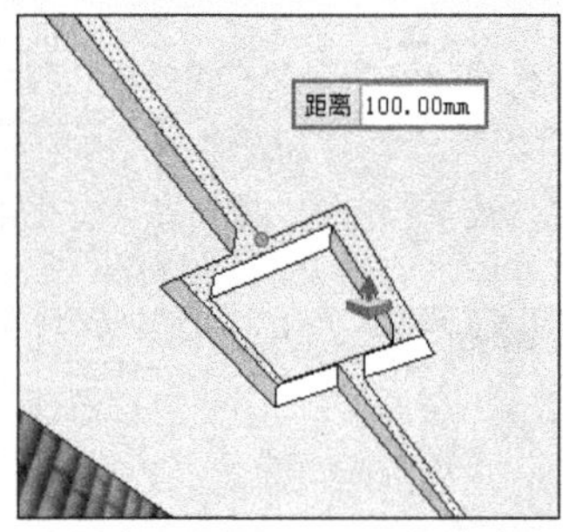

图 6-294 向内制作 100mm 发光槽深度

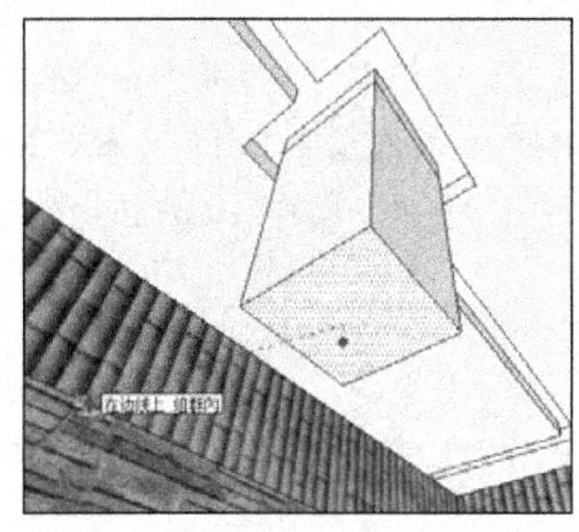

图 6-295 制作吊灯轮廓

04 制作好吊灯边框细节，然后打开【材料】对话框，制作并赋予吊灯表面材质，如图 6-296 所示。

05 制作好吊灯底部细节，然后打开【材料】对话框，制作并赋予底部材质，如图 6-297 所示。

06 经过以上步骤，制作完成的入户小庭院效果如图 6-298 所示。接下来合并好各个空间的家具、灯具以及装饰细节，制作完成最终效果。

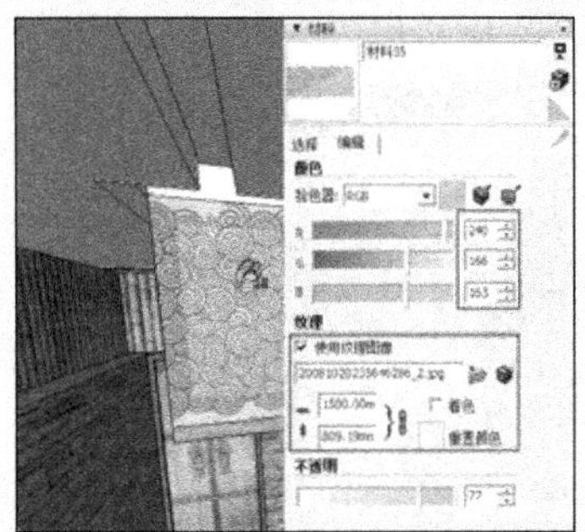

图 6-296 制作吊灯表面细节与材质

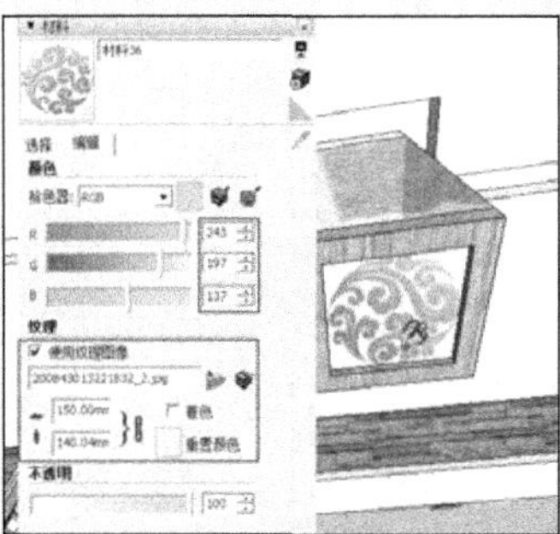

图 6-297 制作吊灯底部细节与材质

图 6-298 入户小庭院吊顶完成效果

6.8 完成最终效果

6.8.1 合并各空间家具

01 当前各个空间的效果如图 6-299~图 6-302 所示。接下来首先合并入各个空间的桌椅模型。

图 6-299 当前餐厅效果

图 6-300 当前客厅效果

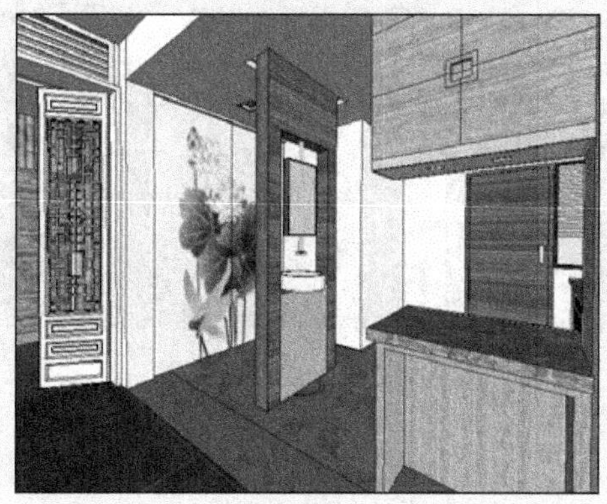
图 6-301 当前洗手间与吧台效果

图 6-302 当前厨房效果

02 打开【组件】对话框，合并入客厅沙发，如图 6-303 所示。

03 调整好电视机机位的高度，如图 6-304 所示。

04 经过以上步骤，制作完成的客厅当前效果如图 6-305 所示。

图 6-303 合并客厅沙发

图 6-304 调整电视机机位高度

图 6-305 客厅当前效果

05 逐步合并入餐厅桌椅、中式花架以及吧椅，如图 6-306~图 6-308 所示。

图 6-306　合并餐厅桌椅

图 6-307　合并中式花架

图 6-308　合并吧椅

06 客厅与餐厅家具合并完成后，再切换至书房，合并入书架与书桌等模型，如图 6-309 与图 6-310 所示。

07 经过以上步骤，当前书房透视效果如图 6-311 所示。接下来合并灯具以及装饰细节。

图 6-309　切换至书房

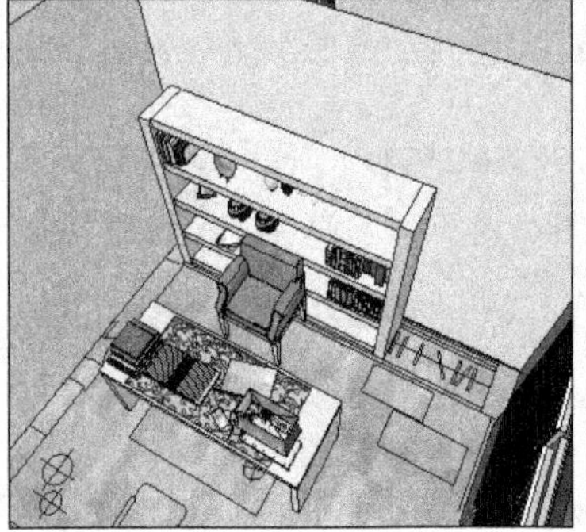

图 6-310　赋予地面材质并合并家具

图 6-311　书房透视效果

6.8.2 合并灯具与装饰细节

01 打开【组件】对话框，依次合并入客厅中式落地灯、餐厅中式吊灯及庭院灯，如图 6-312~图 6-314 所示。

图 6-312　合并中式落地灯

图 6-313　合并中式吊灯

图 6-314　合并庭院灯

02 打开【组件】对话框，合并入庭院喷水以及花草等装饰，如图 6-315~图 6-317 所示。

03 打开【组件】对话框，合并入客厅电视机、常用摆件以及茶几摆设，如图 6-318~图 6-320 所示。

图 6-315　合并喷水

图 6-316　合并庭院花草与摆设

图 6-317　合并盆景

图 6-318　合并电视机

图 6-319　合并常用摆件

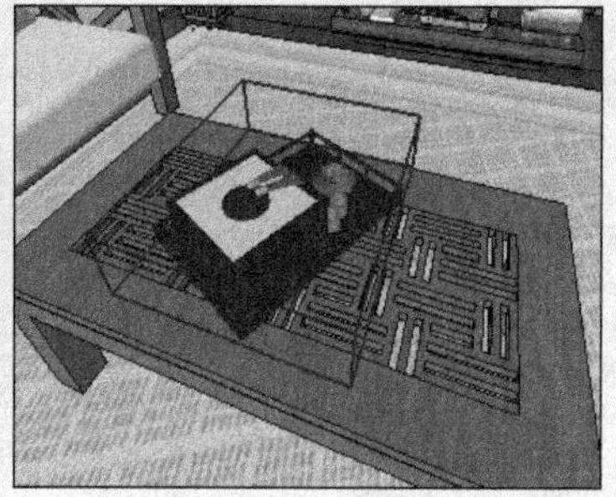
图 6-320　合并茶几摆设

04 复制之前制作好的门帘模型至窗户处，然后通过【缩放】与【移动】工具制作好窗帘效果，如图 6-321~图 6-323 所示。

图 6-321　复制门帘至窗户

图 6-322　缩放调整宽度

图 6-323　复制其他窗帘

05 合并入中式花窗、冰箱以及挂画至过道、厨房以及洗手间墙面，如图 6-324~图 6-326 所示。

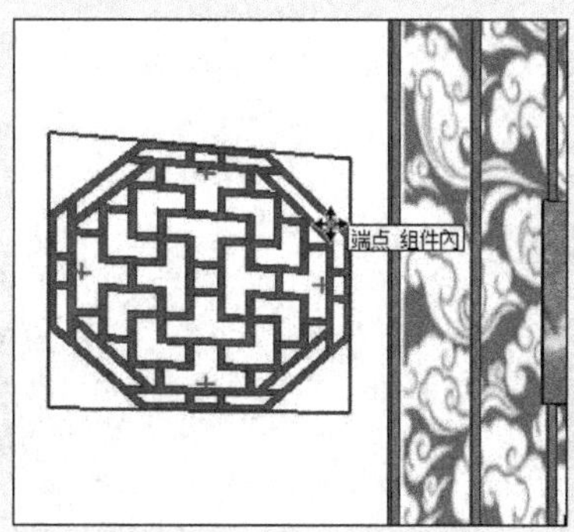

图 6-324　合并中式花窗

图 6-325　合并吧台物品与冰箱

图 6-326　合并中式挂画

06 经过以上步骤，本例中式风格场景的制作即已完成，各空间效果如图 6-6~图 6-13 所示。

第7章

田园风格厨房及餐厅设计与表现

欧式田园风格追求一种惬意、舒适的生活氛围，配色大胆，崇尚自然，同时强调浪漫与现代流行主义特点，蕴含着浓郁的自然回归感。

本章即以室内各要素（如门窗、厨房、地面等）的细化处理，展示欧式田园风格从容淡雅的魅力。

7-1 欧式田园风格设计概述

田园风格注重对自然的表现，不同地域的自然风景孕育了不同的田园风格。田园风格展示了当地的风土人情，有着各自的显著特色，主要有欧式、中式以及南亚的田园风格。本案例将以一个客餐厅空间为例，介绍欧式田园风格的设计与表现。该风格典型的空间效果如图 7-1~图 7-3 所示。

图 7-1　典型的欧式田园风格客厅效果

图 7-2　典型的欧式田园风格卧室效果

图 7-3　典型的欧式田园风格厨房效果

在空间细节上，欧式田园风格的窗户上半部多处理成圆弧形，有时会以带有花纹的石膏线勾边；门（包括房间门以及各种柜门）的造型设计，则在突出凹凸感的同时注重直线的柔美，两种造型相映成趣，风情万种。

空间地面多铺以石材或地板。此外，在空间局部以及配饰的选材上，砖、陶、木、石、藤、竹等是用于体现田园风格崇尚自然情趣的绝佳元素。

家具和配饰是欧式田园风格营造整体效果的点睛之笔。家具造型通常宽大厚重，材质多为深色的橡木或枫木。此外，浪漫的罗马帘、色彩艳丽的油画、造型别致的工艺品都是点染欧式风格不可缺少的元素，细节表现如图 7-4 ~图 7-6 所示。

图 7-4　欧式田园田园风格窗户细节

图 7-5　欧式田园田园风格家具细节

图 7-6　欧式田园田园风格配饰

受其饮食烹饪习惯的影响，厨房在大多数西方人眼中一般是开敞的，其与餐厅通常构成一个功能独立、空间通透的整体。在功能细节处理上，欧式田园风格的橱柜通常会有面积十分足够的操作平台以及容量巨大的双开门冰箱。此外在厨房中会有一个独立的便餐台，同时满足洗涤、配菜以及用餐、饮酒的功能。

此外，厨房空间与用具的装饰也有很多讲究，如喜好仿古面的墙砖、喜好用实木门扇或是模压门扇仿木纹色的厨具门板。

区别于其它风格的严谨，磨损做旧的表面以及凌乱的摆放在欧式田园风格中是被允许的，因为这样更能体现自然的感觉，因此在橱柜、便餐台等台面上会有随意摆放的水果、食品以及餐具等物品。典型的欧式田园风格厨房及餐厅空间如图 7-7 与图 7-8 所示。

本案例将通过简单的户型平面布置图，结合上述的风格特点完成欧式田园风格餐厅以及厨房的设计与表现，案例效果如图 7-9~图 7-21 所示。

图 7-7　欧式田园风格厨房效果

图 7-8　欧式田园风格餐厅效果

图 7-9　厨房全景

图 7-10　厨房细节效果 1

图 7-11　厨房细节效果 2

图 7-12　便餐台效果

图 7-13　电视墙效果

图 7-14　电视柜细节效果

图 7-15　餐桌椅细节效果

图 7-16　餐椅效果

图 7-17　餐桌细节效果 1

图 7-18　餐桌细节效果 2

图 7-19　全景效果 1

图 7-20　全景效果 2

图 7-21　全景效果 3

7.2 正式建模前的准备工作

7.2.1 导入图纸并整理图纸

01 打开 SketchUp，进入【模型信息】对话框，设置场景单位如图 7-22 所示。

02 执行【文件】/【导入】菜单命令，如图 7-23 所示。然后在弹出的【导入】对话框中选择文件类型为“AutoCAD 文件”，如图 7-24 所示。

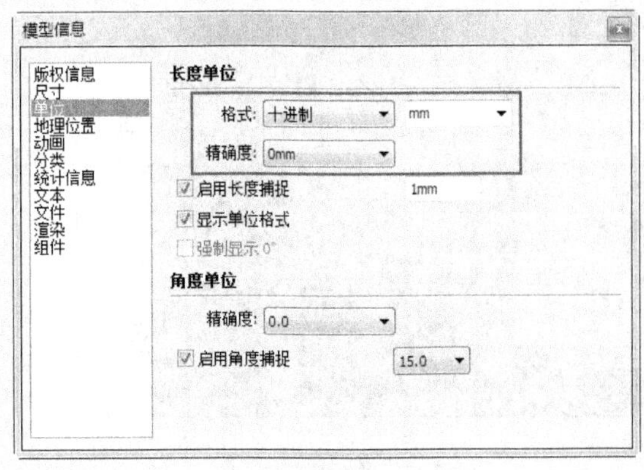

图 7-22 设置场景单位

图 7-23 执行文件/导入选项

03 单击【导入】对话框中的【选项】按钮，然后在弹出的对话框中设置好参数，如图 7-25 所示。

图 7-24 选择“AutoCAD”文件类型

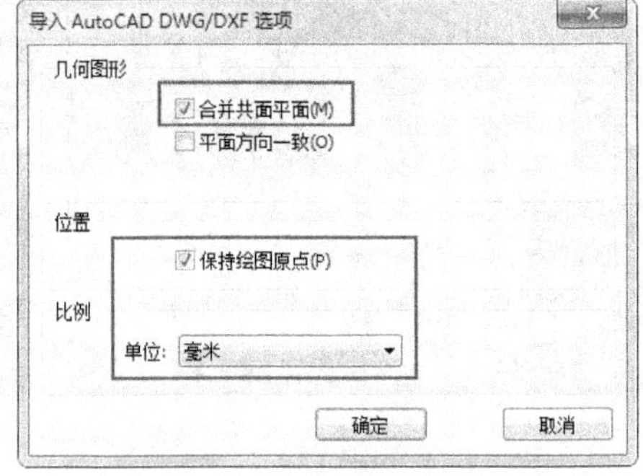

图 7-25 设置导入参数

04 参数设置完成后，单击【确定】按钮，导入配套资源中的“田园厨房及餐厅平面布置图”。导入完成效果如图 7-26 所示。

05 选择导入的图纸，启用【移动】工具对齐至原点，如图 7-27 所示。

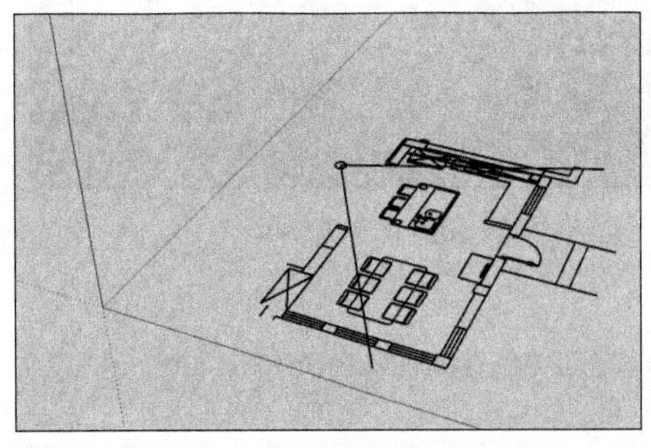

图 7-26 图纸导入效果

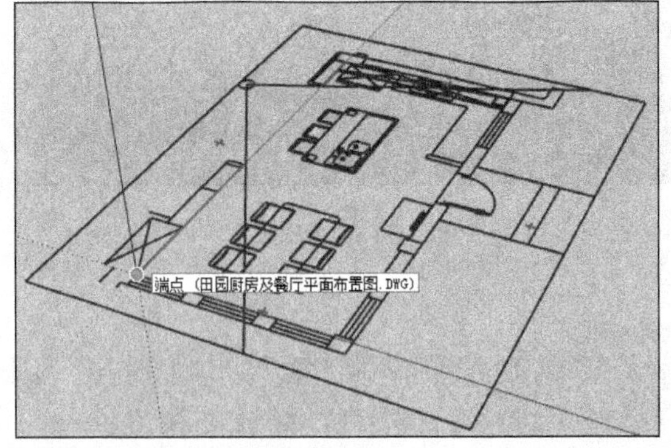

图 7-27 对齐至原点

7.2.2 分析建模思路

本案例将表现的厨房与餐厅整体平面布置如图 7-28 所示。可以看到，空间构成与布置都比较简单。如何细化好立面，并制作风格配套的家具是设计的重点，因此本例将主要介绍欧式田园风格高精度模型的制作与细节的表现。

在制作思路上，可以先完成墙面以及门窗的制作，然后根据空间功能的区别，从左至右进行模型的创建，如图 7-29 所示。接下来介绍详细的建模流程。

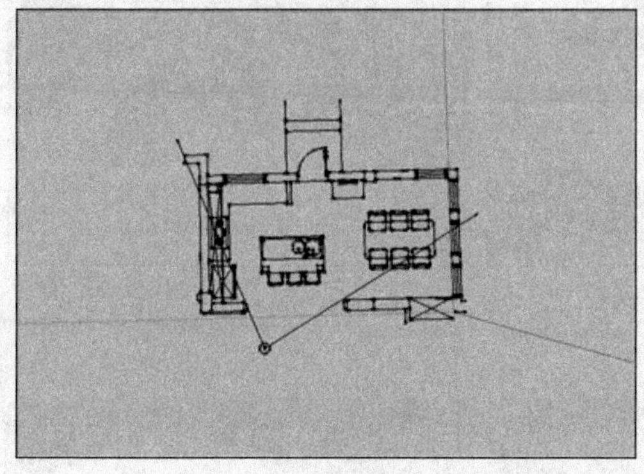

图 7-28 平面布置

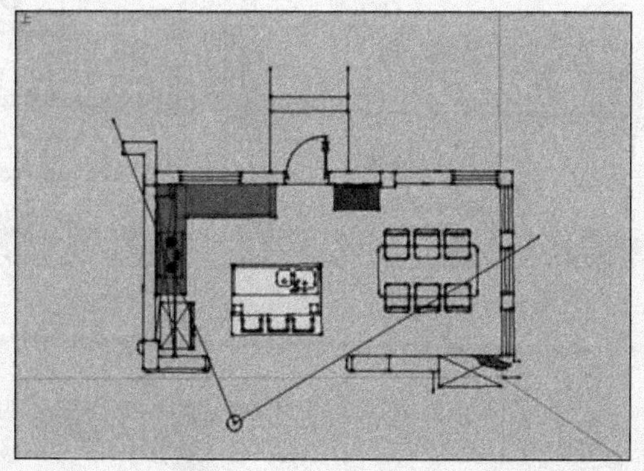

图 7-29 划分空间功能

首先参考图纸制作好框架，然后根据图纸制作出门洞与窗洞，最后制作出门窗，如图 7-30~图 7-32 所示。

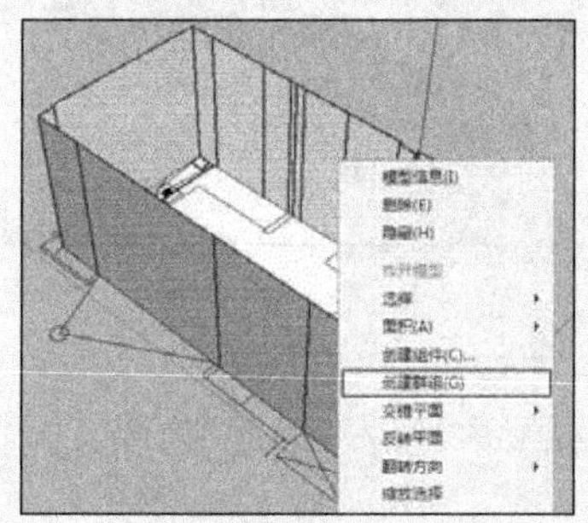

图 7-30 创建墙体框架

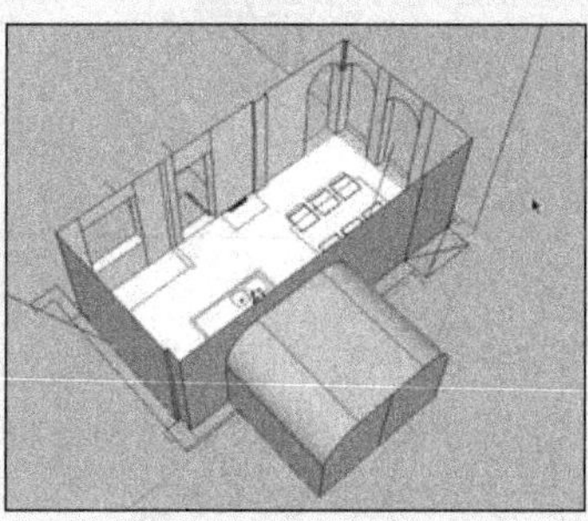

图 7-31 制作门洞与窗洞

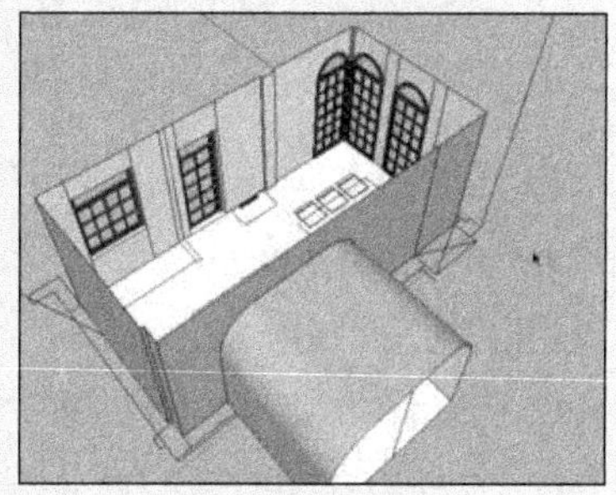

图 7-32 制作空间门窗

完成空间框架的制作后，再根据空间功能的划分制作橱柜，如图 7-33~图 7-35 所示。

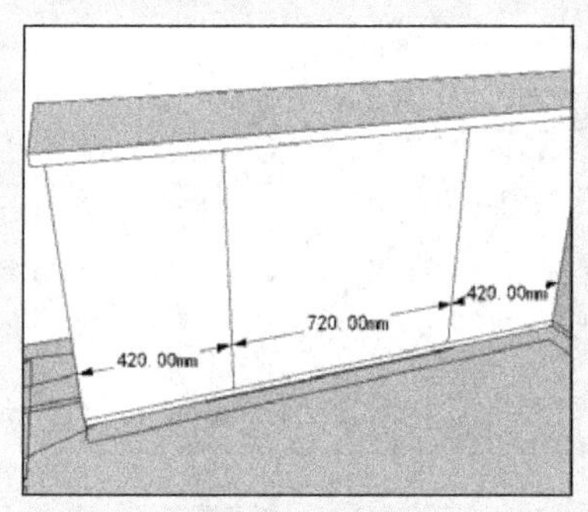

图 7-33 制作橱柜轮廓

图 7-34 细化橱柜造型

图 7-35 完成橱柜制作

完成下层橱柜的制作后，再参考其高度与造型，逐步细化出上方的抽油烟机以及吊柜，如图 7-36~图 7-38 所示。

吊柜细化完成后，参考图纸制作好便餐台的轮廓，然后细化处理好中部柜面与上部柜板，如图 7-39~与 7-41 所示。经过以上步骤，厨房功能区域的设计制作即已完成。

完成厨房的制作后，通过模型的调用以及细化，再依次布置好电视柜、餐桌椅以及柜子等模型，如图 7-42 与图 7-43 所示，完成餐厅空间的制作。

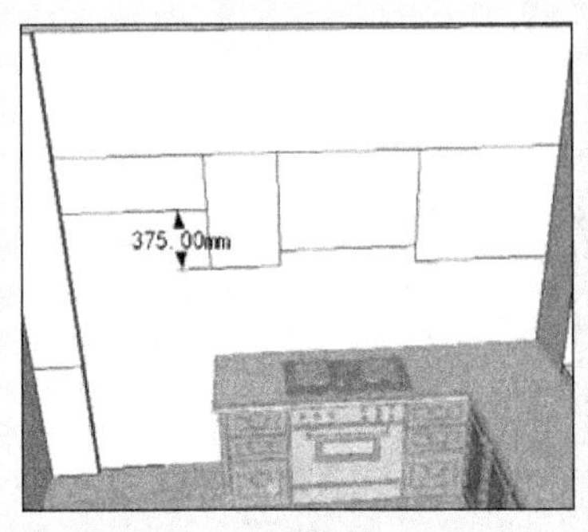

图 7-36　分割平面

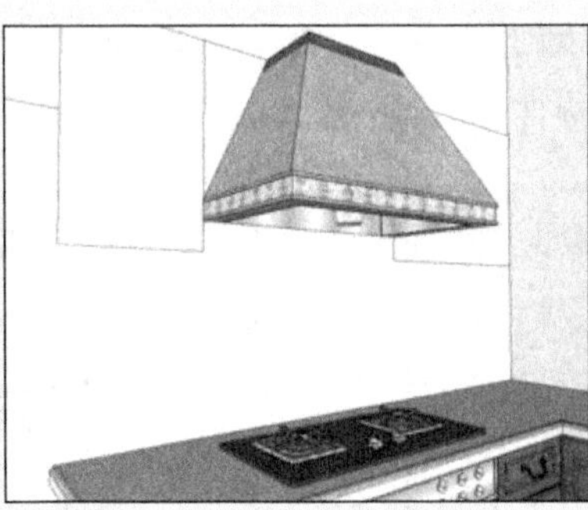
图 7-37　细化抽油烟机

图 7-38　细化吊柜

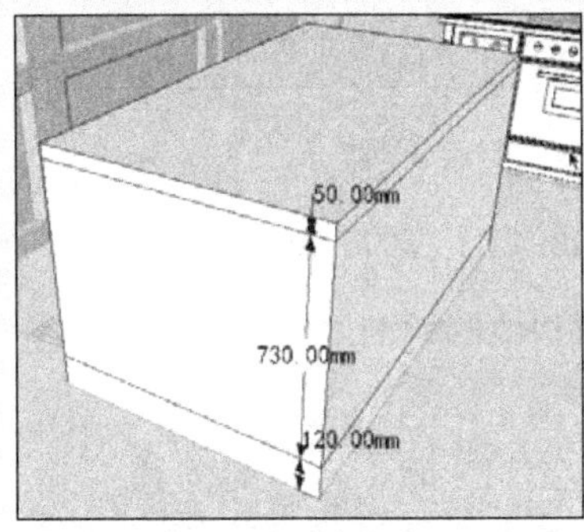

图 7-39　制作便餐台轮廓

图 7-40　细化中部柜面

图 7-41　细化上部柜板

经过以上步骤，制作好空间框架及合并主体家具后，当前效果如图 7-44 所示。

接下来首先参考图纸细化好厨房的地面，如图 7-45 所示。然后调入地毯模型并处理好餐厅地面细节，如图 7-46 所示。最后制作好踢脚板，完成空间地面效果如图 7-47 所示。

图 7-42　合并电视柜与餐桌椅

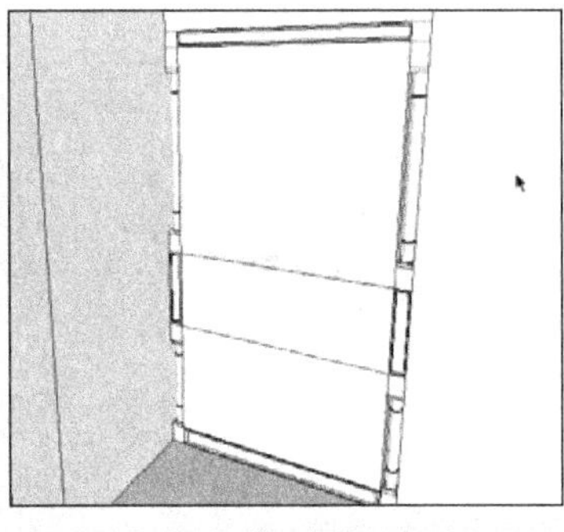
图 7-43　细化柜子

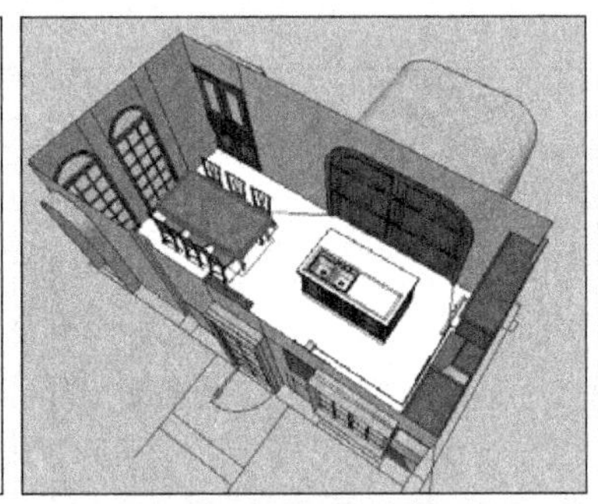
图 7-44　空间框架与主体家具完成效果

地面处理完成后，再根据功能的划分依次制作好各空间顶棚中的原木、灯具、出风口以及窗帘等模型，如图 7-48 ~ 7-50 所示。

空间地面与顶棚处理完成后，再根据主体家具的功能合并入配套的炊具、餐具、食物等模型，制作空间细节，如图 7-51~7-53 所示。

最后合并入挂画、盆栽等装饰性模型，完成效果如图 7-54 与图 7-55 所示。餐厅空间最终细节效果如 7-56 所示，其他空间效果与细节如图 7-9~图 7-21 所示。

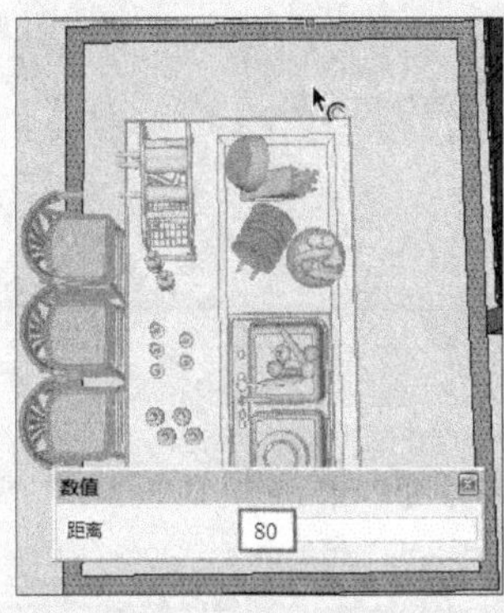
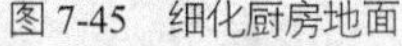

图 7-45　细化厨房地面

图 7-46　调入地毯模型并处理餐厅地面

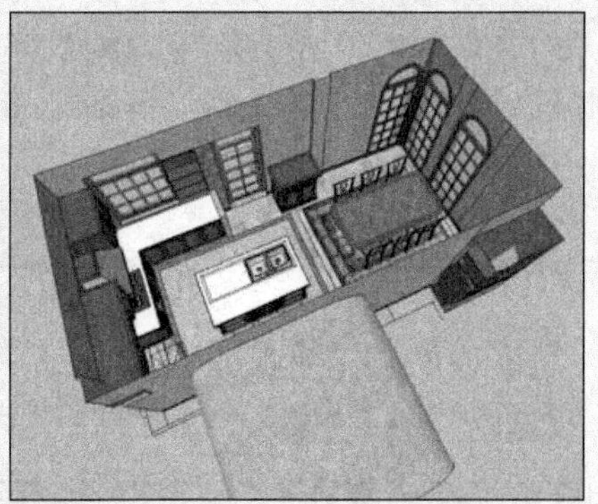

图 7-47　空间地面处理完成效果

图 7-48　完成原木与便餐台吊顶细节

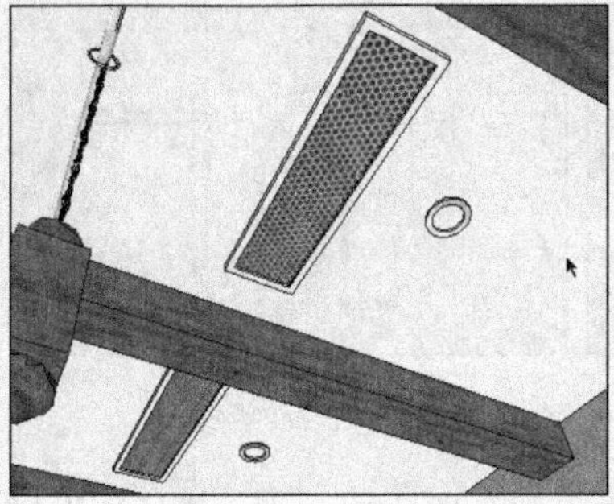

图 7-49　完成灯孔与出风口

图 7-50　完成餐厅吊顶、灯具及窗帘

图 7-51　合并橱柜上炊具等细节模型

图 7-52　合并便餐台上酒具与水果等模型

图 7-53　合并餐桌上餐具与烛台等模型

图 7-54　合并挂画

图 7-55　合并盆栽

图 7-56　餐厅空间最终细节效果

7.3 创建整体框架、门洞与窗洞

7.3.1 创建整体框架

01 启用【卷尺】工具，测量入户门宽度以确定图纸尺寸，如图 7-57 所示。

02 启用【直线】工具，捕捉内侧墙线，创建好范围内的模型平面，如图 7-58 与图 7-59 所示。

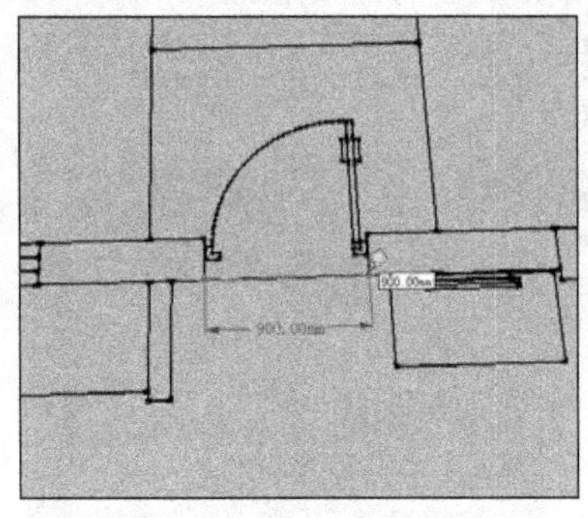

图 7-57 测量入户门宽度确定图纸尺寸

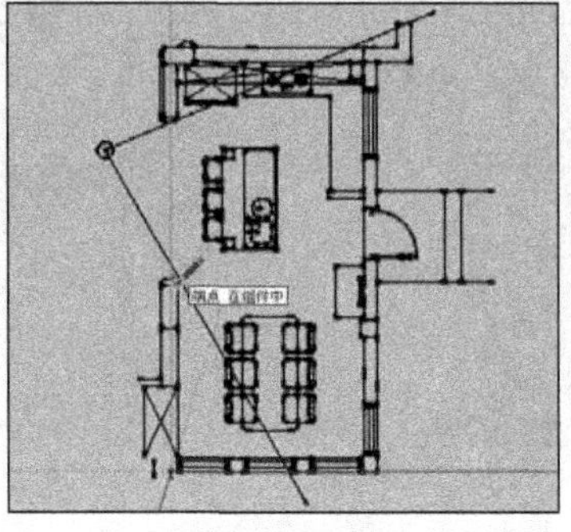

图 7-58 捕捉内侧墙线

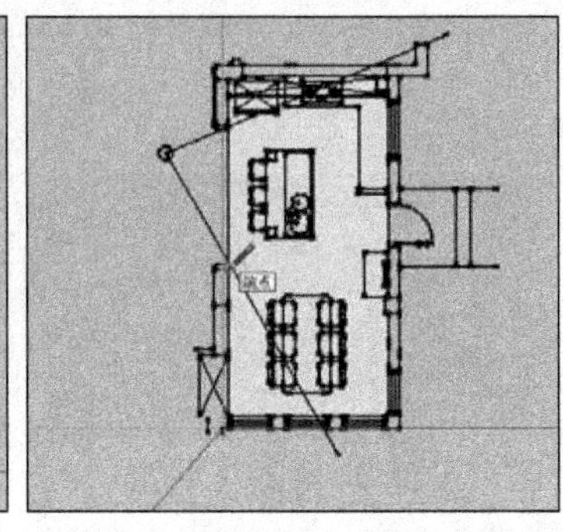

图 7-59 模型平面创建完成

03 启用【推/拉】工具，选择平面制作 2800mm 空间高度，如图 7-60 所示。

04 按下 Ctrl+A 键全选模型，然后单击鼠标右键，选择“反转平面”，如图 7-61 所示。

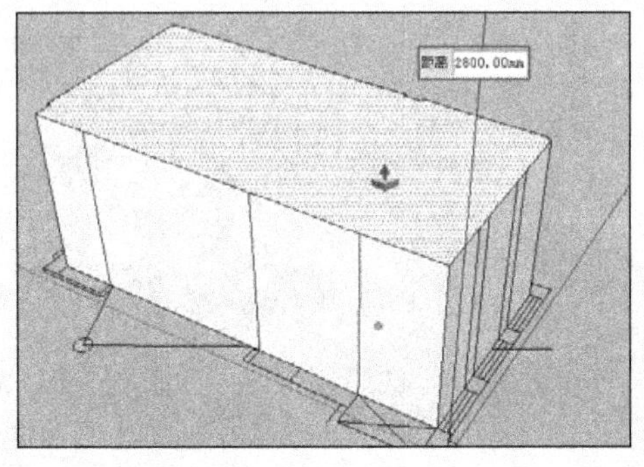

图 7-60 制作 2800mm 空间高度

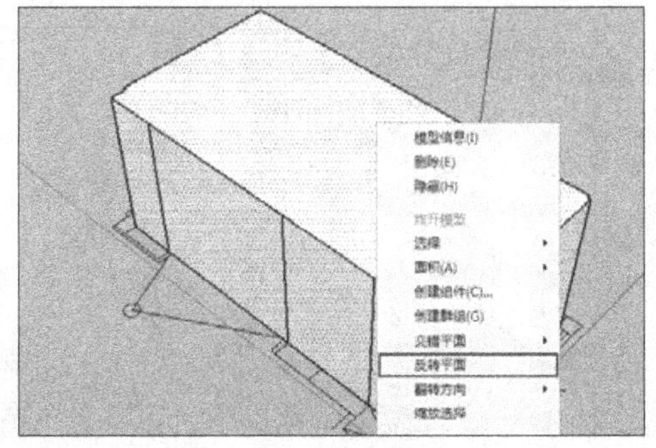

图 7-61 选择“反转平面”

05 依次选择模型的顶面、中部立面以及底面，分别创建为单独的组，如图 7-62~图 7-64 所示。

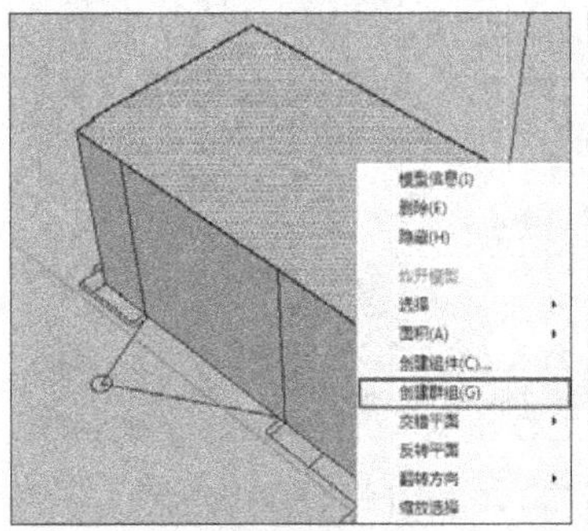

图 7-62 将顶面单独创建为组

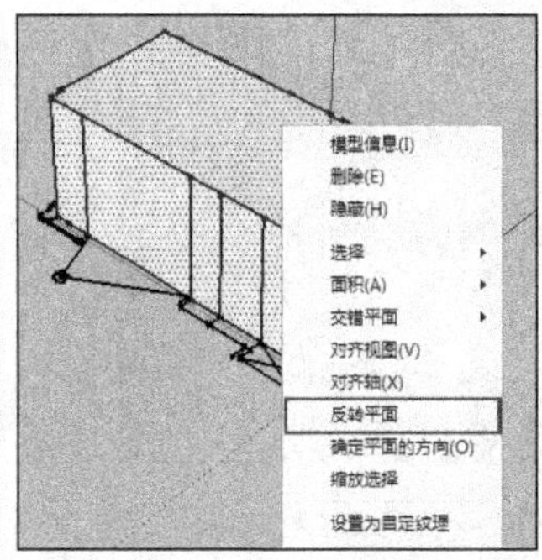

图 7-63 将中部立面单独创建为组

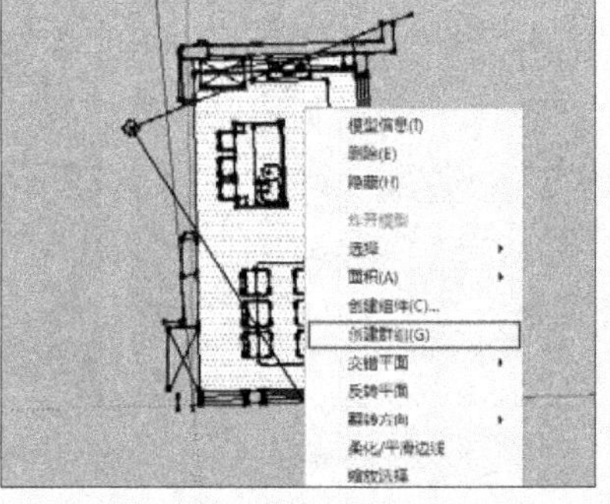

图 7-64 将底面单独创建为组

06 轮廓框架创建完成后，接下来制作空间门洞与窗洞。

7.3.2 创建门洞与窗洞

01 选择门洞下方边线，启动【移动】工具，以 2200mm 的距离向上移动复制出门洞上方线段，如图 7-65 所示。

02 启用【推/拉】工具，捕捉图纸制作出门洞，如图 7-66 所示。然后删除多余平面。

03 选择窗户分割线，向上以 900mm 的距离移动复制出窗台线，如图 7-67 所示。

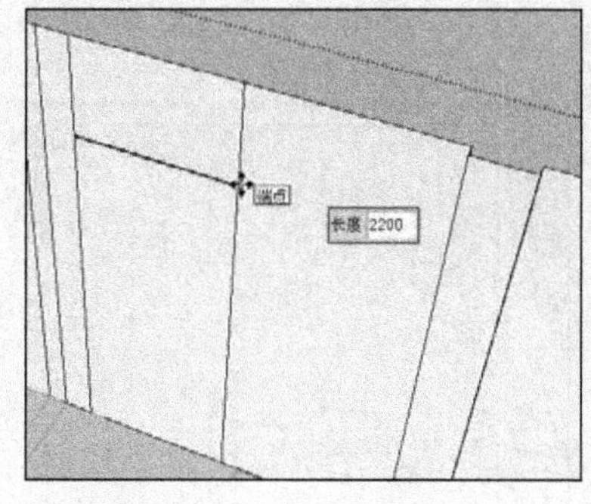

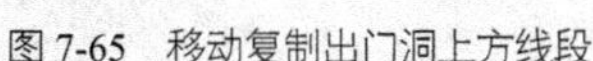
图 7-65 移动复制出门洞上方线段

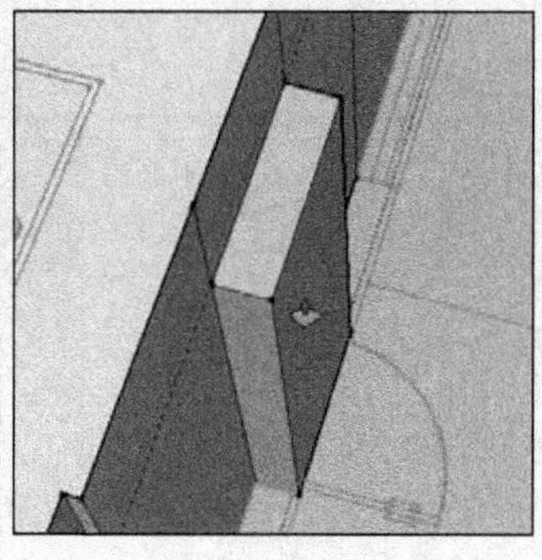
图 7-66 制作门洞

图 7-67 移动复制出窗台线

04 选择窗台线，向上以 1500mm 的距离移动复制出窗洞上方线段，如图 7-68 所示。然后启用【推/拉】工具制作好窗洞，如图 7-69 所示。

05 删除多余平面，制作好该处的门洞与窗洞，完成效果如图 7-70 所示。

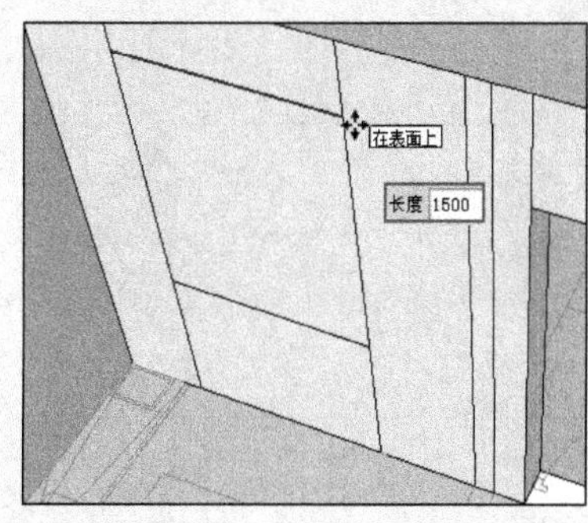

图 7-68 移动复制出窗洞上方线段

图 7-69 制作窗洞

图 7-70 该处门洞与窗洞完成效果

06 选择右侧窗户下方线条，通过移动复制确定窗洞高度，如图 7-71 所示。

07 启用【卷尺】工具测量窗户半宽，如图 7-72 所示。然后根据该数值，启用【圆弧】工具制作好顶部圆弧，如图 7-73 所示。

08 启用【推/拉】工具制作好窗洞，如图 7-74 所示。

09 采用相同方法制作好该区域其他窗洞，完成效果如图 7-75 所示。接下来制作后方墙面大门门洞。

10 选择底部线段，通过移动复制确定大门门洞高度，如图 7-76 所示。

11 结合使用【卷尺】与【圆弧】工具，制作大门左上角的圆弧细节，如图 7-77 所示。

12 采用相同方法制作右侧的圆弧细节，如图 7-78 所示。然后启用【推/拉】工具，制作出门洞与后方走廊，如图 7-79 所示。

13 经过以上步骤，本例空间框架即已完成，当前效果如图 7-80 所示。接下来创建空间的高细节门窗。

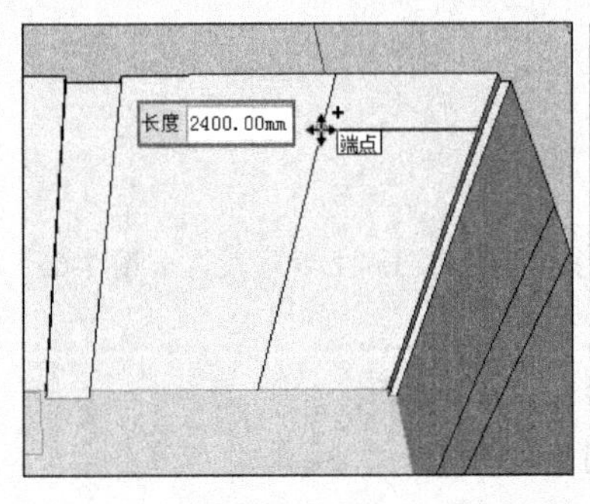

图 7-71　确定窗洞高度

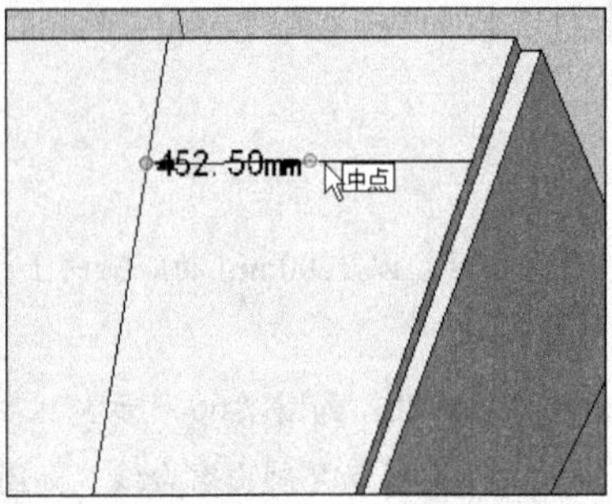

图 7-72　测量窗户半宽

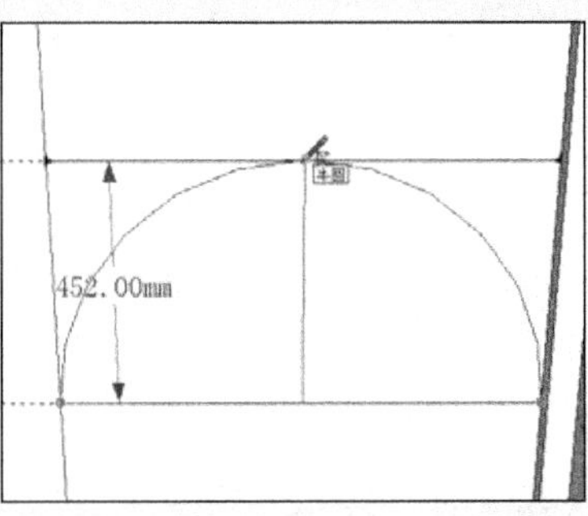

图 7-73　根据半宽绘制顶部圆弧

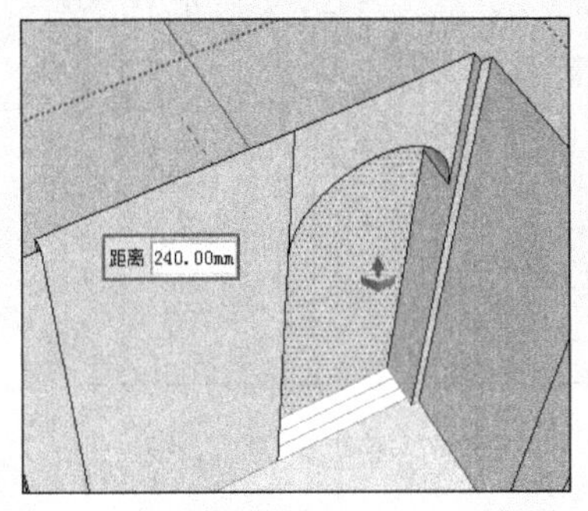

图 7-74　制作好窗洞

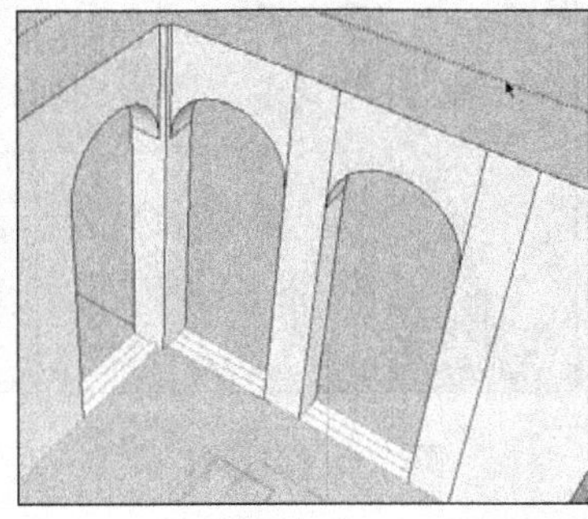

图 7-75　制作该处其他窗洞

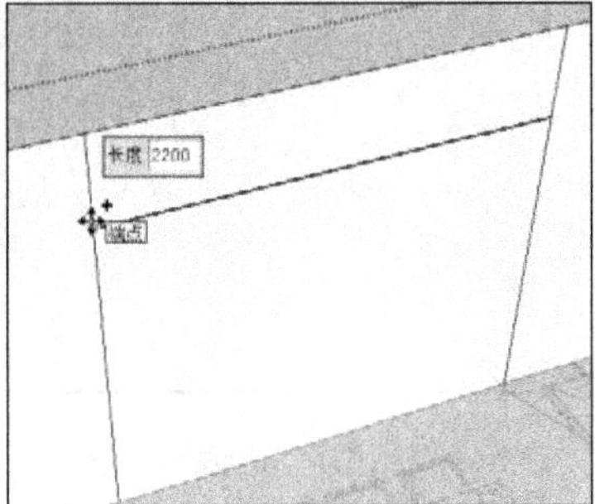

图 7-76　确定大门门洞高度

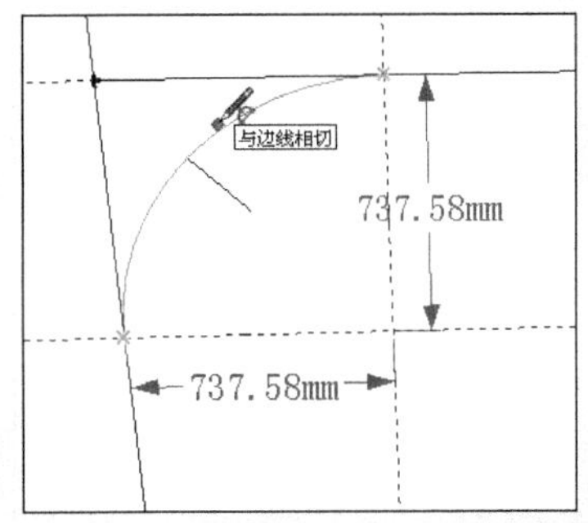

图 7-77　绘制圆弧细节

图 7-78　制作右侧圆弧细节

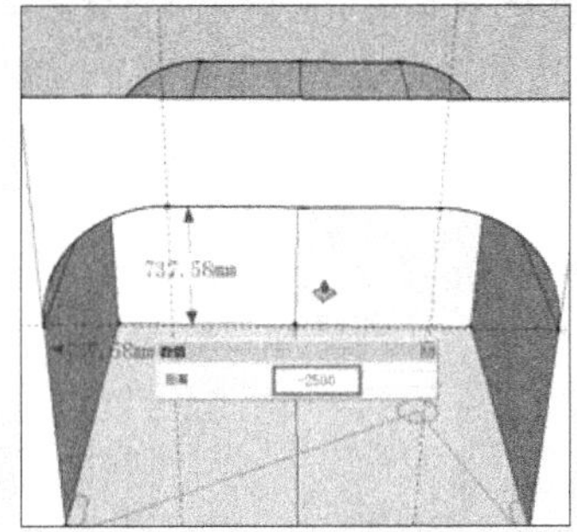

图 7-79　推拉出门洞与后方走廊

7.4 创建高细节门窗

7.4.1 创建入户门

01 参考图纸，使用【直线】工具绘制好门套线平面，如图 7-81 所示。

02 选择绘制好的门套线平面，然后通过捕捉调整平面位置至边沿，如图 7-82 所示。

03 选择门套线平面，启用【路径跟随】工具制作好门套整体，如图 7-83 所示。

04 启用【直线】工具，创建连接线形成门平面，如图 7-84 所示。

05 选择门平面，将其反转，如图 7-85 所示。然后将其单独创建为组，如图 7-86 所示。

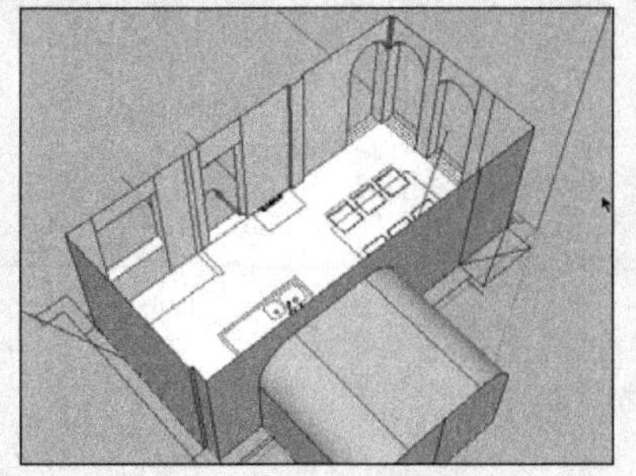
图 7-80　空间框架完成效果

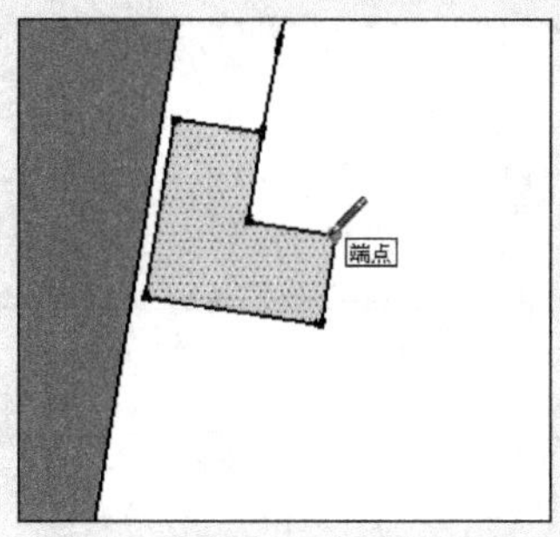

图 7-81　绘制门套线平面

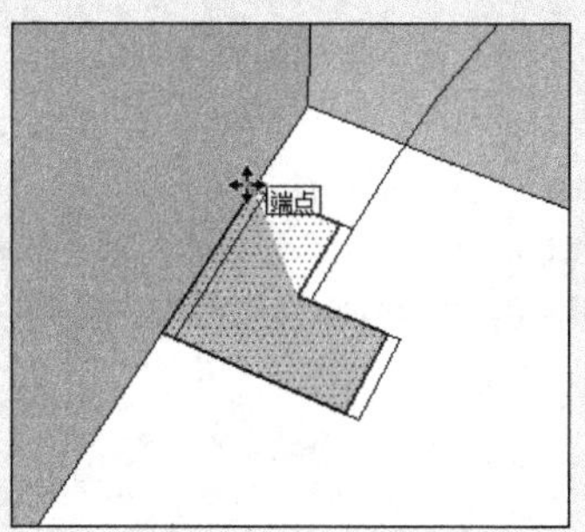

图 7-82　调整平面位置

图 7-83 制作门套整体

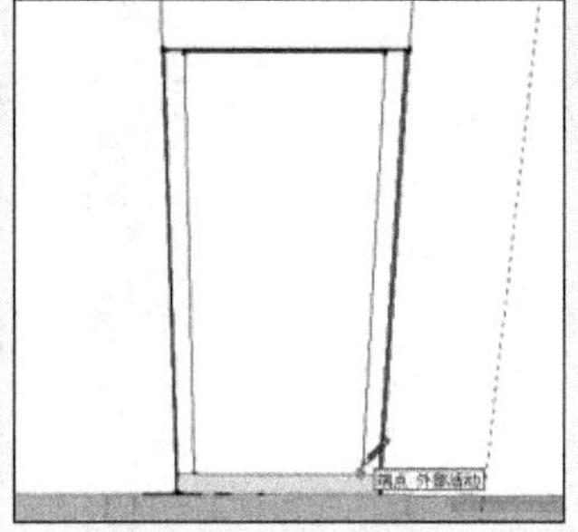
图 7-84　形成门平面

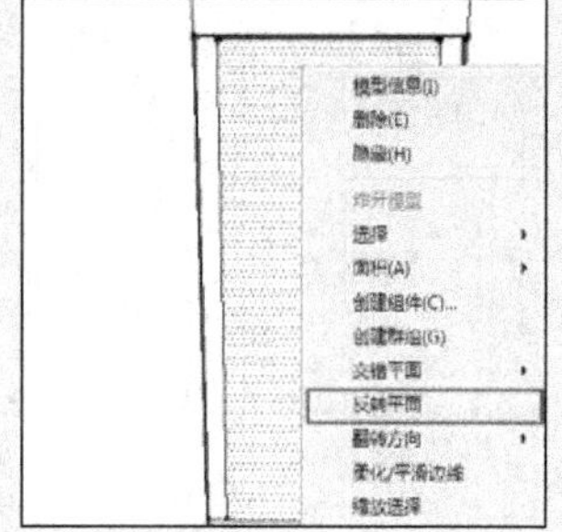

图 7-85　反转门平面

06 选择门边线，将其拆分为 6 段，如图 7-87 所示。然后启用【直线】工具分割出上、下两部分，如图 7-88 所示。

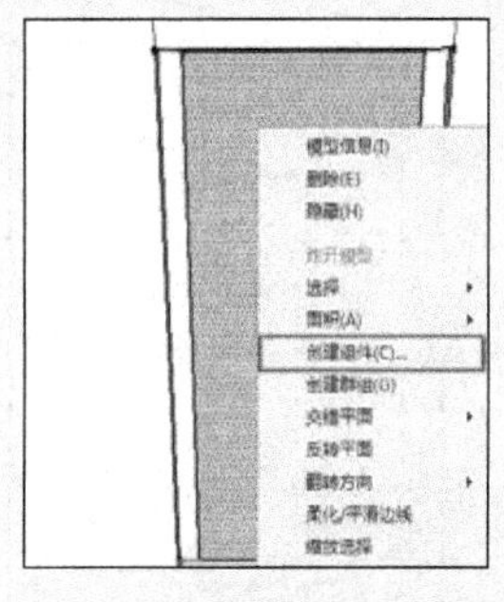

图 7-86　将门平面单独创建为组

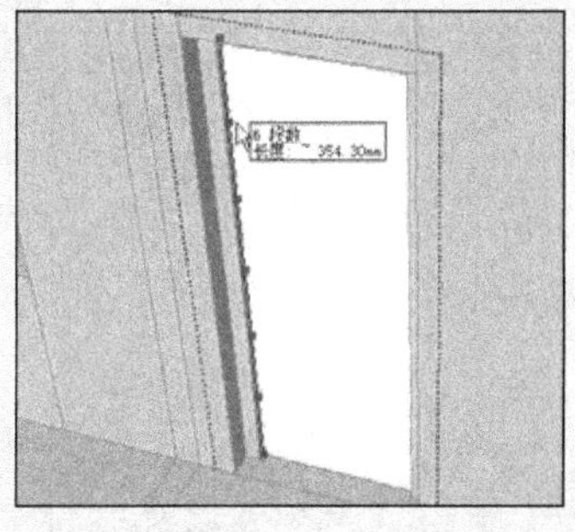
图 7-87　拆分门边线

图 7-88　分割门平面

07 启用【偏移】工具，制作好门框，如图 7-89 所示。然后通过线段的删除与位置调整制作好门框细节，完成效果如图 7-90 所示。

08 选择内部下方门边线，将其拆分为 5 段，如图 7-91 所示。

09 启用【直线】工具，捕捉拆分点与中点分割好门平面，完成效果如图 7-92 所示。

10 启用【偏移】工具，制作好门内部细框平面，如图 7-93 与图 7-94 所示。

11 选择中部左、右两侧线段，分别向左、右移动 12.5mm，使内部细框宽度一致，如图 7-95 与图 7-96 所示。

12 选择下部线段并调整其高度，使内部细框高度保持一致，完成效果如图 7-97 所示。

13 启用【推/拉】工具向内推入 30mm，制作好内部细框厚度与玻璃面，如图 7-98 所示。

14 打开【材料】对话框，为门套线赋予木纹材质，如图 7-99 所示。然后为玻璃面赋予半透明材质，如图

7-100 所示。

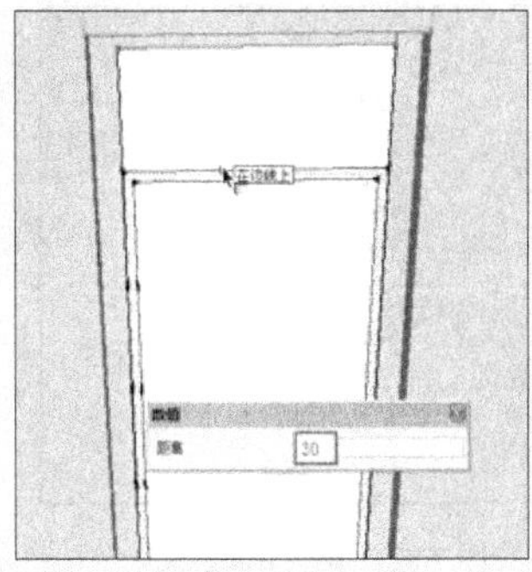

图 7-89 制作门框

图 7-90 制作门框细节

图 7-91 拆分下方门边线

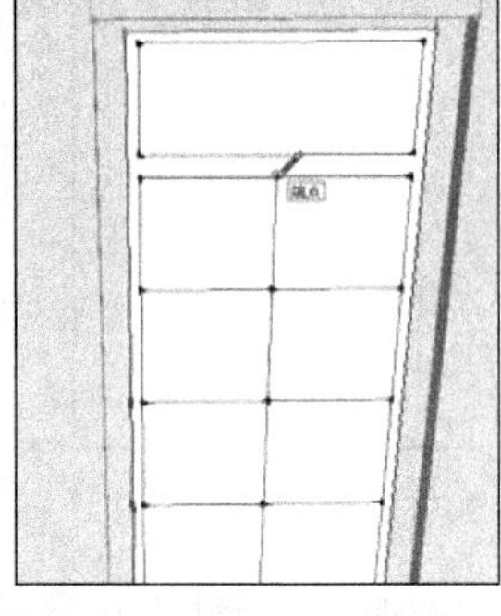

图 7-92 分割门平面

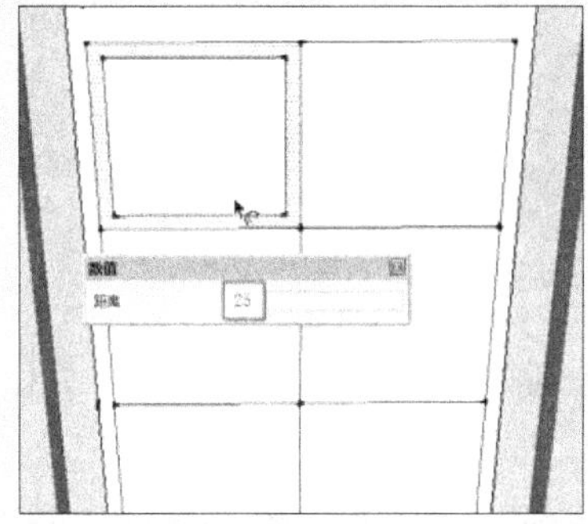

图 7-93 制作门内部细框平面

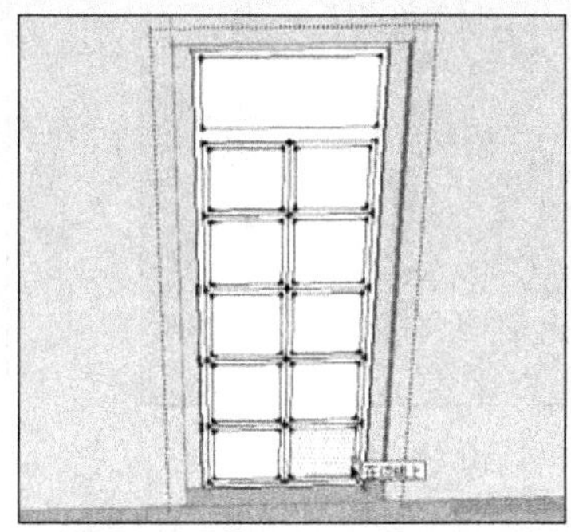

图 7-94 内部细框制作完成

图 7-95 调整中部线段位置

图 7-96 竖向线段调整完成

图 7-97 调整下部线段高度

图 7-98 制作细框厚度与玻璃面

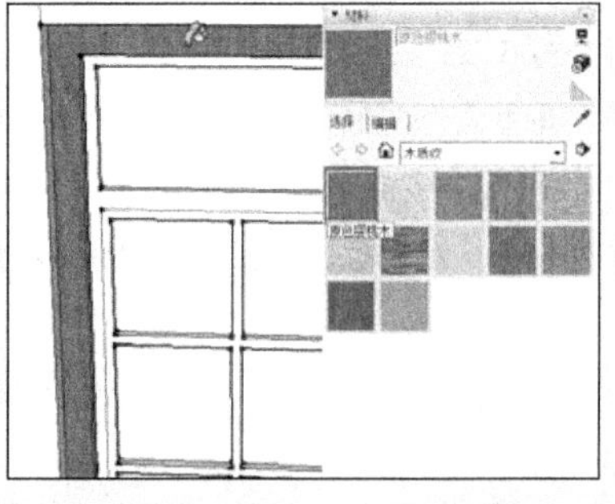

图 7-99 赋予门套线木纹材质

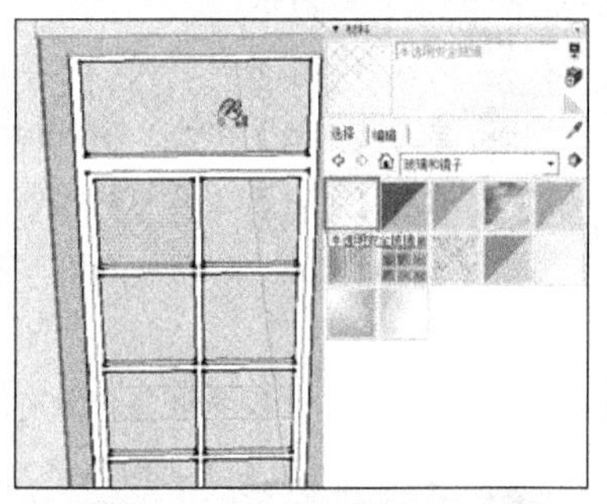

图 7-100 赋予玻璃面半透明材质

15 打开【组件】对话框，合并并放置好门插销模型，如图 7-101 所示。

16 经过以上步骤，入户门即已完成，效果如图 7-102 所示。接下来创建厨房的方形窗模型。

7.4.2 创建厨房方窗

01 启用【矩形】工具，捕捉窗洞角点创建窗户平面，如图 7-103 所示。

图 7-101　合并并放置门插销

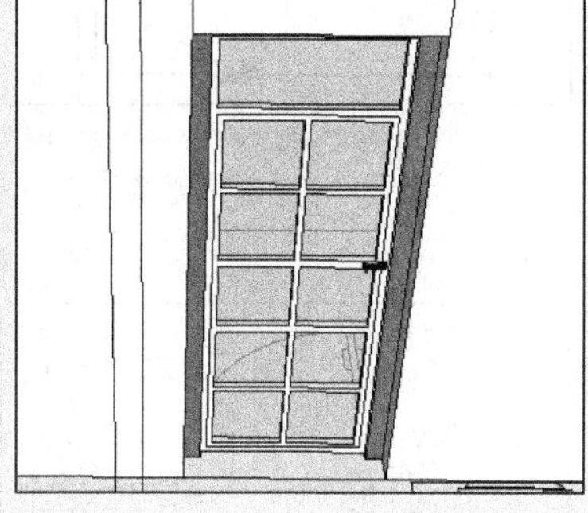
图 7-102　入户门细化完成

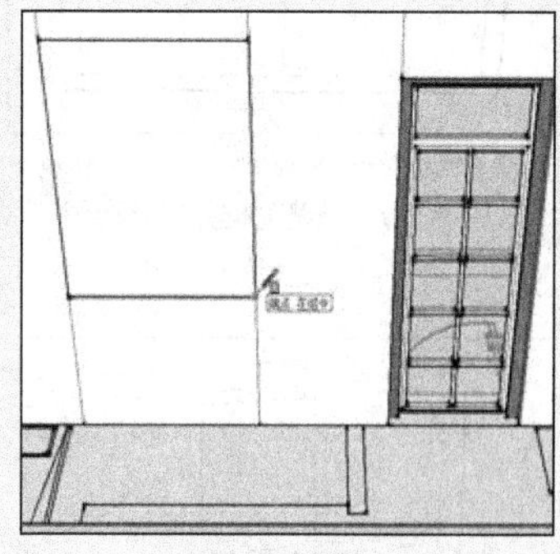
图 7-103　创建窗户平面

02 选择窗户平面边线，将其拆分为 4 段，如图 7-104 所示。

03 启用【直线】工具，分割出上、下两个平面，如图 7-105 所示。

04 启用【移动】工具，制作好窗框平面，如图 7-106 所示。

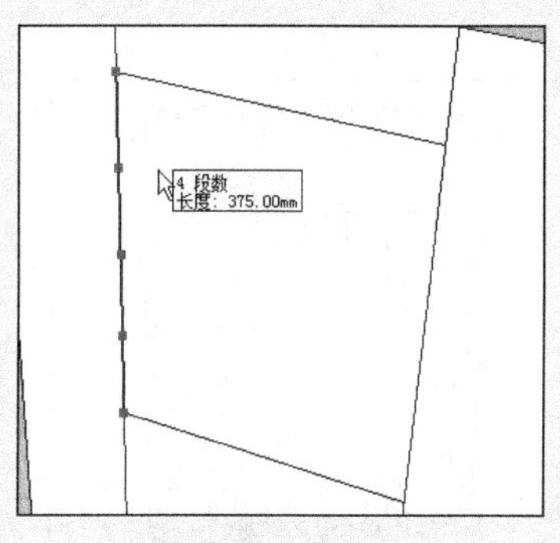

图 7-104　拆分平面边线

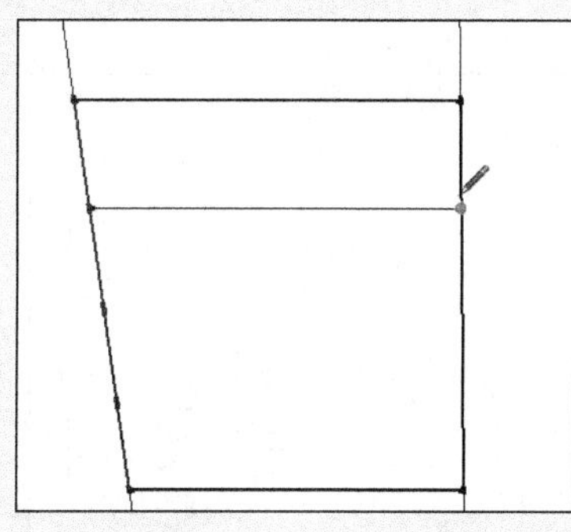
图 7-105　上下分割平面

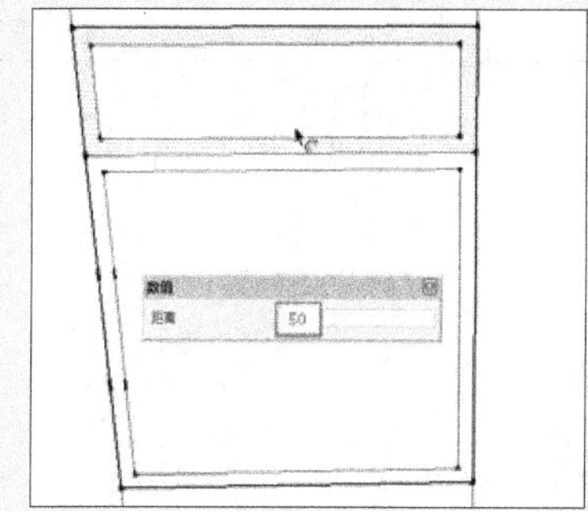

图 7-106　制作窗框平面

05 调整好窗框平面细节，然后使用【直线】工具平分内部窗页，如图 7-107 所示。

06 使用【直线】工具将左侧窗页拆分为 6 部分，完成效果如图 7-108 所示。

07 启用【偏移】工具，制作好内部细框平面，如图 7-109 所示。

08 选择线段调整好细框大小，如图 7-110 所示。然后利用其复制出左侧窗页平面，如图 7-111 所示。

09 启用【推/拉】工具制作好细框厚度与玻璃面，如图 7-112 所示。

10 将窗户创建为组，然后捕捉窗洞中点调整好窗户位置，如图 7-113 所示。

11 启用【推/拉】工具制作出窗框厚度，如图 7-114 所示。

12 打开【材料】对话框，赋予窗户各部分相应材质，然后合并并放置好窗户插销，完成效果如图 7-115 所示。接下来创建餐厅弧形窗。

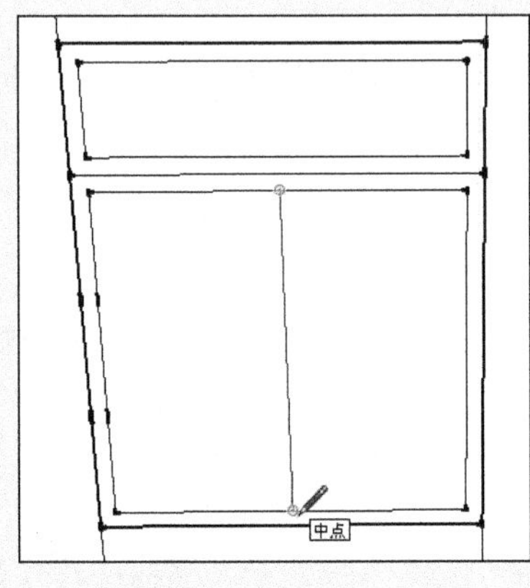

图 7-107　调整窗框并平分窗页

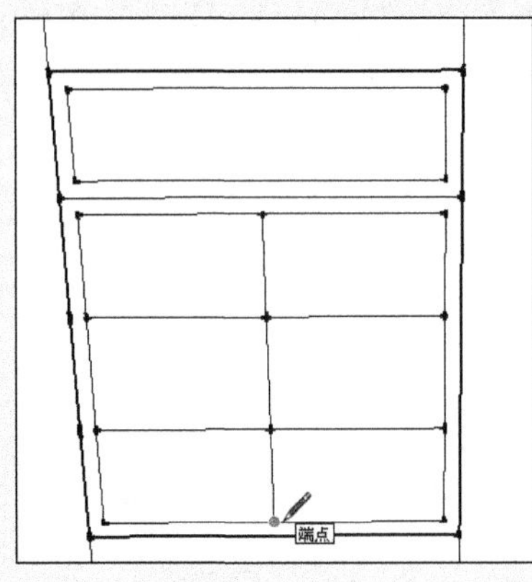

图 7-108　拆分左侧窗页

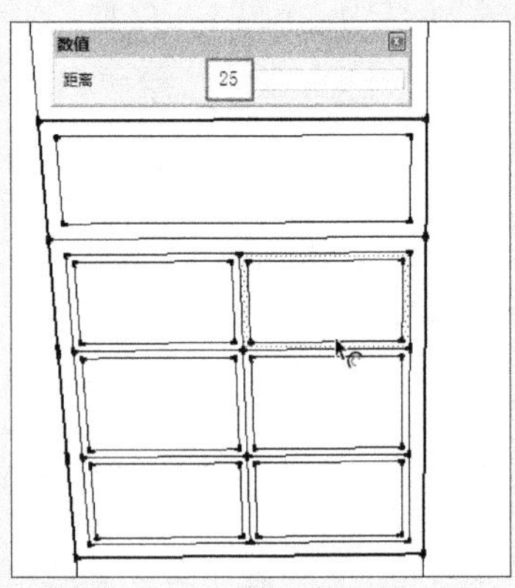

图 7-109　制作内部细框平面

图 7-110　调整细框大小

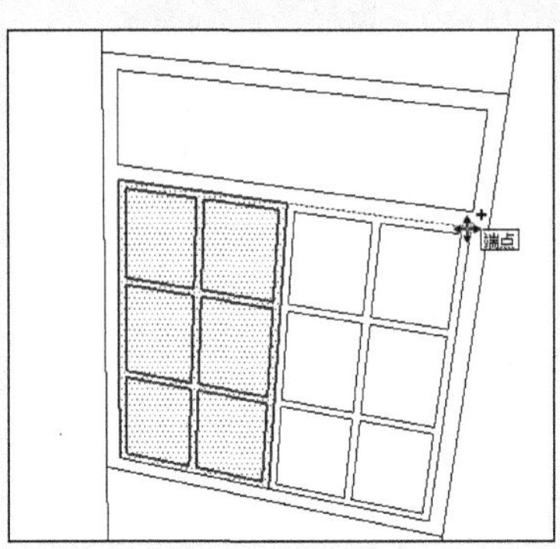

图 7-111　复制窗页平面

图 7-112　制作细框厚度与玻璃面

图 7-113　调整窗户位置

图 7-114　制作窗框厚度

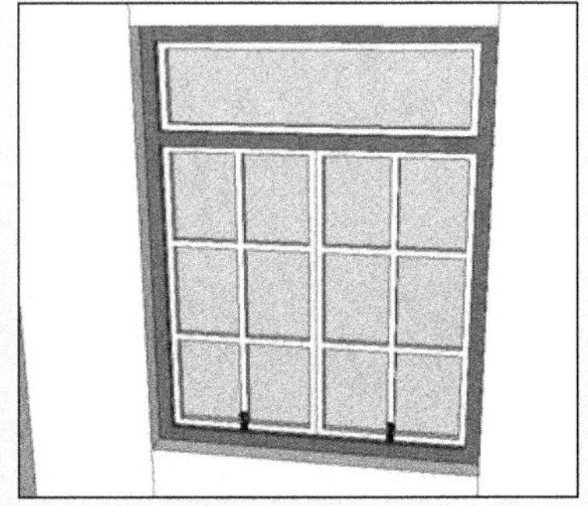

图 7-115　赋予材质并合并窗户插销

7.4.3 创建餐厅弧形窗

01 启用【直线】工具绘制连接线，创建出窗户平面，如图 7-116 所示。

02 结合使用【直线】与【偏移】工具，制作好窗框平面，如图 7-117 所示。

03 通过线段的拆分以及【偏移】工具，制作好内部细框平面，如图 7-118 所示。

04 启用【推/拉】工具，依次制作好细框厚度与窗框厚度，如图 7-119 与图 7-120 所示。

05 打开【材料】对话框，赋予窗户各部分相应材质，完成效果如图 7-121 所示。

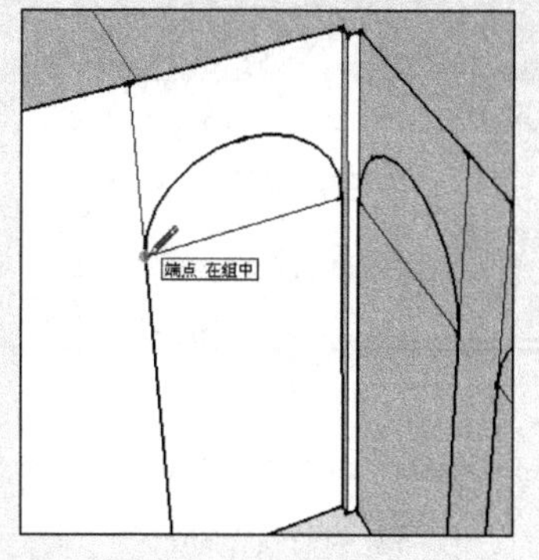

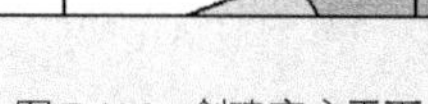

图 7-116 创建窗户平面

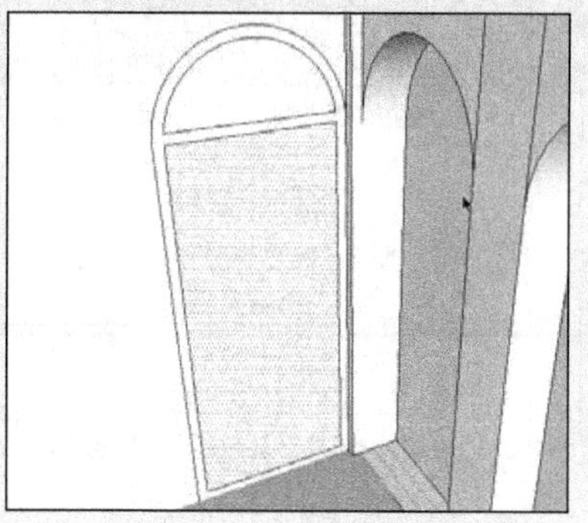

图 7-117 制作窗框平面

图 7-118 制作内部细框平面

图 7-119 制作细框厚度

图 7-120 制作窗框厚度

图 7-121 赋予窗户材质

06 复制窗户并通过旋转调整好朝向，然后通过捕捉放置好位置，如图 7-122 与图 7-123 所示。

07 再次复制，完成该处窗户的制作，效果如图 7-124 所示。

图 7-122 复制弧形窗

图 7-123 旋转并调整窗户位置

图 7-124 窗户完成效果

7.4.4 创建大门模型

01 启用【直线】工具绘制连接线，创建出大门平面，如图 7-125 所示。

02 启用【偏移】工具，制作好大门门框以及内部门页边框平面，如图 7-126 与图 7-127 所示。

03 选择门页边线，将其拆分为 3 段，如图 7-128 所示。

04 通过【直线】工具以及线段的移动复制创建好中部分割木方平面，如图 7-129 所示。

05 启用【推/拉】工具制作好木方厚度细节，如图 7-130 所示。

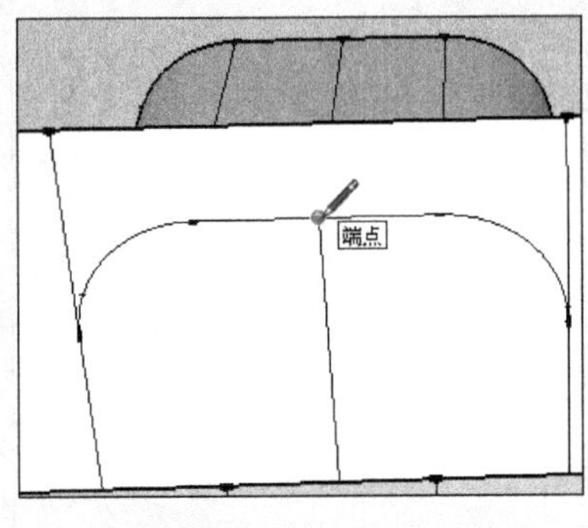

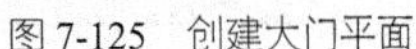

图 7-125 创建大门平面

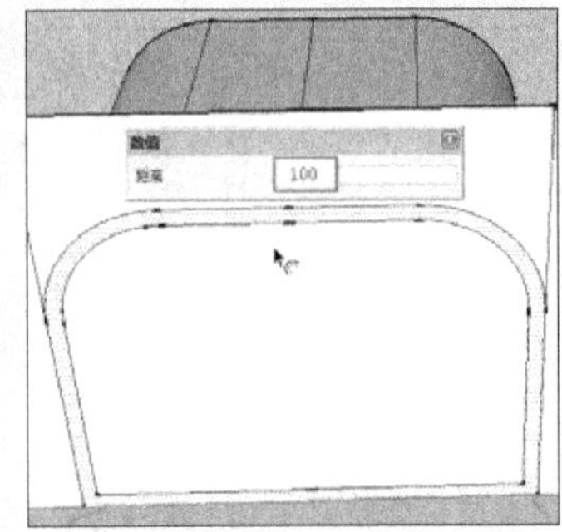

图 7-126 制作大门门框

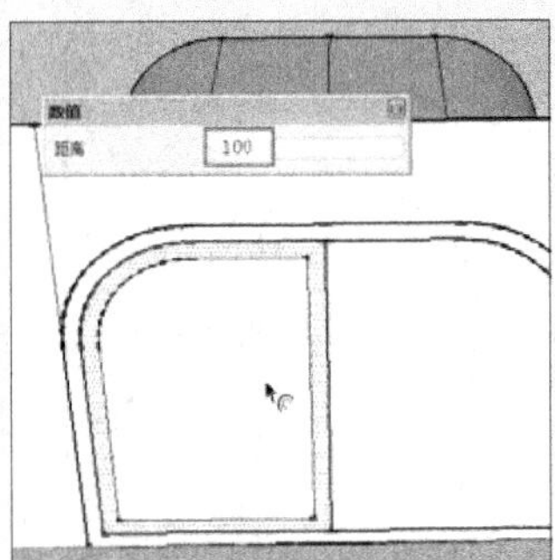

图 7-127 制作门页边框

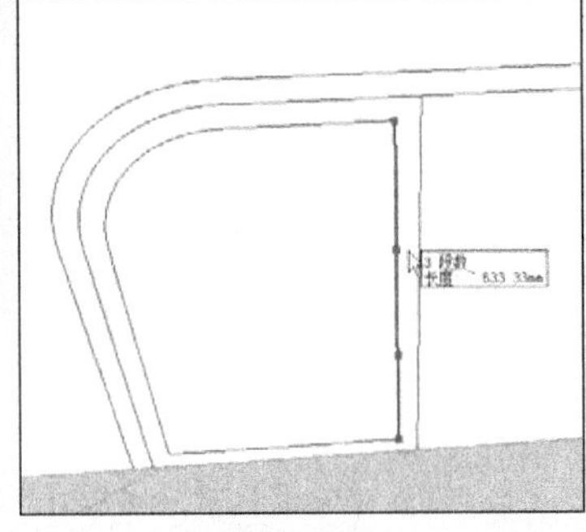

图 7-128 拆分门页边线

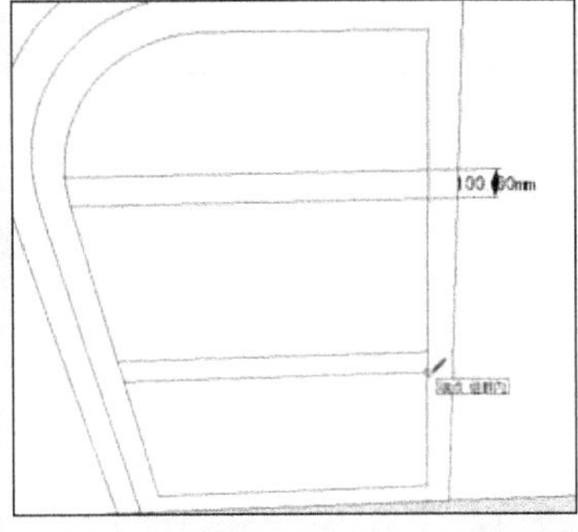

图 7-129 创建中部分割木方平面

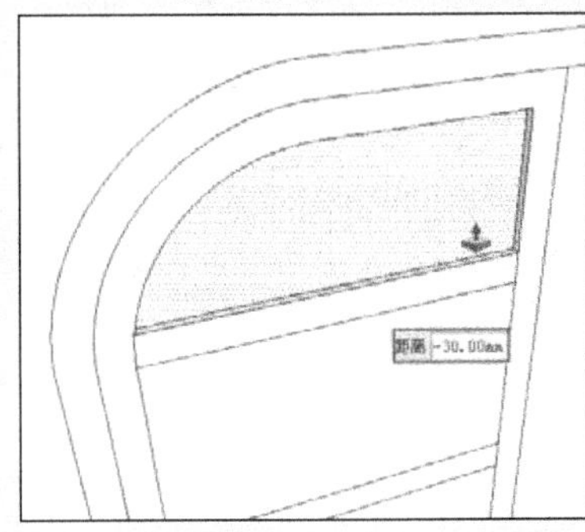

图 7-130 制作木方厚度细节

06 选择内部平面，启用【缩放】工具调整出斜面细节，如图 7-131 所示。

07 选择其他内部平面，重复缩放操作完成门页的制作，效果如图 7-132 所示。

08 启用【推/拉】工具制作好门框厚度，如图 7-133 所示。

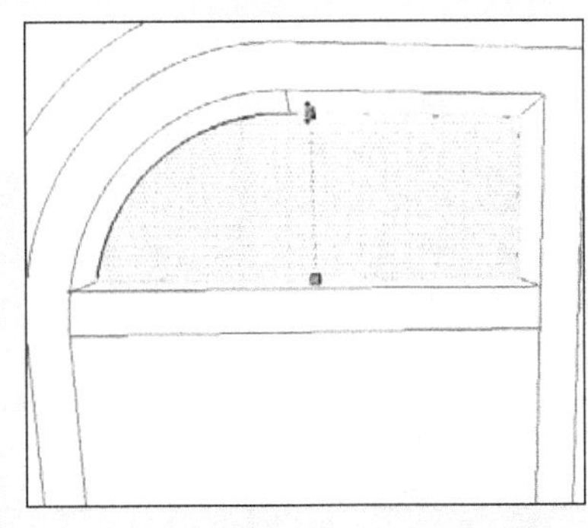

图 7-131 调整出斜面细节

图 7-132 门页完成效果

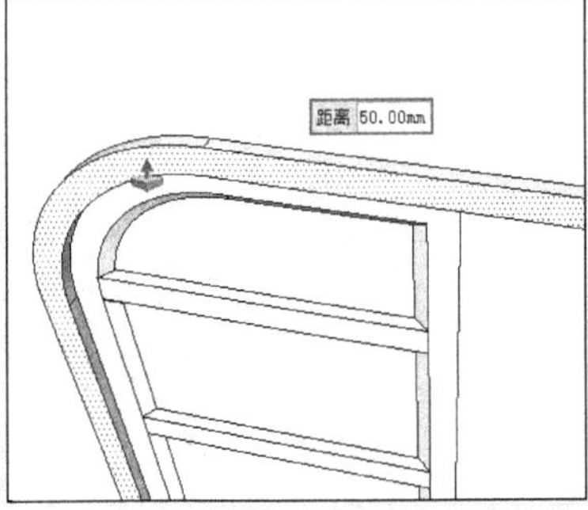

图 7-133 制作门框厚度

09 打开【材料】对话框，制作并赋予门框与门页外框木纹材质，如图 7-134 所示。当前大门的效果如图 7-135 所示。

10 为门页内部平面制作并赋予木板材质，如图 7-136 所示。

11 选择制作好的门页，将其单独创建为组，如图 7-137 所示。

12 镜像复制门页并调整好位置，如图 7-138 所示。

13 打开【组件】对话框，合并入门钉，然后放置好位置，如图 7-139 所示。

14 向下复制门钉，如图 7-140 所示。然后镜像复制出右侧的门钉并调整好位置，如图 7-141 所示。

15 通过以上步骤，大门即已完成，其效果如图 7-142 所示。

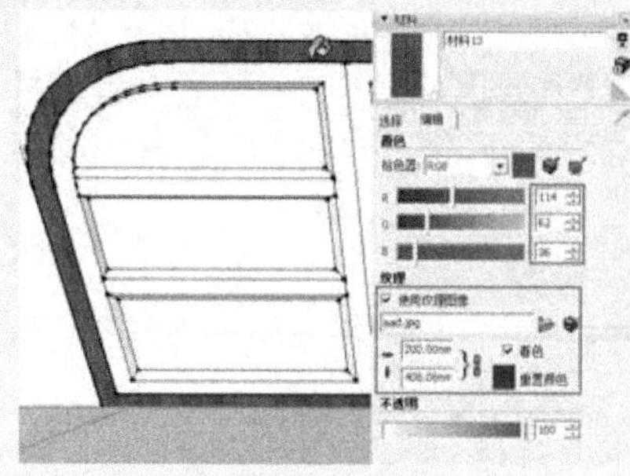

图 7-134　赋予门框与门页外框木纹材质

图 7-135　当前大门效果

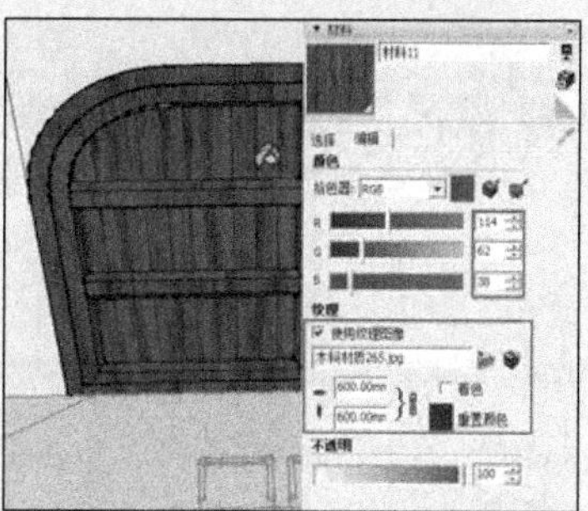

图 7-136　赋予门页内部木板材质

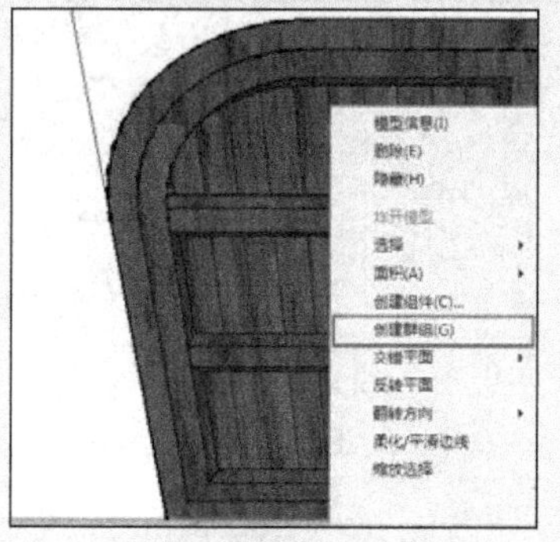

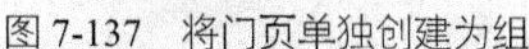

图 7-137　将门页单独创建为组

图 7-138　镜像复制并调整门页

图 7-139　合并并放置门钉

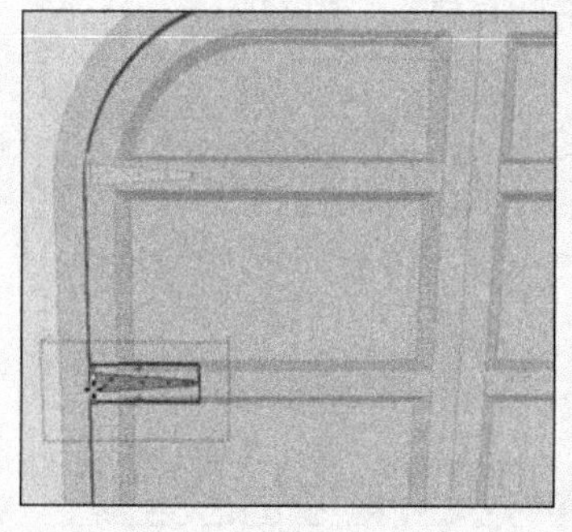

图 7-140　复制门钉

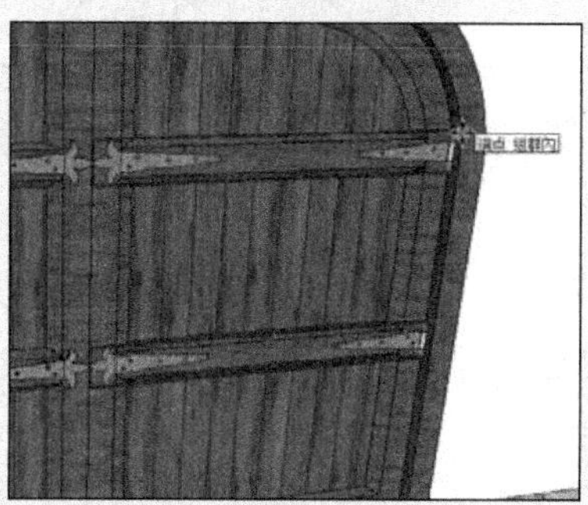

图 7-141　镜像复制并调整右侧门钉

图 7-142　完成大门效果

16 此时模型整体效果如图 7-143 与图 7-144 所示。接下来细化厨房。

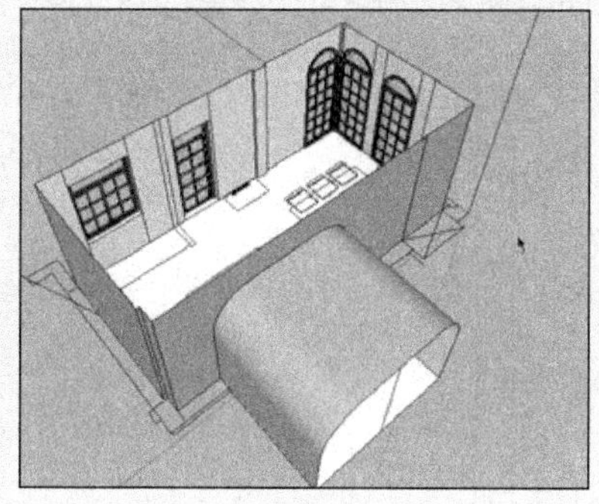

图 7-143　当前模型整体效果 1

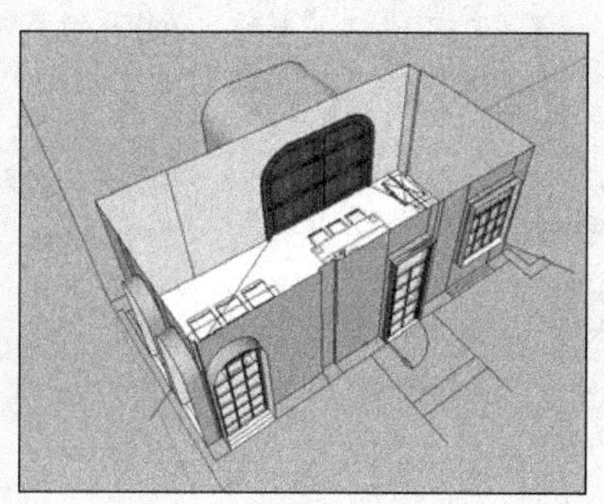

图 7-144　当前模型整体效果 2

7.5 细化厨房

7.5.1 制作高细节橱柜

01 参考图纸，启用【直线】工具分割出橱柜平面，如图 7-145 所示。然后将其单独创建为组，如图 7-146 所示。

02 启用【推/拉】工具，捕捉窗台高度制作好挡墙高度，如图 7-147 所示。

图 7-145 分割橱柜平面

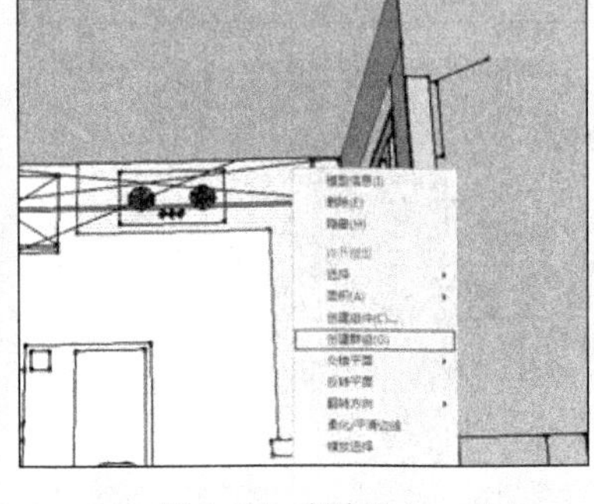

图 7-146 创建组

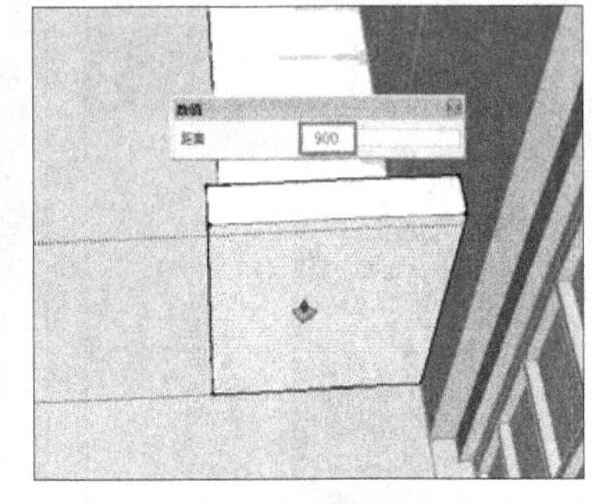

图 7-147 制作挡墙高度

03 启用【推/拉】工具制作好橱柜高度，如图 7-148 所示。

04 结合线的移动复制与【推/拉】工具，制作好橱柜底部细节，如图 7-149 与图 7-150 所示。

图 7-148 制作橱柜高度

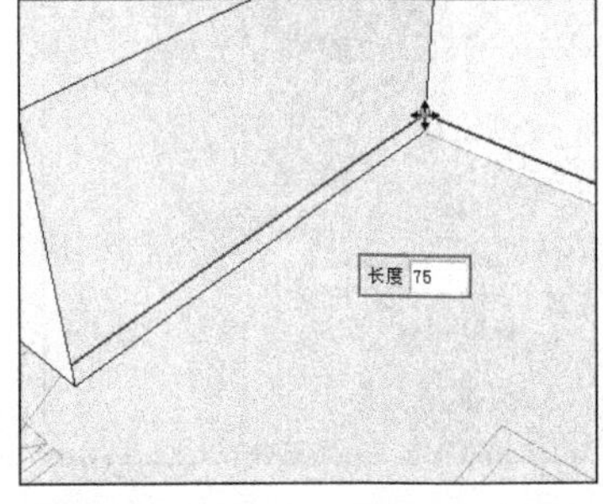

图 7-149 移动复制下方边线

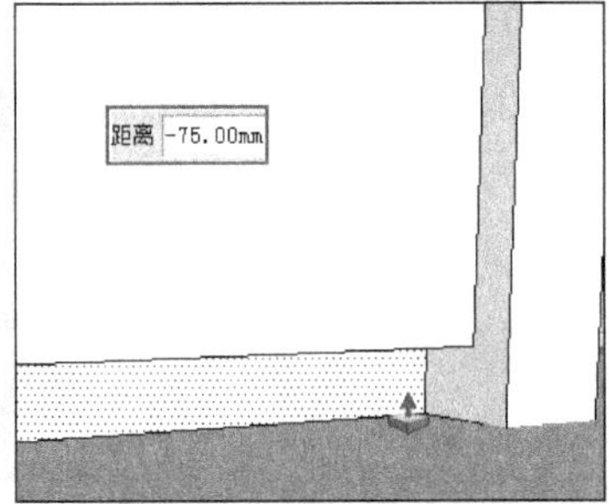

图 7-150 向内推入 75mm

05 结合线的移动复制与【推/拉】工具，制作好橱柜柜面细节，如图 7-151 与图 7-152 所示。

06 经过以上步骤，完成橱柜的制作，轮廓效果如图 7-153 所示。接下来细化柜面。

图 7-151 移动复制上方边线

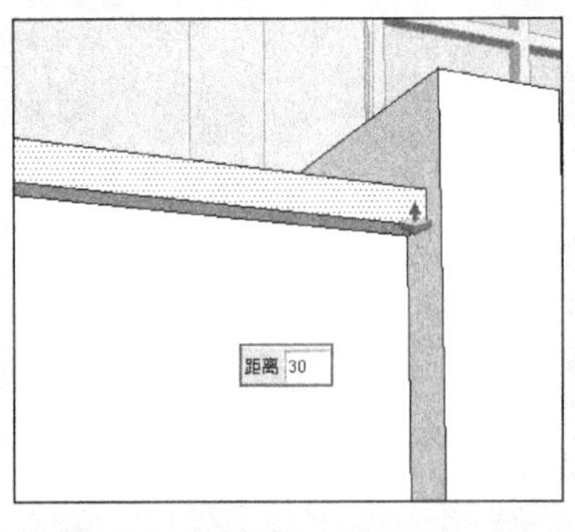

图 7-152 向外拉出 30mm

图 7-153 橱柜轮廓完成效果

07 选择底部边线，将其拆分为 4 段，如图 7-154 所示。

08 启用【直线】工具分割好柜面，然后调整好间隔距离，如图 7-155 与图 7-156 所示。

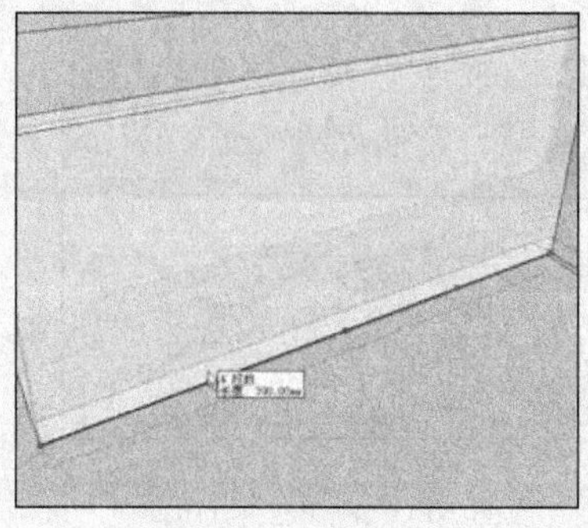

图 7-154 拆分边线

图 7-155 分割柜面

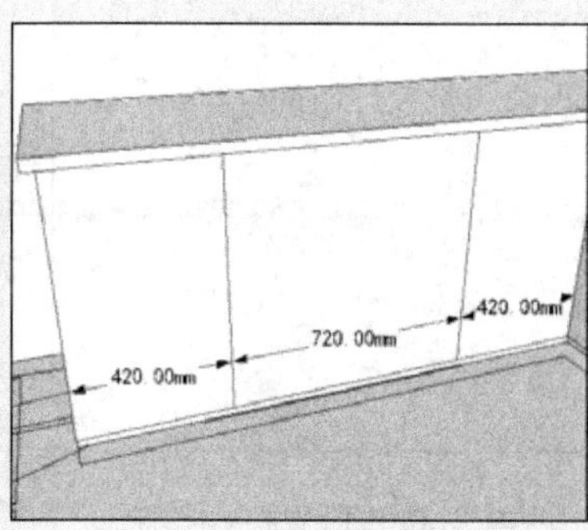

图 7-156 调整分割间距

09 选择竖向边线，将其拆分为 5 段，如图 7-157 所示。

10 启用【直线】工具分割中部柜面与缝隙平面细节，如图 7-158 与图 7-159 所示。

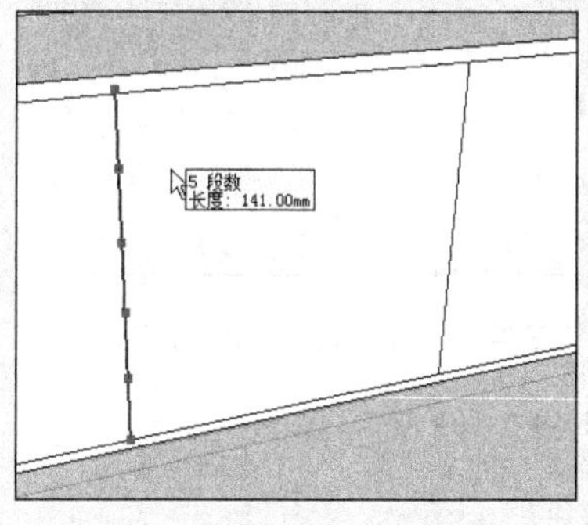

图 7-157 拆分竖向边线

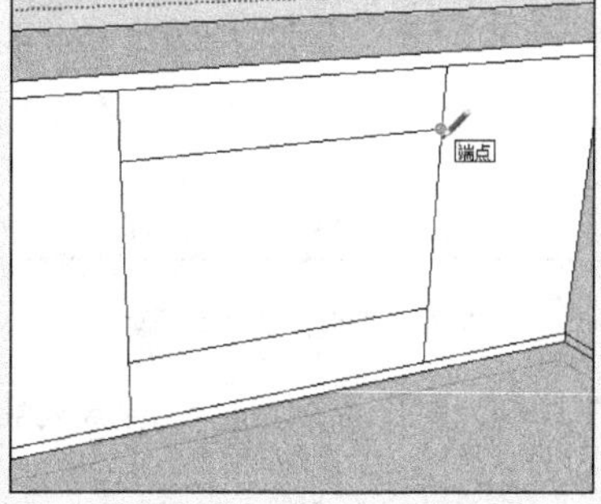

图 7-158 分割中部柜面

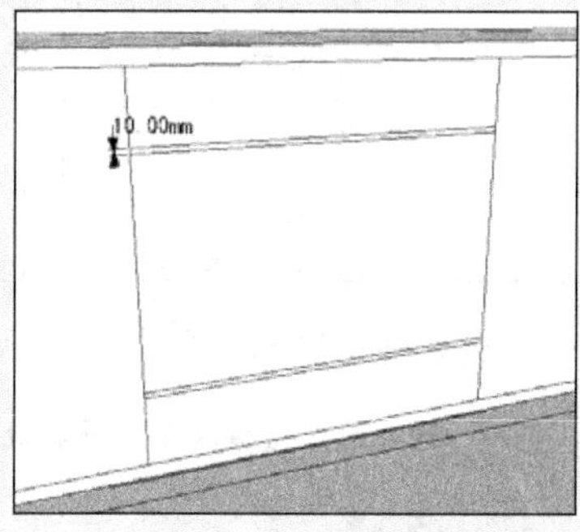

图 7-159 制作缝隙平面细节

11 打开【材料】对话框，赋予柜面金属材质，如图 7-160 所示。

12 结合使用【推/拉】与【偏移】工具，制作好柜面细节，如图 7-161 与图 7-162 所示。

13 启用【圆】工具，制作出圆形旋钮平面，如图 7-163 所示。

14 结合使用【推/拉】与【直线】工具，制作好旋钮细节，完成效果如图 7-164 所示。

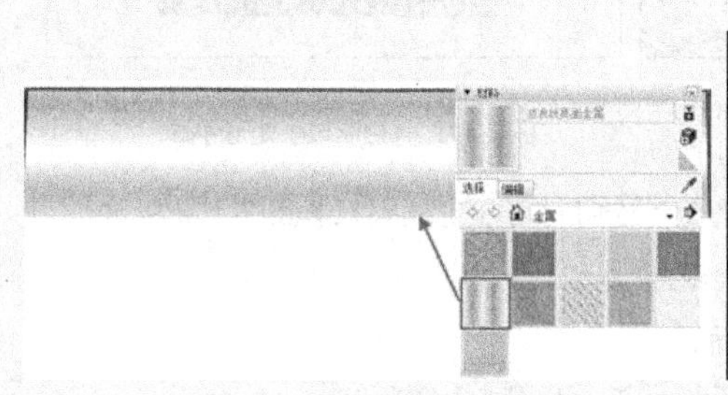

图 7-160 赋予柜面金属材质

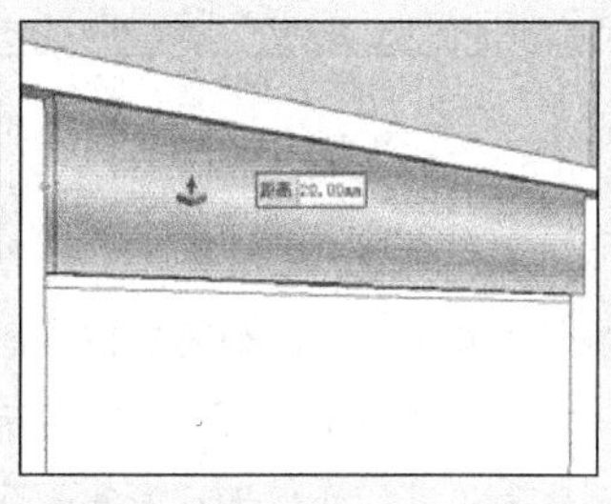

图 7-161 制作 20mm 厚度

图 7-162 制作柜面细节

15 复制并旋转旋钮，制作好左侧旋钮，效果如图 7-165 所示。

16 复制并缩小旋钮，制作好右侧旋钮，效果如图 7-166 所示。

17 启用【矩形】工具，绘制矩形分割平面，如图 7-167 所示。然后通过捕捉中点进行横向对齐，如图 7-168

所示。

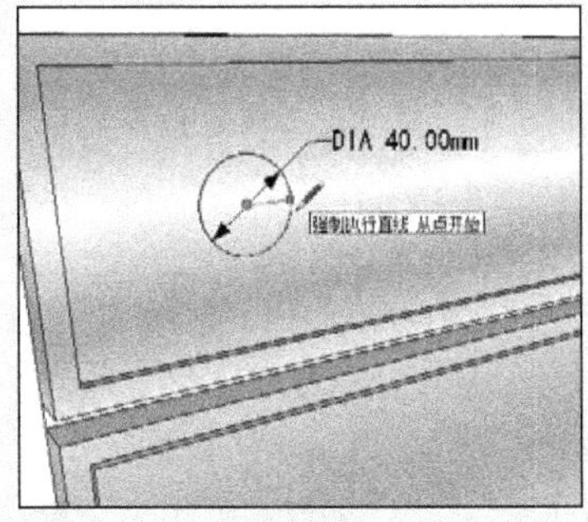

图 7-163　制作圆形旋钮平面

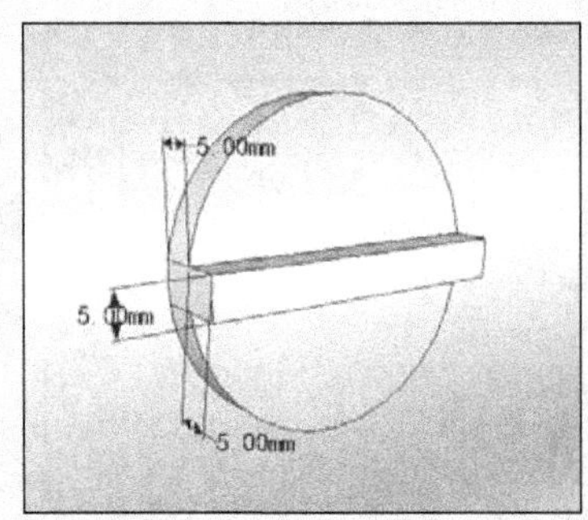

图 7-164　制作旋钮细节

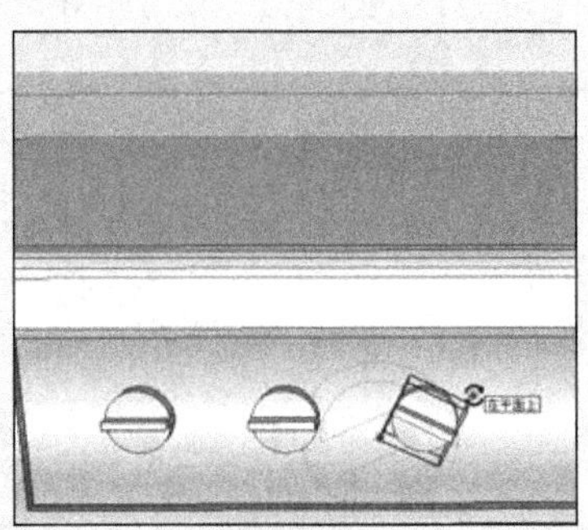

图 7-165　制作左侧旋钮

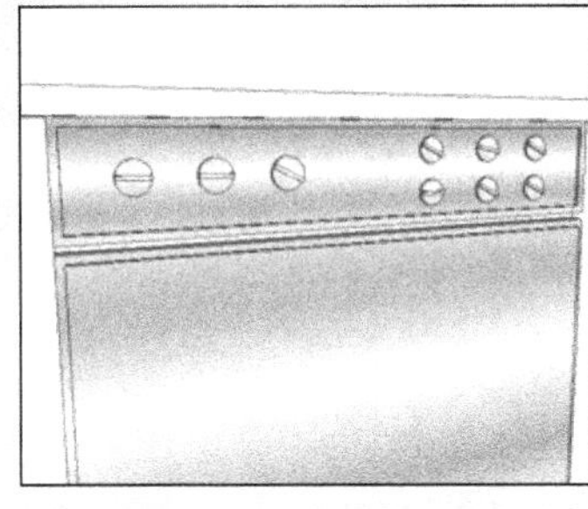

图 7-166　制作右侧旋钮

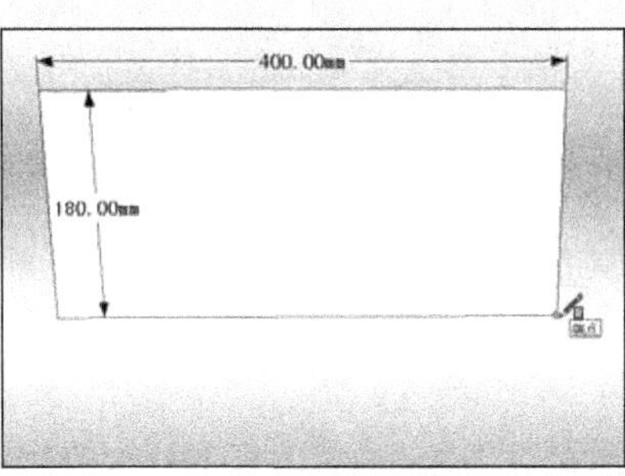

图 7-167　绘制矩形分割平面

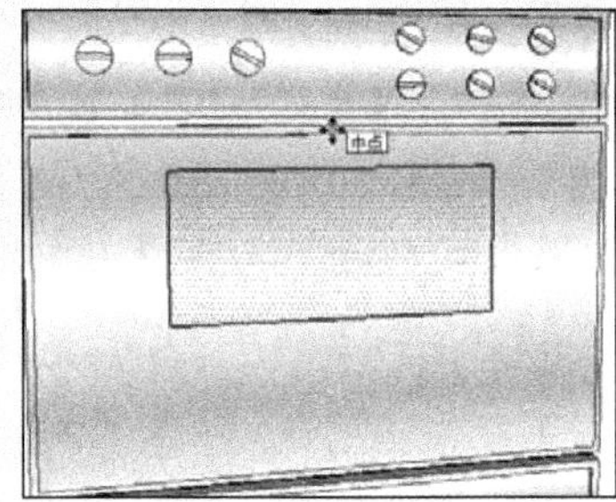

图 7-168　捕捉中点进行横向对齐

18 结合使用【偏移】与【推/拉】工具，制作好窗口边框，完成效果如图 7-169 所示。

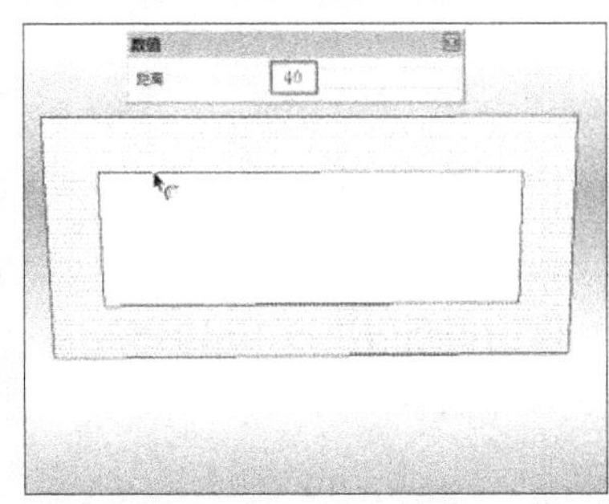

图 7-169　制作 40mm 宽窗口边框，

图 7-170　赋予边框材质

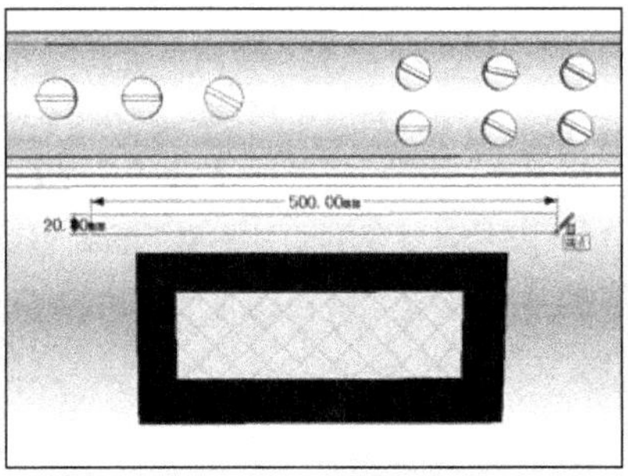

图 7-171　绘制拉手矩形平面

19 打开【材料】对话框，赋予窗口边框黑色材质及内部平面半透明材质，完成效果如图 7-170 所示。

20 启用【矩形】工具，绘制拉手矩形平面，如图 7-171 所示。

21 启用【推/拉】工具，制作好拉手厚度，如图 7-172 所示。

22 结合【卷尺】工具与【圆弧】工具，处理好拉手角点圆弧细节，如图 7-173 所示。

23 启用【推/拉】工具，推空形成 3D 圆角，效果如图 7-174 所示。

24 结合使用【偏移】与【推/拉】工具，完成拉手细节制作，效果如图 7-175 所示。

25 采用类似方法制作好中部柜面最下方细节，完成效果如图 7-176 所示。接下来细化两侧柜门等细节。

26 通过线段的移动复制，制作出 50mm 的边框厚度，如图 7-177 所示。

图 7-172　制作拉手厚度

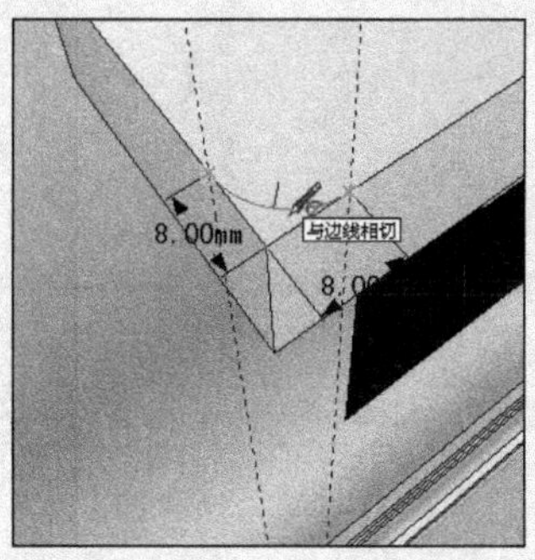

图 7-173　处理拉手角点圆弧细节

图 7-174　推空形成 3D 圆角

图 7-175　完成拉手细节制作

图 7-176　中部柜面细化完成

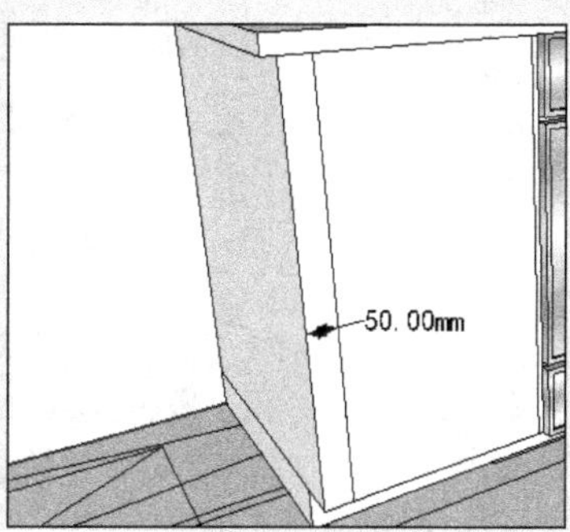

图 7-177　制作边框厚度

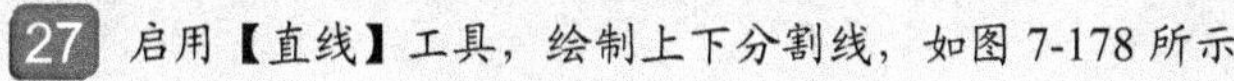
27 启用【直线】工具，绘制上下分割线，如图 7-178 所示。

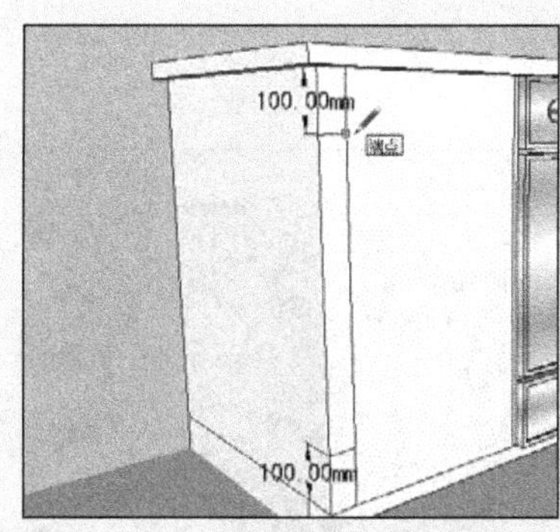

图 7-178　绘制上下分割线

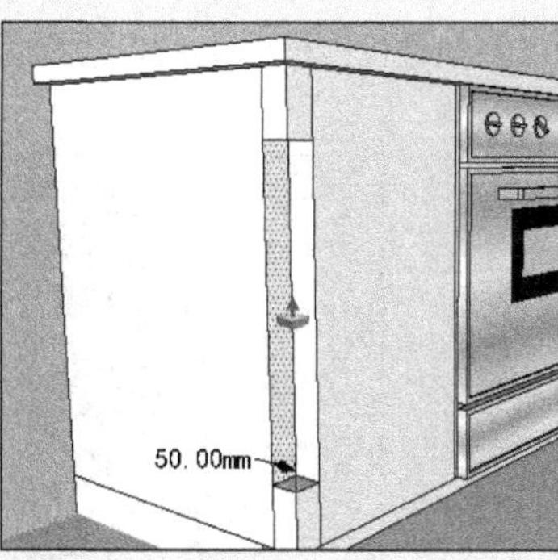

图 7-179　向内推入 50mm

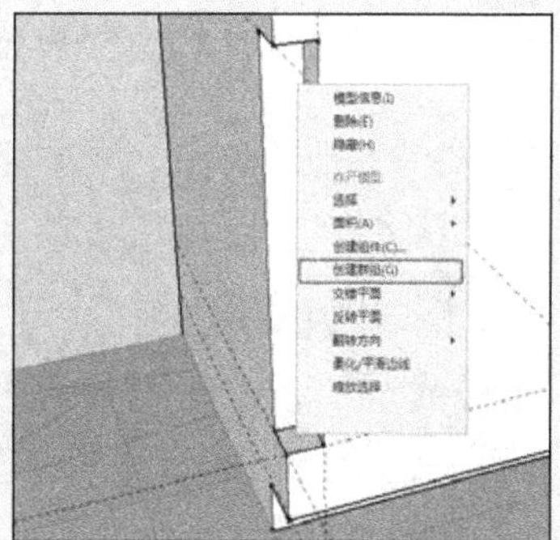
图 7-180　将底部矩形平面单独创建为组

28 启用【推/拉】工具向内推入 50mm，如图 7-179 所示。

29 将底部矩形平面单独创建为组，如图 7-180 所示。

30 启用【推/拉】工具制作 5mm 厚度，如图 7-181 所示。然后使用【缩放】工具制作出斜面，如图 7-182 所示。

31 启用【圆】工具，在内部绘制好圆形分割面，如图 7-183 所示。

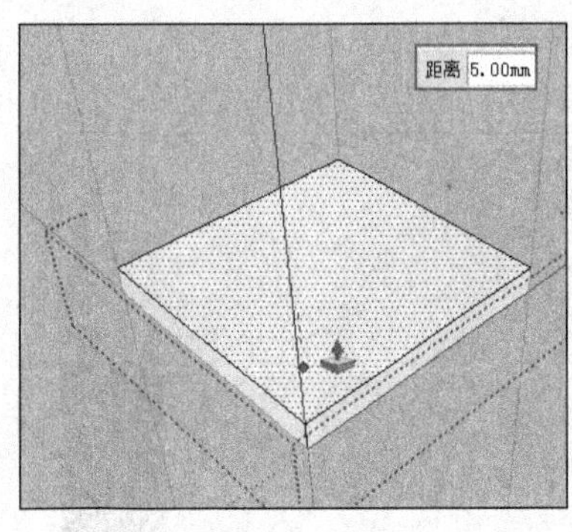

图 7-181　制作 5mm 厚度

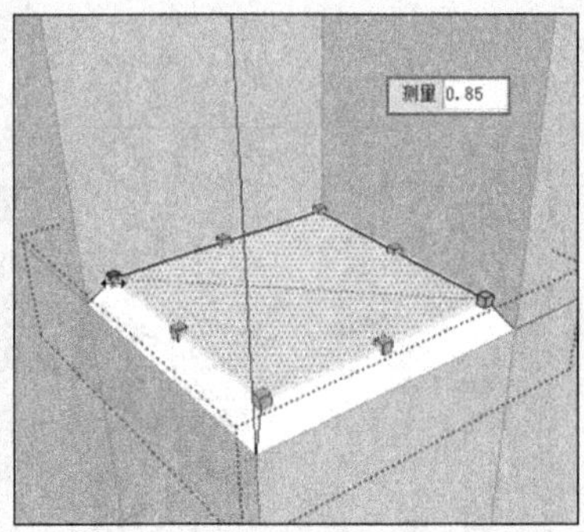

图 7-182　缩放形成斜面

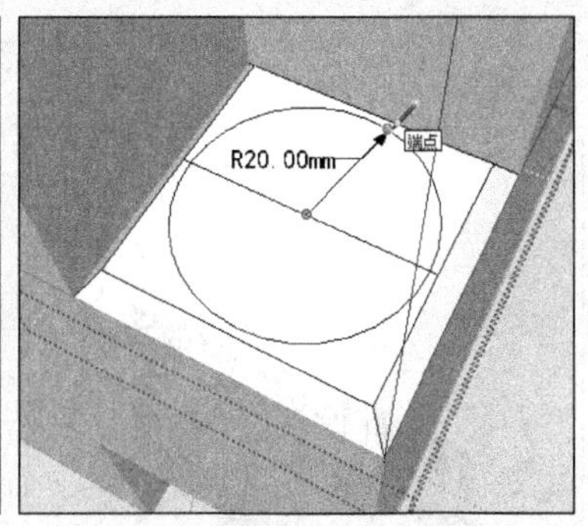

图 7-183　绘制圆形分割面

32 启用【推/拉】工具，通过复制推拉制作好分段，如图 7-184 所示。

33 选择中部分割面，启用【联合推拉】工具制作 3mm 外出长度，如图 7-185 所示。

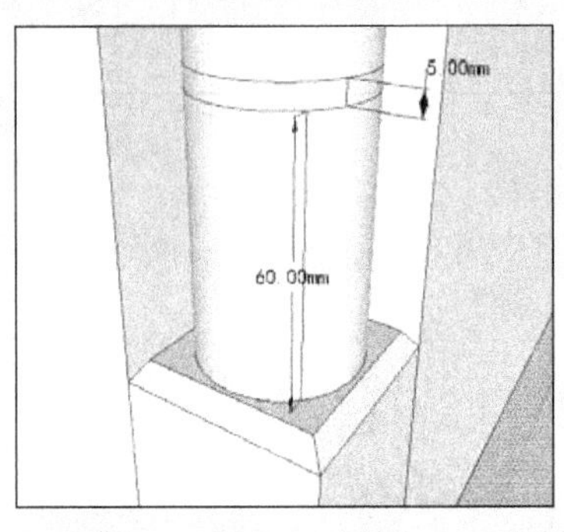

图 7-184 制作分段

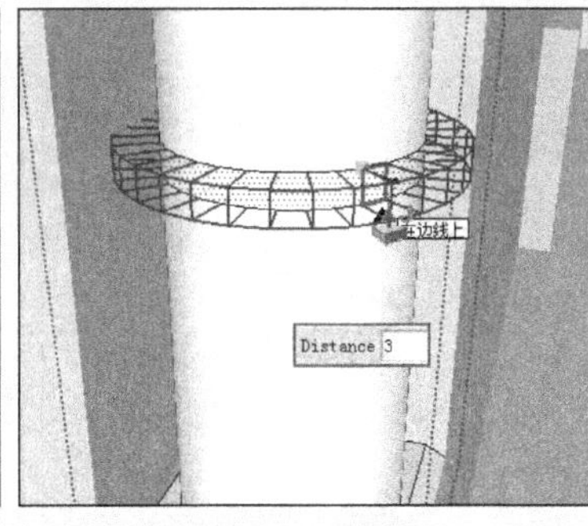

图 7-185　制作外出长度

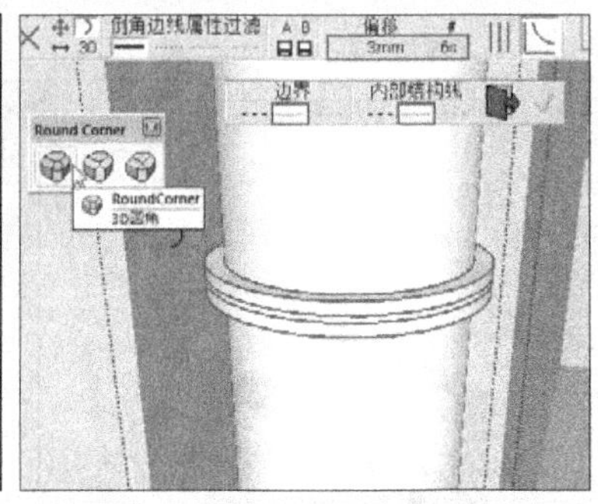

图 7-186　进行 3mm 的 3D 圆角处理

34 选择突出的模型面，启用【3D 圆角】工具，进行 3D 圆角处理，如图 7-186 所示，处理完成效果如图 7-187 所示。

35 使用类似方法制作好上部圆柱细节，完成效果如图 7-188 所示。

36 打开【材料】对话框，赋予柜面与大门相同的木纹材质。

37 启用【直线】工具，绘制拆分柜门的中线，然后将线段进行 4 拆分，如图 7-189 所示。

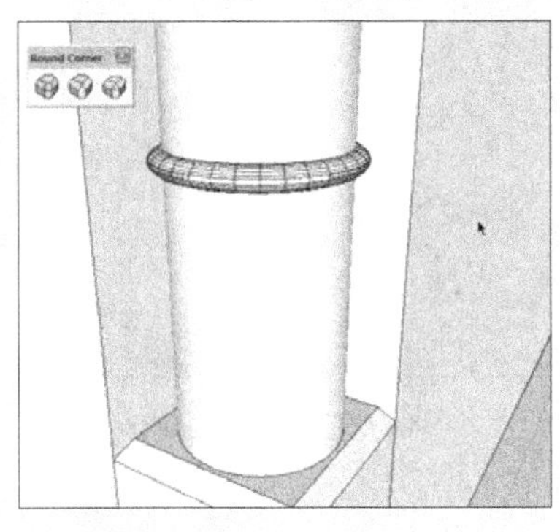

图 7-187　3D 圆角完成效果

图 7-188　完成立柱细节

图 7-189　绘制中线并将其拆分为 4 段

38 启用【直线】工具，捕捉拆分点分割好柜门平面，如图 7-190 所示。

39 通过线段的移动复制制作好柜门缝隙，然后启用【推/拉】工具制作 15mm 柜门厚度，如图 7-191 所示。

40 将柜门最外侧平面单独创建为组，如图 7-192 所示。

图 7-190 捕捉拆分点分割柜门平面

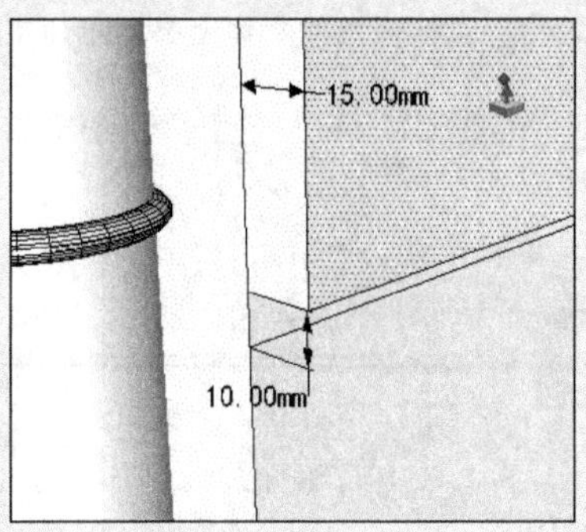

图 7-191 制作柜门缝隙平面与柜门厚度

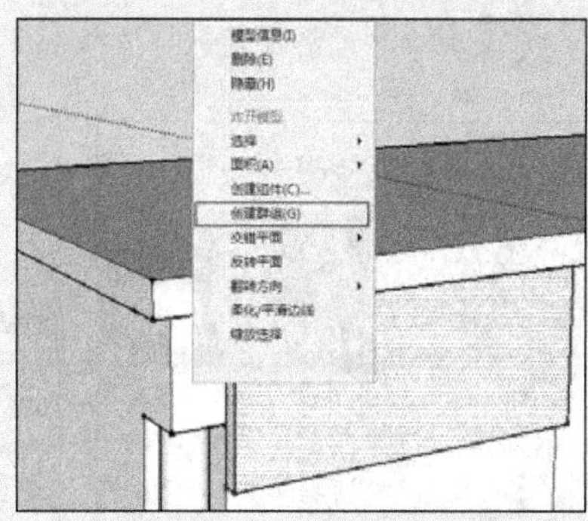

图 7-192 创建组

41 启用【推/拉】工具，再次推拉出 5mm 厚度，然后启用【缩放】工具制作出斜面效果，如图 7-193 所示。

42 然后启用【偏移】工具，向内偏移 35mm，如图 7-194 所示。

43 启用【推/拉】工具，将内部分割面推出 5mm，再启用【缩放】工具制作出斜面效果，如图 7-195 所示。

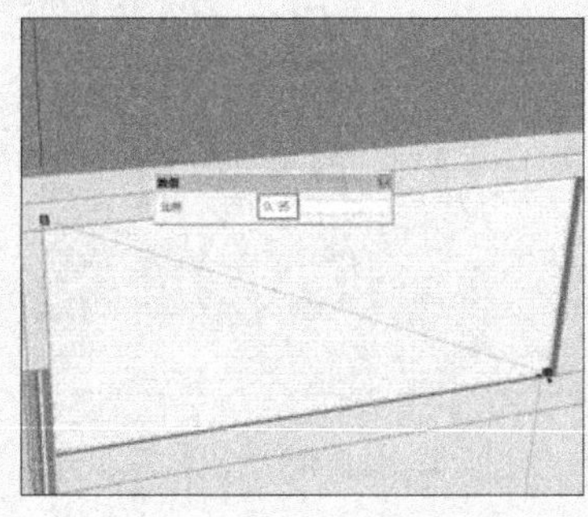

图 7-193 制作斜面效果

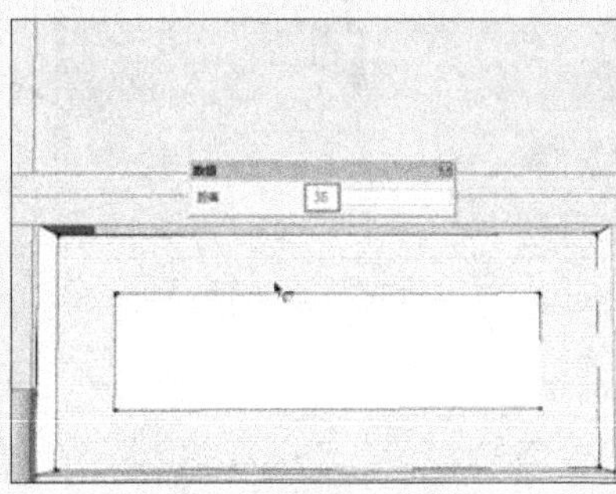

图 7-194 向内偏移 35mm

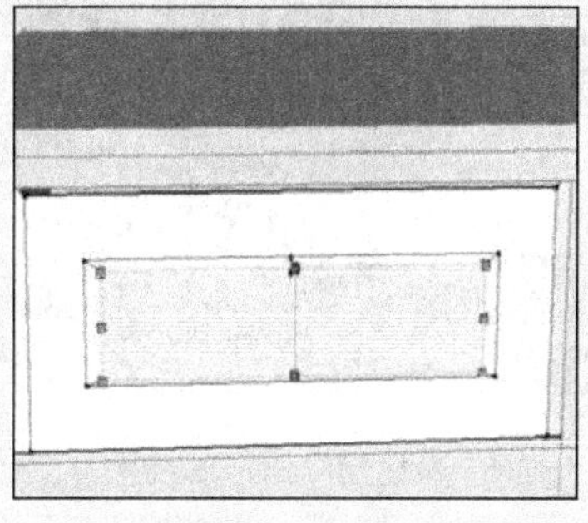

图 7-195 制作斜面效果

44 柜面细节制作完成后，打开【组件】对话框，合并入拉手模型，然后放置好位置，如图 7-196 所示。

45 捕捉拆分点，复制柜门与拉手模型至中部，如图 7-197 所示。

46 复制柜门至下方柜面，然后通过【缩放】工具调整好长度，如图 7-198 所示。

图 7-196 合并并放置拉手

图 7-197 复制柜门与拉手模型至中部

图 7-198 复制并调整下方柜面

47 经过以上步骤，即已完成橱柜左侧柜面的制作，当前细节效果如图 7-199 所示。

48 复制柜门与拉手模型至右侧柜面，如图 7-200 与图 7-201 所示，快速制作好右侧柜面效果。

49 结合使用【偏移】与【推/拉】工具，制作好左侧面板细节，效果如图 7-202 所示。接下来制作右边橱柜细节。

50 结合线的移动复制与【推/拉】工具，在挡墙左侧制作大小相同的空隙，如图 7-203 所示。

图 7-199 左侧柜面细节效果

图 7-200 复制柜门至右侧柜面

图 7-201 复制拉手模型

51 复制立柱至空隙处，然后通过捕捉放置好位置，如图 7-204 所示。

图 7-202 制作左侧面板细节

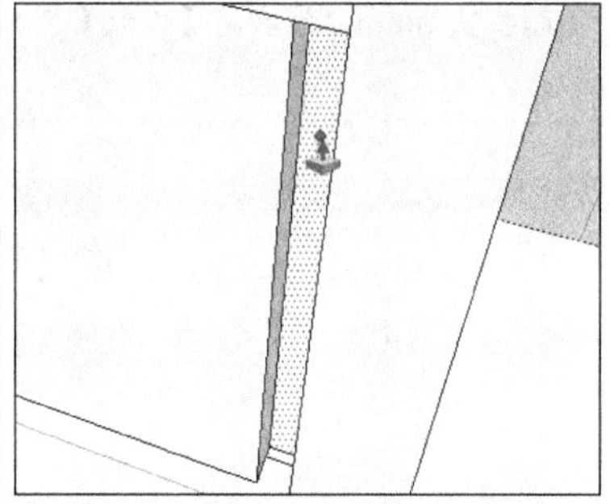
图 7-203 制作大小相同空隙

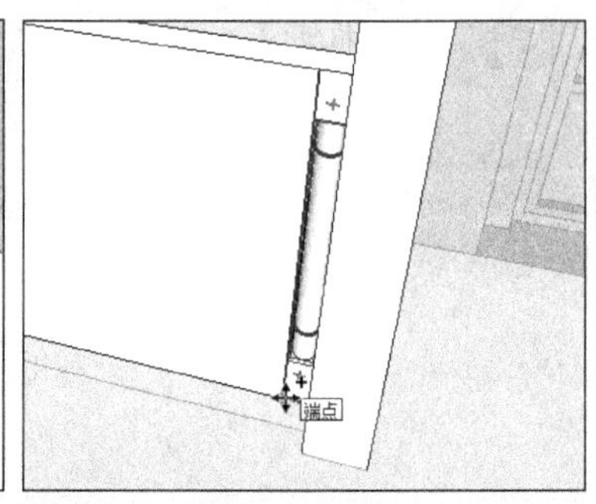

图 7-204 复制并放置立柱

52 选择右侧柜面底部边线，将其拆分为 4 段，如图 7-205 所示。然后通过线的移动复制制作柜面与缝隙分割面，如图 7-206 所示。

53 复制之前制作好的柜门，对齐位置后调整好大小，如图 7-207 所示。

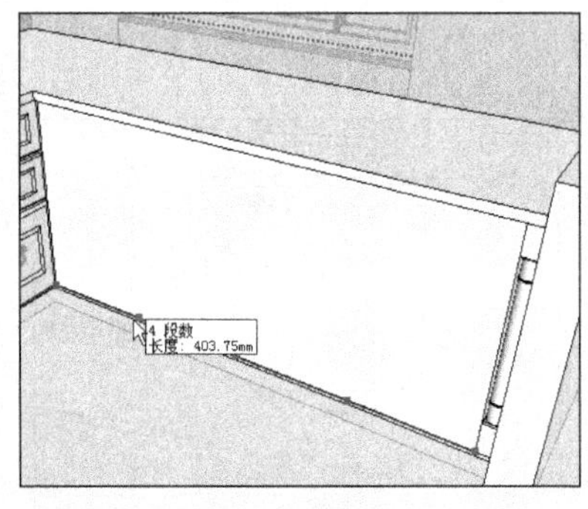

图 7-205 4 拆分右侧柜面底部边线

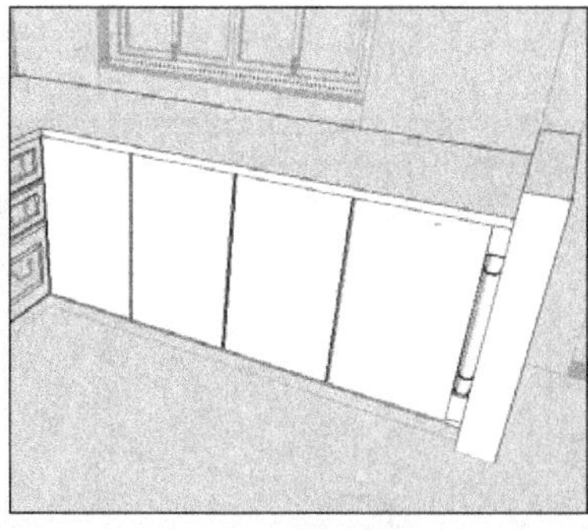
图 7-206 制作柜面与缝隙分割面

图 7-207 复制并调整柜门

54 合并入拉手模型并放置好位置，如图 7-208 所示。然后复制出其他相同的柜门与拉手。接下来制作柜台效果。

55 启用【推/拉】工具，将柜台台面向上推拉，制作 5mm 厚度，如图 7-209 所示。

56 选择前方边线，启用【3D 圆角】工具，进行 3D 圆角处理，如图 7-210 所示。

57 设置好 3D 圆角参数，如图 7-211 所示，然后确定。完成效果如图 7-212 所示。

58 打开【组件】对话框，合并入燃气灶模型并放置好位置，如图 7-213 所示

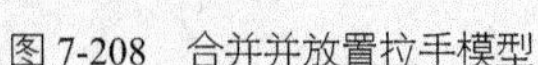
图 7-208 合并并放置拉手模型

图 7-209 制作 5mm 柜台台面厚度

图 7-210 启用【3D 圆角】工具

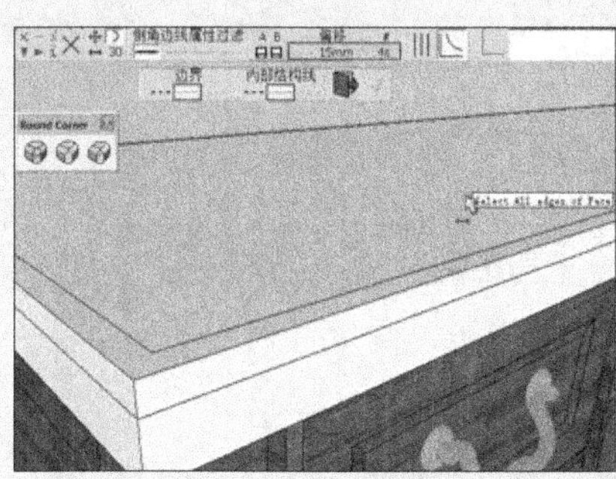
图 7-211 设置 3D 圆角参数

图 7-212 完成柜面圆角效果

图 7-213 合并燃气灶模型

59 打开【材料】对话框，赋予右侧挡墙石材，如图 7-214 所示。

60 至此，橱柜制作完成。接下来制作上方的抽油烟机模型。

7.5.2 制作高细节抽油烟机

01 启用【直线】工具，参考橱柜柜面创建分割线，如图 7-215 所示。

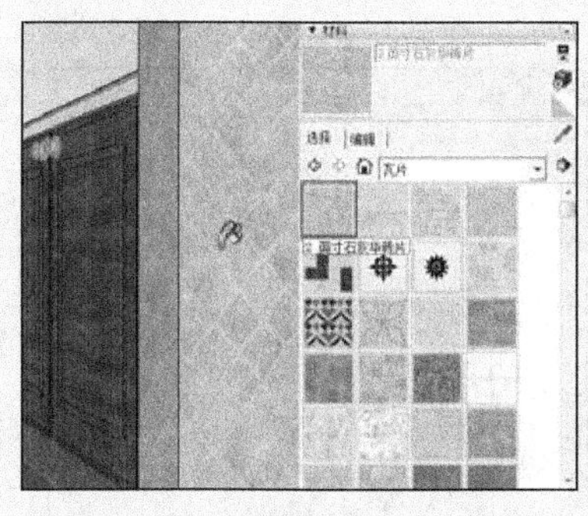
图 7-214 赋予右侧挡墙石材

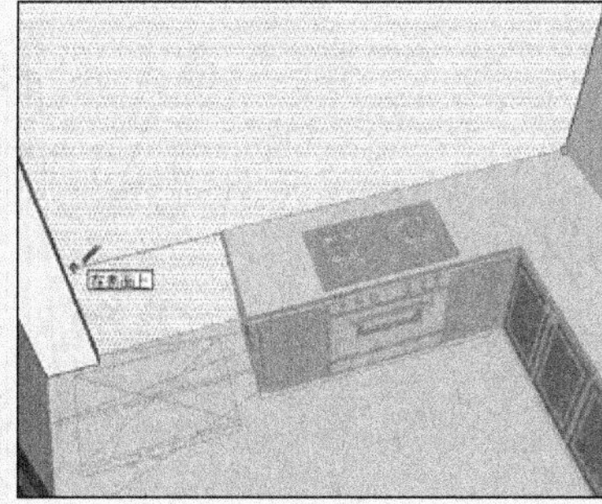
图 7-215 参考橱柜柜面创建分割线

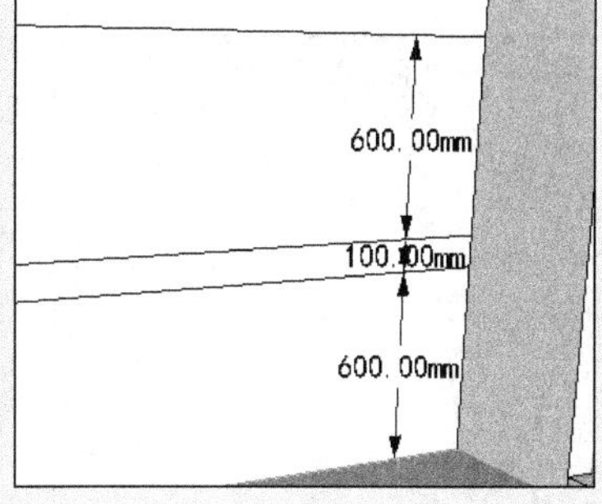

图 7-216 创建其他分割线

02 通过线段的移动复制，创建好其他分割线，如图 7-216 所示。

03 选择中部的分割线，将其拆分为 7 段，如图 7-217 所示。然后启用【直线】工具，分割好抽油烟机与吊柜平面，如图 7-218 所示。

04 选择抽油烟机平面，将其单独创建为组，如图 7-219 所示。

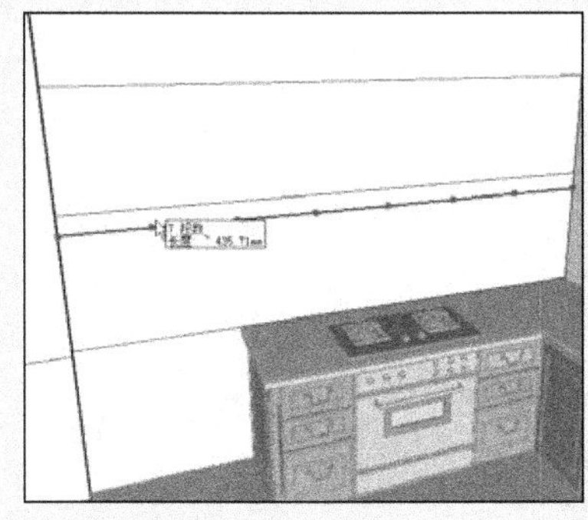

图 7-217　拆分分割线

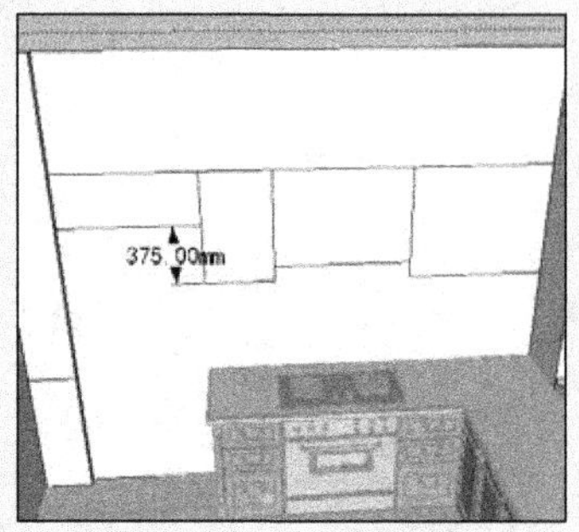

图 7-218　分割抽油烟机与吊柜平面

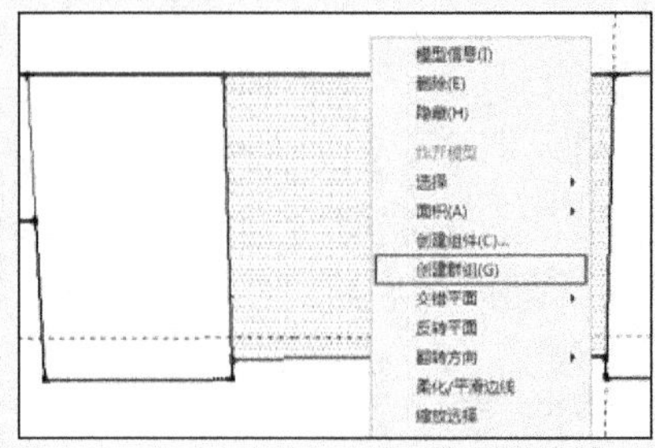

图 7-219 将抽油烟机创建为组

05 启用【推/拉】工具捕捉柜台平面制作好抽油烟机宽度，如图 7-220 所示。

06 选择底部线段并将其向上以 50mm 的高度移动复制，如图 7-221 所示。

07 选择顶部平面，然后启用【缩放】工具通过等比例缩放制作好斜坡，如图 7-222 所示。

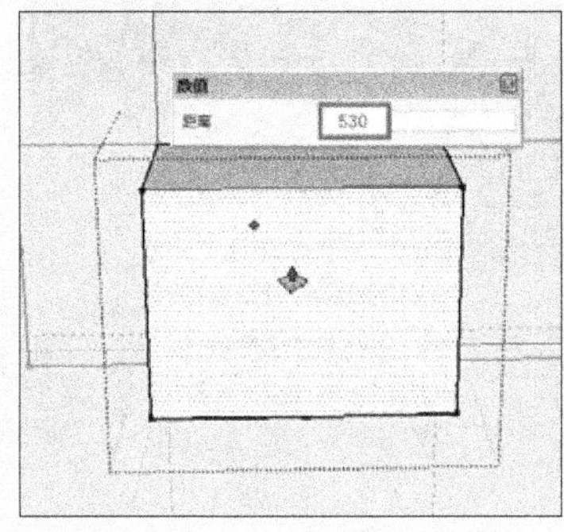

图 7-220　制作抽油烟机宽度

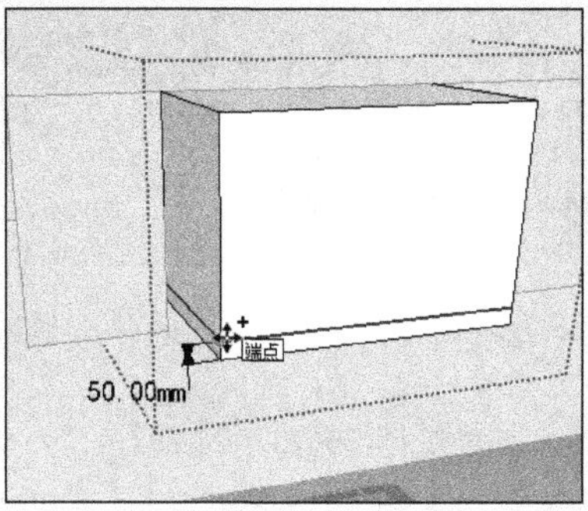

图 7-221　移动复制底部线段

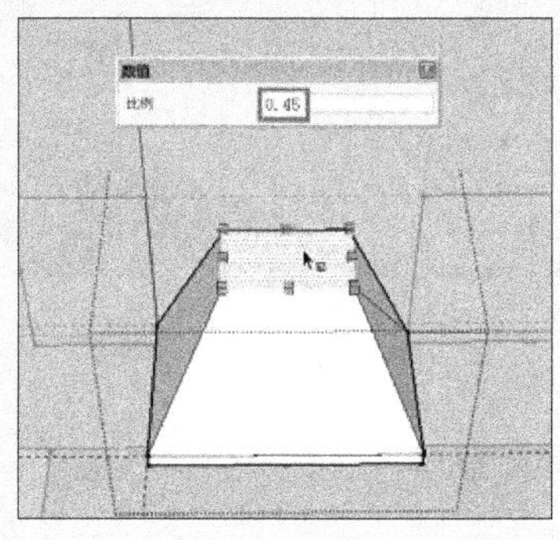

图 7-222　制作斜坡

08 然后进行单轴缩放加大前方斜度，制作好抽油烟机轮廓，如图 7-223 所示。

09 选择底部边线，通过移动复制制作好边框细节分割面，如图 7-224 所示。

10 启用【推/拉】工具，将分割面向内推入 5mm，制作好边框细节，如图 7-225 所示。

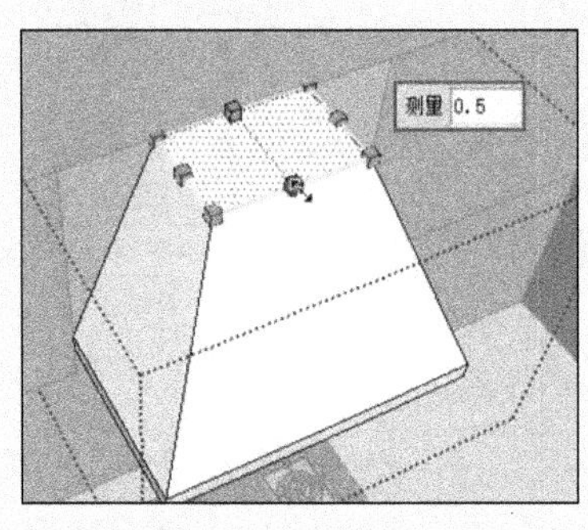

图 7-223　单轴缩放加大前方斜度

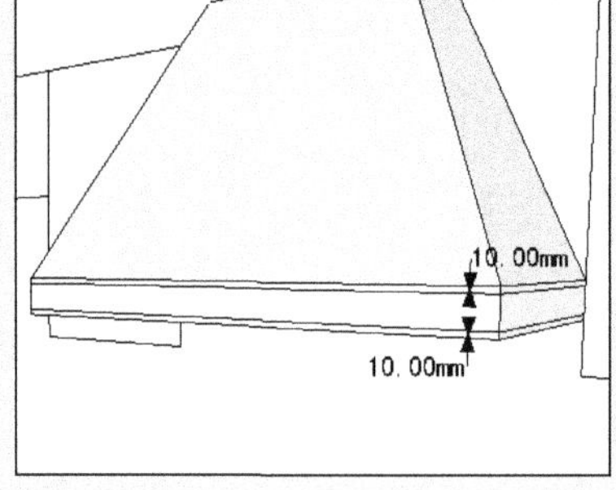

图 7-224　制作边框细节分割面

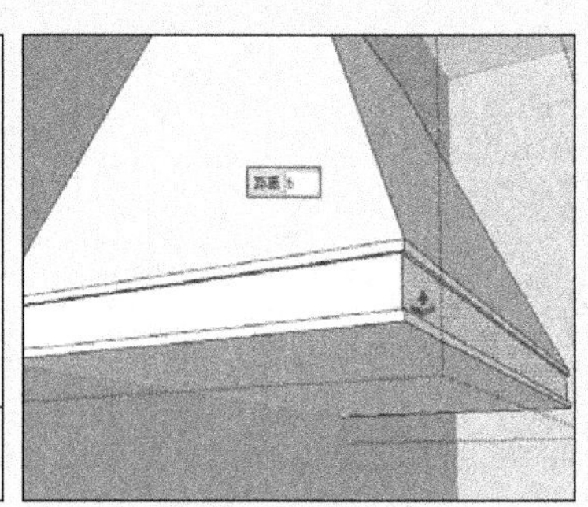

图 7-225　制作边框细节

11 打开【材料】对话框，赋予边框细节材质，完成效果如图 7-226 所示。

12 制作并赋予抽油烟机整体黄色泥墙材质，如图 7-227 所示。

13 启用【直线】工具制作好顶部分割面，然后赋予木纹材质，完成效果如图 7-228 所示。

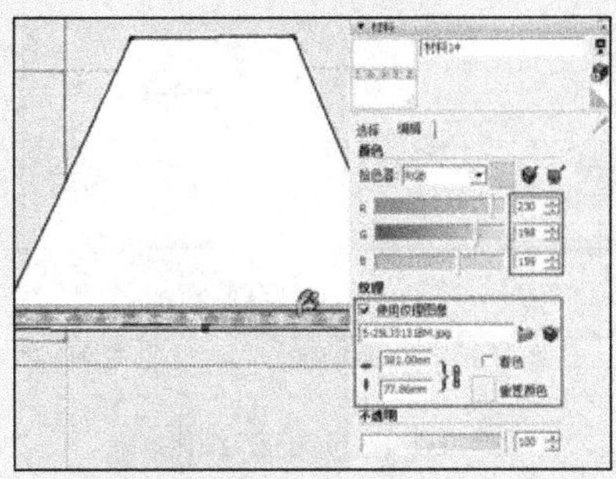

图 7-226 赋予边框细节材质

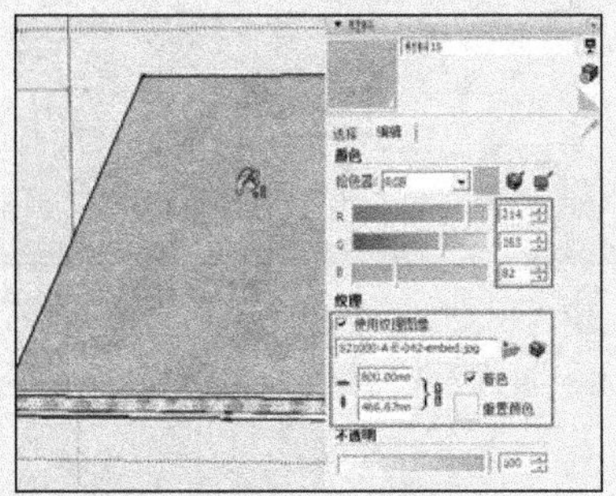

图 7-227 赋予整体黄色泥墙材质

图 7-228 赋予顶部木纹材质

14 结合使用【偏移】与【推/拉】工具推空底面，如图 7-229 所示。

15 结合使用【圆】工具与【推/拉】工具，制作好内部圆柱形网罩轮廓，如图 7-230 所示。

16 选择底部平面，启用【缩放】工具制作好锥形细节，如图 7-231 所示。

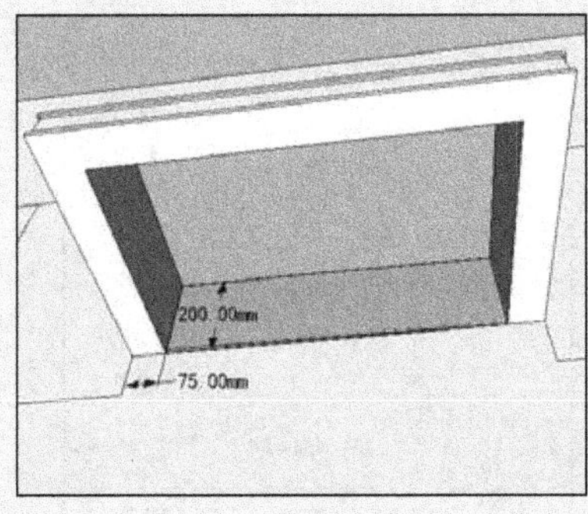

图 7-229 推空底面

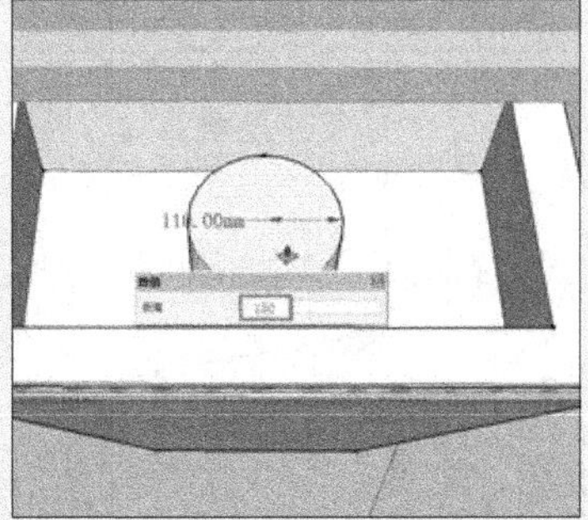

图 7-230 制作内部圆柱形网罩轮廓

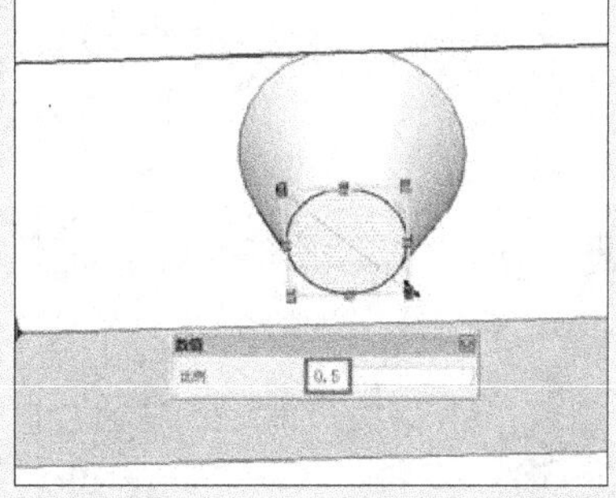

图 7-231 制作锥形细节

17 启用【推/拉】工具，通过推拉复制制作好底部轮廓，如图 7-232 所示。

18 选择中部线段，启用【缩放】工具制作好网罩底部细节，如图 7-233 所示。

19 打开【材料】对话框，赋予内部模型面金属材质及网罩金属网格材质，完成效果如图 7-234 所示。

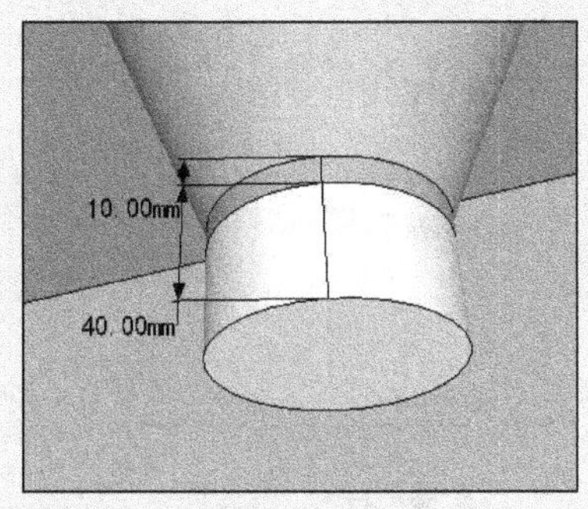

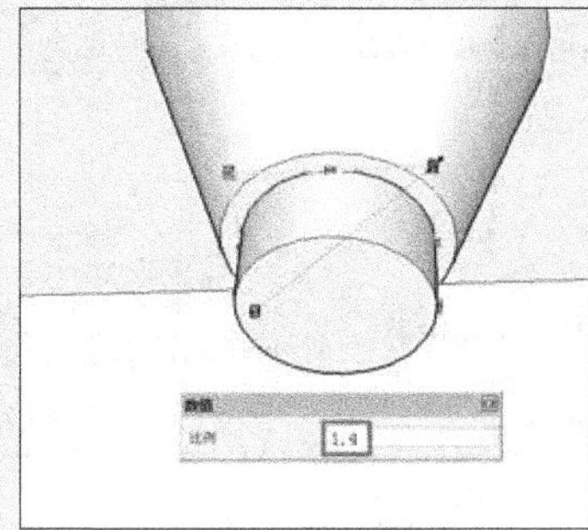

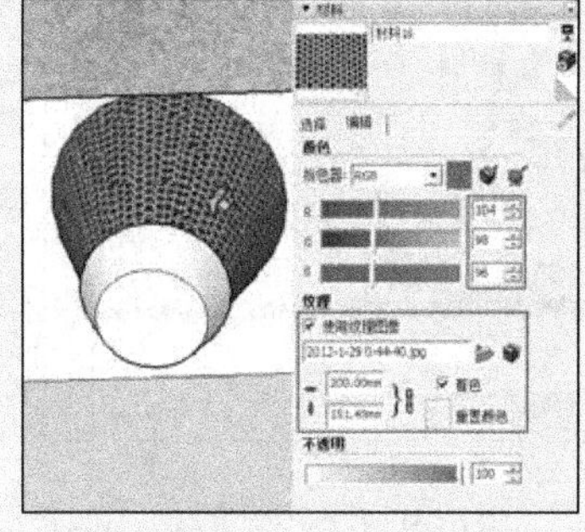

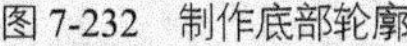

图 7-232 制作底部轮廓

图 7-233 制作网罩底部细节

图 7-234 赋予内部模型相应材质

20 选择金属网罩并单独创建为组，如图 7-235 所示。

21 选择内部模型，启用【缩放】工具形成斜面，如图 7-236 所示。

22 经过以上步骤，抽油烟机细化即已完成，效果如图 7-237 所示。接下来制作吊柜。

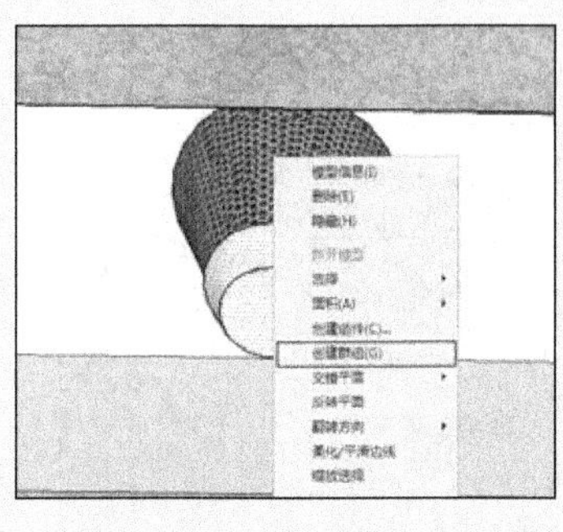

图 7-235 将金属网罩单独创建为组

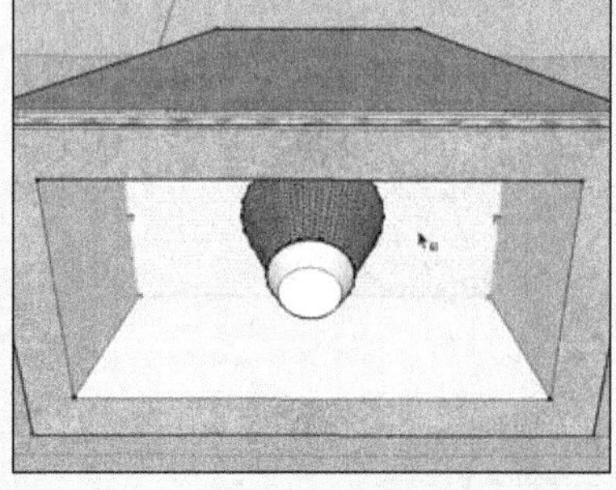

图 7-236 缩放内部模型形成斜面

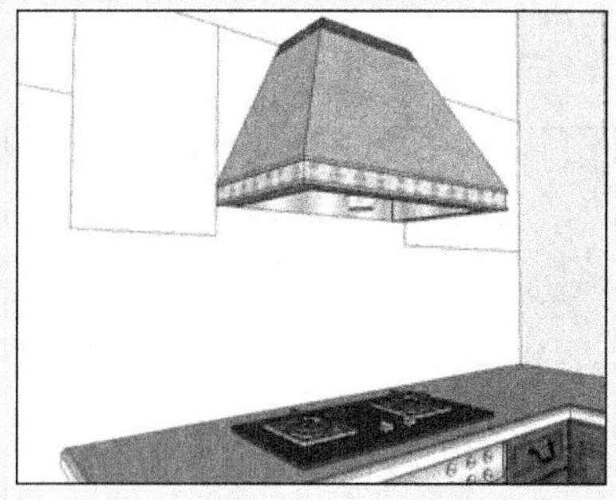

图 7-237 完成抽油机细化效果

7.5.3 制作高细节吊柜

01 启用【推/拉】工具，制作好吊柜厚度，如图 7-238 所示。

02 启用【矩形】工具，制作顶部角线平面，然后分割好细节，如图 7-239 所示。

03 启用【圆弧】工具，细化好角线平面，如图 7-240 所示。

图 7-238 制作吊柜厚度

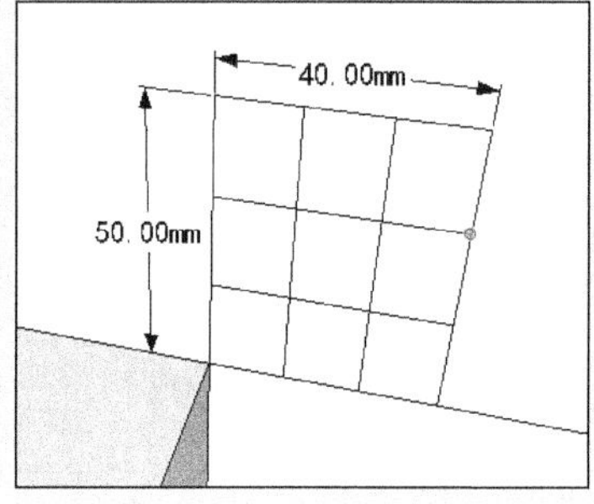

图 7-239 制作并分割顶部角线平面

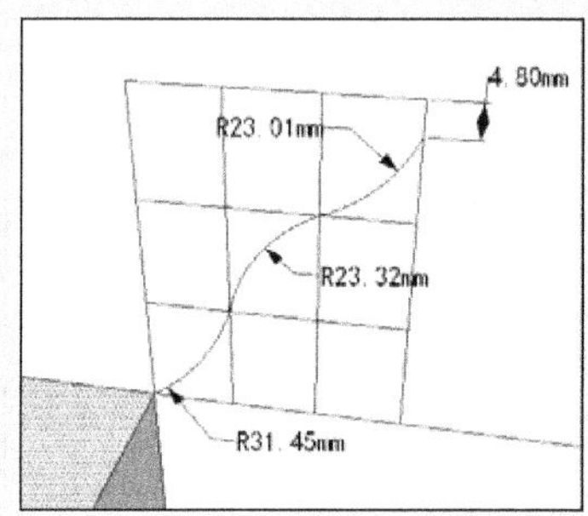

图 7-240 细化角线平面

04 启用【路径跟随】工具，制作好顶部角线，如图 7-241 所示。

05 启用【矩形】工具对顶部封面，如图 7-242 所示。经过以上步骤，吊柜效果如图 7-243 所示。

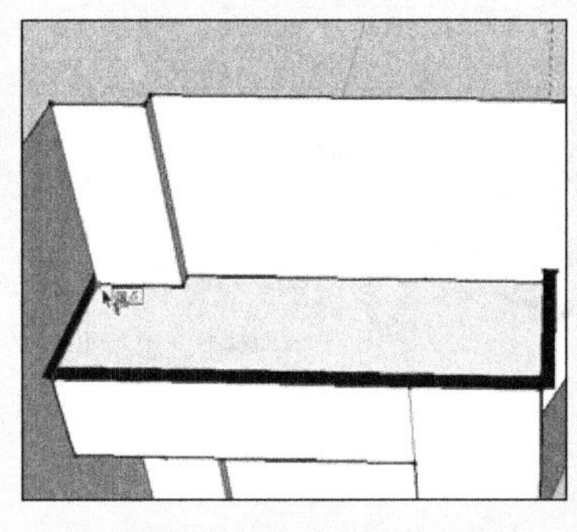

图 7-241 制作顶部角线

图 7-242 对顶部封面

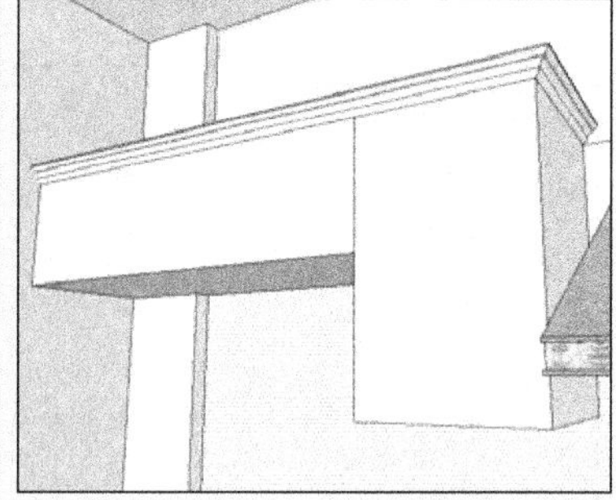

图 7-243 吊柜效果

06 启用【直线】工具分割好吊柜柜面，然后启用【推/拉】工具调整好长度，如图 7-244 所示。

07 使用前面介绍过的方法，依次制作好上步柜面边缘与内部细节，如图 7-245 与图 7-246 所示。

08 选择下方边线，启用【偏移】工具制作出 15mm 的底部边框，如图 7-247 所示。

09 启用【推/拉】工具推空内部分割面，如图 7-248 所示。

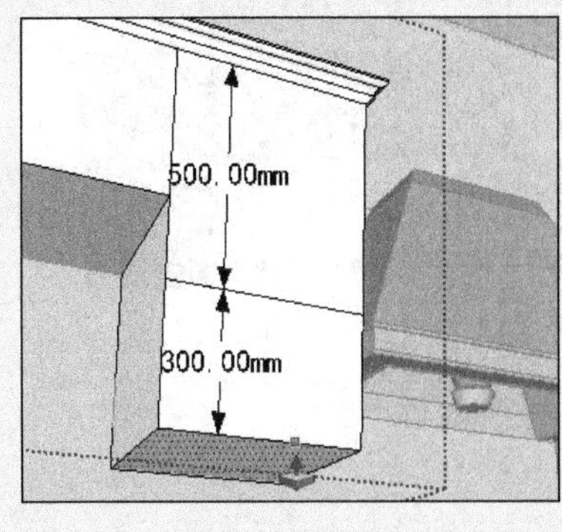

图 7-244 分割并调整吊柜柜面长度

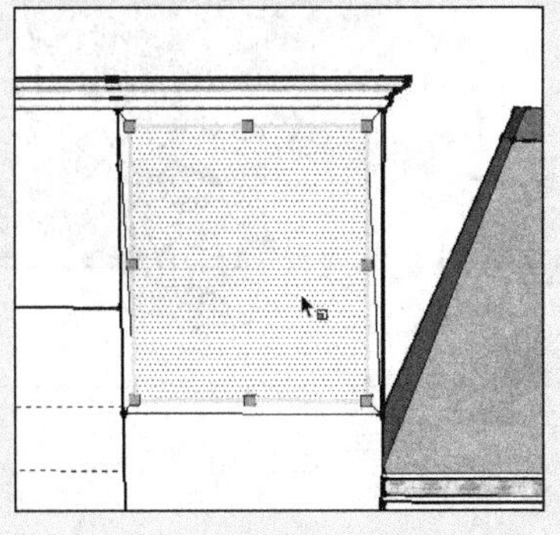
图 7-245 制作上部柜面边缘斜面细节

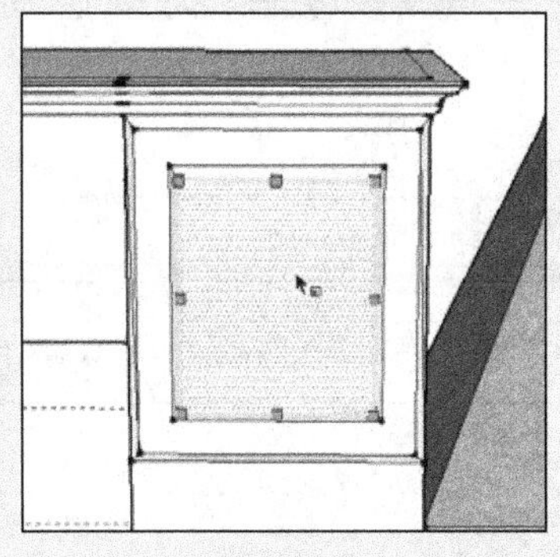
图 7-246 制作上部柜面内部斜面细节

10 启用【圆弧】工具制作好侧面分割面，如图 7-249 所示。接下来制作厨房吊柜等细节。

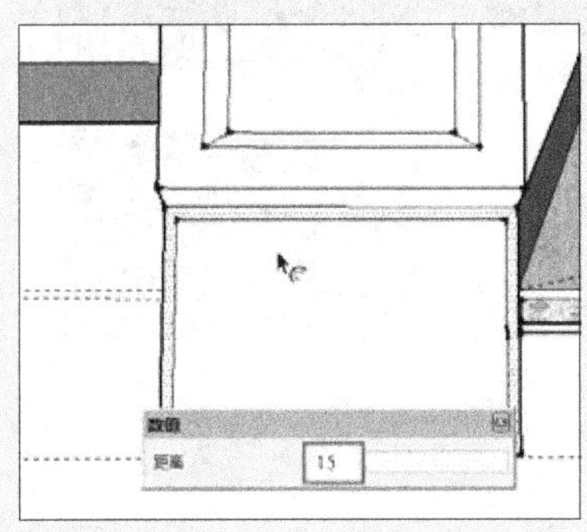

图 7-247 制作底部边框

图 7-248 推空内部分割面

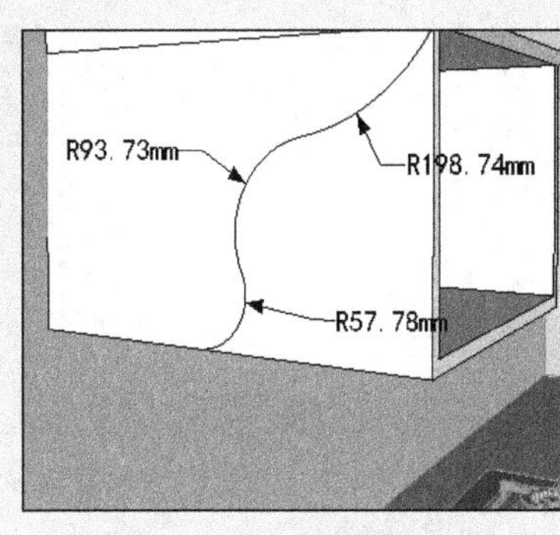

图 7-249 制作侧面分割面

11 启用【推/拉】工具推空形成侧面造型，如图 7-250 所示。然后调整底板长度，完成效果如图 7-251 所示。

12 打开【材料】对话框，赋予其木纹材质，然后合并并放置好拉手模型，完成效果如图 7-252 所示。

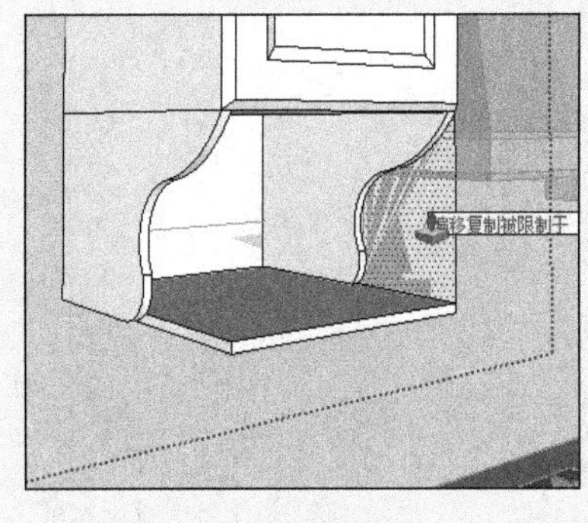
图 7-250 推空形成侧面造型

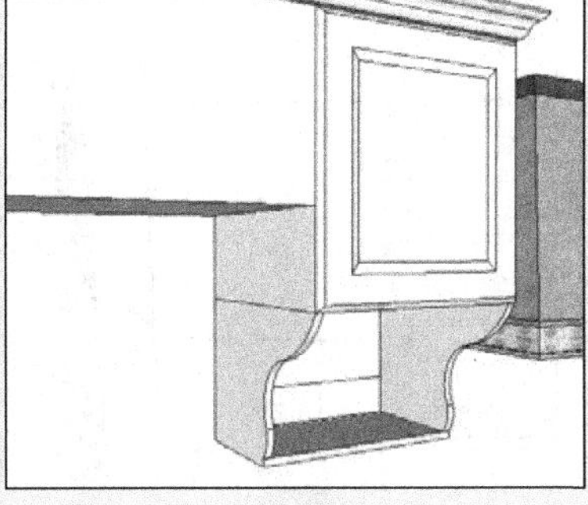
图 7-251 调整底板长度

图 7-252 赋予材质并合并拉手

13 启用【直线】工具分割好左侧柜面，如图 7-253 所示，然后细化柜面，如图 7-254 所示。

14 复制细化好的柜面与拉手，完成左侧吊柜，整体效果如图 7-255 所示。

15 启用【直线】工具平分右侧柜面，如图 7-256 所示，然后细化好的柜面如图 7-257 所示。

16 经过以上步骤，吊柜效果如图 7-258 所示。接下来制作搁物架。

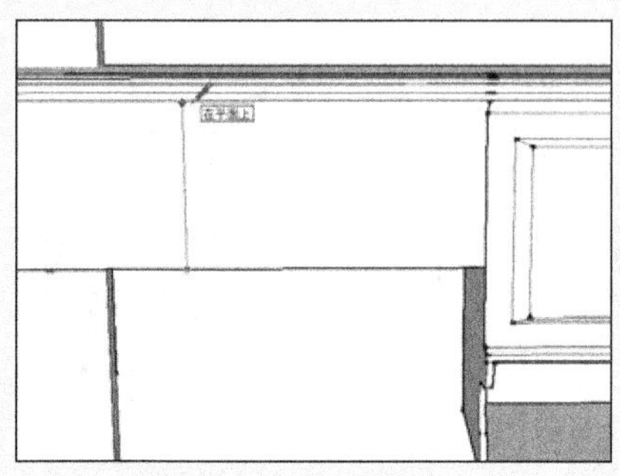

图 7-253　分割左侧柜面

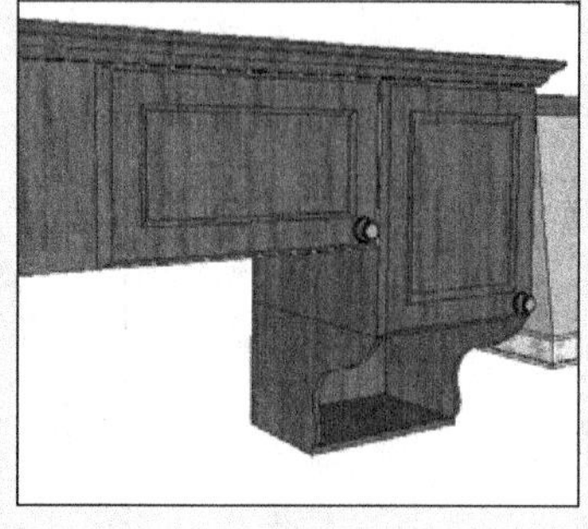

图 7-254　细化柜面

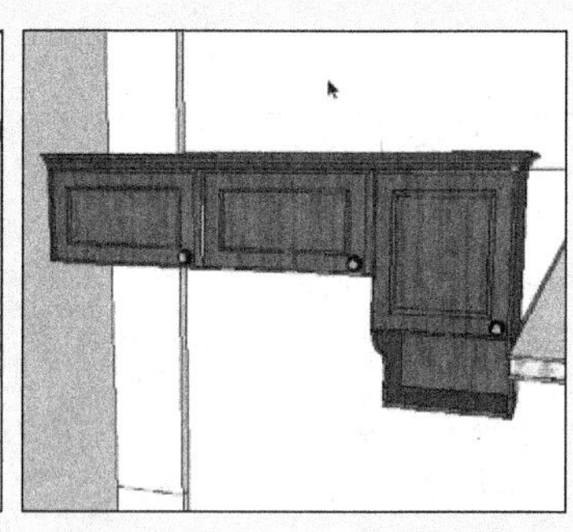

图 7-255　左侧吊柜整体效果

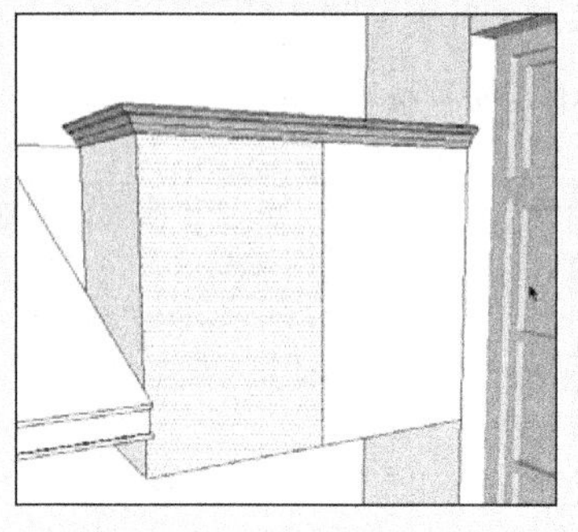

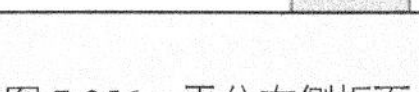

图 7-256　平分右侧柜面

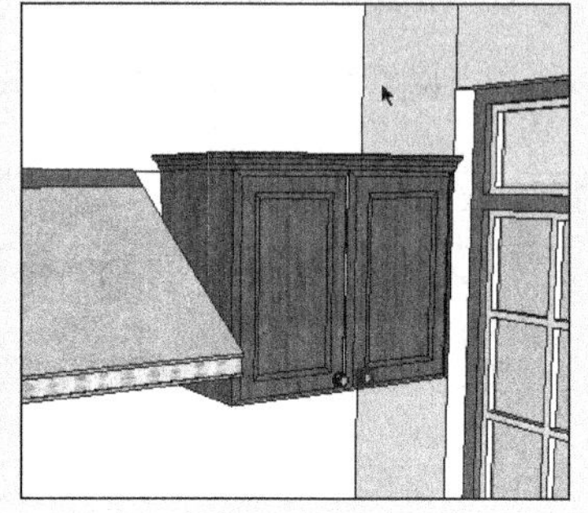

图 7-257　细化右侧柜面

图 7-258　吊柜完成效果

7.5.4 制作搁物架

01 启用【直线】工具，参考吊柜高度分割好墙面，如图 7-259 所示。

02 启用【矩形】工具，制作搁物架平面，如图 7-260 所示。

03 启用【推/拉】工具制作 240mm 的搁物架厚度，如图 7-261 所示。

图 7-259　分割墙面

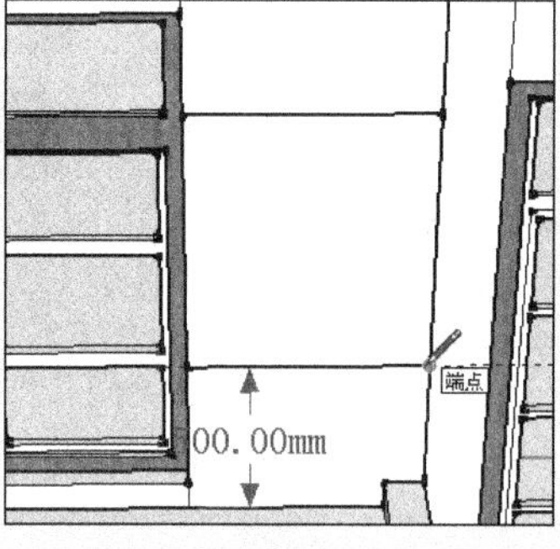

图 7-260　制作搁物架平面

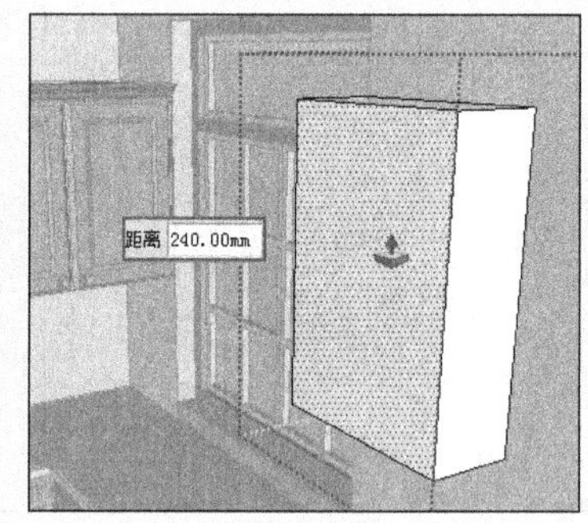

图 7-261　制作搁物架厚度

04 选择右侧边线，将其拆分为 3 段，如图 7-262 所示。

05 选择边线，启用【偏移】工具制作好边框平面，如图 7-263 所示。

06 启用【推/拉】工具推空形成搁板，如图 7-264 所示。

07 启用【圆弧】工具，制作好侧面造型，如图 7-265 所示。

08 启用【推/拉】工具，推空形成侧板，如图 7-266 所示。

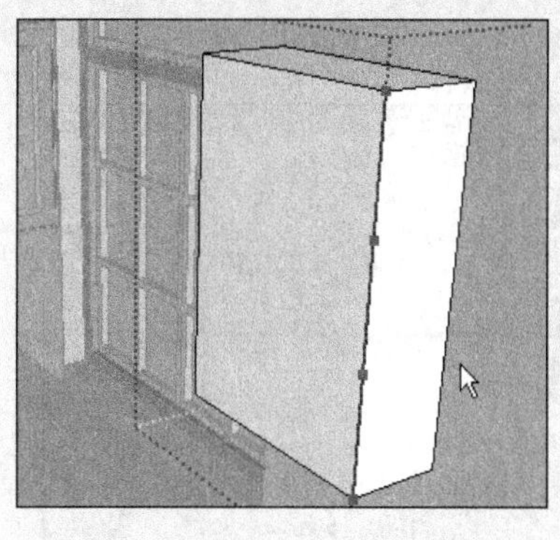

图 7-262　拆分右侧边线

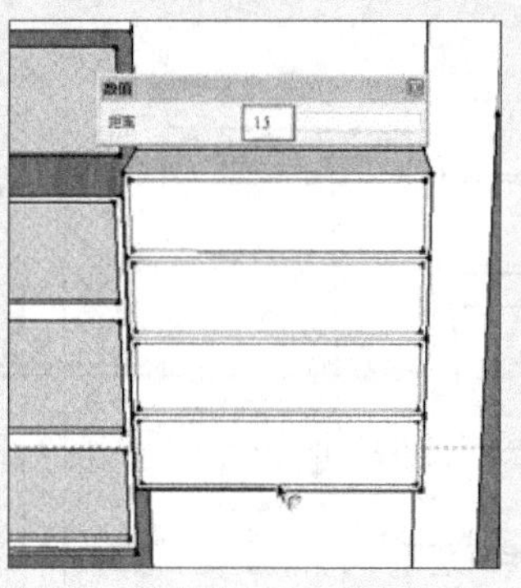

图 7-263　制作边框平面

图 7-264　推空形成搁板

09 使用相同方法制作好其他侧板，然后赋予整体木纹材质，完成整体效果如图 7-267 所示。

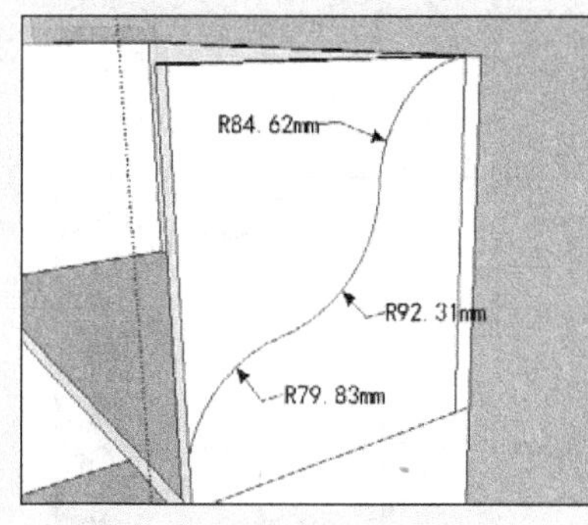

图 7-265　制作侧面造型

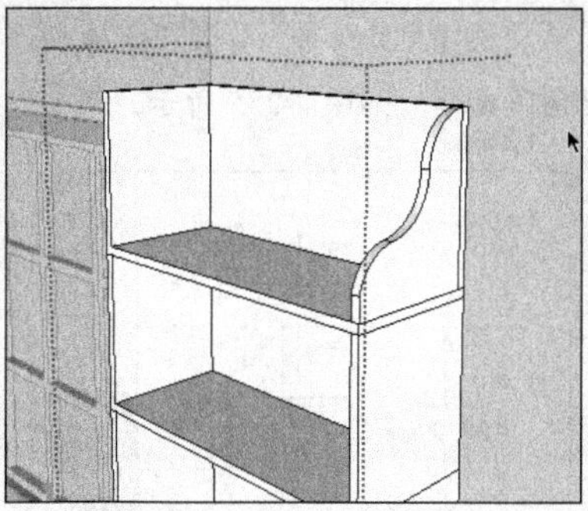

图 7-266　推空形成侧板

图 7-267　赋予整体木纹材质

10 打开【材料】对话框，赋予橱柜上方墙面石材，如图 7-268 所示。当前厨房细化完成效果如图 7-269 所示。接下来制作便餐台。

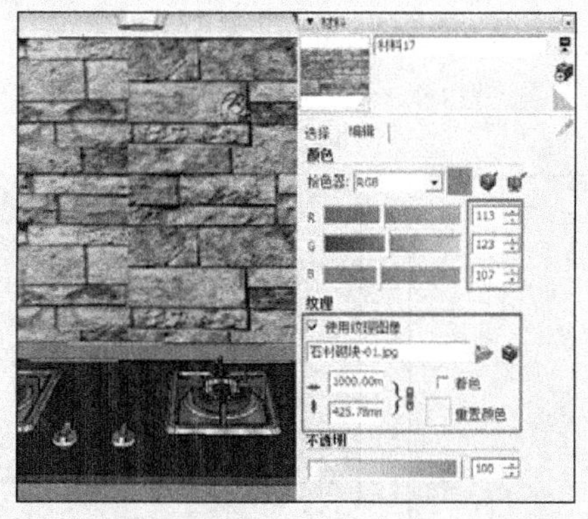

图 7-268　赋予上方墙面石材

图 7-269　厨房细化效果

7.6 细化便餐台

01 参考图纸，启用【矩形】工具创建便餐台平面，如图 7-270 所示。

02 将分割平面单独创建为组，如图 7-271 所示。然后启用【推/拉】工具，通过推拉复制制作好高度细节，如图 7-272 所示。

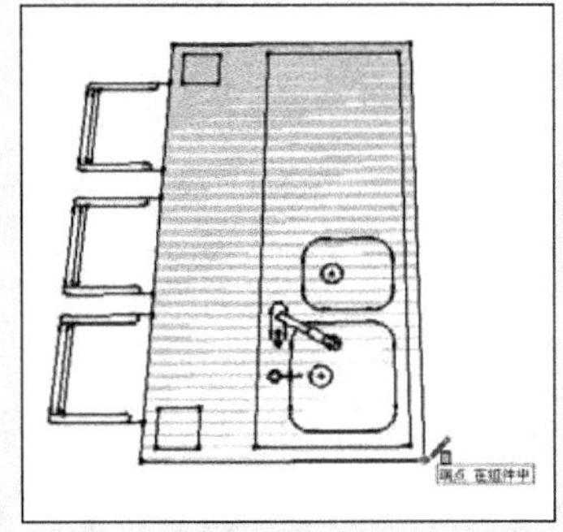

图 7-270　创建便餐台平面

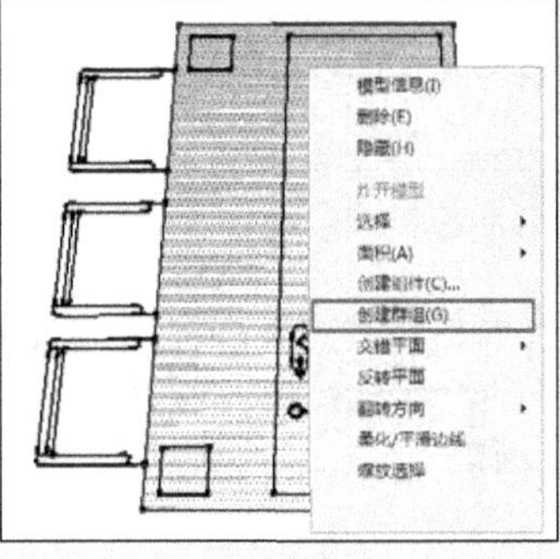

图 7-271　将平面单独创建为组

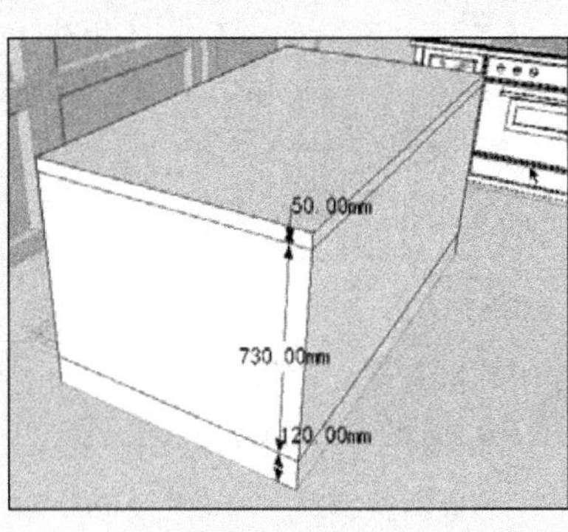

图 7-272　制作高度细节

03 选择上部模型，将其单独创建为组，如图 7-273 所示。

04 启用【矩形】工具，在底部角点创建角线平面，如图 7-274 所示。

05 启用【圆弧】工具，制作好角线细节，如图 7-275 所示。

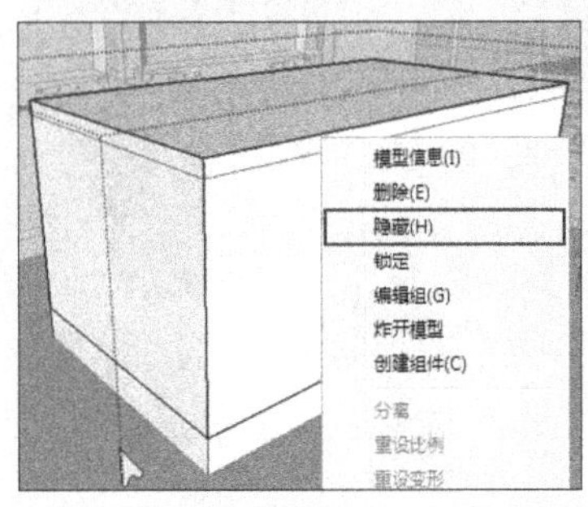

图 7-273　将上部模型创建为组

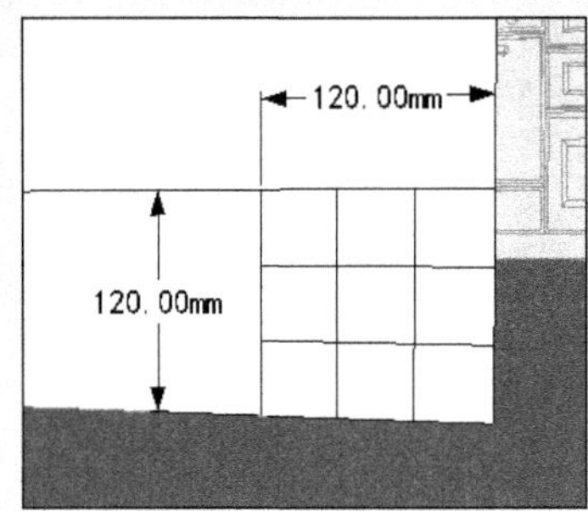

图 7-274　创建角线平面

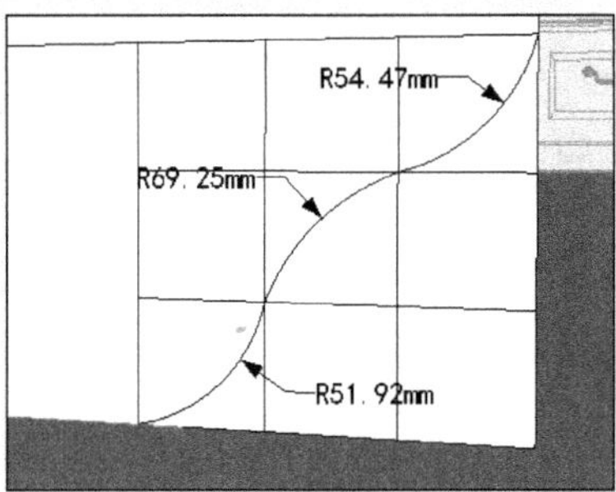

图 7-275　制作角线细节

06 启用【路径跟随】工具，制作好底部角线，如图 7-276 所示。

07 分割好侧面细节，然后启用【推/拉】工具制作好深度，如图 7-277 所示。

08 复制立柱并调整好位置与造型，如图 7-278 所示。

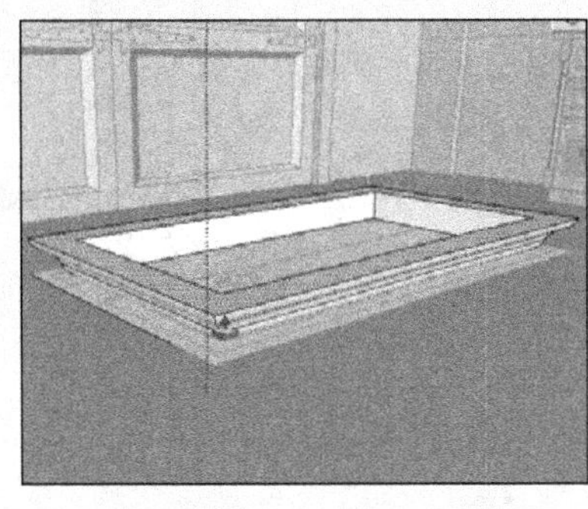

图 7-276　制作底部角线

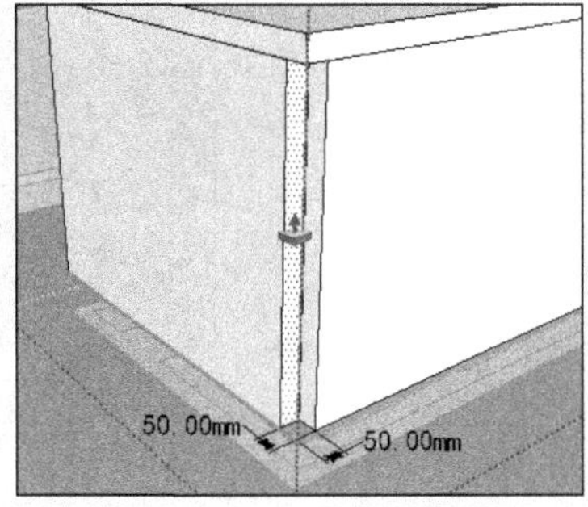

图 7-277　分割侧面并制作深度

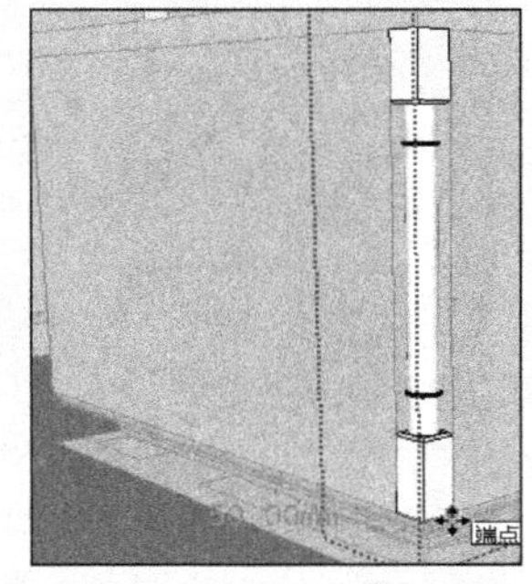

图 7-278　复制并调整立柱

09 采用相同方法制作好另外三个角立柱，如图 7-279 所示。

10 选择底部边线，将其拆分为 4 段，如图 7-280 所示。

11 通过线段移动复制在左侧制作 50mm 边框，然后启用【直线】工具分割好右侧柜面，如图 7-281 所示。

12 启用【推/拉】工具推空形成搁板，如图 7-282 所示。

图 7-279　制作另外三个角立柱

图 7-280　拆分底部边线

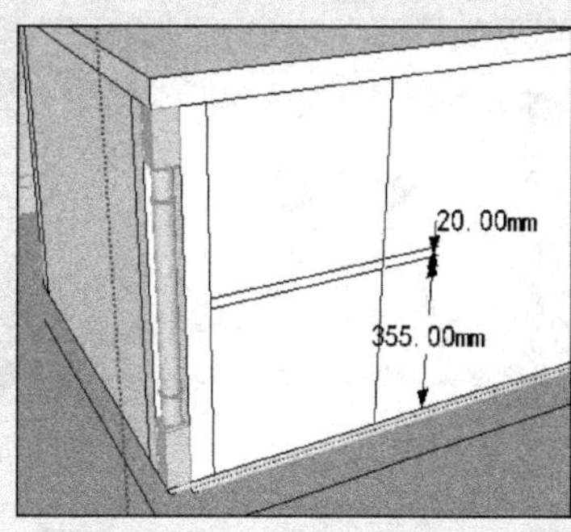

图 7-281　分割左侧柜面

13 重复类似操作，推空左侧侧板平面，完成效果如图 7-283 所示。

14 重复相同操作，制作好右侧的相同细节，完成效果如图 7-284 所示。

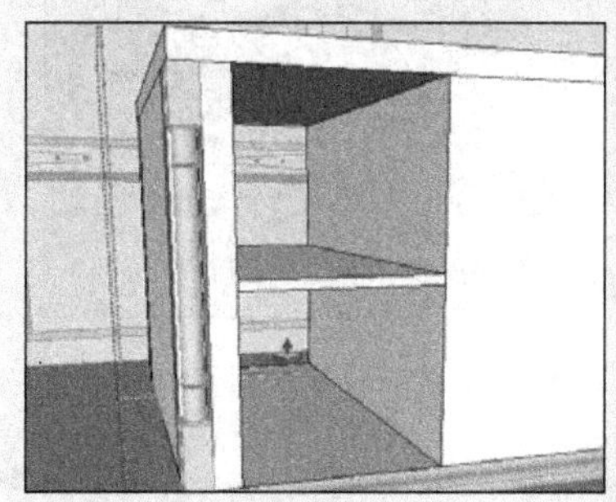

图 7-282　推空形成搁板

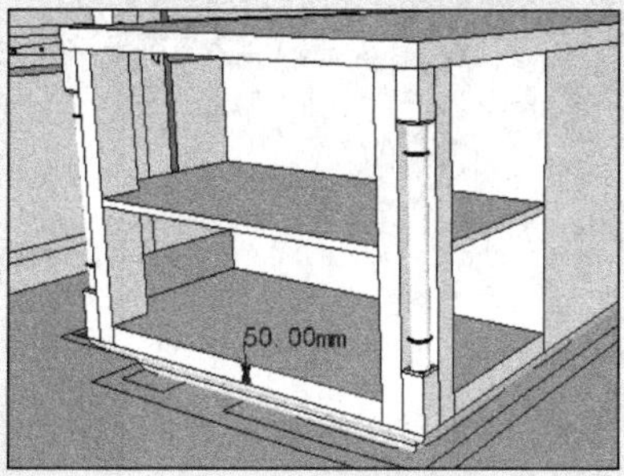

图 7-283　推空左侧侧板平面

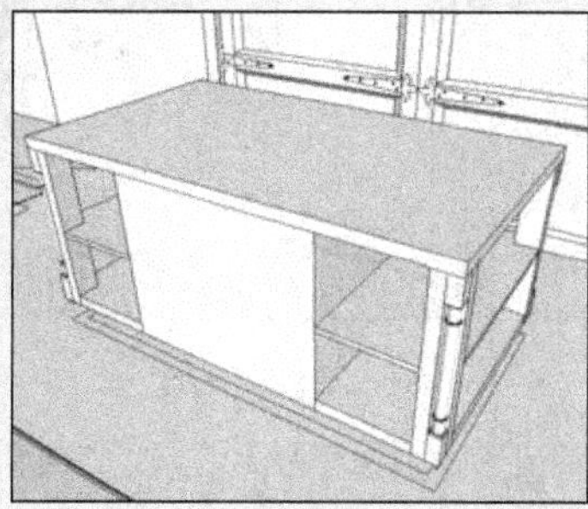

图 7-284　制作右侧细节

15 启用【直线】工具拆分中部柜门，如图 7-285 所示。

16 选择中部分割线，将其拆分为 3 段，如图 7-286 所示。然后启用【直线】工具分割出柜门平面，如图 7-287 所示。

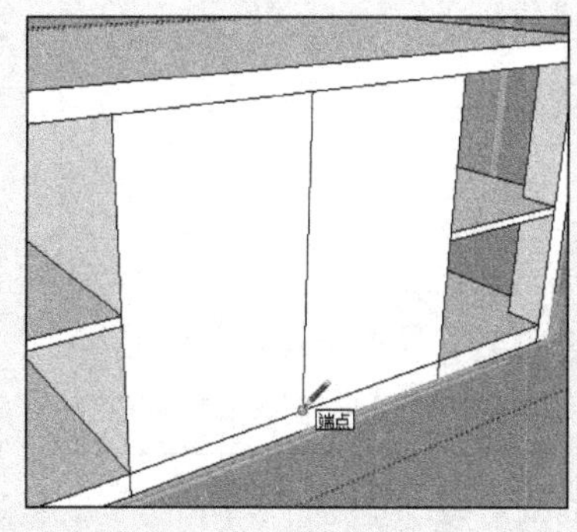

图 7-285　拆分中部柜板

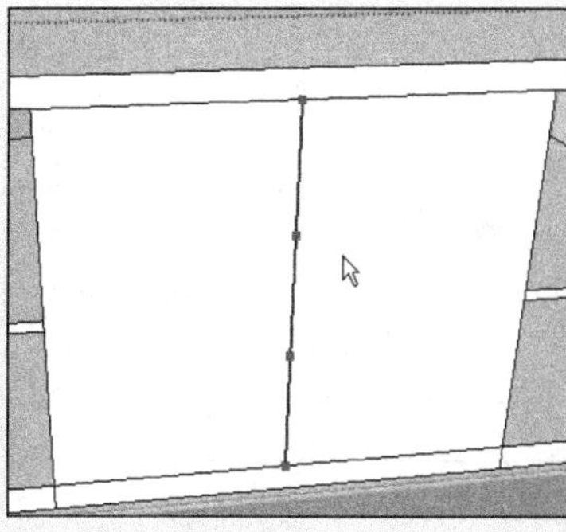

图 7-286　拆分中部分割线

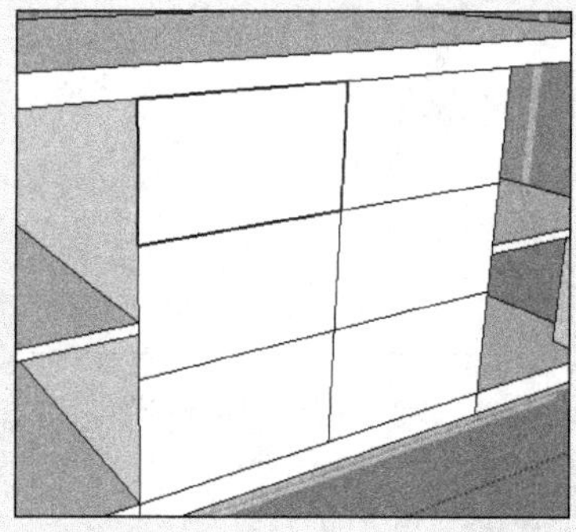

图 7-287　分割出柜门平面

17 重复之前的操作，制作好柜门细节，然后复制并放置好拉手模型，如图 7-288 所示。

18 复制制作好柜门与拉手，完成便餐台单侧细节的制作效果如图 7-289 所示。

19 复制柜门至左侧，然后通过线段的移动调整好长度，如图 7-290 与图 7-291 所示。

20 复制拉手模型并放置好位置，然后细化好侧板造型，完成效果如图 7-292 所示。

21 复制制作好的中部柜门与拉手至背面，然后通过镜像调整好朝向，完成效果如图 7-293 所示。接下来细化上部柜面。

22 选择参考图纸，通过捕捉移动至柜面，调整好高度，如图 7-294 所示。

图 7-288　制作柜门细节并复制拉手

图 7-289　便餐台单侧细节

图 7-290　复制柜门至左侧

图 7-291　调整柜门长度

图 7-292　细化侧板造型

图 7-293　便餐台背面完成效果

23 启用【矩形】工具，参考图纸分割好柜面，如图 7-295 所示。

24 结合使用【推/拉】与【缩放】工具，制作好柜面凹陷与斜面细节，完成效果如图 7-296 所示。

25 打开【组件】对话框，合并入洗菜盆模型，放置好位置后通过缩放工具调整好大小，如图 7-297 所示。

26 启用【矩形】工具绘制好分割面，如图 7-298 所示。

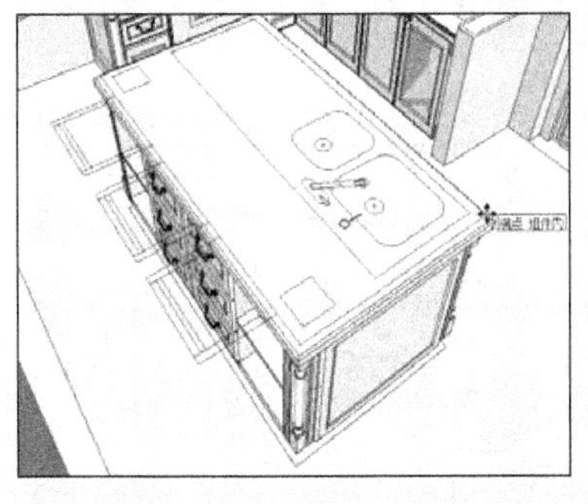

图 7-294　调整参考图纸高度

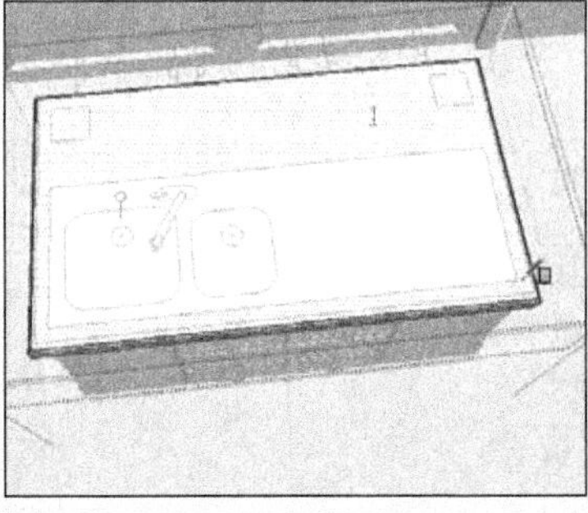

图 7-295　参考图纸分割柜面

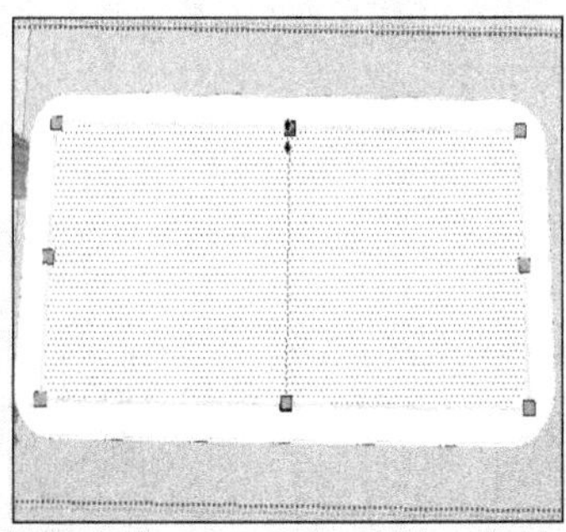

图 7-296　制作柜面凹陷与斜面细节

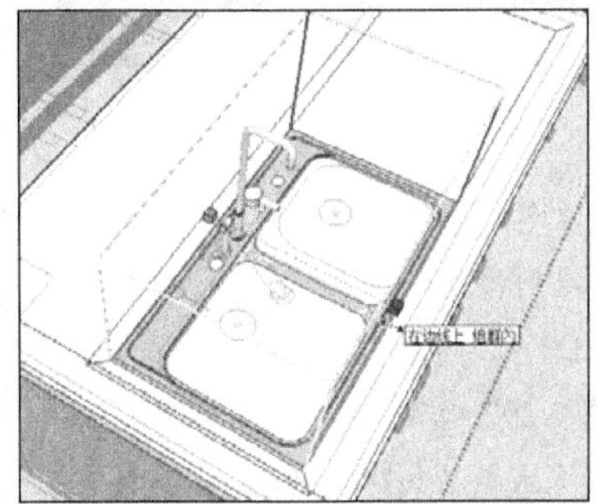

图 7-297　合并洗菜盆

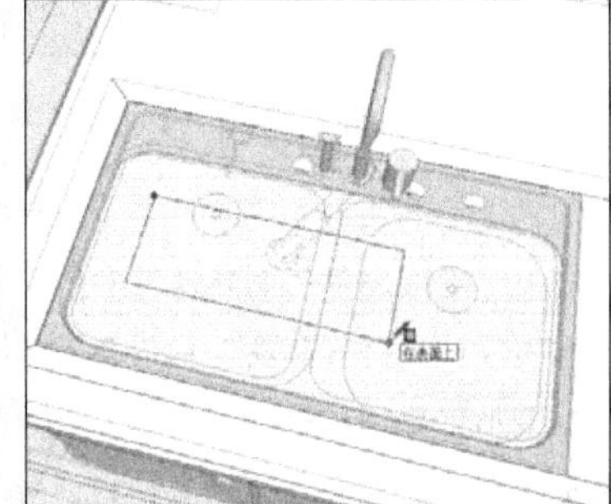

图 7-928　绘制分割面

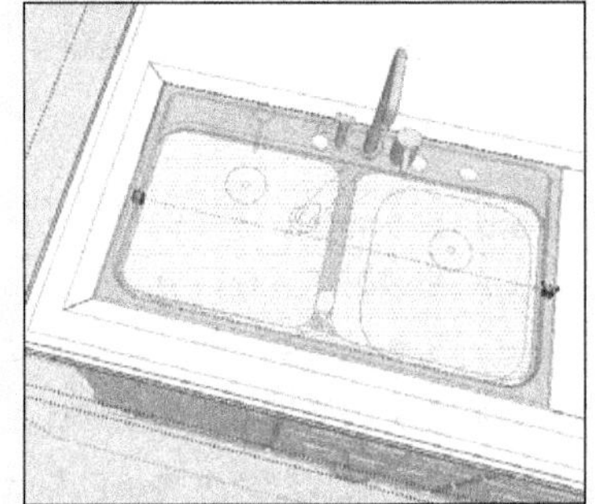

图 7-299　调整分割面

27 使用【缩放】工具调整好分割面，如图 7-299 所示。然后删除分割面，完成效果如图 7-300 所示。

28 经过以上步骤，完成便餐台的制作，效果如图 7-301 所示。当前的空间效果如图 7-302 所示.接下来细化餐厅。

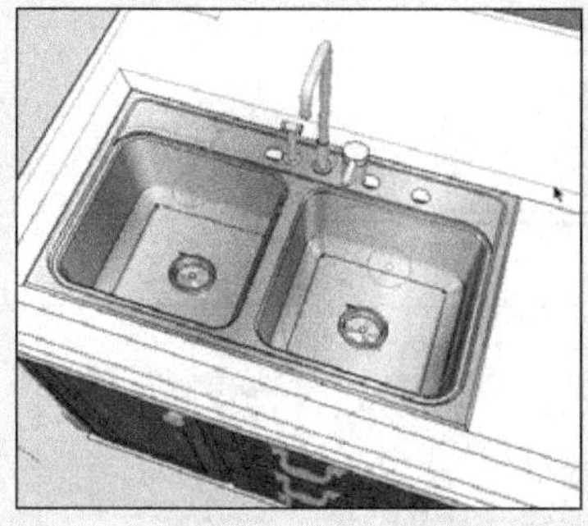

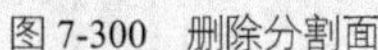
图 7-300　删除分割面

图 7-301　完成便餐台效果

图 7-302　当前空间效果

7.7 细化餐厅

7.7.1 合并电视柜与餐桌椅

01 餐厅区域平面布置细节如图 7-303 所示，首先通过【组件】对话框合并入电视柜，然后调整大小，如图 7-304 所示。

02 打开【材料】对话框，更换电视柜材质，使其与橱柜木纹一致，如图 7-305 所示。

图 7-303　餐厅区域平面布置细节

图 7-304 合并并调整电视柜

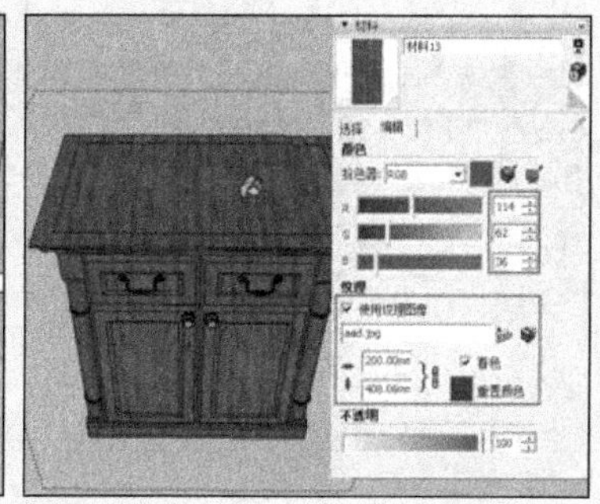
图 7-305　调整电视柜材质细节

03 经过材质调整后的电视柜效果如图 7-306 所示。

04 完成电视柜调整后，再合并入餐桌椅，完成效果如图 7-307 所示。

图 7-306　完成材质调整效果

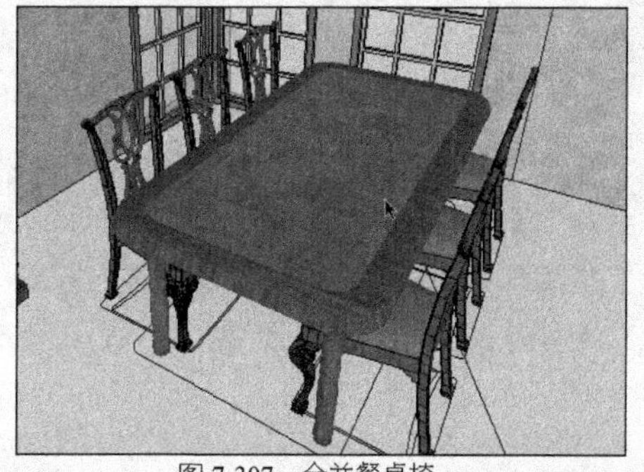
图 7-307　合并餐桌椅

7.7.2 细化柜子

01 通过线段的移动复制，确定柜子的高度，如图 7-308 所示。

02 启用【推/拉】工具，参考图纸确定柜子的深度，如图 7-309 所示。

03 选择底部平面单独创建为组，如图 7-310 所示。接下来细化造型。

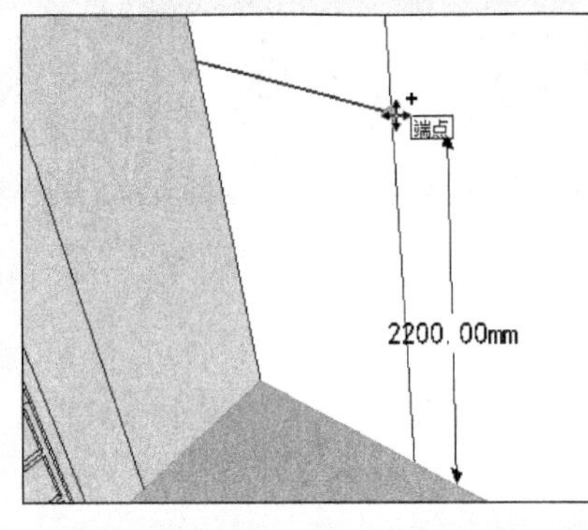

图 7-308 确定柜子高度

图 7-309 确定柜子深度

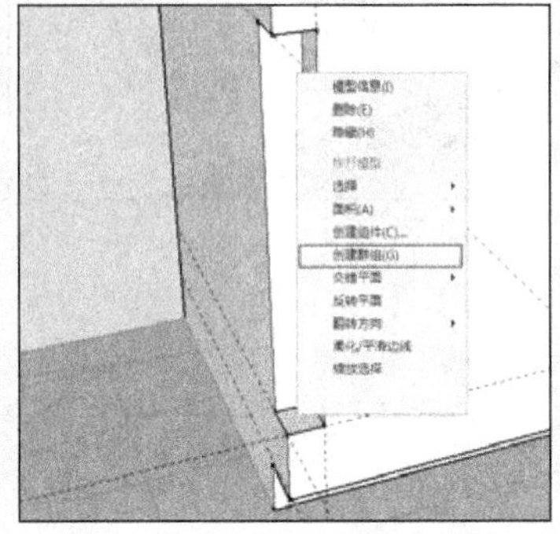

图 7-310 将底面单独创建为组

04 选择底部平面，启用【推/拉】工具，经过多次复制推拉制作结构，如图 7-311 所示。

05 使用与之前类似的方法，细化柜子边框造型，完成效果如图 7-312 所示。

06 结合【推/拉】与【偏移】工具，制作底部柜门，然后复制好拉手，完成效果如图 7-313 所示。

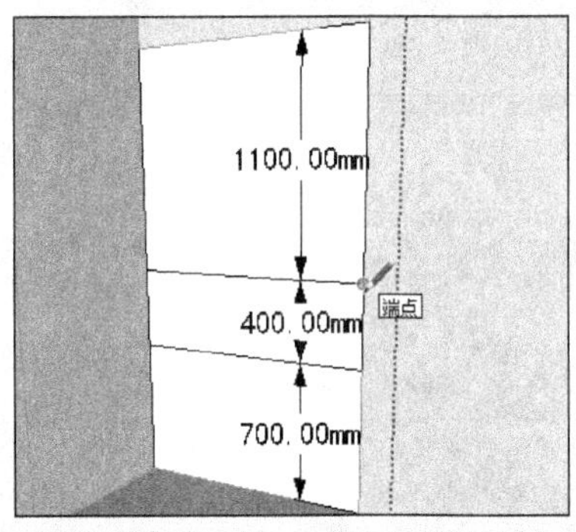

图 7-311 制作结构

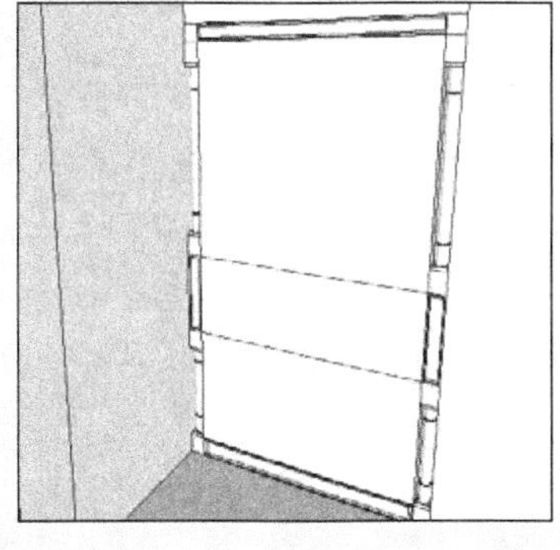

图 7-312 细化边框造型

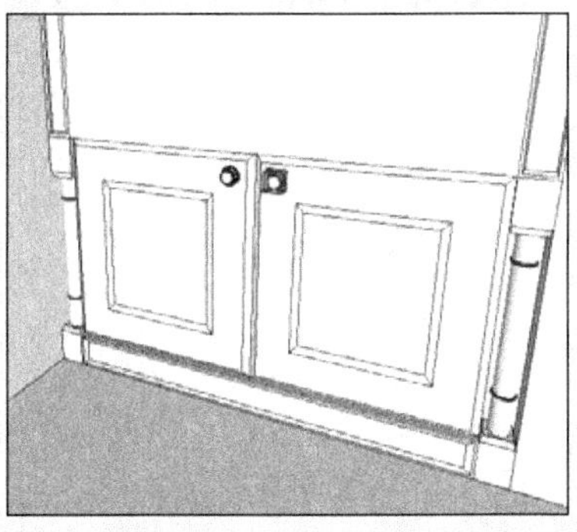

图 7-313 制作底部柜门并复制拉手

07 通过线段的移动复制制作好中部框架平面，如图 7-314 所示。

08 结合使用【直线】、【偏移】以及【推/拉】工具，制作中部细节单元，如图 7-315 所示。

09 删除多余平面，然后复制细节单元，完成中部细化效果如图 7-316 所示。

10 启用【直线】工具拆分上部柜面，如图 7-317 所示。

11 启用【推/拉】工具，将分割好的柜面向内推入 15mm 并创建为组，如图 7-318 所示。

12 结合使用【推/拉】与【偏移】工具，细化柜面，然后复制拉手，完成效果如图 7-319 所示。

13 打开【材料】对话框，赋予上部柜门相应材质，完成效果如图 7-320 所示。

14 隐藏上部柜门，然后制作内部细节，如图 7-321 所示。

15 内部细节制作完成后，显示上部柜门，完成柜子效果如图 7-322 所示。

图 7-314　制作中部框架平面

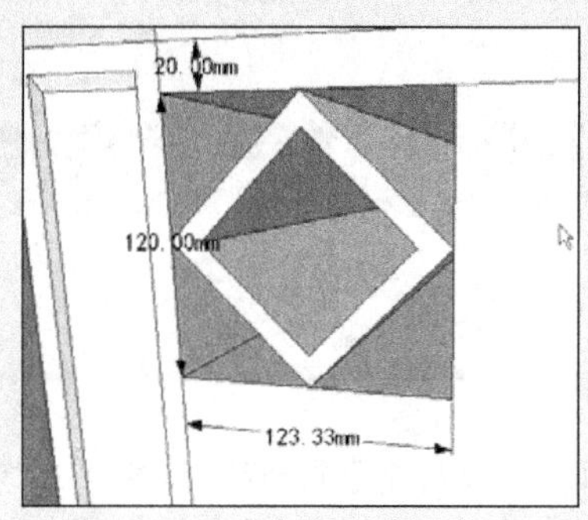

图 7-315　制作中部细节单元

图 7-316 完成中部细化效果

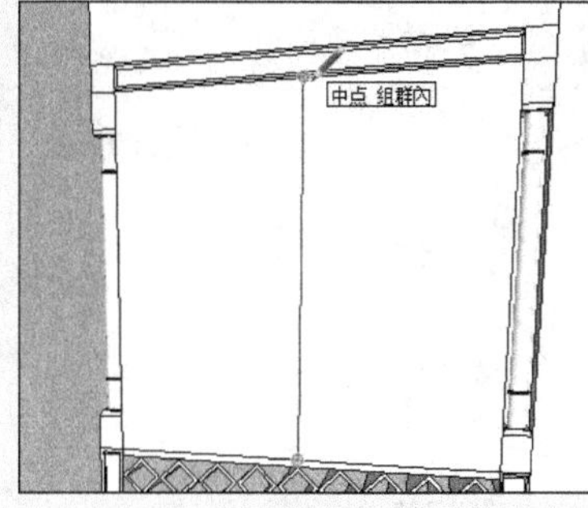

图 7-317　拆分上部柜面

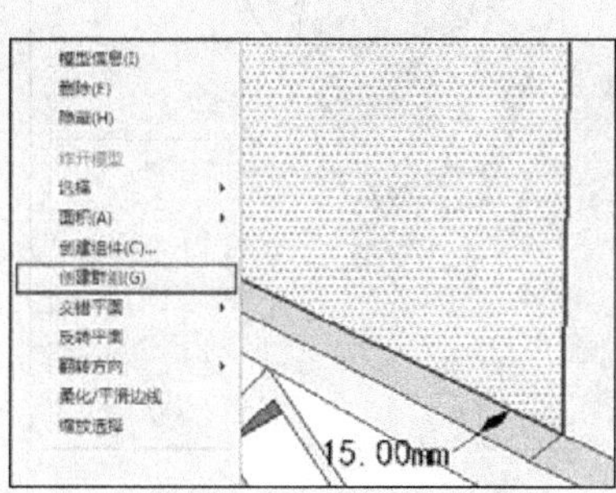

图 7-318　向内推入柜面并创建为组

图 7-319　细化柜面并复制拉手

图 7-320　赋予上部柜门材质

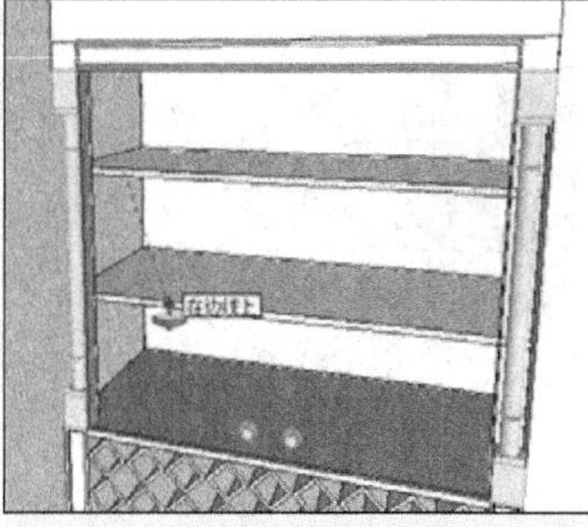
图 7-321　制作柜子上部内部细节

图 7-322　完成柜子制作的效果

16 经过以上步骤，当前空间效果如图 7-323 与图 7-324 所示。接下来处理地面与顶棚细节。

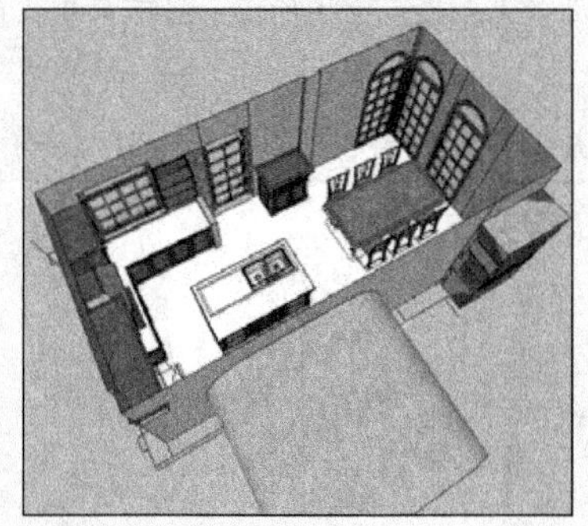
图 7-323　当前空间效果 1

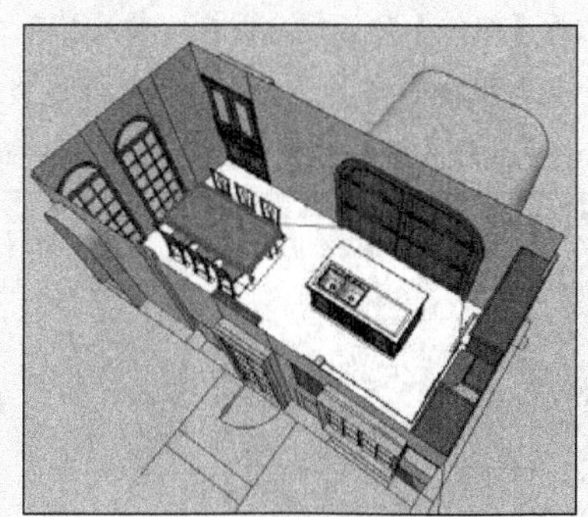
图 7-324　当前空间效果 2

7.8 处理地面与顶棚细节

7.8.1 处理地面细节

01 启用【矩形】工具，参考图纸初步分割好厨房地面，如图 7-325 所示。

02 通过线段的调整确定分割线位置，如图 7-326 所示。

03 启用【偏移】工具，制作中部分割面，如图 7-327 所示。

图 7-325 分割厨房地面

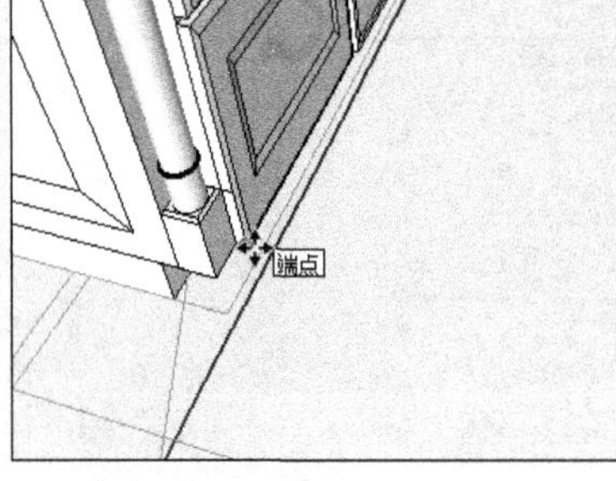

图 7-326 确定分割线位置

图 7-327 制作中部分割面

04 地面细分创建完成后，打开【材料】对话框，赋予各部分相应材质，如图 7-328~图 7-330 所示。

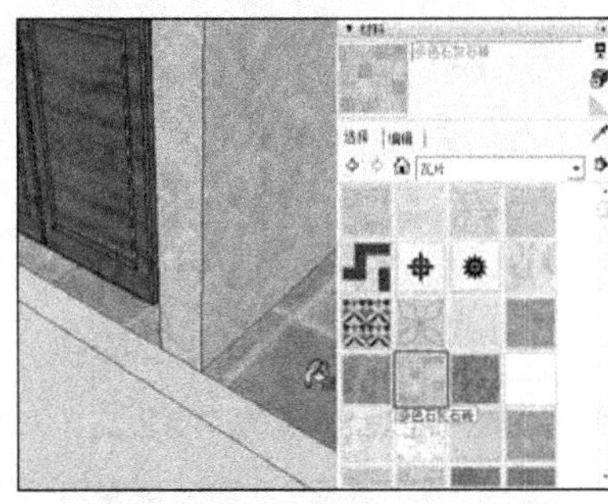
图 7-328 赋予外围石材

图 7-329 赋予中部马赛克材质

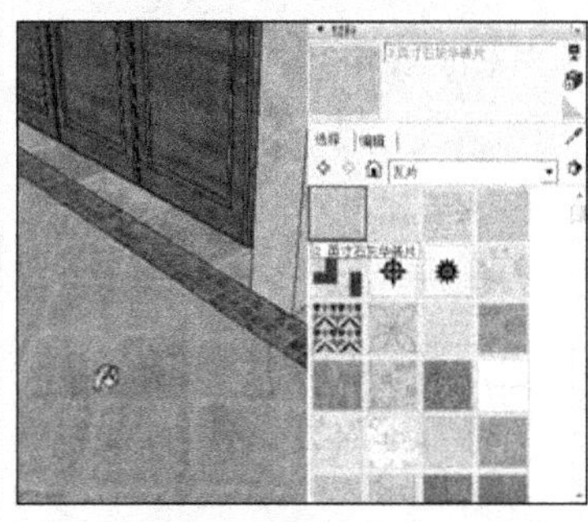
图 7-330 赋予内部菱形石材

05 打开【组件】对话框，合并好餐桌椅下方的地毯模型，完成效果如图 7-331 所示。接下来制作踢脚板。

06 隐藏电视柜等模型，选择墙体底部边线，如图 7-332 所示。

07 向上以 100mm 的距离移动复制制作好踢脚板分割面，如图 7-333 所示。

图 7-331 合并餐桌椅下方地毯

图 7-332 选择墙体底部边线

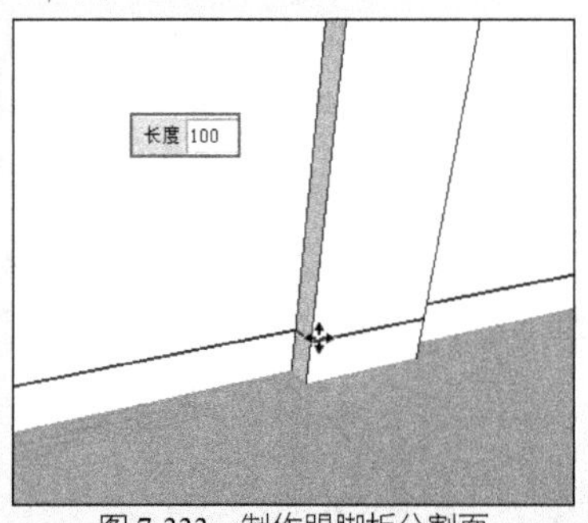

图 7-333 制作踢脚板分割面

08 赋予平面木纹材质，然后启用【推/拉】工具制作 20mm 的踢脚板厚度，如图 7-334 所示。

经过以上步骤，当前案例效果如图 7-335 所示。接下来制作顶棚细节。

图 7-334　赋予材质并制作踢脚板厚度

图 7-335　当前案例效果

7.8.2 处理顶棚

01 切换至俯视图，启用【直线】工具分割好顶棚，如图 7-336 所示。

02 启用【推/拉】工具，选择餐厅区域顶棚，向下推拉 200mm，如图 7-337 所示。

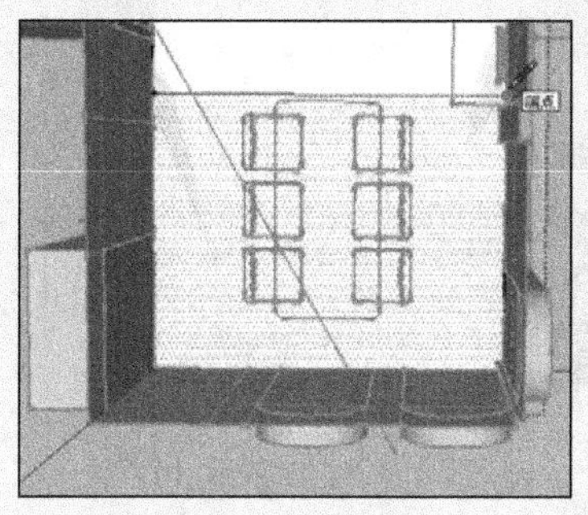

图 7-336　分割顶棚

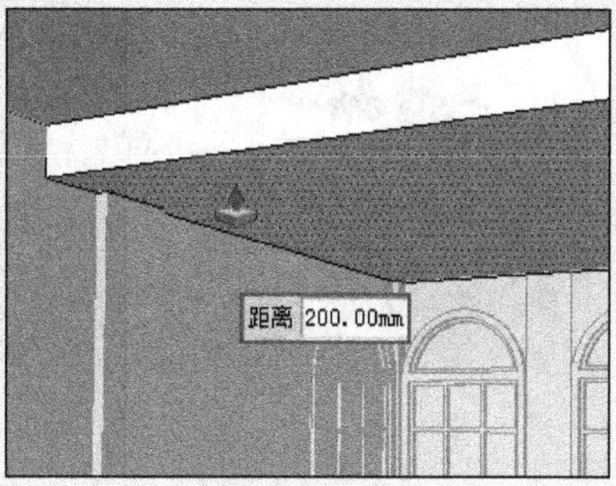

图 7-337　向下推拉餐厅区域顶棚 200mm

图 7-338　创建平分线并拆分为 4 段

03 启用【直线】工具，绘制厨房上部顶棚平分线，然后将其拆分为 4 段，如图 7-338 所示。

04 启用【直线】工具，捕捉拆分点，制作宽度为 150mm 的木方平面，如图 7-339 所示。

05 赋予木方平面木纹材质，然后启用【推/拉】工具制作 150mm 的厚度，如图 7-340 所示。

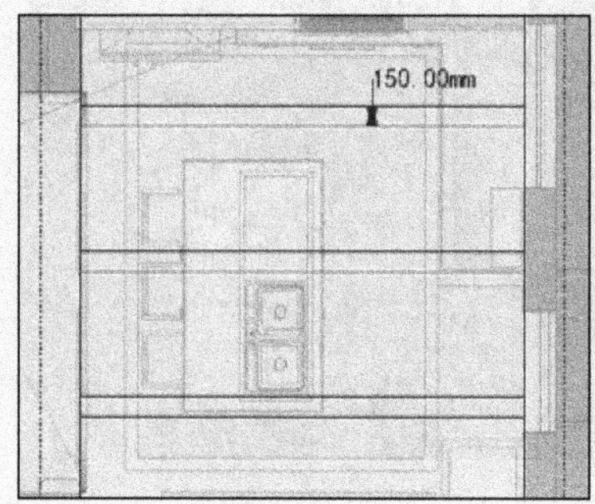

图 7-339　制作木方平面

图 7-340　推拉制作木方厚亮

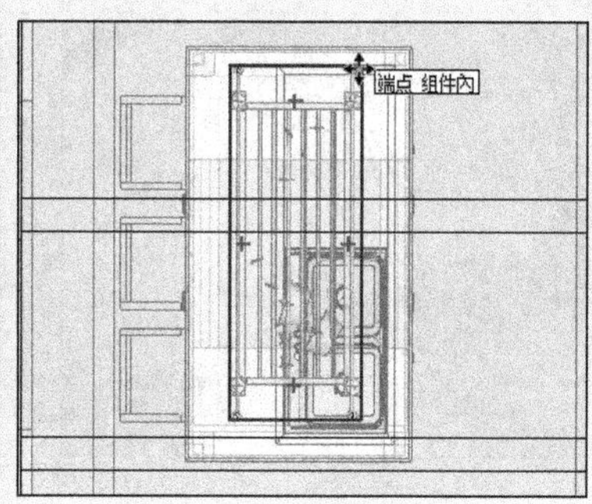

图 7-341　合并便餐台吊顶模型

06 打开【组件】对话框，合并入便餐台上方的吊顶模型，然后调整高度，如图 7-341~图 7-343 所示。

07 结合使用【圆】、【偏移】以及【推/拉】工具，制作圆形筒灯，如图 7-344 所示。

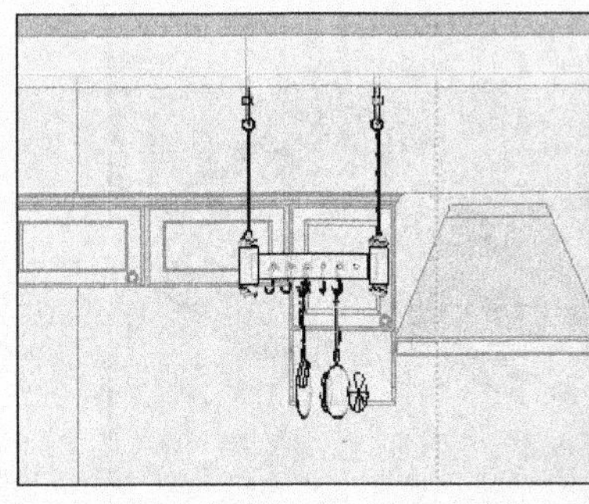

图 7-342　调整高度

图 7-343　合并完成效果

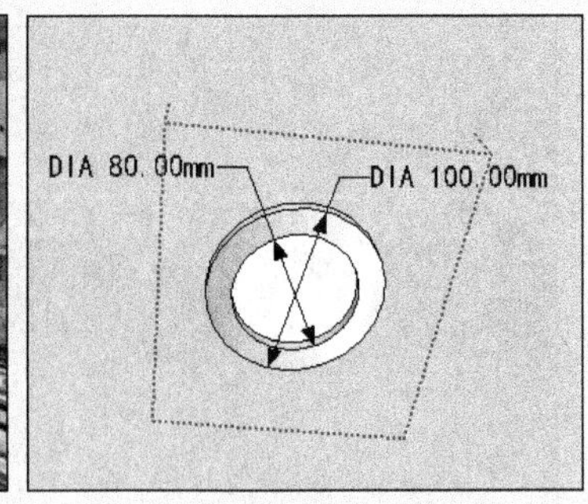

图 7-344　制作圆形筒灯

08 切换至俯视图，复制筒灯，如图 7-345 所示。

09 经过以上步骤，厨房吊灯效果如图 7-346 所示。

10 启用【矩形】工具，绘制出风口平面，如图 7-347 所示。

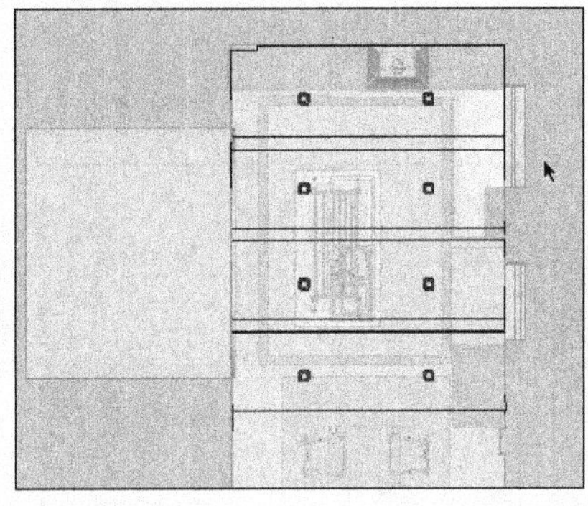

图 7-345　复制筒灯

图 7-346　厨房吊灯效果

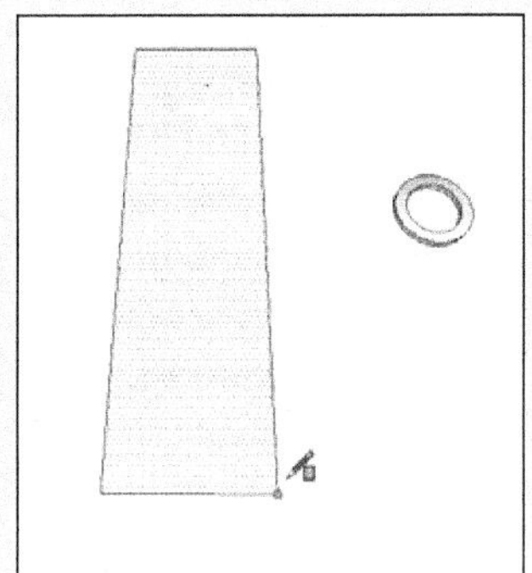

图 7-347　绘制出风口平面

11 合使用【偏移】以及【推/拉】工具，制作出风口细节，然后打开【材料】对话框，赋予内部金属网格材质，完成效果如图 7-348 所示。

12 打开【材料】对话框，赋予餐厅吊顶木板材质，然后调整好贴图效果，如图 7-349 所示。

13 打开【组件】对话框，合并入餐厅吊灯模型，调整至如图 7-350 所示的位置。

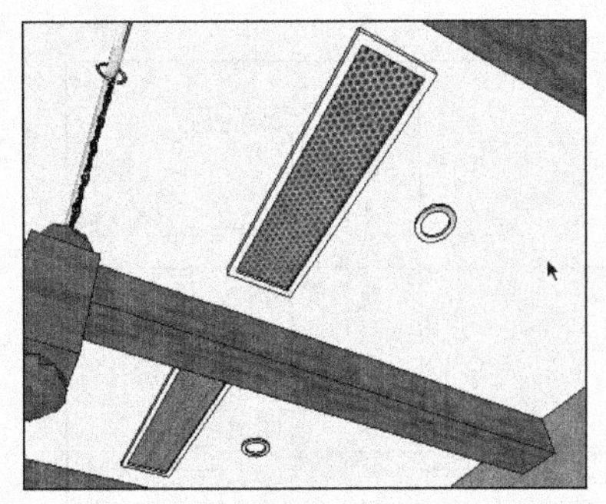

图 7-348　制作出风口并赋予材质

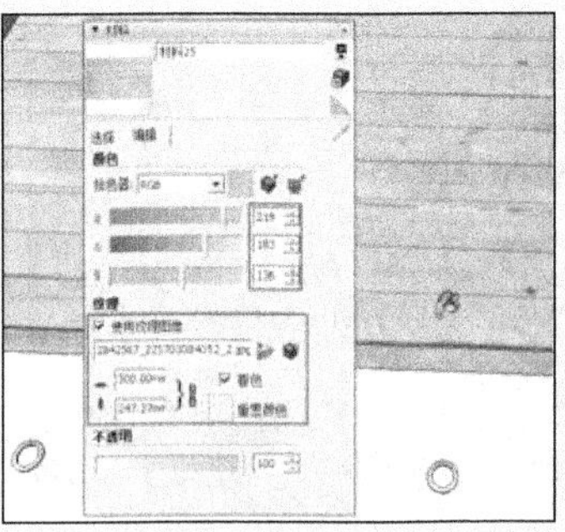

图 7-349　赋予餐厅吊顶木板材质

图 7-350　合并吊灯并调整位置

14 启用【直线】工具，在餐厅吊顶分割出窗帘放置口平面，如图 7-351 所示。

15 启用【推/拉】工具，制作好放置口深度，如图 7-352 所示。

16 打开【组件】对话框，合并入窗帘模型，调整好大小后通过复制完成其他窗帘的制作，效果如图 7-353 所示。

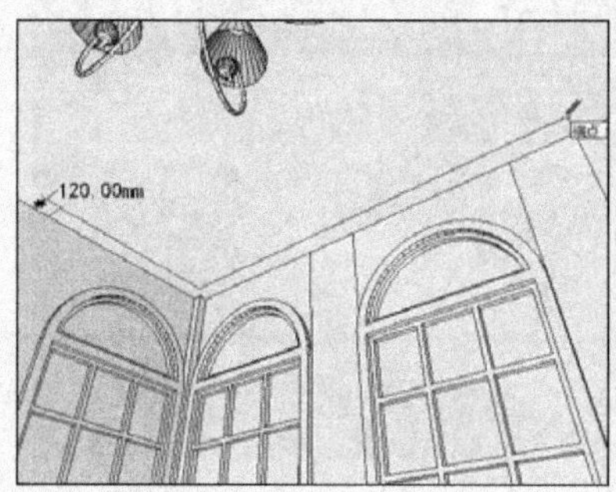

图 7-351 分割窗帘放置口平面

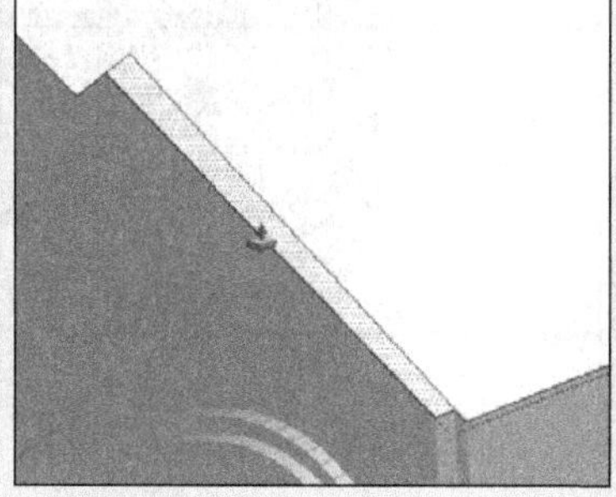
图 7-352 制作放置口深度

图 7-353 合并并复制窗帘

17 经过以上步骤，当前空间的餐厅与厨房效果分别如图 7-334 与图 7-335 所示。接下来完成最终效果。

图 7-354 餐厅当前效果

图 7-355 厨房当前效果

7.9 完成最终效果

01 打开【组件】对话框，合并双门冰箱以及与橱柜相关的炊具、餐具、食物，如图 7-356~图 7-358 所示。

图 7-356 合并双门冰箱

图 7-357 合并炊具以及餐具等模型

图 7-358 合并食物以及刀具等模型

02 打开【组件】对话框，合并入与便餐台相关的餐具、炊具、食物以及酒具模型，如图 7-359~图 7-361 所示。

图 7-359 合并盘子以及水果等模型

图 7-360 合并吧椅模型

图 7-361 合并酒架以及酒具等模型

03 打开【组件】对话框，合并入电视柜以及与餐桌相关的物品，如图 7-362 与图 7-363 所示。

04 打开【组件】对话框，合并入与柜子相关的物品，如图 7-364 与图 7-365 所示。

图 7-362 合并书本等模型

图 7-363 合并碗碟以及烛台等模型

图 7-364 合并相关物品

图 7-365 合并酒具与碗碟等模型

图 7-366 合并相框至前方墙面

图 7-367 合并相框与花卉

05 最后再合并相框以及花卉等物品，如图 7-366~图 7-368 所示，完成空间的最终制作。此时的餐厅效果如图 7-369 所示。

图 7-368　合并相框至后方墙体

图 7-369　餐厅效果

06 本案例其他空间的效果参考图 7-9~图 7-21 所示。对于全景效果的制作，可以先移开相应的墙体与顶棚，如图 7-370 所示，然后进行全景取景，如图 7-371 所示。

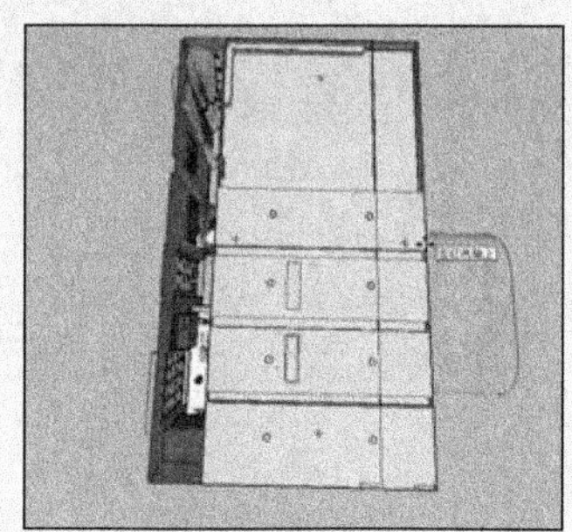

图 7-370　移开墙体与顶棚

图 7-371　获得效果较理想的全景观察效果

第8章

欧式新古典风格别墅空间设计与表现

欧式新古典风格简约大气、高雅唯美，结合了怀古的浪漫情怀与现代人对生活的需求，兼容华贵与时尚，与欧式古典风格和而不同。

本章将通过细化欧式新古典风格的楼梯、阳台、顶棚等室内元素，展现后工业时代个性化的美学观点和文化品位。

8.1 欧式新古典风格概述

欧式新古典主义的设计风格是经过改良的欧式古典主义风格。欧洲文化丰富的艺术底蕴，开放、创新的设计思想及其华贵的装饰，一直以来都颇受众人喜爱与追求。而新古典风格一方面保留了欧式古典风格在材质、色彩上的优点，体现了该风格的历史痕迹与浑厚的文化底蕴，同时又简化了过于复杂的造型直线、肌理以及装饰，表达出强烈的时代感。典型的欧式新古典风格效果如图 8-1 与图 8-2 所示。

图 8-1　典型欧式新古典风格客厅效果

图 8-2　典型欧式新古典风格餐厅与客厅效果

欧式新古典风格家具具有式样精炼、简朴、雅致，做工讲究，装饰文雅的特征，曲线少，平直表面多，显得更加轻盈优雅。其通过细节处的直线雕刻、富有西方风情的陈设配饰品的搭配，来营造出欧式特有的磅礴、厚重、优雅与大气。典型的欧式新古典风格沙发效果如图 8-3~图 8-5 所示。

图 8-3　欧式新古典风格沙发 1

图 8-4　欧式新古典风格沙发 2

图 8-5　欧式新古典风格沙发 3

装饰色彩高雅而和谐是新古典风格的代名词。白色、金色、黄色、暗红是欧式风格中常见的主色调，少量白色糅合，使色彩看起来明亮、大方，整个空间具有开放、宽容的非凡气度，让人丝毫不感局促。

本案例将根据别墅的平面布置图和以上设计原则完成别墅中阳台、客厅、餐厅以及厨房等空间的设计与表现。案例效果如图 8-6~图 8-13 所示。

图 8-6 客厅效果

图 8-7 客厅沙发背景墙效果

图 8-8 客厅电视背景墙效果

图 8-9 客厅及楼梯效果

图 8-10 餐厅及楼梯效果

图 8-11 餐厅及厨房效果 1

图 8-12 餐厅及厨房效果 2

图 8-13 阳台效果

8.2 正式建模前的准备工作

8.2.1 导入图纸并整理图纸

01 打开 SketchUp，进入【模型信息】对话框，设置场景单位如图 8-14 所示。

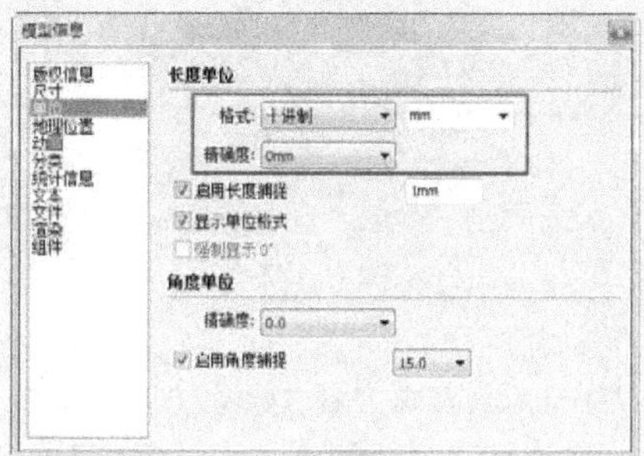

图 8-14 设置场景单位

图 8-15 执行【文件】/【导入】菜单命令

02 执行【文件】/【导入】菜单命令，如图 8-15 所示。然后在弹出的【导入】对话框中选择文件类型为“AutoCAD 文件”，如图 8-16 所示。

03 单击【导入】对话框中的【选项】按钮，然后在弹出的对话框中设置好参数，如图 8-17 所示。

图 8-16 选择“AutoCAD 文件”类型

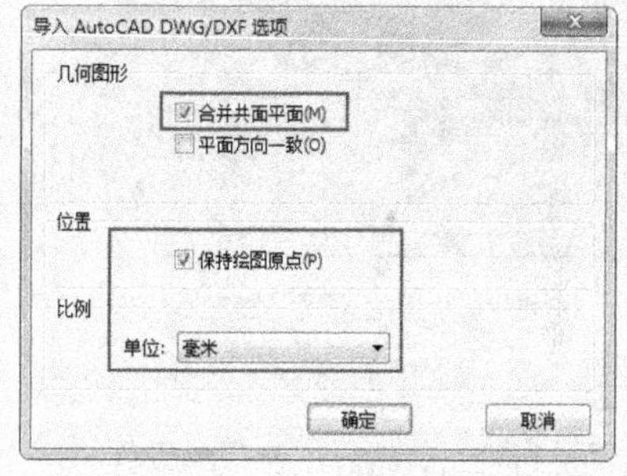

图 8-17 设置导入参数

04 参数设置完成后，单击【确定】按钮，然后双击“新古典欧式平面布置图”导入，如图 8-18 所示。

05 图纸导入完成后，选择左侧角点对齐坐标原点，如图 8-19 所示。

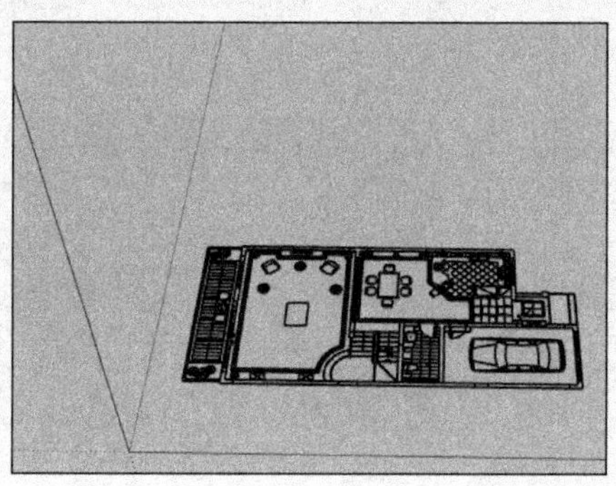

图 8-18 导入图纸

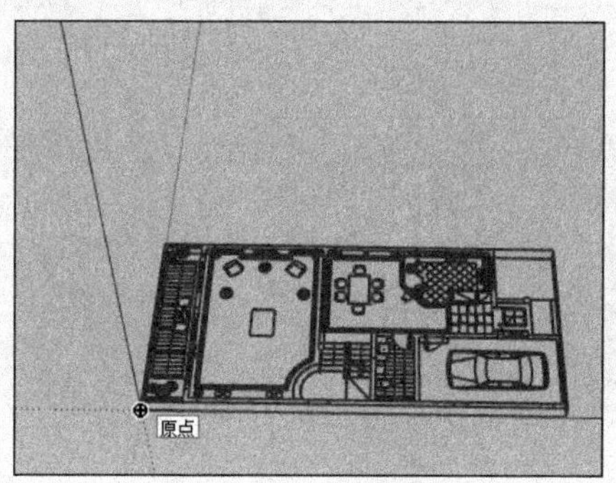

图 8-19 对齐坐标原点

06 图纸当前为散乱的图形，如图 8-20 所示，因此全选将其创建为组，如图 8-21 所示，避免对图纸局部错误的移动。

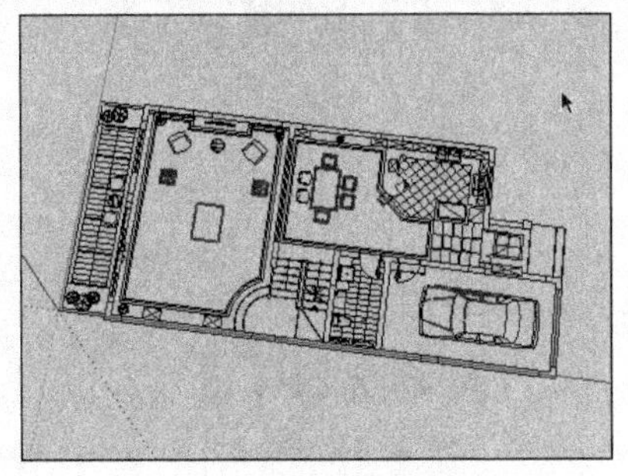

图 8-20 捕捉对齐

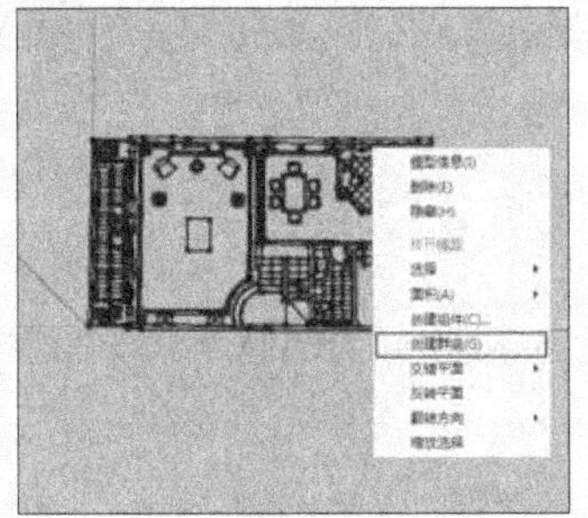

图 8-21 创建组

8.2.2 分析建模思路

本案例从左至右逐次为阳台、客厅、楼梯、餐厅以及厨房，其中的表现重点为客厅、餐厅以及厨房，范围如图 8-22 所示。阳台与楼梯同样需要注意风格的统一，尤其是作为衔接空间的楼梯更要用心处理，两者的表现范围如图 8-23 所示。

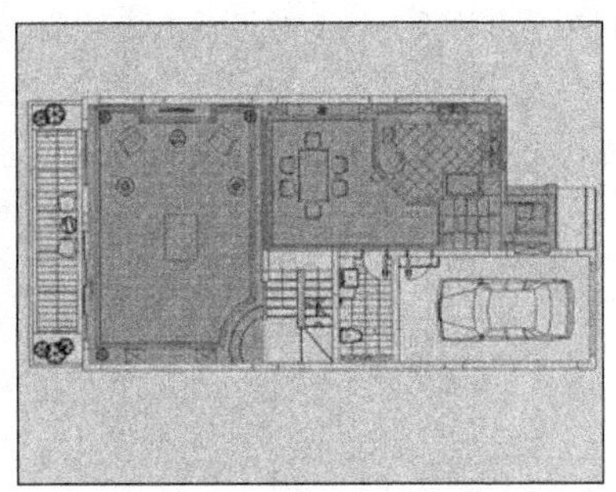

图 8-22 案例表现范围

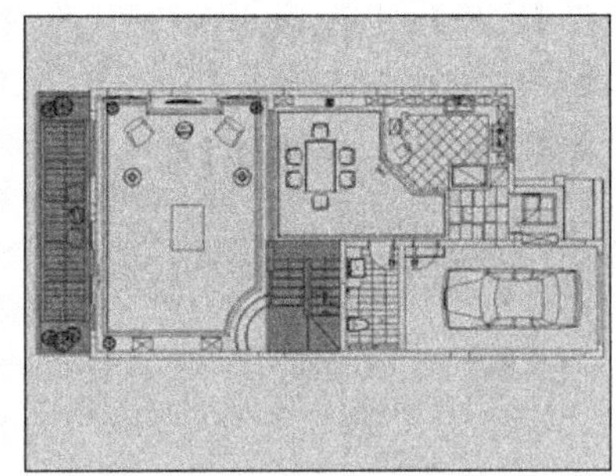

图 8-23 阳台与楼梯的表现范围

由于本案例空间大，层次多，在风格上又要注重处理各处细节，因此将从空间立面、地面与顶棚以及最终处理三个方面进行分析，构思出合理的设计与制作流程。

1. 制作空间立面

❑ 制作整体框架

参考底图，快速分割出表现空间的平面，如图 8-24 所示。然后制作好客厅窗洞与门洞以及空间衔接，如图 8-25 与图 8-26 所示。

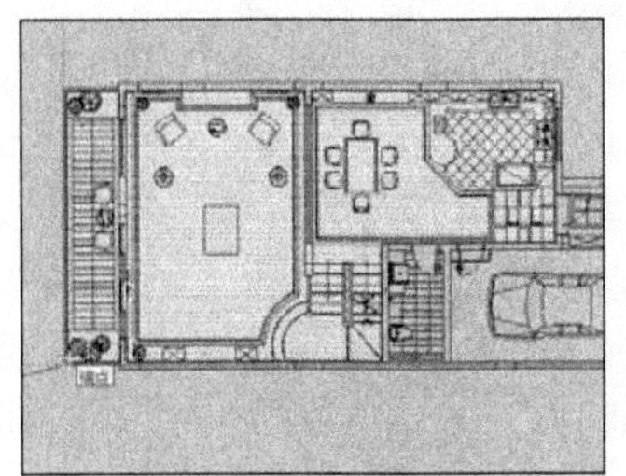

图 8-24 分割表现空间平面

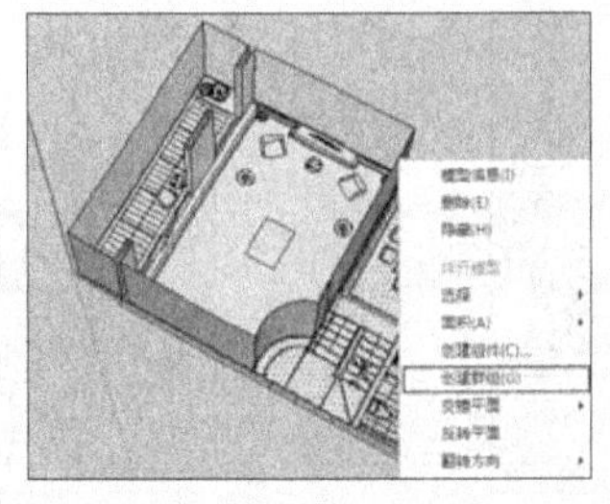

图 8-25 创建群组

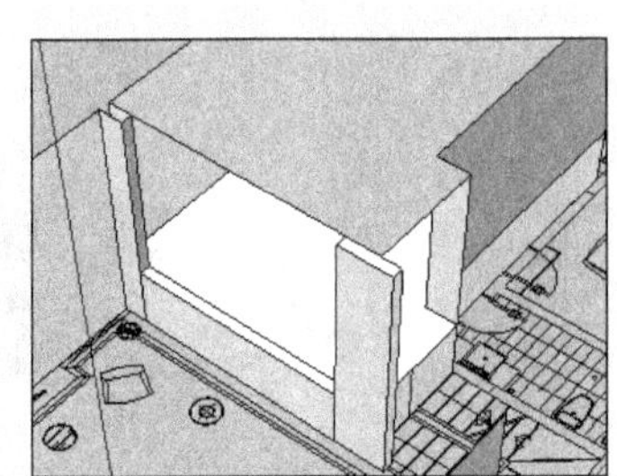

图 8-26 制作空间衔接

再通过类似方法制作好厨房的窗洞与门洞，如图 8-27 所示。

各个空间的窗洞与门洞制作完成后，再制作好相应的门窗，如图 8-28 与图 8-29 所示。接下来分空间制作立面细节。

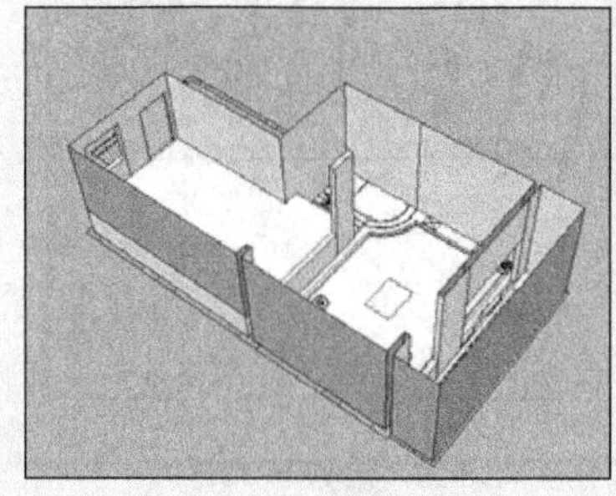

图 8-27　制作厨房处窗洞与门洞

图 8-28　制作客厅门窗户

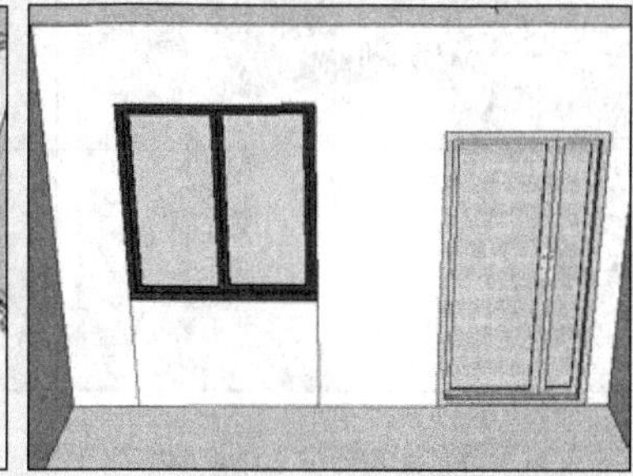

图 8-29　制作其他门窗

❑　细化客厅立面与楼梯

首先通过合并构件以及墙面处理，制作好客厅电视背景墙与壁炉立面细节，如图 8-30 与图 8-31 所示。

客厅立面制作完成后，再参考图纸分割好楼梯平面，如图 8-32 所示，然后制作好下层楼梯细节，如图 8-33 所示。

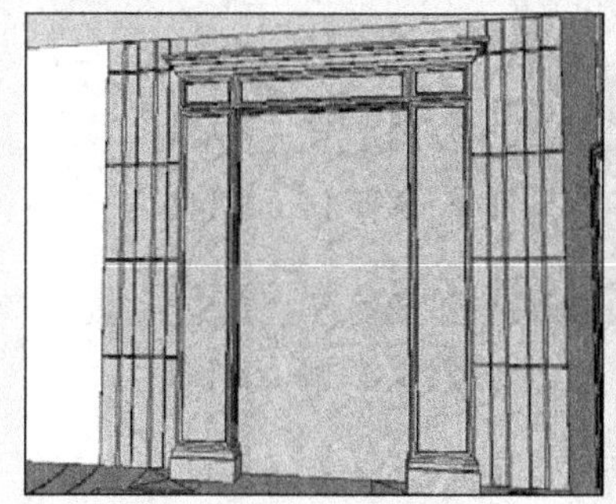

图 8-30　制作电视背景墙细节

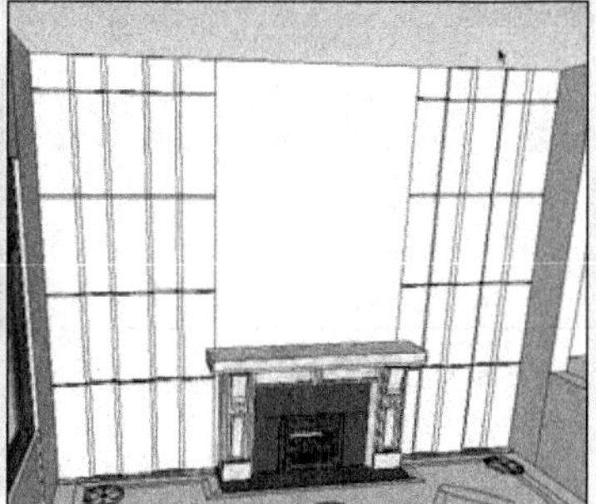

图 8-31　合并壁炉并制作该处墙面细节

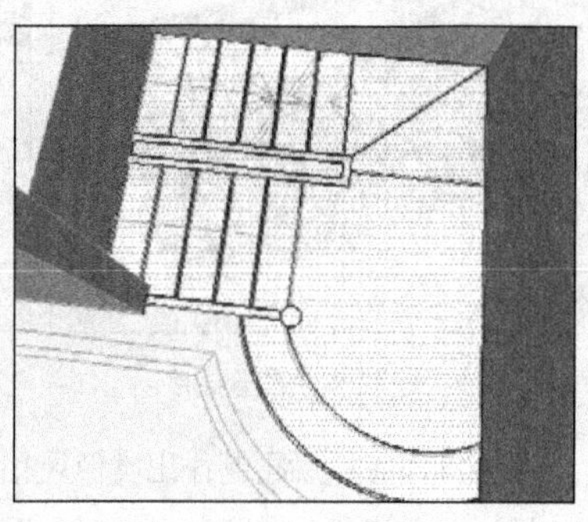

图 8-32　分割楼梯平面

下层楼梯制作完成后，通过参考线定位并制作好上方楼梯，如图 8-34 与图 8-35 所示。

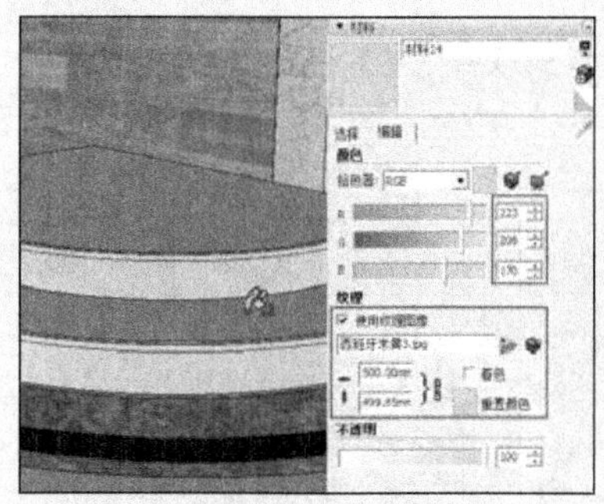

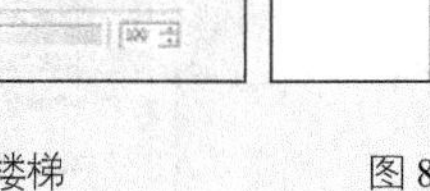

图 8-33　制作下层楼梯

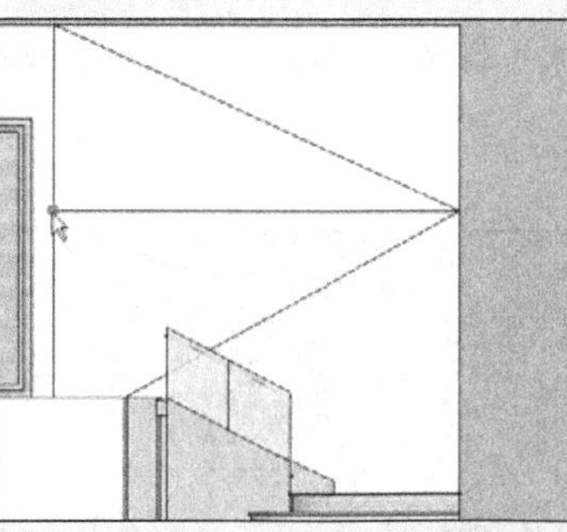

图 8-34　制作上方楼梯参考线

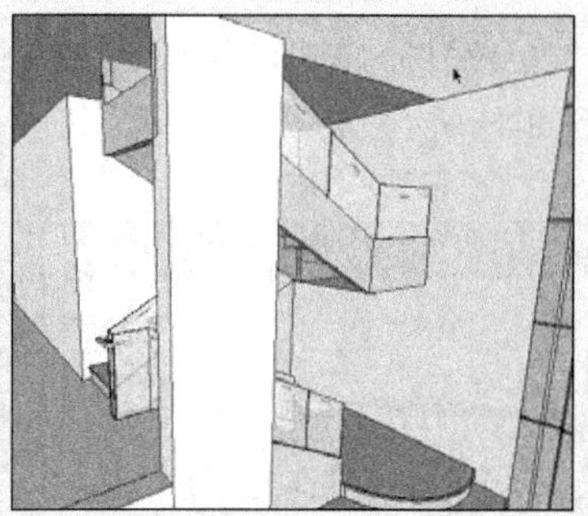

图 8-35　完成楼梯制作

经过以上处理，客厅立面与楼梯完成后的效果如图 8-36 所示。接下来制作阳台。

❑　细化阳台

阳台的处理比较简单，参考图纸分割好区域后再制作出简单的细节即可，如图 8-37 与图 8-38 所示。接下来处理餐厅与厨房。

图 8-36　完成客厅立面与楼梯细化

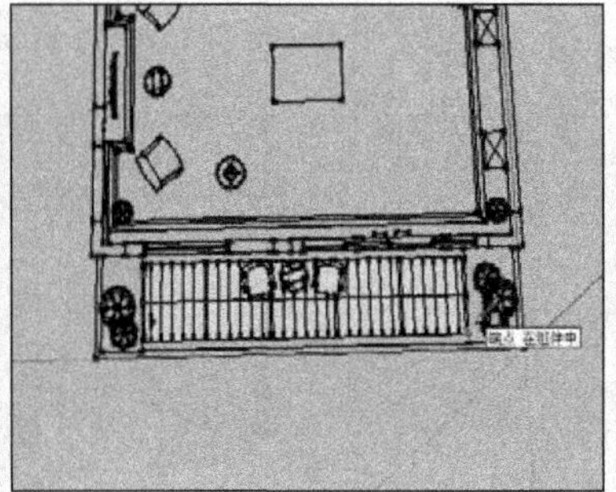
图 8-37　细化阳台

图 8-38　完成阳台细化

❑　细化餐厅与厨房立面

首先根据图纸合并和调整好酒柜模型，如图 8-39 所示。然后参考图纸分割好橱柜平面并进行细节制作，如图 8-40 与图 8-41 所示。

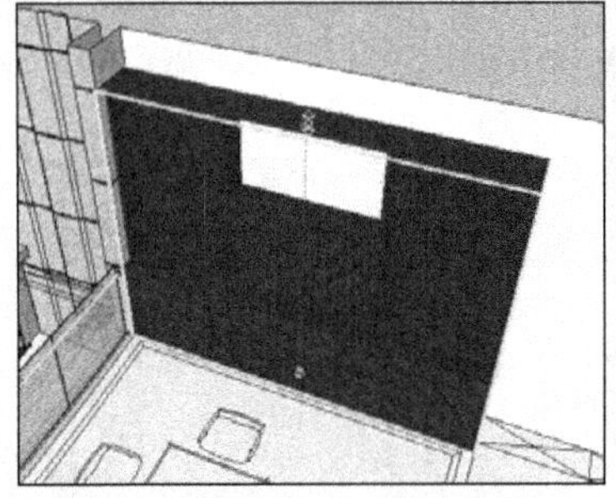
图 8-39　合并并调整酒柜

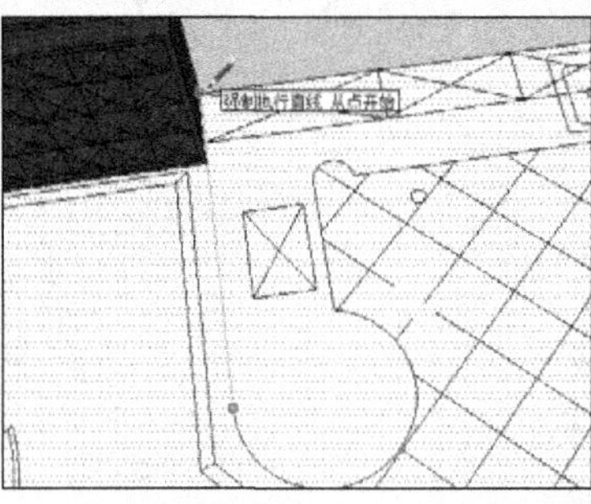
图 8-40　分割橱柜平面

图 8-41　细化橱柜

橱柜制作完成后再制作出类似风格的吊柜，完成后的效果如图 8-42 所示。

经过以上步骤，空间立面效果如图 8-43 所示。接下来处理地面与顶棚细节。

2．制作地面细节

❑　制作客厅地面细节

参考图纸分割好客厅地面细节，如图 8-44 所示。分割完成后再赋予材质，完成客厅地面整体效果，如图 8-45 与图 8-46 所示。

图 8-42　完成橱柜与吊柜细化

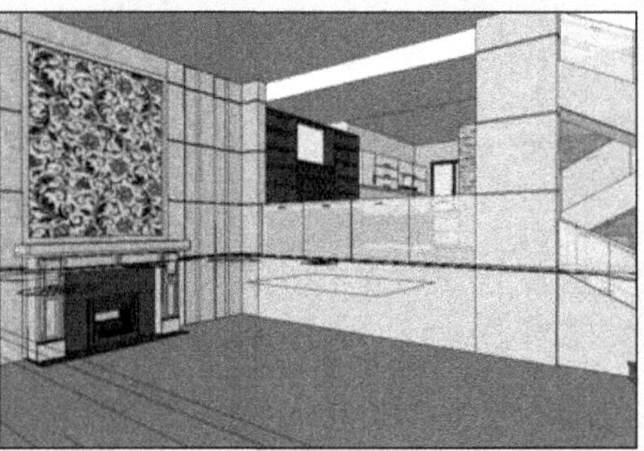
图 8-43　空间立面效果

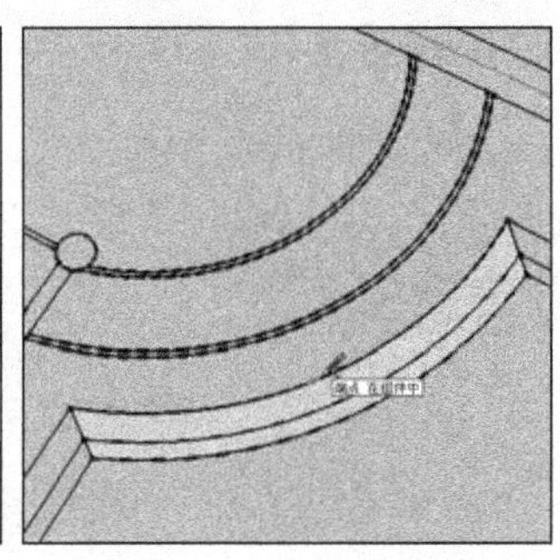
图 8-44　分割客厅地面细节

❑ 制作餐厅与厨房地面细节

客厅地面处理完成后，通过类似方法逐步分割好餐厅与厨房地面，然后赋予相应材质，如图 8-47~图 8-50 所示。接下来处理空间顶棚细节。

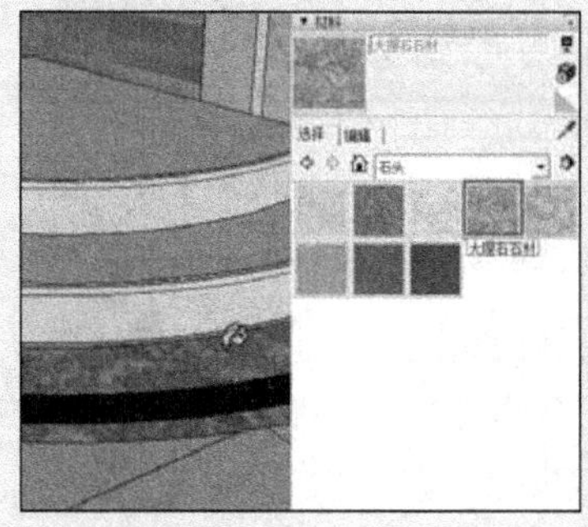
图 8-45 赋予客厅地面材质

图 8-46 制作客厅地面效果

图 8-47 分割餐厅与厨房地面

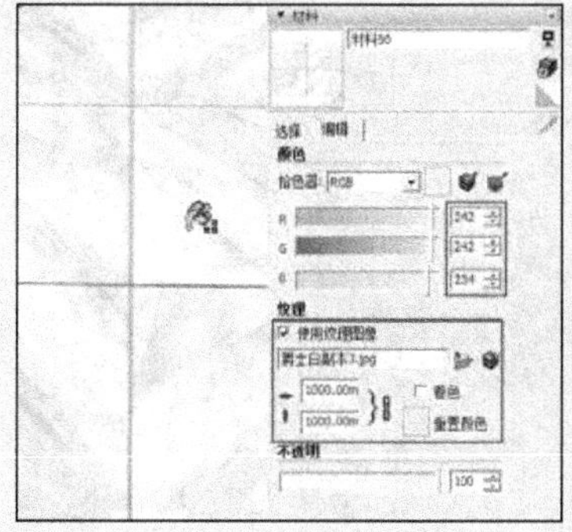
图 8-48 赋予厨房地面材质

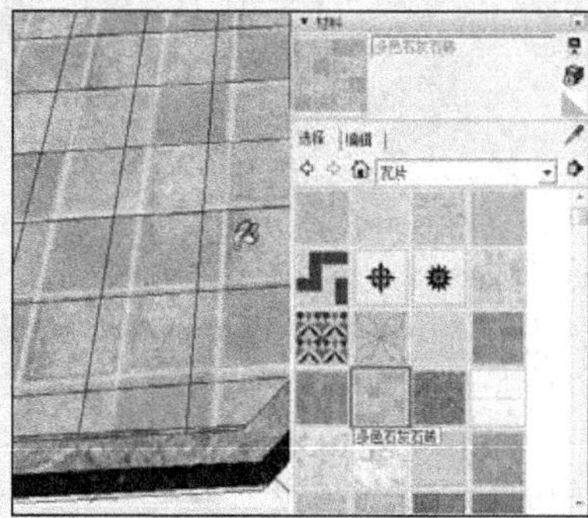
图 8-49 赋予餐厅地面材质

图 8-50 赋予过道材质

3. 制作顶棚细节

❑ 制作客厅空间顶棚

首先制作好客厅吊顶框架，然后分割出客厅顶棚装饰单元细节，如图 8-51 所示。

复制装饰单元细节，完成后的整体效果如图 8-52 所示。

再根据顶棚造型，制作好筒灯效果，完成后的客厅顶棚效果如图 8-53 所示。

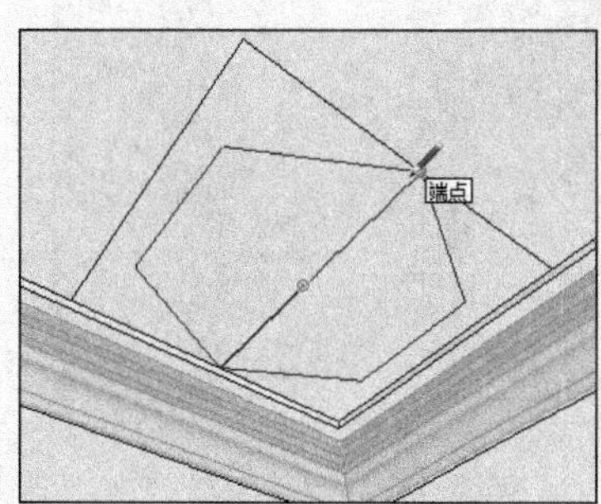

图 8-51 分割客厅顶棚细节

图 8-52 顶棚完成效果

图 8-53 筒灯制作效果

客厅顶棚制作完成后，再通过简单的推/拉与分割，制作好衔接处顶棚效果，如图 8-54 与图 8-55 所示。接下来制作餐厅与厨房顶棚。

❑ 制作餐厅与厨房顶棚细节

餐厅与厨房的顶棚处理比较简洁，大致流程与完成效果如图 8-56~图 8-59 所示。在制作过程中注意拆分功能的应用以及模型的多重复制。

图 8-54 制作顶棚衔接细节

图 8-55 完成顶棚衔接细节效果

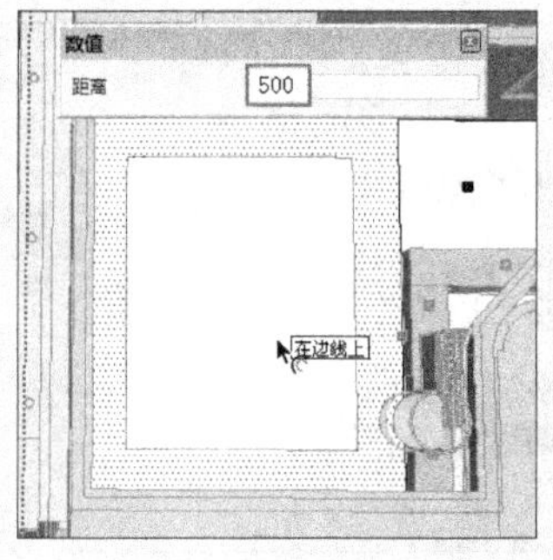

图 8-56 制作餐厅顶棚

图 8-57 餐厅顶棚细节

图 8-58 完成餐厅顶棚效果

图 8-59 完成厨房顶棚效果

4. 最终处理

空间的地面与顶棚细节制作完成后，接下来将通过家具、灯具以及装饰模型的合并与摆放，完成最终效果。

❑ 合并家具

首先根据各个空间的功能与特点，合并入相应的桌椅模型，如图 8-60~图 8-62 所示。

图 8-60 合并客厅家具

图 8-61 合并餐厅及厨房家具

图 8-62 合并阳台家具

❑ 合并窗帘以及灯具

合并入窗帘并调整出理想的效果，如图 8-63 所示。

然后根据各个空间的功能与特点合并入灯具模型，如图 8-64~图 8-67 所示。

图 8-63　合并窗帘

图 8-64　合并客厅水晶灯

图 8-65　合并客厅壁灯

❑　合并装饰品

完成了桌椅以及灯具等模型的合并与摆放后，最后合并入空间中的摆设与装饰品，如图 8-68 与图 8-69 所示，完成最终效果如图 8-70 所示。

图 8-66　合并餐厅吊灯

图 8-67　灯具合并完成效果

图 8-68　合并客厅摆件

图 8-69　合并餐厅及厨房摆件

图 8-70　空间最终效果

8.3 创建整体框架

8.3.1 创建墙体框架

01 启用【直线】工具，参考图纸创建内侧墙线，如图 8-71 所示。

02 最终绘制的墙线效果如图 8-72 所示。

03 首先将细化客厅与阳台空间。参考图纸，启用【直线】工具分割好客厅与餐厅空间，如图 8-73 所示。

04 再结合使用【直线】与【圆弧】工具，分割出楼梯空间，如图 8-74 所示。

05 启用【矩形】工具，分割出客厅与阳台间的墙体，如图 8-75 所示。

06 分割完成后，启用【推/拉】工具制作好客厅高度，如图 8-76 所示。

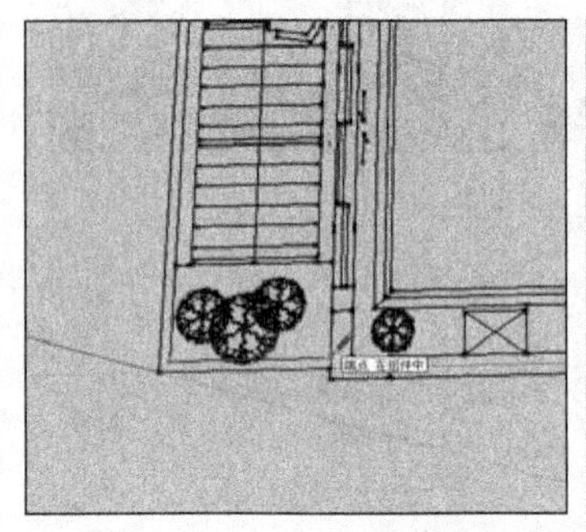

图 8-71 创建内侧墙线

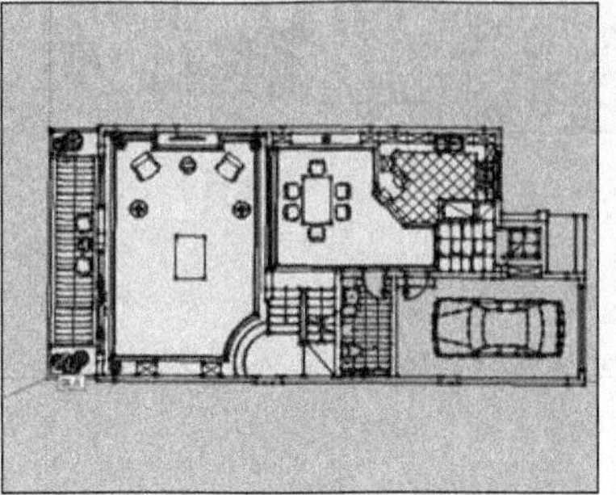

图 8-72 绘制墙线

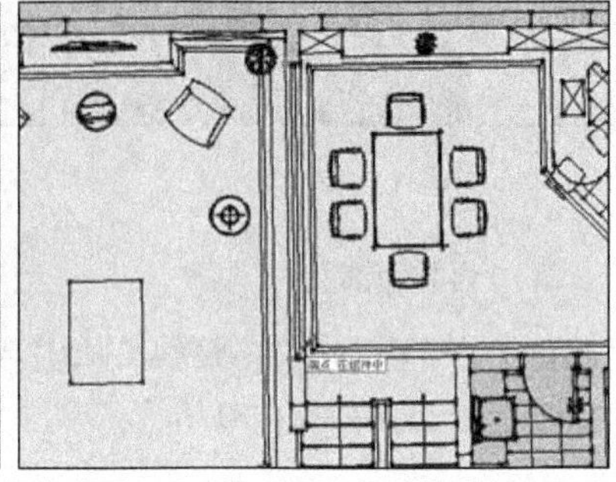

图 8-73 分割客厅与餐厅空间

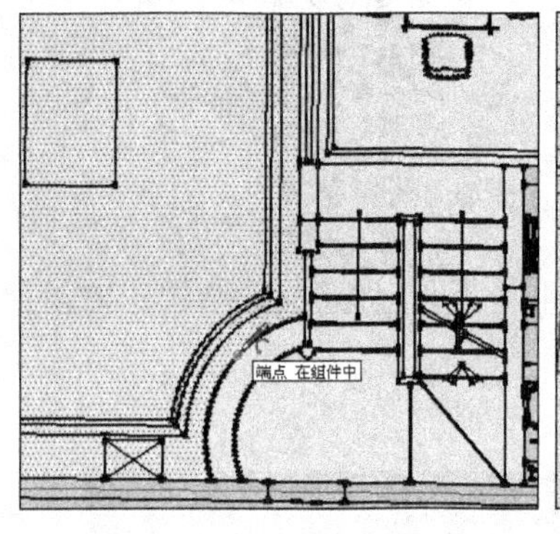

图 8-74 分割楼梯空间

图 8-75 分割阳台与客厅间墙体

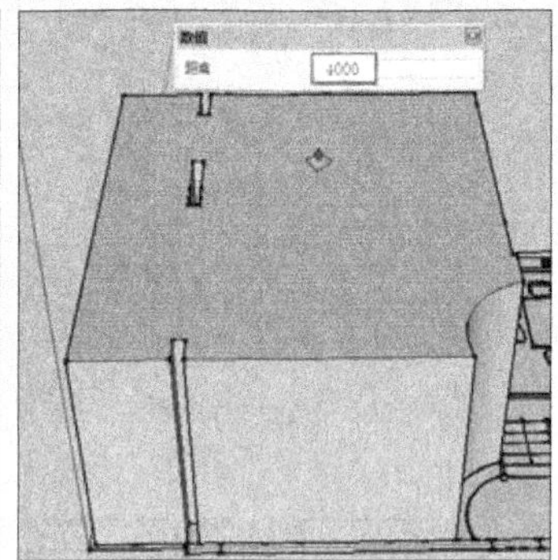

图 8-76 制作客厅高度

07 客厅空间轮廓创建完成后，为了便于以后的细化，再分别将顶面、墙体以及底面单独创建为组，如图 8-77~图 8-79 所示。

08 接下来创建各空间门洞与窗洞。

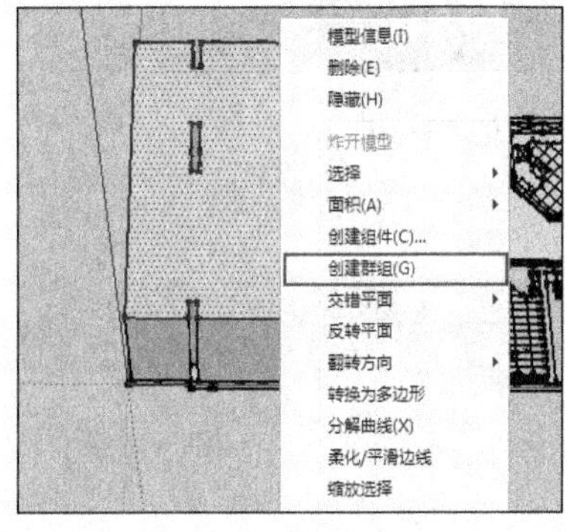

图 8-77 将顶面创建为组

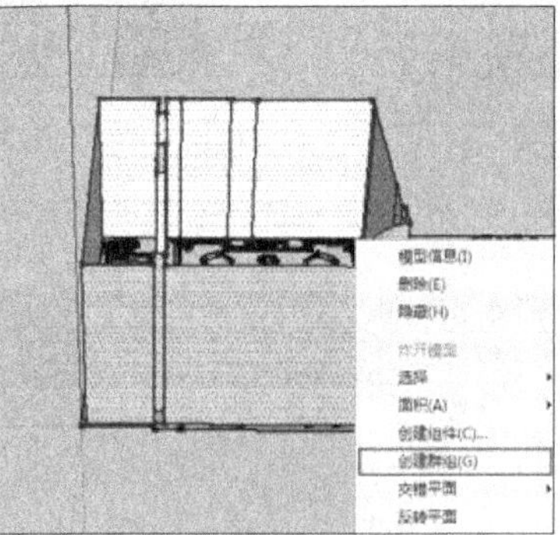

图 8-78 将墙体创建为组

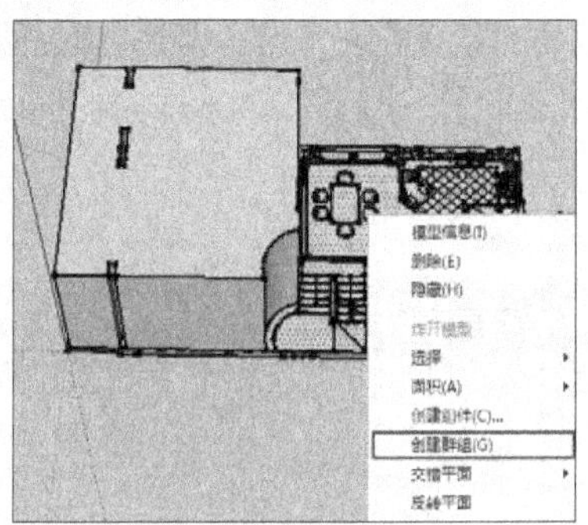

图 8-79 将底面创建为组

8.3.2 创建门洞与窗洞

01 选择窗户下方的墙线，以 900mm 的距离移动复制出窗台线，如图 8-80 所示。

02 启动【推/拉】工具，选择分割好的面制作好窗台，如图 8-81 所示。

03 采用类似的方法制作好窗洞上方墙体，制作好窗洞，如图 8-82 所示。

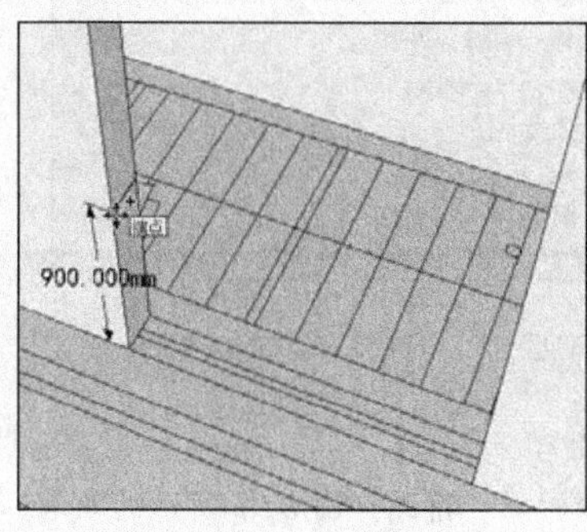

图 8-80 移动复制出窗台线

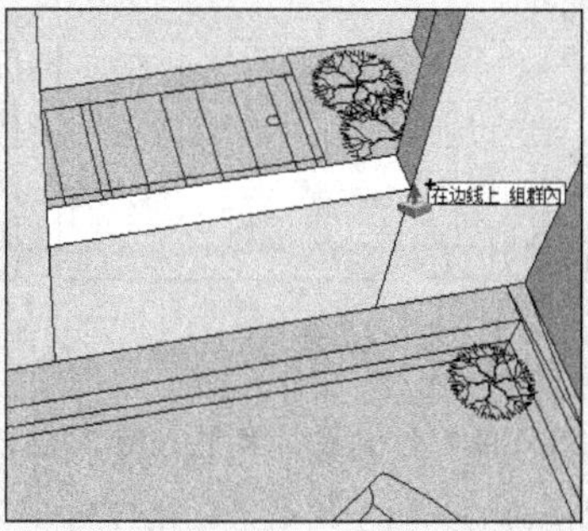

图 8-81 制作窗台高度

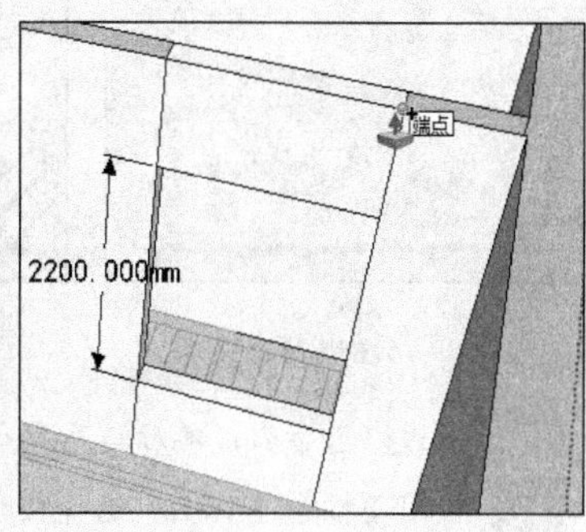

图 8-82 制作窗洞

04 重复类似操作，制作客厅的门洞，如图 8-83 与图 8-84 所示。然后删除顶部多余的面，如图 8-85 所示。

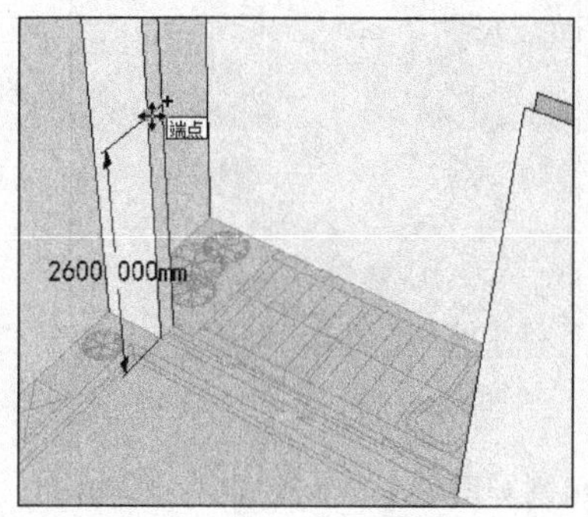

图 8-83 以 2600mm 的高度复制出门洞线

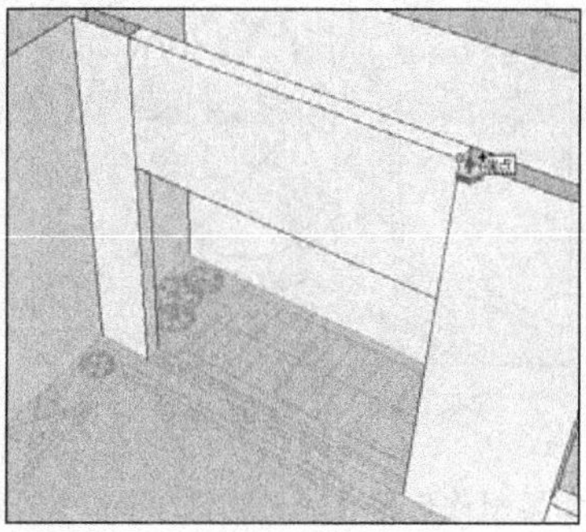

图 8-84 制作好门洞

图 8-85 删除顶部多余的面

05 参考图纸，启用【直线】工具分割好餐厅处空洞，如图 8-86 所示。

06 通过线段的复制与【推/拉】工具制作好平台边界，如图 8-87 与图 8-88 所示。

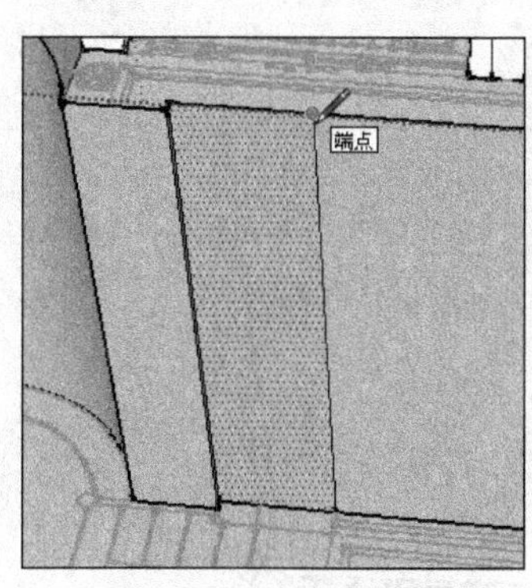

图 8-86 分割出餐厅处空洞

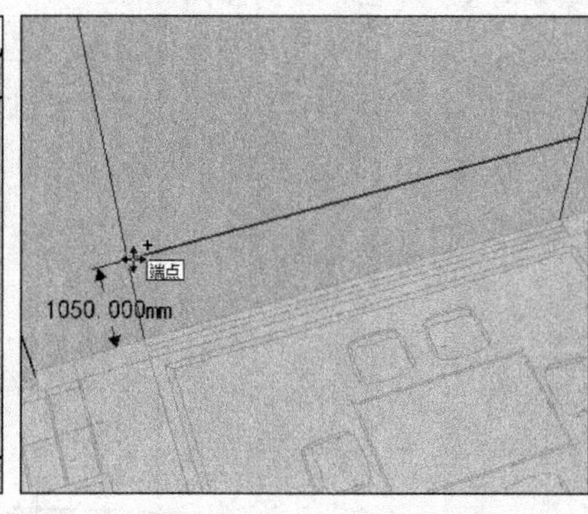

图 8-87 以 1050mm 的高度复制平台线

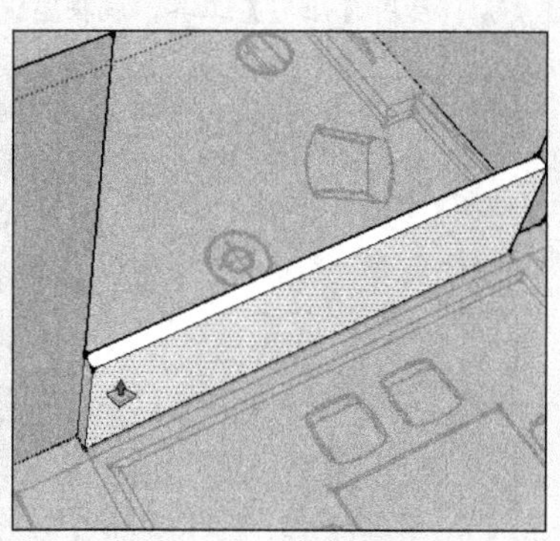

图 8-88 制作出平台边界厚度

07 参考图纸，启用【直线】工具分割出楼梯空间，如图 8-89 所示，然后启用【推/拉】工具制作好餐厅与厨房平台，如图 8-90 所示。

08 选择平台面，启用【推/拉】工具，按住 Ctrl 键制作好餐厅与厨房空间，如图 8-91 所示。

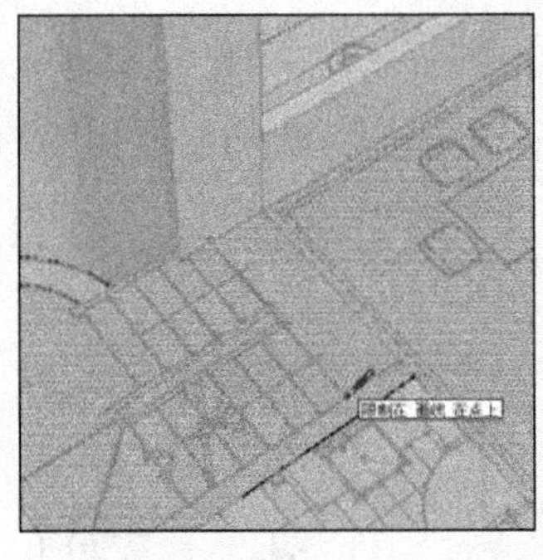

图 8-89　分割出楼梯空间

图 8-90　制作餐厅与厨房平台

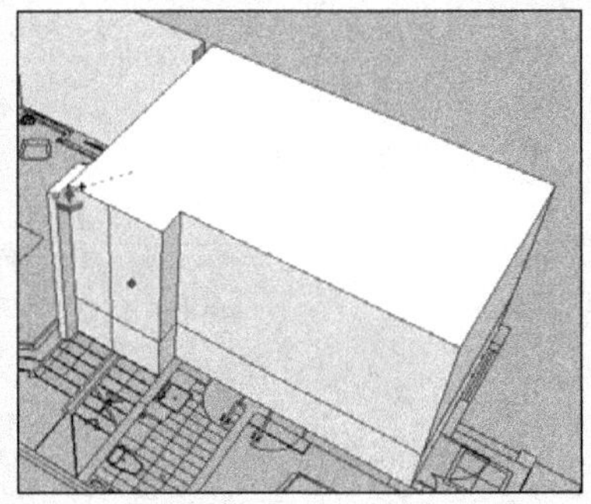

图 8-91　制作餐厅与厨房空间

09 通过以上步骤，餐厅与厨房空间轮廓制作完成，效果如图 8-92 所示。

10 使用【推/拉】工具，选择楼梯平面制作出空间效果，然后删除多余的面，得到如图 8-93 所示的效果。

11 经过以上处理，当前空间内部效果如图 8-94 所示。

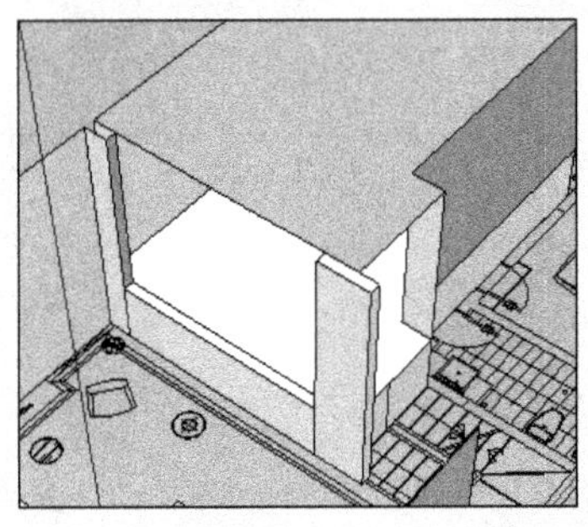

图 8-92　餐厅与厨房空间轮廓完成效果

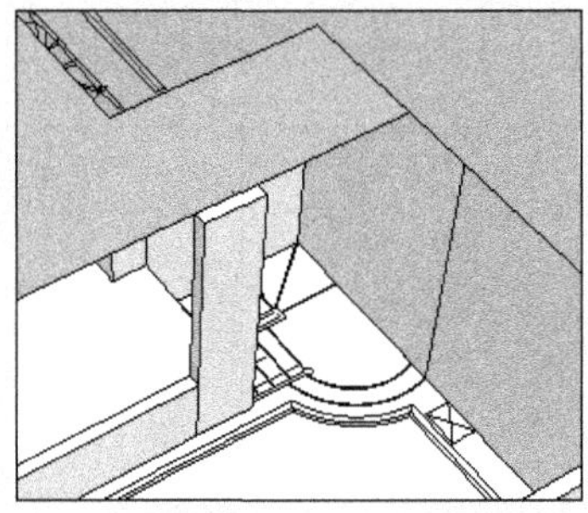

图 8-93　制作楼梯空间

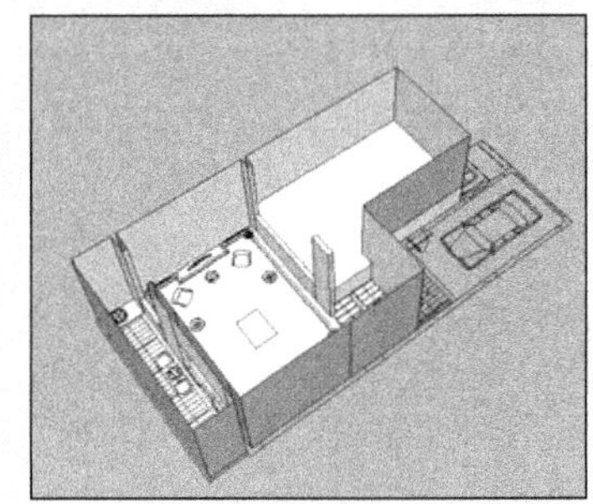

图 8-94　当前空间内部效果

12 通过线段的复制与【推/拉】工具制作好厨房的门洞与窗洞，完成效果如图 8-95 所示。接下来制作门窗效果。

8.3.3 制作门窗

01 启用【矩形】工具，捕捉窗洞绘制好窗户平面，如图 8-96 所示。

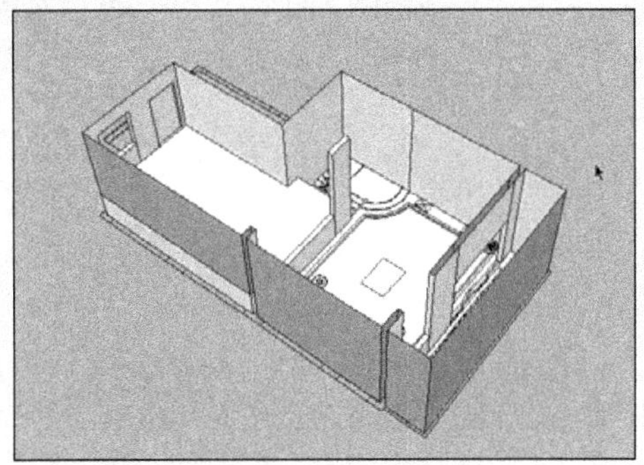

图 8-95　制作厨房门洞与窗洞

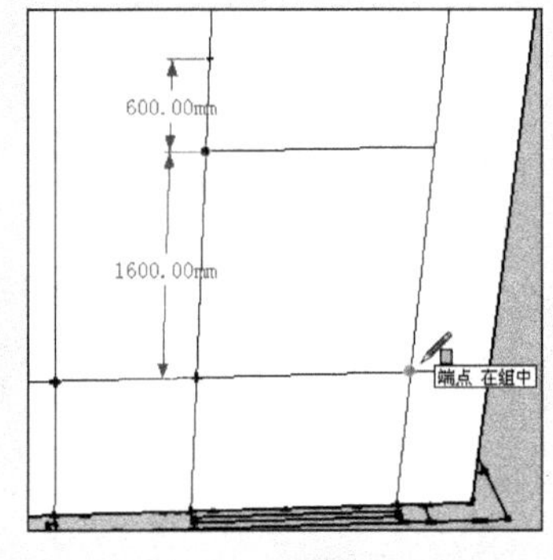

图 8-96　绘制窗户平面

02 通过线段的移动复制分割好窗户平面，如图 8-97 所示。

03 打开【材料】对话框赋予平面深灰色材质，如图 8-98 所示。然后启用【偏移】工具制作好窗户框架，如图 8-99 所示。

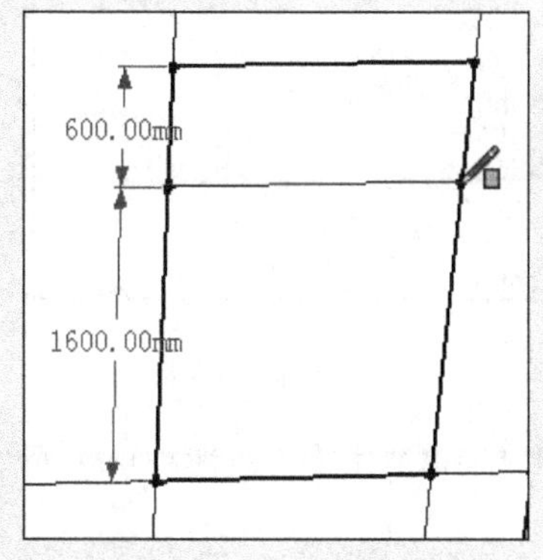

图 8-97 通过移动复制分割窗户平面

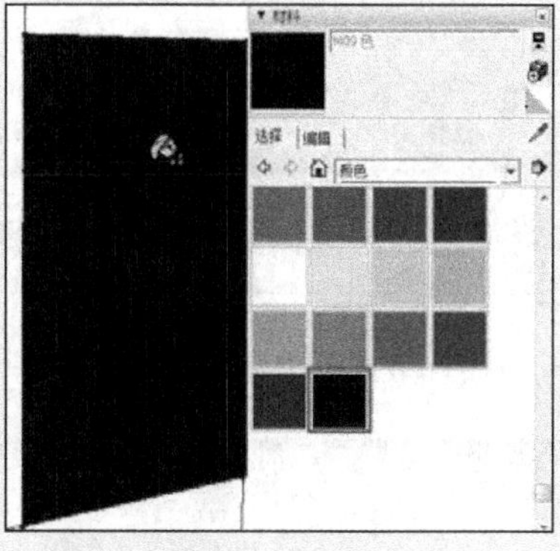

图 8-98 赋予深灰色材质

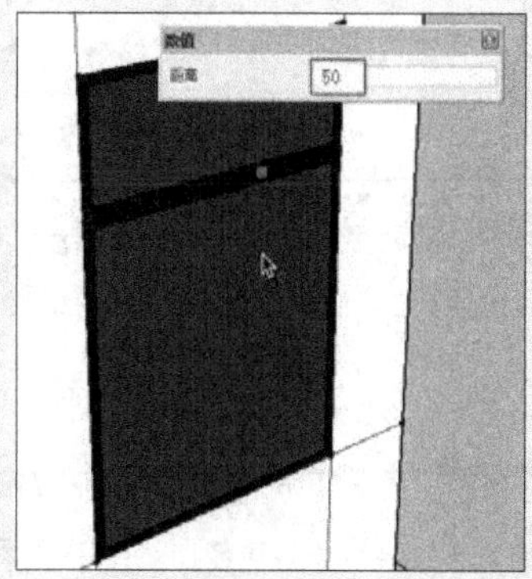

图 8-99 制作窗户框架

04 启用【推/拉】工具制作好窗页平面，如图 8-100 所示。

05 拆分内部平面，然后结合使用【偏移】以及【推/拉】工具制作窗页细节，如图 8-101 与图 8-102 所示。

图 8-100 制作窗页平面

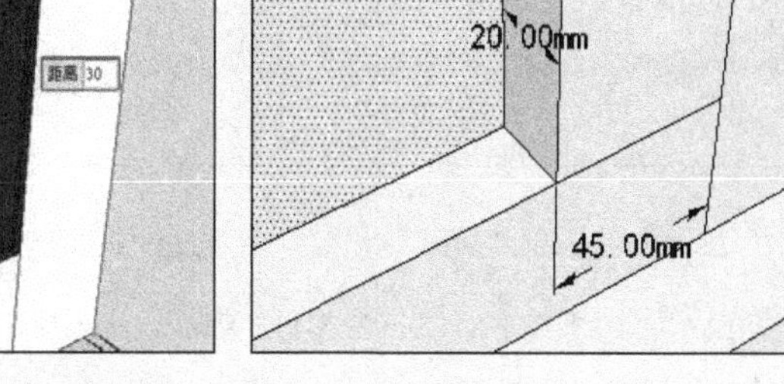

图 8-101 制作左侧窗页细节

图 8-102 制作右侧窗页细节

06 打开【材料】对话框，赋予窗户玻璃材质，效果如图 8-103 所示。

07 选择窗户背面，采用类似方法制作好细节，如图 8-104 所示。

08 赋予相同材质，效果如图 8-105 所示。接下来制作左侧推拉门。

图 8-103 赋予玻璃材质

图 8-104 制作窗户另一面的细节

图 8-105 赋予相同材质

09 启用【矩形】工具绘制好平面，然后通过线段的移动复制分割好推拉门平面，如图 8-106 所示。

10 结合使用【偏移】与【推/拉】工具，制作推拉门边框，如图 8-107 与图 8-108 所示。

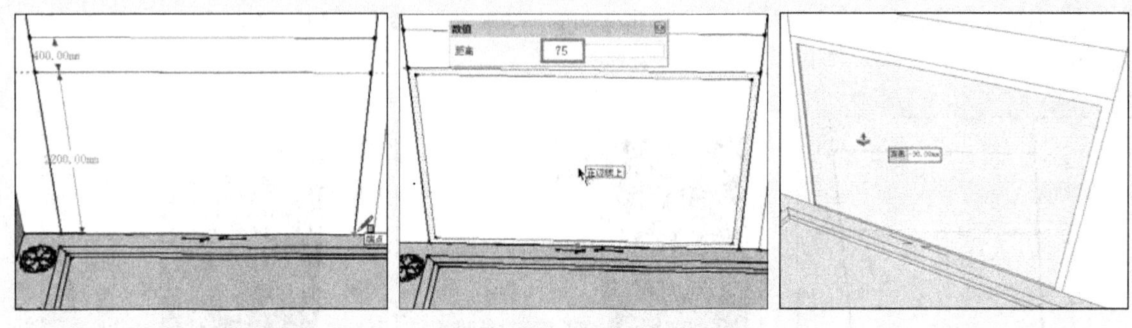

图 8-106　制作并分割推拉门平面　　图 8-107　偏移复制出门框平面　　图 8-108　制作门框厚度

11 拆分下方推拉门内部直线，如图 8-109 所示。然后分割并结合【偏移】与【推/拉】工具制作推拉门门页细节， 如图 8-110 与图 8-111 所示。

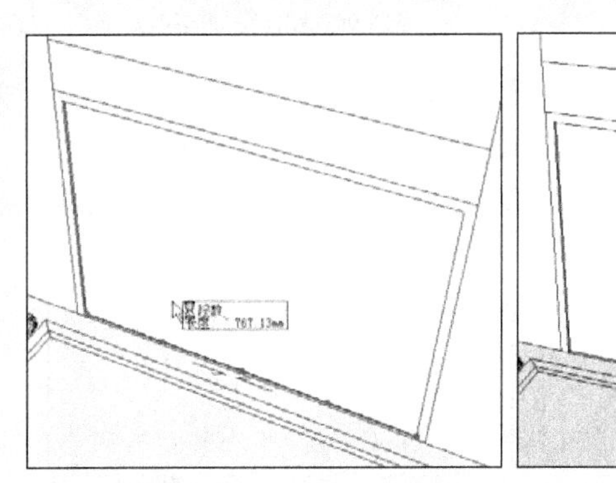

图 8-109　拆分下方推拉门内部直线

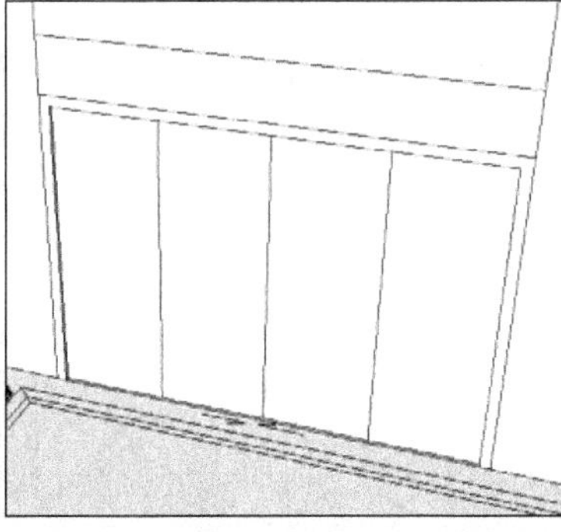

图 8-110　分割内部平面

图 8-111　制作推拉门门页细节

12 结合使用【直线】与【圆】工具，绘制出门套线平面，如图 8-112 所示。然后使用【路径跟随】工具制作好门套线，如图 8-113 所示。

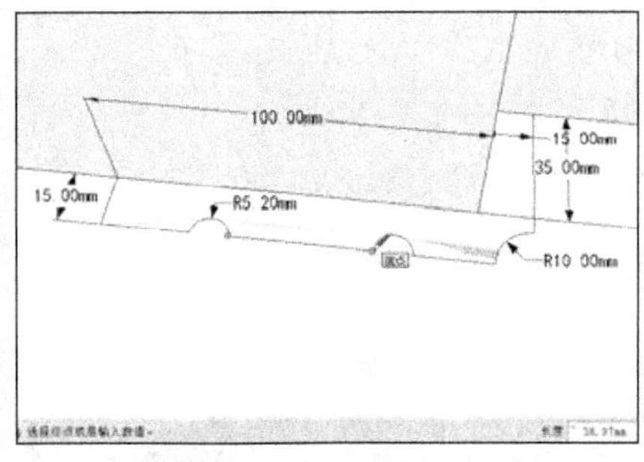

图 8-112　绘制门套线平面

图 8-113　制作门套线

13 打开【材料】对话框，赋予推拉门金色材质，如图 8-114 所示。

14 客厅门窗制作完成后，通过组件的合并以及类似的操作制作好餐厅右侧的房门与厨房的门窗，如图 8-115 与图 8-116 所示。

15 客厅门窗制作完成后，接下来依次进行空间的立面的制作。首先细化客厅立面。

图 8-114　赋予推拉门金色材质

图 8-115　制作房门

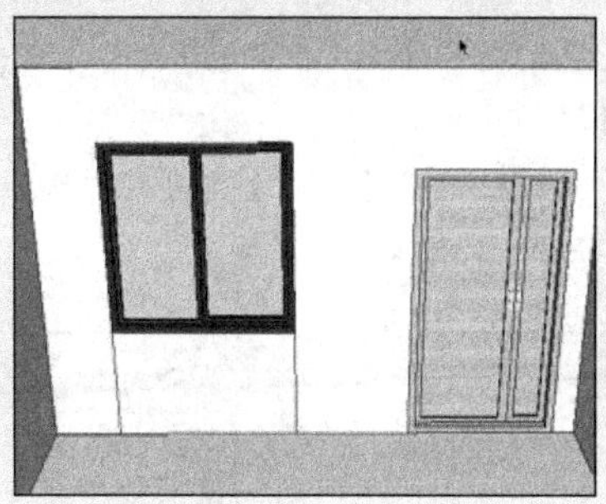

图 8-116　制作厨房门窗

8.4 细化客厅立面

8.4.1 制作电视背景墙

01 合并入配套资源中的“欧式柱”模型，然后参考图纸放置好位置，如图 8-117 所示。

02 参考图纸选择模型各组件调整好宽度与高度，如图 8-118 与图 8-119 所示。

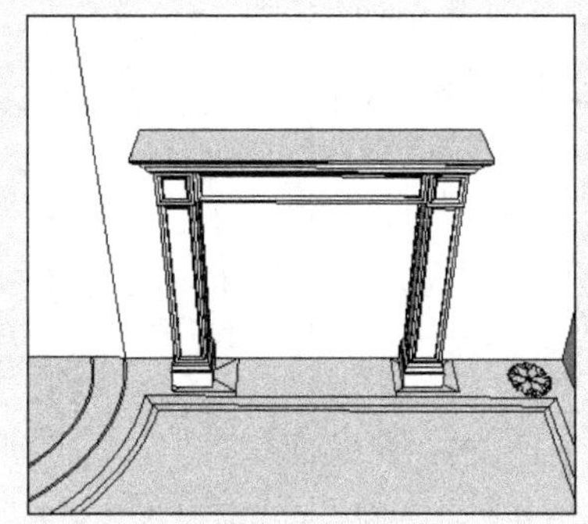

图 8-117　合并入“欧式柱”

图 8-118　参考图纸调整宽度

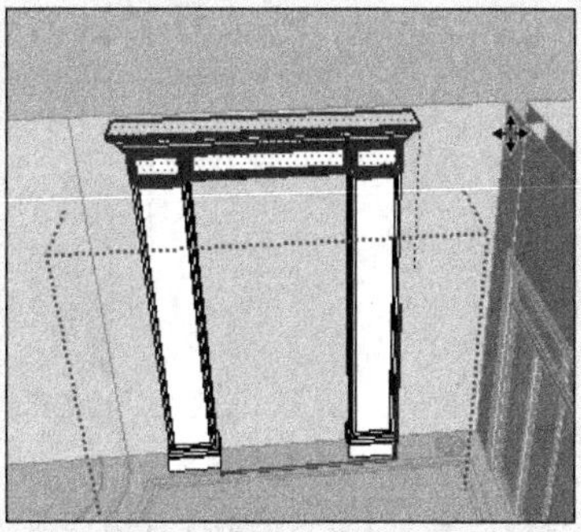

图 8-119　捕捉顶面调整高度

03 参考图纸，启用【缩放】工具调整好模型厚度，如图 8-120 所示。

04 根据调整好的柱子，启用【直线】工具分割好后方墙面，如图 8-121 所示。

05 启用【直线】工具，横向分割好平面，如图 8-122 所示。

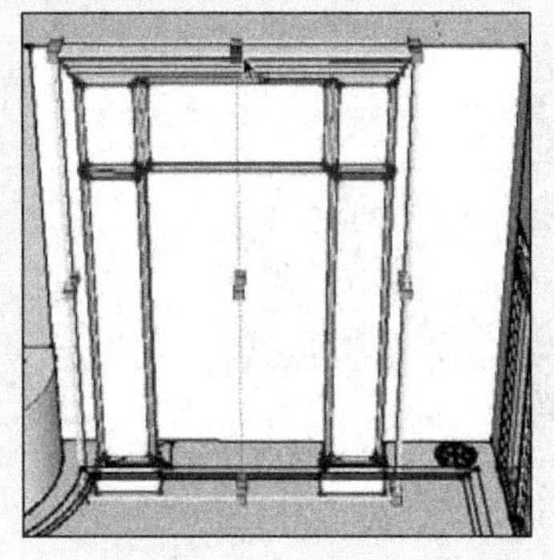

图 8-120　通过缩放调整厚度

图 8-121　根据柱子分割墙面

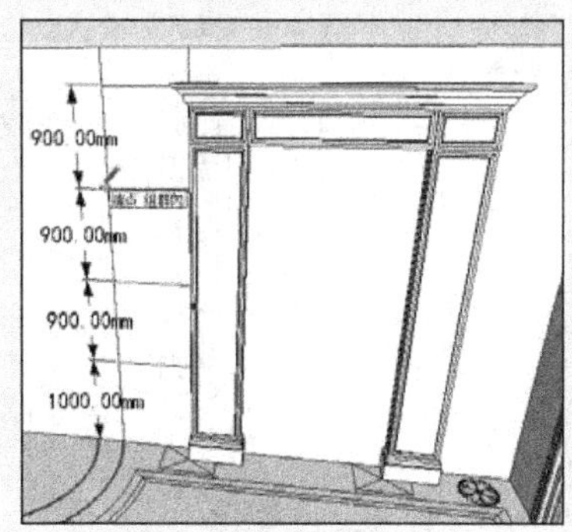

图 8-122　横向分割平面

06 选择上方左侧线段，将其拆分为5段，如图8-123所示。然后使用【直线】工具进行竖向分割，如图8-124所示。

07 启用【推/拉】工具制作好墙面细节，如图8-125所示。然后选择推入的面，使用【缩放】工具制作斜面细节，如图8-126所示。

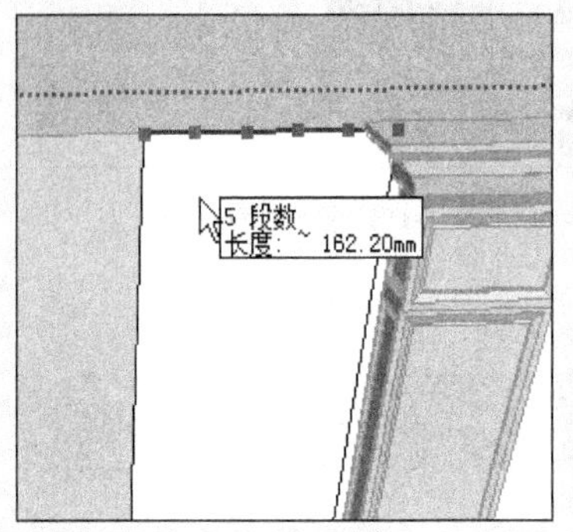

图8-123 拆分上方左侧线段

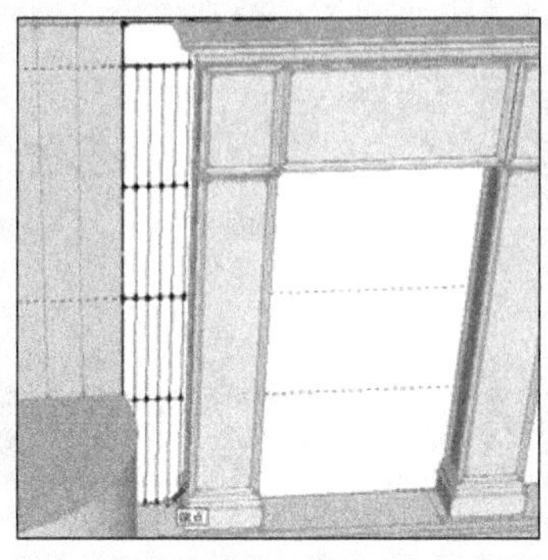
图8-124 竖向分割

图8-125 制作墙面细节

08 选择横向分割线，捕捉柱子顶部进行复制，创建好墙面石材接缝，如图8-127所示。

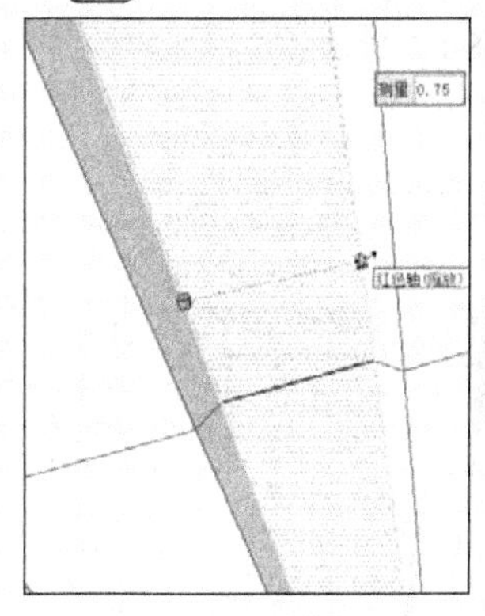

图8-126 制作斜面

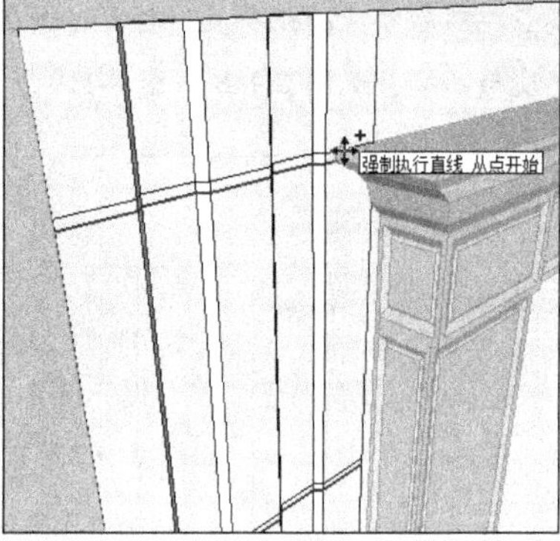

图8-127 创建墙面石材接缝

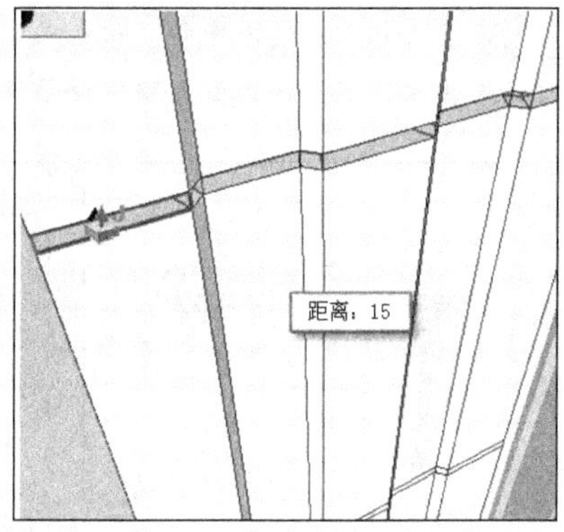

图8-128 制作缝隙

09 启用【联合推拉】工具，整体向内推入15mm的深度，制作缝隙，如图8-128所示。完成缝隙效果如图8-129所示。

10 采用类似方法制作好右侧墙面细节，完成该面墙体效果如图8-130所示。接下来制作对面的墙体细节。

8.4.2 制作壁炉及墙面细节

01 合并入配套资源中的"壁炉"模型，然后参考图纸进行放置并调整好模型，如图8-131所示。

图8-129 完成缝隙效果

图8-130 墙面整体完成效果

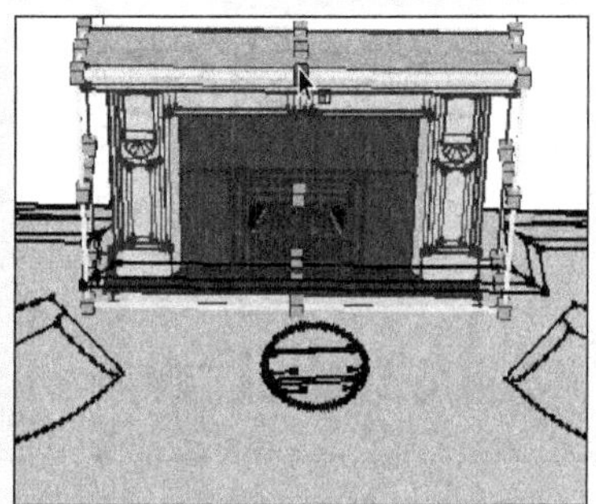
图8-131 合并并调整壁炉模型

02 参考图纸，启用【直线】工具分割墙面，如图 8-132 所示。

03 选择上方左侧边线进行 4 拆分，如图 8-133 所示。然后采用之前类似的处理手法，制作好该处墙面两侧的细节，如图 8-134 所示。

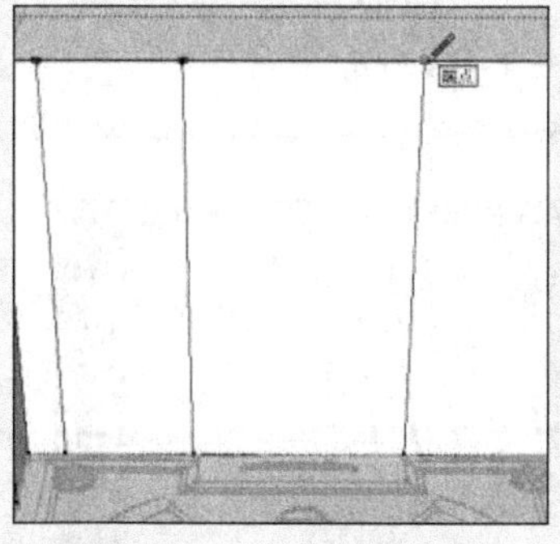

图 8-132　分割墙面

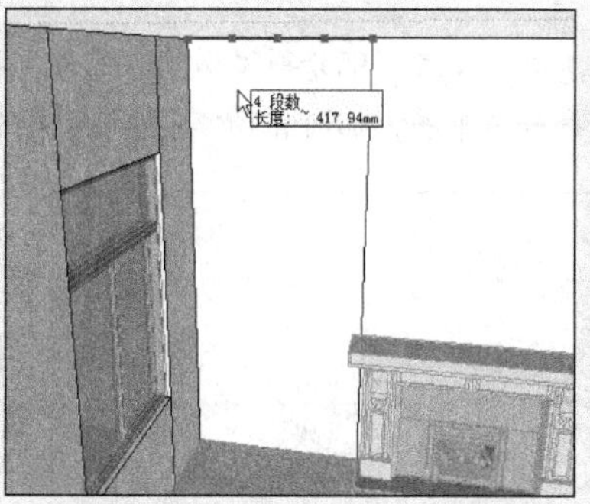

图 8-133　拆分上方左侧边墙体线

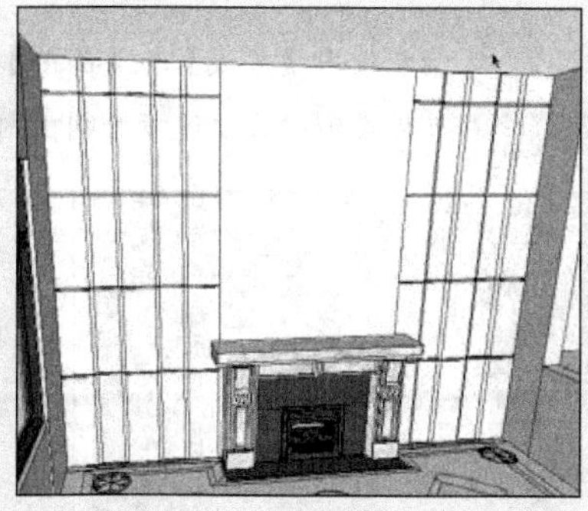

图 8-134　制作墙面两侧细节

04 启用【直线】工具，捕捉墙面缝隙进行分割，如图 8-135 所示。

05 启用【偏移】工具制作好边框，如图 8-136 所示。然后启用【推/拉】工具制作好厚度，如图 8-137 所示。

图 8-135　分割墙面缝隙

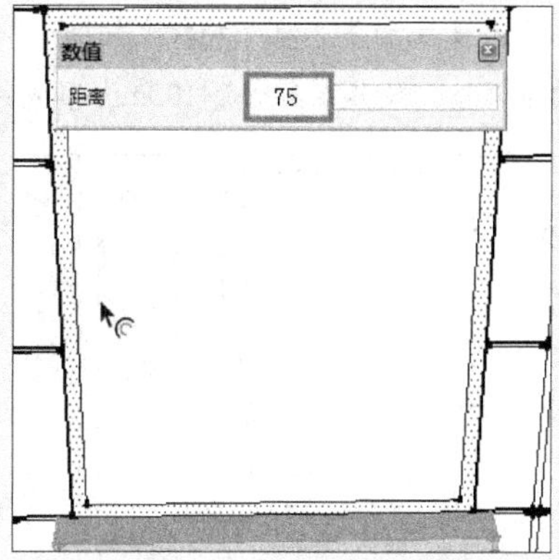

图 8-136　制作边框

图 8-137　制作厚度

06 打开【材料】对话框，为内部平面制作并赋予花纹镜面材质，如图 8-138 所示。然后为墙面制作并赋予黄色石材，如图 8-139 与图 8-140 所示。接下来细化楼梯。

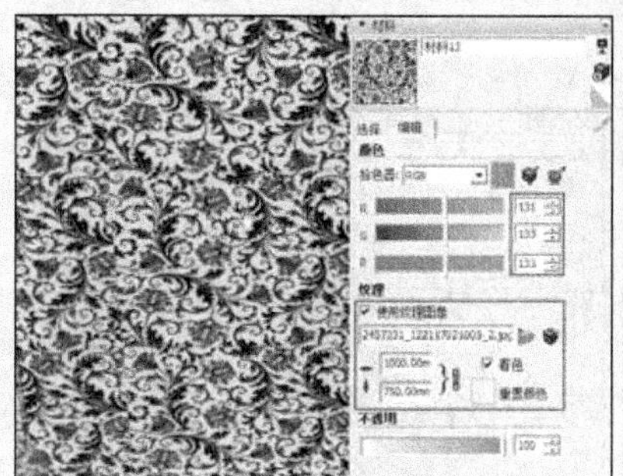

图 8-138　赋予花纹镜面材质

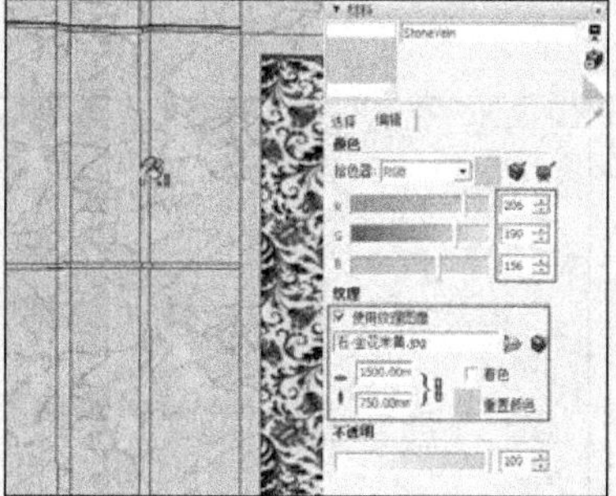

图 8-139　赋予墙面黄色石材

图 8-140　赋予右侧墙面相同石材

8.5 细化楼梯

01 结合使用【直线】与【圆弧】工具，参考图纸分割楼梯整体平面，如图 8-141 所示。

02 采用类似的方法逐步分割出内部细节平面，如图 8-142 与图 8-143 所示。

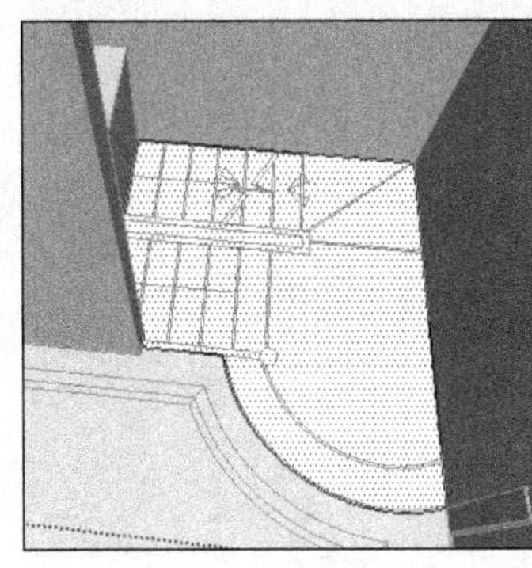
图 8-141　分割楼梯整体平面

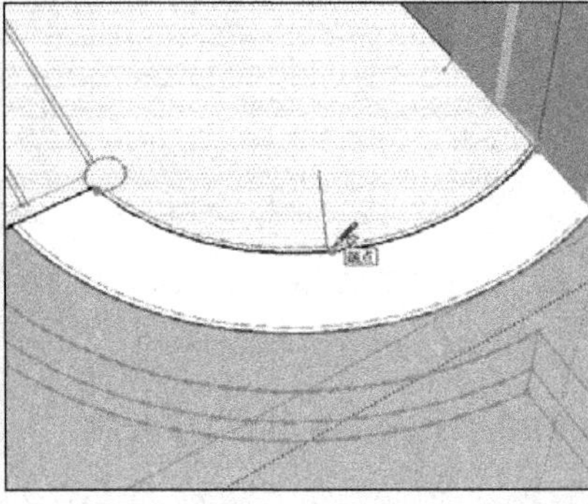
图 8-142　分割台阶平面

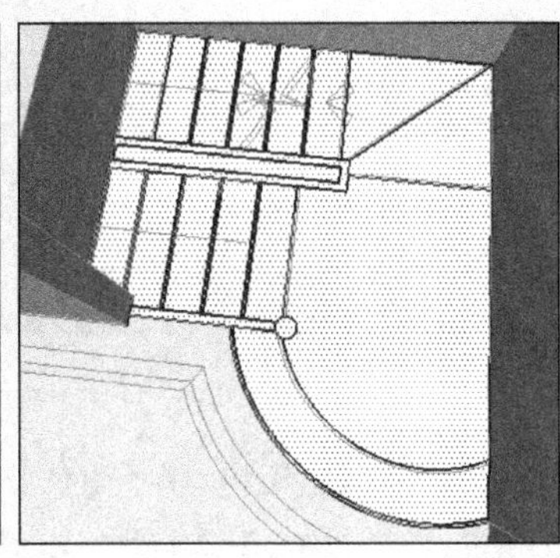
图 8-143　完成楼梯平面分割

03 启用【推/拉】工具，以 150mm 的高度制作好各个台阶，效果如图 8-144 所示。

04 选择台阶侧面的矩形分割平面，启用【推/拉】工具，捕捉左侧平面制作好高度，如图 8-145 所示。

05 删除多余线段，选择右侧边线向下调整，使其距离地面 100mm 形成斜面，如图 8-146 所示。

图 8-144　制作 150mm 高度的台阶

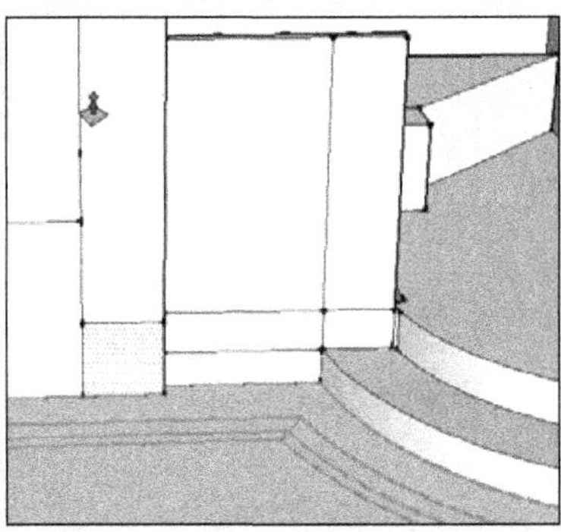
图 8-145　制作台阶侧面高度

图 8-146　通过线段高度调整形成斜面

06 选择中部 U 形平面，使用【推/拉】工具制作好中部楼梯边缘平台，如图 8-147 所示。

07 使用【直线】工具分割出相同斜度的直线，如图 8-148 所示。然后使用【推/拉】工具推空形成斜面，如图 8-149 所示。

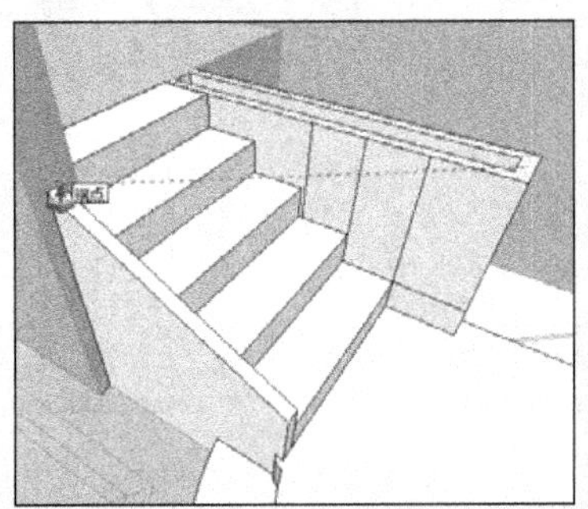
图 8-147　制作中部楼梯边缘平台

图 8-148　分割出相同斜度的直线

图 8-149　推空形成斜面

08 启用【推/拉】工具制作好右侧向下的台阶，如图 8-150 所示。然后采用与之前类似的操作方法制作好台阶左侧护栏，如图 8-151 所示。

09 选择弧形台阶上方的线段，向下以 20mm 的距离移动复制，如图 8-152 所示。

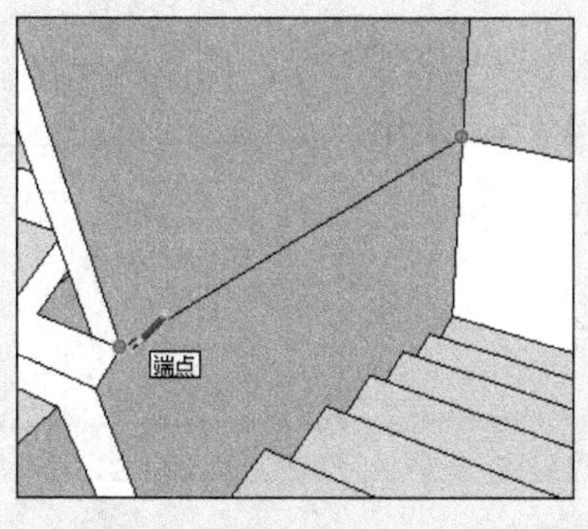

图 8-150 制作右侧向下台阶

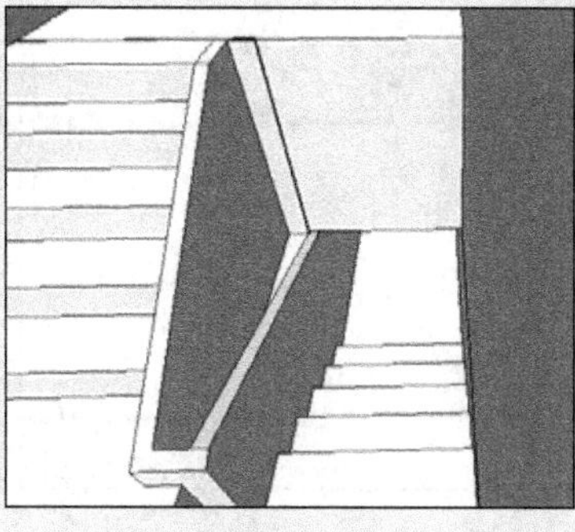
图 8-151 制作左侧护栏

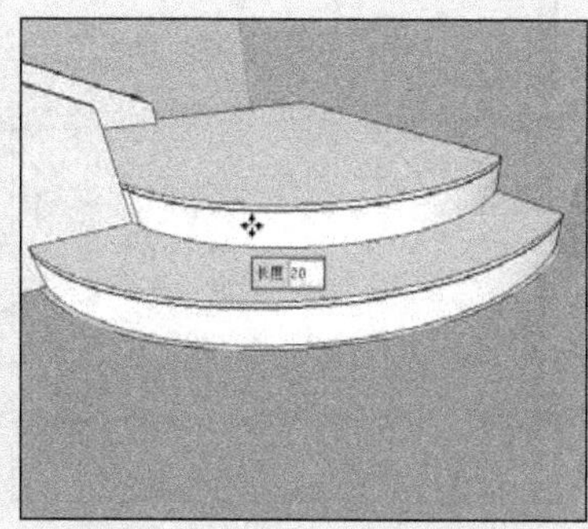

图 8-152 移动复制台阶线段

10 选择分割平面，启用【联合推拉】工具向外以 20mm 的长度制作好台阶细节，如图 8-153 与图 8-154 所示。

11 选择其他台阶边线进行相同处理，完成效果如图 8-155 所示。接下来制作扶手。

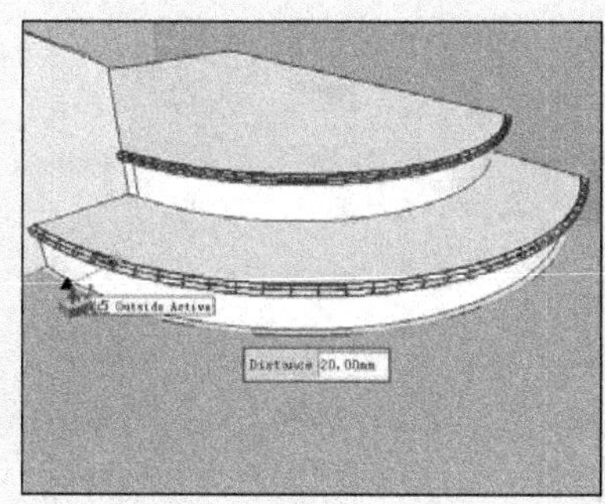

图 8-153 制作台阶细节

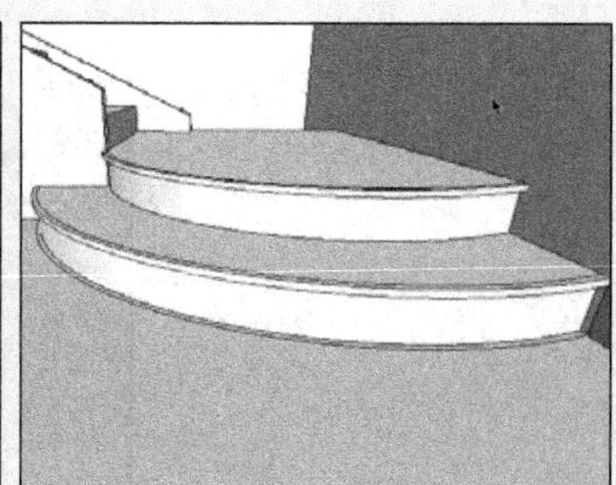
图 8-154 弧形台阶细节完成效果

图 8-155 其他台阶细节完成效果

12 启用【偏移】工具，选择玻璃平面向内偏移 25mm，如图 8-156 所示。

13 选择内部两端边线，通过捕捉调整好位置，如图 8-157 所示。

14 选择分割好的玻璃平面，向上以 550mm 的高度移动复制，如图 8-158 所示。

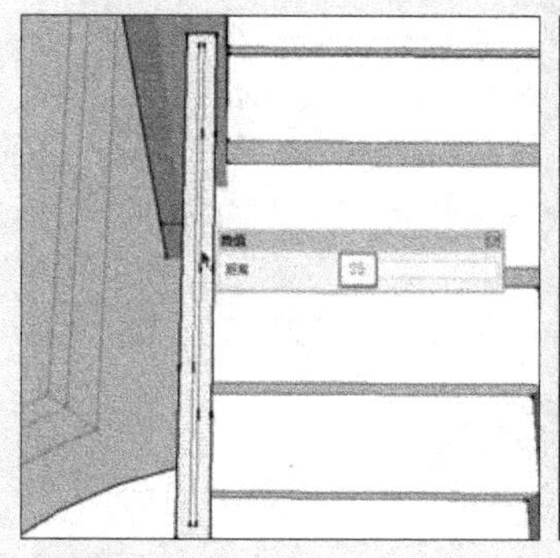
图 8-156 偏移复制玻璃平面

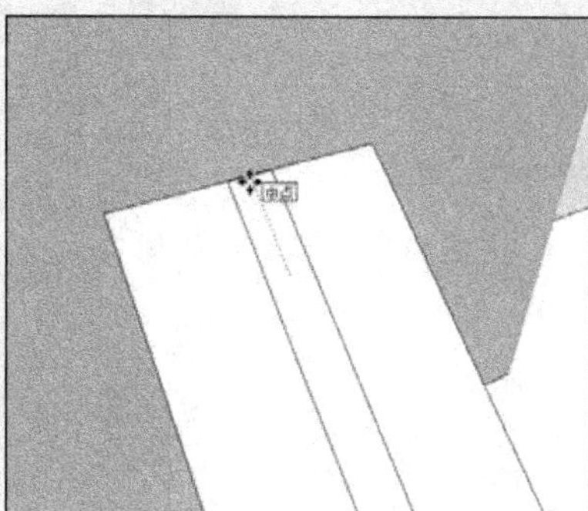
图 8-157 调整玻璃平面两端位置

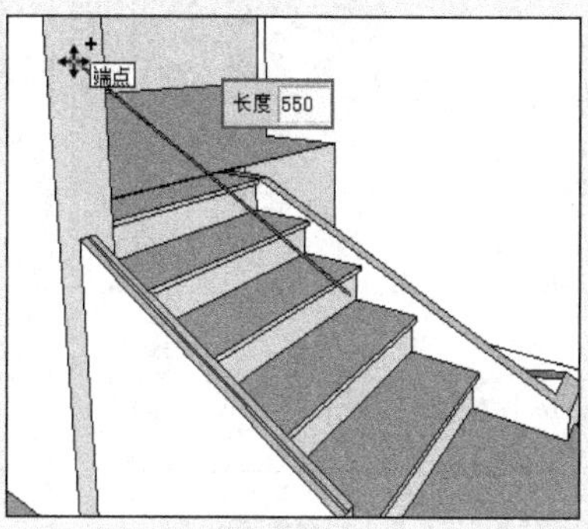

图 8-158 向上移动复制玻璃平面

15 启用【直线】工具，连接上下线段形成平面，如图 8-159 所示。

16 捕捉玻璃平面中点进行分割，如图 8-160 所示。然后结合使用【移动】与【推/拉】工具，制作好 2mm 缝隙，如图 8-161 所示。

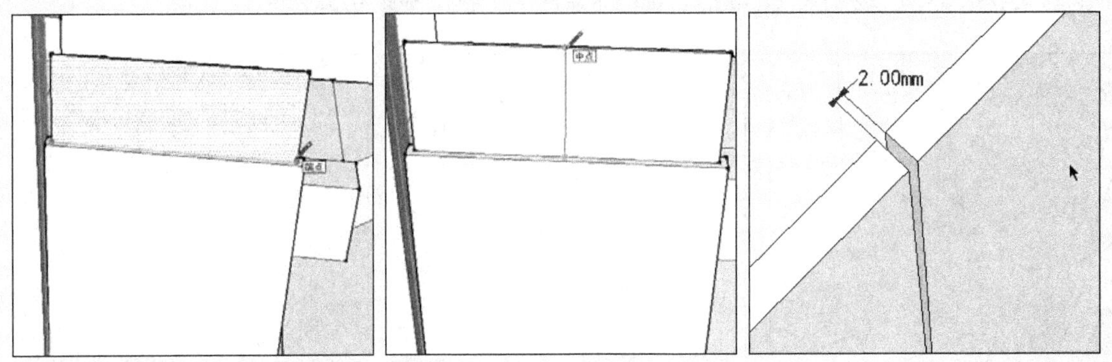

图 8-159　连接上下线段形成平面　　图 8-160　捕捉玻璃平面中点分割　　图 8-161　制作 2mm 空隙

17 启用【圆】工具，绘制一个直径为 40mm 的圆形作为扶手平面，如图 8-162 所示。

18 向上移动复制斜面边线作为扶手路径，如图 8-163 所示。然后使用【路径跟随】工具制作好扶手，如图 8-164 所示。

图 8-162　绘制圆形扶手平面　　图 8-163　移动复制出扶手路径　　图 8-164　通过路径跟随制作扶手

19 选择玻璃边线向下移动复制，如图 8-165 所示.然后将其拆分为 5 段并选择中间一段制作出玻璃爪平面，如图 8-166 与图 8-167 所示。

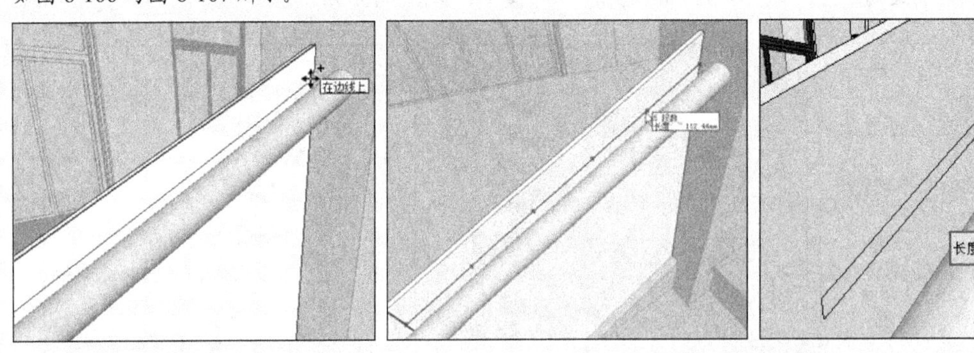

图 8-165　向下移动复制玻璃边线　　图 8-166　拆分玻璃边线　　图 8-167　选择中段分割线制作玻璃爪平面

20 启用【推/拉】工具，捕捉圆形扶手制作好玻璃爪，如图 8-168 所示。

21 选择玻璃爪，捕捉玻璃中点进行移动复制，如图 8-169 所示。

22 打开【材料】对话框，赋予扶手及玻璃爪金属材质，如图 8-170 所示。

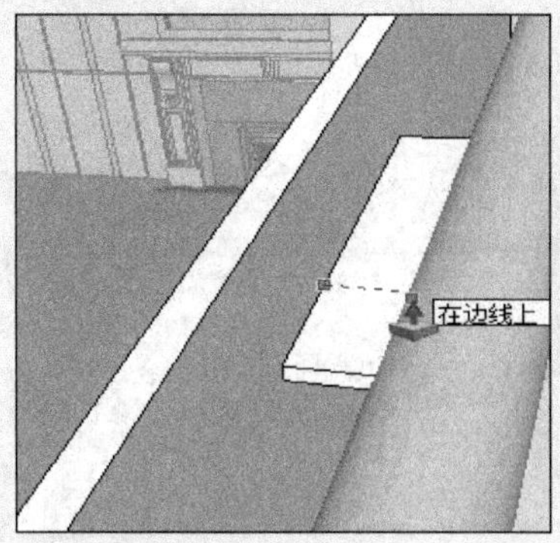

图 8-168 推拉出玻璃爪

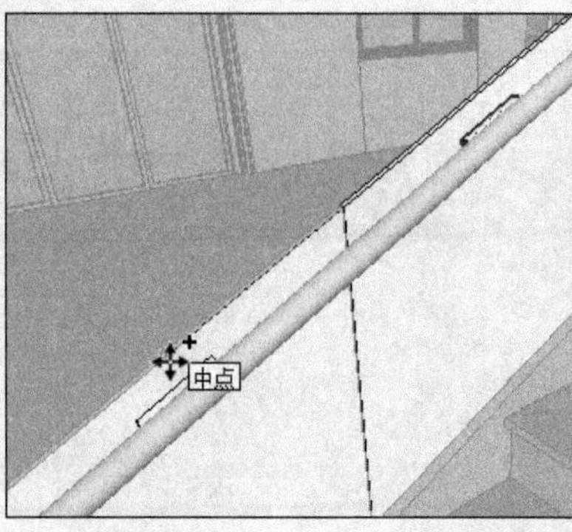

图 8-169 捕捉中点移动复制玻璃爪

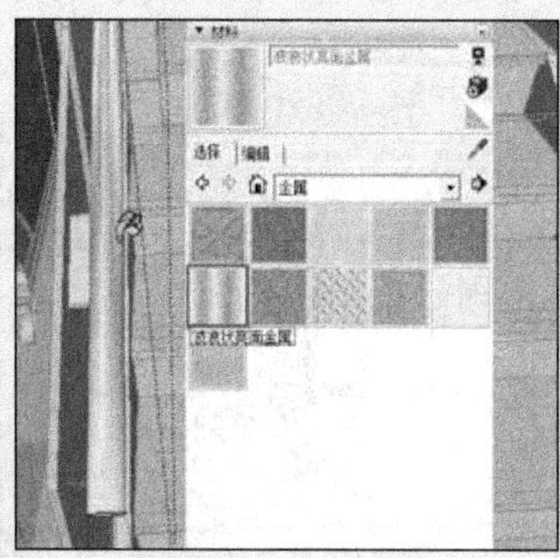

图 8-170 赋予金属材质

23 再分别赋予玻璃与台阶透明材质与黄色石材，如图 8-171 与图 8-172 所示。至此，下层楼梯细化完成，接下来细化阳台。

8.6 细化阳台

01 启用【直线】工具，分割出阳台地面，如图 8-173 所示。

02 参考图纸，启用【矩形】工具分割好阳台地面，如图 8-174 所示。

图 8-171 赋予玻璃材质

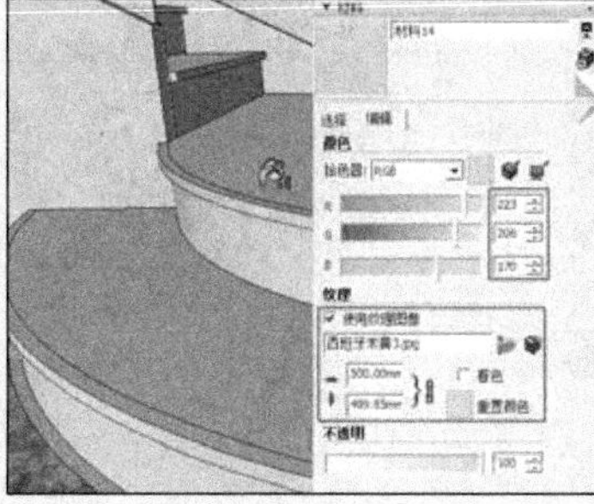

图 8-172 赋予台阶黄色石材

图 8-173 分割阳台平面

03 启用【推/拉】工具制作好地面细节，如图 8-175 所示。通过线段的移动复制，确定玻璃栏杆高度，如图 8-176 所示。删除多余墙面，得到的空间效果如图 8-177 所示。

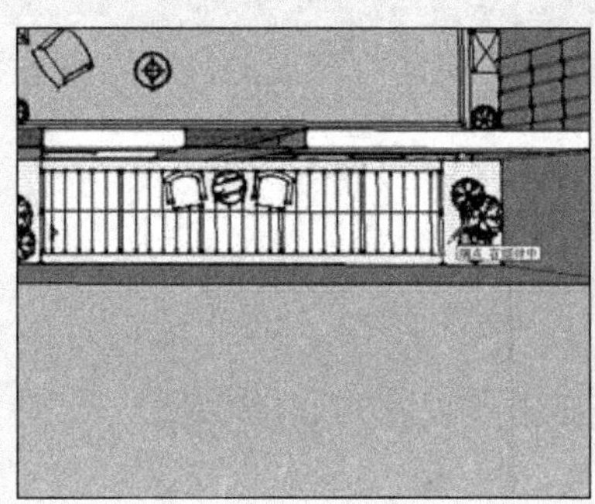

图 8-174 分割阳台地面

图 8-175 制作地面细节

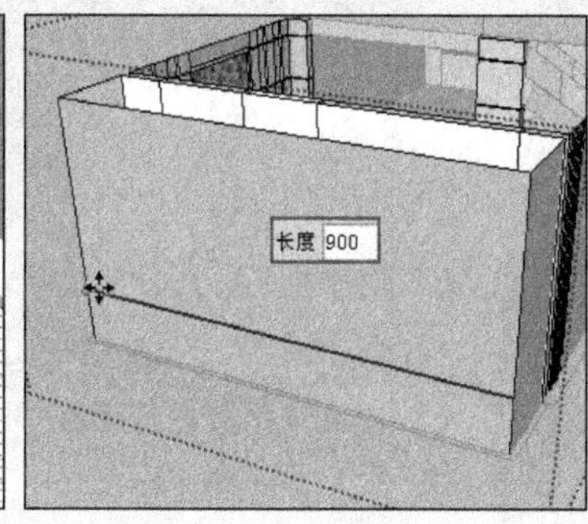

图 8-176 确定玻璃栏杆高度

04 参考平面图纸，结合使用【推/拉】以及【偏移】工具制作好左侧柜子与右侧浅水池，然后赋予相应材质，完成效果如图 8-178 与图 8-179 所示。

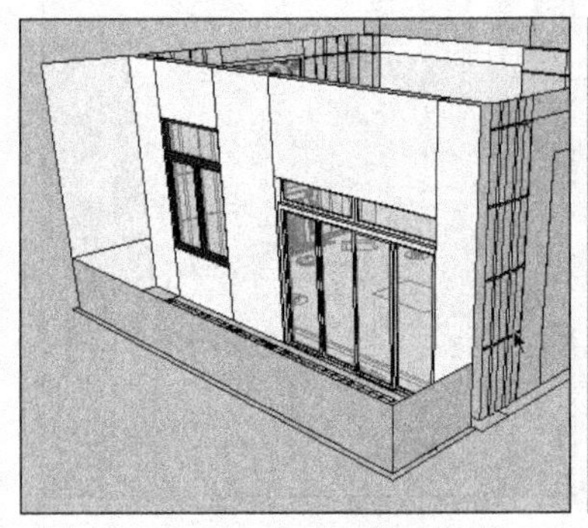
图 8-177 删除多余墙面

图 8-178 制作左侧柜子

图 8-179 制作右侧浅水池

05 打开【材质】对话框，为阳台地面制作并赋予木纹材质，如图 8-180 所示。

06 通过以上步骤，阳台的效果如图 8-181 所示。接下来细化餐厅与厨房。

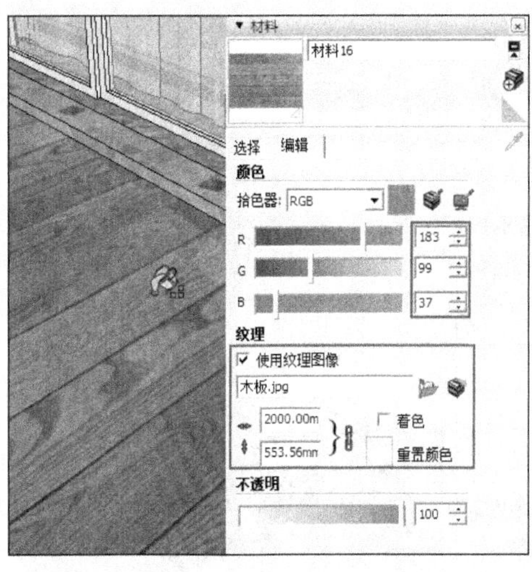

图 8-180 赋予阳台地面木纹材质

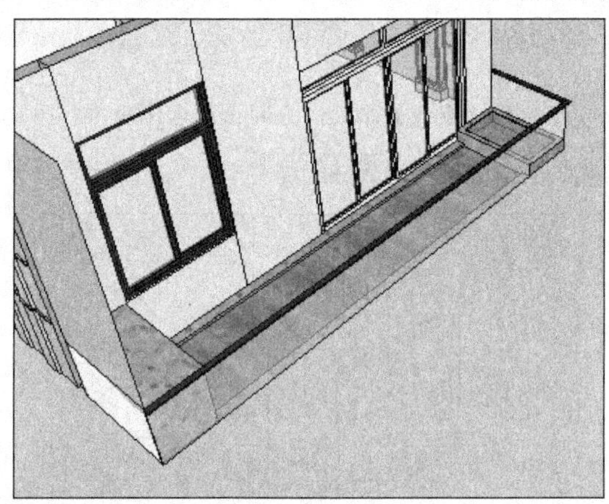
图 8-181 阳台效果

8.7 细化餐厅与厨房

8.7.1 细化餐厅

01 为了便于观察，选择将餐厅与厨房上方的模型隐藏，如图 8-182 所示。

02 选择参考图纸，通过捕捉向上调整其高度，如图 8-183 所示。

03 结合使用【偏移】与【推/拉】等工具制作好餐厅左侧玻璃模型，如图 8-184 与图 8-185 所示。

04 重复与之前类似的操作，制作好玻璃细节以及扶手等模型，如图 8-186 与图 8-187 所示。

05 参考图纸，使用【直线】工具分割出酒柜参考线，如图 8-188 所示。

06 合并入配套资源中的“酒柜”模型并放置好位置，如图 8-189 所示。

07 通过【缩放】工具调整好酒柜大小，如图 8-190 所示。接下来细化厨房。

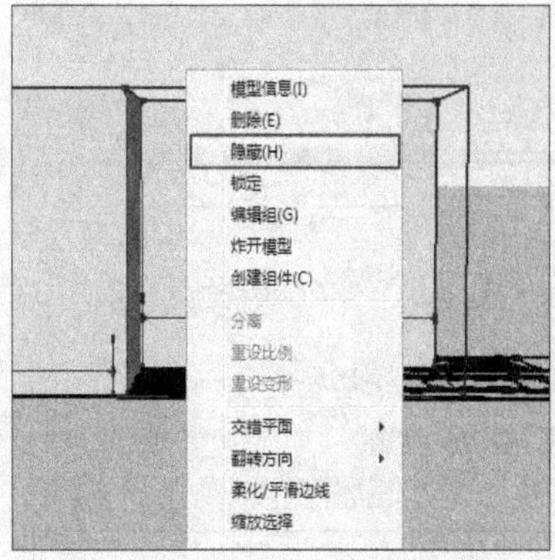

图 8-182 隐藏餐厅与厨房上方模型

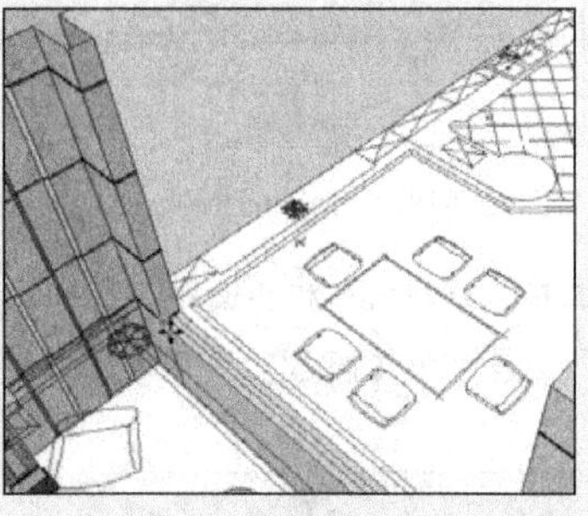

图 8-183 调整参考图纸高度

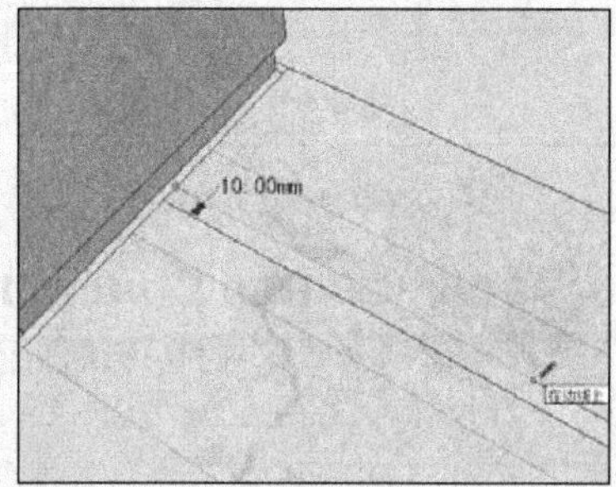

图 8-184 制作玻璃平面

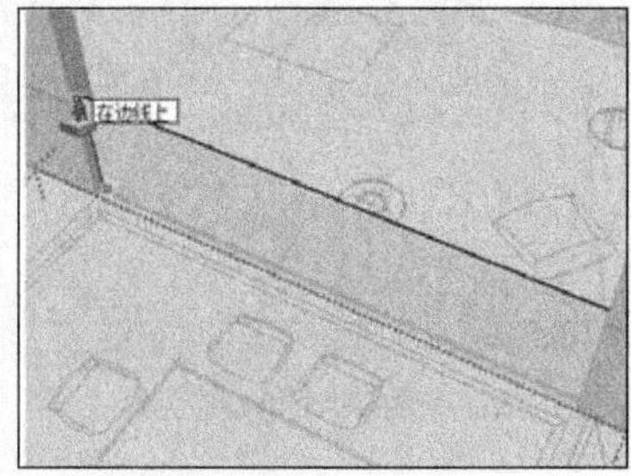

图 8-185 制作玻璃高度

图 8-186 制作玻璃细节并赋予材质

图 8-187 制作扶手与玻璃爪

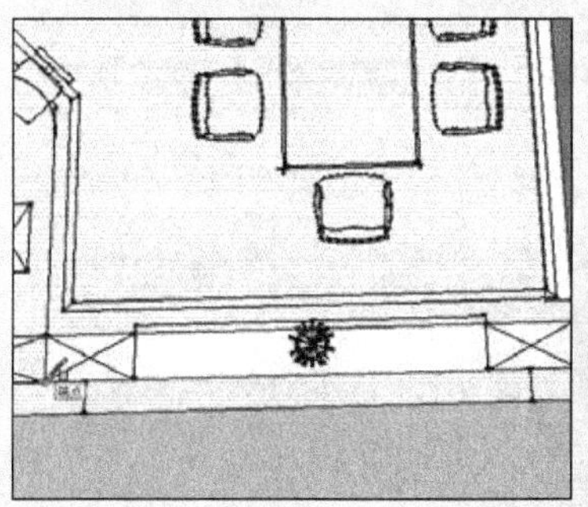

图 8-188 分割酒柜参考线

图 8-189 合并酒柜模型

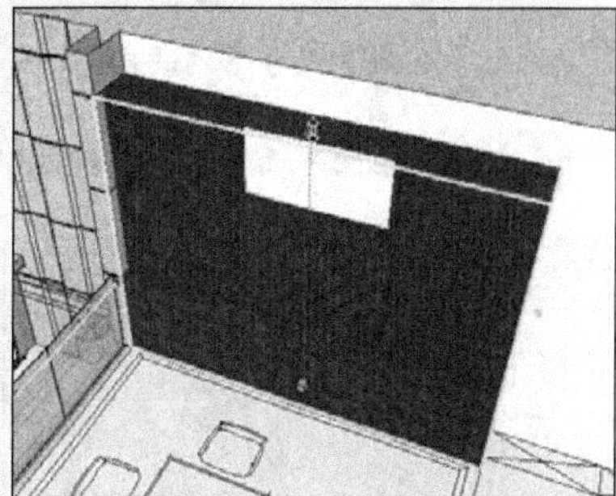

图 8-190 调整酒柜大小

8.7.2 细化厨房

1. 制作橱柜

01 厨房平面布置如图 8-191 所示。首先分割好橱柜平面，然后将其单独创建为组，如图 8-192 与图 8-193 所示。

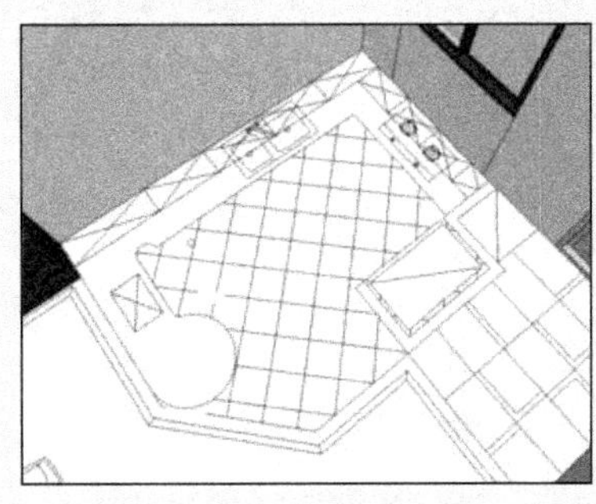

图 8-191　厨房平页面布置

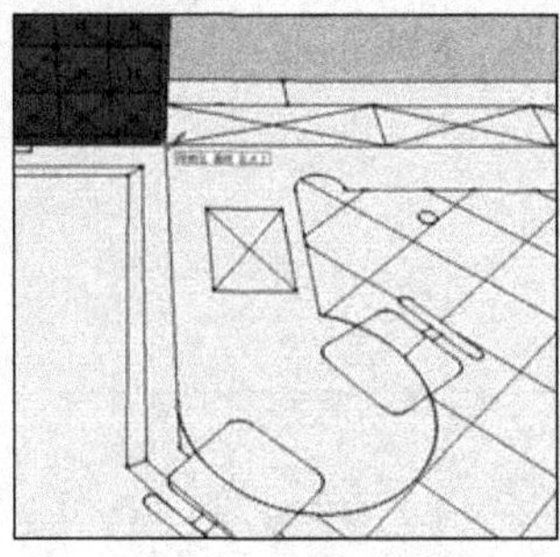

图 8-192　分割橱柜平面

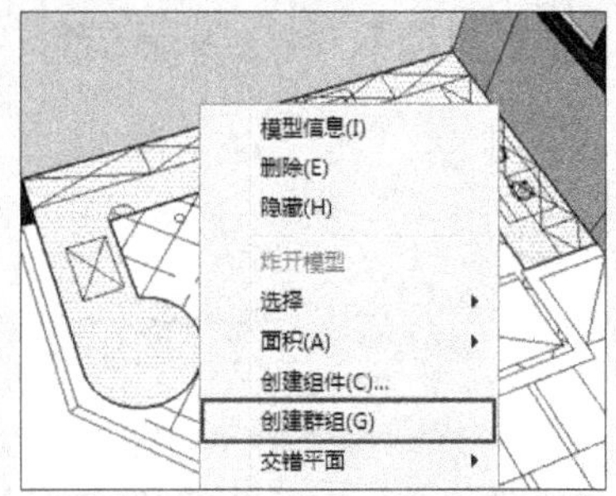

图 8-193　将平面橱柜创建为组

02 结合使用【偏移】与【直线】工具，分割出橱柜柜面平面，如图 8-194 与图 8-195 所示。

03 删除偏移复制得到的内部圆弧，然后启用【圆弧】工具重绘，如图 8-196 所示。

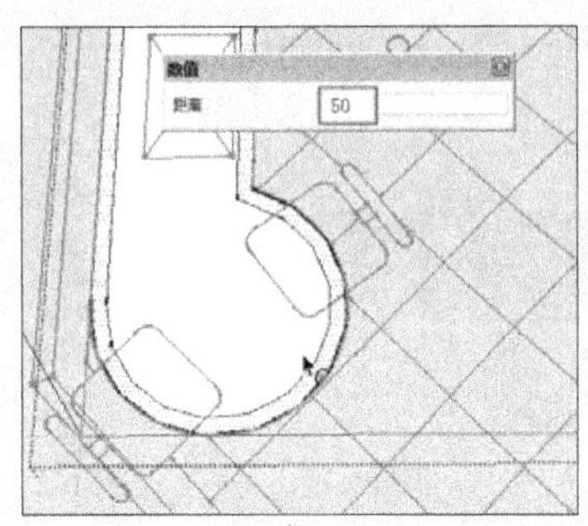

图 8-194　向内偏移复制 50mm

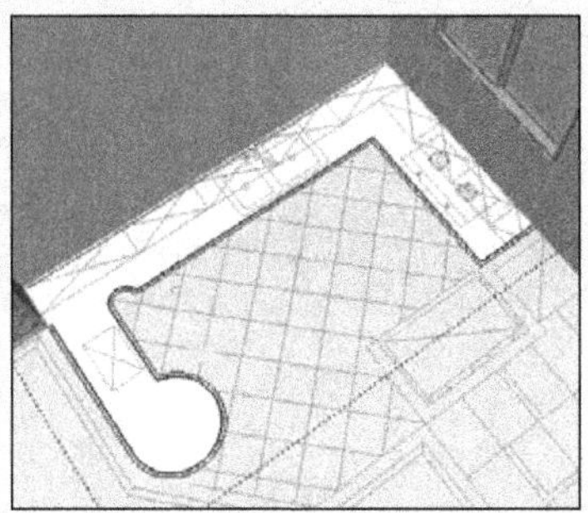

图 8-195　分割出橱柜柜面平面

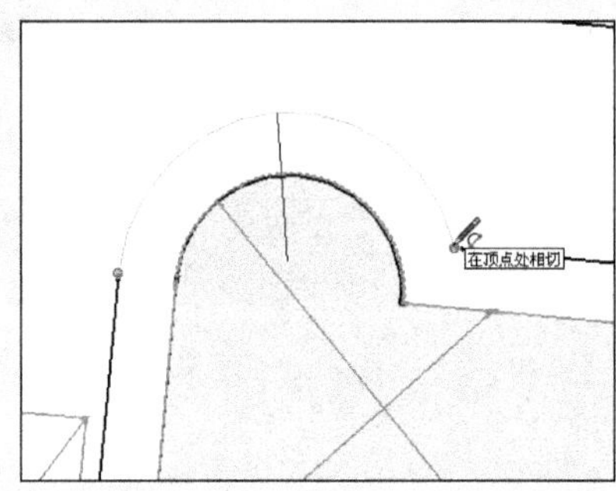

图 8-196　删除并重绘偏移弧线

04 启用【推/拉】工具制作好橱柜高度，如图 8-197 所示。

提 示

之所以删除偏移得到的内部圆弧并重绘，是为了避免推/拉时形成多余模型的面，如图 8-198 所示。

05 选择柜面平面，结合捕捉复制至上方，如图 8-199 所示。

图 8-197　制作好橱柜高度

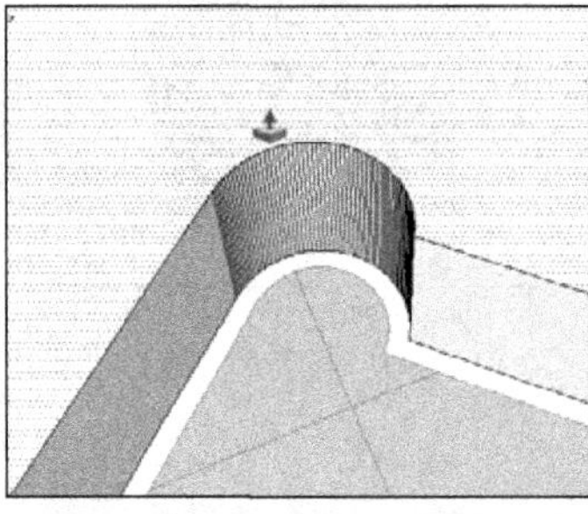

图 8-198　直接推/拉平面的效果

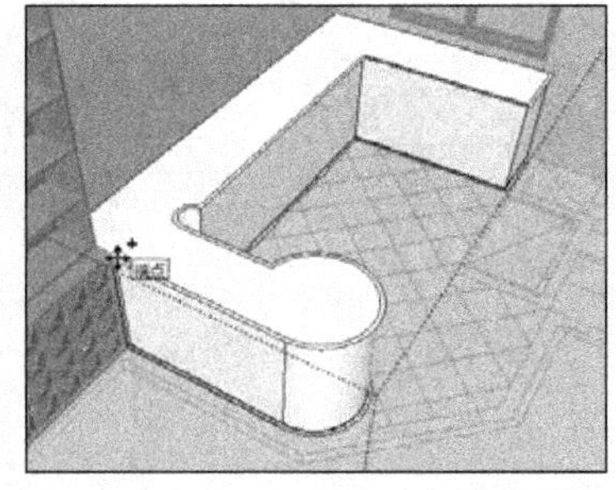

图 8-199　复制柜面平面至上方

06 将其单独创建为组，如图 8-200 所示。然后启用【推/拉】工具制作出 60mm 的柜面厚度，如图 8-201 所示。

07 选择底部圆弧线条，向上以 100mm 的距离移动复制，如图 8-202 所示。然后启用【联合推拉】工具向内整体推入 50mm，如图 8-203 所示。

08 通过以上步骤，橱柜当前效果如图 8-204 所示。接下来为其各部分赋予材质。

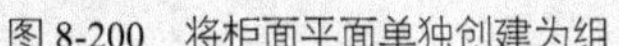
图 8-200　将柜面平面单独创建为组

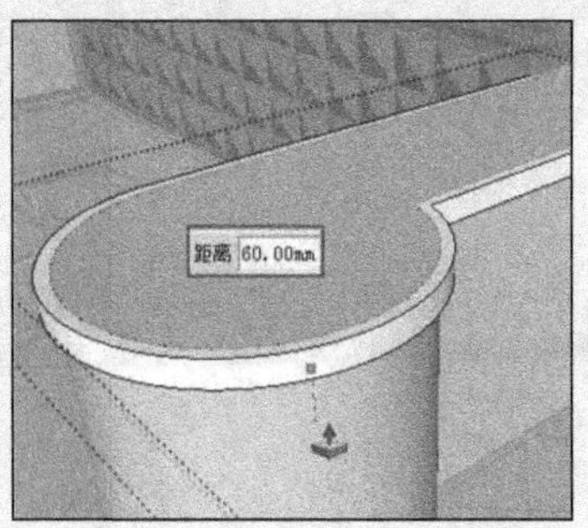

图 8-201　制作柜面厚度

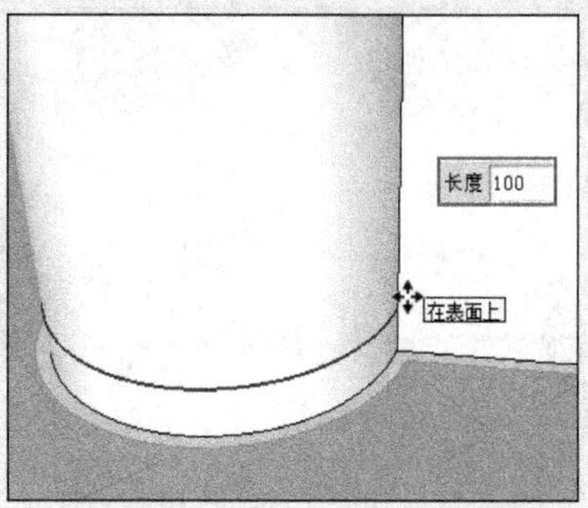

图 8-202　选择底部圆弧线条向上复制

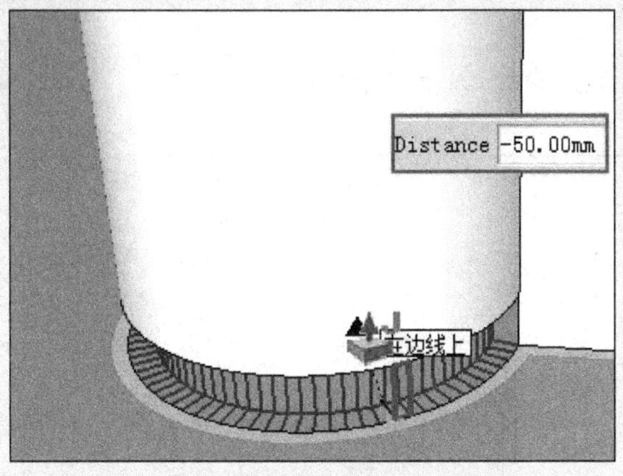

图 8-203　向内整体推入 50mm

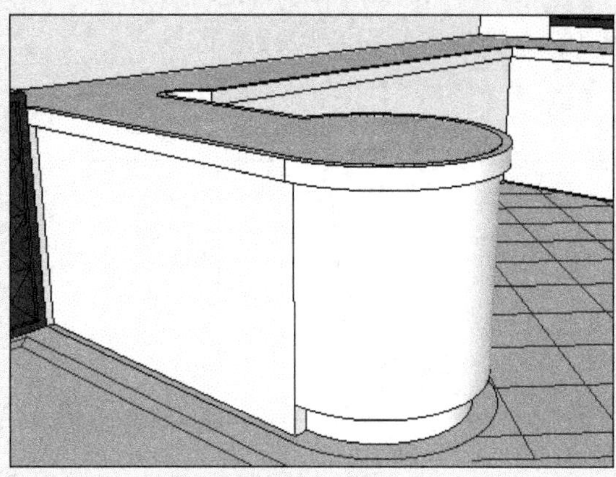
图 8-204　橱柜当前效果

09 打开【材料】对话框，为柜板收边以及前方柜面赋予相应材质，如图 8-205~图 8-207 所示。

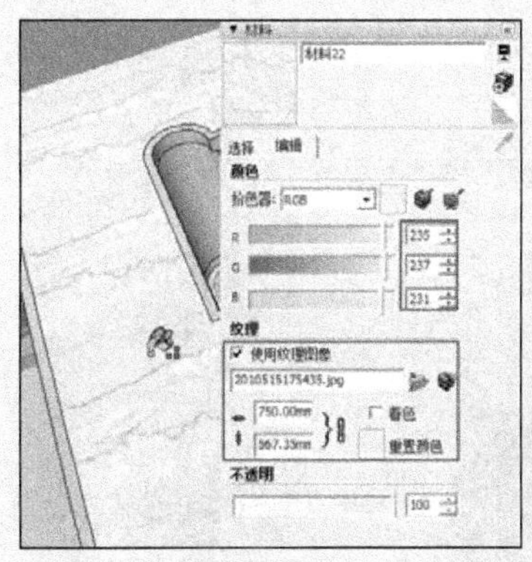
图 8-205　赋予柜面白色石材

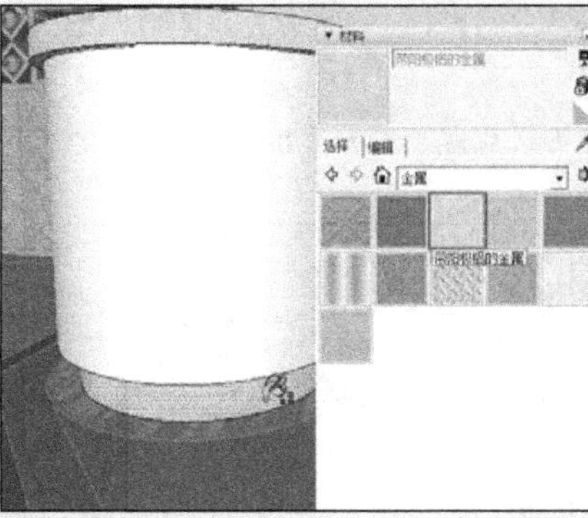
图 8-206　赋予柜边收边金属材质

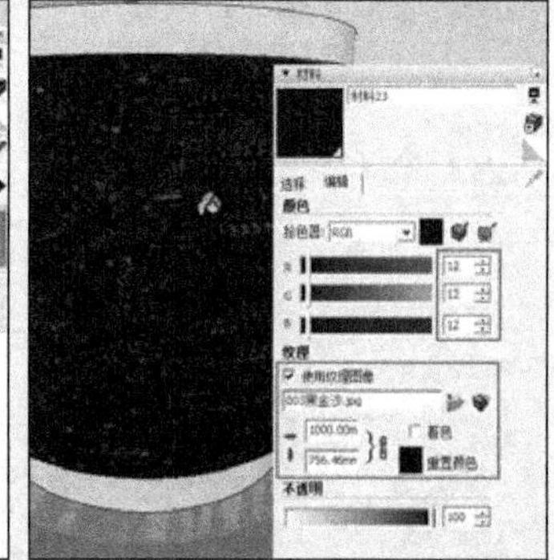
图 8-207　赋予正面黑金砂材质

10 隐藏柜板收边，然后选择上方线条，向下以 50mm 的距离移动复制，如图 8-208 所示。再选择下方线条向上同样以 50mm 的距离移动复制。

11 选择底部线条，将其拆分为 3 段，如图 8-209 所示。然后启用【直线】工具分割形成柜面，如图 8-210 所示。

图 8-208 隐藏柜板收边并向下复制线条

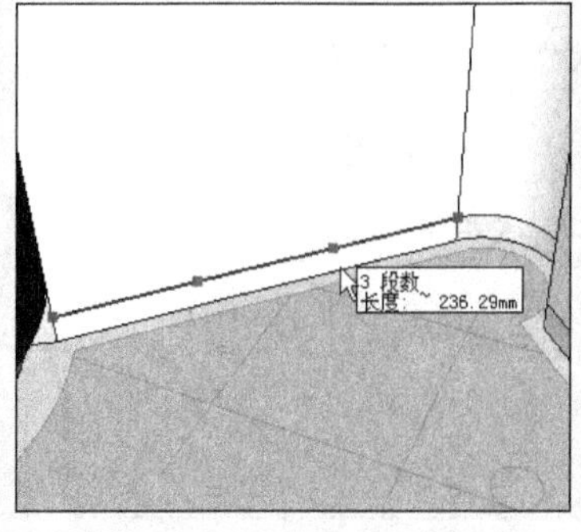

图 8-209 拆分底部线条

图 8-210 分割形成柜面

12 选择分割线，以 10mm 的距离移动复制，制作柜面缝隙，如图 8-211 所示。然后启用【推/拉】工具，制作 15mm 厚的柜面，如图 8-212 所示。

13 打开【材料】对话框，赋予柜面金属材质，如图 8-213 所示。接下来细化柜面。

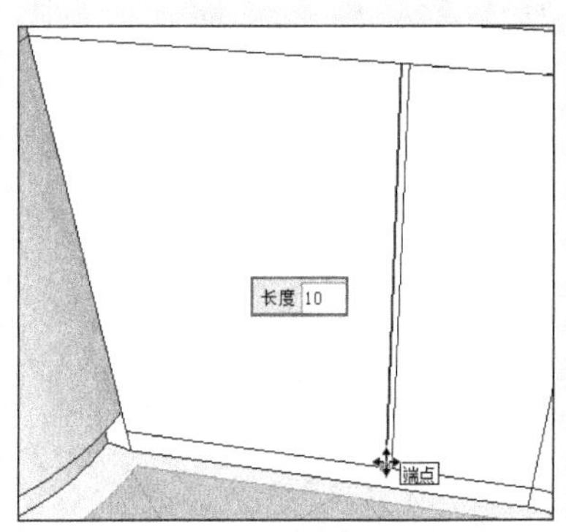

图 8-211 制作柜面缝隙

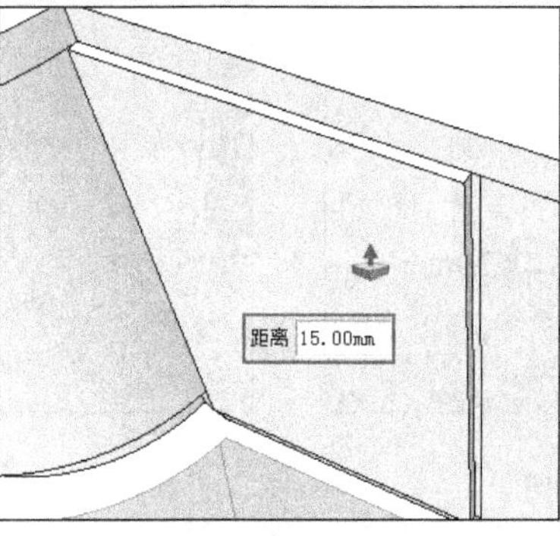

图 8-212 推/拉形成柜面

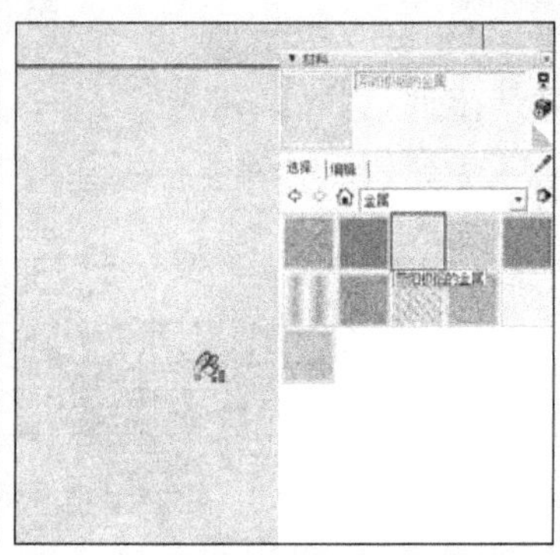

图 8-213 赋予柜面金属材质

14 启用【矩形】工具，在柜板上分割出拉手平面，如图 8-214 所示。然后启用【推/拉】工具，制作拉手深度，如图 8-215 所示。

15 采用类似方法制作好右侧柜面，完成效果如图 8-216 所示。接下来细化中部柜面。

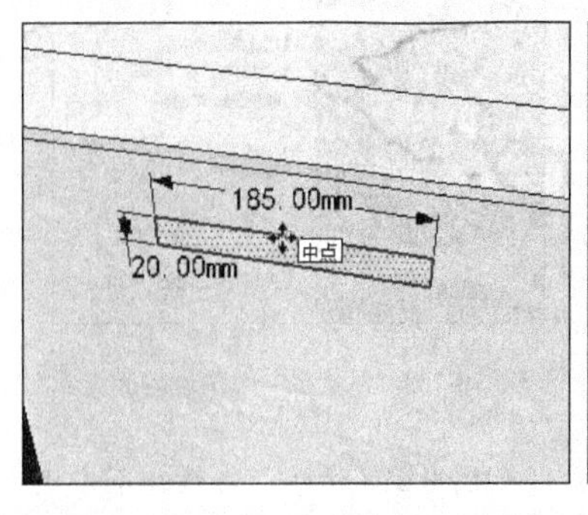

图 8-214 分割柜面拉手平面

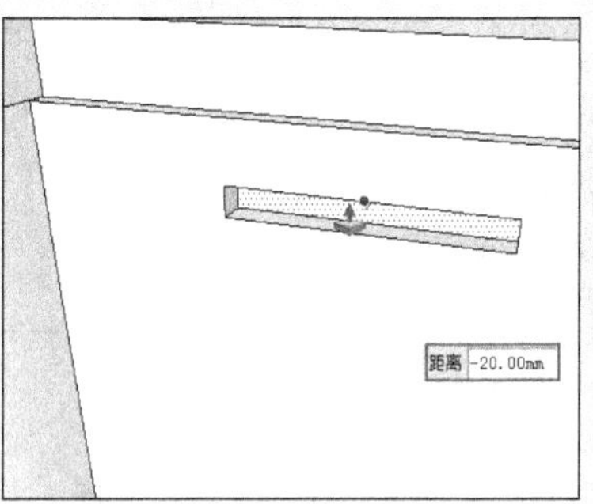

图 8-215 制作拉手深度

图 8-216 柜面完成效果

16 切换至【X 光透视模式】显示模式，启用【直线】工具，参考图纸分割好燃气灶下方的柜面，如图 8-217 所示。

17 依次选择横向边线与竖向边线进行拆分，如图 8-218 与图 8-219 所示。

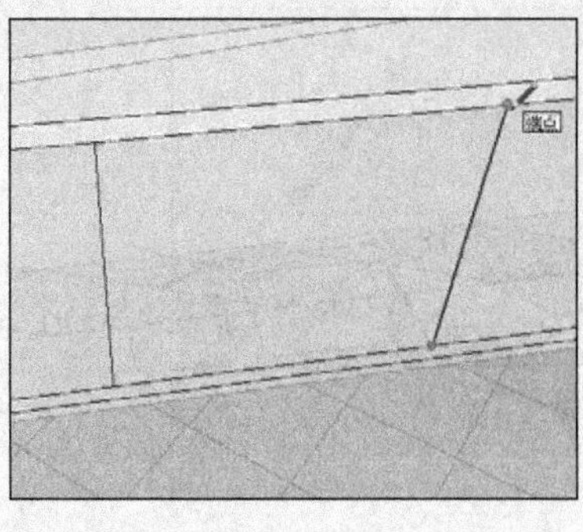

图 8-217 参考图纸分割燃气灶下方柜面

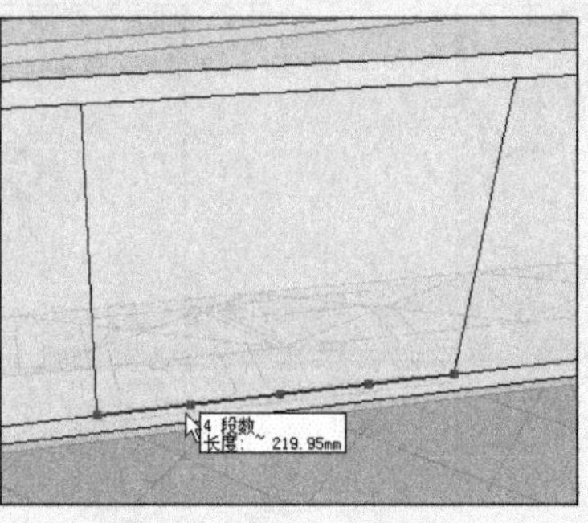

图 8-218 4 拆分柜面横向边线

图 8-219 5 拆分柜面竖向边线

18 捕捉拆分点，使用【直线】工具分割好柜面，如图 8-220 所示。然后启用【圆】工具绘制中部圆形分割面，如图 8-221 所示。

19 启用【推/拉】工具制作好中部柜板厚度，如图 8-222 所示。然后制作好中部柜门缝隙细节，如图 8-223 所示。

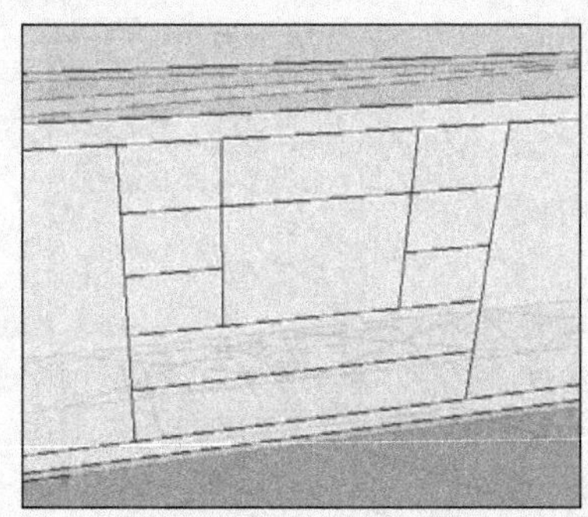

图 8-220 分割柜面

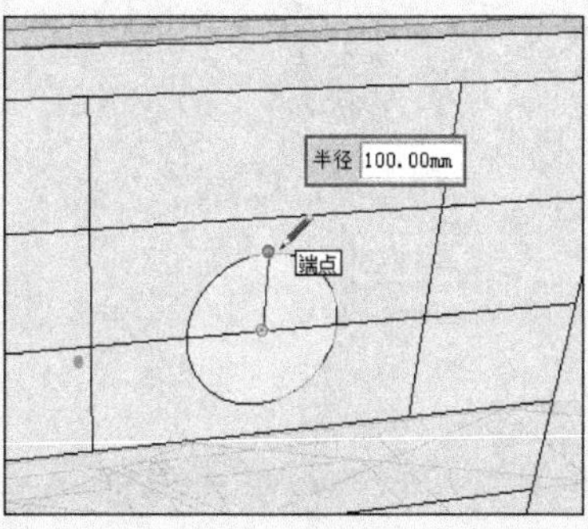

图 8-221 绘制中部圆形分割面

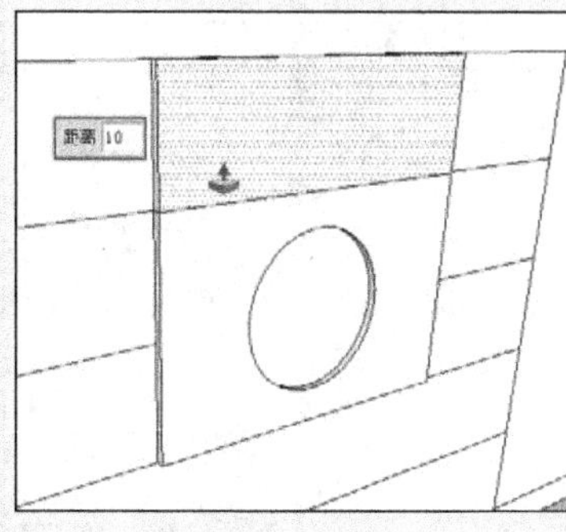

图 8-222 制作中部柜板厚度

20 制作好该处柜门的其他细节，然后赋予相应材质，如图 8-224 与图 8-225 所示。

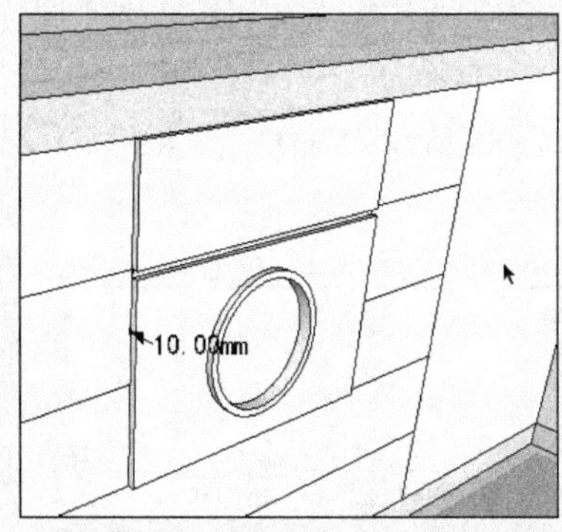

图 8-223 制作中部柜门缝隙细节

图 8-224 赋予柜门黑色材质

图 8-225 制作拉手并赋予金属板材质

21 使用类似方法制作好其他柜门细节，完成最终效果如图 8-226 所示。

22 合并入配套资源中的“燃气灶”模型并放置好位置，如图 8-227 所示。

图 8-226　制作好其他柜门细节

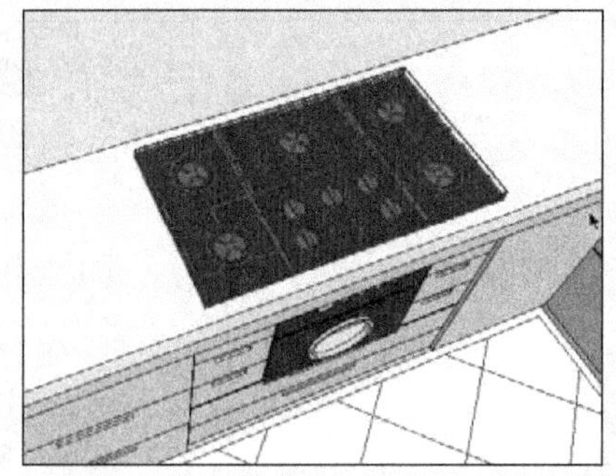

图 8-227　合并燃气灶

23 合并入配套资源中的“洗菜盆”模型并放置好位置，如图 8-228 所示。

24 然后启用【矩形】工具在柜面上创建分割面，如图 8-229 所示。

25 通过【缩放】工具调整好分割面大小，如图 8-230 所示。然后删除分割面，得到的效果如图 8-231 所示。接下来制作吊柜。

图 8-228　合并洗菜盆

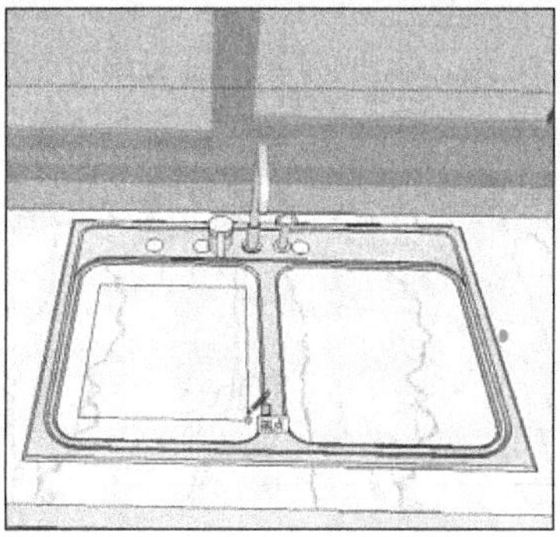

图 8-229　在柜面上创建分割面

图 8-230　通过缩放调整分割面

2. 制作吊柜

01 启用【直线】工具，参考橱柜分割墙面，如图 8-232 所示。

02 通过线段的移动复制分割出吊柜下方线条，然后合并入配套资源中的“抽油烟机”模型并放置好位置，如图 8-233 所示。

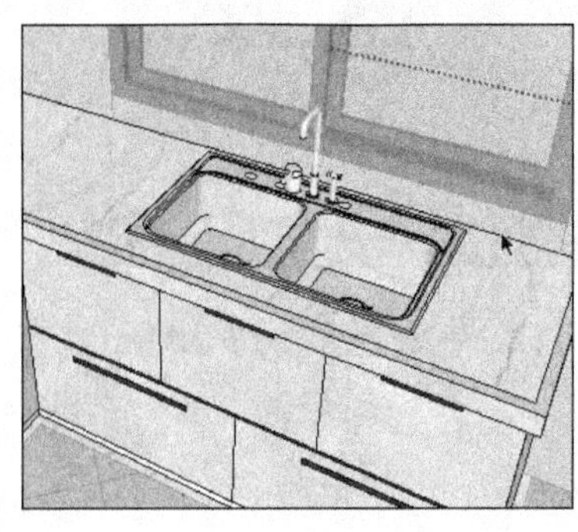

图 8-231　删除分割面

图 8-232　参考橱柜分割墙面

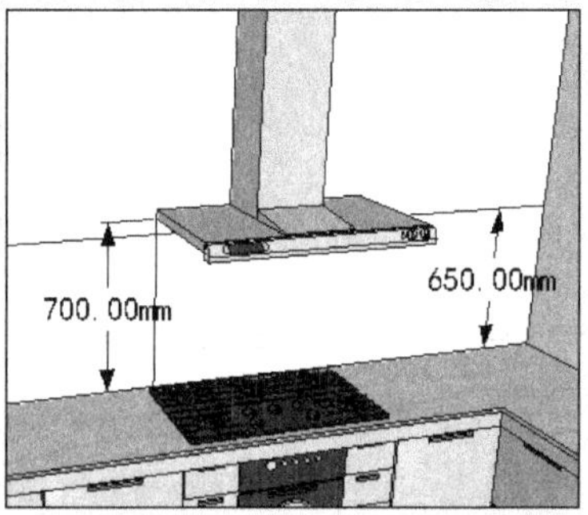

图 8-233　复制分割线并放置抽油烟机

03 通过线段的移动复制确定吊柜高度，然后参考抽油烟机分割好墙面，如图 8-234 所示。

04 启用【推/拉】工具制作吊柜轮廓，如图 8-235 所示。然后细化造型如图 8-236 所示。

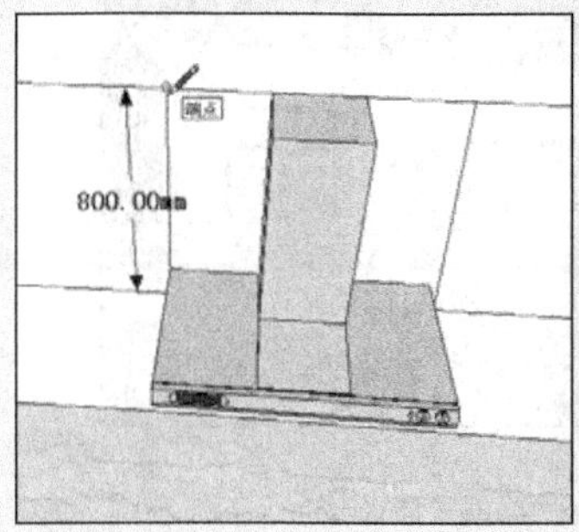

图 8-234　参考抽油烟机分割墙面

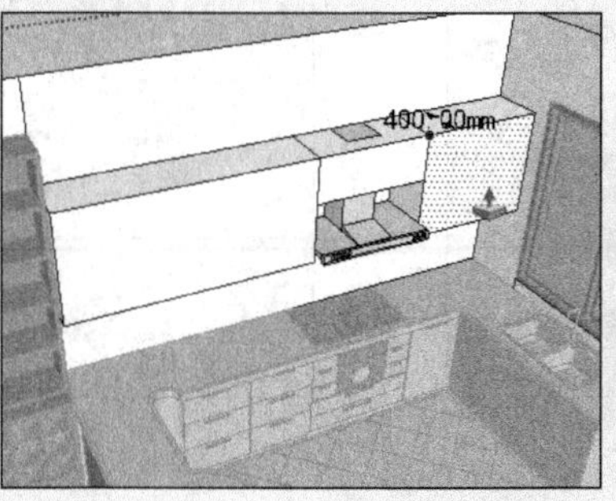

图 8-235　制作出吊柜轮廓

图 8-236　细化好吊柜造型

05 打开【材料】对话框，赋予吊柜后方墙面石材，如图 8-237 所示。

3. 完成厨房制作

01 参考图纸，启用【直线】工具分割好冰箱后方墙面，如图 8-238 所示。然后推/拉出墙体高度，如图 8-239 所示。

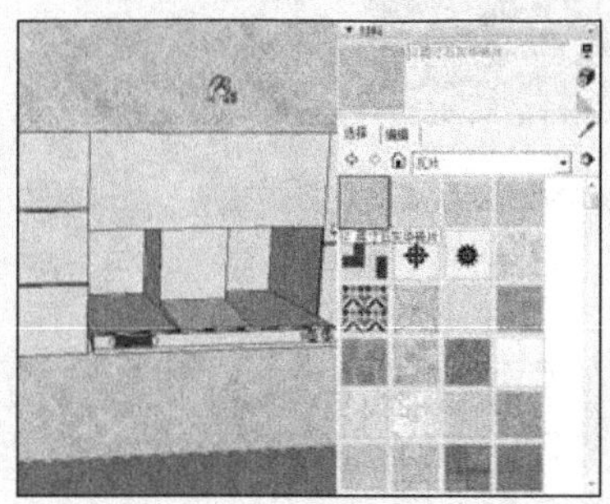

图 8-237　赋予墙面石材

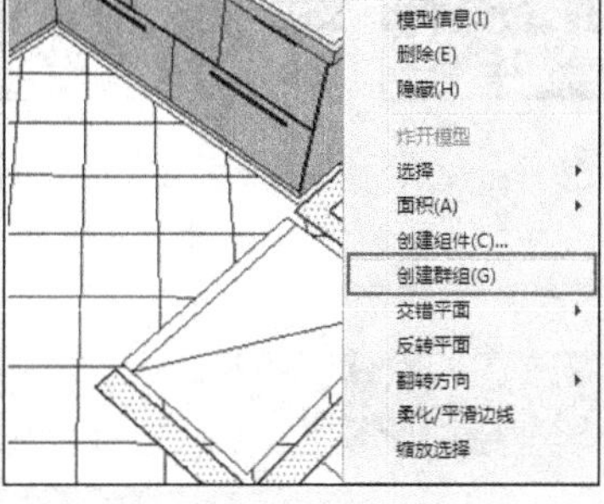

图 8-238　分割冰箱后方墙面

图 8-239　推/拉制作墙体

02 打开【材料】对话框，赋予墙面石材，如图 8-240 所示。然后合并入配套资源中的“冰箱”模型并放置好位置，如图 8-241 所示。

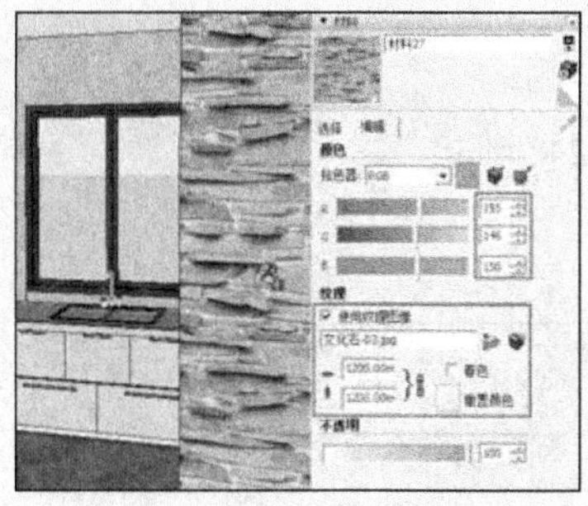

图 8-240　赋予墙面石材

图 8-241　合并冰箱

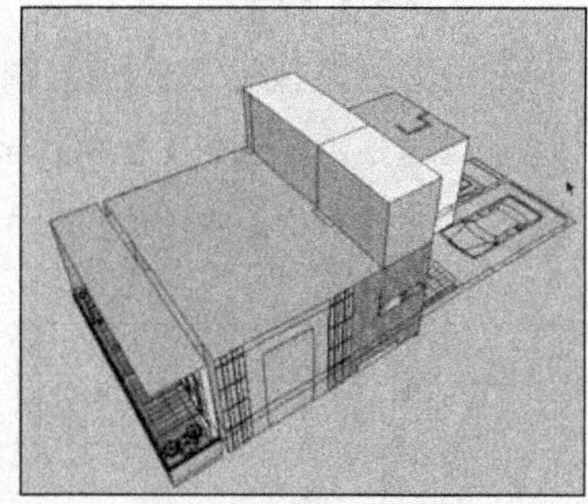

图 8-242　显示所有模型

03 经过以上步骤，本案例空间立面细化即已完成，显示的所有模型如图 8-242 所示，各空间的当前效果如图 8-243~图 8-246 所示。接下来处理空间地面与顶棚细节。

图 8-243　当前客厅效果

图 8-244　当前楼梯效果

图 8-245　当前餐厅效果

图 8-246　当前厨房效果

8.8 处理空间地面与顶棚

8.8.1 处理空间地面

1. 处理客厅地面

01 选择参考图纸，通过捕捉调整好高度，如图 8-247 所示。

02 参考图纸，结合【直线】与【圆弧】工具分割好客厅地面，如图 8-248 所示。

03 打开【材料】对话框，赋予最外层大理石石材，如图 8-249 所示。

图 8-247　调整参考图纸高度

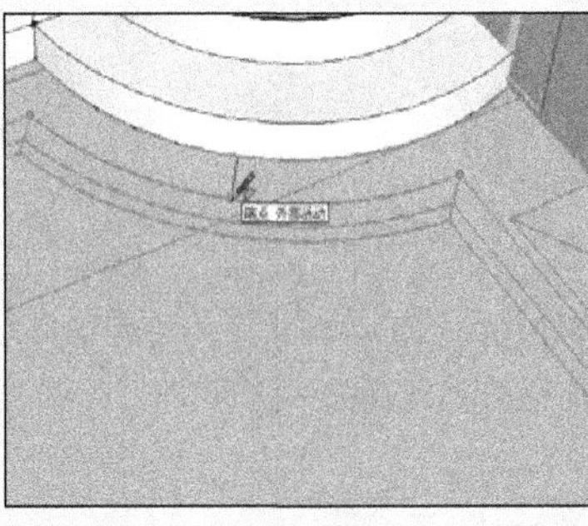

图 8-248　参考图纸分割地面

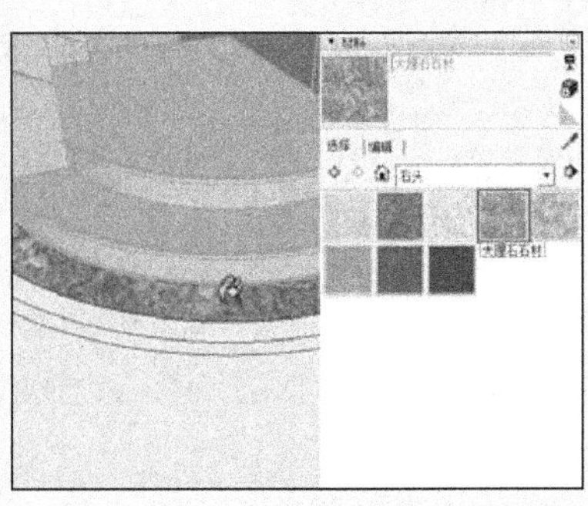

图 8-249　赋予最外层大理石材质

04 参考图纸，使用【偏移】工具制作好客厅地面中部分割，如图 8-250 所示。然后赋予黑金砂材质，如图 8-251 所示。重复相同操作，作好第三层分割，然后赋予石材，如图 8-252 所示。

图 8-250 偏移复制出客厅地面中部分割

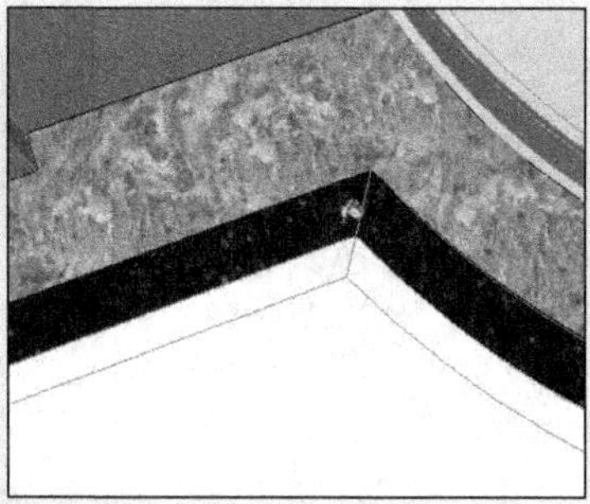
图 8-251 赋予黑金砂材质

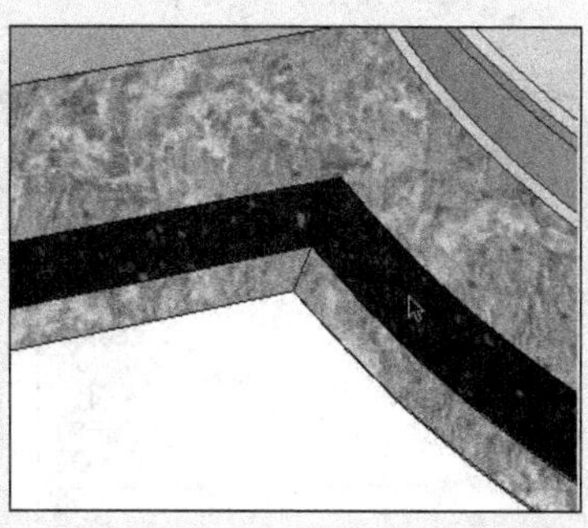
图 8-252 制作第三层分割并赋予石材

05 打开【材料】对话框，为客厅内部地面制作并赋予黄色石材，并参考图纸调整好贴图效果，如图 8-253 所示。

06 经过以上步骤，客厅地面细节制作完成，效果如图 8-254 所示。接下来制作餐厅与厨房地面效果。

2. 处理餐厅与厨房地面

01 选择参考图纸，结合捕捉调整好高度，如图 8-255 所示。

02 启用【直线】工具，参考图纸分割好餐厅最外层地面，如图 8-256 与图 8-257 所示。

03 考虑到酒柜的实际位置，调整好分割线，如图 8-258 所示。

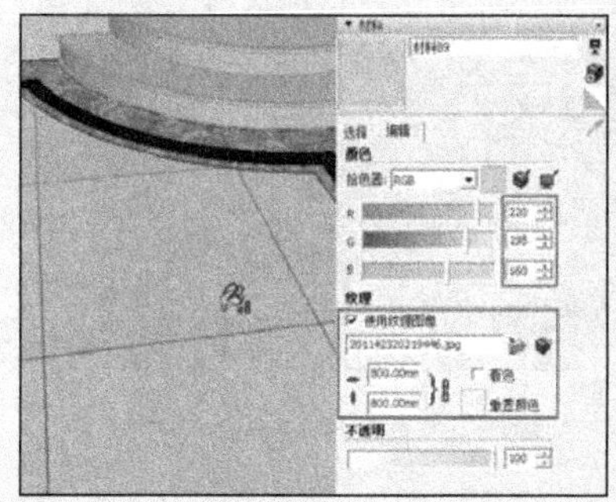
图 8-253 赋予内部黄色石材并调整贴图

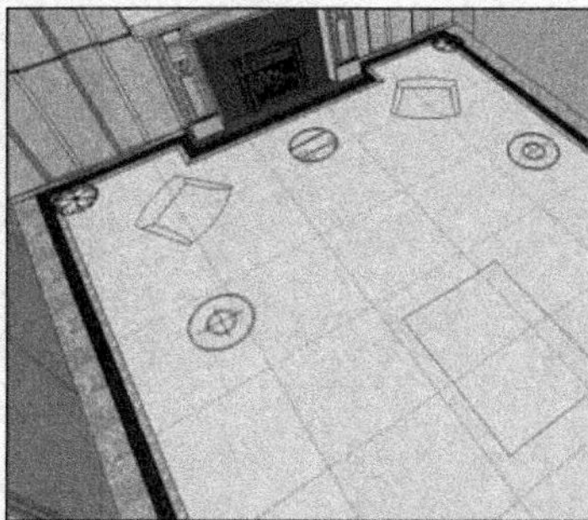
图 8-254 客厅地面处理完成效果

图 8-255 向上调整参考图纸

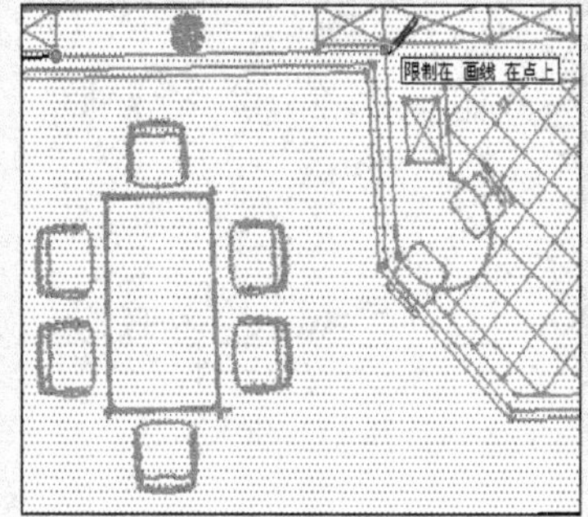

图 8-256 参考图纸分割餐厅地面

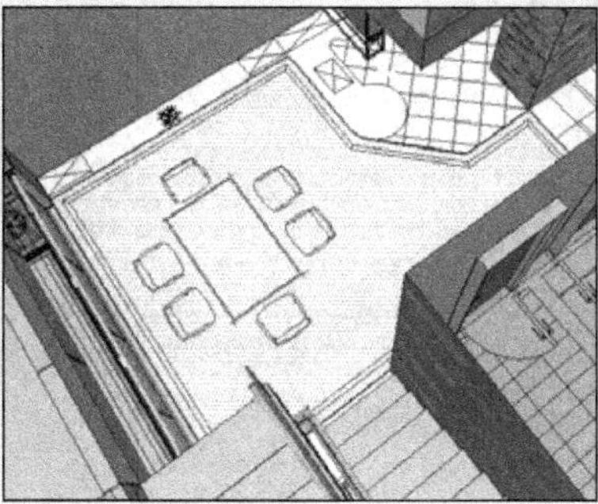
图 8-257 餐厅地面分割完成

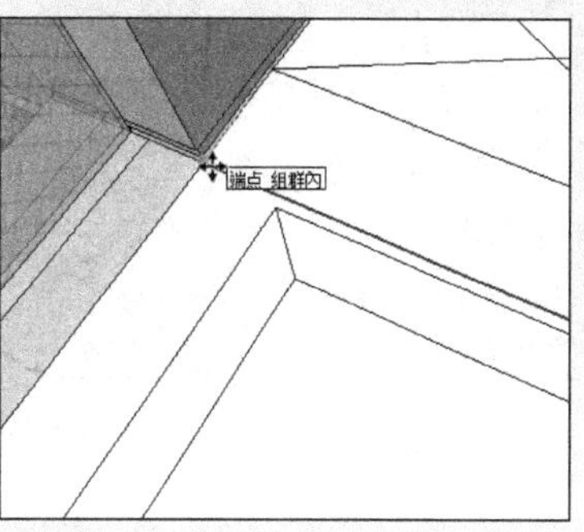

图 8-258 考虑酒柜位置调整分割线

04 参考图纸，启用【偏移】工具制作好餐厅地面中部分割，如图 8-259 所示。然后启用【直线】工具修改好分割细节，如图 8-260 所示。

05 参考图纸，启用【偏移】工具制作好内部分割，如图 8-261 所示。

图 8-259　制作餐厅地面中部分割

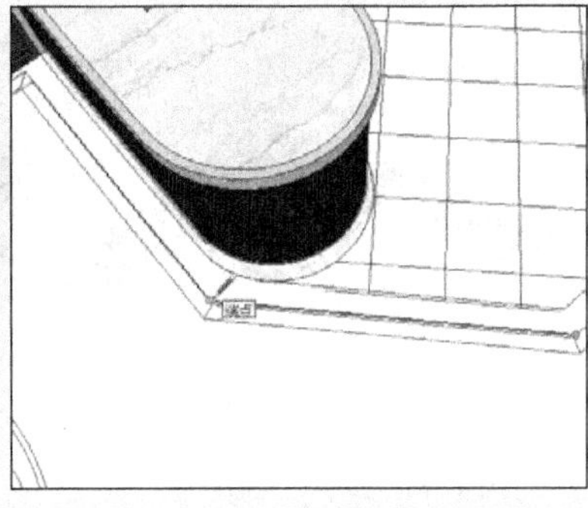

图 8-260　修改分割细节

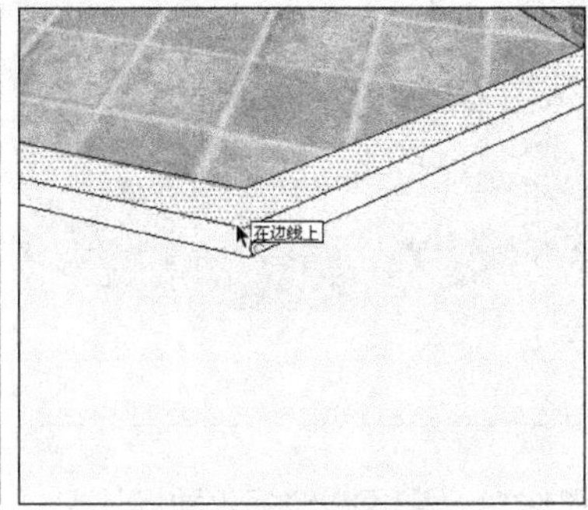

图 8-261　制作内部分割

06 打开【材料】对话框，赋予餐厅地面外围材质，如图 8-262 所示，然后赋予内部白色石材并调整好贴图，如图 8-263 所示。

07 赋予厨房地面防滑石材，如图 8-264 所示。然后调整好贴图角度与大小，如图 8-265 所示。

08 参考图纸分割好过道地面，如图 8-266 所示。然后赋予材质，完成效果如图 8-267 所示。至此，空间地面处理即已完成，接下来处理空间顶棚细节。

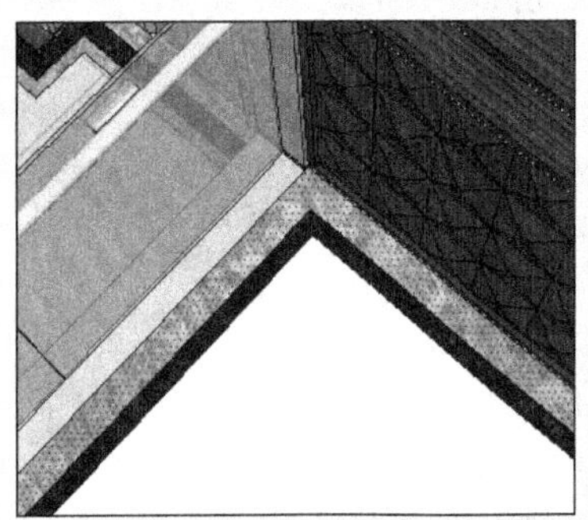

图 8-262　赋予餐厅地面外围材质

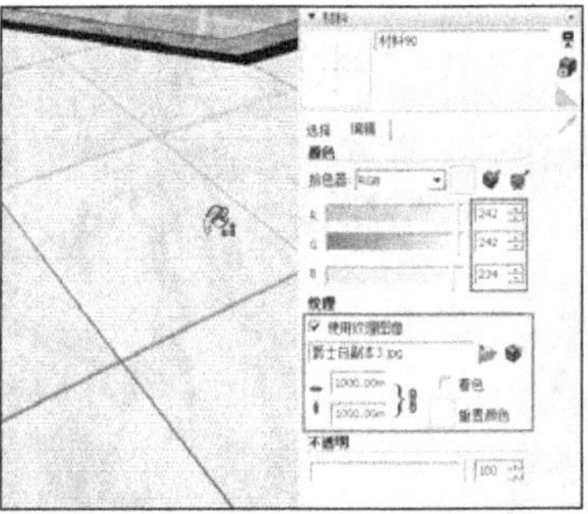

图 8-263　赋予餐厅内部地面白色石材

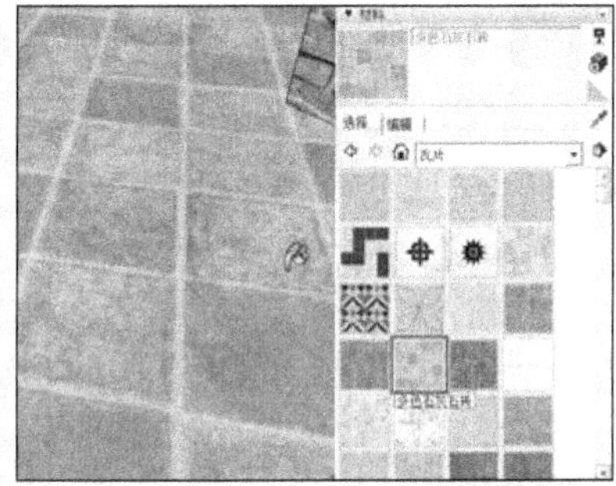

图 8-264　赋予厨房地面防滑石材

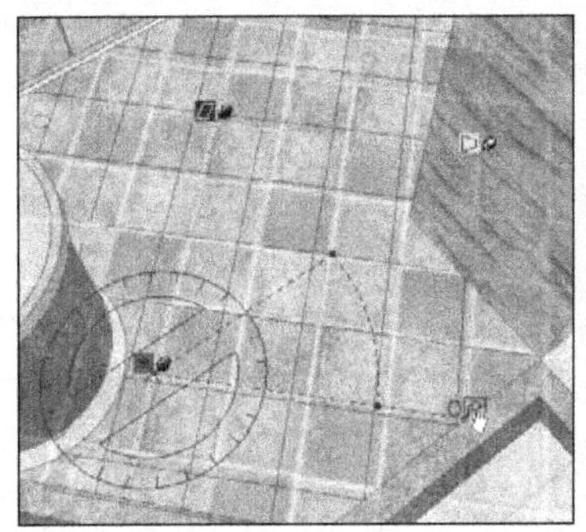

图 8-265　调整厨房地面贴图角度与大小

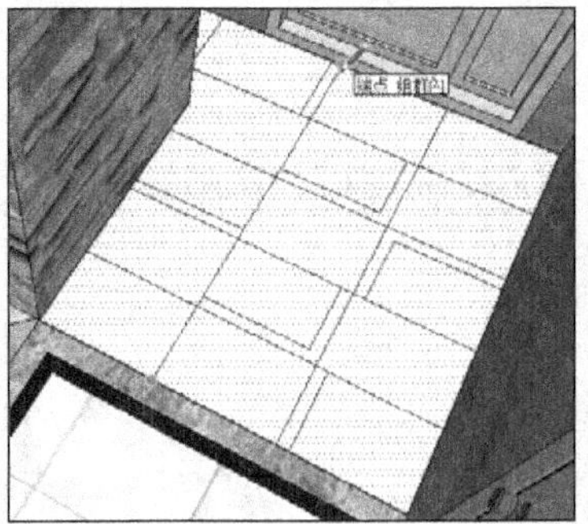

图 8-266　参考图纸分割过道地面

图 8-267　赋予过道地面材质

8.8.2 处理空间顶棚

1. 处理客厅顶棚

❑ 调整顶棚与立面细节

01 取消顶面模型的隐藏，启用【直线】工具分割好客厅顶棚，如图 8-268 所示。

02 启用【推/拉】工具，捕捉客厅墙面最上方缝隙，向下推平至立面缝隙处,如图 8-269 所示。

03 根据当前顶棚高度，调整好客厅立面边框高度，如图 8-270 所示。

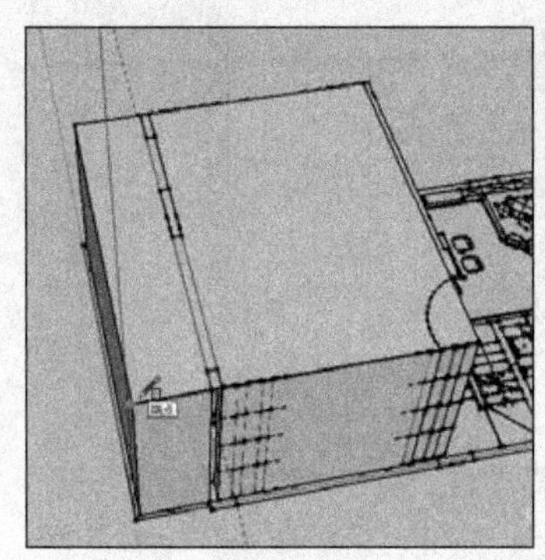

图 8-268 分割客厅顶棚

图 8-269 向下推平至立面缝隙处

图 8-270 调整立面边框高度

04 选择欧式柱上部构件，调整好高度，如图 8-271 所示。接下来处理墙面细节。

05 参考顶棚边缘，启用【直线】工具分割好楼梯处墙面，如图 8-272 所示。

06 删除分割得到的墙面，然后启用【尺寸】工具测量间距，如图 8-273 所示。

图 8-271 调整欧式柱上部构件高度

图 8-272 参考顶棚分割楼梯处墙面

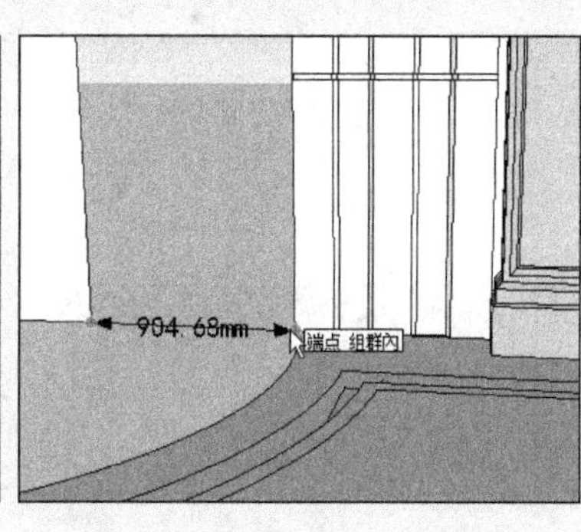

图 8-273 测量间距

07 选择左侧墙面，将其单独创建为组，如图 8-274 所示。然后选择该处墙面，将其整体向右移动 452.38mm 的距离，如图 8-275 所示。

08 选择墙面两侧造型，启用【缩放】工具调整好宽度，如图 8-276 所示。得到的墙面效果如图 8-277 所示。

2. 制作顶棚造型

01 选择顶棚底面，结合使用【偏移】与【推/拉】工具制作好第一层级，如图 8-278 与图 8-279 所示。

02 在层级内部结合使用【直线】与【圆弧】工具制作角线截面，如图 8-280 所示。然后将该角线截面复制一份。

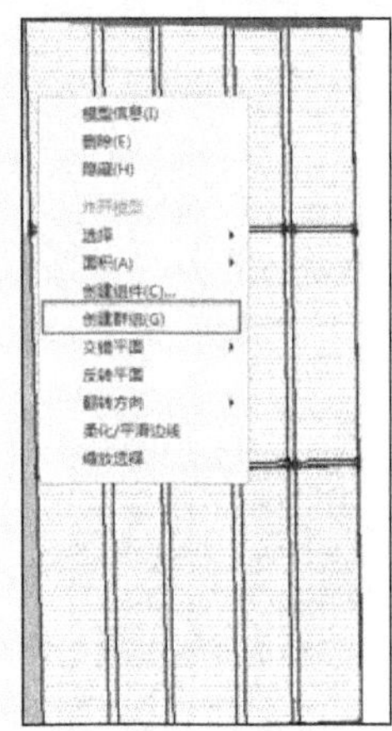
图 8-274　创建组

图 8-275　整体右移

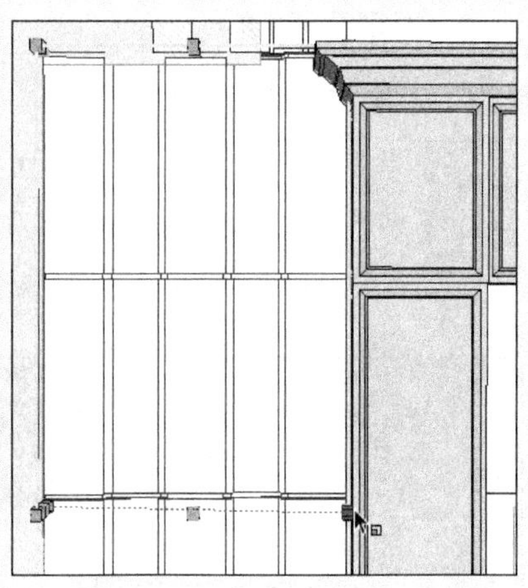
图 8-276　通过缩放调整宽度

图 8-277　调整后的墙面效果

图 8-278　向内偏移复制 600mm

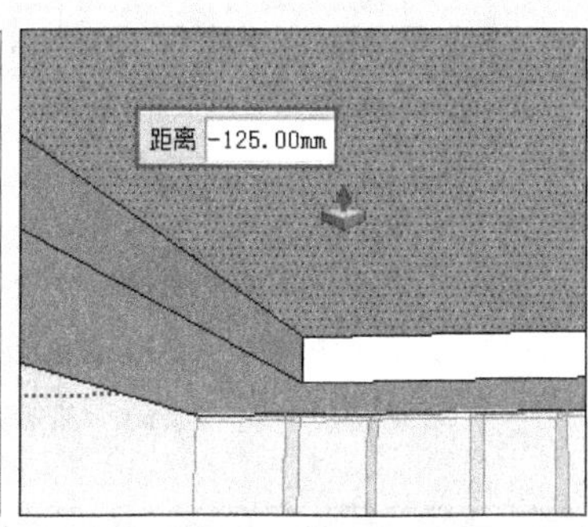

图 8-279　向内推入 125mm

03 启用【路径跟随】工具制作内部角线，如图 8-281 所示，完成效果如图 8-282 所示。

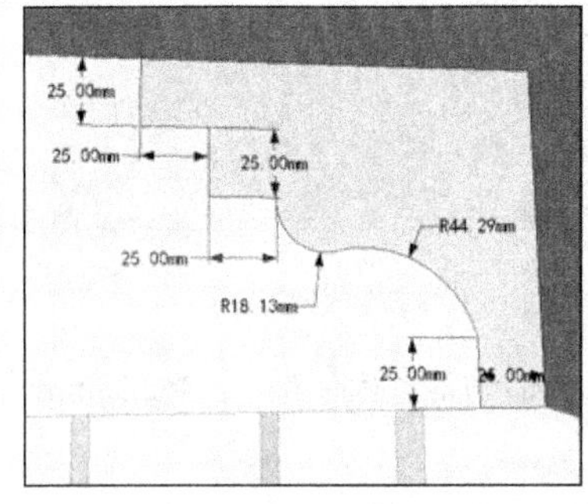

图 8-280　绘制角线截面

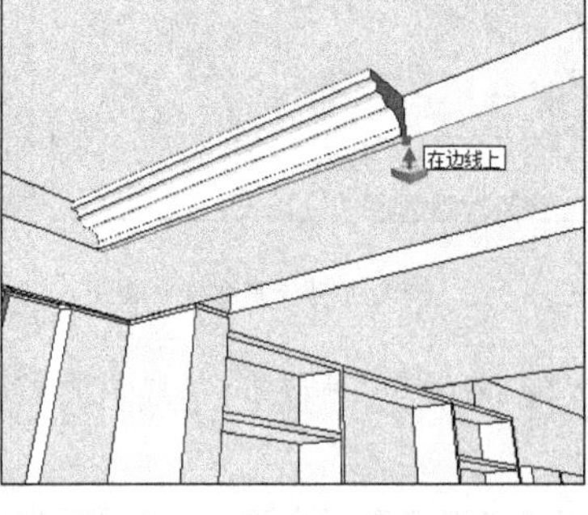

图 8-281　使用路径跟随制作内部角线

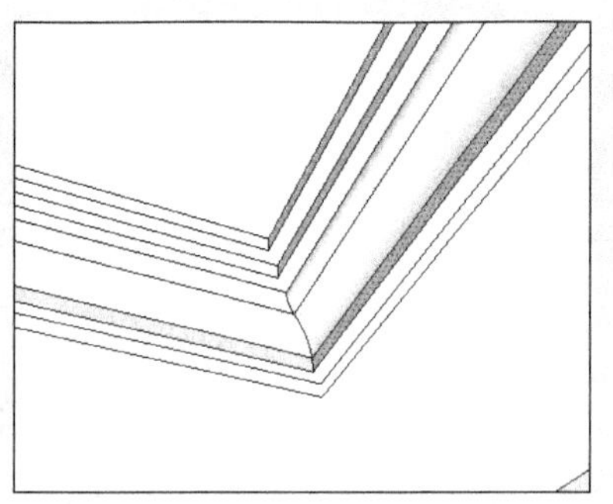
图 8-282　角线完成效果

04 启用【偏移】工具，向内偏移复制 800mm，制作好第二层级宽度如图 8-283 所示，然后向内推入 150mm.

05 调整之前复制好的角线，放置在第二层级内，然后调整底部细节，如图 8-284 所示位置。

06 启用【路径跟随】工具，制作好该处角线，完成效果如图 8-285 所示。

07 结合使用【偏移】与【推/拉】工具，制作好第三层级，如图 8-286 与图 8-287 所示。

08 选择内部横向线段，将其拆分为 3 段，如图 8-288 所示。

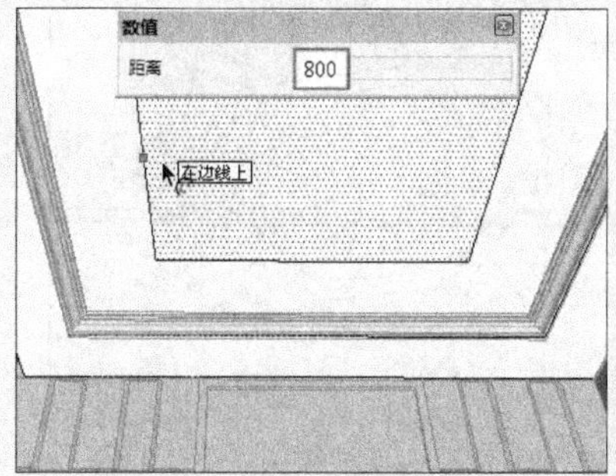

图 8-283　向内偏移复制 800mm

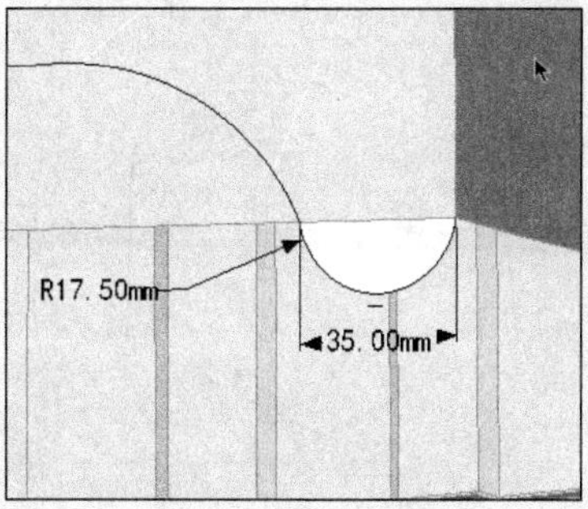

图 8-284　调整底部细节

图 8-285　通过路径跟随制作该处角线

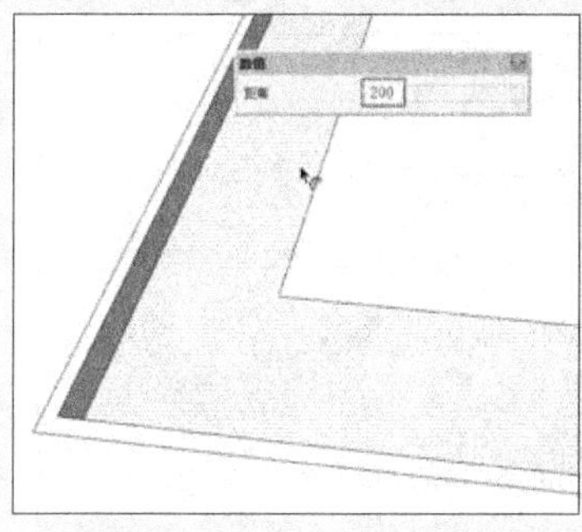

图 8-286　向内偏移复制 200mm

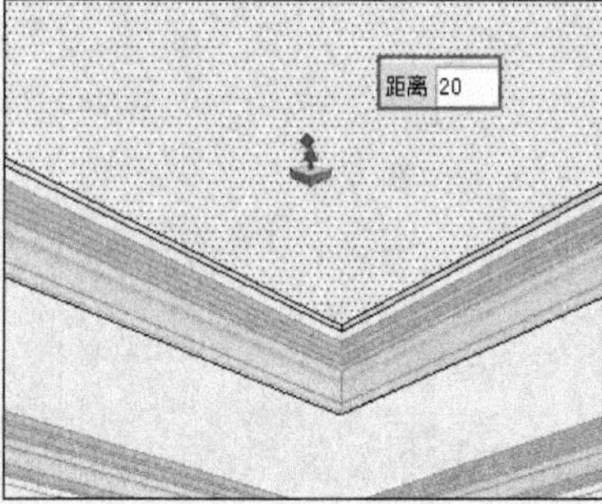

图 8-287　向内推入 20mm

图 8-288　拆分内部横向线段

09 选择内部竖向线段，将其拆分为 7 段，如图 8-289 所示。

10 启用【矩形】工具，捕捉拆分点创建单元格，然后捕捉中点拆分，如图 8-290 所示。

11 启用【多边形】工具，以中点为中心，绘制一个正六边形，如图 8-291 所示。

图 8-289　拆分内部竖向线段

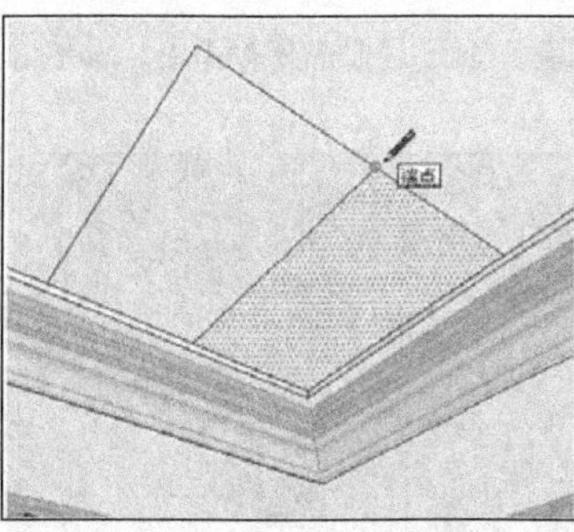

图 8-290　创建单元格并拆分

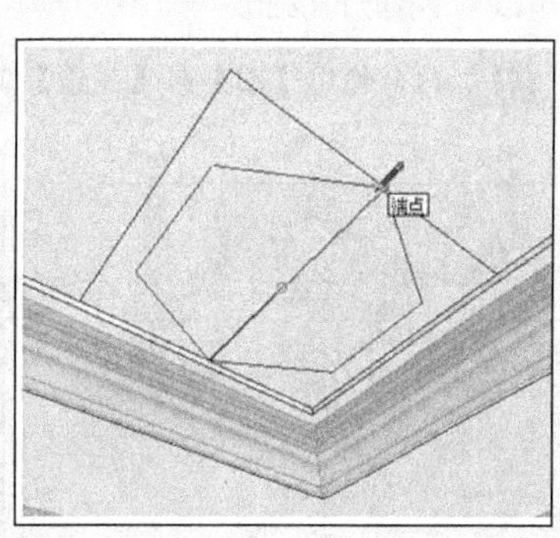

图 8-291　绘制正六边形

12 删除多余线段，然后选择正六边形，将其创建为组，如图 8-292 所示。

13 启用【偏移】工具，制作 35mm 的边框，如图 8-293 所示。启用【推/拉】工具，捕捉层次边线制作好厚度，如图 8-294 所示。

14 打开【材料】对话框，赋予单元格金属材质，如图 8-295 所示。

15 选择单元格，启用【缩放】工具，捕捉边框调整好宽度，如图 8-296 所示。

16 选择单元格，通过捕捉拆分点进行横向与竖向复制，如图 8-297 所示。

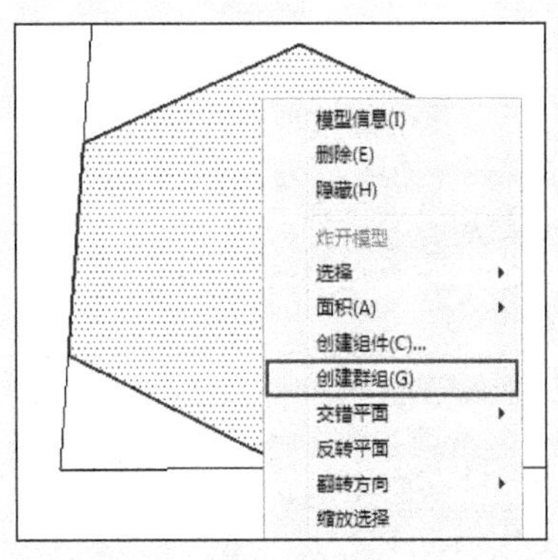

图 8-292　删除多余线段并创建组

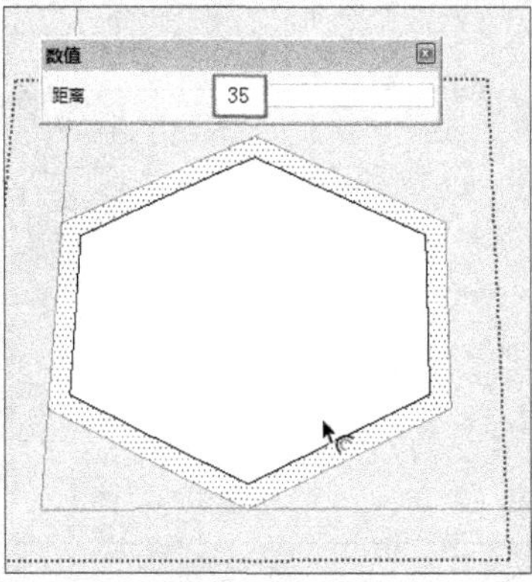

图 8-293　制作边框

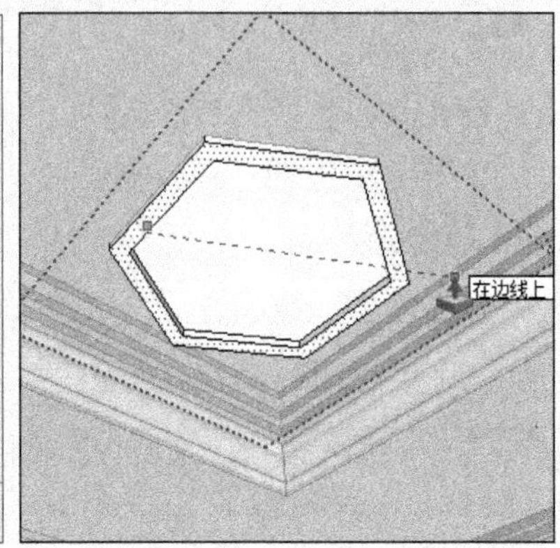

图 8-294　制作厚度

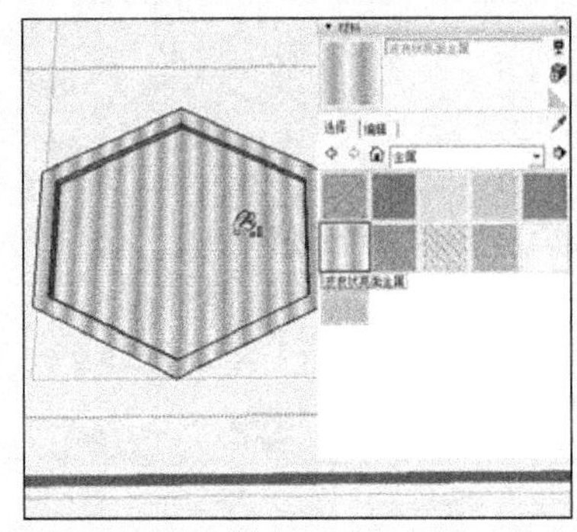

图 8-295　赋予金属材质

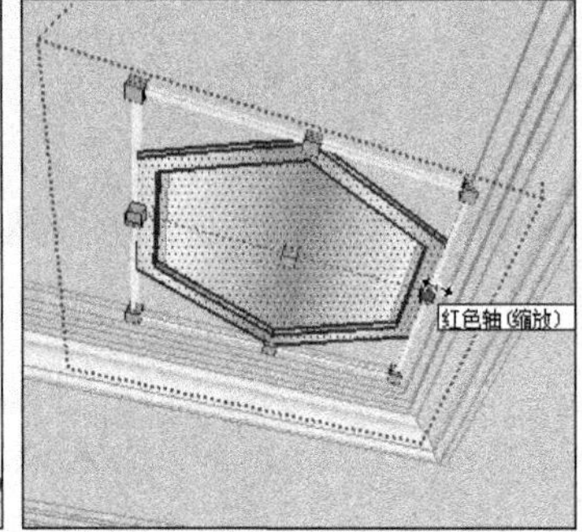

图 8-296　通过缩放调整边框宽度

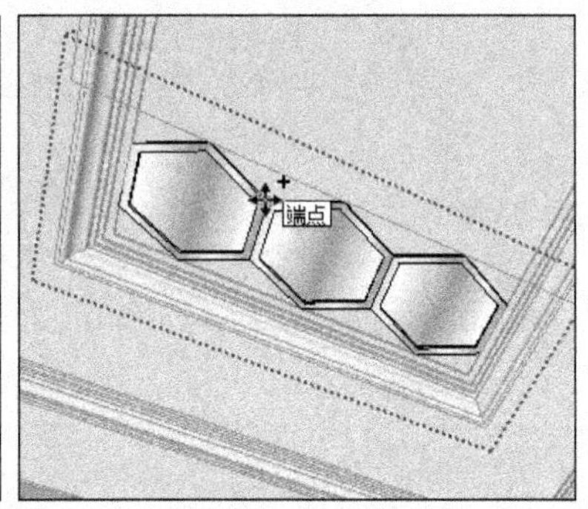

图 8-297　复制单元格

17 打开【材料】对话框，赋予顶棚混凝土材质，如图 8-298 所示。

18 经过以上步骤，当前客厅顶棚造型如图 8-299 所示。接下来制作顶棚上的灯孔细节。

❑ 制作灯孔细节

01 结合使用【圆】与【偏移】工具，创建好圆形筒灯平面，如图 8-300 所示。

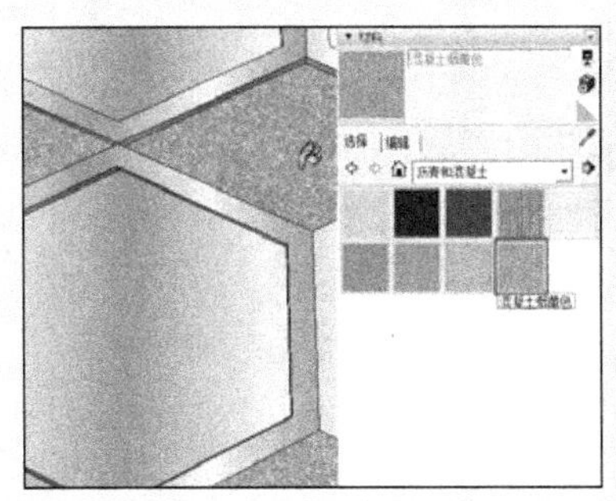

图 8-298　赋予顶棚混凝土材质

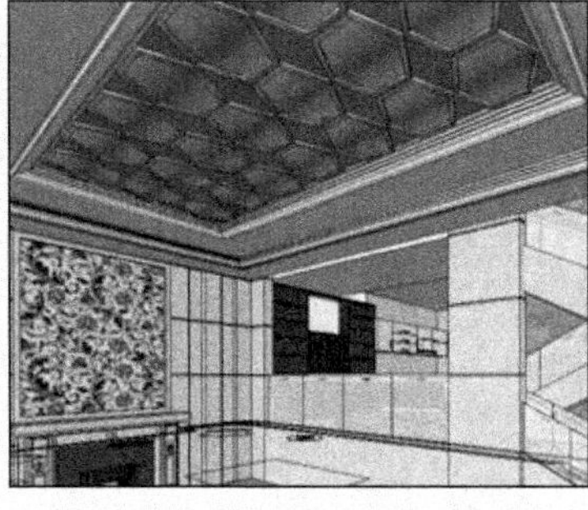

图 8-299　当前客厅顶棚造型

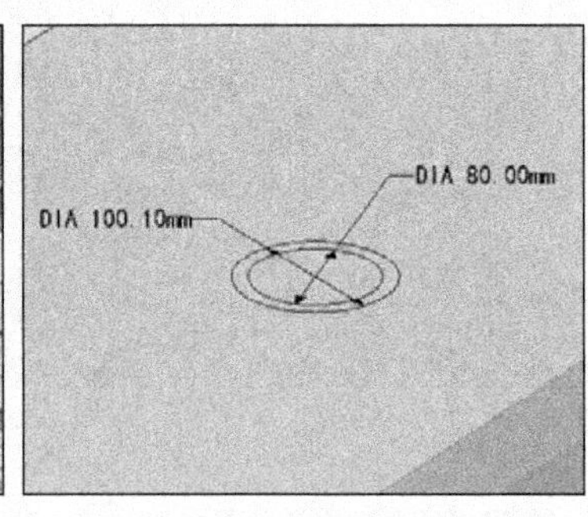

图 8-300　创建圆形筒灯平面

02 启用【推/拉】工具制作好圆形筒灯边框厚度，然后赋予各部分相应材质，完成效果如图 8-301 所示。

03 切换到顶视图，复制圆形筒灯，完成效果如图 8-302 所示。

04 启用【矩形】工具，在顶棚内部创建方形筒灯平面，如图 8-303 所示。

05 结合【推/拉】以及【圆】工具，制作好方形筒灯细节，如图 8-304 与图 8-305 所示。

06 打开【材料】对话框，赋予方形筒灯各部分相应材质，完成效果如图 8-306 所示。

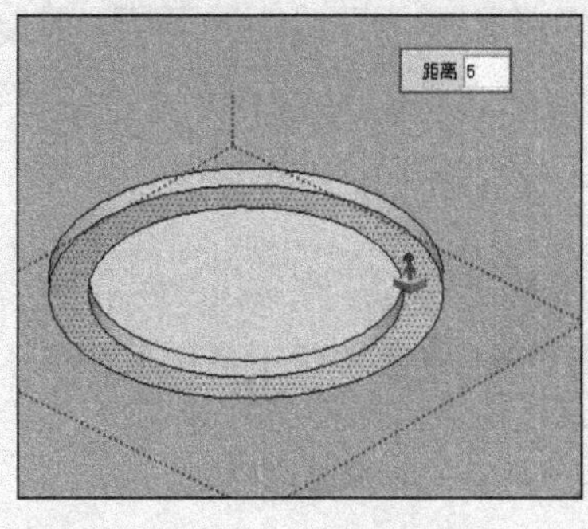

图 8-301 制作圆形筒灯边框厚度并赋予材质

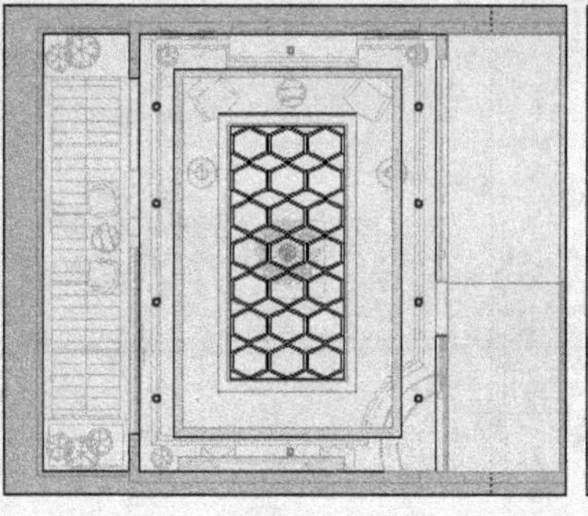

图 8-302 在顶视图中复制圆形筒灯

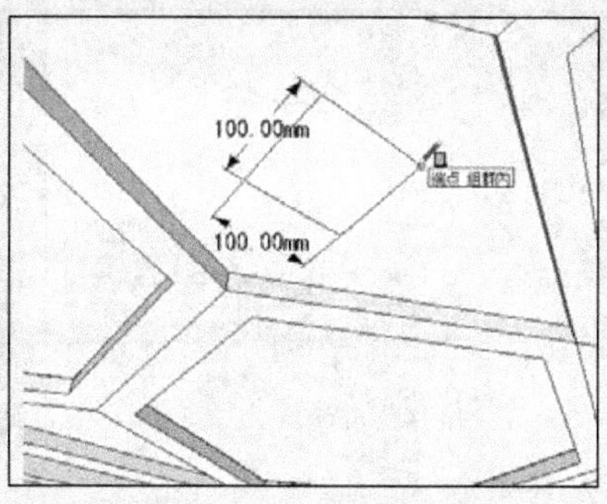

图 8-303 创建方形筒灯

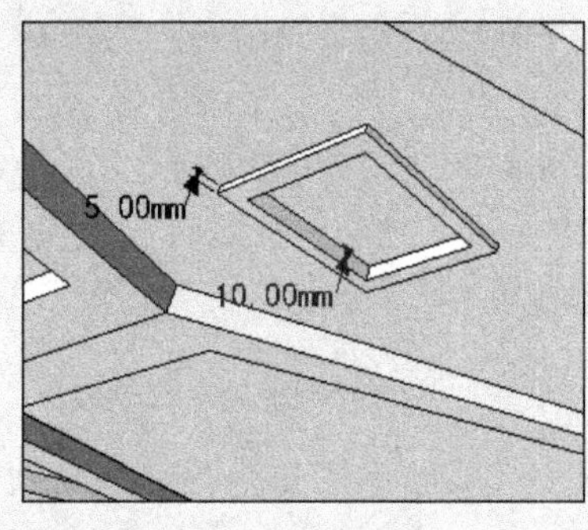

图 8-304 制作方形筒灯细节

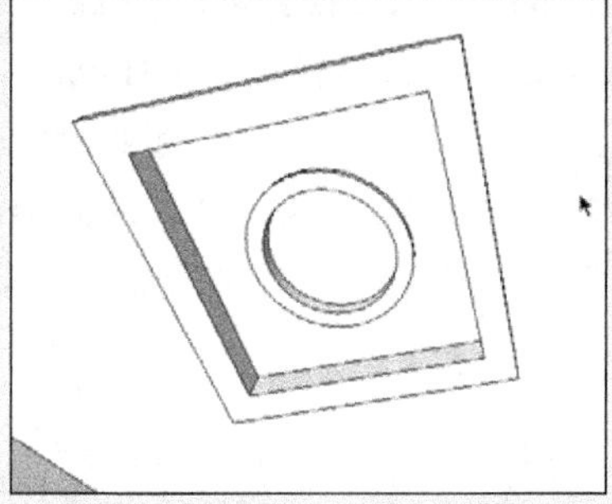

图 8-305 方形筒灯最终造型

图 8-306 赋予方形筒灯材质

07 切换至俯视图，复制方形筒灯，如图 8-307 所示。至此，客厅顶棚细化完成，效果如图 8-308 所示。接下来处理好客厅与餐厅衔接处的顶棚细节。

3. 处理衔接处顶棚

01 当前的衔接处顶棚，如图 8-309 所示。选择内部平面，启用【推/拉】工具制作出横梁，如图 8-310 所示。

图 8-307 在顶视图中复制方形筒灯

图 8-308 客厅顶棚完成效果

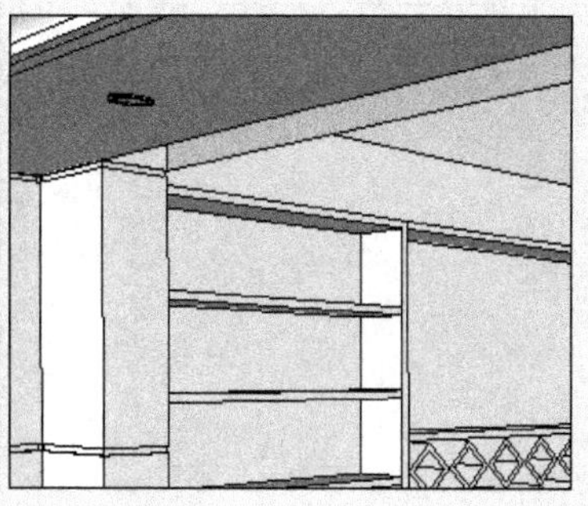

图 8-309 当前衔接处顶棚

02 选择边线进行 4 拆分，然后分割好横梁，如图 8-311 所示。

03 使用【推/拉】工具制作好缝隙，然后赋予石材，完成效果如图 8-312 所示。接下来处理餐厅顶棚。

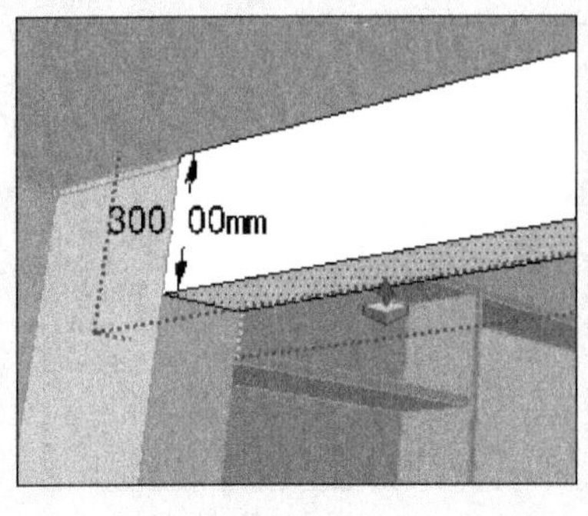

图 8-310　制作横梁

图 8-311　拆分边线并分割横梁

图 8-312　制作缝隙并赋予石材

4. 处理餐厅顶棚

01 启用【推/拉】工具，选择餐厅顶棚，捕捉酒柜顶面调整好高度，如图 8-313 所示。

02 启用【直线】工具，捕捉酒柜分割好餐厅顶棚，如图 8-314 所示。

03 结合使用【偏移】与【推/拉】工具，制作好餐厅吊顶内部细节，如图 8-315 与图 8-316 所示。

04 结合线的移动与【推/拉】工具，制作好餐厅光槽细节，如图 8-317 所示。

05 启用【直线】工具，捕捉中点分割好餐厅顶棚，完成效果如图 8-318 所示。

图 8-313　捕捉酒柜顶面并调整高度

图 8-314　捕捉酒柜分割顶棚

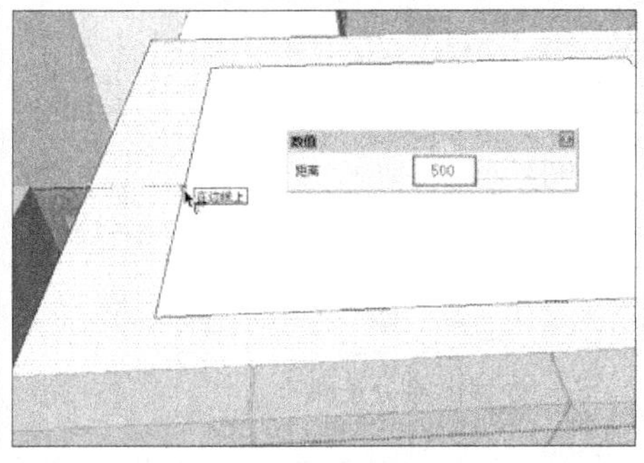

图 8-315　向内偏移复制 500mm

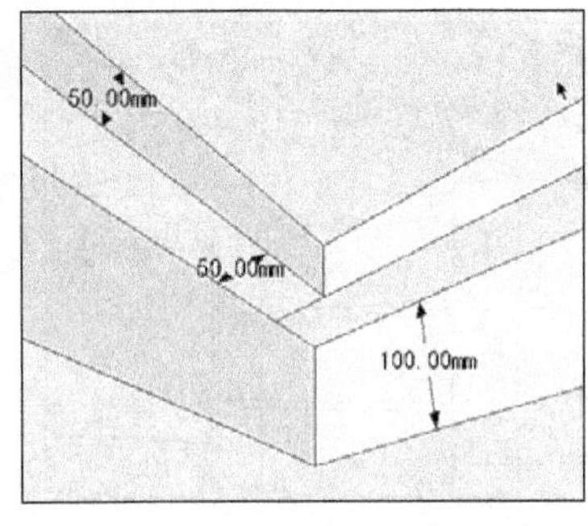

图 8-316　制作餐厅吊顶内部细节

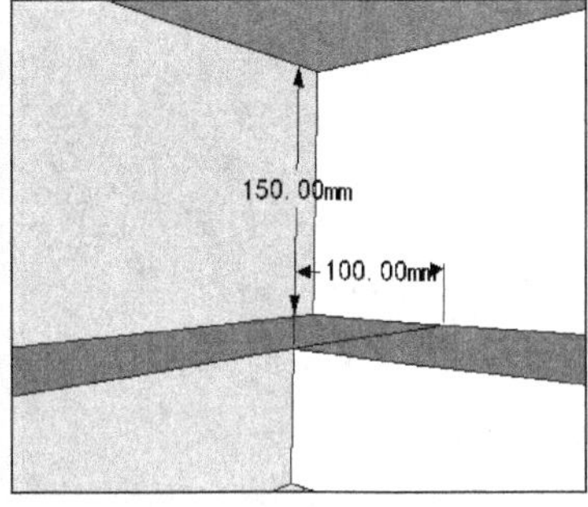

图 8-317　制作光槽细节

图 8-318　分割餐厅顶棚

06 打开【材料】对话框，赋予顶部木纹材质，如图 8-319 所示。

07 选择之前制作好的方形筒灯，复制至餐厅顶棚处，如图 8-320 所示。然后在顶视图中复制，完成效果如图 8-321 所示。

08 经过以上步骤，餐厅顶棚即已完成，效果如图 8-322 所示。接下来制作厨房顶棚。

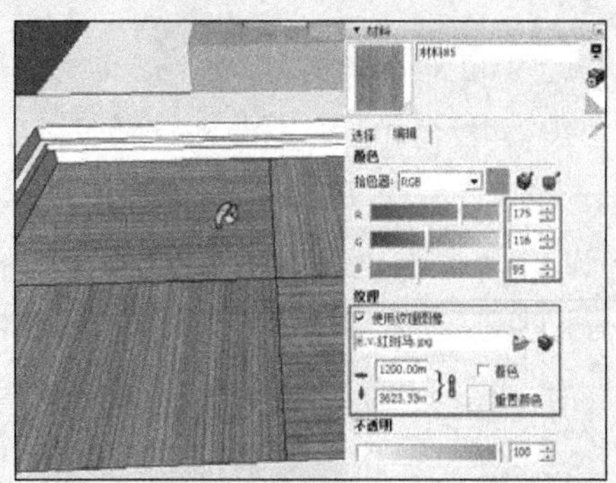

图 8-319　赋予顶部木纹材质

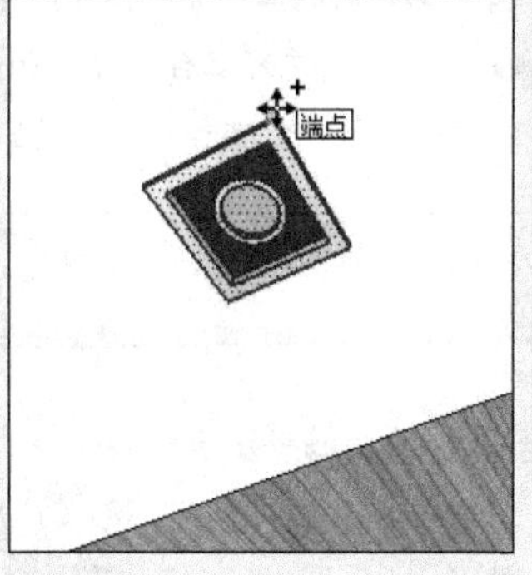

图 8-320　复制方形筒灯

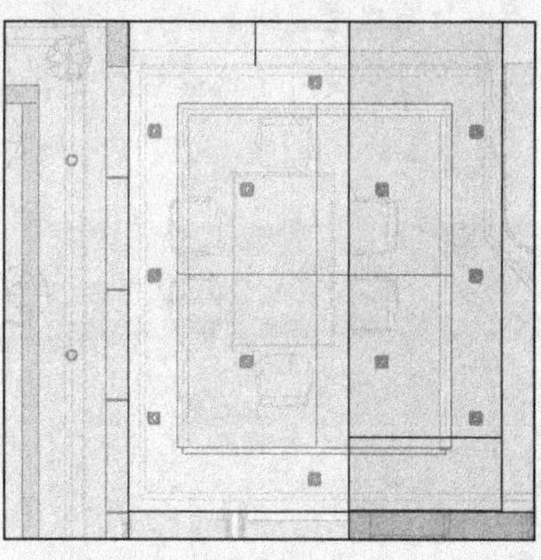

图 8-321　在顶视图中复制方形筒灯

5. 处理厨房顶棚

01 启用【矩形】工具，捕捉墙面绘制好厨房顶棚平面，如图 8-323 所示。

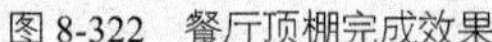

图 8-322　餐厅顶棚完成效果

图 8-323　绘制厨房顶棚平面

02 启用【推/拉】工具，捕捉冰箱后方墙面制作好长度，如图 8-324 所示。

03 启用【直线】工具，分割出右侧平面，如图 8-325 所示。然后启用【推/拉】工具，捕捉墙面制作好长度，如图 8-326 所示。

图 8-324　捕捉冰箱后方墙面制作长度

图 8-325　分割平面

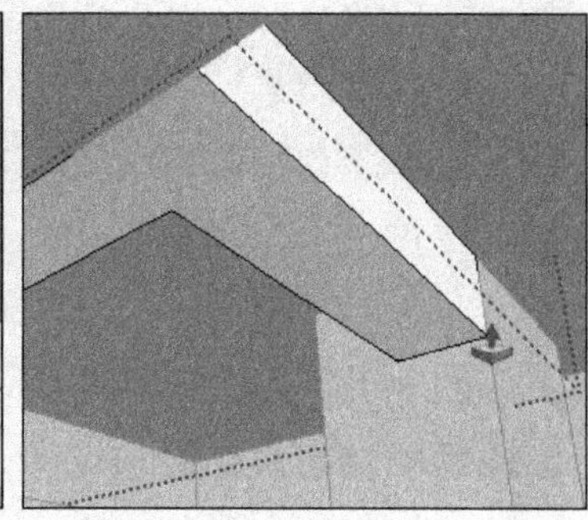

图 8-326 捕捉墙面制作长度

04 启用【直线】工具，分割好各顶棚细节，然后赋予木纹材质，完成效果如图 8-327 所示。

05 启用【直线】工具，结合捕捉中点分割底面，如图 8-328 所示。

06 结合使用【偏移】与【推/拉】工具，制作好吧台上方吊柜轮廓，如图 8-329 与图 8-330 所示。

07 3 拆分柜子竖向边线，如图 8-331 所示。然后启用【直线】工具分割好柜子表面，如图 8-332 所示。

图 8-327 分割顶棚并赋予材质

图 8-328 捕捉中点分割底面

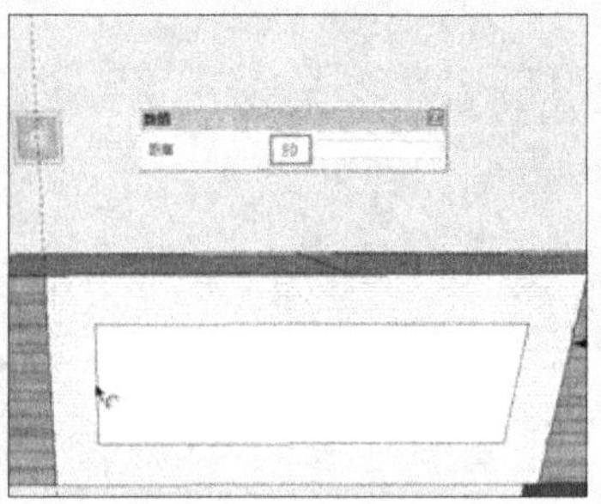

图 8-329 向内偏移复制 80mn

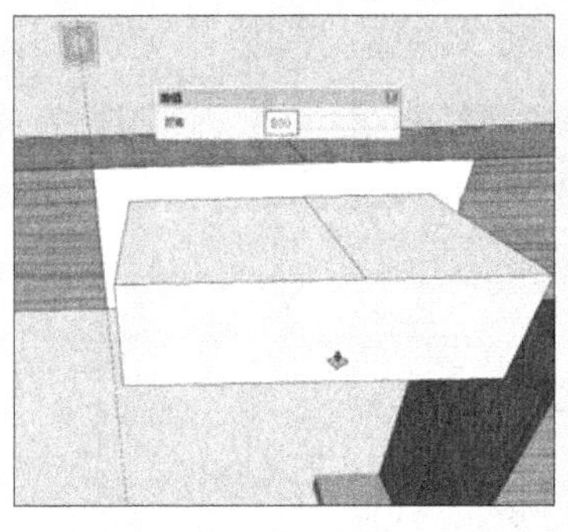

图 8-330 捕捉吊柜制作柜子长度

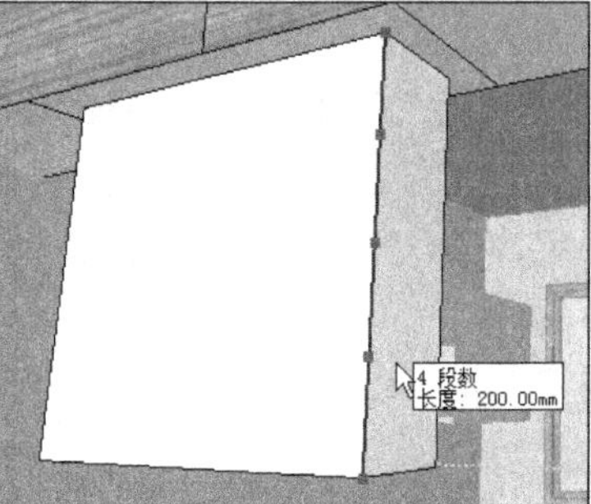

图 8-331 3 拆分竖向边线

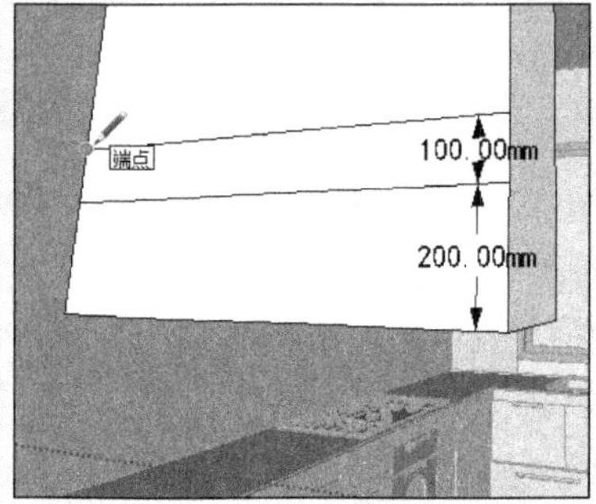

图 8-332 分割柜子表面

08 启用【偏移】工具，制作好柜子宽度均为 15mm 的上下边框，如图 8-333 与图 8-334 所示。

09 启用【推/拉】工具推空下方分割面，完成效果如图 8-335 所示。

图 8-333 制作下方边框

图 8-334 制作上方边框

图 8-335 推空下方分割面

10 选择中部边线进行 3 拆分，如图 8-336 所示。然后结合使用【直线】与【推/拉】工具，制作好酒杯架细节，如图 8-337 与图 8-338 所示。

11 复制方形筒灯至酒柜下方，然后调整好位置，如图 8-339 与图 8-340 所示。

12 打开【材料】对话框，赋予酒杯架各部分相应材质，完成效果如图 8-341 所示。

13 复制方形筒灯至厨房顶棚其他位置，完成效果如图 8-342 所示。

14 切换至顶视图，复制方形筒灯至厨房后方过道处，如图 8-343 所示。完成过道顶棚效果如图 8-344 所示。

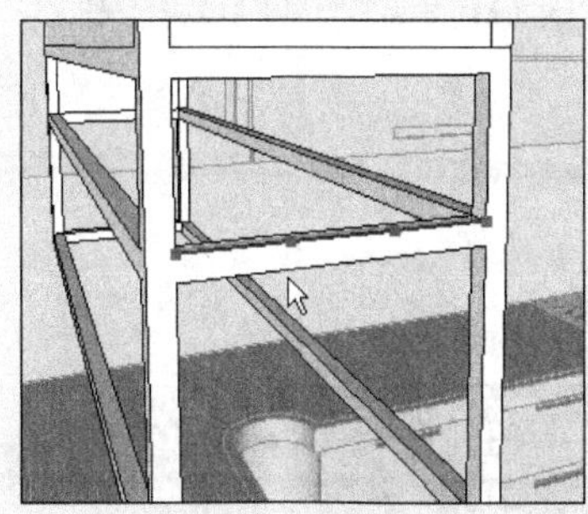
图 8-336　3 拆分边线

图 8-337　创建分割面

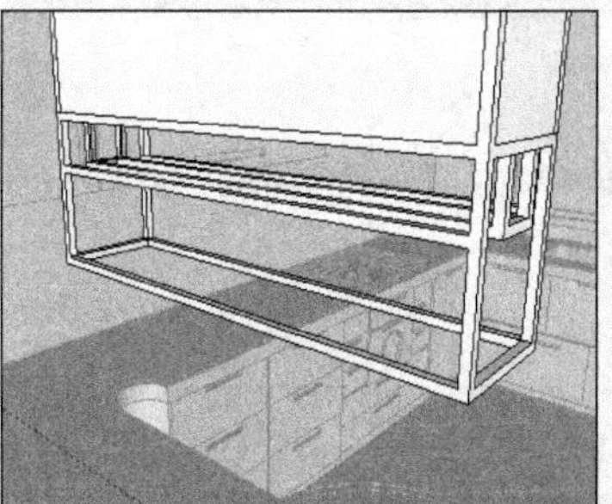
图 8-338　推拉出酒杯架

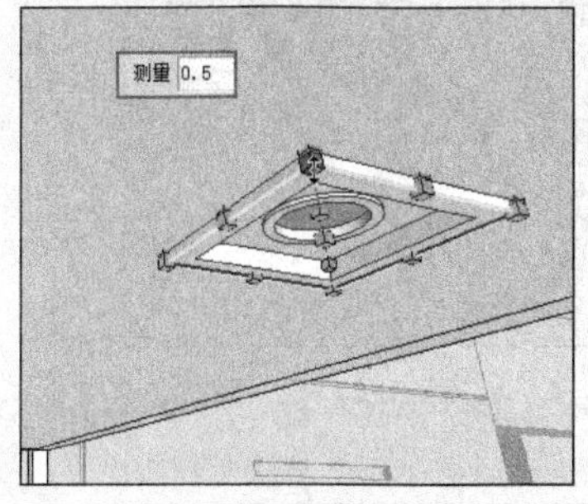

图 8-339　复制方形筒灯并缩放

图 8-340　调整位置并复制

图 8-341　酒杯架完成效果

图 8-342　复制筒灯完成厨房顶棚制作

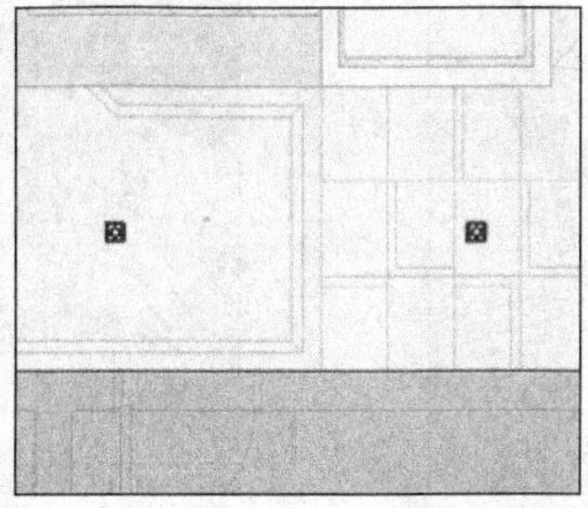
图 8-343　复制筒灯至厨房后方过道处

图 8-344　过道顶棚完成效果

15 经过以上步骤，本例空间顶棚效果制作完成，各空间当前效果如图 8-345 与图 8-346 所示。接下来将合并家具、灯具以及装饰物等模型，完成最终效果。

图 8-345　当前客厅效果

图 8-346　当前餐厅与厨房效果

8.9 完成最终效果

8.9.1 合并各空间家具

根据各空间特点与功能，合并入家具模型，如图 8-347~图 8-352 所示。

图 8-347　合并客厅前方桌椅模型

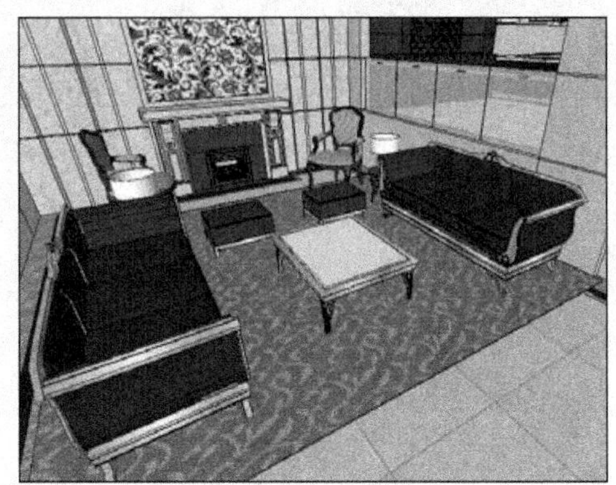

图 8-348　合并客厅沙发模型

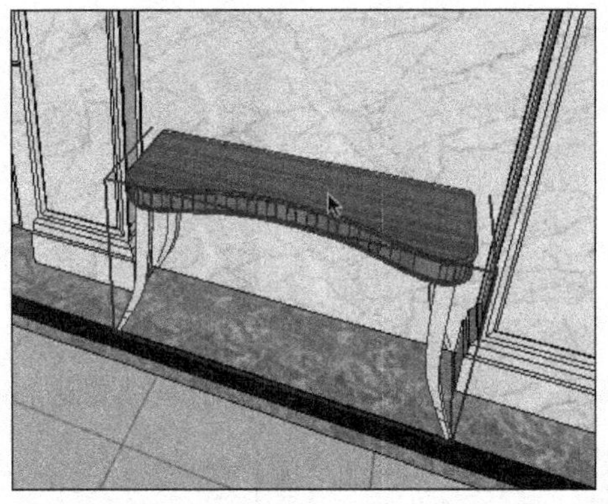

图 8-349　合并客厅边柜模型

图 8-350　合并餐桌椅模型

图 8-351　合并吧椅模型

图 8-352　合并阳台休闲椅模型

家具合并完成后，本案例各空间效果如图 8-353 与图 8-354 所示。接下来完成窗帘、灯具等细节。

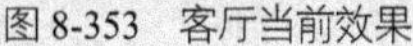
图 8-353　客厅当前效果

图 8-354　厨房与餐厅当前效果

8.9.2 制作窗帘并合并灯具

01 结合线的移动复制与【推/拉】工具，制作好窗帘放置位置，如图 8-355 与图 8-356 所示。

02 打开【组件】对话框，合并入窗帘模型，然后通过【缩放】工具调整好造型，如图 8-357 所示。

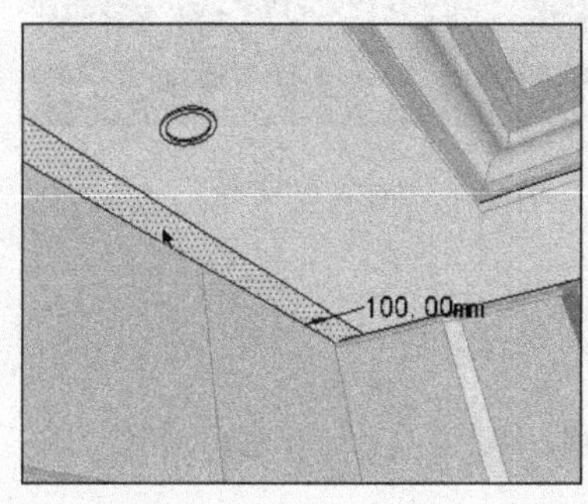

图 8-355　分割出窗帘放置区域

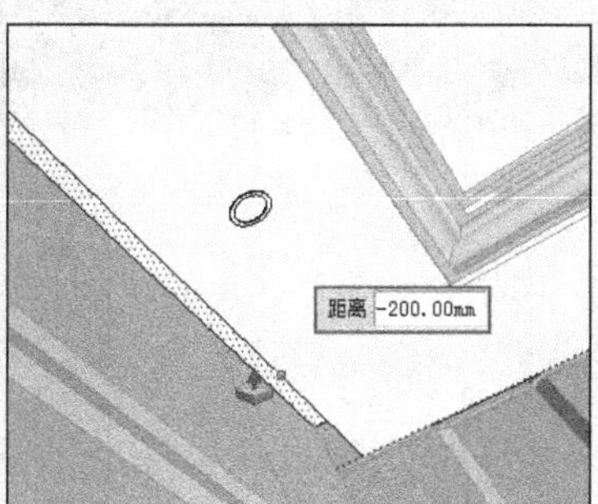

图 8-356　向内推入 200mm

图 8-357　合并并调整窗帘

03 选择调整好的窗帘模型，通过复制制作好窗帘与门帘，完成效果如图 8-358 与图 8-359 所示。

04 打开【组件】对话框，根据各空间的功能与特点合并入灯具模型，如图 8-360~图 8-363 所示。

图 8-358　窗帘完成效果

图 8-359　门帘完成效果

图 8-360　合并客厅水晶灯

图 8-361 合并壁灯

图 8-362 合并电视墙壁灯

图 8-363 合并餐厅吊灯

05 经过以上步骤，各空间的效果如图 8-364 与图 8-365 所示。接下来合并入装饰品，完成最终效果。

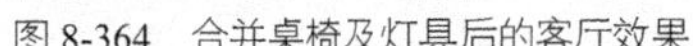

图 8-364 合并桌椅及灯具后的客厅效果

图 8-365 合并桌椅灯具后的餐厅效果

8.9.3 合并装饰品完成最终效果

打开【组件】对话框，根据各空间的功能与特点合并书报、花草、电视、装饰摆件以及挂画等模型，如图 8-366~图 8-375 所示。

图 8-366 合并阳台处书报与荷花

图 8-367 合并客厅花瓶

图 8-368　合并电视并处理好墙面效果

图 8-369　合并客厅茶几摆设

图 8-370　合并壁炉摆设

图 8-371　合并餐桌摆设

图 8-372　合并酒柜摆设

图 8-373　合并吧台摆设

图 8-374　合并楼梯处挂画

图 8-375　合并过道处挂画

经过以上步骤，客厅效果如图 8-376 所示，其他空间效果如图 8-7~图 8-13 所示。至此，本例欧式新古典风格别墅空间设计与表现已完成。

图 8-376　客厅效果

第9章

欧式古典风格书房空间设计

欧式古典风格讲究雍容华贵的装饰效果，色彩浓烈，造型精美，配饰华丽，通过完美的典线、精益求精的细节处理，展现出空间整体和谐的境界。

本章将以对书房中各构成元素的表现，呈现出古典欧式风格豪华、安逸的效果。

9.1 欧式古典风格设计概述

欧式古典风格历史悠久，其最大的特点是在造型上极其讲究，给人以端庄典雅、高贵华丽的感觉，具有浓厚的文化气息。欧式古典风格在家具的选配上一般以款式优雅的家具配以精致的雕刻，整体营造出一种华丽、高贵、温馨的氛围，以壁炉作为居室的中心是这种风格最明显的特征。典型的欧式古典风格室内效果如图 9-1 与图 9-2 所示。

图 9-1　典型的欧式古典风格客厅效果

图 9-2　典型的欧式古典风格书房效果

空间特点：欧式古典室内风格之所以历久不衰，首先在于它讲究合理、对称的比例，十分注重对称的空间美感，如图 9-3 所示。

空间处理：较为典型的欧式元素有石膏线、装饰柱、壁炉和镜面等。其地面一般铺大理石，局部使用地毯；墙面采用花纹墙纸装饰，并镶以木板或皮革，再涂上金漆或绘制优美图案；顶棚都会以装饰性石膏工艺装饰或饰以珠光宝气的讽寓油画，如图 9-4 所示。

家具配置：在造型上，宽厚而优雅，曲线十分流畅；在材质上，一般采用樱桃木、胡桃木等高档实木，以表现出高贵典雅的贵族气质。

色彩搭配：经常以白色系或黄色系为基础，搭配墨绿色、深棕色、金色等衬托出欧式古典风格的华贵气质，如图 9-5 所示。

图 9-3　欧式古典风格对称的空间美感

图 9-4　欧式古典风格空间处理特点

图 9-5　欧式古典风格家具与色彩搭配特点

本案例将通过简单的户型平面布置图纸，根据以上设计原则完成一个欧式古典风格书房的空间设计，其表现与室内家具配饰细节将在第 10 章完成。案例完成后的空间效果如图 9-6 ~图 9-12 所示。

图 9-6 空间门与墙面细节

图 9-7 壁炉细节

图 9-8 窗户与书架细节

图 9-9 立面效果 1

图 9-10 立面效果 2

图 9-11 立面效果 3

图 9-12 立面效果 4

9.2 正式建模前的准备工作

9.2.1 导入图纸并整理图纸

01 打开 SketchUp，进入【模型信息】对话框，设置场景单位如图 9-13 所示。

02 执行【文件】/【导入】菜单命令，如图 9-14 所示。

03 在弹出的【导入】对话框中选择文件类型为“AutoCAD 文件”，如图 9-15 所示。

04 单击【导入】对话框中的【选项】按钮，然后在弹出的对话框中设置好参数，如图 9-16 所示。

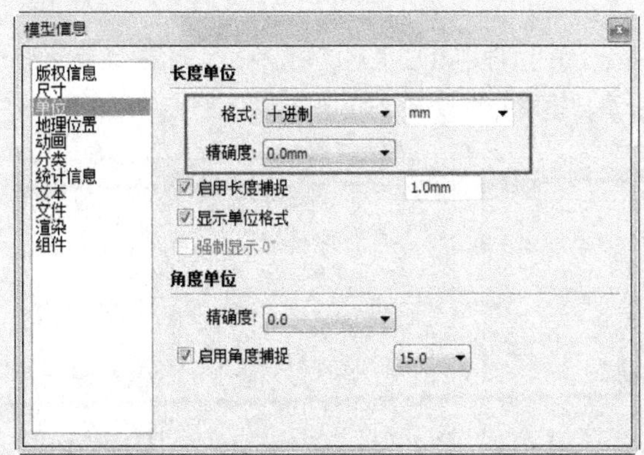

图 9-13 设置场景单位

图 9-14 执行【文件】/【导入】菜单命令

图 9-15 选择“AutoCAD 文件”类型

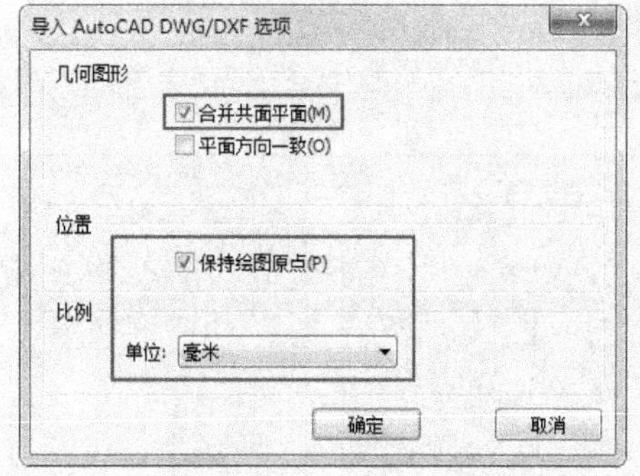

图 9-16 设置导入参数

05 参数设置完成后，单击【确定】按钮，然后双击配套资源中的“书房平面布置图”进行导入，导入完成后的效果如图 9-17 所示。

06 选择图纸，启用【移动】工具，将图纸的左侧角点与原点对齐，如图 9-18 所示。

07 启用【卷尺】工具，测量导入图纸中入户门的宽度，如图 9-19 所示。

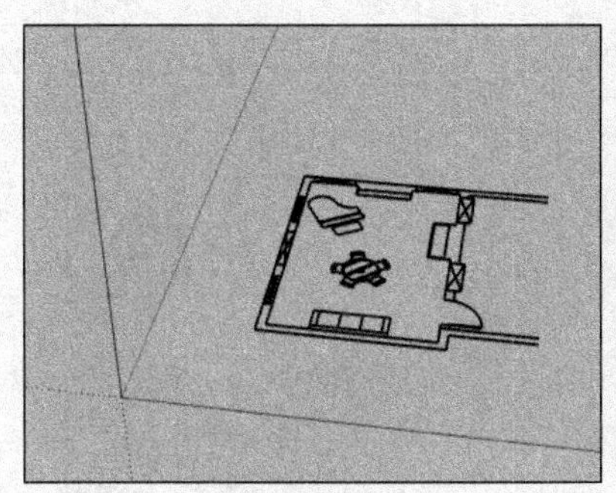

图 9-17 图纸导入效果

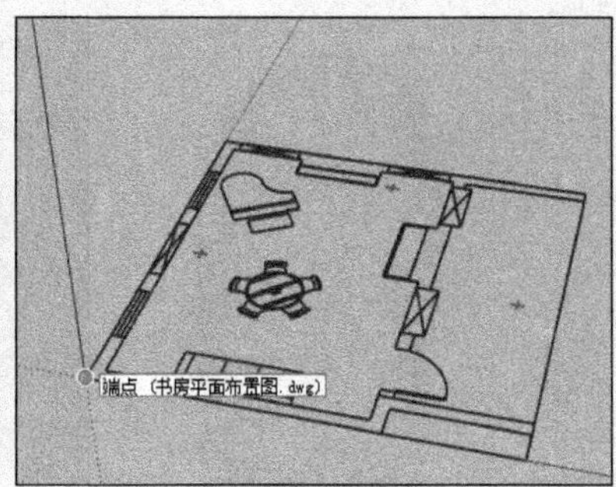

图 9-18 左侧角点与原点对齐

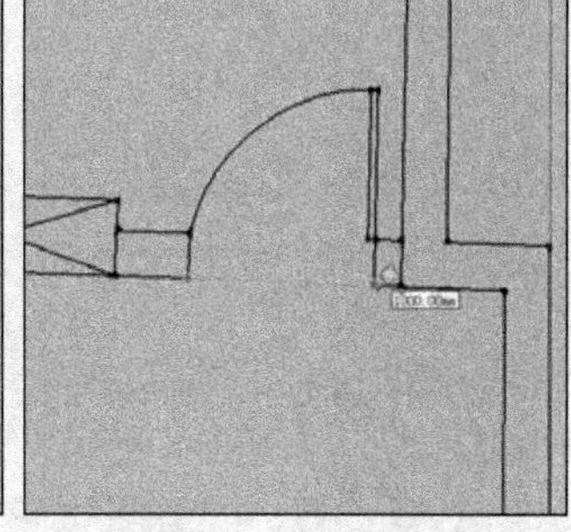

图 9-19 测量导入图纸中入户门宽度

08 测量 CAD 图纸中入户门的宽度，如图 9-20 所示，通过对照确定导入图纸中入户门的正确尺寸。

9.2.2 分析建模思路

本案例的空间构造与布置十分简单，如图 9-21 所示。在设计的过程中着应重对门窗、墙面以及书架等元素进行精心处理。为方便讲解，设置各墙面的名称如图 9-22 所示。建模的大致流程如下：

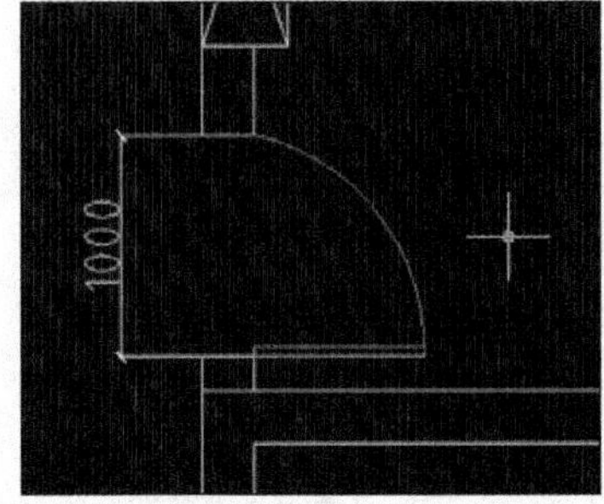

图 9-20　测量 CAD 图纸中门的宽度

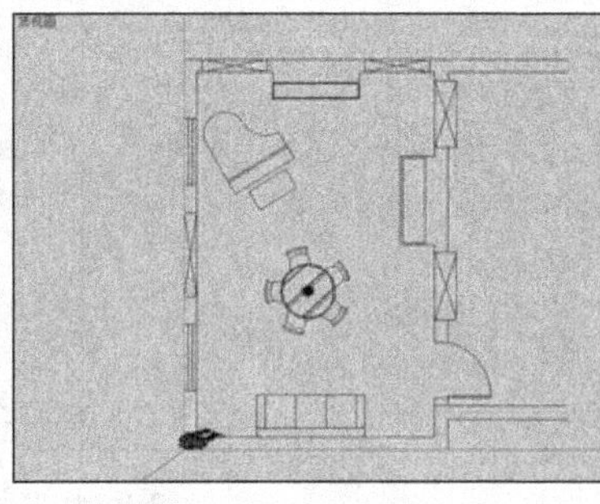

图 9-21　空间构造与布置

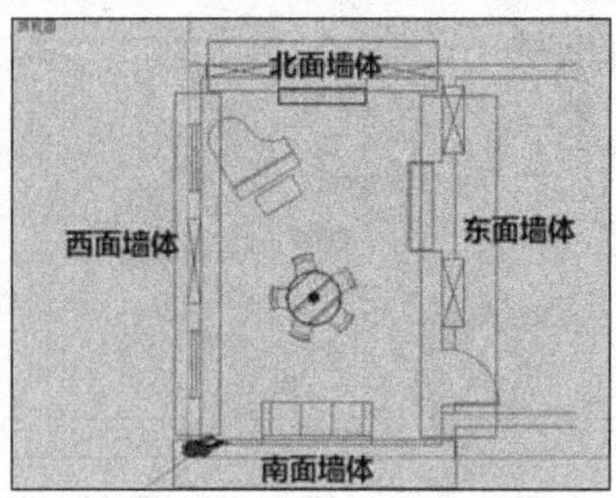

图 9-22　设置墙面名称

参考图纸绘制好空间平面，如图 9-23 所示。制作好空间高度，如图 9-24 所示。通过【直线】、【圆弧】以及【推/拉】等工具制作好门洞与窗洞。完成空间框架效果如图 9-25 所示。

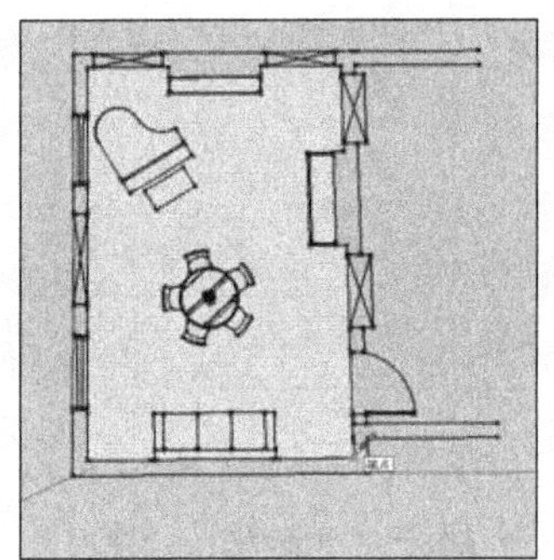

图 9-23　绘制空间平面

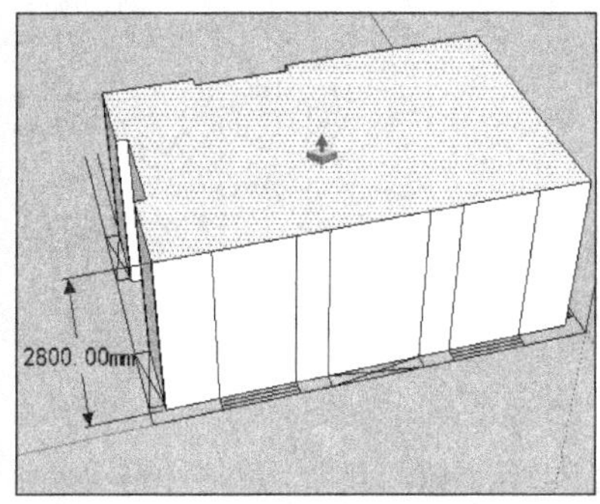

图 9-24　制作空间高度

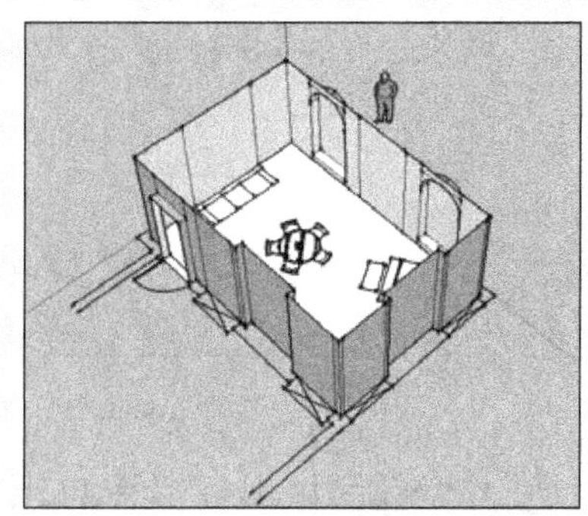

图 9-25　空间框架效果

框架制作完成后，参考常用的欧式古典风格造型，逐步制作好高细节的书房门以及窗户，然后通过复制快速制作好其他窗户，如图 9-26~图 9-28 所示。

图 9-26　制作高细节书房门

图 9-27　制作高细节窗户

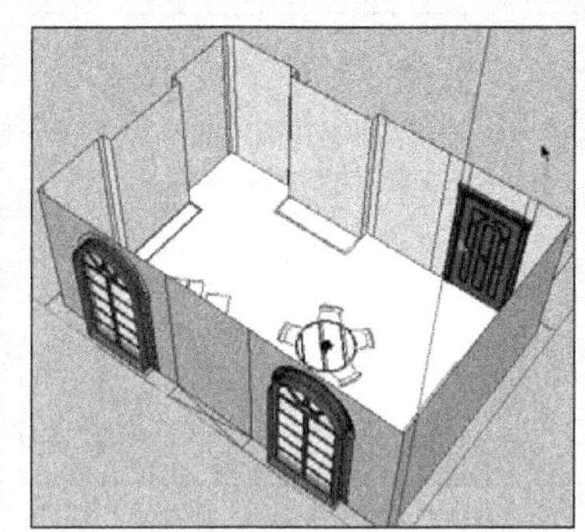

图 9-28　快速复制完成其他窗户

框架以及门窗制作完成后，首先通过【组件】对话框并合并制作好的壁炉，效果如图 9-29 所示。然后逐步细化好墙面细节与书架造型，完成效果如图 9-30 所示。

最后处理好书房门的衔接细节，完成东面墙体效果如图 9-31 所示。

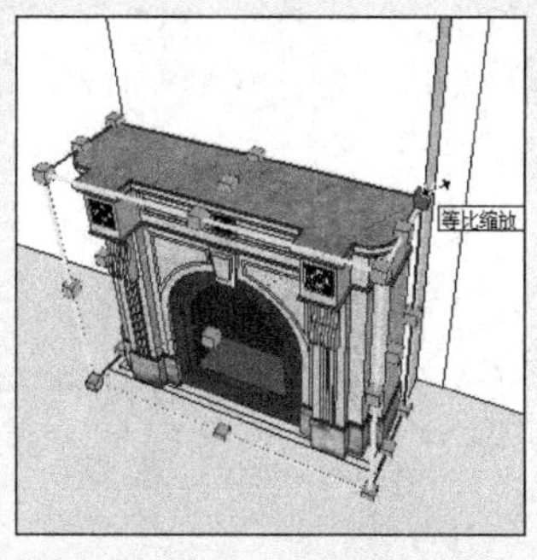

图 9-29　合并壁炉

图 9-30　制作墙面细节与书架造型

图 9-31　东面墙体最终完成效果

东面墙体细化完成后，参考其在平面图纸中的位置，通过复制与缩放快速制作好北面以及西面的墙体效果，如图 9-32 与图 9-33 所示。

参考制作好的墙面造型，细化好南面的木质墙体，完成效果如 9-34 所示。

图 9-32　北面墙体细化完成效果

图 9-33　西面墙体细化完成效果

图 9-34　南面墙体细化完成效果

最后再逐步制作好顶棚以及地面细节，如图 9-35 与图 9-36 所示。空间设计完成后的效果如图 9-6 ~图 9-12 所示。

图 9-35　制作顶棚细节

图 9-36　制作地面细节

9.3 创建整体框架、门洞与窗洞

9.3.1 创建墙体框架

01 启用【直线】工具，参考图纸创建内侧墙线，如图 9-37 所示。

02 空间平面创建完成后的效果如图 9-38 所示。启用【推/拉】工具，为其制作 2800mm 高度，如图 9-39 所示。全选模型，单击鼠标右键，选择【反转平面】选项，将模型面反转，如图 9-40 所示。

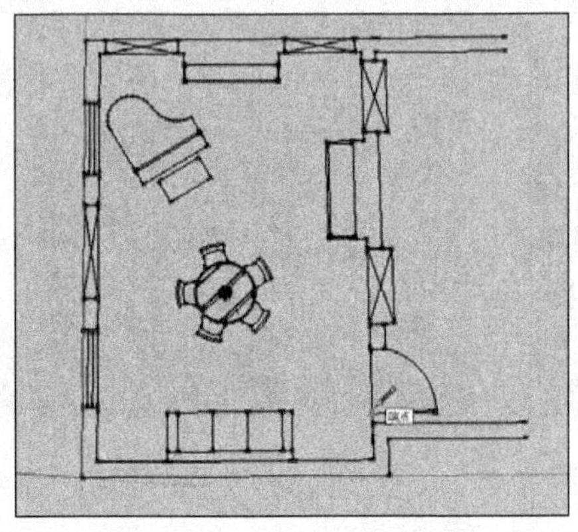

图 9-37　创建内侧墙线

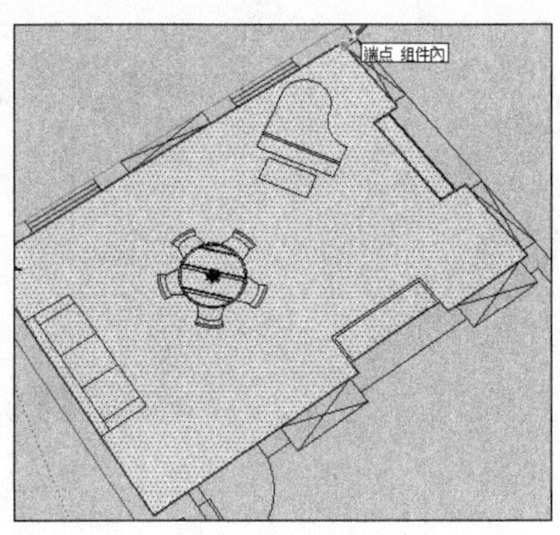

图 9-38　空间平面创建完成

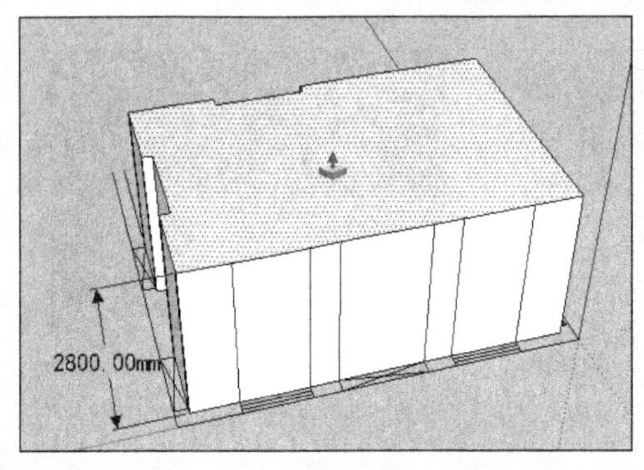

图 9-39　创建空间高度

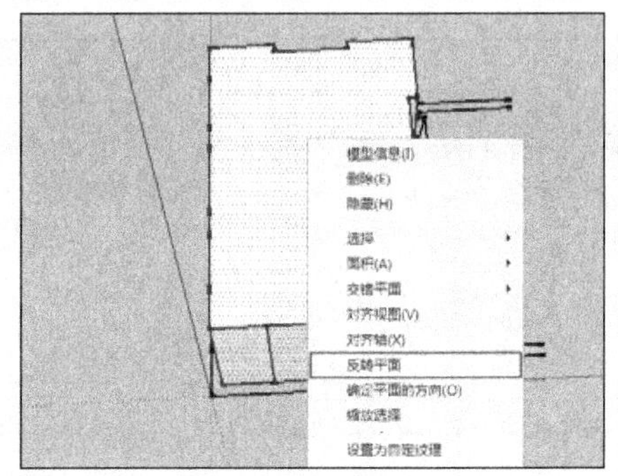

图 9-40　将模型面翻转

03 依次选择顶面、墙面以及底面并各自单独创建为组，如图 9-41~图 9-43 所示。

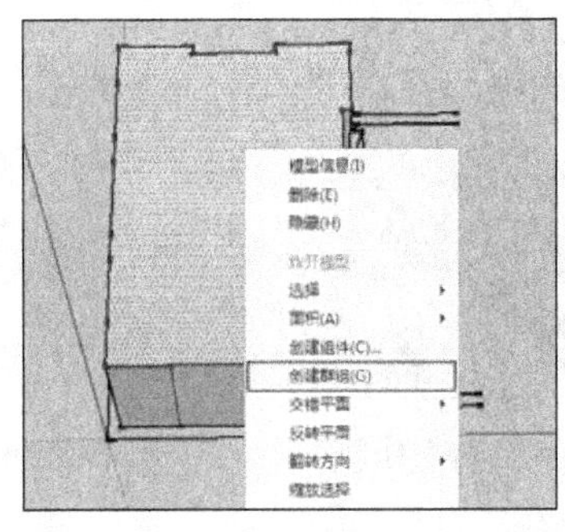

图 9-41　将顶面创建为组

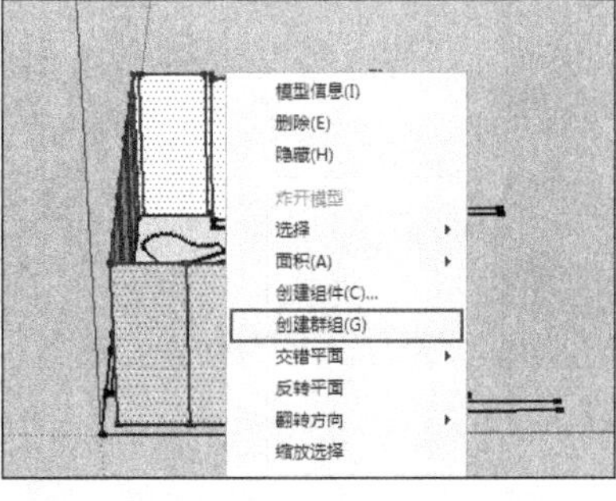

图 9-42　将墙面创建为组

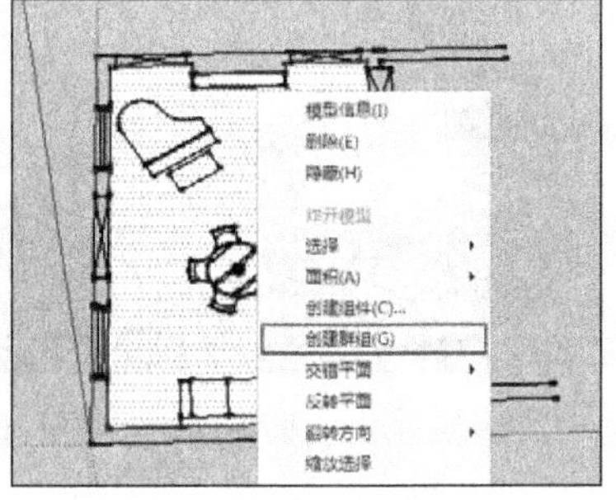

图 9-43　将底面创建为组

9.3.2 创建门洞与窗洞

01 选择门洞的下方边线，启动【移动】工具，以 2200mm 的距离向上移动复制以确定好门洞高度，如图 9-44 与图 9-45 所示。

02 启用【推/拉】工具，参考图纸制作好门洞深度，如图 9-46 所示。

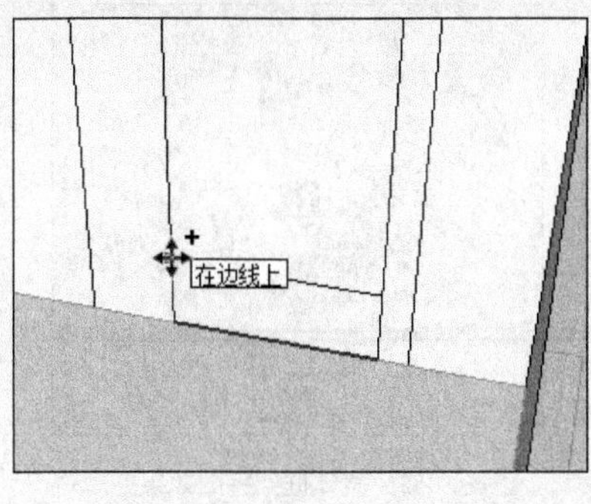

图 9-44 选择下方边线进行复制

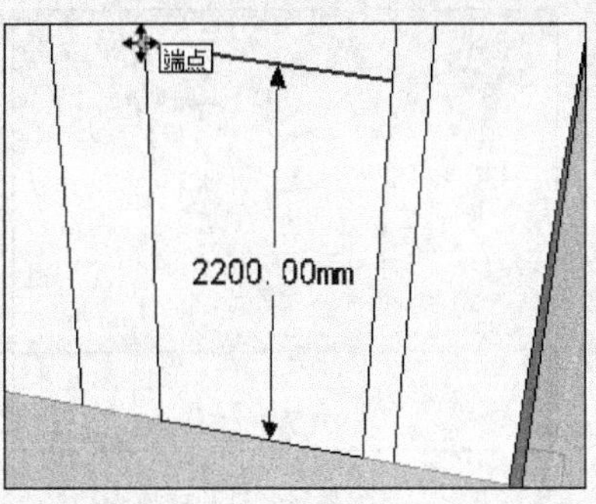

图 9-45 移动复制边线确定门洞高度

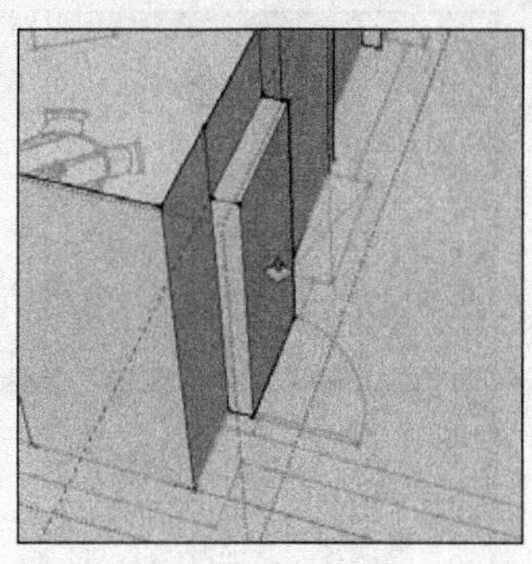

图 9-46 制作门洞深度

03 删除多余的模型面，完成门洞效果如图 9-47 所示。接下来制作窗洞。

04 选择窗洞的下方边线，启动【移动】工具，以 200mm 的距离确定窗洞下沿的高度，如图 9-48 所示。

05 再以 2400mm 的距离向上移动复制以确定窗洞上沿的高度，如图 9-49 所示。

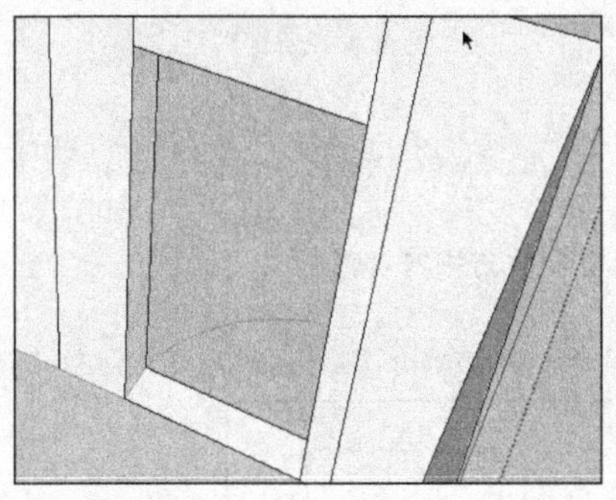

图 9-47 窗洞效果

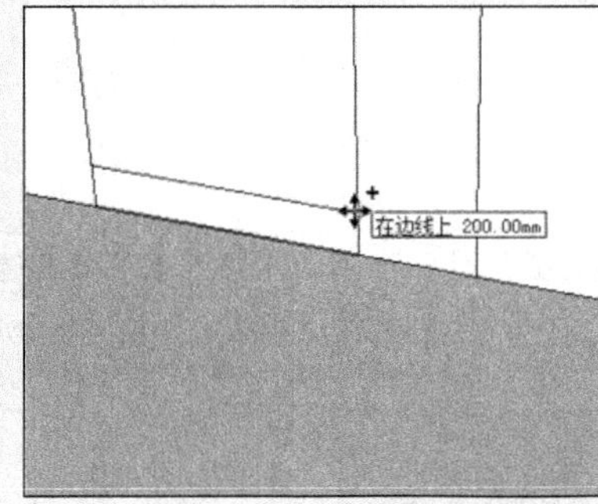

图 9-48 复制线段确定下沿高度

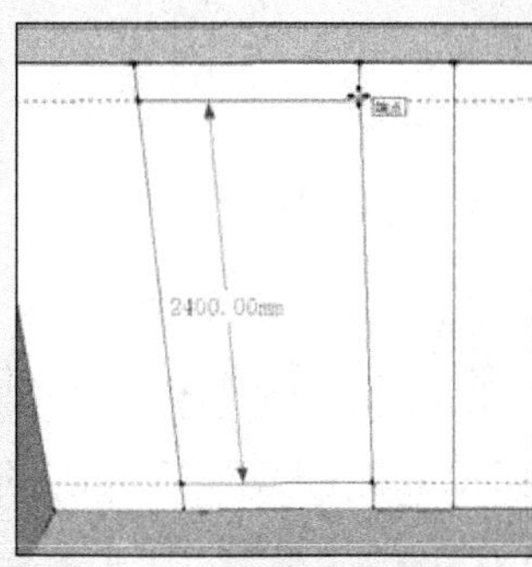

图 9-49 复制线段确定上沿的高度

06 启用【直线】工具，以窗户的半宽值绘制好顶部圆弧参考线，如图 9-50 所示。

07 启用【圆弧】工具，捕捉参考点并绘制半圆图形，如图 9-51 所示。

08 为了取得理想的效果，输入“32s”以增大半圆分段数，如图 9-52 所示。

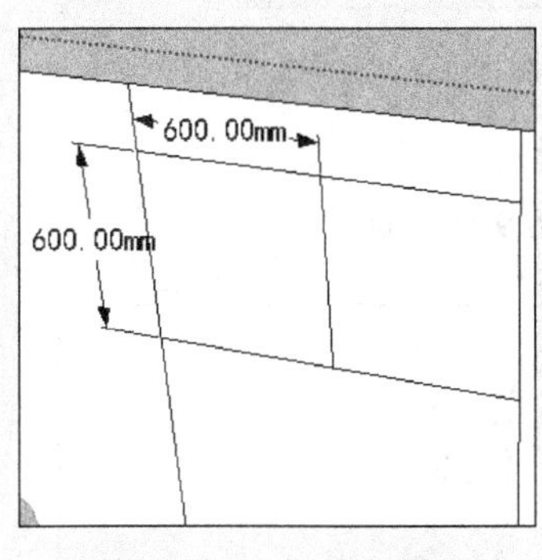

图 9-50 绘制圆弧参考线

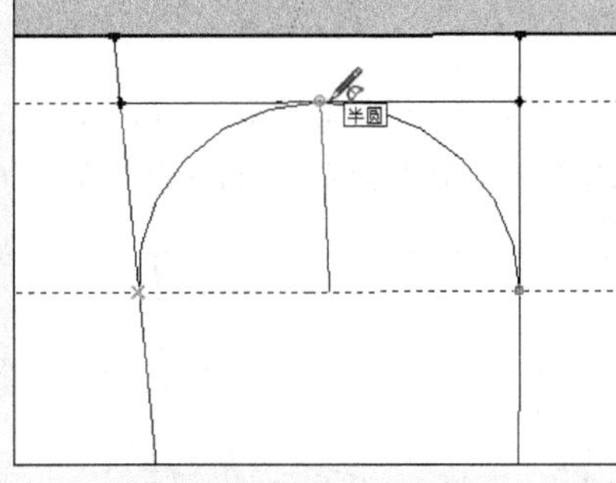

图 9-51 绘制半圆

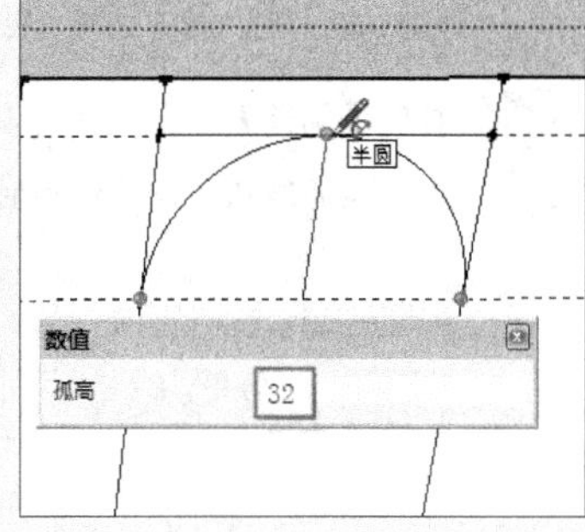

图 9-52 设置半圆分段数

09 启用【推/拉】工具，制作好窗洞深度，如图 9-53 所示。

10 启用【移动】工具，选择已创建好的窗洞，然后捕捉图纸位置并复制，如图 9-54 所示。

11 经过以上步骤，本案例的整体框架即已创建完成，效果如图 9-55 所示。

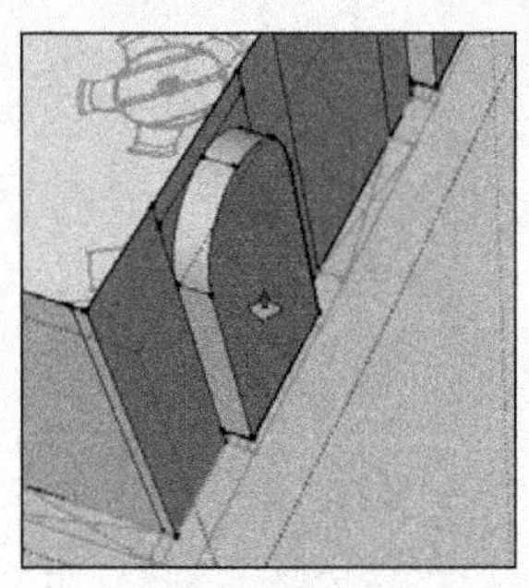
图 9-53　制作窗洞深度

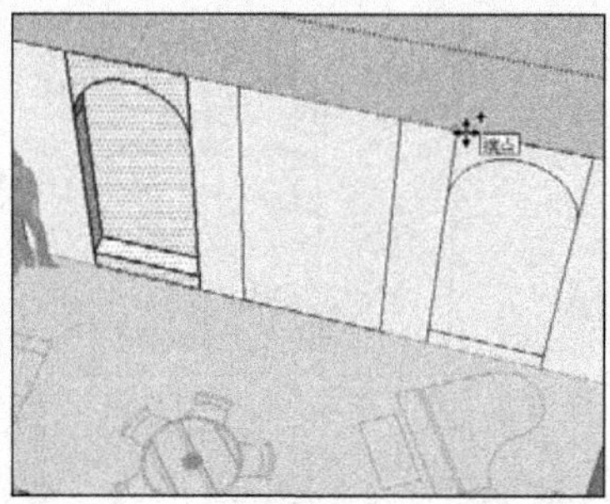

图 9-54　复制窗洞

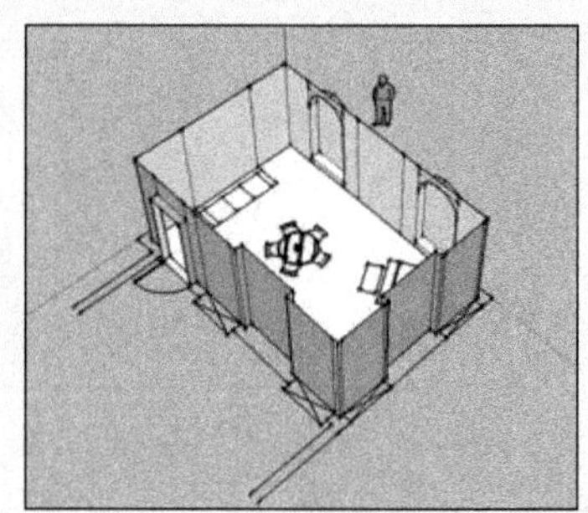
图 9-55　整体框架完成效果

9.4 制作门窗细节

9.4.1 制作书房房门

1. 制作门套线

01 常见的欧式古典风格房门造型如图 9-56 所示。接下来参考其造型制作好书房房门。

02 启用【矩形】工具，捕捉门洞角点制作好门平面，如图 9-57 所示。

图 9-56　常见的欧式古典风格房门造型

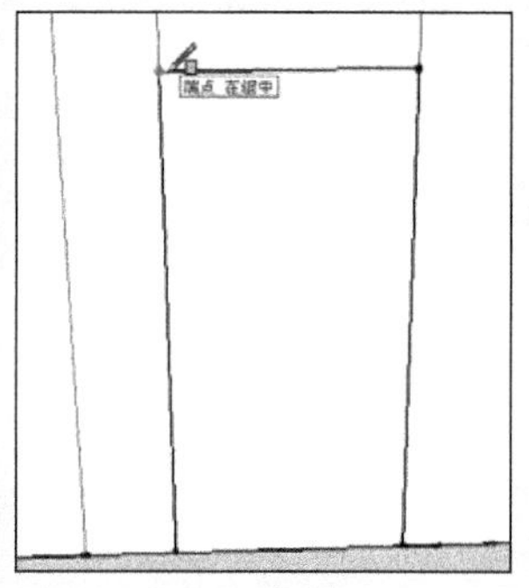
图 9-57　捕捉角点制作门平面

03 启用【偏移】工具，向外捕捉分割线并制作门套平面，如图 9-58 所示。

04 选择底部线段，以 150mm 距离移动复制并分割门套的下方区域，如图 9-59 所示。

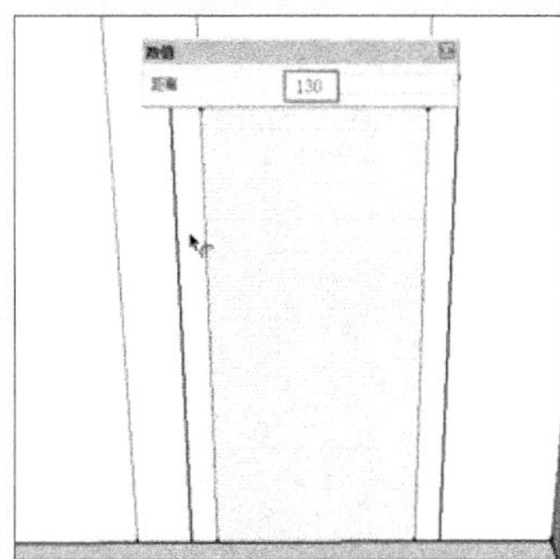
图 9-58　偏移复制制作门套平面

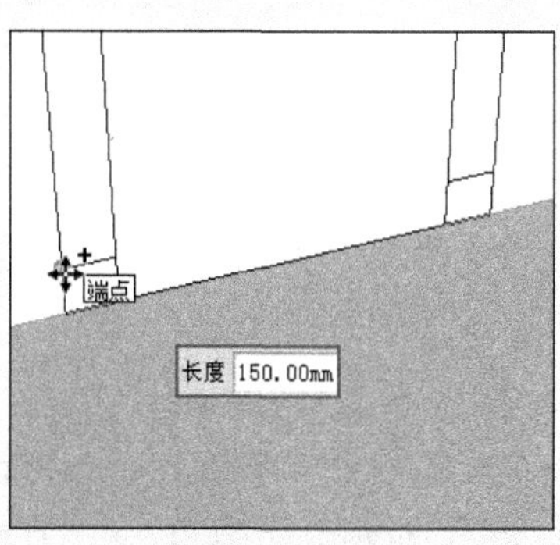

图 9-59　复制线段分割门套下方区域

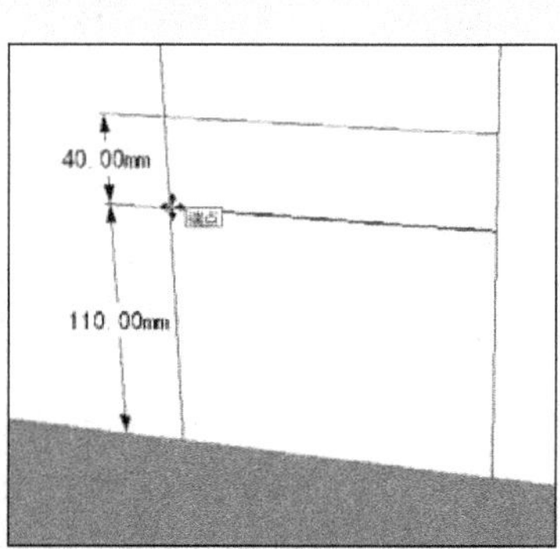

图 9-60　初步分割下方区域

05 继续使用移动复制，分割出下方区域的细节线段，如图 9-60 与图 9-61 所示。

06 启用【推/拉】工具，选择最下方的分割面，制作好 30mm 厚度的装饰块，如图 9-62 所示。

07 结合使用【偏移】与【移动】工具，制作好装饰块的边框细节，如图 9-63 所示。

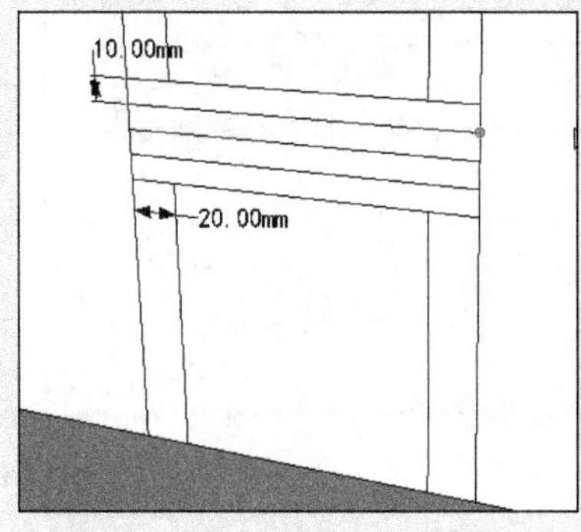

图 9-61　细分割下方区域

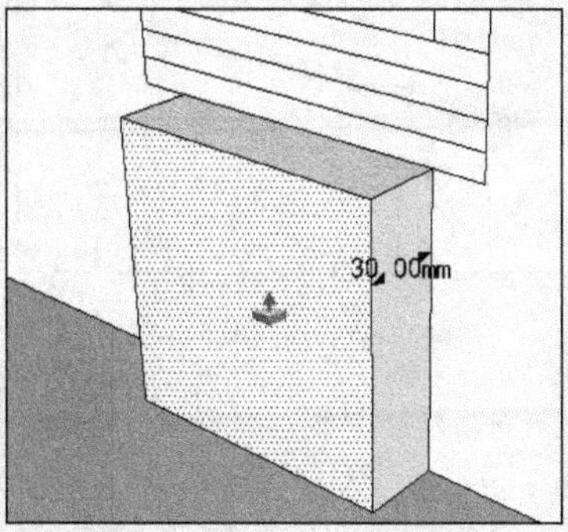

图 9-62　制作装饰块

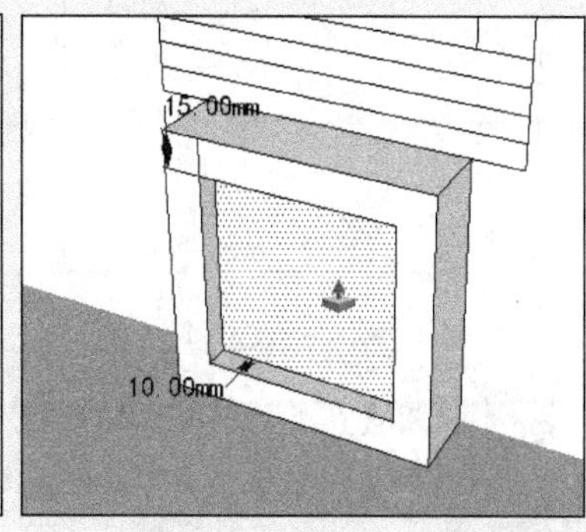

图 9-63　制作装饰块边框细节

08 启用【圆】工具，制作好装饰块的内部平面造型，如图 9-64 与图 9-65 所示。

09 启用【推/拉】工具，捕捉边缘高度创建好装饰细节，如图 9-66 与图 9-67 所示。

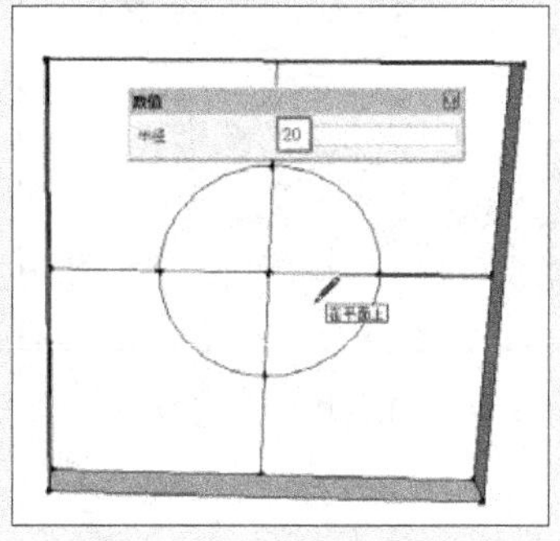

图 9-64　在中心处绘制圆形

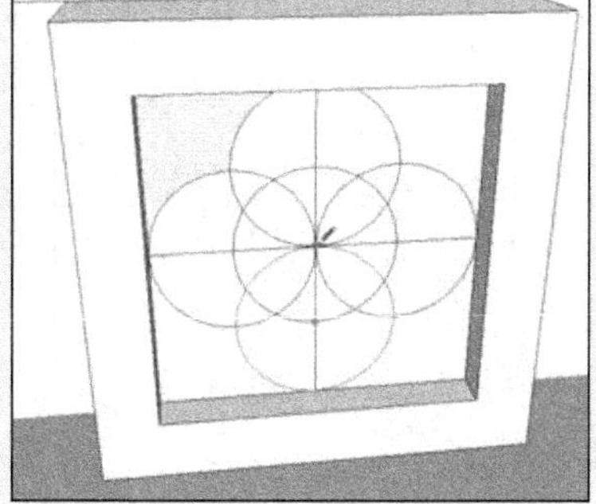
图 9-65　绘制平面造型

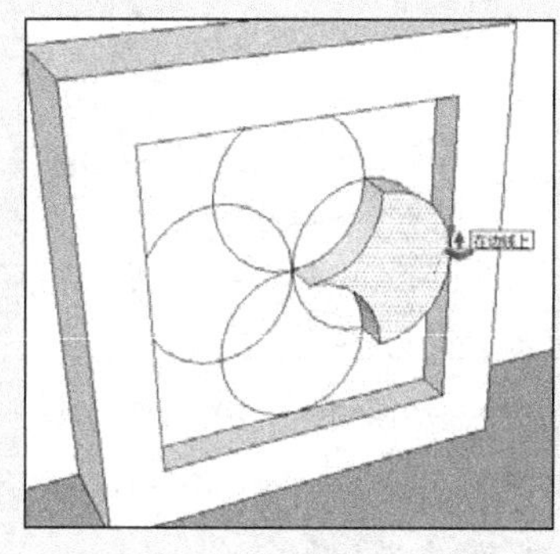

图 9-66　捕捉边缘创建好高度

10 启用【推/拉】工具，制作好装饰块上部层级左、右两侧细节，如图 9-68 与图 9-69 所示。

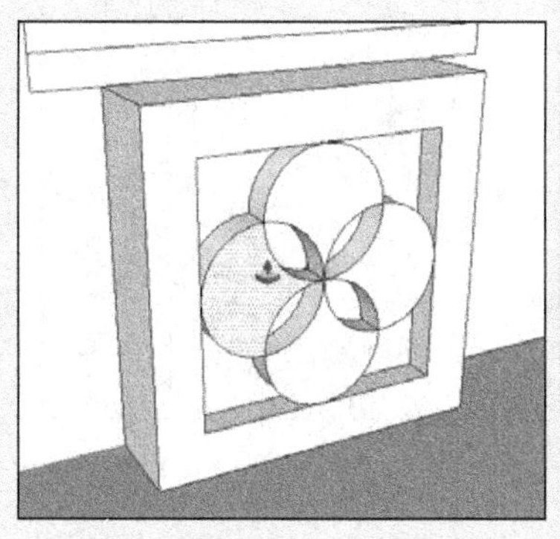
图 9-67　内部装饰细节制作完成

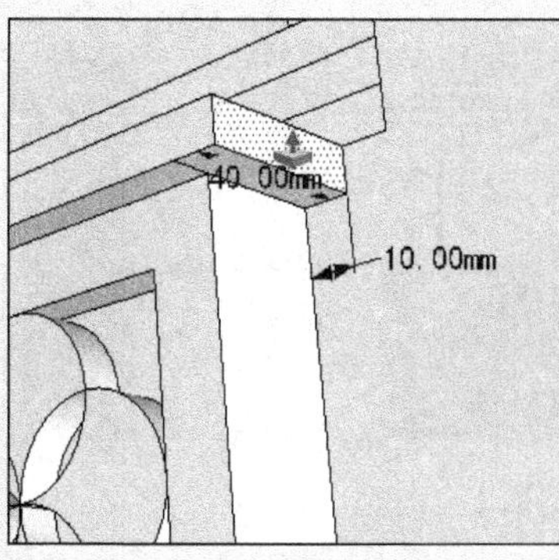

图 9-68　制作上部层级右侧细节

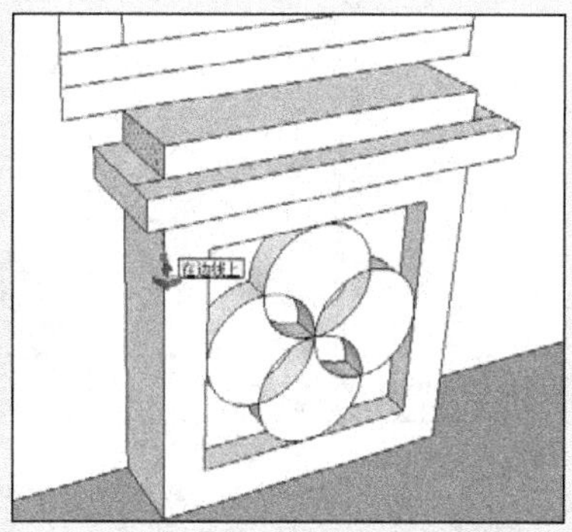

图 9-69　制作上部层级左侧细节

11 采用类似方法，依次制作好中部与顶部层级细节，如图 9-70 与图 9-71 所示。

12 选择上部边线并将其拆分为 7 段，如图 9-72 所示。

图 9-70 制作中部层级细节

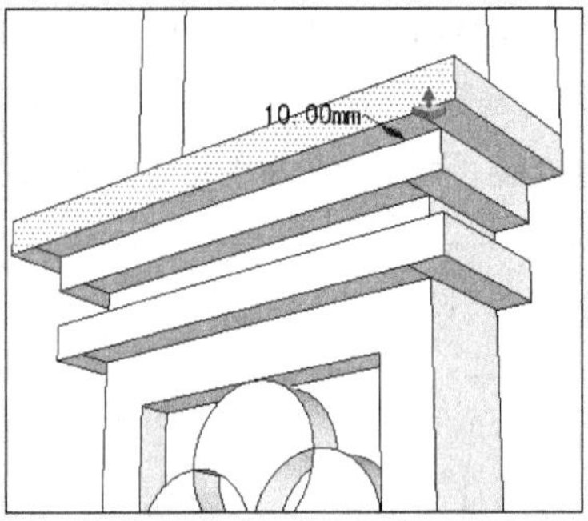

图 9-71 制作顶层层级细节

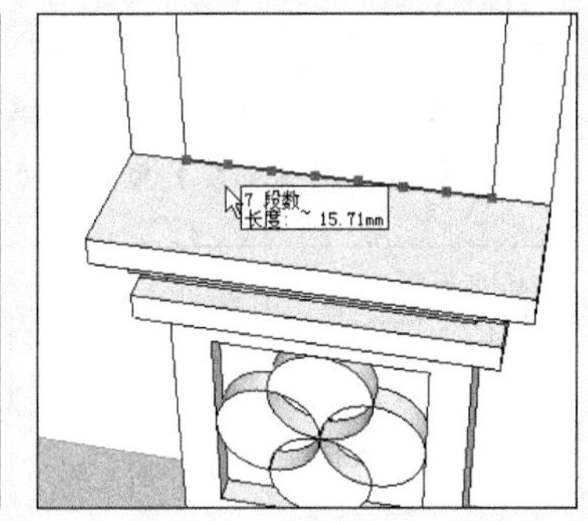

图 9-72 7 拆分边线

13 启用【直线】工具，捕捉拆分点并创建分割线，分割门套平面，如图 9-73 所示。

14 启用【推/拉】工具，制作底部边框细节，如图 9-74 所示。

15 制作其他分割面，完成细节效果如图 9-75 所示。该侧门套线完成效果如图 9-76 所示。

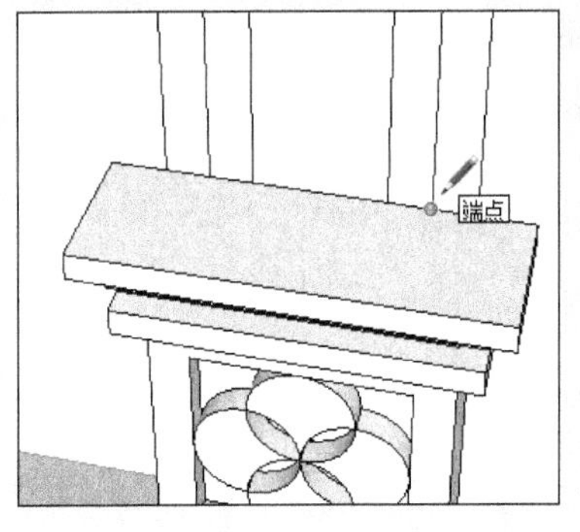

图 9-73 捕捉拆分点分割门套平面

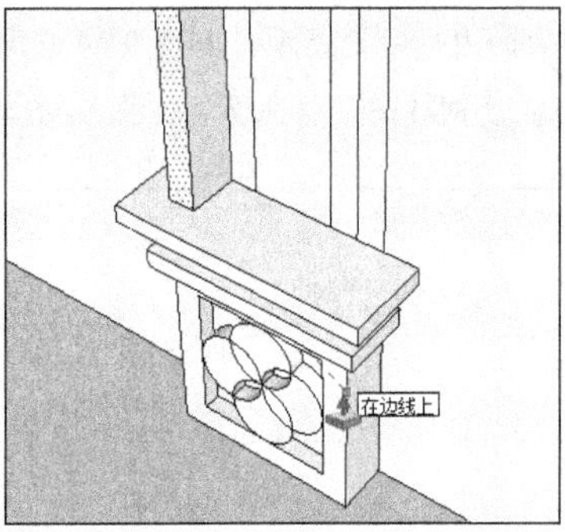

图 9-74 制作底部边框细节

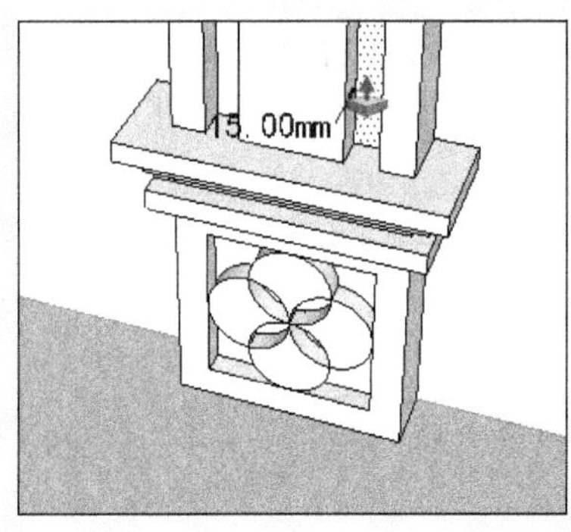

图 9-75 制作其他门套线细节

16 选择底部装饰块并将其整体创建为组，如图 9-77 所示。

17 选择装饰块组，将其移动复制至上方，如图 9-78 所示。

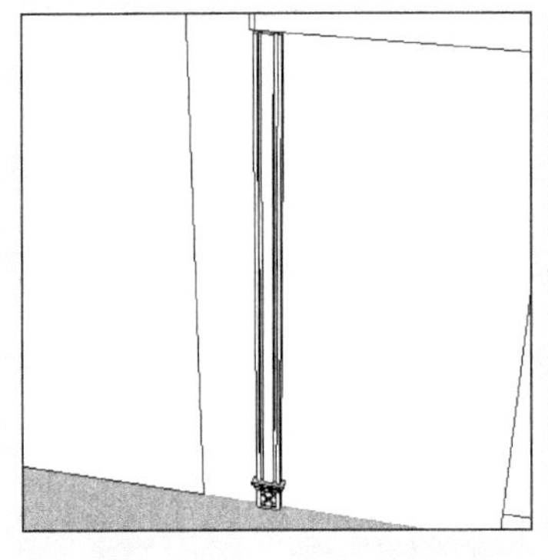

图 9-76 门套线完成效果

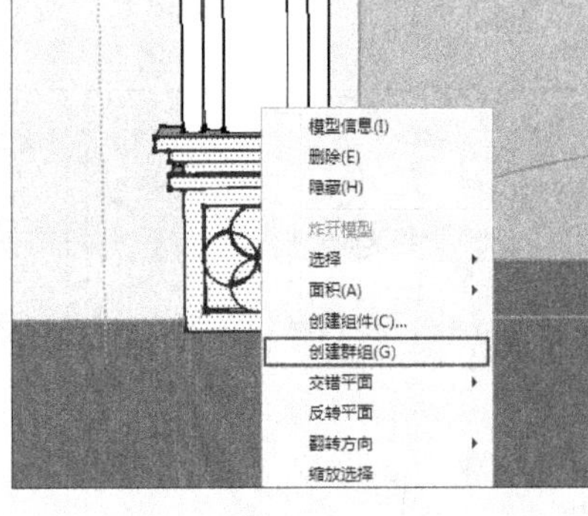

图 9-77 将底部装饰块单独创建为组

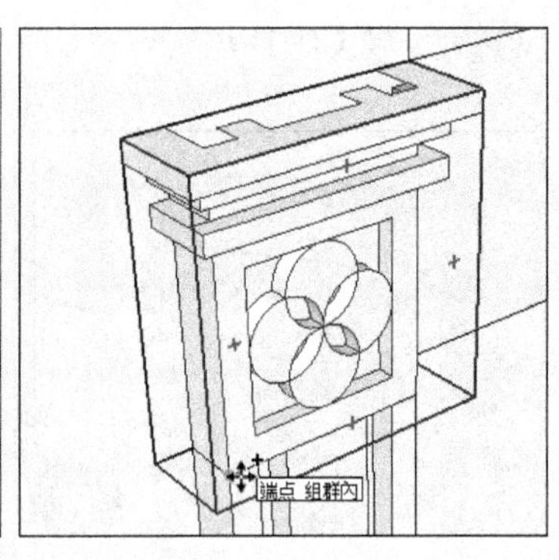

图 9-78 复制至上方

18 启用【直线】工具修整好顶面，然后将多余的线段删除，完成效果如图 9-79 所示。

19 选择模型表面并向外移动 30mm，以增加厚度效果如图 9-80 所示。

20 整体复制出右侧的门套线，完成效果如图 9-81 所示。

21 结合使用【矩形】与【推/拉】工具，制作好上方门套线的轮廓，如图 9-82 与图 9-83 所示。

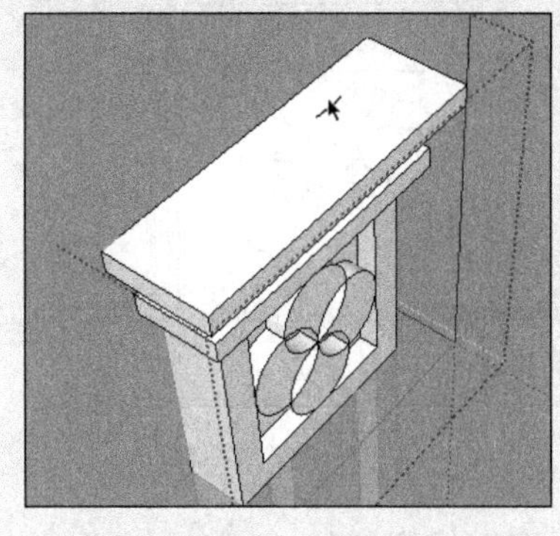

图 9-79 修整顶面并删除多余线段

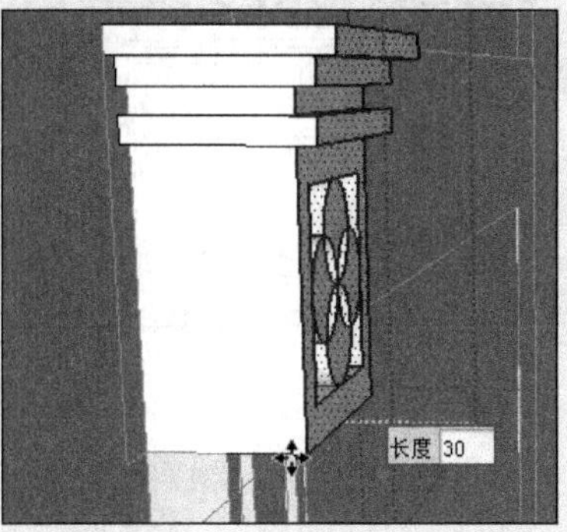

图 9-80 调整厚度

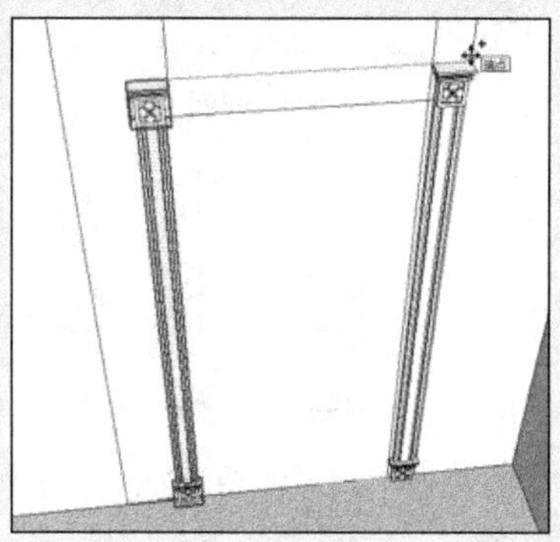

图 9-81 复制右侧门套线

22 结合使用【矩形】与【推/拉】工具，制作好上方门套线细节，如图 9-84 所示。

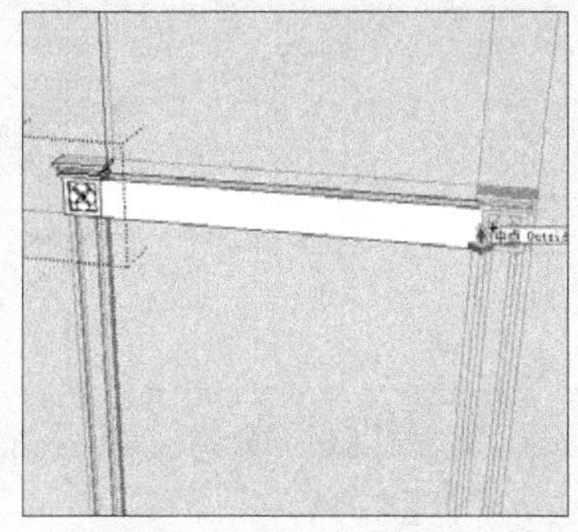

图 9-82 制作上方门套线轮廓

图 9-83 上方门套线轮廓制作完成

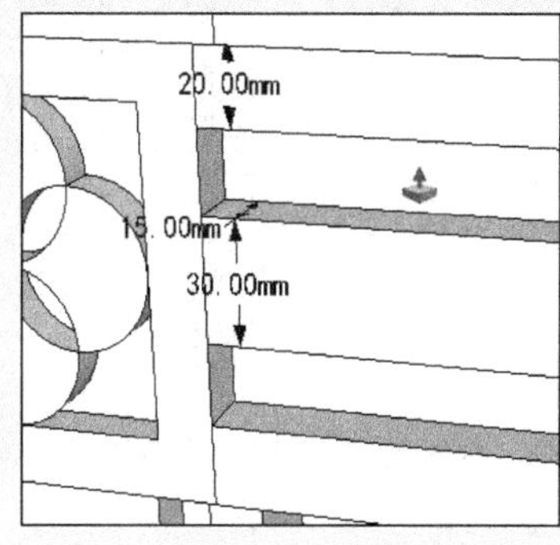

图 9-84 制作上方门套线细节

23 通过以上步骤，书房门套线制作即已完成，整体效果如图 9-85 所示。接下来制作门页造型。

2. 制作门页造型

01 选择门页平面并单独创建为组。然后使用【偏移】工具向内偏移复制 20mm，如图 9-86 所示。

02 启用【推/拉】工具为其制作 10mm 深度，如图 9-87 所示。

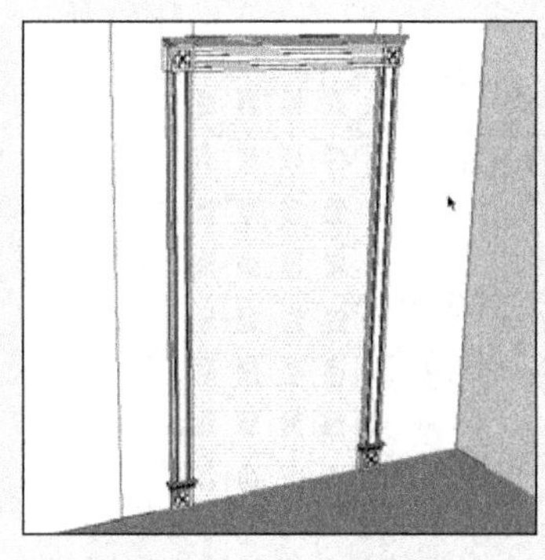

图 9-85 书房门套线制作完成

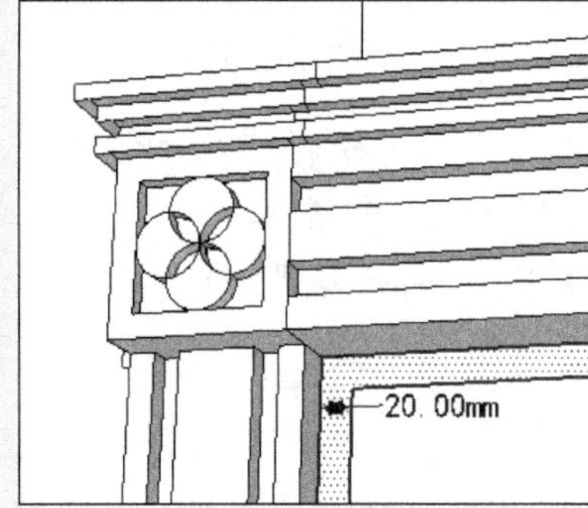

图 9-86 向内偏移复制 20mm

图 9-87 制作 10mm 深度

03 启用【偏移】工具向内偏移 150mm，如图 9-88 所示。

04 选择上下线段并分别将其向内调整 50mm，如图 9-89 所示。

05 选择上部线段并将其 7 拆分，如图 9-90 所示。选择左侧线段并将其 10 拆分，如图 9-91 所示。

06 启用【直线】工具，捕捉拆分点并分割好门页平面，如图 9-92 所示。

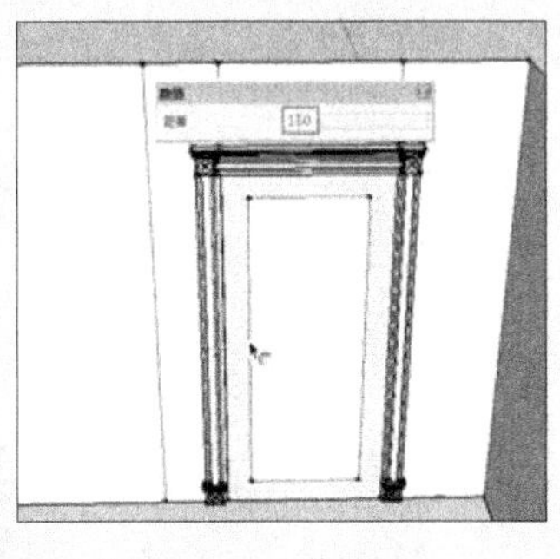
图 9-88　向内偏移 150mm

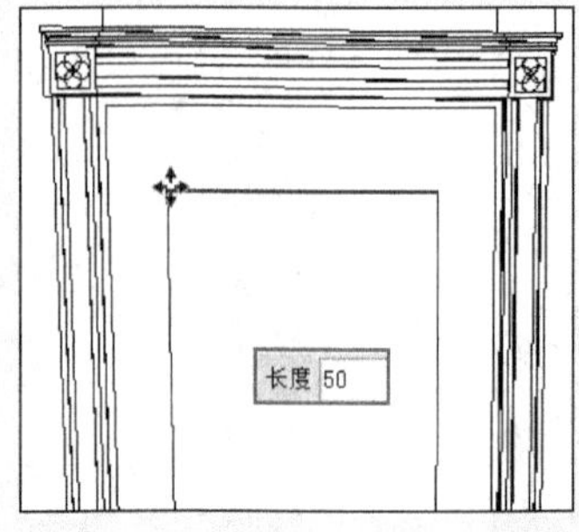

图 9-89　调整上下线段距离

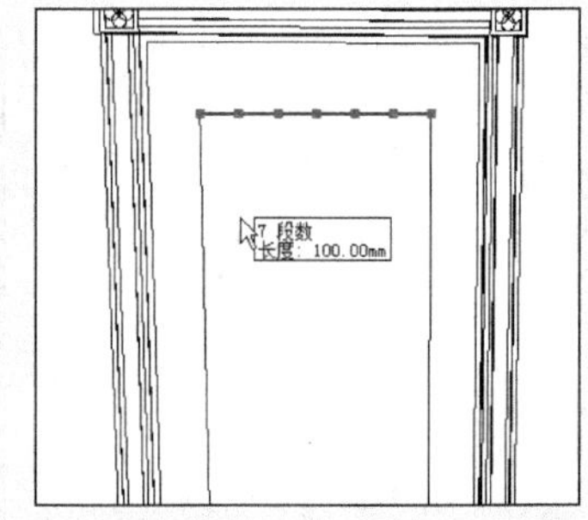

图 9-90　7 拆分上部线段

07 结合使用【直线】与【圆弧】工具，制作表面分割细节，如图 9-93 与图 9-94 所示。门页分割平面绘制效果如图 9-95 所示。

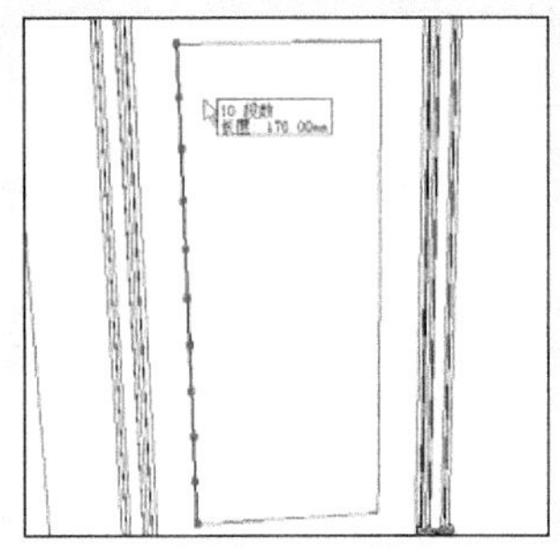
图 9-91　10 拆分左侧线段

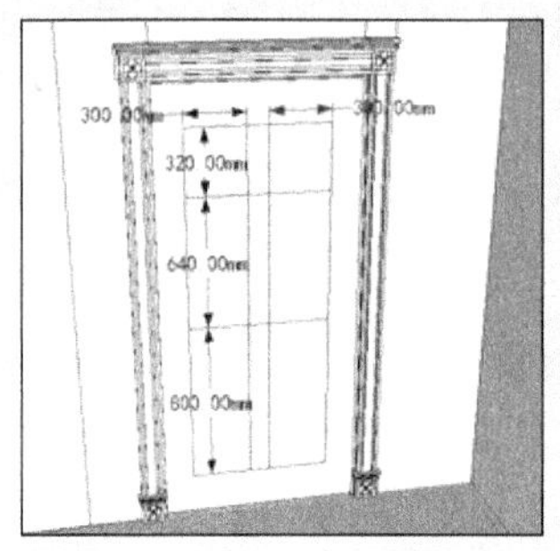
图 9-92　分割门页平面

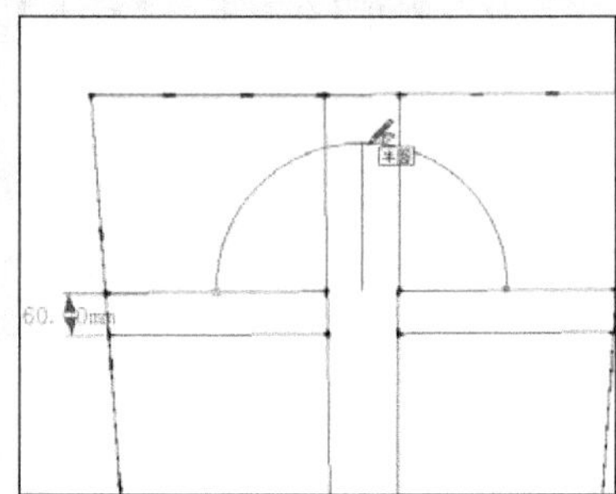
图 9-93　制作表面细节

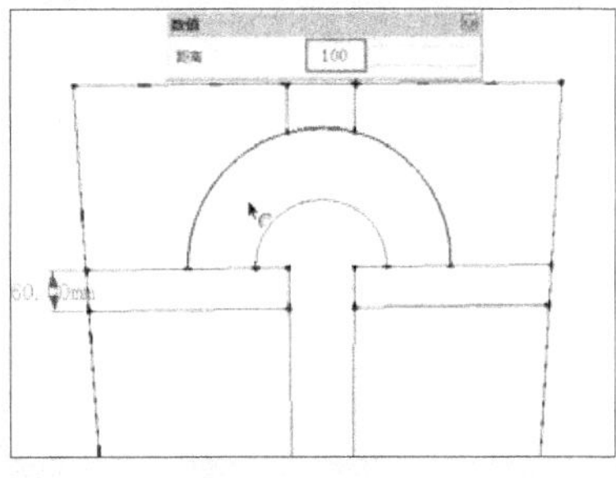
图 9-94　偏移复制制作分割细节

图 9-95　分割平面绘制完成

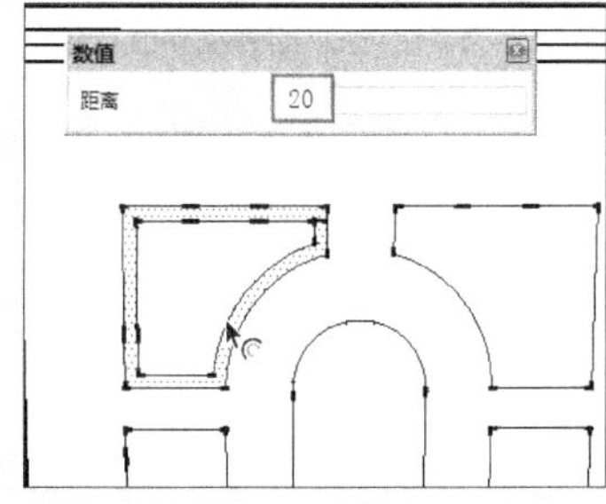

图 9-96　向内偏移复制 20mm

08 结合使用【偏移】与【推/拉】工具，制作好表面细节，如图 9-96 与图 9-97 所示。

09 对其他平面进行相同操作，完成效果如图 9-98 所示。

10 选择外部边框，通过【3D 圆角】工具处理出 3D 圆角细节，如图 9-99~图 9-101 所示。

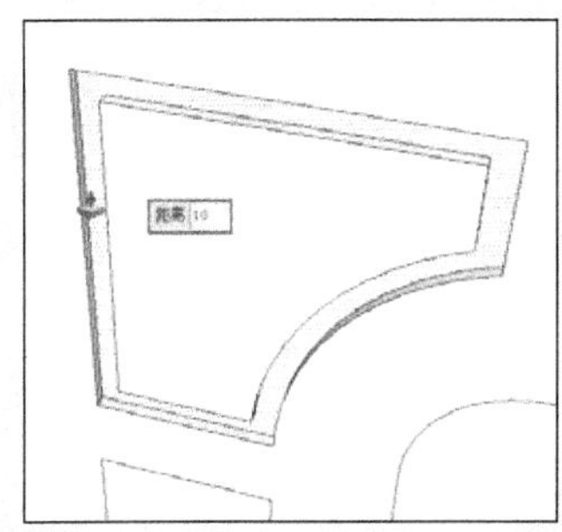
图 9-97　向内推入 10mm

图 9-98　以相同方式处理其他平面

图 9-99　选择外部边框进行 3D 圆角

11 通过相同的方法处理好内部边框，完成效果如图 9-102 所示。

图 9-100　设置 3D 圆角参数

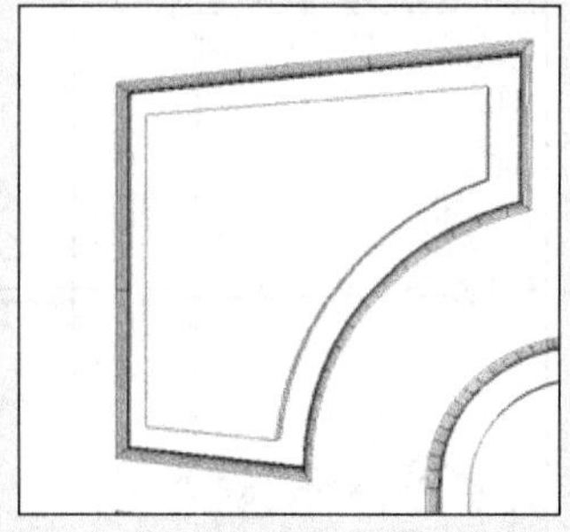
图 9-101　外边框 3D 圆角完成效果

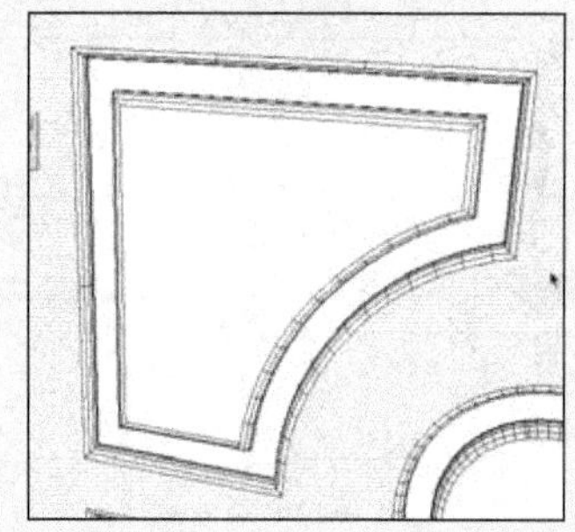
图 9-102　相同方式处理内部边框

12 打开【组件】对话框并合并入拉手模型，然后放置好位置，如图 9-103 所示。

13 打开【材料】对话框，为其制作并赋予木纹材质，完成效果如图 9-104 所示。接下来制作书房窗户造型。

图 9-103　合并并放置好门拉手

图 9-104　制作并赋予书房门木纹材质

9.4.2 制作书房窗户

1．制作窗户套线

01 启用【偏移】工具，制作 100mm 宽度的窗户套线平面，如图 9-105 所示。

02 复制底部装饰块至窗户套线的下方，然后启用【矩形】工具绘制顶面矩形平面，如图 9-106 所示。

03 启用【直线】工具分割好顶面矩形，完成效果如图 9-107 所示。

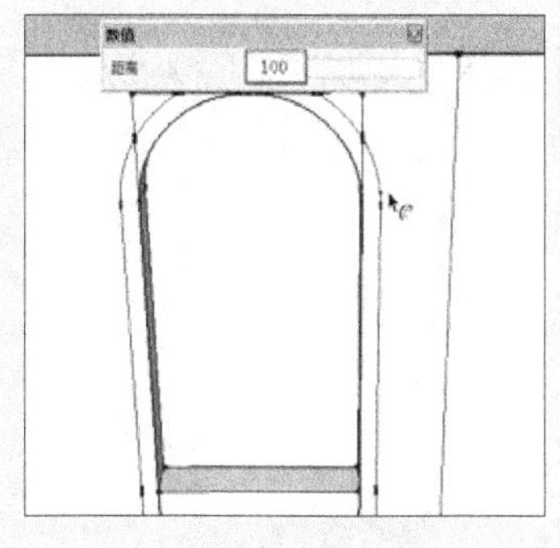

图 9-105　制作窗户套线平面

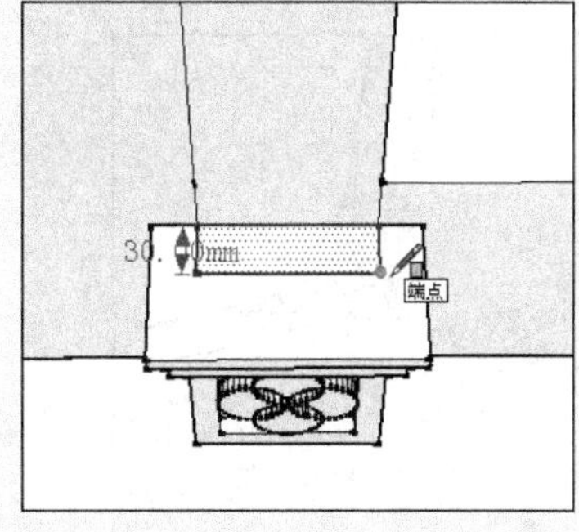

图 9-106　复制底部装饰块并绘制顶面矩形

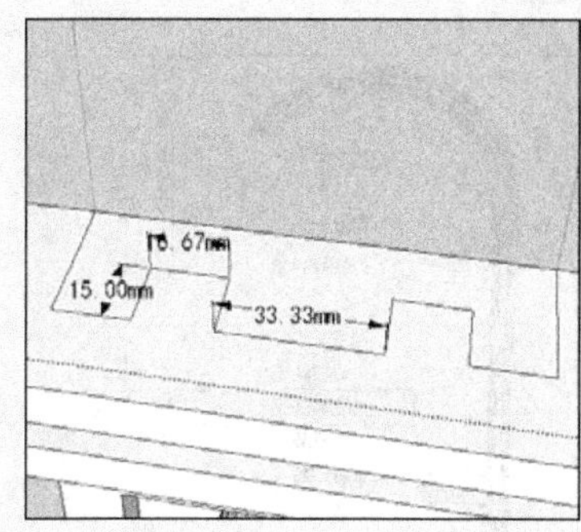

图 9-107　分割顶面矩形

04 将底部装饰块复制至右侧，如图 9-108 所示。然后整体复制至中部，如图 9-109 所示。

05 启用【推/拉】工具，制作好中部套线，如图 9-110 所示。

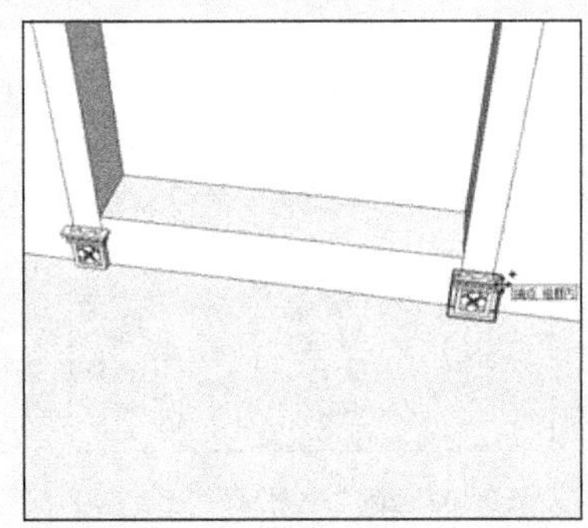

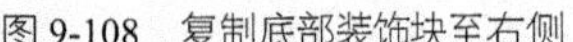
图 9-108　复制底部装饰块至右侧

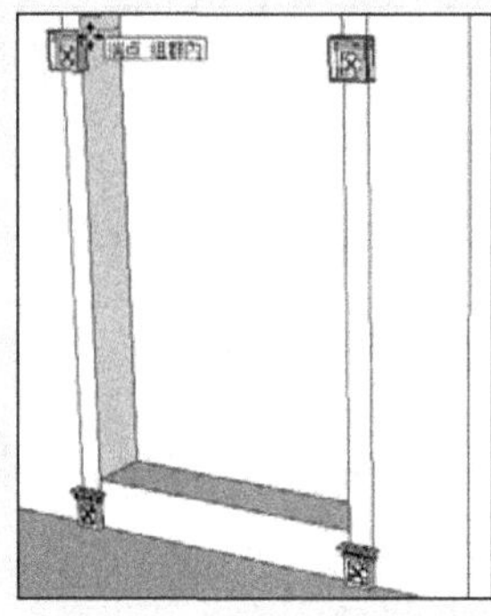
图 9-109　复制装饰块至中部

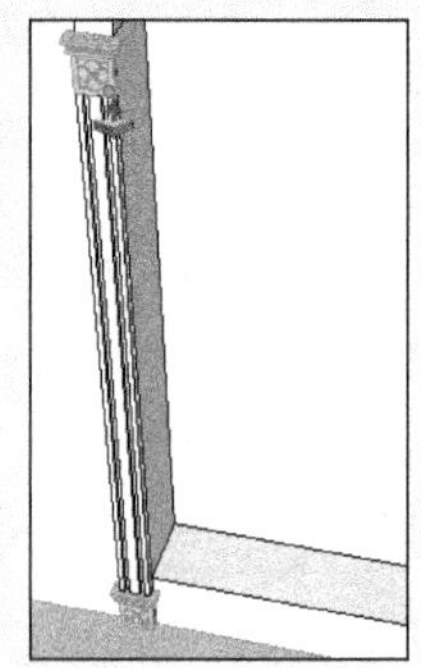
图 9-110　制作中部套线

06 启用【路径跟随】工具，制作好圆弧套线，如图 9-111 所示。

07 以相同的方法制作好右侧的中部套线，完成效果如图 9-112 所示。

08 启用【推/拉】工具，捕捉装饰块顶部的层次表面并调整好窗户的下沿高度，如图 9-113 所示。接下来制作内部窗户细节。

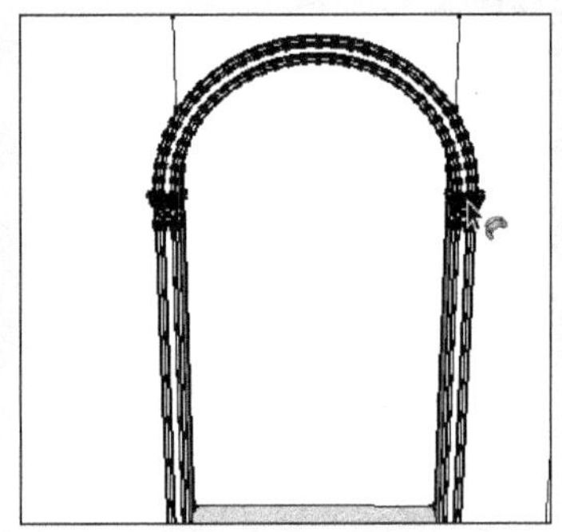
图 9-111　制作圆弧套线

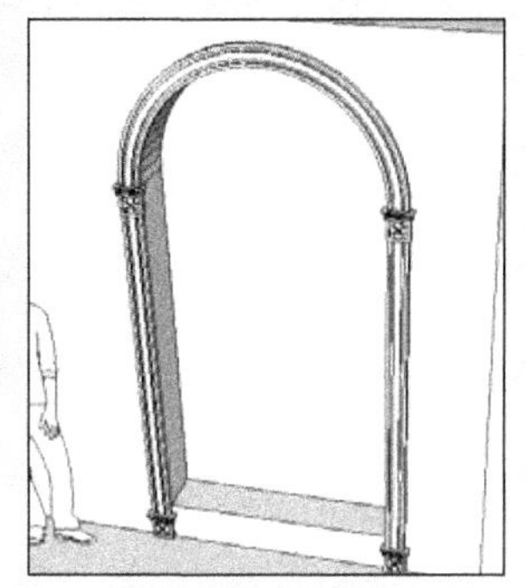
图 9-112　窗户套线完成效果

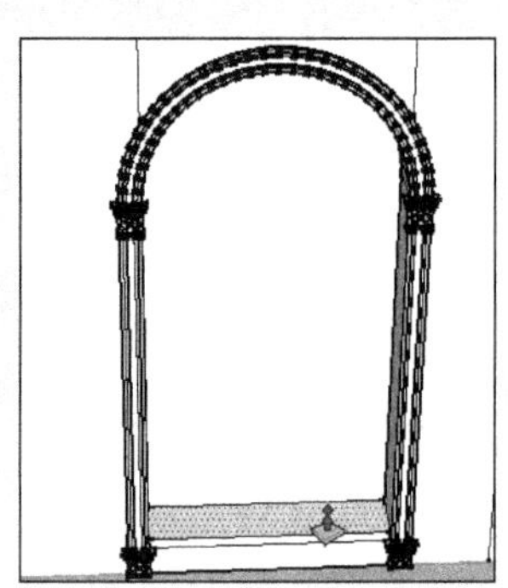
图 9-113　调整窗户下沿高度

2. 制作内部窗户

01 选择窗户平面并将其单独创建为组，如图 9-114 所示。

02 选择窗户平面组，捕捉中点并调整好位置，如图 9-115 所示。

03 启用【偏移】工具，制作好窗框平面，如图 9-116 所示。

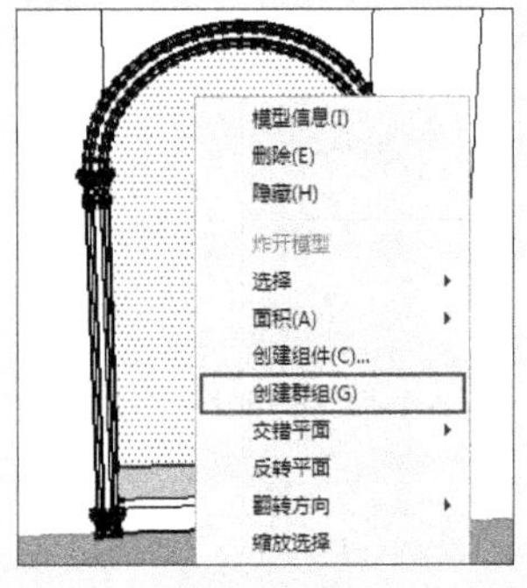

图 9-114　将窗户平面创建为组

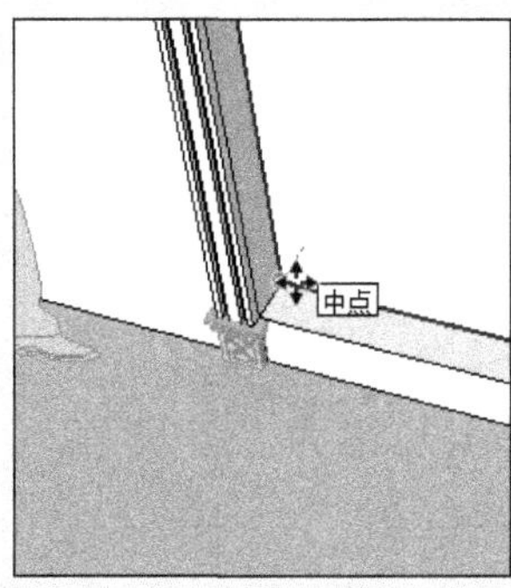

图 9-115　捕捉中点并调整位置

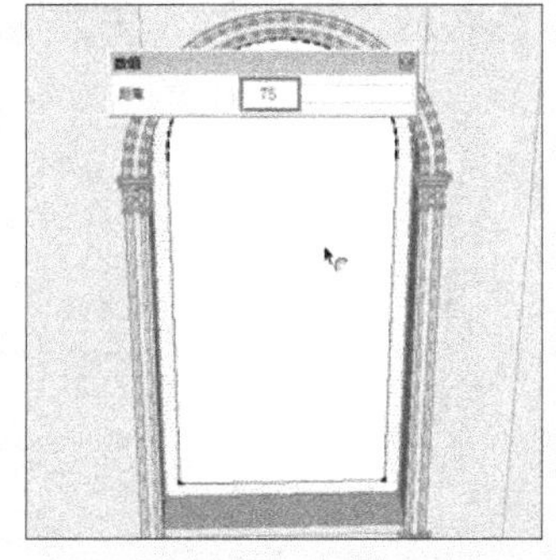
图 9-116　偏移复制制作窗框

04 启用【偏移】工具，向具以 350mm 距离偏移复制，制作顶部的圆弧分割面，如图 9-117 所示。

05 启用【直线】工具，捕捉中点并创建连接线，如图 9-118 所示。

06 选择连接线，然后以 45° 角进行移动复制，完成效果如图 9-119 所示。

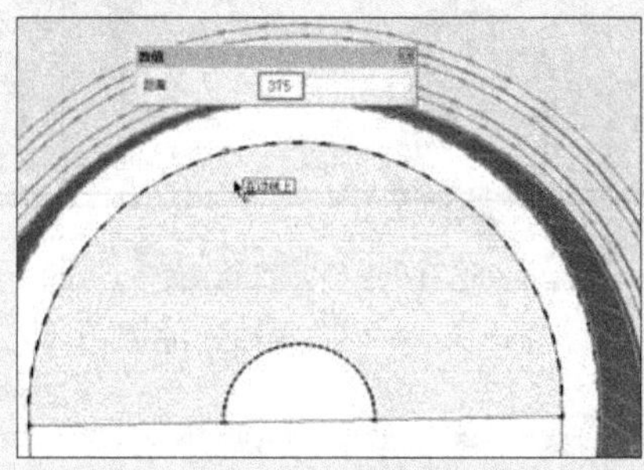

图 9-117 制作顶部的圆弧分割面

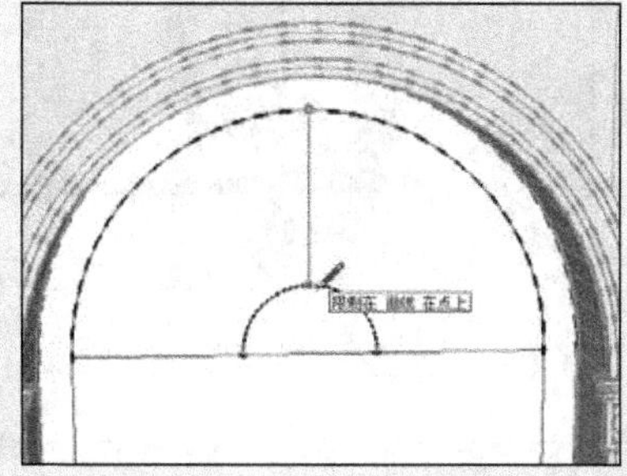

图 9-118 创建中点并创建连接线

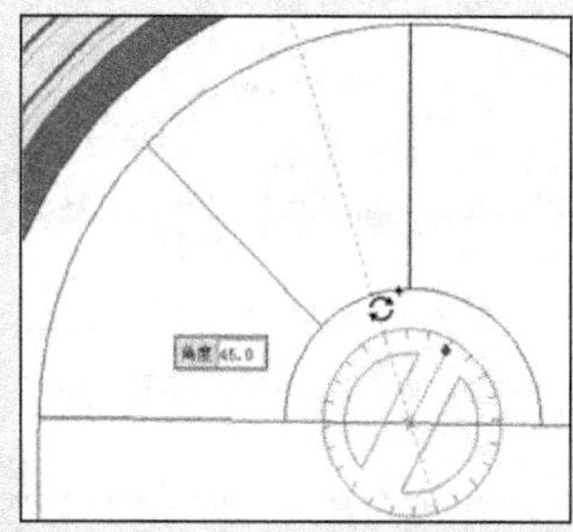

图 9-119 以 45° 角移动复制连接线

07 启用【偏移】工具，绘制好上部的窗格平面，如图 9-120 与图 9-121 所示。

08 启用【直线】工具，捕捉中点并分割下部平面，然后启用【偏移】工具制作好窗户框架平面，如图 9-122 所示。选择竖向线段并拆分为 5 段，如图 9-123 所示。

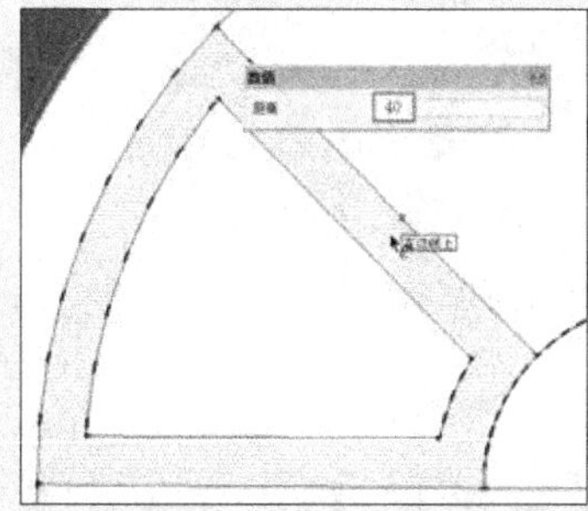

图 9-120 偏移复制制作窗格平面

图 9-121 上部窗格平面完成效果

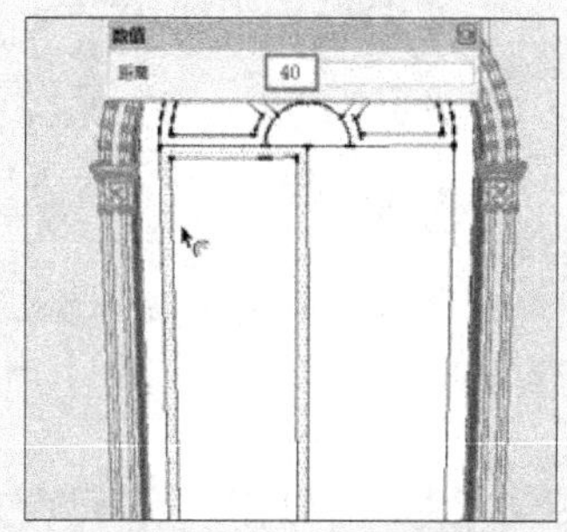

图 9-122 制作窗户框架平面

09 捕捉拆分点，结合使用【直线】以及【偏移】工具制作好左右窗格的细节平面，如图 9-124 与图 9-125 所示。

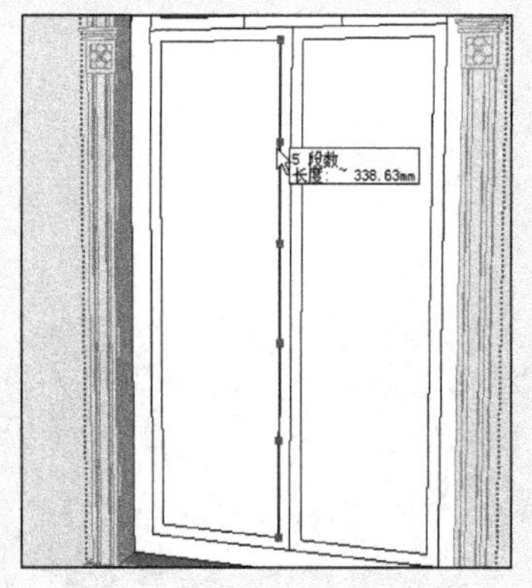

图 9-123 5 拆分竖向线段

图 9-124 制作窗格细节

图 9-125 窗户平面制作完成

10 启用【推/拉】工具,制作出窗框与玻璃面细节，如图 9-126 所示。

11 打开【材料】对话框，赋予窗户木纹材质与玻璃材质，完成效果如图 9-127 所示。

12 选择制作好的套线与窗户模型，参考图纸并将其整体复制至右侧，如图 9-128 所示。

13 经过以上步骤，本案例当前的空间效果如图 9-129 与图 9-130 所示。接下来处理各墙面细节。

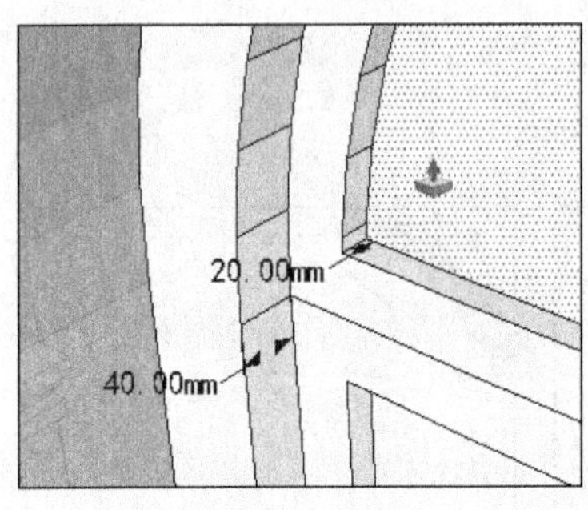

图 9-126　制作窗框与玻璃面细节

图 9-127　赋予窗户材质

图 9-128　参考图纸复制窗户造型

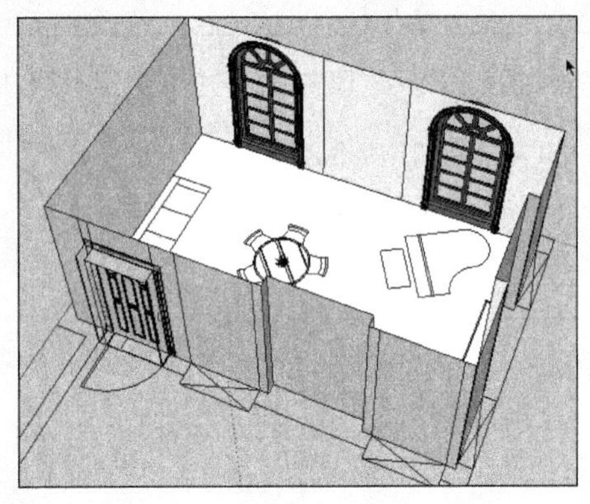
图 9-129　空间当前效果 1

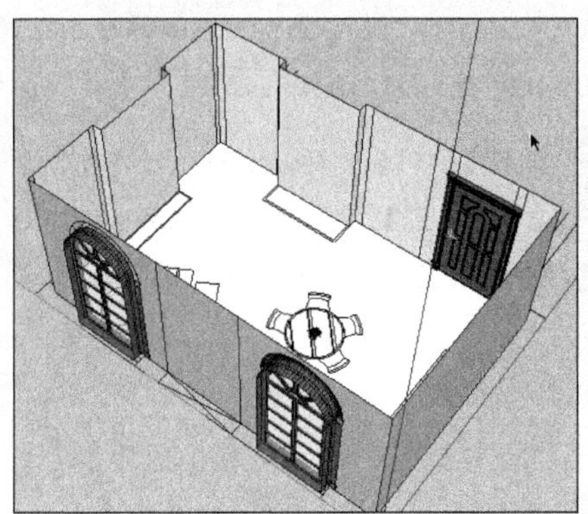
图 9-130　空间当前效果 2

9.5 处理各墙面

9.5.1 处理东面墙体

1. 制作墙面细节

01 打开【组件】对话框，合并入壁炉模型并适当调整其大小，如图 9-131 所示。

02 启用【直线】工具，捕捉壁炉与墙面结合点分割好墙面，如图 9-132 所示。

03 接下来将参考图 9-133 制作书房的墙面细节。

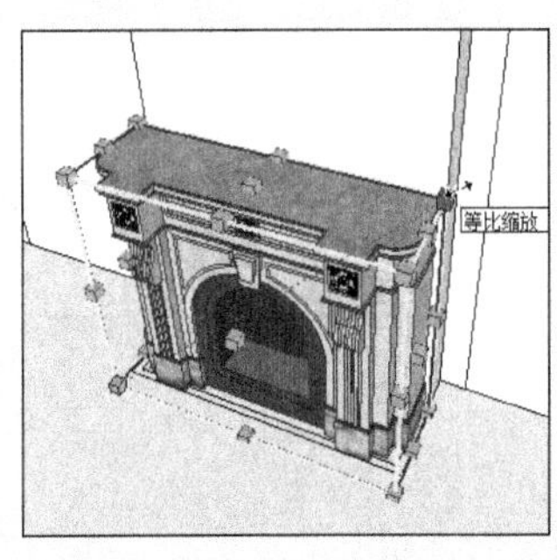

图 9-131　合并并调整壁炉

图 9-132　捕捉结合点分割墙面

图 9-133　欧式古典风格墙面

04 选择分割线，通过移动复制分割好中部墙面，如图 9-134 所示。

05 启用【偏移】工具制作好墙面边部边框，如图 9-135 所示。

06 启用【直线】工具制作好矩形角线平面，然后将边线进行 3 拆分，如图 9-136 所示。

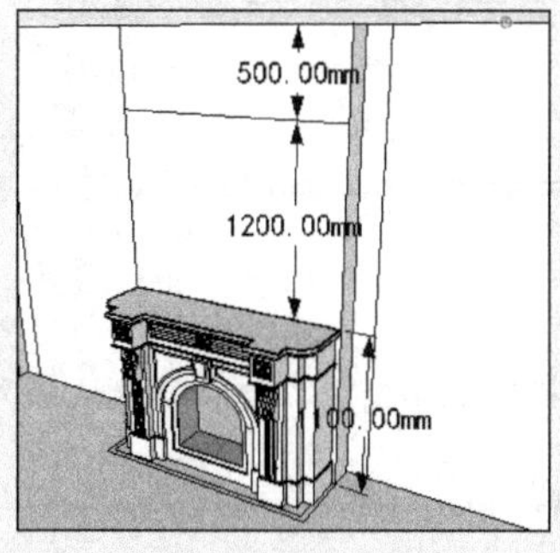

图 9-134　复制线段分割中部墙面

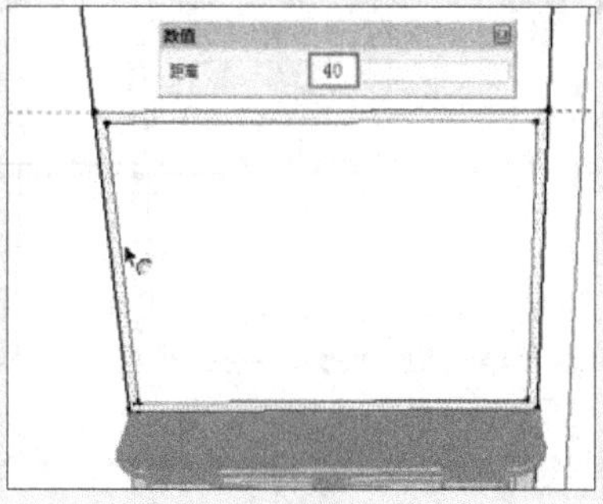

图 9-135　偏移复制制作外部边框

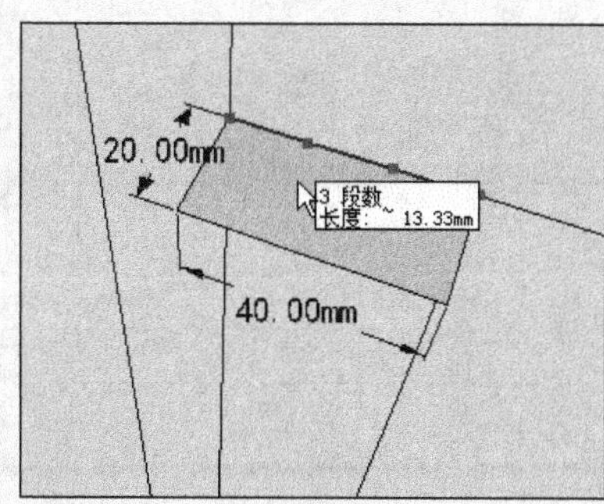

图 9-136　创建矩形角线平面并 3 拆分边线

07 启用【圆弧】工具，捕捉各分割点及中点并绘制好角线平面，如图 9-137 与图 9-138 所示。

08 选择角线平面与边框并将其整体创建为组，如图 9-139 所示。

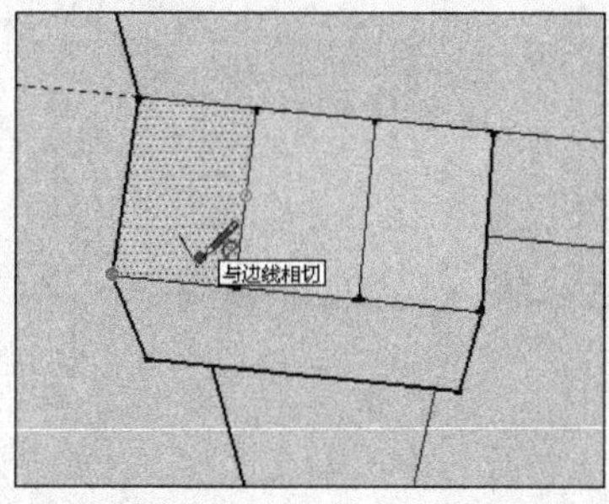

图 9-137　捕捉分割点及中点绘制圆弧

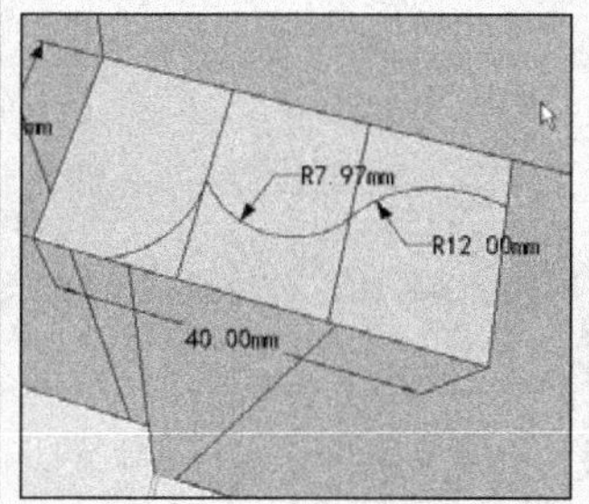

图 9-138　角线平面绘制完成

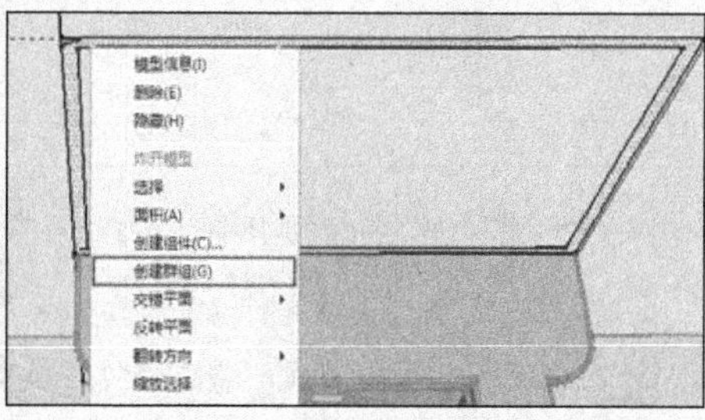

图 9-139　将角线平面与边框创建为组

09 启用【路径跟随】工具制作好角线，效果如图 9-140 所示。完成细节效果如图 9-141 所示。

10 启用【偏移】工具，向内偏移复制 150mm，如图 9-142 所示。

图 9-140　制作角线

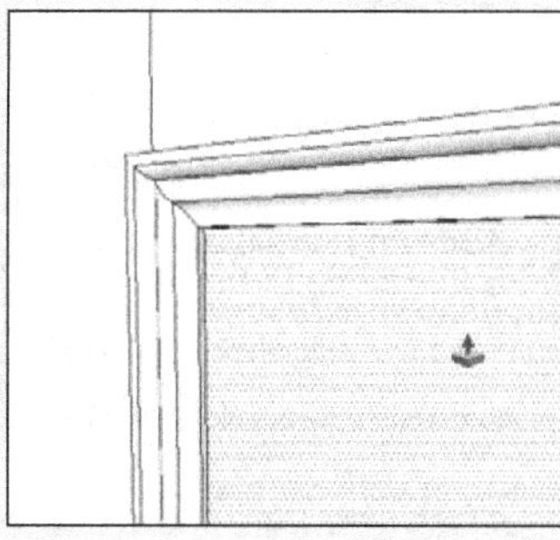

图 9-141　外部边框角线细节制作完成

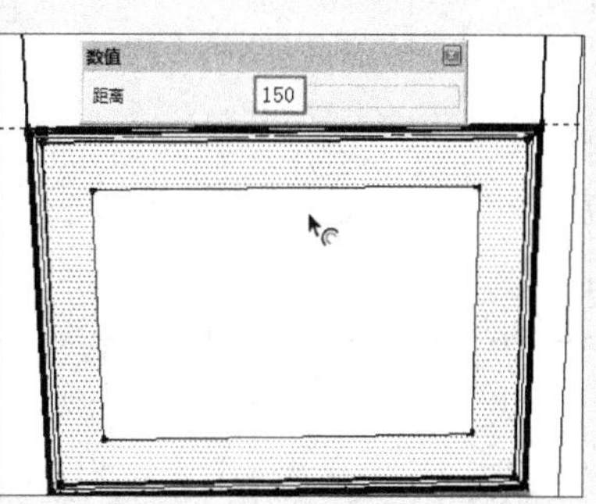

图 9-142　向内偏移复制 150mm

11 启用【推/拉】工具向内推入 15mm，如图 9-143 所示。

12 选择内陷平面，启用【缩放】工具制作出斜面细节，如图 9-144 与图 9-145 所示。

13 启用【缩放】工具，制作好内部平面的斜面细节，如图 9-146 所示。

14 启用【偏移】工具，制作好内部边框，如图 9-147 所示。

15 采用类似方法制作好内部边框的角线，完成效果如图 9-148 所示。接下来制作上部分割面细节。

图 9-143　向内推入 15mm

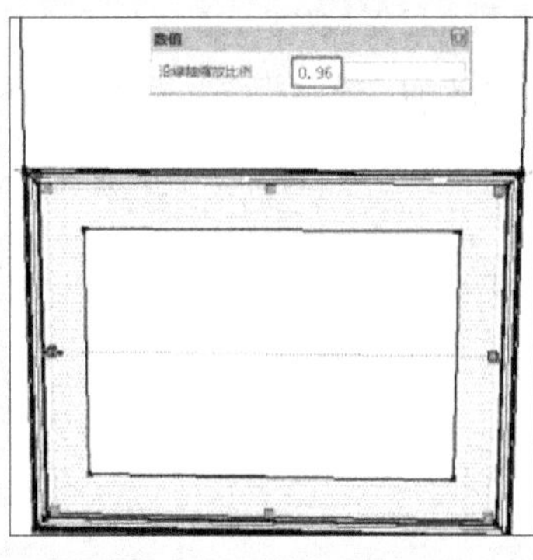

图 9-144　左右缩放形成两侧斜面

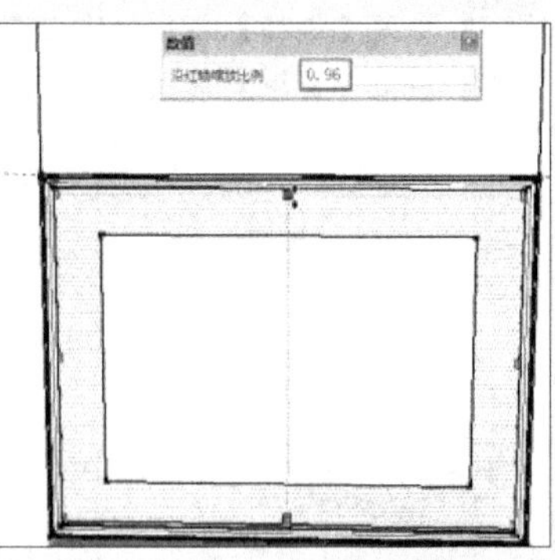

图 9-145　上下缩放形成斜面

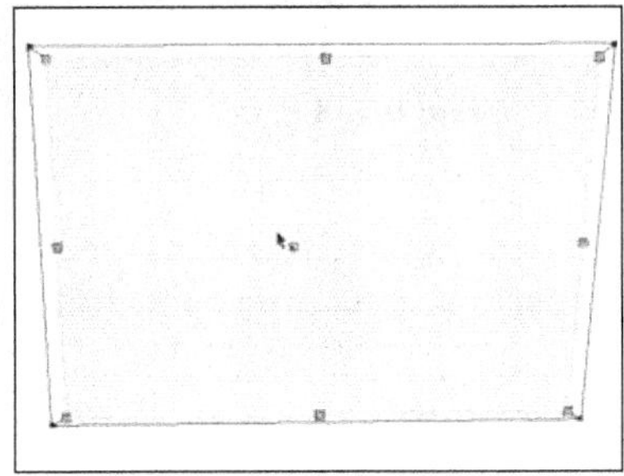

图 9-146　缩放制作内部平面的斜面

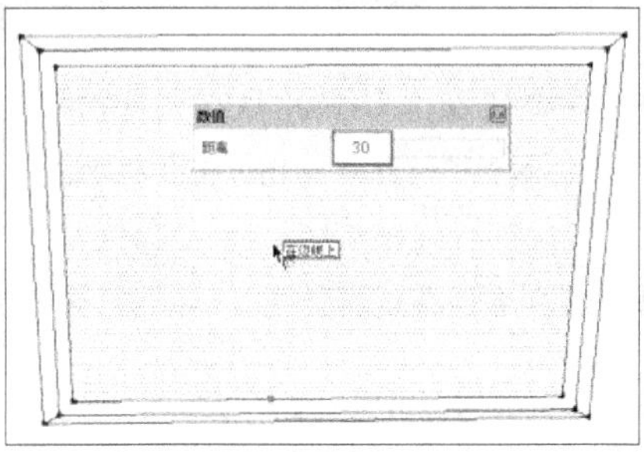

图 9-147　偏移复制出内部边框

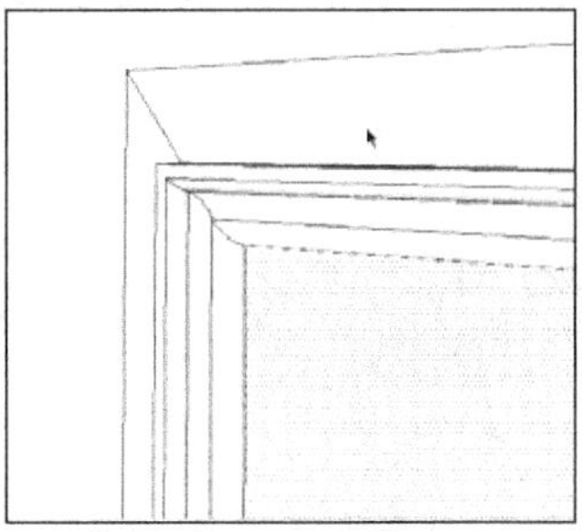

图 9-148　制作内部边框角线

16 通过线段的移动复制调整好上部平面的分割细节，如图 9-149 所示。

17 采用类似方法制作好墙面的凹凸细节，完成效果如图 9-150 所示。

18 复制外部边框角线至上部，然后捕捉角点并对齐位置，如图 9-151 所示。

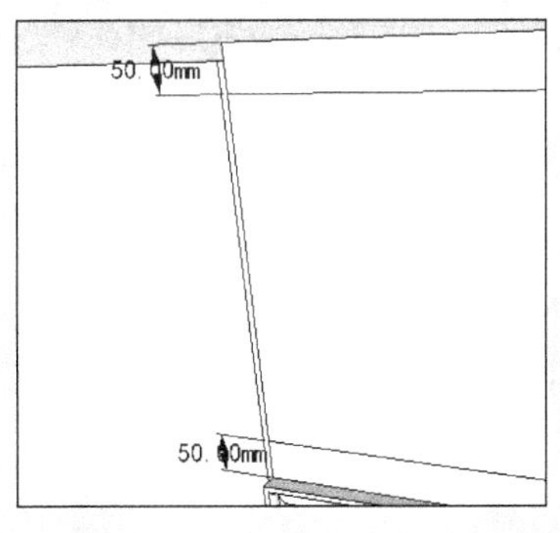

图 9-149　制作上部平面的分割线

图 9-150　制作墙面凹凸细节

图 9-151　复制外部边框角线

19 选择角线下部的模型，然后捕捉分割线并调整好宽度，如图 9-152 所示。

20 经过以上步骤，中部墙面细节处理即已完成，效果如图 9-153 所示。

21 打开【材料】对话框，为墙面制作并赋予壁纸材质，完成效果如图 9-154 所示。接下来制作壁内书架。

2. 制作壁内书架

01 本案例壁内书架将参考如图 9-155 所示的造型制作。

02 选择底部线段，捕捉左侧墙面分割线进行移动复制以确定书架高度，如图 9-156 所示。

03 启用【圆弧】工具制作好顶部圆弧，如图 9-157 所示。

图 9-152 选择下部的模型调整宽度

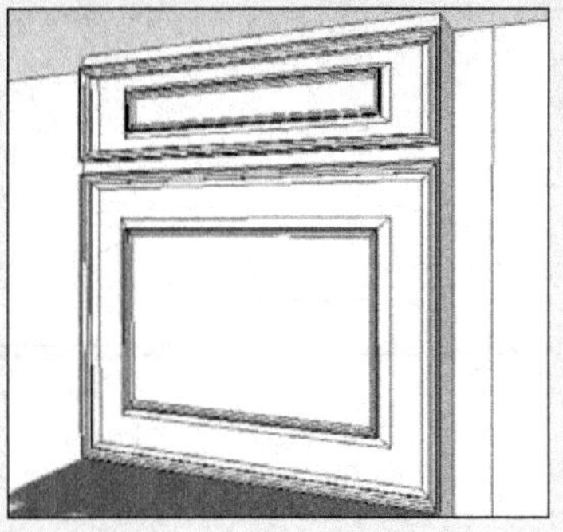
图 9-153 中部墙面细节处理完成

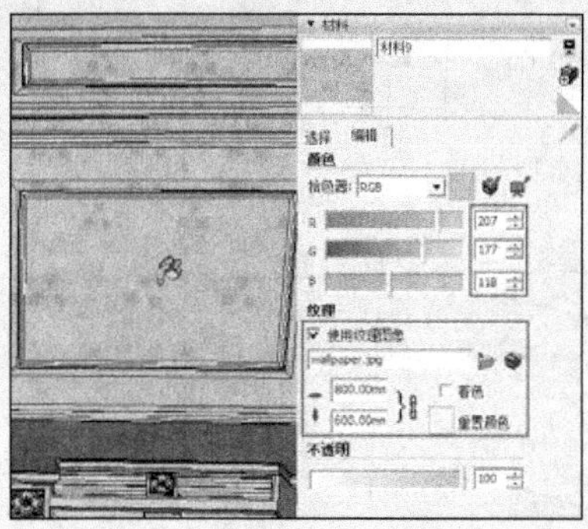
图 9-154 制作并赋予墙面壁纸材质

图 9-155 欧式古典风格壁内书架造型

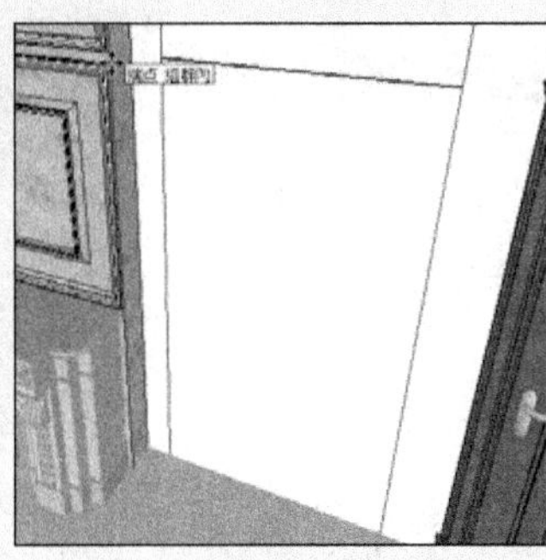
图 9-156 捕捉左侧墙面分割线复制线段

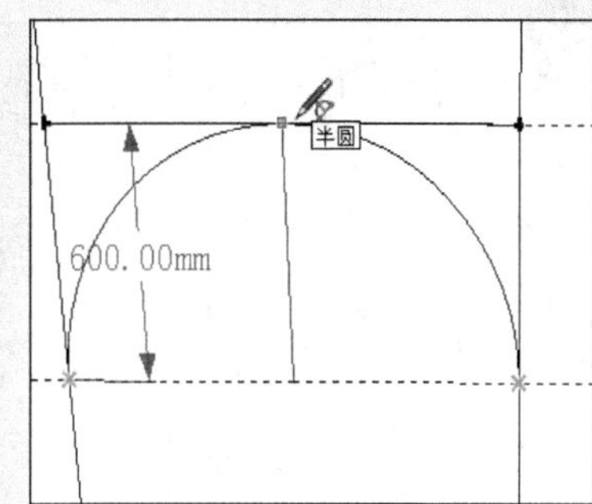

图 9-157 制作顶部圆弧

04 启用【偏移】工具制作好框架平面，如图 9-158 所示。

05 选择顶部线段，以 500mm 的距离向上复制，如图 9-159 所示。

06 启用【直线】工具，捕捉顶部圆弧中点并进行分割，如图 9-160 所示。

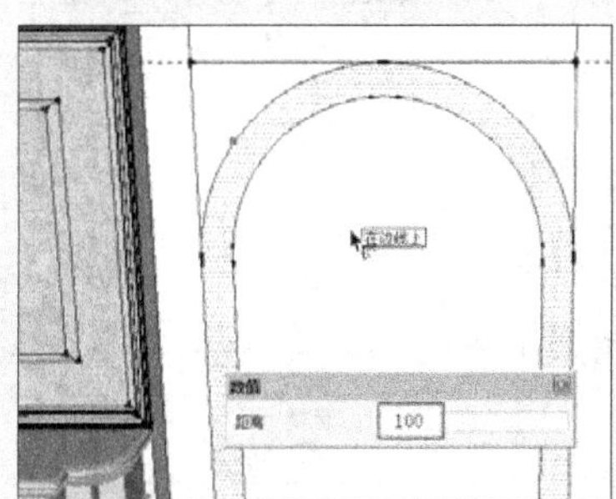
图 9-158 制作框架平面

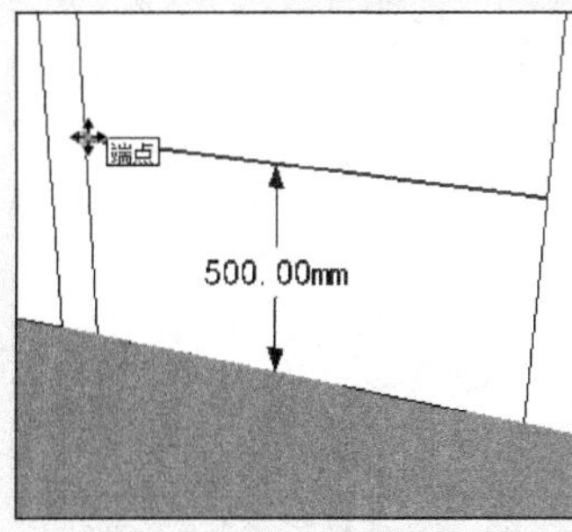

图 9-159 向上以 500mm 距离复制线段

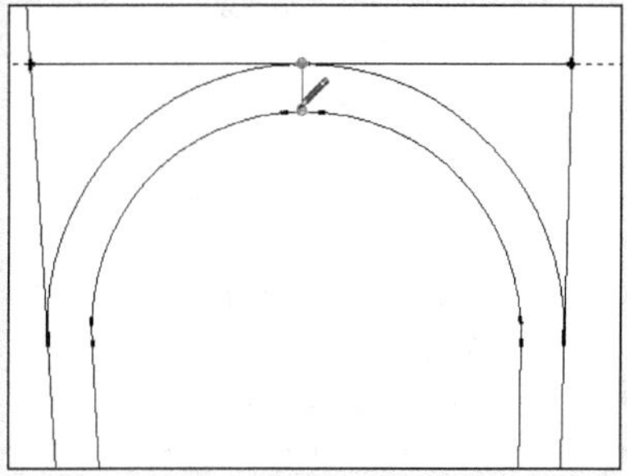
图 9-160 捕捉中点分割顶部圆弧

07 通过线段的移动复制，绘制顶部装饰块的辅助线，如图 9-161 所示。

08 启用【直线】工具，连接辅助线并创建顶部装饰平面，然后删除多余的线段，完成效果如图 9-162 所示。

09 启用【推/拉】工具，制作 50mm 厚度，如图 9-163 所示。

10 启用【直线】工具，分割好侧面，如图 9-164 所示。

11 删除表面，然后启用【直线】工具连接线段以形成斜面，如图 9-165 与图 9-166 所示。

12 结合使用【偏移】与【推/拉】工具，制作装饰块的细节效果，如图 9-167 与图 9-168 所示。

13 选择书架平面并将其整体创建为组，如图 9-169 所示。

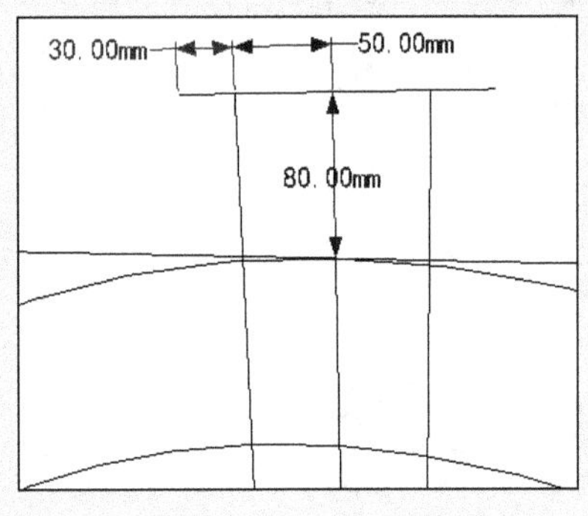

图 9-161 绘制辅助线

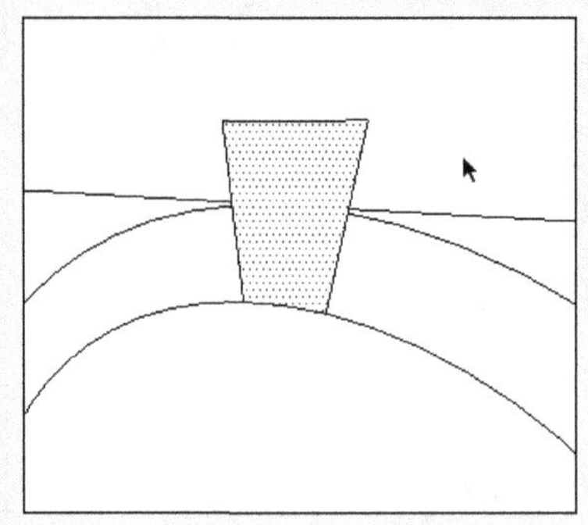
图 9-162 制作顶部装饰平面

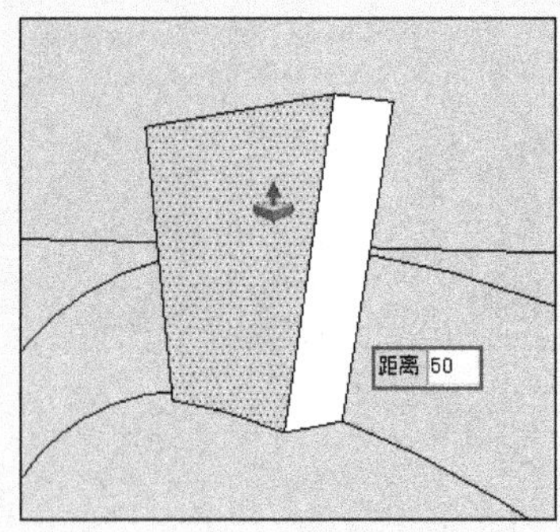

图 9-163 制作厚度

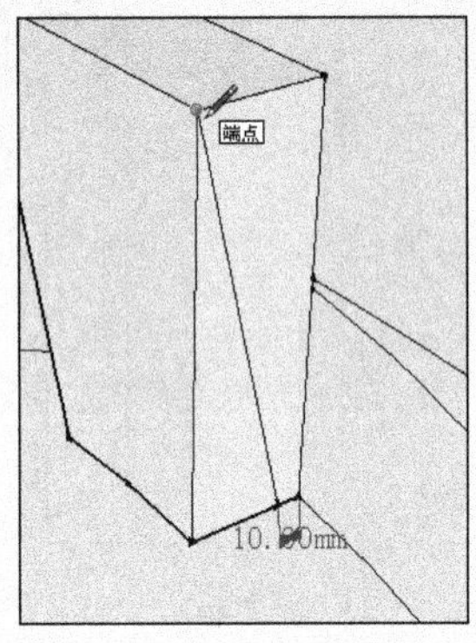

图 9-164 分割侧面

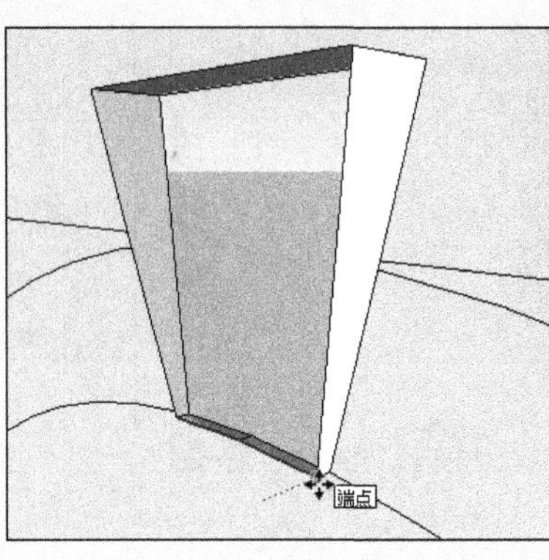

图 9-165 删除多余平面

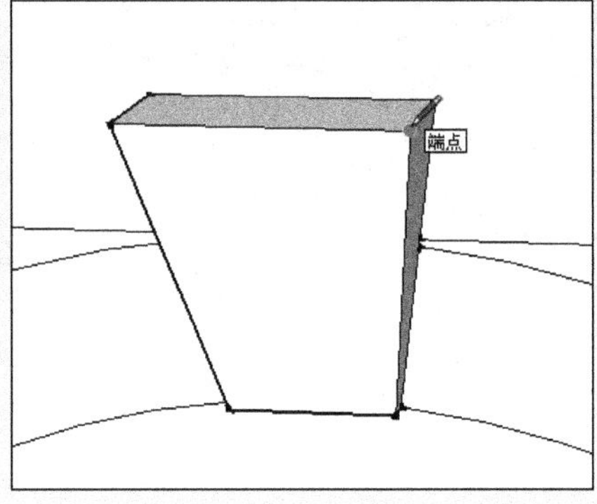

图 9-166 连接线段形成斜面

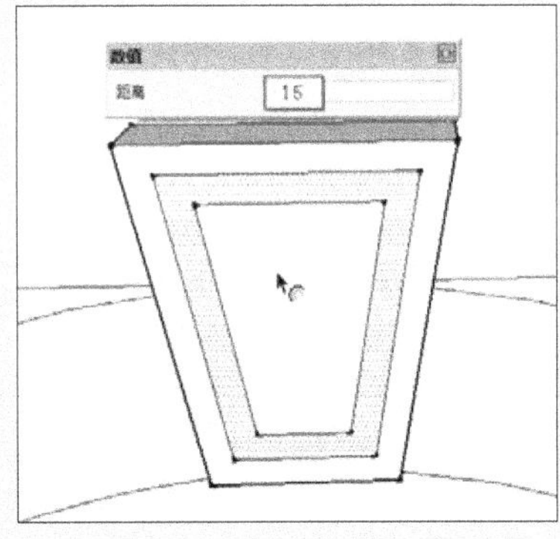

图 9-167 偏移复制进行细节分割

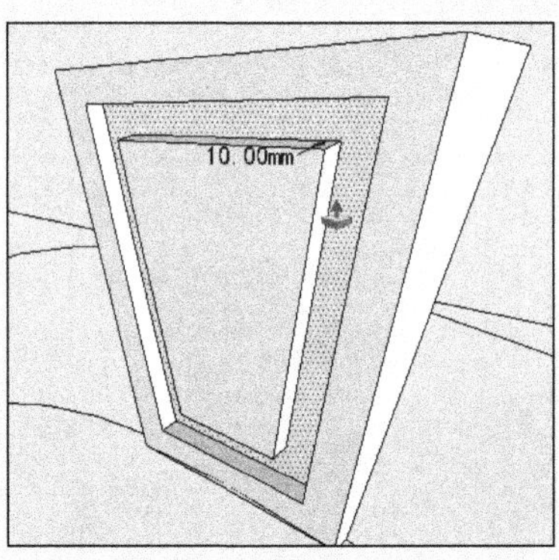

图 9-168 制作装饰块细节效果

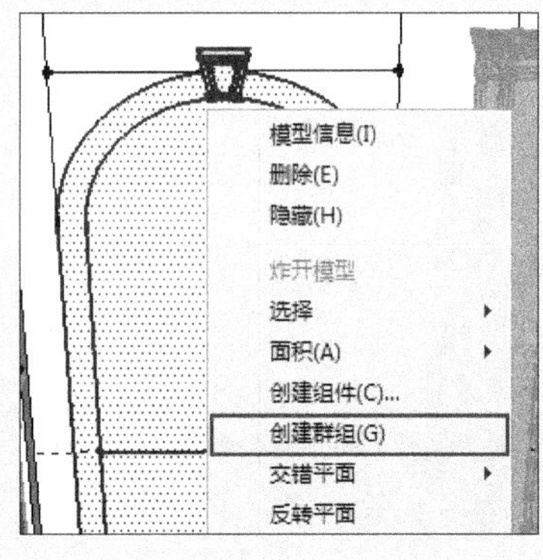

图 9-169 将书架平面整体创建为组

14 启用【直线】工具，制作好底部框架的细节，如图 9-170 所示。

15 启用【推/拉】工具，向内制作 20mm 深度，如图 9-171 所示。

16 启用【偏移】工具，向内偏移 20mm，然后启用【推/拉】工具将内部表面拉平，制作好的内部细节如图 9-172 所示。

17 启用【缩放】工具，制作内部平面的斜面细节，如图 9-173 所示。

18 选择上部圆弧的内侧边线，启用【偏移】工具将其向内偏移 20mm，如图 9-174 所示。

19 启用【推/拉】工具，选择偏移以形成平面，捕捉顶部装饰块并调整其厚度，如图 9-175 所示。

20 选择顶部装饰块的表面，启用【推/拉】工具调整好其厚度， 如图 9-176 所示。

21 采用相同的方法处理好其他边框，完成效果如图 9-177 所示。

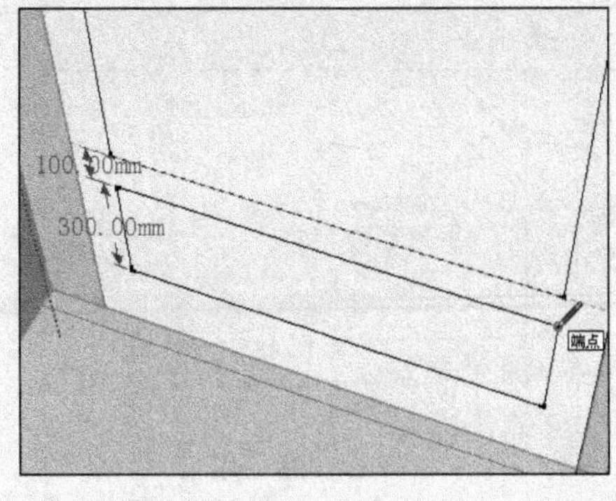

图 9-170　制作底部框架细节

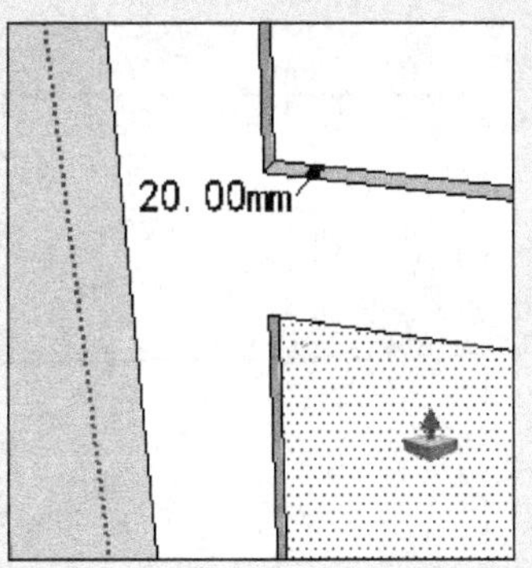

图 9-171　向内制作 20mm 深度

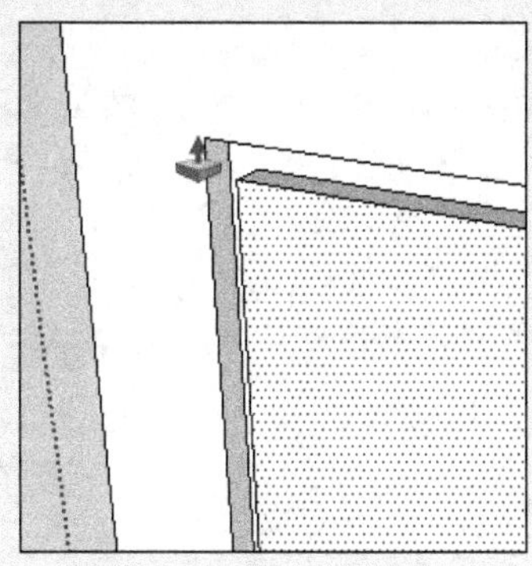

图 9-172　制作内部细节

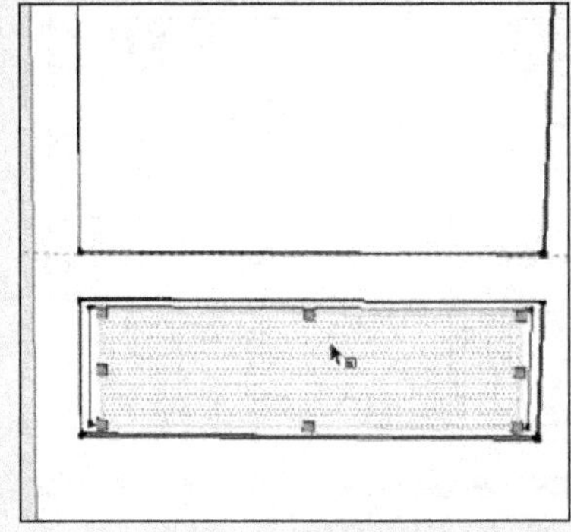

图 9-173　制作斜面细节

图 9-174　以 20mm 向内偏移圆弧的内侧边线

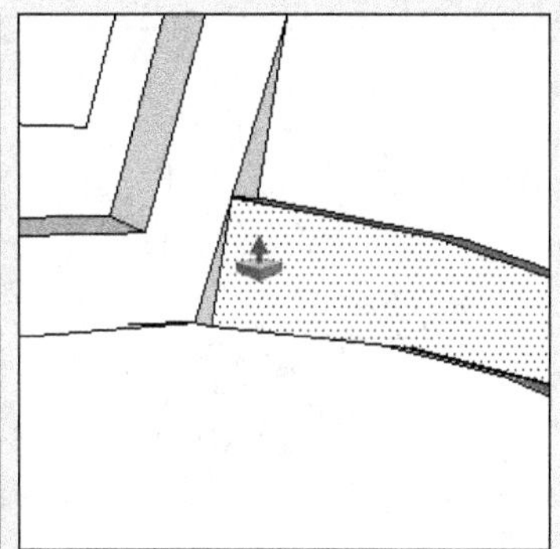

图 9-175　捕捉调整厚度

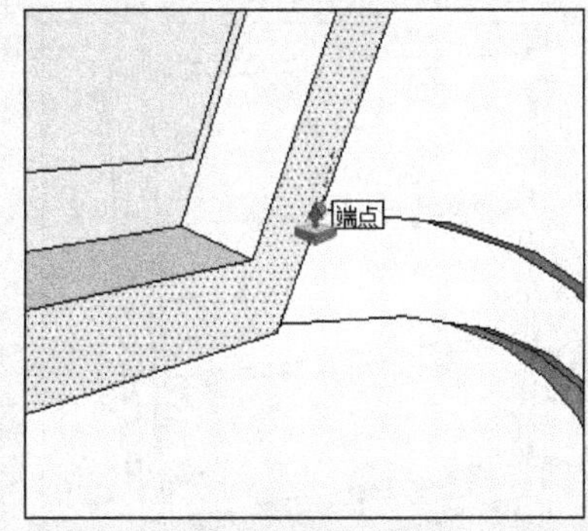

图 9-176　调整顶部装饰块厚度

图 9-177　处理其他边框

图 9-178　选择边线进行 3D 圆角处理

22 选择边线，通过【3D 圆角】工具，处理好边沿细节，如图 9-178~图 9-180 所示。

23 结合使用【直线】与【圆弧】工具，制作好中部角线平面，如图 9-181 所示。

24 启用【路径跟随】工具，制作出实体装饰块，如图 9-182 所示。

25 启用【缩放】工具，调整好装饰块造型，如图 9-183 所示。

26 复制装饰块至右侧，完成书架外部装饰框的制作，效果如图 9-184 所示。接下来制作内部细节。

27 启用【推/拉】工具，将内部平面推入 50mm，如图 9-185 所示。

28 选择内侧边线并将其拆分为 3 段，如图 9-186 所示。

29 通过线段的移动复制，捕捉拆分点并创建出搁板的厚度，如图 9-187 所示。

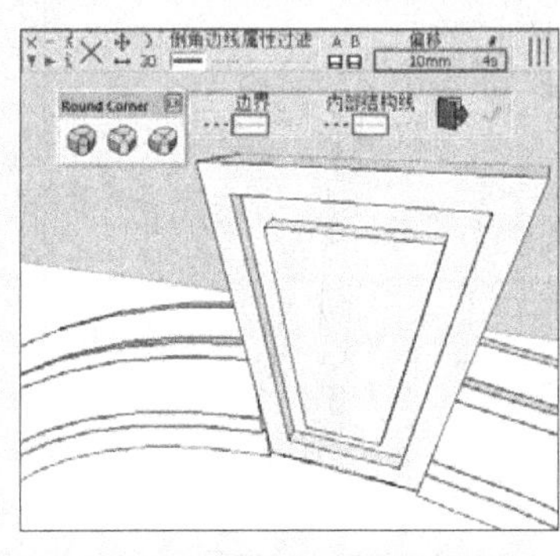

图 9-179 设置 3D 圆角参数

图 9-180 3D 圆角细节制作完成

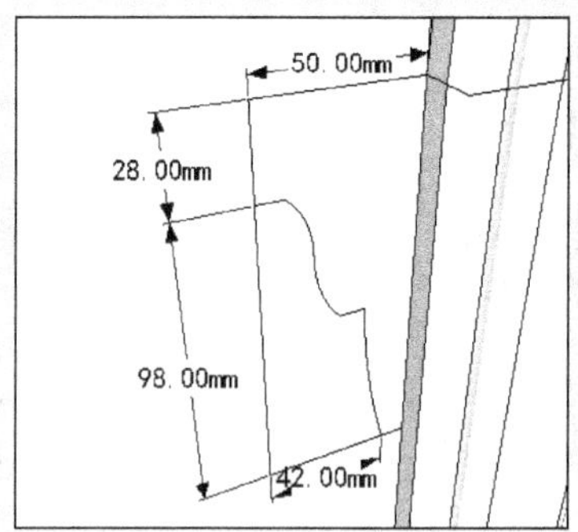

图 9-181 制作中部角线平面

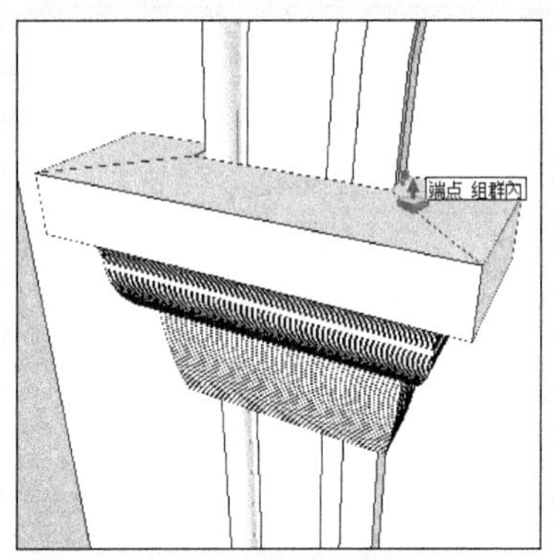

图 9-182 制作实体装饰块

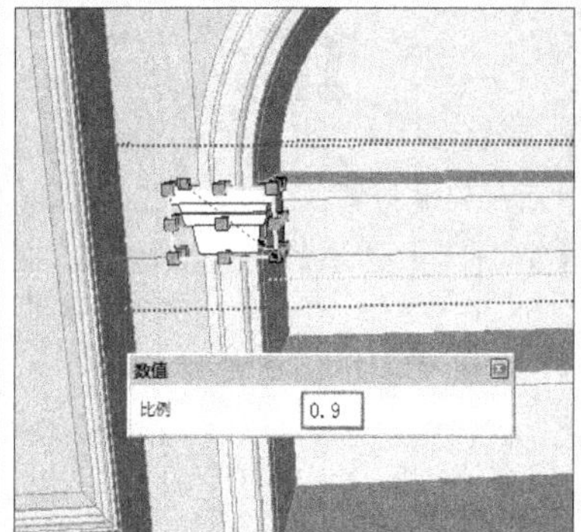

图 9-183 调整装饰块造型

图 9-184 书架外部装饰框完成效果

图 9-185 向内推入 50mm

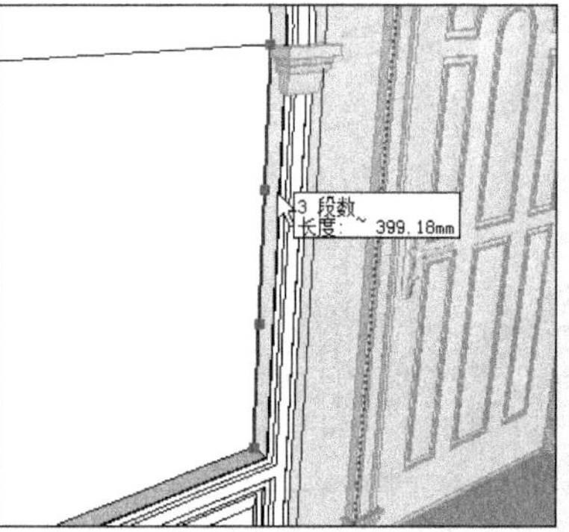

图 9-186 选择边线进行拆分

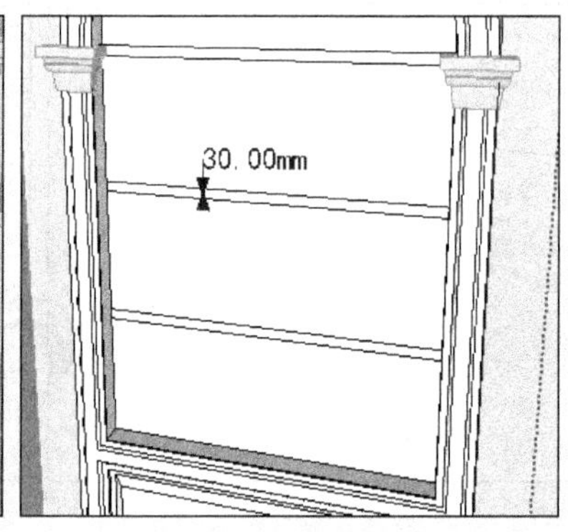

图 9-187 创建搁板厚度

30 启用【推/拉】工具，捕捉图纸以制作书架深度，如图 9-188 所示。

31 调整好装饰块细节，如图 9-189 所示。至此，书架即已制作完成，接下来处理其他细节。

3. 处理其他细节

01 通过线段的移动复制分割好上部墙面，如图 9-190 所示。

02 采用之前的方法制作好上部墙面细节，完成效果如图 9-191 所示。

03 打开【材料】对话框，赋予墙面材质，完成效果如图 9-192 所示。

04 删除左侧的书架平面，然后整体复制书架以及上方墙面并对齐，如图 9-193 与图 9-194 所示。

05 经过以上步骤，东面墙体壁炉、墙面以及书架细节即已制作完毕，完成效果图 9-195 所示。最后处理门上方的墙面细节。

06 通过线段的移动复制制作好书房房门的上方分割线，如图 9-196 所示。

图 9-188 捕捉图纸制作深度

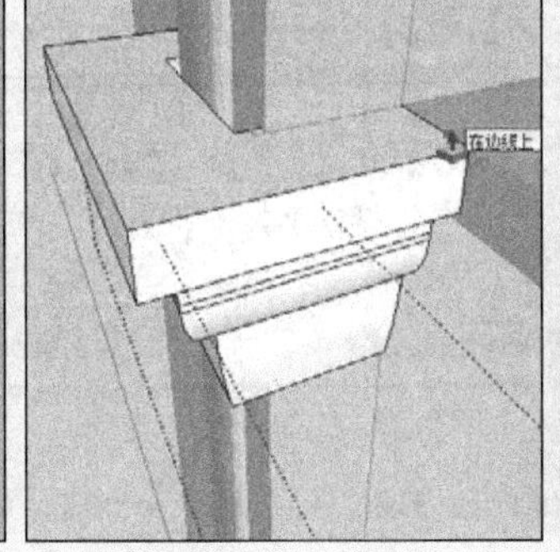

图 9-189 调整装饰块细节

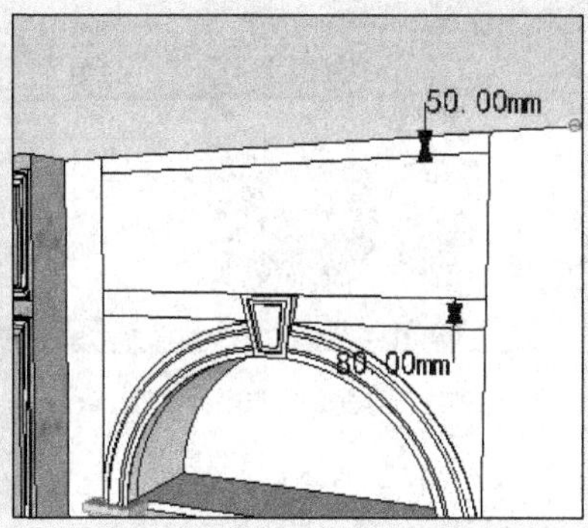

图 9-190 分割上部墙面

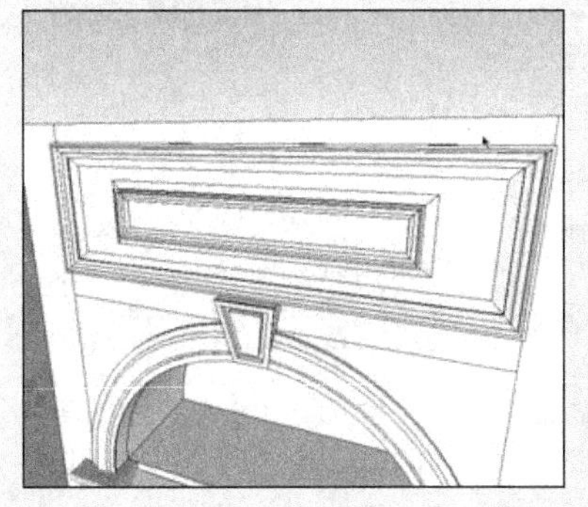

图 9-191 制作墙面细节

图 9-192 赋予墙面材质

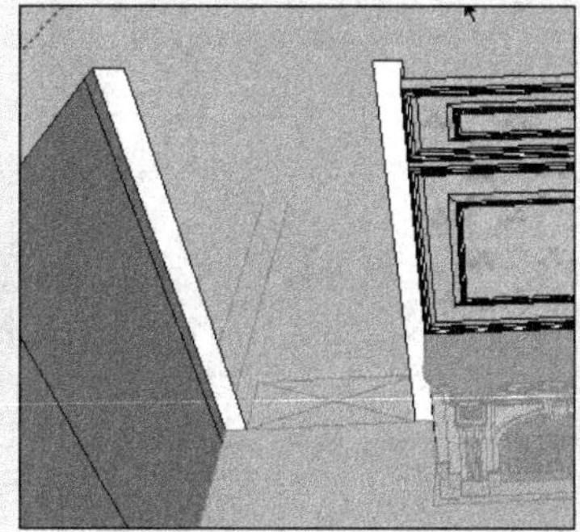

图 9-193 删除左侧书架平面

图 9-194 整体复制书架与墙面

图 9-195 壁炉、书架以及墙面完成效果

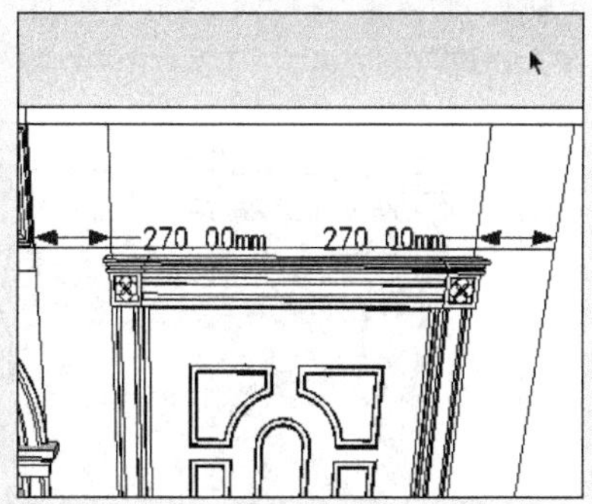

图 9-196 制作书房门上方分割线

07 采用类似方法制作好房门上方墙面细节，完成效果如图 9-197 所示。

08 经过以上步骤，东面墙体即已制作完成，整体效果如图 9-198 所示。接下来处理北面墙体。

9.5.2 处理北面墙体

01 北面墙体的当前效果如图 9-199 所示。可以看到，其左右两侧分别为装饰性书柜，中部安放了一个边框。

02 捕捉壁炉高度，通过线段的移动复制分割好中部墙面，如图 9-200 所示。

03 结合使用【偏移】、【推/拉】以及【缩放】工具，制作好下部墙面细节，完成效果如图 9-201 所示。

图 9-197 制作房门上方墙面细节

图 9-198 东面墙体整体效果

图 9-199 北面墙体当前效果

04 捕捉东面墙体的分割线，通过线段的移动复制分割好北面墙体的上部墙面，如图 9-202 所示。

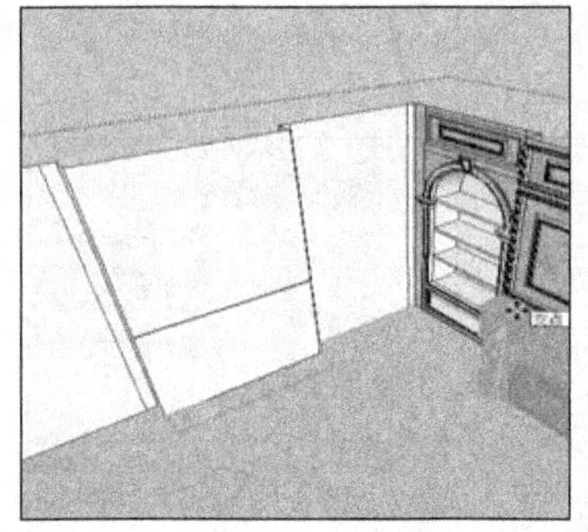
图 9-200 分割中部墙面

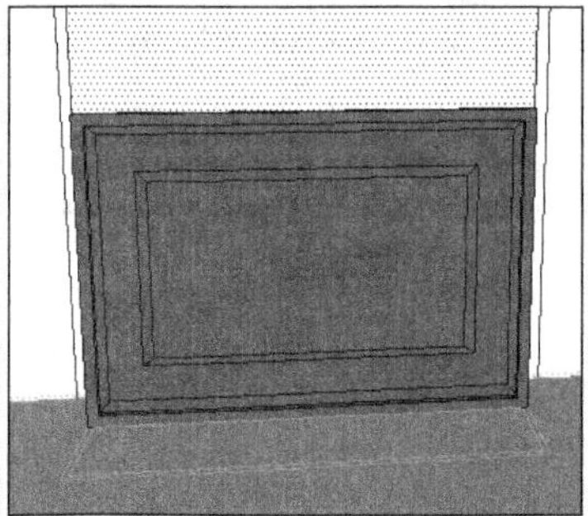
图 9-201 制作好下部墙面细节

图 9-202 捕捉东面墙体分割线分割北面墙体

05 采用类似方法制作好上方墙面细节，完成效果如图 9-203 所示。

06 删除北面墙体书架处的平面，通过复制东面墙体的书架完成北面墙体的制作，效果如图 9-204 所示。接下来处理西面墙体。

图 9-203 制作好上部墙面细节

图 9-204 北面墙体制作完成

9.5.3 处理西面墙体

01 西面墙体的处理十分简单，首先删除中部书架平面，如图 9-205 所示。

02 复制并调整好书架造型即可，完成效果如图 9-206 所示。

图 9-205　删除中部书架平面

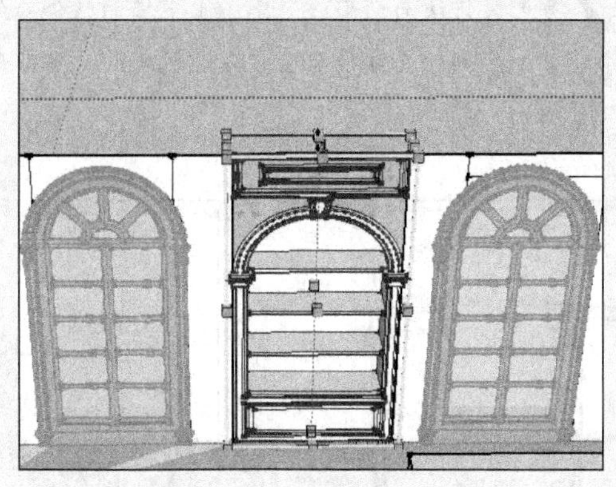
图 9-206　复制并调整书架造型

9.5.4 处理南面墙体

01 启用【推/拉】工具，按住 Ctrl 键捕捉图纸并制作墙体，如图 9-207 与图 9-208 所示。

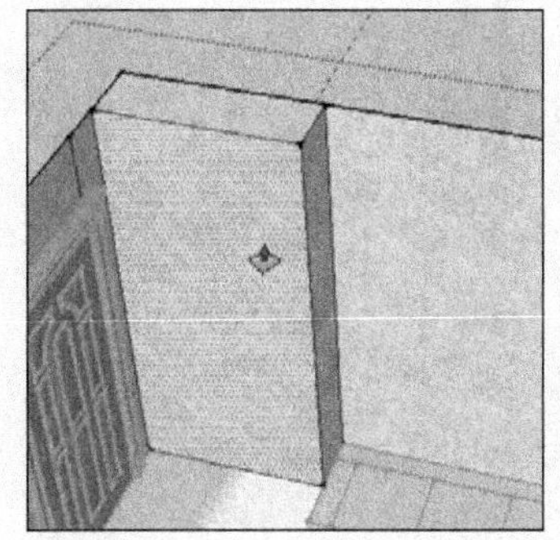
图 9-207　捕捉图纸制作墙体

图 9-208　墙体制作完成

图 9-209　复制上部门套线

02 分别复制门套线至墙体，如图 9-209 与图 9-210 所示。然后选择门套线，通过捕捉中点进行对齐调整，如图 9-211 所示。

03 以相同的方法复制并调整好其他门套线，完成效果如图 9-212 所示。

图 9-210　复制两侧门套线

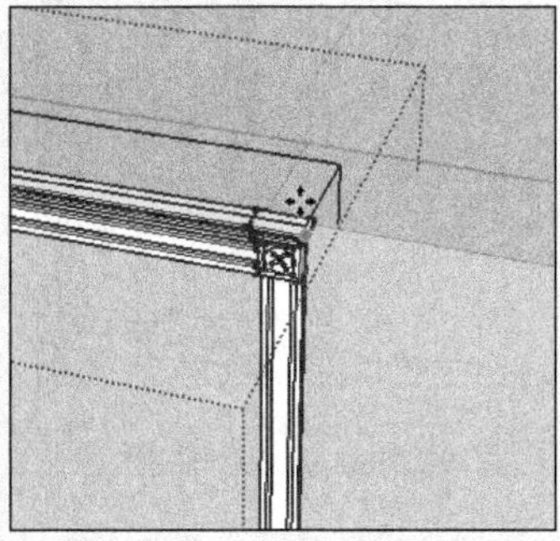
图 9-211　捕捉中点调整门套线

图 9-212　复制并调整其他门套线

04 选择底部线段，以 900mm 的距离向上移动复制并分割墙体，如图 9-213 所示。

05 选择底部线段，捕捉装饰块的上沿并分割出踢脚板平面，如图 9-214 所示。

06 结合使用【偏移】以及【推/拉】工具，制作下方墙面细节，如图 9-215 与图 9-216 所示。

07 复制装饰块与门套线，完成上下墙面结合处的制作，效果如图 9-217 所示。

08 复制下部墙面细节至上方左侧的墙面，然后通过线段的移动调整好其长度，如图 9-218 所示。

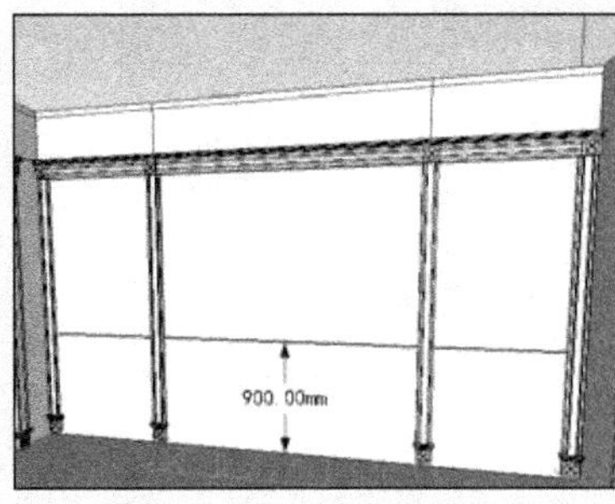

图 9-213　复制线段分割墙体

图 9-214　复制线段分割出踢脚板平面

图 9-215　制作下方左侧墙面细节

图 9-216　制作下方其他墙面

图 9-217　上下墙面结合处的制作完成

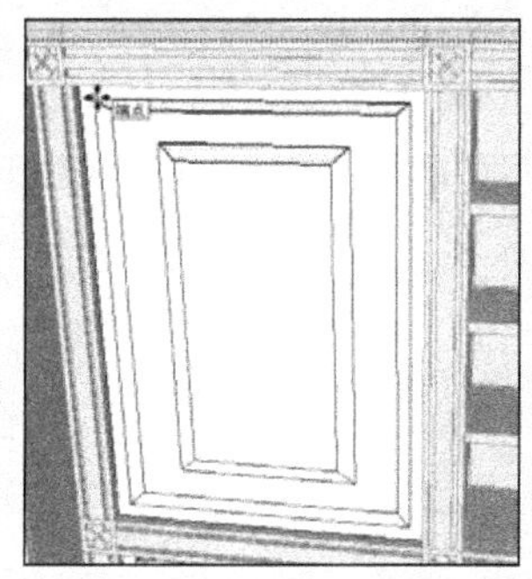

图 9-218　复制并调整上方左侧墙面

09 以同样的方法制作好上方右侧的墙面细节，完成效果如图 9-219 所示。

10 选择中部竖向线段并将其 4 拆分，如图 9-220 所示。然后捕捉拆分点并通过线段的移动复制制作 30mm 厚搁板平面。

图 9-219　两侧墙面制作完成

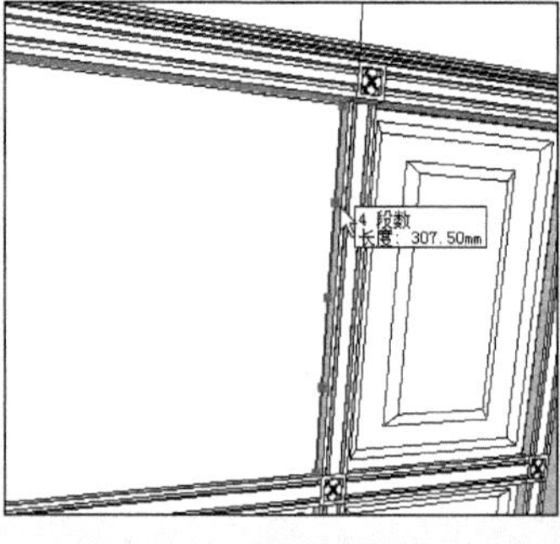

图 9-220　4 拆分竖向线段

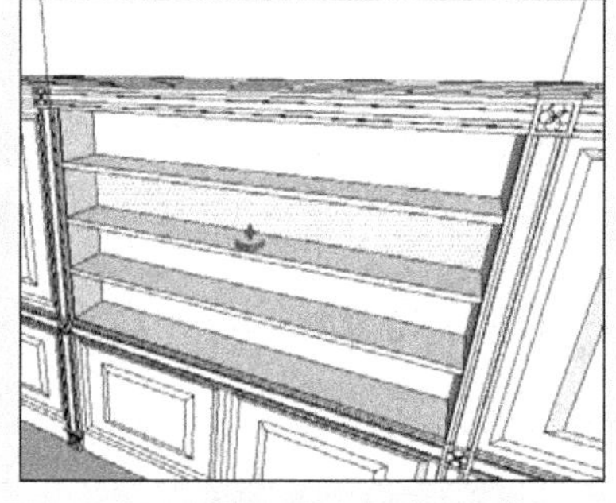
图 9-221　制作书柜

11 启用【推/拉】工具制作好书柜，如图 9-221 所示，完成效果如图 9-222 所示。

12 根据之前处理墙面的方法制作南面墙体的上方细节，效果如图 9-223 所示。

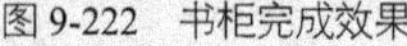

图 9-222　书柜完成效果

图 9-223　南面墙体制作完成

9.6 制作顶棚

01 启用【矩形】工具，绘制顶部角线平面，如图 9-224 所示。

02 将平面以 3 × 3 方式分割，然后启用【圆弧】工具绘制角线细节，如图 9-225 与图 9-226 所示。

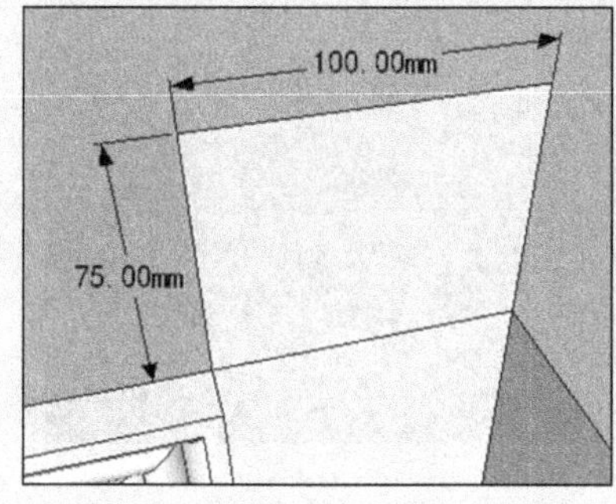

图 9-224　绘制顶部角线平面

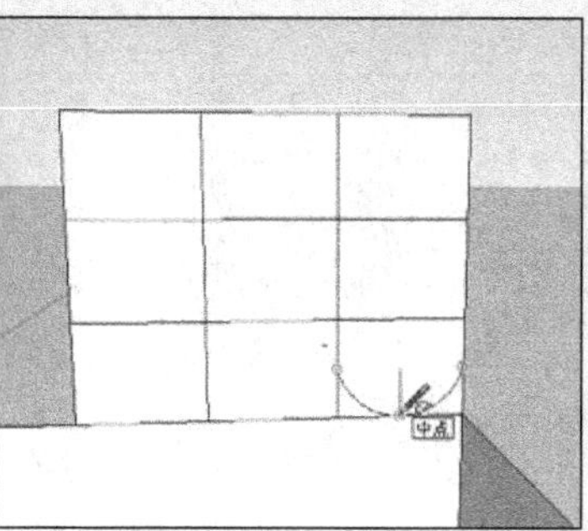

图 9-225　创建圆弧细节

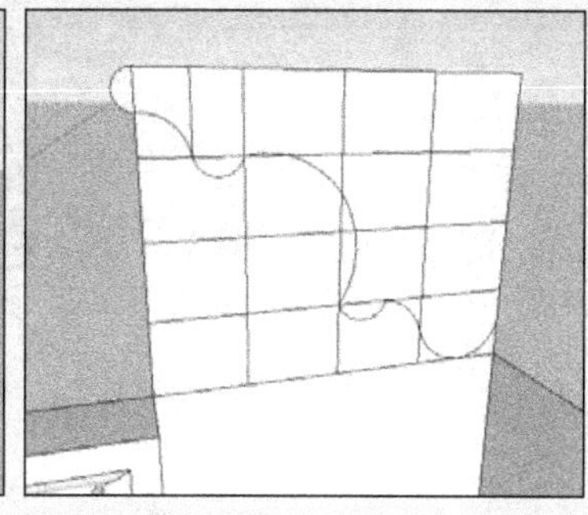

图 9-226　角线平面制作完成

03 捕捉角线的上洞并复制顶面，如图 9-227 所示。

04 启用【路径跟随】工具制作好顶部角线，如图 9-228 所示，细节效果如图 9-229 所示。

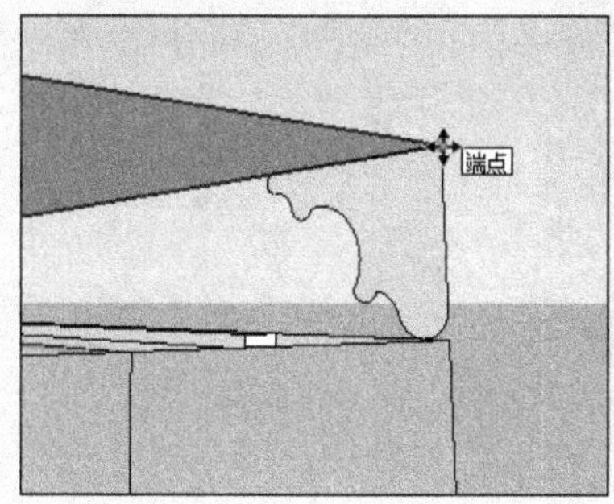

图 9-227　向上调整顶面

图 9-228　制作顶部角线

图 9-229　顶部角线细节

05 通过面的移动，调整好位于南面墙体处的角线的位置，如图 9-230 所示。

06 调整顶面位置，然后启用【偏移】工具向内偏移 300mm，如图 9-231 与图 9-232 所示。

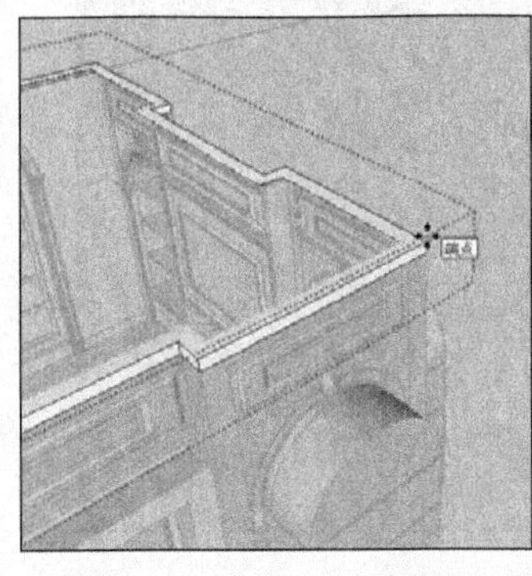

图 9-230 调整南面墙体角线位置

图 9-231 调整顶面位置

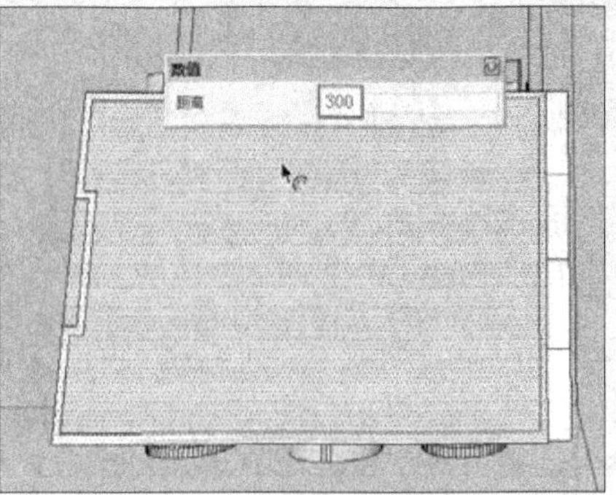

图 9-232 向内偏移 300mm

07 删除多余的线段，然后调整内部平面，如图 9-233 所示。

08 启用【推/拉】工具，捕捉顶部墙面装饰线并将其向下推拉，如图 9-234 所示。

09 结合使用启用【偏移】与【推/拉】工具，制作好内部结构，如图 9-235 与图 9-236 所示。

10 结合使用【矩形】、【直线】以及【圆弧】工具，制作内部角线平面，如图 9-237 与图 9-238 所示。

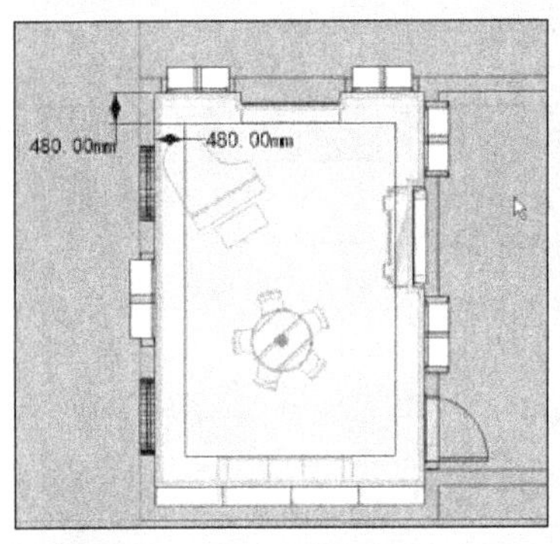

图 9-233 调整内部平面

图 9-234 捕捉装饰线将其向下推拉

图 9-235 向内偏移 600mm

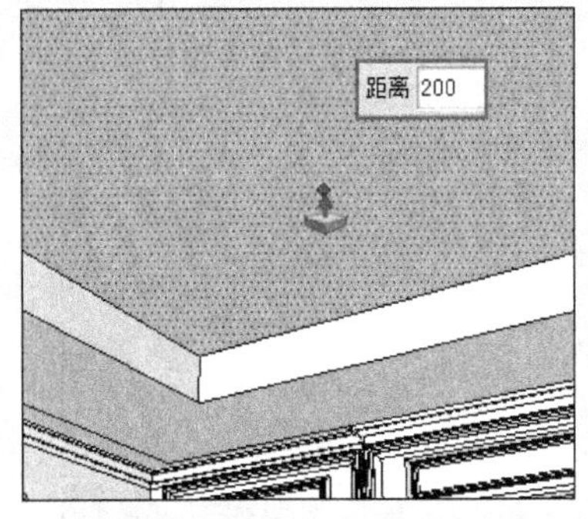

图 9-236 向内推入 200mm

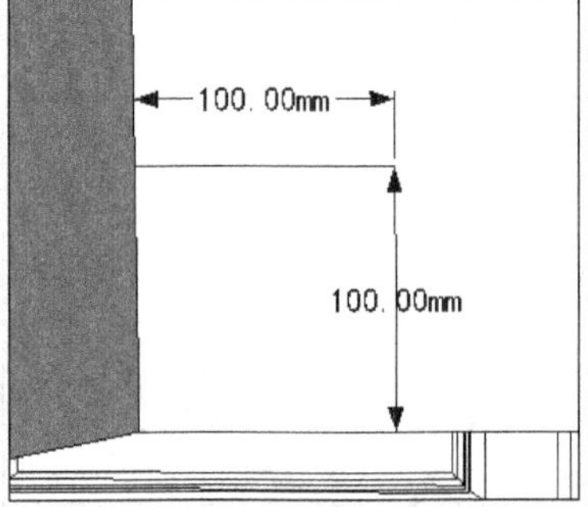

图 9-237 绘制内部角线平面

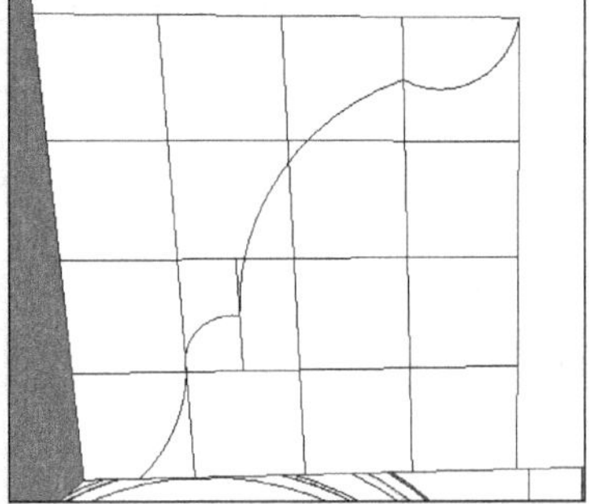

图 9-238 细化角线造型

11 启用【路径跟随】工具，制作好内部角线，如图 9-239 与图 9-240 所示。

12 结合使用【矩形】、【圆】工具，制作好筒灯平面，如图 9-241 所示。

13 结合使用【偏移】与【推/拉】工具，制作好筒灯细节造型，完成效果如图 9-242 所示。

14 切换至俯视图并调整至透明显示，然后复制筒灯，如图 9-243 与图 9-244 所示。

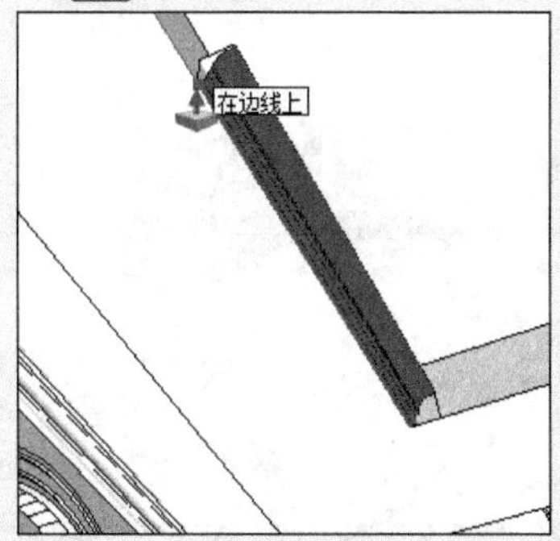

图 9-239　制作内部角线

图 9-240　角线完成效果

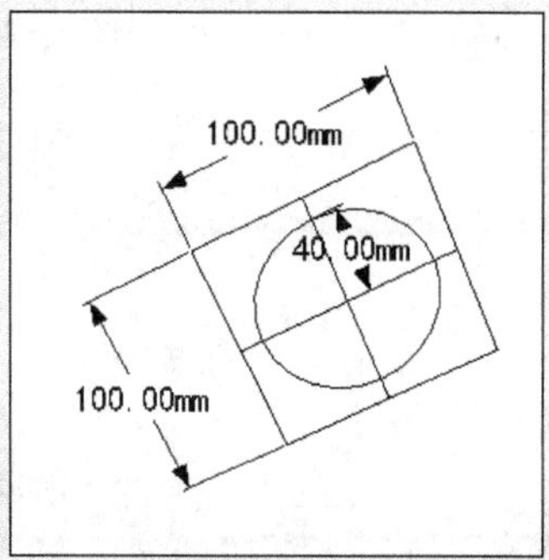

图 9-241　制作筒灯平面

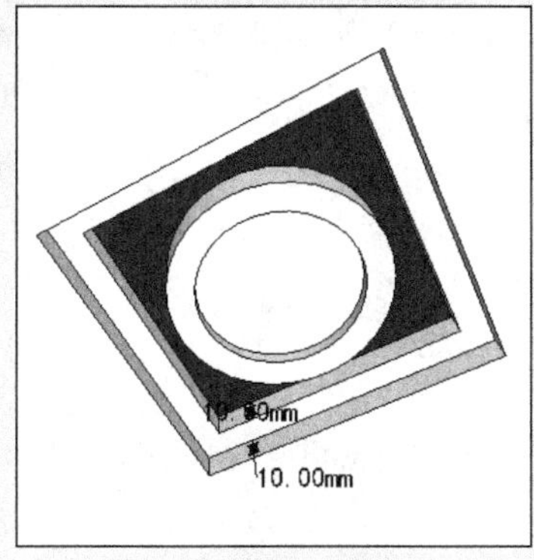

图 9-242　细化筒灯造型

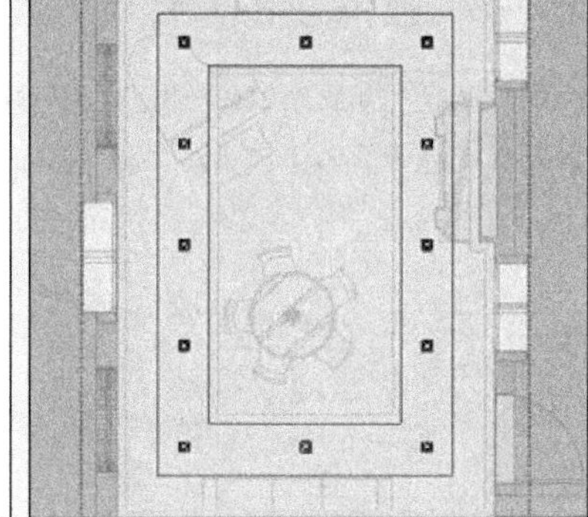

图 9-243　复制筒灯

图 9-244　筒灯复制完成效果

15 打开【材料】对话框，制作并赋予顶面油画材质，如图 9-245 所示。

16 经过以上步骤，顶棚细节制作即已完成，整体效果如图 9-246 所示。接下来处理地面细节。

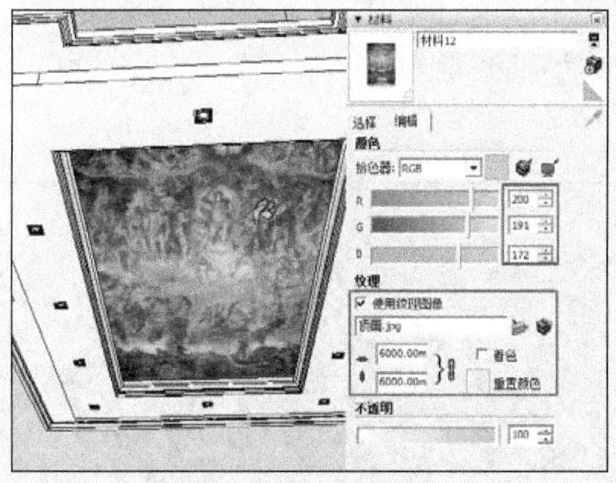

图 9-245　赋予顶面材质

图 9-246　书房顶棚细节完成效果

9.7 处理地面细节

01 隐藏顶棚与门模型，然后通过线段的移动复制制作踢脚板平面，如图 9-247 所示。

02 打开【材料】对话框，赋予其木纹材质，然后启用【推/拉】工具，捕捉装饰块的边缘制作厚度，如图 9-248 所示。

03 采用相同的方法制作好其他区域的踢脚板，完成效果如图 9-249 所示。

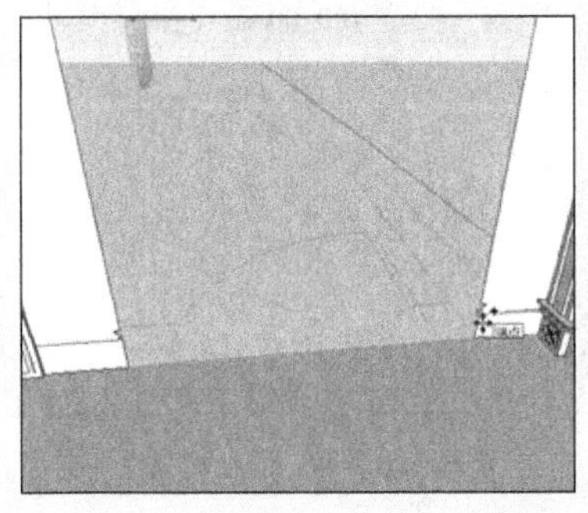

图 9-247 复制线段制作踢脚板平面

图 9-248 捕捉装饰块边缘制作厚度

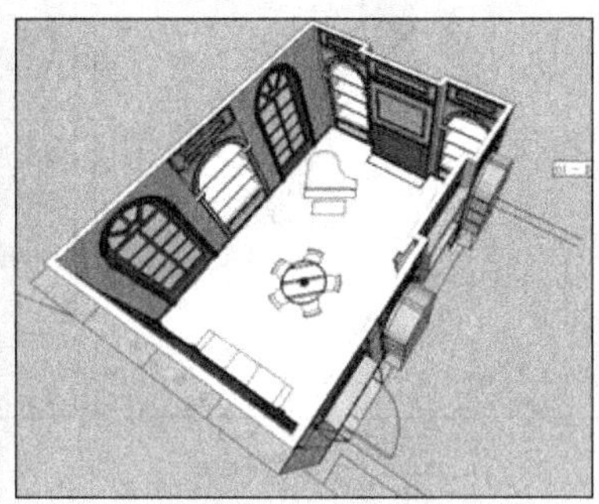

图 9-249 制作其他踢脚板

04 启用【偏移】工具制作好地面的分割细节，如图 9-250 与图 9-251 所示。

05 打开【材料】对话框，赋予外侧地面石材（中部区域为与门窗一致的木纹），如图 9-252 所示。

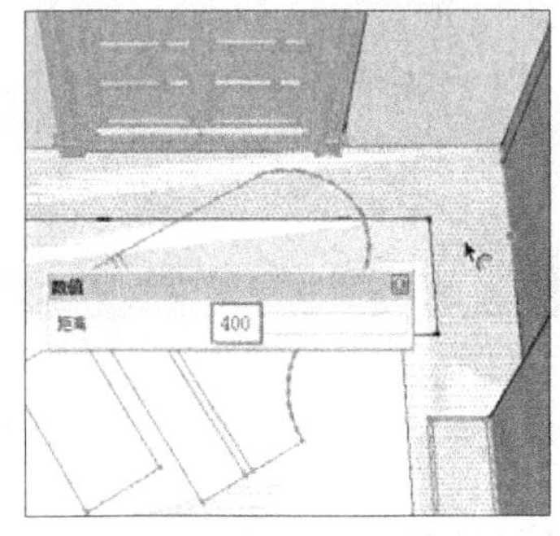

图 9-250 向内偏移 400mm

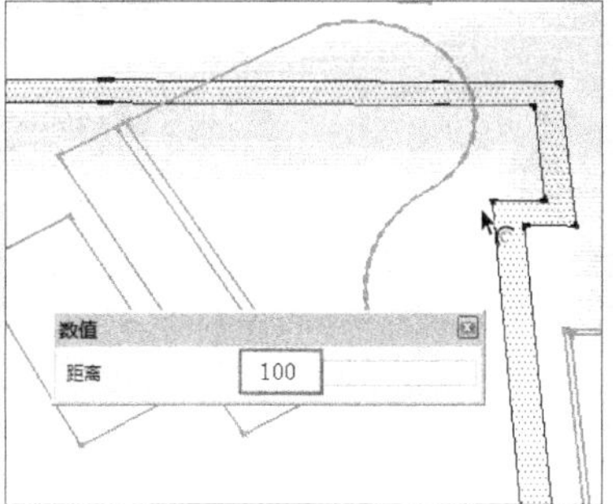

图 9-251 向内偏移 100mm

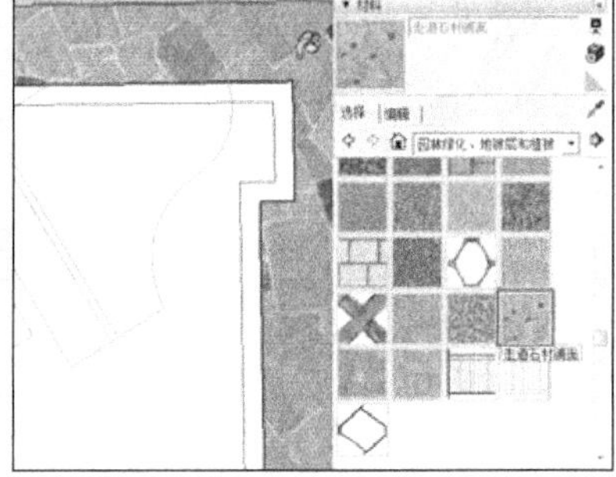

图 9-252 赋予外侧地面石材

06 为内部地面制作并赋予木纹地板材质，完成效果如图 9-253 所示。

07 经过以上步骤，地面处理即已完成，效果如图 9-254 所示。

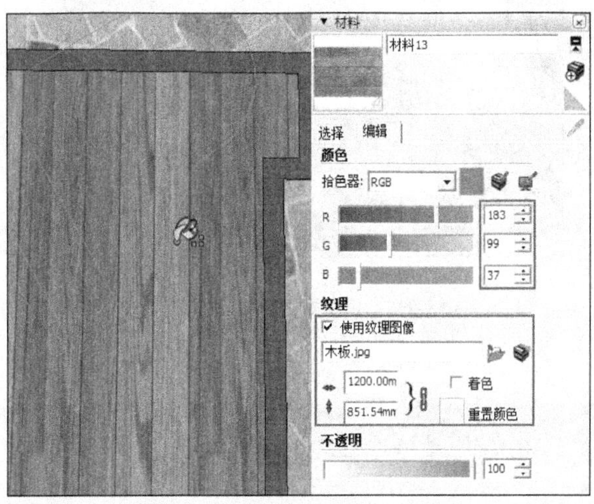

图 9-253 赋予内部地面木纹地板材质

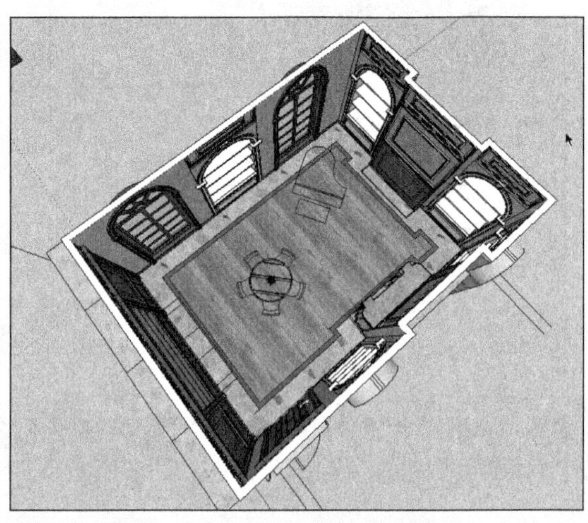

图 9-254 地面处理完成效果

08 显示所有隐藏的模型，完成本例的空间设计，各处细节与各方向的透视效果如图 9-255~图 9-261 所示。

图 9-255　书房房门与南面墙体细节

图 9-256　壁炉、墙面以及壁内书架细节

图 9-257　窗户以及书架细节

图 9-258　透视效果 1

图 9-259　透视效果 2

图 9-260　透视效果 3

图 9-261　透视效果 4

09 在 SketchUp 中完成空间设计后，将模型导入 3ds Max 中，通过合并家具、装饰等模型完成场景的制作，效果如 9-262 与图 9-263 所示。

10 布置好灯光，然后通过 VRay 得到最终渲染的效果，如图 9-264 与图 9-265 所示（详细内容参考本书第 10 章）。

图 9-262　导入 3ds Max 并调整材质

图 9-263　合并家具、装饰等模型

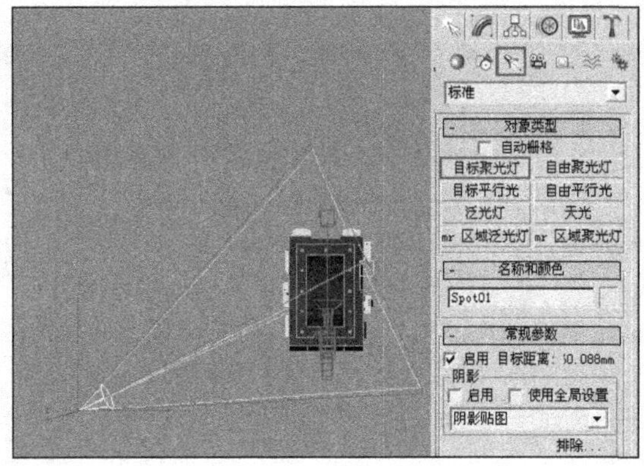

图 9-264　布置灯光

图 9-265　最终渲染效果

第 10 章

欧式古典风格书房 VRay 写实表现

本章将介绍如何在 SketchUp 中导出 3ds 文件，然后导入至 3ds Max 中，结合 VRay 渲染器，经过贴图载入、摄影机确定、材质调整、模型合并以及灯光布置，制作出写实风格效果的方法与技巧。

本例将介绍在 SketchUp 中通过 3ds 文件的转换，将模型方案导入 3ds Max 中，然后结合 VRay 渲染器输出高质量写实效果的流程与方法，如图 10-1~图 10-6 所示。

图 10-1　SketchUp 导出 3ds 文件

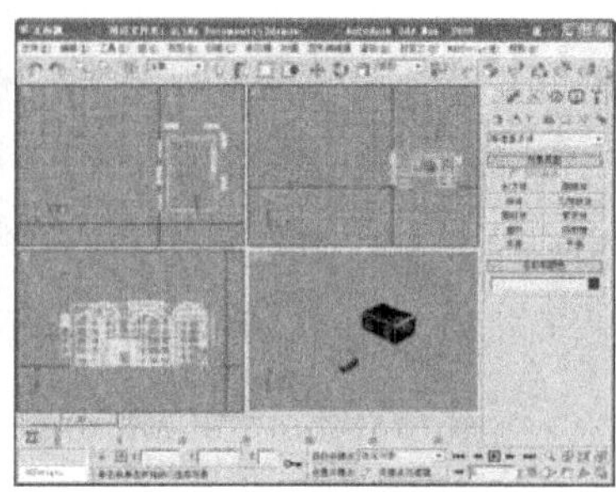
图 10-2　导入 3ds 文件至 3ds max

图 10-3　载入贴图并确定摄影机视角

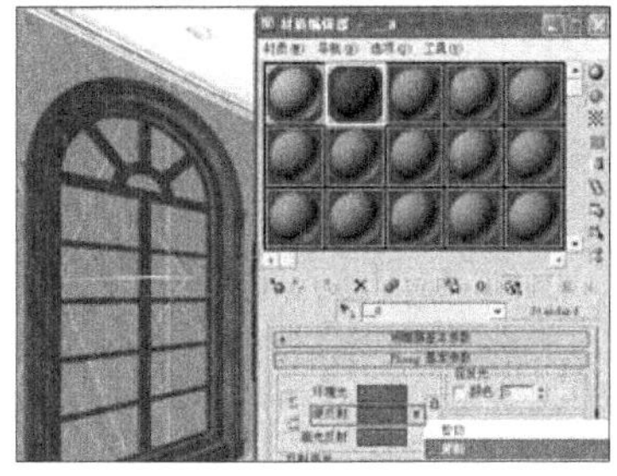
图 10-4　编辑材质效果

图 10-5　合并家具配饰

图 10-6　制作灯光完成最终效果

10.1 导入 3ds Max 并确定摄影机视图

10.1.1 导出为 3ds 文件

01 启动 SketchUp 软件，打开本书第 9 章中所创建的欧式古典风格书房模型，如图 10-7 所示。

02 显示所有模型组件，如图 10-8 所示。执行【文件】/【导出】/【三维模型】菜单命令，如图 10-9 所示。

图 10-7　打开欧式古典风格书房模型

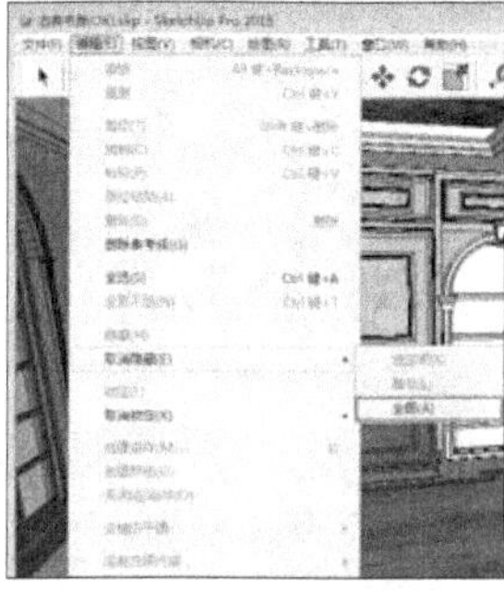
图 10-8　显示所有模型组件

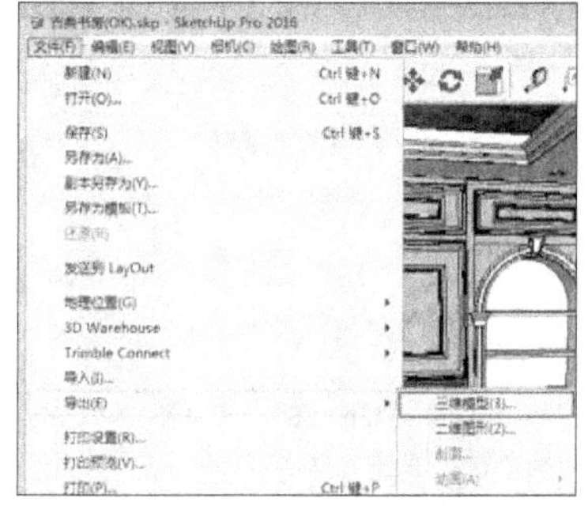
图 10-9　执行导出三维模型菜单命令

03 在【输出模型】对话框中新建“3ds”文件夹，然后以字母命名导出文件，如图 10-10 所示。

04 单击【选项】按钮，查看导出单位的设置，如图 10-11 所示。

05 单击【确定】按钮返回【输出模型】对话框，然后单击【导出】按钮开始导出，如图 10-12 所示。

图 10-10 使用字母命名文件

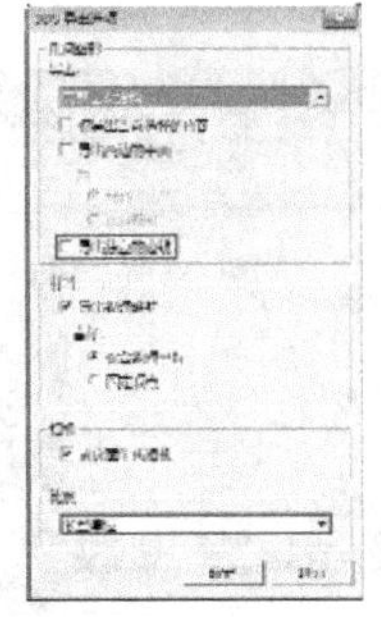
图 10-11 查看导出单位

图 10-12 确定进行导出

06 导出完成后，将弹出【3DS 导出结果】对话框，如图 10-13 所示，显示导出文件的相关信息。

10.1.2 导入 3ds 文件至 3ds Max

01 启动 3ds Max2009，如图 10-14 所示。

02 执行【自定义】/【单位设置】菜单命令，在【单位设置】对话框中设置系统与显示单位均为“毫米”，如图 10-15 所示。

图 10-13 导出完成

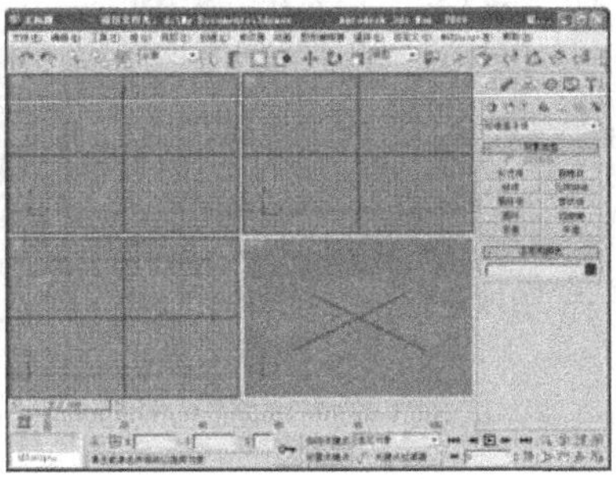

图 10-14 打开 3ds Max

图 10-15 设置单位

03 执行【文件】/【导入】菜单命令，如图 10-16 所示。然后双击之前导出的文件并将其导入，如图 10-17 所示。

04 文件导入后，默认场景效果如图 10-18 所示。

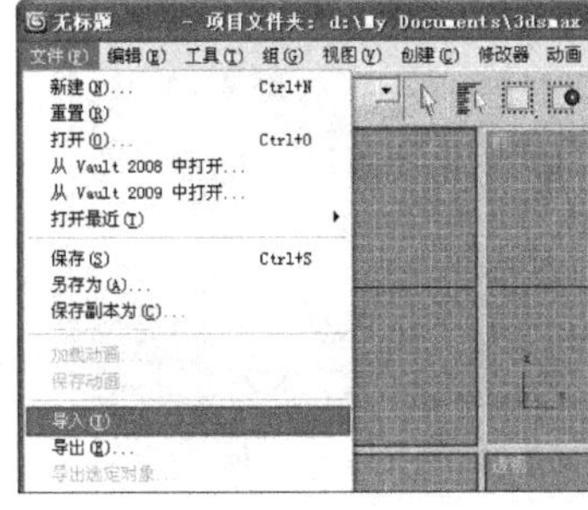

图 10-16 执行【文件】/【导入】菜单命令

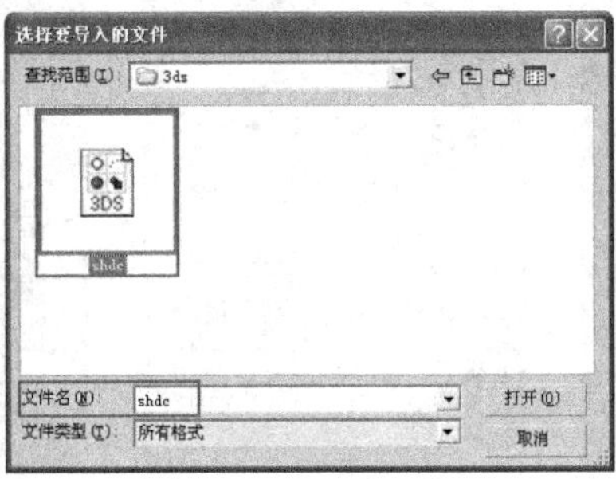

图 10-17 双击导入 3ds 文件

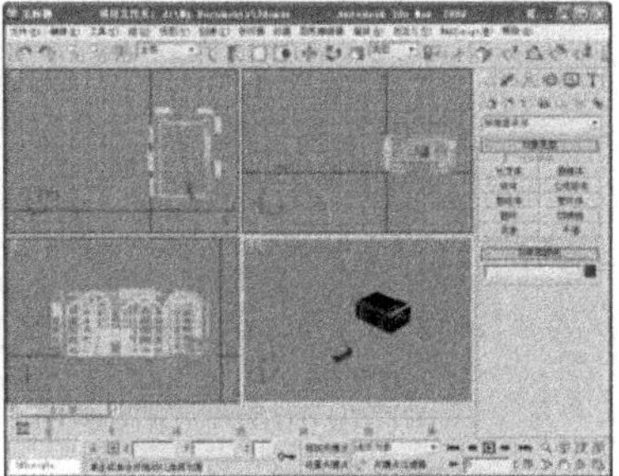
图 10-18 3ds 文件导入完成后的默认场景

05 此时，按下 C 键可进入在 SketchUp 中设置好的摄影机视图查看效果，如图 10-19 所示。

06 执行【文件】/【资源追踪】菜单命令，打开【资源追踪】对话框，如图 10-20 所示。

07 选择丢失的贴图并单击鼠标右键，执行【设置路径】命令，如图 10-21 所示。

图 10-19　查看当前摄影机视图效果

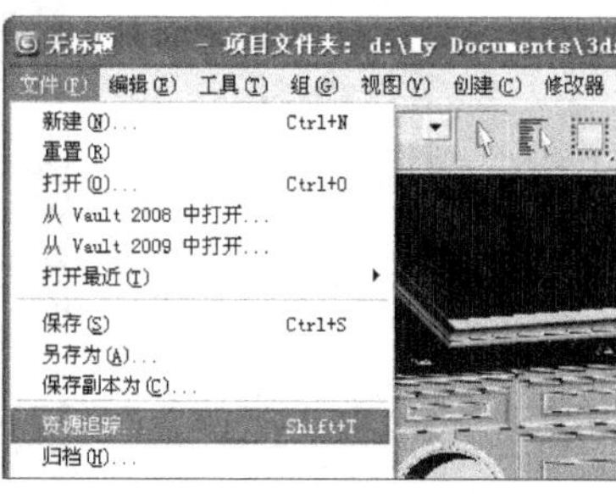

图 10-20　执行命令

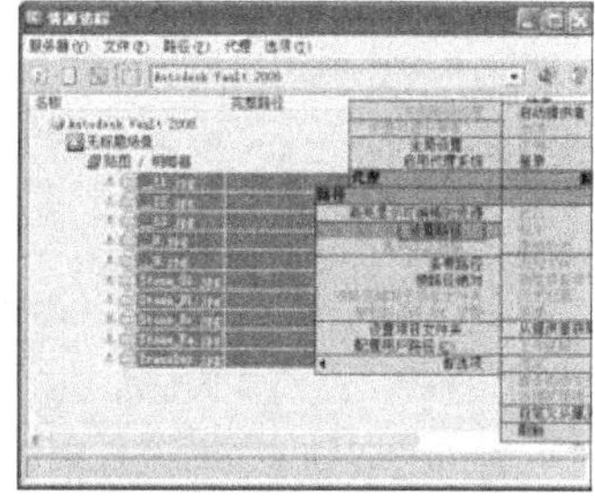

图 10-21　全选丢失贴图设置路径

08 在弹出的【选择新的资源路径】对话框中，设置贴图文件所在文件夹（在 SketchUp 导出时创建的“3ds”文件夹）的路径，然后单击【使用路径】按钮，如图 10-22 所示。

09 按 M 键打开【材质编辑器】，在未显示贴图的模型面上吸取材质并显示贴图，如图 10-23 所示。

10 场景中所有模型贴图的显示效果如图 10-24 所示。

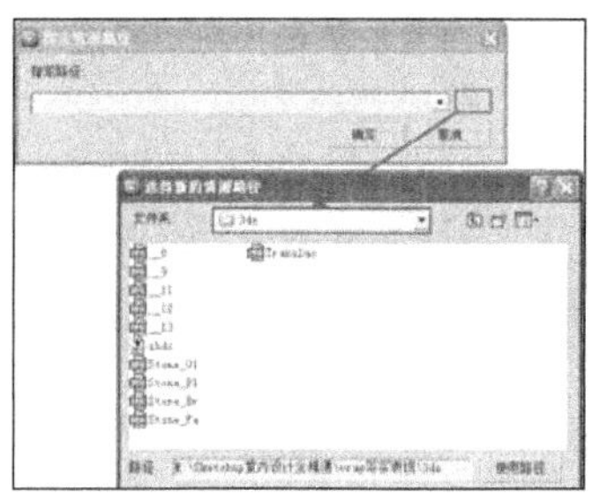

图 10-22　设置贴图路径

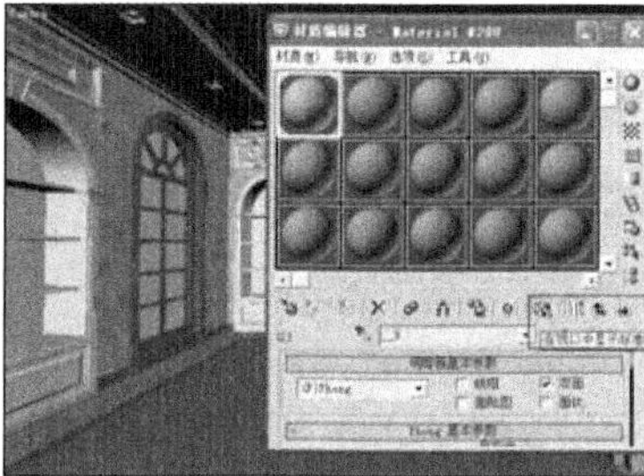

图 10-23　显示贴图

图 10-24　贴图显示效果

11 为了清楚地查看处于阴影位置的贴图效果，需要在场景中创建一盏泛光灯，然后调整好其位置，如图 10-25 所示。

12 进入修改对话框设置泛光灯参数，具体设置如图 10-26 所示。

13 按下 Shift+Q 快捷键，使用默认扫描线渲染器查看当前的贴图效果，如图 10-27 所示。接下来调整场景摄影机。

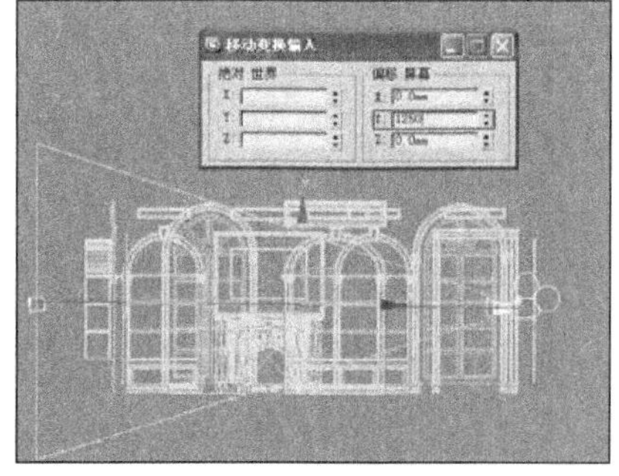

图 10-25　创建泛光灯

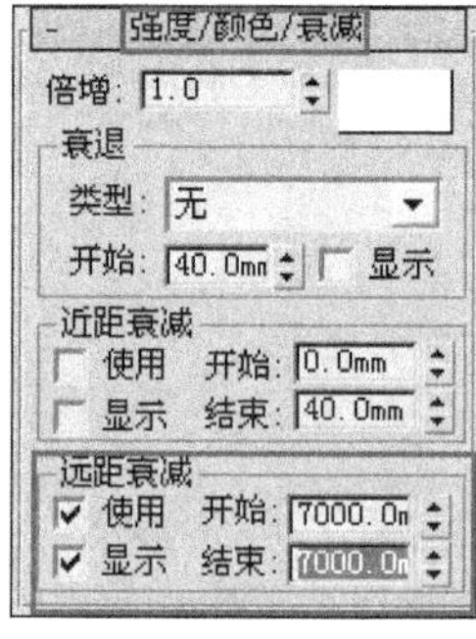

图 10-26　设置泛光灯参数

图 10-27　默认扫描线渲染效果

10.1.3 调整摄影机

01 按 L 键切换到左视图，调整摄影机与目标点高度至 1250mm，如图 10-28 所示。

02 按 T 键切换到顶视图，调整好角度并设置【镜头】值为 13，如图 10-29 所示。

03 勾选【手动剪切】，然后参照显示的红色片面设置好参数。

04 按 C 键进入摄影机视图，然后按下 Shift+F 组合键显示安全框，查看当前摄影机的视图效果，如图 10-30 所示。

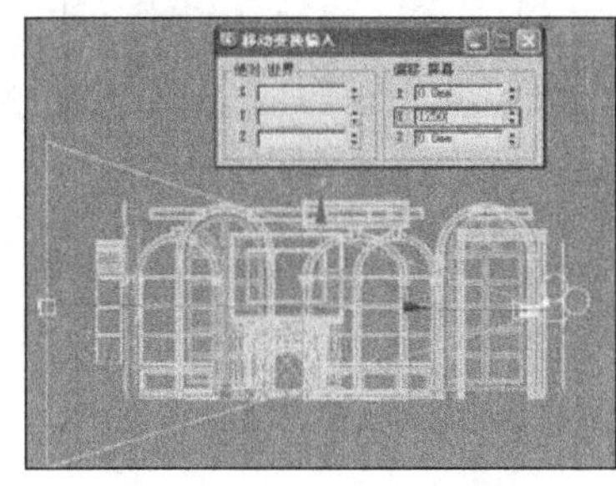

图 10-28 调整摄影机与目标点高度

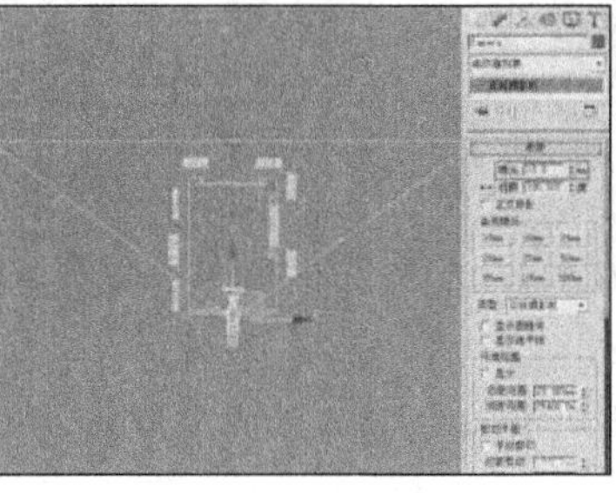

图 10-29 调整角度并设置【镜头】值

图 10-30 查看摄影机视图

05 选择摄影机并单击鼠标右键，添加“应用摄影机校正修改器”命令以校正透视，如图 10-31 所示。

06 按 F10 键打开【渲染设置】对话框，设置好输出长度与宽度的比值，如图 10-32 所示。

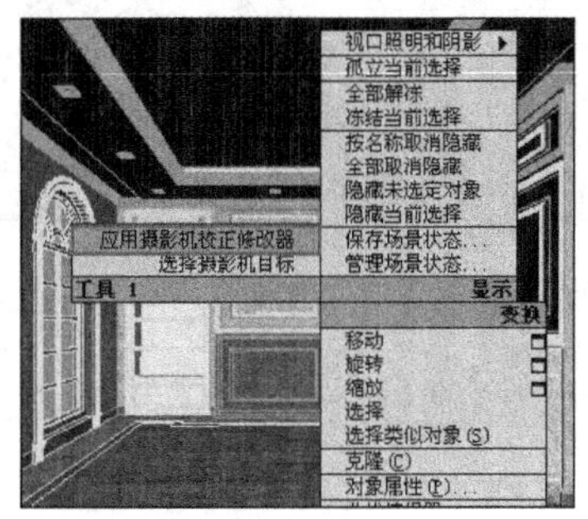

图 10-31 添加摄影机校正修改命令

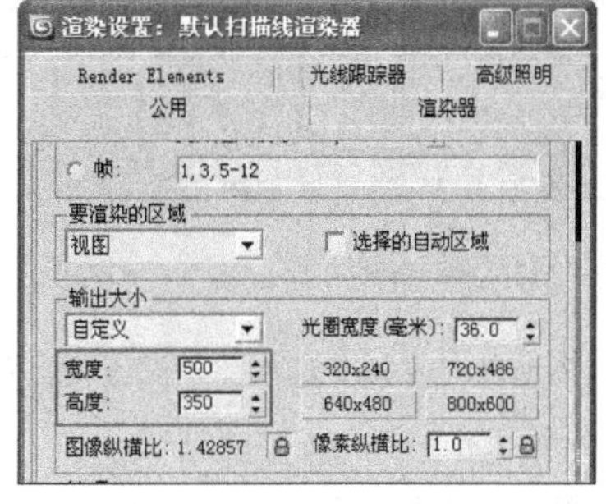

图 10-32 调整输出长宽比

07 按下 Shift+Q 键，渲染当前摄影机的视图效果，如图 10-33 所示。接下来检查模型。

10.1.4 检查模型

创建好场景摄影机后，为了保证当前的模型没有漏光、破面等缺陷，需要进行模型检查，具体的操作步骤如下。

01 按 F10 键进入【渲染设置】对话框，进入【指定渲染器】卷展栏，设置当前渲染器为 V-Ray 渲染器，如图 10-34 所示。

02 进入【V-Ray:全局开关】卷展栏，取消对【默认灯光】与【隐藏灯光】复选框的勾选，如图 10-35 所示。

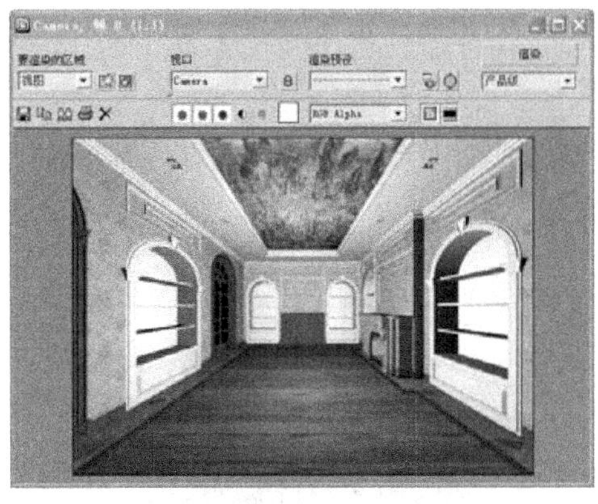

图 10-33　默认渲染当前摄影机视图效果

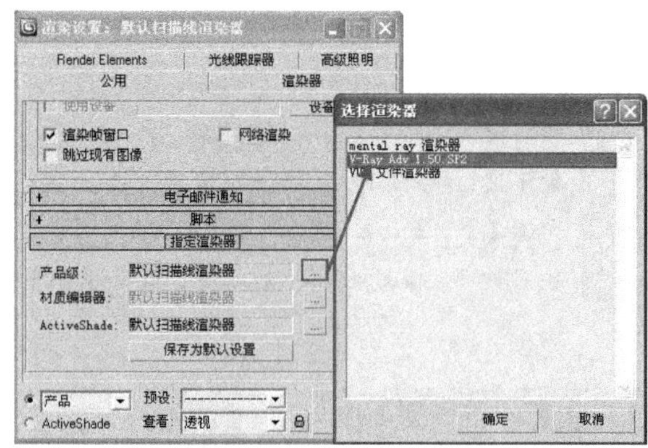

图 10-34　指定 V-Ray 渲染器

03 进入【V-Ray:环境】卷展栏，打开【全局照明环境（天光）覆盖】，并保持其强度为 1，如图 10-36 所示。

04 进入【V-Ray:间接照明】卷展栏，勾选【开】复选框，设置反弹引擎为【发光贴图】与【灯光缓冲】，如图 10-37 所示。

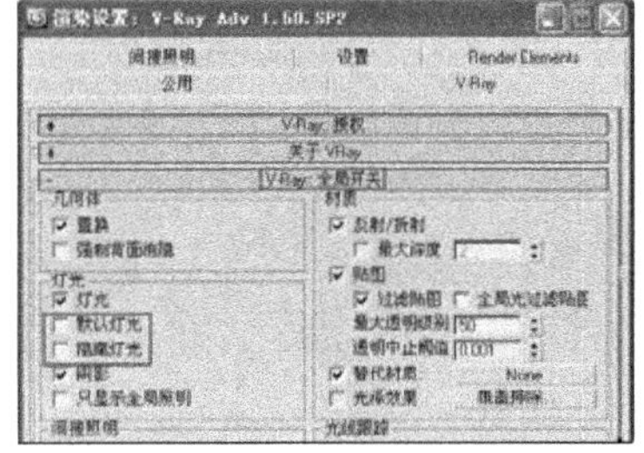

图 10-35　设置全局开关卷展栏

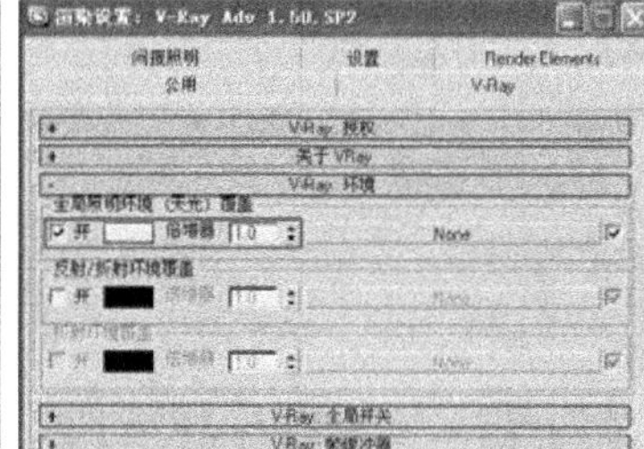

图 10-36　设置天光

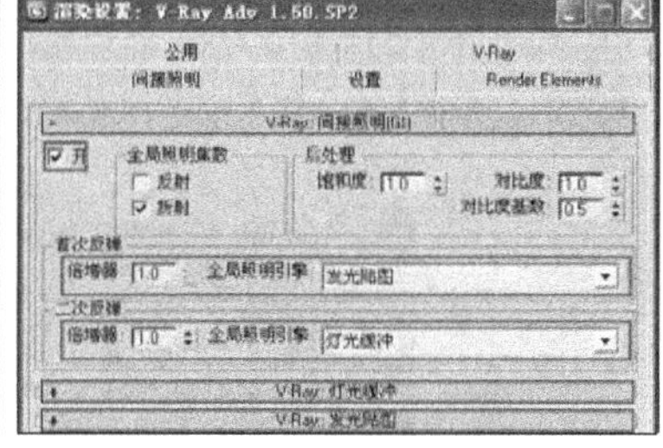

图 10-37　调整间接照明卷展栏

05 进入【V-Ray:发光贴图】卷展栏，设置【当前预置】为“非常低”，设置【半球细分】与【插补采样值】参数，如图 10-38 所示。

06 进入【V-Ray:灯光缓冲】卷展栏，设置较低的【细分】值即可，如图 10-39 所示。

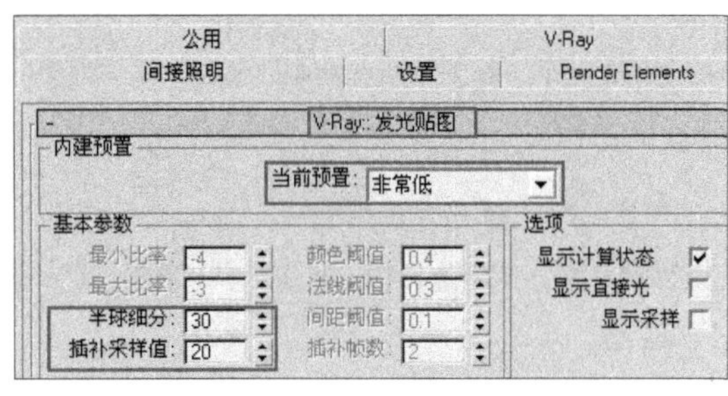

图 10-38　设置发光贴图参数

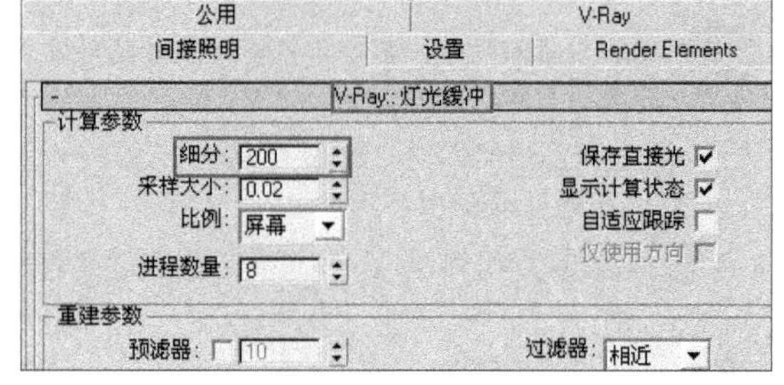

图 10-39　设置灯光缓冲参数

07 按 M 键打开【材质编辑器】，选择一个空白材质并单击【Standard(标准)】材质按钮，将材质类型转换为 VRayMtl，如图 10-40 所示。

08 设置 VRayMtl 材质【漫反射】的 RGB 颜色值均为 255，然后将其拖动复制至【V-Ray:全局开关】卷展栏中的【替代材质】按钮上，如图 10-41 所示。

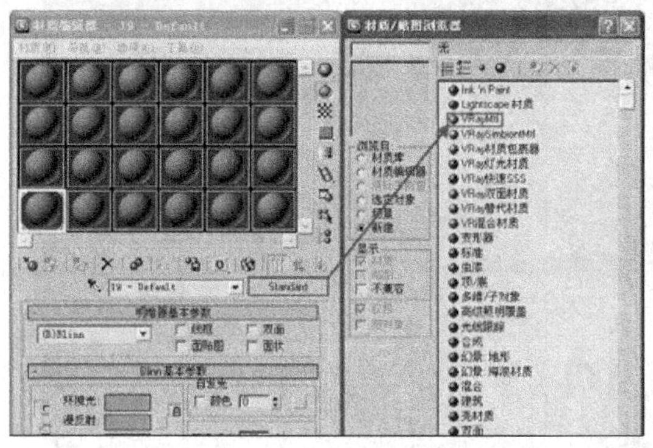

图 10-40　转换空白材质至 VRayMtl

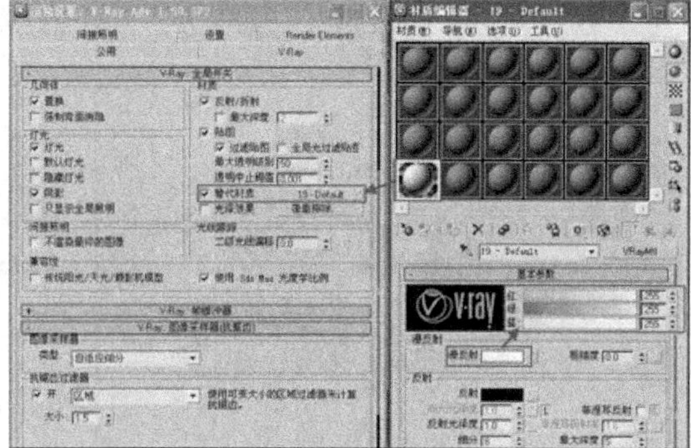

图 10-41　设置全局替代材质

09 隐藏玻璃窗户模型，调整透视图使其足以观察到左侧两处的窗户。

10 按下 Shift+Q 键进行测试渲染，渲染完成的效果如图 10-42 所示。

11 观察渲染效果，可以发现当前场景没有出现漏光、破面等现象，接下来进行场景材质的编辑。

10.2 编辑场景材质

本节将按照如图 10-43 所示的顺序，逐个编辑场景材质。在介绍各类材质参数调整方法的同时，也会穿插讲解如何避免错赋或漏赋材质的操作技巧。

图 10-42　渲染效果

图 10-43　场景材质编号

10.2.1 墙纸材质

01 打开【材质编辑器】，执行【工具】/【重置材质编辑器窗口】菜单命令，如图 10-44 所示。

02 选择第一个材质球，然后单击【吸取材质】按钮 吸取当前墙面的墙纸材质，如图 10-45 所示。

注 意

导入 3ds 模型后，3ds Max 并不会在材质编辑器中自动创建相关材质球，为了能对场景材质进行编辑，需要将其逐个吸取至材质球。

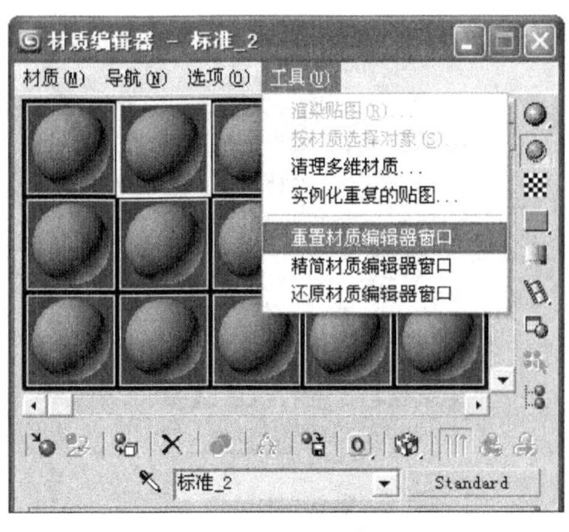

图 10-44 重置材质编辑器窗口

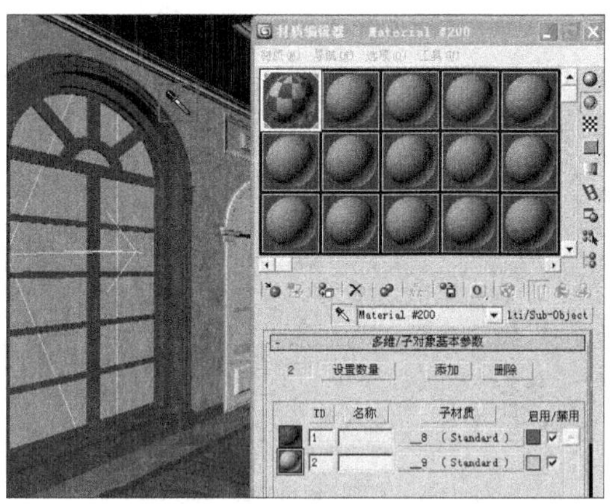

图 10-45 吸取墙纸材质

03 为了确认该材质指定的模型对象，单击【材质编辑器】右侧工具栏中的【按材质选择】按钮，选择指定该材质的模型，如图 10-46 所示。

04 单击鼠标右键，执行【孤立当前选择】菜单命令，将选择的模型独立显示，如图 10-47 所示。

05 将材质命名为“Czcz”(墙纸材质拼音首写字母)，然后进入【贴图】通道，将其【漫反射】贴图拖动复制至【凹凸】贴图通道，如图 10-48 所示。

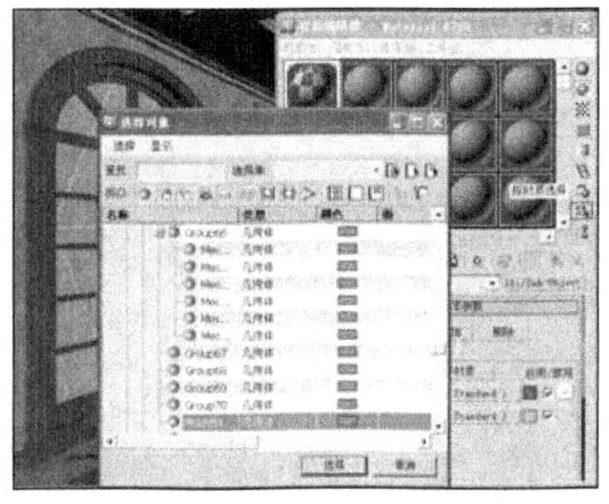

图 10-46 选择指定材质模型

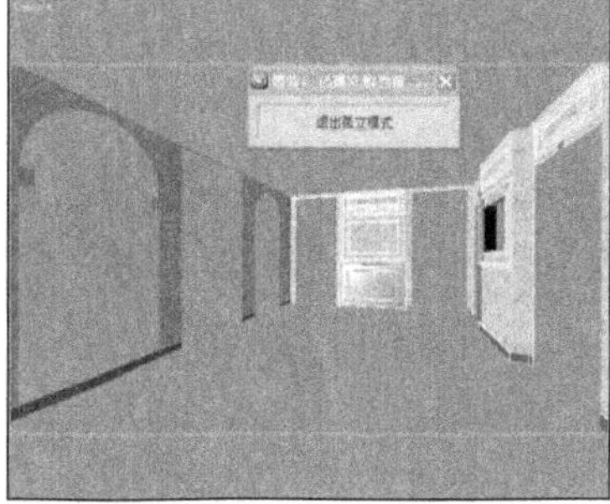

图 10-47 独立显示选择模型

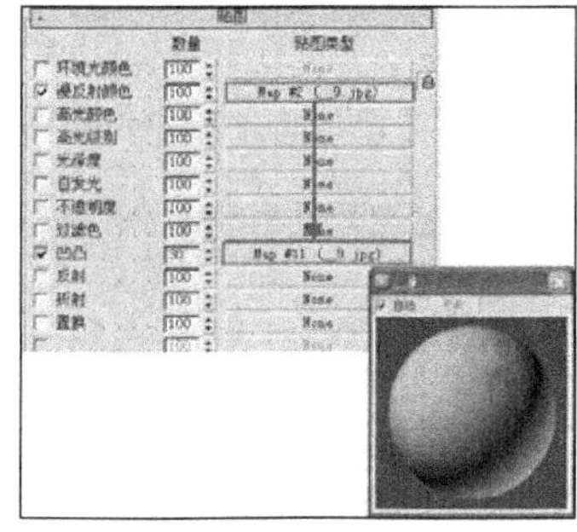

图 10-48 复制贴图

06 选择与墙面对应的模型，单击鼠标右键，为其添加【冻结当前选择】菜单命令，如图 10-49 所示。

07 进入【显示对话框】并勾选【隐藏冻结对象】复选框，将已经赋予材质并冻结的模型隐藏，以方便对其他模型的选取与观察，如图 10-50 所示。

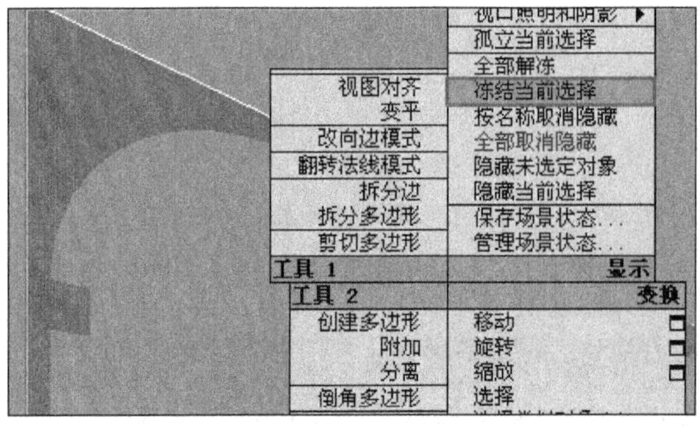

图 10-49 冻结墙面材质指定模型

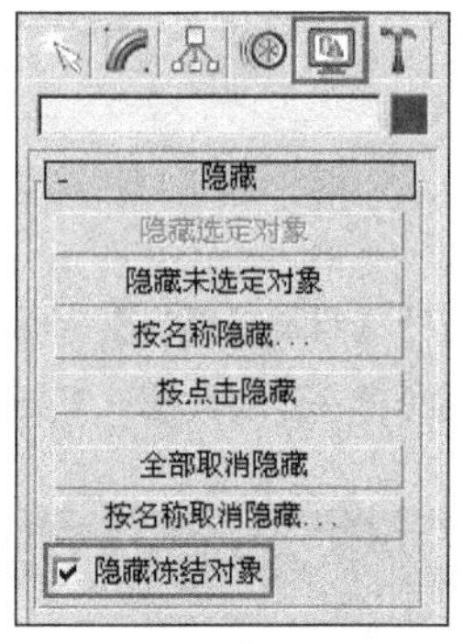

图 10-50 选择隐藏冻结模型

注 意

其他材质制作完成后，也应该及时将其进行冻结隐藏，从而达到逐步精简场景的效果，本书限于篇幅，其过程不再一一说明。

10.2.2 木纹材质

01 单击【吸取材质】按钮，吸取得到当前墙体的壁纸材质。

02 在【漫反射】贴图按钮M上单击鼠标右键，选择复制当前贴图，如图 10-51 所示。

03 将材质转换为 VRayMtl 类型，如图 10-52 所示，将其命名为“Blcz”。

04 在 VRayMtl 的【漫反射】贴图按钮上单击鼠标右键，选择粘贴复制的贴图，如图 10-53 所示。

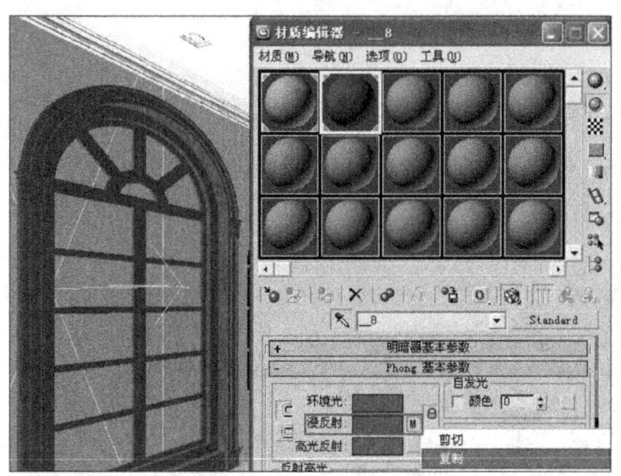

图 10-51　选择复制当前贴图

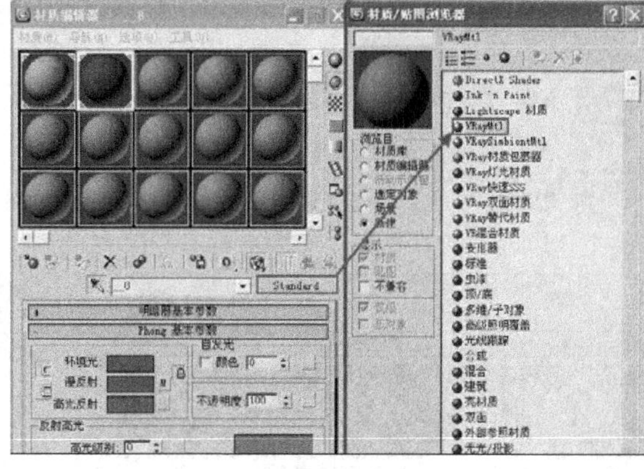

图 10-52　转换材质至 VRayMtl

05 进入【反射】贴图通道为其添加【衰减】程序贴图，如图 10-54 所示。

06 调整【衰减】程序贴图的参数如图 10-55 所示，使木纹材质表面拥有真实的反射细节。

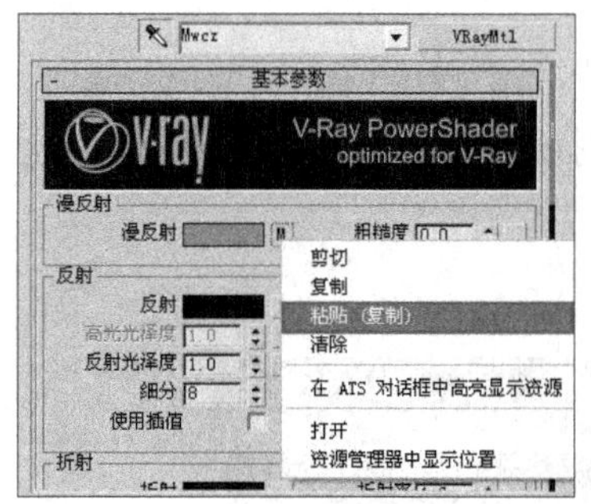

图 10-53　粘贴至【漫反射】贴图通道

图 10-54　添加【衰减】程序贴图至【反射】通道

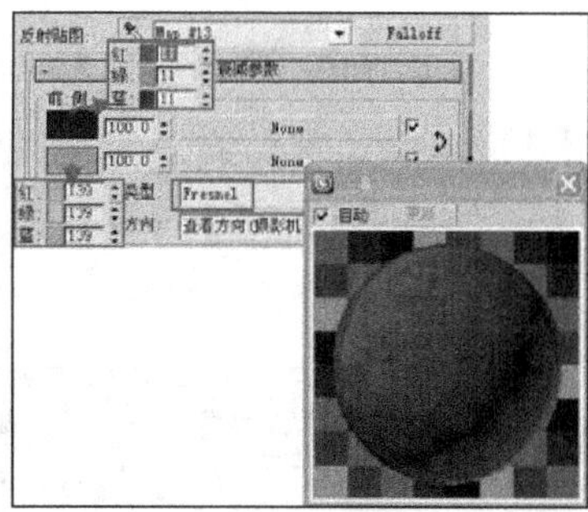

图 10-55　调整衰减参数

07 返回上一层级，调整【反射光泽度】的参数值为 0.89，如图 10-56 所示，使表面出现高光效果。

08 进入【贴图】卷展栏，将反射贴图至凹凸贴图通道，然后调整其数值为 12，使表面出现凹凸细节，如图 10-57 所示。

09 经过以上步骤的调整，木纹材质球效果如图 10-58 所示。

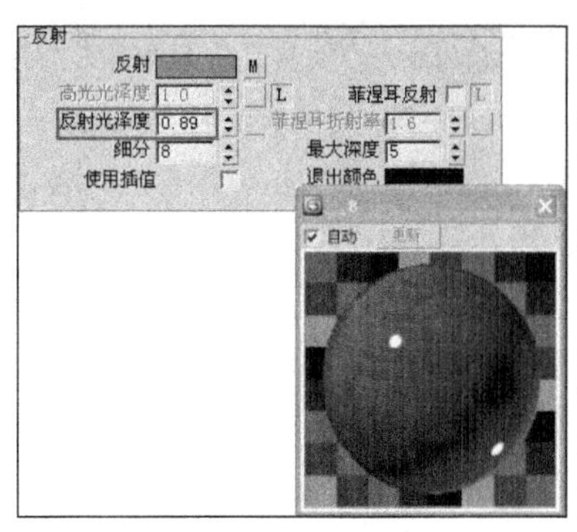

图 10-56　调整【反射光泽度】参数

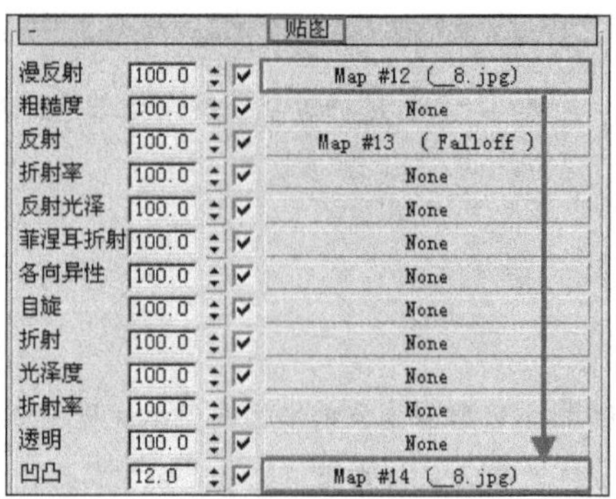

图 10-57　复制漫反射贴图

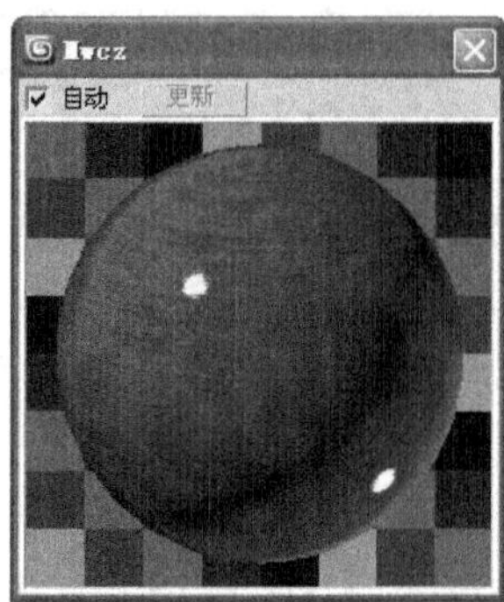

图 10-58　木纹材质球效果

10.2.3 窗户玻璃材质

01 单击【吸取材质】按钮，吸取得到窗户玻璃材质。

02 将材质命名为"Blcz"并转换其类型为 VRayMtl，设置【漫反射】颜色为 60 的灰度，如图 10-59 所示。

03 进入【反射】颜色通道，将其调整为 163 的灰度，然后勾选【菲涅耳反射】参数，如图 10-60 所示。

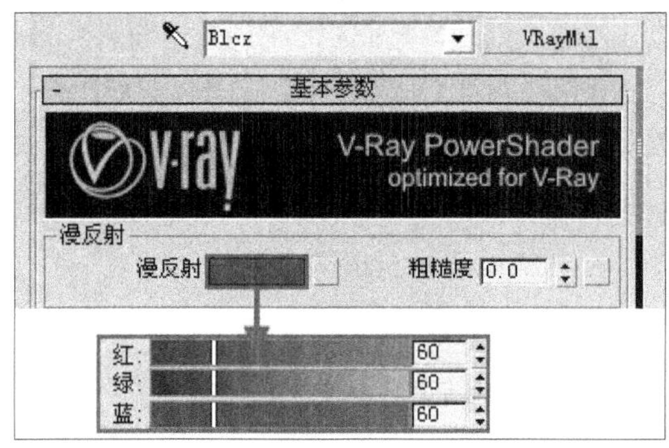

图 10-59　调整玻璃材质漫反射颜色

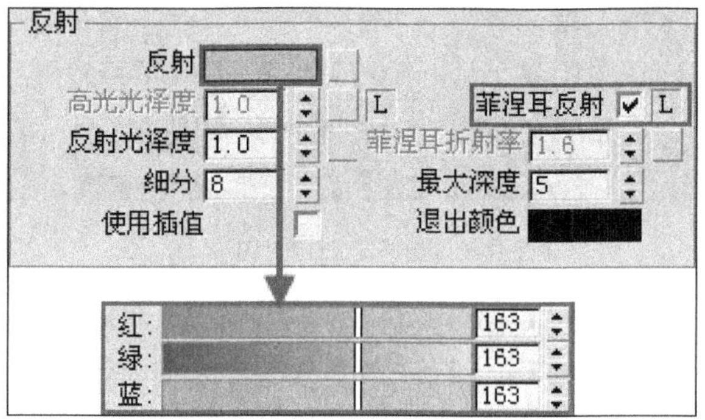

图 10-60　设置反射参数

04 进入【折射】颜色通道并调整其为 225 的灰度，使材质产生透明的效果，然后设置好【折射率】并勾选【影响阴影】参数，如图 10-61 所示。

05 经过以上参数的调整，玻璃材质球效果如图 10-62 所示。

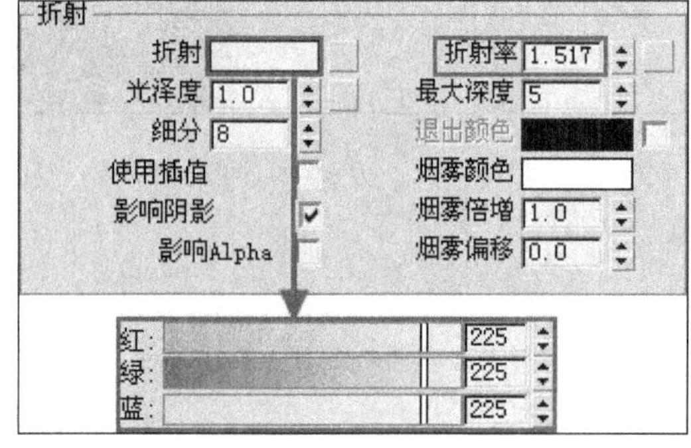

图 10-61　调整折射参数

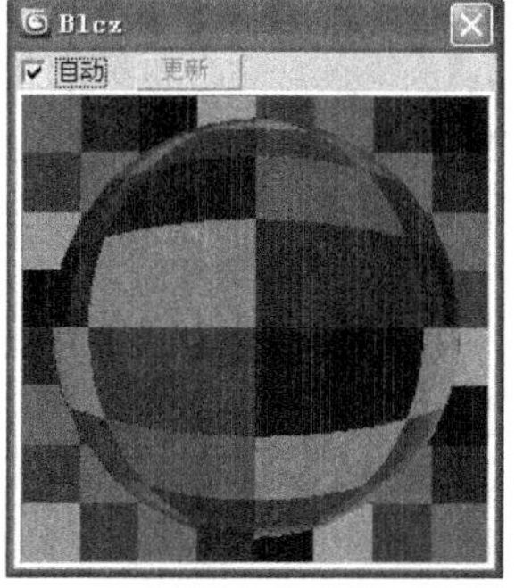

图 10-62　调整完成后的玻璃材质球效果

10.2.4 壁炉石材 1

01 单击【吸取材质】按钮，吸取得到壁炉上方的石材。

02 将材质命名为“Blsc”，然后设置【高光级别】与【光泽度】参数，使其表面出现轻微的高光效果，如图 10-63 所示。

03 进入【贴图】卷展栏，将漫反射贴图拖动复制至凹凸贴图通道，调整其数值为 22，如图 10-64 所示。

04 经过以上调整，壁炉上方的石材材质球效果如图 10-65 所示。

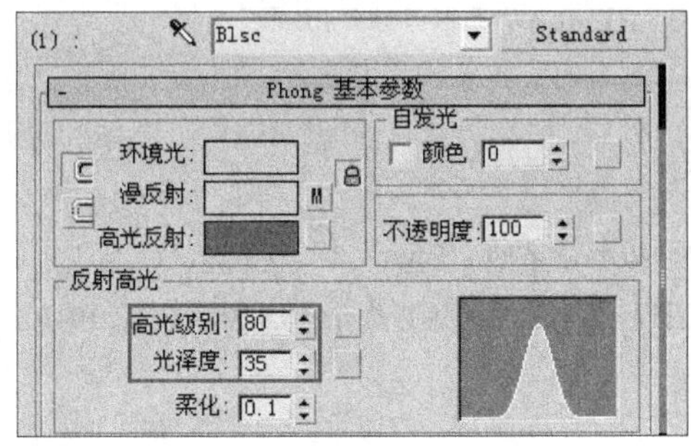

图 10-63 调整壁炉反射高光参数

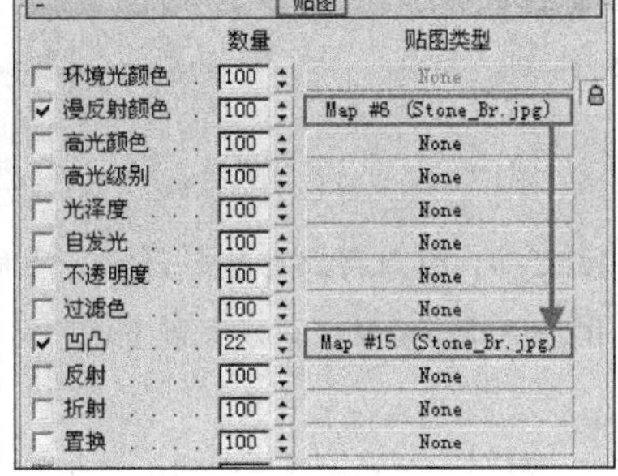

图 10-64 复制漫反射贴图至凹凸通道

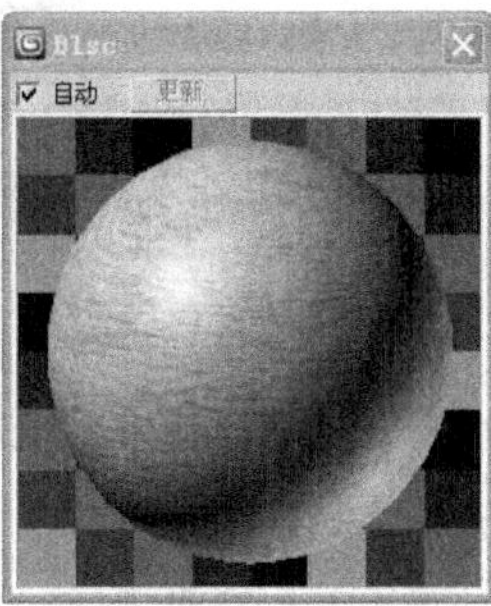

图 10-65 壁炉石材 1 效果

10.2.5 壁炉石材 2

01 单击【吸取材质】按钮，吸取壁炉下方角线的石材材质，然后将其命名为“Blsc2”。

02 进入【贴图】卷展栏，将漫反射贴图拖动复制至凹凸贴图通道，然后调整其数值为 100，如图 10-66 所示。

03 经过以上调整，壁炉下方角线的石材材质球效果如图 10-67 所示。

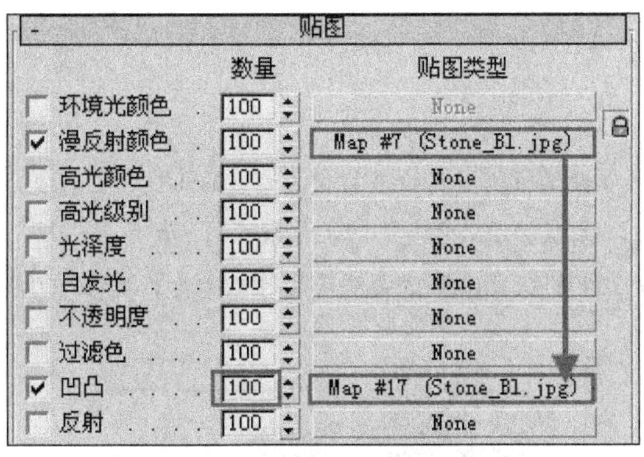

图 10-66 复制漫反射贴图至凹凸通道

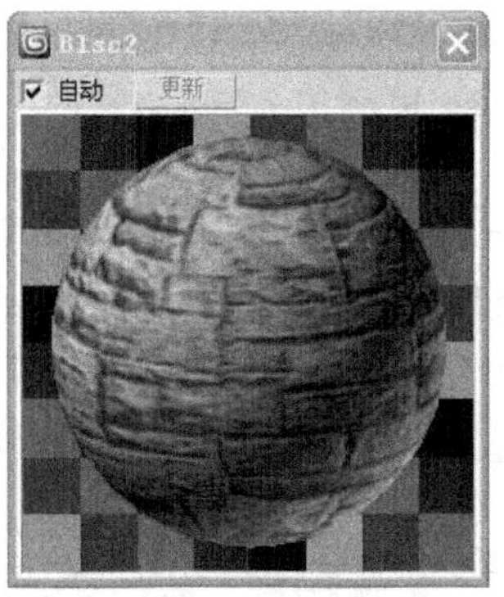

图 10-67 壁炉石材 2 效果

10.2.6 顶棚白色乳胶漆材质

01 单击【吸取材质】按钮，吸取到当前顶棚乳胶漆材质，然后将其命名为“Rjqcz”。

02 进入【漫反射】颜色通道，设置其 RGB 为 250、250、255，如图 10-68 所示。

03 经过以上调整，乳胶漆材质球效果如图 10-69 所示。

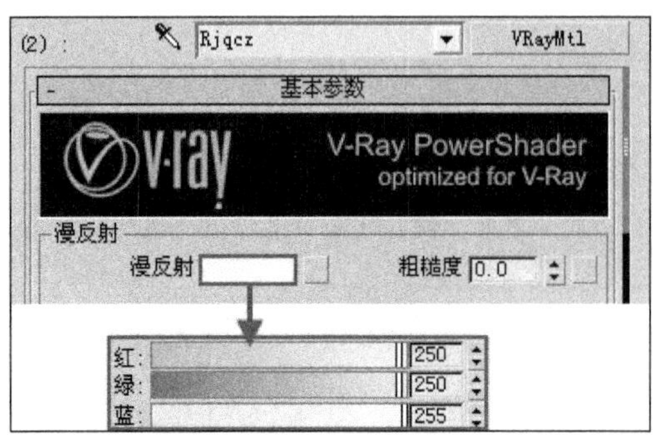

图 10-68　设置乳胶漆材质颜色

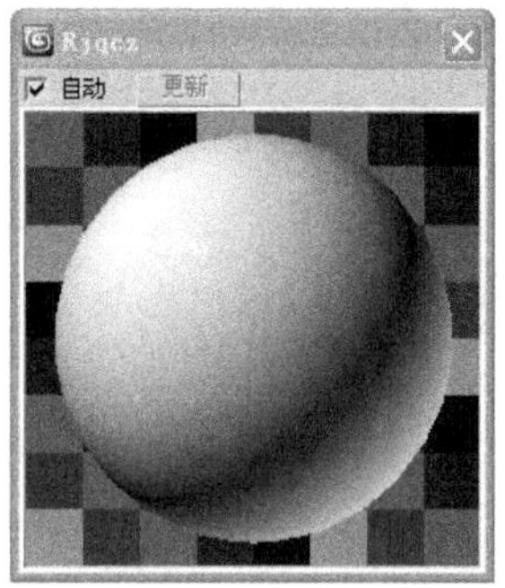

图 10-69　乳胶漆材质球效果

10.2.7 顶面壁画材质

01 单击【吸取材质】按钮，吸取得到当前顶面壁画材质，将其命名为“Bhcz”。

02 进入【贴图】卷展栏，将漫反射贴图拖动复制至凹凸贴图通道，然后调整其数值为 120，如图 10-70 所示。

03 经过以上步骤的调整，壁画材质球效果如图 10-71 所示。

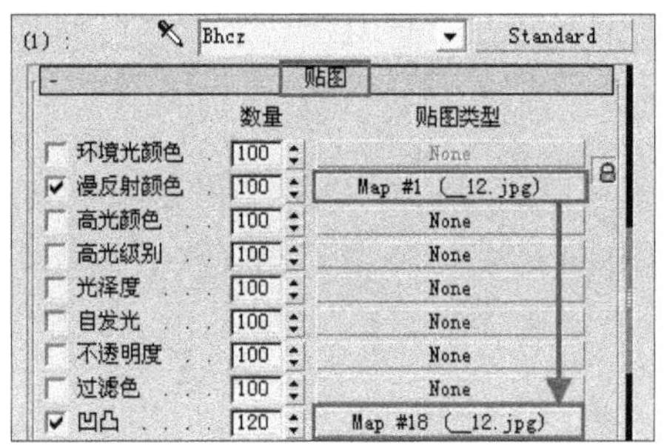

图 10-70　复制漫反射贴图至凹凸通道

图 10-71　调整完成的壁画材质球效果

10.2.8 筒灯金属材质

01 单击【吸取材质】按钮，吸取得到当前顶棚筒灯金属材质，然后将其命名为“Tdjs”。

02 转换其材质类型为 VRayMtl，然后调整【漫反射】颜色为 128 的灰度，如图 10-72 所示。

03 进入【反射】参数组，首先设置【反射】颜色为 204 的灰度，然后调整【反射光泽度】数值为 0.9，参数与调整完成后的筒灯金属材质球效果如图 10-73 所示。

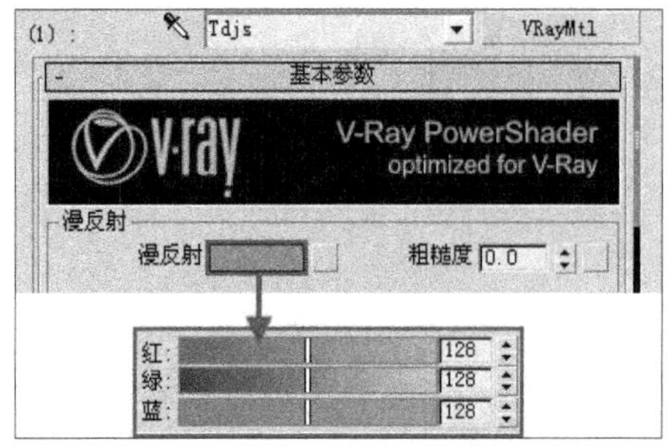

图 10-72　设置材质颜色

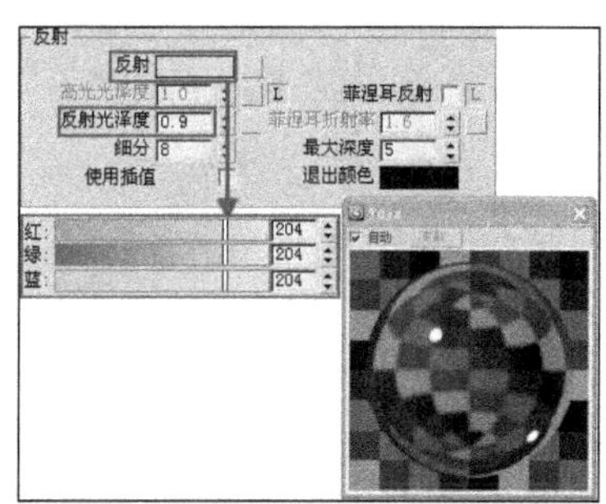

图 10-73　调整反射参数后的材质球效果

10.2.9 筒灯发光材质

01 选择第 7 个材质球并将其命名为“Tdfg”，然后将材质类型转换为 VRay 灯光材质类型。

02 调整其颜色为橘红色，然后设置数值为 2，如图 10-74 所示。

03 将调整好的材质赋予筒灯中部的圆形平面。

10.2.10 地面石材

01 单击【吸取材质】按钮，吸取得到当前地面石材材质，将其命名为“Tdjs”。

02 设置【高光级别】与【光泽度】参数，使表面出现轻微的高光效果，如图 10-75 所示。

03 进入【贴图】卷展栏，将漫反射贴图拖动复制至凹凸贴图通道，设置其数值为-35，如图 10-76 所示。

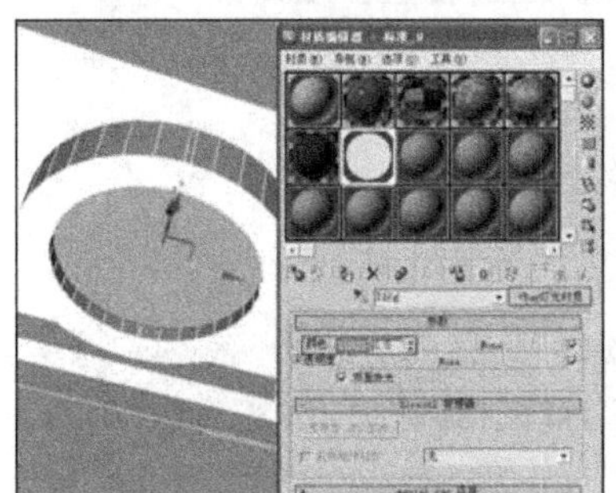

图 10-74　设置筒灯发光材质参数

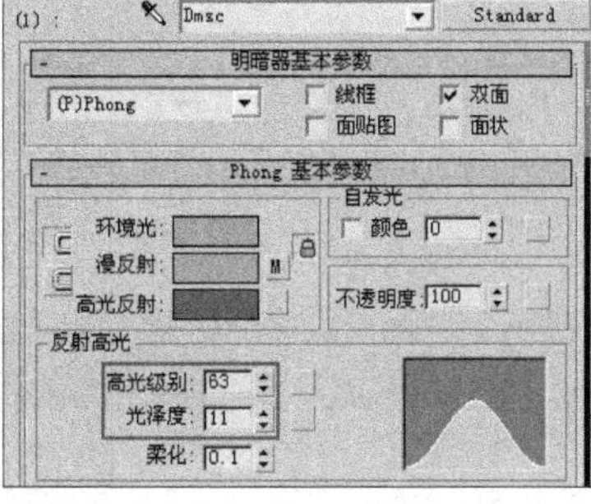

图 10-75　设置地面石材参数

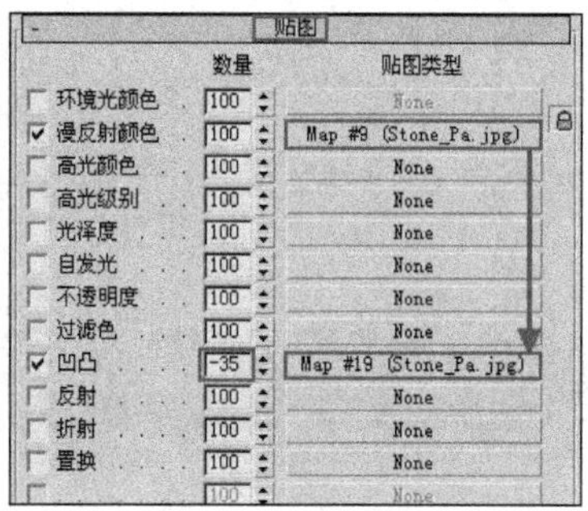

图 10-76　复制漫反射贴图至凹凸通道

04 经过以上参数的设置，地面石材材质球效果如图 10-77 所示。

10.2.11 地面木板材质

01 单击【吸取材质】按钮，吸取得到当地面木板材质，将其命名为“Dmmw”。

02 复制当前【漫反射】贴图，然后将材质转换为 VRayMtl 类型。

03 将其粘贴至【漫反射】贴图通道，如图 10-78 所示。

04 进入【反射】参数组，调整【菲涅耳反射】效果与【反射光泽度】参数，如图 10-79 所示。

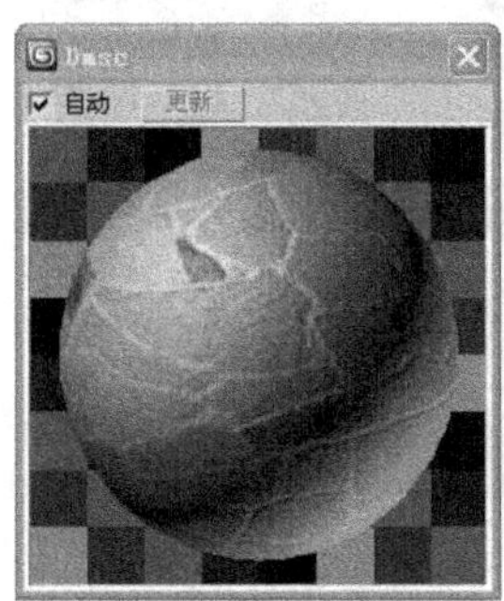

图 10-77　地面石材材质球效果

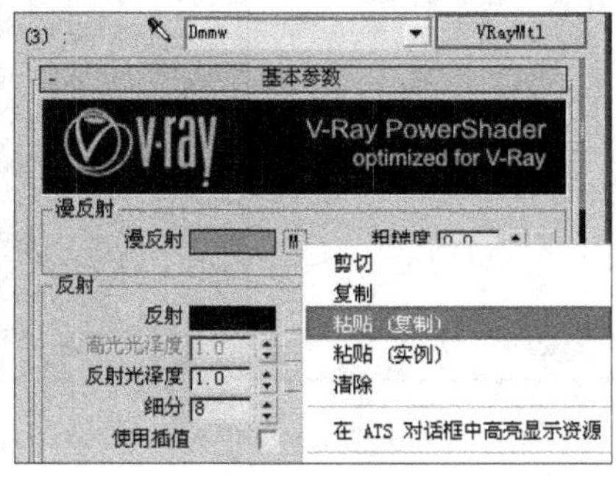

图 10-78　材质转换为 VRayMtl 类型并复制贴图

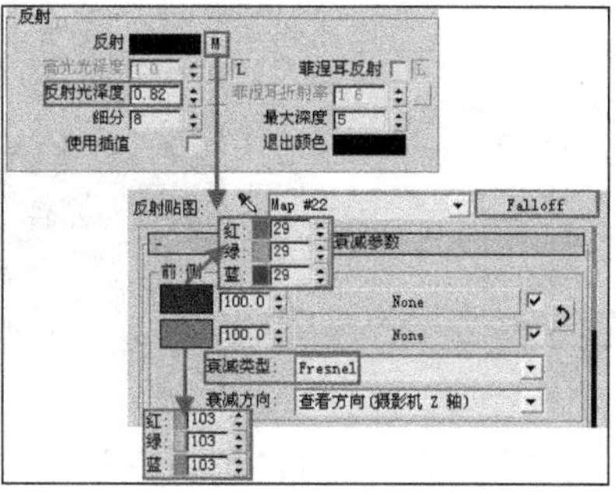

图 10-79　调整【反射】参数组

05 进入【贴图】卷展栏，将漫反射贴图拖动复制至凹凸贴图通道，设置其数值为 10，如图 10-80 所示。

06 经过以上调整，完成地面木板材质球效果如图 10-81 所示。

贴图			
漫反射	100.0	☑	Map #21 (_13.jpg)
粗糙度	100.0	☑	None
反射	100.0	☑	Map #22 (Falloff)
折射率	100.0	☑	None
反射光泽	100.0	☑	None
菲涅耳折射	100.0	☑	None
各向异性	100.0	☑	None
自旋	100.0	☑	None
折射	100.0	☑	None
光泽度	100.0	☑	None
折射率	100.0	☑	None
透明	100.0	☑	None
凹凸	10.0	☑	Map #23 (_13.jpg)

图 10-80　复制漫反射贴图至凹凸通道

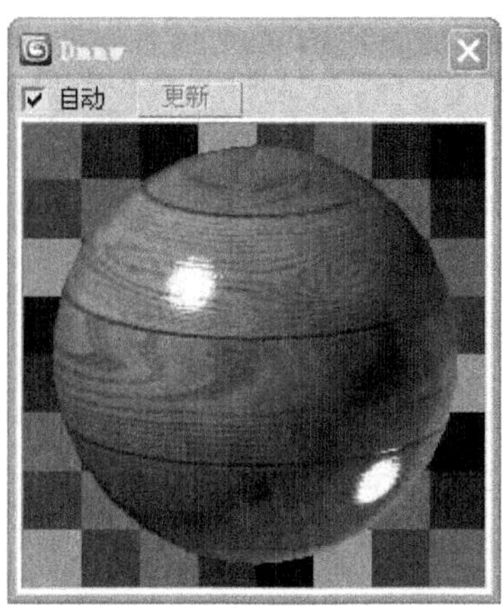

图 10-81　地面木板材质球效果

至此，本书房空间的材质制作即已完成。接下来制作场景的最终模型效果。

10.3 布置场景最终模型效果

通过之前的操作可以看到，三维模型从 SketchUp 中转换至 3ds 文件需要消耗一定的时间，同时还要重新调整贴图以及编辑材质。因此，如果要在 3ds Max 中进行写实渲染，应该尽量选择添加已经调整好材质的模型，以省去转换文件以及调整材质等繁琐操作，提高工作效率。

10.3.1 合并窗帘、桌椅以及沙发等模型

01 执行【文件】/【合并】菜单命令，如图 10-82 所示。

02 选择配套资源中本章文件夹中的“配套模型”文件，然后双击“窗帘”模型并合并，如图 10-83 所示。

03 窗帘模型合并入场景后，首先在顶视图中调整其位置，如图 10-84 所示。

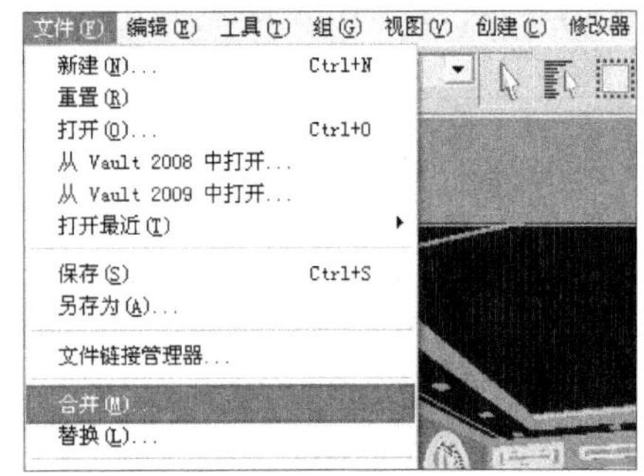

图 10-82　执行【文件】/【合并】菜单命令

图 10-83　选择窗帘模型

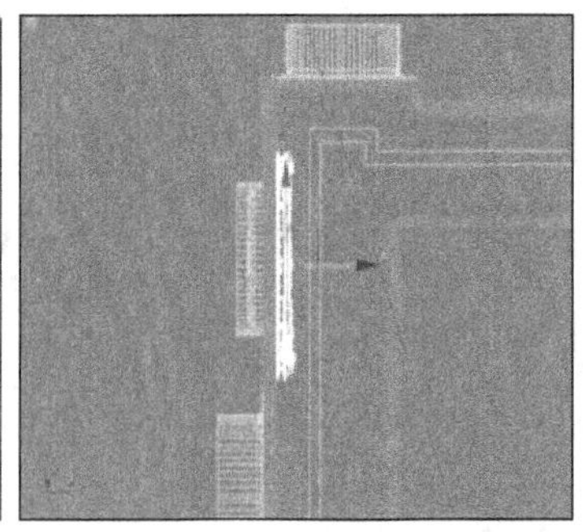
图 10-84　合并入窗帘并调整位置

04 在左视图中调整好窗帘的高度，如图 10-85 所示。

05 在透视图中使用【缩放】工具调整好其大小，如图 10-86 所示。然后复制出左侧的窗帘，如图 10-87

所示。

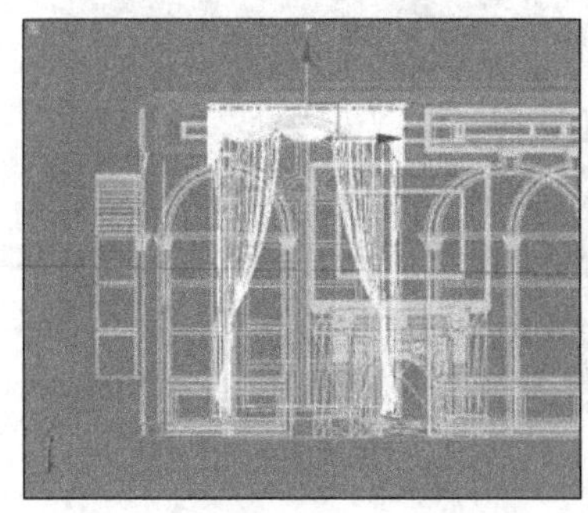

图 10-85 调整窗帘高度

图 10-86 缩放调整窗帘大小

图 10-87 复制窗帘模型

06 采用类似方法合并入家具、乐器等模型，如图 10-88~图 10-92 所示。

图 10-88 合并边柜模型

图 10-89 合并圆桌椅模型

图 10-90 合并钢琴模型

07 模型合并完成后切换至摄影机视图，当前场景效果如图 10-93 所示。接下来合并配饰品、书籍等模型。

图 10-91 合并大提琴模型

图 10-92 合并沙发模型

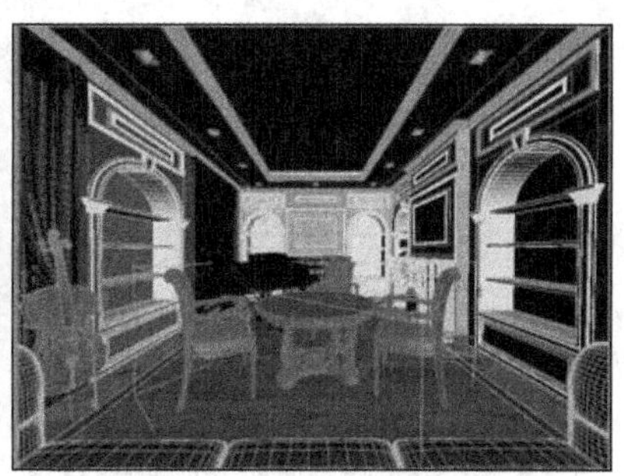

图 10-93 模型合并完成后的场景效果

10.3.2 合并装饰品、书籍等模型

01 执行【文件】/【合并】菜单命令，依次合并入装饰品以及书籍等模型，如图 10-94~图 10-97 所示。

02 经过以上操作，本案例的场景效果如图 10-98 所示。接下来制作场景灯光效果。

图 10-94　合并边柜上方摆放效果

图 10-95　合并壁炉上方摆设效果

图 10-96　合并圆桌上方摆放效果

图 10-97　合并书籍效果

图 10-98　场景效果

10.4 布置场景灯光

确定好场景的最终模型效果后，接下来布置场景灯光。为了快速察看灯光的照明效果，首先必须设置渲染参数，以提高测试渲染的速度。

10.4.1 调整测试渲染参数

01 进入【V-Ray:图像采样[抗锯齿]】，调整其【类型】为“固定”，关闭【抗锯齿过滤器】，如图 10-99 所示。

02 进入【V-Ray:环境】，关闭【全局照明环境（天光）覆盖】，避免天光影响场景灯光效果，如图 10-100 所示。

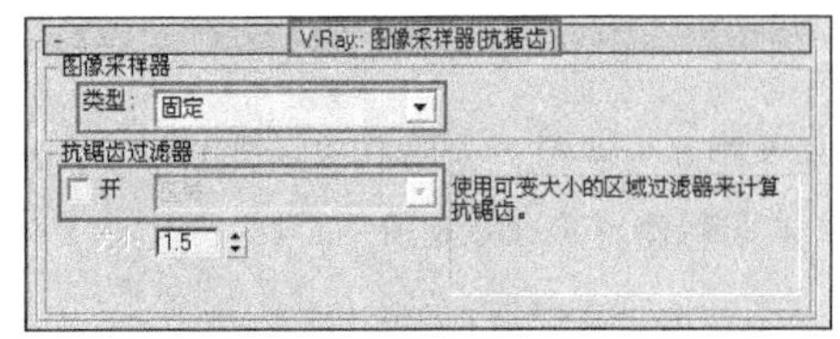

图 10-99　设置图像采样器卷展栏参数

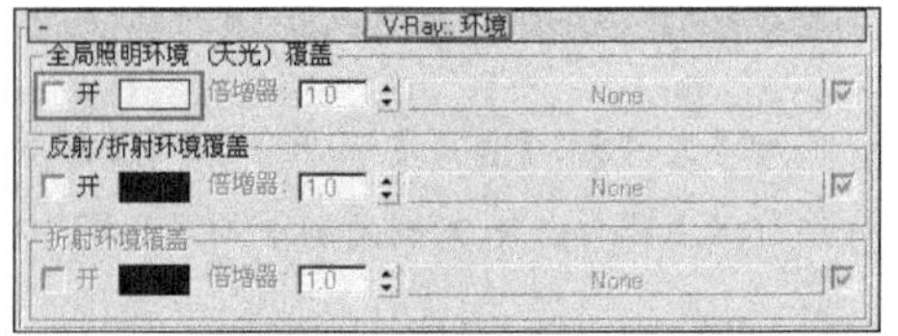

图 10-100　设置环境卷展栏参数

10.4.2 布置室外灯光

考虑到本例场景为欧式设计风格，为了突出室内灯光的层次并与室外灯光形成对比效果，这里将采用月夜的室外灯光氛围。

1. 制作室外月光

01 按 T 键切换至顶视图，进入灯光创建对话框，单击“标准”灯光类型下的【目标聚光灯】创建按钮，参考场景大小创建一盏聚光灯，如图 10-101 所示。

02 按 T 键切换至顶视图，选择创建好的聚光灯并调整灯光的高度与角度，如图 10-102 所示。

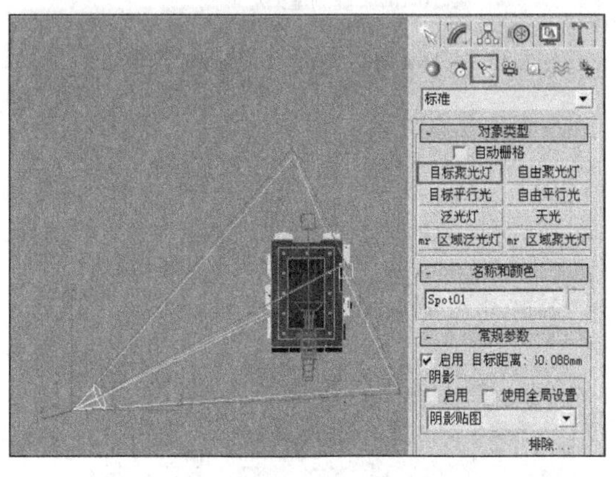

图 10-101　创建聚光灯

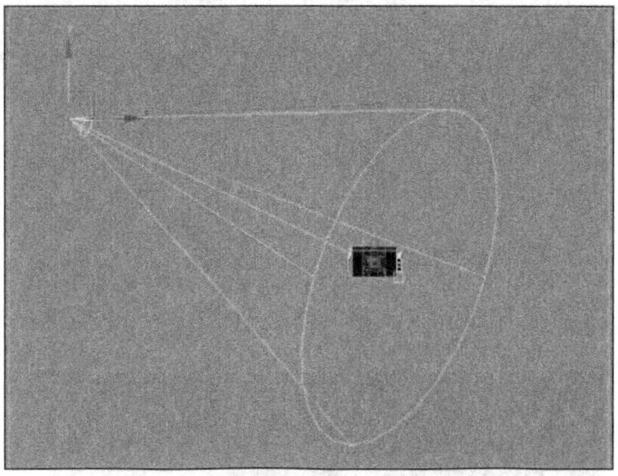

图 10-102　调整聚光灯高度与角度

03 选择聚光灯，进入灯光修改对话框，设置其参数如图 10-103 所示。

04 调整完成后返回摄影机视图进行测试渲染，效果如图 10-104 所示。接下来制作室外环境光。

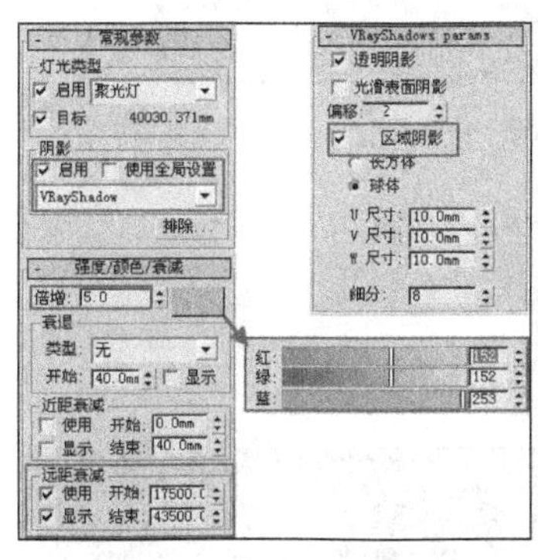

图 10-103　设置聚光灯参数

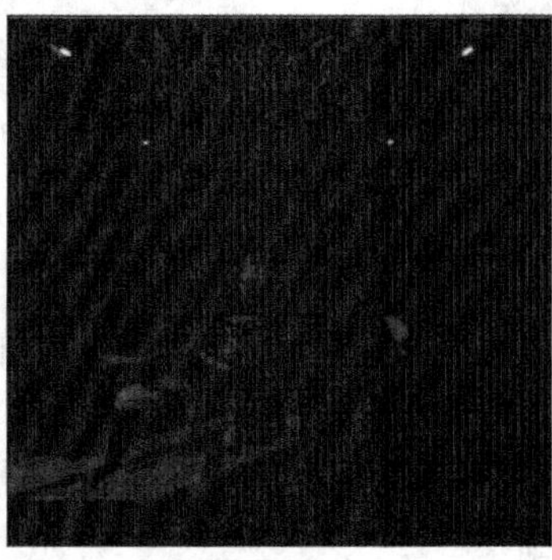

图 10-104　测试渲染效果

图 10-105　创建室外环境光

2. 制作室外环境光

01 按 L 键切换至左视图，进入灯光创建对话框，单击“VRay”灯光类型下的【VRay 灯光】创建按钮，参考窗户大小创建室外环境光，如图 10-105 所示。

02 进入灯光修改对话框，设置其具体参数如图 10-106 所示。

03 按 T 键切换至顶视图并调整好灯光的位置，然后复制出室外环境光，如图 10-107 所示。

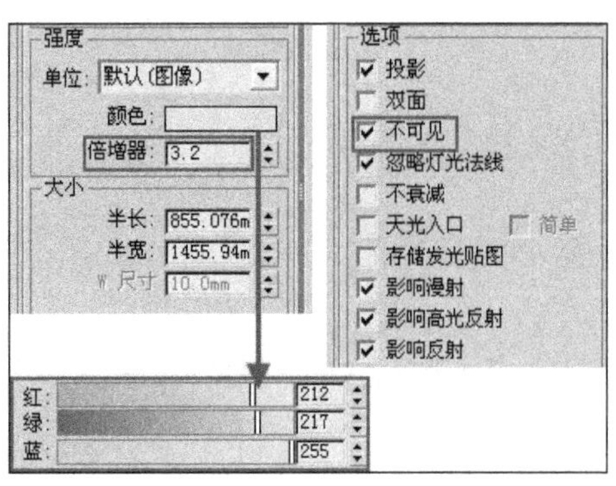

图 10-106　设置室外环境光参数

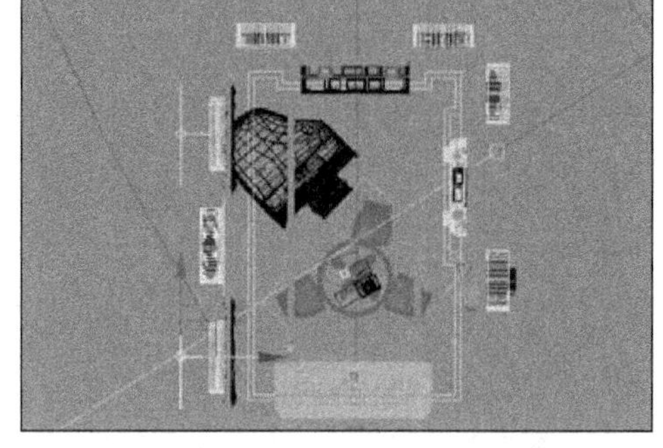

图 10-107　复制室外环境光

04 灯光复制完成后切换回摄影机视图进行测试渲染，效果如图 10-108 所示。接下来布置室内灯光。

10.4.3 布置室内灯光

1. 制作灯带灯槽效果

01 按 T 键切换至顶视图，参考灯槽大小创建灯带灯光，如图 10-109 所示。

图 10-108　测试渲染效果

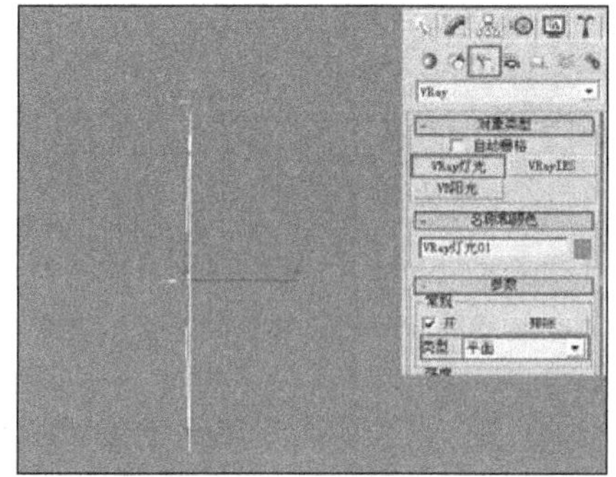

图 10-109　创建灯带灯光

02 按 F 键切换至前视图，使用【旋转】工具调整好其灯光朝向，如图 10-110 所示。

03 进入灯光参数修改对话框，设置灯带灯光参数如图 10-111 所示。

04 按 T 键返回顶视图，根据灯槽大小制作好其他三条灯带，如图 10-112 所示。

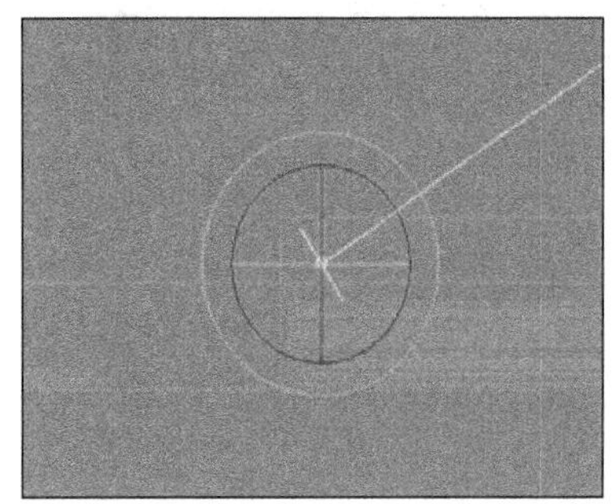

图 10-110　调整灯光朝向

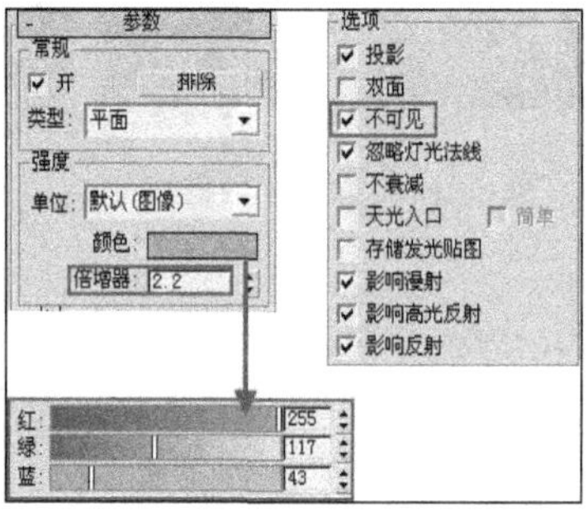

图 10-111　设置灯带灯光参数

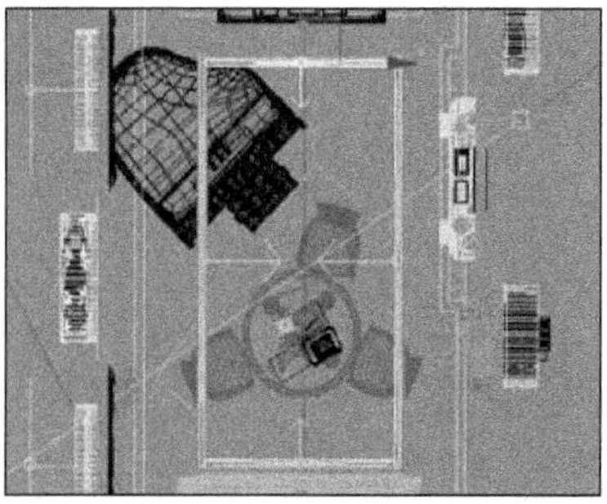

图 10-112　制作其他三条灯带

05 切换至摄影机视图进行测试渲染，效果如图 10-113 所示。

2. 制作灯槽补光

01 按 T 键切换至顶视图，参考顶棚内槽大小创建灯槽补光，如图 10-114 所示。

02 按 F 键切换至前视图，调整好灯光的高度，如图 10-115 所示

图 10-113 测试渲染效果

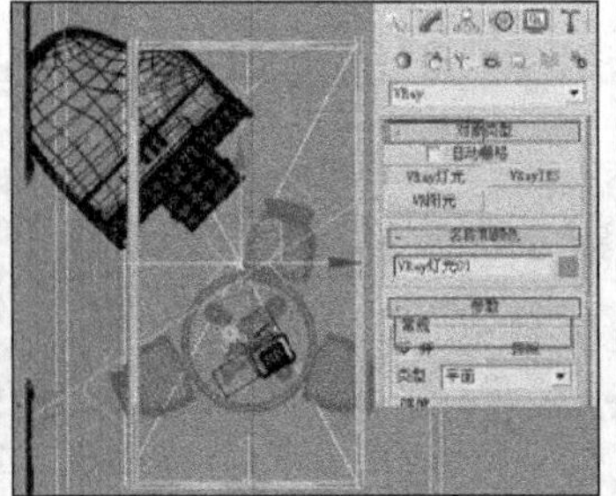
图 10-114 创建灯带补光

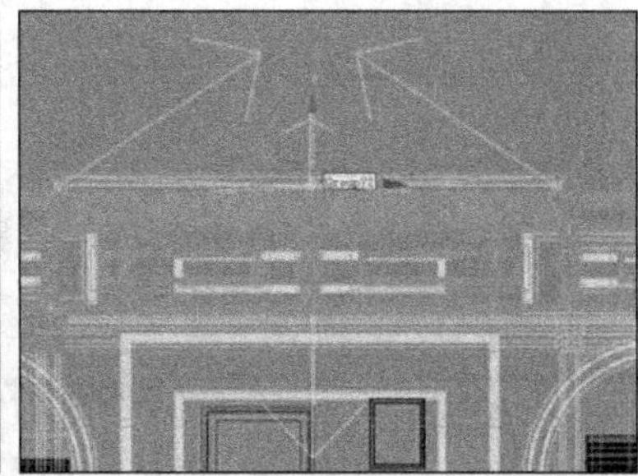
图 10-115 调整灯带补光高度

03 进入灯光参数修改对话框，设置该盏灯光的参数如图 10-116 所示。

04 返回摄影机视图进行测试渲染，效果如图 10-117 所示。接下来制作筒灯效果。

3. 制作筒灯

01 按 F 键切换至前视图，单击“光度学”灯光类型下的【目标灯光】按钮，参考筒灯灯头模型创建一盏目标灯光模拟筒灯，如图 10-118 所示。

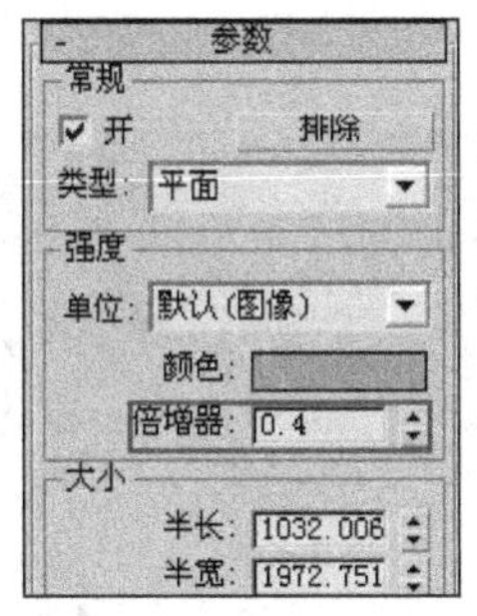

图 10-116 调整灯槽补光参数

图 10-117 测试渲染效果

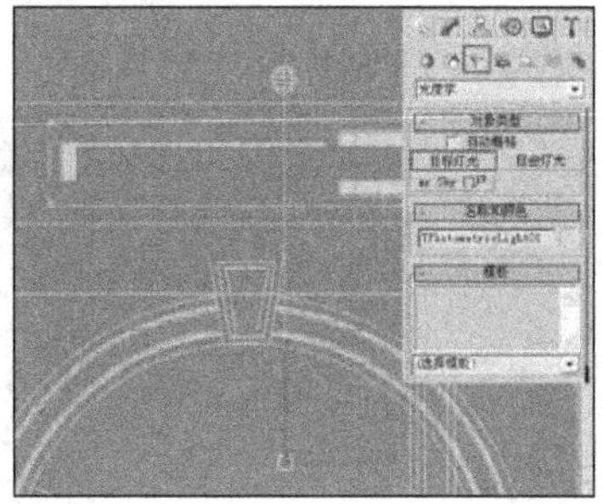
图 10-118 创建目标灯光模拟筒灯

02 进入灯光参数修改对话框，设置目标灯光的参数如图 10-119 所示。按 T 键切换至顶视图，参考灯头的位置复制出其他筒灯，如图 10-120 所示（可以将部分灯光紧靠墙壁进行旋转）。

03 复制完成后切换至摄影机视图进行测试渲染，效果如图 10-121 所示。接下来布置灯光以模拟壁炉与烛台火光效果。

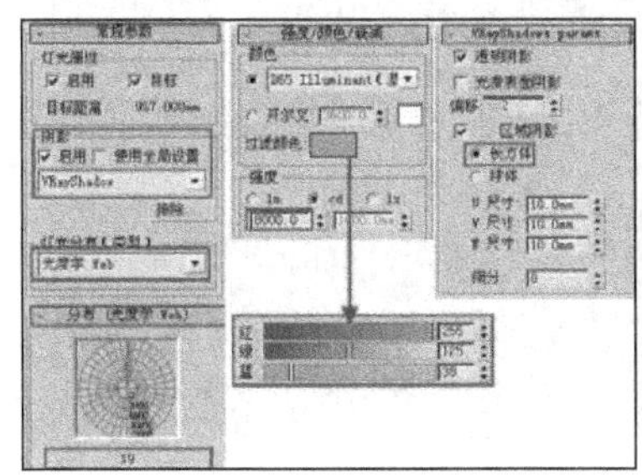
图 10-119 设置目标灯光参数

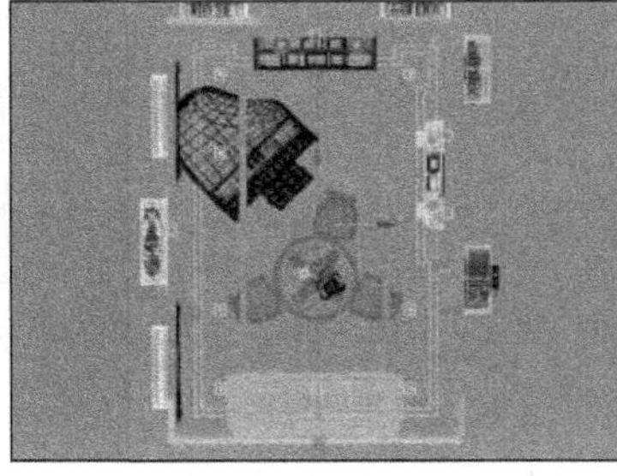
图 10-120 复制筒灯

图 10-121 测试渲染效果

4. 制作壁炉与烛台火光效果

01 按 T 键切换至顶视图，单击“标准”灯光类型下的【泛光灯】按钮，参考壁炉燃烧室的位置创建一盏模拟炉火的泛光灯，如图 10-122 所示。

02 选择炉火灯光并通过【缩放】工具调整好其位置与形状，如图 10-123 所示。

03 按 F 键切换至前视图，通过【缩放】工具再次调整炉火灯光的高度与形状，如图 10-124 所示。

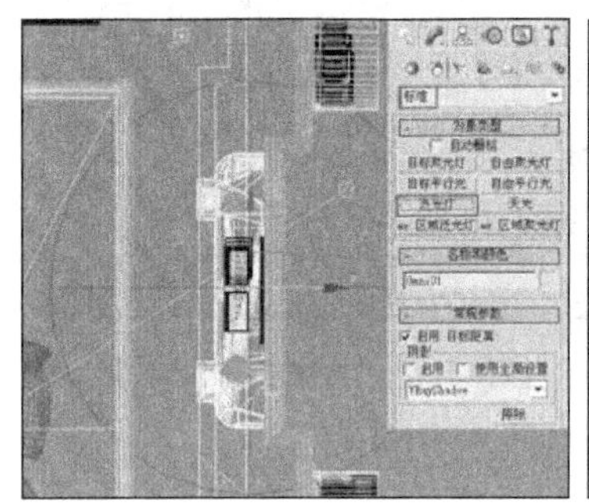

图 10-122 创建炉火灯光

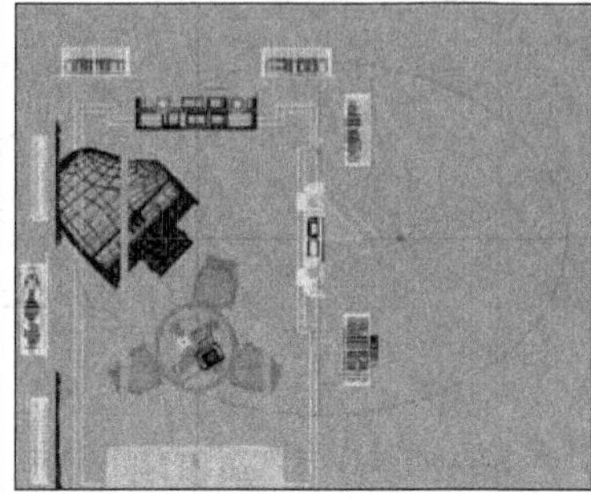

图 10-123 调整炉火灯光位置与形状

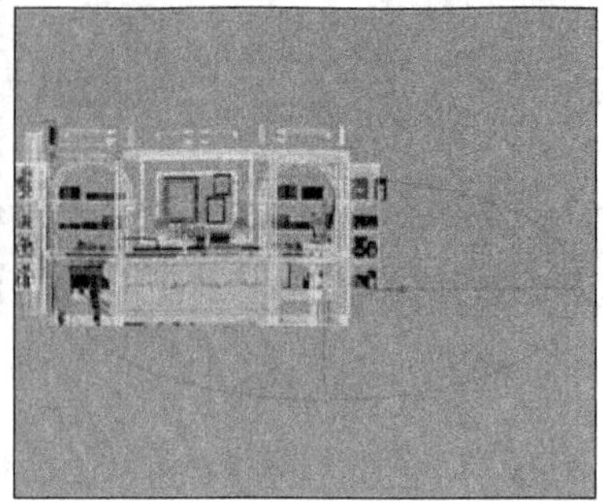

图 10-124 调整炉火灯光高度与形状

04 进入灯光参数修改对话框，设置炉火灯光的参数如图 10-125 所示。

05 切换至摄影机视图进行测试渲染，效果如图 10-126 所示。接下来制作烛火照明效果。

06 按 F 键切换至前视图，选择炉火灯光复制至烛台处，然后通过【缩放】工具调整其形状，如图 10-127 所示。

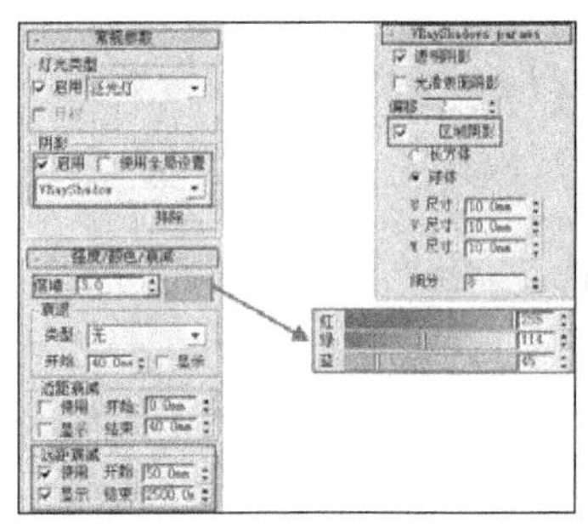

图 10-125 设置炉火灯光参数

图 10-126 测试渲染效果

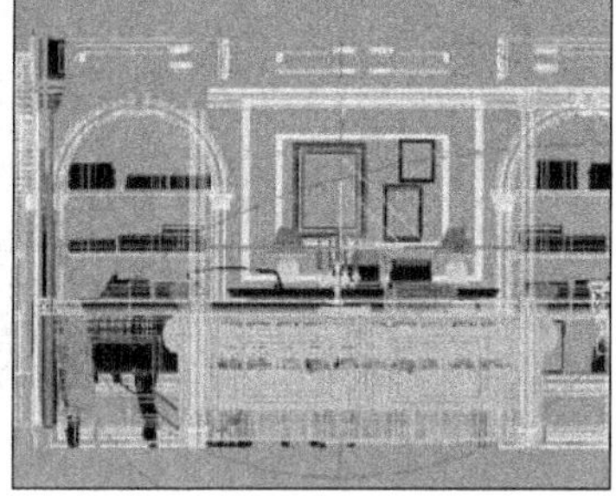

图 10-127 复制出烛光并调整其形状

07 按 T 键切换至顶视图，调整好灯光的位置与形状，如图 10-128 所示。

08 返回摄影机视图进行测试渲染，效果如图 10-129 所示。接下来制作沙发上方的补光效果。

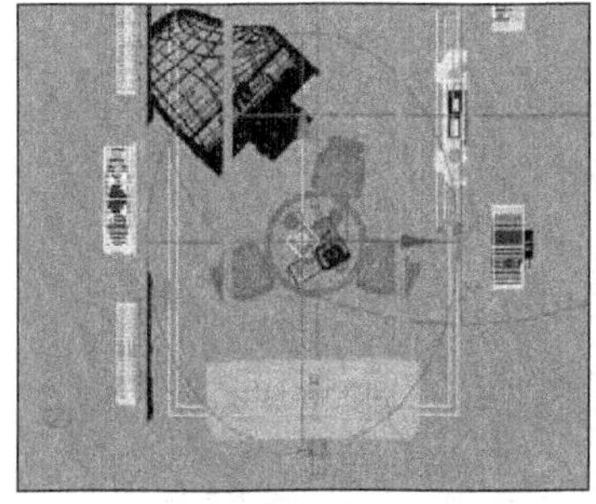

图 10-128 调整烛光位置与形状

图 10-129 测试渲染结果

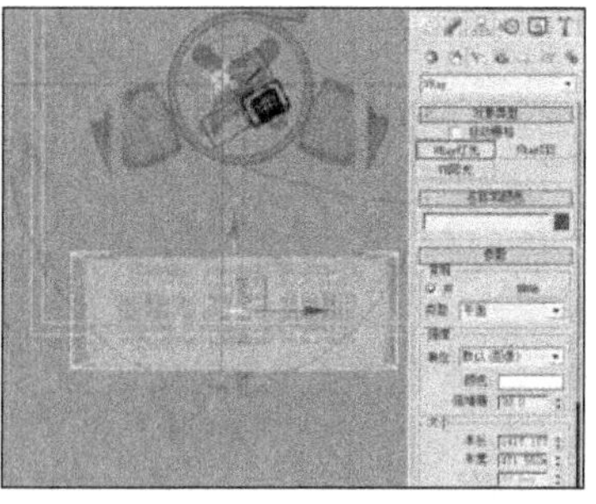

图 10-130 创建沙发处补光

5. 制作沙发上方补光

01 按 T 键切换至顶视图，参考沙发的位置创建一盏 VRay 片光，如图 10-130 所示。

02 按 F 键切换至前视图并调整好灯光的高度，然后调整灯光的强度为 1，如图 10-131 所示。

03 返回摄影机视图进行测试渲染，效果如图 10-132 所示。

04 至此，场景灯光即已创建完成，接下来进行光子图渲染。

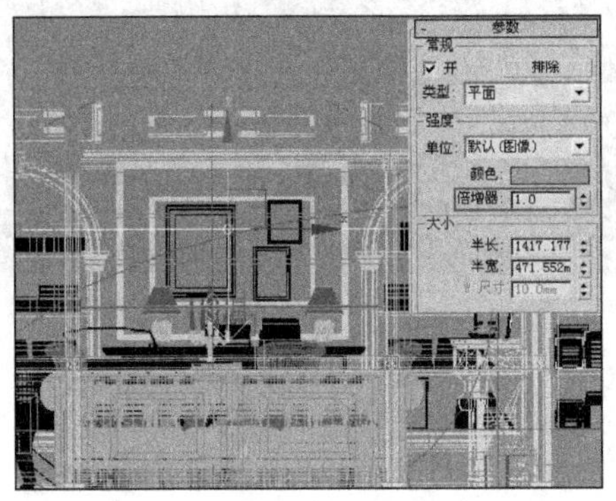

图 10-131 调整沙发补光高度与参数

图 10-132 测试渲染效果

10.5 光子图渲染

灯光测试完毕后，需要把灯光和渲染的参数值提高以完成最后的渲染工作。当成图尺寸比较大时，直接进行渲染的速度会比较慢，所以通常先渲染小图的光子图，然后再调用小图光子图测试材质并渲染输出大图，以提高渲染速度，这也是 V-Ray 的特色功能之一。

10.5.1 微调场景细节

在进行光子图渲染前，首先可以根据之前的渲染效果，对场景中效果不太理想的模型、材质以及灯光细节进行微调，以达到比较理想的效果。

01 首先调整好圆桌上方的书本与烛台的位置，避免在渲染图像中形成明显的阴影效果，如图 10-133 所示。

02 然后选择顶面壁画的材质并降低其凹凸数值，如图 10-134 所示。

03 选择模拟室外月光的聚光灯并增大灯光强度，如图 10-135 所示。

图 10-133 调整书本与烛台的位置

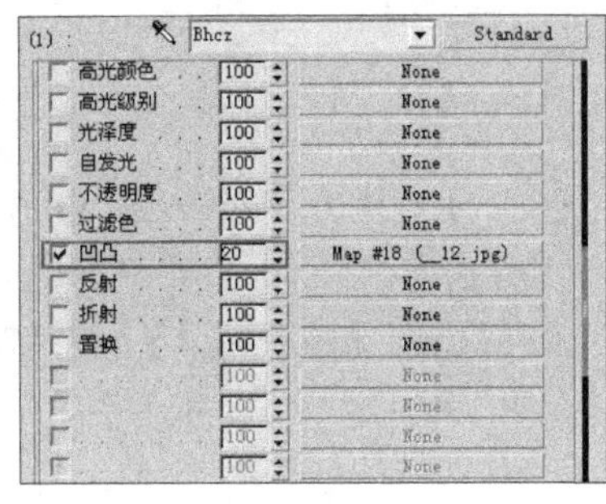

图 10-134 降低壁画材质凹凸数值

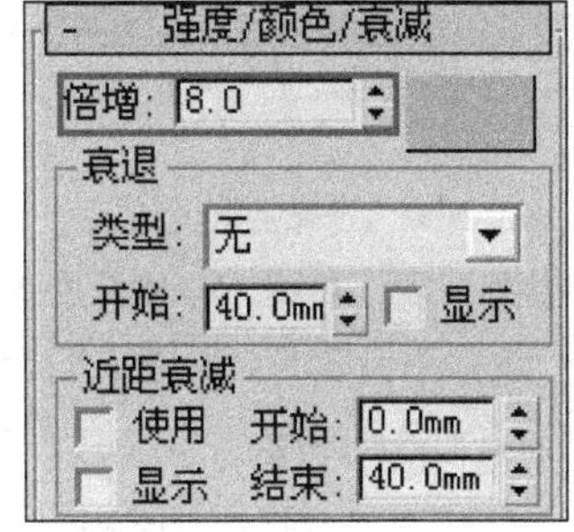

图 10-135 增大室外灯光强度

04 场景微调完成后，打开【全局开关】对话框，勾选【光泽效果】，如图 10-136 所示。

05 按 C 键返回摄影机视图测试渲染，效果如图 10-137 所示。接下来调整场景材质与灯光细分值。

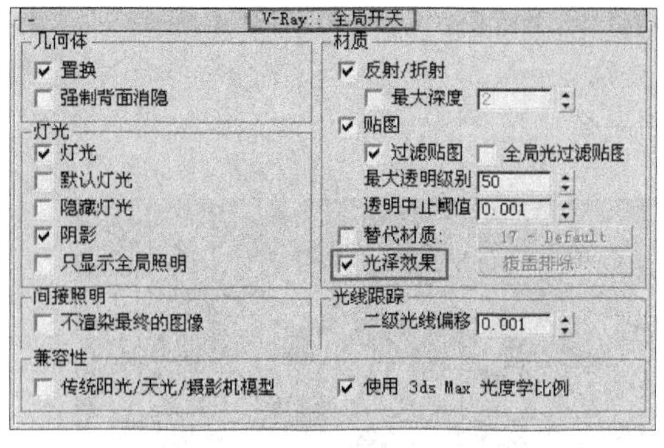

图 10-136 勾选【光泽效果】

图 10-137 测试渲染结果

10.5.2 提高材质细分值

材质细分值的高低主要由该材质在场景中的面积大小及距离摄影机的远近而定。如果模型在场景中占有的面积大，距离摄影机近，为了得到精细的渲染效果，则必须增大其细分值以保证渲染质量，反之则可以降低细分值，以提高渲染速度。

提高 VRayMtl 材质的【反射】或【折射】参数组的【细分】值，可以减少材质表面的噪点等渲染品质问题的出现，如图 10-138 与图 10-139 所示。

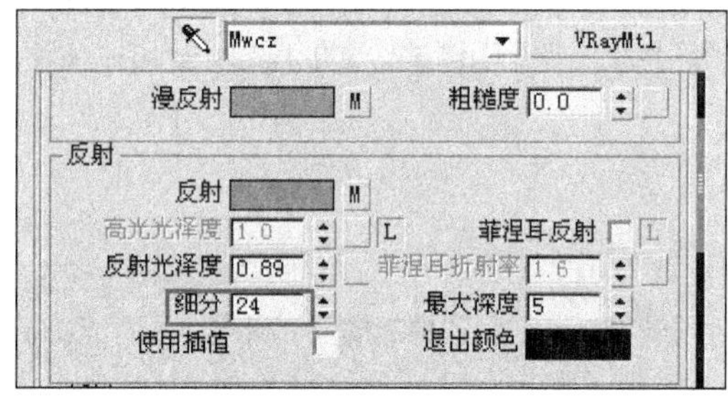

图 10-138 提高反射细分值

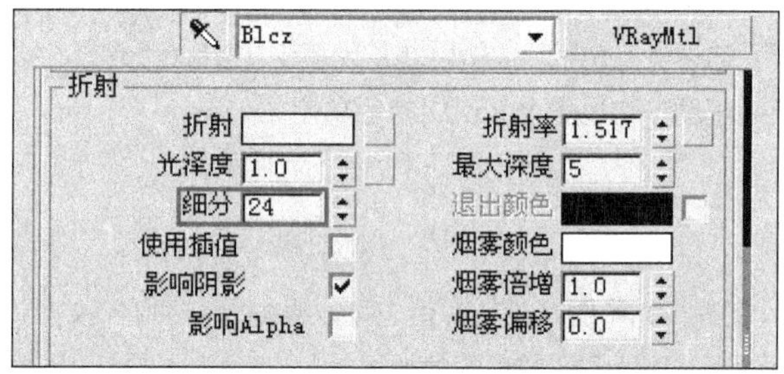

图 10-139 提高折射细分值

在本场景中，设置木纹材质、壁炉石材、沙发皮纹材质以及地面木纹地板材质的细分值均为 24，其他材质的细分值则控制在 16~20 之间。

10.5.3 提高灯光细分值

3ds Max 自带的灯光类型可以通过选择 V-Ray 阴影调整细分值，VRay 渲染器提供的 V-Ray 类型灯光可以直接调整细分值，如图 10-140 与图 10-141 所示。

灯光细分值的高低主要由灯光在画面中的照明范围来定。为了得到细腻的光影效果，照明范围越大，则细分值需要设置得越高。

在本场景中，设置模拟室外月光以及室外环境光的灯光细分值为 30，其他灯光的细分值则控制在 16~24 之间。

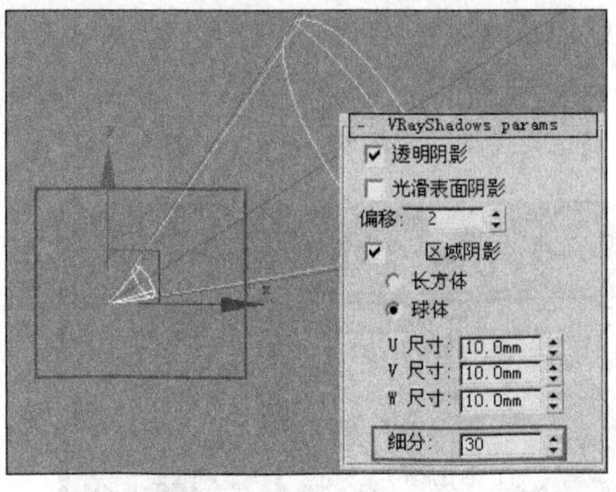

图 10-140　V-Ray 灯光细分值

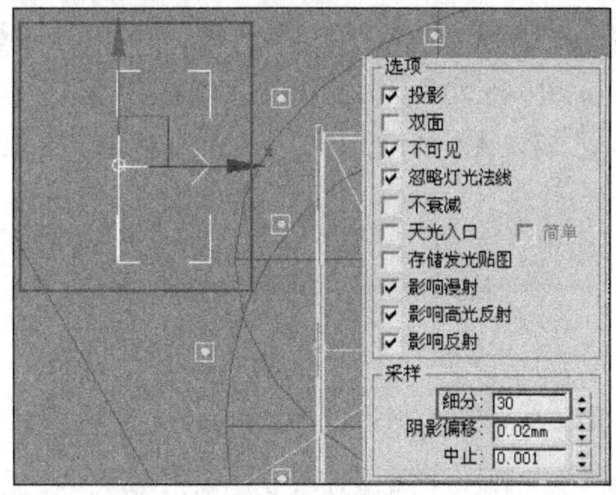

图 10-141　目标点光源 V-Ray 阴影细分值

10.5.4 设置光子图渲染参数

01 进入【V-Ray: :全局开关】卷展栏，勾选【光泽效果】复选框，使材质表面产生真实的模糊反射与折射效果，如图 10-142 所示。

02 进入【V-Ray: :图像采样器[抗锯齿]】卷展栏，将图像采样器的类型调整为【自适应细分】，如图 10-143 所示。

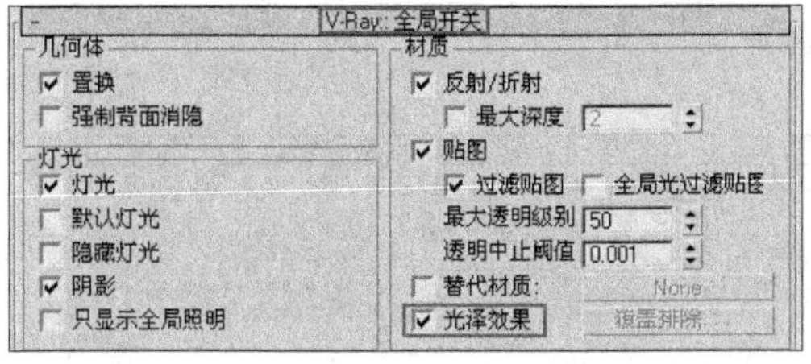

图 10-142　设置全局开关卷展栏

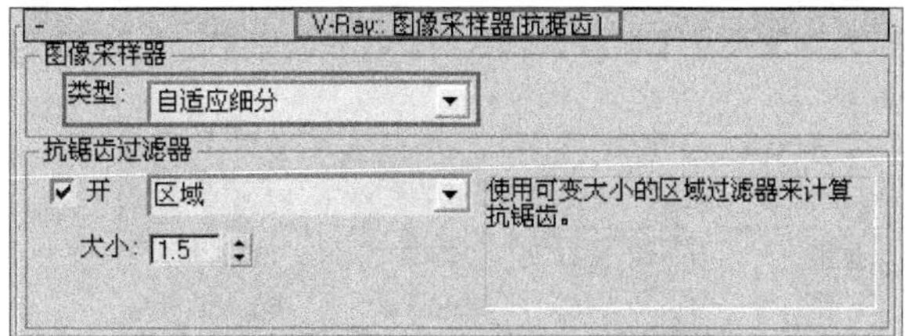

图 10-143　设置图像采样器卷展栏

03 进入【V-Ray::发光贴图】卷展栏，设置当前预置为【中】，然后提高【半球细分】与【插补采样值】数值，设置自动保存路径，如图 10-144 所示。

04 进入【V-Ray::灯光缓冲】卷展栏，提高【细分】值，设置光子图的自动保存路径，如图 10-145 所示。

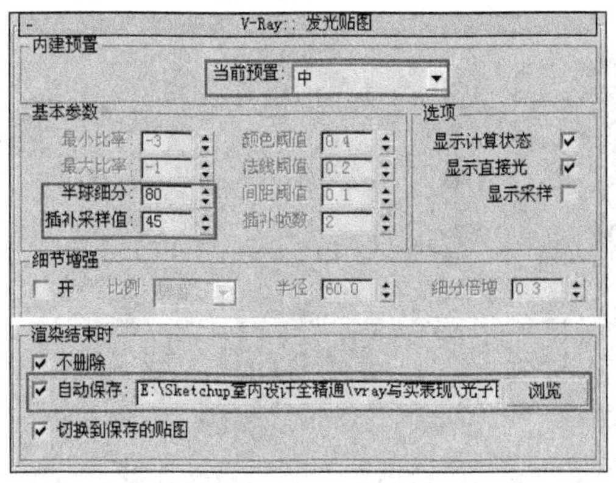

图 10-144　设置发光贴图卷展栏

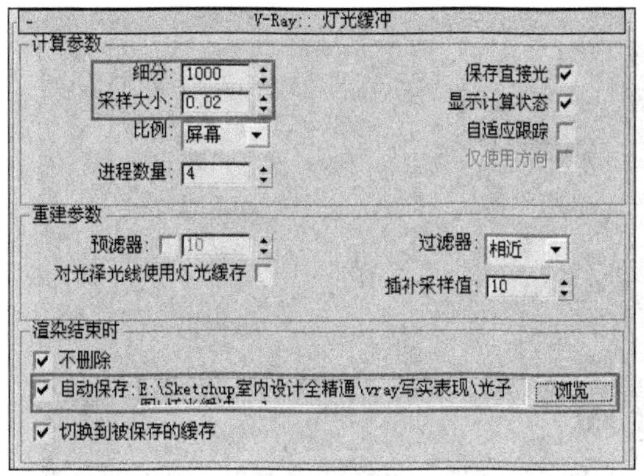

图 10-145　设置灯光缓冲卷展栏

05 进入【V-Ray:::DMC 采样器】卷展栏，设置【噪波阈值】与【最小采样值】参数，以整体提高采样精度，如图 10-146 所示。

06 返回摄影机视图进行“光子图渲染”，经过较长时间的渲染过程，渲染效果如图 10-147 所示。

图 10-146 设置 DMC 采样器卷展栏

图 10-147 光子图渲染效果

10.6 最终渲染

01 经过“光子图渲染”获得高品质的图像效果后，在最终渲染时只需设置成品图的输出尺寸，如图 10-148 所示，以及设置【抗锯齿过滤器】的参数即可，如图 10-149 所示。

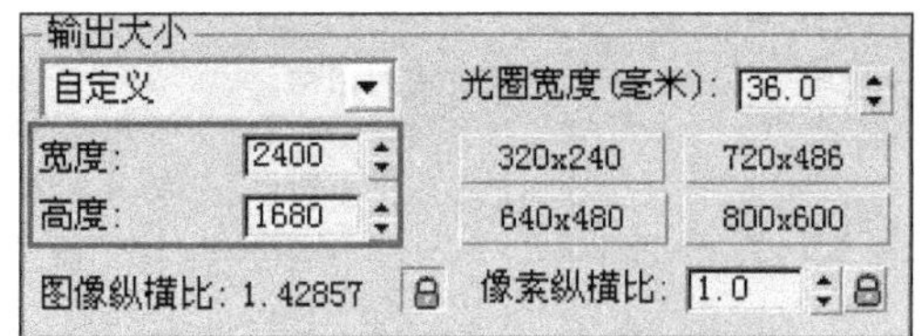

图 10-148 设置最终成品图输出尺寸

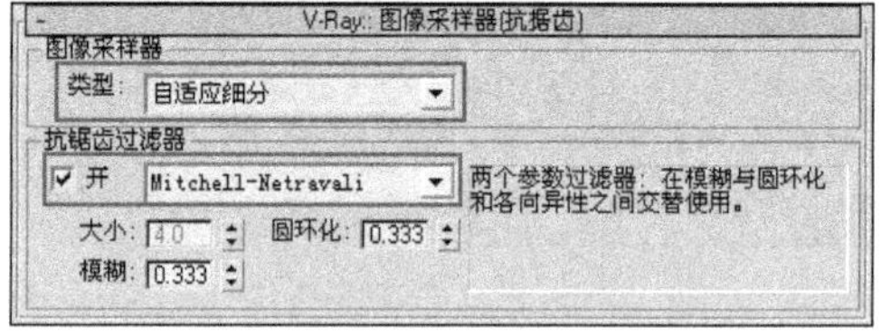

图 10-149 调整抗锯齿过滤器

02 返回摄影机视图进行最终渲染，经过较长时间的渲染，得到的最终图像效果如图 10-150 所示。

03 最后通过后期软件对色彩、亮度进行调整，然后制作好烛火以及背景效果，得到的图像效果如图 10-151 所示。

图 10-150 最终渲染效果

图 10-151 后期处理效果

第 11 章

制作室内漫游动画

本章介绍了在本书第 4 章中制作的现代前卫风格户型图的基础上，通过场景完善、漫游设定以及输出，制作室内漫游效果的方法与技巧。

在 SketchUp 中结合【漫游】工具与【场景】对话框对场景进行分段保存，可以制作出漫游动画。再经过渲染输出，则可以通过常用的播放器进行效果浏览，方便客户对方案的查看以及与制作者交流意见。

本章将使用之前创建的现代前卫风格户型图，经过漫游线路拟定、场景完善、动画制作、动画输出四大步骤完成漫游效果的制作，过程如图 11-1~图 11-4 所示。

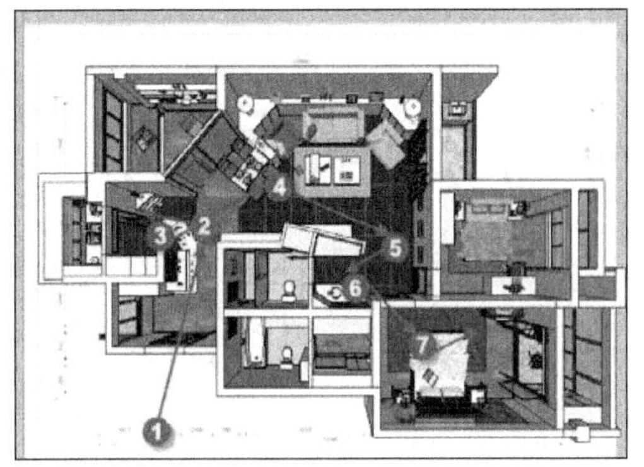

图 11-1 拟定漫游路径

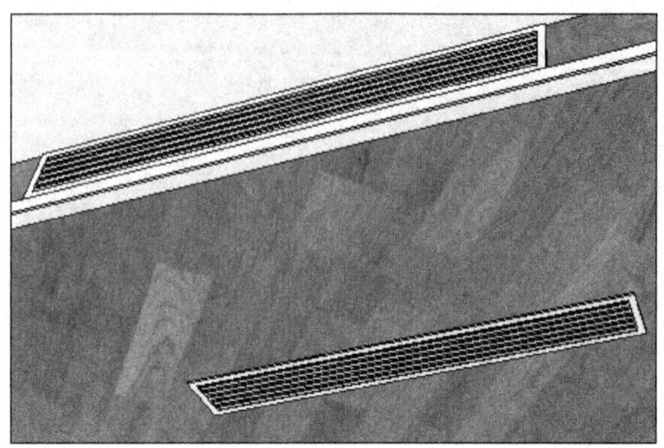

图 11-2 完善场景

图 11-3 制作漫游效果

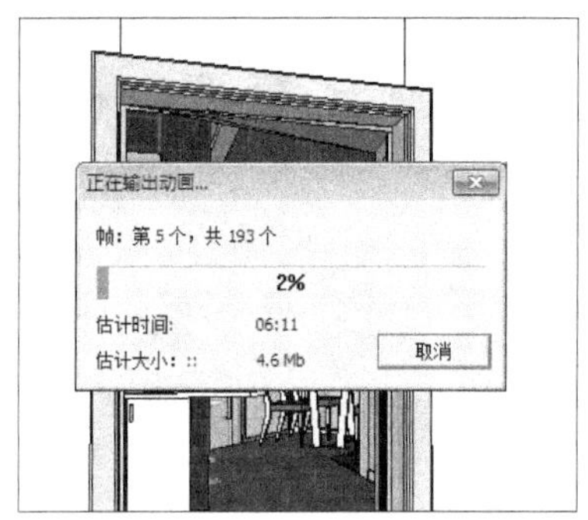

图 11-4 输出漫游效果

11.1 拟定漫游路线

打开本书配套资源“第 04 章|现代户型图.skp”文件，如图 11-5 所示。然后删除场景中的空间标识并保存为“现代户型漫游.skp”文件，如图 11-6 所示。

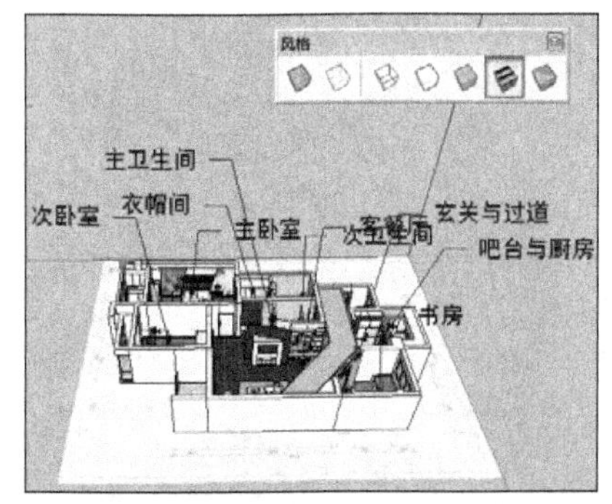

图 11-5 打开文件

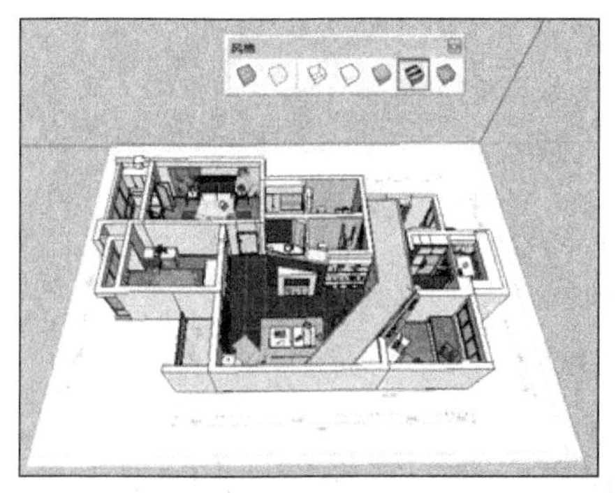

图 11-6 删除空间标识

根据场景的特点，本例拟定了从入户门进入，经过玄关过道观察厨房，然后转回客厅至客卫，最后进入主卧室的漫游路线，如图 11-7 所示。接下来完善场景。

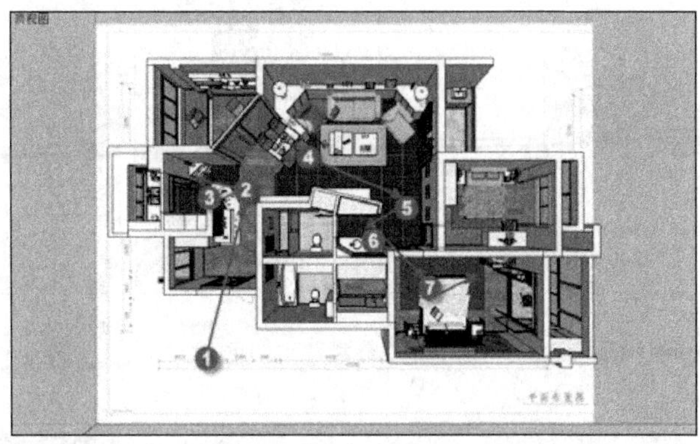

图 11-7　拟定漫游路线

11.2 完善漫游场景

01 打开配套资源“第 11 章|现代户型图整理.skp”文件，如图 11-8 所示。

02 启用【直线】工具，捕捉顶面边框并制作屋顶平面，如图 11-9 所示。

图 11-8　打开文件

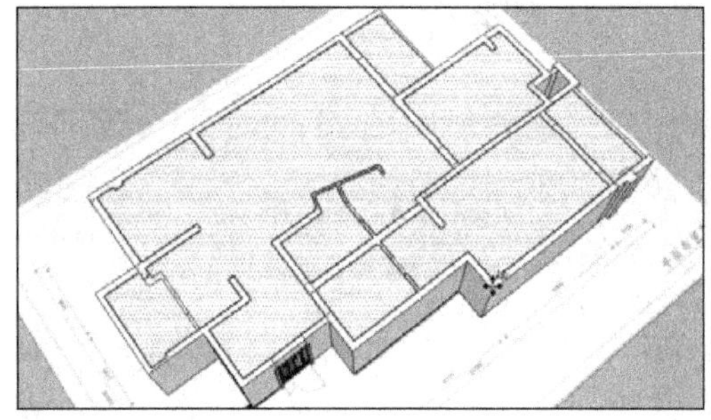

图 11-9　制作屋顶平面

03 选择屋顶平面并将其创建为组，如图 11-10 所示。接下来根据漫游线路进行顶棚细节的制作。

04 启用【直线】工具分割客厅右侧的顶棚，如图 11-11 所示。

05 参考地面继续分割顶棚，如图 11-12 与图 11-13 所示。

06 启用【推/拉】工具，捕捉顶棚左侧平面并制作好其厚度，如图 11-14 所示。

07 选择底面，通过向内以 50mm 距离移动复制分割侧面，如图 11-15 所示。

08 启用【偏移】工具，向内偏移复制 50mm，制作底面边框平面，如图 11-16 所示。

09 启用【推/拉】工具制作好侧面与底面细节，如图 11-17 与图 11-18 所示。

10 打开【材料】对话框，赋予顶棚各处相应的材质，如图 11-19 所示。

11 启用【直线】工具，在侧面分割出出风口平面，如图 11-20 所示。

12 启用【偏移】工具，为其制作 25mm 边框平面，如图 11-21 所示。

13 结合使用【直线】与【推/拉】工具，制作好出风口细节，如图 11-22 所示。

14 复制并调整出风口至底面，完成效果如图 11-23 所示。

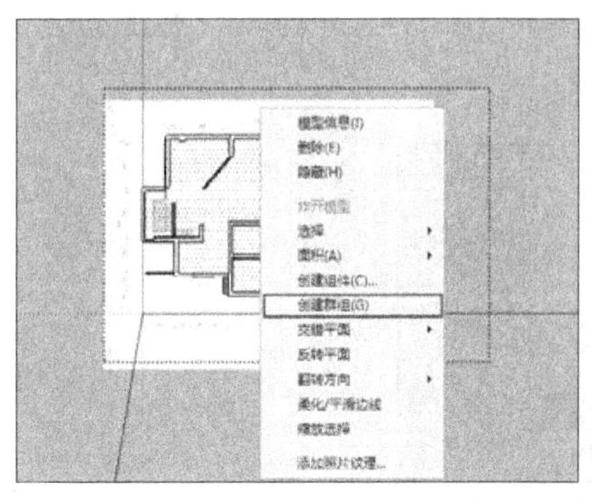

图 11-10　将屋顶平面单独创建为组

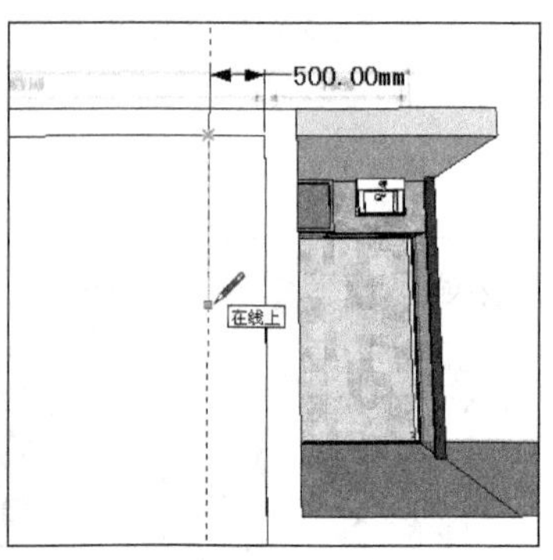

图 11-11　分割客厅右侧顶棚

图 11-12　参考地面分割顶棚

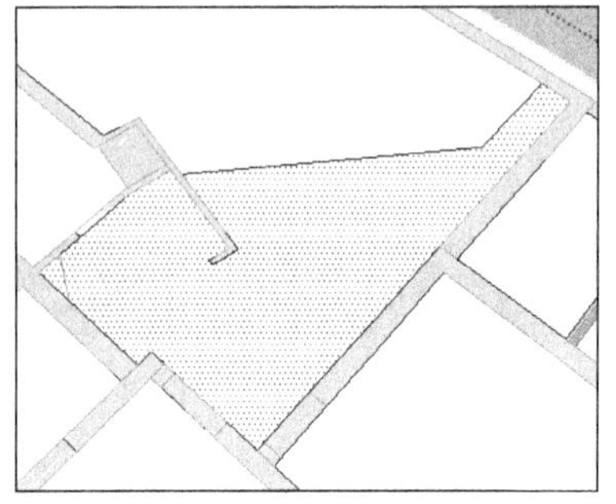

图 11-13　顶棚分割完成

图 11-14　捕捉左侧平面制作厚度

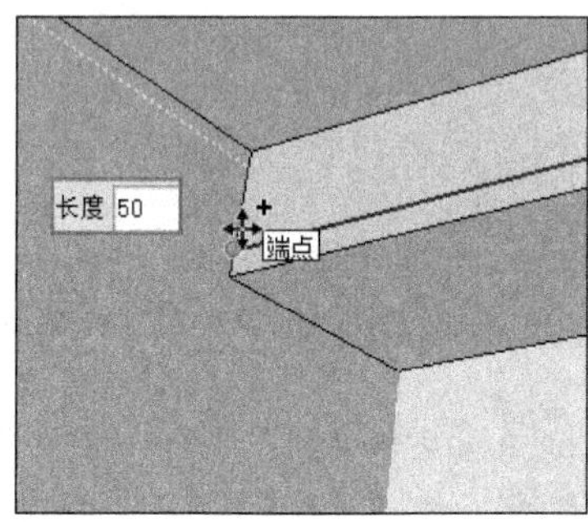

图 11-15　通过移动复制底面分割侧面

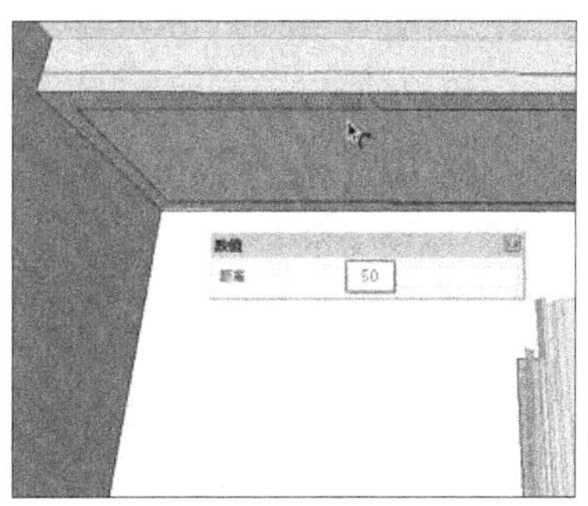

图 11-16　向内偏移复制 50mm

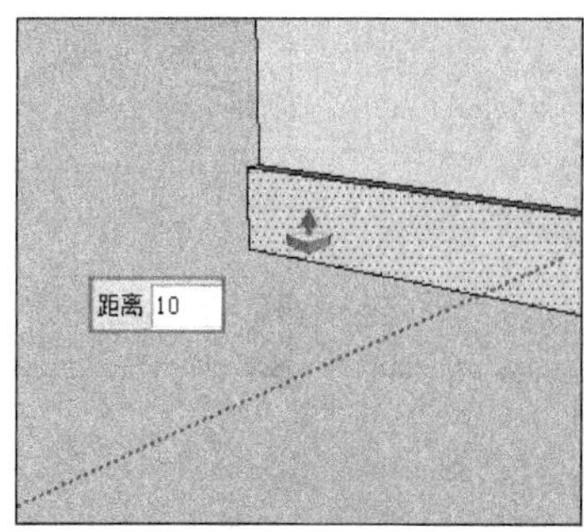

图 11-17　制作 10mm 厚度

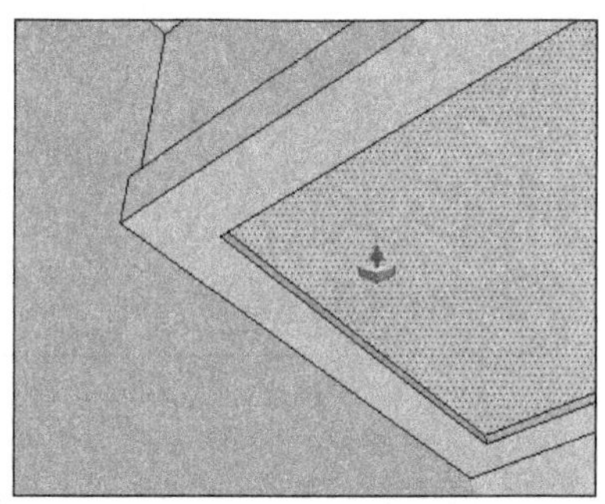

图 11-18　制作 10mm 深度

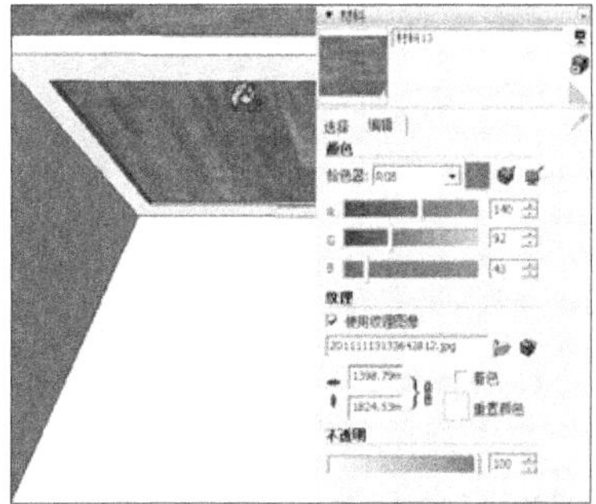

图 11-19　赋予材质

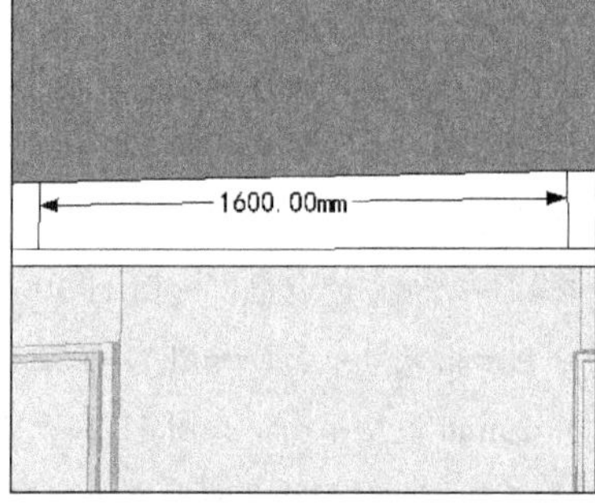

图 11-20　分割出风口平面

图 11-21　制作边框

15 启用【推/拉】工具，调整左侧的顶棚细节，如图 11-24 所示。

图 11-22 制作出风口细节

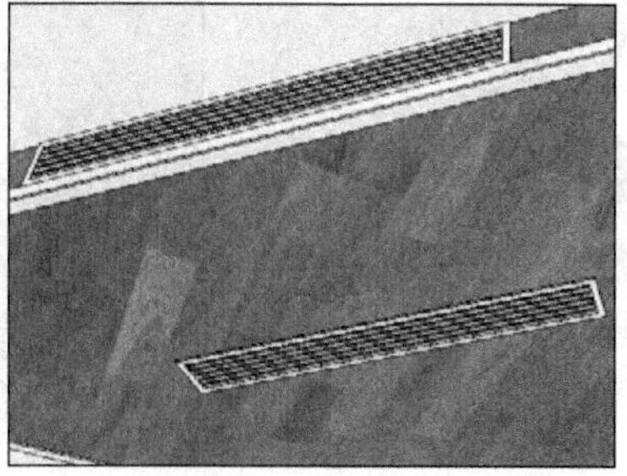
图 11-23 复制出风口

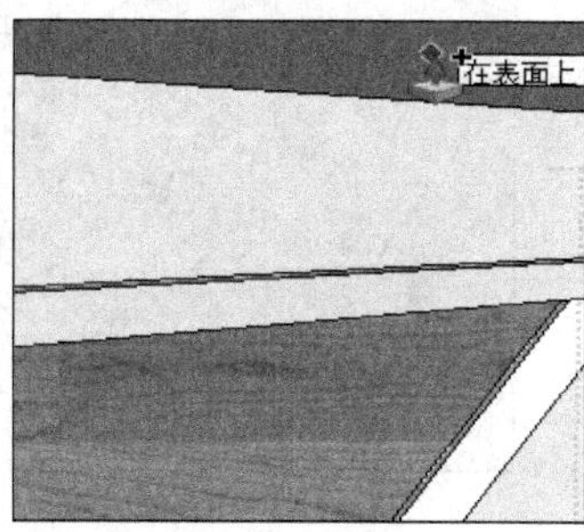

图 11-24 调整左侧顶棚细节

16 结合使用【矩形】、【圆】、【偏移】以及【推/拉】工具，制作好筒灯造型，如图 11-25 所示。

17 复制已经制作好的筒灯，具体分布如图 11-26 所示。

18 打开【组件】对话框，合并并放置好客厅吊灯模型，如图 11-27 所示。

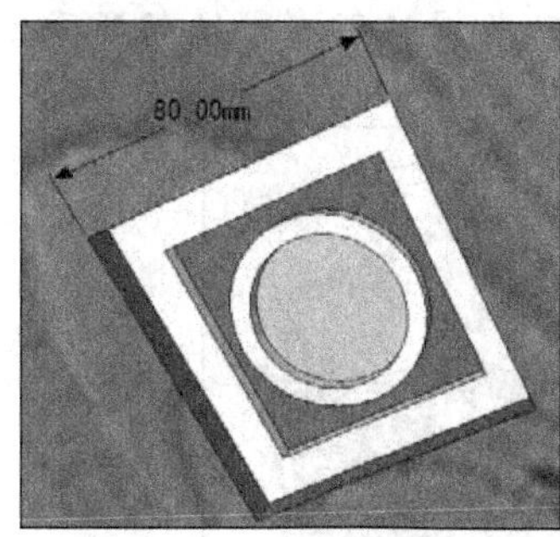

图 11-25 制作筒灯

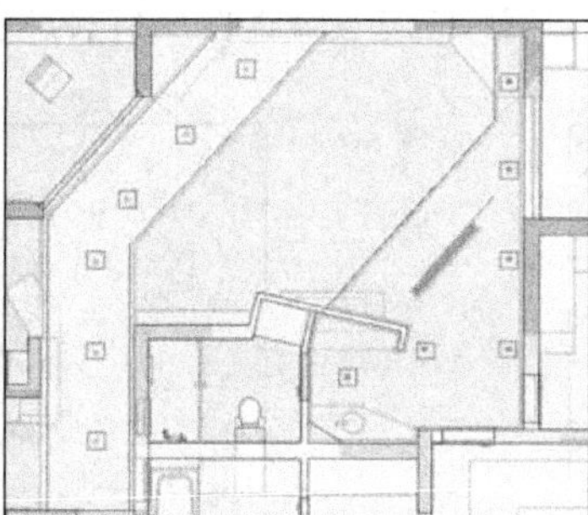
图 11-26 复制筒灯

图 11-27 合并客厅吊灯

19 结合使用【直线】与【推/拉】工具，制作好主卧室的顶棚细节，完成效果如图 11-28 所示。

20 复制筒灯至主卧室顶棚，完成效果如图 11-29 所示。

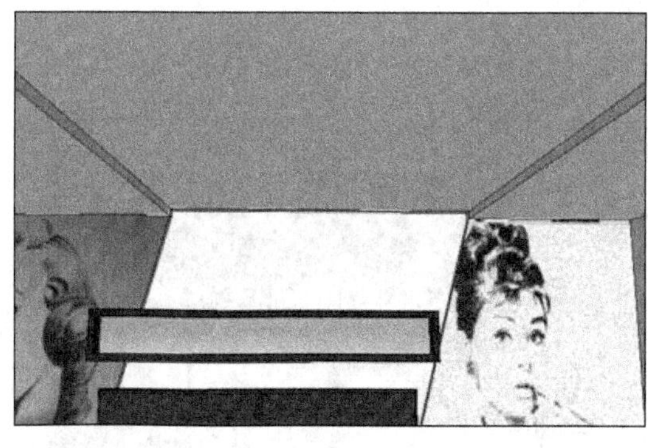
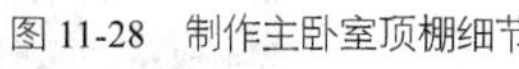
图 11-28 制作主卧室顶棚细节

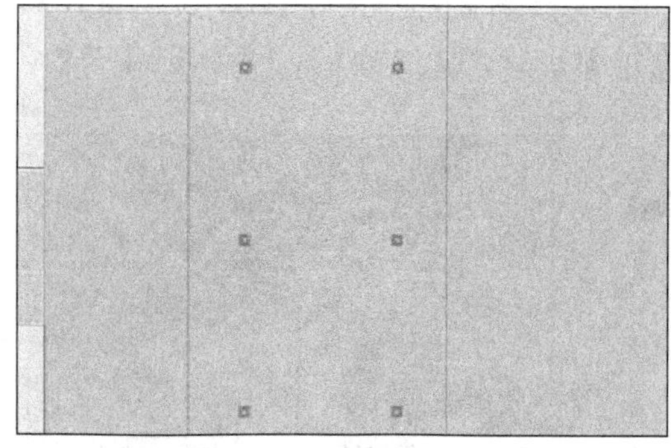
图 11-29 复制筒灯

21 将制作好的顶棚整体创建为组，再打开之前调整好的“现代户型漫游.skp”文件，如图 11-30 所示。

22 复制顶棚组至“现代户型漫游.skp”场景内，然后对齐位置，完成效果如图 11-31 所示。

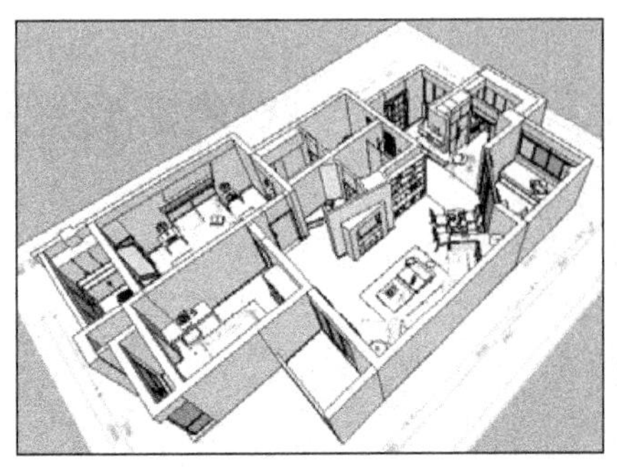
图 11-30　打开文件

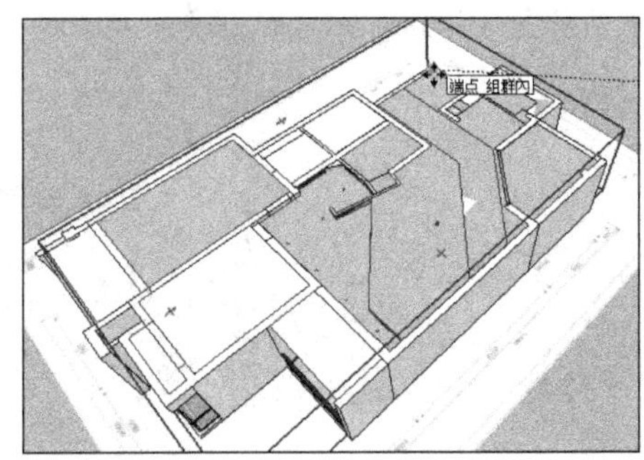
图 11-31　整体复制顶棚

11.3 创建漫游效果

01 首先通过【旋转】与【推/拉】工具，调整好位于漫游线路上的门的状态，如图 11-32 与图 11-33 所示。

图 11-32　旋转入户门

图 11-33　旋转卧室门

02 在透视图中设置漫游的起始位置，如图 11-34 所示。

03 执行【视图】/【动画】/【添加场景】菜单命令，创建“场景号 1”并保存，如图 11-35 所示。

图 11-34　设置漫游起始位置

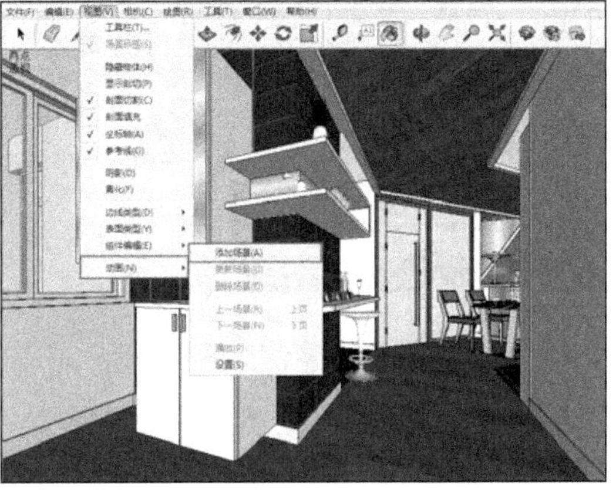
图 11-35　创建场景

04 单击【漫游】按钮，待光标变成👣形状后将其放置在视图下方表示向前推进入室内，如图 11-36 所示。

05 推进至吧台处松开鼠标，新建【场景】并进行保存，如图 11-37 所示。

图 11-36　向前推进入室内

图 11-37　在吧台处创建新场景

06 按住鼠标左键，同时按住 Shift” 向左推动以进行视图旋转，如图 11-38 所示。

07 旋转至厨房画面后，松开鼠标，新建【场景】并保存，如图 11-39 所示。

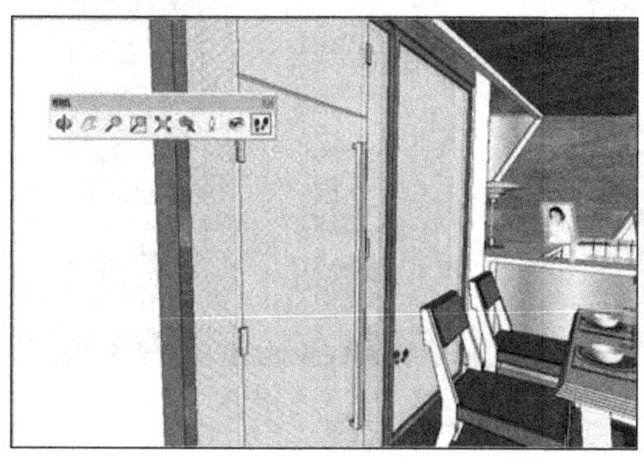

图 11-38　向左旋转

图 11-39　在厨房处创建新场景

08 按下鼠标并配合 Shift 键继续旋转漫游，如图 11-40 所示。

09 旋转至展示柜画面时松开鼠标，新建【场景】并保存，如图 11-41 所示。

10 按下鼠标并配合 Shift 键继续旋转漫游，如图 11-42 所示。

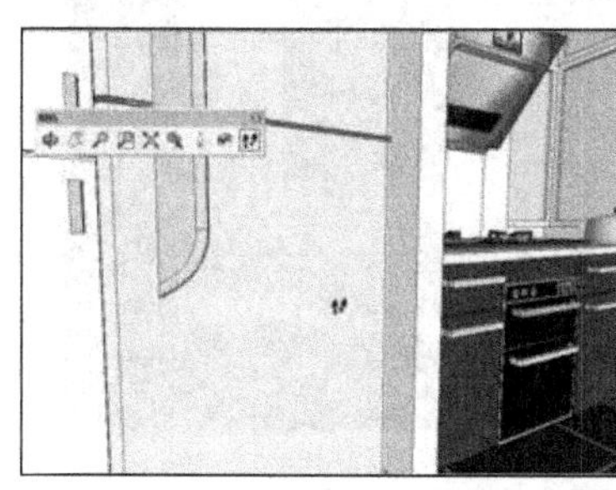

图 11-40　继续旋转漫游

图 11-41　在展示柜画面处创建新场景

图 11-42　继续旋转漫游

11 旋转至客厅内时，新建【场景】并保存，如图 11-43 所示。

12 按住鼠标向前推进漫游画面，如图 11-44 所示。

图 11-43　在客厅内创建新场景

图 11-44　向前推进漫游画面

13 推进至客厅与客卫的交界过道时，松开鼠标，新建【场景】并保存，如图 11-45 所示。

14 按住鼠标并配合 Shift 键向右旋转至客卫，如图 11-46 所示。

图 11-45　在过道处创建新场景

图 11-46　向右旋转至客卫生间

15 当推进至客卫生间内后松开鼠标，新建【场景】并保存，如图 11-47 所示。

16 按下鼠标并配合 Shift 键后退，退回至过道处松开鼠标，新建【场景】并保存，如图 11-48 所示。

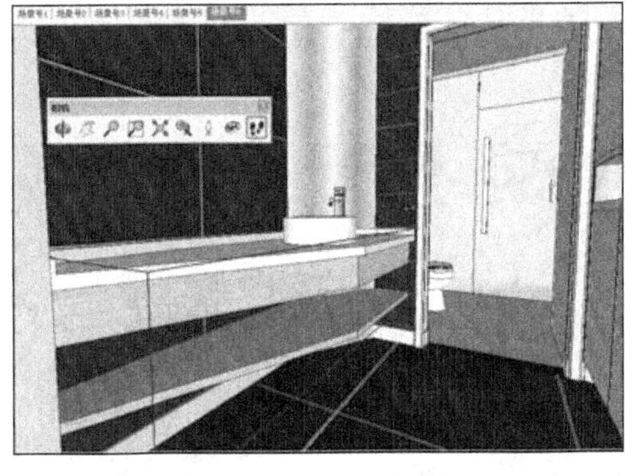

图 11-47　在客卫生间处创建新场景

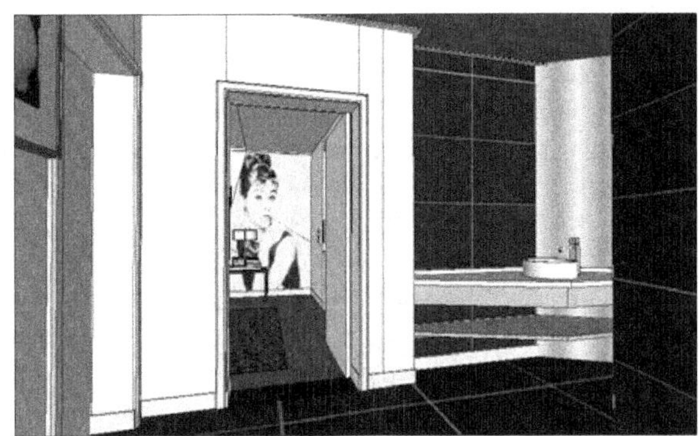

图 11-48　后退至过道处创建新场景

17 按下鼠标并向前推进至主卧室，如图 11-49 所示。

18 进入主卧室内部后松开鼠标，新建【场景】并保存，如图 11-50 所示。

19 按下鼠标并配合 Shift 键向左旋转，以观察主卧室的布置情况，如图 11-51 所示。

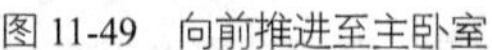

图 11-49 向前推进至主卧室

图 11-50 在主卧室内创建新场景

20 旋转至电视后松开鼠标，新建【场景】并保存，创建的结束画面场景如图 11-52 所示。至此，本段漫游动画即已创建完成。接下来预览并输出漫游动画。

图 11-51 旋转观察主卧室

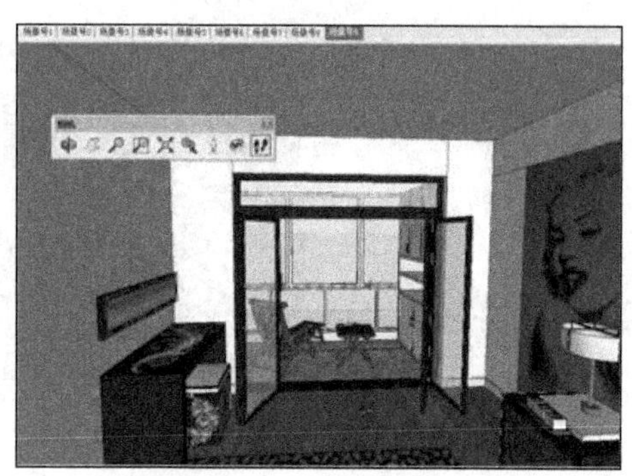

图 11-52 创建结束画面场景

11.4 预览并输出漫游动画

01 执行【窗口】/【模型信息】菜单命令，如图 11-53 所示，打开【模型信息】对话框。

02 设置【模型信息】对话框中【动画】选项卡的参数，如图 11-54 所示。

03 执行【视图】/【动画】/【播放】菜单命令，然后在 SketchUp 中进行效果的预览，如图 11-55 所示。

图 11-53 执行【模型信息】命令

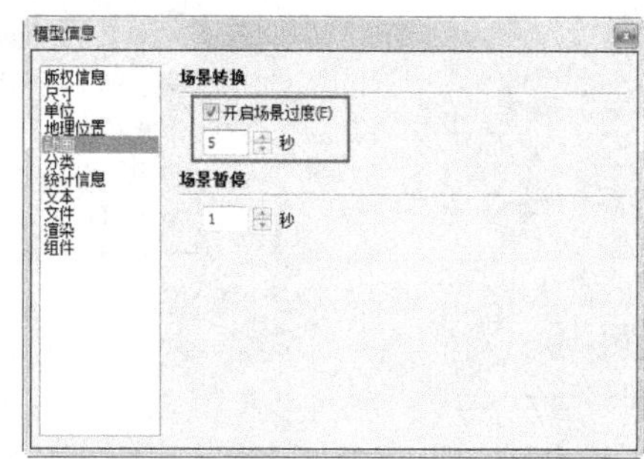

图 11-54 设定【动画】选项卡

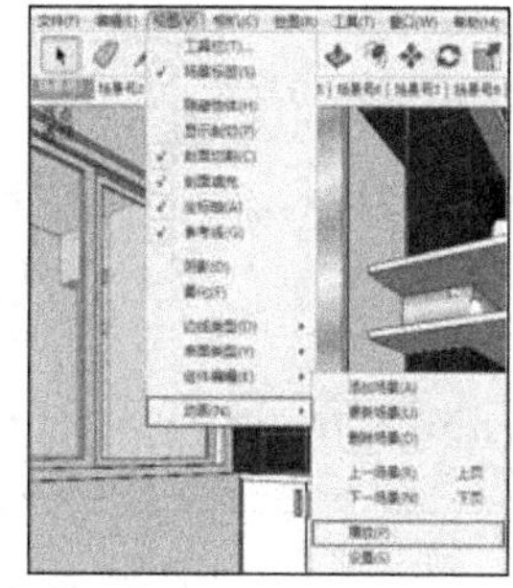

图 11-55 播放动画预览

04 单击【播放】按钮，经过数秒等待后即可播放预览动画，如图 11-56~图 11-58 所示。

图 11-56　预览过程 1

图 11-57　预览过程 2

图 11-58　预览过程 3

05 确定预览效果后，执行【文件】/【导出】/【动画】/【视频】菜单命令，如图 11-59 所示。

06 在弹出的【输出动画】对话框中设置好文件名称，如图 11-60 所示，然后单击右下角的【选项】按钮。

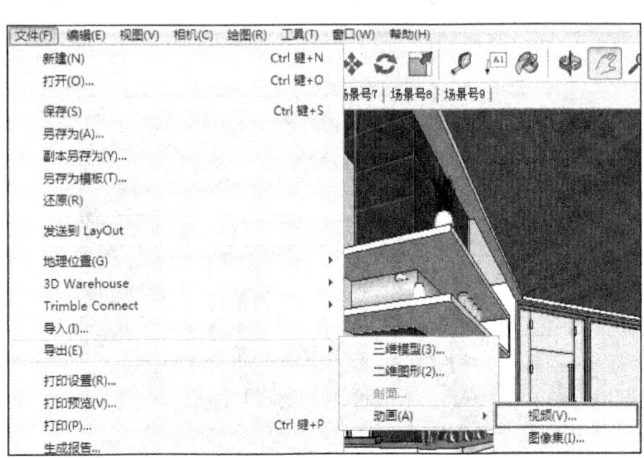

图 11-59　执行菜单命令

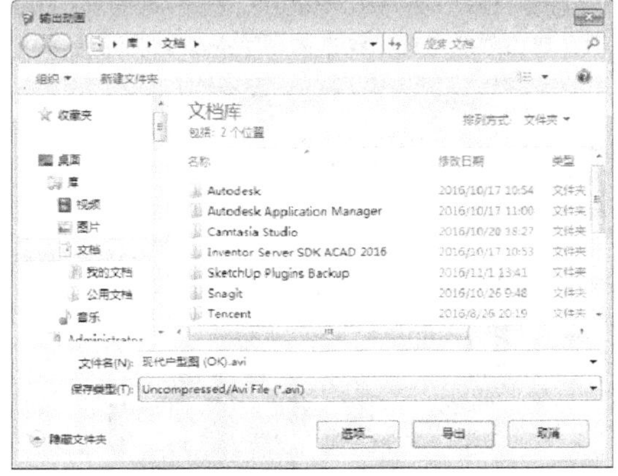

图 11-60　设置【输出动画】对话框

07 在弹出的【动画导出选项】对话框中设置动画导出选项参数，如图 11-61 所示。

08 设置完成后单击【确定】按钮返回【输出动画】对话框，然后单击【导出】按钮确定导出，动画导出进程如图 11-62 所示。

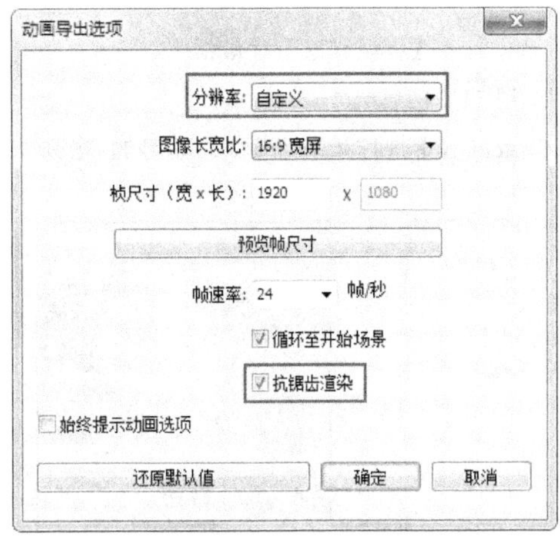

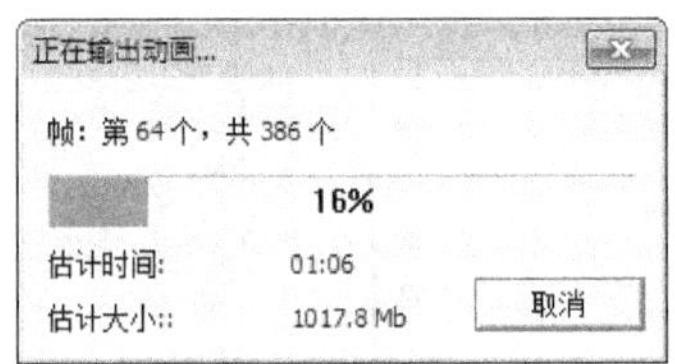

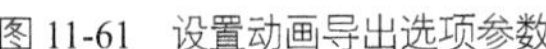
图 11-61　设置动画导出选项参数

图 11-62　动画导出进程

09 导出完成后单击导出的 AVI 文件，即可在播放器中直接浏览漫游动画播放效果，如图 11-63 所示。

图 11-63 漫游动画播放效果

提 示

【动画导出选项】对话框中各选项参数的含义如下：

【分辨率】：视频的分辨率数值越高，输入的动画图像越清晰，所需要的输出时间与占用的储存空间也越多。

【图像长宽比】：常用的长宽比例为 4∶3 与 16∶9。其中 16∶9 是现代宽屏比例，有更好的视觉观赏效果。

【帧速率】：常用的帧数设置为 25 帧/s、30 帧/s，前者为国内 PAL 制式标准，后者为美制 NTSC 标准。

【抗锯齿渲染】：勾选该复选框后，视频图像会变得更为光滑，减少了图像锯齿、闪烁、虚化等品质问题。

附　录

附 录1：SketchUp快捷功能键速查

直线		L	圆		C
圆弧		A	材质		B
矩形		R	创建组件		G
选择		空格键	视图平移		H
擦除		E	旋转		Q
移动		M	推/拉		P
缩放		S	偏移		F
卷尺		T	视图缩放		Z
环绕观察		O			

附录 2：SketchUp 8.0/2015/2018 下拉菜单和工具栏对比

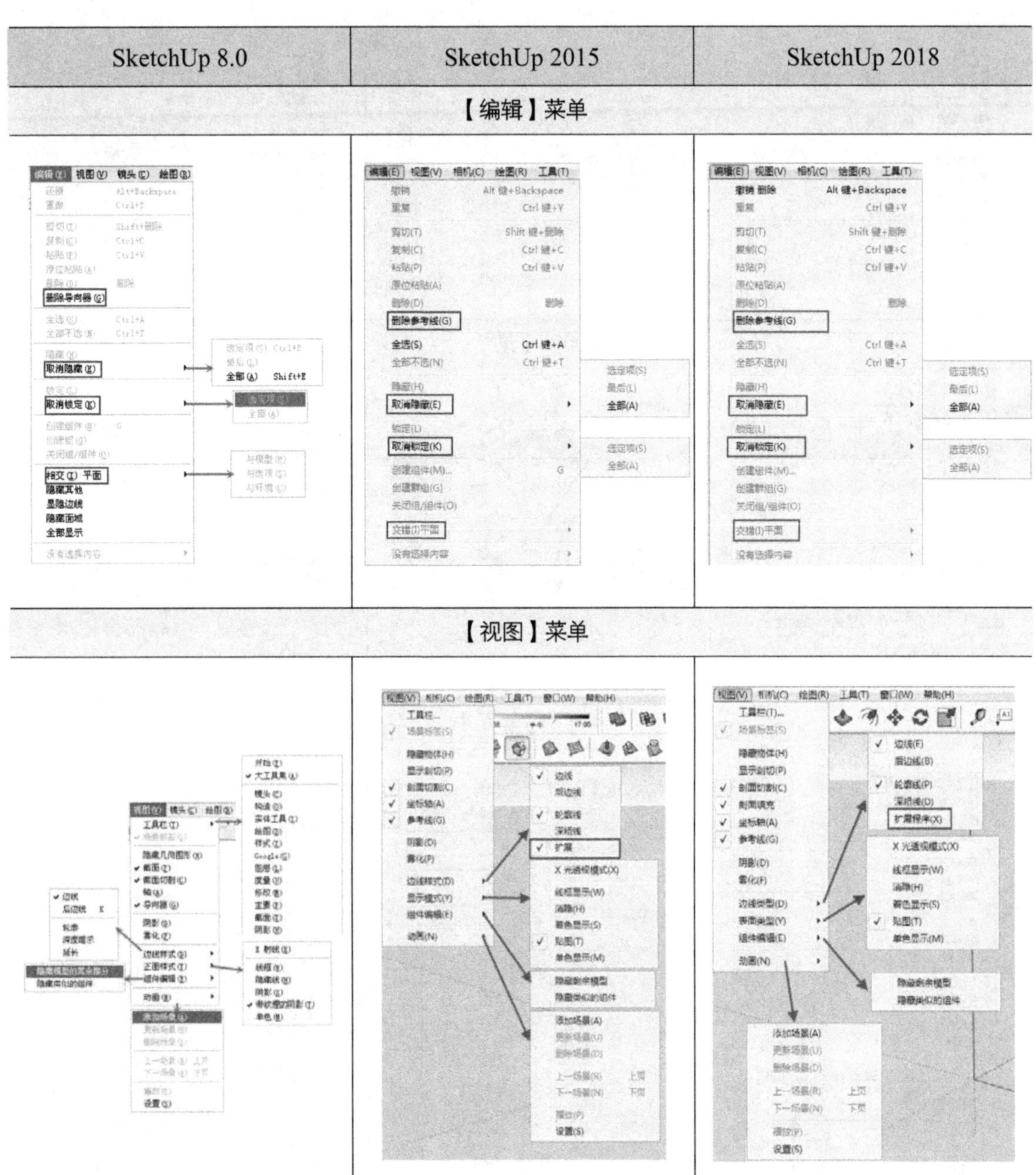

SketchUp 8.0	SketchUp 2015	SketchUp 2018
【编辑】菜单		
【视图】菜单		

【镜头】或【相机】菜单

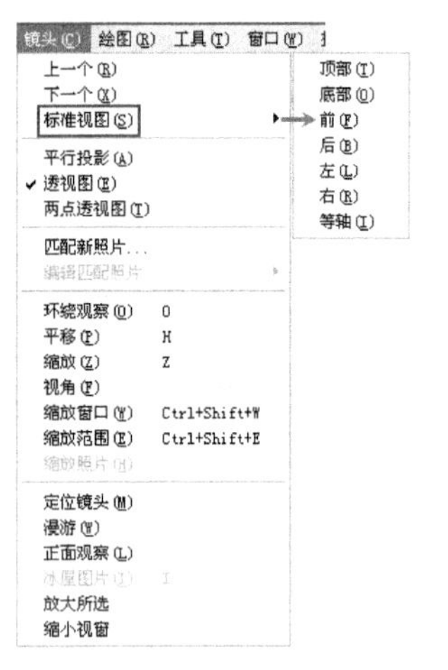

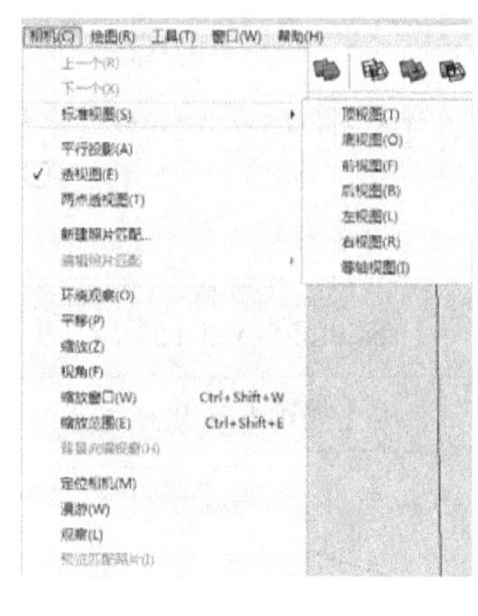

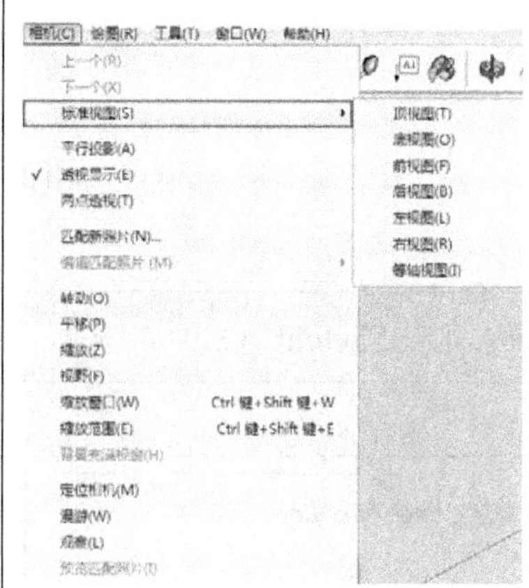

【绘图】菜单

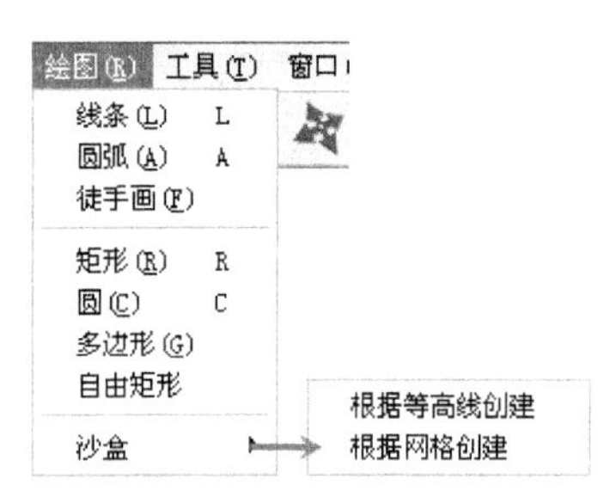

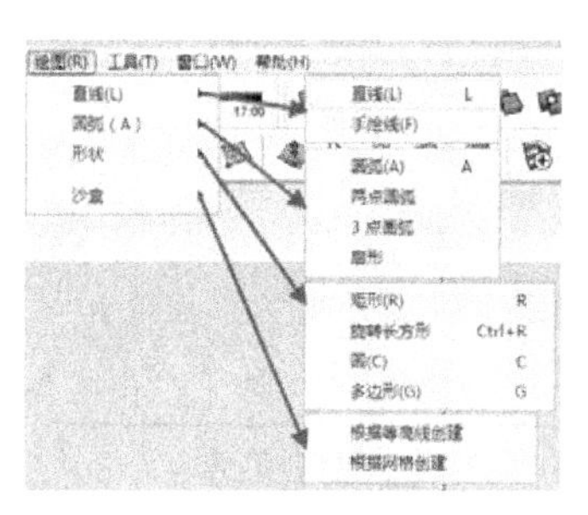

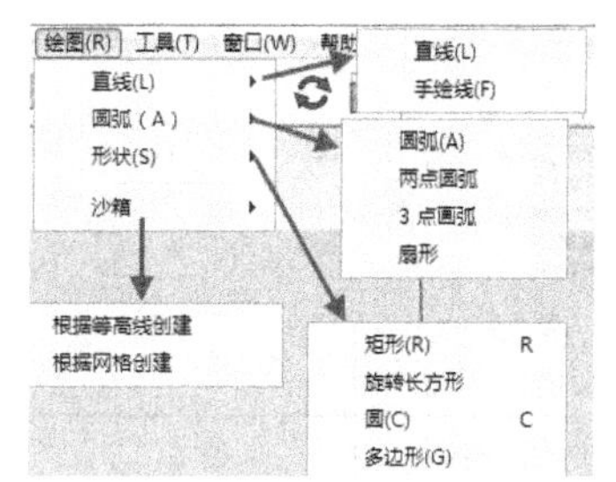

【工具】菜单

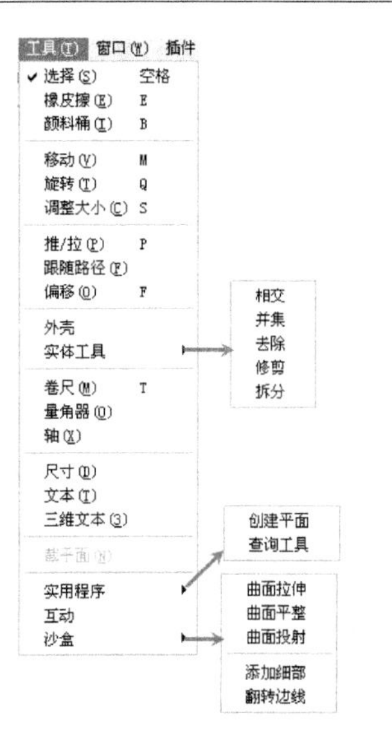

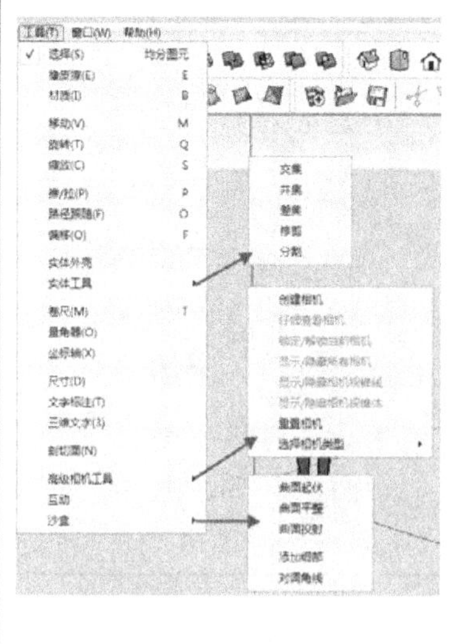

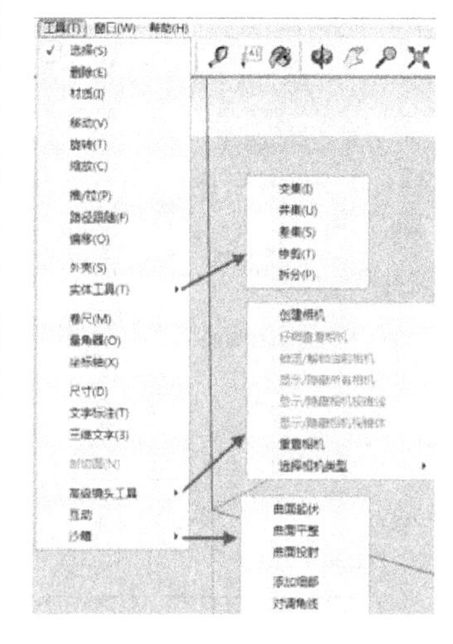

【窗口】菜单		
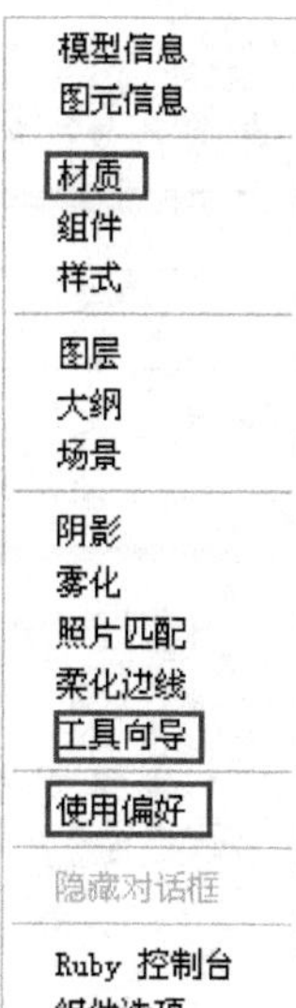	模型信息 图元信息 材料 组件 Ctrl+W 样式 图层 大纲 场景 阴影 雾化 照片匹配 柔化边线 工具向导 系统设置 Extension Warehouse 隐藏对话框 Ruby 控制台 组件选项 组件属性 照片纹理	窗口(W) 帮助(H) 默认面板 ▸ 管理面板…… 新建面板…… 模型信息 系统设置 3D Warehouse Extension Warehouse 扩展程序管理器 Ruby 控制台 组件选项 组件属性 显示面板 更名面板 ✓ 图元信息 ✓ 材料 ✓ 组件 风格 图层 场景 阴影 雾化 ✓ 照片匹配 柔化边线 工具向导 管理目录
工具栏及对话框		
沙箱工具		

镜头或相机工具		

绘图工具		
	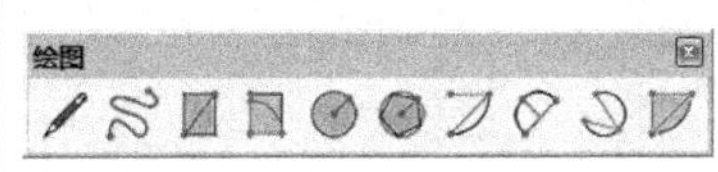	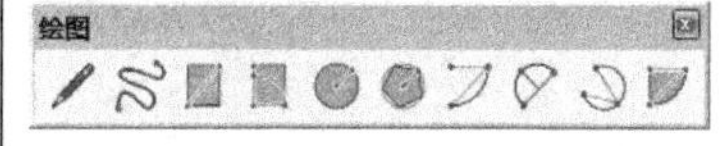
修改或编辑工具		

<table>
<tr><th colspan="3">样式或风格工具</th></tr>
<tr><td>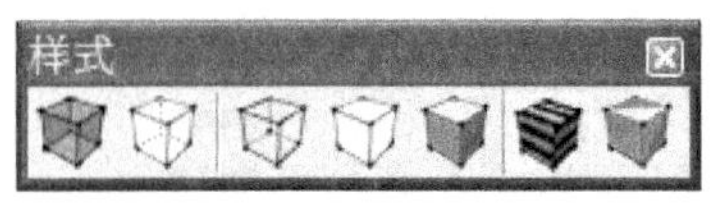</td><td></td><td></td></tr>
<tr><th colspan="3">【材质】或【材料】对话框</th></tr>
<tr><td>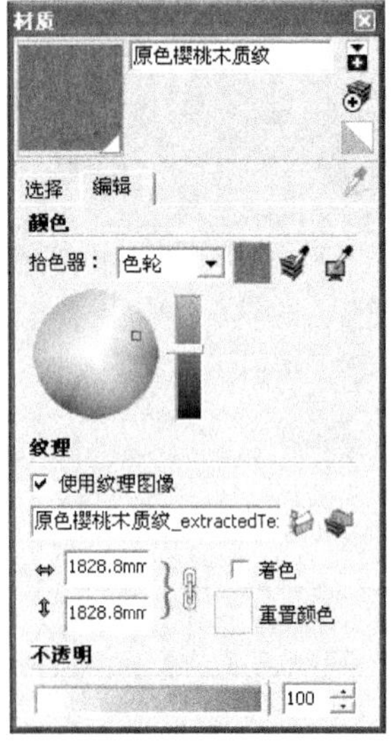</td><td>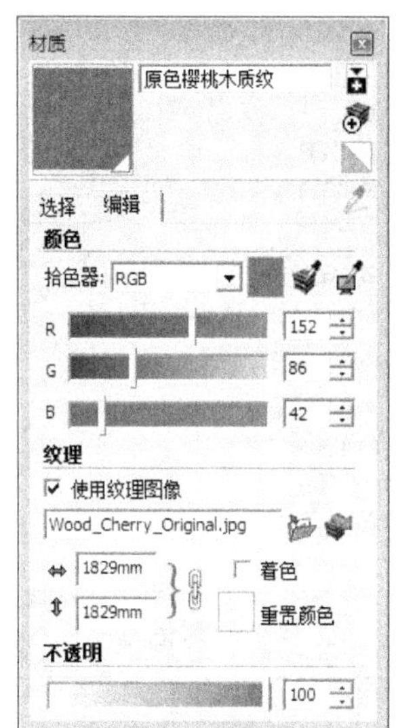</td><td>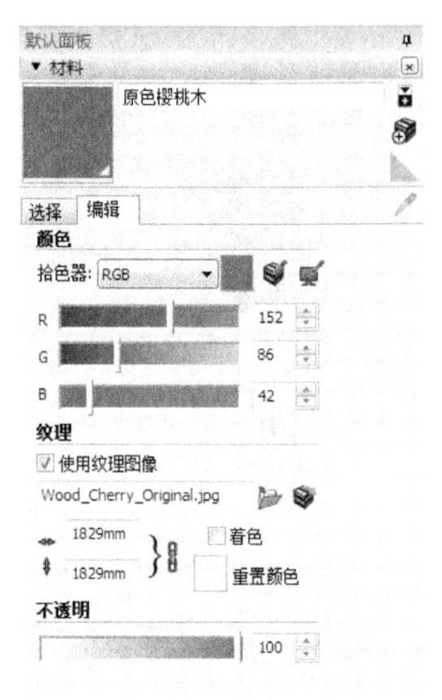</td></tr>
</table>